Springer-Lehrbuch

Reinhold Paul

Elektrotechnik 2

Grundlagenlehrbuch

Netzwerke

Dritte, überarbeitete und erweiterte Auflage

Mit 255 Abbildungen und 58 Tafeln

Springer-Verlag
Berlin Heidelberg New York
London Paris Tokyo
Hong Kong Barcelona Budapest

Dr.-Ing. habil. Reinhold Paul
Universitätsprofessor
Technische Universität Hamburg-Harburg
Bereich Technische Elektronik
Eissendorfer Str. 38
21073 Hamburg

Die Deutsche Bibliothek – CIP-Einheitsaufnahme
Paul, Reinhold : Elektrotechnik : Grundlagenlehrbuch / Reinhold Paul. – Berlin ; Heidelberg ; New York ; London ; Paris ; Tokyo ; Hong Kong ; Barcelona ; Budapest : Springer.
(Springer-Lehrbuch)
2. Netzwerke : mit 58 Tafeln. – 3., überarb. und erw. Aufl. – 1994
ISBN-13: 978-3-540-55866-8 e-ISBN-13: 978-3-642-95692-8
DOI: 10.1007/ 978-3-642-95692-8

Satz: Macmillan India Ltd, Bangalore, India

SPIN 10079467 68/3020 – 5 4 3 2 1 0 Gedruckt auf säurefreiem Papier

Vorwort zur dritten Auflage

Die freundliche Aufnahme der zweiten Auflage, eine Reihe von Hinweisen und Anregungen aufmerksamer Leser und steigende Anforderungen an die Lehrinhalte aus Sicht der Folgeveranstaltungen waren Anlaß, die vorliegende Neuauflage durchgängig zu bearbeiten. Gerade anschließende Lehrveranstaltungen, wie Elektronik, Schaltungstechnik und Systemtheorie ließen es wünschenswert erscheinen, manche Akzente zu vertiefen und andere Teile zu straffen.

Das Hauptanliegen des Bandes, nämlich Netzwerkanalysemethoden für unterschiedliche Anregungen bereitzustellen und anzuwenden, verlangte zunächst nach einer umfassenderen Beschreibung und Einordnung der Netzwerkelemente selbst. Gerade die elektronische Schaltungstechnik mit ihren typisch nichtlinearen Elementen, Transistoren und Operationsverstärkern erfordert eine stärkere Einbindung nichtlinearer Elemente auch in die Elektrotechnik-Grundausbildung. Im Gefolge wurden Analyseverfahren für einfache nichtlineare Grundschaltungen (auch numerisch), aber ebenso Lösungsmethoden für Netzwerke mit Operationsverstärkern, die Erweiterung der Netzwerkanalyse für gesteuerte ideale Quellen und mehrpolige Netzwerke weiter ausgebaut.

Neu verfaßt wurde der Abschnitt „Dreiphasig erregte Netzwerke“. Er hat neben seiner großen Bedeutung für die Energietechnik auch netzwerktechnische Aspekte, die stärker berücksichtigt wurden. Die Elektrotechnik-Grundausbildung wäre falsch verstanden, würde man sie als etwas Abgeschlossenes betrachten. Das trifft oft auf die Behandlung von Wechselstromvorgängen zu. Gerade diese Grundlage bietet für Netzwerke bei allgemeiner periodischer und nichtperiodischer Erregung mit der Einbindung der Fourier-Reihe und dem Übergang zur Fourier-Transformation einen lückenlosen Wechsel zur Systembetrachtung. Hinzu kommt, daß die Fourier-Technik in der modernen Meßtechnik große technische Bedeutung hat. Darüber hinaus bietet sich die Möglichkeit, z.B. das so wichtige Abtastprinzip vom Grundgedanken her verstehen und beschreiben zu können, auch auf einer elementaren Stufe. Deshalb wurde der bisherige Abschnitt „Lineare Netzwerke bei mehrwelliger Erregung“ in diesem Sinne umgestaltet.

Der Leser erkennt so besser die innige Verbindung zwischen den Grundkenntnissen sinusförmig erregter Netzwerke, bis hin zu aperiodisch erregten und der zugehörigen Spektraldarstellung: der Beschreibung des Übergangsverhaltens im Frequenzbereich.

Mit dieser Brücke bietet sich schließlich fast automatisch die Laplace-Transformation als leistungsfähiges Werkzeug für die Behandlung nichtstationärer linearer Netzwerke im Bildbereich an. Im Zeitbereich gehört dazu ja immer die Lösung von Differentialgleichungen.

Von der zusätzlichen Aufnahme von Übungsaufgaben, wie sie viele Leser anregten, habe ich hier aus Umfangsgründen abgesehen. Dafür entstand parallel zum Text ein Übungsband eng angepaßt an das Lehrbuch, der gerade für die Kenntnisvertiefung und -festigung von großem Nutzen sein dürfte.

Ich empfehle den vorliegenden Band der freundlichen Aufnahme durch den Leser, bitte ihn aber gleichzeitig um Wünsche, kritische Äußerungen und Vorschläge dort, wo es etwas zu ändern gibt. Auch die Grundausbildung Elektrotechnik befindet sich in einem steten Wandel.

Mein herzlicher Dank gilt dem Springer Verlag für die zügige und reibungslose Abwicklung dieser Neuauflage und die sehr gute Zusammenarbeit.

Hamburg, im Frühjahr 1994 R. Paul

Vorwort zur ersten Auflage

Der vorliegende zweite Band des Grundlagenlehrbuchs „Elektrotechnik“ umfaßt Netzwerke, ihre Elemente und vor allem die wichtigsten Berechnungsverfahren für elektrische Netzwerke unter verschiedenen Erregungsbedingungen.

Aufbauend auf den physikalischen Grundlagen des ersten Teilbandes werden zunächst die generellen linearen und nichtlinearen Strom-Spannungs-Relationen der wichtigsten Netzwerkelemente einschließlich der Quellen (gesteuert, ungesteuert) erklärt und die unterschiedlichen Netzwerkerregungen (sinusförmig, impulsförmig) eingeführt. Ein Abschnitt ist der Aufstellung, den Eigenschaften und den Lösungsverfahren der Netzwerkgleichungen gewidmet.

Schwerpunkt dieses Bandes ist naturgemäß die Wechselstromlehre, wobei die Netzwerkgleichung für den Sonderfall sinusförmig stationärer Erregung mit der komplexen Rechnung gelöst wird. Besonderer Wert kommt der formalen Handhabung dieser Lösungsmethodik, ihrem Bezug zur physikalischen Realität sowie der Transformation von Netzwerkfunktionen einschließlich der Energie- und Leistungsbetrachtungen zu. Vertieft wird die Wechselstromlehre an beispielhaften Zusammenschaltungen weniger Netzwerkelemente, durch die technisch so wichtigen Resonanzkreise sowie durch Vierpole, ihre Strom-Spannungs-Relationen, die wichtigsten Eigenschaften und das Zusammenspiel mit der umgebenden Schaltung. Eine Reihe wichtiger Vierpole (Brücken-, Kompensationsschaltungen, Transformator, Verstärker) wird eingehend behandelt.

Kürzere Abschnitte über das Verhalten von Netzwerken bei mehrwelliger Erregung und dreiphasig erregten Netzwerken mit ihrer großen praktischen Bedeutung folgen. Ein abschließender größerer Abschnitt behandelt das Übergangsverhalten der Netzwerke im Zeitbereich bei Sprung- und beliebiger Erregung mit einer Reihe typischer Beispiele, die Übertragungsfunktion mit dem PN-Plan sowie das Übergangsverhalten mit der Laplace-Transformation.

Auch mit diesem Band werden die gleichen pädagogisch-methodischen Ziele verfolgt wie mit dem ersten, wegen der größeren Schwierigkeiten dieses Gebietes jedoch noch ausgeprägter durch Lehrsätze, Lösungsstrategien, Zielvorgaben und Wiederholungsfragen unterstützt.

Da die beiden Bände in einem Zuge abgefaßt und bearbeitet wurden, gelten Dank und Anerkennung für die förderliche Fachdiskussion, die Kritik, die technische Ausführung und die Gestaltung genau jenem Kreis, der bereits im ersten Band genannt worden ist. Besonders hervorgehoben werden soll erneut die reibungslose und angenehme Zusammenarbeit mit dem Springer-Verlag.

München, im Herbst 1984 R. Paul

Inhaltsverzeichnis

Inhalt des Bandes 1 (Felder und einfache Stromkreise)

Verzeichnis der wichtigsten Symbole

(Abschnitt des erstmaligen Auftretens in Klammern)

A	Fläche (0.2.4)
A_D	Differenzverstärkung (7.5.1)
A_i	Kurzschlußstromverstärkung, Stromübersetzung (5.1.1.2)
B	Blindleitwert (6.1.2.1)
$\boldsymbol{B}$	Induktion (3.1.1)
$\boldsymbol{B}_r$	Remanenzinduktion (3.1.4)
b_ω	Bandbreite (7.1.4.2)
C	Kapazität (2.5.5.2)
C_{th}	Wärmekapazität (4.2.2)
c	spezifische Wärme (4.4.1)
$\boldsymbol{D}$	Verschiebungsdichte (2.5.2)
d	Dämpfung (10.1.4.1)
d_c	Verlustfaktor (7.1.1)
$\boldsymbol{E}$	elektrische Feldstärke (2.2.1)
E	elektromotorische Kraft, Urspannung (2.4.1)
$\boldsymbol{E}_i$	fiktive Feldstärke (2.4.1)
e	Elementarladung (1.3.1)
F	Formfaktor (5.2.3)
$\boldsymbol{F}$	Kraft (0.2.1)
$\underline{F}$	komplexer Frequenzgang (6.2.2.1)
$\lvert\underline{F}\rvert$	Amplitudengang (6.2.3)
f	Frequenz (3.3.3.2)
f_g	Grenzfrequenz (7.1.2)
G	Leitwert (2.4.2.1)
G_m	magnetischer Leitwert (3.2.3)
g	differentieller Leitwert (5.1.2.1)
$\boldsymbol{H}$	magnetische Erregung, Feldstärke (3.1.2)
$\boldsymbol{H}_c$	Koerzitivfeldstärke (3.1.4)
I	Stromstärke (0.2.3)
I_B	Blindstrom (6.2.2.2.1)
I_k	Kurzschlußstromstärke (2.4.3.2)
I_Q	Quellenstromstärke (2.4.3.2)
I_V	Verschiebungsstrom (2.5.6.2)
I_W	Energiestrom (4.2.1)
i	zeitveränderlicher Strom, allgemein (1.4)
L	Induktivität (3.2.4.1)
k	Klirrfaktor (9.3)
k	Knotenzahl (5.3.1)
k	Kopplungsfaktor (3.2.4.2)
$\boldsymbol{M}$	Drehmoment (4.3.2.2)
M	Gegeninduktivität (3.2.4.2)
m	Maschenzahl (5.3.1)

P	Leistung, Wirkleistung (2.4.3.1)
P_B	Blindleistung (6.4.2)
P_{Hyst}	Hystereseleistung (4.1.5)
P_S	Scheinleistung (6.4.2)
P_W	Wärmestrom (4.4.1)
P_W	Wirkleistung (6.4.1)
p	Momentanleistung (6.4.1)
p'	Leistungsdichte (4.7.2)
$\bar{p}$	Mittelwert der Leistung (5.2.3)
p_B	Blindleistung, momentane (6.4.2)
p_s	Scheinleistung (6.4.2)
Q	Ladung, Elektrizitätsmenge (1.3.1)
Q	Blindleistung (6.4.2)
$Q(t_0)$	Anfangsladung (1.4.3)
Q_C	Kondensatorgüte (7.1.1)
Q_L	Spulengüte (7.1.1)
q	Elementarladung, allgemein (1.3.1)
R	Widerstand (0.2.3)
R_i	Innenwiderstand (2.4.3.2)
R_m	magnetischer Widerstand (3.2.3)
R_{mi}	magnetischer Innenwiderstand (3.2.5)
R_{th}	Wärmewiderstand (4.2.1)
r	differentieller Widerstand (5.1.2.1)
$\mathbf{r}$	Ortsvektor (1.3.2)
$\mathbf{S}$	Stromdichte (2.3.1)
S	Scheinleistung (6.4.2)
S	Transferleitwert, Steilheit (5.1.1.2)
$\mathbf{S}_K$	Konvektionsstromdichte (2.3.1)
$\mathbf{S}_V$	Verschiebungsstromdichte (2.5.6.3)
$\mathbf{S}_W$	Energiestromdichte, Poynting-Vektor (4.2.1)
T	Periodendauer (5.2.1)
T	Temperatur (2.4.2)
t	Zeit (0.2.2)
t_H	Halbwertzeit (3.4.1)
U	Spannung (0.2.3)
$\hat{U}$	Spitzenspannung (3.4.3)
U_D	Differenzspannung (7.5.1)
U_H	Hallspannung (4.3.2.1)
U_l	Leerlaufspannung (2.4.3.2)
U_Q	Quellenspannung (2.4.3.2)
u	zeitveränderliche Spannung (3.4.3)
$\bar{u}$	Gleichspannung, Gleichwert (5.2.3)
$\overline{\lvert u \rvert}$	Gleichrichtwert (5.2.3)
$\tilde{u}$	Effektivwert der Spannung (5.2.3)
u_i	induzierte Spannung (3.3.1)
$\ddot{u}$	Übersetzungsverhältnis (3.4.3)
V	magnetische Spannung (3.2.2)
V	Volumen (1.3.2)
V_m	magnetische Randspannung (3.2.2)
v	Verstimmung (7.1.4.2)

$\underline{v}_i$ Kurzschlußstromübersetzung (7.2.4.2)
$\underline{v}_u$ Spannungsübertragungsfaktor (7.2.4.2)
W Arbeit, Energie (0.2.4)
W_{Hyst} Hysteresearbeit (4.1.5)
W_m magnetische Energie (4.1.5)
w Energiedichte (4.1.1)
w Windungszahl (3.2.3)
w_m magnetische Energiedichte (4.1.5)
X Blindwiderstand (6.1.1)
Y Scheinleitwert (6.1.2.1)
$\underline{Y}$ komplexer Leitwertoperator (6.2.1.1)
$\underline{Y}_m$ Übertragungsadmittanz (7.2.4.2)
Z Scheinwiderstand (6.1.1)
$\underline{\underline{Z}}$ komplexer Widerstandsoperator (6.2.1.1)
$\underline{\underline{Z}}_m$ Transferimpedanz (5.1.1.2)
$\underline{\underline{Z}}_w$ Wellenwiderstand (7.2.4.1)
z Zweigzahl (5.3.1)
α Abklingkonstante (10.1.4.1)
α Temperaturkoeffizient, Temperaturbeiwert (2.3.2)
α Winkel (2.3.3.4)
α_k Wärmeübergangszahl (4.2.1)
δ Fehlwinkel (7.1.1)
ε Dielektrizitätskonstante (2.5.3)
ε_0 Dielektrizitätskonstante im Vakuum (2.5.3)
ε_r relative Dielektrizitätskonstante (2.5.3)
η Wirkungsgrad, Energieübertragungsgrad (2.4.3.5)
θ Durchflutung (3.1.3)
χ Leitfähigkeit (2.3.2)
χ_W Wärmeleitfähigkeit (4.2.1)
λ Linienladungsdichte (1.3.2)
μ Beweglichkeit (2.3.2)
μ Permeabilität (3.1.4)
μ_0 Permeabilitätskonstante im Vakuum (3.1.4)
μ_r relative Permeabilität (3.1.4)
ϱ Kreisgüte, Resonanzschärfe (7.1.4.1)
ϱ Länge, Radius (2.3.3.1)
ϱ spezifischer Winderstand (2.3.2)
ϱ Raumladungsdichte (4.3.1.2)
σ mechanische Spannung (4.3.1.2)
σ Flächenladungsdichte (1.3.2)
σ Strahlungskonstante (4.2.1)
σ Streugrad (7.4.4.1)
τ Dämpfungsmaß (10.2.1)
τ Zeitkonstante (10.1.2)
Φ magnetischer Fluß (3.2.1)
φ elektrisches Potential (2.2.2)
φ Nullphasenwinkel (5.2.1)
φ_u Nullphasenwinkel der Spannung (6.1.1)
φ_i Nullphasenwinkel des Stromes (6.1.1)
φ_z Phasenwinkel des komplexen Widerstandsoperators (6.1.1)

φ_y	Phasenwinkel des komplexen Leitwertoperators (6.1.1)
Ψ	Fluß eines Vektors (0.2.4), Windungsfluß (3.2.4.2)
Ψ	Verschiebungsfluß (2.5.1)
ψ	skalares magnetisches Potential (3.2.2)
ψ	Phasenwinkel
ω	Kreisfrequenz (3.3.3.2)
ω_0	Resonanzfrequenz (7.1.4.2)

5 Netzwerke und ihre Elemente

Ziel. Nach Durcharbeit des Abschnittes 5 sollen beherrscht werden:
Abschnitt 5.1
— die Begriffe lineares, nichtlineares, differentielles Netzwerkelement, Kleinsignalaussteuerung:
— unabhängige und abhängige Quellen (Beispiele, Eigenschaften);
— die Anwendung des Überlagerungssatzes nach der Zweipoltheorie auf Netzwerke mit gesteuerten Quellen;
— Erläuterung und Beispiele für zeitunabhängige und zeitabhängige Netzwerkelemente. Energiebeziehung in Netzwerkelementen;
— die dynamische Kennlinie (Unterschied zur statischen Kennlinie).
Abschnitt 5.2.
— wichtige Netzwerkerregungen (Beispiele);
— die Kennzeichen periodischer Vorgänge und Wechselgrößen;
— die Berechnung von Mittelwerten (arithmetischer, Effektivwert) von Wechselgrößen und ihre physikalische Begründung;
— Eigenschaften und Darstellung der Sinusfunktion (Differentiation, Integration, Addition).
Abschnitt 5.3
— die Aufstellung des vollständigen Gleichungssystems eines Netzwerkes;
— die Begriffe Graph, vollständiger Baum, Baumkomplement;
— die Beschreibung und Anwendung des Maschenstrom- und Knotenspannungsverfahrens, Aufbau der Maschenwiderstands- und Knotenleitwertmatrix;
— Netzwerkhilfssätze
— die Erläuterung der Netzwerk-Integro-Differentialgleichung (Aufstellung, Zusammenhang mit den Schaltelementen, Lösungsmöglichkeiten abhängig von der Erregung);
— der Begriff „eingeschwungener Zustand“.

Übersicht. Die Grundaufgabe der Elektrotechnik/Elektronik besteht nach Abschn. 0.1 in der Energie- und Informationsübertragung von einer Quelle zum Verbraucher mit dem elektromagnetischen Feld als Träger des Energiestromes. Das kann durch räumlich freie Ausbreitung des Feldes erfolgen (z. B. elektromagnetische Wellen), aber auch durch *„Führung“ des Feldes* über Leitungen, Bauelemente und Schaltungen. Das letztere ist die *Aufgabe der Netzwerktheorie*. Ein *Netzwerk oder Stromkreis ist dabei eine beliebige Zusammenschaltung von Schaltelementen, Strom- und Spannungsquellen.*

Der Übergang von der Feld- zur Netzwerkbeschreibung bringt ganz entscheidende Vereinfachungen: An die Stelle der komplizierten Feldgleichungen treten die Kirchhoffschen Sätze und die Strom-Spannungsrelationen der Netzwerkelemente.

Er setzt allerdings so langsame zeitliche Feldgrößenänderungen voraus, daß ihre räumlich-zeitliche Ausbreitung vernachlässigt werden kann. Da die zeitliche

Änderung gleichsam unabhängig vom Ort erfolgt, heißt der Zustand quasistationär (s. Bild 3.65).

Im quasistationären Zustand ist das Feld als Produkt aus einer Zeit- und Ortsfunktion darstellbar.

Dann besteht das Netzwerk aus sog. *räumlich-konzentrierten* Schaltelementen. In solchen Netzwerken haben wir gewöhnlich folgende Aufgabe zu lösen:

Gegeben ist eine *Netzwerkerregung* (Strom-, Spannungsquelle, Ursache) an irgendeiner Stelle im Netzwerk — dem *Netzwerkeingang* —, gesucht ist irgendeine Zweiggröße (Strom, Spannung, Wirkung) an einer anderen Stelle des Netzwerkes, dem *Netzwerkausgang*.

Das ist eine Aufgabe der *Netzwerkanalyse*. Beim Grundstromkreis haben wir diese Aufgabe schon vielfach bearbeitet (Abschn. 2.4.3). Für ein lineares Netzwerk (mit linearen Schaltelementen) ergaben sich dabei:

gesucht	*gegeben*		(5.1)
Ausgangsgröße (Wirkung, z. B. Zweigstrom/Spannung)	= Übertragungsfaktor F (Netzwerkfunktion)	· Eingangsgröße (Ursache, Spannungs-Stromquelle am Netzwerkeingang).	

Wir dürfen ein solches allgemeines Ergebnis sicher auch für kompliziertere, aber lineare Netzwerke erwarten.

Der sog. *Übertragungsfaktor F* enthält nur Netzwerkeigenschaften. Wir werden dies später sehen. Aufgabe der Netzwerkanalyse ist es dann, rationelle Methoden zur Bestimmung des Zusammenhanges Gl. (5.1) bereitzustellen.

Beispiel. In der Schaltung Bild 5.1 sei der Strom I_3 durch R_3 als Funktion der Quellspannung U_Q gesucht. Wir zeichnen die Schaltung zunächst so um, daß Netzwerkeingang und -ausgang besser erkennbar werden. Dann ist die Spannung U_Q die Netzwerkerregung, der Strom I_3 die Wirkung. Den Zusammenhang Wirkung $= f$(Ursache) erhalten wir z. B. über die Spannungsteilerregel und $I_3 = U_3/R_3$ zu

$$I_3 = \frac{U_3}{R_3} = \frac{1}{R_3} \frac{R_2 \parallel R_3}{R_1 + R_2 \parallel R_3} U_Q = F U_Q \ .$$

Die Netzwerkgröße F hängt nur vom Netzwerk, d. h. den Widerständen und ihrer Zusammenschaltung ab.

Netzwerkeinteilung. Netzwerke lassen sich nach bestimmten *Grundeigenschaften* einteilen in:

1. Lineare Netzwerke (nur aus linearen Bauelementen). Dabei gilt der Überlagerungssatz (s. Abschn. 2.4.4.2). Enthält ein Netzwerk ein oder mehrere nichtlineare Bauelemente (s. Abschn. 1.1), so heißt es *nichtlinear*.

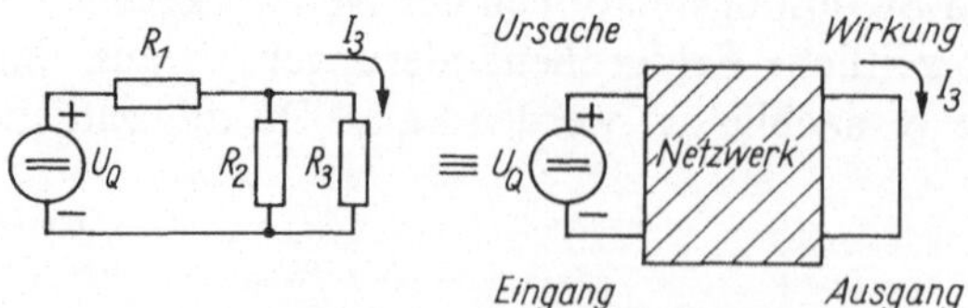

Bild 5.1. Übertragungseigenschaft eines Netzwerkes

2. Passive und aktive Netzwerke. Ausschlaggebend hierfür sind die Energie- und Leistungsverhältnisse. Wird einem Netzwerk am Ein- und Ausgang Leistung zugeführt (abgeführte ist negativ zu zählen), so gilt nach dem Energiesatz

$$\sum (p_{\text{ein}} + p_{\text{aus}}) = p + \frac{\mathrm{d}W}{\mathrm{d}t} \,. \tag{5.2a}$$

Die zugeführte Gesamtleistung $p_{\text{ein}} + p_{\text{aus}}$ wird im Netzwerk in gespeicherte Energie ($\mathrm{d}W/\mathrm{d}t$) und Verlustleistung p (Umwandlung in eine andere Energieform) umgesetzt.

Wir sprechen von einem *passiven* Netzwerk, wenn die von $t = -\infty$ bis zu einem beliebigen Zeitpunkt t aufgenommene Nettoenergie positiv ist:

$$W = \int_{-\infty}^{t} (p_{\text{ein}} + p_{\text{aus}})\mathrm{d}\tau = W(t_0) + \int_{t_0}^{t} u(t')i(t')\mathrm{d}t' \geqq 0 \,. \tag{5.2b}$$

Dabei ist $W(t_0)$ die zur Zeit t_0 im Netzwerk gespeicherte Energie, der Rest die umgesetzte Verlustleistung.

Ein Netzwerk heißt *aktiv*, wenn es nicht passiv ist.

3. Zeitunabhängige, zeitabhängige Netzwerke. Ein Netzwerk heißt *zeitunabhängig*, wenn es nur aus zeitunabhängigen Bauelementen besteht.

Mit vorgenannten Merkmalen werden die Grundeigenschaften der Netzwerke keinesfalls vollständig erfaßt, sie reichen aber im Rahmen dieser Einführung aus.

5.1 Netzwerkelemente

Netzwerkelement. Netzwerkelemente sind *Modellelemente.* Sie repräsentieren einfache mathematische Beziehungen für physikalische Größen [Strom, Spannung, Ladung, magnetischer Fluß] zwischen ihren Klemmen (= punktförmigen Anschlußstellen) bei vereinbarten Bezugsrichtungen (z. B. von Strom und Spannung). Ein Netzwerkelement modelliert den jeweils typischen *physikalischen Grundprozeß*:

— Ein Kondensator soll nur elektrische Energie speichern.
— Eine Spule soll nur magnetische Energie speichern.
— Im Widerstand findet nur Energieumsatz in Wärme statt.

Das sind die Eigenschaften der bisher bekannten Netzwerk- oder *idealen Schaltelemente.*

Bauelement. Das Verhalten eines (technischen) Bauelementes oder *realen Schaltelementes,* z. B. des Kondensators, weicht vom Verhalten eines *Netzwerkelements* (z. B. dargestellt durch die Eigenschaft „Kapazität") mehr oder weniger ab. Spulen und Kondensatoren sind beispielsweise nicht verlustfrei, Widerstände haben Streufelder, die elektrische und magnetische Feldenergie enthalten (Streukapazität, Zuleitungsinduktivität). Ferner können Temperaturabhängigkeiten der Widerstände auftreten. Man bildet deshalb das Grundverhalten eines Bauelements durch Netzwerkelemente nach (Modellierung) und berücksichtigt Sekundäreffekte durch weitere Netzwerkelemente in einer sog. *Ersatzschaltung* des (technischen) Bauelements.

Einteilung der Netzwerkelemente (NWE). Wesentliche Unterscheidungsmerkmale der NWE sind *Klemmenzahl, Energieumsatzverhalten* und *Strom-Spannungs-Relation.* Wir unterscheiden (Tafel 5.1) nach der *Klemmenzahl*:

— *Zweipolelemente* (Eintorelemente)[1]. Das sind z. B. Widerstand, Kondensator, Induktivität sowie unabhängige Spannungs- und Stromquellen. Sie bilden die Grundlage der zusammengesetzten Zweipole. Sehr oft können sie wieder durch Beziehungen zwischen den Klemmengrößen beschrieben werden (→ Zweipoltheorie). Typische zusammengesetzte Zweipole sind die Ersatzschaltungen realer Strom- und Spannungsquellen.

— *Vierpolelemente* (Zweitorelemente, Spezialfall der Mehrpolelemente). Dazu gehören Transformator (s. Abschn. 3.4.3), Gyrator, abhängige Spannungs- und Stromquellen, Verstärker, Transistoren, Operationsverstärker u.a.m.

— *Mehrpolelemente* mit mehr als vier Klemmen (z. B. OPs, ICs). Dem *Energieumsatz* nach unterscheiden wir *aktive* und *passive* Netzwerkelemente:

1. *Aktive Netzwerkelemente*, üblicherweise auch als Generatoren bezeichnet, sind gesteuerte oder ungesteuerte Strom- oder Spannungsquellen (s. Abschn. 5.1.1.2). Gesteuerte Quellen bilden in den Ersatzschaltungen der Transistoren, Operationsverstärker und Verstärker die wichtigsten Netzwerkelemente elektronischer Schaltungen.

2. *Passive Netzwerkelemente.* Sie nehmen entweder elektrische Energie auf und wandeln sie in Wärme um (Widerstand) oder speichern sie (Energiespeicherelemente: C, L, M).

Strom-Spannungs-Relation. Die in den Kapiteln 2 und 3 ermittelten Strom-Spannungs-Beziehungen der Grundelemente R, C, L waren aufgrund der getroffenen Annahmen (lineare Materialgleichung, Raumladungsfreiheit) linear und zeitunabhängig. So konnte stets eine nur von Geometrie und Material abhängige *Bemessungsgleichung* angegeben werden. In vielen elektrischen Anordnungen (z. B. Halbleiterbauelementen) treten aber verwickeltere Verknüpfungen der Feldgleichungen und Materialbeziehungen als hier auf. Damit verliert der bisherige Begriff Netzwerkelement zunächst seinen Sinn. Stets ist es aber möglich, einen *Funktionszusammenhang zwischen physikalischer Ursache und Wirkung — die Strom-Spannungs-Relation* — für jede der drei Feldarten zu jedem Zeitpunkt anzugeben. Tafel 5.2 enthält ihn für das Beispiel eines Kondensators. Danach unterscheiden wir:

— *Lineare Netzwerkelemente* mit linearem Funktionszusammenhang. Sind außerdem Strom und Spannung in jedem Zeitpunkt einander proportional, also unabhängig von der Zeit, so heißen sie *lineare, zeitunabhängige Netzwerkelemente.* Beispiele: Der Widerstand eines Leiters bei geringer Belastung, die Kapazität des Plattenkondensators mit gewöhnlichem Dielektrikum, Spule ohne Eisenkern. Geht die Zeit explizit ein, so liegt ein *linear zeitabhängiges*

[1] Ein Klemmenpaar wird häufig als Tor bezeichnet.

Tafel 5.1. Übersicht der Netzwerkelemente (linear und zeitunabhängig)

Netzwerkelement und typische Eigenschaften	Art	Strom-Spannungs-Beziehung	Schaltsymbol[b]
Ohmscher Winderstand R (*Elektrische Energie → Wärmeenergie*)	passiver *Zweipol*	$u = iR$	i, u, R
Kondensator, Kapazität C[a] (Speicherung elektrischer Feldenergie)	passiver Zweipol (Energie-speicher)	$i = C\dfrac{du}{dt}$, $u = \dfrac{1}{C}\int\limits_0^t u\,dt' + u(0)$	i, u, C
Spule, Induktivität L[a] (Speicherung mag. Feldenergie)	passiver Zweipol (Energie-speicher)	$u = L\dfrac{di}{dt}$, $i = \dfrac{1}{L}\int\limits_0^t u\,dt' + i(0)$	i, u, L
Transformator, Gegeninduktivität M[b] (el. → mag. → el. Energie)	passiver Vierpol	$u_1 = L_1\dfrac{di_1}{dt} + M\dfrac{di_2}{dt}$ $u_2 = L_2\dfrac{di_2}{dt} + M\dfrac{di_1}{dt}$	M, i_1, i_2, u_1, u_2, L_1, L_2
Konstantspannungsquelle[c] Quellenspannung (nichtel. → el. Energie)	aktiver Zweipol	$U_Q = \text{const}$ $u_Q = \text{const}$	i, +, −, U_Q; i, u_Q
Konstantstromquelle[c] Quellenstrom (dto.)	aktiver Zweipol	$I_Q = \text{const}$ $i_Q = \text{const}$	u, I_Q, i_Q
gesteuerte (abhängige) Spannungs- oder Stromquelle[c] (el. → el. Energie)	aktiver Vierpol	$U_Q = f\,(\text{Steuergröße})$ $I_Q = f\,(\text{Steuergröße})$	z.B. i, +, −, U_{St}, $U_Q = f(U_{St})$

[a] Für zeitunabhängiges Element.
[b] Anfangswert Null gesetzt.
[c] Eingehender s. Tafel 5.3.

Tafel 5.2. Ursache-Wirkungs-Zusammenhang der Integralgrößen der verschiedenen Feldarten und abgeleitete Arten von Netzwerkelementen, veranschaulicht am Beispiel des Kondensators

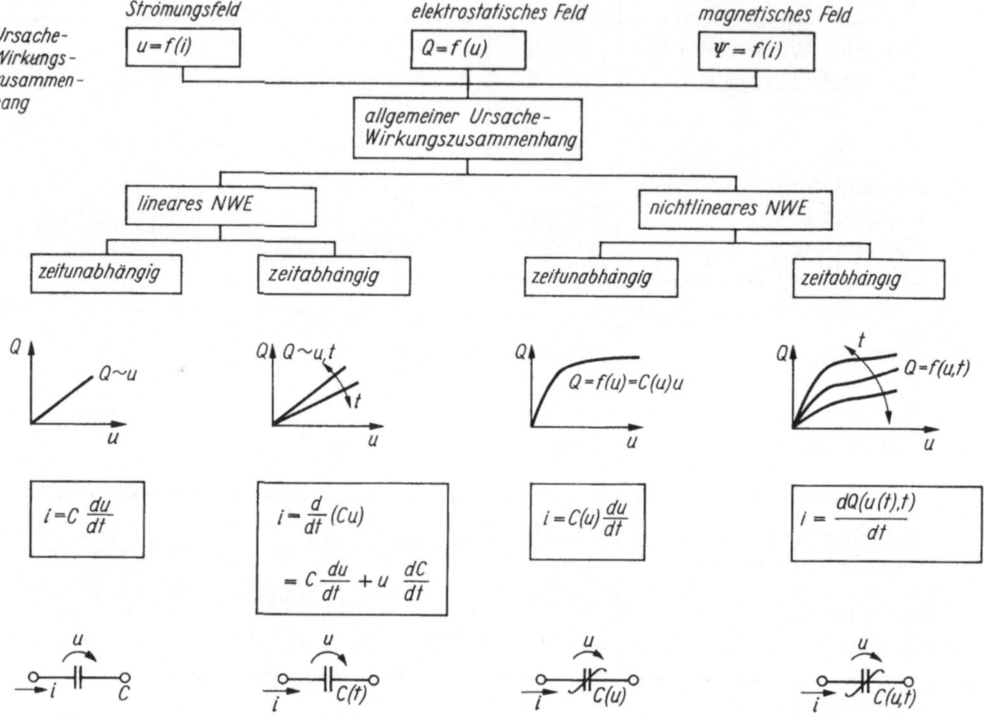

Netzwerkelement vor. Beispiel: Kondensator, dessen Plattenabstand z. B. mechanisch verändert wird.

— *Nichtlineare Netzwerkelemente* mit nichtlinearem Funktionszusammenhang. Zahlreiche elektronische Bauelemente haben infolge komplizierter innerer physikalisch-elektrischer Vorgänge eine nichtlineare Strom-Spannungs-Relation. Dazu gehören beispielsweise
  - Dioden, Transistoren, Röhren, Zener-, Tunneldioden, Thyristoren, Verstärker, Optokoppler, Gyrator;
  - nichtlineare Kapazitäten (Sperrschichtkapazität in Halbleiterbauelementen), nichtlineare dielektrische Kapazität;
  - nichtlineare Induktivität (Spule mit Eisenkern).

Unter ihnen gibt es Vertreter, bei denen Strom und Spannung in jedem Zeitpunkt über eine nichtlineare Beziehung zeitunabhängig verknüpft sind: *nichtlineare, zeitunabhängige Bauelemente* mit nichtlinearer zeitunabhängiger Kennlinie durch den Ursprung (Beispiele: Halbleiterdiode, nichtlinearer Widerstand).

Jede nichtlineare zeitunabhängige Kennlinie läßt sich für kleine Änderungen von Ursache (ΔU) und Wirkung (ΔW) (Kleinsignalaussteuerung) im jeweiligen Arbeitspunkt linear durch die Tangente (Differentialquotient) an die Kennlinie annähern[1]. Der Differentialquotient heißt *differentielles* Netzwerkelement[2] und wird mit kleinem Buchstaben gekennzeichnet: *differentieller Widerstand r, differentielle Kapazität c, differentielle Induktivität l.*

Differentielle Netzwerkelemente lassen sich im Netzwerk mit Kleinsignalgrößen genau so betreiben wie die sog. statischen NWE[1] bei beliebiger Aussteuerung (z. B. einem Widerstand R u. a. m.).

Gänzlich andere Verhältnisse treffen auf steuerbare Netzwerkelemente zu. Sie hängen von einem unabhängigen Steuerparameter γ ab. Dazu gehören z. B. mechanisch veränderbare Widerstände und Kondensatoren. Wenn ihre Strom-Spannungs-Relation von der Zeit als Steuerparameter abhängt, nennt man sie zeitgesteuerte, zeitveränderliche oder *unabhängig zeitgesteuerte Netzwerkelemente.* Unabhängig deswegen, weil die Steuergröße nicht mit den Klemmengrößen des Netzwerkelementes in Beziehung steht. Zeitgesteuerte Netzwerkelemente mit linearer Funktionskennlinie sind lineare Elemente, solche mit nichtlinearer Kennlinie nichtlinear zeitgesteuerte Netzwerkelemente.

5.1.1 Quellen

Strom- und Spannungsquellen sind die Ursache dafür, daß in Netzwerkzweigen Ströme fließen und Spannungen abfallen. Sie stellen also die *Erregung* eines Netzwerkes dar. Es gibt zwei Arten solcher Quellen: *unabhängige* und abhängige oder *gesteuerte* Quellen (Tafel 5.3).

5.1.1.1 Unabhängige Quellen

Im Abschn. 2.4.3 führten wir die Begriffe *ideale Spannungs-* bzw. *Stromquelle* als Grundbestandteile des aktiven Zweipols ein. Wir verwenden sie jetzt als Netzwerkelemente.

Die *ideale Spannungsquelle* (= reale Quelle mit dem Innenwiderstand $R_i = 0$) besitzt an ihren Klemmen stets eine „*eingeprägte*" oder *starre* Spannung $u_Q(t)$ unabhängig von der Größe des entnommenen Stromes, aber auch unabhängig von anderen Spannungen oder Strömen in anderen Zweigen des Netzwerkes. Sie heißt *Leerlauf-* oder *Quellenspannung* und die Quelle deshalb auch *Konstantspannungsquelle.* Mathematisch wird sie durch

$$u_Q(t) = f(t)|_{-\infty < i < \infty} \tag{5.3}$$

Konstantspannungsquelle (Definitionsgleichung).

beschrieben. $f(t)$ ist die Erregerfunktion. Bei Gleichstrom ist $f(t)$ eine Konstante.

Je nach der *Richtungszuordnung* von Klemmenstrom und Spannung, wirkt sie als Leistungsquelle (sgn $u = -$ sgn i, Erzeugerzählpfeilsystem, s. Abschn. 2.4.3.1) oder Leistungsverbraucher (sgn $u =$ sgn i, Verbraucherzählpfeilsystem). Daraus

[1] Im Grenzfall verschwindender Aussteuerung.
[2] Auch der Begriff „dynamisches NWE" ist üblich.
[1] Der Begriff statisches NWE wird mitunter zur Kennzeichnung der üblichen NWE benutzt.

Tafel 5.3. Übersicht der Quellen in elektrischen Netzwerken

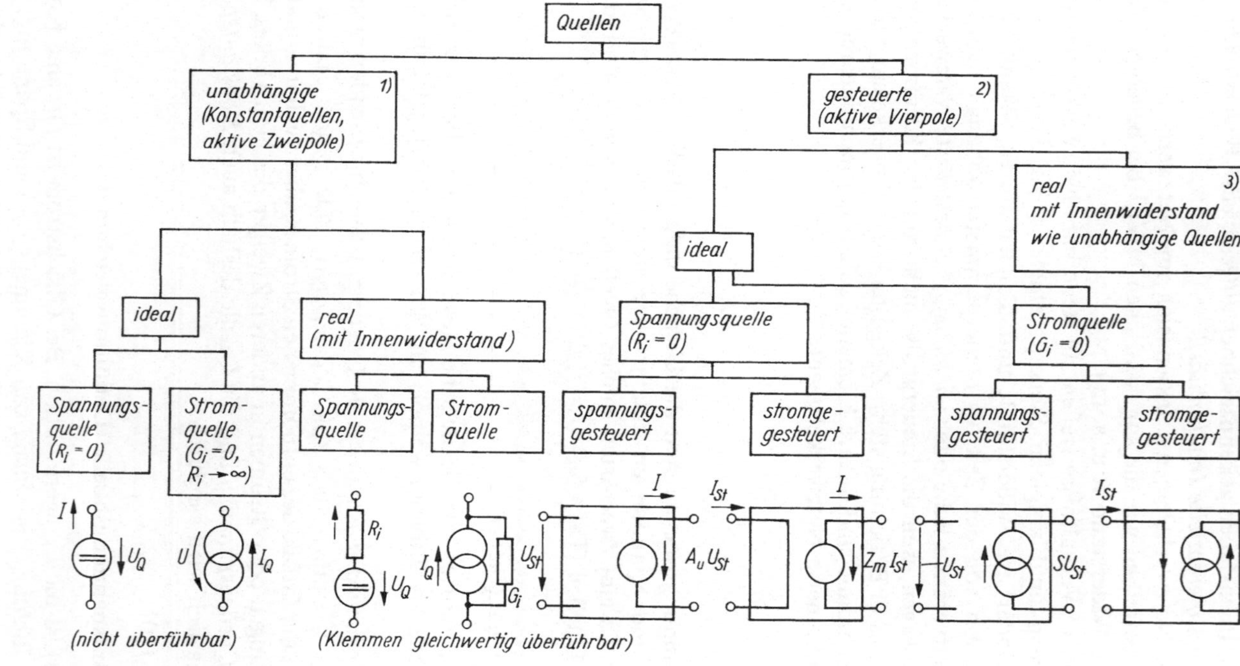

1 Siehe Tafel 2.48.
2 Vierpolbegriff s. Abschn. 7.2.
3 Hier ist entweder R_i und/oder der Widerstand R_{St} der Steuerstrecke endlich.

erklärt sich die jeweilige Strom-Spannungs-Kennlinie (s. Bild 2.45). Im Erzeugerzählpfeilsystem arbeitet die Spannungsquelle im ersten Quadranten als Generator, im zweiten als Verbraucher.

Die *ideale Stromquelle* (= reale Quelle mit dem Innenleitwert $G_i = 0$ bzw. Innenwiderstand $R_i \to \infty$) liefert einen *eingeprägten* Strom unabhängig von der Belastung: den *Kurzschluß-* oder *Quellenstrom*. Deshalb heißt sie auch *Konstantstromquelle*

$$i_Q(t) = f(t)|_{-\infty < u < \infty} \tag{5.4}$$

Konstantstromquelle (Definitionsgleichung).

Bezüglich Richtungszuordnung von u und i und Leistungsumsatz gelten die gleichen Überlegungen wie bei der Konstantspannungsquelle. Beiden Quellen ist gemeinsam, daß Quellspannung bzw. Quellstrom unabhängig von anderen Strömen und Spannungen des Netzwerkes sind. Wir nennen sie deshalb *unabhängige Quellen* und merken uns zusammenfassend:

1. Bei unabhängigen idealen Quellen sind Quellenspannung oder -strom nur gegebene Funktionen der Zeit, z. B.
   — zeitlich konstante Größen: Gleichspannungs- bzw. Gleichstromquelle;
   — periodisch wechselnde Größen: Wechselspannungs- bzw. -stromquelle.
2. Unabhängige Quellen stellen die Erregung eines Netzwerkes dar.
3. Die Leistungsergiebigkeit einer idealen Quelle ist unendlich groß (im Gegensatz zur realen, s. u.).
4. Eine unabhängige ideale Stromquelle kann *nicht* in eine unabhängige ideale Spannungsquelle umgeformt werden (für reale Quellen, d. h. solche mit Innenwiderstand, ist das möglich!).
5. Nach den Versetzungs- und Teilungssätzen (s. Abschn. 2.4.2) lassen sich unabhängige ideale Spannungsquellen über Knoten verschieben bzw. Stromquellen über zusätzliche Knoten führen.
6. Aus den Versetzung- bzw. Teilungssätzen folgt unmittelbar:

— *NWE parallel zur idealen Spannungsquelle* können weggelassen werden (sie wirken für diese wie Leerlauf);

— *NWE in Reihe zur idealen Stromquelle* können weggelassen werden (sie wirken für diese wie Kurzschluß). Auf reale Quellen trifft dies nicht zu!

5.1.1.2 Gesteuerte Quellen

Unabhängige Quellen besaßen eine nicht vom Netzwerk abhängige Erregergröße (Quellenspannung, Quellenstrom). Im Gegensatz dazu hängt bei *gesteuerten* idealen Spannungs- oder Stromquellen die Quellenspannung bzw. der Quellenstrom von einer (elektrischen) Steuergröße ab: *Steuerstrom* i_{St} bzw. *-spannung* u_{St} (Tafel 5.3).

Beispiele solcher gesteuerten Quellen sind:

1. Gleichstromgenerator (Bild 5.2a). Durch Rotation des Ankers entsteht an den Bürsten eine Quellenspannung u_Q, die von der Felderregung, also dem Feldstrom i (etwa linear) abhängt (s. Abschn. 3.3.3.2). $u_Q(t) = \text{const} \cdot i(t)$ Sie ist wohl lastunabhängig, jedoch vom „Steuerstrom i" bestimmt: *u_Q ist durch i steuerbar*, es liegt eine *stromgesteuerte Spannungsquelle* vor. In einer solchen gesteuerten Quelle gehören die steuernde Größe (hier i) und die

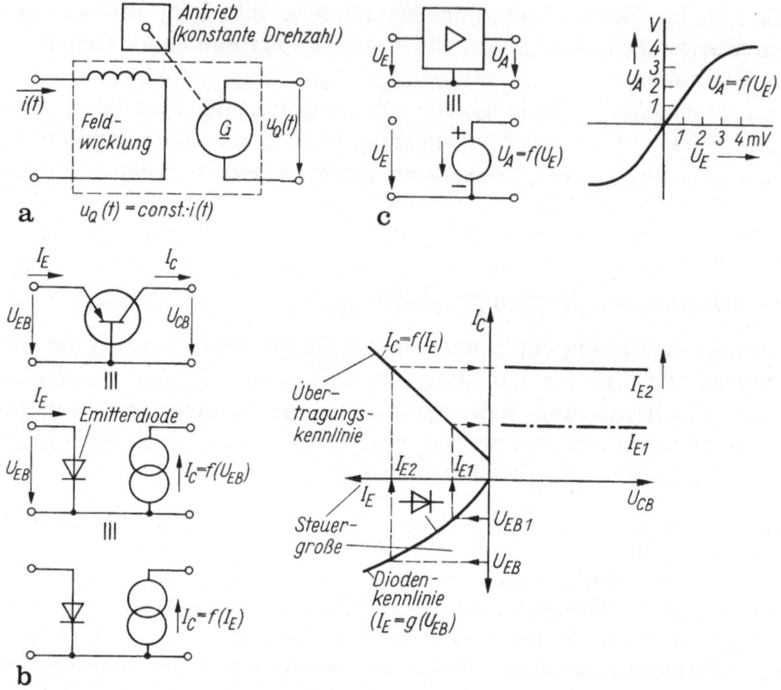

Bild 5.2a–c. Beispiele gesteuerter Quellen. **a** Gleichstromgenerator; **b** Transistor mit Ersatzschaltung und Übertragungs- und Diodenkennlinie (Eingangskennlinie); **c** Verstärker mit Ersatzschaltung und Übertragungskennlinie

gesteuerte Größe (hier u_Q) gewöhnlich getrennten Stromkreisen an. Damit stellt Bild 5.2a gleichzeitig eine einfache Ersatzschaltung einer gesteuerten Quelle dar.

2. *Transistor* (Bild 5.2b). Die Spannung U_{EB} an der Emitterdiode bestimmt nicht nur den Emitterstrom I_E, sondern auch den Kollektorstrom I_C am Ausgang des Transistors: $I_C = f(U_{EB})$. Wir stellen den Ausgangsstrom I_C durch eine Stromquelle dar, die von der Emitter (= Eingangs-)spannung nichtlinear gesteuert wird: *nichtlineare, spannungsgesteuerte Stromquelle.* So ist das Ersatzschaltbild leicht verständlich. Eine doppelt so große Steuerspannung U_{EB2} erzeugt einen größeren Emitterstrom I_{E2} und so den Kollektorstrom I_{C2}. Prinzipiell ist es aber auch denkbar, den Eingangs-(= Emitter)strom als Steuergröße zu betrachten.
Dann hängt der Ausgangsstrom I_C vom Eingangsstrom I_E ab: $I_C = f(I_E)$ und wir sprechen von einer *stromgesteuerten Stromquelle.*

3. *Verstärker.* Die gesteuerte Quelle wird graphisch durch eine sog. *Übertragungskennlinie* (z. B. $I_C = f(I_E)$. Bild 5.2b) gekennzeichnet. In einer Verstärkeranordnung, aufgebaut aus Transistoren und Widerständen, wird z. B. eine sehr kleine Eingangsspannung U_E in eine relativ große Ausgangsspannung U_A verstärkt, also durch eine Übertragungskennlinie $U_A = f(U_E)$ beschrieben (Bild 5.2c). Wir können diese Wirkung zurückführen auf eine Spannungsquelle U_A am Ausgang des Verstärkers, die von der Eingangsspannung U_E gesteuert wird: *Spannungsgesteuerte Spannungsquelle.*

Wir erkennen (Tafel 5.3):
Es gibt

spannungs- und	Spannungs- und
stromgesteuerte	Stromquellen ,

insgesamt also vier Arten. Sie treten in sog. *steuerbaren* (Name!) *elektronischen Bauelementen* wie Transistoren, Elektronenröhren, Feldeffekttransistoren, Optokopplern, Verstärkern (integriert als sog. Operationsverstärker) auf und haben für die Elektronik die gleiche Bedeutung wie unabhängige Quellen.

Stets gehören die gesteuerte Quelle und die Steuergröße *verschiedenen* Stromkreisen an. Das wurde im Bild 5.3 veranschaulicht. Deshalb sind solche gesteuerten Quellen (Abschn. 7.2.1) als *Vierpol* zu betrachten mit zwei Klemmen für die Steuergröße und zwei für die gesteuerte Quelle.

Gesteuerte Quelle als Netzwerkelement. Wie andere Netzwerkelemente auch, kann jede gesteuerte Quelle nach ihrem Linearitäts- und Zeitverhalten weiter unterteilt werden in (Tafel 5.4):

— *Linear–zeitunabhängig gesteuerte Quellen* als wichtigster Quellentyp für lineare Netzwerke. Dies gilt vor allem bei kleinen Aussteuerungen in Wechselstromkreisen.
— *Nichtlinear–zeitunabhängig gesteuerte Quellen*, wie sie für reale Bauelemente (vor allem bei größeren Signalamplituden) typisch sind. Der Zusammenhang $I_C = f(U_{BE})$ beim Transistor ist von diesem Typ (hier gilt I_C exp U_{BE}/U_T).
— *Linear–zeitabhängig gesteuerte Quelle.* Dabei hängt der Steuerungskoeffizient, z. B. die Spannungsverstärkung A_u, die Stromverstärkung A_i u. a. explizit von der Zeit t ab. Bei konstanter Steuerspannung ändert sich dann das Ausgangssignal zeitlich. Ein Beispiel hierfür ist der Optokoppler: Fotolumineszenzdiode am Eingang, deren Strahlung auf eine Fotodiode als Ausgangskreis fällt. Durch eine rotierende Scheibe mit Schlitzen kann der optische Übertragungsweg gesteuert werden: Kennlinie $I_A = B(t) \cdot I_{St}(B(t)$ (Stromübersetzung, Anwendung für Modulations- und Mischzwecke).

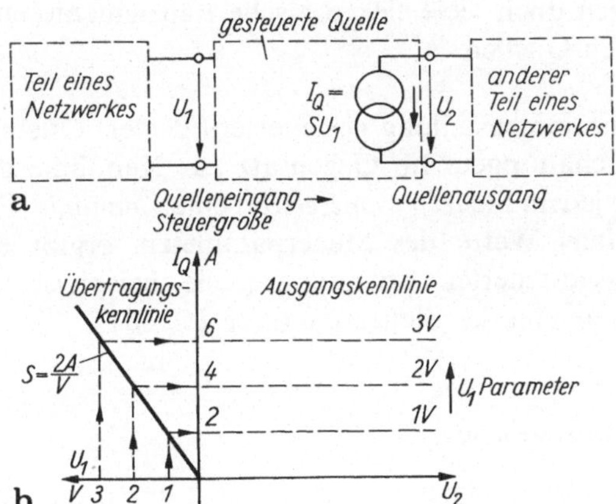

Bild 5.3a, b. Spannungsgesteuerte lineare Stromquelle. **a** der Quellenstrom I_Q hängt von der Spannung U_1 ab, die Proportionalitätskonstante S (Steilheit) hat die Dimension eines Leitwertes; **b** Übertragungskennlinie

Tafel 5.4. Übersicht einer spannungsgesteuerten Spannungsquelle.

	Zeitinvariant	Zeitvariant
Linear	$u_A(t) = A_u u_{st}(t)$	$u_A = A_u(t) u_{st}(t)$
Nichtlinear	$u_A = A_u(u_A) u_{st}$	$u_A = u_A(u_{st}(t), t)$

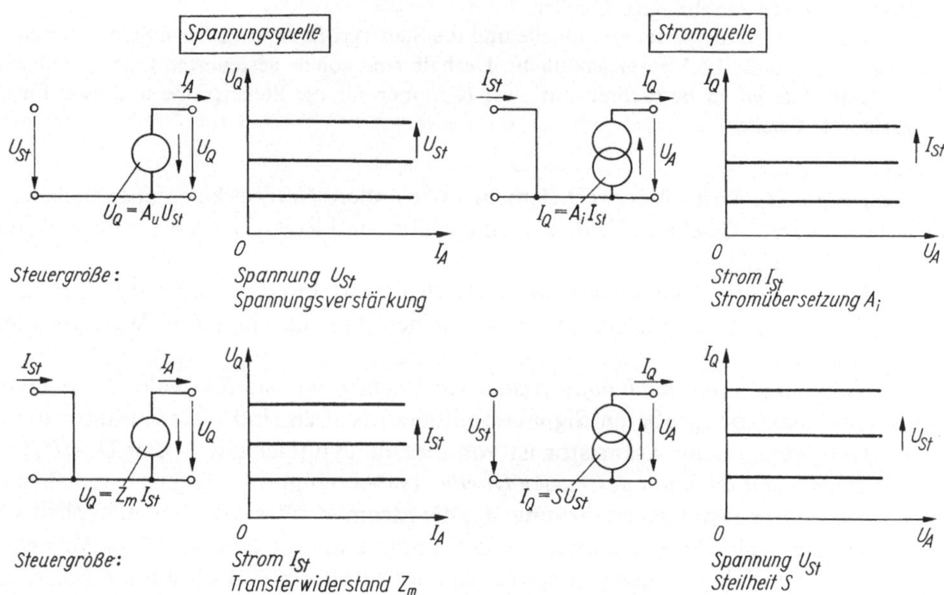

Bild 5.4. Steuerkennlinien gesteuerter linearer idealer Quellen

— *Nichtlinear–zeitabhängig gesteuerte Quelle* als Verallgemeinerung des vorhergehenden Falles.

Wenn wir uns auch vorrangig mit linear-zeitunabhängigen Quellen als Netzwerkelementen befassen, so verhalten sich doch viele elektronische Bauelemente eher nach dem Muster der letztgenannten Quellen.

Kennlinien. Bild 5.4 enthält eine Zusammenstellung gesteuerter (idealer) Quellen, sowie ihre Kennlinien und Ersatzschaltungen. Im Gegensatz zur Kennlinie der unabhängigen Quelle gehört hier zu jedem *Steuerparameterwert* eine *Kennlinie.* Die Gesamtheit aller (bzw. ausgewählter) Werte des Steuerparameters ergibt ein *Kennlinienfeld.* Bei der spannungsgesteuerten Spannungsquelle beispielsweise hängt die Quellenspannung U_Q linear von der Steuerspannung U_{St} ab

$$U_Q = A_u U_{St}|_{-\infty < i < +\infty} \tag{5.5}$$

spannungsgesteuerte Spannungsquelle.

Der *Steuerfaktor* A_u, die sog. *Leerlaufspannungsverstärkung*, ist dimensionslos.

Das Kennlinienfeld besteht aus Parallelen im Abstand $A_u U_{St}$ parallel zur Achse des Ausgangsstromes $I \equiv I_A$. Mit steigender Steuerspannung erhöht sich die Quellenspannung $U_Q = A_u U_{St}$. Da der Steuerfaktor A_u normalerweise größer als eins ist, drückt sich in ihm die Verstärkerwirkung der Quelle anschaulich aus: Durch kleine Steuerspannungen U_{St} kann die große Quellenspannung U_Q leistungslos „verändert" werden.

Die Steuerung einer idealen Quelle erfolgt stets leistungslos, außerdem hat sie eine unerschöpfliche Leistungsergiebigkeit.

Daraus ergibt sich der zwischen den Steuerklemmen auftretende Widerstand (= Eingangswiderstand der gesteuerten Quelle): Die leistungslose Steuerung erfordert bei

Spannungssteuerung: Eingangswiderstand R_{St} unendlich groß: *Leerlauf* am Eingang.
Stromsteuerung: Eingangsleitwert G_{St} unendlich groß: *Kurzschluß* am Eingang.

So erklären sich die im Bild 5.4 dargestellten Ersatzschaltungen sofort. Ganz entsprechende Überlegungen gelten auch für die übrigen drei gesteuerten Quellen:

Stromgesteuerte Spannungsquelle. Hier gilt

$$U_Q = Z_m I_{St}|_{-\infty < i < +\infty} \, . \tag{5.6}$$

Der Faktor Z_m heißt *Transferwiderstand*[1a] (Dimension Widerstand).
Stromgesteuerte Stromquelle

$$I_Q = A_i I_{St}|_{-\infty < u < +\infty} \, . \tag{5.7}$$

A_i *Kurzschlußstromverstärkung, Stromübersetzung.*
Spannungsgesteuerte Stromquelle

$$I_Q = S U_{St}|_{-\infty < u < +\infty} \tag{5.8}$$

mit S *Transferleitwert*[1b] oder verbreitet *Steilheit.* Bild 5.4 enthält die entsprechenden Prinzipkennlinien. Zusammengefaßt:

Eine lineare gesteuerte (ideale) Spannungs-(Strom-)quelle ist eine Quelle, deren Quellenspannung (Quellenstrom) lastunabhängig durch eine Steuerspannung oder einen Steuerstrom eines anderen Netzwerkzweiges eingestellt wird. Der Steuerzusammenhang kann linear, nichtlinear, zeitabhängig oder — unabhängig sein (Tafel 5.4), in linearen Wechselstromschaltungen auch komplex. Deshalb werden für *i*, *u* oft kleine Symbole verwendet.

Nichtumkehrbarkeit gesteuerter Quellen. Gesteuerte Quellen arbeiten nicht umkehrbar: Die Steuergröße bestimmt die Ausgangsgröße, umgekehrt hat aber die Ausgangsgröße *keinen Einfluß* auf die Steuergröße. Wie immer auch die Belastung der spannungsgesteuerten Spannungsquelle beispielsweise (Bild 5.3) sein möge, die Steuerspannung U_{St} ändert sich dadurch nicht: *Prinzip der Rückwirkungsfreiheit einer gesteuerten Quelle.*

In linearen Wechselstromnetzwerken: [1a] Transferimpedanz bzw. [1b] Transadmittanz.

Damit bringt eine gesteuerte Quelle zwei sonst wirkungsmäßig getrennte Stromkreise *in einer Richtung* miteinander in Wechselwirkung: Vorgänge im Steuerkreis übertragen sich in den Quellenkreis, aber nicht umgekehrt. Die gesteuerte Quelle unterscheidet sich somit prinzipiell von gekoppelten Spulen, bei denen sich beide Stromkreise wechselseitig beeinflussen (Abschn. 3.4.2)!

Reale gesteuerte Quellen. Reale gesteuerte Quellen haben in der Regel (Tafel 5.3)

— auf der Steuerseite einen endlichen Eingangswiderstand R_{St}. Dann ist eine Spannungssteuerung immer in eine Stromsteuerung und umgekehrt überführbar;

— auf der Quellenseite — wie die reale Spannungs- bzw. Stromquelle — einen Innenwiderstand bzw. Innenleitwert (s. Abschn. 2.4.3).

Für die spannungsgesteuerte Spannungsquelle lauten die U-I-Beziehungen (Bild 5.5):

$$U_{St} = R_{St} I_{St} \qquad \text{Steuergleichung}$$

$$\begin{aligned} U_A &= A_u U_{St} - I_A R_i \\ &= A_u R_{St} I_{St} - I_A R_i \, . \end{aligned} \qquad \text{Ausgangsgleichung} \tag{5.9}$$

Strom-Spannungs-Relation einer realen spannungsgesteuerten Spannungsquelle

Für die anderen Quellen ergeben sich analoge Gleichungen.

Da die reale Spannungsquelle über ihren Innenwiderstand stets in eine reale Stromquelle umgewandelt werden konnte (s. Abschn. 2.4.3.2), können z. B. aus einer spannungsgesteuerten realen Spannungsquelle alle restlichen Quellenarten (Bild 5.4) hergeleitet werden:

$$U_Q = A_u U_{St} = A_u R_{St} I_{St}, \quad I_Q = \frac{A_u}{R_i} U_{St} = S U_{St} = \frac{A_u}{R_i} R_{St} I_{St} \, .$$

Zwischen den Steuerparametern gilt dabei

$$A_u = S R_i \quad \text{Barkhausen-Beziehung} \tag{5.10}$$

Steuerfaktor A_u, Steilheit S, Innenwiderstand R_i.[1]

Linearisierung nichtlinearer gesteuerter Quellen. Gesteuerte Quellen werden gewöhnlich durch Verstärkerbauelemente (Röhren, Transistoren, Operationsverstärker) realisiert. Sie haben durchweg nichtlineares Strom-Spannungsverhalten. So gilt z. B. für eine nichtlineare (reale) spannungsgesteuerte Spannungsquelle (Bild 5.6 und Tafel 5.4):

$$U = f(U_{St}, I) \, .$$

[1] Diese Beziehung wurde von Heinrich Barkhausen erstmalig für die Elektronenröhrenersatzschaltung angegeben, allerdings mit dem sog. Durchgriff $D = 1/A_u$. Barkhausen gründete an der Technischen Hochschule Dresden im Jahre 1911 das erste Institut für Schwachstromtechnik.

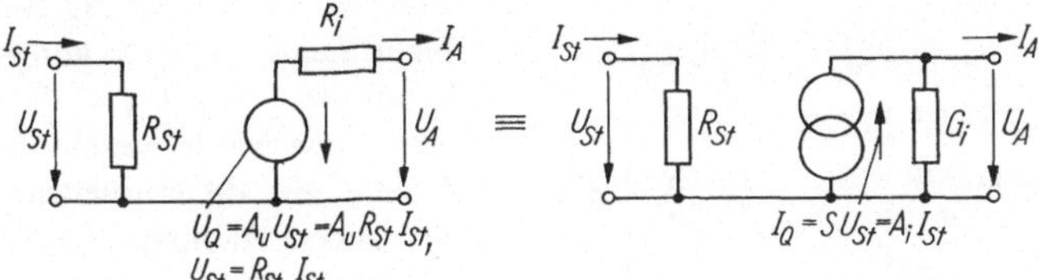

Bild 5.5. Gleichwertigkeit realer spannungs- und stromgesteuerter Quellen

Die Ausgangsspannung U hängt sowohl vom (Ausgangs-)Klemmenstrom I als auch von der Steuergröße U_{St} ab. Wir fragen nach der gesamten Spannungsänderung $\Delta U \equiv \Delta U_Q$ in einem Arbeitspunkt U, I, wenn sich die Steuergröße um den Wert ΔU_{St} ändert und der Strom I konstant bleibt.

Die Taylor-Entwicklung von $U(U_{St}, I)$ nach der Veränderlichen U_{St} ergibt

$$\underbrace{U + \Delta U_Q}_{\text{Änderungsteil}} = \underbrace{f(U_{St}, I)}_{\substack{\text{Gleichspannung,}\\ \text{Arbeitspunkt}}} + \underbrace{\left.\frac{\mathrm{d}f(U_{St}, I)}{\mathrm{d}U_{St}}\right|_{\Delta I = 0}}_{\text{Steuerbeziehung}} \cdot \Delta U_{St} + \cdots . \tag{5.11}$$

Ergebnis: Der erste Term der rechten Seite stellt die Gleichspannung U bei verschwindender Schwankung ΔU_{St} dar. Er heißt *Arbeitspunkt* P (Bild 5.6). Der zweite Term ist die Spannungsänderung infolge des Steuereffektes ΔU_{St}. Wir erfassen sie durch die Einführung einer gesteuerten (idealen) Spannungsquelle

$$\Delta U_Q = \left.\frac{\mathrm{d}U}{\mathrm{d}U_{St}}\right|_{\Delta I = 0} \cdot \Delta U_{St} \equiv \left.\frac{\mathrm{d}f}{\mathrm{d}U_{St}}\right|_{\Delta I = 0} \cdot \Delta U_{St}$$

mit einem differentiellen *Verstärkungsfaktor* $\left.\frac{\mathrm{d}U}{\mathrm{d}U_{St}}\right|_{\Delta I = 0} = A_u$ (s. o.).

Die Nebenbedingung $\Delta I = 0$ bzw. $I = \text{const}$, besagt, daß ΔU_Q eine Leerlaufspannung ist und keine Belastung (durch ΔI) bei Bestimmung der Steigung $\mathrm{d}U/\mathrm{d}U_{St}$ erfolgen darf. Im Kennlinienfeld $U = f(U_{St}, I)$ wird diese Steigung an einer Kennlinie mit $I = \text{const}$. bestimmt, wie im Bild 5.6 dargestellt.

Zusammengefaßt: Für hinreichend kleine Änderungen der Steuerspannung (resp. Steuergröße) läßt sich ein nichtlinearer Übertragungs-Kennlinienzusammenhang einer gesteuerten Quelle durch eine linear gesteuerte ideale Quelle (mit differentiellem Steuerkoeffizienten) ersetzen. Steuergröße und gesteuerte Größe sind einander proportional. Der Steuerkoeffizient hängt vom Arbeitspunkt ab, Ersatzschaltung und Quelle von der Art der Steuergröße (Strom, Spannung).

Dieser Gedanke kann auf alle vier gesteuerten Quellenarten übertragen werden und führt auf Steuerfaktoren, die in Tafel 5.5 zusammengestellt worden sind (dort nicht als differentielle Faktoren eingeführt).

Stets ist bei Anwendung differentiell gesteuerter Quellen daran zu denken, daß sie für *kleine Aussteuerung* oder die sog. *Kleinsignalbedingung* definiert sind. Bei zu großer

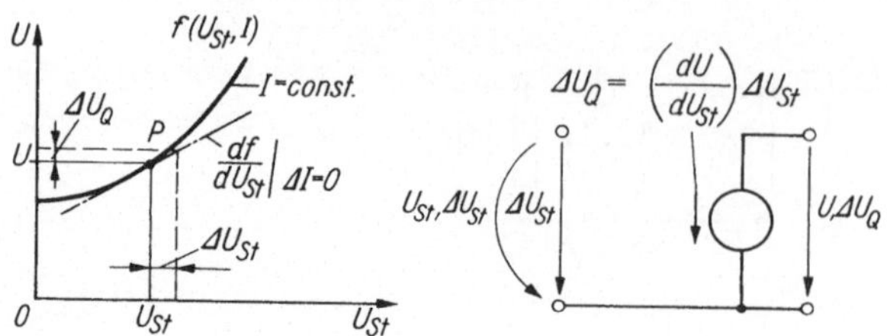

Bild 5.6. Linearisierung einer nichtlinearen Übertragungskennlinie $U = f(U_{St}, I)$ durch eine linearisierte gesteuerte Quelle mit differentiellem Steuerkoeffizienten $dU/dU_{St} = A_u$

Tafel 5.5. Ideale linear gesteuerte Quellen

Bezeichnung	Gleichung, Steuerparameter	Ersatzschaltung	$R_{St} = \frac{U_{St}}{I_{St}}$	R_i
*Spannungs*gesteuerte Spannungsquelle	$U_Q = A_u U_{St}$	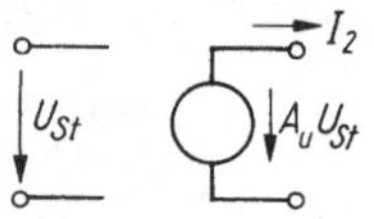 U_{St}; I_2; $A_u U_{St}$	∞	0
*Strom*gesteuerte Spannungsquelle	$U_Q = Z_m I_{St}$	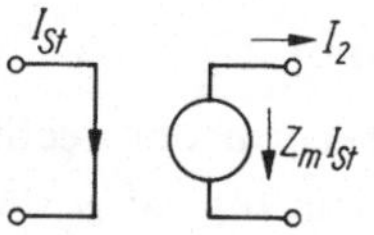 I_{St}; I_2; $Z_m I_{St}$	0	0
*Spannungs*gesteuerte Stromquelle	$I_Q = S U_{St}$	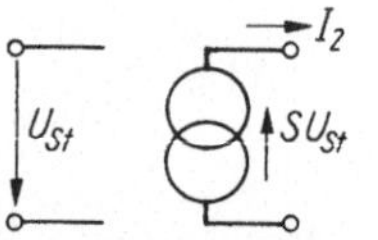 U_{St}; I_2; $S U_{St}$	∞	∞
*Strom*gesteuerte Stromquelle	$I_Q = A_i I_{St}$	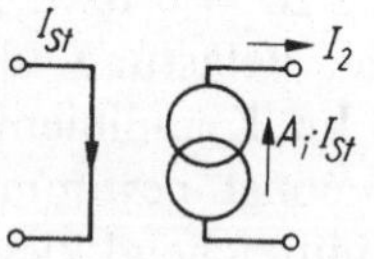 I_{St}; I_2; $A_i I_{St}$	0	∞

Legende: A_u: Leerlaufspannungsverstärkung (oft v_u); Z_m: Transferwiderstand; S: Transferleitwert, Steilheit; A_i: Kurzschlußstromübersetzung (oft β, B_N).

Aussteuerung treten nichtlineare Verzerrungen auf. Dann gilt die Proportionalität $\Delta U_Q \sim \Delta U_{St}$ nicht mehr!

Wir haben damit gesteuerte Quellen als wichtige Netzwerkelemente kennengelernt. Offen bleiben noch folgende Fragen:

— Wie ist mit gesteuerten Quellen z. B. bei Anwendung der Zweipoltheorie oder des Überlagerungssatzes zu verfahren?

— Woher stammt die Energie, die die gesteuerte Quelle offenbar in den Stromkreis einprägt?

Mit diesen Problemen werden wir uns im Abschn. 5.1.1.3 und später befassen.

Beispiel: Spannungsgesteuerte Spannungsquelle. Als Anwendungsbeispiel ermitteln wir den Strom I_4 durch R_4 (Bild 5.7) als Funktion der unabhängigen Spannung U_Q. Zunächst scheint zwischen den Stromkreisen I und II keine unmittelbare Verbindung zu bestehen. Lediglich die gesteuerte Spannungsquelle $U'_Q = A_u U_{St}$ stellt eine elektrische Verknüpfung von Kreis I nach II her. Der Strom durch R_4 ergibt sich aus dem Maschensatz in Masche II zu

$$I_4 = \frac{U'_Q}{R_3 + R_4} = \frac{A_u U_{St}}{R_3 + R_4} = \frac{R_2}{R_1 + R_2} \cdot \frac{A_u U_Q}{R_3 + R_4} .$$

Die Steuerspannung U_{St} (= Leerlaufspannung über R_2) folgt aus der Spannungsteilerregel des Kreises I zu $U_{St} = \dfrac{U_Q R_2}{R_1 + R_2}$.

Für $A_u = 100$, $U_Q = 1\,\text{V}$, $R_1 = R_2 = R_3 = R_4 = 1\,\text{k}\Omega$ beträgt $I_4 = 25\,\text{mA}$. Würde man die gesteuerte Quelle entfernen und R_3 unmittelbar an R_2 legen, so ergäbe sich ein Strom von größenordnungsmäßig $I'_4 \approx \dfrac{U_Q}{2} \cdot \dfrac{1}{R_3 + R_4} \approx 0.25\,\text{mA}$! Durch die gesteuerte Quelle kommt es zu einer Verstärkerwirkung! Wir entnehmen dem Beispiel auch, daß eine beliebige Veränderung von R_4 keinen rückwirkenden Einfluß auf die Steuergröße U_{St} hat.

Beispiel: Darstellung gekoppelter Spulen durch Quellen. Wir wollen die magnetische Kopplung zweier Spulen über ihre Gegeninduktivität *formal* auf die Wirkung zweier gesteuerter Quellen zurückführen. Die Transformatorgleichungen (ohne Anfangsenergie, keine ohmschen Widerstände) lauten (s. Gl. (3.64)).

$$\begin{aligned} u_1 &= L_1 \frac{\mathrm{d}i_1}{\mathrm{d}t} + M \frac{\mathrm{d}i_2}{\mathrm{d}t} = L_1 \frac{\mathrm{d}i_1}{\mathrm{d}t} + u_{Q1}(i_2) , \\ u_2 &= M \frac{\mathrm{d}i_1}{\mathrm{d}t} + L_2 \frac{\mathrm{d}i_2}{\mathrm{d}t} = u_{Q2}(i_1) + L_2 \frac{\mathrm{d}i_2}{\mathrm{d}t} . \end{aligned} \tag{5.12}$$

In der rechten Schreibweise setzt sich die Spannung u_1 aus dem Spannungsabfall $u_{L1} = L_1 \mathrm{d}i_1/\mathrm{d}t$ und einer Quellenspannung $u_{Q1} = M\,\mathrm{d}i_2/\mathrm{d}t$ zusammen, die vom Strom i_2 abhängt. Sie ist durch eine stromgesteuerte Spannungsquelle darstellbar. Analog verfahren wir mit dem Sekundärkreis. Mit der Darstellung Gl. (5.12) rechts sind die Transformatorgleichungen auf zwei *nicht* verkoppelte Selbstinduktionen L_1, L_2 und zwei stromgesteuerte Spannungsquellen zurückgeführt (Bild 5.8a). Beide sind der Gegeninduktivität proportional. Diese Darstellung bietet für die Netzwerkanalyse viele Vorteile, weil die Bestimmung des Vorzeichens der Gegeninduktivität häufig Schwierigkeiten bereitet.

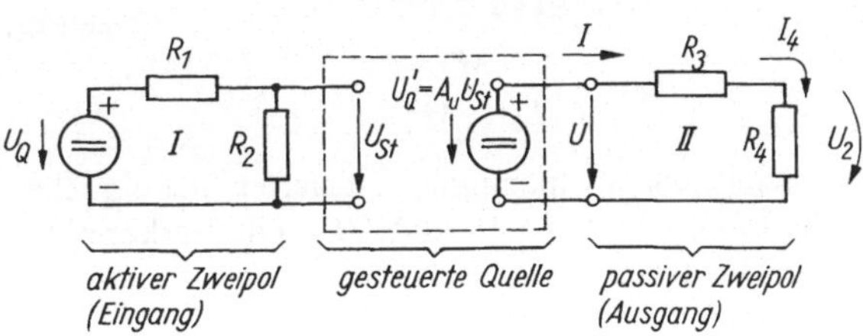

Bild 5.7. Einfügen einer spannungsgesteuerten Spannungsquelle zwischen aktivem Zweipol und passivem Zweipol. Für $A_u > 1$ wird die Spannung U_{St} verstärkt

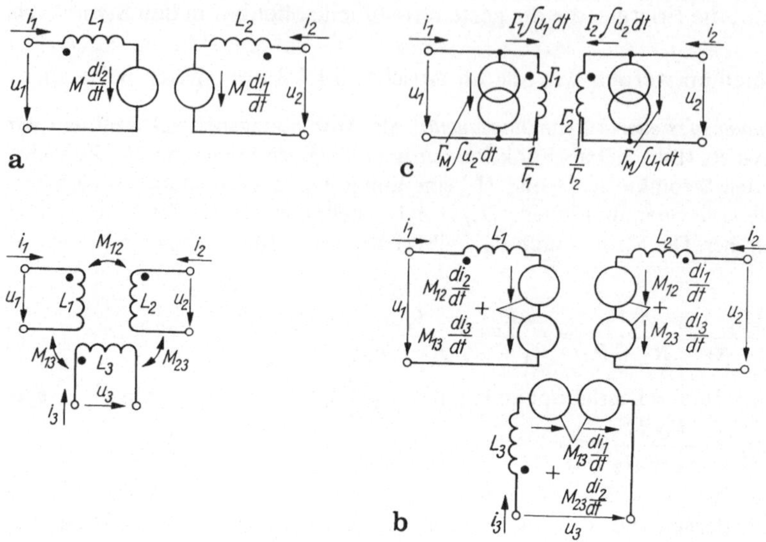

Bild 5.8a–c. Ersatzschaltung gekoppelter Spulen mit gesteuerten Quellen. **a** Ersatzschaltung mit stromgesteuerter Spannungsquelle (spannungsgesteuerte Stromquelle **c**); **b** Ersatzschaltung von drei gekoppelten Spulen

Sinngemäß kann das Verfahren auch auf mehrere verkoppelte Spulen, z. B. $L_1 \dots L_3$ angewandt werden. Die Gleichungen lauten

$$u_1 = L_1 \frac{\mathrm{d}i_1}{\mathrm{d}t} + M_{12} \frac{\mathrm{d}i_2}{\mathrm{d}t} + M_{13} \frac{\mathrm{d}i_3}{\mathrm{d}t} = L_1 \frac{\mathrm{d}i_1}{\mathrm{d}t} + u_{\mathrm{Q}12}(i_2) + u_{\mathrm{Q}13}(i_3) \; ,$$

$$u_2 = M_{21} \frac{\mathrm{d}i_1}{\mathrm{d}t} + L_2 \frac{\mathrm{d}i_2}{\mathrm{d}t} + M_{23} \frac{\mathrm{d}i_3}{\mathrm{d}t} = u_{\mathrm{Q}21}(i_1) + L_2 \frac{\mathrm{d}i_2}{\mathrm{d}t} + u_{\mathrm{Q}23}(i_3) \tag{5.13a}$$

usw. (Bild 5.8b). Man erkennt an diesem Beispiel die Nützlichkeit der Darstellung mit gesteuerten Quellen.

In Gl. (5.13) liegen die Klemmenspannungen als Funktion der Ströme vor, häufig wünscht man aber den Klemmenstrom als Funktion der Spannungen. Wir integrieren dazu Gl. (5.12) beiderseits und erhalten

$$\int u_1 \,\mathrm{d}t = L_1 i_1 + M i_2, \quad \int u_2 \,\mathrm{d}t = M i_1 + L_2 i_2 \; .$$

Die Auflösung nach den Strömen i_1, i_2 ergibt

$$i_1 = \Gamma_1 \int u_1 \,\mathrm{d}t + \Gamma_\mathrm{M} \int u_2 \,\mathrm{d}t \qquad \text{mit} \qquad \Gamma_{1/2} = \frac{L_{2/1}}{L_1 L_2 - M^2}$$

$$i_2 = \Gamma_\mathrm{M} \int u_1 \,\mathrm{d}t + \Gamma_2 \int u_2 \,\mathrm{d}t, \qquad \text{mit} \qquad \Gamma_\mathrm{M} = \frac{-M}{L_1 L_2 - M^2} \; . \tag{5.13b}$$

Dieser Darstellung entspricht eine Ersatzschaltung mit spannungsgesteuerten Stromquellen (Bild 5.8c). Hier enthalten die Zweige die Induktivitäten $1/\Gamma_1$ und $1/\Gamma_2$. Die Verkopplung beider Kreise erfolgt über die gesteuerten Quellen.

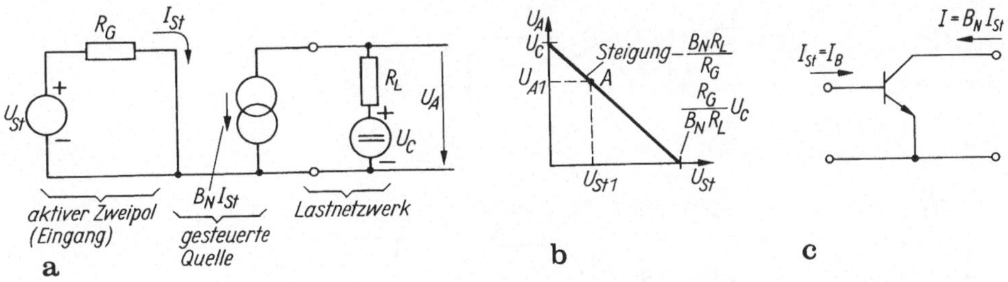

Bild 5.9a–c. Stromgesteuerte Stromquelle. **a** Ersatzschaltung; **b** Übertragungskennlinie $U_A = f(U_{St})$, mit steigender Steuerspannung U_{St} sinkt U_A: **c** Ersatz der gesteuerten Quelle durch einen Transistor

Man beachte jedoch: Die Verwendung von gesteuerten Quellen in Systemen gekoppelter Spulen ändert nichts an ihrem Übertragungsverhalten. Sie bleiben grundsätzlich *umkehrbar* wegen $L_{ik} = L_{ki} = M$. Die Quellen dienen nur zur bequemeren ersatzschaltmäßigen Erfassung der magnetischen Kopplung.

Beispiel: *Verstärkerwirkung*. Wir bestimmen für die im Bild 5.9a dargestellte Schaltung die Ausgangspannung U_A als Funktion der Steuerspannung U_{St} mit stromgesteuerter Stromquelle $I_Q = B_N I_{St}$(B_N: Stromverstärkung). Der Steuerstrom I_{St} beträgt $I_{St} = U_{St}/R_G$. Die Ausgangsspannung U_A ergibt sich aus der Maschengleichung zu

$$U_A = U_C - \left(\frac{B_N R_L}{R_G}\right) U_{St} \rightarrow U_A = f(U_{St}) \ . \tag{5.14}$$

Übertragungskennlinie

Die Spannung U_C sei durch eine unabhängige Gleichspannungsquelle gegeben. Die sog. *Übertragungscharakteristik* Gl. (5.14) (s. Bild 5.9b) zeigt, daß die Ausgangsspannung U_A mit steigender Steuerspannung U_{St} sinkt. Für $U_{St} = 0$ liegt die Gleichspannung U_C an. Die im Bild 5.9b dargestellte Ersatzschaltung ist eine einfache Grundschaltung einer *Verstärkerstufe* (z. B. Bipolartransistor in Emitterschaltung Bild 5.9c). Die Spannung U_C dient dabei zur Einstellung des Arbeitspunktes *A*, der durch die Steuerspannung U_{St} längs der „Arbeitsgeraden“ (= Übertragungskennlinie) verschoben wird.

5.1.1.3. Überlagerungssatz und Zweipoltheorie in Netzwerken mit gesteuerten Quellen. Leistungsbetrachtung

Wie sind Überlagerungssatz und Zweipoltheorie (Abschn. 2.4.4) anzuwenden, wenn ein Netzwerk gesteuerte Quellen enthält? Dazu beschränken wir uns auf lineare gesteuerte Quellen.

Überlagerungssatz. Beim Überlagerungssatz wurden die unabhängigen Quellen der Reihe nach jeweils bis auf eine außer Betrieb gesetzt und die betreffende Teilwirkung berechnet. Für *gesteuerte Quellen* ist die Antwort sehr einfach: Gesteuerte Quellen werden bei Anwendung des Überlagerungssatzes nie außer Betrieb gesetzt, sondern verbleiben stets voll wirksam in der Schaltung (im anderen Fall wird das Ergebnis häufig falsch! Bild 5.10).

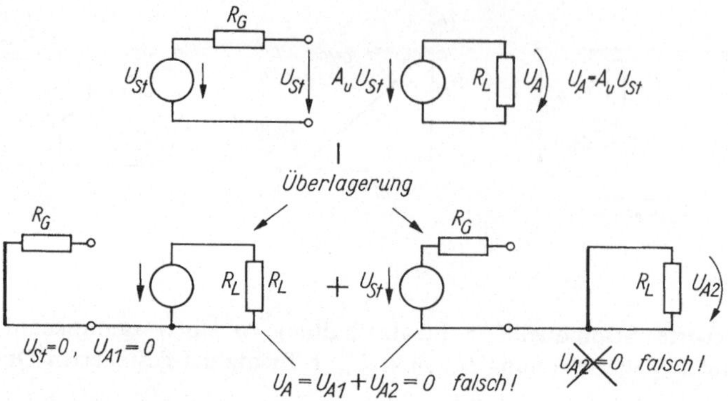

Bild 5.10. Beispiel einer falschen Anwendung des Überlagerungssatzes

Zweipoltheorie mit gesteuerten Quellen. Grundsätzlich gilt die Zweipoltheorie auch in Netzwerken mit gesteuerten Quellen, wenn folgendes beachtet wird:

1. Der passive Zweipol steht nur über seine Klemmen *AB* mit dem aktiven Zweipol in Verbindung (nicht über magnetische oder elektrostatische Kopplungen oder gesteuerte Quellen). Er kann gesteuerte Quellen enthalten, die aber durch Ströme oder Spannungen gesteuert werden müssen, die im passiven Zweipol selbst auftreten (ob dann der Begriff passiver Zweipol stets zutrifft, sei hier dahingestellt).

2. Bei der Bestimmung des Widerstandes R_{AB} des passiven Zweipoles bleiben evtl. vorhandene *gesteuerte Quellen in der Schaltung.* Die Widerstandsberechnung erfolgt dann mit dem Verfahren der *Prüfspannung* U_P bzw. des *Prüfstromes* I_P: An die Klemmen *AB* des zu bestimmenden Widerstandes wird eine Prüfspannung U_P (bzw. ein Prüfstrom I_P) angelegt und der Prüfstrom I_P (bzw. die Prüfspannung U_P) mit üblichen Netzwerkverfahren berechnet. Der Ersatzinnenwiderstand lautet

$$R_{AB} = \frac{U_P}{I_P} \tag{5.15}$$

Innenwiderstand eines Netzwerkes ausgedrückt durch Prüfgrößen U_P, I_P.

(Die bloße Anwendung der Reihen- und/oder Parallelschaltungsregeln von Widerständen führt in Netzwerken mit gesteuerten Quellen gewöhnlich zu falschen Ergebnissen!).

3. Der aktive Zweipol wird wie bisher durch Leerlaufspannung U_{lers}, Kurzschlußstrom I_{kers} und Innenwiderstand R_{iers} gekennzeichnet. Er enthält alle unabhängigen und gesteuerten Quellen, die nur von Strömen und Spannungen im aktiven Zweipol abhängen.

Bei der Bestimmung der Ersatzgrößen U_{lers}, I_{kers} und R_{iers} bleiben alle gesteuerten Quellen im Netzwerk.

4. Leerlaufspannung und Kurzschlußstrom werden mit üblichen Netzwerkanalysemethoden, der Innenwiderstand nach dem Verfahren der Prüfspannung U_P bestimmt:

— Kurzschluß aller unabhängigen Spannungsquellen, Leerlauf (Auftrennen) aller unabhängigen Stromquellen;

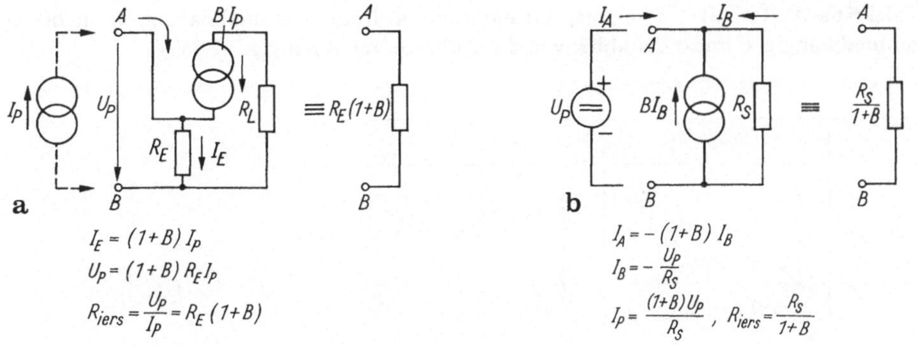

a

$I_E = (1+B)\,I_P$

$U_P = (1+B)\,R_E I_P$

$R_{iers} = \frac{U_P}{I_P} = R_E\,(1+B)$

b

$I_A = -(1+B)\,I_B$

$I_B = -\frac{U_P}{R_S}$

$I_P = \frac{(1+B)U_P}{R_S}, \quad R_{iers} = \frac{R_S}{1+B}$

Bild 5.11a, b. Anlegen von Prüfspannung U_P/Prüfstrom I_P zur Bestimmung des Zweipolinnenwiderstandes R_{iers}

— Anlegen einer Prüfgröße U_P bzw. I_P an die Klemmen AB und Bestimmung von $R_{iers} = U_P/I_P$ (vgl. Punkt 2).

Bild 5.11 zeigt das Verfahren an zwei Beispielen. Im Bild 5.11a ergibt sich bei Anlegen einer Prüfstromquelle I_P die Prüfspannung über die Kirchhoffschen Sätze und damit auch R_{iers} ebenso wie im Bild 5.11b, wo eine Prüfspannung angelegt wurde.

Grundsätzlich kann R_{iers} auch aus Leerlaufspannung und Kurzschlußstrom bestimmt werden, doch ist dieser Weg oft aufwendiger.

Später werden wir im Abschn. 5.3.4.5 eine sehr effiziente Methode zur Zweipolgrößenbestimmung für größere Netzwerkkomplexe mit der sog. Knotenspannungsanalyse kennenlernen.

5.1.2 Resistiver Zweipol. Widerstand

Das zweifelsohne wichtigste Netzwerkelement ist der Widerstand R im allgemeinsten Sinn oder besser der *resistive Zweipol.*

Ein resistiver Zweipol zeigt ein U-, I-Verhalten, das durch den Nullpunkt geht, nicht von Speichervorgängen magnetischer und elektrischer Feldenergie abhängt und stets eine irreversible Energiewandlung elektrische → nichtelektrische Energie (Wärme) aufweist.

Er ist das Netzwerkmodell für den Stromleitungsvorgang im Strömungsfeld.

Wir unterscheiden zeitunabhängige und zeitabhängige und jeweils wieder lineare und nichtlineare resistive Zweipole (Tafel 5.6).

5.1.2.1 Zeitunabhängiger resistiver Zweipol

Linearer — nichtlinearer resistiver Zweipol. Beim zeitunabhängigen resistiven Zweipol hängt der Widerstandswert nicht von der Zeit ab. Bekanntestes Beispiel

Tafel 5.6a–d. Resistive Zweipole, Grundarten. **a** linear zeitunabhängig; **b** nichtlinear zeitunabhängig; **c** linear zeitabhängig; **d** nichtlinear zeitabhängig.

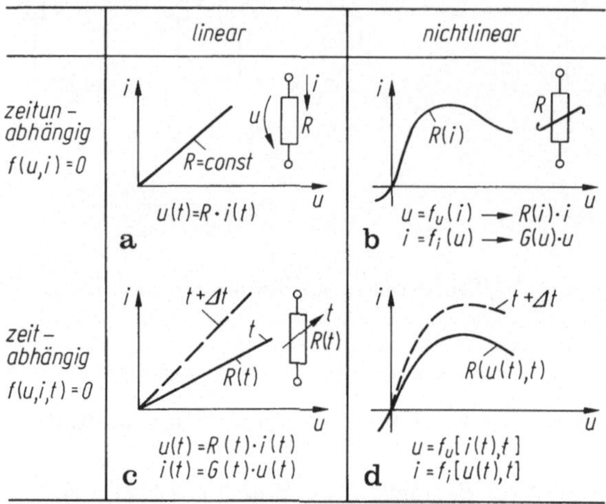

dafür ist der lineare Widerstand[1] nach Abschn. 2.4.2 mit der Strom-Spannungs-Relation Gl. (2.43)

$$u(t) = Ri(t) \text{ bzw. } i(t) = Gu(t) \tag{5.16a}$$

als *Linearitätsbedingung* und $R = 1/G$. Die i-u-Charakteristik ist eine Gerade durch den Nullpunkt (Tafel 5.6a). Für den Widerstand gibt es eine Bemessungsgleichung [s. Bd. 1, S. 62 (2.34)].

Ein *nichtlinearer* resistiver Zweipol liegt vor, wenn ebenfalls $f(u, i) = 0$ zu jedem Zeitpunkt gilt, die Kennlinie durch den Nullpunkt geht, aber u und i *nicht* proportional sind. Dann gilt (Tafel 5.6b):

$$u = f(i), \quad \text{resp.} \quad i = g(u). \tag{5.16b}$$

Diese Darstellungen können auch in Form $u = R(i) \cdot i$ bzw, $i = G(u) \cdot u$ geschrieben werden. Je nachdem, ob Strom oder Spannung unabhängig vorgegeben ist, spricht man vom *strom*-oder *spannungsgesteuerten* Widerstand. Es gilt $f(u, i) = 0$ zu jedem Zeitpunkt. Dabei lassen sich genauer unterscheiden:

a) Spannungs- oder stromgesteuerte resistive Zweipole mit eindeutiger $u(i)$- oder $i(u)$-Beziehung (z. B. Halbleiterdioden, Varistoren, Glühlämpchen).
b) *Stromgesteuerte* resistive Zweipole mit eindeutiger $u(i)$-, aber mehrdeutiger $i(u)$-Relation (sog. S-Typkennlinien, z. B. die i-u-Kennlinie von Glimmlampe, Thyristor).

[1] Gleichwertige Bezeichnungen lauten: R: Resistanz, Wirkwiderstand, ohmscher Widerstand, G: Konduktanz, Wirkleitwert, ohmscher Leitwert.

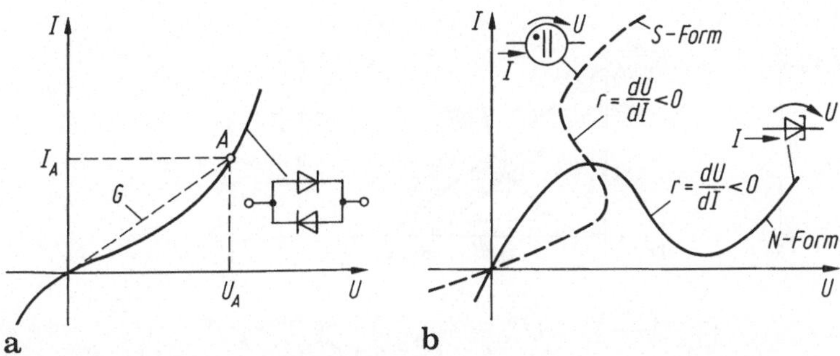

Bild 5.12a, b. Nichtlineare resistive Zweipole. **a** antiparallel gechaltete Halbleiterdioden; **b** Tunneldiode, Glimmlampe. Es entstehen *N*- und *S*-förmige Kennlinien

c) *Spannungsgesteuerte* resistive Zweipole mit eindeutiger $i(u)$-, aber mehrdeutiger $u(i)$-Relation (sog. *N*-Typkennlinien, z. B. die *i*-*u*-Kennlinie der Tunneldiode, λ-Diode u. a).

Bild 5.12 zeigt typische Beispiele zu jeder Gruppe.

Näherungsweise läßt sich eine nichtlineare Kennlinie durch den *Gleichstrom-* oder *Sekantenwiderstand* — die Verbindungsgerade zwischen Nullpunkt und einem Arbeitspunkt A — kennzeichnen:

$$R = \frac{U}{I}\bigg|_I = \frac{f(I)}{I}\bigg|_I . \tag{5.17}$$

Sekantenwiderstand zwischen Ursprung und Punkt U, I.

Der Sekantenwiderstand R beträgt für eine Halbleiterdiode (Gl. (2. 40)) als typisches Beispiel eines nichtlinearen resistiven Zweipols (bei tiefen Frequenzen)

$$R = \frac{U}{I(U)} = \frac{U}{I_S}(e^{U/U_T} - 1)^{-1}.$$

Er hängt vom Arbeitspunkt, d. h. der eingestellten Spannung U, ab.

Oft werden nichtlineare resistive Zweipole in einem Stromkreis (z. B. einem Gleichstromkreis) mit zusätzlicher Wechselspannungsquelle (kleiner Amplitude ΔU_Q, Bild 5.13) betrieben. Dann verursacht die Spannungsänderung ΔU_Q eine Kennlinienparallelverschiebung des aktiven Zweipols, und der Arbeitspunkt wandert von A nach A'. Dadurch entsteht über dem nichtlinearen Element die Spannungsänderung ΔU, im Kreis die Stromänderung ΔI. Ist die Spannungsänderung ΔU_Q klein genug, so kann der Übergang von A nach A' in erster Näherung durch die Gerade mit dem Anstieg $r = \Delta U/\Delta I$ an die nichtlineare U-I-Kennlinie im Arbeitspunkt U_A, I_A ersetzt werden. Für ΔU, $\Delta I \to 0$ folgt daraus der Differentialquotient

$$r = \frac{dU}{dI}\bigg|_{U_A,\, I_A = \text{const}} \tag{5.18}$$

differentieller Widerstand (Definitionsgleichung).

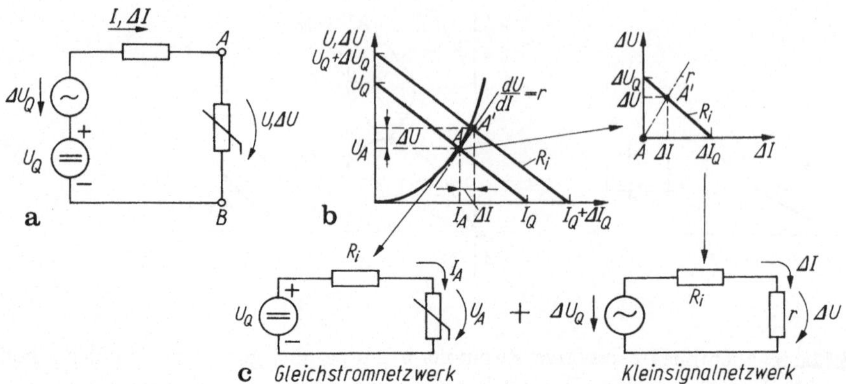

Bild 5.13a–c. Kleinsignalwiderstand. **a** Schaltung mit nichtlinearem passivem Zweipol; **b** Kennlinie des aktiven und nichtlinearen Zweipols mit Kleinsignalaussteuerung; **c** Ersatzschaltungen

Er heißt *differentieller Widerstand r* (kleines Symbol) des nichtlinearen Elementes im Arbeitspunkt A, oft auch *Kleinsignalwiderstand.* Deshalb hat das so linearisierte Element eine lineare Strom-Spannungs-Beziehung

$$\Delta U = r\Delta I \ .$$

Analog zum differentiellen Widerstand gilt als *differentieller Leitwert*

$$g = \left.\frac{\mathrm{d}I}{\mathrm{d}U}\right|_{U_A,\, I_A = \text{const}} \tag{5.19}$$

differentieller Leitwert (Definitionsgleichung).

Beispiel: Halbleiterdiode (Kennlinie Gl. (2.40))

$$g = \frac{\mathrm{d}I}{\mathrm{d}U} = \frac{I_S}{U_T}\left(\exp\frac{U}{U_T}\right) \approx \frac{I_A}{U_T}\left(U_T = \frac{kT}{q} = 25\text{ mV bei } T = 300\text{ K}\right)$$

(arbeitspunktabhängig), z. B. $g = 40$ mS für $I_A = 1$ mA.

Für kleine Strom- und Spannungsänderungen ΔU, ΔI kann jeder nichtlineare Kennlinienzusammenhang $U = f(I)$ durch den differentiellen Widerstand r bzw. Leitwert g im Arbeitspunkt beschrieben werden. Er hängt vom Arbeitspunkt ab. Die zugehörige Aussteuerung heißt Kleinsignalaussteuerung (s. Abschn. 7.3.3).

Im Stromkreis nach Bild 5.13 wirken somit

— die *Gleichgrößen* I_A, U_A. Sie ergeben sich aus dem Zusammenspiel von linearem aktivem Zweipol und nichtlinearem passivem Zweipol (s. Abschn. 2.4.3);
— die *Änderungen* ΔU_Q, ΔI, ΔU. Für sie besteht der Stromkreis aus der Spannungsquelle ΔU_Q, dem Innenwiderstand R_i und differentiellen Widerstand r. Dann können unter Kleinsignalbedingung Gleichstrom- und Kleinsignalverhalten des gleichen Stromkreises *unabhängig voneinander* betrachtet werden

(wenn auch r über den Arbeitspunkt vom Gleichstromkreis abhängt). *So sind die Ergebnisse linearer Netzwerke voll auf nichtlineare NWE im Arbeitspunkt übertragbar, wenn diese unter Kleinsignalbedingungen betrieben werden.* Das lineare Kleinsignalnetzwerk ist dem nichtlinearen Netzwerk im Arbeitspunkt überlagert, was sich durch „Trennung" der beiden Analyseaufgaben äußert (vgl. Bild 5.13).

Im Bild 5.13c wurden deshalb beide Stromkreise nach ihren Erregerursachen getrennt dargestellt. Beispielsweise beträgt die Spannung ΔU über dem differentiellen Widerstand r nach der Spannungsteilerregel: $\Delta U = \Delta U_Q \dfrac{r}{r + R_i}$, und der Strom im Kreis $\Delta I = \dfrac{\Delta U_Q}{r + R_i}$. Das sind typische Ergebnisse linearer Stromkreise.

Dabei können Situationen auftreten, die zunächst Vorstellungsschwierigkeiten bereiten. Wir betrachten die Kennlinie nach Bild 5.14a im Punkt A als Belastung einer Spannungsquelle. Im Kreis fließt ein Gleichstrom. Der differentielle Widerstand $\mathrm{d}U/\mathrm{d}I = r$ in A ist aber unendlich groß, denn eine Spannungsänderung ΔU erzeugt dort keine Stromänderung ΔI ($\Delta I = 0$). Deshalb arbeitet die Wechselspannungsquelle ΔU_Q im Leerlauf, wie im Bild angedeutet.

Der Begriff differentielles Netzwerkelement (Widerstand, Leitwert, später Kapazität und Induktivität) und das Prinzip der Kleinsignalsteuerung sind besonders für die Elektronik mit ihren stark nichtlinearen Bauelementen von grundlegender Bedeutung. Erst dadurch können die Gesetze linearer Netzwerke angewandt und viele prinzipielle Ergebnisse gewonnen werden. Mit wachsender Aussteuerung wächst aber der Einfluß von Nichtlinearitäten und es werden weitere Vertiefungen erforderlich. Auch die Arbeitspunktberechnung führt meist auf ein nichtlineares Problem (s. Abschn. 5.3.6).

Offen bleibt noch, durch welche Methode der Kleinsignalleitwert ermittelt werden kann und wie sich die allgemeine Analyse eines Stromkreises unter Kleinsignalbedingungen vollzieht. Wir gehen darauf in Abschn. 5.3.5 ein.

Negativer Widerstand. Fallende Kennlinie. Die beiden Kennlinienformen b, c des resistiven nicht-linearen Zweipols (Bild 5.12) haben jeweils einen mehrdeutigen Bereich, ein sog. *fallendes Kennliniengebiet* (Bild 5.14). Dort *steigt* z. B. der Strom I um ΔI weiter, wenn die Spannung U um ΔU *fällt*:

$$r \approx \frac{\Delta I \uparrow}{\Delta U \downarrow} \approx \frac{\mathrm{d}I}{\mathrm{d}U} < 0 \text{ negativer (differentieller) Widerstand .} \tag{5.20}$$

Das gilt für den Kennlinienbereich $A \ldots B$ im Bild 5.14. Da wir am Zweipol die Verbraucherzählpfeilrichtung zugrunde legen, bedeutet ein negativer Widerstand (s. Abschn. 2.4.3.1) *Leistungsabgabe* aus dem Widerstand in den Stromkreis.

Negative Widerstände, die an fallende Kennlinienbereiche gebunden sind, führen einem Stromkreis Energie zu, wirken also wie aktive Zweipole.

Diese Leistung entstammt natürlich der Gleichstromschaltung, in der das Bauelement mit fallender Kennlinie betrieben wird. Weil diese Leistung aber durch die Spannungsquelle und den Innenwiderstand begrenzt ist, kann über den negativen Widerstand nie mehr Leistung in den Kreis gespeist werden als die Quelle abzugeben vermag.

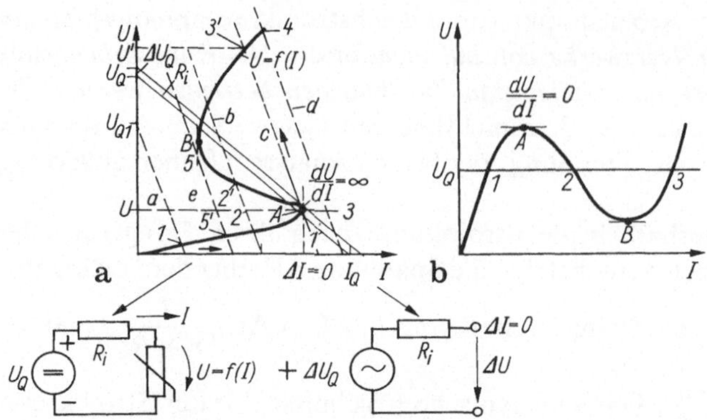

Bild 5.14a, b. Zweipol mit unendlich großem differentiellem Widerstand im Arbeitspunkt. **a** fallende Kennlinie (spannungsgesteuert); **b** fallende Kennlinie (stromgesteuert)

Es gibt zwei Arten fallender Kennlinien und damit negativer Widerstände:

1. Spannungsgesteuert oder N-Typ[1] (Bild 5.14a). Zu jedem Spannungswert gehört nur ein Stromwert. Der fallende Teil der Kennlinie $I = f(U)$ geht über zwei Krümmungen A und B mit unendlich hohem differentiellem Widerstand in den ansteigenden Teil über. Wird eine solche Kennlinie mit einer idealen Spannungsquelle betrieben, so ist jeder Arbeitspunkt einstellbar. Deshalb heißt sie *spannungsgesteuert* oder *kurzschlußstabil.* Das geht aus Bild 5.14a deutlich hervor. Bei Betrieb mit einem Vorwiderstand $R \equiv R_i$ können gebietsweise mehrere Kennlinienschnittpunkte und damit Arbeitspunkte entstehen. Wird z. B. am aktiven Zweipol mit dem Innenwiderstand R_i die Quellenspannung U_{Q1} erhöht, so stellt sich z. B. der stabile Arbeitspunkt *1* (Arbeitsgerade *a*) und später *2* (Arbeitsgerade *b*) ein (Punkt *2'* ist instabil). Im Arbeitspunkt *3* (Arbeitsgerade *c*) springt die Spannung U auf U' (Arbeitspunkt *3'*) sobald U_Q nur geringfügig weiter vergrößert wird. War umgekehrt eine große Spannung (Punkt *4*, Arbeitsgerade *d*) eingestellt, so wandert der Arbeitspunkt bei Verringerung der Spannung bis zu Punkt *5* und springt dann auf *5'* (Arbeitsgerade *e*). Es entstehen so durch die fallende Kennlinie Hystereseerscheinungen im Strom-Spannungs-Verhalten. Das trifft auf die Kennlinie *b* zu. Von ihren drei Schnittpunkten ist der mittlere (*2'*) stets instabil.

2. Stromgesteuert oder S-Typ. Hier gehört zu jedem Stromwert nur ein Spannungswert (Bild 5.14b) und der fallende Kennlinienteil geht über zwei Krümmungen A und B mit verschwindendem differentiellem Widerstand in die ansteigenden Teile über. Bei Betrieb mit einer idealen Stromquelle ist jeder Arbeitspunkt einstellbar. Deshalb heißt die Kennlinie *stromgesteuert.*

Mehrere Kennlinienschnittpunkte sind bei Betrieb mit der Spannungsquelle möglich, z. B. die Punkte *1 . . . 3* bei der Spannung U_Q. Hat die Kennlinie im fallenden Gebiet die minimale Steigung $\left|\frac{\mathrm{d}I}{\mathrm{d}U}\right|_{\min}$, so ergibt sich bei Betrieb mit einer realen Spannungsquelle nur

[1] In der Darstellung I über U sieht die Kennlinie N-förmig aus, analog beim S-Typ (s. u.).

ein Schnittpunkt für

$$G_i = \frac{1}{R_i} < \left|\frac{dI}{dU}\right|_{min}, \quad \text{also} \quad R_i > \left|\frac{dI}{dU}\right|_{max}$$

Bedingung für stabile Arbeitspunkteinstellung.

Der Innenwiderstand des aktiven Zweipols muß groß sein gegen den Betrag des größten negativen (differentiellen) Widerstandes.

Stromgesteuerte fallende Kennlinien treten z. B. bei der Glimmlampe, beim Lichtbogen und Thyristor auf.

Erzeugung und Anwendung negativer Widerstände. Fallende Kennlinienbereiche entstehen in Zweipolelementen generell durch *Rückkopplung*: Eine Ursache erzeugt eine Wirkung, die die Ursache wieder durch Rückkopplung unterstützt. Solche Rückkopplungsmechanismen können

— *physikalisch im Innern von Bauelementen ablaufen*, also im *Wirkprinzip* begründet liegen. Beispiele: Kennlinien des Thyristors der Tunneldiode der Glimmlampe u. a. m.;
— unter Zuhilfenahme *gesteuerter Quellen*, technisch also durch Verstärkerbauelemente (Transistor, Röhre) über eine *schaltungstechnische* Rückführung des Ausgangssignals auf den Eingang entstehen. Das Rückkoppulungsprinzip (s. Abschn 7.2.2.2) gehört somit zu den wichtigsten Verfahren, die in der Elektrotechnik und speziell der Elektronik eingesetzt werden. Ein Beispiel werden wir im Abschn. 7.5.2 beim Operationsverstärker näher untersuchen.

Anwendung finden negative Widerstände z. B. zur Kompensation von (positiven) resistiven Zweipolen durch Reihen- und Parallelschaltung. z. B. Verlustkompenstation im Schwingkreis → idealer Schwingkreis: Grundlage des Oszillatorprinzips zur Erzeugung von Schwingunge(n (bis zu höchsten Frequenzen) in der Elektronik.

Beispiel. In der Schaltung Bild 5.15. mit einer spannungsgesteuerten Stromquelle SU_1 (Steilheit $S > 0$ vorausgesetzt), realisiert durch einen Bipolartransistor, soll der Wirkleitwert G_i zwischen den Klemmen A, B berechnet werden. Wir denken uns dazu eine Prüfspannung ΔU_P angelegt. Sie erzeugt über die Schaltung den Prüfstrom (Knotensatz)

$$\Delta I_P = \Delta I_1 - S\Delta U_1 + G_3\Delta U_P = \frac{1 - SR_1}{R_1 + R_2}\Delta G_P + G_3\Delta U_P\,, \tag{5.21}$$

wenn der Strom $\Delta I_1 = \Delta U_P/(R_1 + R_2)$ und die Spannung $\Delta U_1 = \Delta U_P R_1/(R_1 + R_2)$ auf die Prüfspannung ΔU_P zurückgeführt werden. Der Zweipolleitwert $G_i = \Delta I_P/\Delta U_P$ wird bei vernachlässigtem Leitwert $G_3 \approx 0$ für $SR_1 > 1$ negativ, weil die Ausgangsspannung über den Widerstand R_2 auf den Eingang (U_1) rückgekoppelt wird. (Für $R_2 \to \infty$, keine Rückkopplung, verschwindet diese Möglichkeit!) Technisch kann diese Schaltung z. B. mit einem Transistor betrieben in Basisschaltung realisiert werden (Bild b). (Dazu ist jedoch aus Gründen der richtigen Gleichstromversorgung eine große Kapazität C einzuschalten).

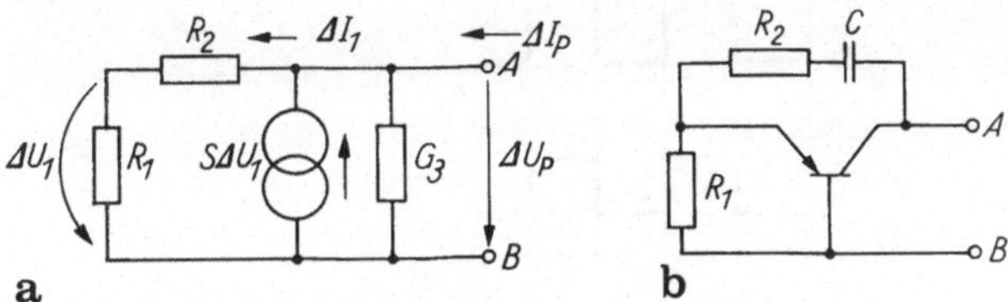

Bild 5.15a, b. Rückkopplungsschaltung (Prinzip). **a** Schaltung mit gesteuerter Quelle; **b** entsprechende Transitorschaltung

Negative Leitwerte zwischen den Klemmen A, B können auf diese Weise ungewollt auch durch eine kapazitive Rückkopplung (anstelle von R_2 z. B. die Emitter-Kollektor-Kapazität) in einem bestimmten Frequenzbereich auftreten.

Wir erkennen aus Gl. (5.21) aber auch, daß der negative Leitwert ein bestimmtes Vorzeichen der Steilheit S erfordert. Wäre S negativ, wie bei der sog. Emitterschaltung des Bipolartransistors (für die hier gewählten Stromrichtungen), so ist ein negativer Leitwert unmöglich.

5.1.2.2 Zeitvariante resistive Zweipole

Ein unabhängig steuerbarer linearer Widerstand (Leitwert) ist ein NWE mit linearer Strom-Spannungs-Beziehung, bei dem der Widerstandswert R von einem unabhängig beeinflußbaren Parameter γ (z. B. auch der Zeit) abhängt:

$$u(t) = R(\gamma)\,i(t), \qquad i(t) = G(\gamma)\,u(t) \tag{5.22}$$

mit

$$R(\gamma) = \frac{1}{G(\gamma)}$$

Definition des unabhängig gesteuerten linearen Widerstandes.

Das u-i-Verhalten wird durch eine meist gekrümmte Fläche im dreidimensionalen Koordinatensystem (Achsen u, i, t) beschrieben.

Graphisch läßt sich der Zusammenhang stets in einem Kennlinienfeld mit γ als Parameter darstellen. Der Parameter γ ändert die Kennliniensteigung (Bild 5.16). Ist der Parameter γ die Zeit, so sprechen wir von einem *linear zeitveränderlichen Widerstand* $R(t)$. Derartige Widerstände dienen (wie nichtlineare, s. u.) oft als Modell für den Einfluß *nichtelektrischer* Umgebungsbedingungen auf den Widerstand, z. B. Temperatur, Licht (Fotoleiter), Magnetfeld, sind also typisch für Sensoren.

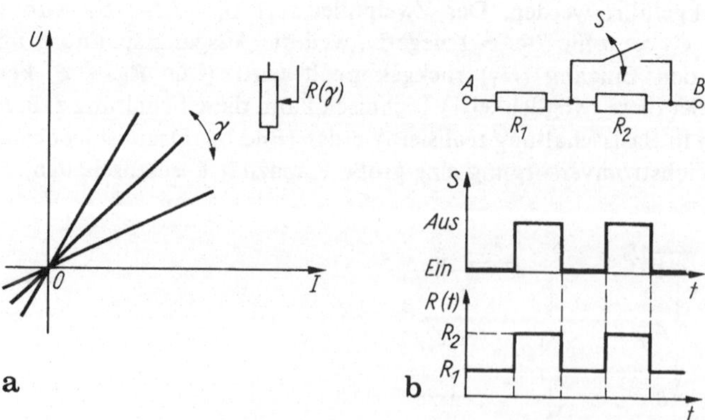

Bild 5.16a, b. Zeitveränderlicher linearer Widerstand. **a** Kennlinie mit allgemeinem Steuerparameter; **b** Schaltung mit periodisch geschaltetem Widerstand $R_{AB}(t)$

Ein einfaches Beispiel stellen zwei reihengeschaltete Widerstände dar, von denen einer durch einen Schalter überbrückt wird (Bild 5.16b). Öffnet und schließt man den Schalter periodisch, so entsteht ein zeitveränderlicher Widerstand $R_{AB}(t)$, der periodisch zwischen R_1 und $R_1 + R_2$ wechselt. Auch ein Potentiometer, dessen Schleifer periodisch um eine mittlere Stellung bewegt wird, stellt einen zeitveränderlichen Widerstand dar. Hier gilt z. B. $R(t) = R_1 + R_2 \cos \omega t$.

Zeitveränderliche Widerstände verursachen im Stromkreis gegenüber zeitunabhängigen Elementen andersartige Wirkungen. Wird z. B. $R(t)$ von einem Strom $i(t) = I \cos \omega_1 t$ durchflossen, so lautet die Klemmenspannung

$$u(t) = R(t)i(t) = (R_1 + R_2 \cos \omega t) I \cos \omega_1 t\ . \tag{5.23}$$

Für $R = \text{const}$ (zeitunabhängig) wäre $u(t) \sim \cos \omega_1 t$: Strom- und Spannungszeitfunktion stimmen überein. Bei zeitveränderlichem $R(t)$ ergibt Gl. (5.23) nach dem Additionstheorem für $\cos \alpha \cos \beta$:

$$u(t) = \underbrace{R_1 I \cos \omega_1 t}_{\text{Ausgangsfrequenz}} + \frac{R_2 I}{2} [\underbrace{\cos(\omega + \omega_1)t + \cos(\omega - \omega_1)t}_{\text{neue Frequenzen}}]\ . \tag{5.24}$$

Es entstehen Glieder mit zwei neuen Frequenzen, nämlich Summe und Differenz von aufgeprägter (ω_1) und steuernder (modulierender) Frequenz ω. Solche Anordnungen sind zur Erzeugung neuer Frequenzen geeignet. Tatsächlich ist der „zeitgesteuerte Widerstand" das Grundelement der „Modulation", eines grundlegenden Prinzips der Informationstechnik.

Auch zur Verstärkung können zeitvariante Widerstände dienen, wenn die Änderung von R durch ein Signal eine kleinere Leistung erfordert als Produkt $u(t) \cdot i(t)$ ergibt.

Zeitvariante nichtlineare resistive Zweipole (Tafel 5.6d) werden generell durch u-i-Beziehungen der Art

$$i = f(u(t), t) \text{ bzw. } u = f(i(t), t)$$

gekennzeichnet. Beispiele sind:

— Nichtlineare Zweipole, deren u-i-Relationen noch von einem weiteren zeitabhängigen Parameter abhängt: Solarzelle mit einfallender zeitveränderlicher Strahlung, Halbleiterdiode, deren Temperatur sich zeitabhängig ändert (z. B. durch Selbstaufheizung);

— gesteuerte nichtlineare Quellen, die bezüglich einer zeitveränderlichen Steuergröße zu dieser Kategorie gerechnet werden können;

— elektronische Schalter (realisiert durch geschaltete Bauelemente), z. B. Transistoren im Schalterbetrieb.

Die Gruppe dieser Elemente ist relativ groß und wird gerade in der Informationstechnik für unterschiedlichste Aufgabenstellungen eingesetzt.

Ein spezieller zeitveränderlicher Widerstand ist der *Schalter* $s(t)$, der zwischen dem Widerstandswert 0 und ∞ (ideal) schwankt. Derjeweilige Schalterzustand wird durch die *Schaltfunktion* $s(t)$ beschrieben:

$$s(t) = \begin{cases} 1 & \text{Schalter geschlossen} \\ 0 & \text{Schalter offen.} \end{cases}$$

Wir werden dieses Modell später bei Schaltaufgaben (Abschn. 5.2.4) verwenden.

5.1.3 Kapazitiver Zweipol

Wie beim resistiven Zweipol gibt es auch beim kapazitiven Zweipol zeitunabhängige und zeitveränderliche lineare und nichtlineare Kapazitäten. Wir wollen sie näher kennenlernen und greifen auf Abschn. 2.5.5 zurück (Tafel 5.7).

Ein *kapazitiver Zweipol* zeigt ein Ladungs-Spannungs- (Q-, u-) Verhalten, das durch die Speicherung (Ladungsspeicher, keine Ladungsquelle!) elektrischer Feldenergie im Dielektrikum bedingt ist und durch den Nullpunkt geht oder nicht (Anfangsladung). Er ist das Netzwerkmodell für die Verbindung von Stromkreis und elektrischem Feld im Nichtleiter.

5.1.3.1 Zeitunabhängige kapazitive Zweipole

Lineare und nichtlineare zeitunabhängige Kapazität. Die lineare Kapazität C basiert auf einer linearen Ladungs-Spannungs-Kennlinie $Q(u)$

$$Q(t) = Cu(t) \quad \text{mit} \quad i(t) = \frac{\mathrm{d}Q(t)}{\mathrm{d}t} = C\frac{\mathrm{d}u}{\mathrm{d}t}\,. \tag{5.25}$$

Tafel 5.7a–d. Kapazitive Zweipole, Grundarten (Ladungskennlinie). **a** linear zeitunabhängig; **b** nichtlinear zeitunabhängig; **c** linear zeitabhängig; **d** nichtlinear zeitabhängig.

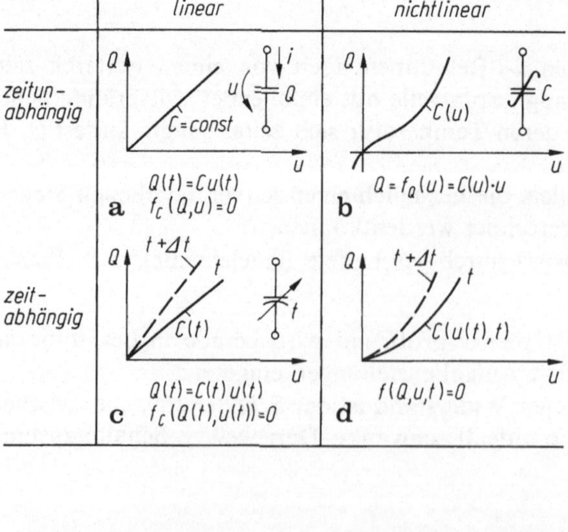

	linear	nichtlinear
zeitunabhängig	$C = \text{const}$; $Q(t) = Cu(t)$; $f_C(Q,u) = 0$ **a**	$C(u)$; $Q = f_Q(u) = C(u)\cdot u$ **b**
zeitabhängig	$C(t)$; $Q(t) = C(t)\,u(t)$; $f_C(Q(t),u(t)) = 0$ **c**	$C(u(t),t)$; $f(Q,u,t) = 0$ **d**

Voraussetzungsgemäß ist die Kapazität C *unabhängig* von einer Steuergröße (z. B. der Zeit) und der Spannung. Sie hat eine Bemessungsgleichung (Gl. (2.82ff)).

Hinweis. Es sei noch verwiesen auf
— die dynamische Kennlinie als Strom-Spannungs-Relation des Kondensators (s. Abschn. 5.1.5) und
— die Stetigkeit der Kondensatorspannung (s. Abschn. 2.5.6).

Eine nichtlineare (hysteresefreie) Funktionsrelation (Tafel 5.7b) $Q(t) = f(u, t)$ bzw. $u = f(Q)$ führt auf die zugehörige Klemmenbeziehung

$$i(t) = \frac{\mathrm{d}Q}{\mathrm{d}t} = \frac{\mathrm{d}(f(u))}{\mathrm{d}t} = \frac{\partial f(u)}{\partial u} \cdot \frac{\mathrm{d}u}{\mathrm{d}t}\,, \tag{5.26}$$

falls sie überhaupt herstellbar ist. Prinzipiell kann eine *Sekanten-* oder *statische Kapazität*

$$C = \frac{Q(u)}{u} = \frac{f(u)}{u} \tag{5.27}$$

nichtlineare zeitunabhängige Kapazität (Definitionsgleichung)

vereinbart werden. Sie hängt von der Spannung ab.

Setzt man an $Q(u) = C(u)u$, so gilt statt Gl. (5.26) auch

$$i = \frac{\mathrm{d}}{\mathrm{d}t}[C(u)u] = \left(C + u\frac{\mathrm{d}C}{\mathrm{d}u}\right) \cdot \frac{\mathrm{d}u}{\mathrm{d}t} = c\,\frac{\mathrm{d}u}{\mathrm{d}t} \qquad \text{(s. u.).}$$

Die Analyse von Schaltungen mit nichtlinearen Kapazitäten ist schwierig. Deshalb hat die Kleinsignalbeschreibung des Q-U-Zusammenhanges für die Anwendung große Bedeutung.

Differentielle Kapazität (Kleinsignalkapazität). Eine Spannung $u(t) = U_\mathrm{A} + \Delta U(t)$ (z. B. Gleichspannung U_A, Wechselspannung $\Delta U(t)$ mit $\Delta U \ll U_\mathrm{A}$) an einer nichtlinearen Kapazität ergibt den Momentanverlauf der Ladung

$$Q(t) = Q_\mathrm{A} + \Delta Q(t) = f(U_\mathrm{A} + \Delta U(t))\,.$$

Er besteht aus einem zeitunabhängigen Anteil Q_A und einem zeitveränderlichen Teil $\Delta Q(t)$. Wir bestimmen ΔQ als Funktion von t über eine Taylor-Entwicklung analog zum Vorgehen beim differentiellen Widerstand. Sie liefert

$$\underline{Q_\mathrm{A}} + \Delta Q(t) = \underline{f(U_\mathrm{A})} + \left.\frac{\mathrm{d}f}{\mathrm{d}u}\right|_{U_\mathrm{A}} \cdot \Delta U(t) + \ldots\,.$$

Höhere Glieder der Reihe werden vernachlässigt. Dies ist die *physikalische Bedingung* der Kleinsignalsteuerung.

Die Größe

$$c = \left.\frac{\mathrm{d}Q}{\mathrm{d}u}\right|_{U_\mathrm{A}} = C(u) + u\,\frac{\mathrm{d}C}{\mathrm{d}u}\,, \tag{5.28}$$

differentielle Kapazität (Definitionsgleichung),

heißt *differentielle*, oft auch *dynamische oder Kleinsignalkapazität* im Arbeitspunkt U_A.

Die rechte Beziehung folgt aus $Q = C(u)u$.

Die differentielle Kapazität ist die Tangente an die Q-U-Kennlinie im Arbeitspunkt. Sie hängt von der Gleichspannung U_A ab und ist wegen $U_A = \text{const}$ bezüglich der Spannungsänderung ΔU eine lineare, zeitunabhängige Größe für Kleinsignalaussteuerung. Die Strom-Spannungs-Beziehung der differentiellen Kapazität lautet nach der Kettenregel

$$i = \frac{\mathrm{d}Q(t)}{\mathrm{d}t} = \underbrace{\frac{\mathrm{d}Q_A}{\mathrm{d}t}}_{= 0,\ \text{da}\ Q_A \sim U_A = \text{const}} + \frac{\mathrm{d}\Delta Q(t)}{\mathrm{d}t} = \frac{\partial Q}{\partial u} \cdot \frac{\mathrm{d}\Delta U}{\mathrm{d}t} = c\,\frac{\mathrm{d}\Delta U(t)}{\mathrm{d}t} \quad (5.29a)$$

Diese Beziehung wird in Netzwerken mit nichtlinearen kapazitiven Zweipolen breit verwendet, seltener die Ladungsbeziehung (aus $i\mathrm{d}t = c(u)\mathrm{d}u$)

$$Q(t) - Q(t_0) = \int_{t_0}^{t} i\,\mathrm{d}t' = \int_{u(t_0)}^{u(t)} c(u)\,\mathrm{d}u\ . \quad (5.29b)$$

Eine bekannte nichtlineare Kapazität ist die *Sperrschichtkapazität* von pn-Dioden:

$$c_s = c_0(1 - u/U_D)^{-m}$$

(Bild 5.17). Dabei gilt für Sperrpolung $u < 0$, d. h. $u_R = -u > 0$. Die Parameter Diffusionsspannung $U_D \approx 0{,}7$ V, c_0 (Nullpunktkapazität) und der Exponent m ($\approx 1/3 \ldots 1/2$) sind bauelementbestimmt.

Im Flußgebiet hat der pn-Übergang die sog. *Diffusionskapazität* ($U_T = 25$ mV)

$$c_d = c_0 \exp u/U_T = \tau\, i/U_T\ .$$

Sie hängt vom Strom i resp. der Spannung u ab.

5.1.3.2 Zeitabhängige kapazitive Zweipole

Zeitabhängiger linearer kapazitiver Zweipol. Hängt die Kapazität $C(\gamma)$ von einer unabhängig vorgegebenen Steuergröße γ ab $Q(t) = C(\gamma)u(t)$, so heißt sie eine unabhängig gesteuerte lineare Kapazität. Der Parameter γ kann z. B. die Zeit t sein:

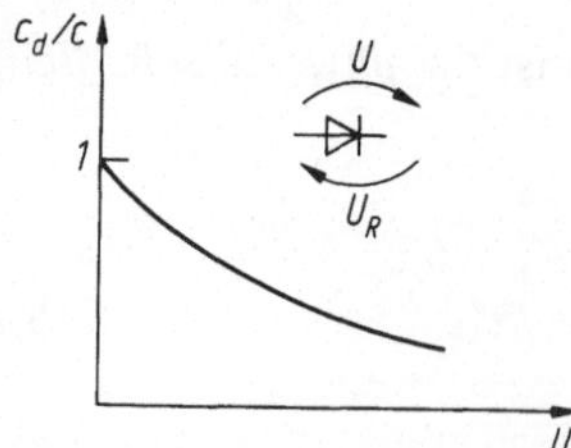

Bild 5.17. Sperrschichtkapazität als Beispiel einer nichtlinearen Kapazität

zeitabhängige lineare Kapazität $C(t)$ (Tafel 5.7c)

$$Q(t) = C(t)u(t) \; . \tag{5.30}$$

Der Strom-Spannungs-Zusammenhang liegt durch

$$i(t) = \frac{\mathrm{d}Q}{\mathrm{d}t} = \frac{\mathrm{d}(Cu)}{\mathrm{d}t} = C(t)\frac{\mathrm{d}u}{\mathrm{d}t} + u(t)\frac{\mathrm{d}C(t)}{\mathrm{d}t} \tag{5.31}$$

u-i- Relation der linear zeitabängigen Kapazität.

fest. (Anwendung der Produktenregel auf $C(t)u(t)$ beim Differenzieren). Bei vorgegebenem Strom $i(t)$ ergibt sich die Spannung gemäß $u(t) = Q(t)/C(t)$

$$u(t) = \frac{1}{C(t)}Q(t) = \frac{1}{C(t)}\int i(t'')\mathrm{d}t'' + \text{const} \; . \tag{5.32}$$

($C(t)$ darf dabei nicht unter das Integralzeichen gesetzt werden!)

Bei einer zeitabhängigen Kapazität fließt auch dann ein Strom, wenn eine Gleichspannung $U = \text{const}$ anliegt. Zudem ändert sich bei konstanter Ladung $Q = C \cdot u$ die Spannung.

Diese Eigenschaften werden z. B. zur Messung kleiner Gleichspannungen ausgenutzt.

Zeitveränderliche lineare Kapazitäten lassen sich sehr einfach realisieren. Läuft beispielsweise der Rotor eines Drehkondensators mit konstanter Umdrehungsgeschwindigkeit um, so liegt eine solche Kapaziät vor. Weitere Beispiele sind

— sog. *kapazitive Geber*, bei denen die zeitveränderliche Abstandsänderung (Meßgröße) der Kapazität zur Gewinnung eines elektrischen Signals benutzt wird (Schwingkondensator, andere Sensorprinzipien);
— das *Kondensatormikrofon*, bei dem auftreffende Schallwellen eine Abstandsänderung von Kondensatorplatten verursachen.

Im Vergleich zur nichtlinearen Kapazität nach Gl. (5.27) sei nochmals der prinzipielle Unterschied hervorgehoben: Die im Kleinsignalbetrieb ausgesteuerte Kapazität ist linear *zeitunabhängig*, die zeitveränderliche Kapazität linear *zeitabhängig*. Das kommt besonders in den Energie- und Leistungsbeziehungen (s. Abschn. 5.1.6) zum Ausdruck.

Elektronische Kapazität. Die physikalischen Merkmale des Kondensators waren Ladungsspeicherung, Verschiebungsfluß und Verschiebungsstrom bei Ladungsänderung. Sie ergaben die Klemmenrelation $i_C \sim \mathrm{d}u/\mathrm{d}t$. Hat umgekehrt ein Zweipol die zwar gleiche Klemmenrelation, ohne jedoch die physikalischen Merkmale der Kapazität, so wollen wir ihn *elektronische Kapazität* nennen. Solche Kapazitäten sind in der Elektronik verbreitet:

— z. B. als sog. Diffusionskapazität in Halbleiterdioden und Transistoren;
— durch die Erzeugung von Kapazitäten. aus Induktivitäten mit Hilfe elektronischer Schaltungen (z. B. dem sog. Gyrator, Abschn. 7.6).

Auch auf elektronische Kapazitäten treffen die vorgenannten Klemmeneigenschaften und Einteilungen voll zu.

Zeitabhängiger nichtlinearer kapazitiver Zweipol. Hier wird nach Tafel 5.7d

$$i(t) = \frac{\partial Q[u(t), t]}{\partial u} \cdot \frac{\mathrm{d}u}{\mathrm{d}t} + \frac{\partial Q[u(t), t]}{\partial t}$$

oder mit der differentiellen Kapazität mit Gl. (5.28)

$$i(t) = c(u) \cdot \mathrm{d}u/\mathrm{d}t + u\,\partial C/\partial t \,. \tag{5.33a}$$

Andererseits gilt auch mit $Q = Cu$ und $C(u(t), t)$:

$$i = C\frac{\mathrm{d}u}{\mathrm{d}t} + u\frac{\mathrm{d}C}{\mathrm{d}t} \quad \text{mit} \quad \frac{\mathrm{d}C}{\mathrm{d}t} = \frac{\partial C}{\partial u} \cdot \frac{\mathrm{d}u}{\mathrm{d}t} + \frac{\partial u}{\partial t}$$

$$= \underbrace{\left(C + u\frac{\partial C}{\partial u}\right)}_{c}\frac{\mathrm{d}u}{\mathrm{d}t} + u\frac{\partial C}{\partial t} \,. \tag{5.33b}$$

Anwendungen. Zeitabhängige und nichtlineare Kapazitäten spielen vor allem in der Elektronik eine erhebliche Rolle:

— In Halbleiterbauelementen (Sperrschicht- und Diffusionskapazitäten in Dioden und Transistoren), MIS-Kondensatoren, Varactoren;
— sog. ferroelektrische Kondensatoren mit nichtlinearem Dielektrikum;
— Anwendung nichtlinearer zeitveränderlicher Kapazitäten in sog. parametrischen Verstärkern.

5.1.4 Induktiver Zweipol

Ein induktiver Zweipol zeigt ein Fluß-Strom-(Ψ, i)-Verhalten, das durch die Speicherung magnetischer Feldenergie bedingt ist und durch den Nullpunkt geht oder nicht (Anfangsfluß). Er ist das Netzwerkmodell für die Verbindung von Stromkreis und Magnetfeld.

Es gibt zeitunabhängige und zeitabhängige, lineare und nichtlineare induktive Zweipole (Tafel 5.8).

Die Verhältnisse der Induktivität mit hysteresefreiem B-H-Zusammenhang entsprechen denen des kapazitiven Zweipols (Tafel 5.8), wenn wir folgende Größen miteinander vertauschen

Ladung $Q \leftrightarrow$ Fluß Ψ	Strom $\leftrightarrow$ Spannung
Kapazität $\leftrightarrow$ Induktivität L	Spannung $\leftrightarrow$ Strom.

So lassen sich sinngemäß die gleichen Netzwerkelemente definieren wie bei der Kapazität. Wir wollen deshalb auf weitere Einzelheiten verzichten.

Von der technischen Bedeutung her gesehen kommen verbreitet vor:

— Der lineare, zeitunabhängige Zweipol (Luftspule, mit Ferrit-und Eisenkern bei erheblichem Luftspalt und vernachlässigbarer Nichtlinearität);
— der nichtlineare, zeitunabhängige, induktive Zweipol als Spule mit Eisenkern und großer Aussteuerung;

Tafel 5.8a–d. Induktive Zweipole, Flußkennlinie. **a** linear zeitunabhängig; **b** nichtlinear zeitunabhängig; **c** linear zeitabhängig; **d** nichtlinear zeitabhängig

	linear	nichtlinear
zeitun-abhängig	$L = const$; $\Psi(t) = L \cdot i(t)$ a $f_L(\Psi, i) = 0$	$L(i)$; $\Psi = f_\Psi(i) = L(i) \cdot i$ b
zeit-abhängig	$t+\Delta t$, t, $L(t)$; $\Psi(t) = L(t) \cdot i(t)$ c $f_L(\Psi(t), i(t)) = 0$	$t+\Delta t$, t, $L(i(t), t)$; $f(\Psi, i, t) = 0$ d

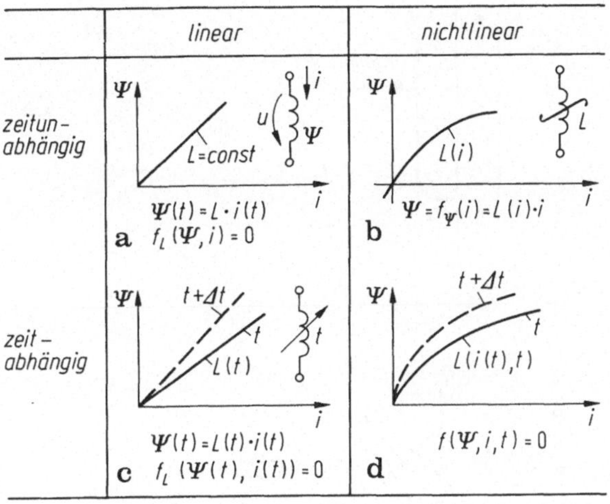

— der nichtlinear zeitabhängige induktive Zweipol mit zeitveränderlichem Luftspalt (Elektromagnet, Relais);

— elektronische Realisierung von Induktivitäten der vier Gruppen (Tafel 5.8) durch elektronische Schaltungen.

Bei Kleinsignalaussteuerung läßt sich — wie für die Kapazität — eine differentielle Induktivität (s. Gl. (5.28)) definieren.

5.1.5 Dynamische Kennlinie

Wir nahmen bei der Kennliniendarstellung $u = f(i)$ eines Widerstandes stets an, daß zwischen Strom und Spannung *keine Zeitverschiebung* herrschte. Wie sieht aber der Strom-Spannungs-Zusammenhang aus, wenn Zeitverschiebung herrscht wie z. B. beim Kondensator? Hier stehen Strom und Spannung „auf zeitlich verschiedener Stufe": es war $i_C \sim du_C/dt$, aber nicht $i_C \sim u_C$!

Graphische Darstellungen von Strom-Spannungs-Zusammenhängen auf zeitlich verschiedener Stufe, also mit Relativphasenverschiebung zueinander, heißen allgemein *dynamische Kennlinien.*

Betrachten wir beispielsweise eine zeitunabhängige Kapazität mit aufgeprägtem dreieckförmigem Zeitverlauf der Spannung u_C (Bild 5.18). Der Strom $i_C = C\, du_C/dt$ ist proportional dem Spannungsanstieg von u_C und führt auf einen impulsförmigen Strom. Die zugehörige i_C-u_C-Darstellung, die dynamische Kennlinie, ergibt sich, wenn zu herausgegriffenen Zeitpunkten $t = 0$, $t_1 \ldots t_5$ die jeweiligen i_C-u_C-Werte dem linken Diagramm entnommen und rechts mit der Zeit als Parameter eingetragen werden. An den Stromunstetigkeiten ($T/4$ und $3T/4$) springt die i_C-u_C-Kennlinie. Nach Ablauf einer Periode befinden wir uns wieder im Ausgangspunkt.

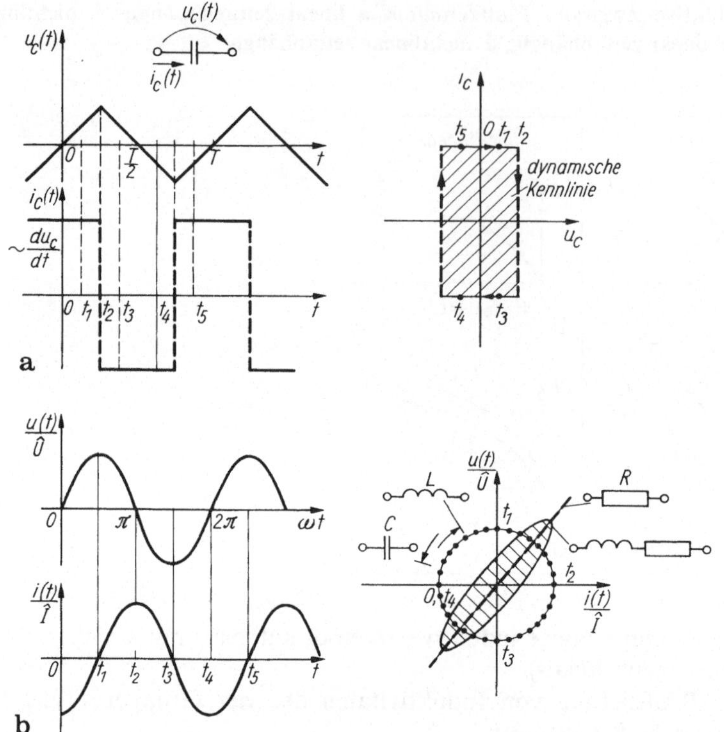

Bild 5.18a, b. Dynamische Kennlinie. **a** eines Kondensators bei dreieckförmigem Spannungsverlauf; **b** einer Induktivität bei sinusförmiger Spannung

Es gilt: Die dynamische Kennlinie eines NWE ist eine geschlossene Kurve. Sie wird innerhalb einer Periode einmal durchlaufen, bei einer Kapazität im Uhrzeigersinn (bei *i-u*-Darstellung). Ihre Form und Größe hängt von der Zeitfunktion der Erregergröße und dem NWE ab.

Sinngemäß wird die dynamische Kennlinie der Induktivität in der *i-u*-Darstellung entgegengesetzt zum Uhrzeigersinn, in *u-i*-Darstellung in Richtung zu ihm durchlaufen (Bild 5.18b).

Beispiel: Sinusförmige Klemmengröße. Wir nehmen für einen linearen zeitunabhängigen Zweipol sinusfömigen Strom- und Spannungsverlauf (mit beliebiger Phasenverschiebung φ) an
$i(t) = \hat{I}\sin(\omega t + \varphi_i)$, $\varphi_u - \varphi_i = \varphi$, $u(t) = \hat{U}\sin(\omega t + \varphi_u)$ und fragen nach der zugehörigen dynamischen Kennlinie (Bild 5.18b). Zweckmäßig wird normiert:

$$\frac{i(t)}{\hat{I}} = x(t) = \sin(\omega t + \varphi_i)\,,$$

$$\frac{u(t)}{\hat{U}} = y(t) = \sin(\omega t + \varphi_u) = \sin(\omega t + \varphi_i)\cos(\varphi_u - \varphi_i) + \cos(\omega t + \varphi_i)\sin(\varphi_u - \varphi_i)\,. \qquad (5.34a)$$

Anschaulich ist dies eine Parameterdarstellung von x und y in ωt, der normierten Zeit. Bei gegebenen Phasenwinkeln φ_u, φ_i (Bauelementeeigenschaft) liegen die Größen x and y für einen angenommenen Zeitpunkt t fest. Dabei gelingt zunächst keine direkte Angabe $x = f(y)$, sondern nur die Parameterdarstellung $x = f(t)$ und $y = g(t)$. Durch Eliminieren des Parameters t folgt daraus der gesuchte Zusammenhang $x = f(y)$ (oder umgekehrt). Mit $\cos(\omega t + \varphi_i) = \sqrt{1 - \sin^2(\omega t + \varphi_i)} = \sqrt{1 - x^2}$ und $y = x\cos(\varphi_u - \varphi_i) + \sqrt{1 - x^2}$ $\times \sin(\varphi_u - \varphi_i)$ ergibt sich nach Verschiebung des ersten Gliedes nach links und Quadratur die *Ellipsengleichung*

$$x^2 + y^2 - 2xy\cos(\varphi_u - \varphi_i) = \sin^2(\varphi_u - \varphi_i)$$
$$y = \frac{u(t)}{\hat{U}}, \quad x = \frac{i(t)}{\hat{I}}. \tag{5.34b}$$

dynamische Kennlinie eines linearen zeitunabhängigen Zweipols bei Sinussteuerung.

Sie hat eine Neigung von $+45°$ im x-y-Koordinatensystem. Innerhalb einer Periode $0 \leqq \omega t \leqq 2\pi$ wird sie einmal durchlaufen. Bezüglich ihrer Form geht sie über
— in eine *Gerade* $x = y$ und der 45° durch den Nullpunkt bei $\varphi_u - \varphi_i = 0$, also für den *ohmschen Widerstand R* $u(t) = (\hat{U}/\hat{I})\,i(t) = Ri(t)$;
— in einen *Kreis* für $\varphi_u - \varphi_i = \pm\pi/2$. Dann liegt ein verlustloser Energiespeicher vor:

$$x^2 + y^2 = 1 \quad \text{oder} \quad \left(\frac{\hat{U}}{\hat{I}}\right)^2 i^2(t) + u^2(t) = \hat{U}^2. \tag{5.35}$$

Die Umlaufrichtung hängt wie erwähnt, vom Element ab: Induktivität im Uhrzeigersinn (u-i-Darstellung!), Kapazität entgegengesetzt.

Wir merken: Die dynamische Kennlinie eines passiven linearen zeitunabhängigen Zweipols ist bei sinusförmiger Aussteuerung eine Ellipse. Sie wird innerhalb einer Periode einmal durchlaufen und schließt die Grenzfälle Gerade (ohmscher Widerstand) und Kreis (Energiespeicher L, C) ein.

Anwendung finden dynamische Kennlinien
— zur graphischen Konstruktion von *Kennlinienfeldern* sowie des Strom-Spannungs-Verlaufes bei der Zusammenschaltung von nichtlinearen Bauelementen (Röhre, Transistor, Diode) mit Energiespeicherelementen;
— zur Interpretation von *Schaltvorgängen* mit nichtlinearen Bauelementen;
— in der sog. *Zustandsanalyse*, einer speziellen Berechnungsmethode von Schaltvorgängen in Netzwerken;
— zur *anschaulichen Darstellung* bestimmter Leistungs- und Energiebegriffe. Wir kommen darauf im Abschn. 6.4 zurück.

5.1.6 Energie- und Leistungsbeziehungen

Wir untersuchen die Energieverhältnisse in nichtlinearen und/oder zeitveränderlichen Elementen, insbesondere Energiespeichern am Beispiel der Kapazität. Für die Induktivität gelten die Ergebnisse sinngemäß. Eine nichtlineare, zeitunabhängige Kapazität mit der Ladungskennlinie $Q = f(u)$ nimmt vom Generator im

Tafel 5.9. Energiebeziehungen der Kapazität und Induktivität

Element	Linear		Nichtlinear	
	zeitunabhängig	zeitabhängig	zeitunbhängig	zeitabhängig
Kapazität	$u = \frac{Q}{C}$	$u = \frac{Q(t)}{C(t)}$	$u = u(Q)$	$u = u(Q, t)$
Speicherenergie $W_S[Q(t), t]$	$W_S = \frac{Q^2(t)}{2C} = \frac{C}{2} u^2(t)$	$W_S = \frac{Q^2(t)}{2C(t)} = \frac{C(t)}{2} u^2(t)$	$W_S = \int\limits_0^{Q(t)} u(Q')\mathrm{d}Q'$	$W_S[Q(t), t] = \int\limits_0^{Q(t)} u(Q', t)\mathrm{d}Q'$ t Festwert
Klemmenenergie W_{el} zwischen $t_0 \ldots t$	$W_S(t) - W_S(t_0)$	$W_S(t) - W_S(t_0)$ $+ \frac{1}{2}\int\limits_{t_0}^{t} u^2(t') \frac{\mathrm{d}C}{\mathrm{d}t'}\mathrm{d}t'$	$W_S(t) - W_S(t_0)$	$W_S[Q(t), t] - W_S[Q(t_0), t_0]$ $- \int\limits_{t_0}^{t} \frac{\partial}{\partial t'} W_S[Q(t'), t']\,\mathrm{d}t'$
Induktivität	$i = \frac{\Phi}{L}$	$i = \frac{\Phi(t)}{L(t)}$	$i = i(\Phi)$	$i = i(\Phi, t)$
Speicherenergie $W_S[\Phi(t), t]$	$W_S = \frac{\Phi^2(t)}{2L} = \frac{L}{2} i^2(t)$	$W_S = \frac{\Phi^2(t)}{2L(t)} = \frac{L(t)}{2} i^2(t)$	$W_S = \int\limits_0^{\Phi(t)} i(\Phi')\mathrm{d}\Phi'$	$W_S[\Phi(t), t] = \int\limits_{\Phi}^{\Phi(t)} i(\Phi')\mathrm{d}\Phi'$ t Festwert
Klemmenenergie W_{el} zwischen $t_0 \ldots t$	$W_S(t) - W_S(t_0)$	$W_S(t) - W_S(t_0)$ $+ \frac{1}{2}\int\limits_{t_0}^{t} i^2(t') \frac{\mathrm{d}L}{\mathrm{d}t'}\mathrm{d}t'$	$W_S(t) - W_S(t_0)$	$W_S[\Phi(t), t] - W_S[\Phi(t_0), t_0]$ $- \int\limits_{t_0}^{t} \frac{\partial}{\partial t'} W_S[\Phi(t'), t']\,\mathrm{d}t'$

Zeitraum $t_0 \ldots t$ die Speicherenergie (Tafel 5.9)

$$W(t_0, t) = \int_{t_0}^{t} p(t')\mathrm{d}t' = \int_{t_0}^{t} u(t')\,i(t')\mathrm{d}t' = \int_{t_0}^{t} u(Q[t'])\frac{\mathrm{d}Q'}{\mathrm{d}t'}\mathrm{d}t' = \int_{Q(t_0)}^{Q(t)} u(Q')\mathrm{d}Q'$$

Speicherenergie in nichtlinearer Kapazität im Zeitraum $t_0 \ldots t$ (5.36)
mit $W(t_0, t) = W_{\mathrm{S}}(t) - W_{\mathrm{S}}(t_0)$

auf und speichert sie (Speicherenergie W_{S}). Da die Ladungskennlinie $Q(u)$ der nichtlinearen Kapazität (Bild 5.19) nicht explizit von der Zeit t abhängt, wird die Energie W nur von den Ladungen $Q(t_0)$, $Q(t)$ im Anfangs- und Endzeitpunkt bestimmt.

Bei ladungslosem Ausgangszustand $Q(t_0) = 0$) stellt

$$W[Q(t)] = W(0, t) = \int_{0}^{Q(t)} u(Q')\mathrm{d}Q' \tag{5.37a}$$

Speicherenergie in der nichtlinearen zeitunabhängigen Kapazität

die in nichtlinearer zeitunabhängiger Kapazität gespeicherte Energie dar. Sie ist gleich der im Bild 5.19a schraffierten Fläche und unterscheidet sich somit nur durch die nichtlineare Q-u-Relation von der linearen Kapazität. Die Funktion $u(Q)$ ist die *zu* $Q(u)$ inverse Funktion. Sie läßt sich nur für monotone Funktionen $Q(u)$ bilden. Wenn die Kurve $Q(u)$ nur im ersten (dritten) Quadranten verläuft, bleibt die gespeicherte Energie stets positiv. Ferner ist die Passivitätsbedingung Gl. (5.2b) erfüllt, wenn die Q-, u-Kennlinie durch den Nullpunkt geht und monoton steigt. Eine Anfangsladung $\neq 0$ kann durch eine Quelle einbezogen werden.

Für die nichtlineare zeitunabhängige Induktivität gilt analog

$$W(t_0, t) = \int_{t_0}^{t} i[\Phi(t')]\frac{\mathrm{d}\Phi}{\mathrm{d}t'}\mathrm{d}t = \int_{\Phi(t_0)}^{\Phi(t)} i(\Phi')\mathrm{d}\Phi' \tag{5.37b}$$

Speicherenergie in der nichtlinearen zeitunabhängigen Induktivität.

Zeitabhängige Kapazität. Im Unterschied zu oben ändert sich jetzt die Ladungskennlinie zeitabhängig. Im Bild 5.19b ist die Situation für zwei Zeitpunkte t und $t + \mathrm{d}t$ dargestellt. Die gesamte, über die Netzwerkelementklemmen im Zeitintervall $t_0 \ldots t$ fließende elektrische Energie W_{el} beträgt (Gl. (5.37a)) bei Anwendung

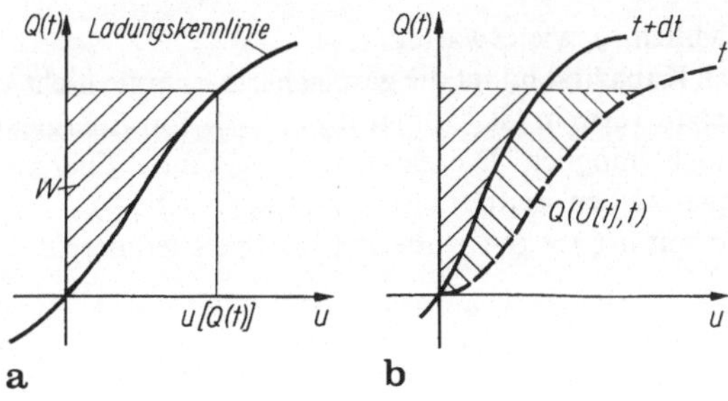

Bild 5.19a, b. Nichtlineare Ladungskennlinie. **a** zeitunabhängige Kapazität; **b** zeitabhängige Kapazität

der Produktenregel:

$$W_{el}(t_0, t) = \int_{t_0}^{t} u(t')i(t')\mathrm{d}t' = \int_{t_0}^{t} u[Q(t'), t'] \frac{\mathrm{d}Q(t')}{\mathrm{d}t}\mathrm{d}t'$$

$$= \underbrace{W_S[Q(t), t] - W_S[Q(t_0), t_0]}_{\text{Speicherenergie}} - \underbrace{\int_{t_0}^{t} \frac{\partial}{\partial t'} W_S[Q(t'), t']\mathrm{d}t'}_{\text{mechanische Energie}}$$

$$= W_S + W_{mech} \; . \tag{5.38a}$$

Sie dient einerseits zur Erhöhung der Feldenergie (Speicherenergie W_S) (bezogen auf diesen Zeitpunkt), zum anderen wird ein Energieanteil zur *Änderung der Netzwerkelemente-Charakteristik* benötigt. Er entspricht der aufgewandten mechanischen Energie (Kraftwirkung) zur Kondensatoränderung oder einer elektrischen Energie aus einer Hilfsquelle.

Wir betrachten die durch Gl. (5.38a) beschriebene Leistungsbilanz ($p \to \mathrm{d}W/\mathrm{d}t$)

$$p_{el}(t) = \frac{\mathrm{d}W_{el}}{\mathrm{d}t} = \frac{\mathrm{d}W_S}{\mathrm{d}t} + \frac{\mathrm{d}W_{mech}}{\mathrm{d}t} = \frac{\mathrm{d}W_S}{\mathrm{d}t} + p_{mech}(t) \; . \tag{5.38b}$$

Die dem Kondensator zugeführte elektrische Energie (VPS) ist gleich der Summe der Speicherrate der Energie und der Rate, mit der mechanische Arbeit gegen die Umgebung verrichtet wird.

Das Ergebnis Gl. (5.38a) läßt sich durch Differenzieren beider Seiten beweisen. Links steht

$$\text{a)} \quad \frac{\mathrm{d}W_{el}}{\mathrm{d}t} = u[Q(t), t]\, i(t) = u[Q(t), t] \frac{\mathrm{d}Q(t)}{\mathrm{d}t} \; .$$

Rechts ergibt die Differentiation des ersten Ausdruckes einmal nach der Zeit über $Q(t')$ (da $Q(t')$ eine Zeitfunktion aufgrund der Nichtlinearität ist) und einmal direkt nach der Zeit

$$\text{b)} \quad \frac{\mathrm{d}W_S[Q(t), t]}{\mathrm{d}t} = \frac{\partial W_S}{\partial Q}\frac{\mathrm{d}Q(t)}{\mathrm{d}t} + \frac{\partial W_S[Q(t), t]}{\partial t} = u[Q(t), t]\frac{\mathrm{d}Q}{\mathrm{d}t} + \frac{\partial W_S[Q(t), t]}{\partial t} \; .$$

Der zweite Ausdruck rechts in Gl. (5.38a) verschwindet beim Differenzieren. Die Ableitung des dritten Terms liefert

$$\text{c)} \quad -\frac{\partial W_S[Q(t), t]}{\partial t} \; .$$

Die Summe von b) und c) ergibt tatsächlich a), wie erwartet.

Diskussion. Bei der *zeitunabhängigen* Kapazität hängt die gespeicherte Energie nicht von der Zeit ab, folglich verschwindet der letzte Term in Gl. (5.38) ($\partial W_S/\partial t = 0$). Ein Energieaustausch mit mechanischer Energie ist nicht möglich. Die elektrisch zugeführte Energie ist gleich der Differenz der Speicherenergien zu den Zeitpunkten t und t_0 (Tafel 5.9).

Eine *linear zeitabhängige* Kapazität mit $u(Q) = Q/C(t)$ besitzt die Speicherenergie

$$W_S[Q(t), t] = \int_0^{Q(t)} \frac{Q\,\mathrm{d}Q}{C(t)} = \frac{Q^2(t)}{2C(t)} \; . \tag{5.39a}$$

Ihre zeitliche Änderung beträgt

$$\frac{\partial W_S[Q(t),t]}{\partial t} = -\frac{1}{2}\frac{Q^2(t)}{C^2(t)}\frac{dC(t)}{dt} \,. \tag{5.39b}$$

Dabei liefert der Generator über die Klemmen des Kondensators die Energie:

$$W_{el}(t_0,t) = \frac{1}{2}\left[\frac{Q^2(t)}{C(t)} - \frac{Q^2(t_0)}{C(t_0)}\right] + \int_{t_0}^{t} \frac{1}{2}\frac{Q^2(t')}{C^2(t')}\frac{dC(t')}{dt'}dt'$$

$$= W_S(t) - W_S(t_0) + \int_{t_0}^{t} \frac{u^2(t')}{2}\frac{dC(t')}{dt'}dt' \,. \tag{5.40a}$$

Im letzten Anteil erkennen wir die durch Kennlinienänderung bedingte mechanische Energie.

Die zu Gl. (5.40) gehörende elektrische Leistung beträgt

$$p_{el} = \frac{dW_{el}}{dt} = \frac{dW_S}{dt} + p_{mech} = i(t)u(t) = \frac{dC(t)}{dt}\cdot u^2(t) + Cu\frac{du(t)}{dt} \,. \tag{5.40b}$$

In Tafel 5.9 wurden die Energiebeziehungen zusammengefaßt. Die entsprechenden Gleichungen der Induktivität ergeben sich sinngemäß.

Wir wollen die geleistete mechanische Arbeit dW_{mech} anhand der Kennlinie einer linear zeitabhängigen Kapazität veranschaulichen. Ihre Kennlinie $Q(U,t)$ ist eine Gerade (Bild 5.20, Kurve *(1)* zur Zeit t). Bei Anlegen der Spannung wächst die Kapazität entsprechend der Tendenz der Feldlinien, sich zu verkürzen. Es wird mechanische Arbeit geleistet, z. B. die Befestigungsfeder zur Fixierung einer beweglichen Kondensatorplatte gespannt. Zur Zeit $t + \Delta t$ besitzt die Kapazität die Kennlinie *(2)*. So ergeben sich bei konstanter Spannung die Punkte A und A'. Es ändert sich die Ladung um ΔQ. Dem Rechteck $AA'BB'$ entspricht die elektrische Energie $\Delta W_{el} = UI\Delta t = U\,\Delta Q = k_1(a+b)$. Die Änderung der Feldenergie ΔW_S (= Speicherenergie) ist proportional der Differenz der beiden Dreieckflächen $0A'B' = k_1(a+c)$ und $0AB = k_1(c+d)$. Die Energiebilanz laute nach Gl. (5.38a)

$$\Delta W_{el} = \Delta W_S + \Delta W_{mech}$$

$$k_1(a+b) = k_1(a+c) - k_1(c+d) + \Delta W_{mech}$$

oder $\Delta W_{mech} = k_1(b+d)$. Die Kennlinienänderung drückt somit die elektrisch-mechanische Energieumformung anschaulich aus. Die Fläche zwischen beiden Kennlinien ist proportional der mechanischer Energieumsetzung.

Dieses Ergebnis gilt sinngemäß auch für nichtlineare Kennlinien. Betrachten wir noch den Fall $Q = \text{const} = Q_1$, d.h., $i = dQ/dt = 0$. Jetzt wird keine elektrische Energie umgesetzt ($\Delta W_{el} = 0$) und somit gilt $\Delta W_S + \Delta W_{mech} = 0$.

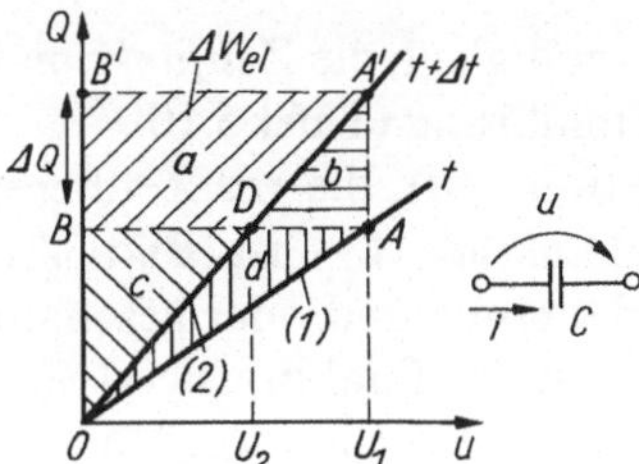

Bild 5.20. Veranschaulichung der geleisteten mechanischen Arbeit einer linear zeitabhängigen Kapazität

Die Abnahme der Feldenergie ΔW_S ist proportional der Differenz der Fläche $0AB = k_1(c + d)\,(= Q_1 U_1/2)$ und der Fläche $0DB = k_1 c\,(Q_1 U_2/2)$ also der Fläche $k_1 d$. Dies entspricht dem Gewinn an mechanischer Arbeit.

Wir wollen noch die Passivitätsbedingung Gl. (5.2b) überprüfen. Es muß nach Gl. (5.38a) bei Passivität gelten

$$W_{el}(t_0, t) + W_S[Q(t_0, t_0)] = W_S[Q(t), t] - \int_{t_0}^{t} \frac{\partial}{\partial t'} W_S[Q(t'), t'] \mathrm{d}t' \geqq 0 \ .$$

Für den linear zeitveränderlichen Kondensator beträgt der rechte Teil nach Gl. (5.40a)

$$\frac{1}{2} C(t) \cdot u^2(t) + \frac{1}{2} \int_{t_0}^{t} u^2(t') \frac{\mathrm{d}C}{\mathrm{d}t'} \mathrm{d}t' \geqq 0 \tag{5.41a}$$

für alle Zeitpunkte, Anfangswerte (t_0) und Spannungen.

Der linear zeitgesteuerte Kondensator ist somit nur für

$$C(t) \geqq 0, \ \mathrm{d}C/\mathrm{d}t \geqq 0 \tag{5.41b}$$

passiv!

Im anderen Fall liegt ein aktiver Zweipol vor: mechanische Energie (erforderlich zur Änderung von C) wird als elektrische Energie direkt in den Kreis eingeprägt.

5.2 Netzwerkerregung

Die Zeitfunktion $f(t)$ einer Strom- oder Spannungsquelle (s. Gln. (5.2) und (5.3)) wird durch die verschiedenen physikalischen Prinzipien ihrer Erzeugung bestimmt. So erzeugt ein Spulenrähmchen, das im konstanten Magnetfeld mit der Winkelgeschwindigkeit ω gedreht wird, eine *sinusförmig* zeitveränderliche Spannung (s. Abschn. 3.3.3.2). Eine Batterie hat eine zeitlich konstante Spannung (Gleichspannung U_Q). Betrachtet man jedoch den Einschaltaugenblick dieser Batterie, so springt die Spannung vom Ausgangswert 0 auf U_Q. Zeitlich gesehen entsteht ein sog. *Spannungssprung*. Ein besprochenes Mikrofon schließlich erzeugt eine Spannung, die sich aus Schwingungen verschiedener Frequenz und Amplitude zusammensetzt.

Ganz allgemein bezeichnen wir die Strom- oder Spannungsquelle mit der Zeitfunktion $f(t)$ als *Netzwerkerregung*. Wir wollen sie näher unterteilen.

5.2.1 Erregungsarten

Die wenigen Beispiele verdeutlichen bereits die Notwendigkeit, die *Zeitfunktion* $f(t)$ zu ordnen. Wir unterscheiden im Rahmen dieser Einführung (Tafel 5.10):

1. Gleichvorgänge. Dazu gehört eine „Zeitfunktion" $f(t)$, die im Zeitbereich $-\infty < t < +\infty$ gleich einer *Konstanten* — der *Amplitude A* — ist (Bild 5.21a).

2. Nichtperiodische Vorgänge. Das sind nichtandauernde und/oder geschaltete Vorgänge (Bild 5.21b). Dabei kann es vorkommen, daß der Funktionswert $f(t)$ zu bestimmten Zeitpunkten (t_1, t_2) nicht erklärt ist. Derartige Stellen werden später

Tafel 5.10. Übersicht der Netzwerkerregungen

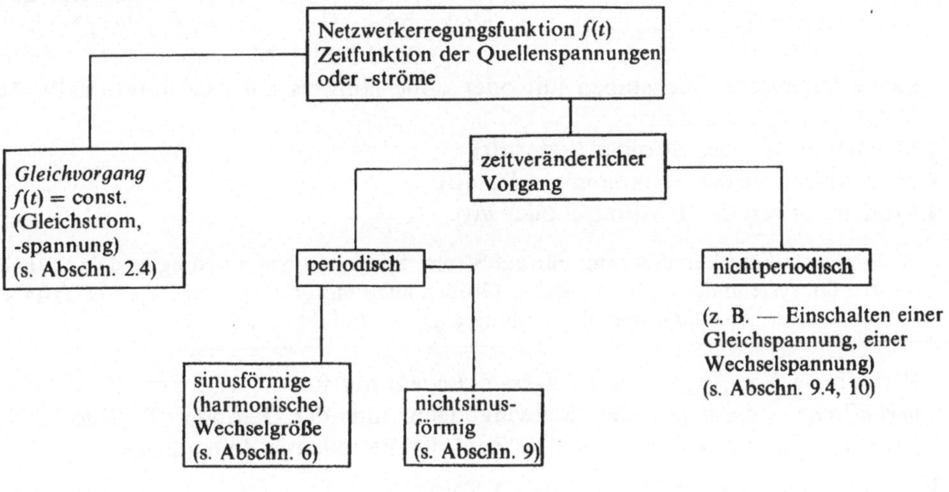

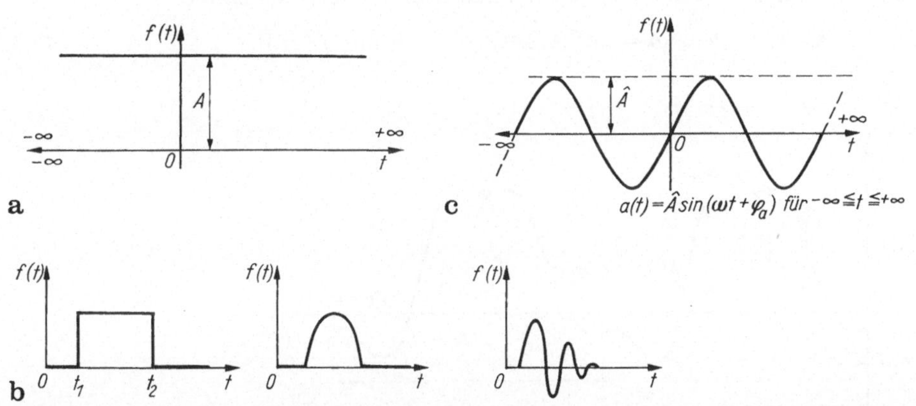

Bild 5.21a–c. Zeitlicher Verlauf der Erregergröße $f(t)$. **a** Gleichvorgang; **b** nichtperiodische Vorgänge; **c** harmonischer Vorgang

durch die sog. *Sprungfunktion* beschrieben. Solche sprungförmigen Erregungen (z. B. Einschalten einer Batteriespannung) haben große Bedeutung für das *Schaltverhalten* von Netzwerken (Abschn. 10).

3. Periodische Vorgänge. Das sind Vorgänge, die sich nach einer bestimmten Zeit — der Periodendauer T — wiederholen (Bild 5.21c). Als Spezialfall gehören dazu *harmonische* (sinus-, cosinusförmige) Vorgänge.

Hinsichtlich der *Bezeichnungssymbolik* der Ströme und Spannungen im Netzwerk werden vereinbart:

a) Gleichgrößen mit $f(t)$ = const. Sie werden durch *große lateinische Buchstaben* gekennzeichnet: Gleichspannung U, Gleichstrom I.

b) Zeitveränderliche Größen. Hierbei ändert die Erregergröße $f(t)$ ihren Wert (Amplitude) und/oder die Richtung zeitlich. Der Wert $f(t)$ zu beliebigem, d. h. momentanem Zeitpunkt, heißt *Augenblicks-* oder *Momentanwert* $f(t)$ der physikalischen Größe (Strom, Spannung, Leistung) (Bild 5.22a). Momentanwerte erhalten kleine lateinische Buchstaben mit oder ohne Hinweis auf eine funktionelle Abhängigkeit von der Zeit t:

Momentanwert des Stromes i oder $i(t)$;
Momentanwert der Spannung u oder $u(t)$;
Momentanwert der Leistung p oder $p(t)$.

Weil sich diese Vereinbarung nur auf Strom, Spannung und Leistung bezieht, können Momentanwerte anderer physikalischer Größen auch mit großen lateinischen Buchstaben auftreten, z. B. Momentanwert der Ladung $Q(t)$, der Induktion $B(t)$ usw.

Periodische Vorgänge. Herausragende Bedeutung für die Elektrotechnik haben *periodische Vorgänge* oder Schwingungen mit der Periode T (Bild 5.22b): $f(t) = f(t + nT) \equiv a(t)$ (n ganz). Die Zahl der Perioden je Zeiteinheit ist die

$$\textit{Frequenz}\ f = 1/T \qquad (\dim(1/\text{Zeit})) \tag{5.42}$$

und die Zahl der Perioden je Zeiteinheit multipliziert mit 2π die

$$\textit{Kreisfrequenz}\ \omega = 2\pi f = 2\pi/T \qquad (\dim(1/\text{Zeit}))\ . \tag{5.43}$$

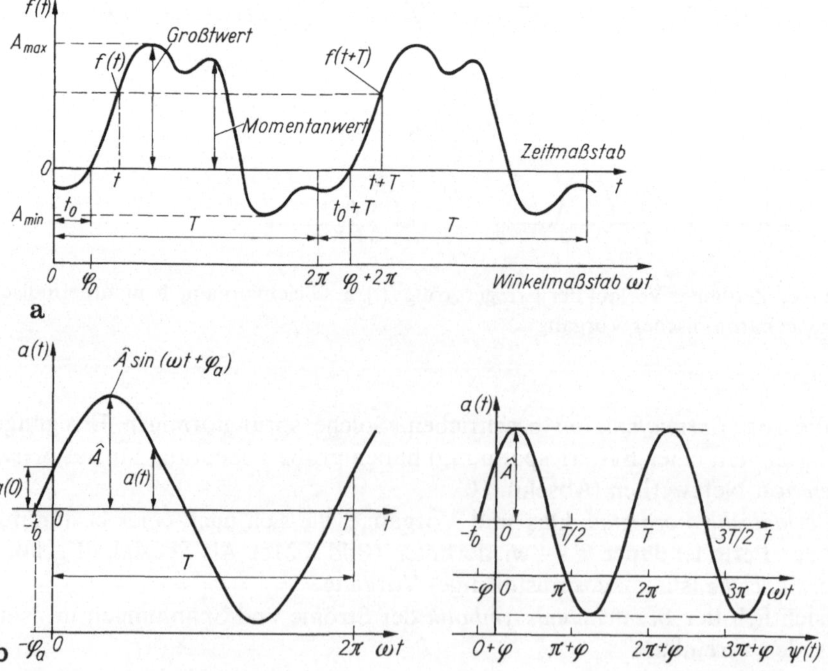

Bild 5.22a, b. Periodische Vorgänge. **a** allgemeiner Vorgang; **b** harmonischer Vorgang

Größenvorstellung. Richtwerte der Frequenz f:

Mechanische Schwingungen	(0, 01 . . . 10) Hz
Starkstromtechnik	50 Hz (einige Länder 60 Hz)
Tonfrequenzbereich	10 Hz . . . 25 kHz
Rundfunktechnik	$(10^5 \ldots 10^8)$ Hz
Fernsehen	$(10^8 \ldots 10^9)$ Hz
Nachrichtenübertragung	bis 10^{12} Hz

Es gilt somit für die 50 Hz-Netzfrequenz: $T = 1/50\,\mathrm{s} = 20\,\mathrm{ms}$ und $\omega = 2\pi \cdot 50\,\mathrm{s}^{-1} \approx 314\,\mathrm{s}^{-1}$.

Der Bezugszeitpunkt für die Zeitskala kann willkürlich gewählt werden. Die Zeit vom Nullpunkt der Zeitskala bis zum ersten positiven Nulldurchgang der Zeitfunktion heißt *Nullzeitpunkt* t_0, der zugeordnete Winkel

$$\text{Nullphasenwinkel } \varphi_0 = \omega t_0 = 2\pi t_0/T\,.^1 \qquad (5.44)$$

Weitere Merkmale periodischer Zeitfunktionen sind neben der Periodendauer T

— der *maximale Betrag* einer periodischen Größe, der sog. *Scheitelwert*. Er wird üblicherweise durch ein Dach bezeichnet (z. B. Scheitelwert der Spannung $\hat{U}$).

— der *Spitze-Spitze-Wert* als Differenz von Maximal- und Minimalwert, z. B. $U_{pp} = U_{max} - U_{min}$ (resp. Amplitude A, Bild 5.22a).

Periodische Vorgänge können nach Tafel 5.10 weiter unterteilt werden in:

— Vorgänge mit einem von Null verschiedenen arithmetischen *Mittelwert* (s. u.). Sie lassen sich verstehen als eine Überlagerung (Addition) eines *Gleichwertes* (mit einem von Null verschiedenen arithmetischen Mittelwert) und einer Wechselgröße. Es sind also *nichtsinusförmige Vorgänge*.

— *Wechselgrößen* mit verschwindendem arithmetischem Mittelwert der Zeitfunktion. Dazu gehören insbesondere die sin- und cos-Zeitfunktionen.

5.2.2 Sinusförmige Erregung

Kenngrößen. Die große technische Bedeutung der harmonischen Zeitfunktion (sinus, cosinus) beruht auf folgenden Tatsachen:

— Die meisten *Energieumformer* (Generatoren) liefern sinusförmige Spannungen und Ströme.

— In der *Informationstechnik* lassen sich sinusförmige Größen relativ leicht unter Verwendung von Resonanzsystemen (Schwingkreisen) in Oszillatoren erzeugen.

— Mathematisch kann jeder periodische nichtharmonische Vorgang durch eine Summe harmonischer Funktionen mit den Frequenzen n/T (n ganz) nachgebildet werden (Fourier-Analyse, Abschn. 9). Deshalb hat die harmonische Funktion die Bedeutung einer *Aufbaufunktion* in der Netzwerktechnik.

Im Sprachgebrauch heißen harmonische Zeitfunktionen *sinusförmige* Wechselgrößen: Man spricht von *Wechselstrom* und *Wechselspannung*.

---

[1] Der Index 0 wird üblicherweise fortgelassen. Wir schließen uns dieser Gepflogenheit an.

Sinusförmige Wechselgrößen sind solche, bei denen der Augenblickswert $f(t) \equiv a(t)$ einer physikalischen Größe (Strom, Spannung) sinusförmig (analog cosförmig) verläuft (Bild 5.22b).

$$f(t) = a(t) = \hat{A}\sin(\omega t + \varphi_a) = \hat{A}\sin(\omega t + \omega t_0) \ . \tag{5.45}$$

Der Begriff Wechselgröße stammt von dem beständigen Vorzeichenwechsel über der Zeit.

Der (absolute) Maximalwert der *Amplitude* $\hat{A} = A_{max}$ ist der Scheitelwert (= max. Augenblickswert). Man symbolisiert ihn durch den Index max oder ein Dach am entsprechenden Größenzeichen.

Wir merken: Die drei Bestimmungsstücke *Scheitelwert* $\hat{A}$, *Frequenz* f (bzw. Periodendauer T, resp. Kreisfrequenz ω) und *Nullzeitpunkt* t_0 (oder Nullphasenwinkel φ_a) kennzeichnen die Sinusfunktion eindeutig. Sie sind ihre Kenngrößen.

Eine Netzwerkanalyse, die bei harmonischer Erregung keine Auskunft über diese drei Bestimmungsstücke liefert, ist nicht abgeschlossen!

Weil die Sinus- und Cosinus-Funktionen wegen $\cos\varphi = \sin(\varphi + \pi/2)$ mit einer Phasenverschiebung von $\pi/2$ ineinander überführbar sind, wird in den Begriff „sinusförmig" künftig auch die cos-Funktion eingeschlossen.

Aus praktischen Gründen trägt man üblicherweise nicht $a(t)$ über der Zeit t, sondern der dimensionslosen Variablen ωt auf. Dann hat

$$\psi(t) = \omega t + \varphi_a = \omega t + \omega t_0 \tag{5.46}$$

die Bedeutung eines (zeitabhängigen) *Phasenwinkels*. Nach $\psi = 2\pi$ wiederholt sich die Funktion. ψ wird allgemein im *Bogenmaß* (als Bogen des Einheitskreises) angegeben:

$$\psi/\text{Bogenmaß} = \frac{2\pi}{360}\psi/\text{Grad} \ . \tag{5.47}$$

Die Periodizitätsbedingung $f(t) = f(t + T)$ führt in Gl. (5.45) wegen $f(t) = \sin(\omega t + \varphi_a) \equiv \sin(\omega[t + T] + \varphi_a)$ direkt auf $\omega T = 2\pi$ (s. Gl. (5.43)).

Liniendiagramm. Eigenschaften der Sinusfunktion. Die Darstellung der Sinusfunktion ergibt sich z. B. aus der Projektion eines Punktes P, der auf einem Kreis mit dem Radius $\hat{A}$ mit konstanter Winkelgeschwindigkeit ω im mathematisch positiven Sinn umläuft (Bild 5.23). Wir betrachten die Projektionen auf die x- und y-Achse bei einer Ausgangslage $t = 0 \rightarrow \beta = \varphi$. Sie lauten

$$x = \hat{A}\cos\beta, \qquad y = \hat{A}\sin\beta \ .$$

Bei umlaufendem Punkt P sind x, y und β Funktionen der Zeit. Aus $\omega = \mathrm{d}\varphi/\mathrm{d}t = \text{const} = 2\pi/T$ (T Zeit je Umlauf) wird mit $\mathrm{d}\beta = (2\pi/T)\,\mathrm{d}t$

$$\int_{\varphi}^{\psi}\mathrm{d}\psi = \frac{2\pi}{T}\int_0^t \mathrm{d}t', \ \psi(t) = \frac{2\pi t}{T} + \varphi = \omega t + \varphi = \omega(t + t_0)$$

und damit

$$x(t) = \hat{A}\cos\psi(t) = \hat{A}\cos\omega(t + t_0) = \hat{A}\cos(\omega t + \varphi) \ ,$$

$$y(t) = \hat{A}\sin\psi(t) = \hat{A}\sin\omega(t + t_0) = \hat{A}\sin(\omega t + \varphi) \ . \tag{5.48}$$

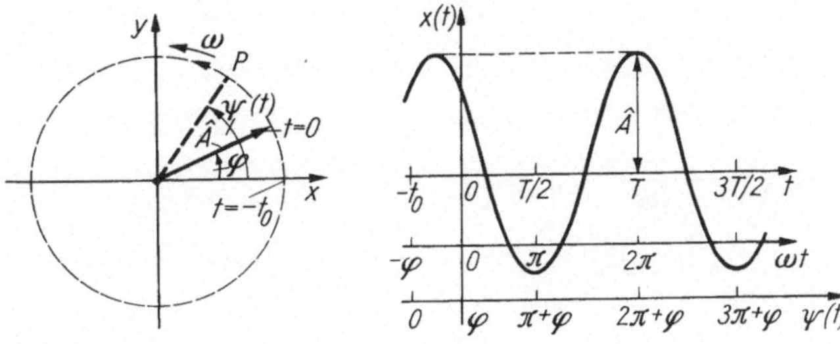

Bild 5.23. Entstehung der harmonischen Schwingung durch Rotation eines Zeigers und Projektion auf die Achsen

Die harmonische Schwingung kann als Projektion eines mit konstanter Winkelgeschwindigkeit ω umlaufenden Punktes auf die x-Achse (Cosinusschwingung) bzw. auf die y-Achse (Sinusschwingung) dargestellt werden.

Bild 5.23 zeigt die Darstellung der Größen $x(t)$ bzw. $y(t)$ über der Zeit t bzw. dem Winkel ωt, das sog. *Liniendiagramm.*

Sucht man beispielsweise die Summe $u = u_1 + u_2$ der beiden Spannungen $u_1(t) = \hat{U}_1 \sin \omega t$, $u_2(t) = \hat{U}_2 \cos \omega t$ ($f = 50$ Hz) in jedem Zeitpunkt, so werden u_1 und u_2 im Liniendiagramm dargestellt (Bild 5.24a) und anschließend addiert. Die Addition zweier Sinusgrößen gleicher Frequenz ergibt wieder eine Sinusschwingung gleicher Frequenz, aber mit veränderter Amplitude und Nullphase. Dies geht aus Bild 5.24a deutlich hervor.

Betrachten wir noch einige *Eigenschaften der Sinusfunktion* $a(t) = \hat{A} \sin(\omega t + \varphi)$:

a) Differentiation (Bild 5.24b). Es gilt

$$\frac{\mathrm{d}a(t)}{\mathrm{d}t} = \omega \hat{A} \cos(\omega t + \varphi) = \omega \hat{A} \sin\left(\omega t + \varphi + \frac{\pi}{2}\right) \tag{5.49}$$

und damit:

Bei Differentiation einer Sinusfunktion entsteht eine Sinusfunktion gleicher Frequenz, der Amplitude $\omega \hat{A}$ und einer um $\pi/2$ größeren Nullphase. (Die differenzierte Sinusfunktion eilt der Ausgangsfunktion um 90° vor).

b) Integration (Bild 5.24c). Es gilt

$$\int a(t)\,\mathrm{d}t = -\frac{\hat{A}}{\omega} \cos(\omega t + \varphi) = \frac{\hat{A}}{\omega} \sin\left(\omega t + \varphi - \frac{\pi}{2}\right). \tag{5.50}$$

Bei Integration einer Sinusfunktion entsteht eine Sinusfunktion gleicher Frequenz, der Amplitude $\hat{A}/\omega$ und einer um $\pi/2$ kleineren Nullphase. (Die integrierte Funktion eilt der Ausgangsfunktion um 90° nach).

c) Aufspaltung einer harmonischen Schwingung mit $\varphi \neq 0$. Es gilt

$$a_1(t) = \hat{A} \sin(\omega t + \varphi) = \underbrace{\hat{A} \cos \varphi}_{\hat{A}_1} \sin \omega t + \underbrace{\hat{A} \sin \varphi}_{\hat{A}_2} \cos \omega t \tag{5.51a}$$

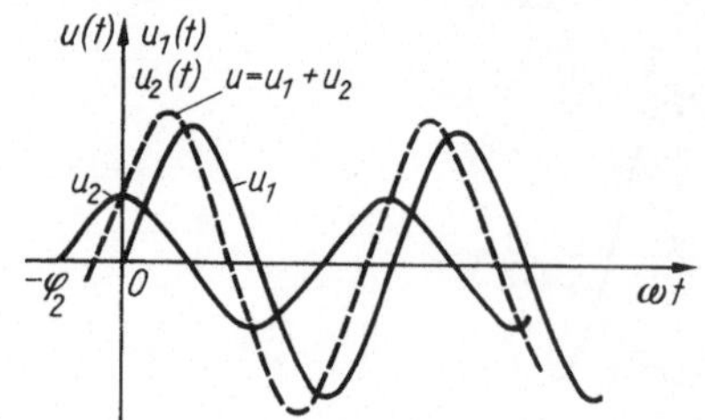

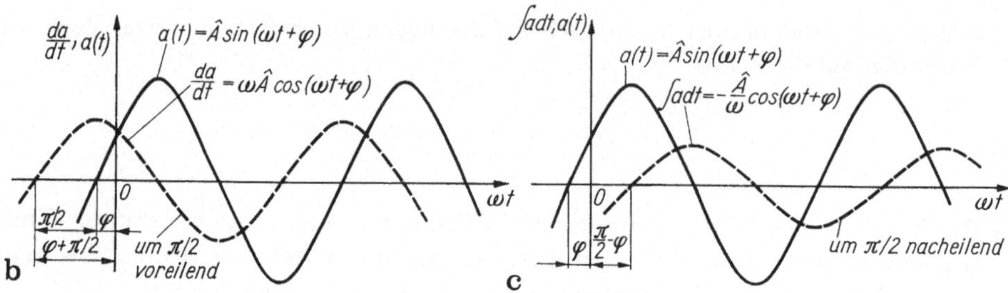

Bild 5.24a–c. Eigenschaften der Sinusfunktion. **a** Addition (Überlagerung) einer Sinus- und Cosinusfunktion mit verschiedener Amplitude ($\varphi_1 = 0,\ \varphi_2 = -\pi/2$); **b** Differentiation; **c** Integration

und analog

$$a_2(t) = \hat{A}\cos(\omega t + \varphi) = \underbrace{\hat{A}\cos\varphi}_{\hat{A}_1}\sin\omega t - \underbrace{\hat{A}\sin\varphi}_{\hat{A}_2}\cos\omega t. \tag{5.51b}$$

Eine harmonische Schwingung mit Nullphasenwinkel φ kann stets in eine Summe zweier harmonischer Schwingungen ohne Nullphasenwinkel, aber gleicher Kreisfrequenz aufgespalten werden.

d) Die Addition der zwei Funktionen $a_1(t) = \hat{A}\sin(\omega t + \varphi_1)$, $a_2(t) = \hat{A}_2\sin(\omega t + \varphi_2)$ gleicher Frequenz ergibt die Sinusfunktion

$$a_{\text{ges}}(t) = a_1(t) + a_2(t) = \hat{A}_{\text{ges}}\sin(\omega t + \varphi_{\text{ges}}) \tag{5.52}$$

gleicher Frequenz mit der Amplitude

$$\hat{A}_{\text{ges}} = \sqrt{\hat{A}_1^2 + \hat{A}_2^2 + 2\hat{A}_1\hat{A}_2\cos(\varphi_1 - \varphi_2)} \tag{5.53}$$

und Phase

$$\varphi_{\text{ges}} = \arctan\frac{\hat{A}_1\sin\varphi_1 + \hat{A}_2\sin\varphi_2}{\hat{A}_1\cos\varphi_1 + \hat{A}_2\cos\varphi_2}\,. \tag{5.54}$$

Bei *Subtraktion* $a_1(t) - a_2(t)$ ist $\hat{A}_2$ durch $-\hat{A}_2$ zu ersetzen.

Zur Herleitung zerlege man $\sin(\omega t + \beta)$ für die drei Größen $a_1(t)$, $a_2(t)$, $a_{\text{ges}}(t)$ jeweils nach dem Additionstheorem und führe einen Koeffizientenvergleich der Glieder von $\cos\omega t$

und sin ωt durch. Nach Bild 5.24a gilt z. B. mit $\hat{U}_1 = 1$ V, $\hat{U}_2 = 0{,}5$ V, $\varphi_1 = 0$, $\varphi_2 = -\pi/2$, $\hat{U}_{1\,\mathrm{ges}} = 1{,}19$ V, $\varphi_{\mathrm{ges}} = -\arctan(\hat{U}_2/\hat{U}_1) = -26{,}6°$.

Die Summen-(Differenz-) Bildung von zeitabhängigen Größen wird auch als *Überlagerung* bezeichnet. Sie ist von grundlegender Bedeutung für die Netzwerkanalyse, weil dort häufig Summen und Differenzen gebildet werden.

Zusammengefaßt: Bei der Addition, Differentiation und Integration von Sinus-Funktionen der Kreisfrequenz ω entsteht wieder eine Sinusfunktion der gleichen Kreisfrequenz, aber veränderter Amplitude und Phase. Dieses Ergebnis ist das Fundament für die Analyse linearer Wechselstromnetzwerke (Abschn. 6.1).

Bei der Uberlagerung zweier Sinusgrößen *verschiedener* Frequenzen entsteht zwar eine periodische Schwingung, aber keine Sinusschwingung. Ist die Differenz der beiden Frequenzen f_1, f_2 gering, so ändert sich die Amplitude der entstehenden Schwingung periodisch. Man spricht hier von einer *Schwebung*.

5.2.3 Mittelwerte periodischer Zeitfunktionen

Strom and Spannung erzeugen in Netzwerkelementen Wirkungen, z. B. die Erwärmung eines Widerstandes. Dabei sind die *Mittelwerte* von Energien und Leistungen wichtig, wenn etwa der *Energiefluß* interessiert. Folgende Mittelwerte periodischer Größen wurden vereinbart (Bild 5.25):

1. Arithmetischer Mittelwert (= linearer Mittelwert, Gleichwert). Der arithmetische Mittelwert $\overline{a(t)}$[1] der periodischen Größe $a(t)$ ist der lineare Mittelwert über eine Periodendauer:

$$\overline{a(t)} = \bar{a} = \frac{1}{T}\int_{t}^{t+T} a(t')\,\mathrm{d}t' \quad \text{bzw.} \quad \overline{a(\omega t)} = \frac{1}{2\pi}\int_{\omega t}^{\omega t+2\pi} a(\omega t')\,\mathrm{d}(\omega t') \tag{5.55}$$

arithmetischer Mittelwert der Größe $a(t)$ (Definitionsgleichung)

z. B. der Spannung

$$\overline{u(t)} = U = \frac{1}{T}\int_{t}^{t+T} u(t')\,\mathrm{d}t' .$$

t beliebiger Anfangswert im Integrationsbereich. Oft wird $t = 0$ gewählt.

Die Integration ist über die betrachtete Periodendauer geschlossen oder in Teilabschnitten (bei Unstetigkeitsstellen im Verlauf $a(t)$) durchzuführen. Der arithmetische Mittelwert $u(t)$ z. B. der Spannung heißt auch *Gleichwert*, *Gleichanteil*, *Gleichspannung* oder *Gleichspannungsanteil* (analog für Ströme).

Periodische Vorgänge, deren arithmetischer Mittelwert verschwindet, heißen Wechselvorgänge (s. Abschn. 5.2.1). Durch Umschreiben von Gl. (5.55) folgt

$$0 = \frac{1}{T}\int_{t}^{t+T} [a(t') - \overline{a(t')}]\,\mathrm{d}t' . \tag{5.56a}$$

[1] Arithmetische Mittelwerte werden durch Überstreichen gekennzeichnet.

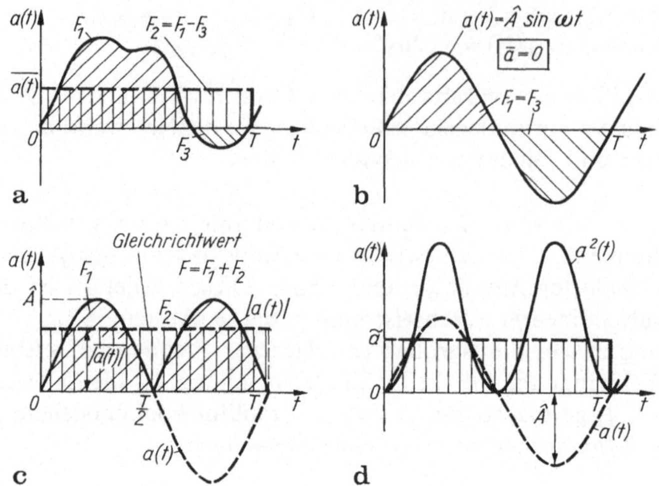

Bild 5.25a–d. Mittelwerte einer periodischen zeitveränderlichen Größe $a(t)$. **a** arithmetischer (linearer) Mittelwert $\overline{a(t)}$; **b** der arithmetische Mittelwert einer Wechselgröße verschwindet; **c** Gleichrichtwert $\overline{|a(t)|}$; **d** Effektivwert = quadratischer Mittelwert $\overline{a^2(t)}$ der Größe $a(t)$

Jeder periodische Vorgang $a(t) - \bar{a}$ mit verschwindendem arithmetischen Mittelwert ist somit ein *Wechselvorgang* oder anders: Jeder periodische Vorgang besteht allgemein aus der Überlagerung eines Wechselvorganges und eines Gleichvorganges ausgedrückt durch seinen arithmetischen Mittelwert. Periodische Zeitfunktionen mit $\overline{a(t)}$ werden als *Mischfunktionen* bezeichnet.

So ergibt sich beispielsweise für eine periodische Spannung $u(t)$

$$u(t) = U_0 + u_1 \quad \text{mit} \quad U_0 = \overline{u(t)} \quad \text{und} \quad \overline{u_1(t)} = 0\ . \tag{5.56b}$$

Dieses Ergebnis ist von großer praktischer Bedeutung, denn nach Gl. (5.56b) besteht die Ersatzschaltung einer Mischspannungsquelle aus einer Gleichspannungsquelle U_0 in Reihe mit einer Wechselspannungsquelle.

Anschaulich ersetzt man bei der linearen Mittelwertbildung die Gesamtfläche (vorzeichenbehafteterAnteil) unter der Kurve $a(t)$ im Periodenintervall durch eine *Rechteckfläche* der Höhe $\overline{a(t)}$ und Breite T, Bild 5.25a. Deshalb verschwindet der Mittelwert einer Wechselgröße (Bild 5.25b): Positive und negative Flächenanteile heben sich auf. Besteht eine periodische Funktion aus überlagerten Gleich- und Wechselvorgängen, so gibt der arithmetische Mittelwert stets den Wert Gleichgröße an (Gleichspannungs- oder -stromkomponente). Daher mißt ein *Drehimpulsinstrument* mit dem Zeigerausschlag $\alpha \sim I$ stets den arithmetischen Mittelwert des Stromes (bzw. der Spannung $U = IR \sim I$, R Vorwiderstand).

2. Gleichrichtwert. Der Gleichrichtwert $\overline{|a(t)|}$ ist der arithmetische Mittelwert des Betrages einer periodischen Größe $a(t)$ über einer Periodendauer

$$\overline{|a(t)|} = \frac{1}{T} \int_t^{t+T} |a(t')|\,\mathrm{d}t' \tag{5.57}$$

Gleichrichtwert (Definitionsgleichung).

Die graphische Betragsbildung der Funktion $a(t)$ entsteht durch „Umklappen" ihrer negativen Anteile: Richtungsvertauschung der physikalischen Größe (Bild 5.25c). Automatisch wird dies durch eine sog. Zweiweggleichrichterschaltung besorgt.

Der Gleichrichtwert von Wechselgrößen verschwindet im Gegensatz zum linearen Mittelwert nicht. Er beträgt vielmehr das Doppelte des Gleichrichtwertes der Funktion einer Halbwelle.

Beispiel: Gleichrichtwert. Für die im Bild 5.25c skizzierte Wechselspannung $u(t) = \hat{U} \sin \omega t$ $(0 \leqq t \leqq T)$ mit $\hat{U} = 200$ V, $f = 50$ Hz beträgt der Gleichrichtwert

$$\overline{|u(t)|} = \frac{1}{T}\int_0^T |u(t)|\,\mathrm{d}t = \frac{1}{2\pi}\int_0^{2\pi} |u(\omega t)|\,\mathrm{d}\omega t = \frac{\hat{U}}{2\pi}\left[\int_0^{\pi} \sin \omega t\,\mathrm{d}\omega t - \int_{\pi}^{2\pi} \sin \omega t\,\mathrm{d}\omega t\right]$$

$$= \frac{\hat{U}}{\pi}(-\cos \omega t)\Big|_0^{\pi} = \frac{\hat{U}}{\pi}(1-(-1)) = \frac{2\hat{U}}{\pi} = 127\text{ V}\,.$$

Der Begriff Gleichrichtwert stammt von der Gleichrichtung einer Wechselgröße (Bild 5.26). Eine Gleichrichterschaltung formt eine Spannung wechselnder Polarität in eine solche einer Polarität um, indem die negative Halbwelle unterdrückt wird. Dies ist typisch für die Einweggleichrichtung bestehend aus Spannungsquelle, Diode und Lastwiderstand. Vereinfacht möge die Diode als Schalter S wirken. S ist bei positiver Diodenspannung geschlossen (Durchlaßrichtung) und offen bei negativer Spannung. So entstehen am Lastwiderstand nur positive Halbwellen. Beim Zweiweggleichrichter (Bild 5.26d) werden die fehlenden negativen Halbwellen betragsmäßig mit addiert. Während der positiven Halbwelle leiten die Dioden D_2, D_3 (D_1, D_4 sperren), bei negativen ist es umgekehrt. So hat der Strom durch R stets die gleiche Richtung entstanden durch Betragsbildung der Sinushalbwellen.

3. Quadratischer Mittelwert: Effektivwert. Der Effektivwert A ist die Wurzel des quadratischen Mittelwertes des Augenblickwertes einer periodischen Größe

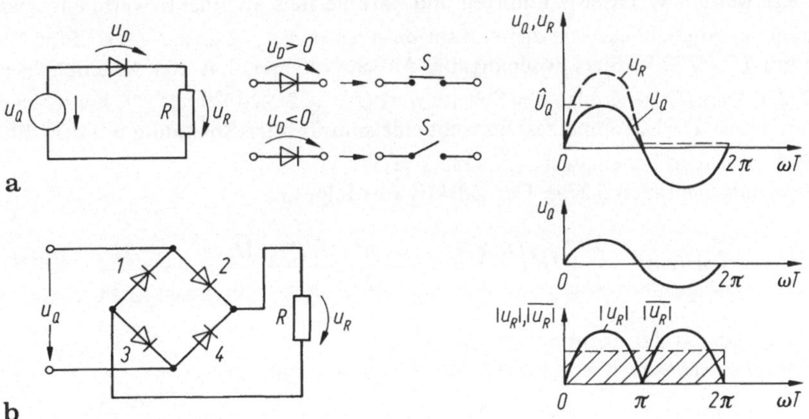

Bild 5.26a, b. Gleichrichtwert. **a** Einweggleichrichtung mit Spannungsverlauf u_R, u_Q; **b** Zweiweggleichrichtung, Gleichrichtwert

$a(t)$ über eine Periodendauer:

$$\tilde{a} = A = A_{\text{eff}} = (+)\sqrt{\frac{1}{T}\int_{t}^{t+T} a(t')^2\,\mathrm{d}t}, \tag{5.58a}$$

Effektivwert (Definitionsgleichung)

also z. B. der Spannung bzw. des Stromes: $\tilde{u} = U = U_{\text{eff}}$, $\tilde{\imath} = I = I_{\text{eff}}$.

Effektivwerte elektrischer Größen erhalten große lateinische Buchstaben.

Anschaulich betrachtet ist A^2T gleich dem Flächeninhalt (Rechteckfläche A^2T) in einer Periode, den die *quadrierte* Funktion $a(t)$ mit der Zeitachse innerhalb des Intervalles T einschließt (Bild 5.25d). Durch das Quadrieren von $a(t)$ ist der Effektivwert auch bei Wechselströmen ($\bar{a} = 0$) stets ein positiver Wert.

Zur physikalischen Deutung des für die Elektrotechnik außerordentlich wichtigen Effektivwertbegriffes bestimmen wir den linearen *Mittelwert* $\overline{p(t)}$ der Leistung $p(t) = u(t)i(t) = i^2(t)\,R$ in einem vom Strom $i(t)$ durchflossenen Widerstand R:

$$\overline{p(t)} = \frac{1}{T}\int_0^T p(t)\,\mathrm{d}t = \frac{1}{T}\int_0^T i^2(t)R\mathrm{d}t = I_{\text{eff}}^2 \cdot R = I_{=}^2 R\ . \tag{5.58b}$$

Man erkennt durch Vergleich mit Gl. (5.58a):

Der Effektivwert $I_{\text{eff}} = I$ eines zeitveränderlichen Stromes (Spannung) erzeugt im Widerstand R die gleiche Leistung wie ein Gleichstrom $I = I$ (Spannung) gleicher Größe.

Beispiele: 1. Sinusfunktion $a(t) = \hat{A}\sin(\omega t + \varphi)$

$$\tilde{a}^2 = \frac{1}{T}\int_0^T [\hat{A}\sin(\omega t + \varphi)]^2\,\mathrm{d}t = \frac{\hat{A}^2}{2T}\int_0^T (1 - \cos(2\omega t + \varphi))\,\mathrm{d}t = \frac{\hat{A}^2}{2}\ ;$$

$$\tilde{a} = A_{\text{eff}} = \frac{\hat{A}}{\sqrt{2}}\ .$$

Üblicherweise werden Wechselspannungen und -ströme stets als Effektivwerte angegeben. Dann beträgt der Augenblickswert $a(t) = \hat{A}\sin(\omega t + \varphi) = A_{\text{eff}}\sqrt{2}\sin(\omega t + \varphi)$. Eine Netzspannung mit $U = 220$ V (Steckdosenangabe, Außen-Nulleiter) hat den Augenblickswert $u(t) = \sqrt{2}.220$ V $\sin(\omega t + \varphi)$, also den Scheitelwert $\hat{U} = \sqrt{2}\cdot 220$ V ≈ 311 V. Zwischen den Außenleitern (eines Drehstromnetzes) herrscht eine sinusförmige Spannung mit dem Effektivwert 380 V und dem Scheitelwert $\sqrt{2}\cdot 380$ V ≈ 537 V!.

2. Dreieckfunktion (nach 5.27a). Der Effektivwert folgt aus

$$\tilde{u}^2 = \frac{1}{T}\int_0^{T/n} u^2(t)\,\mathrm{d}t = \frac{1}{T}\int_0^{T/n} \hat{U}^2\left(\frac{tn}{T}\right)^2 \mathrm{d}t = \frac{\hat{U}}{T}\cdot\frac{n^2}{T^2}\cdot\frac{t^3}{3}\bigg|_0^{T/n} = \frac{\hat{U}}{3n}\,,\quad \tilde{u} = \frac{\tilde{U}}{\sqrt{3n}}\ .$$

Er ist somit größer als der arithmetische Mittelwert.

3. Rechteckfunktion (nach Bild 5.27b). Mit $T = \tau_1 + \tau_2$ gilt

$$\tilde{u}^2 = \frac{1}{T}\left[\int_0^{t'}(-U_1)^2\,\mathrm{d}t + \int_{t'}^{T} U_2^2\,\mathrm{d}t\right] = U_1^2\frac{\tau_1}{T} + U_2^2\frac{\tau_2}{T},\quad \tilde{u} = \sqrt{U_1^2\frac{\tau_1}{T} + U_2^2\frac{\tau_2}{T}}\ .$$

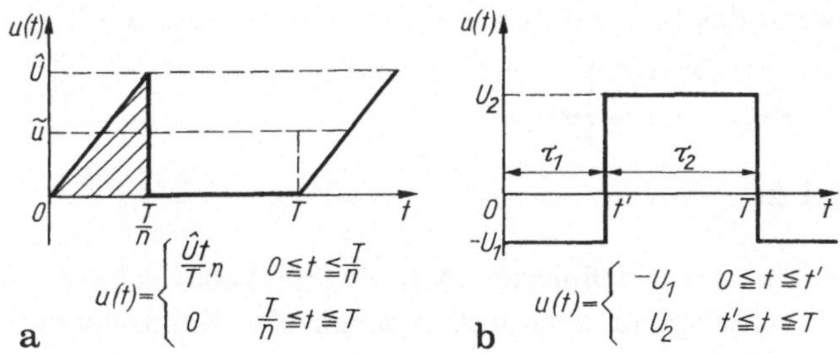

Bild 5.27a, b. Beispiele zum Effektivwert einer Spannung

Tafel 5.11. Mittelwerte einiger Zeitfunktionen: $\bar{u}$ arithmetischer Mittelwert, $|\bar{u}|$ Gleichrichtwert, $u = \sqrt{\bar{u}^2}$ Effektivwert

Verlauf	$\bar{u}$	$\overline{\lvert u \rvert}$	$\tilde{u}$	Verlauf	$\bar{u}$	$\overline{\lvert u \rvert}$	$\tilde{u}$
u, Û, 0, 2π ωt	0	$\frac{2\hat{U}}{\pi}$	$\frac{\hat{U}}{\sqrt{2}}$	u, Û, 0, ωt	$\hat{U}$	$\hat{U}$	$\sqrt{\frac{3}{2}}\cdot\hat{U}$
u, Û, 0, 2π ωt	$\frac{2\hat{U}}{\pi}$	$\frac{2\hat{U}}{\pi}$	$\frac{\hat{U}}{\sqrt{2}}$	u, Û, 0, τ, τ, t	$\frac{\tau}{T}\hat{U}$	$\frac{\tau}{T}\hat{U}$	$\sqrt{\frac{\tau}{T}}\cdot\hat{U}$

Gegenüber dem arithmetischen Mittelwert verschwindet der Effektivwert für $U_1\tau_1 = U_2\tau_2$ nicht! (Man berechne den arithmetischen Mittelwert). Tafel 5.11 enthält die Mittelwerte typischer Zeitfunktionen.

Messung des Effektivwertes. Meßtechnisch lassen sich Effektivwerte z. B. mit Instrumenten anzeigen, deren Ausschlag α dem *Quadrat des Stromes* (der Spannung) proportional ist $\alpha \sim i^2(t)$ (Dreheisenmeßwerk, s. Abschn. 4.3.2.2, Kondensatorvoltmeter, s. Abschn. 4.3.1.2). Der Zeiger eines solchen Gerätes stellt sich durch seine mechanische Trägheit stets auf den mittleren quadratischen Wert, eben den Effektivwert ein.

Häufig sind Drehspulinstrumente ($\alpha \sim I$) in Effektivwerten geeicht. Dann treten Fehler auf, wenn der Strom von der Sinusform abweicht.

Bei einigen Geräten (z. B. dem Digitaloszillograph) werden die Momentanwerte von u oder i zu u zu bestimmten Zeitpunkten abgetastet, mit einem sog. Analog-Digitalwandler in Digitalwerte gewandelt und abgespeichert. Aus diesen Meßwerten gewinnt ein interner Computer z. B. (durch Interpolation) kontinuierliche Verläufe, die auf dem Bildschirm dargestellt werden, oder er errechnet z. B. gewünschte Mittelwerte. Hat er z. B. innerhalb einer Periodendauer T insgesamt N Werte in gleichen zeitlichen Abständen Δt abgetastet, so gelingt die Effektivwertbildung nach Gl. (5.58a), wenn das Integral durch eine Summe ersetzt wird:

$$\int_0^T u^2(t)\,\mathrm{d}t = \left[\frac{1}{2}(u_0^2 + u_N^2) + \sum_{n=1}^{N-1} u_n^2\right]\Delta t \tag{5.59}$$

mit $u_n = u(t)_n$, $t_n = n\Delta t$ und $\Delta t = T/N$.

Form von Wechselgrößen. Die oben definierten Mittelwerte kennzeichnen die mittleren Wirkungen von Wechselspannungen und-strömen. Zur Kennzeichnung der Kurvenform eignet sich aber besser der

Formfaktor ***F:*** Quotient aus Effektivwert und Gleichrichtwert einer Wechselgröße

$$F = \frac{A_{\text{eff}}}{\overline{|a(t)|}}\,, \tag{5.60a}$$

z. B. für eine Sinusgröße $F = \frac{A}{\sqrt{2}} \cdot \frac{\pi}{2\hat{A}_2} = \frac{\pi}{2\sqrt{2}} = 1,11$.

Scheitelfaktor S. Quotient aus Scheitelwert und Effektivwert einer Wechselgröße:

$$S = \hat{A}/A_{\text{eff}}\,. \tag{5.60b}$$

5.2.4 Nichtperiodische Erregung. Testfunktionen

Wir haben bisher die Sinusfunktion in den Mittelpunkt gestellt und dabei vernachlässigt, daß die moderne Informations-, Meß-, Steuer- und Regelungstechnik einschließlich der Computertechnik *Impulse* verschiedenster Art verwendet.

Ein elektrischer Impuls ist dabei ein beliebiger zeitlicher Verlauf einer physikalischen Größe, die nur innerhalb eines Zeitbereiches Werte von Null verschieden aufweist (DIN 5488).

Bild 5.28 zeigt einige Beispiele. Die Frage ist, ob die Einwirkung solcher Impulse auf ein Netzwerk in irgendeinem Zusammenhang mit seinem „Wechselstromverhalten" steht. Sie muß mit einem deutlichen „Ja" beantwortet werden, wir sehen später sogar, daß das Verständnis des "Wechselstromverhaltens" die grundlegende Voraussetzung auch der Impulsübertragung ist, ja die Methoden der Wechselstromtechnik nur „schrittweise fortgeschrieben" werden müssen. Diese Behauptung mag überraschen, doch motiviert sie den Leser für die folgenden Abschnitte 6 und 7 vielleicht besonders.

Die Fülle der Impulse läßt sich auf einige Grundformen zurückführen, die für die Impulstechnik besondere Bedeutung haben: den *Sprungimpuls*, den *Rechteck-* und *Stoßimpuls* sowie die Rampenfunktion. Das sind in diesem Sinne ebenso typische Erregerfunktionen eines Netzwerkes wie etwa Sinusgrößen. Technisch werden sie einem *Impulsgenerator* entnommen. Das ist eine elektronische Schaltung, die auf einen aktiven Zweipol zurückgeführt werden kann, dessen Spannungsquelle (seltener Stromquelle) diesen „Impulszeitverlauf" liefert.

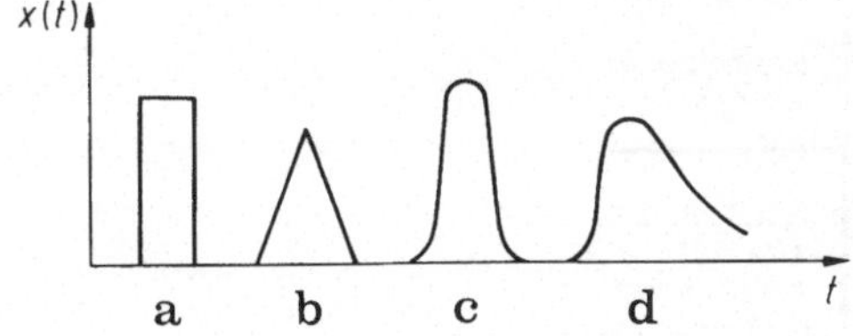

Bild 5.28a–d. Beispiele von Impulsen. **a** Rechteckimpuls; **b** Dreieckimpuls; **c** Gauß-Impuls; **d** asymmetrischer Impuls

Solche ausgewählten Erregungen (einschließlich Sinus) werden auch als *Testsignale* bezeichnet, weil das Netzwerk darauf in charakteristischer Weise reagiert.

Testsignale.
— *Sinusgröße*, die beständig anliegt (sog. stationäre Sinuserregung, Abschn. (6));
— *Sprungerregung* (Spannungssprung);
— *Impulserregung*, speziell *Nadelimpuls* (kurzer Spannungsstoß);
— exponentiell abklingende Sinusgröße, die sog. *Exponentialanregung* (Abschn. 10.3).

Sprungerregung. Eine Spannungsquelle U_Q, die zum Zeitpunkt $t = 0$ über einen Schalter S an zugängliche Klemmen angeschaltet wird (Bild 5.29a), kann dargestellt werden durch die Klemmenspannung

$$u_Q(t) = \begin{cases} 0 & t < 0 \\ U_Q & t \geqq 0 \end{cases}.$$

Wir denken uns diesen Spannungsverlauf durch eine aperiodische Erregerfunktion, die *Sprungfunktion* $s(t)$

$$s(t) \mathrel{\hat{=}} \begin{cases} 0 & t < 0 \\ 1 & t \geqq 0 \end{cases} \tag{5.61}$$

Sprungfunktion (Definitionsgleichung)

erzeugt. Sie springt zur Zeit $t = 0$ von 0 auf 1 (Bild 5.29). Ein Einschaltimpuls der Höhe 1 heißt *Einheitssprung*. Der Spannungssprung $u_{Q\,\lrcorner\!\!\ulcorner}(t)$ lautet dann

$$u_{Q\,\lrcorner\!\!\ulcorner}(t) = s(t)\,U_Q = \begin{cases} 0 & t < 0 \\ 1 \cdot U_Q & t \geqq 0 \end{cases}, \tag{5.62a}$$

und die allgemeine Erregerdarstellung eines Sprunges der Größe $x(t)$ entsprechend

$$x_{\lrcorner\!\!\ulcorner}(t) = X_Q s(t) \tag{5.62b}$$

Einschaltsprung der physikalischen Größe X_Q (Definitionsgleichung)

(Bild 5.29b). Sie berücksichtigt in der *Sprungamplitude* X_Q die *physikalische Qualität* der Größe (z. B. Spannung $X_Q = U_Q = 2$ V, Strom $X_Q = I_Q = 3$ A u. ä.) mit Zahlenwert und-einheit.

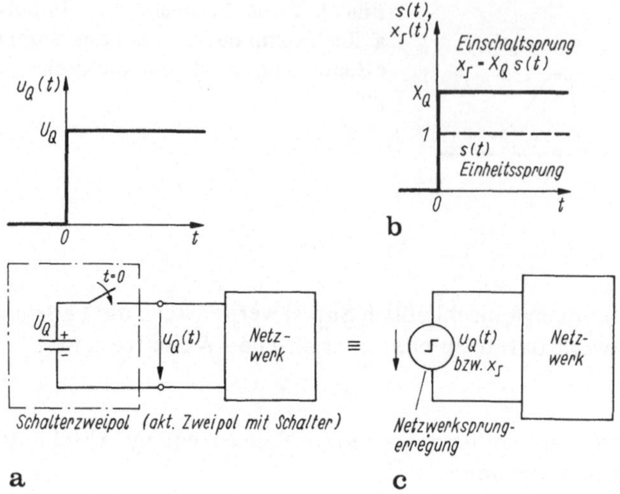

Bild 5.29a–c. Sprungfunktion. **a** Netzwerk mit Schalterzweipol; **b** Einheitssprung bzw. Einschaltsprung; **c** Ersatz des Schalterzweipols durch Netzwerksprungerregung

Anwendungen. Die Bedeutung der Sprungfunktion $s(t)$ besteht zunächst in der mathematischen Formulierung des „Schaltermodells". Darüber hinaus hat sie die Bedeutung einer „Aufbaufunktion" für andere Impulsformen. Betrachten wir dazu einige Eigenschaften und Anwendungen.

Sprungverschiebung. Erfolgt der Sprung nicht bei $t = 0$, sondern bei $t = t_0$, so ist in $s(t)$ die Variable t durch $t - t_0$ zu ersetzen. Für diese Funktion mit Sprung bei $t = t_0$ gilt

$$s(t - t_0) = \begin{cases} 0 & t < t_0 \\ 1 & t \geqq t_0 \end{cases}$$

(s. Bild 5.30a). Liegt also beispielsweise eine Spannung von 10 V im Zeitbereich $t < 10\,\text{s}$ nicht an einer Schaltung, aber für $t > 10\,\text{s}$ an, so wird sie durch die Erregerfunktion $u_Q(t) = 10\,\text{V}\, s(t - 10\,\text{s})$ beschrieben.

Kombination von Sprungfunktionen. Rechteckimpuls. Ein Einschaltsprung zur Zeit t_1 und ein Ausschaltsprung zur Zeit t_2 ergibt einen idealen Rechteckimpuls

$$x_{\sqcap}(t) = s(t - t_1) - s(t - t_2) = s(t - t_1) - s[t - (t_1 + \tau)] \tag{5.63}$$

der Dauer $\tau = t_2 - t_1$, der zur Zeit t_1 eingeschaltet wird. Er wurde im Bild 5.30b gestrichelt dargestellt.

Der Rechteckimpuls (einer physikalischen Größe X_Q z. B. Spannung, Bild 5.30c) wird dann durch (z. B. beginnend bei $t = 0$)

$$x(t) = \begin{cases} 0 & \text{für } t < 0 \\ X_Q & \text{für } 0 \leqq t \leqq \tau \\ 0 & \text{für } t > \tau \end{cases} \tag{5.64}$$

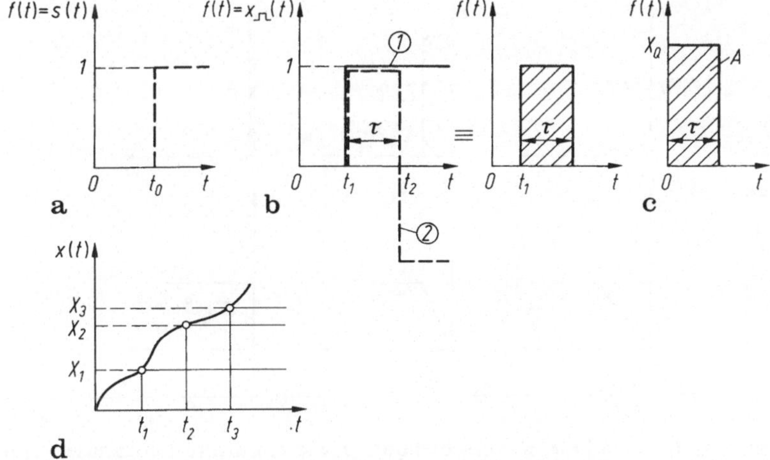

Bild 5.30a–d. Anwendungsbeispiele des Einschaltsprunges. **a** Verschiebung; **b** Kombination; **c** Rechteckimpuls (X_Q Impulshöhe, A Impulsfläche, τ Impulsdauer); **d** Funktionsabtastung.

beschrieben. Seine *Zeitfläche A* beträgt

$$A = \int_{-\infty}^{\infty} x(t)\,dt = X_Q \tau \ . \tag{5.65}$$

Die Impulshöhe X_Q wird dann bei gleicher Zeitfläche um so größer, je kürzer der Impuls (s. u.).

Schaltet man beispielsweise eine Gleichstromquelle I_Q zum Zeitpunkt $t = 0$ an einen (ladungsfreien) Kondensator, (Bild 5.31a), so gilt für die Kondensatorspannung. (bzw. Ladung Cu_C)

$$u_C = \frac{1}{C}\int_{-\infty}^{t} i(t)\,dt = \frac{1}{C}\int_{0}^{t} i(t)\,dt = \frac{1}{C}\int_{0}^{t} I_Q s(t)\,dt = \begin{cases} 0 & t < 0 \\ I_Q t/C & t \geqq 0 \end{cases} \tag{5.66}$$

(zeitlinearer Anstieg). Wird die Quelle zur Zeit $t = t_0$ wieder abgeschaltet (lag damit ein impulsförmiger Stromverlauf an), so bleibt von t_0 an u_C = const. und die Zeitfläche $A = (I_Q/C)$. t_0 ist genau die Ladung $I_Q \cdot t_0$ (bezogen auf C), die die Stromquelle während der Zeit t_0 dem Kondensator zugeführt hat.

Verallgemeinerte Bedeutung hat die Sprungfunktion, weil sich z. B. ein beliebiger Verlauf der Erregerfunktion x(t) durch eine zeitlich versetzte Folge von Sprungfunktionen mit unterschiedlicher Amplitude annähern läßt (Bild 5.30d):

$$x(t) = X_0 s(t) + X_1 s(t - t_1) + X_2 s(t - t_2) \ldots . \tag{5.67}$$

Darauf beruht z. B. das Prinzip der Analog-Digital-Umsetzung.

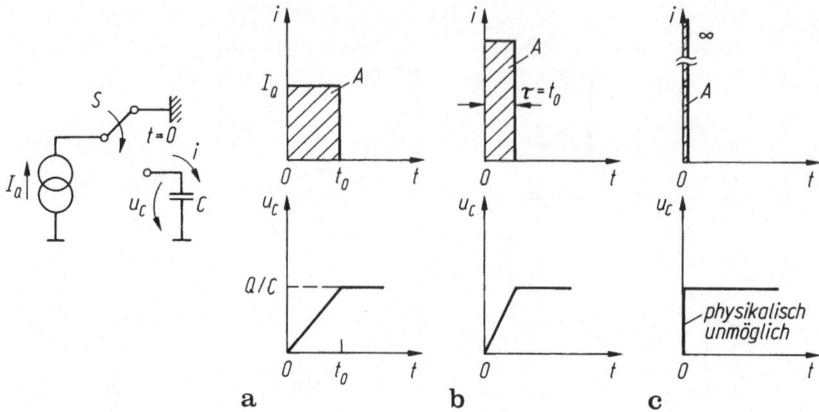

Bild 5.31a–c. Kondensatoraufladung. **a** Verschiebung; **b** wie **a**, kürzere Ladephase; **c** mit Stoßimpuls

Anstiegs-, Rampenerregung. Im Beispiel Bild 5.31a steigt die Spannung zeitlinear an, weil die Einheitssprungfunktion durch den Kondensator integriert wird. Es ist daher zweckmäßig, auch den zeitlinearen Anstieg z. B. einer Spannung U_Q

$$u_r(t) = \int_{-\infty}^{t} U_Q \cdot s(t)\,dt = \begin{cases} 0 & \text{für } t < 0 \\ U_Q t & \text{für } t \geqq 0 \end{cases} \tag{5.68a}$$

durch eine Funktion, die *Anstiegserregung* $r(t)$ (normiert $u_r(t)/U_Q$) darzustellen:

$$r(t) = t\,s(t)\ . \tag{5.68b}$$

Diese Funktion wird in Netzwerken benutzt, wenn eine Sprungfunktion nicht zulässig ist (z. B. Spannungssprung am Kondensator) oder eine technische Anstiegszeit modelliert werden soll.

Stoß-, Nadelfunktion (Einheitsimpulsfunktion). Dirac-Stoß. Die *Stoßfunktion* $d(t)$ ergibt sich aus der Impulsfunktion (Bild 5.31b), wenn die Impulsbreite τ sinkt, die Impulsfläche aber erhalten bleibt: $I_Q\tau/C = \text{const.}$ Im Grenzfall $\tau \to 0$ muß die Impulsamplitude I_Q über alle Grenzen wachsen. Damit nimmt die *Stoßfunktion* $d(t)$ für $\tau \to 0$ den Wert ∞ an, verschwindet aber für alle übrigen Zeiten

$$\mathrm{d}(t) = \begin{cases} 0 & \text{für } t \neq 0 \\ \infty & \text{für } t = 0\ . \end{cases} \tag{5.69a}$$

Die Impulszeitfläche A oder das *Impulsmoment*

$$A = \int_{-\infty}^{t} \mathrm{d}(t)\,dt = \begin{cases} 0 & \text{für } t < 0 \\ I_Q\tau & \text{für } t \geqq 0 \end{cases} \tag{5.69b}$$

bleibt aber endlich (nach Voraussetzung).

In der Schaltung Bild 5.31c würde dieser Fall bedeuten, daß dem Kondensator die (endliche) Ladung $Q = \int_0^t I_Q \mathrm{d}t$ durch einen unendlich kurzen Stromstoß unendlicher Höhe zugeführt werden muß, damit die Kondensator-Spannung u_C von Null auf den Wert $I_Q\tau/C$ springt. Dem entspräche ein Energiesprung. Da dies physikalisch unmöglich ist (ebenso wenig ein Spannungsprung u_C!), kann die Stoßfunktion $d(t)$ physikalisch nicht realisiert werden (wohl ihr Zeitintegral!). Sie wird technisch durch einen Impuls (meist Rechteck) endlicher Höhe und kurzer Dauer angenähert.

Einheits-, Dirac-Stoß. Nadelimpuls. Wird die Stoßfunktion $d(t)$ auf die Impulsfläche A bezogen, so entsteht der *Einheits-* oder *Dirac-Stoß* $\delta(t)$ (Bild 5.32a)

$$\delta(t) = \frac{\mathrm{d}(t)}{A} = \begin{cases} 0 & t \neq 0 \\ \infty & t = 0 \end{cases}. \tag{5.70}$$

Er kann als *Grenzwert*

$$\delta(t) = \lim_{\tau \to 0} (1/\tau) \cdot [s(t + \tau) - s(t)] = \mathrm{d}s/\mathrm{d}t$$

geschrieben werden und ist somit gleich der Ableitung der Einheitssprungfunktion $s(t)$

$$\delta(t) = \mathrm{d}s(t)/\mathrm{d}t \quad \text{Einheitsstoß. (Dimension Zeit}^{-1}\text{)}. \tag{5.71}$$

Durch die Diracfunktion kann eine verallgemeinerte Ableitung einer Funktion an einer unstetigen Stelle (im Sinne der Distributionstheorie) beschrieben werden.

Erfolgt ein Dirac-Stoß zum Zeitpunkt t_0, so gilt

$$\delta(t - t_0) = \begin{cases} 0 & t < t_0 \\ 0 & t > t_0 \\ \int_{t_{0-}}^{t_{0+}} \delta(t' - t_0)\mathrm{d}t' = 1 \end{cases}. \tag{5.72}$$

Er hat die “Impulsstärke 1”.

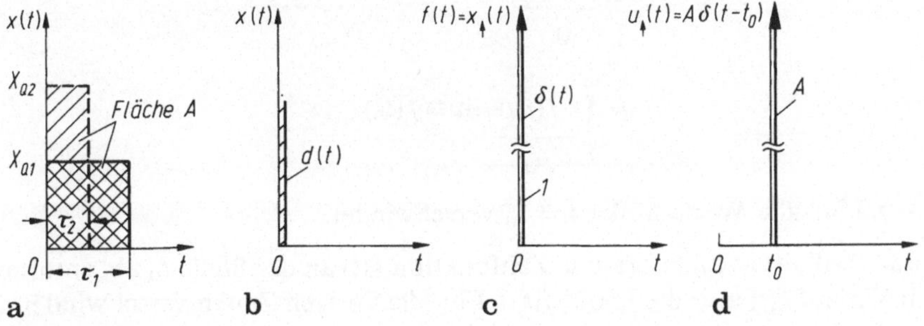

Bild 5.32a–d. Impulserregung **a** Rechteckimpulse mit gleicher Impulsfläche A; **b** Stoß funktion d(t); **c** Stoßfunktion; **d** Stoßfunktion, zeitlich verschoben

Ein Dirac-Stoß einer *physikalischen* Größe (Impulsfläche A) $x_\uparrow(t)$ zum Zeitpunkt t_0 lautet dann

$$x_\uparrow(t) = \underset{\text{Impuls-fläche}}{A} \cdot \underset{\text{Dirac-Stoß zum Zeitpunkt } t_0}{\delta(t - t_0)} \tag{5.73}$$

mit

$$A\,\delta(t - t_0) = \begin{cases} 0 & t < t_0 \\ 0 & t > t_0 \\ A \int\limits_{t_0-}^{t_0+} \delta(t' - t_0)\mathrm{d}t' = A \ . \end{cases} \tag{5.74}$$

Die Diracfunktion $\delta(t)$ hat die Einheit s^{-1} und wegen ihrer unendlich großen Amplitude eine symbolische Darstellung nach Bild 5.32c (dort $t_0 = 0$). Das Gewicht A der Stoßfunktion $x_\uparrow(t)$ einer physikalischen Größe wird neben den Pfeil geschrieben (Bild 5.32d).

So hat ein Stromstoß $i_\uparrow(t) \equiv x_\uparrow(t) = A\delta(t)$ zur Zeit $t = 0$ eine Impulsfläche $A \equiv Q$ gleich der geflossenen Ladung Q [Einheit As, Amperesekunden], was direkt aus der Stromdefinition $i = \mathrm{d}Q/\mathrm{d}t$ und dem Grenzwertverständnis von $\delta(t)$ folgt, vgl. auch sinngemäße Anwendung von Bild 5.32a.

Der Dirac-Stoß ist ein mathematisches Modell. Die Notwendigkeit zur mathematischen Darstellung des Stoßes folgt aus der Sprungfunktion selbst. Der Differentialquotient von s im herkömmlichen Sinne existiert nicht. Er muß deshalb durch die Vereinbarung der Impulsfunktion beschrieben werden ($\delta(t)$ ist im mathematischen Sinne keine Funktion, sondern eine Distribution). Der Dirac-Stoß kann für meßtechnische Zwecke durch einen schmalen Rechteckimpuls angenähert werden.

Abtast-, Ausblendeigenschaft. Die Impulsfunktion hat ein interessantes Merkmal, die *Abtasteigenschaft*. Wird eine Zeitfunktion $f(t)$, z. B. eine cos-Funktion, mit dem Dirac-Stoß $\delta(t - t_0)$ zur t Zeit multipliziert, so folgt

$$\int\limits_{-\infty}^{\infty} f(t)\delta(t - t_0)\mathrm{d}t = \int\limits_{-\infty}^{t_0-} \underbrace{f(t)0}_{0}\,\mathrm{d}t + \int\limits_{t_0-}^{t_0+} \underbrace{f(t_0)\delta(t - t_0)}_{f(t_0)}\mathrm{d}t + \int\limits_{t_0+}^{\infty} \underbrace{f(t)0}_{0}\,\mathrm{d}t \equiv f(t_0) \ ,$$

da $\delta(t - t_0)$ für alle Werte außer $t = t_0$ verschwindet.

Der Dirac-Stoß $\delta(t - t_0)$ tastet eine Zeitfunktion $f(t)$ an der Stelle t_0 ab, entnimmt aus dem Verlauf $f(t)$ also die Probe $f(t_0)$. Für alle übrigen Zeiten verschwindet das Produkt $f(t)\delta(t)$ oder verallgemeinert

$$f(t)\,\delta(t - t_0) \equiv f(t_0)\,\delta(t - t_0) = f(t_0) \ . \tag{5.75}$$

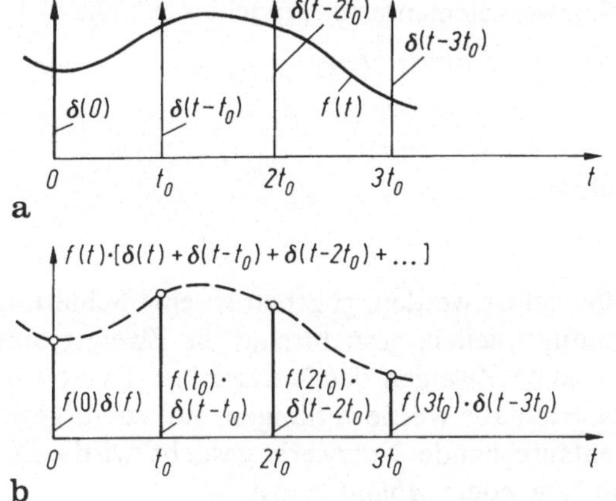

Bild 5.33a, b. Abtasteigenschaft des Dirac-Impulses. **a** Zeitfunktion $f(t)$ und Abtastfolge $\delta(t)$, $\delta(t - t_0)$; **b** Produkt $f(t)[\delta(t) + \delta(t - t_0) + \ldots]$, Abtast- oder Ausblendeigenschaft

Darin liegt die große Bedeutung von $\delta(t)$ für die Signalabtastung: Umwandlung eines kontinuierlichen Signalverlaufes in eine Folge von Abtastwerten: Grundlage der Umwandlung eines „analogen“ Signals in ein abgetastetes Signal.

Eine Folge von δ – Impulsen entsteht z. B. aus einer periodischen Rechteckimpulsfolge, deren Impulsbreite τ gegen Null geht. Im Bild 5.33 wurde dieser Vorgang erläutert.

Mit Abschn. 5.2 kennen wir die typischen Erregerfunktionen eines Netzwerkes. Wir werden sie ausgiebig anwenden und zwar

— die *Sinuserregung*, kurz die *Wechselstromtechnik*, in Abschn. 6;

— die Testfunktionen Impuls- und Sprungerregung beim sog. *Schaltverhalten* in Netzwerken (Abschn. 10), aber auch der sog. *Fourier*- und *Laplace-Transformation* (Abschn. 9, 10). Im Verlaufe der Betrachtung wird dabei deutlich, daß die Wechselstromtechnik eine wichtige Grundlage für das Verständnis auch dieser komplizierten Netzwerkerregungen ist.

5.3 Netzwerke

Übersicht. Durch Zusammenschalten von Netzwerkelementen, also unabhängigen und abhängigen Strom- und Spannungsquellen, Widerständen, Kondensatoren und Spulen (mit oder ohne Gegeninduktivität) entstehen *Netzwerke* mit Maschen, Knoten und Zweigen.

Ein elektrisches Netzwerk ist stets ein *mathematisches Modell*, bestehend aus *Netzwerkelementen* (mit definiertem u-i-Verhalten), die in bestimmter Weise verbunden sind (Topologie des Netzwerkes). Die reale technische Schaltung (bestehend aus technischen Bauelementen, z.B. Batterie, Widerstände, Kondensatoren, Dioden, Transistoren, integrierten Schaltungen und ihren Leitungsverbindungen) findet sich dann im mathematischen Modell in dem Maße wieder, wie es gelingt, die einzelnen Bauelemente selbst durch Netzwerkelemente zu "modellieren". Die Netzwerkelemente selbst kennen wir schon (s. Abschn. 5.1).

5.3.1 Grundaufgabe der Netzwerkanalyse

Gewöhnlich muß die folgende Aufgabe gelöst werden: gegeben ist eine Schaltung mit unabhängigen Strom- und Spannungsquellen, gesucht sind die Zweigströme und -spannungen in bestimmten oder allen Zweigen des Netzwerkes. Es ist eine typische *Analyseaufgabe.* (Eine Syntheseaufgabe würde verlangen, daß zu vorgegebenem elektrischen Verhalten das entsprechende Netzwerk gesucht wird.) Die Analyseaufgabe wird grundsätzlich in folgendem *Ablauf* gelöst:

1. Gewinnung des Netzwerkes, d.h. des mathematischen Modells der Schaltung. Dazu werden statt der Bauelemente die entsprechenden Netzwerkelemente eingeführt, die Verbindungsleitungen durch „ideale Leitungsverbindungen" ersetzt und das Netzwerk für die Analyse vorbereitet: Bemessung der Elemente, Ersatz von Schaltungsteilen, Knoten-/Maschenbezeichnung, Zählpfeile.

2. Wahl des Lösungsverfahrens (abhängig von Problemstellung, Schaltungsumfang, ev. Nichtlinearitäten).

3. Durchführung der *Netzwerkanalyse* durch Anwendung der Kirchhoffschen Gesetze, Netzwerkelementbeziehungen und Lösung des so entstehenden Gleichungssystems. Darauf beruhen alle Netzwerkanalyseverfahren und ebenso abgekürzte Methoden (z. B. Zweipoltheorie im Gleichstromkreis).

4. Diskussion der Lösung durch zweckmäßige Vereinfachungen, ggf. Rückeinsetzen u.a.

Die Analyse des Netzwerkes mit z Zweigen, k Knoten und m unabhängigen Maschen (s.u.), gegebenen Quellen und u-i-Zweigbeziehungen der Netzwerkelemente geht aus von den Kirchhoffschen Gesetzen (Gl. (2.77)) für Momentanwerte hervor:

- Knotensatz $\sum_{\nu\uparrow} i_\nu(t) = \sum_{\mu\downarrow} i_\mu(t)$ (5.76a)

- Maschensatz $\sum_{\nu} u_\nu(t) = 0$ (5.76b)

- Zweigbeziehungen $u = f(i)$. (5.77)

Gesucht sind z unbekannte Zweigströme und ebenso viele Zweigspannungen, also $2z$ Größen. Verfügbar sind

$k - 1$ unabhängige Knotengleichungen

$m = z - (k - 1)$ unabhängige Maschengleichungen

z u-i-Beziehungen der Zweigelemente.

Dies ist das sog. *vollständige Kirchhoffsche Gleichungssystem.* Werden zur Reduktion des Aufwandes z.B. die z Zweigspannungen mittels der jeweiligen u-i-Relationen entfernt, so verbleiben

$k - 1$ unabhängige Knotengleichungen,

$m = z - (k - 1)$ unabhängige Maschengleichungen,

also nur noch z Gleichungen für die z unbekannten Zweigströme (*Zweigstromanalyse*, reduziertes Beschreibungssystem, s. Abschn. 2.4.4.1). Ebenso ist eine *Zweigspannungsanalyse* mit z Gleichungen möglich. Diese Strategie gilt unabhängig von der Art der Netzwerkerregung, also für zeitkonstante und zeitveränderliche Ströme und Spannungen, lineare und nichtlineare, zeitabhängige und zeitunabhängige Netzwerkelemente (Tafel 5.12). Über die notwendigen Gleichungen für ein gegebenes Netzwerk mit z Zweigen, k Knoten und m unabhängigen Maschen gibt die *Netzwerkstruktur* (oder Topologie) Auskunft (Abschn. 5.3.2).

Als *Netzwerkelemente* stehen die bereits eingeführten zweipoligen Grundelemente (R, L, C), aber auch drei- und vierpolige (Transistor, Übertrager u. a.) zur Verfügung. Komplexere Bauelemente (z. B. integrierte Schaltungen mit sehr großer Polzahl) werden häufig durch sog. *Makromodelle* auf Netzwerkelemente mit geringerer Klemmenzahl reduziert.

Abhängig von der Art der Erregungen lassen sich grundsätzliche Aussagen über das zu erwartende Gleichungssystem treffen:

1. Netzwerke bei zeitkonstanter Erregung, z. B. durch *Gleichspannungen* (sog. *Gleichstromkreise*). Es verschwinden alle *zeitlichen Ableitungen* von u bzw. i der energiespeichernden Elemente (C, L, M). Deshalb treten diese Elemente in den Kirchhoffschen Gleichungen nicht auf und es ergeben sich bei linearen NWE *algebraische Geichungen.* Wir haben sie bereits im Abschn. 2.4.4 kennengelernt.

2. Netzwerke mit zeitveränderlicher Erregung ($\mathrm{d}/\mathrm{d}t \neq 0$) und *Energiespeichern* (C, L, M) führen allgemein auf Integro-Differentialgleichungen. Derartige Gleichungen lassen sich durch Differentiation stets in Differentialgleichungen überführen. Treten dabei noch algebraische Gleichungen auf, so spricht man von *Algebro-Differential-Gleichungssystemen.* Sie enthalten Integrale und Differentiale der Veränderlichen. Bei linearen, zeitunabhängigen NWE entstehen gewöhnliche Differentialgleichungen mit konstanten Koeffizienten (Abschn. 5.3.8).

3. Speziell bei sinusförmiger stationärer Erregung und linearen zeitunabhängigen NWE in sog. *Wechselstromkreisen* lassen sich aus den Differentialgleichungen nach 2. *vereinfachte Lösungsmethoden* über die *komplexe Rechnung* gewinnen. Dann müssen nur — wie bei Gleichstromkreisen — algebraische Gleichungen gelöst werden. Das ist ein entscheidender Vorteil und Ziel des Abschnittes 6.

4. Durch verbreitete typische *nichtlineare Netzwerkelemente* (z. B. Dioden, Transistoren, Spule mit Eisenkern) entstehen bei Anwendung der Kirchhoffschen Gleichungen *nichtlineare Gleichungssysteme.* Dann sind grundsätzlich nur Lösungen im Zeitbereich möglich, oft nur mit Computerhilfe.

5. Netzwerke mit *impulsförmiger Erregung* (sog. Schaltverhalten von Netzwerken) sind ein besonders wichtiges Anwendungsfeld (Digitaltechnik, moderne Signalverarbeitung). Es ist naheliegend, die Netzwerkgleichung direkt zu lösen. Wir

Tafel 5.12. Übersicht zur Netzwerkanalyse

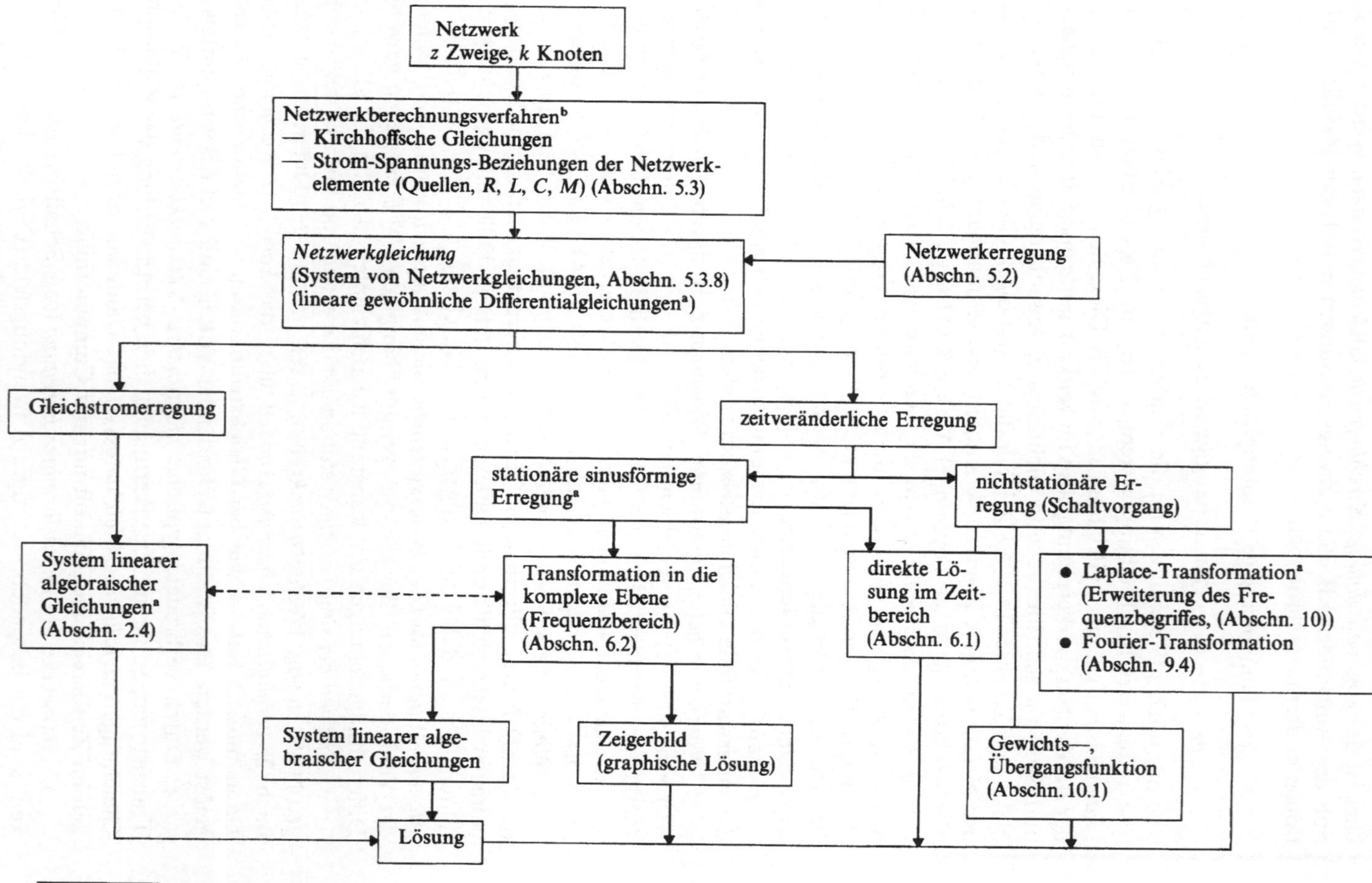

[a] Bei linearen Netzwerkelementen
[b] Siehe Tafel 5.14

werden aber sehen, daß dies in vielen Fällen für lineare Netzwerkelemente effizienter durch Nutzung sog. *Transformationen* (*Fourier-*, *Laplace-*) möglich ist (Abschn. 9.4, 10). Die Grundlage dafür ist Aussage 3.

Weil in den Kirchhoffschen Gleichungen alle Unbekannten auftreten, steigt der Lösungsaufwand bei größeren Netzwerken rasch an. Deshalb wurden im Verlaufe der Zeit abkürzende Analyseverfahren entwickelt, wie *Maschenstrom-* und *Knotenspannungsanalyse* (Abschn. 5.3.3). Auch eine Reihe von Netzwerktheoremen (Abschn. 5.3.5) vereinfacht die Lösung. Sie gelten z. T. unter eingeschränkten Bedingungen.

Entscheidend für die Anwendung der Kirchhoffschen Gesetze ist die Gewinnung der notwendigen Gleichungen für die voneinander unabhängigen Größen. Es besteht nämlich häufig die Gefahr, Gleichungen für abhängige Größen mit aufzustellen. Sichere Kriterien über die notwendige Gleichungszahl erhalten wir aus der *Netzwerkstruktur* oder der *Topologie* (Abschn. 5.3.2).

Die Netzwerkanalyse erfolgt als sog. *symbolische Analyse, wenn die Netzwerkelemente* (U_q, R, L, C, Erregerfunktion) nur durch ihre Formelzeichen spezifiziert sind. Liegen dagegen numerische Werte vor, so spricht man von *numerischer* Netzwerkanalyse. Dafür wurden in den letzten Jahren durch immer leistungsfähigere Digitalrechner zahlreiche Verfahren entwickelt.

5.3.2 Netzwerkstruktur

Graph. Zur Bestimmung der Gesamtzahl unabhängiger Knoten-und Maschengleichungen ist es zunächst unwichtig, welche Schaltelemente in den einzelnen Zweigen vorliegen. Es kommt vielmehr auf den Schaltungsaufbau, das „Gerüst" an. Dieser Aufbau heißt *Netzwerkstruktur* und wird durch der sog. *Streckenkomplex* (engl. *graph*) ausgedrückt:

In der Netzwerkstruktur ersetzen wir die Zweige unabhängig von ihrem physikalischen Inhalt (Netzwerkelement) durch *Strecken* oder *Graphen.* Die Netzwerkstruktur drückt sich so im *Netzwerkgraphen* aus.
Jeder Zweig des Netzwerkes wird durch eine *Strecke* oder *Kante* dargestellt. Mehrere Strecken sind in Punkten, den *Knoten* oder *Ecken* miteinander verknüpft. Jedem Zweig entsprechen folglich zwei Knoten. Deshalb ist der Zweig mit diesen Knoten *inzident.*

Dabei werden zweipolige Netzwerkelemente durch eine und vierpolige Netzwerkelemente (z. B. zwei gekoppelte Spulen) durch zwei Verbindungslinien gekennzeichnet (Bild 5.34). Die Spannungsquellen werden durch einen kurzgeschlossenen, die Stromquellen durch einen leerlaufenden Zweig entsprechend der inneren Widerstände ersetzt. Zweckmäßig ist es daher, ideale Quellen durch Quellenverschiebung oder Teilung (s. Abschn. 2.4.4) in Zweige mit endlichen Widerständen zu verschieben. Trägt man in den Zweig noch den Bezugssinn positiver Zweigströme und Spannungen (Beziehungen der Netzwerkelemente) ein, so entsteht der gerichtete Graph bzw. der *gerichtete* oder *orientierte* Streckenkomplex. Das wurde im Bild am Beispiel des Kondensators gezeigt.

Im Netzwerkgraph entspricht jedem Knoten ein Knoten im Netzwerk und jeder „Verbindungslinie" ein Zweig zwischen zwei Knoten.

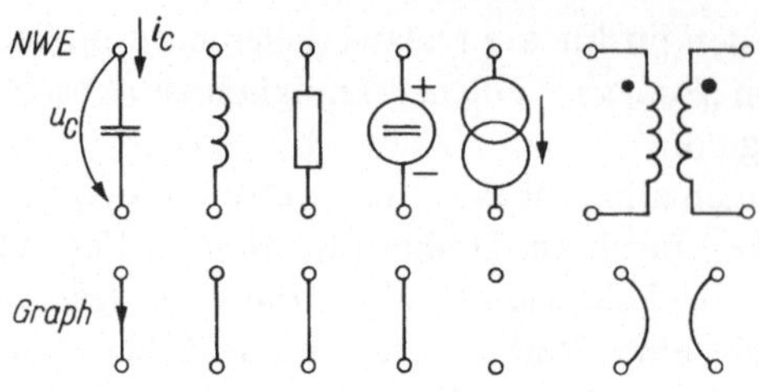

Bild 5.34. Graphen (Streckenkomplexe) wichtiger Netzwerkelemente

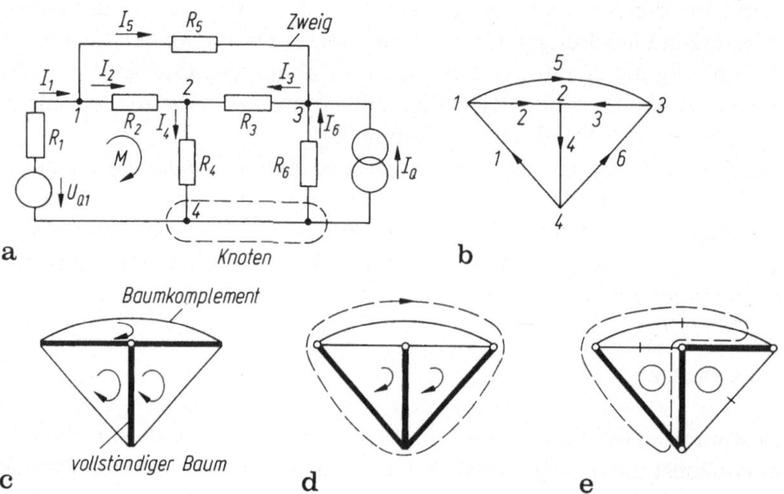

Bild 5.35a–e. Beispiel eines Netzwerkes. **a** Netzwerk; **b** zugehöriger Graph; **c** vollständiger Baum, **d** vollständiger Baum, (Sternbaum); **e** Fenster- (Auftrenn-) methode

Im Bild 5.35a wurde ein Netzwerk mit $z = 6$ Zweigen und $k = 4$ Knoten dargestellt und der zugeordnete gerichtete Graph (Zweigströme) im Bildteil b angegeben. Die reale Stromquelle I_Q, R_6 erscheint als Zweig.

Ein *zusammenhängender Graph* liegt vor, wenn — ausgehend von einem beliebigen Knoten — jeder andere Knoten über Zweige des Graphen erreichbar ist. Nicht zusammenhängende Graphen (z. B. des Transformators, Bild 5.34) können in einen zusammenhängenden Graphen überführt werden, wenn man sie über zusätzliche, *stromlose* Zweige verbindet (im Bild angedeutet).

Aus dem Netzwerkgraphen muß die Zahl der unabhängigen Knoten- und Maschengleichungen sicher hervorgehen. Während die Zahl der *unabhängigen Knoten* — nämlich $k - 1$ — problemlos erhalten wird, ist die Bestimmung der unabhängigen Maschengleichungen problematischer.

Vollständiger Baum. Ein Netzwerkgraph enthält stets *geschlossene* Maschen. Sie lassen sich durch Entfernung einiger Zweige schrittweise beseitigen. Dabei entsteht schließlich ein Streckenkomplex mit folgenden Eigenschaften:

a) Alle Knoten sind direkt oder indirekt miteinander verbunden.

b) Wird ein weiterer Zweig entfernt, so geht Merkmal a) verloren.

c) Es treten keine geschlossenen Maschen auf.

Ein solcher Netzwerkgraph heißt *vollständiger Baum.* Er verbindet alle Knoten direkt oder indirekt miteinander, ohne daß ein geschlossener Weg entsteht. Ausgehend von einem beliebigen Knoten kann dann jeder andere Knoten über nur einen Weg erreicht werden, der im vollständigen Baum liegt. Es gibt daher i. a. mehrere vollständige Bäume. Zwangsläufig folgt:

Hat ein Netzwerk k Knoten, so besitzt der vollständige Baum insgesamt $k - 1$ Zweige (= Zweige des vollständigen Baumes). Zweige, die *nicht* zum vollständigen Baum gehören, heißen *Verbindungszweige.* Sie bilden das *Baumkomplement* oder den *Komplementärbaum* (sog. *Kobaum*). Er umfaßt $m = z - (k - 1)$ Zweige. Die Gesamtheit aller Verbindungszweige — eben das Baumkomplement — ist das zum vollständigen Baum gehörende System *unabhängiger Zweige.* Jeder Verbindungszweig gehört genau zu einer Schleife (Masche), die nur aus diesem Verbindungszweig und Zweigen des vollständigen Baumes besteht. Eine solche Schleife heißt *Fundamentalschleife* oder *unabhängige Masche.* Davon gibt es $m = z - (k - 1)$.

Ein besonderer Baum ist der *Sternbaum.* Er hat einen Bezugsknoten, in dem alle Verbindungszweige enden.

Zur Bestimmung der unabhängigen Maschen gibt es verschiedene Methoden:

1. Verfahren des **vollständigen Baumes.** Man zeichnet einen vollständigen Baum. Beginn an einem Knoten, Verbindung über Zweig zum Nachbarknoten usw. bis alle k Knoten verbunden sind (Bild 5.35c, d). Der vollständige Baum umfaßt genau $k - 1$ Zweige. Die restlichen $m = z - (k - 1)$ Zweige sind Verbindungszweige. Wird jeder Verbindungszweig über den vollständigen Baum zu einer Masche ergänzt, so entsteht eine unabhängige Masche.

Ein Netzwerk hat i. a. mehrere vollständige Bäume und damit unterschiedliche Möglichkeiten für die Wahl unabhängiger Maschen. Die zweckmäßige Maschenwahl bestimmt den Lösungsaufwand mit.

2. Fenstermaschenmethode. Man stellt den vollständigen Baum so auf, daß fensterartige Maschen entstehen (Bild 5.35c). Das führt zu einem Fundamentalsystem unabhängiger Maschen. Voraussetzung sind allerdings sog. *ebene Graphen* (solche ohne Überkreuzungen). Das bei dieser Methode erhaltene Gleichungssystem muß nicht unbedingt das günstigste für die Aufgabenstellung sein.

3. Auftrennmethode. Das Verfahren beruht auf der Überlegung, daß eine Masche dann unabhängig ist, wenn sie wenigstens einen Zweig enthält, der in vorangegangenen Maschen nicht enthalten war. Man

— wählt somit einen Maschenumlauf und kennzeichnet den Zweig, der nicht Teil einer neuen Masche sein darf;

— und wiederholt den Vorgang solange, bis kein Umlauf mehr möglich ist. Bild 5.35e zeigt ein Beispiel.

Mögliche Zahl vollständiger Bäume. Ein Netzwerk mit k Knoten und z Zweigen hat $\binom{z}{k-1}$ Zweigkombinationen. Um herauszufinden, welche einen vollständigen Baum bilden, werden alle Zweigkombinationen systematisch durchvariiert. Dazu erhalten die Zweige Nummern, z. B. 1, 2, 3 usw. Im Falle von Bild 5.35 ($z = 6$, $k = 4$) gibt es insgesamt $\binom{6}{3} = 20$ Zweigkombinationen:

1 2 3	1 3 4	1 4 6	2 3 4	2 5 6	4 5 6
[1 2 4]	1 3 5	[1 5 6]	[2 3 5]	3 4 5	
1 2 5	1 3 6		2 3 6	[3 4 6]	
1 2 6	1 4 5		2 4 5	3 5 6	
			2 4 6.		

Davon bilden die eingeklammerten Kombinationen Maschen, sind also keine vollständigen Bäume. Den verbleibenden 16 unterschiedlichen vollständigen Bäumen entsprechen 16 Gleichungssysteme für jeweils $m = z - (k - 1) = 3$ unabhängige Variable aus den Strömen $I_1 \ldots I_6$. Zweckmäßig wird der vollständige Baum so gewählt, daß die gesuchten Ströme in den Verbindungszweigen liegen (direkte Lösung nach den Unbekannten möglich).

5.3.3 Maschenstromanalyse

Das reduziere Kirchhoffsche Gleichungssystem (5.76), (5.77) mit z unabhänigigen Gleichungen für die Zweigströme und -spannungen enthält

unabhängige Knoten-gleichungen	**unabhängige Maschen-gleichungen m**	**unabhängige Zweig-gleichungen**
$(k-1)$	$+ z - (k-1)$	$= z$.

Wir wollen den Lösungsaufwand dadurch senken, daß die Zahl der erforderlichen Gleichungen reduziert wird. Führt man beispielsweise einen neuen Begriff, den *Maschenstrom* als *unabhängigen Kreisstrom* ein (s. u.), so erfüllen m angenommene Maschenströme in m Maschen die $k - 1$ Knotengleichungen automatisch. Bei dieser *Maschenstromanalyse* sind nur die m unbekannten Maschenströme anstelle der z Zweigströme zu bestimmen (Tafel 5.13). Man kann aber auch $(k - 1)$ sog. *Knotenspannungen* als Unbekannte einführen und sie zuerst bestimmen. Dann werden die m Maschengleichungen automatisch erfüllt. Somit sind bei diesem *Knotenspannungsverfahren* (Abschn. 5.3.5, Tafel 5.13) nur noch Knotenspannungen zu bestimmen. In beiden Fällen müssen die Zweigströme bzw. Zweigspannungen in einem zweiten Schritt nach Kenntnis der Maschenströme bzw. Knotenspannungen ermittelt werden.

Beide Verfahren basieren auf einer einfachen Transformation der Unbekannten. Sie führen damit im Zeitbereich ebenso auf Differentialgleichungen wie die Kirchhoffschen Gleichungen, wenn Energiespeicher im Netzwerk vorhanden sind.

5.3.3.1 Grundprinzip

Ein Netzwerk mit z Zweigen und k Knoten habe voraussetzungsgemäß nur *unabhängige Spannungsquellen, keine Stromquellen* und *gekoppelten Spulen*. Die Anzahl unabhängiger Maschen m soll bekannt sein. Bei der Maschenstromanalyse (kurz Maschenanalyse) wird in jeder unabhängigen Masche ein Maschenstrom I_m als Unbekannte eingeführt. Das ist ein Strom, der nur in dieser Masche fließt

Tafel 5.13 Übersicht der typischen Netzwerkanalysemethoden

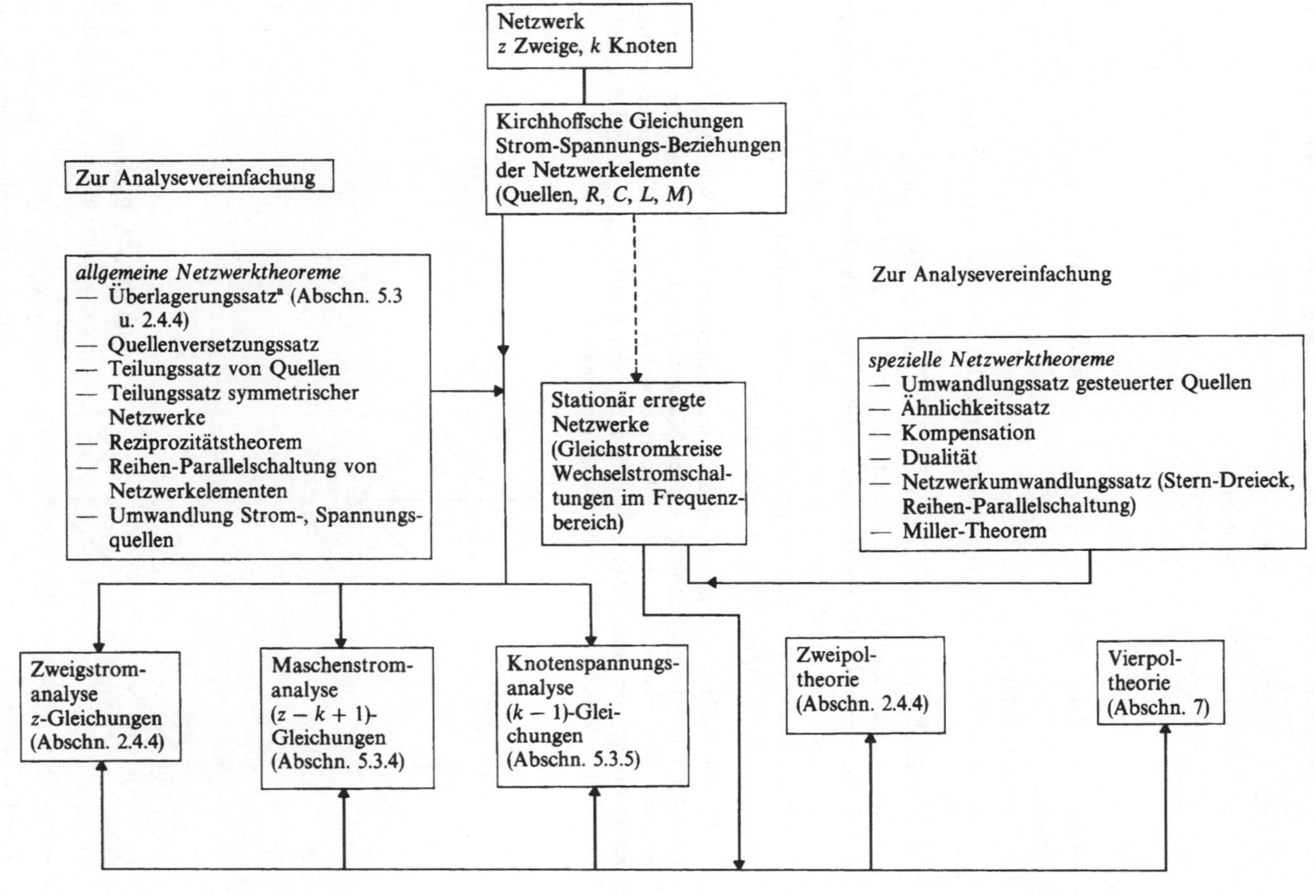

[a] Bei linearen zeitunabhängigen Netzwerkelementen

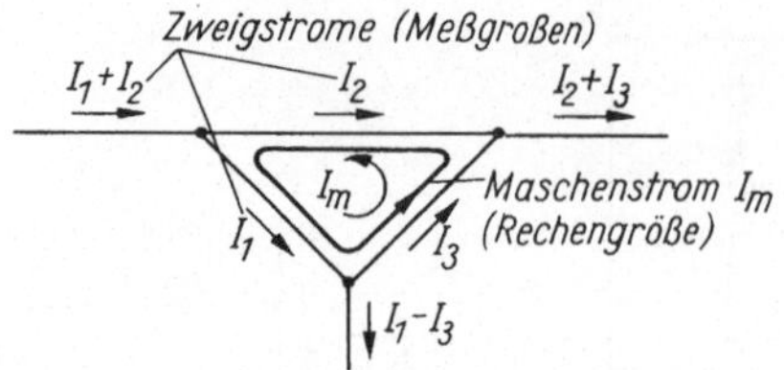

Bild 5.36 Zur Definition des Maschenstromes I_m

(Bild 5.36). Seine Richtung wird frei gewählt und durch einen Ringpfeil ausgedrückt.[1]

Ein Maschenstrom ist

— mit dem Strom im Verbindungszweig der betreffenden unabhängigen Masche identisch;

— eine Rechengröße, die i.allg. *nicht* gemessen werden kann.

Ströme in den Zweigen des vollständigen Baumes (Zweigströme) werden dann durch die algebraische Summe der zugehörigen Maschenströme ausgedrückt.

In einem Netzwerk mit z Zweigen und k Knoten bilden die $m = z - k + 1$ Maschenströme ein vollständiges System unabhängiger Zweigströme. Sie erfüllen die $k - 1$ Knotengleichungen automatisch.

Im Bild 5.37a ($z = 6$, $k = 4$) ist der Streckenkomplex einer Schaltung dargestellt. Die Zahl der unabhängigen Ströme — der Maschenströme — folgt aus den unabhängigen Zweigen. Wir erhalten sie als Baumkomplement (s. Abschn. 5.3.2). Jedem unabhängigen Zweig ordnen wir einen Maschenstrom I_m zu (im Bild b I_{m1}, I_{m2}, I_{m3}). Er fließt in der zugehörigen Masche (im Bild als solche eingetragen).

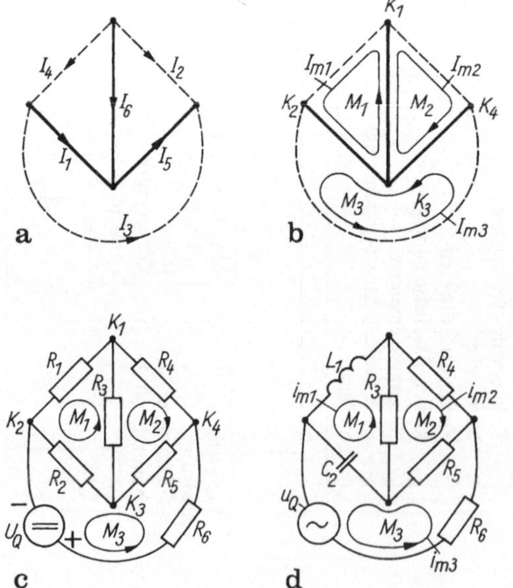

Bild 5.37a–d. Beispiel zur Maschenstromanalyse **a** Streckenkomplex; **b** Maschenströme; **c** Gleichstromnetzwerk zu **a**; **d** Netzwerk mit gleichem Streckenkomplex, aber allgemeinen Netzwerkelementen (Darstellung im Zeitbereich)

[1] Wir unterscheiden in diesem Abschnitt den Zweigstrom I_v vom Maschenstrom I_m (Symbolindex m)

Von den 6 Zweigströmen $I_1, \ldots, I_6$ stimmen drei (I_2, I_3, I_4) unmittelbar (u. U. bis auf das Vorzeichen) mit den Maschenströmen I_{m1}, I_{m2}, I_{m3} überein. Die restlichen I_1, I_5, I_6 können durch die Maschenströme ausgedrückt werden:

$$I_1 = I_{m1} - I_{m3}, \quad I_5 = -I_{m3} - I_{m2}, \quad I_6 = -I_{m2} - I_{m1}$$

Zweigstrom I_k ausgedrückt durch Maschenströme .

Damit erfüllen die $m = z - (k - 1) = 6 - 3$ Maschenströme die Knotensätze der Knoten $K_1, \ldots, K_5$ automatisch. (Man stelle versuchsweise die Bilanz für K_3 auf, es kommen nur Maschenströme vor.)

Im nächsten Schritt benötigen wir den Maschensatz für jede unabhängige Masche zur Bestimmung der Maschenströme als Funktion der Quellspannungen.

Von einem Knoten ausgehend wird dabei die Masche in der Richtung des zugehörigen Maschenstromes umlaufen. Dann sind Spannungsabfälle der passiven Netzwerkelemente stets positiv. Mehrere Maschenströme können den gleichen Zweig durchlaufen (z. B. Zweig mit I_6 im Bild 5.37). Der Gesamtstrom in diesem Zweig ist die vorzeichenbehaftete Summe der beteiligten Maschenströme.

Die Schaltung Bild 5.37a wurde im Bild 5.37c mit Widerständen und Spannungsquellen, z. B. als Gleichstromnetzwerk, gezeichnet. Man erhält folgende drei Maschengleichungen:

$$\begin{aligned}
M_1&: R_1 I_{m1} + R_2(I_{m1} - I_{m3}) + R_3(I_{m1} + I_{m2}) = 0 \ , \\
M_2&: R_4 I_{m2} + R_5(I_{m2} + I_{m3}) + R_3(I_{m2} + I_{m1}) = 0 \ , \\
M_3&: R_6 I_{m3} + R_5(I_{m3} + I_{m2}) + R_2(I_{m3} - I_{m1}) = U_Q \ .
\end{aligned} \tag{5.78a}$$

Ordnet man links nach den Maschenströmen, so folgt

$$\begin{array}{llll}
 & I_{m1} & I_{m2} & I_{m3} \\
M_1: & (R_1 + R_2 + R_3) I_{m1} & \underset{(-)}{+} R_3 I_{m2} & \underset{(+)}{-} R_2 I_{m3} & = 0 \ , \\
M_2: & \underset{(-)}{+} R_3 I_{m1} & + (R_3 + R_4 + R_5) I_{m2} & + R_5 I_{m3} & = 0 \ , \\
M_3: & \underset{(+)}{-} R_2 I_{m1} & + R_5 I_{m2} & + (R_2 + R_5 + R_6) I_{m3} & = U_Q \ .
\end{array} \tag{5.78b}$$

Durch Auflösen nach I_{m1}, I_{m2}, I_{m3} ist die Aufgabe prinzipiell gelöst. Die Zweigströme gehen aus den Maschenströmen durch lineare Gleichungen hervor. Gl. (5.78) bietet sich für eine Matrixschreibweise an. Wir kommen darauf später in Gl. (5.80) zurück.

Wird versuchsweise die Richtung des Maschenstroms I_{m1} vertauscht (also im Uhrzeigersinn gewählt), so ergeben sich die in Klammern stehende Vorzeichen. Dann fließt z. B. durch R_3 die Differenz der Maschenströme I_{m1}, I_{m2}.

Verallgemeinert ergibt sich das System der $m = n$ Maschengleichungen eines stationär erregten Netzwerkes in folgender Form:

$$\begin{array}{lll}
 & & \text{Maschenströme} \longrightarrow \\
\text{Nummer} & M_1: & R_{11} I_{m1} + R_{12} I_{m2} + R_{13} I_{m3} + \ldots R_{1n} I_{mn} = U_{Q1} \ , \\
\text{der} & M_2: & R_{21} I_{m1} + R_{22} I_{m2} + R_{23} I_{m3} + \ldots R_{2n} I_{mn} = U_{Q2} \ , \\
\text{Masche} \downarrow & \vdots & \vdots \qquad \vdots \qquad \vdots \qquad \vdots \qquad \vdots \\
 & M_n: & R_{n1} I_{m1} + R_{n2} I_{m2} + R_{n3} I_{m3} + \ldots R_{nn} I_{mn} = U_{Qn} \ .
\end{array} \tag{5.79}$$

Die Koeffizienten R_{ii} heißen *Umlauf-, Maschen- oder Ringwiderstände*, die $R_{ik} = R_{ki}$ *Koppelwiderstände*. U_{Qi} ist die Summe der unabhängigen Quellspannungen in der Masche i (gegen die Richtung des Maschenstromes positiv gezählt, (Erzeugerpfeilrichtung), in Richtung negativ).

In Gl. (5.78) werden die Maschenströme in einer Zeile so geordnet, daß die zugehörige Spaltennummer mit der Zeilennummer dieses Maschenstromes übereinstimmt. Damit entsteht immer ein quadratisches Koeffizientenschema (gleiche Spalten- und Zeilenzahl). Der einzelne Maschenstrom fließt durch den „Umlaufwiderstand" der betreffenden Masche (R_{11}, R_{22}). Er steht in der „Hauptdiagonale" der Gleichungsanordnung. An den restlichen Plätzen stehen die Koppelwiderstände als Koeffizienten, z. B. R_{12} zwischen Masche *1* und *2* usw.

Für die Koeffizienten R gelten einfache Bildungsregeln:

1. R_{ii} ist stets gleich der Summe der Zweigwiderstände in Masche i (immer positiv).
2. R_{ik} ist der den Maschen i und k gemeinsame Widerstand = Koppelwiderstand, der sie miteinander verkoppelt (Name!). Er wird von den Maschenströmen I_{mi} und I_{mk} durchflossen. Hinsichtlich der Vorzeichen gilt (Bild 5.38):

Die Koppelwiderstände R_{ik} erhalten negative Zeichen, wenn sie von den Maschenströmen der verkoppelten Maschen in entgegengesetzter Richtung durchflossen werden.

Die Bedingung $R_{ik} = R_{ki}$ gilt dabei für lineare Netzwerke aus nur passiven Netzwerkelementen. Sie kann als Rechenkontrolle beim Aufstellen der Maschengleichungen (5.78) dienen.

Im nächsten Schritt wird Gl. (5.79) nach den gesuchten Maschenströmen aufgelöst und anschließend über die Knotengleichungen die Zweigströme ermittelt.

Gültigkeitsbereich. Die Maschenstromanalyse gilt wie die Kirchhoffschen Gesetze allgemein, also für lineare und nichtlineare zeitunabhängige und zeitabhängige Netzwerke.

Für das im Bild 5.37d dargestellte Netzwerk mit Energiespeichern (ohne Anfangsenergie) und den Maschenströmen i_{m1}, i_{m2}, i_{m3} lautet z. B. die Maschengleichung M_1 im Zeitbereich:

$$M_1\colon \left(\frac{1}{C_2}\int i_{m1}\,dt + R_3 i_{m1} + L_1\frac{di_{m1}}{dt}\right) + R_3 i_{m2} - \frac{1}{C_2}\int i_{m3}\,dt = 0$$

(andere Maschen analog, man stelle sie auf!). Im Zeitbereich ergeben sich sog. Integro-Differentialgleichungen.

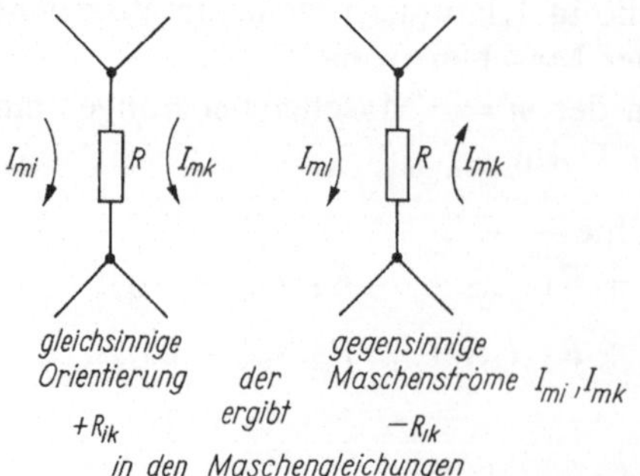

Bild 5.38. Vorzeichenfestlegung der Koppelwiderstände

Lösungsmethodik: Maschenstromanalyse. Für ein linear zeitunabhängiges Netzwerk mit nur unabhängigen Spannungsquellen, z Zweigen und k Knoten gilt (sonst Punkt 3.2):

1. Ermittle die Anzahl unabhängiger Maschengleichungen m z. B. nach der Methode des vollständigen Baumes (Aufzeichnen des Streckenkomplexes, Durchnummerierung der Zweige, Eintragen des Bezugssinnes der Zweigströme und Spannungsquellen mit Richtung). Baum so aufstellen, daß die gesuchten Ströme in den Zweigen des Komplementärbaumes auftreten (einfachere Rechnung).

2. Führe in jeder unabhängigen Masche einen Maschenstrom mit beliebiger Umlaufrichtung ein.

3.1 Stelle die m Maschengleichungen ($\Sigma u = 0$) jeder unabhängigen Masche (in Umlaufrichtung des zugehörigen Maschenstromes) auf. Drücke die Spannungsabfälle über den Netzwerkelementen durch die eingeführten Maschenströme aus:

— Schematische Anordnung der m Maschengleichungen (Zeilen) und m Maschenströme (Spalten);

— in stationär erregten Netzwerken, für die der Widerstandsbegriff (bzw. Impedanzbegriff bei Wechselstrom) definiert ist, treten dabei in der Hauptdiagonalen des Gleichungssystems die Ringwiderstände, in den Nebendiagonalelementen die Koppelwiderstände (s. u.) auf;

— im Gleichungssystem liegt Symmetrie zur Hauptdiagonalen vor, wenn nur die Grundelemente R, L, C, M vorhanden sind.

Zweckmäßigerweise schreibt man zuerst den Spannungsabfall, hervorgerufen durch den Maschenstrom der betreffenden Masche und dann — geordnet nach den Maschenströmen der Nachbarmaschen — die dadurch erzeugten Spannungsabfälle (Vorzeichen s. Bild 5.38).

3.2 Beachte zusätzlich für Netzwerke *mit unabhängigen Stromquellen, gesteuerten Quellen* und *gekoppelten Spulen*:

— Transformiere unabhängige Stromquellen in unabhängige Spannungsquellen (evtl. unter Benutzung von Netzwerkelementen).

— Gesteuerte Spannungsquellen betrachte man beim Aufstellen der Gleichungen zunächst als unabhängige Quellen und drücke anschließend ihre Steuergröße durch Maschenströme aus.

— Gesteuerte Stromquellen betrachte man zunächst als unabhängige Quellen, transformiere sie in Spannungsquellen (s. o.) und drücke ihre Steuergröße anschließend durch Maschenströme aus.

— Gekoppelte Spulen werden durch ihre Ersatzschaltung mit gesteuerter Quelle (s. Abschn. 5.2) erfaßt.

4. Stelle den gesuchten *Zweigstrom* durch die Maschenströme dar, die ihn bilden.

5. Löse das Gleichungssystem 3. nach den Maschenströmen auf, die gemäß 4. erforderlich sind.

Schritt 4 und 5 reduziert sich auf die Berechnung eines Maschenstromes, wenn der betreffende Zweig als unabhängiger Zweig gewählt wird. Damit ist der gesuchte Zweigstrom zugleich Maschenstrom.

Beispiel. Gegeben ist die Schaltung (Bild 5.39) mit $k = 2$ Knoten (K_1, K_2), $z = 3$ Zweigen und damit $m = z - (k - 1) = 3 - 1 = 2$ unabhängigen Maschen. Gesucht ist der

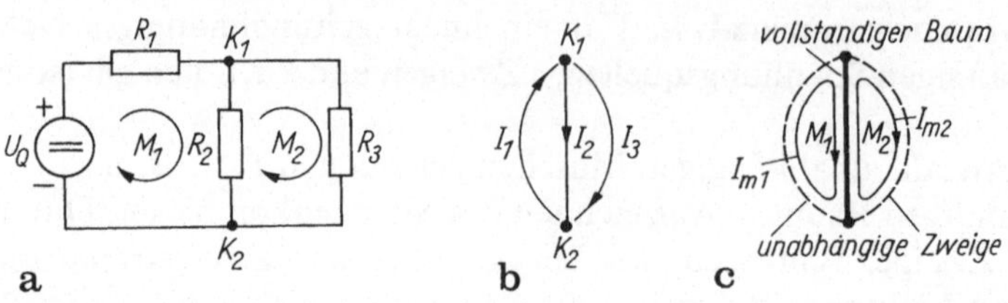

Bild 5.39a–c. Beispiel Maschenstromanalyse

Zweigstrom I_3. Folgende Lösungsschritte sind durchzuführen:

1. Die Schaltung wird als Streckenkomplex gezeichnet (Bild 5.39b) und der vollständige Baum ermittelt (Bild 5.39c). Er enthält nur einen Zweig, da $k = 2$. Das Baumkomplement (d. h. die Zahl unabhängiger Zweige) gibt mit dem vollständigen Baum gerade den Streckenkomplex. Die $m = 2$ unabhängigen Zweige schließen zwei unabhängige Maschen M_1, M_2.

2. In den unabhängigen Maschen M_1, M_2 werden die Maschenströme I_{m1} und I_{m2} mit willkürlich angesetzter Orientierung eingeführt (Bild 5.39c).

3. Die beiden Maschengleichungen lauten:

$$M_1{:}I_{m1}R_1 + I_{m1}R_2 - I_{m2}R_2 = U_Q, \quad M_2{:}I_{m2}(R_3 + R_2) - I_{m1}R_2 = 0$$

bzw. geordnet nach den Maschenströmen

$$M_1{:}I_{m1}(R_1 + R_2) - I_{m2}R_2 = U_Q \ , \tag{1a}$$

$$M_2{:} - I_{m1}R_2 + I_{m2}(R_2 + R_3) = 0 \ . \tag{1b}$$

Der erste Term in (1a) stellt den Gesamtspannungsabfall in Masche M_1 zufolge des Maschenstromes I_{m1} dar, der zweite den Spannungsabfall in Masche M_1 durch den Maschenstrom I_{m2} an R_2. Er ist negativ, da I_{m2} durch R_2 entgegengesetzt zur Richtung von I_{m1} fließt (Bild 5.38). Rechts steht die Quellenspannung. In Gl. (1b) stellt der erste Term den Spannungsabfall in M_2 durch den Maschenstrom I_{m1} dar, der zweite den Gesamtspannungsabfall des eigenen Maschenstromes I_{m2} in der Masche. Die rechte Seite verschwindet, da keine Quellenspannung in M_2 wirkt.

Es ist wesentlich, die Maschengleichung von Anfang an in der Form (1a) und (1b) zu schreiben. Dadurch wird die Symmetrie deutlich. Sie hilft Fehlerquellen zu reduzieren. Man beachte, daß alle Terme positiv sind, die vom Maschenstrom der eigenen Masche erzeugt werden. Nach Gl. (5.79) erkennt man: $R_{11} = R_1 + R_2, R_{22} = R_2 + R_3, R_{12} = R_{21} = - R_2$.

4. Der gesuchte Zweigstrom I_3 entspricht dem Maschenstrom I_{m2}. Wir haben daher Gl. (1a) und (1b) nach I_{m2} aufzulösen:

$$I_{m2} = \frac{\begin{vmatrix} R_1 + R_2 & U_Q \\ - R_2 & 0 \end{vmatrix}}{\begin{vmatrix} R_1 + R_2 & - R_2 \\ - R_2 & R_2 + R_3 \end{vmatrix}} = \frac{U_Q R_2}{(R_1 + R_2)(R_2 + R_3) - R_2^2} \ . \tag{2}$$

Sucht man den Zweigstrom $I_2 = I_{m1} - I_{m2}$, so müssen beide Maschenströme bestimmt werden. In diesem Fall wählt man den vollständigen Baum so, daß der von I_2 durchflossene Zweig als unabhängiger Zweig auftritt und somit I_2 mit einem Maschenstrom identisch wird.

Verallgemeinertes Verfahren mit Matrizen. Maschenwiderstandsmatrix. Bei großen Netzwerken wird das Gleichungssystem u. U. recht umfangreich. Wir wollen daher eine übersichtliche Schreibweise unter Verwendung von Matrizen vornehmen und schränken uns wieder auf stationär erregte Netzwerke ein. Den Ausgang bilden die Maschenströme, die für ein Netzwerk festgelegt sein sollen. Mit ihnen kann das Gleichungssystem nach Gl. (5.79) aufgestellt werden. Wir schreiben es in der Form

$$\begin{bmatrix} R_{11} & R_{12} \dots R_{1m} \\ R_{21} & \\ \vdots & \vdots \\ R_{m1} & \dots R_{mm} \end{bmatrix} \cdot \begin{bmatrix} I_{m1} \\ I_{m2} \\ \vdots \\ I_{mm} \end{bmatrix} \begin{matrix} = \\ = \\ \\ \\ \end{matrix} \begin{bmatrix} U_{Q1} \\ U_{Q2} \\ \vdots \\ U_{Qm} \end{bmatrix}, \tag{5.80a}$$

abgekürzt

$$[R] \cdot [I_m] = [U_Q] \tag{5.80b}$$

Maschenstromgleichung Matrizenform.

> Maschenwiderstandsmatrix $[R] \cdot$ Vektor der Maschenströme $[I_m]$ gleich Vektor $[U_Q]$ der algebraischen Summe der unabhängigen Quellenspannungen in jeder Masche.

Stimmt dabei der Richtungssinn der Quellenspannung mit dem Maschenumlaufsinn überein, so ist U_{Qj} negativ anzusetzen. Jede Matrixzeile beschreibt die Schaltungsstruktur einer Masche:

- das Hauptdiagonalelement ist der Ringwiderstand der Masche (stets positiv);
- jedes weitere Matrixelement der Zeile ergibt sich aus den Koppelwiderständen der Masche, die vom zugehörigen Maschenstrom durchflossen werden;
- Vorzeichen der Koppelwiderstände nach Bild 5.40.

Die Maschenwiderstandsmatrix kann direkt aus dem Netzwerk gewonnen werden:

1. Führe Maschenströme $I_{m1}, \dots, I_{mm}$ in unabhängige Maschen ein (Umlauf beliebig).
2. Stelle Schema für die m Maschenströme (Spalten) und m Maschen (Zeilen) auf.

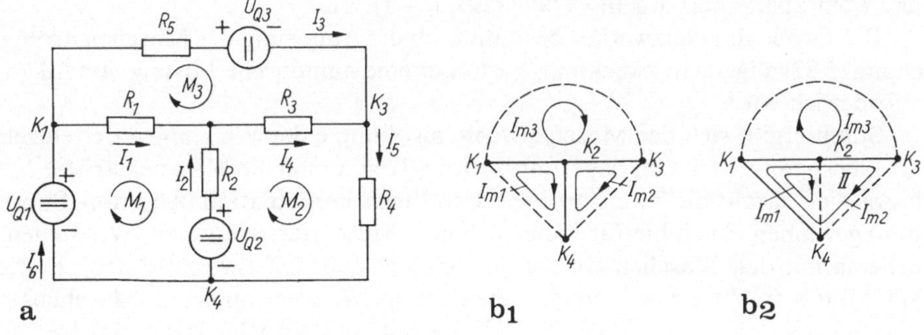

Bild 5.40a, b. Beispiel Maschenstromanalyse

3. Füge die Ringwiderstände der zur Zeile gehörigen Masche auf den Hauptdiagonalplätzen ein.
4. Füge die Koppelwiderstände R_{ik} auf den Nebendiagonalplätzen ein (R_{ik} positiv (negativ), wenn beide Maschenströme I_{mi}, I_{mk} den Widerstand in gleicher (entgegengesetzter) Richtung durchfließen (s. Bild 5.38)).
5. Beachte die Symmetrie der Matrix zur Hauptdiagonalen ($R_{ik} = R_{ki}$).

Gl. (5.80) stellt ein lineares algebraisches Gleichungssystem dar. Seine Lösung kann formal durch

$$[I_m] = [R]^{-1}[U_Q] \tag{5.81}$$

ausgedrückt werden. Dabei ist $[R]^{-1}$ die invertierte Matrix von $[R]$.

Aus der Matrixinversion oder der Cramerschen Regel folgt für den Maschenstrom I_{mi}

$$I_{mi} = \frac{\det[R]_i}{\det[R]} = \frac{\Delta_{1i}U_{Q1}}{\Delta} + \frac{\Delta_{2i}U_{Q2}}{\Delta} + \ldots + \frac{\Delta_{mi}U_{Qm}}{\Delta} = \sum_{j=1}^{m} \frac{\Delta_{ji}U_{Qj}}{\Delta} \tag{5.82}$$

für jedes $i = 1 \ldots m$.

Dabei ist

$$\det[R] = \Delta = \begin{vmatrix} R_{11} & \ldots & R_{1m} \\ \vdots & & \vdots \\ R_{m1} & \ldots & R_{mm} \end{vmatrix}$$

Determinante der Maschenwiderstandsmatrix,

$$\det[R]_i = \begin{vmatrix} R_{11} & \ldots & \overset{\text{Spalte } i}{\overset{\downarrow}{U_{Q1}}} & \ldots & R_{1m} \\ \vdots & & & & \vdots \\ R_{m1} & \ldots & U_{Qm} & \ldots & R_{mm} \end{vmatrix}$$

Determinante des Gleichungssystems, wobei Spalte i durch den Vektor $[U_Q]$ der Quellenspannungen ersetzt wurde.

Δ_{ji} Unterdeterminante von $\Delta = \det[R]$, die aus Δ durch Streichen der j-ten Zeile und i-ten Spalte hervorgeht (Vorzeichen $(-1)^{j+i}$).

Die Größe des Netzwerkes bestimmt, ob die Auflösung der Maschenstromgleichung (5.82) allgemein zweckmäßig ist oder eine numerische Lösung von Gl. (5.87) erforderlich wird.

Somit ergibt sich der Maschenstrom als Summe der Wirkungen der einzelnen Quellenspannungen: Überlagerungsprinzip. Kennt man die Maschenströme I_{mi}, so lassen sich daraus die Zweigströme durch Linearkombination (Addition, Subtraktion) gewinnen. Auch hierfür bietet sich eine Matrixdarstellung an. Wir stellen ein Schema mit den Maschenströmen als Spalten und den Zweigströmen als Zeilen auf. Man betrachtet dazu den einzelnen Zweig. Wird er von einem Maschenstrom durchflossen, so ist der zugehörige Platz mit $+1$ (gleiche Richtung) bzw. -1

(entgegengesetzt) versehen. Alle übrigen Plätze der Zeile werden mit Null belegt:

$$\begin{array}{c} \quad I_{m1} \quad I_{m2} \ldots I_{mm} \\ \begin{bmatrix} I_1 & 1 & 0 \ldots & 0 \\ I_2 & 0 & -1 \ldots & 0 \\ I_p & 1 & -1 \ldots & 0 \end{bmatrix} \end{array} = [A] \,. \tag{5.83}$$

Abgekürzt geschrieben ergibt sich

$$[I] = [A][I_m] \tag{5.84}$$

Beziehung Zweig-Maschenstrom in Matrixform.

Dabei heißen

[A] die Knoten-Zweig-Inzidenzmatrix,
[I] Zeilenvektor der Zweigströme,
[I_m] Spaltenvektor der selbständigen Maschenströme.

Die Gesamtlösung der Zweigströme lautet dann mit Gl. (5.82)

$$[I] = [A][R]^{-1}[U_Q] \tag{5.85}$$

Beziehung Zweigströme—Quelle nach dem Maschenstromverfahren.

Beispiel. Für die Schaltung mit $k = 4$ Knoten ($K_1, \ldots, K_4$), $z = 6$ Zweigen (Bild 5.40) ergeben sich $m = 6 - 3 = 3$ unabhängige Maschen. Wir erhalten sie durch Zeichnen des vollständigen Baumes. Gesucht sei der Zweigstrom durch R_2. Die Maschen werden absichtlich unzweckmäßig gewählt, so daß durch R_2 zwei Maschenströme fließen. Wir erhalten nach der Lösungsmethodik:

1. Der vollständige Baum ergibt die $m = 3$ unabhängigen Zweige als Baumkomplement.
2. Es werden drei unabhängige Maschenströme $I_{m1}, \ldots, I_{m3}$ in den unabhängigen Maschen $M_1, \ldots, M_3$ eingeführt. Sie ergeben
3. die Maschengleichungen

$$\begin{aligned} M_1&: \; I_{m1}(R_1 + R_2) - I_{m2}R_2 - I_{m3}R_1 = U_{Q1} - U_{Q2} \,, \\ M_2&: -I_{m1}R_2 + I_{m2}(R_2 + R_3 + R_4) - I_{m3}R_3 = U_{Q2} \,, \\ M_3&: -I_{m1}R_1 - I_{m2}R_3 + I_{m3}(R_1 + R_3 + R_5) = -U_{Q3} \,. \end{aligned} \tag{1}$$

Dieses Gleichungssystem folgt auch sofort als Matrixschema aus dem Netzwerk

Macheströme	I_{m1}	I_{m2}	I_{m3}				
Masche 1	$R_1 + R_2$	$-R_2$	$-R_1$		I_{m1}		$U_{Q1} - U_{Q2}$
Masche 2	$-R_2$	$R_2 + R_3 + R_4$	$-R_3$	·	I_{m2}	=	U_{Q2}
Masche 3	$-R_1$	$-R_3$	$R_1 + R_3 + R_5$		I_{m3}		$-U_{Q3}$

Deutlich geht die Symmetrie zur Hauptdiagonalen hervor. Es ist also $R_{ik} = R_{ki}$(s. o.). Die Hauptdiagonalglieder stellen die Maschenwiderstände R_{ii} dar. Beispielsweise ergibt ein Umlauf in M_2 die Widerstandssumme $R_2 + R_3 + R_4$, in M_3 die Summe $R_1 + R_3 + R_5$ usw.

Das Nebendiagonalglied R_{12}, wird aus dem Spannungsabfall, gebildet, der in Masche *1* (in der Umlaufrichtung von I_{k1}) durch den Maschenstrom I_{m2} aus Masche *2* entsteht. Er ist nach der Vorzeichenfestlegung Bild 5.38 negativ, also $-R_2 I_{m2}$, d. h., $R_{12} = -R_2$.

In Masche M_1 entsteht auch noch ein Spannungsabfall herrührend von I_{m3} an R_1 (letztes Glied der ersten Zeile). Mit Kenntnis der Glieder der ersten Zeile ist zugleich auch die erste Spalte bestimmt.

So kann das Koeffizientenschema bei einiger Übung direkt aus der Schaltung abgelesen werden und das Aufstellen der Maschengleichung entfällt.

4. Da der Zweigstrom durch R_2 gesucht ist, müssen noch die Beziehungen zwischen Zweig- und Maschenströmen aufgestellt werden. Es gibt 6 Zwigströme $I_1, \ldots, I_6$ und 3 Maschenströme. Aus der Schaltung folgt:

$$I_1 = I_{m1} - I_{m3}\,, \quad I_4 = I_{m2} - I_{m3}\,, \quad I_3 = I_{m3}\,,$$
$$I_2 = I_{m2} - I_{m1}\,, \quad I_5 = I_{m2}\,, \quad I_6 = I_1 + I_3 = I_{m1}\,. \tag{2}$$

Die Knotenregel ist dabei durch die Maschenströme von selbst erfüllt, z. B. gilt für Knoten K_2:

$$I_1 + I_2 - I_4 = 0 = I_{m1} - I_{m3} + I_{m2} - I_{m1} - (I_{m2} - I_{m3})\,.$$

5. Im letzten Schritt lösen wir das Gleichungssystem nach I_{m2} und I_{m1} auf und berechnen den Zweigstrom $I_2 = I_{m2} - I_{m1}$.

Aus den Zweig- und Maschenstromverknüpfungen geht hervor, daß sich besonders einfache Verknüpfungen für die Zweigströme ergeben, die zugleich Maschenströme sind (hier I_3, I_5, I_6). Um den Zweigstrom I_2 zugleich zum Maschenstrom zu machen, müßte man von einer anderen Form des vollständigen Baumes ausgehen, wie im Bild 5.40 b2 beispielsweise angedeutet.

5.3.3.2 Erweiterte Maschenstromanalyse

Netzwerke mit unabhängigen Stromquellen, gesteuerten Quellen und gekoppelten Spulen. Wir entschärfen jetzt die oben getroffenen Voraussetzungen und lassen unabhängige Stromquellen, gesteuerte Quellen und gekoppelte Spulen im Netzwerk zu.

1. Unabhängige Stromquellen lassen sich auf verschiedene Weise einbeziehen:
- Durch *Strom-Spannungsquellen-Transformation* nach Abschn. 5.1.1. Sie setzt grundsätzlich einen Quelleninnenwiderstand voraus. Ist er nicht vorhanden, so wird er zunächst hinzugefügt und nach der Aufgabenlösung wieder entfernt.
- Durch *Quellenteilung* nach Abschn. 2.4.4.2 (über Widerstandszweige und anschließende Wandlung in Spannungsquellen).
- Durch Einführung des *Quellenstromes als Maschenstrom* im betreffenden Zweig. Das Verfahren ist als *Supermaschenanalyse* bekannt.
- Einführung eines kleinen *Hilfsleitwertes* parallel zur Stromquelle (und Wandlung), so daß er das Ergebnis praktisch nicht beeinflußt. Dieses Verfahren wird oft bei numerischen Lösungen benutzt.

2. Gesteuerte Quellen werden zunächst
- als maschenstromgesteuerte Spannungsquellen dargestellt und bei Aufstellung des Gleichungssystems vorerst als unabhängig angesehen;

— anschließend auf die linke Seite zum entsprechenden Maschenstrom gebracht. Dadurch geht die Matrixsymmetrie verloren.

Gesteuerte Stromquellen sind in gesteuerte Spannungsquellen zu überführen oder, wenn das nicht möglich ist, wie unabhängige Stromquellen zu betrachten (s. o.).

3. Gekoppelte Spulen. Wir benutzen für gekoppelte Spulen zweckmäßig ihre Ersatzschaltung mit gesteuerten Quellen (s. Abschn. 5.1.2.2) und verfahren nach der unter 2. erläuterten Methode.

Maschenstromanalyse für nichtlinare Netzwerke. In nichtlinearen Netzwerkelementen hängt der Spannungsabfall nichtlinear vom Maschenstrom (bzw. der Summe) durch das betreffende Element ab. Grundsätzlich bleibt deshalb die Lösungsmethodik zum Aufstellen der Gleichungen erhalten, nur werden die nichtlinearen Elemente (NWE, gesteuerte Quellen), zunächst als gesteuerte Quellen betrachtet (treten rechts auf). Erst dann stellt man sie nach links um. Dabei entsteht zwangsläufig eine nichtlineare Gleichung, die mit entsprechenden Verfahren (z. B. Newton-, Raphson-), gelöst werden muß (Abschn 5.3.6).

Beispiel. Die Schaltung Bild 5.41 mit einer flußgepolten Halbleiterdiode ($U_D = U_T \ln I/I_S$) führt mit der Maschenstromanalyse auf zwei Maschenströme I_{m1}, I_{m2}:

$$\begin{aligned} M_1: &\quad I_{m1}R_1 = U_{Q1} - U_D(I_{m1}, I_{m2}) \ , \\ M_2: &\quad I_{m2}R_2 = -U_{Q2} + U_D(I_{m1} + I_{m2}) \ . \end{aligned} \tag{1}$$

Die nichtlineare Diodenspannung wird im nächsten Schritt nach links gebracht:

$$\begin{aligned} I_{m1}R_1 + U_T \ln\left(\frac{I_{m1} - I_{m2}}{I_S}\right) &= U_{Q1} \ , \\ -U_T \ln\left(\frac{I_{m1} - I_{m2}}{I_T}\right) + I_{m2}R_2 &= -U_{Q2} \ . \end{aligned} \tag{2}$$

Damit sind die Maschenstromgleichungen aufgestellt. Eine Lösung ist nur numerisch möglich.

5.3.3.3 Einführung von Stromquellen als Maschenströme

Außer den bereits erwähnten Methoden zur Berücksichtigung von Stromquellen kann es vorteilhaft sein, den Quellenstrom selbst als (bekannten) Maschenstrom zu

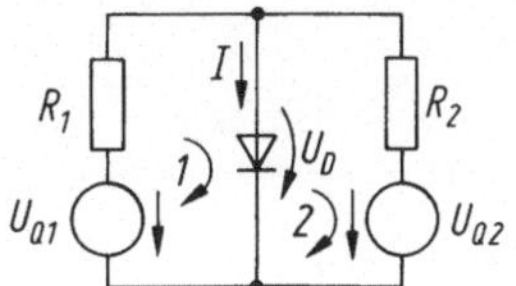

Bild 5.41. Diodenschaltung.

verwenden. Das Verfahren ist namentlich in der englischen Literatur als "super-loop-analysis" (Supermaschenverfahren) bekannt.

Hat das Netzwerk m unabhängige Maschen (die vorher ermittelt wurden) und damit m unabhängige Maschenströme, so besteht das Konzept darin, die n gegebenen Stromquellen als Maschenströme einzuführen, so daß nur noch $m - n$ Maschenströme bestimmt werden müssen, m.a.W. ebenso viele Maschengleichungen aufzustellen sind.

Es ergibt sich daher folgende **Lösungsmethodik: Maschenstromanalyse mit Stromquellen. (Supermaschenverfahren).**

1. Entferne alle unabhängigen und gesteuerten Stromquellen und bereite das Netzwerk zur Maschenstromanalyse vor (s. LM „Maschenstromanalyse", Baumsuche).

2. Füge der Reihe nach die einzelnen Stromquellen wieder ein, bilde eine zugehörige Masche (= Supermasche), und lege jeweils die angrenzenden Maschenströme durch die betreffende Stromquelle. Setze diese Maschenströme gleich dem gegebenen Quellenstrom (bei gesteuerter Quelle muß die Steuergröße durch Maschenströme ausgedrückt werden).

3. Stelle die $m - n$ Maschengleichungen nach 1. auf und löse nach den $m - n$ unbekannten Maschenströmen. Für n Stromquellen treten n Knotengleichungen auf.

Die Lösung kann auch dadurch gewonnen werden, daß man jeder Stromquelle zunächst eine Hilfsspannung zuordnet, die Maschengleichungen aufstellt sowie die Knotengleichungen zwischen Stromquelle und Maschenströmen und die Hilfsspannung später eliminiert.
Dabei bildet sich die Supermasche automatisch.

Beispiel. Für die Schaltung Bild 5.42 (mit Spannungs- und Stromquelle) soll die Maschenstromanalyse durchgeführt werden. Wir ordnen der Stromquelle I_{Q1} zunächst eine unbekannte Spannung U_H zu (Hilfsvariable), die später wieder eliminiert wird. Es ergeben sich an unabhängigen Maschengleichungen:

$$M_1:\ R_1 I_{m1} + U_H - U_Q = 0\ ,$$

$$M_2:\ -U_H + R_2(I_{m2} - I_{m3}) = 0\ ,$$

$$M_3:\ -R_2 I_{m2} + (R_2 + R_3) I_{m3} = 0\ ,$$

$$\text{Zwangsbedingung: } I_{Q1} + I_{m1} - I_{m2} = 0\ .$$

Damit stehen vier Gleichungen für die drei Maschenströme und die Hilfsspannung U_H der Stromquelle zur Verfügung.

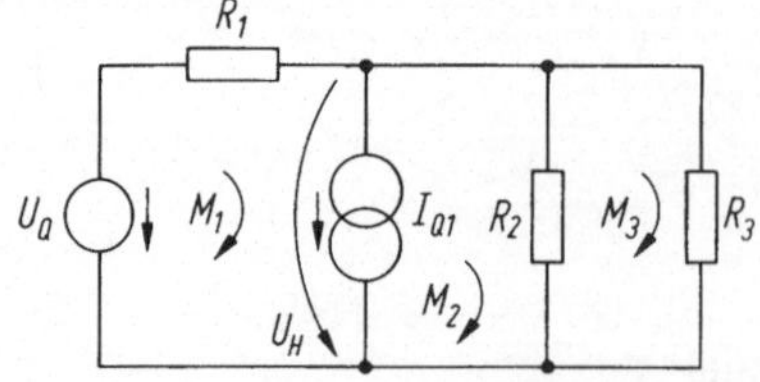

Bild 5.42. Supermaschenverfahren.

Werden die Maschen M_1 und M_2 addiert, so hebt sich U_H heraus:

$$M_1 + M_2:\ R_1 I_{m1} + R_2(I_{m2} - I_{m3}) - U_Q = 0 .$$

Diese Gleichung würde direkt durch Maschenbildung über U_Q, R_1 und R_2 entstehen (sog. *Supermasche*). Supermasche $M_1 + M_2$, M_3 und die Zwangsbedingung bilden dann ein hinreichendes System für die drei Maschenströme $I_{m1} \cdots I_{m3}$.

Schließlich kann die Stromquelle auch zunächst entfernt (dann fallen die Maschen M_1 und M_2 zusammen, Maschenströme I_{m1}, I_{m3}) und die Quelle I_{Q1} dann als weiterer bekannter Maschenstrom eingeführt werden.

5.3.4. Knotenspannungsanalyse

5.3.4.1 Grundprinzip

Gegeben sei ein Netzwerk mit z Zweigen und k Knoten, das aber nur *unabhängige Stromquellen* (im Gegensatz zur Maschenstromanalyse) enthalten soll. Bild 5.43 zeigt einen Ausschnitt daraus.

Das Grundprinzip der Knotenspannungsanalyse (auch als Knotenpotential- oder Knotenanalyse bezeichnet) besteht darin,

— nur die Knotengleichungen aufzustellen und die Maschengleichungen durch Einführung der sog. *Knotenspannungen* automatisch zu eliminieren;

— die Zweigbeziehungen der Netzwerkelemente in den Knotengleichungen durch die Knotenspannungen statt der Zweigspannungen auszudrücken.

Jeder der $k - 1$ (bzw. k) Knoten erhält dann eine unabhängige Knotenspannung u_K als Unbekannte. Sie ist definiert als Spannung des Knotens K gegen einen (willkürlichen) Bezugspunkt 0: u_{K0} (Symbolindex K: Nummer des Knotens). Die Knotenspannung wird üblicherweise zum Bezugspunkt 0 hin positiv definiert ($u_{K0} > 0$). Die *Zweigspannung* $u_{\nu\mu}$ zwischen den Knoten ν, μ stellt die Differenz der

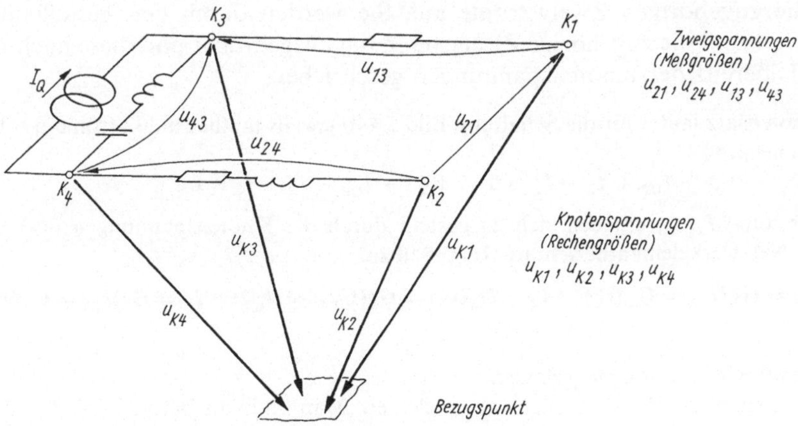

Bild 5.43. Zur Definition der Knotenspannung u_K

zugehörigen Knotenspannungen dar:

$$u_{\nu\mu} = u_{K_{\nu 0}} - u_{K_{\mu 0}}{}^{1} \tag{5.86}$$

Zweigspannung $u_{\nu\mu}$ ausgedrückt durch Knotenspannungen.

Die $k-1$ (bzw, k) Knotenspannungen bilden so ein vollständiges System der unabhängigen Spannungsvariablen (s. auch Tafel 5.14).

Waren bei der Maschenstromanalyse die $(k-1)$ Knotengleichungen von selbst erfüllt (so daß nur m unbekannte Maschenströme eingeführt werden mußten), so sind bei der Knotenspannungsanalyse die m Maschengleichungen von selbst erfüllt[2].

Bezüglich der Wahl des Bezugspunktes gilt: Fällt er mit einem Netzwerkknoten zusammen, so sind $k-1$ unabhängige Knotenspannungen für $k-1$ Knoten einzuführen. Im anderen Fall werden k Knotenspannungen erforderlich.

Aus Vereinfachungsgründen wählen wir nachfolgend immer einen Netwerkknoten als Bezug. Da sich dem Bezugsknoten auch ein beliebiges Bezugspotential φ_0 zuordnen läßt, hat der Knoten k deshalb das *Knotenpotential* $\varphi_k = u_k + \varphi_0$. Daher stammt der Begriff Knotenpotentialanalyse.

Wir wollen die Knotenspannungsanalyse zunächst durch ein Beispiel (Bild 5.44a) mit $z = 3$ Zweigen und $k = 3$ Knoten kennenlernen. Im *ersten Schritt* wählen wir den Bezugsknoten und führen die Knotenspannungen ein. Wir benötigen also $k-1$ unabhängige Knotenspannungen. Zweckmäßig wird der Bezugspunkt auf einen Knoten gelegt (s. u.). Bei Kenntnis von U_{K1} und U_{K2} lassen sich die Zweigspannungen U_{13}, U_{21} und U_{23} über den Maschensatz sofort angeben:

$$U_{13} = U_{K1}, \quad U_{21} = U_{K2} - U_{K1}, \quad U_{23} = U_{K2}.$$

Im *zweiten Schritt* werden alle unbekannten Zweigströme durch die Knotenspannungen ausgedrückt und die Knotengleichungen aufgestellt.

Die Zweigspannungen (Wirkung) und somit auch die Knotenspannungen sind Folge der erregenden Stromquellen (Ursache). Deshalb benötigen wir im nächsten Schritt den Knotensatz für jeden der $k-1$ unabhängigen Knoten zur Bestimmung der Knotenspannung als Funktion der Quellenströme. Dabei treten in jedem Knoten die zugehörigen Zweigströme auf. Sie werden durch den betreffenden Zweigleitwert und die zugehörige Zweigspannung ausgedrückt und diese nach Gl. (5.77) als Differenz der Knotenspannungen geschrieben.

Der Knotensatz lautet für die Schaltung Bild 5.44b jeweils (abfließende Ströme positiv, zufließende negativ)

$$K_1\colon\ -I_{Q1} - I_{Q2} + I_2 + I_1 = 0\ , \quad K_2\colon\ +I_{Q2} - I_2 + I_3 = 0\ .$$

Die Zweigströme I_2, I_3 ergeben sich dargestellt durch die Knotenspannungen über die zugehörige Netzwerkelementbeziehung ($U_{K3} \equiv 0$) zu:

$$I_1 = G_1 U_{13} = G_1 U_{K1}, \quad I_2 = G_2 U_{12} = G_2(U_{K1} - U_{K2}), \quad I_3 = G_3 U_{23} = G_3 U_{K2}$$

[1] Der Index 0 wird künftig weggelassen.

[2] Auf den allgemeinen Beweis wollen wir verzichten. Man bilde als Beispiel mit Bild 5.43 eine Maschengleichung. Die Knotenspannungen treten stets paarweise auf und fallen daher heraus, m.a.W. ist die Gleichung erfüllt.

Eingesetzt in die beiden Knotengleichungen wird daraus geordnet

$$K_1\colon\quad (G_1 + G_2)U_{K1} - G_2 U_{K2} \qquad = I_{Q1} + I_{Q2}\ ,$$

$$K_2\colon\quad - G_2 U_{K1} \qquad + (G_2 + G_3)U_{K2} = -I_{Q2}\ .$$

Durch Auflösen nach den Knotenspannungen U_{K1}, U_{K2} ist die Aufgabe prinzipiell gelöst. Die Zweigspannungen U_{13}, U_{23}, U_{12} sind dann nach Gl. (5.86) bestimmt.

Würde man beispielsweise den Bezugspunkt beliebig in den Raum und nicht auf Knoten 3 legen, so wären die drei Knotenspannungen $U_{K1}, \ldots, U_{K3}$ durch die drei Knotengleichungen bestimmt (Nachweis!)

$$K_1\colon\quad (G_1 + G_2)U_{K1} - G_2 U_{K2} \qquad - G_1 U_{K3} \qquad = I_{Q2} + I_{Q1}\ ,$$

$$K_2\colon\quad - G_2 U_{K1} \qquad + (G_2 + G_3)U_{K2} - G_3 U_{K3} \qquad = -I_{Q2}\ .$$

$$K_3\colon\quad - G_1 U_{K1} \qquad - G_3 U_{K2} \qquad + (G_1 + G_3)U_{K3} = -I_{Q1}\ .$$

Für $U_{K3} = 0$ ergibt sich daher obiges Gleichungssystem, weil die Gleichung des Bezugknotens K_3 gestrichen werden kann. Darin liegt der Vorteil, einen Knoten als Bezug zu wählen und nicht einen beliebigen Punkt außerhalb des Netzwerkes.

Allgemein führt die Knotenspannungsanalyse bei einem stationär erregten Netzwerk auf ein System von $p = k - 1$ Knotenpunktgleichungen:

Nummer des Knotens	Knotenspannungen U_{K1} U_{K2} U_{Kp}	Einströmungen
K_1	$G_{11}U_{K1} + G_{12}U_{K2} + \ldots + G_{1p}U_{Kp}$	$= I_{Q1}$
K_2	$G_{21}U_{K1} + G_{22}U_{K2} + \ldots$	$= I_{Q2}$
$\vdots$	$\vdots \qquad \vdots$	$\vdots$
K_p	$G_{p1}U_{K1} + G_{p2}U_{K2} + \ldots + G_{pp}U_{Kp}$	$= I_{Qp}$

(5.87)

Die Matrix der Koeffizienten heißt *Knotenleitwertmatrix* des Netzwerkes, ihre Koeffizienten G_{ii} *Knotenleitwerte* und die $G_{ni} = G_{in}$ die *Koppelleitwerte* (zwischen den Knotenpunkten *i* und *n*). I_{Qi} ist die Summe der (unabhängigen) Quellenströme im Knoten *i*. U_{Ki} ist die Knotenspannung des Knotens *i*.

Für die Koeffizienten G_{in} gibt es wie bei der Maschenstromanalyse einfache Bildungsregeln:

1. G_{ii} ist stets gleich der (positiven) Summe aller an den Knoten *i* angeschlossenen Leitwerte.

2. G_{in} ist stets gleich der negativen Summe aller zwischen den Knoten *i* und *n* liegenden Leitwerte. Enthält das Netzwerk nur die Elemente *R*, *L*, *C*, *M* (und fällt der Bezugsknoten mit einem Netzwerkknoten zusammen), so gilt stets $G_{in} = G_{ni}$ (Matrix symmetrisch zur Hauptdiagonale). Daher kann bei der Koeffizientenbestimmung Rechenarbeit gespart werden.

Das negative Vorzeichen gilt immer dann, wenn die Knotenspannungen vom Knoten zum Bezugspunkt 0 positiv eingeführt werden.

Im weiteren Schritt löst man Gl. (5.87) nach den gesuchten Knotenspannungen auf und ermittelt daraus die Zweigspannungen entsprechend Gl. (5.86).

Gültigkeitsbereich. Die Knotenspannungsanalyse gilt — wie die Kirchhoffschen Gesetze — für lineare und nichtlineare zeitunabhängige und zeitabhängige Netzwerke. Knotenspannungen haben die Bedeutung von Rechengrößen, wenn der Bezugsknoten nicht Knoten eines Netzwerkes ist.

Ersetzt man beispielsweise die Schaltung nach Bild 5.44b durch die Schaltung Bild 5.44c mit beliebigem Erregerzeitverlauf $i_{Q1}(t)$, $i_{Q2}(t)$, so folgen bei energielosen Speicherelementen mit den Knotenspannungen u_{K1}, u_{K2} die Knotengleichungen

$$K_1\colon Gu_{K1} + C\frac{du_{K1}}{dt} - Gu_{K2} = i_{Q1}(t) + i_{Q2}(t) ,$$

$$K_2\colon - Gu_{K1} + Gu_{K2} + \frac{1}{L}\int u_{K2}\,dt = - i_{Q2}(t) .$$

Dieses System von Integro-Differentialgleichungen ergibt als Lösung die Knotenspannungen u_{K1}, u_{K2}. Man überzeuge sich, daß es der Gl. (5.87) entspricht.

Vergleich zwischen Maschenstrom- und Knotenspannungsanalyse. Bei der Maschenstromanalyse mußten m Gleichungen gelöst werden, bei der Knotenspannungsanalyse hingegen $k - 1$. Für eine gegebene Zweigzahl z wählt man das Verfahren mit der geringeren Zahl von Unbekannten. Also Knotenspannungsanalyse, wenn $(k - 1) < m = z - (k - 1)$ bzw.

$$(k - 1) < \frac{z}{2} . \tag{5.88}$$

Die Knotenspannungsanalyse wird daher vorteilhaft bei geringer Knoten-, aber hoher Zweigzahl eingesetzt, vor allem auch bei nichtlinearen Netzwerkelementen, weil dann die numerische Lösung oft einfacher gelingt als bei der Maschenstromanalyse (s. Abschn. 5.3.6).

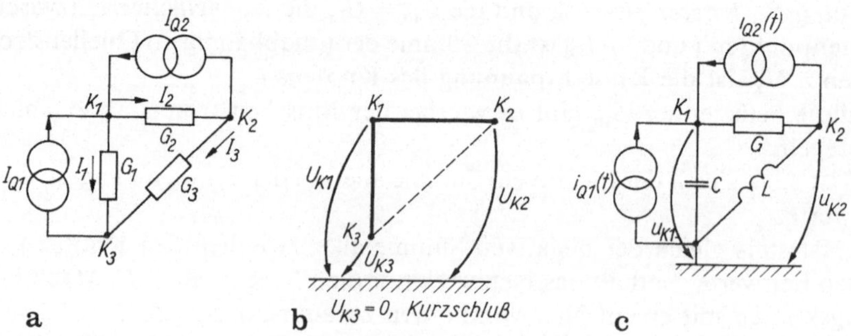

Bild 5.44a–c. Beispiele Knotenspannungsanalyse. **a** Gleichstromschaltung; **b** Festlegung der Knotenspannungen; **c** allgemeines Netzwerk

Hinweise

1. Die Bildungsregeln des Gleichungssystems (5.87) entsprechen denen der Maschenstromanalyse. Nebendiagonalelemente hier stets negativ!

2. Die Knotenspannungsanalyse wird vorteilhaft bei stromgespeisten Netzwerken angewandt. Da dies hauptsächlich für Transistorschaltungen zutrifft, stellt sie ein weit verbreitetes Analyseverfahren der Elektronik dar.

3. In der Knotenspannungsanalyse fehlt die explizite Festlegung des vollständigen Baumes. Die genauere Untersuchung ergibt, daß die hier angegebenen Bildungsgesetze einen (immer wählbaren) Sternbaum zugrunde legen. Er verbindet alle Knoten sternförmig mit dem Bezugsknoten. Letzterer wird bei Aufstellung der Knotengleichungen nicht benutzt. Selbstverständlich kann auch ein beliebiger Baum aufgestellt und ein anderer (wegzulassender) Knoten zum Bezug gewählt werden. Dann geht die Gleichungssymmetrie jedoch verloren.

Die Wahl eines sternförmigen Baumes und die Nichtbenutzung seines Bezugsknotens bringt so viele praktische Vorteile, daß dieses Verfahren schlechthin als Knotenspannungsanalyse bezeichnet wird und der Baum damit nicht explizit bestimmt werden muß.

4. Gibt man im allgemeineren Fall die Bevorzugung eines Bezugsknotens auf und rechnet nur noch mit Knotenpaaren, so heißt das Verfahren die sog. *Schnittmengenanalyse*. Sie ist allgemeiner als die Knotenspannungsanalyse und stellt das eigentliche Analogon zur Maschenstromanalyse dar. Im Sonderfall des sternförmigen vollständigen Baumes geht sie in die Knotenspannungsanalyse über.

Lösungsmethodik: Knotenspannungsanalyse. Für ein lineares, zeitunabhängiges Netzwerk mit nur unabhängigen Stromquellen gilt (s. Punkt 3.2).

1. Aus einem Netzwerk mit k Knoten wähle man (nach Durchnumerierung der Zweige, Eintragung des Bezugssinnes der Zweigströme) einen willkürlichen Bezugspunkt 0. Er kann Knoten des Netwerkes sein oder außerhalb liegen (fiktiver Knoten). Sucht man nur einen Zweigstrom, so wählt man einen zu diesem Zweig gehörigen Knoten als Bezug.

2. Man führe von jedem Knoten i aus die Knotenspannung u_{i0} nach dem gewählten Bezugsknoten ein (Richtung nach 0 somit positiv). Es ergeben sich insgesamt $k - 1$ unabhängige Knotenspannungen resp. k bei fiktivem Knoten. Die Zweigspannung u_{in} zwischen Knoten i and n beträgt $u_{in} = u_{Ki} - u_{Kn}$ (Gl. 5.86).

3.1. Für jeden der $k - 1$ unabhängigen Knoten werden die *Knotengleichungen* ($\Sigma i = 0$) aufgestellt. Dabei erhalten zum Knoten hinfließende Ströme negatives, wegfließende positives Vorzeichen. Jeder Knoten wird nach unabhängigen Quellenströmen rechts und restlichen Zweigströmen links geordnet. Die Zweigströme sind durch das zugehörige Netzwerkelement und die zugehörigen Knotenspannungen auszudrücken und nach den Knotenspannungen zu ordnen:

— Schematische Anordnung der $k - 1$ (bzw. k) Knotengleichungen (Zeilen) und $k - 1$ (bzw. k) Knotenspannungen (Spalten);

— in stationär erregten Netzwerken, für die der Leitwertbegriff (bzw. Admittanzbegriff bei Wechselstrom) definiert ist, treten dabei in der Hauptdiagonalen des Gleichungssystems die Knotenleitwerte, in den Nebendiagonalen die Koppelleitwerte (s.u., stets negativ) auf;

— Gleichungssysteme mit nur R, L, C, M sind symmetrisch zur Hauptdiagonalen.

3.2. Beachte zusätzlich fur Netzwerke mit unabhängigen Spannungsquellen, gesteuerten Quellen und gekoppelten Spulen:

— Transformiere unabhängige Spannungsquellen in unabhängige Stromquellen (evtl. unter Benutzung von Netzwerkelmenten).
— Betrachte gesteuerte Stromquellen beim Aufstellen der Knotengleichungen zunächst als unabhängige Quelle und drücke ihre Steuergröße anschließend durch Knotenspannungen aus.
— Betrachte gesteuerte Spannungsquellen zuerst als unabhängige Quellen, transformiere sie in Stromquellen (s.o.), drücke ihre Steuergröße danach durch Knotenspannungen aus.
— Gekoppelte Spulen werden auf ihre Ersatzschaltung mit gesteuerten Quellen (s. Abschn. 5.1.1.2) zurückgeführt.

4. Stelle die gesuchten Zweigspannungen durch die Knotenspannungen dar (Gl. (5.86)).

5. Löse das Gleichungssystem entsprechend Punkt 3 nach den Knotenspannungen, die nach Punkt 4 erforderlich sind. Dieser Schritt reduziert sich auf die Berechnung einer Knotenspannung, wenn der Bezugsknoten zum Zweig der gesuchten Zweigspannung gehört.

Beispiel: *Brückenschaltung*. Wir wenden die Lösungsmethodik auf die Wheatstonsche Brücke (Bild 5.45) an. Gesucht sei der Strom durch G_2.

1. und 2. Da der Zweigstrom I_2 (Bild 5.45b) gesucht ist, wird zweckmäßig einer der beiden zugehörigen Knoten als Bezugspunkt gewählt (hier der linke). Die angesetzten Zweigstromrichtungen sind im Streckenkomplex verzeichnet. Es gibt $k = 4$ Knoten, also $k - 1 = 3$ unabhängige Knotenspannungen U_{K1}, U_{K2}, U_{K3}.

3. Die Knotengleichungen lauten

$$K_1\colon I_1 + I_Q - I_4 = 0\,, \qquad K_3\colon I_3 + I_5 - I_Q = 0,$$

$$I_1 - I_4 = -I_Q\,, \qquad G_3 U_{K3} + G_5(U_{K3} - U_{K2}) = I_Q\,.$$

$$G_1 U_{K1} - G_4\underbrace{(U_{K2} - U_{K1})}_{U_{21}} = -I_Q\,.$$

$$K_2\colon I_2 + I_4 - I_5 = 0\,,$$

$$G_2 U_{K2} + G_4\underbrace{(U_{K2} - U_{K1})}_{U_{21}} - G_5\underbrace{(U_{K2} - U_{K1})}_{U_{21}} = 0\,.$$

Geordnet nach den Knotenspannungen ergibt sich

$$\begin{aligned} K_1\colon &\ (G_1 + G_4)\,U_{K1} - G_4 U_{K2} & &0 &&= -I_Q\,,\\ K_2\colon &\ -G_4 U_{K1} & &+ (G_2 + G_4 + G_5)\,U_{K2} - G_5 U_{K3} &&= 0\,,\\ K_3\colon &\ 0 & &- G_5 U_{K2} + (G_3 + G_5)\,U_{K3} &&= +I_Q\,. \end{aligned}$$

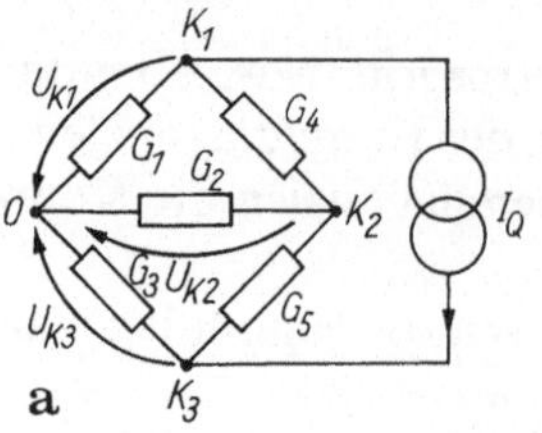

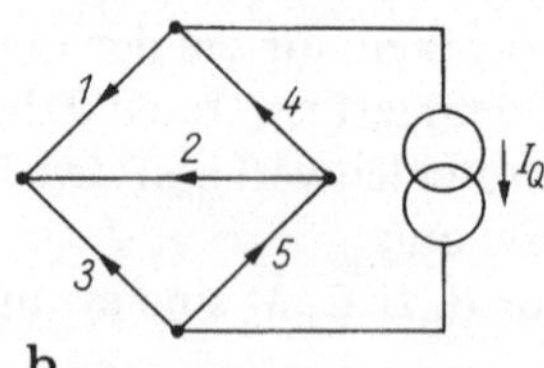

Bild 5.45a, b. Beispiel Knotenspannungsanalyse

Man erkennt die Symmetrie der Gleichungen, die Knotenleitwerte als Diagonalelementen sowie die Minuszeichen in allen Koppelelementen.

4. Der Zweigstrom I_2 hängt mit der zugehörigen Zweigspannung = Knotenspannung U_{K2} über $I_2 = G_2 U_{K2}$ zusammen.

5. Auf die explizite Auflösung des Gleichungssystem nach U_{K2} wollen wir verzichten. Sie ist ohne Mühe durchführbar.

Verallgemeinertes Verfahren. Knotenleitwertmatrix. Wir verallgemeinern die bisherigen Ergebnisse für ein stationär erregtes (lineares) Netzwerk. Das Gleichungssystem (5.87) der Knotenspannungsanalyse läßt sich in der Form ($p = k - 1$)

$$\begin{bmatrix} G_{11} & G_{12} & \dots & G_{1p} \\ G_{21} & & & \\ \vdots & & & \vdots \\ G_{p1} & \dots & & G_{pp} \end{bmatrix} \cdot \begin{bmatrix} U_{K1} \\ \\ \vdots \\ U_{Kp} \end{bmatrix} = \begin{bmatrix} I_{Q1} \\ \\ \vdots \\ I_{Qp} \end{bmatrix}, \tag{5.89a}$$

abgekürzt schreiben

$$[G][U_K] = [I_Q] \tag{5.89b}$$

Knotenspannungsgleichungen. Matrixform.

Knotenleitwertmatrix $[G]$ · Vektor der Knotenspannungen $[U_K]$ gleich Vektor $[I_Q]$ der algebraischen Summe der unabhängigen Quellenströme am Knoten. Dabei sind Quellenströme zum Knoten hin positiv (weg negativ) anzusetzen.

Jede Zeile der Matrix beschreibt somit die Schaltungsstruktur, die den betreffenden Knoten umgibt:

— Hauptdiagonalelement = Knotenleitwert;
— jedes weitere Matrixelement der Zeile stellt die (negativen) Koppelleitwerte zwischen dem Knoten (Zeile) und benachbarten Knoten (Spalten) dar (fehlende Verbindungen erhalten Eintrag 0), an dem die betreffende Knotenspannung liegt.
— Die Zeilensumme [Spaltensumme] gibt den Leitwert zwischen dem betrachteten Knoten (Zeilennummer [Spaltennummer]) und Bezugsknoten. Sie verschwindet, wenn zwischen Knoten und Bezug kein "Leitwert" liegt (Rechen- und Aufstellungs-Kontrollmöglichkeit).

Die Matrixelemente der Knotenleitwertmatrix sind bekannt. Die Leitwertmatrix kann direkt gewonnen werden:

1. Stelle ein Schema für die p-Knotenspannungen (Spalten) und $p = k - 1$ Knoten (Zeilen) nach Einführung der Knotenspannungen auf.

2. Füge die Knotenleitwerte (= Summe der Leitwerte am Knotenpunkt, stets positiv) in die zum Knoten gehörige Zeile als Hauptdiagonalglieder ein.

3. Trage auf den anderen Plätzen die negativen Koppelleitwerte zwischen den Knotenpunkten und Nachbarknoten (z. B. 2. Zeile Knoten *2* → *3*. Spalte Knoten *3*) auf Nebendiagonalplätzen ein. Beachte die Symmetrie der Matrix zur Hauptdiagonale.

4. Im Vektor der unabhängigen Quellenströme steht der Quellenstrom des jeweiligen Knotens (Zeilennummer, Zufluß positiv, Abfluß negativ).

Das Knotenspannungsgleichungssystem kann so durch die leicht aufzustellende Knotenleitwertmatrix und den Vektor der Quellenströme direkt aus dem Netzwerk "abgelesen" werden.

Gl. (5.89) stellt ein lineares Gleichungssystem dar mit der Lösung

$$[U_K] = [G]^{-1}[I_Q] \,. \tag{5.90}$$

Die Auflösung nach einer Knotenspannung U_{Ki} gelingt nach dem gleichen Formalismus wie bei der Maschenstromanalyse: Wir erhalten aus Gl. (5.90) für die Knotenspannung U_{Ki} ($i = 1 \ldots p$) z. B. mit der Determinantenregel

$$U_{Ki} = \frac{\det\,[G]_i}{\det\,[G]} = \frac{\Delta_{1i}}{\Delta} I_{Q1} + \frac{\Delta_{2i}}{\Delta} I_{Q2} + \ldots \frac{\Delta_{pi}}{\Delta} I_{Qp} = \sum_{j=1}^{p} \frac{\Delta_{ji} I_{Qj}}{\Delta} \tag{5.91a}$$

für jedes $i = 1 \ldots p$. Dabei ist

$$\det[G] = \Delta = \begin{bmatrix} G_{11} & G_{12} & \ldots & G_{1p} \\ \vdots & & & \vdots \\ G_{p1} & \ldots & \ldots & G_{pp} \end{bmatrix},$$

$$\det\,[G]_i = \begin{bmatrix} G_{11} & \ldots & \overset{\text{Spalte } i}{I_{Q1}} & \ldots & G_{1p} \\ \vdots & & \vdots & & \vdots \\ G_{p1} & \ldots & I_{Qp} & \ldots & G_{pp} \end{bmatrix} \tag{5.91b}$$

die Koeffizientendeterminanten der Knotenleitwertmatrix, det $[G]_i$ die Determinante des Gleichungssystems, wobei Spalte i durch den Vektor $[I_Q]$ des Quellenstromes ersetzt wurde und Δ_{pi} die Unterdeterminante, die aus Δ durch Streichen der j-ten Zeile und i-ten Spalte hervorgeht. Vorzeichen $(-1)^{j+i}$. Zu den Zweigspannungen U_i gelangt man aus den Knotenspannungen U_K über ein lineares Gleichungssystem geschrieben in Form einer Matrixgleichung

$$[U] = [B][U_K] \tag{5.92a}$$

Beziehung Zweig-Knotenspannung in Matrixform.

$[U]$ ist der Vektor der Zweigspannungen, $[U_K]$ der Vektor der Knotenspannungen und $[B]$ die *Inzidenzmatrix* der Schnitte durch die Baumzweige. Sie wird bestimmt, indem die Knotenspannungen die Spalten- und die Zweigspannungen die Zeilen bilden

$$\begin{matrix} & U_{K1} & U_{K2} & U_{K3} & \ldots & U_{Kp} \\ U_1 & 1 & -1 & 0 & \ldots & 0 \\ U_2 & 0 & 1 & -1 & \ldots & 0 \\ U_3 & 0 & 1 & 0; & \ldots & 0 \\ \vdots & \vdots & \vdots & \vdots & & \vdots \\ U_n & 0 & 0 & 1 & \ldots & 1 \end{matrix} = [B] \,.$$

Das sind die Maschengleichungen und damit die Definitionsgleichungen der Knotenspannungen. Leere Plätze werden mit Nullen gefüllt. Insgesamt lauten die Zweigspannungen dann mit Gl. (5.76)

$$[U] = [B][G]^{-1}[I_Q] \tag{5.92b}$$

Beziehung Zweigspannungen — Quellen nach dem Knotenspannungsverfahren.

5.3.4.2 Erweiterte Knotenspannungsanalyse. Netzwerke mit Spannungsquellen, gesteuerten Quellen und gekoppelten Spulen

Wir entschärfen die oben getroffenen Voraussetzungen und lassen unabhängige Spannungsquellen, gesteuerte Quellen und gekoppelte Spulen im Netzwerk zu.

1. Unabhängige Spannungsquellen (Innenwiderstand Null) werden auf verschiedene Weise berücksichtigt:

— Durch *Spannungs-, Stromquellen-Transformation* nach Abschn. 5.1.1. Da hierfür stets ein Quelleninnenwiderstand erforderlich ist, muß er ggf. hinzugefügt und nach der Aufgabenlösung wieder entfernt werden;

— durch *Quellenverschiebung* nach Abschn. 2.4.4.2 (über Knoten) und anschließende Wandlung in Stromquellen;

— durch Einführung der Quellenspannung als Knotenspannung. Dann tritt an diesen Knoten statt der Knotenspannungsgleichung die Quellenspannung auf. Diese Methode ist als *Superknotenverfahren* bekannt (Abschn. 5.3.4.3);

— Einführung eines kleinen *Hilfswiderstandes* in Reihe zur Spannungsquelle (mit Wandlung), so daß er das Ergebnis praktisch nicht beeinflußt (Verfahren wird bei numerischen Lösungen benutzt).

Beispiel: Quellentransformation. Im Zweig eines Netzwerkes liege eine ideale unabhängige Quellenspannung (Bild 5.46). Das Netzwerk soll nach der Knotenspannungsanalyse untersucht werden. Dazu ist die Spannungsquelle in eine Stromquelle zu transformieren.

Die unmittelbare Quellenumwandlung versagt, da der linke Zweig keinen Widerstand besitzt. Man könnte ihn zunächst als Hilfswiderstand R' einfügen, die Transformation durchführen, die Aufgabe lösen und im Ergebnis gegen Null gehen lassen.

Einen anderen Weg bieten die Versetzungssätze (Abschn. 2.4.4). Wie verschieben die Spannungsquelle über den Knoten i', führen also in den Zweigen *4* und *5* die Spannungsquelle U_N ein. Der Maschensatz in Masche M_1 wird dadurch nicht verändert, auch in den übrigen Maschen nicht (Probe!). Anschließend transformiert man die Zweige *4* und *5* in Stromquellen (Bild 5.46).

2. Gesteuerte Quellen werden

— als knotenspannungsgesteuerte Stromquellen dargestellt und bei Aufstellung des Gleichungssystems als vorerst unabhängig angesehen (rechte Seite);

— anschließend auf die linke Seite zur entsprechenden Knotenspannung gebracht. Dabei geht die Matrixsymmetrie verloren.

Gesteuerte Spannungsquellen sind vorher in gesteuerte Stromquellen zu überführen oder, wenn das nicht möglich ist, wie unabhängige Spannungsquellen zu behandeln (s.o.).

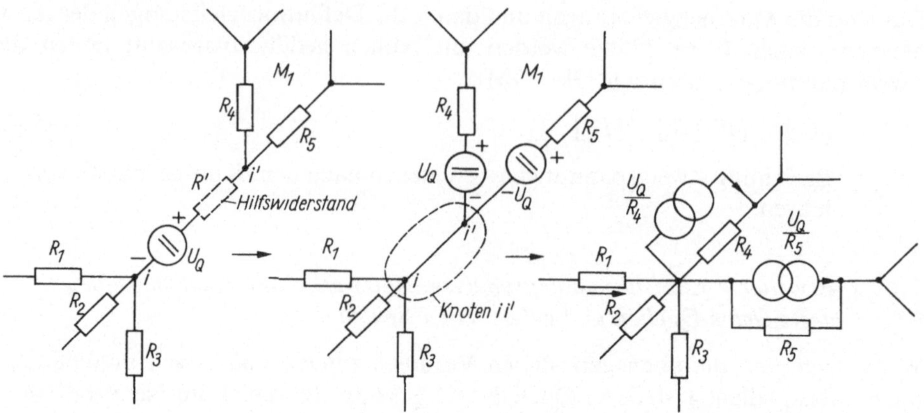

Bild 5.46. Quellentransformation bei der Knotenspannungsanalyse

3. Gekoppelte Spulen werden durch ihre Ersatzschaltung (s. Abschn. 5.1.1.3) mit gesteuerten Quellen dargestellt und nach vorstehendem Schema erfaßt.

4. Knotenspannungsanalyse für nichtlineare Netzwerke. In nichtlinearen Netzwerken treten nichtlineare i-u-Beziehungen in den Knotengleichungen auf. Die Knotengleichungen verlangen Kennliniengleichungen der Form $i = f(u)$, die sehr viele Bauelemente natürlicherweise aufweisen (Diode, Transistoren, Feldeffekttransistoren). Dann bleibt die Lösungsmethodik der Knotenspannungsanalyse grundsätzlich erhalten.

Auch die Nutzung einer linearen arbeitspunktabhängigen Ersatzschaltung (die nach jeder Iteration geändert wird), kann zweckmäßig sein. Anzustreben ist, daß am nichtlinearen NWE nur eine Knotenspannung liegt.

Beispiel. Für die Schaltung Bild 5.47a ergeben sich die Knotengleichungen (mit Bezugsknoten 3)

$$K_1\colon\ G_1 U_{K1} = I_{Q1} - I_D(U_{K1}, U_{K2})\ ,$$

$$K_2\colon\ G_2 U_{K2} = I_{Q2} + I_D(U_{K1}, U_{K2})\ \text{mit}$$

$$I_D = I_S \exp\left[\frac{(U_{K1} - U_{K2})}{U_T} - 1\right].$$

Umstellen der Diodengleichung nach links führt auf zwei nichtlineare Gleichungen, deren Knotenspannungen über das nichtlineare Element verknüpft sind. Das Gleichungssystem wird durch Wahl eines neuen Bezugsknotens (bei 2) mit den Knotenspannungen U'_{K1}, U'_{K3} günstiger

$$K_1\colon\quad G_1 U'_{K1} + I_S\left[\exp\left(\frac{U'_{K1}}{U_T}\right) - 1\right] - G_1 U'_{K3} \qquad = I_{Q1}\ , \qquad (2)$$

$$K_3\colon\quad -G_1 U'_{K1} \qquad\qquad + (G_2 + G_3) U'_{K3} = -I_{Q1} - I_{Q2}\ .$$

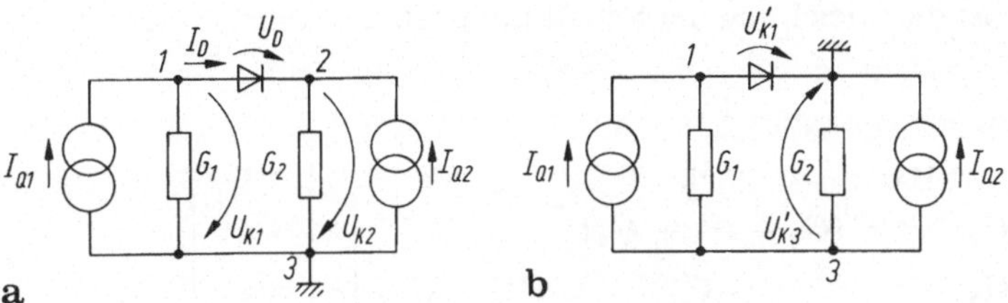

Bild 5.47a,b. Knotenspannungsverfahren. **a, b** unterschiedliche Bezugsknoten

Löst man nach U'_{K3}, so können auch die restlichen Knoten- und Zweigspannungen bestimmt werden.

5.3.4.3 Einführung von Spannungsquellen als Knotenspannungen

Außer den bisher erwähnten Verfahren, Spannungsquellen bei der Knotenspannungsanalyse zu berücksichtigen, kann auch die Einführung der Quellenspannung selbst als Knotenspannung vorteilhaft sein. Das Verfahren wird in der englischen Literatur als Superknotenverfahren (super node analysis) angegeben.

Die Idee besteht darin, Spannungsquellen mit einem *Superknoten* zu umschließen und ihm nur ein unbekanntes Knotenpotential als Referenzgröße zuzuweisen. Alle übrigen Potentiale des Knotens können dann durch die Spannungsquellen und das Referenzpotential ausgedrückt werden.

Jede Spannungsquelle treibt außerdem einen unbekannten Strom I_H. Stellt man unter diesen Bedingungen das Knotenspannungssystem auf (wobei jeweils eine der mit der Spannungsquelle verknüpften Knotenspannungsquellen als abhängige Variable auftritt und die unbekannten Ströme als unabhängige Variablen zu betrachten sind), so entsteht das übliche Knotenspannungsgleichungssystem, nur mit dem Unterschied, daß Ströme und Spannungen ungeordnet und z.T. bekannt oder unbekannt sind. Deshalb versagt zunächst die Standardlösung des Gleichungssystems nach den Knotenspannungen.

Die Umordnung läßt sich durch Entfernen der überflüssigen Knotenspannungen und unbekannten Ströme auf der Erregerseite beheben, d.h. die ideale Spannungsquelle wird als Inhalt eines Superknotens betrachtet.

Bild 5.48a zeigt eine Beispielschaltung. Der Superknoten S hat zwei Merkmale:

— Die Knotenspannung U_{K3} liegt durch U_{K1} und U_Q fest

$$U_{K3} = U_{K1} + U_Q \ ;$$

— die Spannungsquelle U_Q treibt den Strom I_H an, der aus dem Knoten 3 herausfließt und in Knoten 1 einfließt. Deshalb muß er im Gleichungssystem paarweise mit entgegengesetztem Vorzeichen vorkommen.

Die erste Aussage führt dazu, daß zwei Spalten der Matrixgleichung zusammengefaßt werden können, während die zweite zur Senkung der Zeilenzahl durch additive Zusammenfassung dienen kann.

Wir stellen zunächst die Gleichung der Schaltung nach der üblichen Knotenregel auf

$$\begin{matrix} 1 \\ 2 \\ 3 \end{matrix}\begin{bmatrix} \overset{U_1}{(G_1+G_2+G_5)} & \overset{U_2}{-G_2} & \overset{U_3}{-G_5} \\ -G_2 & (G_2+G_3+G_4) & -G_4 \\ -G_5 & -G_4 & (G_4+G_5) \end{bmatrix} \cdot \begin{bmatrix} U_{K1} \\ U_{K2} \\ U_{K3} \end{bmatrix}$$

$$= \begin{bmatrix} I_{Q1} - I_H \\ 0 \\ I_H \end{bmatrix} .$$

Dabei berücksichtigen wir die Spannungsquelle U_Q durch ihren (unbekannten) Hilfsstrom.

Die Gleichungen enthalten in der ersten und dritten Zeile den unbekannten Hilfsstrom I_H. Wird die dritte Zeile zur ersten addiert und dann die dritte gestrichen, so bleibt

$$\begin{bmatrix} (G_1+G_2) & -(G_2+G_4) & G_4 \\ -G_2 & (G_2+G_3+G_4) & -G_4 \\ \ldots & \ldots & \ldots \end{bmatrix} \cdot \begin{bmatrix} U_{K1} \\ U_{K2} \\ U_{K3} \end{bmatrix} = \begin{bmatrix} I_{Q1} \\ 0 \\ \ldots \end{bmatrix} .$$

Da die Gleichung 3 Spalten und 2 Zeilen enthält, wird die überflüssige Spalte durch Eliminieren der Knotenspannung U_{K3} beseitigt: $U_{K3} = U_{K1} + U_Q$:

$$\begin{matrix} 1 \\ 2 \end{matrix}\begin{bmatrix} (G_1+G_2+G_4) & -(G_2+G_4) \\ -(G_2+G_4) & (G_2+G_3+G_4) \end{bmatrix} \cdot \begin{bmatrix} U_{K1} \\ U_{K2} \end{bmatrix} = \begin{bmatrix} I_{Q1} - G_4 U_Q \\ +G_4 U_Q \end{bmatrix} .$$

Damit sind alle überflüssigen Glieder entfernt und die Gleichung kann wie üblich gelöst werden.

Zu diesem Gleichungssystem gelangen wir auch sofort mit dem Superknotenkonzept. Die Schaltung hat den Superknoten S/K_1 und Knoten 2 ($\rightarrow U_{K1}, U_{K2}$), also gibt es zwei Gleichungen.

$$S/K_1\colon (G_1+G_2+G_4)\cdot U_{K1} - (G_2+G_4)\cdot U_{K2} = I_{Q1} - G_4 U_Q ,$$

$$K_2\colon -(G_2+G_4)\cdot U_{K2} + (G_2+G_3+G_4)\cdot U_{K2} = G_4 U_Q .$$

Wir erhalten sie wie folgt:

- Von S/K_1 ausgehend gibt es zunächst den Knotenleitwert $G_1 + G_2 + G_4$ (Superknoten als Einheit betrachtet);
- der Koppelleitwert von S nach K_2 ist $-(G_2 + G_4)$;
- S/K_1 hat die (äußere) Einströmung I_{Q1}, weg fließt der Strom $I_H = U_Q \cdot G_4$ durch die Quelle;
- für Knoten K_2 gelten die üblichen Beziehungen, es tritt aber die Zuströmung $I_H = U_Q G_4$ auf;
- der Leitwert G_5 (parallel zu einer idealen Spannungsquelle) entfällt in der Rechnung;

— der Hilfsstrom I_H ist der Kurzschlußstrom $U_Q G_4$, den die Quelle U_Q liefert. Durch Quellenverschiebung über Knoten K_3 kann statt des Superknotens auch eine gleichwertige Stromquellenersatzschaltung betrachtet werden.

Wir haben uns bisher auf eine sog. *schwimmende* Spannungsquelle beschränkt.

Sinngemäß ist zu verfahren, wenn *Spannungsquellen einseitig* am *Bezugsknoten* (sog. Masseknoten) liegen. Stellt man jetzt die Matrixgleichung in der üblichen Form auf, so fehlt jetzt eine zur Eliminierung des unbekannten Stromes I_H erforderliche Zeile. Weil für den Bezugsknoten keine Strombilanz geschrieben wird, kommt I_H nur einmal vor. Abhilfe schafft der Übergang zur sog. *unbestimmten Knotenmatrix*, bei der ein Bezugsknoten außerhalb des Netzwerkes angenommen wird und deshalb auch für den Bezugsknoten eine Stromsummenzeile existiert. Der Übergang zur normalen Matrix mit dem Bezugsknoten K_K erfolgt durch Streichen der K-ten Zeile und Spalte. Entscheidend ist aber, daß vorher der unbekannte Strom I_H und eine abhängige Knotenspannung eliminiert werden kann.

In der Konsequenz sind für Spannungsquellen im Superknoten mit einseitigem Massepunkt überhaupt keine Knotengleichungen aufzustellen, da deren Knotenspannung durch die Quelle bereits bekannt ist und er umgeordnet werden muß.

Zusammengefaßt:

Hat ein Netzwerk $k - 1$ unabhängige Knoten und n Superknoten, so müssen dann nur noch $k - 1 - n$ Knotengleichungen aufgestellt werden. Es ergibt sich folgende

Lösungsmethodik: Knotenanalyse mit Superknoten

1. Bereite das Netzwerk zur Knotenanalyse vor, stelle die $k - 1$ Knoten fest, wähle einen Bezugsknoten und die $k - 1$ Knotenspannungen.
2. Umschließe Spannungsquellen (unabhängige und gesteuerte) mit einer Hülle (Superknotenbildung) und lege für jeden Superknoten eine Referenzknotenspannung fest.
3. Stelle die Zwangsbedingungen für die übrigen Knotenspannungen der Superknoten in Bezug zur jeweiligen Referenzknotenspannung dar.
4. Quellen im Superknoten sind durch Stromquelle im Referenzknoten und jeweils angeschlossenen Nachbarknoten zu berücksichtigen
5. Man stelle die $k - 1 - n$ Knotengleichungen für die Knotenspannungen auf und löse das Gleichungssystem. Knotengleichungen für Superknoten, die den Bezugsknoten einschließen (sog. „Masseknoten") entfallen, da deren Knotenspannung durch die Spannungsquelle bekannt ist.
6. Das Verfahren ist sinngemäß auch auf gesteuerte Spannungsquellen anwendbar, bei stromgesteuerten Spannungsquellen ist der Steuerstrom durch Knotenspannungen und Zweigbeziehungen auszudrücken.

Beispiel. Die gegebene Schaltung (Bild 5.48b) hat $k = 5$ Knoten, also $k - 1 = 4$ unabhängige Knoten mit den Knotenspannungen $U_{K1} - U_{K4}$. Es gibt $n = 3$ Superknoten ($S_1 \ldots S_3$). Damit ist grundsätzlich nur eine Gleichung ($k - 1 - n = 1$) zu lösen! Wir umschließen die unabhängigen Spannungsquellen durch Superknoten $S_1 \ldots S_3$. Für jeden Superknoten gilt der Knotensatz (z. B. S_2: $I_3 + I_5 = I_2 + I_1 + I_4$, weil der Strom eines Quellenknotens, z. B. $I_3 + I_5$unabhängig von U_{Q2} durch die Spannungsquelle fließt).

Für die Superknoten S_1, S_3 (einseitig am Bezugsknoten) ist das Referenzpotential zugleich Knotenspannung: $U_{K1} = U_{Q1}$, $U_{K3} = U_{Q3}$ (hier bekannt), es sind sog. „Masseknoten".

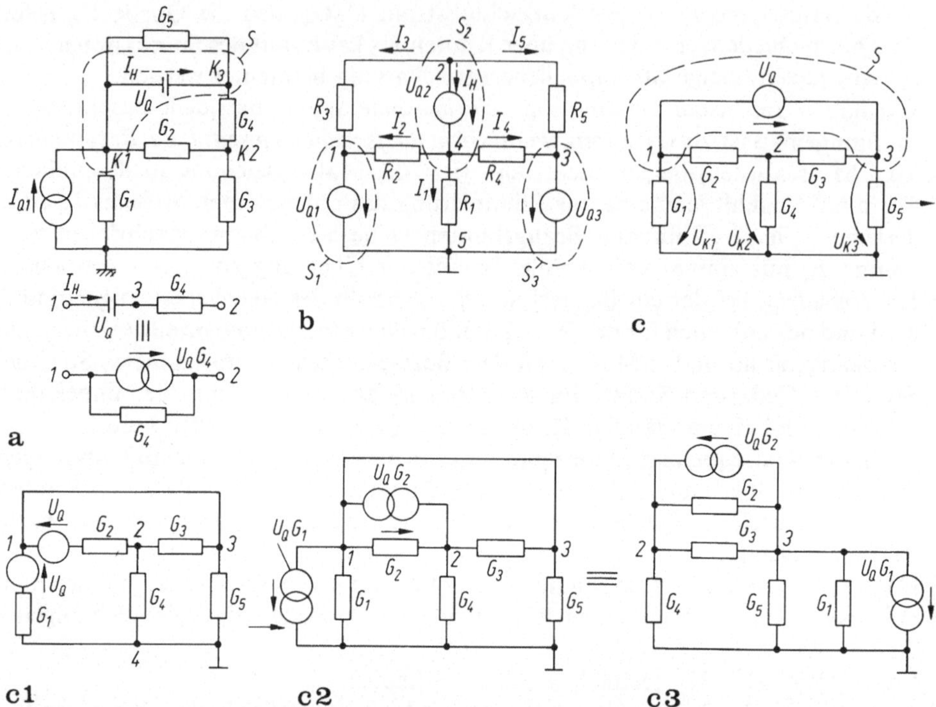

Bild 5.48a–c. Superknotenverfahren. **a** Netzwerk mit schwimmender Spannungsquelle; **b** Netzwerk mit drei Superknoten; **c** Netzwerk mit einem Superknoten, **c1**) Quellenverschiebung; **c2**) Quellenwandlung, **c3**) umgezeichnete Form **c2**).

ten" (einseitig direkt mit dem Bezugsknoten verbunden), deren Strombilanz linear abhängig ist (z. B. tritt Strom I_3, I_1 des Knotens (1 von S_1 zum Bezugsknoten 5 aus). Deshalb erfordern die „Masseknoten" S_1, S_3 keine Aufstellung einer Knotengleichung.

Für Knoten S_2 (mit der Referenzknotenspannung U_{K4}) gilt: $U_{K2} = U_{Q2} + U_{K4}$. Damit lauten die Zwangsbedingungen für die Knotenpotentiale der Superknoten

$$U_{K1} = U_{Q1};\; U_{K2} = U_{Q2} + U_{K4};\; U_{K3} = U_{Q3}\ .$$

Wir stellen jetzt die $k - 1 - n = 1$ Knoten-/Superknotengleichungen auf. Es verbleibt nur eine, nämlich S_2 und zwar für Knoten 4:

$$S_2/4\colon\; G_1 U_{K4} + G_2(U_{K4} - U_{K1}) + G_4(U_{K4} - U_{K3}) + G_5(U_{K2} - U_{K3}) + G_3(U_{K2} - U_{K1}) = 0\ .$$

Die ersten drei Terme stellen die aus S_2 am Knoten (4) herausfließenden Ströme dar. Die gleiche Stromsumme muß (vorzeichenbehaftet!) wieder aus S_2 am Knoten (2) „herausfließen", das sind die Terme 4 und 5. Die Gesamtstrombilanz des Superknotens S_2 verschwindet (Knotensatz).

Im nächsten Schritt eliminieren wir U_{K1}, U_{K3}, U_{K2} durch die bekannten Quellengrößen und die unbekannte Knotenspannung U_{K4} und erhalten

$$U_{K4}(G_1 + G_2 + G_3 + G_4 + G_5) + U_{Q2}(G_3 + G_5) - U_{Q1}(G_2 + G_3) - U_{Q3}(G_4 + G_5) = 0\ .$$

Diese Gleichung läßt sich sofort nach U_{K4} auflösen und die Aufgabenstellung ist prinzipiell gelöst.

Beispiel. Für die gegebene Schaltung Bild 5.48c mit $k = 4$ Knoten und einer idealen Spannungsquelle (die wir in den Superknoten S_1 aufnehmen), sei die Knotenspannung U_{K2} (Bezugsknoten K_4) gesucht mit der Knotenspannungsanalyse. (Man erkennt, daß es sich hier um eine Brückenschaltung handelt.)

Es sind mit $k - 1 = 3$ und $n = 1$ insgesamt 2 Knotengleichungen aufzustellen. Wir wählen dafür die Knoten 2 und 3 mit den Unbekannten U_{K2}, U_{K3}. Die Knotenspannung $U_{K1} = U_Q + U_{K3}$ hängt von U_{K3} ab.
Die Knotengleichungen lauten:

$$(2) \quad : G_4U_{K2} + G_3(U_{K2} - U_{K3}) + G_2(U_{K2} - U_{K1}) = 0 \ ,$$

$$S/(3) : G_5U_{K3} + G_3(K_{K3} - U_{K2}) + G_1U_{K1} + G_2(U_{K1} - U_{K2}) = 0 \ .$$

Das System ist problemlos nach U_{K2}, U_{K3} lösbar. Es führt übrigens für ($G_2G_5 = G_1G_3$) *auf verschwindende Knotenspannung* U_{K2}, denn es handelt sich ja um eine Brückenschaltung. (Die Bestimmung von U_{K2} mit der Zweipoltheorie erfordert eine Stern–Dreieckwandlung, s. Bd. 1, Bild 2.39.)

Wir wollen noch eine Interpretation der „Quellenterme“ in den beiden Knotengleichungen vornehmen.

Wird die Spannungsquelle U_Q über dem Knoten 1 „versetzt“ (s. Abschn. 2.4.4.2, Bild 5.48c2) und die dann vorliegenden realen Spannungsquellen in Stromquellen gewandelt (Bild 5.48c3), so verschmelzen zunächst die Knoten 1 und 3 (Kurzschlußbrücke!) und die Stromquellen U_QG_2 und U_QG_1 treten direkt in den beiden Knotengleichungen auf. Dies schließt den Kreis: ideale Spannungsquellen können somit auf unterschiedliche Weise in die Knotenspannungsanalyse einbezogen werden.

5.3.4.4 Unbestimmtes Knotenleitwertsystem

Wird als Bezug ein fiktiver Knoten außerhalb des Netzwerkes gewählt, so müssen für die k Knoten insgesamt k Knotengleichungen und ebenso viele Knotenspannungen eingeführt werden. Da hiervon nur $k - 1$ Gleichungen unabhängig sind, ist das Gleichungssystem unbestimmt. Deshalb lautet es (in Matrixschreibweise)

$$\begin{bmatrix} G_{11} & \cdots & G_{12} & \cdots & G_{1k} \\ G_{21} & & G_{22} & & G_{2k} \\ \vdots & & \vdots & & \vdots \\ G_{k1} & \cdots & & \cdots & G_{kk} \end{bmatrix} \cdot \begin{bmatrix} U_{10} \\ U_{20} \\ \vdots \\ U_{k0} \end{bmatrix} = \begin{bmatrix} I_{Q1} \\ \vdots \\ \vdots \\ I_{Qk} \end{bmatrix} . \tag{5.93}$$

Das Ergebnis

$$\begin{bmatrix} \text{unbestimmte Knoten-} \\ \text{leitwertmatrix} \end{bmatrix} \cdot \begin{bmatrix} \text{Vektor der Knoten-} \\ \text{spannungen} \end{bmatrix} = \begin{bmatrix} \text{Quellen-} \\ \text{stromvektor} \end{bmatrix}$$

entspricht voll dem nach Gl. (5.89a), nur um einen Knoten erweitert. Dabei gelten folgende Merkmale:

— Wegen der k Gleichungen verschwinden jeweils die Spalten- und Zeilensummen der unbestimmten Knotenleitwertmatrix und die Komponentensumme des

Quellenvektors. Damit bieten sich Rechenkontrollen für das Aufstellen der Gleichungen.

— Wird der Bezugsknoten zu irgendeinem Netzwerkknoten gemacht, so ist die diesem Knoten zugehörige Gleichung (Zeile und Spalte) zu streichen. Auf diese Weise kann leicht jeder Knoten als Bezug gewählt werden.

Diese Methode wird z. B. zur Berechnung der Leitwertparameter von Transistoren in verschiedenen Grundschaltungen verwendet. Ist ein Netzwerk mit 3 Klemmen (Basis, Emitter, Kollektor) gegeben und sind in der unbestimmten Knotenmatrix (Bild 5.49)

$$\begin{bmatrix} I_1 \\ I_2 \\ I_3 \end{bmatrix} = \begin{bmatrix} G_{11} & G_{12} & G_{13} \\ G_{21} & G_{22} & G_{23} \\ G_{31} & G_{32} & G_{33} \end{bmatrix} \cdot \begin{bmatrix} U_{10} \\ U_{20} \\ U_{30} \end{bmatrix} \quad \text{mit} \quad \begin{matrix} G_{11} + G_{12} + G_{13} = 0 \\ G_{21} + G_{22} + G_{23} = 0 \\ \vdots \quad\quad \vdots \quad\quad \vdots \\ G_{13} + G_{23} + G_{33} = 0 \end{matrix}$$

die Parameter bekannt und soll die Klemme 1 als Bezug gewählt werden (→ Basisschaltung), so ergibt sich durch Streichen der ersten Zeile und Spalte

$$\begin{bmatrix} I_2 \\ I_3 \end{bmatrix} = \begin{bmatrix} G_{22} & -(G_{21} + G_{22}) \\ -(G_{12} + G_{22}) & G_{11} + G_{12} + G_{21} + G_{22} \end{bmatrix} \cdot \begin{bmatrix} U_2 \\ U_3 \end{bmatrix} .$$

Dies ist die Beschreibung der sog. Basisschaltung, die bezüglich der Ströme und Spannungen noch geordnet werden muß.

Unbestimmte Gleichungssysteme bieten u. U. Vorteile bei der rechnergestützten Analyse größerer Netzwerke. Auch für Schaltungen mit Operationsverstärkern können sie vorteilhaft sein. Wir kommen darauf in Abschn. 7.5.3 zurück.

5.3.4.5 Zweipolparameter und Knotenspannungsanalyse

Soll ein umfangreicheres Netzwerk (vor allem mit gesteuerten Quellen) mit der Zweipoltheorie behandelt werden, so bereitet die Bestimmung der Zweipolersatzgrößen (nach Abschn. 2.4.4.3 und 5.1.1.3) mitunter Komplexitätsprobleme. Mit Erfolg läßt sich dann die Maschenstrom- und Knotenspannungsanalyse einsetzen. Dabei hat letztere wegen des Wegfalls der Baumbestimmung Vorteile.

Um die Ersatzgrößen U_1, R_i und/oder I_k eines linearen Netzwerkes (mit k Knoten) zwischen zwei Klemmen zu bestimmen (Bild 5.50) wird

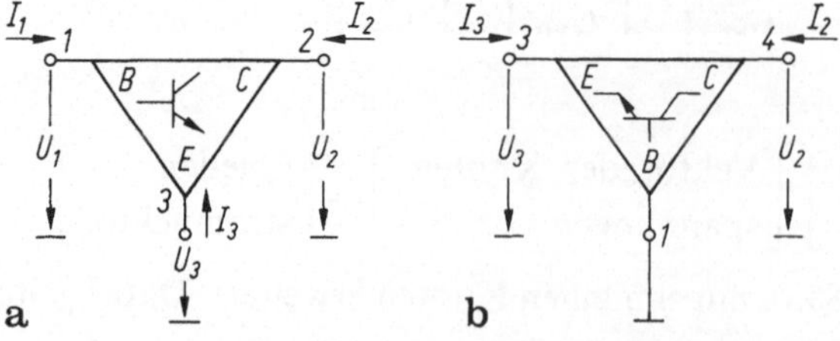

Bild 5.49a, b. Unbestimmtes Knotenleitwertsystem. **a** Transistormehrpol (unbestimmt); **b** Basisschaltung (bestimmt)

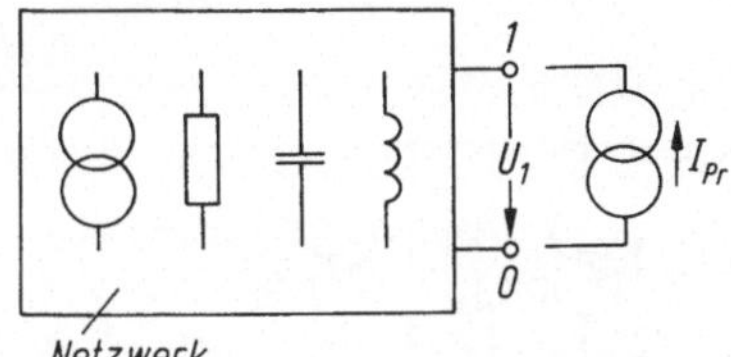

Bild 5.50. Bestimmung der Zweipolparameter mit der Knotenspannungsanalyse

1. das Netzwerk für die Knotenspannungsanalyse vorbereitet (s. Lösungsmethodik Abschn. 5.3.4.1, dabei sollen an den Zweipolklemmen die Knoten 1, 0 liegen);
2. an beide Netzwerkklemmen ein Probestrom I_{Pr} eingeprägt. Eventuell im Netzwerk vorhandene unabhängige und abhängige Quellen bleiben in Betrieb!
3. das Knotengleichungssystem aufgestellt und nach der Klemmenspannung U_{10} aufgelöst.

Die Lösung ist wegen des linearen Netzwerkes von folgender Form

$$U_{10} = a + bI_Q \equiv U_1 + R_i \cdot I_Q \,. \tag{5.94}$$

Dabei enthält a die inneren unabhängigen und abhängigen Quellen, bildet also die *Leerlaufspannung*. Der Faktor b stellt den Innenwiderstand dar (dabei wurde für den Zweipol die Verbraucherpfeilrichtung festgelegt, daher $+ R_i$). Beim passiven Zweipol (keine unabhängige Quelle im Netzwerk) verschwindet $a \equiv U_1$. Lautet das Knotenleitwertsystem ($p = k - 1$) entsprechend Gl. (5.89a), hat aber rechts den Quellenstromvektor, so ist statt des Koeffizienten I_{Q1} jetzt $I_{Q1} + I_{Pr}$ anzusetzen. Die Lösung lautet (Gl.(5.78a)) ($k = 1$)

$$U_{10} = \frac{\det[G]_1}{\det[G]} + \frac{\Delta_{11} I_{Pr}}{\det[G]} \equiv U_1 + R_i I_{Pr} \,. \tag{5.95}$$

Beispiel. Es sei eine Schaltung mit Operationsverstärker gegeben (Ersatzschaltung nach Bild 5.51a). Gesucht sind die Zweipolgrößen zwischen den Klemmen 0, 1.

Wir bereiten die Schaltung für die Knotenananlyse vor (Bild 5.51b). führen also Stromquellen ein und erhalten als Gleichungssystem für die Knotenspannungen U_{10}, U_{20}

$$\begin{matrix} K_1: \\ K_2: \end{matrix} \begin{bmatrix} G_F + g_a & -G_F \\ -G_F & -G_1 + g_e + G_F \end{bmatrix} \cdot \begin{bmatrix} U_{10} \\ U_{20} \end{bmatrix} = \begin{bmatrix} SU_d + I_{Pr} \\ G_1 U_Q \end{bmatrix} . \tag{1}$$

(Spalten: U_{10}, U_{20})

Wir bringen die gesteuerte Quelle auf die linke Seite ($U_d = + U_{20}$) und erhalten

$$\begin{bmatrix} G_F + g_a & -G_F - S \\ -G_F & G_1 + g_e + G_F \end{bmatrix} \cdot \begin{bmatrix} U_{10} \\ U_{20} \end{bmatrix} = \begin{bmatrix} I_{Pr} \\ G_1 U_Q \end{bmatrix} .$$

(Spalten: U_{10}, U_{20})

Die Auflösung nach U_{10} liefert

$$U_{10} = \frac{(G_1 + g_e + G_F) \cdot I_{Pr} + (G_F + S) G_1 \cdot U_Q}{(G_F + g_a) \cdot (G_1 + g_e + G_F) - G_F(G_F + S)} \,. \tag{2}$$

Der Koeffzient von I_{Pr} ist R_i, der zu U_Q proportionale Term die Leerlaufspannung U_1.

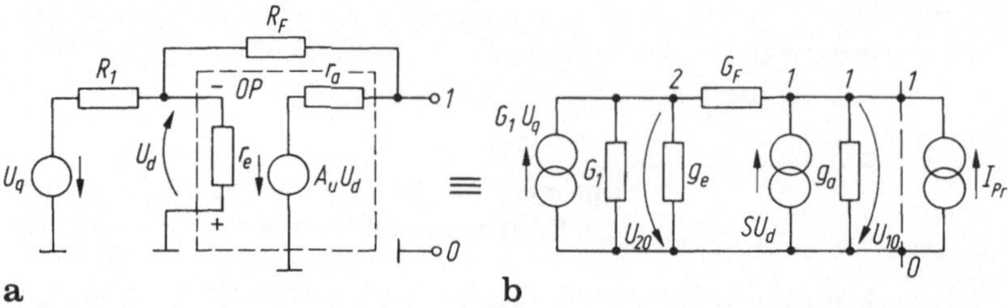

Bild 5.51a, b. Bestimmung der Zweipolparameter **a** Schaltung; **b** Ersatzschaltung

Damit lassen sich mit der Knotenspannungsanalyse die Zweipolparameter eines größeren Netzwerkes bequem bestimmen.

Erwähnt sei, daß diese Methode auch auf Vierpole ausgedehnt werden kann, nur müssen dann zwei Probeströme an das Netzwerk gelegt und die über den Quellen abfallenden Spannungen berechnet werden.

5.3.5 Kleinsignalanalyse von Netzwerken

In vielen Anwendungsbereichen werden nichtlineare Bauelemente eingesetzt. Die durch *Gleichstromanalyse* (DC-Analyse) des Netzwerkes gefundene Lösung und damit auch am einzelnen Netzwerkelement heißt *Arbeitspunkt A*. Viele Einsatzfelder (Informationstechnik, Meß- und Regelungstechnik u.a.) arbeiten mit zeitabhängigen Signalen und kleinen *Änderungen* $\Delta x(t)$ um den Arbeitspunkt. Deshalb führt die Netzwerkerregung

$$x(t) = X_A + \Delta x(t)$$

(X_A Arbeitspunkt = Gleichanteil der Erregung) zu einer entsprechenden *Wirkung*

$$y(t) = Y_A + \Delta y(t) \ .$$

Der Zusammenhang $y(x) \approx Y(X)$ ist die *Übertragungskennlinie* des Netzwerkes. Die Kleinsignalanalyse besteht nun darin, das Verhalten der Übertragungskennlinie $Y(X)$ im Arbeitspunkt A für kleine Aussteuerungen Δx, Δy zu linearisieren.

Wir haben dieses Prinzip schon bei Einführung der differentiellen Schaltelemente kennengelernt, z. B. Bild 5.13 (Abschn. 5.1.2.1). In der Diodenschaltung ist die Diodenspannung u_D (bei Diode als nichtlinearem Netzwerkelement) die Ausgangsgröße y bei gegebener Quellenspannung $u_Q(t) = x(t)$. Die Kleinsignalanalyse–Bestimmung von $u_D(t)$- zerfällt in zwei Aufgaben:

—*Arbeitspunktbestimmung*, d. h. Lösung der nichtlinearen Gleichung

$$U_Q = U_D + RI_S(\exp(U_D/U_T) - 1) \to I_A, U_A \ ;$$

— *Kleinsignalanalyse*: Bestimmung $\Delta u_D = f(\Delta u_Q)$. Dazu wird der *differentielle Leitwert* des nichtlinearen Netzwerkelementes benötigt. Ansonsten liegt ein *lineares Netzwerkproblem* vor, m.a.W. wird die Kleinsignalanalyse dem Arbeitspunkt überlagert und kann somit — bei Kenntnis von A — *unabhängig* von der (nichtlinearen) Arbeitspunkt–Bestimmung durchgeführt werden.

Wir haben bei Ersatz der Kennlinie durch die Tangente in A vorausgesetzt, daß die zeitlichen Spannungsänderungen hinreichend langsam erfolgen. Im anderen Falle müssen Induktivitäten (Kapazitäten, u. U. auch differentielle) mit beachtet werden.

Für die Kleinsignalanalyse erhalten die differentiellen Netzwerkelemente grundlegende Bedeutung. Wir haben die entsprechenden Zweipolersatzschaltungen in Bild 5.52 zusammengestellt.

Netzwerk mit allgemeinen nichtlinearen Mehrpolen (Bild 5.53). Im allgemeinen Fall stellt das nichtlineare Netzwerk ein resistives Mehrpolnetzwerk mit Erregungen x_i $(i = 1 \ldots n)$ und nichtlinearen Ausgangsgrößen $y_j(x_1 \ldots x_n)$ $(j = 1 \ldots m)$ dar. Für kleine Änderungen Δx_i gilt dann

$$\Delta y_i = \sum_{k=1}^{n} \frac{\partial y_j}{\partial x_k} \Delta x_k \qquad (j = 1 \ldots m, k = 1 \ldots n) \tag{5.95a}$$

oder in Matrixschreibweise

$$[\Delta y] = \begin{bmatrix} \Delta y_1 \\ \vdots \\ \Delta y_m \end{bmatrix} = \begin{bmatrix} \partial y_1/\partial x_1 & \cdots & \partial y_1/\partial x_n \\ \vdots & & \vdots \\ \partial y_m/\partial x_1 & \cdots & \partial y_m/\partial x_n \end{bmatrix}_{X_k = X_{k0}} \cdot \begin{bmatrix} \Delta x_1 \\ \vdots \\ \Delta x_n \end{bmatrix} = [A]\cdot[\Delta x]\ . \tag{5.95b}$$

Die auftretende Matrix $[A]$ heißt *Jacobi-* oder *Funktionalmatrix* (der partiellen Ableitungen).

	aktiver Zweipol		passiver Zweipol		
	Spannungsquelle	Stromquelle	resistiv	kapazitiv	induktiv
allgemeiner Zweipol	u, u_q, i; $u = u_q$	u, i_q, i; $i = i_q$	u, i; $u = u(i)$	u, i, $C(u)$	u, i, $L(i)$
Arbeitspunktersatzschaltung	U_A, U_{QA}, I_A; $U_A = U_{QA}$	U_A, I_{QA}, I_A; $I_A = I_{QA}$	U_A, I_A; $U_A = U_A(I_A)$	U_A, I_A; $I_A = 0$	U_A, I_A; $U_A = 0$
Kleinsignalersatzschaltung	ΔU, ΔU_Q, ΔI; $\Delta U = \Delta U_Q$	ΔU, ΔI_Q, ΔI; $\Delta I = \Delta I_Q$	ΔU, ΔI, $r(I_A)$; $\Delta U = r(I_A)\Delta I$	ΔU, ΔI, C_d; $\Delta I = C_d \frac{d\Delta U}{dt}$	ΔU, ΔI, l_d; $\Delta U = l_d \frac{d\Delta I}{dt}$

Bild 5.52. Zweipolersatzschaltungen

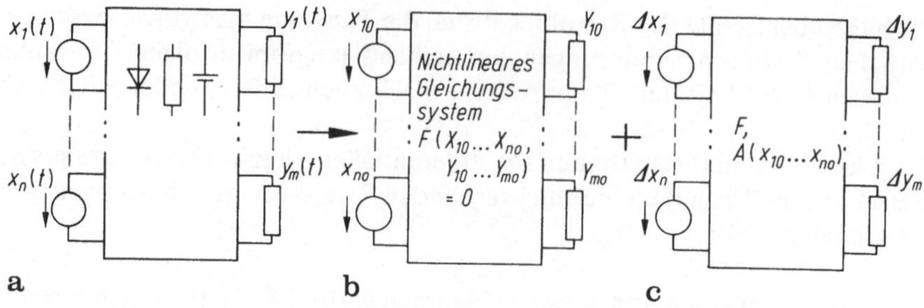

Bild 5.53a–c. Nichtlineares Mehrpolnetzwerk. **a** Mehrpolnetzwerk, von den Quellen $x_1(t)\cdots x_n(t)$ erregt; **b** Gleichstromnetzwerk; **c** Kleinsignalnetzwerk.

Werden die unabhängigen Kleinsignalgrößen Δx_1 als Eingänge und die Δy_j als Ausgänge betrachtet, so beschreibt Gl. (5.95b) ein lineares Gleichungssystem – eben das Kleinsignalverhalten des Netzwerkes.

Die partiellen Ableitungen (Matrixeinträge) sind als Proportionalitätsfaktoren *Kleinsignalelemente*, deren physikalische Bedeutung sich aus den jeweiligen Δy-Δx-Zusammenhängen ergibt. Wir kommen darauf beim Vierpol zurück und werden sie dort weiter ausführen (Abschn. 7.3.3).

Zusammengefaßt ergibt sich die **Lösungsmethodik Kleinsignalanalyse** für ein nichtlineares Netzwerk, in dem Zweiggrößen

$$i_\mu(t) = I_{\mu A} + \Delta i_\mu(t),\ u_\gamma(t) = U_{\gamma A} + \Delta u_\gamma(t)$$

auftreten:

1. Analyse des Gleichstromverhaltens: Arbeitspunktbestimmung der Schaltung.

a) Man stelle eine Gleichstromersatzschaltung auf (Kurzschluß der Kleinsignalspannungs- und Leerlauf der Kleinsignalstromquellen, Energiespeicherelemente nicht wirksam).

b) Arbeitspunktstimmung durch Lösung des nichtlinearen Gleichungssystems

$$\sum_\mu I_{\mu A} = 0,\quad \sum_\gamma U_{\gamma A} = 0\ ,$$

Zweigbeziehungen $U = f(I)$ resp. $I = g(U)$
(Methode: KHG, Maschenstrom-, Knotenspannungsanalyse u. a.).

2. Kleinsignalanalyse

a) Unabhängige Gleichspannungsquellen kurzschließen, unabhängige Gleichstromquellen entfernen. Nichtlineare Netzwerkelemente durch Kleinsignalnetzwerkelemente im Arbeitspunkt ersetzen.

b) Aufstellung/Übernahme des linearen Gleichungssystems für Kleinsignalgrößen im Arbeitspunkt

$$\sum_\mu \Delta i_\mu = 0,\quad \sum_\gamma \Delta u_\gamma = 0\ ,$$

Zweigbeziehungen für Kleinsignalelemente einschließlich Quellen Δu_Q, Δi_Q, Lösung des Gleichungssystems.

3. **Gesamtverhalten** des Netzwerkes durch *Überlagerung* der Gleichstrom- und Kleinsignallösungen

$$i_\mu = I_{\mu A} + \Delta i_\mu; \quad u_\gamma = U_{\gamma A} + \Delta u_\gamma \ .$$

Hinweis: Bei Änderung des Arbeitspunktes muß die Kleinsignalanalyse i. allg. neu durchgeführt werden.

Das ist genau die Strategie, die in sehr vereinfachter Form der Schaltung nach Bild 5.13 unterlag.

5.3.6 Analyse nichtlinearer resistiver Netzwerke

Zahlreiche Bauelemente (z. B. Glühlämpchen, Halbleiterbauelemente, integrierte Schaltungen, Solarzellen, Spulen mit Eisenkern, Varistoren u. a.) haben mehr oder weniger nichtlineare *u-i*-Beziehungen, die sich in entsprechenden nichtlinearen Netzwerkmodellen wiederfinden. Enthält ein Netzwerk wenigstens ein derartiges Element, so ist es selbst nichtlinear. Liegt an einem solchen Netzwerk eine zeitveränderliche Erregung (Gleichanteil + Wechselanteil der Frequenz ω), so entstehen

— sog. *Oberwellen* mit Frequenzen $n\omega$ ($n \geqq 2$ . . . , das typische Merkmal einer nichtlinearen Schaltung);

— *Gleichgrößen* (sog. *Gleichrichtereffekt*, Verschiebung des Gleichstromarbeitspunktes).

Nur bei *Kleinsignalsteuerung* (Abschn. 5.3.5) bleibt das Netzwerk im Arbeitspunkt linear.

Der Arbeitspunkt A ist nichts anderes als die Gleichstromlösung des nichtlinearen Netzwerkes. Deshalb spielen Energiespeicherelemente (L, C) keine Rolle (L durch Kurzschluß ersetzen, C durch Leerlauf).

Die Arbeitspunktbestimmung umfaßt zwei Aufgabenteile:

1. Aufbereitung der Schaltung, d. h.

— Wahl der Netzwerkmodelle der Bauelemente und ihrer Klemmenbeschreibung (analytisch, graphisch, approximativ);

— Versuch, die Schaltung in einen linearen Teil und möglichst wenig *bestimmende* nichtlineare Elemente zu trennen. Ersatz des linearen Netzwerkes durch eine möglichst einfache Ersatzschaltung;

— geeignete Darstellung der nichtlinearen NWE (analytisch, graphisch (Kennlinie), stückweise lineare Approximation, numerische Form (Tabelle) oder Kombination mehrerer Formen) in engem Zusammenhang mit dem zu wählenden Lösungsverfahren.

2. Lösung der Netzwerkgleichungen. Das Ergebnis ist der Arbeitspunkt des Netzwerkes.

Wir wollen die typischen Lösungsverfahren kennenlernen, diskutieren aber zunächst die verschiedenen Darstellungsmöglichkeiten nichtlinearer Netzwerkelemente.

5.3.6.1 Darstellungsmöglichkeiten nichtlinearer resistiver Netzwerkelemente

Die wichtigsten Darstellungsmöglichkeiten nichtlinearer resistiver Netzwerkelemente sind: die *analytische* Form (Formel), die *graphische* Form (Kennlinie) oder die *tabellarische* Form. Wir wollen sie am Beispiel typischer Elemente wie Halbleiterdioden und später Transistoren diskutieren.

Die (analytische) *Kennlinie* eines Bauelementes ist gewöhnlich das Ergebnis seines innerelektronischen Wirkprinzips. Für die Halbleiterdiode gilt (Bd. 1, Abschn. 2.4.3.6, Bild 5.54a)

$$I = I_S(\exp U/U_T - 1) \to I_S \exp(U/mU_T - 1)\ . \tag{5.96}$$

Weil diese Kennlinie von bestimmten, nicht immer zutreffenden Annahmen ausgeht, werden zusätzliche (freie) Parameter eingefügt und durch Vergleich mit Meßergebnissen die Kennlinie angepaßt (sog. Kurvenfitting, hier z. B. I_S und m). Die graphische Darstellung Gl. (5.96) im linearen oder einfach logarithmischen Maßstab (im Flußbereich, $U \gg mU_T$) (Bild 5.54b)

$$\lg\frac{I}{A} = \lg\left[\frac{I_S}{A}\exp\frac{U}{mU_T}\right] = \lg\frac{I_S}{A} + \lg e\frac{U}{mU_T}\ , \tag{5.97}$$

$$mU_T = [(\lg e)\cdot(U_1 - U_2)\ [\lg I_1/A - \lg I_2/A]$$

ist die *Kennlinie*. Im letzten Fall können durch Extrapolation auf $U = 0$ und für zwei Werte U_1, U_2, die Parameter I_S und m direkt gewonnen werden.

Mitunter ist es zweckmäßig, die Kennlinie ganz oder bereichsweise durch geschlossene Funktionen anzunähern (Polynome, zumindest $i \sim U^2$, Exponentialfunktion, tanh–Funktionen für Sättingungsbereiche). Dies ist dann sinnvoll, wenn eine analytische Lösung des Arbeitspunktes interessiert.

Günstig kann auch die *stückweise lineare Näherung* der Kennlinie (Bild 5.54c) sein, weil sich dann bereichsweise lineare Ersatzschaltungen ergeben. Dazu wird die Kennlinie im Arbeitspunkt A (oder überhaupt im Flußbereich) durch eine Gerade (Widerstand $r \approx R$), angenähert, die die I-Achse (lin. Maßstab) bei der sog. Flußspannung $U_{FO} \approx 0{,}7$ V, schneidet.

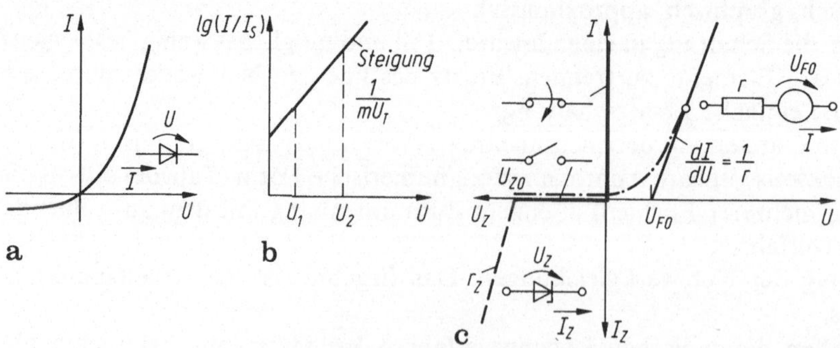

Bild 5.54a–c. Nichtlineare resistive Zweipole. **a** Kennlinie Halbleiterdiode; **b** wie **a** halblogarithmische Darstellung **c** Knickkennlinie (mit Erweiterung für Z-diode)

Für die Arbeitspunktbestimmung kommt der Modellierung des Netzwerkelementes entscheidende Bedeutung zu, nicht zuletzt entscheidet das Modell über Lösungsverfahren und Aufwand!
Die Flußspannung U_{FO} ist eine unabhängige Quelle. Sie wirkt als Leistungsverbraucher. Für $U \leqq U_{FO}$ verschwindet I. Durch diese Modellierung fungiert die Diode als „Schalterelement" mit

$$\begin{aligned} I &= (U - U_{FO})/R \quad \text{für } U > U_{FO}, \text{ Diode leitend },\\ I &= 0 \qquad\qquad\qquad \text{für } U \leqq U_{FO}, \text{ Diode sperrt} \end{aligned} \tag{5.98}$$

und die Netzwerkgleichungen müssen bereichsweise gelöst werden. Im Idealfall $(R \to 0)$ geht daraus die *Knickkennlinie* als ideales Schaltermodell im Punkt U_{FO} hervor. Damit läßt sich eine sehr brauchbare Arbeitspunktabschätzung durchführen.

So vorteilhaft das Knickkennlinienmodell für $U > U_{FO}$ ist, so problematisch wird es doch im Knickpunkt selbst: dort kann es nicht differenziert werden ($\to$ Kleinsignalmodell falsch!).
Als praktische Konsequenz ergibt sich, daß eine flußgepolte Diode in einem Netzwerk durch das Modell Bild 5.54c (Festspannung U_{FO}, r) ersetzt werden kann und damit oft eine (gute) Näherungslösung des Arbeitspunktes (z. B. als Startwert der numerischen Analyse) erlaubt.

Das Knickkennlinienmodel läßt sich auch auf den Sperrbereich (z. B. das Durchbruchsgebiet, Z-Diode) erweitern (Bild 5.54c).

5.3.6.2 Graphische Behandlung

Oft lassen sich größere nichtlineare Netzwerke auf den Grundstromkreis mit linearem, aktiven Zweipol und einem nichtlinearen, passiven Teil zurückführen. Dann bietet sich die graphische Behandlung an, vor allem, wenn die Kennlinie des nichtlinearen Netzwerkelementes vorliegt. Solche Fälle haben wir bereits im Bd.1, Abschn. 2.4.3.6 kennengelernt. Es gilt zusammenfassend folgende

Lösungsmethodik: Graphische Arbeitspunktermittlung:

1. Man fasse den linearen Netzwerkteil zusammen und beschreibe ihn durch einen aktiven Zweipol.
2. Man trage die Kennlinie der linearen und nichtlinearen Zweipole in ein U-I-Diagramm. Dabei schneiden sich die Kennlinien des aktiven Zweipols (Achsenabschnitte U_Q, I_Q, Verbindungsgerade = Arbeitsgerade) mit dem passiven im *Arbeitspunkt* A (Bild 5.55a): graphische Lösung der Kirchhoffschen Gleichungen.
3. Bei einem nichtlinearen *Vierpolelement* ($\to$ aktiver linearer Vierpol) arbeitet das Verfahren sinngemäß, nur sind dann Schnittpunkte in den Kennlinienfeldern zu suchen (s. Abschn. 7.3).

Bild 5.55b zeigt ein Beispiel. Das Verfahren ist für die Zusammenschaltung eines nichtlinearen, aktiven Zweipols mit einem passiven, linearen oder nichtlinearen Zweipol anwendbar. Die Kennlinie des nichtlinearen Zweipols im Bild ergibt sich durch Abzug des stromabhängigen Spannungsabfalls $U_D = U_T \ln(I/I_S - 1)$ Punkt für Punkt von der Quellenspannung U_Q.

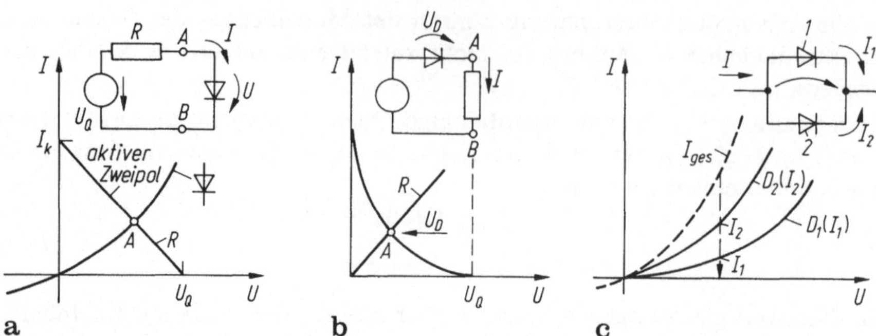

Bild 5.55a–c. Nichtlineare resistive Zweipole, Kennlinien **a** nichtlinearer passiver Zweipol, Grundstromkreis; **b** nichtlinearer aktiver Zweipol, Grundstromkreis; **c** Parallelschaltung zweier nichtlinearer Zweipole

Grundlage der graphischen Behandlung sind die Kirchhoffschen Gleichungen und U-I-Beziehungen des Netzwerkelementes. Werden mehrere nichtlineare Netzwerkelemente zusammengeschaltet, so ergibt sich die Gesamtkennlinie durch Stromaddition bei der Parallelschaltung bzw. Spannungsaddition bei Reihenschaltung bei jeweils bestimmter Spannung oder Stromeinstellung (sog. Scherung einer Kennlinie) (Bild 5.55c).

Die Vorteile der graphischen Behandlung (einfacher) nichtlinearer Stromkreise sind Anschaulichkeit und transparentes Schaltungsverständnis (z.B. auch gegen Änderungen, etwa der Quellenspannung (Steuerwirkung!)). Es dient seltener zur Gewinnung quantitativer Werte (z. B. Näherungswerte).

5.3.6.3 Analytische Behandlung

Die (immer anwendbaren) Kirchhoffschen Gleichungen (oder abgekürzte Verfahren, Maschenstrom- und Knotenanalyse) führen bei nichtlinearen Netzwerken stets auf ein nichtlineares Gleichungssystem. In Ausnahmefällen (stark abhängig von der Nichtlinearität) ist eine analytische Lösung möglich, z. B. bei Potenzkennlinien der Form $I = kU^2$. Beispielsweise liefert die Reihenschaltung der Spannungsquelle U_Q mit dem Widerstand R und dem nichtlinearen Netzwerkelement $I = kU^2$ die Maschengleichung $U_Q = U + RkU^2$ mit der Lösung

$$U_{1/2} = -1/2kR \underset{(-)}{+} \sqrt{(1/2kR)^2 + U_Q/kR} \tag{5.99}$$

für die Spannung am nichtlinearen Element. Eine Halbleiterdiode als nichtlineares Element erlaubt keine geschlossene Lösung mehr. Parabelnäherung, wie im Beispiel, lassen sich oft erfolgreich zur Arbeitspunktbestimmung von Feldeffekttransistorschaltungen verwenden. Bei exponentiellen Nichtlinearitäten (Halbleiterdiode, Bipolartransistoren) begnügt man sich meist mit Annäherung der Exponentialkennlinie (z. B. durch Linearisierung im Arbeitspunkt, Reihenentwicklung mit quadratischem Anteil u. a.), wenn analytische Ergebnisse gewünscht sind.

5.3.6.4 Numerische Analyse

Die Gleichstromanalyse nichtlinearer Netzwerke führt stets auf ein System simultaner nichtlinearer algebraischer Gleichungen. Bei der numerischen Lösung kommen durchweg Iterationsmethoden wie z. B. Fixpunktiteration, Newton–Raphson-Verfahren, Quasi-Newton-Sekantenmethode, Regula-Falsi u. a. zum Einsatz. Alle benötigten Startwerte (das Sekantenverfahren sogar zwei). Die ersten drei Methoden gelten auch für nichtlineare System von Gleichungen mit mehreren Variablen. Entscheidende Kriterien für die Wahl des Lösungsverfahrens sind die Konvergenz und Konvergenzgeschwindigkeit sowie die Abbruchbedingung.

Wir wollen uns hier auf die Fixpunkt- und Newton–Raphson-(NR-)Verfahren beschränken und zwar zunächst am Beispiel der Schaltung Bild 5.55a für eine Variable y. Stets führt die nichtlineare Netzwerkgleichung auf eine Form $F(y) = 0$, deren Nullstelle (Lösung y) gesucht ist. Für die Schaltung ergeben sich mit $U_Q = IR + U$ und der Diodenkennlinie Gl. (5.96) die möglichen Gleichungen

$$\begin{aligned}
&\text{a)}\ F_1(U) = U + I_S R(\exp U/U_T - 1) - U_Q = 0\ ,\\
&\text{b)}\ F_2(I) = I - I_S(\exp[(U_Q - IR)/U_T] - 1) = 0\ ,\\
&\text{c)}\ F_3(I) = IR + U_T \ln(I/I_S + 1) - U_Q = 0\ ,\\
&\text{d)}\ F_4(U) = -U + U_T \ln[(U_Q - U)/RI_S + 1] = 0\ .
\end{aligned} \tag{5.100}$$

Alle gehen aus dem Maschen- und Knotensatz hervor und beschreiben das gleiche Problem. Die erste Vorbereitung für die numerische Lösung ist die *Normierung* (→ dimensionslose Darstellung, Zahlenbereich). Die Normierungsgröße kann die jeweilige *Einheit* der physikalischen Größe sein oder ein zweckmäßiges Vielfaches davon. Für die Form c) z. B., in der $y \equiv I$ als Variable auftritt, möge der Strom I in mA, R in kΩ und U_Q in V auftreten. Der normierte Strom $I_N = I/mA$ (dimensionslos) führt dann z. B. auf

$$\begin{aligned}
F_3(I_N) &= I_N + U_T/RmA \ln[(I_N mA/I_S) + 1] - U_Q/RmA = 0 \\
&= I_N + A \ln[I_N B + 1] - C = 0
\end{aligned} \tag{5.101}$$

mit den Konstanten $A = \dfrac{U_T}{(R/k\Omega)\cdot k\Omega mA} = 2.5\cdot 10^{-2}$; $B = \dfrac{mA}{I_S} = 10^{11}$, $C = \dfrac{U_Q}{(R/k\Omega)\cdot k\Omega mA} = 10$. Die Zahlenwerte gelten für beispielsweise $U_Q = 10\,\text{V}$, $U_T = 25\,\text{mV}$, $R = 1\,\text{k}\Omega$, $I_S = 10^{-14}\,\text{A}$. Nach dieser Vorbereitung betrachten wir das Fixpunktverfahren.

Fixpunktverfahren. Ist die Funktion $F(y)$ der nichtlinearen Netzwerkgleichung gegeben, so heißt eine Zahl y des Definitionsbereiches von $F(y)$ ein *Fixpunkt* von y^* von $F(y)$, wenn sie eine Lösung der Gleichung $Y = F(y)$ ist. Graphisch wird der Schnittpunkt von $F(y)$ mit der Geraden y gesucht (Bild 5.56a). Die Lösung gewinnt man durch sukzessive Approximation. Ausgehend von einem Startwert y_0 berechnet man eine Folge von Näherungen nach der Vorschrift

$$y_{k+1} = F(y_k) \quad k = 0, 1, 2 \ldots . \tag{5.102}$$

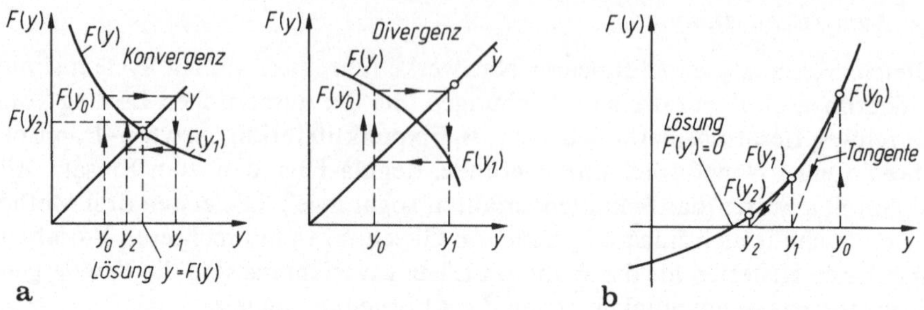

Bild 5.56a, b. Iterationsverfahren. **a** Fixpunktverfahren $y = F(y)$ bei erfüllter und nichterfüllter Konvergenz; **b** Newton-Raphson-Verfahren zur Lösung der Gleichung $F(y) = 0$

Voraussetzung dafür, daß ein Fixpunkt im Definitionsbereich $y_a \ldots y_b$ von y existiert und die Iteration Gl. (5.102) konvergiert, ist die Erfüllung des *Fixpunktsatzes*

$$|F(y_a) - F(y_b)| \leqq q\,|y_a - y_b|, \quad 0 \leqq q \leqq 1 \,. \tag{5.103}$$

Dieses Kriterium stimmt im eindimensionalen Fall mit $|\partial F/\partial Y| < 1$ überein. Das *Fixpunktverfahren* läuft nach folgender **Lösungsmethodik** ab:

1. Bestimmung eines Startwertes y_0 (aus zweckmäßiger Näherung des Netzwerkes, z. B. Knickkennlinienmodell).
2. Iterationsablauf $y_1 = F(y_0)$, $y_2 = F(y_1), \ldots$, allgemein $y_{k+1} = F(y_k)$.
3. Iterationsabbruch bei Erreichen einer Abbruchbedingung, etwa

$$\left|\frac{y_{k+1} - y_k}{y_k}\right| \leqq \varepsilon \,.$$

Dann ist y_{k+i} der gesuchte Fixpunkt von y^*. Der Abbruchfehler ε wird, je nach Aufgabenstellung zwischen $10^{-3} \ldots 10^{-6}$ gewählt.

Für das obige Beispiel gilt im Falle der Gl. (5.100c)

$$I_N = F_3(I_N) \quad \text{mit} \quad F(I_N) = C - A\ln[I_N B + 1]$$

und

$$\left|\frac{\partial F_3}{\partial I_N}\right| = \left|-\frac{AB}{I_N B + 1}\right| < 1$$

für die Form Gl. (5.100b) beispielsweise mit

$I_N = F_2(I_N)$ dagegen

$$\left|\frac{\partial F_2}{\partial I_N}\right| = |-DF\exp(E - I_N F)| > 1 \quad \text{mit}$$

$$D = \frac{I_S}{mA} = \frac{1}{B}; \quad E = \frac{U_Q}{U_T}; \quad F = \frac{(R/k\Omega)\cdot k\Omega mA}{U_T} = \frac{1}{A}\,; \quad \frac{E}{F} = C \,.$$

Deshalb konvergiert sie nicht.

Der *Startwert* des Problems sollte im Interesse rascher Konvergenz möglichst nahe an der Lösung liegen. Zwei Ansätze bieten sich an:

— Der Kurzschlußwert (Strom, Spannung), wenn das nichtlineare NWE durch Kurzschluß ersetzt wird. Das trifft sicher dann einigermaßen zu, wenn die Diode im *Flußbereich* arbeitet. Im Realfall stellt sich ein Strom *kleiner* als der Kurzschlußstrom ein $0 \leqq I \leqq U_Q/R$. Startwerte wären somit $I_0 = U_Q/R$ bzw. $U_0 = 0$. Im letzteren Fall liegt der Flußwert $U_0 \approx U_{FO} \approx 0.7$ deutlich näher an der gesuchten Lösung.

— Ein Leerlaufwert ($I = 0$, bzw. I_S, Spannung gleich Leerlaufspannung am Zweig des nichtlinearen NWE), wenn erkenntlich ist, daß die Diode im Sperrzustand arbeitet. Für andere nichtlineare Elemente ist sinngemäß zu verfahren.

Das Fixpunktverfahren kann auch auf nichtlineare Gleichungssysteme ausgedehnt werden. Ein genereller Nachteil des Verfahrens ist jedoch die nur lineare Konvergenz.

Newton-Raphson-Verfahren. Bei diesem Verfahren geht man von einer Näherung y_0 der Nullstelle der zunächst eindimensionalen Gleichung $F(y) = 0$ aus, bestimmt die Tangente im Kurvenpunkt y_0, $F(y_0)$ und nutzt deren Nullstelle y_1 als neue Näherung für y (Bild 5.56b):

$$F(y_1) = F(y_0) + \left.\frac{dF}{dy}\right|_{y_0} (y_1 - y_0) = 0 \; . \tag{5.104a}$$

Durch Wiederholung dieses Schrittes ergibt sich y_2 usw. oder verallgemeinert

$$F(y_{k+1}) = F(y_k) + \left.\frac{dF}{dy}\right|_{y_k} (y_{k+1} - y_k) = 0 \quad \text{mit } k = 0, 1 \ldots \tag{5.104b}$$

oder aufgelöst

$$y_{k+1} = y_0 - \left[\left.\frac{dF}{dy}\right|_{y_k}\right]^{-1} F(y_k) \; . \tag{5.105}$$

Für Computerrechnungen ist die Form

$$y_{k+1} = y_k + \Delta y_k \quad \text{mit} \quad \left.\frac{dF}{dy}\right|_{y_k} \Delta y_k = -F(y_k) \; . \tag{5.106}$$

geeigneter. Mit zunehmender Schrittzahl nähert sich y_{k+1} der gesuchten Lösung mit *quadratischer Konvergenz*. Voraussetzung dafür ist

— daß der Startwert y_0 genügend nahe an der gesuchten Lösung liegt und

— für alle y-Werte zwischen y_0 und der Lösung gilt

$$|(F(y_0) \cdot F''(y_0)| < F'(y_0)^2 \tag{5.107}$$

und zwangsläufig $F(y_0) \neq 0$ zutrifft. Die Konvergenz des Verfahrens hängt von der Steigung und Krümmung von $F(y_0)$ ab.

Nichtlineares Gleichungssystem. Die Iterationsvorschrift Gl. (5.104b) läßt sich auch für ein nichtlineares Gleichungssystem

$$F_j[y] = F_j[y_1 \ldots y_m] = 0 \quad j = 0, 1, 2, \ldots m$$

anwenden mit

$$[y_{k+1}] = [y_k] + [\Delta y_k] \quad \text{und} \quad [J(y_k)] \cdot [\Delta y_k] = -[F(y_k)] \tag{5.108a}$$

oder gleichwertig

$$[y_{k+1}] = [y_k] - [J(y_k)]^{-1} \cdot [F(y_k)] \quad \text{Newton-Algorithmus.} \tag{5.108b}$$

Dabei ist $\Delta y_k = y_{k+1} - y_k$ und $[J(y_k)]$ die bereits bekannte Jakobi-Matrix

$$[J(y_k)] = \begin{bmatrix} \dfrac{\partial F_1}{\partial y_1} & \cdots & \dfrac{\partial F_m}{\partial y_1} \\ \vdots & & \vdots \\ \dfrac{\partial F_1}{\partial y_m} & \cdots & \dfrac{\partial F_m}{\partial y_m} \end{bmatrix}_{[y] = [y_k]} = \frac{\partial [F(y)]}{\partial [y]} .$$

Sie enthält die partiellen Ableitungen der Elemente $[F]$ nach den Elementen von $[y]$ (so ist die Schreibweise rechts zu verstehen).

Der Newton-Algorithmus (eindimensional als NR-Algorithmus bezeichnet) gehört zu den Standardverfahren der numerischen Mathematik zur Lösung nichtlinearer Gleichungssysteme.

Ein Nachteil des NR-Verfahrens in der Form Gl. (5.108) besteht in der notwendigen Inversion der Jacobi-Matrix mit jedem Iterationsschritt. Das ist zeitaufwendig. Deshalb wird besser die Lösung (5.108a) in einem Zweischrittverfahren verwendet: getrennte Lösung der rechten und linken Gleichung in Gl. (5.108a).
Der Ablauf des NR-Verfahrens schließt dann ein:

— Festlegung eines Startvektors $[y_0]$, der in der Nähe der Lösungen liegen soll;
— Berechnung der Jacobi-Matrix und Lösung des linearen Gleichungsschrittes für jeden Iterationsschritt nach Gl. (5.108a);
— Wiederholung der Iteration bis zur Erfüllung einer Abbruchbedingung $|F_j(y_{k+1})| \leqq \varepsilon_j$.

Das an sich sehr leistungsfähige NR-Verfahren hat einige Schwachpunkte:

— verschwindet die Steigung $F(y)$ an der Nullstelle (Lösung), so konvergiert das Verfahren schlecht;
— Konvergenz fehlt auch bei ungünstig gewähltem Startwert (z.B. zwischen Extrema);
— das Verfahren findet bei gegebenem Anfangswert nur eine von mehreren Nullstellen, falls es solche gibt.

Liegt beispielsweise ein nichtlineares Gleichungssystem für zwei Variable: $F_1(y_1, y_2) = 0, F_2 = (y_1, y_2) = 0$ vor, so lautet das Iterationsschema entsprechend zu Gl. (5.108a)

$$\begin{aligned} \left(\frac{\partial F_1}{\partial y_1}\right)\bigg|_k \Delta y_{1k} + \left(\frac{\partial F_1}{\partial y_2}\right)\bigg|_k \Delta y_{2k} &= -F_1(y_{1k}, y_{2k}) , \\ \left(\frac{\partial F_2}{\partial y_1}\right)\bigg|_k \Delta y_{1k} + \left(\frac{\partial F_2}{\partial y_2}\right)\bigg|_k \Delta y_{2k} &= -F_2(y_{1k}, y_{2k}) \end{aligned} \tag{5.109}$$

mit

$$y_{1k+1} = y_{1k+1} + \Delta y_{1k}; \quad y_{2k+1} = y_{2k} + \Delta y_{2k}.$$

Beispiel. Sowohl beim ein- wie auch mehrdimensionalen Newton–Verfahren entspricht einem Iterationsschritt nach Gl. (5.108) vom Ansatz her ein Kleinsignalverfahren. Wir wollen dies für die Schaltung Bild 5.55a mit einer Halbleiterdiode (Kennlinie $I = I_S(\exp U/U_T - 1)$ verfolgen.
Ausgang ist die Gleichung

$$F(U) = G(U_Q - U) - I_S(\exp U/U_T - 1) \equiv G(U_Q - U) - I \equiv 0$$

mit

$$F' = dF/dU = -G - I_S/U_T \exp U/U_T = -G - g .$$

Wir setzen abkürzend für die Iteration k:

$$I_k = I_S(\exp U_k/U_T - 1); \quad g_k = I_S/U_T \exp U_k/U_T$$

und erhalten für die $k+1$-erste Iteration

$$U_{k+1} = U_k - F(U_k)/F'(U_k) = U_k + \Delta U_k \tag{5.110}$$

mit

$$\Delta U_k = -\left.\frac{F}{F'}\right|_{U_k} = \frac{G(U_Q - U_k) - I_k}{G + g_k} .$$

Insgesamt ergibt sich dann

$$U_{k+1} = \frac{GU_Q + g_k U_k - I_k}{G + g_k} \tag{5.111}$$

als rekursive Lösungsvorschrift solange, bis ein Konvergenzkriterium erreicht ist.

Bild 5.57 zeigt das Verhalten. Es sei der Startpunkt I_0, U_0 (Punkt 0) gegeben. Die erste Iteration bedeutet eine Linearisierung der Diodengleichung im Punkt U_0, I_0 durch Ersatz mit einer Tangente der Steigung dI/dU. Dazu gehört die lineare Diodengleichung

$$I = I_0 + \partial I/\partial U|_{U_0} \cdot (U - U_0) \tag{5.112}$$

mit $U = U_1$ und $\Delta U_0 = U_1 - U_0$. Andererseits gilt auch bei der Spannung U_1 für den Strom

$$I = G(U_Q - U_1) = G(U_Q - U_0 - \Delta U_0) .$$

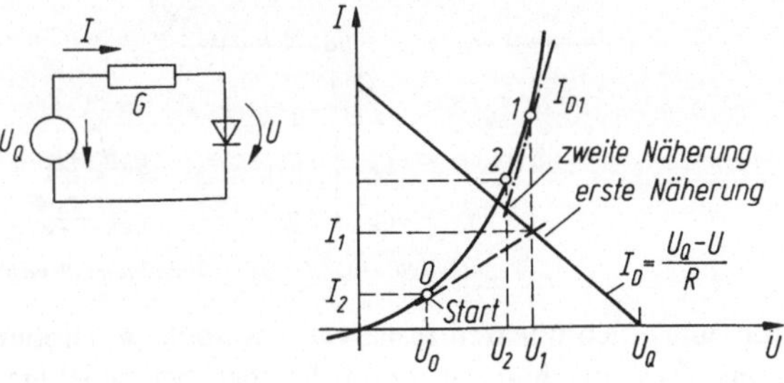

Bild 5.57. Newton-Iteration zur Arbeitspunktbestimmung

Beide Beziehungen müssen übereinstimmen ($\rightarrow \Delta U_0$), woraus sich durch Vergleich mit Gl. (5.110) für $k = 0 \rightarrow \Delta U_0$ ergibt. Damit führt die neue Spannung U_1 an der Diode zum Strom $I_1(U_1)$.

Im nächsten Schritt wird die Diodengleichung im Punkt U_1, I_1 linearisiert (mit ΔU_1), dann im Punkt 2 mit ΔU_2 usw. bis zur Erreichung des Arbeitspunktes.

Zusammengefaßt umschließt das NR-Verfahren die folgenden Schritte:

1. Gewinnung eins Startwertes (Schätzwert) für die relevante Knotenspannung;
2. Ersatz der I-U-Relation des nichtlinearen Netzwerkelementes im Arbeitspunkt durch ein Geradenstück (→ Tangente, Kleinsignalelement);
3. Aufstellung und Lösung des sich ergebenden linearen Gleichungssystems;
4. Nutzung der so erhaltenen neuen Knotenspannung als neuen Startwert für Schritt 1. Fortsetzung über Schritt 2 usw. Wiederholung der Routine solange, bis sich aufeinanderfolgende Lösungen nur noch geringfügig (Konvergenzkriterium) unterscheiden.

Deutlich treten die drei Grundschritte zutage:

1. Startwertsuche, Linearisierung des nichtlinearen Netzwerkelementes, Aufstellung der linearen Gleichungen;
2. Lösung des linearen Gleichungssystems für die gesuchte Variable;
3. Update (Neuberechnung der sog. sekundären Variablen zur Bestimmung eines neuen Arbeitspunktes).

Dieser Vorgang läßt sich durch eine Iterationsersatzschaltung des nichtlinearen Elementes — z. B. der Diode — veranschaulichen (Bild 5.58a, b):

$$I_{k+1} = I_k + g|_k(U_{k+1} - U_k) \tag{5.113}$$

mit dem Kennlinienanstieg

$$g_k = \left.\frac{\partial I}{\partial U}\right|_{U = U_k} = \frac{I_{k+1} - I_k}{U_{k+1} - U_k} \quad (k = 0, 1, 2, \ldots) \tag{5.114}$$

im k-ten Iterationsschritt. Dabei wurde der Anstieg rechts durch zwei aufeinanderfolgende Iterationsschritte angenähert. Gl. (5.113) definiert ein linearisiertes Diodenmodell (= Kleinsignalmodell). Es wird oft als Begleit-, Companion-, discrete-

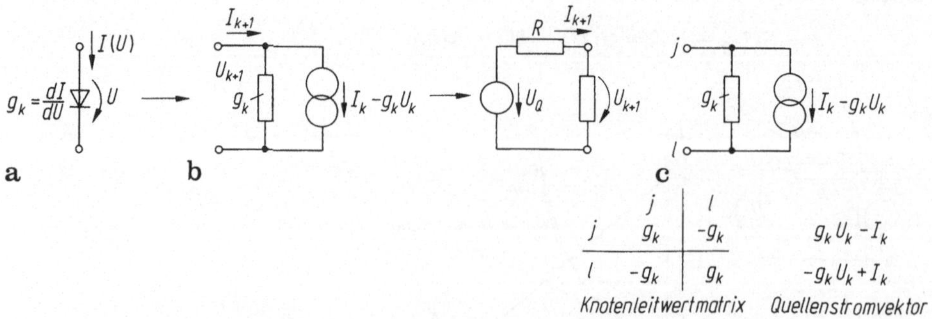

	j	l	
j	g_k	$-g_k$	$g_k U_k - I_k$
l	$-g_k$	g_k	$-g_k U_k + I_k$
	Knotenleitwertmatrix		Quellenstromvektor

Bild 5.58a–c. Iterationsersatzschaltung eines nichtlinearen resistiven Zweipols. **a** Diodenmodell; **b** Iterationsersatzschaltung und Gesamtschaltung; **c** wie **b**, aber bei beliebigem Bezugspunkt

circuit-oder updating Modell bezeichnet. Seine Werte (Klemmen, Steigung) I, U, g werden bei jedem Iterationsschritt "aufgewertet". Mit dem Modell ist es grundsätzlich möglich, z. B. auch größere nichtlineare Netzwerke mit der Knotenspannungsanalyse zu lösen.

Im Bild 5.58b fällt auf, daß der Quellenstrom nicht verschwindet, solange keine Konvergenz herrscht. Erst bei Übereinstimmung zwischen dem linearisierten Stromanteil $g_k U_k$ und dem realen Strom I_k verschwindet die Quelle. Dann verhält sich der Zweipol wie ein linearer Leitwert $I_k = g_k U_k$.

Übrigens geht aus der Ersatzschaltung Bild 5.58b die Gl. (5.111) direkt hervor:

$$U_{k+1} = U_Q - RI_{k+1} = U_Q - R\{g_k U_{k+1} + I_k - g_k U_k\} \; . \tag{5.115}$$

Aufgelöst nach U_{k+1} ergibt sich dann Gl. (5.111). Man erkennt deutlich die bequeme Handhabe des Verfahrens.

Erwähnt sei abschließend, daß das Iterationsersatzschaltbild ein sog. *nichtlineares Großsignalmodell* darstellt, weil sich der Leitwert g_k von Iterationsschritt zu Iterationsschritt ändert. Erst bei sehr kleinen Spannungen $U_{k+1} - U_k$ geht daraus das (lineare) Kleinsignalmodell nach Abschn. 5.1.2.1 hervor.

Unbestimmtes Knotengleichungssystem. Ist das nichtlineare NWE zwischen beliebigen Knoten eines Netzwerkes angeordnet, z. B. zwischen den Knoten j und l, so empfiehlt sich die Darstellung durch ein unbestimmtes Knotengleichungssystem (Bild 5.58c). Bei Bezug auf einen Knoten geht daraus die Ersatzschaltung Bild 5.58b hervor.

5.3.7 Netzwerktheoreme

Überblick. Im Abschn 2.4.4.2 lernten wir einige Hilfssätze, sog. *Netzwerktheoreme* kennen, die die Netzwerkanalyse meist für *stationär erregte* Netzwerke (Gleichstromkreise, später auch Wechselstromkreise (Abschn. 6.2) erheblich vereinfachen. Dazu gehörten so wichtige Verfahren wie Überlagerungssatz, Zweipoltheorie, Ähnlichkeitssatz, Quellenversetzungs- und Teilungssätze, aber auch so einfache wie Reihen- und Parallelschaltung von Widerständen und die Stern-Dreieck-Umwandlung. Wir wollen jetzt weitere Netzwerktheoreme kennenlernen, die vor allem für Netzwerke mit gesteuerten Quellen wichtig sind. Auch der Satz von Tellegen gehört dazu, der Leistungsbetrachtungen betrifft (Abschn. 6.4.).

5.3.7.1 Reziprozitätstheorem

Reziprozität (Umkehr-, Austauschbarkeit) ist eine verbreitete Eigenschaft physikalischer Systeme. Man versteht darunter als Axiom:

Werden in einem physikalischen System Ursache und Wirkung vertauscht, so zeigt ein reziprokes System bei gleichbleibender Ursache die gleiche Wirkung.

Anwendung auf Netzwerke. Wir setzen ein lineares zeitunabhängiges Netzwerk ohne unabhängige und gesteuerte Quellen mit nur passiven Elementen (Widerstände, Kapazitäten, Induktivitäten) voraus. Als Ursache und Wirkung fungieren

Ströme und/oder Spannungen in *zwei beliebig herausgegriffenen* Zweigen. So kann das Netzwerk als Anordnung mit vier Klemmen (Vierpol, s. Abschn. 7.2) aufgefaßt werden. Daher finden wir die hier anschaulich zu begründende Reziprozitätsbedingung später als Vierpolaussage wieder (s. Abschn. 7.2.1.3).

Am Netzwerk wirke nur eine Quelle (Ursache) im Zweig *1*. Sie verursacht in einem anderen Zweig *2* den Strom $i_2(t)$ oder die Spannung $u_2(t)$ (Wirkung). Dann gilt:

Ein Netzwerk heißt reziprok (umkehrbar), wenn die Spannung u_1 (Ursache) im Zweig *1* im Zweig *2* den Strom i_{2k} (bei Kurzschluß), und umgekehrt die Spannung u_2 im Zweig *2* (Ursache) im Zweig *1* den Strom i_{1k} (bei Kurzschluß) verursacht und sich die Kurzschlußströme umgekehrt wie die Spannungen verhalten:

$$\frac{i_{2k}}{i_{1k}} = \frac{u_1}{u_2} \tag{5.116}$$

Reziprozitätsbedingung eines Netzwerkes (in jedem Zeitpunkt).

Für $u_1 = u_2$ folgt daraus $i_{1k} = i_{2k}$ oder in Worten:

Erzeugt eine beliebige Quellenspannung in einem beliebigen Zweig eines reziproken Netzwerkes in einem anderen einen bestimmten Strom, so ruft die gleiche Spannung im anderen Zweig den gleichen Strom im Quellenspannungszweig hervor (Austauschprinzip für Spannungsquellen).

Weil als Ursache nicht nur eine Spannungserregung, sondern auch Stromerregung in Frage kommen und am Ausgang auch eine Leerlaufspannung die interessierende Wirkung sein kann, gibt es weitere, zu Gl. (5.116) gleichwertige Formulierungen der Reziprozitätsbedingung. Wir kommen später (s. Abschn. 7.2.1.3) darauf zurück.

In der Netzwerktheorie wird das Reziprozitätstheorem auch *Kirchhoffscher Umkehrsatz* genannt. Bei Netzwerken mit konstanten Parametern sind Reziprozität und Übertragungssymmetrie identisch. Ein Netzwerk hat dann in beiden Richtungen gleiche Übertragungseigenschaften.

Hinweise: 1. Das Reziprozitätstheorem unterliegt keiner Beschränkung bezüglich der Zeitfunktionen von Strom und Spannung. Es gilt für Gleichgrößen, stationäre Wechselgrößen und beliebige zeitveränderliche Erregungen.

2. Reziprozität gilt nur für spezielle Netzwerke und nicht so allgemein wie der Überlagerungssatz und die Zweipoltheorie. Es dürfen u. a. weder Quellen (gesteuerte und ungesteuerte), zeitveränderliche Elemente, noch Gyratoren vorhanden sein. Die Begründung werden wir bei den Vierpolbetrachtungen (Abschn. 7.2.1.4) finden.

3. Ein reziprokes Netzwerk hat eine symmetrische Maschenwiderstands- bzw. Knotenleitwertsmatrix. Man kann nämlich, z. B. bei der Maschenstromanalyse, den von der Quellenspannung U_{Q1} erregten Maschenstrom *2* in den Ausgangskreis legen und den von der Quelle U_{Q2} erregten Maschenstrom *1* in den Eingangskreis. Dann erfordert Umkehrbarkeit nach Gl. (5.116) $R_{12} = R_{21}$, allgemein $R_{ik} = R_{ki}$: Symmetrie der Matrixelemente zur Hauptdiagonalen.

4. Wir haben im Abschnitt 5.1 zwischen passivem und aktivem Netzwerk unterschieden und erkennen im Zusammenhang mit dem Reziprozitätstheorem:

— Ein aktiver Vierpol ist u. a. nichtreziprok. Beispiel: Mikrofonverstärker, der das gesprochene Wort im Lautsprecher hörbar macht. Wäre er reziprok, so würde das Besprechen des Lautsprechers im Mikrofon hörbar sein.

— Ein aktiver Vierpol kann auch reziprok sein: Beispiel ist der sog. Zweidraht-(= Zweirichtungs-) Verstärker im Fernsprecher. Es wird in jeder Richtung verstärkt.
— Ein nur aus passiven Netzwerkelementen (R, L, C) bestehendes Netzwerk ist stets reziprok.
— Ein Netzwerk kann auch passiv und nichtreziprok sein. Beispiel ist der Gyrator (Abschn. 7.6).

5.3.7.2 Miller-Theorem

In elektronischen Schaltungen werden oft zwei Knoten des Ein- und Ausgangskreises durch einen Widerstand R überbrückt, wie im Bild 5.59a dargestellt. Eine solche Schaltung wirkt als sog. *Rückkopplung* (s. Abschn. 7.2.2.2). Das *Theorem von Miller* besagt dann:

Ein zwischen zwei Knoten *1*, *2* eines Netzwerkes liegender Widerstand R kann in zwei Einzelwiderstände zwischen diesen Knoten und einem dritten Bezugsknoten aufgeteilt werden, wenn das Spannungsverhältnis $v_u = U_2/U_1$ zwischen dem Ein-/Ausgangsknoten und dem Bezugsknoten bekannt ist.

Bild 5.59b zeigt die Gleichwertigkeit.

Die beiden *Knotenspannungen* U_1, U_2 erzeugen vom Knoten *1* aus den Strom

$$I_1 = \frac{U_1 - U_2}{R} = \frac{U_1}{R_1} \quad \text{mit} \quad R_1 = \frac{R}{1 - v_u}, \tag{5.117a}$$

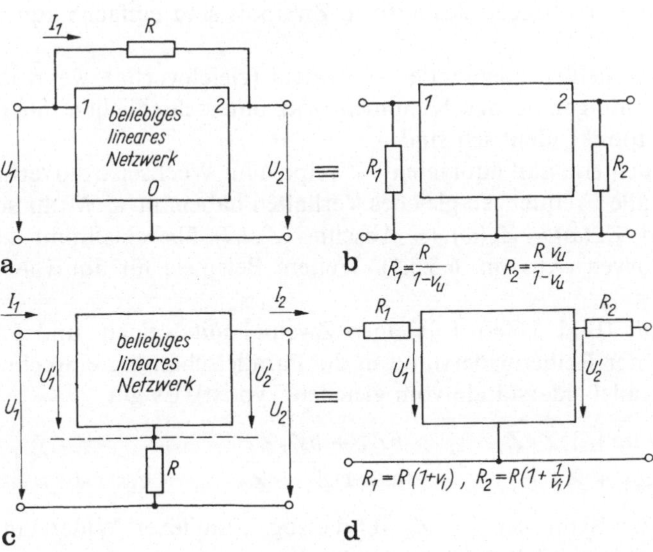

Bild 5.59a–d. Miller-Theorem. **a, b** Widerstand R zwischen den Knoten *1* und *2* eines Netzwerkes mit der Spannungsübersetzung $v_u = U_2/U_1$; **c, d** Widerstand R im gemeinsamen Verbindungszweig zwischen Ausgangs- und Eingangskreis eines Netzwerkes mit der Stromübersetzung $v_i = I_2/I_1$

durch den Widerstand R und zum Knoten *2* den entgegengesetzt fließenden Strom

$$I_2 = -I_1 = \frac{U_2 - U_1}{R} = \frac{U_2}{R_2} \quad \text{mit} \quad R_2 = \frac{-Rv_u}{1 - v_u}. \tag{5.117b}$$

So kann der Überbrückungswiderstand R durch die Widerstände R_1, R_2 nach dem Bezugsknoten ersetzt werden, ohne an der Schaltung etwas zu ändern.

Für v_u reell und > 1 wirkt ein reeler Widerstand R wie ein negativer Widerstand zwischen 0 und 1, für v_u reell und < 1 entsteht analog ein negativer Widerstand am Ausgang der Schaltung.

Ein entsprechendes Theorem ergibt sich auch, wenn ein Widerstand R in der gemeinsamen Verbindungsleitung eines Netzwerkes liegt, wie im Bild 5.59c dargestellt:

Ein Widerstand, der zwei Maschen eines Netzes gemeinsam hat, kann in zwei Einzelwiderstände R_1, R_2 zerlegt werden, die in zwei an diesem Knoten angeschlossenen Zweigen liegen, wenn deren Stromverhältnis $v_i = -I_2/I_1$ bekannt ist.

Durch das Miller-Theorem läßt sich besonders die Funktion rückgekoppelter Schaltungen veranschaulichen, insbesondere mit gesteuerten Quellen (Verstärker, Transistoren). Es wird in der Elektronik vielfältig angewendet.

5.3.7.3 Äquivalente Netzwerke

Wir haben bereits bei der Stern-Dreieck-Transformation gelernt, daß zwei Netzwerke zwischen zwei (oder mehr) Klemmen völlig gleiches *u-i*-Verhalten haben können, obwohl sie im Innern verschieden aufgebaut sind. Bedingung dafür waren die Stern-Dreieck-Transformationsregeln (s. Abschn. 2.4.2.2). Auch die Strom-Spannungsquellen-Ersatzschaltungen des aktiven Zweipols sind einfache äquivalente Netzwerke.

Zwei *n*-Pol-Elemente heißen zueinander äquivalent (gleichwertig), wenn ihre Strom-Spannungs-Beziehungen an den Klemmen trotz unterschiedlichen inneren Aufbaues für jeden Zeitpunkt identisch sind.

Das schließt z. B. auch ein, daß äquivalente Zweipole im Wechselstromverhalten (s. Abschn. 6.2) für alle Frequenzen gleiches Verhalten haben, m. a. W. ihr sog. komplexer Widerstand $\underline{Z}_A(\omega) = \underline{Z}_B(\omega)$ (s. Abschn. 6.2.2.2) übereinstimmt und damit auch die Ortskurven (Abschn. 6.3.3.1). Weitere Beispiele für äquivalente Netzwerke sind:

— *Äquivalente Zweipole* (Bild 5.60a). Für einen Zweipol mit Reihen- und Parallelzweig läßt sich der Reihenwiderstand in die Parallelschaltung einrechnen (wenn einer der Parallelwiderstände vom gleichen Typ ist). Es gilt

$$\underline{Z} = \frac{a\underline{Z}_1^2 + (a+1)\underline{Z}_1\underline{Z}_2}{a\underline{Z}_1 + \underline{Z}_2} \qquad \underline{Z} = \frac{b\underline{Z}_1^2 + b\underline{Z}_1\underline{Z}_2}{(b+1)\underline{Z}_1 + \underline{Z}_2}. \tag{5.118}$$

Wir haben hier in den Symbolen $\underline{Z}_1$, $\underline{Z}_2$ auf die sog. komplexen Widerstände vorgegriffen (s. Abschn. 6.2.2.2), a ist eine reelle Konstante. Die Beziehungen gelten auch für ohmsche Widerstände. Ganz entsprechend kann aus einer Parallelschaltung ein Widerstand als Reihenwiderstand herausgezogen werden (Bild 5.60a).

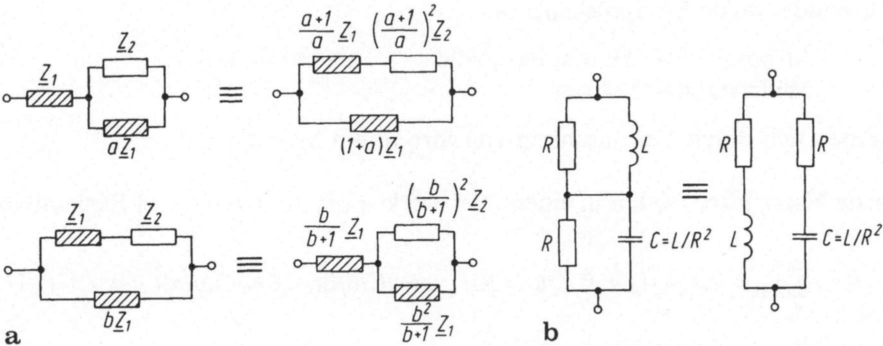

Bild 5.60a, b. Äquivalente Zweipole. **a** mit drei Elementen; **b** mit vier Elementen (Zweipolweichen).

— Die Schaltungen im Bild 5.60b sind ebenfalls äquivalent (auch im Zeitbereich, man führe den Beweis durch Aufstellung der Netzwerk-Differentialgleichung). Wir werden später noch weitere Beispiele äquivalenter Netzwerke kennenlernen: z. B. die Interpretation eines Vierpolnetzwerkes durch eine sog. T- und Π-Ersatzschaltung u. a. m. (s. Abschn. 7.2.1.3).

Der Begriff Äquivalenz wird in der Elektrotechnik auch im weiteren Sinne verwendet: man spricht von äquivalenten Schaltungen und Bauelementen immer dann, wenn sie in ihren *wesentlichen* Eigenschaften übereinstimmen (Beispiel: Äquivalenzliste von Transistoren und integrierten Schaltungen u.a.m.).

5.3.7.4 Duale Netzwerke

Dualitätsprinzip. Häufig lassen sich zwei verschiedene physikalische Sachverhalte durch den gleichen mathematischen Formalismus beschreiben: dann bewirkt Vertauschung der Begriffsbeziehung, daß die Sachverhalte des Systems A durch Begriffsvertauschung auf das System B übertragbar sind und damit eine Transformationsregel gilt. Beispiel ist die mathematische Beschreibung eines elektrischen LC-Kreises und eines mechanischen Feder-Masse-Systems.

Duale Zweipole. Zwei Zweipole sind zueinander dual, wenn die I-U-Beziehung bei wechselseitiger Vertauschung von Strom und Spannung erhalten bleibt.

So geht der zum Zweipol A gehörende duale Zweipol B einfach durch Vertauschen hervor:

$$i \leftrightarrow u, \quad i_q \leftrightarrow u_q, \quad R \leftrightarrow G, \quad L \leftrightarrow C \ .$$

Also gewinnt man aus $U = R \cdot I$ durch Vertauschung ($U \to I$, $I \to U$, $R \to G$) $I = G \cdot U$: R und G sind duale Zweipolelemente, aus $u = L\ \mathrm{d}i/\mathrm{d}t$ folgt durch Vertauschung ($u \to i$, $i \to u$, $L \to C$) $i = C\,\mathrm{d}u/\mathrm{d}t$ usw.

Zueinander duale Zweipolelemente

Stromquelle ↔ Spannungsquelle Induktivität ↔ Kapazität
Widerstand ↔ Leitwert

ergeben sich durch Vertauschung von Strom und Spannung.

Duale Netzwerke. Gelten in einem Netzwerk A die Netzwerk- und Elementbeziehungen

$$\sum_{\nu} u_{\nu} = 0, \quad \sum_{\mu} i_{\mu} = 0, \quad u = Ri, \quad u = L\,\mathrm{d}i/\mathrm{d}t, \quad i = C\,\mathrm{d}u/\mathrm{d}t\ , \tag{5.119a}$$

so muß für ein duales Netzwerk B zutreffen

$$\sum_{\mu} i'_{\mu} = 0, \quad \sum_{\nu} u'_{\nu}, \quad i' = G'u', \quad i' = C'\,\mathrm{d}u'/\mathrm{d}t, \quad u' = L'\mathrm{d}i'/\mathrm{d}t\ . \tag{5.119b}$$

Dualität erfordert somit

$$u' = Z_0 i, \quad i' = u/Z_0\ . \tag{5.120}$$

Die Größe Z_0 heißt *Dualitätskonstante* (Einheit 1 Ω). Sie ist frei wählbar. Damit gelten für Dualität zwischen den Netzwerken A und B die Beziehungen

$$G' = R/Z_0^2, \quad C' = L/Z_0^2, \quad L' = CZ_0^2, \quad i'_{\mathrm{q}} = u_{\mathrm{q}}/Z_0, \quad u'_{\mathrm{q}} = Z_0 i_{\mathrm{q}}\ . \tag{5.121}$$

Zusammen mit der Tatsache, daß die Knoten- und Maschengleichungen (5.119) miteinander vertauscht sind, ergeben sich für zwei zueinander duale Netzwerke die Bedingungen:

— Beide Netzwerke haben die gleiche Zahl von Zweipolelementen;
— jeder Zweipol im Netzwerk A ist durch den dualen im Netzwerk B ersetzt, es gibt eine einheitliche Dualitätskonstante Z_0;
— einer Masche (Knoten) im Netzwerk A entspricht ein Knoten (Masche) im Netzwerk B (oder einer Reihen- die Parallelschaltung von Zweipolelementen und umgekehrt).

Der letzte Punkt folgt direkt aus der Dualität von Knoten- und Maschensatz: die Reihenschaltung (Maschensatz) von Zweipolen geht in die Parallelschaltung (Knotensatz) dualer Zweipole über. Deshalb gehört zum Netzwerk A mit $k - 1$ unabhängigen Knoten und $m = z - (k - 1)$ unabhängigen Maschen das duale Netzwerk mit $k - 1$ unabhängigen Maschen und m unabhängigen Knoten, also $m + 1 = z - k + 2$ an der Zahl.

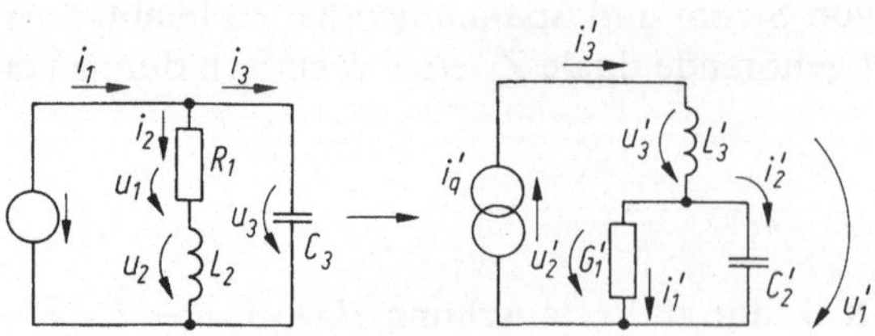

Bild 5.61. Duale Schaltungen

Beispiel. Im Bild 5.61 wurden zwei duale Schaltungen A und B dargestellt. Es gelten folgende Beziehungen

Netzwerk A	Netzwerk B
$u_q = u_1 + u_2 = u_3$	$i'_q = i'_1 + i'_2 = i'_3$
$i_1 = i_2 + i_3$	$u'_1 = u'_2 + u'_3$
$u_1 = R_1 i_1$	$i'_1 = G'_1 \cdot u'_2$
$u_2 = L_2 \, \mathrm{d}i_2/\mathrm{d}t$	$i'_2 = C'_2 \, \mathrm{d}u'_2/\mathrm{d}t$
$i_3 = C_3 \, \mathrm{d}u_3/\mathrm{d}t$	$u'_3 = L'_3 \, \mathrm{d}i'_3/\mathrm{d}t$

mit

$$i'_q = u_q/Z_0, \quad G'_1 = R_1/Z_0^2, \quad C'_2 = L_2/Z_0^2, \quad L'_3 = C_3 Z_0^2 \ .$$

Deutlich ist der Wechsel Parallel- Reihenschaltung zu erkennen.

Zur systematischen Gewinnung einer dualen Schaltung dient die

Lösungsmethodik: Duale Netzwerke.

1. Zeichne den Graphen des gegebenen Netzwerkes A. Trage in jede von Zweigen gebildete Masche einen Knoten ein und ebenso einen Knoten außerhalb des Netzwerkgraphen (zweckmäßig als sog. Kurzschlußring). Kennzeichne jeden Knoten (Buchstabe, Ziffer). Das sind die Knoten des dualen Netzwerkes.
2. Verbinde die eingetragenen Knoten untereinander so, daß jeder Zweig (NWE) des gegebenen Netzwerkes durch genau eine Knotenverbindungslinie (Zweig) des dualen Netzwerkes geschnitten wird.
3. Ordne jeden so gewonnenen Zweig des dualen Netzwerkes das (duale) Netzwerkelement zu, das im Ausgangsnetzwerk geschnitten wird.

Bild 5.62 zeigt ein Beispiel. So schneidet die Linie von Knoten 1 und 2 das Element R_1, deshalb tritt in den dualen Schaltungen zwischen 1, 2 den Leitwert $G'_1 = R_1/Z_0^2$ auf, analog zwischen 2 und 3 statt des Kondensators C_2 die Induktivi-

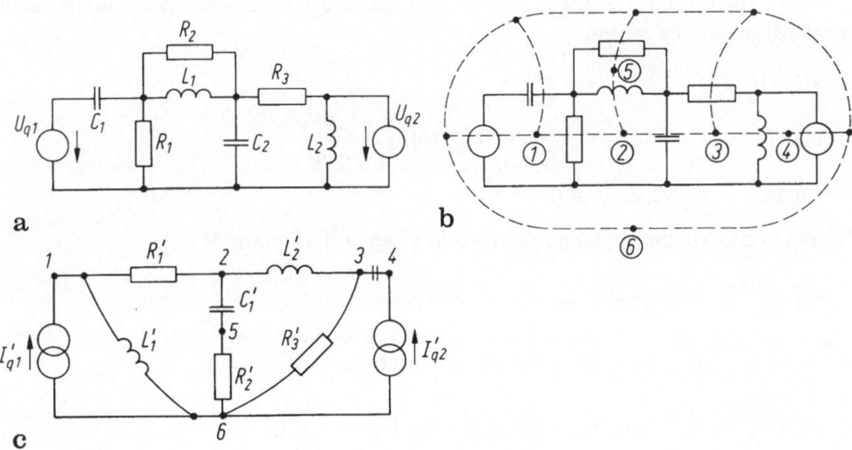

Bild 5.62a, b. Duales Netzwerk. **a** Netzwerk; **b** Gewinnung des dualen Netzwerkes; **c** endgültiges Netzwerk

tät $L_2' = C_2 Z_0^2$ usw. Wird z. B. $Z_0 = 1\,\Omega$ gewählt, so entspräche den Elementen $R_1 = 5\,\Omega \rightarrow G_1' = 5\,\mathrm{S}$, $C_2 = 5\,\mu\mathrm{F} \rightarrow L_2' = 5\,\mu\mathrm{H}$ usw.

Erwähnt sei, daß nicht zu jedem Netzwerk ein duales existieren muß!

Die Dualität zweier Netzwerke läßt sich vorteilhaft nutzen

- zur Übertragung der Ergebnisse einer Netzwerkberechnung auf ein anderes duales Netzwerk (Analysereduktion);
- Vereinfachung der Lösung von Netzwerkaufgaben;
- in der Schaltungstechnik (z. B. Filtertechnik) können Schaltungen mit Induktivität z. B. durch besser realisierbare Kapazitäten ersetzt werden.

5.3.8 Netzwerkgleichung

Ein Netzwerk mit linearen, zeitunabhängigen Netzwerkelementen (insbesondere Energiespeichern) führt bei Anwendung der Kirchhoffschen Gleichungen (durch Differentiation) auf ein System von n linearen *gekoppelten* Differentialgleichungen mit konstanten Koeffizienten für die gesuchten Unbekannten. Dabei ist n die Zahl unabhängiger Energiespeicher. Dieses System kann stets in eine Differentialgleichung n-ter Ordnung überführt werden, die *Netzwerkgleichung*. Im allgemeinen enthält das System nicht nur Differentialgleichungen, sondern auch algebraische Gleichungen und wird als *Algebro-Differentialgleichungssystem* bezeichnet. Enthält das Netzwerk nichtlineare Elemente, so ist das entstehende Gleichungssystem nichtlinear und erfordert u. a. Computerlösungen. Lineare zeitunabhängige Netzwerkelemente führen dagegen immer auch lineare Algebro-Differentialgleichungssysteme mit konstanten Koeffizienten. Wir beschränken uns darauf.

Unabhängig sind Energiespeicher gleicher Art (z. B. L, C), wenn sie nicht durch gleiche Elemente weiter zusammengefaßt werden können (z. B. Parallel- bzw. Reihenschaltung zweier Kondensatoren).

Beispiel: *Aufstellen der Differentialgleichung* (Bild 5.63). Nach der Lösungsmethodik Abschn. 2.4.4.1 folgen mit $z = 3$, $k = 2$ eine unabhängige Knoten- und zwei unabhängige Maschengleichungen. Sie lauten:

$$(1)\ K_1:\quad i_1 - i_2 - i_3 = 0\ ,$$

$$(2)\ M_1:\quad i_1 R_1 + i_2 R_2 - u_Q(t) = 0\ ,\qquad (4)\ i_3 = C\frac{\mathrm{d}u_C}{\mathrm{d}t}\ ,$$

$$(3)\ M_2:\quad -i_2 R_2 + u_C = 0\ .$$

Ist die Kondensatorspannung u_C gesucht, so folgt aus (4), (1) und (3)

$$(5)\ C\frac{\mathrm{d}u_C}{\mathrm{d}t} = i_1 - i_2 = i_1 - \frac{u_C}{R_2}\ .$$

Auflösen von (2) nach i_1 und Beachten von (3) ergibt mit (5)

$$(6)\ C\frac{\mathrm{d}u_C}{\mathrm{d}t} = \frac{1}{R_1}(u_Q - u_C) - \frac{u_C}{R_2} = \frac{u_Q}{R_1} - u_C\left(\frac{1}{R_1} + \frac{1}{R_2}\right)\ .$$

Dies ist die gesuchte Netzwerk-Differentialgleichung für die Spannung u_C. Sie ist vom ersten Grad, weil nur eine Kapazität C auftritt. Würde man zu C noch eine Kapazität

C_2 parallelschalten, so bliebe der Grad erhalten. C und C_2 sind nämlich nicht unabhängig, sondern können zusammengefaßt werden. Gleichung (6) lautet umgeschrieben

$$C\frac{du_C}{dt} + u_C\left(\frac{1}{R_1} + \frac{1}{R_2}\right) = \frac{u_Q}{R_1}.$$

Allgemein hat die Netzwerk-Differentialgleichung eines linearen zeitunabängigen Netzwerkes die Form

$$a_n\frac{d^n y(t)}{dt^n} + a_{n-1}\frac{d^{n-1} y(t)}{dt^{n-1}} + \ldots + a_1\frac{dy(t)}{dt} + a_0 y(t)$$
$$= \sum_{i=1}^{l}\left(b_{mi}\frac{d^m x_i(t)}{dt^m} + \ldots + b_{1i}\frac{dx_i(t)}{dt} + b_{0i}x_i(t)\right). \qquad (5.121)$$

Die Konstanten a_i, b_i enthalten Netzwerkelemente (wäre dagegen ein Element zeitabhängig, so hätte die DGL keine konstanten Parameter mehr!).

Es bedeuten

$y(t)$ die gesuchte Größe (z. B. Zweigstrom, -spannung, Maschenstrom, Knotenspannung);

$x_i(t)$ die Netzwerkerregungen (Ursache: Quellenspannungen, -ströme).

Im eben betrachteten Beispiel ergeben sich ($n = 1$, $l = 1$) $y(t) = u_C$, $x(t) = u_Q(t)$, $a_1 = C, a_0 = \frac{1}{R_1} + \frac{1}{R_2}, b_0 = \frac{1}{R_1}$. Die rechte Seite enthält nur bekannte Zeitfunktionen und deren Ableitungen. Deshalb kann sie zur *Erregerfunktion* $f(t)$ zusammengefaßt werden.

Zur Netzwerkgleichung (5.121) treten als weitere Bestimmungsgleichungen die n-Anfangsbedingungen. Sie geben Auskunft über die Anfangszustände der n-Speicherelemente (Ströme durch die Induktivitäten, Spannungen über den Kapazitäten) zum Zeitpunkt des Lösungsbeginns. Ob sie benötigt werden, hängt von der Aufgabenstellung ab. Aus der Mathematik repetieren wir:

Die Differentialgleichung (5.121) heißt *homogen*, wenn die rechte Seite verschwindet, also keine Erregergröße vorhanden ist. Dann ist der Zeitverlauf der Lösung $y(t)$ grundsätzlich durch Art, Größe, Anordnung und Anzahl der im Netzwerk vorhandenen Energiespeicher und ihre Anfangsenergie bestimmt. Deshalb können Ströme und Spannungen nur durch die Anfangsenergien der Speicherelemente verursacht werden. Die stets vorhandenen Ohmschen Verluste verwandeln diese Anfangsenergie schließlich in Wärme. Dann verschwinden die Ströme und Spannungen für $t \to \infty$.

Die Differentialgleichung heißt *inhomogen*, wenn die rechte Seite nicht verschwindet, also z. B. Quellen eingeschaltet werden, Gleich- und Wechselgrößen stationär anliegen u. a. m. Dann hängt die Lösung $y(t)$ von der Erregung und den Anfangswerten ab, für $t \to \infty$ nur noch von der Erregung. Dieser Fall heißt *stationärer Zustand*. Er spielt eine wichtige Rolle für Wechselstromkreise.

Die Lösung der linearen inhomogenen Netzwerk-Differentialgleichung (5.121), d. h. die Suche einer Funktion $y(t)$, die die Differentialgleichung beim Einsetzen identisch erfüllt, ist die zentrale Aufgabenstellung der Netzwerkanalyse (s. Tafel 5.5). Die Lösung $y(t)$ setzt sich aus zwei Anteilen zusammen.

— einem *flüchtigen* (transienten, vorübergehenden) Teil $y_h(t)$, der nur von den Anfangsbedingungen (Vorgeschichte), nicht der Erregerfunktion abhängt. Er geht aus der Lösung der homogenen DGL. hervor. $y_h(t)$ klingt mit der Zeit ($t \to \infty$) gegen Null ab.
— einer *partikulären* Lösung $y_p(t)$ der inhomogenen DGl, der nur von den Erregerfunktionen abhängt, nicht aber den Anfangswerten:

$$y(t) = y_h(t) + y_p(t) \ . \tag{5.122}$$

Ist die Erregerfunktion periodisch oder konstant (Sinusfunktion, Gleichspannung), so ist $y_p(t)$ identisch mit dem sog. *eingeschwungenen* oder *stationären* Zustand $y_e(t)$, da sich für $t \to \infty$ unabhängig von Anfangswerten einstellt:

$$y_p(t) = y_e(t) \text{ für } t \to \infty \ . \tag{5.123}$$

Die Berechnung des eingeschwungenen Zustandes
— für Gleichgrößen war Inhalt der Gleichstromanalyse;
— für Sinuserregungen ist Gegenstand der sog. *Wechselstromtechnik* (Abschn. 6).
Ein wichtiger Bereich der vollständigen Lösung der NWG ist das sog. *Übergangs-*, *Impuls-* oder *Schaltverhalten.* Darunter verstehen wir den Zustand unmittelbar nach einer plötzlichen Anregung (z. B. Einschalten einer Gleichoder Wechselspannung). Nach genügend langer Zeit geht dieser Zustand in den stationären Fall über. Solche Probleme behandeln wir in Kapitel 10. Dort greifen wir auch auf die Testfunktionen Abschn. 5.2.4 zurück.

Allgemeine Lösungseigenschaften. Wegen der grundsätzlichen Bedeutung der Netzwerk-Differentialgleichungen für die Elektrotechnik erwähnen wir einige ihrer wichtigsten Eigenschaften (soweit sie für diese Einführung Bedeutung haben):

Eine *homogene* DG1. der Form (5.121)

$$a_n \frac{d^n y}{dt^n} + a_{n-1} \frac{d^{n-1}}{dt^{n-1}} + \ldots + a_1 \frac{dy}{dt} + a_0 y = 0$$

hat n verschiedene linear unabhängige Lösungen $y_1(t), y_2(t), \ldots, y_n(t)$. Sie ergeben die (homogene) Gesamtlösung $y_h(t)$

$$y_h(t) = K_1 y_1(t) + K_2 y_2(t) + \ldots + K_n y_n(t) \ . \tag{5.124}$$

Die K_i sind beliebige Konstanten. Sie werden u. a. durch die Anfangswerte der Variablen bestimmt.

Die Gesamtlösung der *inhomogenen* Differentialgleichung (5.122a) enthält neben der Lösung y_h der homogenen Differentialgleichung noch die sog. *partikuläre* Lösung $y_p(t)$. Sie muß die inhomogene Gleichung erfüllen.

Lösung der homogenen Differentialgleichung. Wir beschränken uns auf einen Lösungsansatz der Form $y(t) = e^{\lambda t}$ und erhalten als charakteristische Gleichung für die λ_i

$$a_n \lambda^n + a_{n-1} \lambda^{n-1} + a_1 \lambda + a_0 = 0 \tag{5.125}$$

charakteristische Gleichung der Differentialgleichung.

Sie hat n Lösungen (gegeben durch die n Nullstellen oder *Eigenfrequenzen* λ_1, λ_2, $\lambda_3, \ldots, \lambda_n$).

Sind alle Nullstellen λ_i verschieden, so ergibt sich die Gesamtlösung:

$$y_h(t) = K_1 e^{\lambda_1 t} + K_2 e^{\lambda_2 t} + \ldots + K_n e^{\lambda_n t} . \tag{5.126}$$

Bei paarweise konjugiert-komplexen Lösungen, z. B. $\lambda_1 = -\alpha + j\beta$ (α, β reell), $\lambda_2 = -\alpha - j\beta$. gilt besser

$$\begin{aligned} K_1 e^{\lambda_1 t} + K_2 e^{\lambda_2 t} &= e^{-\alpha t}[K_1 e^{j\beta t} + K_2 e^{-j\beta t}] \\ &= K_3 e^{-\alpha t} \cos(\beta t + \varphi) . \end{aligned} \tag{5.127}$$

Im Beispiel Bild 5.63 lautet die Eigenfrequenz λ_1: $a_1 \lambda_1 + a_0 = 0$, d. h.,

$$\lambda_1 = -\frac{a_0}{a_1} = -\frac{1}{C}\left(\frac{1}{R_1} + \frac{1}{R_2}\right)$$

und damit $y_h(t) \equiv u_{Ch}(t) = K_1 \exp - \frac{1}{C}\left(\frac{1}{R_1} + \frac{1}{R_2}\right)t.$

Zur Zeit $t = 0$ möge die Kapazität auf die Spannung $u_C(0) = U_0$ aufgeladen gewesen sein $u_C(0) = U_0 = u_{Ch}(0) = K_1 e^0$, d. h., $K_1 = u_C(0) = U_0$. Somit gilt als Lösung

$$u_{Ch}(t) = U_0 \exp - \frac{1}{C}\left(\frac{1}{R_1} + \frac{1}{R_2}\right)t .$$

Sie klingt für $t \to \infty$ erwartungsgemäß gegen 0 ab ($e^{-\infty} \to 0$).

Lösung der inhomogenen Differentialgleichung. Die Lösung der inhomogenen DGl. setzt die Kenntnis der homogenen voraus. Zum Auffinden der Partikulärlösung $y_p(t)$ sind zwei Standardverfahren üblich:
— *Variation der Konstanten* und
— Methode der *unbestimmten Koeffizienten.*
Die letztere wird zweckmäßigerweise benutzt, wenn $f(t)$ nur aus einer endlichen Anzahl von unabhängigen Quellen besteht (mit linear unabhängigen Ableitungen).

Speziell für die harmonische Netzwerkerregung $x(t) = X_m \cos(\omega t + \varphi)$ gewinnt man $y_p(t)$ aus einem Ansatz:

$$y_p(t) = Y_m \cos(\omega t + \varphi_y) \tag{5.128}$$

(mit noch unbekannter Amplitude Y_m und Phase φ_y). Dies ist möglich, weil die Ableitung einer harmonischen Funktion wieder eine solche liefert.

Durch Einsetzen von $y_p(t)$ in die DGl. ergeben sich stets zwei algebraische Gleichungen, in denen nur noch Y_m und φ_y als Unbekannte auftreten.

Da bei einem stationär erregten Netzwerk die Lösung der homogenen DGl. nicht mehr auftritt (sie klingt ja für $t \to \infty$ stets gegen Null ab), ist in solchen Fällen unmittelbar der Ansatz $y_p(t)$ zugleich ihre Lösung. Auf diesem fundamentalen Ergebnis baut der gesamte Abschn. 6 als Kern der Wechselstromtechnik auf.

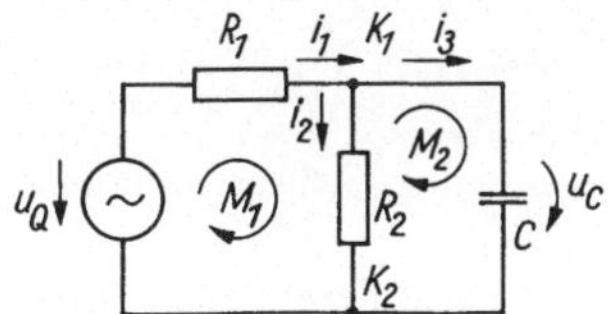

Bild 5.63. Aufstellen der Netzwerk-Differentialgleichung

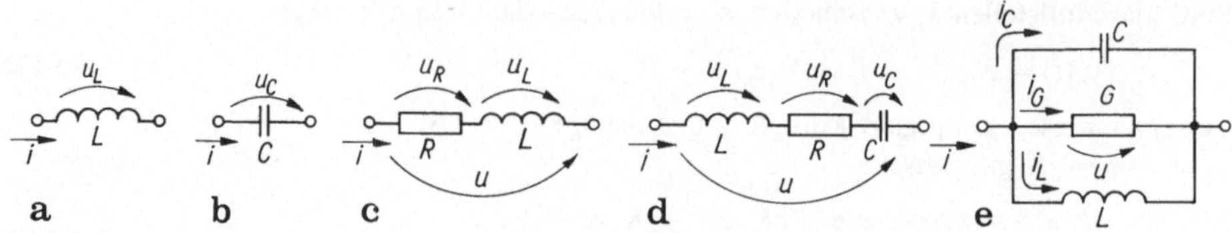

Bild 5.64a–e. Beispiele zur Aufstellung der Netzwerk-Differentialgleichung

Damit erübrigt sich die ggf. aufkommende Sorge, die Netzwerkanalyse mit zu großen Problemen zum Lösen der DGl. zu belasten. Lediglich beim Schaltverhalten (Erregerfunktion nach Abschn. 5.2.4) sind Lösungen von Differentialgleichungen erforderlich. Wir werden dafür aber mit der Laplace-Transformation ein bequemes Werkzeug nutzen.

Beispiel: *Netzwerk-Integro-Differentialgleichung*. Für die Schaltungen Bild 5.64 stelle man die Netzwerk-Integro-Differentialgleichung (NDG) in der Form $u(t) = f(i[t])$ auf und bestimme die Konstanten a_n and b_m nach Gl. (5.121). In allen Fällen sei der Strom $i(t)$ als Erregung ($i \equiv x$), die Spannung $u(t)$ als Wirkung ($u \equiv y$)zu betrachten. Man erhält der Reihe nach durch Vergleich mit Gl. (5.121)

a) NDG: $u_L = L\dfrac{di}{dt}$, Konstanten $a_0 = 1$ (a_1 usw. $= 0$), $b_0 = 0$ $b_1 = L$;

b) NDG: $C\dfrac{du_C}{dt} = i$, Konstanten $a_0 = 0$ $a_1 = C$, $b_0 = 1$ $b_1 = 0$;

c) NDG: $u = iR + L\dfrac{di}{dt}$, Konstanten $a_0 = 1$, $a_1 = 0$, $b_0 = R$, $b_1 = L$;

d) NDG: $u = L\dfrac{di}{dt} + iR + \dfrac{1}{C}\displaystyle\int i\,dt$.

Wir differenzieren beiderseits, um die Form Gl. (5.121) zu erhalten:

$$\frac{du}{dt} = L\frac{d^2i}{dt^2} + R\frac{di}{dt} + \frac{i}{C}, \text{ Konstanten: } a_0 = 0,\ a_1 = 1,\ b_0 = \frac{1}{C},\ b_1 = R,\ b_2 = L.$$

e) Der Knotensatz führt auf $i_L + i_R + i_C = i$ bzw. mit den Netzwerkelementbeziehungen $\dfrac{1}{L}\displaystyle\int u\,dt + Gu + C\dfrac{du}{dt} = i$.

Beiderseitige Differentiation ergibt

$$\frac{1}{L}u + G\frac{du}{dt} + C\frac{d^2u}{dt^2} = \frac{di}{dt} \text{ Konstanten: } a_0 = \frac{1}{L},\ a_1 = G,\ a_2 = C,\ b_0 = 0,\ b_1 = 1.$$

In allen Fällen hängen die Koeffizienten a_n, b_m des linearen, zeitunabhängigen Netzwerkes nur von den Netzwerkelementen ab.

Zur Selbstkontrolle: Abschnitt 5

5.1 Wie lauten die linear zeitunabhängigen (zeitabhängigen) bzw. differentiellen Strom-Spannungs-Beziehungen für die Schaltelemente R, L, C?

5.2 Was ist ein passives Netzwerk?

5.3 Wie lauten die Strom-Spannungs-Beziehungen der vier abhängigen Quellen? Wie können sie veranschaulicht werden? Wo treten solche Quellen z. B. in einer Transistorersatzschaltung auf?

5.4 Man veranschauliche an der Diodenkennlinie $I = I_S[\exp(U/U_T) - 1]$ den Begriff „differentieller Widerstand"! Wie groß ist er im Nullpunkt?

5.5 Erklären Sie physikalisch folgende Zusammenhänge einer zeitunabhängigen linearen Kapazität: $Q = CU$, $i = C(\mathrm{d}u/\mathrm{d}t)$! Was kann als statische Kennlinie dargestellt werden?

5.6 Es sei die dynamische Kennlinie eines passiven Zweipolelementes bekannt (z. B. ein Kreis). Wie kann daraus der Zeitverlauf von Strom und Spannung gewonnen werden?

5.7 Veranschaulichen Sie die Energiebilanz einer zeitabhängigen Kapazität!

5.8 Erklären Sie folgende Begriffe: Momentan-, Scheitelwert, Nullphasenwinkel, Liniendiagramm!

5.9 Wodurch wird eine Wechselgröße, wodurch eine sinusförmige Spannung gekennzeichnet?

5.10 Welche Spannung ergibt sich, wenn zwei sinusförmige Teilspannungen $u_1(t)$, $u_2(t)$ mit unterschiedlichen Phasenwinkeln addiert werden?

5.11 Erläutern Sie die Begriffe: arithmetischer Mittelwert, Effektivwert, Gleichrichtwert (physikalisch-anschauliche Begründung geben)! Warum ist der Effektivwert nie negativ?

5.12 Welche Meßinstrumente zeigen den arithmetischen Mittelwert bzw. den Effektivwert an? (Begründung geben.)

5.13 Erläutern Sie die Begriffe: vollständiger Baum, Baumkomplement! Welche Aussage gestatten sie?

5.14 Welche Gleichungen sind zur Analyse eines Netzwerkes erforderlich? (Beispiele angeben.)

5.15 Erläutern Sie die Maschenstrom- und Knotenspannungsanalyse (Methodik, Vorteile, Aufstellung der Gleichungen, Gewinnung der Netzwerkmatrix)! Was bedeuten die Begriffe Koppelwiderstand und Koppelleitwert?) Hängen beide zusammen?

5.16 Können Maschenstrom- und Knotenspannungsanalyse auf folgende Netzwerke angewendet werden
— mit Energiespeichern,
— mit nichtlinearen Elementen?

5.17 Auf welche Weise können ideale Spannungsquellen in die Knotenspannungsanalyse einbezogen werden?

5.18 Erläutern Sie die Begriffe Superknoten, Supermasche.

5.19 Erläutern Sie die Anwendung des Knotenspannungsverfahrens zur Bestimmung der Ersatzzweipolparameter eines größeren Netzwerkes.

5.20 Nennen Sie typische Verfahren zur Arbeitspunktbestimmung eines Netzwerkes.

5.21 Erläutern Sie das Fixpunkt- und Newton-Raphson-Verfahren an einer einfachen Schaltung.

5.22 Erläutern Sie die Begriffe „duales" und „äquivalentes" Netzwerk.

5.23 Erläutern Sie das Reziprozitätstheorem!

5.24 Was besagen die Teilungs- und Versetzungssätze?

5.25 Was besagt der Begriff „Netzwerk-Differentialgleichung"? Wie wird sie gewonnen, welche prinzipiellen Aussagen gestattet sie? Welche Gleichung entsteht daraus
— für ein Gleichstromnetzwerk ohne Energiespeicher·?
— für ein stationär sinusförmig erregtes Netzwerk?

5.26 Erläutern Sie die Begriffe Sprung- und Impulserregung in einem Netzwerk (zweckmäßig im Zusammenhang mit einem Kondensator). Was ist unter einem Stoßimpuls zu verstehen? Wie verhält sich die Kondensatorspannung?

6 Netzwerke bei stationärer harmonischer Erregung. Wechselstromtechnik

Ziel. Nach Durcharbeit des Abschnittes 6 sollen beherrscht werden:

Abschnitt 6.1

— die Strom-Spannungs-Beziehungen der Netzwerkelemente bei sinusförmiger Erregung;
— die Begriffe Wirk-, Blind-, Scheinwiderstand (Leitwert);
— die Aufstellung der Netzwerk-Differentialgleichung für lineare Netzwerke und Gewinnung der stationären Lösung für die gesuchte Zweiggröße durch Ansatz einer harmonischen Funktion.

Abschnitt 6.2

— die Darstellung reeller harmonischer Zeitfunktionen durch rotierende Zeiger und deren Eigenschaften, Unterschied rotierender-ruhender Zeiger;
— die Begriffe komplexer Momentanwert, komplexer Effektivwert;
— die Gewinnung des Momentanwertes einer gesuchten Zweiggröße über die Hin- und Rücktransformation der Netzwerk-Differentialgleichung;
— die Transformation der Schaltung in den Frequenzbereich und die rationelle Gewinnung einer gesuchten Zweiggröße; Widerstands- und Leitwertoperator;
— die Erweiterung der Gleichstromanalyseverfahren auf Wechselstromnetzwerke im Frequenzbereich;
— der Begriff Frequenzgang und seine Anwendung.

Abschnitt 6.3

— die Zeigerbilder;
— die Ortskurve und ihre Inversion;
— das Betrags-, Phasenwinkeldiagramm, Bodediagramm.

Abschnitt 6.4

— der Leistungsbegriff bei Wechselstrom, Wirk-, Blind- und Scheinleistung;
— die Leistungsanpassung im Wechselstromkreis.

Übersicht. Besondere Bedeutung für die Elektrotechnik haben Netzwerke mit harmonischer (sinusförmiger) Erregung im *stationären* oder *eingeschwungenen* Zustand. Man spricht hier von *Wechselstromschaltungen* oder der *Theorie der Wechselströme*. Sie umfaßt

— die mathematische Modellbildung einer technischen Schaltung als Netzwerk;
— die Analyse dieses Netzwerkes nach verschiedenen Methoden.

Dabei sind gerade für Wechselstromschaltungen ganz spezielle Verfahren entwickelt worden, die eine Übertragung vieler Ergebnisse der resistiven Netzwerke gestatten.

Ausgang der Analyse von Wechselstromschaltungen ist zunächst die Netzwerk-Differentialgleichung (s. Abschn. 5.3.8). Sie kann auf zwei Wegen gelöst werden:

a) Durch einen *Lösungsansatz* mit einer Sinus-(Cosinus-)Funktion. Dabei tritt die Zeit als veränderliche Größe auf. Ergebnis ist die Lösung im *Zeitbereich* (Abschn. 6.1);

b) durch Einführung *komplexer Zahlen* als sog. *symbolische* oder *komplexe Methode*. Dieses Verfahren heißt *Methode des Frequenzbereiches* (Abschn. 6.2). Es ist wesentlich einfacher als die Methodik a) und stellt deshalb *das* Grundverfahren der Wechselstromtechnik dar.

Wir setzen für den gesamten Abschnitt 6 stets lineare, zeitunabhängige Netzwerkelemente voraus.

6.1 Analyse im Zeitbereich

Liegt an einem linearen Netzwerk eine sinusförmige Erregung (Strom-, Spannungsquellen), so erfüllen die Momentanwerte aller Ströme und Spannungen *zu jedem Zeitpunkt* die Kirchhoffschen Gleichungen. Deshalb wird eine beliebige gesuchte Größe, z. B. ein Zweigstrom, allein durch seine *Zeitfunktion* bestimmt. Das ist bei sog. *stationärer Erregung* (also lange, nachdem ein sog. Einschwingvorgang abgeklungen ist (s. Abschnn. 10)) wieder eine sinusförmige Größe mit Amplitude, Frequenz und Phase als Kenngrößen (s. Abschn. 5.2.2). Die Frequenz zeigt durch die Erregung fest (s. Abschn. 5.2). Nach Abschn. 5.3.8 erhalten wir die gesuchte Größe direkt aus der Netzwerk-Differentialgleichung mit einem *Lösungsansatz für die unbekannte Amplitude und Phase,* z. B. eines gesuchten Zweigstromes.

Die Bestimmung der gesuchten Größe im Zeitbereich heißt allgemein *Darstellung im Zeitbereich.* Gleichwertige Bezeichnungen sind *Zeitebene, Originalbereich* u. a. m. (Tafel 6.1).

Tafel 6.1. Netzwerkberechnung eines stationär sinus- oder cosinusförmig erregten Netzwerkes im Zeitbereich. (Die Netzwerkgleichung ist von der Form (5.121))

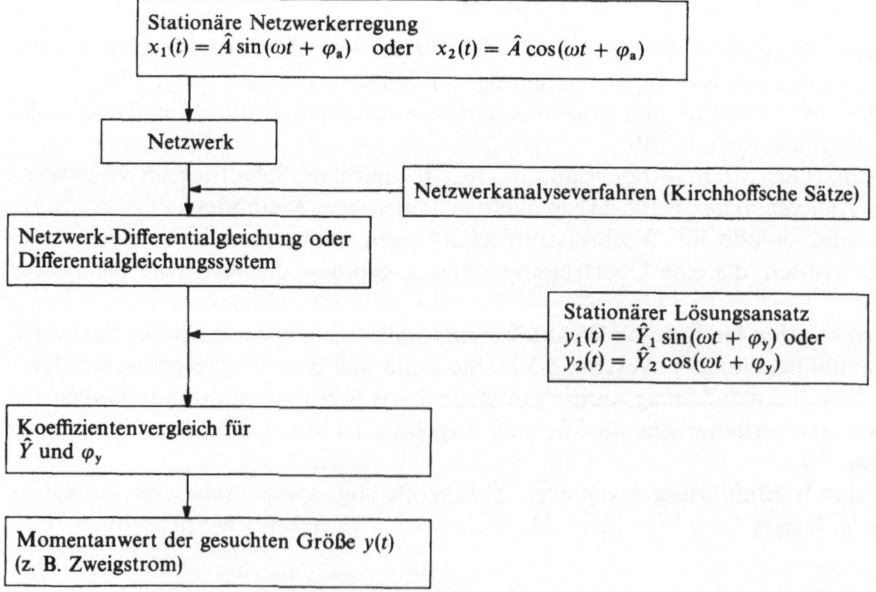

Merke: Im Zeitbereich ist jede physikalische Größe (Strom, Spannung) z. B. mit einem Oszillograph meß- und darstellbar.

Die Netzwerkanalyse im Zeitbereich lernen wir in zwei Teilschritten kennen:
— Berechnung der Strom-Spannungs-Relation der Grundelemente R, L, C (Abschn. 6.1.1);
— Anwendung der Ergebnisse auf einfache Netzwerke (Abschn. 6.1.2).

6.1.1 Verhalten der Netzwerkelemente *R*, *L*, *C*

Fließt durch ein Netzwerkelement ein Strom $i(t)$ als Ursache, so stellt sich die Spannung $u(t)$ als Wirkung ein (und umgekehrt). Der Zusammenhang hängt von der jeweiligen Strom-Spannungs-Relation des Elementes ab. Sie lautet[1]

$$\text{Kondensator } u = \frac{1}{C}\int i\,\mathrm{d}t \quad \text{Integralgleichung}^2 \quad \text{bzw. } i = \frac{\mathrm{d}u}{\mathrm{d}t},$$

$$\text{Spule } u = L\frac{\mathrm{d}i}{\mathrm{d}t} \quad \text{Differentialgleichung} \quad \text{bzw. } i = \frac{1}{L}\int u\,\mathrm{d}t\ .$$

Beides sind einfache Sonderfälle der allgemeinen Netzwerk-Differentialgleichung (5.121). Für eine angelegte Sinusspannung $x_1(t) = u(t) = \hat{U}\sin(\omega t + \varphi_u)$ wurden die wichtigsten Ergebnisse in Tafel 6.2 zusammengestellt. Wir entnehmen:

Ohmscher Widerstand. Hier sind Strom und Spannung zu jedem Zeitpunkt in Phase. Der Quotient $\hat{U}/\hat{I}$ der Amplituden ist gleich dem ohmschen Widerstand R.

Kondensator. Der Momentanwert des Stromes $i(t)$ ergibt sich durch Differentiation der Spannung $u(t)$. Deshalb ist der Quotient $\hat{U}/\hat{I}$ gleich dem Reziprokwert des Produktes ωC. Der Maximalwert der Spannung tritt eine Viertelperiode später als der des Stromes auf. Die *Kondensatorspannung eilt dem Kondensatorstrom um 90° nach.* Im *Liniendiagramm* ist deshalb die u-Kurve gegenüber der i-Kurve nach *rechts* verschoben.

Am Kondensator wird das Verfahren des Lösungsansatzes besonders deutlich. Man vergleicht die Unbekannten $\hat{I}$ und φ_u (Zeile 4 in Tafel 6.2) einfach mit dem Ergebnis des Differentials $C(\mathrm{d}u/\mathrm{d}t)$ nach Amplitude und Phase (Zeile 5 in Tafel 6.2).

Spule. Der Momentanwert des Stromes ergibt sich durch Integration der Spannung. Daher ist der Quotient $\hat{U}/\hat{I}$ gleich dem Produkt ωL. Der Maximalwert der Spannung[3] tritt um eine Viertelperiode früher als der des Stromes auf. Die Spulenspannung eilt dem Spulenstrom um 90° voraus.

Scheinwiderstand. Wirk- und Blindwiderstand. Scheinleitwert. Wirk- und Blindleitwert. Aus Vorangegangenem folgt:
Ein sinusförmiger Strom durch die Netzwerkelemente R, L, C erzeugt eine sinusförmig, u. U. phasenverschobene Klemmenspannung gleicher Frequenz. Die Netz-

[1] Lineare zeitunabhängige Netzwerkelemente.
[2] Anfangsspannung $u_C(0)$ spielt hierbei keine Rolle.
[3] = Spannungsabfall, nicht induzierte Spannung.

Tafel 6.2. Strom-Spannungs-Beziehungen an den Schaltelementen R, L, C bei sinusförmiger Erregung (vgl. Tafel 6.1). Die Strom-Spannungs-Beziehungen stellen die einfachste Form der Netzwerkgleichung (5.121) dar. Erregergröße $x(t) = u(t)$, Wirkungsgröße $y(t) = i(t)$, Strom durch das Netzwerkelement

Netzwerkelement	i, u (R)	i, u, C	i, u, L
Strom-Spannungs-Beziehung (1)	$i = \frac{u}{R}$	$i = C\frac{\mathrm{d}u}{\mathrm{d}t}$	$i = \frac{1}{L}\int u\,\mathrm{d}t$
Ursache Erregergröße $x(t)$ (2)	angelegte Spannung $u(t) = \hat{U}\sin(\omega t + \varphi_u)$		
Wirkung (Strom durch Netzwerkelement) (3)	$i = \frac{\hat{U}}{R}\sin(\omega t + \varphi_u)$	$i = \omega C\hat{U}\cos(\omega t + \varphi_u)$ $= \omega C\hat{U}\sin\left(\omega t + \varphi_u + \frac{\pi}{2}\right)$	$i = -\frac{\hat{U}}{\omega L}\cos(\omega t + \varphi_u)$ $= \frac{\hat{U}}{\omega L}\sin\left(\omega t + \varphi_u - \frac{\pi}{2}\right)$
Ansatz für Wirkung (4)	$i = \hat{I}\sin(\omega t + \varphi_i)$		

Vergleich Ansatz—Wirkung (3), (4) Zeitverlauf (Liniendiagramm) Aussage (5)	*Amplitude*: *Phase*: $\hat{I} = \frac{\hat{U}}{R}$ $\varphi_i = \varphi_u$ u, i gleiche Phase	*Amplitude*: *Phase* $\hat{I}\omega C\hat{U}$ $\varphi_i = \varphi_u + \frac{\pi}{2}$ i eilt $\frac{\pi}{2}$ vor	*Amplitude*: *Phase*: $\hat{I} = \frac{\hat{U}}{\omega L}$ $\varphi_i = \varphi_u - \frac{\pi}{2}$ i eilt $\frac{\pi}{2}$ nach
Scheinwiderstand Z (Definition)	$Z = \frac{\hat{U}}{\hat{I}} = \frac{U}{I} = R$	$Z = \frac{\hat{U}}{\hat{I}} = \frac{1}{\omega C} = \|X_C\|$	$Z = \frac{\hat{U}}{\hat{I}} = \omega L = X_L$
Phase φ_z zwischen Spannung und Strom (6)	$\varphi_z = \varphi_u - \varphi_i = 0$	$\varphi_z = \varphi_u - \varphi_i = -\frac{\pi}{2}$	$\varphi_z = \varphi_u - \varphi_i = +\frac{\pi}{2}$
Scheinleitwert Y (Definition)	$Y = \frac{1}{G} = \frac{\hat{I}}{\hat{U}} = \frac{I}{U}$	$Y = \frac{\hat{I}}{\hat{U}} = \omega C = B_C$	$Y = \frac{\hat{I}}{\hat{U}} = \frac{1}{\omega L} = \|B_L\|$
Phase φ_y zwischen Strom und Spannung (7)	$\varphi_y = \varphi_i - \varphi_u = 0$	$\varphi_y = \varphi_i - \varphi_u = +\frac{\pi}{2}$	$\varphi_y = \varphi_i - \varphi_u = -\frac{\pi}{2}$

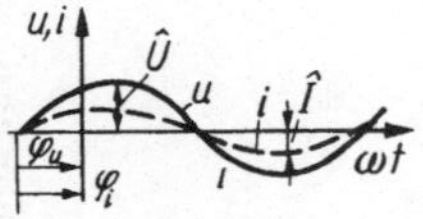

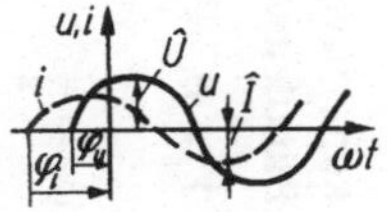

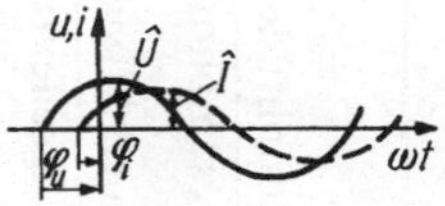

Tafel 6.3. Definition von Scheinwiderstand Z und Scheinleitwert Y

Zweipolverhalten dargestellt durch Scheinwiderstand/-leitwert

Scheinwiderstand	Scheinleitwert
$Z = \frac{\hat{U}}{\hat{I}} = \frac{\text{Spannungsamplitude}}{\text{Stromamplitude}}$ $= \frac{U_{\text{eff}}}{I_{\text{eff}}} = \frac{\text{Spannungseffektivwert}}{\text{Stromeffektivwert}}$ Winkel $\varphi_z = \varphi_u - \varphi_i$	$Y = \frac{\hat{I}}{\hat{U}} = \frac{\text{Stromamplitude}}{\text{Spannungsamplitude}}$ $= \frac{I_{\text{eff}}}{U_{\text{eff}}} = \frac{\text{Stromeffektivwert}}{\text{Spannungseffektivwert}}$ Winkel $\varphi_y = \varphi_i - \varphi_u$
Sonderfälle Benennung — Beispiel $\varphi_z = 0$: Wirkwiderstand R • ohmscher Widerstand $\varphi_z = \pm\frac{\pi}{2}$: • kapazitiver Blindwiderstand Blindwiderstand X • $Z = \lvert X_C \rvert = \frac{1}{\omega C}$, $\varphi_z = -\frac{\pi}{2}$ • induktiver Blindwiderstand $Z = X_L = \omega L$, $\varphi_z = \frac{\pi}{2}$	*Sonderfälle* Benennung — Beispiel $\varphi_y = 0$: Wirkleitwert G • ohmscher Leitwert $\varphi_y = \pm\frac{\pi}{2}$: • kapazitiver Blindleitwert Blindleitwert B • $Y = B_C = \omega C$, $\varphi_y = \frac{\pi}{2}$ • induktiver Blindleitwert $Y = \lvert B_L \rvert = \frac{1}{\omega L}$, $\varphi_y = -\frac{\pi}{2}$

Beachte allgemein: $Z = \frac{1}{Y}$, $\varphi_z = -\varphi_y$

werkelemente vermitteln dabei einen bestimmten Zusammenhang zwischen den Amplituden und Phasen der Ursache und Wirkung (Strom und Spannung). Er wird durch zwei Größen eindeutig beschrieben:

1. Den *Quotienten* von $\hat{U}/\hat{I}$ analog zum Widerstandsbegriff im Gleichstromkreis. Er heißt *Scheinwiderstand* Z (auch Wechselstromwiderstand oder *Impedanz* Z), Tafel 6.3

$$Z = \frac{\hat{U}}{\hat{I}} = \frac{U}{I} \tag{6.1a}$$

Scheinwiderstand eines Zweipols (Definitionsgleichung).

Beachte: $Z = \frac{\hat{U}}{\hat{I}} \left(\neq \frac{u(t_0)}{i(t_0)}! \right)$, Einheit $[Z] = \frac{1\,\text{V}}{1\,\text{A}} = 1\,\Omega$.

Der Scheinwiderstand hat wohl die Widerstandsdimension, *aber nicht seine physikalische Bedeutung*: Die zu dividierenden Spitzenwerte $\hat{U}$, $\hat{I}$ treten durch die Phasenverschiebung nicht zu gleichen, sondern *verschiedenen Zeitpunkten* auf. Deshalb ist der Scheinwiderstand eine *Rechengröße* des Zweipols vereinbart mit dem Ziel, für Wechselgrößen zu einem formal gleichen Widerstandsbegriff wie für Gleichstromgrößen zu gelangen. Er läßt sich auch auf Zweipole mit mehr als einem Schaltelement anwenden.

2. Die *Phasenverschiebung* φ_z oder den Phasenwinkel zwischen Spannung und Strom:

Die Phasenverschiebung zwischen Spannung und Strom drückt die zeitliche Verschiebung zwischen den zugehörigen Maximalwerten von Strom und Spannung aus:

$$\varphi_z = \varphi_u - \varphi_i \tag{6.1b}$$

Phasenverschiebung zwischen Spannung und Strom am Zweipol (Definitionsgleichung).

In den Tafeln 6.2 und 6.3 sind diese Vereinbarungen enthalten. Durch Gl. (6.1) können die Ergebnisse stets in der Form

$$u(t) = \hat{U} \sin(\omega t + \varphi_u) = Z\hat{I} \sin(\omega t + \varphi_z + \varphi_i)$$

geschrieben werden.

Zur näheren Kennzeichnung des Scheinwiderstandes der Grundelemente werden vereinbart:

Wirkwiderstand (*Resistanz*): Scheinwiderstand mit Phasenwinkel $\varphi_z = 0$. Er wird durch den Ohmschen Widerstand repräsentiert. Nur in diesem Sonderfall enthält der Begriff Scheinwiderstand physikalische Realität.

Blindwiderstand (*Reaktanz*): Scheinwiderstand eines Netzwerkelementes mit einem Phasenwinkel $\varphi_z = \pm 90°$: Induktivität (Kapazität):

kapazitiver Blindwiderstand $|X_C| = \dfrac{1}{\omega C}$, induktiver Blindwiderstand $X_L = \omega L$,

Strom eilt der Spannung um 90° vor; Strom eilt der Spannung um 90° nach.

Analoge Größen lassen sich auch für den Strom als Erregergröße definieren. Man verwendet dann besser die Begriffe *Scheinleitwert* (*Admittanz*), *Wirk-und Blindleitwert* (*Konduktanz, Suszeptanz*). Sie sind in Tafel 6.3 enthalten und gehören zum festen Bestandteil unserer Grundkenntnisse (Bild 6.1a).

Beachte: Blindwiderstände hängen stets von der Frequenz ab:

Spule: $X_L = \omega L$. Für Gleichstrom ist $\omega = 0$. Dort verschwindet der induktive Blindwiderstand (Kurzschlußwirkung der Spule). Mit steigender Frequenz wächst X_L linear an, für $\omega \to \infty$ wird auch $X_L \to \infty$. Eine Spule hat für hohe Frequenzen einen hohen Widerstand. Deshalb kann die ideale Spule für $\omega \to 0$ durch einen Kurzschluß ersetzt werden (Bild 6.1b), die technische Spule durch ihren ohmschen Widerstand. Daher besteht bei Anschluß von Spule (oder Transformator oder festgehaltenem Motor) an Gleichspannung wegen des sehr hohen Stromes Zerstörungsgefahr durch Überlastung. Mit wachsender Frequenz steigt Z, m.a.W.

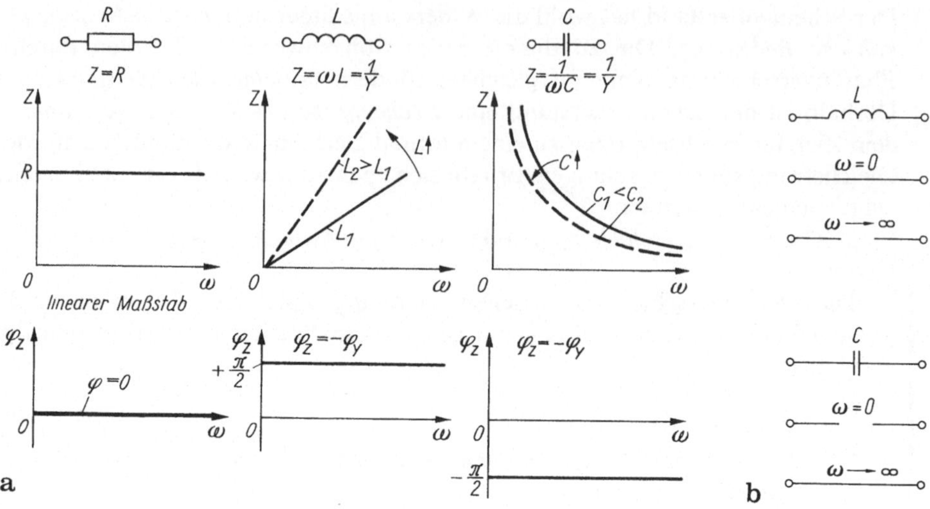

Bild 6.1a, b. Frequenzabhängigkeit des Scheinwiderstandes Z und Scheinleitwertes Y sowie des Phasenwinkels φ_z, φ_y der Netzwerkelemente R, L, C. **a** Frequenzeinfluß; **b** Ersatzschaltungen von Spule und Kondensator für $\omega \to 0$, $\omega \to \infty$

sinkt der Strom bei anliegender Spannung (er wird „gedrosselt", Drosselspule). Für $\omega \to \infty$ wirkt die Spule wie eine Leitungsunterbrechung.

Kondensator: $|X_C| = \dfrac{1}{\omega C}$. Für Gleichstrom ($\omega = 0$) wird $|X_C| \to \infty$: Gleichstrom bedeutet für den Kondensator einen unendlich großen Widerstand (Leitungsunterbrechung, Bild 6.1b) hohe Frequenzen ($\omega \to \infty$, $X_C \to 0$) hingegen einen Kurzschluß. Kondensatoren werden deshalb verbreitet zum „Hochfrequenzkurzschluß" verwendet, z. B. in elektronischen Schaltungen zur Entkopplung des Gleichstromkreises vom Wechselstromkreis.

Die typischen Frequenzabhängigkeiten der Scheinwiderstände und -leitwerte enthält Bild 6.1. Man präge sich die Verläufe fest ein.

Das Ohmsche Gesetz gilt auch für Sinusgrößen, wenn man die Rechengrößen *Scheinwiderstand Z* bzw. *Scheinleitwert Y* einführt und beachtet, daß die in Z bzw. Y auftretenden Strom- und Spannungsgrößen allgemein *nicht* zum gleichen Zeitpunkt auftreten, sondern zwischen ihnen eine Phasenverschiebung herrscht.

Bild 6.2 zeigt eine einfache Anordnung zur Messung des Scheinwiderstandes eines Kondensators. Man mißt die Effektivwerte von Strom und Spannung mit getrennten Instrumenten und bildet Z durch Berechnung. Auf die Phase φ_z kann mit dieser Anordnung nicht geschlossen werden!

Durch einen Kondensator $C = 1\,\mu\text{F}$ fließt bei einer anliegenden Spannung $U = 220$ V und $f = 50$ Hz ein Wechselstrom (Effektivwert!) $I = \dfrac{U}{Z} = \dfrac{U}{|X_C|} = \omega C U = 2\pi \cdot 50\ \text{s}^{-1} \cdot 1 \cdot 10^{-6}\,\dfrac{\text{As}}{\text{V}} \cdot 220\ \text{V} = 69{,}1$ mA, bei $f = 5$ kHz hingegen 6,9 A! Der Blindwiderstand des

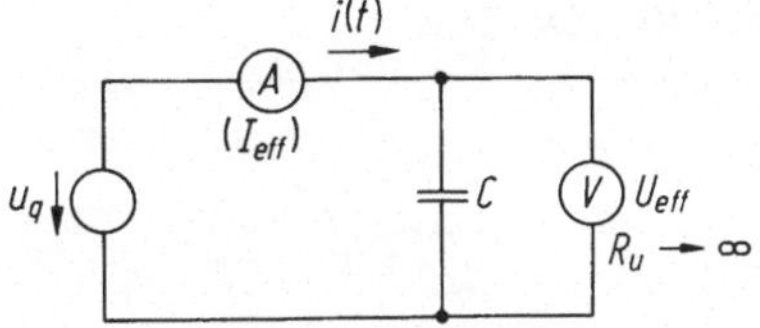

Bild 6.2. Messung des Kondensatorwiderstandes

Kondensators sinkt mit wachsender Frequenz. Dies ist verständlich: Bei sinusförmiger Spannung ändert sich auch die Ladung $Q(t) = Cu(t)$ sinusförmig. Sie muß daher bei doppelter Frequenz in der halben Zeit zu den Kondensatorplatten an- oder abtransportiert werden. Dazu wird ein doppelt so großer Strom benötigt.

Größenvorstellung:

Blindwiderstand $|X_C|$ von Kondensatoren

	$f = 50$ Hz	5 kHz	500 kHz
$C = 10$ pF	$3{,}2 \cdot 10^8\ \Omega$	3,2 MΩ	32 kΩ
$C = 1\ \mu$F	3,18 kΩ	32 Ω	0,32 Ω

Blindwiderstand X_L von Spulen:

	$f = 50$ Hz	5 kHz	500 kHz
$L = 1$ mH	0,31 Ω	31,4 Ω	3,14 kΩ
$L = 1$ H	314 Ω	31,4 kΩ	3,14 MΩ

6.1.2 Berechnung mit der Netzwerk-Differentialgleichung

Wir wenden das eben praktizierte Ansatzverfahren zur Lösung der Netzwerk-Differentialgleichungen auf kompliziertere Netzwerke an und beginnen mit der Zusammenschaltung eines Wirk- und Blindwiderstandes. Wie wird in solchen Fällen der Scheinwiderstand gebildet?

6.1.2.1 Zusammenschaltung von Wirk- und Blindschaltelementen

Wir wählen als Ausgang die Stromerregung bei Reihenschaltung, die Spannungserregung bei Parallelschaltung von Wirk- und Blindwiderstand. Tafel 6.4 enthält die Ergebnisse in zusammengefaßter Form. Sie sind leicht zu bestätigen, z. B. an der Reihenschaltung von Widerstand und Kapazität (Bild 6.3a). Den Ausgang bilden der Maschensatz und die Netzwerkelemente-Beziehungen. Wird ein Strom

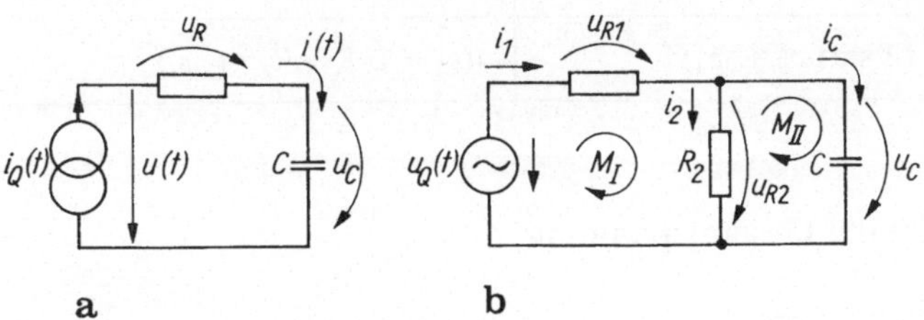

Bild 6.3a, b. Lösung der Netzwerkgleichung im Zeitbereich. **a** Berechnung einer Zweigspannung; **b** Berechnung eines Zweigstromes

Tafel 6.4. Scheinwiderstand Z und Scheinleitwert Y des RC-Zweipols

	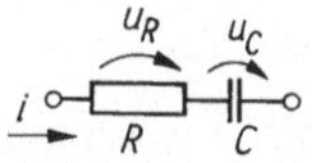	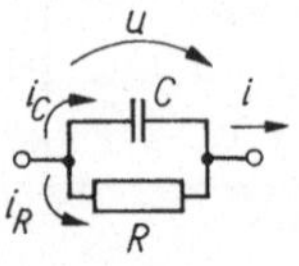
Vorgabe (Erregung) (1)	$i(t) = \hat{I}\sin(\omega t)$	$u(t) = \hat{U}\sin(\omega t)$
Netzwerk-beziehungen (2)	$u = u_R + u_C = iR + \frac{1}{C}\int i\,dt$	$i = i_R + i_C = \frac{u}{R} + C\frac{du}{dt}$
Wirkung (Ansatz) unbekannt	$u = \hat{U}\sin(\omega t + \varphi_u)$ $\hat{U}, \varphi_u$	$i = \hat{I}\sin(\omega t + \varphi_i)$ $\hat{I}, \varphi_i$
Eingesetzt in (2)	$\hat{U}[\sin\omega t\cos\varphi_u + \cos\omega t\sin\varphi_u]$ $= \hat{I}R\sin(\omega t) - \frac{\hat{I}}{\omega C}\cos(\omega t)$	$\hat{I}[\sin\omega t\cos\varphi_i + \cos\omega t\sin\varphi_i]$ $= \frac{\hat{U}}{R}\sin\omega t + \omega C\hat{U}\cos\omega t$
Koeffizienten-vergleich	$\hat{U}\cos\varphi_u = \hat{I}R$ $\hat{U}\sin\varphi_u = -\frac{\hat{I}}{\omega C}$	$\hat{I}\cos\varphi_i = \frac{\hat{U}}{R}$ $\hat{I}\sin\varphi_i = \omega C\hat{U}$
Phasenwinkel	$\varphi_u = \arctan -\frac{1}{\omega CR}$ $= \arctan\frac{X}{R};\ X = -\frac{1}{\omega C}$	$\varphi_i = \arctan\omega CR$ $= \arctan\frac{B}{G};\ B = \omega C$
Betrag	$\hat{U} = \hat{I}\sqrt{R^2 + \left(\frac{1}{\omega C}\right)^2} = \hat{I}Z$ $Z = \sqrt{R^2 + X^2};\ \lvert X\rvert = \frac{1}{\omega C}$	$\hat{I} = \hat{U}\sqrt{\left(\frac{1}{R}\right)^2 + (\omega C)^2} = \hat{U}Y$ $Y = \sqrt{G^2 + B^2};\ G = \frac{1}{R},\ B = \omega C$
Lösung allgemein	$u(t) = \hat{I}Z\sin(\omega t + \varphi_u)$	$i(t) = \hat{U}Y\sin(\omega t + \varphi_i)$

$i_R(t) = i(t)$ eingeprägt, so ist die Gesamtspannung

$$u = u_C + u_R = \frac{1}{C}\int i\,dt + iR \tag{1}$$

schon die Netzwerk-Differentialgleichung (5.121). Rechts steht die Erregergröße, links steht die gesuchte Wirkung. Man erkennt, daß z. B. bei der Vorgabe der Spannung $u(t)$ als Erregung der Strom $i(t)$ ebenfalls aus dieser DGl. hervorgeht.

Der vorgegebene Strom $i(t) = \hat{I}\sin(\omega t + \varphi_i)$ (Ursache) erzeugt die noch unbekannte Spannung $u(t) = \hat{U}\sin(\omega t + \varphi_u)$ als Wirkung. Amplitude $\hat{U}$ und Nullphase φ_u sind gesucht. Die Durchrechnung ergibt:

$$\begin{aligned}\hat{U}\sin(\omega t + \varphi_u) &= \frac{-\hat{I}}{\omega C}\cos(\omega t + \varphi_i) + \hat{I}R\sin(\omega t + \varphi_i)\\ &= \frac{\hat{I}}{\omega C}\sin\left(\omega t + \varphi_i - \frac{\pi}{2}\right) + \hat{I}R\sin(\omega t + \varphi_i)\ .\end{aligned} \tag{2}$$

$$\underline{\hat{U}}\sin(\omega t + \underline{\underline{\varphi_u}}) = \underline{\hat{I}\sqrt{R^2 + \left(\frac{1}{\omega C}\right)^2 + \frac{2R}{\omega C}\cos\left(\frac{\pi}{2}\right)}}\sin(\omega t + \underline{\underline{\varphi_i + \varphi_{ges}}})$$

sowie mit $\varphi_R = 0$; $\varphi_C = -\pi/2$ für die Gesamtphase:

$$\tan\varphi_{ges} = \frac{\hat{I}R\sin 0 + \dfrac{\hat{I}}{\omega C}\sin\left(-\dfrac{\pi}{2}\right)}{\hat{I}R\cos 0 + \dfrac{\hat{I}}{\omega C}\cos\left(-\dfrac{\pi}{2}\right)} = -\frac{1}{\omega CR}\ .$$

Die rechts stehenden Sinusfunktionen lassen sich nach dem Additionstheorem zweier Sinusfunktionen (Gl. (5.53), (5.54)) zu einer Funktion zusammenfassen.

Wir vergleichen jetzt die Amplituden (unterstrichene Faktoren) und Phasen (doppelt unterstrichene Glieder) links und rechts und erhalten:

$$\hat{U} = \hat{I}\sqrt{R^2 + \left(\frac{1}{\omega C}\right)^2} = \hat{I}Z\ ,\ \varphi_u = \varphi_i + \varphi_{ges};\ \varphi_{ges} = \varphi_u - \varphi_i = \varphi_z\ .$$

Das Ergebnis lautet mit dem in Abschnitt 6.1.1 eingeführten Wirk- und Blindwiderstand verallgemeinert:

$$Z = \sqrt{R^2 + X^2},\qquad Y = \sqrt{G^2 + B^2},$$
$$\tan\varphi_z = \frac{X}{R},\qquad \tan\varphi_y = \frac{B}{G} \tag{6.2}$$

Reihenschaltung von Wirk- und Blindwiderstand — Parallelschaltung von Wirk- und Blindleitwert.

Grundlage ist die Netzwerk-Differentialgleichung (5.121), die wir durch Anwendung der Kirchhoffschen Gleichungen und Strom-Spannungsbeziehungen der Netzwerkelemente erhalten. In ihr treten zeitliche Ableitungen, Summen und Differenzen der sinusförmigen Netzwerkerregung und gesuchten Zweiggrößen aus. Weil nach Abschn. 5.2.2 bei diesen Operationen in allen Netzwerkelementen wieder sinusförmige Zweiggrößen zu erwarten sind, machen wir einen Sinusansatz mit unbekannter Amplitude und Nullphase und bestimmen diese so, daß die Netzwerk-Differentialgleichung erfüllt ist. Mathematisch betrachtet suchen wir die stationäre Lösung der Differentialgleichung. Stationär deshalb, weil das Netzwerk stationär erregt wird (Einschwingvorgang vernachlässigt, s. später Abschn. 10.3). Auch ohne Kenntnisse über Differentialgleichungen ist das Problem somit leicht lösbar!

Bei der Reihenschaltung (Parallelschaltung) eines Blind- und Wirkwiderstandes (Wirk- und Blindleitwertes) addieren sich beide Komponenten nicht arithmetisch, sondern geometrisch (rechtwinklig) zum Scheinwiderstand(-leitwert). Die in Klammern stehende Aussage gilt für die rechte Spalte von Tafel 6.4.

Beispiel: Scheinleitwert. Scheinwiderstand. Die Parallelschaltung eines Kondensators der Kapaziät $C = 2\,\mu\text{F}$ mit einem Ohmschen Widerstand $R = 200\,\Omega$ sei von einem Gesamtstrom $I = 0{,}5$ A durchflossen. ($f = 50$ Hz). Man berechne die Amplituden I_R, I_C der Teilströme durch R und C, den Scheinleitwert, die Gesamtspannung und den Phasenwinkel.

Zwischen den Teilströmen i_R, i_C herrscht eine Phasenverschiebung von 90°. Deshalb gilt $I = \sqrt{I_R^2 + I_C^2}$ sowie $U = I_R R = \frac{I_C}{\omega C}$, folglich $\frac{I_R}{I_C} = \frac{1}{\omega CR}$. Wir eliminieren den Strom I_R und erhalten aufgelöst nach I_C

$$I_C = \frac{I}{\sqrt{1 + \left(\frac{1}{\omega CR}\right)^2}} \approx 6{,}23 \cdot 10^{-2}\ \text{A}, \quad I_R = 4{,}96 \cdot 10^{-1}\ \text{A}.$$

Der Scheinleitwert beträgt

$$Y = \sqrt{G_p^2 + B_p^2} = \sqrt{\left(\frac{1}{R}\right)^2 + (\omega C)^2} = \sqrt{\left(\frac{1}{200}\right)^2 + (0{,}63 \cdot 10^{-3})^2}\ \text{S} = 5{,}04 \cdot 10^{-3}\ \text{S},$$

die Gesamtspannung

$$U = \frac{1}{Y} = \frac{\sqrt{(6{,}23 \cdot 10^{-2})^2 + (4{,}9 \cdot 10^{-1})^2}\ \text{A}}{5{,}04 \cdot 10^{-3}\ \text{S}} = 98{,}0\ \text{V}$$

und der Phasenwinkel zwischen $U \sim I_R$ und I, $\tan \varphi_y = \frac{I_C}{I_R} = \omega CR$, $\varphi_y = \arctan \omega CR = 7{,}16°$.

6.1.2.2 Allgemeines Lösungsverfahren

Im eben betrachteten Beispiel trat die gesuchte Größe u direkt auf, das Integral war über die gegebene Erregergröße zu bilden. Das Verfahren ist genau so durchzuführen, wenn z. B. die Gesamtspannung $u(t) = \hat{U} \sin(\omega t + \varphi_u)$ gegeben ist und der Strom $i(t)$ rechts (Bild 6.3a) durch einen Ansatz $i(t) = \hat{I} \sin(\omega t + \varphi_i)$ gesucht wird. Umgekehrt muß bei gegebener Gesamtspannung und gesuchtem Erregerstrom eine Integro-Differentialgleichung gelöst werden. Wegen der sinusförmigen Netzwerkerregung führt auch hier das Ansatzverfahren zum Ziel. Ausgehend von (Bild 6.3a)

$$iR + \frac{1}{C}\int i\,dt = \hat{U} \sin(\omega t + \varphi_u) \tag{1}$$

muß der Lösungsansatz die Netzwerkgleichung (1) erfüllen (s. Tafel 6.4). Eingesetzt folgt

$$\hat{I}R \sin(\omega t + \varphi_i) + \frac{\hat{I}}{\omega C} \sin\left(\omega t + \varphi_i - \frac{\pi}{2}\right) = \hat{U} \sin(\omega t + \varphi_u) \ .$$

Dieses Ergebnis entspricht dem in Tafel 6.4 mit vorgegebenem Erregerstrom völlig, es gilt also $i(t) = \frac{\hat{U}}{Z} \sin(\omega t + \varphi_u - \varphi_z)$ mit Z and φ_z nach Gl. (6.2).

Unabhängig davon, welche Größe im Netzwerk als Erregung vorgegeben ist, wollen wir jetzt das Lösungsverfahren der Netzwerk-Differentialgleichung zu einer Lösungsmethodik im Zeitbereich verallgemeinern. Zur Aufstellung der Netzwerk-Differentialgleichung greifen wir dabei auf die bekannten Analyseverfahren (Zweigstrom-, Knotenspannungsverfahren u. a.) zurück.

Lösungsmethodik. Stationär sinusförmig erregtes Netzwerk im Zeitbereich

1. Aufstellung der Netzwerk-Differentialgleichungen (für Momentanwerte (s. Tafel 5.8, Zweigstrom-, Knotenspannungs-, Maschenstromverfahren)):

a) Man erhält ein Differentialgleichungssystem für mehrere Unbekannte.

b) Ist nur eine Unbekannte gesucht und handelt es sich nicht um ein allzugroßes Netzwerk, so werden die nicht gesuchten Variablen eliminiert. Der Grad der sich ergebenden Integro-Differentialgleichung für die Unbekannte (Zweigstrom, Zweigspannung) ist dabei höchstens gleich der Anzahl der unabhängigen Energiespeicherelemente.

2.a) Ermittlung der stationären Lösung der DGl. durch Lösungsansatz 1 b) (bzw. Ansätze 1 a)) für die gesuchte Größe, z. B. einen Zweigstrom $i(t) = \hat{I} \sin(\omega t + \varphi_i)$ mit unbekannter Amplitude $\hat{I}$ und Nullphase φ_i.

b) Einsetzen des Ansatzes 2 a) (bzw. der Ansätze) in das Ergebnis 1 a) bzw. b).

c) Amplituden- und Phasenvergleich zwischen der Erregergröße und den Funktionen der Unbekannten (Bestimmung von $\hat{I}$ und φ_i nach 2 a)).

d) Rückeinsetzen der ermittelten Unbekannten gemäß 2 c) in den Ansatz 2 a).

Beispiel: Zweigstromanalyse im Zeitbereich. Gegeben sei die Schaltung nach Bild 6.3b, gesucht der Strom $i_C(t) = f(u_Q)$. Wir erhalten mit $z = 3$, $k = 2$, $m = 2$ insgesamt eine unabhängige Knoten- und zwei unabhängige Maschengleichungen. Anwendung der Lösungsmethodik nach *Punkt 1 a) Aufstellung der Netzwerkgleichungen.*

Knotengleichung K_1: $i_1(t) + i_C(t)$,

Maschengleichungen

M_I: $\Sigma u = 0$: $u_{R1}(t) + u_{R2}(t) - u_Q(t) = 0$,

M_{II}: $\Sigma u = 0$: $u_C(t) - u_2(t) = 0$.

Wir führen die Netzwerkelemente ein ($u_{R2} = u_C$),

$$K_1\colon \frac{u_1(t)}{R_1} = \frac{u_C(t)}{R_2} + C\frac{\mathrm{d}u_C}{\mathrm{d}t}, \tag{1}$$

$$M_I\colon u_1(t) + u_C(t) = u_Q(t) \ . \tag{2}$$

Gesucht ist der Strom $i_C = C(du_C/dt)$, mithin die Spannung u_C. Dazu wird Gl. (2) nach u_1 aufgelöst und in (1) gesetzt

$$\frac{u_Q(t)}{R_1} - \frac{u_C}{R_1} = \frac{u_C}{R_2} + C\frac{du_C}{dt} ,$$

Ordnen nach u_C und Einsetzen des Stromes $i_C = C(du_C/dt)$ ergibt schließlich

$$\frac{1}{C}\left(1 + \frac{R_1}{R_2}\right)\int i_C\,dt + R_1 i_C = u_Q(t) = \hat{U}_Q \sin(\omega t + \varphi_u) . \tag{3a}$$

Das ist die Netzwerkgleichung für die Unbekannte i_C. Sie kann auf beiden Seiten differenziert werden (zur Lösung nicht erforderlich!) und ergibt:

$$\frac{1}{C}\left(1 + \frac{R_1}{R_2}\right) i_C + R_1 \frac{di_C}{dt} = \omega \hat{U}_Q \cos(\omega t + \varphi_u) . \tag{3b}$$

Diese Netzwerkdifferentialgleichung ist vom ersten Grad (es tritt nur die erste zeitliche Ableitung auf!), weil die Schaltung nur einen Energiespeicher enthält.

Punkt 2a, b) Lösungsansatz. Wir wählen den Lösungsansatz $i_C = \hat{I}_C \sin(\omega t + \varphi_i)$ und setzen ihn in Gl. (3a) ein:

$$\frac{1}{C}\left(1 + \frac{R_1}{R_2}\right)\hat{I}_C \int \sin(\omega t + \varphi_i)\,dt + R_1 \hat{I}_C \sin(\omega t + \varphi_i) = \hat{U}_Q \sin(\omega t + \varphi_u) ,$$

$$-\frac{\hat{I}_C}{\omega C}\left(1 + \frac{R_1}{R_2}\right)\cos(\omega t + \varphi_i) + R_1 \hat{I}_C \sin(\omega t + \varphi_i) = \hat{U}_Q \sin(\omega t + \varphi_u) .$$

Punkt 2c) Koeffizientenvergleich. Der Koeffizientenvergleich kann (wegen des unterschiedlichen Argumentes links und rechts) auf verschiedene Weise geführt werden:

- Durch Aufspaltung der Funktionen $\cos(\alpha + \beta)$, $\sin(\alpha + \beta)$ nach dem trigonometrischen Additionstheorem in $\cos\alpha \cos\beta - \sin\alpha \sin\beta$ bzw. $\sin(\alpha + \beta) = \sin\alpha\cos\beta + \cos\alpha\sin\beta$;
- oder durch Umwandlung der cos-Funktion in eine sin-Funktion ($\cos(\omega t + \varphi_i) = \sin(\omega t + \varphi_i + \pi/2)$) und Anwendung der Summation zweier Sinusfunktionen verschiedener Amplitude und Phase Gl. (5.53), (5.54).

Wir wählen den ersten Weg (aus didaktischen Gründen) und erhalten mit der Abkürzung $m = \omega t + \varphi_i$ sowie Zerlegung der Erregerfunktion

$$\begin{aligned} -\frac{\hat{I}_C}{\omega C}\left(1 + \frac{R_1}{R_2}\right)\underline{\cos m} + \underline{\underline{R_1 \hat{I}_C \sin m}} &= \hat{U}_Q \sin(m - \varphi_i) \\ &= \hat{U}_Q[\underline{\underline{\sin m \cos\varphi_i}} - \underline{\cos m \sin\varphi_i}] . \end{aligned} \tag{4a}$$

Der Koeffizientenvergleich der jeweils gleich unterstrichenen Terme (Faktoren $\cos m$, $\sin m$) ergibt

$$-\frac{\hat{I}_C}{C}\left(1 + \frac{R_1}{R_2}\right) = -\hat{U}_Q \sin\varphi_i \quad \underline{\underline{\qquad}} \tag{4b}$$

$$R_1 \hat{I}_C = \hat{U}_Q \cos\varphi_i \quad \underline{\qquad} , \tag{4c}$$

also den *Phasenwinkel* aus Gl. (4b), (4c)

$$\tan\varphi_i = \frac{\sin\varphi_i}{\cos\varphi_i} = \frac{1}{\omega C R_1}\left(1 + \frac{R_1}{R_2}\right); \quad \varphi_i = \arctan\frac{1}{\omega C R_1}\left(1 + \frac{R_1}{R_2}\right) \tag{5a}$$

und die *Amplitude* mit Gl. (5a)

$$\hat{I}_C = \frac{\hat{U}_Q}{R_1}\cos\varphi_i = \frac{\hat{U}_Q}{R_1}\frac{1}{\sqrt{1+\tan^2\varphi_i}} = \frac{\hat{U}_Q}{\sqrt{R_1^2+\left(\frac{1}{\omega_C}\right)^2\left(1+\frac{R_1}{R_2}\right)^2}}\,. \tag{5b}$$

Punkt 2d) Rückeinsetzen der Lösungen in den Ansatz. Mit Kenntnis von Gl. (5a) und (5b) ist die Aufgabe gelöst. Wir setzen die Lösungen in die Ansatzfunktion (s. Pkt. 2a, 2b) ein und erhalten

$$i_C(t) = \frac{\hat{U}_Q}{\sqrt{R_1^2+\left(\frac{1}{\omega C}\right)^2\left(1+\frac{R_1}{R_2}\right)^2}}\sin\left[\omega t + \arctan\frac{1}{\omega C R_1}\left(1+\frac{R_1}{R_2}\right)\right]. \tag{6}$$

Den bisherigen Beispielen zur direkten Lösung der Netzwerkgleichung im Zeitbereich entnehmen wir zwei Erkenntnisse:

— Der Rechengang, vor allem das Aufstellen der Differentialgleichung, ist aufwendig (er steigt mit der Zweigzahl des Netzwerkes). Wir werden uns daher um ein Verfahren bemühen, das die Aufstellung der Nezwerk-Differentialgleichung umgeht (s. Abschn. 6.2). Dies ist die Nutzung der sog. *komplexen Rechnung* (oder des *Frequenzbereiches*).

— Der Scheinwiderstand Z muß nach Gl. (6)

$$Z = \sqrt{R_1^2+\left(\frac{1}{\omega C}\right)^2\left(1+\frac{R_1}{R_2}\right)^2}$$

betragen. Im Vergleich zum Bildungsgesetz bei Reihen- und Parallelschaltung von Wirk- und Blindwiderstand (Tafel 6.4) liegt hier ein weniger durchsichtiger Zusammenhang vor. Es ergibt sich aber zwangslos über die Netzwerkgleichung. Zweckmäßigerweise sucht man auch hier nach einem einfachen Verfahren. Wir werden es ebenfalls über den Frequenzbereich gewinnen. Dort ist der Scheinwiderstand im sog. *komplexen Widerstandsoperator* (s. Abschn. 6.2) enthalten.

6.2 Analyse im Frequenzbereich

Wir vereinfachen die Netzwerkberechnung nach Abschn. 6.1, insbesondere seine *stets wiederkehrenden Schritte* (Einsetzen des Lösungsansatzes, Durchführung der Integration und Differentiation, Koeffizientenvergleich für jede explizite Gleichung) durch eine effizientere Methode, die *Transformation* der Vorgänge vom *Zeitbereich* in den *Frequenzbereich* (und zurück). Man nennt dies *komplexe* oder *symbolische Methode* oder kurz *Wechselstromanalyse.* Ihr liegt die gleichwertige Darstellung der harmonischen Funktionen durch komplexe zeitveränderliche Größen — die sog. *Zeiger* — zugrunde. Die *gleichwertige Behandlung der Vorgänge im Frequenzbereich* (mit der Frequenz als der wesentlichen Größe) und *Zeitbereich* (mit der Zeit als wesentlicher Größe) *stellt das Fundament der gesamten Behandlung sinusförmiger Vorgänge in linearen Netzwerken dar.* Dabei ist jedoch zu beachten:

Während die Vorgänge im Zeitbereich stets physikalische Realität sind, haben die zugeordneten Größen im Frequenzbereich nur mathematisch-formale Bedeutung. Deswegen muß ein im Frequenzbereich gewonnenes Ergebnis am Ende stets in den Zeitbereich zurücktransformiert werden.

Die komplexe Methode bringt drei wichtige *Anwendungsvorteile*:

1. Die zeitliche Differentiation und Integration wird durch Multiplikation und Division mit $j\omega$ ersetzt.

2. Den Übergang von den *u*-*i*-Zusammenhängen der Netzwerkelemente im Zeitbereich in eine „ohmsche Form" im Frequenzbereich unter Verwendung eines *komplexen Widerstandsbegriffes* (bzw. *Leitwertbegriffes*).

3. Übergang von der Netzwerk-Differentialgleichung auf eine einfache algebraische Gleichung. Sie läßt sich im Frequenzbereich leicht lösen und ergibt die Wirkung im Frequenzbereich. Zum Ergebnis im Zeitbereich gelangen wir durch anschließende *Rücktransformation*.

Fürs erste benötigen wir gleichwertige Darstellungen harmonischer Funktionen durch komplexe Größen.

6.2.1 Darstellung harmonischer Funktionen durch komplexe Größen

Grundlage der komplexen Wechselstromanalyse ist die Nutzung komplexer Größen. Wir stellen die wichtigsten Rechenregeln zusammen, um jedem Leser problemlos Zugang zu diesem Verfahren zu erlauben.

6.2.1.1 Komplexe Größen

Darstellung komplexer Größen. Eine komplexe Größe besteht aus einer komplexen Zahl und einer Einheit. Sie wird durch Unterstreichen des jeweiligen Symbols gekennzeichnet: $\underline{u}$, $\underline{U}$, $\underline{\hat{U}}$, $\underline{Z}$. Komplexe Größen lassen sich in der *Gaußschen Ebene* darstellen. Das ist ein rechtwinkliges Koordinatensystem (Bild 6.4). Es enthält als Abszisse die reelle, als Ordinate die imaginäre Größe. Die Einheit der imaginären Zahlen ist j. Beachte: $j^2 = -1$. bzw. $j = +\sqrt{-1}$.[1]

Grundlage komplexer Größen sind komplexe Zahlen als Erweiterung des Zahlenbegriffes:

$$\underline{z} = x + jy = \mathrm{Re}(\underline{z}) + j\,\mathrm{Im}(\underline{z}), \tag{6.3a}$$

$\underline{x} = \mathrm{Re}(\underline{z})$ heißt Realteil (oder reelle Komponente) von $\underline{z}$,

$\underline{y} = \mathrm{Im}(\underline{z})$ heißt Imaginärteil (oder imaginäre Komponente) von $\underline{z}$.

Komplexe Zahlen schließen somit für $y = 0$ die reellen Zahlen wie auch für $x = 0$ die rein imaginären Zahlen ein.

Komplexe Zahlen können als Folge geordneter Paare reeller Zahlen interpretiert werden, für die folgende Regeln gelten:

— Zwei komplexe Zahlen stimmen überein, wenn je Real- und Imaginärteile gleich sind.

---

[1] Imaginäre Einheit in der mathematischen Literatur mit i bezeichnet, in der Elektrotechnik mit j, um eine Verwechslung mit dem Symbol *i* (Strom) zu vermeiden. Auf *F. Gauß* (1831) zurückgehend.

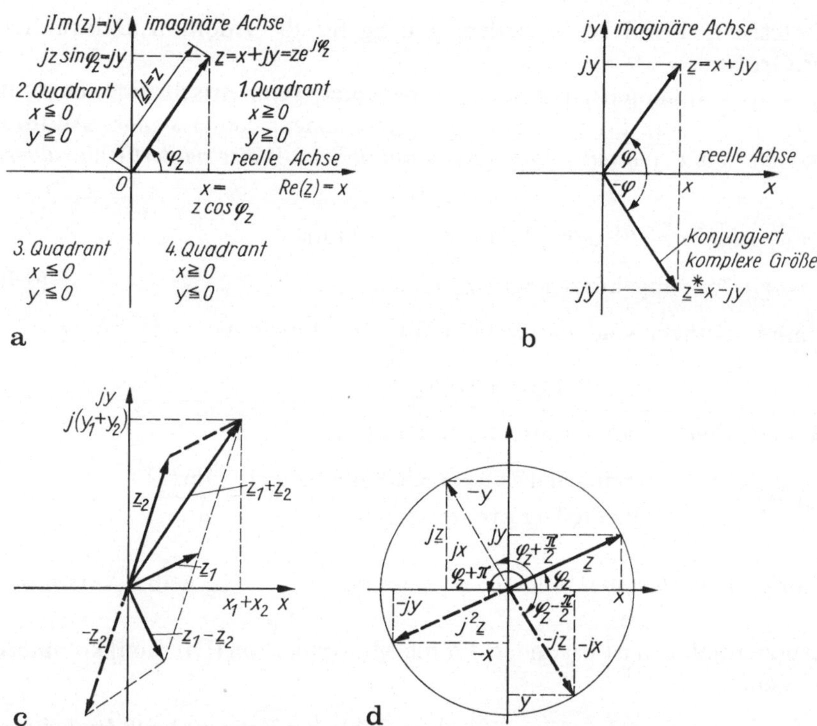

Bild 6.4a–d. Darstellung komplexer Größen in der Gaußschen Zahlenebene. **a** Darstellung der komplexen Größe $\underline{z}$ gleichwertig durch Real- und Imaginärteil oder Betrag und Phase; **b** komplexe Größe $\underline{z}$ und ihr konjugiert komplexer Wert; **c** Addition (Subtraktion) zweier komplexer Größen; **d** Drehung einer komplexen Größe um 90°, 180° bzw. 270° (= Multiplikation mit j, j^2, j^3)

— Für komplexe Zahlen gelten die Regeln der Addition (Subtraktion), Multiplikation und Division mit der Zusatzbedingung $j^2 = -1$.

Für den Umgang mit komplexen Größen gelten einige *Grundregeln.* So hat eine komplexe Zahl $\underline{z}$ drei *gleichwertige Darstellungsformen* (Tafel 6.5):

1. Kartesische Form (Rechteckkoordinaten, Komponentendarstellung, algebraische oder *R*- Form).[1]

In der komplexen Ebene (Bild 6.4a) wird $\underline{z}$ durch einen Punkt oder eine Verbindungsgerade (ebener Vektor) vom Ursprung zu diesem Punkt dargestellt. Daher heißt diese Ebene die $\underline{z}$-Ebene. Diese Form wird in der Elektrotechnik breit verwendet und als *Zeiger* bezeichnet.[2]

[1] *R* rechtwinklige Koordinaten.

[2] Die Anwendung komplexer Größen zur Lösung von Wechselstromproblemen geht auf Karl Steinmetz (1865–1923) zurück. Erstveröffentlichung 1893 (TH Breslau), ein Buch (1898) fand kein Verständnis. Steinmetz führte die Methode später in den USA erfolgreich ein. S. auch. ET u. Maschinenbau XLII, H-5 (1924), 69–71.

Die kartesische Form ist besonders günstig für die Addition (Subtraktion) komplexer Größen.

Das vor den Imaginärteil gesetzte j bedeutet geometrisch eine Drehung um + 90° (s. Bild 6.4a). So ist trotz des Plus-Zeichens keine *skalare* Addition möglich: *Glieder ohne und mit j dürfen nicht auf übliche Weise addiert (subtrahiert) werden.*

2. *Exponentialform* (*P*[1]-oder Polarform). Sie lautet

$$\underline{z} = |\underline{z}|e^{j\varphi_z}, \quad \text{abgekürzt}\ \underline{z} = |\underline{z}| \angle \varphi_z \ . \tag{6.3b}$$

Die Bestimmungsstücke sind *Betrag* (Modul) oder *Amplitude* $z = |\underline{z}|$ von $\underline{z}$

$$z = \sqrt{x^2 + y^2} = \sqrt{(\mathrm{Re}(\underline{z}))^2 + (\mathrm{Im}(\underline{z}))^2}$$

und *Winkel* φ_z, *Phase* oder *Argument* von $\underline{z}$ mit

$$\tan \varphi_z = \frac{y}{x} = \frac{\text{Imaginärteil } (\underline{z})(\text{vorzeichenbehaftet})}{\text{Realteil } (\underline{z})(\text{vorzeichenbehaftet})} = \frac{\mathrm{Im}(\underline{z})}{\mathrm{Re}(\underline{z})} \ .$$

Die zugehörige *Umkehrfunktion* lautet $\varphi_z = \arctan\left(\frac{y}{x}\right)$, $\angle \varphi_z$ heißt „Versor φ_z".

Die Exponentialform ist besonders für die Multiplikation (Division) komplexer Größen geeignet.

3. *Trigonometrische Form*. Eine komplexe Zahl vom Betrag 1 heißt Einheitszeiger mit der Phase φ_z:

$$e^{j\varphi_z} = \cos \varphi_z + j \sin \varphi_z = \exp j\, \varphi_z = \ (\text{Euler-Beziehung}) \ . \tag{6.3c}$$

Der Betrag lautet

$$|e^{j\varphi_z}| = 1 = \sqrt{[\mathrm{Re}(e^{j\varphi_z})]^2 + [\mathrm{Im}(e^{j\varphi_z})]^2} = \sqrt{\cos^2 \varphi_z + \sin^2 \varphi_z} \ .$$

Der zu $e^{j\varphi_z}$ gehörige Punkt liegt auf dem Einheitskreis $|\underline{z}| = 1$ mit dem Mittelpunkt im Ursprung unter dem Winkel φ_z gegen die reelle Achse. Daraus folgt die allgemeine trigonometrische Form

$$\underline{z} = |\underline{z}|[\cos \varphi_z + j \sin \varphi_z] \equiv x + jy \tag{6.3d}$$

mit $x = |\underline{z}| \cos \varphi_z$, $y = |\underline{z}| \sin \varphi_z$,

$$\cos \varphi_z = \frac{\mathrm{Re}(\underline{z})(\text{vorzeichenbehaftet})}{|\underline{z}|} = \mathrm{Re}(e^{j\varphi_z}) \ ,$$

$$\sin \varphi_z = \frac{\mathrm{Im}(\underline{z})(\text{vorzeichenbehaftet})}{|\underline{z}|} = \mathrm{Im}(e^{j\varphi_z}) \ . \tag{6.3e}$$

Die gleichwertige Darstellung der komplexen Zahl $\underline{z}$ und ihre Umwandlungsformen (Tafel 6.5) stellen eine wichtige Grundlage der komplexen Wechselstromrechnung dar.

---

[1] *P* Polarkoordinaten.

Tafel 6.5. Darstellungsformen einer komplexen Zahl $\underline{z}$

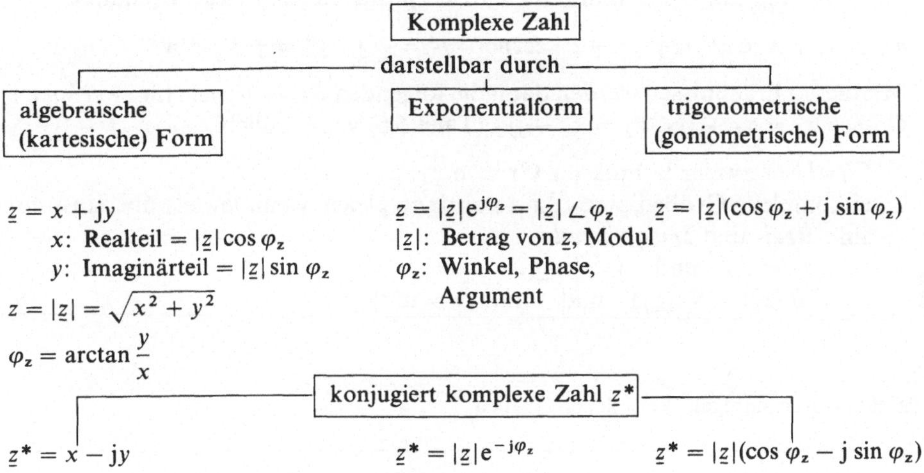

Konjugiert komplexe Größe $\underline{z}^*$ (Bild 6.4b). Die zu $= \underline{z} = x + jy$ konjugiert komplexe Größe $\underline{z}^*$ (Symbol mit * versehen) lautet

$$\underline{z}^* = x - jy = |\underline{z}| e^{-j\varphi_z} . \tag{6.4a}$$

Sie ergibt sich aus $\underline{z}$ durch Umkehr des Vorzeichens des Imaginärteils: Es wird $\underset{(-)}{+}$ j durch $\underset{(+)}{-}$ j ersetzt. Deshalb haben $\underline{z}$ und $\underline{z}^*$ stets gleiche Realteile.

Anchaulich entsteht $\underline{z}^*$ damit durch *Spiegelung* von $\underline{z}$ an der reellen Achse (Bild 6.4b). So sind auch die folgenden wichtigen Ergebnisse leicht verständlich:

$$x = \frac{\underline{z} + \underline{z}^*}{2} = \mathrm{Re}(\underline{z}), \quad jy = \frac{\underline{z} - \underline{z}^*}{2} = j\,\mathrm{Im}(\underline{z}), \quad \underline{z}\underline{z}^* = |\underline{z}|^2 = z^2 . \tag{6.4b}$$

Die Multiplikation zweier zueinander konjugiert komplexer Größen ergibt stets das (reelle) Betragsquadrat der Größe.

Rechenregeln für komplexe Größen. Wir wollen zunächst den Einheitszeiger $e^{j\varphi_z}$ speziell für die Fälle näher betrachten, in denen er auf einer Achse liegt (Bild 6.4c):

a) $\varphi_z = 0$: $e^{j0} = 1$: Zeiger längs der positiven reellen Achse,

b) $\varphi_z = +\frac{\pi}{2}$: $e^{j\frac{\pi}{2}} = \cos\frac{\pi}{2} + j \sin\frac{\pi}{2} = j$: Zeiger längs der positiven imaginären Achse.

Die Multiplikation einer komplexen Größe $\underline{z}$ mit $+j$ bewirkt eine Drehung um $+\pi/2$ im mathematisch-positiven Sinn.

c) $\varphi_z = -\frac{\pi}{2}$: $e^{-j\frac{\pi}{2}} = \cos\frac{\pi}{2} - j \sin\frac{\pi}{2} = -j = \frac{j}{j^2} = \frac{1}{j}$

Zeiger längs der negative imaginären Achse.

Division einer komplexen Größe $\underline{z}$ durch j (= Multiplikation mit − j) bewirkt ihre Drehung um $-\pi/2$ im mathematisch positiven Sinn (Rückdrehung).

d) $\varphi_z = \pm \pi$: $e^{\pm j\pi} = j^2 = -1$ ferner $j^3 = -j$, $j^4 = \pm 1$ usw.

Mit diesen Ergebnissen werden dann die folgenden *Rechenregeln* für *zwei komplexe Größen* $\underline{z}_1 = x_1 + jy_1$, $\underline{z}_2 = x_2 + jy_2$ (Tafel 6.6) verständlich:

e) Gleichheit zweier komplexer Größen $\underline{z}_1$, $\underline{z}_2$.
Zwei komplexe Größen $\underline{z}_1$, $\underline{z}_2$ sind nur dann gleich, wenn jeweils übereinstimmen
— ihre *Real-* und *Imaginärteile*

$$x_1 = x_2 \quad \text{und} \quad y_1 = y_2 \,,$$
$$\mathrm{Re}(\underline{z}_1) = \mathrm{Re}(\underline{z}_2) \quad \text{und} \quad \mathrm{Im}(\underline{z}_1) = \mathrm{Im}(\underline{z}_2) \,, \tag{6.5a}$$

Tafel 6.6. Rechenregeln komplexer Größen

	$\underline{z} = x_1 + jy_1 = z_1 e^{j\varphi_1}$; $\underline{z}_2 = x_2 + jy_2 = z_2 e^{j\varphi_2}$	Bemerkung
Gleichheit	$\underline{z}_1 = \underline{z}_2$: $x_1 = x_2$ und $y_1 = y_2$	Real- und Imaginärteil müssen übereinstimmen
Addition (Subtraktion)	$\underline{z}_1 \overset{+}{(-)} \underline{z}_2 = x_1 \overset{+}{(-)} x_2 + j(y_1 \overset{+}{(-)} y_2)$	algebraische Form, besonders zweckmäßig
Betrag	$\lvert\underline{z}_1 \pm \underline{z}_2\rvert = \sqrt{(x_1 \pm x_2)^2 + (y_1 \pm y_2)^2}$ $= \sqrt{x_1^2 + x_2^2 + y_1^2 + y_2^2 \pm 2(x_1x_2 + y_1y_2)}$ $= \sqrt{z_1^2 + z_2^2 \pm 2z_1z_1\cos(\varphi_1 - \varphi_2)}$	
Multiplikation	$\underline{z}_1\underline{z}_2 = (x_1 + jy_1)(x_2 + jy_2) = z_1z_2e^{j(\varphi_1+\varphi_2)}$ $= (x_1x_2 - y_1y_2) + j(x_1y_2 + x_2y_1)$ $= z_1z_2[\cos(\varphi_1 + \varphi_2) + j\sin(\varphi_1 + \varphi_2)]$	günstig in Exponentialform: Multiplikation (Division) der Beträge, Addition der Phasen (Subtraktion)
Division	$\dfrac{\underline{z}_1}{\underline{z}_2} = \dfrac{z_1}{z_2} e^{j(\varphi_1 - \varphi_2)}$ $= \dfrac{(x_1x_2 + y_1y_2) + j(x_2y_1 - x_1y_2)}{x_2^2 + y_2^2}$ $\left\lvert\dfrac{\underline{z}_1}{\underline{z}_2}\right\rvert = \dfrac{z_1}{z_2}$	

— oder ihre *Beträge* und *Phasen*

$$z_1 = z_2 \quad \text{und} \quad \varphi_{z1} = \varphi_{z2} \; . \tag{6.5b}$$

Eine Gleichung mit komplexen Größen enthält stets zwei Bestimmungsstücke.

f) **Addition (Subtraktion)** zweier komplexer Größen $\underline{z}_1, \underline{z}_2$:

$$\underline{z} = \underline{z}_1 \underset{(-)}{+} \underline{z}_2 = x_1 + \mathrm{j}y_1 \underset{(-)}{+} \{x_2 + \mathrm{j}y_2\} = (x_1 \underset{(-)}{+} x_2) + \mathrm{j}(y_1 \underset{(-)}{+} y_2) \; ,$$

oder

$$\mathrm{Re}(\underline{z}) = \mathrm{Re}(\underline{z}_1) \underset{(-)}{+} \mathrm{Re}(\underline{z}_2) \, , \quad \mathrm{Im}(\underline{z}) = \mathrm{Im}(\underline{z}_1) \underset{(-)}{+} \mathrm{Im}(\underline{z}_2) \; . \tag{6.5c}$$

oder auch

$$z = \sqrt{(z_1 \cos\varphi_1 + z_2 \cos\varphi_2)^2 + (z_1 \sin\varphi_1 + z_2 \sin\varphi_2)^2}$$

$$\varphi_z = \arctan \frac{z_1 \sin\varphi_1 + z_2 \sin\varphi_2}{z_1 \cos\varphi_1 + z_2 \cos\varphi_2}$$

Komplexe Größen werden addiert (subtrahiert), indem man je die Real- und Imaginärteile der Einzelgrößen addiert (subtrahiert) Bild 6.4c).

Die Addition z. B. veranschaulicht geometrisch, was wir bereits in Gl. (5.53 ff.) bei der Addition von Sinusgrößen kennenlernten.

So ergeben zwei komplexe Größen $\underline{z}_1 = 3 + 4\mathrm{j}$, $\underline{z}_2 = 5 + 3\mathrm{j}$ eine resultierende Größe $\underline{z}_{\text{ges}} = \underline{z}_1 + \underline{z}_2 = (3 + 5) + \mathrm{j}(4 + 3) = 8 + 7\mathrm{j}$ mit dem Betrag $z_{\text{ges}} = \sqrt{8^2 + 7^2} = \sqrt{113} = 10{,}63$. Die zugehörigen Winkel lauten $\varphi_1 = \arctan \frac{4}{3} = 53{,}1°$, $\varphi_2 = \arctan(\frac{3}{5}) = 31°$. Nach Gl. (5.53) ff. folgt auch

$$z_{\text{ges}} = \sqrt{z_1^2 + z_2^2 + 2z_1z_2\cos(\varphi_2 - \varphi_1)} = \sqrt{25 + 34 + 2 \cdot 5 \cdot 5{,}53\cos(31° - 53°)}$$
$$= 10{,}63.$$

Das Beispiel zeigt, daß die Gesamtgröße über die komplexe Ebene einfacher berechnet werden kann als über Beträge und Winkel.

g) **Multiplikation (Division).** Es ergibt sich z. B. für die Multiplikation

$$\underline{z} = \underline{z}_1 \underline{z}_2 = (x_1 + \mathrm{j}y_1)(x_2 + \mathrm{j}y_2) = |\underline{z}_1| \mathrm{e}^{\mathrm{j}\varphi_{z_1}} |\underline{z}_2| \mathrm{e}^{\mathrm{j}\varphi_{z_2}} = |\underline{z}| \mathrm{e}^{\mathrm{j}\varphi_z}$$

durch Vergleich

$$\text{Betrag } |\underline{z}| = |\underline{z}_1||\underline{z}_2|, \quad \text{d. h.,} \quad z = z_1 z_2 \, , \quad \text{Phase } \varphi_z = \varphi_{z1} + \varphi_{z2} \; . \tag{6.5d}$$

Bei Multiplikation (Division) zweier komplexer Größen werden die Beträge multipliziert (dividiert) und die Phasenwinkel addiert (subtrahiert).

Es gilt bei der Division $\underline{z} = \dfrac{\underline{z}_1}{\underline{z}_2} = \dfrac{z_1 \mathrm{e}^{\mathrm{j}\varphi_{z1}}}{z_2 \mathrm{e}^{\mathrm{j}\varphi_{z2}}} = \dfrac{z_1}{z_2} \mathrm{e}^{\mathrm{j}(\varphi_{z1} - \varphi_{z2})}$, d. h., $z = \dfrac{z_1}{z_2}$, $\varphi_z = \varphi_{z1} - \varphi_{z2}$.

Hier zeigt sich, daß für die Multiplikation (Division) die Exponentialform besonders vorteilhaft ist.

In algebraischer Form erhält man bei der Multiplikation

$$\underline{z}_1 \underline{z}_2 = (x_1 + \mathrm{j}y_1)(x_2 + \mathrm{j}y_2) = (x_1 x_2 - y_1 y_2) + \mathrm{j}(x_1 y_2 + x_2 y_1)$$

und bei der Division

$$\frac{\underline{z}_1}{\underline{z}_2} = \frac{\underline{z}_1 \underline{z}_2^*}{\underline{z}_2 \underline{z}_2^*} = \frac{\underline{z}_1 \underline{z}_2^*}{z_2^2} = \frac{x_1 + \mathrm{j}y_1}{x_2 + \mathrm{j}y_2} = \frac{(x_1 + \mathrm{j}y_1)(x_2 - \mathrm{j}y_2)}{(x_2 + \mathrm{j}y_2)(x_2 - \mathrm{j}y_2)}$$

$$= \frac{(x_1 x_2 + y_1 y_2) + \mathrm{j}(x_2 y_1 - x_1 y_2)}{x_2^2 + y_2^2} = \underline{z} = x + \mathrm{j}y \ .$$

Dabei wurde der Nenner durch Multiplikation mit der konjugiert komplexen Größe reell gemacht, damit der Real- und Imaginärteil von $\underline{z}$ leicht abgelesen werden kann.

Veranschaulicht man die Multiplikation (Division) der komplexen Größen $\underline{z}_1, \underline{z}_2$ in der komplexen Ebene, so bedeutet:

Multiplikation: An den Zeiger $\underline{z}_1$ wird der Winkel φ_{z2} angetragen (Drehung) und der so erhaltenen Fahrstrahl mit der Länge $z = z_1 z_2$ festgelegt (Streckung).

Division: An den Zeiger $\underline{z}_1$ wird der Winkel φ_{z2} rückdrehend angetragen und der so erhaltene Fahrstrahl mit der Länge z_1/z_2 festgelegt.

Speziell ergeben

— Multiplikation (Division) mit $e^{\mathrm{j}\varphi_z}$ (Einheitszeiger) eine Drehung ohne Streckung;

— Multiplikation (Division) mit $e^{\pm \mathrm{j}\frac{\pi}{2}}$ eine Vor-(Rück-)drehung um + (−)90°.

Beispiel: Wir stellen die komplexen Zahlen $\underline{z}_1 = 4 + 3\mathrm{j}$, $\underline{z}_2 = -4 - 3\mathrm{j}$, $\underline{z}_3 = -4 + 3\mathrm{j}$ als Zeiger dar und geben ihre Exponential- und trigonometrische Form an:

1. Betrag $z_1 = |\underline{z}_1| = \sqrt{4^2 + 3^2} = 5$. Phase $\tan\varphi_z = \mathrm{Im}(\underline{z})/\mathrm{Re}(\underline{z}) = \frac{3}{4}$, $\varphi_z = \arctan\frac{3}{4}$ $= 36{,}9°$ (1. Quadrant bzw. $\varphi_z = 36{,}9° \pm k\,360°$) (k = 0, 1, 2), trigonometrische Form: $\underline{z}_1 = 5(\cos 36{,}9° + \mathrm{j}\sin 36{,}9°)$,

Exponentialform: $\underline{z}_1 = 5e^{\mathrm{j}(36{,}9° \pm k \cdot 360°)}$.

2. Betrag $z_2 = |\underline{z}_2| = \sqrt{(-4)^2 + (-3)^2} = 5$, Phase $\tan\varphi_z = (-3)/(-4)$, $\arctan\frac{3}{4}$ $= 36{,}9° + 1 \cdot 180° = 216{,}9°$ (3. Quadrant), trigonometrische Form, Exponentialform: $\underline{z}_2 = 5(\cos 216{,}9° + \mathrm{j}\sin 216{,}9°) = 5\,e^{\mathrm{j}216{,}9°}$.

3. Betrag $z_3 = \sqrt{(-4)^2 + (3)^2} = 5$ Phase $\tan\varphi_z = (+3)/(-4) = -\frac{3}{4}$, $\varphi_z = -\arctan\frac{3}{4}$ $= 126{,}9°$ (2. Quadrant), trigonometrische, Exponentialform: $\underline{z}_3 = 5(\cos 126{,}9° + \mathrm{j}\sin 126{,}9°)$ $= 5\,e^{\mathrm{j}126{,}9°}$.

6.2.1.2 Zeitveränderliche komplexe Größen. Zeigerdarstellungen

Zusammenhang Zeitfunktion — komplexe Größe. Eine harmonische Zeitfunktion $a(t)$, z. B. der Momentanwert einer Spannung $u(t)$, läßt sich nach Tafel 6.5 stets durch den Real- oder Imaginärteil einer *komplexen zeitabhängigen Größe* $\underline{a}(t)$ darstellen

$$a(t) = \hat{A}\cos\psi_a(t) = \hat{A}\cos(\omega t + \varphi_a) = \mathrm{Re}(\underline{a}(t)) = \mathrm{Re}(\hat{A}\,\mathrm{e}^{\mathrm{j}\psi_a(t)}) \;, \tag{6.6a}$$

bzw.

$$a(t) = \hat{A}\sin\psi_a(t) = \hat{A}\sin(\omega t + \varphi_a) = \mathrm{Im}(\underline{a}(t)) = \mathrm{Im}(\hat{A}\,\mathrm{e}^{\mathrm{j}\psi_a(t)}) \;. \tag{6.6b}$$

Wir haben dabei eine komplexe Größe $\underline{a}$ mit gleichem Argument, einen sog. *Zeiger* $\underline{a}(t)$ gewählt. Er ist in allen Punkten ein genaues „Abbild" der harmonischen Funktion. Seine Zeitabhängigkeit findet sich in der Zeitabhängigkeit des Phasenwinkels $\psi_a(t)$.

Somit finden sich alle Bestimmungsstücke der Zeitfunktion a(t) (Amplitude $\hat{A}$, Phase φ_a, Frequenz ω (s. Abschn. 5.2.2)) im Zeiger $\underline{a}(t)$ wieder (und damit zwangsläufig auch in zwei zueinander konjugiert komplexen Größen $\underline{a}$ und $\underline{a}^*$).

Der Zeiger $\underline{a}(t)$

$$\underline{a}(t) = \hat{A}\mathrm{e}^{\mathrm{j}\psi_a(t)} = \hat{A}\,\mathrm{e}^{\mathrm{j}(\omega t + \varphi_a)} = \hat{A}\cos(\omega t + \varphi_a) + \mathrm{j}\hat{A}\sin(\omega t + \varphi_a) \tag{6.6c}$$

ist eine komplexe Größe darstellbar nur in der komplexen Ebene (Bild 6.4a) (Zeigerlänge $\hat{A}$). Sein Phasenwinkel $\psi_a(t)$ wächst mit der Zeit t: der Zeiger *rotiert* mit der Winkelgeschwindigkeit ω. Er heißt deshalb *rotierender Zeiger*. Wir haben deshalb nach Gl. (6.6) *streng zwischen zwei Beschreibungen* zu unterscheiden (und wollen das sogleich für eine Spannung $u(t) \equiv a(t)$ vorführen):

1. Darstellung im Zeitbereich

$$\begin{aligned} a(t) &= \hat{A}\cos(\omega t + \varphi_a) = \mathrm{Re}(\underline{a}(t)) \text{ bzw.} \\ u(t) &= \hat{U}\cos(\omega t + \varphi_u) = \mathrm{Re}(\underline{u}(t)) \end{aligned} \tag{6.6d}$$

Kennzeichen: (reeller) *Momentanwert* $u(t)$ mit der (reellen) Amplitude $\hat{U}$ (Scheitelwert).

2. Darstellung im Frequenzbereich (in der komplexen Ebene, Bild 6.4a)

$$\begin{aligned} \underline{a}(t) &= \hat{A}\,\mathrm{e}^{\mathrm{j}(\omega t + \varphi_a)} = \hat{A}\,\mathrm{e}^{\mathrm{j}\varphi_a}\mathrm{e}^{\mathrm{j}\omega t} = \underline{\hat{A}}\,\mathrm{e}^{\mathrm{j}\omega t} \;, \\ \underline{u}(t) &= \hat{U}\,\mathrm{e}^{\mathrm{j}(\omega t + \varphi_u)} = \hat{U}\,\mathrm{e}^{\mathrm{j}\varphi_u}\mathrm{e}^{\mathrm{j}\omega t} = \underline{\hat{U}}\,\mathrm{e}^{\mathrm{j}\omega t} \;. \end{aligned} \tag{6.6e}$$

Kennzeichen: komplexer Momentanwert $\underline{u}(t)$ mit der *komplexen Amplitude* $\underline{\hat{U}}$ (bestehend aus Betrag $\hat{U}$ und Nullphasenwinkel φ_u zum Zeitpunkt $t = 0$).

Im Bild 6.5a sind zwei Zeiger zu den Zeitpunkten $t = 0$ und t_1 eingetragen, ebenso die Projektionen des rotierenden Zeigers auf die reelle bzw. imaginäre Achse zur Zeit t.

Zusammengefaßt: Eine harmonische Größe $a(t)$ [Momentanwert eines Stromes $i(t)$ oder einer Spannung $u(t)$ im Zeitbereich (veranschaulicht durch das Liniendiagramm, Tafel 6.2)] ist stets darstellbar durch den Real- bzw. Imaginärteil einer zugeordneten komplexen Größe $\underline{a}(t)$ (komplexer Momentanwert des Stromes $\underline{i}(t)$ oder der Spannung $\underline{u}(t)$). Die komplexe Größe $\underline{a}(t)$ wird dem Frequenzbereich oder der komplexen Ebene (Bild 6.5a) zugeordnet und dort durch einen mit der Kreisfrequenz ω rotierenden Zeiger dargestellt. Sie ist eine *Rechengröße* (ohne physikalisch direkt interpretierbar zu sein). Tafel 6.7 enthält Gl. (6.6) in zusammengefaßter Form.

Tafel 6.7. Darstellung harmonischer Funktionen durch rotierende Zeiger

---

cos-Funktion

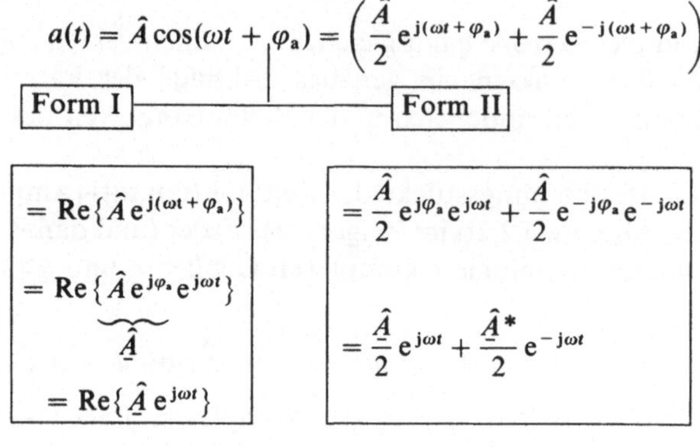

Bestimmungsstücke

Form I	Form II
$\hat{A}, \varphi_a, \omega$	$\underline{\hat{A}}, \underline{\hat{A}}^*, \omega$

sin-Funktion

$$a(t) = \hat{A}\sin(\omega t + \varphi_a) = \left(\frac{\hat{A}}{2} e^{j(\omega t + \varphi_a)} - \frac{\hat{A}}{2} e^{-j(\omega t + \varphi_a)}\right) \cdot \frac{1}{j}$$

Form I

$$= \mathrm{Im}\{\hat{A} e^{j(\omega t + \varphi_a)}\}$$

$$= \mathrm{Im}\{\underbrace{\hat{A} e^{j\varphi_a}}_{\underline{\hat{A}}} e^{j\omega t}\}$$

$$= \mathrm{Im}\{\underline{\hat{A}} e^{j\omega t}\}$$

Form II

$$= \left(\frac{\hat{A}}{2} e^{j\varphi_a} e^{j\omega t} - \frac{\hat{A}}{2} e^{-j\varphi_a} e^{-j\omega t}\right) \cdot \frac{1}{j}$$

$$= \left(\frac{\underline{\hat{A}}}{2} e^{j\omega t} + \frac{\underline{\hat{A}}^*}{2} e^{-j\omega t}\right) \cdot \frac{1}{j}$$

Zeigerdarstellung. Rotierender und ruhender Zeiger. Der rotierende Zeiger $\underline{u}(t)$ (komplexer Momentanwert) kann nach Gl. (6.6e) folgendermaßen interpretiert werden:

$$\underbrace{\underline{u}(t)}_{\substack{\textbf{komplexer}\\ \textbf{Momentanwert}}} = \begin{cases} \underbrace{\hat{U} e^{j\psi_u(t)}}_{\substack{\textbf{rotierender Zeiger}\\ \textbf{zeitabhängig}}} = \underbrace{\hat{U}}_{\substack{\textbf{Amplitude}\\ \textbf{(reell)}}} \cdot \underbrace{e^{j\psi_u(t)}}_{\textbf{rotierender Einheitszeiger}} \\ \hat{U} e^{j(\varphi_u + \omega t)} = \hat{U} e^{j\varphi_u} e^{j\omega t} = \underbrace{\underline{\hat{U}}}_{\substack{\textbf{ruhender Zeiger}\\ \textbf{(komplexe Amplitude)}}} \cdot \underbrace{e^{j\omega t}}_{\substack{\textbf{rotierender}\\ \textbf{Einheitszeiger}}} \end{cases} \tag{6.7a}$$

Es treten auf

1. Der *rotierende* oder *umlaufende Zeiger* (auch *komplexer Momentanwert*)

$$\underline{u}(t) = \underline{\hat{U}}\,\mathrm{e}^{\mathrm{j}\omega t}. \tag{6.7b}$$

Sein Real- (oder Imaginärteil) kennzeichnet nach Gl. (6.6d) den (zeitlichen) Momentanwert $u(t)$.

2. Der *ruhende Zeiger* (auch *komplexer Scheitelwert*)

$$u(0) = \underline{\hat{U}} = \hat{U}\,\mathrm{e}^{\mathrm{j}\varphi_u} \tag{6.7c}$$

(gekennzeichnet durch Amplitude und Nullphasenwinkel). Üblich ist auch die Verwendung des *Effektivwertes* Gl. (5.58a) anstelle von $\hat{U}(U = \hat{U}/\sqrt{2})$ (s. Abschn. 5.2.3). Man spricht dann vom *komplexen Effektivwert*

$$\underline{U} = U\,\mathrm{e}^{\mathrm{j}\varphi_u} \quad \text{komplexer Effektivwert der Spannung} \tag{6.7d}$$

oder kurz komplexer Spannung.[1]

Beachte:

a) Der ruhende Zeiger geht stets aus dem rotierenden hervor. Man betrachtet ihn dazu zum Zeitpunkt $t = 0$ oder läßt den Zeitfaktor $\mathrm{e}^{\mathrm{j}\omega t}$ weg.

b) Ruhende Zeiger symbolisieren zeitlich konstante Größen (z. B. die Relativlage von Strömen und Spannungen in einem Netzwerk, Scheinwiderstände). Sie müssen daher in der zeichnerischen Darstellung als stillstehend, d.h. mit *zeitunabhängigem* Winkel $\psi = \varphi$, zur reellen Achse angesetzt werden.

Formen der Zeigerdarstellungen. Wir benutzen jetzt den rotierenden Zeiger zur Darstellung der Zeitfunktion $a(t)$ (Tafel 6.7, Bild 6.5).

Form I. Die Darstellung der Zeitfunktion $a(t)$ durch einen um den Ursprung rotierenden Zeiger heißt *Zeigermodell* oder *Zeigerdarstellung*. Ein vom Mittelpunkt 0 (Bild 6.5a) ausgehender Strahl mit der Länge des Scheitelwertes $\hat{A}$ rotiert in einem Polardiagramm mit der Winkelgeschwindigkeit $\omega = \mathrm{d}\psi_a/\mathrm{d}t$ im mathematisch-positiven Sinn.

Die Projektion eines rotierenden Zeigers $\underline{a}(t)$ im Zeigerdiagramm auf die feststehenden Bezugsachsen ergibt den Augenblickswert $a(t)$ der sin- bzw. cos-Schwingung (Liniendiagramm). Das ist die Form I, das *Einzeigermodell* (Tafel 6.7).

Trägt man mehrere Zeiger (mit gleicher Winkelgeschwindigkeit ω) in ein Diagramm ein, so entsteht ein *Zeigerbild* oder *Zeigerdiagramm*. Das Ziel der Berechnung von Strömen und Spannungen im sinusförmig erregten Netzwerk bestand grundsätzlich in der Amplituden- und Phasenbestimmung dieser Größen.

Form II.[2] Darstellung durch ein *gegenläufig rotierendes Zeigerpaar* (Zeigermodell, Bild 6.6). Die Zeitfunktion $a(t)$ läßt sich auch durch die Summe bzw. Differenz (nicht dargestellt)

---

[1] Der Begriff verdeutlicht, daß es sich um eine Spannung im Bildbereich handelt, keine physikalische, d.h. meßbare Größe.

[2] Diese Form korrespondiert direkt mit der Fourier-Darstellung einer periodischen Funktion (Absch. 9.1).

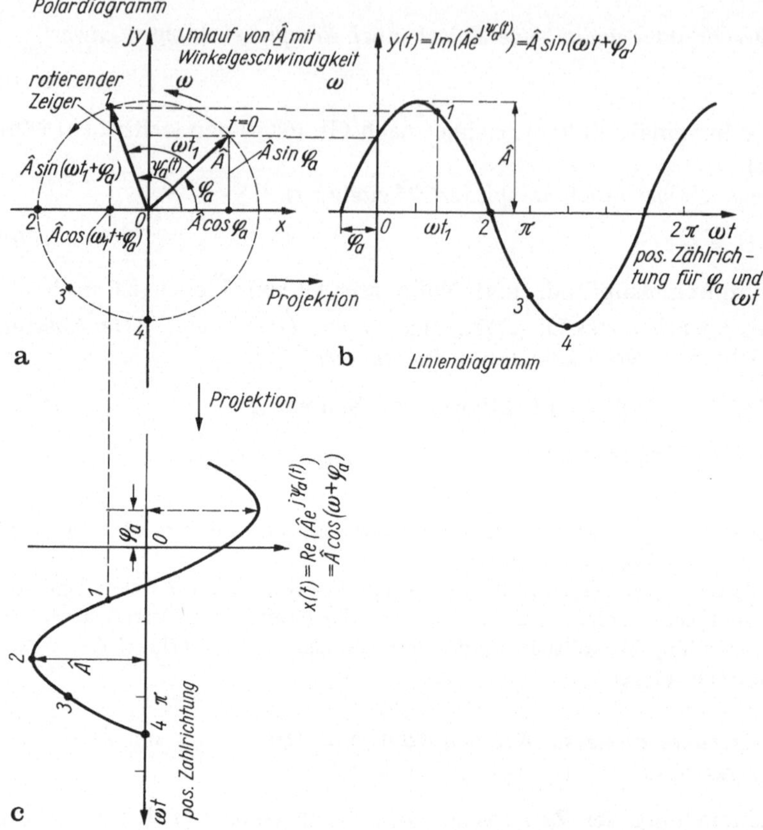

Bild 6.5a–c. Darstellung der Zeitfunktion $a(t)$ durch Projektion eines rotierenden Zeigers $\underline{a}(t) = \hat{A}\,e^{j(\omega t + \varphi_a)}$. **a** Zeiger $\underline{\hat{A}}\,e^{j\omega t}$, der mit der Winkelgeschwindigkeit ω im positiven Umlaufinn rotiert; **b** Liniendiagramm: Projektion von $\underline{a}(t)$ auf die y-Achse; **c** Liniendiagramm: Projektion von $\underline{a}(t)$ auf die x-Achse

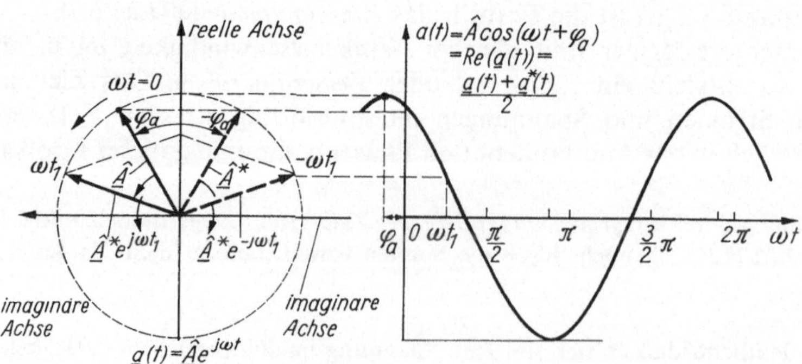

Bild 6.6. Darstellung der Zeitfunktion $a(t)$ durch Projektion zweier rotierender Zeiger. Es wurde nur die Projektion auf die reelle Achse dargestellt

zweier rotierender Zeiger ausdrücken, die in entgegengesetzten Richtungen mit der Winkelgeschwindigkeit ω umlaufen (Tafel 6.7). Dies folgt direkt über Gl. (6.4b):

$$a(t) = \hat{A}\cos(\omega t + \varphi_a) = \mathrm{Re}(\underline{a}(t)) = \frac{\underline{a}(t) + \underline{a}^*(t)}{2} = \frac{\underline{\hat{A}}\,\mathrm{e}^{\mathrm{j}\omega t} + \underline{\hat{A}}^*\mathrm{e}^{-\mathrm{j}\omega t}}{2} \tag{6.8a}$$

bzw.

$$a(t) = \hat{A}\sin(\omega t + \varphi_a) = \mathrm{Im}(\underline{a}(t)) = \frac{\underline{a}(t) - \underline{a}^*(t)}{2\mathrm{j}} = \frac{\underline{\hat{A}}\,\mathrm{e}^{\mathrm{j}\omega t} - \underline{\hat{A}}^*\mathrm{e}^{-\mathrm{j}\omega t}}{2\mathrm{j}} \; . \tag{6.8b}$$

Diese Schreibweise beinhaltet

— einen Zeiger der Länge $a/2$ mit dem Nullphasenwinkel φ_a, der mit ω im mathematisch-positiven Sinn rotiert;

— einen Zeiger gleicher Länge mit dem Nullphasenwinkel $-\varphi_a$, der im mathematisch-negativen Sinn rotiert.

Zu jedem Zeitpunkt ergibt die halbe Summe beider Zeiger den Realteil von $\underline{a}$, d. h. den Augenblickswert $a(t)$. Die Imaginärteile heben sich auf. Genauso kann man zeigen, daß für die Differenz beider Zeiger die Realteile verschwinden und die Sinusfunktion ergeben.

Diskussion

— Die Verwendung des Einzeigermodells (Form I) ist die üblichere und findet sich in vielen Lehrbüchern, soweit nur Grundlagen der Netzwerkanalyse vermittelt werden. Baut man die Transformation Zeit- → Frequenzbereich auf dem Einzeigermodell auf, so entstehen bei der Transformation von Produkten (Quotienten) zeitabhängiger Größen Probleme die zu Einschränkungen führen.

— Das Zeigerpaarmodell bringt erhebliche Vorteile bei Fourier-Reihen, beim Fourier-Integral, bei der Laplace-Transformation (s. Abschn. 9.4).

Offen bleibt für diesses Modell noch der Begriff *negative Frequenz*. Was bedeutet er? Der Definition nach ist die Frequenz als physikalische Größe stets positiv: $f = 1/T$. Deshalb verständigen wir uns so: Es gibt physikalisch keine negative Frequenz, nur negative Werte von ω. Sie können durch eine methodische Darstellung formal auftreten. Dann ist es müßig, eine physikalische Interpretation zu suchen.

Eigenschaften rotierender Zeiger $\underline{a}(t) = \underline{\hat{A}}\mathrm{e}^{\mathrm{j}\omega t} = \hat{A}\mathrm{e}^{\mathrm{j}(\omega t + \varphi_a)}$. Wir stellen jetzt Differentiation und Integration als wichtigste Eigenschaften rotierender Zeiger zusammen. Darauf beruht ihre Anwendung zur Analyse linearer zeitunabhängier Netzwerke bei harmonischer Erregung.

Satz 1. Differentiation. Das Differential des rotierenden Zeigers $\underline{a}(t) = \underline{\hat{A}}\mathrm{e}^{\mathrm{j}\omega t}$ nach der Zeit

$$\frac{\mathrm{d}\underline{a}(t)}{\mathrm{d}t} = \frac{\mathrm{d}}{\mathrm{d}t}|\underline{\hat{A}}|\,\mathrm{e}^{\mathrm{j}(\omega t + \varphi_a)} = \mathrm{j}\omega|\underline{\hat{A}}|\,\mathrm{e}^{\mathrm{j}(\omega t + \varphi_a)} = \mathrm{j}\omega\underline{a}(t) \tag{6.9a}$$

geht über in eine Multiplikation des gleichen rotierenden Zeigers $\underline{a}(t)$ mit $\mathrm{j}\omega$!

Verallgemeinert erhält man dann für eine n-fache Differentiation

$$\frac{\mathrm{d}^n\underline{a}(t)}{\mathrm{d}t^n} = (\mathrm{j}\omega)^n\underline{a}(t) \; . \tag{6.9b}$$

Anschaulich bedeutet einmalige Differentiation eine Vorwärtsdrehung um $\pi/2$ (Multiplikation mit j) und Änderung seines Betrages um den Faktor ω (Drehstreckung). Die n-fache

Differentiation ergibt dann wegen $(j\omega)^n$ eine Vordrehung um $n(\pi/2)$ und Betragsänderung um den Faktor ω^n.

Satz 2. Integration. Das (unbestimmte) Integral des rotierenden Zeigers $\underline{a}(t)$ über die Zeit t

$$\int \underline{a}(t)\mathrm{d}t = \int |\underline{\hat{A}}|\mathrm{e}^{\mathrm{j}(\omega t + \varphi_*)}\mathrm{d}t = \frac{1}{\mathrm{j}\omega}|\underline{\hat{A}}|\mathrm{e}^{\mathrm{j}(\omega t+\varphi)} = \frac{\underline{a}(t)}{\mathrm{j}\omega} \tag{6.10a}$$

geht über in eine Division des gleichen rotierenden Zeigers durch $\mathrm{j}\omega$.

Verallgemeinert ergibt eine n-fache Integration

$$\int \underset{n}{\cdots} \left\{ \int \underline{a}(t)\,\mathrm{d}t \right\} \cdots \,\mathrm{d}t = \frac{1}{(\mathrm{j}\omega)^n}\underline{a}(t) \; . \tag{6.10b}$$

Anschaulich betrachtet bedeutet dann einmalige Integration eine Division von $\underline{a}(t)$ durch $\mathrm{j}\omega$ (Multiplikation mit $1/(\mathrm{j}\omega) = \mathrm{j}/(\mathrm{j}^2\omega) = -\mathrm{j}/\omega$) und somit eine *Rückdrehung um* $\pi/2$ und Multiplikation des Betrages mit $1/\omega$ (Bild 6.7). Entsprechend verfährt man bei n-facher Integration.

Satz 3. Schließlich sei (ohne Beweis) noch erwähnt, daß Differentiation bzw. Integration und Real- bzw. Imaginärteilbildung kommutativ sind. So gilt beispielsweise

$$\frac{\mathrm{d}\,\mathrm{Re}(\underline{\hat{A}}\mathrm{e}^{\mathrm{j}\omega t})}{\mathrm{d}t} = \mathrm{Re}\{\mathrm{j}\omega\underline{\hat{A}}\mathrm{e}^{\mathrm{j}\omega t}\} \; . \tag{6.11}$$

usw.

Zusammengefaßt wird die Differentiation von $\underline{a}$ (Integration) durch Multiplikation mit $\mathrm{j}\omega$ (mit $1/\mathrm{j}\omega$) ersetzt. Darin besteht der große Vorteil, den der Wechsel von der reellen Funktion $a(t)$ zur komplexen Funktion $\underline{a}(t)$ für die Durchführung der Netzwerkanalyse bringt (s. Abschn. 6.2.2).

Beispiel: Rotierender und ruhender Zeiger. In der Schaltung Bild 6.8 lautet die Maschengleichung

$$u_\mathrm{R} + u_\mathrm{C} - u_\mathrm{Q} = 0 \quad \text{bzw.} \quad iR + \frac{1}{C}\int i\,\mathrm{d}t = u_\mathrm{Q} \; . \tag{1}$$

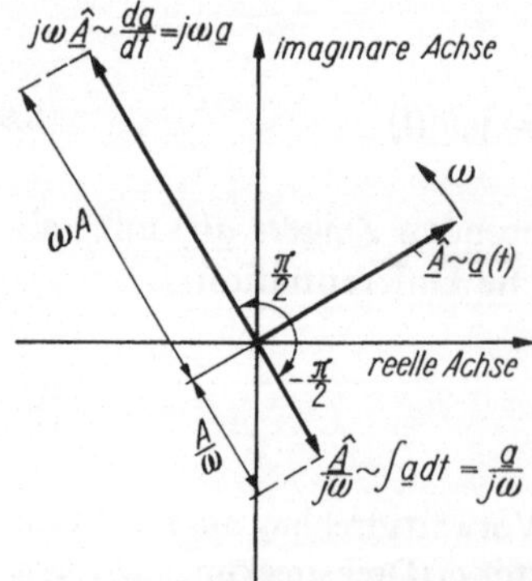

Bild 6.7. Differential und Integral eines rotierenden Zeigers $\underline{a}(t)$ (dargestellt zu einem festen Zeitpunkt)

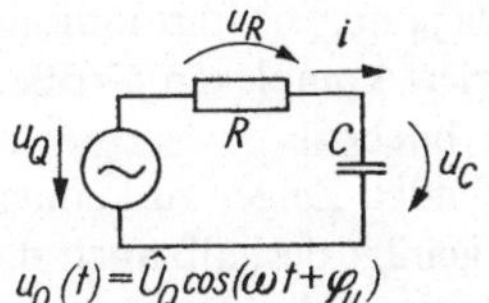

Bild 6.8. RC-Schaltung

Wir wollen den Strom $i(t)$ unter Benutzung der ruhenden und rotierenden Zeiger (Form II) bestimmen und den Vorteil gegenüber der Ermittlung der stationären Lösung über die DGl. zeigen. Ausgang sind die Darstellungen

$$u_Q(t) = \hat{U}_Q \cos(\omega t + \varphi_u) = \frac{1}{2}[\hat{U}_Q e^{j(\omega t+\varphi_u)} + \hat{U}_Q e^{-j(\omega t+\varphi_u)}] = \frac{1}{2}(\hat{\underline{U}} e^{j\omega t} + \hat{\underline{U}}_Q^* e^{-j\omega t})$$

und analog für den Strom als gesuchte Größe $i(t) = \frac{1}{2}(\hat{\underline{I}} e^{j\omega t} + \hat{\underline{I}}^* e^{-j\omega t})$, $\hat{\underline{I}} = \hat{I} e^{j\varphi_i}$. Einsetzen von $u_Q(t)$ und $i(t)$ in die Netzwerkgleichung (1) und Durchführen der Integration führt auf

$$\hat{\underline{U}}_Q e^{j\omega t} + \hat{\underline{U}}_Q^* e^{-j\omega t} = R(\hat{\underline{I}} e^{j\omega t} + \hat{\underline{I}}^* e^{-j\omega t}) + \frac{1}{j\omega C}(\hat{\underline{I}} e^{j\omega t} - \hat{\underline{I}}^* e^{-j\omega t}) \tag{2}$$

oder geordnet nach den Faktoren von $e^{j\omega t}$ und $e^{-j\omega t}$

$$\left[\hat{\underline{U}}_Q - \left(R + \frac{1}{j\omega C}\right)\hat{\underline{I}}\right] e^{j\omega t} + \left[\hat{\underline{U}}_Q^* - \left(R - \frac{1}{j\omega C}\right)\hat{\underline{I}}^*\right] e^{-j\omega t} = 0\,. \tag{3}$$

Die rechte Seite verlangt, daß jede Klammer verschwindet. Es ergeben sich als Lösung die ruhenden Zeiger

$$\hat{\underline{I}} = \frac{\hat{\underline{U}}_Q}{R + \dfrac{1}{j\omega C}}, \quad \hat{\underline{I}}^* = \frac{\hat{\underline{U}}_Q^*}{\left(R - \dfrac{1}{j\omega C}\right)^*}\,. \tag{4}$$

Beide Bestimmungsgleichungen für $\hat{\underline{I}}$ sind gleichwertig (jede geht aus der anderen hervor, indem man konjugiert komplexe Größen einsetzt). Daher genügt die Lösung einer Gleichung zur $\hat{I}$- und φ_i-Bestimmung:

$$\hat{\underline{I}} = \hat{I} e^{j\varphi_i} = \frac{\hat{U}_Q e^{j\varphi_u}}{R + 1/(j\omega C)} = \frac{\hat{U}_Q}{|R + 1/(j\omega C)|} e^{j(\varphi_u + \arctan\frac{1}{\omega CR})} = \frac{\hat{U}_Q e^{j(\varphi_u + \arctan\frac{1}{\omega CR})}}{\sqrt{R^2 + (1/\omega C))^2}}\,. \tag{5}$$

Man erhält

$$\hat{I} = \frac{\hat{U}_Q}{\sqrt{R^2 + (1/(\omega C))^2}} \quad \text{und} \quad \varphi_i = \varphi_u + \arctan\frac{1}{\omega CR} \tag{6}$$

und damit $i(t) = \hat{I}\cos(\omega t + \varphi_i)$.

Das Ergebnis wurde wesentlich einfacher gewonnen als etwa nach Abschn. 6.1. Im Grunde waren nur drei Schritte erforderlich:

1. Benutzung der zu $u_Q(t)$, $i(t)$ im Zeitbereich gehörenden komplexen Amplitude $\hat{\underline{U}}_Q$, $\hat{I}_Q$ im Frequenzbereich.

2. Lösung einer linearen algebraischen Gleichung (3) für komplexe Amplituden. (Die Integration $\int i\,dt$ geht in eine Division mit $j\omega$ über).

3. Bestimmung der Amplitude und Phase von $\hat{\underline{I}}$ (Gl. (5) bzw. (6)) und Niederschrift der Lösung $i(t)$.

Das Verfahren mit zwei Zeigern (Form II) Bild 6.6 zeigt weiter.

4. Alle Zwischenschritte laufen im Zeitbereich ab: Ersetzt wurde ja nur die harmonische Funktion durch eine völlig gleichwertige Summe aus zwei konjugiert komplexen Größen. Wir sind also während der ganzen Rechnung „im Zeitbereich" verblieben!

5. Vom Ergebnis Gl. (4) her beurteilt genügt es, nur einen ruhenden Zeiger zu kennen, denn $\hat{\underline{I}}^*$ ergibt sich daraus automatisch. Zur Lösung der Aufgabe genügt deshalb auch das Einzeigermodell (Form I). Dafür muß jedoch der Transformation Zeitbereich—Frequenzbereich (sog. Hin- und Rücktransformation) mehr Aufmerksamkeit werden.

6.2.2 Netzwerkberechnung über den Frequenzbereich

Überblick. Funktionaltransformation. Die Darstellung zeitveränderlicher Größen durch rotierende Zeiger ermöglicht durch Übergang der zeitlichen Differentiation (Integration) in eine Multiplikation mit $\mathrm{j}\omega$ (Division durch $\mathrm{j}\omega$) grundsätzlich die Überführung der Netzwerk-Differentialgleichung in eine algebraische Gleichung.

Der Vorgang, einer (reellen) Zeit- oder *Originalfunktion* $a = \hat{A}\cdot\cos(\omega t + \varphi_a)$ einen rotierenden Zeiger oder eine sog. *Bildfunktion* $\underline{a}(t)$ mit (Gl. (6.6a–c))

$$\underline{a}(t) = \hat{A}\cos(\omega t + \varphi_a) \rightarrow \underline{a}(t) = \hat{A}\cos(\omega t + \varphi_a) + \mathrm{j}\hat{A}\sin(\omega t + \varphi_a) = \hat{A}\mathrm{e}^{\mathrm{j}\omega t} \quad \text{Hintransformation} \tag{6.12a}$$

zuzuordnen, heißt *Transformation* (oder auch Funktionaltransformation) vom *Zeit-* in den *Frequenzbereich.* Dabei wird der Term $\hat{A}\sin(\omega t + \varphi_a)$ addiert. Der umgekehrte Schritt, die *Rücktransformation*

$$\underline{a}(t) = \hat{A}\mathrm{e}^{\mathrm{j}(\omega t + \varphi_a)} \rightarrow a(t) = \mathrm{Re}(\underline{a}(t)) = \hat{A}\cos(\omega t + \varphi_a) \quad \text{Rücktransformation} \tag{6.12b}$$

bedeutet, vom rotierenden Zeiger nur den Realteil zu verwenden.

Im Bild 6.9 wurden diese Schritte veranschaulicht. Grundsätzlich kann eine solche Transformation auch von einer sinusförmigen Zeitfunktion aus begonnen werden.

Auf die Tatsache, daß die Größen im Zeitbereich physikalische (und damit meßbare) Größen sind, hatten wir bereits verwiesen. Demgegenüber treten im Frequenzbereich nur Rechengrößen auf (nicht meßbar).

Die Hauptschritte der Funktionaltransformation gehen aus Bild 6.9 klar hervor:
- Transformation des Original- in ein Bildproblem (oder vom Zeit- in den Frequenzbereich);
- Lösung des Problems im Bild- oder Frequenzbereich (Ergebnis: Frequenz- oder Bildlösung);
- Rücktransformation der Bildlösung in den Originalbereich (Frequenz → Zeitbereich) zur Darstellung der Originallösung.

Wie im Bild 6.9 angedeutet, verspricht diese Funktionaltransformation ein einfacheres Lösungsverfahren als das Lösen der Netzwerkgleichung im Zeitbereich (s. Abschn. 6.1).

Funktionaltransformationen werden häufig zur einfachen Lösung unterschiedlichster Probleme benutzt. So kann die Division zweier Zahlen $y = x_1/x_2$ z. B. durch Nutzung der Logarithmen (Transformation) in eine Subtraktion im Bildbe-

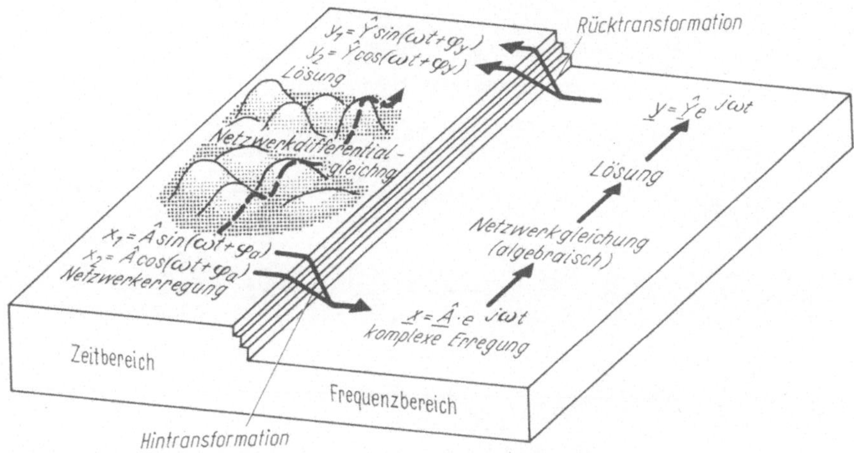

Bild 6.9. Vorteile der Lösung im Zeit — Frequenzbereich

reich überführt werden: $\lg y = \lg x_1 - \lg x_2 = y^*$, die Rücktransformation in den Originalbereich ergibt $y = 10^{y^*}$.

In der Elektrotechnik werden Funktionaltransformationen sehr umfangreich angewendet, z. B. Fourier-, Laplace, z-, Hilbert-Transformation, aber auch die konforme Abbildung (s. Abschn. 6.3) ist eine solche Transformation.

Die vorliegende Funktionaltransformation Zeit—Frequenzbereich nach Gl. (6.12) ist technisch sehr verbreitet. Sie wird häufig bezeichnet als *symbolische Methode* oder *komplexe Wechselstromanalyse* und gilt — das sei nochmals hervorgehoben — ausschließlich für lineare Netzwerke mit zeitunabhängigen Netzwerkelementen im stationären Zustand. Später werden wir aber sehen, daß sich die Ergebnisse auch auf nichtstationäre Vorgänge erweitern lassen. Gerade darin liegt ihre große Bedeutung, weil so die „Wechselstromrechnung" zum Fundament einer allgemeineren Netzwerkanalyse wird (vgl. Abschn. 9.4, 10).

Wir wenden die Funktionaltransformation auf folgende Problemstellungen an:

1. Transformation der Netzwerk-Differentialgleichung (Abschn. 6.2.2.1).

2. Anwendung rotierender Zeiger auf die Grundelemente R, C, L, M unter Einführung des *Widerstandsoperators.* Im Prinzip handelt es sich dabei um einen Sonderfall von 1). Dieses Verfahren heißt *Transformation eines Netzwerkes* in den *Frequenzbereich* (Abschn. 6.2.2.2, Bild 6.9). Erst dadurch wird der Vorteil der Netzwerkanalyse über den Frequenzbereich voll wirksam.

3. Die graphische Interpretation dieser Vorgänge durch Zeigerdiagramme (Abschn. 6.2.3).

Tafel 6.8 enthält die einzelnen Lösungsverfahren übersichtsartig.

6.2.2.1 *Transformation der Netzwerk-Differentialgleichung*

Von einem Netzwerk sei durch Anwendung der Kirchhoffschen Gesetze (oder abgewandelter Methoden, s. Abschn. 5.3) die Netzwerk-Differentialgleichung

Tafel 6.8. Übersicht der Analyseverfahren von linearen Netzwerken bei stationärer harmonischer Erregung. Hervorgehobene Abläufe sind besonders vorteilhaft. (Die Schrittangaben beziehen sich auf den Text, Abschn. 6.2.2.1; Lösungsmethodik, Abschn. 6.2.2.1; abgekürztes Verfahren s. Abschn. 6.2.2.2.3)

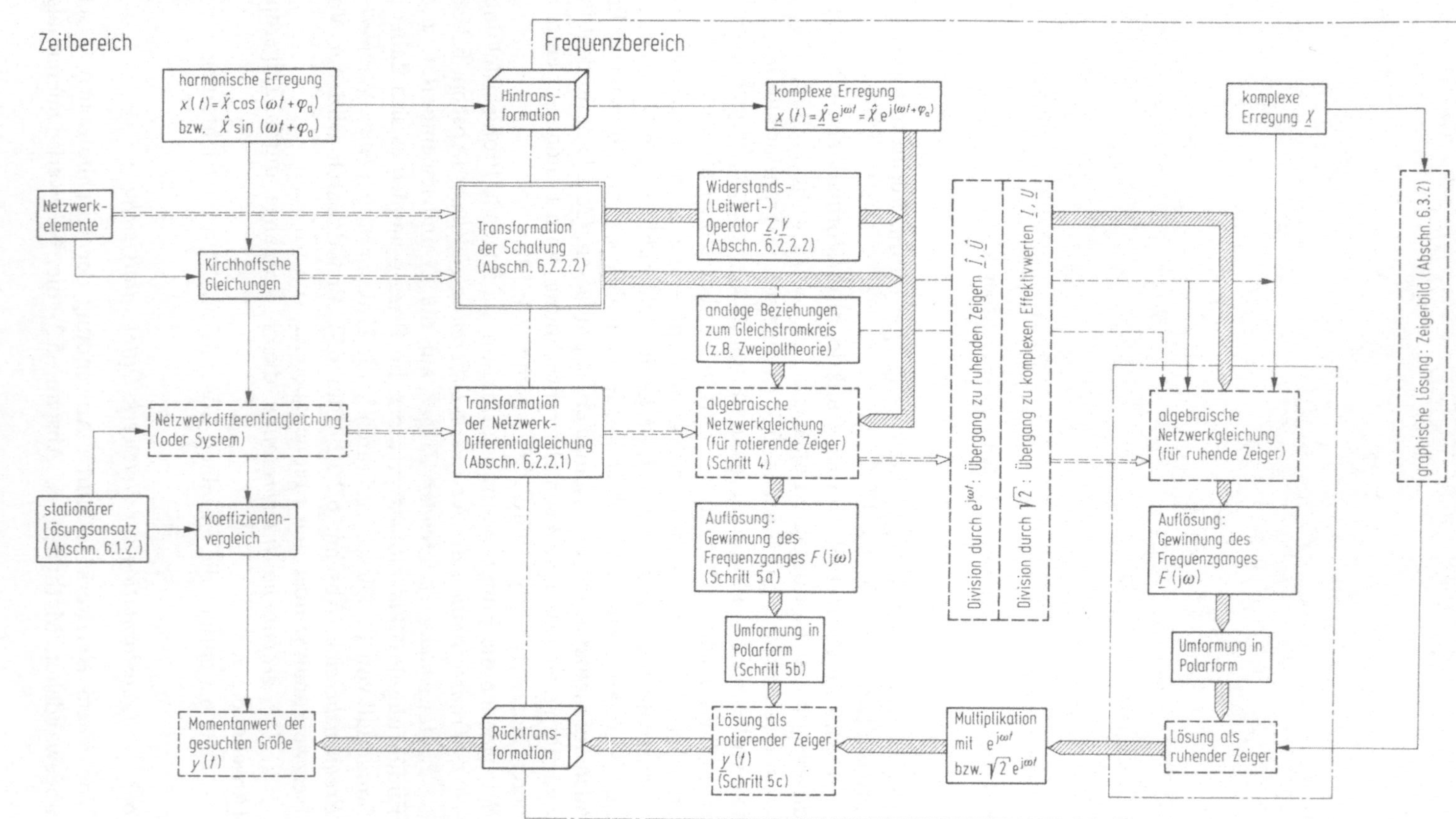

(5.121) zwischen Ursache und Wirkung bekannt. Es habe die Erregung $x(t) = \hat{X}_m \cos(\omega t + \varphi_x) = \mathrm{Re}(\underline{x}(t)) = \mathrm{Re}(\hat{\underline{X}} e^{j\omega t})$(ferner sei $b_0 = 1$, $b_1 \ldots b_m = 0$). Im stationären Zustand stellt sich dann die (unbekannte) Lösung

$$y_p(t) = y(t) = \hat{Y}_m \cos(\omega t + \varphi_y) = \mathrm{Re}(\underline{y}(t)) = \mathrm{Re}(\hat{\underline{Y}} e^{j\omega t}) \qquad (6.13)$$

ein. Wir ermitteln sie durch Transformation in den Frequenzbereich. Nach Abschn. 6.2.1.2 sind folgende Schritte unter Anwendung der dort erläuterten Sätze durchzuführen:

1. Einsetzen des Lösungsansatzes in die Differentialgleichung

$$a_n \frac{d^n}{dt^n} \mathrm{Re}(\underline{Y} e^{j\omega t}) + \ldots + a_0 \mathrm{Re}(\underline{Y} e^{j\omega t}) = \mathrm{Re}(\underline{X} e^{j\omega t}) = X \cos(\omega t + \varphi_x) \, . \qquad (6.14a)$$

Dabei ist es nebensächlich, ob $\hat{\underline{Y}}$ oder $\underline{Y} = \hat{\underline{Y}}/\sqrt{2}$ benutzt wird.

2. Vertauschung von Realteilbildung und Differenzieren (Satz 3)

$$\mathrm{Re}\left\{ a_n \frac{d^n}{dt^n} \underline{Y} e^{j\omega t} + \ldots + a_0 \underline{Y} e^{j\omega t} \right\} = \mathrm{Re}(\underline{X} e^{j\omega t}) \, . \qquad (6.14b)$$

3. Durchführung der Differentiation (bzw. Integration, sofern erforderlich) durch Anwendung von Satz 1 bzw. 2

$$\mathrm{Re}\{a_n (j\omega)^n \underline{Y} e^{j\omega t} + \ldots + a_0 \underline{Y} e^{j\omega t}\} = \mathrm{Re}(\underline{X} e^{j\omega t}) \, . \qquad (6.14c)$$

Dabei wird der Vorteil des Überganges Differentiation → Multiplikation deutlich.

Mit den Schritten 1 bis 3 befinden wir uns noch im Zeitbereich. An die Stelle des Realteiles tritt der Imaginärteil, wenn die Erregerfunktion in der Form $x(t) = X \sin(\omega t + \varphi_x) = \mathrm{Im}(\underline{x}(t))$ gegeben ist. Die übrigen Operationen sind die gleichen.

4. Im nächsten Schritt kann die Realteilbildung auf beiden Seiten entfallen:

$$[a_n (j\omega)^n + \ldots + a_0] \underline{Y} \cancel{e^{j\omega t}} = \underline{X} \cancel{e^{j\omega t}} \, .$$

Die dabei vollzogenen Einzelschritte bedeuten:

- Weglassen der Realteilbildung: Übergang aus dem Zeitbereich in den Frequenzbereich mit rotierenden Zeigern.
- Herausheben von $e^{j\omega t}$: Übergang von rotierenden zu ruhenden Zeigern in der Frequenzebene (Schritt 5a s. Tafel 6.8).

5. Im Frequenzbereich erfolgen jetzt:

a) Die Lösung der algebraischen Gleichung für $\underline{Y}$ (Schritt 5a, s. Tafel 6.8)

$$\underline{Y} = |\underline{Y}| e^{j\varphi_y} = \frac{\underline{X}}{a_n (j\omega)^n + a_{n-1} (j\omega)^{n-1} + \ldots + a_1 (j\omega) + a_0} = \underline{F}\underline{X} = |\underline{F}| e^{j\varphi_f} \underline{X} \, .$$

Annahme: Nenner ≠ 0 (6.14d)

Dabei wurde der sog. *Frequenzgang* $\underline{F}$

$$\underline{F}(j\omega) = \frac{1}{a_n (j\omega)^n + a_{n-1} (j\omega)^{n-1} + \ldots + a_0}$$

des gesuchten Ursache-Wirkungs-Zusammenhanges eingeführt. Wir diskutieren ihn später (s. Abschn. 6.2.3).

b) Die Umwandlung dieser Lösung in die *Exponentialform* (Darstellung durch Betrag und Phase, *P*-Form) als *notwendige* Bedingung der Rücktransformation (Schritt 5b, s. Tafel 6.8):

$$Y = |\underline{Y}| = FX = \frac{X}{\Big\{\underbrace{(a_0 - a_2\omega^2 + \ldots)^2}_{\substack{\textbf{Realteil}^2\\ \textbf{(gerade Potenzen von } \omega)}} + \underbrace{(a_1\omega - a_3^3\omega^3 + \ldots)^2}_{\substack{\textbf{Imaginärteil}^2\\ \textbf{(ungerade Potenzen von } \omega)}}\Big\}^{1/2}} \tag{6.14e}$$

und die Phase

$$\varphi_\mathrm{f} = -\arctan\left\{\frac{\mathrm{Im(Nenner)\ vorzeichenbehaftet}}{\mathrm{Re(Nenner)\ vorzeichenbehaftet}}\right\} =$$

$$= -\arctan\left\{\frac{a_1\omega - a_3\omega^3 + \ldots}{a_0 - a_2\omega^2 + \ldots}\right\}. \tag{6.14f}$$

Dieser Schritt ist gleichzeitig der Amplituden- und Phasenvergleich des Lösung mit dem Lösungsansatz.

c) Ergänzung des Faktors $\mathrm{e}^{\mathrm{j}\omega t}$ auf beiden Seiten: Übergang vom ruhenden Zeiger der Lösung zum rotierenden (Schritt 5c) mit $\hat{X} = X \cdot \sqrt{2}$

$$y(t) = |\hat{\underline{Y}}|\mathrm{e}^{\mathrm{j}\varphi_y}\mathrm{e}^{\mathrm{j}\omega t} = |\hat{\underline{X}}|\mathrm{e}^{\mathrm{j}(\omega t + \varphi_x)}|\underline{F}|\mathrm{e}^{\mathrm{j}\varphi_\mathrm{f}} = |\hat{\underline{X}}|\,|\underline{F}|\mathrm{e}^{\mathrm{j}(\omega t + \varphi_x + \varphi_\mathrm{f})}\,. \tag{6.14g}$$

6. *Rücktransformation* des Ergebnisses 5: *Übergang* aus dem *Frequenz-* in den *Zeitbereich.* Dazu wird beiderseits der Real- bzw. Imaginärteil gebildet je nach Vorgabe der Ursache:

Vorgabe:

$$x(t) = \hat{X}\cos(\omega t + \varphi_x) = \mathrm{Re}(\underline{x}(t))\,,$$
$$y(t) = \mathrm{Re}(\underline{y}(t)) = \mathrm{Re}\{|\hat{\underline{X}}|\,|\underline{F}|\mathrm{e}^{\mathrm{j}(\omega t + \varphi_x + \varphi_\mathrm{f})}\}$$
$$= |\hat{\underline{X}}|\,|\underline{F}|\,\mathrm{Re}\{\mathrm{e}^{\mathrm{j}(\omega t + \varphi_x + \varphi_\mathrm{f})}\}$$
$$= |\hat{\underline{X}}|\,|\underline{F}|\cos(\omega t + \varphi_x + \varphi_\mathrm{f})$$

Vorgabe:

$$x(t) = \hat{X}\sin(\omega t + \varphi_x) = \mathrm{Im}(\underline{x}(t))\,,$$
$$y(t) = \mathrm{Im}(\underline{y}(t) = \mathrm{Im}\{|\hat{\underline{X}}|\,|\underline{F}|\mathrm{e}^{\mathrm{j}(\omega t + \varphi_x + \varphi_\mathrm{f})}\}$$
$$= |\hat{\underline{X}}|\,|\underline{F}|\,\mathrm{Im}\{\mathrm{e}^{\mathrm{j}(\omega t + \varphi_x + \varphi_\mathrm{f})}\}$$
$$= |\hat{\underline{X}}|\,|\underline{F}|\sin(\omega t + \varphi_x + \varphi_\mathrm{f})\,. \tag{6.14h}$$

Zusammenfassung. Die so ermittelte stationäre Lösung $y(t)$ der Netzwerk-Differentialgleichung macht zusammenfassend deutlich:

1. Liegt die Netzwerkgleichung vor, so gewinnt man ihre stationäre Lösung auf einfachem Wege durch Einführung rotierender Zeiger. Dieser Schritt heißt Transformation vom Zeit- in den Frequenzbereich. Dabei fällt die Lösung zwangsläufig in Form eines ruhenden Zeigers mit an. Die umständliche Lösung der Differentialgleichung bzw. der Koeffizientenvergleich zur Bestimmung der Lösung werden umgangen. Es muß vielmehr nur eine algebraische Gleichung gelöst werden.

2. Die Rücktransformation aus dem Frequenz- in den Zeitbereich erfolgt, indem man den rotierenden Zeiger der Lösung wieder in diejenige harmonische

Zeitfunktion überführt, von der ausgegangen wurde (also z. B. eine cos-Funktion, wenn von einer Erregung $x \sim \cos \omega t$ ausgegangen wurde).

3. Die Transformation der Netzwerk-Differentialgleichung umgeht das umständliche Aufstellen der Differentialgleichung im Zeitbereich nicht. Sie vereinfacht nur die Lösung. Die Aufstellung der Gleichung wird erst durch Einführung des Widerstandsoperators durch sog. *Transformation der Schaltung* in den Frequenzbereich umgangen (s. Abschn. 6.2.2.2.3).

4. Der Zusammenhang zwischen Ursache und Wirkung liegt allein durch den *Frequenzgang* $\underline{F}(\mathrm{j}\omega)$ fest. Er ist eine *reine Netzwerkeigenschaft*, denn die Koeffizienten $a_0, \ldots, a_n$ hängen nur von Netzwerk und seinen Elementen ab.

5. Die Lösung $y(t)$ kann auch gewonnen werden, wenn der Frequenzgang $\underline{F}$ auf andere (einfachere) Weise bestimmt wird. Dazu dient später der Begriff Widerstandsoperator.

Beispiel. Wir zeigen die Vorteile dieses Verfahrens am Beispiel (s. Abschn. 6.1.2.1, Bild 6.3b) mit der Netzwerkgleichung

$$\frac{1}{C}\left(1+\frac{R_1}{R_2}\right)\int i_C \,\mathrm{d}t + R_1 i_C = u_Q(t) = \hat{U}_Q \sin(wt + \varphi_u) \ .$$

Der Lösungsansatz lautet (entsprechend der vorgegebenen Sinusfunktion der Quellenspannung $i_C(t) = \hat{I}_C \sin(\omega t + \varphi_i) = \mathrm{Im}(\hat{\underline{I}}_C \mathrm{e}^{\mathrm{j}\omega t})$. Die Einzelschritte sind:

1. Einsetzen des Ansatzes in die Netzwerkgleichung

$$\frac{1}{C}\left(1+\frac{R_1}{R_2}\right)\int \mathrm{Im}(\hat{\underline{I}}_C \mathrm{e}^{\mathrm{j}\omega t})\,\mathrm{d}t + R_1\,\mathrm{Im}(\hat{\underline{I}}_C \mathrm{e}^{\mathrm{j}\omega t}) = \mathrm{Im}(\hat{\underline{U}}_Q \mathrm{e}^{\mathrm{j}\omega t}) \ .$$

2. Vertauschen von Imaginärteilbildung und Integration

$$\mathrm{Im}\left\{\frac{1}{C}\left(1+\frac{R_1}{R_2}\right)\int \hat{\underline{I}}_C \mathrm{e}^{\mathrm{j}\omega t}\,\mathrm{d}t + R_1 \hat{\underline{I}}_C \mathrm{e}^{\mathrm{j}\omega t}\right\} = \mathrm{Im}(\hat{\underline{I}}_Q \mathrm{e}^{\mathrm{j}\omega t}) \ .$$

3. und 4. Durchführung der Differentiation und Integration sowie beiderseitiges Weglassen des Imaginärteiles

$$\left(\frac{1}{\mathrm{j}\omega C}\left(1+\frac{R_1}{R_2}\right)\hat{\underline{I}}_C + R_1 \hat{\underline{I}}_C\right)\mathrm{e}^{\mathrm{j}\omega t} = \hat{\underline{U}}_Q \mathrm{e}^{j\omega t} \ .$$

Dies ist die Darstellung durch rotierende Zeiger im Frequenzbereich. Wir gehen zu den ruhenden Zeigern (durch Herausheben von $\mathrm{e}^{\mathrm{j}\omega t}$) über und erhalten

5a. und b. im Frequenzbereich die Lösung

$$\hat{\underline{I}}_C = \frac{\hat{\underline{U}}_Q}{R_1 + \dfrac{1}{\mathrm{j}\omega C}\left(1+\dfrac{R_1}{R_2}\right)} = \underline{F}(\mathrm{j}\omega)\hat{\underline{U}}_Q \ . \tag{1}$$

Der Frequenzgang $\underline{F}(\mathrm{j}\omega)$ wird in die P-Form überführt. Wir multiplizieren dazu Zähler und Nenner mit dem konjugiert komplexen Wert (Reellmachen des Nenners)

$$\underline{F}(\mathrm{j}\omega) = \frac{1}{R_1 - \dfrac{\mathrm{j}}{\omega C}\left(1+\dfrac{R_1}{R_2}\right)} \cdot \frac{R_1 + \dfrac{\mathrm{j}}{\omega C}\left(1+\dfrac{R_1}{R_2}\right)}{R_1 + \dfrac{\mathrm{j}}{\omega C}\left(1+\dfrac{R_1}{R_2}\right)} = \frac{R_1 + \dfrac{\mathrm{j}}{\omega C}\left(1+\dfrac{R_1}{R_2}\right)}{R_1^2 + \left[\dfrac{1}{\omega C}\left(1+\dfrac{R_1}{R_2}\right)\right]^2}$$

und erhalten

$$\varphi_f = \arctan \frac{1 + \dfrac{R_1}{R_2}}{\omega C R_1}, \quad F = |\underline{F}| = \frac{1}{\sqrt{R_1^2 + \left[\dfrac{1}{j\omega C}\left(1 + \dfrac{R_1}{R_2}\right)\right]^2}}.$$

5c. Zur Rücktransformation multiplizieren wir Gl. (1) beiderseits mit $e^{j\omega t}$ und bekommen $\underline{i}_C(t) = \underline{\hat{I}}_C e^{j\omega t} = F e^{j\varphi_f} \underline{\hat{U}}_Q$.

6. Die Rücktransformation führt entsprechend der Vorgabe einer Sinusfunktion auf

$$i_C(t) = \mathrm{Im}(\underline{i}_C(t)) = F \hat{U}_Q \sin(\omega t + \varphi_u + \varphi_f).$$

Das Verfahren ist wesentlich einfacher als die direkte Lösung über den Zeitbereich, wie wir sie in Abschn. 6.1.2.1 herleiteten. Für den praktischen Gebrauch werden wir die Transformation über den Frequenzbereich später durch Einführung des Widerstandsoperators weiter vereinfachen. Erst dadurch wird das Verfahren effizient.

Lösungsmethodik: Netzwerkanalyse über Frequenzbereich mit Zeigerform I. Zusammengefaßt gilt folgende *Lösungsmethodik* bei Analyse von Netzwerkströmen und-spannungen über den Frequenzbereich mit der Zeigerdarstellung Form I, wenn die Netzwerk-Differentialgleichung vorliegt:

1. Hintransformation der Netzwerk-Differentialgleichungen in den Frequenzbereich. Ersetzen der Momentanwerte $i(t)$, $u(t)$ durch die zugeordneten rotierenden Zeiger $\underline{i}(t)$ $\underline{u}(t)$ und Anwendung der Sätze 1 bis 3 dieses Abschnittes.

2. *Berechnung* der gesuchten rotierenden (ruhenden Zeiger) z. B. Zweigstrom $\underline{i}_v(t)$, Zweigspannung $\underline{u}(t)$ als Funktion der Erregung und Darstellung der Ergebnisse als komplexer Momentanwert in Polarform. (Dabei fällt der Frequenzgang $\underline{F}$ an).

3. *Rücktransformation des Ergebnisses Punkt 2 in den Zeitbereich* (z. B. für $\underline{i}$), Überführung des komplexen Momentanwertes in den (reellen) Momentanwert

$$i_v(t) = \mathrm{Re}(\underline{i}_v(t)) \quad \text{bei cos-förmiger Erregung},$$

$$i_v(t) = \mathrm{Im}(\underline{i}_v(t)) \quad \text{bei sin-förmiger Erregung}.$$

Lösungskontrolle: Im Ergebnis Punkt 3 darf die imaginäre Einheit nicht mehr enthalten sein!

4. Unter Umständen Berechnung numerischer Werte, Diskussion (z. B. Grenzfälle $\omega \to 0$, $\omega \to \infty$, Einfluß spezieller Netzwerkelemente).

Wegen der grundlegenden Bedeutung dieses Verfahrens wurde es in Tafel 6.9 in Kurzform zusammengefaßt. Es stellt den wichtigsten Teil der Analyse linearer Wechselstromschaltungen dar.

Vertiefung. Hin- und Rücktransformation. Das Grundverständnis der Transformation liegt zweifelsohne im Übergang Zeitbereicht↔Frequenzbereich (Schritte 4, 6). Wir wollen sie unter Anwendung eines (Form I wie eben, (s. Tafel 6.7)) oder zweier gegenläufig rotierender Zeiger (Form II) diskutieren. Kriterium für die Richtigkeit der Berechnung einer Lösung $y(t)$ über die Frequenzebene ist, ob zwei oder mehrere harmonische Ausgangsfunktionen $x_1(t) = \hat{X}_1 \cos(\omega t + \varphi_{x1})$, $x_2(t) = \hat{X}_2 \cos(\omega t + \varphi_{x2})$ nach beliebigen Operationen (Addi-

Tafel 6.9. Analyse einer Wechselstromschaltung über den Frequenzbereich (Transformation der Netzwerk-Differentialgleichung)

Zeitbereich	Bemerkung
Erregergröße $x(t) = \hat{X}\cos(\omega t + \varphi_z)$ $x(t) = \hat{X}\sin(\omega t + \varphi_x)$	
Frequenzbereich 1. Hintransformation: Ersetze $x(t)$ durch $\underline{x}(t) = \hat{X}\,\mathrm{e}^{\mathrm{j}(\omega t + \varphi_x)}$ a) Einsetzen rotierender Zeiger in Netzwerk-Differentialgleichung b) Überführung in algebraische Gleichung [Differentiale, (Integrale) → Multiplikation (Division) mit $\mathrm{j}\omega$] 2. Berechnung der Lösung $\underline{y}(t)$ als rotierender Zeiger a) Auflösung der Netzwerkgleichung b) Überführun des Ergebnisses in Polarform Lösung: $\underline{y}(t) = \underline{F}\,\underline{x}(t)$	Gewinnung der Netzwerkgleichung im Frequenzbereich bei Division durch $\mathrm{e}^{\mathrm{j}\omega t}$ Übergang zu ruhendem Zeiger
3. Rücktransformation (Zeitbereich)	nur für rotierenden Zeiger möglich
$y(t) = \mathrm{Re}(\underline{y}) = F\hat{X}\cos(\omega t + \varphi_x + \varphi_f)$ oder $y(t) = \mathrm{Im}(\underline{y}) = F\hat{X}\sin(\omega t + \varphi_x + \varphi_f)$	

tion, Subtraktion, Differentiation, Integration, Multiplikation, Division) der zugehörigen Zeiger $\underline{x}_1(t)$ und $\underline{x}_2(t)$ bei der Rücktransformation das gleiche Ergebnis liefern, wie die Durchführung der entsprechenden Operationen im Zeitbereich.

a) Hin- und Rücktransformation, Form I. Nach Schritt 4 besteht zwischen der Zeitfunktion $x(t) = \hat{X}\cos(\omega t + \varphi_x)$ (Sinusfunktion analog) und dem rotierenden Zeiger $\underline{x}$ die Zuordnung Gl. (6.12).

Wir nehmen somit beim Übergang von $x(t) = \mathrm{Re}(\underline{x}(t))$ zur $\underline{x}(t)$ im Schritt 4 (= Weglassen des Realteiles (cos-Funktion) bzw. im anderen Falle (sin-Funktion, Weglassen des Imaginärteiles), also der Hintransformation zur reellen Zeitfunktion stets eine zweite hinzu, um in der Frequenzebene mit der Summe $\mathrm{e}^{\mathrm{j}x} = \cos x + \mathrm{j}\sin x$ rechnen zu können. Bei der Rücktransformation wird diese (stillschweigende) Ergänzung durch Real- bzw. Imaginärteilbildung wieder weggenommen. Dann sind nach Satz 3 in der Frequenzebene nur die Operationen *Addition, Subtraktion, Differentiation, Integration* erlaubt, *nicht Multiplikation und Division*!

Man versuche z. B. das Produkt $a(t)b(t) = \mathrm{Re}\{\underline{a}\}\,\mathrm{Re}\{\underline{b}\} = \frac{1}{2}AB[\cos(\varphi_a - \varphi_b) + \cos(2\omega t + \varphi_a + \varphi_b)]$ aus den zugeordneten rotierenden Zeigern $\underline{a}(t)\,\underline{b}(t) = AB\mathrm{e}^{\mathrm{j}(2\omega t + \varphi_a + \varphi_b)}$ durch Rücktransformation zu gewinnen: $a(t)b(t) = \mathrm{Re}\{\underline{a}(t)\underline{b}(t)\}AB\cos(2\omega t + \varphi_a + \varphi_b) \neq a(t)b(t)$/Ausgang.

Das Ergebnis stimmt nicht mit dem Ausgang überein, es ist falsch! Deshalb ist Multiplikation rotierender Zeiger bei Benutzung der Form I verboten.

Die Ursache dafür liegt in der Transformation ausgedrückt z. B. durch eine Schreibweise

$$\cos x = \mathrm{Re}(\mathrm{e}^{\mathrm{j}x}) \xrightarrow[\text{(„wird abgebildet")}]{\text{geht über}} \mathrm{e}^{\mathrm{j}x} .$$

Das ist keine Gleichung, deshalb muß sie nicht bei allen Operationen zum richtigen Ergebnis führen.

In Netzwerken mit linearen zeitunabhängigen Elementen treten bei harmonischer stationärer Erregung bei der Ermittlung der Ströme und Spannungen nur die erlaubten Operationen auf. Deshalb ist Form I auf diese Größen anwendbar. Sie gilt nicht bei der Produktbildung, etwa Leistungsberechnungen ($p = iu$!) über die Frequenzebene (s. Abschn. 6.4, Hinweis).

b) Hin- und Rücktransformation Form II. Im Unterschied zu oben werden jetzt die zeitveränderlichen Größen in der Ausgangs-Differentialgleichung (Schritt 1) als Summe ($\cos \omega t$) bzw. Differenz ($\sin \omega t$) zweier zueinander konjugiert komplexer Zeiger angesetzt (vgl. Beispiel Abschn. 6.2.1.2) (Wir sind damit noch im Zeitbereich!). Anschließend erfolgt eine Trennung der Differentialgleichung in die mit $\mathrm{e}^{\mathrm{j}\omega t}$ und $\mathrm{e}^{-\mathrm{j}\omega t}$ behafteten Glieder. Beide Gleichungen werden getrennt gelöst (das entspricht dem Übergang in den Frequenzbereich) unter Anwendung der Sätze 1 bis 3. Aus den Lösungen (z. B. $\underline{i}_{\mathrm{v}}$, $\underline{i}_{\mathrm{v}}^*$) bildet man die Rücktransformation entsprechend Tafel 6.7 als Summe bzw. Differenz der rotierenden Zeiger, z. B. $i(t) = \frac{\underline{i}_{\mathrm{v}} + \underline{i}_{\mathrm{v}}^*}{2}$. So lange im Verlaufe der Lösung nur Addition, Subtraktion, Differentiation und Integration aufreten (also z. B. der Berechnung von Strom und Spannung im Netzwerk mit linearen zeitunabhängigen Elementen), liefern die Transformationen mit Form I und II das gleiche.

Da bei Anwendung der Form II Multiplikation und Division im Zeitbereich zu gleichwertigen Ausdrücken im Frequenzbereich führen, beweist sie ihre Leistungsfähigkeit erst in Aufgabenstellungen, die mit der Form I nicht durchführbar sind: z. B. die Analyse von Netzwerken mit zeitveränderlichen Elementen, Leistungsbetrachtungen, bedingt auch bestimmte nichtlineare Probleme. Auch bei der Fourier-Analyse (Abschn. 9) bietet sie Vorteile.

6.2.2.2 Transformation des Netzwerkes

Wir umgehen jetzt die bisher noch erforderliche Aufstellung der Netzwerk-Differentialgleichung durch Anwendung der Transformation in den Frequenzbereich auf die Storm-Spannungs-Beziehungen der Netzwerkelemente R, L, C. Sie müssen dann nach den Sätzen 1 bis 3 (Abschn. 6.2.2.1) in algebraische Gleichungen übergehen, sich also durch „Ohmsche Gesetze" im Frequenzbereich darstellen lassen. Für diesen Zusammenhang wird der formale Begriff *Widerstandsoperator* eingeführt. So entsteht ein Netzwerk, in dem sämtliche Größen, Ströme, Spannungen, Strom-Spannungs-Relationen der Netzwerkelemente, also die ganze Schaltung, bereits in den Frequenzbereich transformiert sind. Dieses Verfahren heißt *Transformation der Schaltung in den Frequenzbereich* (s. Tafel 6.8).

Zeitliche Operationen treten nicht mehr auf (wie in Gleichstromkreisen). Im transformierten Netzwerk sind sämtliche Ströme und Spannungen durch algebraische Gleichung miteinander verknüpft. Deshalb können auch andere Rechenverfahren, die auf dem Widerstandsbegriff basieren (z. B. Spannungsteiler-Stromteilerregel, Zweipoltheorie u. a. m., Tafel 5.7 und 5.8) angewandt werden. Dies ist der große Vorteil dieser Methode.

6.2.2.2.1 Widerstands- und Leitwertoperator

Widerstandsoperator. Wir betrachten einen beliebigen Netzwerkzweig mit den Grundelementen R, L, C. Wird er von einem stationären sinus-förmigen Strom $i(t) = \hat{I} \sin(\omega t + \varphi_i)$ durchflossen, so entsteht über ihm die Spannung $u(t) = \hat{U} \sin(\omega t + \varphi_u)$. Als passiver Zweipol (Bild 6.10) betrachtet liegt dann ein Zusammenhang der Art

$$\begin{aligned} &\text{Wirkung} && = f(\text{Erregung}) \ , \\ &u(t) = \hat{U} \sin(\omega t + \varphi_u) && = f(i(t) \ldots \varphi_i) \end{aligned}$$

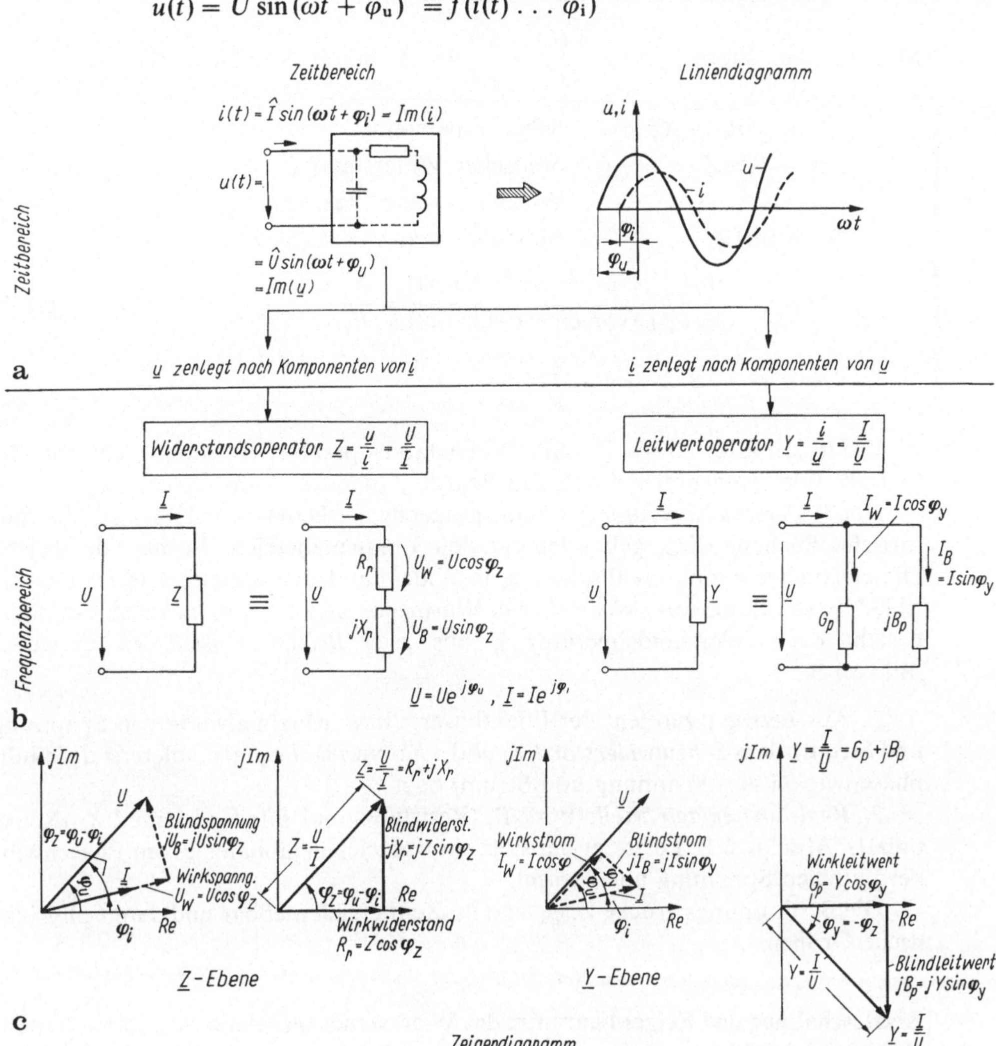

Bild 6.10a–c. Darstellung des Widerstands- ($\underline{Z}$) und Leitwertoperators ($\underline{Y}$) eines passiven Zweipols im Zeit- und Frequenzbereich. **a** *RLC*-Zweipol; **b** komplexer *RLC*-Zweipol; **c** Darstellung von $\underline{Z}$ bsw $\underline{Y}$ in der $\underline{Z}$- bzw. $\underline{Y}$-Ebene

bzw. umgekehrt über eine Netzwerk-Differentialgleichung vor. Beim Übergang in den Frequenzbereich sind die zugeordneten rotierenden Zeiger $\underline{u}(t)$ und $\underline{i}(t)$ einander proportional. Daher gilt für ihren Quotienten

$$\frac{\underline{u}(t)}{\underline{i}(t)} = \frac{\underline{U}\,\mathrm{e}^{\mathrm{j}\omega t}}{\underline{I}\,\mathrm{e}^{\mathrm{j}\omega t}} = \frac{\hat{U}}{\hat{I}}\,\mathrm{e}^{\mathrm{j}(\varphi_\mathrm{u}-\varphi_\mathrm{i})} = \underline{Z} = Z\,\mathrm{e}^{\mathrm{j}\varphi_\mathrm{z}} = Z(\cos\varphi_\mathrm{z} + \mathrm{j}\sin\varphi_\mathrm{z}) \tag{6.15a}$$

$$= \mathrm{Re}(\underline{Z}) + \mathrm{j}\,\mathrm{Im}(\underline{Z}) = R_\mathrm{r} + \mathrm{j}X_\mathrm{r}$$

Widerstandsoperator (Definitionsgleichung)
(komplexer Widerstand $\underline{Z}$, Impedanz).

Man beachte: Einheit $[Z] = \frac{[U]}{[I]} = \frac{1\,\mathrm{V}}{1\,\mathrm{A}} = 1\,\Omega$ mit (s. Abschn. 6.1.1),

$Z = \sqrt{R_\mathrm{r}^2 + X_\mathrm{r}^2}$ Scheinwiderstand ,

$R_\mathrm{r} = \mathrm{Re}(\underline{Z})$ ohmscher Widerstand ,
Wirkwiderstand (Resistanz) ,

$X_\mathrm{r} = \mathrm{Im}(\underline{Z})$ Blindwiderstand (Reaktanz) ,

$$\tan\varphi_\mathrm{z} = \frac{\mathrm{Im}(\underline{Z}),\ (\text{vorzeichenbehaftet})}{\mathrm{Re}(\underline{Z}),\ (\text{vorzeichenbehaftet})} = \frac{X_\mathrm{r}}{R_\mathrm{r}}\ . \tag{6.15b}$$

$$\varphi_\mathrm{z} = \varphi_\mathrm{u} - \varphi_\mathrm{i} = \arctan\frac{X_\mathrm{r}}{R_\mathrm{r}}\ .$$

Die (komplexe) Größe $\underline{Z}$ heißt Widerstandsoperator. Er hängt nicht von der Zeit ab. Wir bringen dies durch den Begriff „Operator" zum Ausdruck.

Der *Widerstandsoperator* $\underline{Z}$ ist eine nützliche mathematische Hilfsgröße (definitorische Rechengröße), gebunden an den Frequenzbereich. Er hat die gleiche Dimension wie der physikalische Begriff Widerstand, aber inhaltlich (dort: irreversible Umwandlung von elektrischer in Wärmeenergie) mit ihm *nichts* zu tun. Stets besteht der Widerstandsoperator $\underline{Z}$ aus *zwei Bestimmungsstücken*, entweder (Bild 6.10):

1. Aus *Betrag* (Quotient der Effektivwerte bzw. Maximalwerte von Spannung und Strom), dem *Scheinwiderstand Z*, und *Phasenwinkel* φ_z (als Differenz der Nullphasenwinkel von Spannung und Strom) oder

2. Real- und Imaginärteil: *Wirk-*R_r (Resistanz) und *Blindwiderstand* X_r (Reaktanz) (s. Abschn. 6.1). Letzterer hat stets ein Vorzeichen (abhängig vom Phasenwinkel zwischen Spannung und Strom).

Die Bestimmungsstrücke Z, φ_z sind im Zeitbereich meßbar und damit physikalische Größen.

Ersatzschaltung und Zeigerdiagramm des Widerstandsoperators. Allgemein besteht $\underline{Z}$ stets aus der *Reihenschaltung* von *Wirk-* und *Blindwiderstand* (Bild 6.10). Sie folgt aus der Darstellung von $\underline{Z}$ als komplexe Größe. Um Verwechslungen mit der Parallelschaltung vorzubeugen, bekommen Wirk-und Blindwiderstand der Reihenschaltung (in diesem Abschnitt) den Index r (Reihe).

Durchfließt den Widerstandsoperator der Strom $\underline{i}(t)$, so zerfällt die Klemmenspannung

$$\underline{u}(t) = \underline{Z}\underline{i}(t) = |\underline{Z}|[\cos\varphi_z + \mathrm{j}\sin\varphi_z]|\hat{\underline{I}}|\mathrm{e}^{\mathrm{j}\omega t + \mathrm{j}\varphi_i},$$

$$\underline{U}\mathrm{e}^{\mathrm{j}\omega t} = |\underline{U}|[\cos\varphi_z + \mathrm{j}\sin\varphi_z]\mathrm{e}^{\mathrm{j}\omega t + \mathrm{j}\varphi_i} = (U_W + jU_B)\mathrm{e}^{\mathrm{j}\omega t + \mathrm{j}\varphi_i} \tag{6.16a}$$

in

— *Wirkspannung* U_W über dem *Wirkwiderstand* (in Phase mit dem Strom)

$$U_W = |\underline{U}|\cos\varphi_z = |\underline{I}|R_r = I\,\mathrm{Re}(\underline{Z}); \tag{6.16b}$$

— *Blindspannung* U_B über dem *Blindwiderstand* (um $\pm 90°$ phasenverschoben zum Strom, abhängig vom Vorzeichen von X_r)

$$U_B = |\underline{U}|\sin\varphi_z = |\underline{I}|X_r = I\,\mathrm{Im}(\underline{Z})\ . \tag{6.16c}$$

Insgesamt gilt

$$\underline{Z} = R_r + \mathrm{j}X_r = \frac{U}{I}\mathrm{e}^{\mathrm{j}\varphi_z} = \frac{U(\cos\varphi_z + \mathrm{j}\sin\varphi_z)}{I} = \frac{U_W + \mathrm{j}U_B}{I}\ .$$

Damit liegt zugleich das *Zeigerdiagramm* von Spannung und Strom am komplexen Widerstand $\underline{Z}$ fest (Bild 6.10). Man erhält es, indem jeder Zeiger des Zeigerdiagramms von $\underline{U}$ und $\underline{I}$ durch den Maßstabfaktor $|\underline{I}|$ und die Stromdimension dividiert wird.

Leitwertoperator. Vertauscht man die Rolle von Strom und Spannung im Widerstandsoperator, so entsteht der *Leitwertoperator* $\underline{Y}$ (komplexer Leitwert) (Bild 6.10)

$$\frac{\underline{i}(t)}{\underline{u}(t)} = \frac{\underline{I}\mathrm{e}^{\mathrm{j}\omega t}}{\underline{U}\mathrm{e}^{\mathrm{j}\omega t}} = \frac{\hat{I}\mathrm{e}^{\mathrm{j}(\varphi_i - \varphi_u)}}{\hat{U}} = \underline{Y} = Y\mathrm{e}^{\mathrm{j}\varphi_y} = \frac{1}{\underline{Z}} = \frac{\mathrm{e}^{-\mathrm{j}\varphi_z}}{Z}$$
$$= Y(\cos\varphi_y + \mathrm{j}\sin\varphi_y)$$
$$= \mathrm{Re}(\underline{Y}) + \mathrm{j}\,\mathrm{Im}(\underline{Y}) = G_p + \mathrm{j}B_p \tag{6.17a}$$

Leitwertoperator (Definitionsgleichung) (komplexer Leitwert, Admittanz).

Man beachte: Einheit $[Y] = \dfrac{[I]}{[U]} = \dfrac{1\,\mathrm{A}}{1\,\mathrm{V}} = 1\,\mathrm{S}$,

$Y = \sqrt{G_p^2 + B_p^2}$ Scheinleitwert ,

$G_p = \mathrm{Re}(\underline{Y})$ Wirkleitwert (Konduktanz) ,

$B_p = \mathrm{Im}(\underline{Y})$ Blindleitwert (Suszeptanz) ,

$$\tan\varphi_y = \frac{\mathrm{Im}(\underline{Y}),\ \text{(vorzeichenbehaftet)}}{\mathrm{Re}(\underline{Y}),\ \text{(vorzeichenbehaftet)}} = \frac{B_p}{G_p}\ , \tag{6.17b}$$

$$\varphi_y = \varphi_i - \varphi_u = \arctan\frac{B_p}{G_p} = -\varphi_z\ .$$

Merke: Aus $\underline{Z} = 1/\underline{Y}$ folgt nicht $R_r = 1/G_p$ oder $X_r = 1/B_p$ (s.u.) als Kehrwert des Widerstandsoperators! Auf ihn treffen prinzipiell die gleichen Überlegungen zu wie für $\underline{Z}$. Zu beachten ist lediglich, daß sein Phasenwinkel $\varphi_y = \varphi_i - \varphi_u = -(\varphi_u - \varphi_i) = -\varphi_z$ dem des Widerstandsoperators mit umgekehrten Vorzeichen entspricht. Dieses Verhalten werden wir später (Abschn. 6.3) bei der Inversion komplexer Größen als Spiegelung an der reellen Achse erkennen.

Die Bestimmungsstücke sind:

— Betrag: der *Scheinleitwert* Y und *Phasenwinkel* φ_y oder
— *Real-* und *Imaginärteil*: *Wirkleitwert* G_p (Konduktanz) und *Blindleitwert* B_p (Suszeptanz).

Ersatzschaltung und Zeigerdiagramm des Leitwertoperators. Allgemein besteht $\underline{Y}$ entsprechend der Vorgabe der Spannung als Erregergröße (Summenausdruck des Stromes) aus der *Parallelschaltung* von *Wirk-* G_p und *Blindleitwert* B_p (Bild 6.10). Diese natürliche Ersatzschaltung bringen wir durch Parallelindex p an G und B zum Ausdruck. Der Strom

$$\begin{aligned} \underline{i}(t) &= \underline{Y}\underline{u}(t) = |\underline{Y}|(\cos\varphi_y + \mathrm{j}\sin\varphi_y)|\hat{\underline{U}}|\,\mathrm{e}^{\mathrm{j}\varphi_u}\mathrm{e}^{\mathrm{j}\omega t} \\ &= \hat{\underline{I}}\mathrm{e}^{\mathrm{j}\omega t} = |\hat{\underline{I}}|(\cos\varphi_y + \mathrm{j}\sin\varphi_y)\mathrm{e}^{\mathrm{j}\omega t + \mathrm{j}\varphi_u} = (\hat{\underline{I}}_W + \mathrm{j}\hat{\underline{I}}_B)\mathrm{e}^{\mathrm{j}\omega t + \mathrm{j}\varphi_u} \end{aligned} \tag{6.18a}$$

teilt sich auf in

— den *Wirkstrom* I_W durch den *Wirkleitwert* (in Phase mit der Spannung)

$$I_W = |\underline{I}|\cos\varphi_y = |\underline{U}|G_p = |\underline{U}|\,\mathrm{Re}(\underline{Y})\ ; \tag{6.18b}$$

— den *Blindstrom* I_B durch den *Blindleitwert* (um $\pm 90°$ phasenverschoben zur Spannung)

$$I_B = |\underline{I}|\sin\varphi_y = |\underline{U}|B_p = U\,\mathrm{Im}(\underline{Y})\ . \tag{6.18c}$$

Insgesamt gilt

$$\underline{Y} = G_p + \mathrm{j}B_p = \frac{I}{U}\mathrm{e}^{\mathrm{j}\varphi_y} = \frac{I(\cos\varphi_y + \mathrm{j}\sin\varphi_y)}{U} = \frac{I_W + \mathrm{j}I_B}{U}\ .$$

Damit liegen die *Zeigerdiagramme* von Strom und Spannung an $\underline{Y}$ und auch das von $\underline{Y}$ selbst fest (Bild 6.10).

Hinweis. Sorgfalt muß den Phasenwinkeln φ_y, φ_z geschenkt werden. Ein positiver Phasenwinkel φ_z (z.B. $+90°$, Spannung eilt Strom vor [Induktivität]) heißt also: Bei Vorgabe des Stromes eilt die Wirkung (Spannung) um 90° vor. Dann liegt $\underline{U}$ in der $\underline{Z}$-Ebene ($\underline{I}$-Zeiger in reeler Achse) in der positiven imaginären Achse. In der Leitwertbetrachtung wäre $\varphi_y = -\varphi_z = -90°$, d.h., bei Vorgabe der Spannung eilt der Strom um 90° (Wirkung) nach. In der $\underline{Y}$-Ebene ($\underline{U}$-Zeiger in reeller Achse) zeigt der $\underline{I}$-Zeiger in die negative imaginäre Achse.

Beispiel: *Widerstands-Leitwertoperator.* Durch einen Zweipol fließe der Strom $i = \hat{I}\sin(\omega t + \varphi_i)$ ($\hat{I} = 1\,\mathrm{A}$, $f = 50\,\mathrm{Hz}$, $\varphi_i = 30°$) und erzeuge die Klemmenspannung $u = \hat{U}\sin\omega t$ ($\hat{U} = 10\,\mathrm{V}$). Berechne: a) den komplexen Widerstand, Wirk- und Blindwiderstand sowie die Wirk-und Blindspannung; b) den komplexen Leitwert, Wirk- und Blindleitwert sowie den Wirk- und Blindstrom.

a) Mit $\underline{Z} = R_r + jX_r$ ($\varphi_u = 0$, $\varphi_i = 30°$, $\varphi_z = \varphi_u - \varphi_i$) folgt

$$\underline{Z} = \frac{\underline{u}(t)}{\underline{i}(t)} = \frac{\hat{U}}{\hat{I}} e^{j(\varphi_u - \varphi_i)} = \frac{10\,\text{V}}{1\,\text{A}} e^{-j30°} = 10\,\Omega[\cos(-30°) + j\sin(-30°)] ,$$

also $R_r = 8{,}66\,\Omega$, $jX_r = -j5\Omega$. Wir erhalten weiter mit $\hat{\underline{U}} = \hat{U}_W + j\hat{U}_B = \hat{I}\underline{Z}$

— die Wirkspannung $\hat{U}_W = \hat{I}Z\cos\varphi_z = \hat{I}R_r = 1\,\text{A}\cdot 8{,}66\,\Omega = 8{,}66\,\text{V}$,

— die Blindspannung $\hat{U}_B = \hat{I}Z\sin\varphi_z = \hat{I}X_r = -1\,\text{A}\cdot 5\,\Omega = -5\,\text{V}$.

Probe: $Z = \sqrt{R_r^2 + X_r^2} = \sqrt{8{,}66^2 + 5^2}\,\Omega = 10\,\Omega$,$\hat{U} = \sqrt{\hat{U}_W^2 + \hat{U}_B^2}$
$= \sqrt{8{,}66^2 + 5^2}\,\text{V} = 10\,\text{V}$.

Winkel: $\tan\varphi_z = \dfrac{\text{Im}(\underline{Z})}{\text{Re}(\underline{Z})} = \dfrac{X_r}{R_r} = \dfrac{-5\,\Omega}{8{,}66\,\Omega}$; $\varphi_z = \arctan(-0{,}577) = -30°$.

b) Der Leitwertoperator beträgt $\underline{Y} = \dfrac{\underline{i}(t)}{\underline{u}(t)} = \dfrac{1}{\underline{Z}} = \dfrac{\hat{I}}{\hat{U}} e^{j(\varphi_i - \varphi_u)} = \dfrac{1\,\text{A}}{10\,\text{V}} e^{j30°} = 0{,}15\,\text{S}\,e^{j30°}$ $= 0{,}0866\,\text{S} + j0{,}05\,\text{S}$.

Der positive Blindleitwert bedeutet kapazitiven Leitwert. Beide Leitwerte sind parallel zu schalten. Wirk- und Blindstrom ergeben sich aus $\hat{\underline{I}} = \hat{I}_W + j\hat{I}_B = \underline{Y}\hat{\underline{U}} = (G_p + jB_p)\hat{\underline{U}}$ zu $\hat{I}_W = \hat{U}\,Y\cos\varphi_y = \hat{U}G_p = 10\,\text{V}\cdot 0{,}866\,\text{S} = 0{,}866\,\text{A}$, $\hat{I}_B = \hat{U}\,Y\sin\varphi_y = \hat{U}B_p = 10\,\text{V}\cdot 0{,}05\,\text{S} = 0{,}5\,\text{A}$.

Gleichwertigkeit des Widerstands- und Leitwertoperators. Reihen-Parallelumwandlung. Da jeder

— Widerstandsoperator durch die Reihenschaltung eines Wirk- und Blindwiderstandes (Ersatzgrößen),

— Leitwertoperator durch die Parallelschaltung eines Wirk- und Blindleitwertes (Ersatzgrößen)

darstellbar ist (Bild 6.10) und beide gleichwertig sind ($\underline{Z} = 1/\underline{Y}$), kann man auch die Ersatzgrößen der Reihenschaltung in eine Parallelschaltung umrechnen und umgekehrt (Tafel 6.10). Sie lassen sich durch konjugiert komplexe Multiplikation des

Tafel 6.10. Widerstands-(Leitwert-)operator, ausgedrückt durch gleichwertige Reihen- und Parallelschaltung von Wirk- und Blindschaltelement. (Index r: Reihe, p: Parallel)

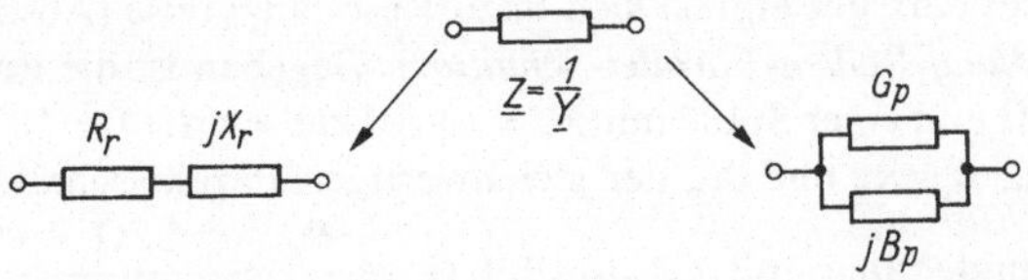

$\underline{Z} = 1/\underline{Y}$

R_r jX_r G_p jB_p

$$\underline{Z} = R_r + jX_r \qquad \underline{Y} = G_p + jB_p$$

$$\underline{Z} = \frac{1}{\underline{Y}} = R_r + jX_r = \frac{1}{G_p + jB_p} = \frac{G_p - jB_p}{G_p^2 + B_p^2}, \quad \underline{Y} = \frac{1}{\underline{Z}} = G_p + jB_p = \frac{1}{R_r + jX_r} = \frac{R_r - jX_r}{R_r^2 + X_r^2}$$

$$\boxed{R_r = \frac{G_p}{|\underline{Y}|^2}, \quad X_r = -\frac{B_p}{|\underline{Y}|^2}} \qquad \boxed{G_p = \frac{R_r}{|\underline{Z}|^2}, \quad B_p = -\frac{X_r}{|\underline{Z}|^2}}$$

Nenners jeweils begründen. Man beachte die Vorzeichenumkehr beim Übergang vom Blindleitwert zum Blindwiderstand und umgekehrt.

In Worten: Eine Reihenschaltung von Wirk- und Blindwiderstand läßt sich stets in die gleichwertige Parallelschaltung von Wirk- und Blindleitwert umwandeln, wenn man die Elemente der Reihenschaltung durch das Betragsquadrat des gesamten Scheinwiderstandes dividiert und das Vorzeichen des Imaginärteils vertauscht (Umwandlung Parallel- → Reihenschaltung analog).

Gleichwertig heißt dabei, daß am Zweipol gleiche Strom-Spannungsverhältnisse herrschen. Bei Zweipolen mit Blindkomponenten gilt diese Gleichwertigkeit nur für eine Frequenz.

Wir werden dieses rechnerisch etwas umständliche Verfahren später (Abschn. 3.3.2) auch graphisch als sog. *Inversion* kennenlernen.

Diskussion. Wenn Wirk- und Blindkomponenten größenordungsmäßig sehr verschieden sind, bieten sich Näherungslösungen an. Wir gehen aus:

1. Von gegebener *Reihenschaltung* (R_r, X_r) und erhalten für die Komponenten der Parallelschaltung

a) für $R_r \gg |X_r|$ (z.B. $R_r > 10|X_r|$)

$$G_p = \frac{R_r}{R_r^2 + X_r^2} \approx \frac{1}{R_r}; \quad B_p \approx -\frac{X_r}{R_r^2}, \quad X_p = -\frac{1}{B_p} \approx \frac{R_r^2}{X_r}. \tag{6.19a}$$

Bei der Umwandlung der Reihenschaltung mit dominierendem Wirkwiderstand in eine äquivalente Parallelschaltung bleibt der Wirkwiderstand etwa erhalten, während der (Parallel-)Blindwiderstand wesentlich ansteigt.

b) für $R_r \ll |X_r|$

$$G_p \approx \frac{R_r}{X_r^2}, \quad B_p \approx -\frac{1}{X_r}, \quad R_p = \frac{1}{G_p}, X_p = -\frac{1}{B_p}. \tag{6.19b}$$

Bei der Umwandlung der Reihenschaltung mit dominierendem Blindwiderstand in eine äquivalente Parallelschaltung bleibt der Blindwiderstand etwa erhalten, während der (Parallel)-Wirkwiderstand wesentlich ansteigt.

2. Ganz analog verhalten sich die Beziehungen bei gegebener Parallelschaltung (G_p, B_p, s. Tafel 6.10).

Umwandlungen dieser Art werden in der Elektronik sehr häufig zur„ Widerstandstransformation" benutzt. Besonders gut eignen sich dazu Resonanzkreise (Abschn. 7.1.4).

Beispiel: *Umwandlung Reihen-Parallel-Schaltung.* Gegeben ist die Reihenschaltung von Widerstand $R_r = 1\,\text{k}\Omega$ und einer Spule mit $X_r = +10\,\text{k}\Omega = \omega L$ ($f = 10\,\text{kHz}$). Gesucht sind die Komponenten G_p, B_p, R_p und X_p der gleichwertigen Parallelschaltung.

Es gilt $X_r \gg R_r$ und daher mit Gl. (6.19b) $G_p \approx \frac{R_r}{X_r^2} \approx \frac{1\,\text{k}\Omega}{100\,\text{k}\Omega^2} \approx 10\,\mu S$, $B_p \approx -\frac{1}{X_r}$ $= -\frac{1}{10\,\text{k}\Omega} = -10^{-4}\,\text{S}$ (induktiv).

Die gleichwertige Parallelschaltung besteht aus einem Wirkwiderstand $R_p = 100\,\text{k}\Omega$ und einem induktiven Widerstand $\omega L = 10\,\text{k}\Omega$.

Beispiel: *Frequenzabhängigkeit der Reihen-Parallel-Umwandlung.* Zu einer Parallelschaltung von Wirkleitwert G_p und Kapazität C_p ($B_p = \omega C$) sei die gleichwertige Reihenschaltung gesucht (R_r, C_r) sowie die Frequenzabhängigkeit der Ersatzelemente.

Aus $\underline{Y} = G_p + j\omega C_p$ folgt (mit Tafel 6.10) durch Vergleich

$$R_r = \frac{G_p}{G_p^2 + (\omega C_p)^2}, \quad C_r = \frac{G_p^2 + (\omega C_p)^2}{\omega^2 C_p} = C_p\left[1 + \left(\frac{G_p}{\omega C_p}\right)^2\right].$$

Man erkennt deutlich die Frequenzabhängigkeit der Ersatzelemente, die bei den Ausgangsgrößen G_p, C_p nicht vorhanden war! Deshalb gilt die Gleichwertigkeit der Reihen- und Parallelschaltung nur für eine Frequenz.

6.2.2.2.2 Widerstands-(Leitwert-)operatoren der Netzwerkelemente *R*, *L*, *C* und ihrer Zusammenschaltungen

Wir bestimmen die Widerstands-(Leitwert-)operatoren der Netzwerkelemente *R*, *L*, *C* (Tafel 6.11). Das ist zugleich ein Übungsbeispiel für die Netzwerkberechnung über den Frequenzbereich.

Widerstand R: Mit der Erregung $i(t) = \hat{I}\cos(\omega t + \varphi_i) = \mathrm{Re}(\underline{\hat{I}}\,\mathrm{e}^{\mathrm{j}\omega t})$ ergibt sich:

$$u(t) = \mathrm{Re}(\underline{u}(t) = \mathrm{Re}(\underline{\hat{U}}\,\mathrm{e}^{\mathrm{j}\omega t}) = Ri(t) = \mathrm{Re}(R\underline{i}) = R\,\mathrm{Re}(\underline{\hat{I}}\,\mathrm{e}^{\mathrm{j}\omega t}).$$

Die Transformation in den Frequenzbereich führt nach Abschn. 6.2.2.1 auf

$$\begin{aligned} &\underline{u}(t) = R\underline{i}(t) && \text{rotierender Zeiger,} \\ &\underline{U} = R\underline{I} = \underline{Z}_R\underline{I} && \text{ruhender Zeiger.} \end{aligned} \qquad (6.20)$$

Am Wirkwiderstand *R* sind die Zeiger $\underline{I}$ und $\underline{U}$ stets in Phase. Im Zeigerbild verhalten sich die Zeigerlängen von $|\underline{U}|$ und $|\underline{I}|$ wie U/I.

Kapazität C: Mit der Erregung $u(t) = \mathrm{Re}(\underline{u}(t)) = |\underline{\hat{U}}|\cos(\omega t + \varphi_u)$ erhalten wir unter Benutzung der Strom-Spannungs-Beziehung im Zeitbereich:

$$i(t) = \mathrm{Re}[\underline{i}(t)] = \mathrm{Re}(\underline{\hat{I}}\,\mathrm{e}^{\mathrm{j}\omega t}) = C\frac{\mathrm{d}u}{\mathrm{d}t} = C\frac{\mathrm{d}[\mathrm{Re}\,\underline{u}(t)]}{\mathrm{d}t} = \mathrm{Re}(\mathrm{j}\omega C\underline{u})$$

(mit Ersetzung $\mathrm{d}/\mathrm{d}t \to \mathrm{j}\omega$), also bei Übergang in den Frequenzbereich

$$\begin{aligned} &\underline{i}(t) = \mathrm{j}\omega C\underline{u}(t) && \text{rotierender Zeiger,} \\ &\underline{I} = \mathrm{j}\omega C\underline{U} = \underline{Y}_C\underline{U} = \frac{\underline{U}}{\underline{Z}_C} && \text{ruhender Zeiger.} \end{aligned} \qquad (6.21)$$

Der Kondensator hat einen negativen Blindwiderstand bzw. positiven Blindleitwert (s. Tafel 6.11).

Durch den Faktor j eilt der Zeiger $\underline{I}$ dem Zeiger $\underline{U}$ um 90° voraus ($i \sim \mathrm{d}u/\mathrm{d}t$)(bzw. $\underline{U}$ dem Zeiger $\underline{I}$ um 90° nach ($u \sim \int i\,\mathrm{d}t$)). Die Längen U, I der Zeiger stehen im Verhältnis $U/I = 1/(\omega C)$. Außerdem hängt der Zusammenhang $\underline{I} = f(\underline{U})$ von der Frequenz ab (s. Bild 6.1).

Spule L: Mit der Erregung $i(t) = \hat{I}\cos(\omega t + \varphi_i)$ erfolgt im Zeitbereich für die Spannung

$$u(t) = \mathrm{Re}(\underline{u}) = \mathrm{Re}(\underline{\hat{U}}\,\mathrm{e}^{\mathrm{j}\omega t}) = \mathrm{Re}\left(L\frac{\mathrm{d}\underline{i}}{\mathrm{d}t}\right) = \mathrm{Re}\left\{L\frac{\mathrm{d}\underline{\hat{I}}\,\mathrm{e}^{\mathrm{j}\omega t}}{\mathrm{d}t}\right\} = \mathrm{Re}\{\mathrm{j}\omega L\underline{i}\},$$

Tafel 6.11. Widerstands-(Leitwert-)operatoren der Grundelemente R, C, L, einiger Zusammenschaltung und Zeigerbilder, Beachte: negativer (positiver) Blindwiderstand $X_C = -\frac{1}{\omega C}(X_L = \omega L)$; negativ (positiver) Blindleitwert $B_L = -\frac{1}{\omega L}(B_C = \omega C)$

	R	C	L	$R \parallel C$	R–L in Reihe
Zeitbereich	$u = iR$	$u = \frac{1}{C}\int i\,dt$	$u = L\frac{di}{dt}$	$i = \frac{u}{R} + C\frac{du}{dt}$	$u = iR + L\frac{di}{dt}$
Frequenzbereich	$\underline{u} = \underline{i}R$	$\underline{u} = \frac{\underline{i}}{j\omega C}$	$\underline{u} = j\omega L\underline{i}$	$\underline{i} = \frac{\underline{u}}{R} + j\omega C\underline{u}$	$\underline{u} = \underline{i}R + j\omega L\underline{i}$
Widerstandsoperator $\underline{Z}$	$\underline{Z} = R$	$\underline{Z} = jX_C = -\frac{j}{\omega C}$	$\underline{Z} = jX_L = j\omega L$	$\underline{Z} = \frac{1}{\frac{1}{R} + j\omega C}$	$\underline{Z} = R + j\omega L$
	$Z = R$	$X_C = -\frac{1}{\omega C}$	$X_L = \omega L$	$Z = \frac{1}{\sqrt{\left(\frac{1}{R}\right)^2 + (\omega C)^2}}$	$Z = \sqrt{R^2 + (\omega L)^2}$
	$\varphi_z = 0$	$\varphi_z = -\frac{\pi}{2}$	$\varphi_z = +\frac{\pi}{2}$	$\varphi_z = -\arctan\omega CR$	$\varphi_z = \arctan\frac{\omega L}{R}$
Zeigerbild $\underline{Z}$-Ebene	jIm(Z), R, Re(Z)	jIm(Z), $\frac{1}{j\omega C}$, Re(Z)	jIm(Z), $j\omega L$, Re(Z)	jIm(Z), Z, Re(Z)	jIm(Z), Z, $j\omega L$, R, Re(Z)
Leitwertoperator $\underline{Y}$	$\underline{Y} = \frac{1}{R}$	$\underline{Y} = jB_C = -j\omega C$	$\underline{Y} = jB_L = -\frac{j}{\omega L}$	$\underline{Y} = \frac{1}{R} + j\omega C$	$\underline{Y} = \frac{1}{R + j\omega L}$
	$Y = \frac{1}{R}$	$B_C = \omega C$	$B_L = -\frac{1}{\omega L}$	$Y = \sqrt{\left(\frac{1}{R}\right)^2 + (\omega C)^2}$	$Y = (\sqrt{R^2 + (\omega L)^2})^{-1}$
	$\varphi_y = 0$	$\varphi_y = +\frac{\pi}{2}$	$\varphi_y = -\frac{\pi}{2}$	$\varphi_y = \arctan\omega CR$	$\varphi_y = -\arctan\frac{\omega L}{R}$
Zeigerbild $\underline{Y}$-Ebene	jIm(Y), 1/R, Re(Y)	jIm(Y), $j\omega C$, Re(Y)	jIm(Y), $\frac{1}{j\omega L}$, Re(Y)	jIm(Y), Y, $j\omega C$, 1/R, Re(Y)	jIm(Y), Y, Re(Y)

also bei Übergang in den Frequenzbereich

$$\begin{aligned} \underline{u}(t) &= \mathrm{j}\omega L \underline{i} && \text{rotierender Zeiger,} \\ \underline{U} &= \mathrm{j}\omega L \underline{I} = \underline{Z}_\mathrm{L} \underline{I} = \frac{1}{\underline{Y}_\mathrm{L}} \underline{I} && \text{ruhender Zeiger.} \end{aligned} \tag{6.22}$$

Die Spule stellt einen positiven Blindwiderstand bzw. negativen Blindleitwert dar (s. Tafel 6.11).

Durch den Faktor j eilt der Zeiger $\underline{U}$ gegen $\underline{I}$ um 90° vor ($u \sim \mathrm{d}i/\mathrm{d}t$) (bzw. $\underline{I}$ gegen $\underline{U}$ nach ($i \sim \int \underline{u}\,\mathrm{d}t$)). Die Längen U, I der Zeiger stehen im Verhältnis $U/I = \omega L$.

Wir finden beim Vergleich der Blindwiderstände X und -leitwerte B von Spule und Kondensator (s. Gl. (6.15), (6.17)) bestätigt: Blindwiderstand und -leitwert ein und desselben Schaltelementes unterscheiden sich stets durch das Vorzeichen!

Zusammenfassendes Ergebnis. Durch Einführung des Widerstands-(Leitwert-)-operators $\underline{Z}(\underline{Y})$ für lineare zeitunabhängige Netzwerkelemente bei stationärer harmonischer Erregung kann das Ohmsche Gesetz *formal* auch im Frequenzbereich als *Rechenhilfe* verwendet werden. Eine physikalische Bedeutung kommt ihm nicht zu.

Im Zeitbereich existiert der Begriff Widerstandsoperator *nicht*. Dort treten von seinen beiden Bestimmungsstücken nur Betrag und Phase auf, nicht Real- und Imaginärteil!

Anwendung des Widerstandsoperators. Der Widerstandsoperator $\underline{Z}$ wurde nach Gl. (6.15) sehr allgemein für einen Netzwerkzweig begründet. Stets besteht ein solcher Netzwerkzweig aus einer Reihen- und/oder Parallelschaltung einzelner Netzwerkelemente. Wir stellen die Bildungsregeln dieser Operatorbeziehungen zusammen und knüpfen dabei an den Gleichstromkreis an (Abschn. 2.4.2).

Reihenschaltung. Die Maschengleichung $u(t) = \sum_{i=1}^{n} u_\mathrm{i}(t)$ eines vom gleichen Strom $i(t)$ durchflossenen Zweiges (mit n Netzwerkelementen) geht bei Transformation in den Frequenzbereich über in $\underline{U} = \sum_{i=1}^{n} \underline{U}_\mathrm{i}$. Jedes Netzwerkelement erhält seinen *Widerstandsoperator* $\underline{Z}_\mathrm{i}$. Da sie alle vom gleichen Strom $\underline{I}$ durchflossen werden, gilt für den Gesamtwiderstandsoperator $\underline{Z}_\mathrm{ges}$ (Bild 6.11)

$$\begin{aligned} \underline{Z}_\mathrm{ges} &= \frac{\underline{U}}{\underline{I}} = \frac{\sum_{i=1}^{n} \underline{U}_\mathrm{i}}{\underline{I}} = \frac{\underline{U}_1}{\underline{I}} + \frac{\underline{U}_2}{\underline{I}} + \ldots + \frac{\underline{U}_\mathrm{n}}{\underline{I}} = \underline{Z}_1 + \underline{Z}_2 + \ldots + \underline{Z}_\mathrm{n} = \sum_{i=1}^{n} \underline{Z}_i \\ &= R_\mathrm{ges} + X_\mathrm{ges} = \sum_{i=1}^{n} R_\mathrm{i} + \sum_{i=1}^{n} X_\mathrm{i} \,. \end{aligned} \tag{6.23a}$$

Bei der Reihenschaltung von Widerstandsoperatoren setzt sich der gesamte Operator $\underline{Z}$ aus der Summe der Einzeloperatoren zusammen. Dies ist formal das vom Gleichstromkreis her bekannte Ergebnis (s. Abschn. 2.4.2.2). Der Unterschied besteht — abgesehen vom Operatorcharakter von $\underline{Z}$ — nur darin, daß Gl. (6.23a)

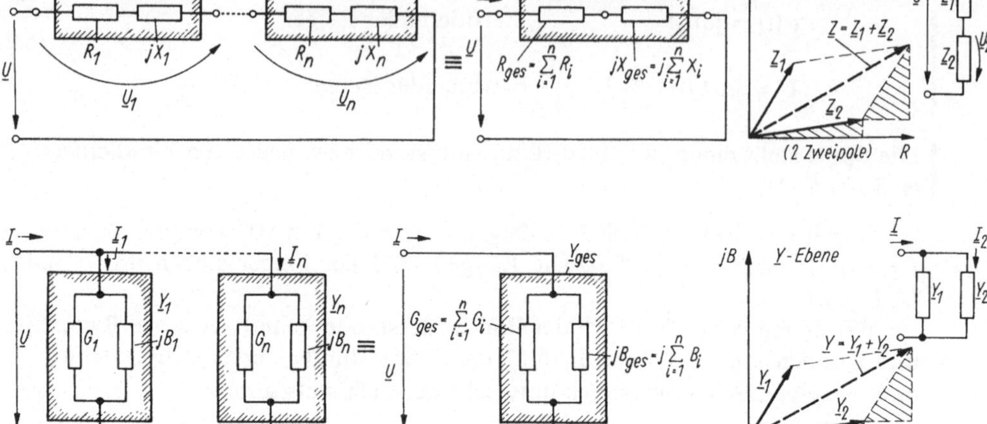

Bild 6.11. Reihenschaltung von Widerstandsoperatoren bzw. Parallelschaltung von Leitwertoperatoren

für die *Real*-und *Imaginärteile auf beiden Seiten gilt.* (Das folgt aus den Rechenregeln für komplexe Zahlen, s. Abschn. 6.2.1.1).

Für zwei komplexe Widerstände $\underline{Z}_1 = R_1 + jX_1$, $\underline{Z}_2 = R_2 + jX_2$ lautet der komplexe Gesamtwiderstand also $\underline{Z}_1 = (R_1 + R_2) + j(X_1 + X_2)$ mit Betrag und Phase

$$Z_{ges} = \sqrt{(R_1 + R_2)^2 + (X_1 + X_2)^2}\,, \quad \tan \varphi_{ges} = \frac{X_1 + X_2}{R_1 + R_2}\,. \tag{6.23b}$$

Es gilt also nicht $Z_{ges} = |\underline{Z}_1| + |\underline{Z}_2|$ und vielleicht $\varphi_{ges} = \varphi_1 + \varphi_2$!

Parallelschaltung. So, wie die Transformation des Maschensatzes in den Frequenzbereich die Bildungsregel der Reihenschaltung der Widerstandsoperatoren begründete, führt der Knotensatz auf die Bildungsregel des resultierenden Leitwertoperators $\underline{Y}_{ges}$ (s. Gl. (6.17)). n parallelgeschaltete Einzelleitwerte $\underline{Y}_i$ ergeben den Gesamtleitwert (Bild 6.11)

$$\underline{Y}_{ges} = \underline{Y}_1 + \underline{Y}_2 + \ldots + \underline{Y}_n = \sum_{i=1}^{n} \underline{Y}_i = G_{ges} + jB_{ges} = \sum_{i=1}^{n} G_i + j \sum_{i=1}^{n} B_i\,. \tag{6.24a}$$

Alle beim Widerstandsoperator (Gl. (6.23)) gezogenen Folgerungen treffen sinngemäß auch hier zu.

Beispielsweise lautet der Ersatzwiderstand $\underline{Z}_{ers}$ der Parallelschaltung von $\underline{Z}_1$ und $\underline{Z}_2$

$$\underline{Z}_{ers} = \frac{1}{\underline{Y}_{ers}} = \frac{1}{\underline{Y}_1 + \underline{Y}_2} = \frac{1}{\dfrac{1}{\underline{Z}_1} + \dfrac{1}{\underline{Z}_2}} = \frac{\underline{Z}_1 \underline{Z}_2}{\underline{Z}_1 + \underline{Z}_2}\,. \tag{6.24b}$$

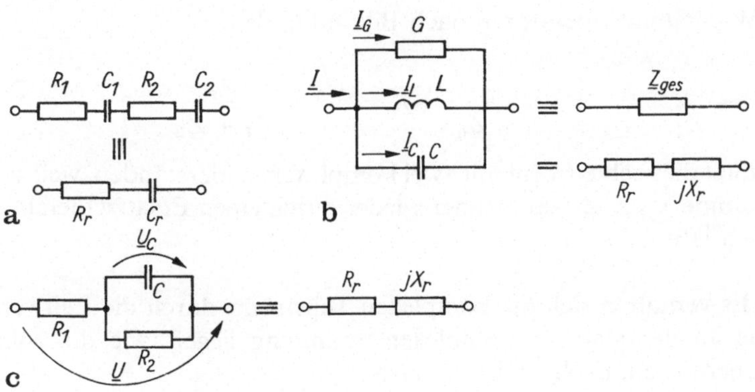

Bild 6.12a–c. Zweipolersatzschaltungen und gleichwertige Vereinfachungen

Die Kombination der Reihen- und Parallelschaltung von Netzwerkelementen führt dann sinngemäß auf den Widerstandsoperator der gemischten Reihen-Parallelschaltung.

Beispiel: Zweipolersatzschaltung. Die Widerstandsoperatoren und deren Ersatzelemente R_r, C_r bzw. L_r lauten für die im Bild 6.12 dargestellten Zweipole:

Schaltung a). Nach Einführung der Einzeloperatoren $\underline{Z}_{R1} = R_1$, $\underline{Z}_{R2} = R_2$, $\underline{Z}_{C1} = -\dfrac{j}{\omega C_1}$, $\underline{Z}_{C2} = -\dfrac{j}{\omega C_2}$ ergibt sich $\underline{Z}_{ges} = \underline{Z}_{R1} + \underline{Z}_{R2} + \underline{Z}_{C1} + \underline{Z}_{C2} = R_r + jX_r$ mit

$$R_r = R_1 + R_2, \quad X_r = -\frac{1}{\omega C_r}, \quad \frac{1}{C_r} = \frac{1}{C_1} + \frac{1}{C_2}\,.$$

Schaltung b). Wegen der Parallelschaltung wird von den Leitwertformen ausgegangen mit $\underline{Y}_G = G$, $\underline{Y}_L = -j/(\omega L)$, $\underline{Y}_C = j\omega C$ mit $\underline{Z}_{ges} = R_r + jX_r$

$$\underline{Z}_{ges} = \frac{1}{\underline{Y}_{ges}} = \frac{1}{\underline{Y}_G + \underline{Y}_L + \underline{Y}_C} = \frac{1}{G + j\left(\omega C - \dfrac{1}{\omega L}\right)} = \frac{G - j\left(\omega C - \dfrac{1}{\omega L}\right)}{G^2 + \left(\omega C - \dfrac{1}{\omega L}\right)^2}\,,$$

(das Vorzeichen der Klammer im Nenner von X_r entscheidet, ob X_r kapazitiv oder induktiv ist).

Schaltung c) $\underline{Z}_{ges} = R_1 + \dfrac{1}{\dfrac{1}{R_2} + j\omega C} = R_1 + \dfrac{\dfrac{1}{R_2} - j\omega C}{\left(\dfrac{1}{R_2}\right)^2 + (\omega C)^2} = R_r - \dfrac{j}{\omega C_r} = R_r + jX_r$,

$$R_r = R_1 + \frac{R_2}{1 + (\omega C R_2)^2}\,, \quad \frac{1}{C_r} = \frac{\omega^2 C R_2^2}{1 + (\omega C R_2)^2}\,.$$

Spannungs-und Stromteilerregel. Weitere Beispiele für die Anwendung des Widerstands- bzw. Leitwertoperators sind Strom- und Spannungsteilerregel.

Spannungsteilerregel. Es verhalten sich die komplexen Teilspannungen über Widerstandsoperatoren $\underline{Z}_i$, die vom gleichen komplexen Strom durchflossen werden, wie die zugehörigen Widerstandsoperatoren nach Bild 6.11, also

$$\frac{\underline{U}_1}{\underline{U}} = \frac{\underline{Z}_1}{\underline{Z}_{\text{ges}}} = \frac{\underline{Z}_1}{\underline{Z}_1 + \underline{Z}_2 + \ldots + \underline{Z}_n} \quad \text{bzw.} \quad \frac{\underline{U}_1}{\underline{U}} = \frac{\underline{Z}_1}{\underline{Z}_1 + \underline{Z}_2} . \tag{6.25a}$$

Grundsätzlich genügt die rechte Form mit zwei komplexen Widerständen, weil sich die Widerstandssumme $\sum_{i=2}^{n} \underline{Z}_i$. im Nenner wieder durch einen Ersatzwiderstand $\underline{Z}_2$ zusammenfassen läßt.

Stromteilerregel. Es verhalten sich die komplexen Teilströme durch die Leitwertoperatoren $\underline{Y}_i$, die an der gleichen komplexen Spannung liegen, wie die zugehörigen Leitwertoperatoren, nach Bild 6.11, also

$$\frac{\underline{I}_1}{\underline{I}} = \frac{\underline{Y}_1}{\underline{Y}_{\text{ges}}} = \frac{\underline{Y}_1}{\underline{Y}_1 + \underline{Y}_2 + \ldots + \underline{Y}_n} \quad \text{bzw.} \quad \frac{\underline{I}_1}{\underline{I}} = \frac{\underline{Y}_1}{\underline{Y}_1 + \underline{Y}_2} . \tag{6.25b}$$

Auch hier genügt die rechte Form mit zwei komplexen Leitwerten, weil die Leitwertsumme wieder durch einen Ersatzleitwert ersetzbar ist.
Diese Ergebnisse gelten auch in Gleichstromnetzwerken für $\underline{Z} \to R$, $\underline{Y} \to G$ und reelle Amplituden.

Beispiel. Wir wenden diese Regeln auf Schaltungen des Bildes 6.12 an.

Stromteilerregel. Der Teilstrom $\underline{I}_G$ (Bild 6.12b) beträgt ausgedrückt durch den Gesamtstrom $\underline{I}$

$$\frac{\underline{I}_G}{\underline{I}} = \frac{\underline{Y}_G}{\underline{Y}_G + \underline{Y}_C + \underline{Y}_L} = \frac{G}{G + \mathrm{j}\left(\omega C - \dfrac{1}{\omega L}\right)} = \underline{F}(\mathrm{j}\omega) = F(\mathrm{j}\omega)\mathrm{e}^{\mathrm{j}\varphi_f} .$$

Ist z. B. $i(t) = \hat{I}\cos(\omega t + \varphi_i)$ als Ursache gegeben, so folgt der Strom $i_G(t) = \mathrm{Re}(\hat{\underline{I}}_G \mathrm{e}^{\mathrm{j}\omega t}) = \hat{I}_G \cos(\omega t + \varphi_i + \varphi_f)$ im Zeitbereich mit

$$I_G = |\underline{F}| I, \quad |\underline{F}| = \frac{G}{\sqrt{G^2 + \left(\omega C - \dfrac{1}{\omega L}\right)^2}} .$$

Auf so einfache Weise kann z. B. der Momentanwert des Stromes ermittelt werden, was über die Netzwerk-Differentialgleichung viel umständlicher wäre.

Spannungsteilerregel. Die Teilspannung $\underline{U}_C$ (Bild 6.12c) lautet ausgedrückt durch die Gesamtspannung $\underline{U}$:

$$\frac{\underline{U}_C}{\underline{U}} = \frac{\underline{Z}_{\text{ges}}}{\underline{Z}_{\text{ges}} + R_1} = \frac{1}{1 + R_1/\underline{Z}_{\text{ges}}} = \frac{1}{1 + R_1/R_2 + \mathrm{j}R_1\omega C}, \quad \underline{Z}_{\text{ges}} = \frac{1}{1/R_2 + \mathrm{j}\omega C} .$$

6.2.2.2.3 Netzwerktransformation

Durch Anwendung des Widerstands-(Leitwert-)operators auf die Netzwerkelemente und der Transformationsregeln für Ströme und Spannungen in den Frequenzbereich, läßt sich zu einem linearen zeitunabhängigen Netzwerk bei harmonischer Erregung im Zeitbereich stets das gleichwertige im Frequenzbereich angeben. Dieses Verfahren heißt *Transformation der Schaltung in den Frequenzbereich*. Es bedeutet nichts anderes, als

a) die Kirchhoffschen Gleichungen und die Netzwerkelementbeziehungen direkt in den Frequenzbereich zu transformieren (was mit Einführung komplexer Spannungen und Ströme sowie der Widerstands-/Leitwertoperatoren gegeben ist),

b) das sich ergebende *algebraishe* Gleichungssystem im Frequenzbereich nach der gesuchten Größe zu lösen und schließlich

c) diese Größe in den Zeitbereich rückzutransformieren.

Die typischen Schritte sind thesenartig (s. Tafel 6.8):

1. Transformation in den Frequenzbereich. Ersatz der Größen im

Zeitbereich	durch $\rightarrow$	*Frequenzbereich*
Momentanwerte von Strom und Spannung $i(t)$, $u(t)$		rotierender Zeiger $\underline{i}$, $\underline{u}$ (bzw. abgekürzt ruhende Zeiger $\underline{I}$, $\underline{U}$)
$i_q = \hat{I}_Q \cos(\omega t + \varphi_i)$		$\underline{I}_Q = I_Q e^{j\varphi_i}$
$u_q = \hat{U}_Q \cos(\omega t + \varphi_u)$		$\underline{U}_Q = I_Q e^{j\varphi_u}$
Strom-Spannungs-Beziehung der Grundelemente, R, L, C, M		Strom-Spannungs-Beziehung ($\underline{i}$, $\underline{u}$ bzw. $\underline{I}$, $\underline{U}$) des zugehörigen Widerstands-(Leitwert-)operators $\underline{Z}$, $\underline{Y}: R \rightarrow R, L \rightarrow j\omega L,\ C \rightarrow 1/j\omega C$.

2. Netzwerkgleichung im Frequenzbereich und ihre Lösung. Aus den Knoten- und Maschengleichungen (für komplexe Ströme und Spannungen)

$$\sum_{\nu} \underline{U}_{\nu} = 0 \quad \sum_{\mu} \underline{I}_{\mu} = 0$$

und den komplexen Strom-Spannungs-Beziehungen der Netzwerkelemente

$$\underline{U} = \underline{U}_Q,\ \underline{I} = \underline{I}_Q,\ \underline{U} = \underline{Z}\,\underline{I}\ ,$$

$$\underline{Z}_R = R,\ \underline{Z}_L = j\omega L,\ \underline{Z}_C = 1/j\omega C$$

können die gesuchten komplexen Ströme and Spannungen bestimmt werden, also wegen $\underline{U} = U e^{j\varphi_u}$, $\underline{I} = I e^{j\varphi_i}$ auch ihre Beträge und Nullphasen (P-Form). Grundsätzlich lassen sich außer den Grundelementen auch andere Netzwerkelemente (z. B. gekoppelte Spulen, gesteuerte Quellen, Vierpole u.a.) einbeziehen.

3. Rücktransformation. Wird die Zeitfunktion der gesuchten Größe gewünscht, so geht sie aus dem errechneten Betrag und Phase sofort hervor, z. B.

$$u(t) = \sqrt{2}\,U \cos(\omega t + \varphi_u)$$

(und sinngemäß $i(t)$). Ganz analog ist vorzugehen, wenn eine sinusförmige Erregerquelle gegeben ist.

Diese und weitere Beziehungen sind in Tafel 6.12 zusammengestellt. Wir erkennen als grundlegendes Ergebnis:

Tafel 6.12. Vergleich der Analyseverfahren im Zeit- und Frequenzbereich mit denen der Gleichstromtechnik

<table>
<tr><th>Zeitbereich</th><th>Frequenzbereich[a]
(Wechselstromnetzwerk)</th><th>Gleichstromnetzwerk</th></tr>
<tr><td>Kirchhoffsche Gleichungen[a]</td><td></td><td></td></tr>
<tr><td>Maschensatz $\sum_\nu u_\nu(t) = 0$</td><td>$\sum_\nu u_\nu(t) = 0$ bzw. $\sum_\nu \underline{U}_\nu = 0$</td><td>$\sum_\nu U_\nu = 0$</td></tr>
<tr><td>Knotensatz $\sum_\mu i_\mu(t) = 0$</td><td>$\sum_\mu i_\mu(t) = 0$ bzw. $\sum_\mu \underline{I}_\mu = 0$</td><td>$\sum_\mu I_\mu = 0$</td></tr>
<tr><td>Netzwerkelementbeziehungen</td><td></td><td></td></tr>
<tr><td>$u = iR,\ i = C\dfrac{\mathrm{d}u}{\mathrm{d}t},\ u = L\dfrac{\mathrm{d}i}{\mathrm{d}t}$</td><td>$\underline{u} = \underline{i}R,\ \underline{i} = \mathrm{j}\omega C\underline{u} = \dfrac{\underline{u}}{\underline{Z}_\mathrm{C}}$
$\underline{u} = \mathrm{j}\omega L\underline{i} = \underline{Z}_\mathrm{L}\underline{i}$</td><td>$U = IR$</td></tr>
<tr><td></td><td>Anwendungen: „Gleichstromverfahren“ für Netzwerke unter Nutzung der Widerstands-(Leitwert-)operatoren und komplexer Amplituden</td><td>Anwendungen: „Gleichstromanalyseverfahren“ unter Nutzung des Widerstandsbegriffes</td></tr>
<tr><td rowspan="4">nur über Lösung einer Netzwerk-Differentialgleichung möglich</td><td>Reihenschaltung $\underline{Z} = \Sigma\underline{Z}_\nu$</td><td>$R = \Sigma R_\nu$</td></tr>
<tr><td>Parallelschaltung $\underline{Y} = \Sigma\underline{Y}_\mu$</td><td>$G = \Sigma G_\mu$</td></tr>
<tr><td>Spannungsteilerregel $\dfrac{\underline{u}_1}{\underline{u}_2} = \dfrac{\underline{Z}_1}{\underline{Z}_2}$</td><td>$\dfrac{U_1}{U_2} = \dfrac{R_1}{R_2}$</td></tr>
<tr><td>Stromteilerregel $\dfrac{\underline{i}_1}{\underline{i}_2} = \dfrac{\underline{Y}_1}{\underline{Y}_2} = \dfrac{\underline{Z}_1}{\underline{Z}_2}$</td><td>$\dfrac{I_1}{I_2} = \dfrac{G_1}{G_2}$</td></tr>
<tr><td></td><td colspan="2">— Zweipoltheorie (Größen $\underline{U}_\mathrm{l}$, $\underline{I}_\mathrm{k}$, $\underline{Z}_\mathrm{i}$)
— Ersatzschaltungen beliebiger Zweipole
— Netzwerktheorem (Stern-Dreieck-Schaltung, Miller-Theorem u. a. m.)</td></tr>
</table>

[a] Eingeschlossen sind abgeleitete Verfahren wie Maschenstrom-, Knotenspannungsanalyse und Überlagerungssatz.

Im Frequenzbereich läßt sich die gesuchte Größe (Strom $\underline{i}$, Spannung u) eines Netzwerkes durch Anwendung der Kirchhoffschen Gesetze und solcher Netzwerkverfahren (Strom-, Spannungsteilerregel, Reihen-Parallel-Schaltung, Zweipoltheorie u. a. m.), die auf dem Widerstands- bzw. Leitwertbegriff wie im Gleichstromkreis aufbauen, leicht ermitteln. Die Momentanwerte $i(t)$ und Spannungen $u(t)$ im Zeitbereich ergeben sich durch Rücktransformation der komplexen Momentan-

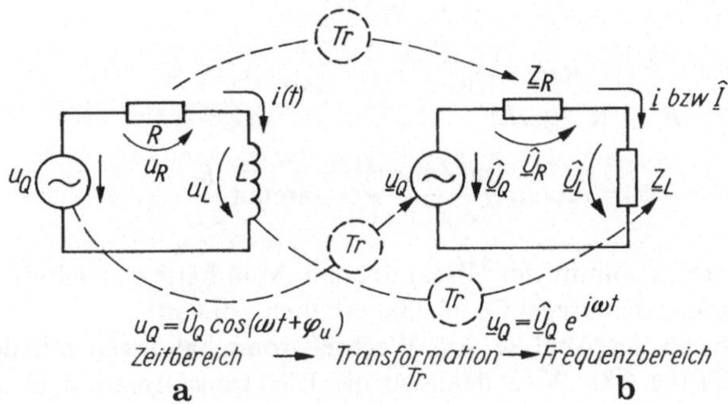

Bild 6.13a, b. Transformation einer Schaltung vom Zeit- in den Frequenzbereich (*Tr* bedeutet *Hintransformation*)

werte $\underline{i}, \underline{u}$ usw. Eingebürgert hat sich dabei, direkt von den ruhenden Zeigern (und speziell den komplexen Effektivwerten) auszugehen[1].

Der Vorteil der Netzwerktransformation besteht daher nicht nur im Wegfall der Netzwerk-Differentialgleichung, sondern auch darin, daß sehr effiziente Analysemethoden z. B. wie die Zweipoltheorie, Zusammenfassen von Netzwerkteilen u.a. nutzbar sind, die sich sonst im Zeitbereich praktisch nicht einsetzen lassen.

Anhand der Schaltung Bild 6.13 soll das Verfahren erläutert werden. Gesucht sei $u_L(t)$, gegeben $u_Q(t) = \hat{U}_Q \cos(\omega t + \varphi_u)$. Die Kirchhoffschen Gesetze und die Strom-Spannungs-Relation der Netzwerk-elemente ergeben a) im *Zeitbereich* (Bild 6.13a) als Netzwerkdifferentialgleichung

$$u_Q(t) = u_R + u_L = iR + u_L = \frac{R}{L} \int u_L \mathrm{d}t + u_L \,. \tag{1}$$

b) Die Transformation dieser Gleichung in den *Frequenzbereich* führt nach Abschn. 6.2.2.1 auf

$$\underline{u}_Q = \frac{R}{\mathrm{j}\omega L} \underline{u}_L + \underline{u}_L \text{ bzw. } \underline{U}_Q = \underline{U}_L \left(1 + \frac{R}{\mathrm{j}\omega L}\right) . \tag{2}$$

Wir wollen jetzt dieses Teilergebnis gewinnen, ohne die Netzwerkgleichung (1) aufzustellen.

c) Netzwerktransformation. In der Schaltung Bild 6.13b sind eingeführt die Spannungen und Ströme $\underline{U}_R$, $\underline{U}_L$, $\underline{U}_Q$, $\underline{I}$ (anstelle von u_R, u_L, u_Q, $i(t)$), Strom-Spannungs-Relationen der Netzwerkelemente (Widerstandsoperator) $\underline{U}_R = \underline{Z}_R \underline{I}$, $\underline{U}_L = \underline{Z}_L \underline{I}$(anstelle von $u_R(t) = Ri(t)$, $u_L = L\mathrm{d}i/\mathrm{d}t$, $u_Q = \hat{U}_Q \cos \omega t$).
Man erhält die

Maschengleichung	*Netzwerkelement-Beziehungen*
$\underline{U}_Q = \underline{U}_R + \underline{U}_L = \underline{Z}_R \underline{I} + \underline{Z}_L \underline{I}$,	$\underline{U}_R = \underline{Z}_R \underline{I}$, $\underline{U}_L = \underline{Z}_L \underline{I}$.
$= \dfrac{\underline{Z}_R + \underline{Z}_L}{\underline{Z}_L} \underline{U}_L$,	

[1] Beachte (s. Abschn. 6.2.1.2): $\underline{i} = \hat{\underline{I}} \mathrm{e}^{\mathrm{j}\omega t} = \sqrt{2} \underline{I} \mathrm{e}^{\mathrm{j}\omega t}$.

Aufgelöst nach $\underline{U}_L$ folgt daraus

$$\frac{\underline{U}_L}{\underline{U}_Q} = \frac{\underline{Z}_L}{\underline{Z}_L + \underline{Z}_R} = \frac{j\omega L}{j\omega L + R} = \left|\frac{j\omega L}{R + j\omega L}\right| e^{j\varphi_f} = F(j\omega) e^{j\varphi_f} \tag{3}$$

$$= \frac{\omega L}{\sqrt{R^2 + (\omega L)^2}} e^{j\varphi_f}; \quad \varphi_f = \arctan \frac{\mathrm{Im(Zähler)}^1}{\mathrm{Re(Zähler)}} = \arctan \frac{R}{\omega L}.$$

Dieses Ergebnis im Frequenzbereich stimmt mit Gl. (2) überein. Man hätte es auch durch sofortige Anwendung der Spannungsteilerregel Gl. (6.25a) erhalten können.

d) Meist begnügt man sich bei der Analyse von Wechselstromschaltungen mit dem Ergebnis im Frequenzbereich (Tafel 6.8). Wird dennoch die Rücktransformation in den Zeitbereich gefordert, so beachten wir (wie bisher)

— den Zusammenhang zwischen komplexem Effektiv- und Spitzenwert (Multiplikation mit $\sqrt{2}$) $\hat{\underline{U}}_L = \sqrt{2}\underline{U}_L$;

— den Übergang zum komplexen Momentanwert durch beiderseitige Multiplikation mit $e^{j\omega t}$ $\underline{u}_L(t) = \hat{\underline{U}} e^{j\omega t} = \sqrt{2}\underline{U}_L e^{j\omega t}$

und erhalten aus $\underline{u}_L = \sqrt{2}\underline{U}_L e^{j\omega t} = \dfrac{\omega L e^{j\varphi_f}}{\sqrt{R^2 + (\omega L)^2}} \sqrt{2}\underline{U}_Q e^{j\omega t} = \hat{U}_L e^{(j\omega t + \varphi_{uL})}$

nach Rücktransformation $u_L(t) = \mathrm{Re}(\underline{u}_L(t)) = \dfrac{\hat{U}_Q \omega L}{\sqrt{R^2 + (\omega L)^2}} \mathrm{Re}\{e^{j\varphi_f} e^{j(\omega t + \varphi_{uQ})}\}$

$$= \frac{\omega L \hat{U}_Q}{\sqrt{R^2 + (\omega L)^2}} \cos(\omega t + \varphi_{uQ} + \varphi_f) \; ; \; \varphi_{uL} = \varphi_{uQ} + \varphi_f .$$

Wir wollen die Netzwerktransformation in einer Lösungsmethodik zusammenfassen.

Lösungsmethodik: Transformation des Netzwerkes in den Frequenzbereich. Die Transformation des Netzwerkes umfaßt:

1. Überführen des Netzwerkes in den Frequenzbereich durch:
   a) Ersetzen aller Ströme und Spannungen durch ihre ruhenden Zeiger;
   b) Ersatz der Netzwerkelemente durch ihre Widerstands-(Leitwert-)operatoren.
2. Aufstellung der Gleichungen für die gesuchte Netzwerkgröße, z. B. durch
   a) die Kirchhoffschen Gesetze und Strom-Spannungs-Relation der Netzwerkelemente (mittels ihrer Widerstandsoperatoren);
   b) abgekürzte Verfahren, die auf a) für stationäre Erregungen basieren: z. B. Zweipoltheorie, Reihen-Parallel-Schaltung, Stern-Dreieck-Schaltung, Maschenstrom-, Knotenspannungsanalyse u. a. m.
3. Auflösung nach der gesuchten Größe im Frequenzbereich.
4. Rücktransformation dieser Lösung in den Zeitbereich.

Meist wird dieser Weg noch weiter *verkürzt*:

Man zeichnet in die Schaltung sofort die ruhenden Zeiger der Ströme und Spannungen sowie die Widerstandsoperatoren ein, berechnet die gesuchte Größe als ruhenden Zeiger und beendet damit die Aufgabe gemäß Punkt 3.

[1] Wenn Nenner reell!.

Die Rücktransformation in den Zeitbereich ist dann — falls gewünscht — jederzeit möglich.

In Tafel 6.12 wurden die bisher kennengelernten Analyseverfahren im Zeitbereich und Frequenzbereich gegenübergestellt. Man erkennt ihre formale Gleichheit und so die Bedeutung der Transformation eines Netzwerkes in den Frequenzbereich.

Durch Einführung des Widerstands-(Leitwert-)operators können die Gesetze des Gleichstromkreises formal für den Frequenzbereich des Wechselstromnetzwerkes übernommen werden.

Umgekehrt läßt sich auch aus einem Netzwerk im Frequenzbereich die Gleichstromlösung herleiten. Sie ist im Sonderfall

$\omega \to 0$ Übergang Wechselstrom- $\to$ Gleichstromnetzwerk

enthalten. Daraus folgt

$\varphi_u \to 0$ die komplexen Effektivwerte $\underline{U}, \underline{I}$ gehen über in

$\varphi_i \to 0$ Gleichspannung und -strom (U, I).

Bekanntlich wird aus $u(t) = \hat{\underline{U}} \cos(\omega t + \varphi_u)$ eine Gleichspannung für $\omega \to 0$ and $\varphi_u = 0$.

Weiter vereinfacht sich: $\underline{Z}_L \to 0$ (wegen $\underline{Z}_L = j\omega L \to 0$), $\underline{Y}_C \to 0$ (wegen $\underline{Y}_C = j\omega C \to 0$), $\underline{Z}_R \to R$. Anschaulich entsteht bei zeitlich konstantem Strom kein Spannungsabfall über der Spule ($dI/dt = 0 \to u_L = 0$) und ebenso bei zeitlich konstanter Spannung ($dU/dt \to 0 \to i_C = 0$) kein Strom durch den Kondensator.

6.2.2.3 *Anwendungen der Netzwerktransformation*

1. Gekoppelte Spulen. Wie erwähnt, erlaubt die Transformation der Schaltung in den Frequenzbereich mit der Einführung des Widerstands-(Leitwert-)operators alle bisher kennengelernten (linearen) Gleichstromanalyseverfahren anzuwenden. Wir wollen dies nachfolgend erläutern. Neu hinzu tritt nur die *magnetische Kopplung* von Stromkreisen über die Gegeninduktivität M (s. Abschn. 3.4.2). Ihre Strom-Spannungs-Gleichung (3.64) lautet nach Transformation in den Frequenzbereich (Bild 6.14):

$$\underline{U}_1 = j\omega L_1 \underline{I}_1 + j\omega M \underline{I}_2 \;,$$
$$\underline{U}_2 = j\omega M_1 \underline{I}_1 + j\omega L_2 \underline{I}_2 \;, \qquad (6.26a)$$

Dabei wurde ausgangssetig die Verbraucherzählpfeilrichtung benutzt (Spulenorientierung durch Punkt markiert). Das Vorzeichen von $j\omega M$ in Gl. (6.26a) gilt, wenn beide Ströme auf die Punkte zu oder von ihnen wegfließen.

Für die Netzwerkanalyse bietet sich die ersatzschaltbildmäßige Darstellung von Gl. (6.26a) durch *gesteuerte Quellen* an (Gl. (5.12)ff., Bild 5.8). Beispielsweise hat die Reihenschaltung beider gekoppelter Induktivitäten L_1, L_2 nach Schaltung Bild 6.14b den Spannungsabfall ($\underline{I}_1 = -\underline{I}_2 = \underline{I}$)

$$\underline{U}_{AB} = j\omega L_1 \underline{I}_1 + j\omega M \underline{I}_2 - j\omega M \underline{I}_1 - j\omega L_2 \underline{I}_2 = j\omega(L_1 + L_2 - 2M)\underline{I} \qquad (6.26b)$$

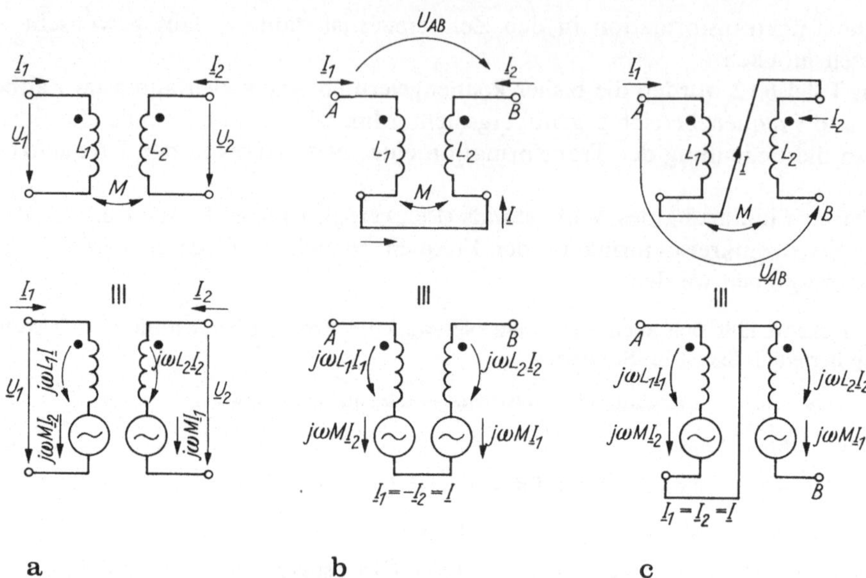

a b c

Bild 6.14a–c. Magnetische Kopplung zweier Induktivitäten L_1, L_2 im Frequenzbereich. **a** Ersatzschaltung mit stromgesteuerten Spannungsquellen; **b, c** Ersatzschaltung bei Reihen- (**c**) bzw. Antireihenschaltung (**b**) beider Spulen

zur Folge, für die Schaltung Bild 6.15c gilt bei gleicher Stromorientierung ($\underline{I}_1 = \underline{I}_2 = I$)

$$\underline{U}_{AB} = j\omega L_1 \underline{I}_1 + j\omega M \underline{I}_2 + j\omega M \underline{I}_1 + j\omega L_2 \underline{I}_2 = j\omega(L_1 + L_2 + 2M)\underline{I} \ . \tag{6.26c}$$

Wir wollen den Einbezug gekoppelter Spulen in die Stromkreisberechnung an einigen Beispielen im Zusammenhang mit den Analyseverfahren im Frequenzbereich selbst diskutieren.

Maschenstromanalyse. Bei der Maschenstromanalyse (Abschn. 5.3.3) werden im Frequenzbereich die Ring- und Koppelwiderstände R_{ii} bzw. R_{ik} (Gl. (5.79) durch die entsprechenden *Impedanzen* $\underline{Z}_{ii}$, $\underline{Z}_{ik}$ ersetzt. Die Vorzeichenzuordnungen der Koppelimpedanzen in Bezug auf die Ströme bleiben erhalten.

Im verallgemeinerten Verfahren Gl. (5.79) heißt es dann sinngemäß *Maschenimpedanzmatrix* usw. Auch für das Aufstellen der Impedanzmatrix gelten die gleichen Regeln, die wir bereits in Abschn. 5.3.3 erläuterten.

Wir wollen jetzt gekoppelte Spulen in Form (maschen)stromgesteuerter Spannungsquellen einführen, was vom Maschenstromverfahren her leicht möglich, ist.

Bild 6.15 zeigt die stationär erregte Schaltung. Alle Anfangsenergien seien Null. Mit den Knoten ($k = 3$), Zweigen ($z = 6$) (ein Übertrager hat zwei Zweige!) ergeben sich $m = 4$ unabhängige Maschen und ebenso viele Maschenströme $i_{m1}, \ldots, i_{m4}$. Die Maschenglei-

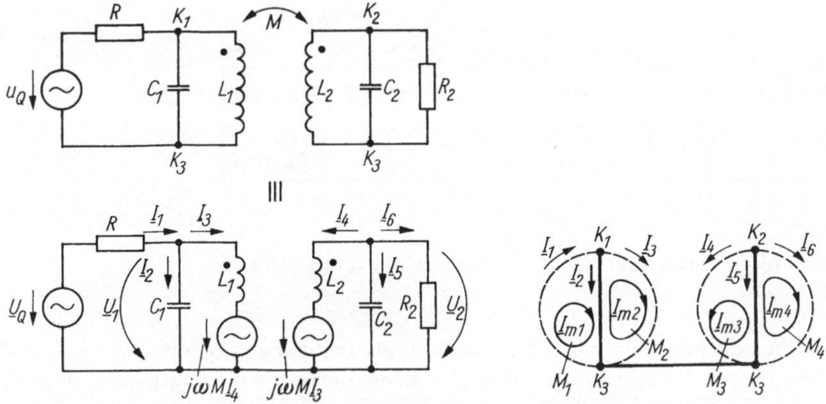

Bild 6.15. Maschenstromanalyse mit gekoppelten Induktivitäten

chungen lauten:

$$
\begin{array}{llllll}
M_1\colon & \underline{I}_{m1}\left(R_1+\dfrac{1}{j\omega C_1}\right) & -\underline{I}_{m2}\dfrac{1}{j\omega C_1} & 0 & 0 & =\underline{U}_Q\,, \\[2ex]
M_2\colon & -\underline{I}_{m1}\dfrac{1}{j\omega C_1} & +\underline{I}_{m2}\left(j\omega L_1+\dfrac{1}{j\omega C_1}\right) & 0 & 0 & =-jM\underline{I}_{m3}\,, \\[2ex]
M_3\colon & 0 & 0 & +\underline{I}_{m3}\left(\dfrac{1}{j\omega C_2}+j\omega L_2\right) & +\underline{I}_{m4}\cdot\dfrac{1}{j\omega C_2} & =-jM\underline{I}_{m2}\,, \\[2ex]
M_4\colon & 0 & 0 & +\underline{I}_{m3}\dfrac{1}{j\omega C_2} & +\underline{I}_{m4}\left(R_2+\dfrac{1}{j\omega C_2}\right) & =0\,.
\end{array}
$$

In M_2 tritt rechts die Quelle $-j\omega M\underline{I}_{m3}$ als Rückwirkung des Ausgangskreises auf den Primärkreis über die magnetische Kopplung auf. Das Vorzeichen entspricht der VPS[1] in Masche M_2 für die Quelle (analog in M_3). Wir bringen die von $\underline{I}_{m3}$und $\underline{I}_{m2}$ rechts abhängigen Glieder nach links und können die Gleichung lösen. Durch die magnetische Kopplung treten zusätzliche Nebendiagonalglieder im Koeffizientenschema auf.

Beispiel. In der Schaltung Bild 6.16a sind L_1 und L_2 magnetisch miteinander verkoppelt ($M_{12}=M_{21}\neq 0$). Wir suchen die Gleichungen der Maschenstromanalyse und ersetzen zunächst die Kopplung durch stromgesteuerte Spannungsquellen. Fließt der Zweigstrom auf den Punkt zu, so gelten die eingetragenen Richtungen der gesteuerten Quellen. Bild 6.16b zeigt die transformierte Schaltung. Gleichzeitig werden die beiden Maschenströme $\underline{I}_{m1}$, $\underline{I}_{m2}$, eingeführt. Zu den Zweigströmen bestehen die Beziehungen: $\underline{I}_1=\underline{I}_{m1}$, $\underline{I}_2=\underline{I}_{m2}-\underline{I}_{m1}$, $\underline{I}_3=\underline{I}_{m2}$. Damit lassen sich die Maschengleichungen für jede Masche aufschreiben:

$$
\begin{array}{lll}
 & \quad\underline{I}_{m1} & \quad\underline{I}_{m2} \\
M_1\colon & (R+j\omega L_1+j\omega L_2)\underline{I}_{m1} & -j\omega L_2\underline{I}_{m2}=\underline{U}_Q+j\omega M(\underline{I}_1-\underline{I}_2)\,, \\[2ex]
M_2\colon & -j\omega L_2\underline{I}_{m1}+ & \left(\dfrac{1}{j\omega C}+j\omega L_2\right)\underline{I}_{m2}\;=\;-j\omega M\underline{I}_1\,.
\end{array}
$$

[1] Verbraucherzählpfeilrichtung.

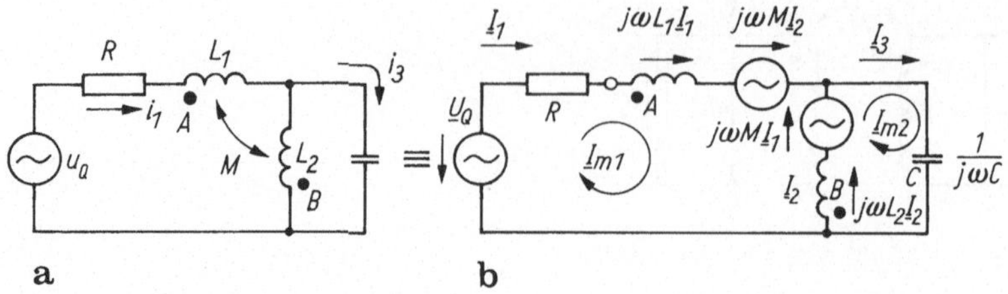

Bild 6.16a, b. Maschenstromanalyse mit gekoppelten Induktivitäten

Rechts stehen die gesteuerten Quellen, zunächst als unabhängige Spannungen aufgefaßt. Die Vorzeichen liegen die Beziehungen zum Maschenstrom fest. Wir bringen die gesteuerten Quellen nach links, führen dort die Maschenströme ein und erhalten

$$\begin{array}{lll} & \underline{I}_{m1} & \underline{I}_{m2} \\ M_1: & [R + j\omega(L_1 + L_2 - 2M]\cdot\underline{I}_{m1} & + j\omega(M - L_2)\underline{I}_{m2} = \underline{U}_Q \,, \\ M_2: & j\omega(M - L_2)\underline{I}_{m1} & + j\omega\left(L_2 - \frac{1}{\omega^2 C}\right)\underline{I}_{m2} = 0 \,. \end{array}$$

Dieses Gleichungssystem kann leicht gelöst werden. Betrachten wir noch den physikalischen Inhalt der Impedanzen $\underline{Z}_{11}$ und $\underline{Z}_{12}$.

Die Ringimpedanz $\underline{Z}_{11}$ der Masche 1 besteht aus der Reihenschaltung von R und $j\omega(L_1 + L_2 - 2M)$ (vgl. Bild 6.14b), weil der Maschenstrom $\underline{I}_{m1}$ aus Punkt B herausfließt und daher ein negatives Vorzeichen von M entsteht. (Beiträge von Gegeninduktivitäten in Hauptdiagonalgliedern haben somit stets einen Faktor 2.)

Die Koppelimpedanz $\underline{Z}_{12}$ wird von beiden Maschenströmen mit entgegengesetzten Richtungen durchflossen:

$$\underline{Z}_{12} = j\omega(M - L_2)$$

$\underline{I}_{m1}$ und $\underline{I}_{m2}$ durch L_2 entgegengesetzt fließend (−)
$\underline{I}_{m1}$ und $\underline{I}_{m2}$ fließen in gleicher Richtung auf die Punkte zu (+).

Wir haben daher beim Maschenstromverfahren (Abschn. 5.3.3.2) für magnetisch gekoppelte Spulen zu ergänzen:

— Zwei magnetisch gekoppelte Spulen innerhalb einer Masche führen in der Ringimpedanz (Hauptdiagonalglied der Matrix) zu einem Zusatz $-\,j2\omega M$.
— In den Koppelimpedanzen (Nebendiagonalglieder) treten zusätzlich Glieder $\pm\, j\omega M$ auf. + Zeichen: die Maschenströme $I_{m\gamma}$ durch L_γ und I_{mu} durch L_u sind gleich orientiert, sonst — Zeichen.

Knotenspannungsanalyse. Auch die Knotenspannungsanalyse kann mühelos auf eine in den Frequenzbereich transformierte Schaltung angewendet werden. Dabei treten z. B. anstelle der Begriffe Knoten- und Koppelleitwert G_{ii}, G_{ik} (Gl. (5.87)) die entsprechenden Knoten- und Koppeladmittanzen $\underline{Y}_{ii}$, $\underline{Y}_{ik}$ auf, und es gibt allgemein eine Knotenadmittanzmatrix (Gl. 5.89)). Zu beachten ist weiter, daß gesteuerte Quellen als Stromquellen einzuführen sind. Damit lassen sich auch gekoppelte Spulen einbeziehen, wenn von der Strom-Spannungs-Relation Gl. (3.66) bzw. (5.87) mit spannungsgesteuerten Stromquellen ausgehen (Bild 5.8b):

$$\underline{I}_1 = \frac{\Gamma_{11}}{j\omega}\underline{U}_1 + \frac{\Gamma_{12}}{j\omega}\underline{U}_2 \,, \quad \underline{I}_2 = \frac{\Gamma_{21}}{j\omega}\underline{U}_1 + \frac{\Gamma_{22}}{j\omega}\underline{U}_2 \,, \quad \Gamma_{12} = \Gamma_{21} \,. \tag{6.27}$$

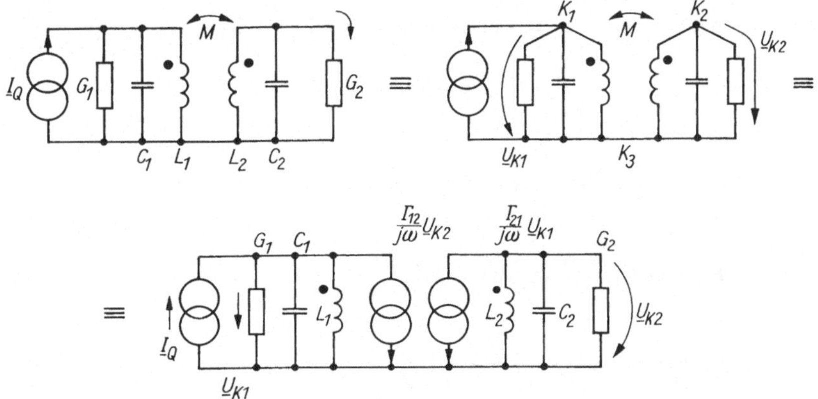

Bild 6.17. Knotenspannungsanalyse mit gekoppelten Induktivitäten

Betrachten wir als Beispiel Bild 6.17. Das Netzwerk (entspricht Bild 6.15 nur wurde die Spannungsquelle in eine Stromquelle umgeformt) bietet sich mit $z = 6$, $k = 3$ für die Knotenspannungsanalyse geradezu an. Erforderlich sind zwei Knotenspannungen $\underline{U}_{k1} = \underline{U}_1$ und $\underline{U}_{k2} = \underline{U}_2$, während nach der Maschenstromanalyse $m = 4$ Maschenströme eingeführt werden mußten. Wir wählen Knoten 3 als Bezug. Der Übertrager wird durch die Stromquellenersatzschaltung Gl. (6.27) berücksichtigt. Dann lauten die Knotengleichungen

$$-\underline{I}_Q + \left(G_1 + j\omega C_1 + \frac{\Gamma_{11}}{j\omega}\right)\underline{U}_{K1} + \underline{I}_{Q1} = 0$$

oder

$$K_1\colon \left(G_1 + j\omega C_1 + \frac{\Gamma_{11}}{j\omega}\right)\underline{U}_{K1} + \frac{\Gamma_{12}}{j\omega}\underline{U}_{K2} = \underline{I}_Q \;,$$

$$K_2\colon \frac{\Gamma_{21}}{j\omega}\underline{U}_{K1} + \left(G_2 + j\omega C_2 + \frac{\Gamma_{22}}{j\omega}\right)\underline{U}_{K2} = 0 \;.$$

Sie lassen sich problemlos nach $\underline{U}_{K2}$ auflösen.

Beispiel. Für die Schaltung Bild 6.18 soll die Knotenadmittanzmatrix nach den Bildungsregeln ihrer Elemente (s. Abschn. 5.3.4) unmittelbar aus der Schaltung abgelesen werden. Wir wählen K_4 als Bezugspunkt. Dann führen K_1, K_2, K_3 die Knotenspannungen $\underline{U}_{K1}$, $\underline{U}_{K2}$, $\underline{U}_{K3}$. Die Knotenadmittanzen $\underline{Y}_{ii}$ ergeben sich aus den am Knoten i zusammen-

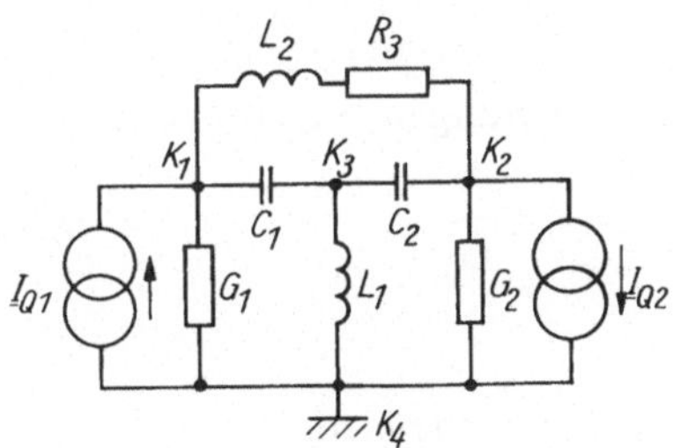

Bild 6.18. Knotenspannungsanalyse

geschlossenen Leitwerten, also z. B. für Knoten K_2: $\underline{Y}_{22} = G_2 + j\omega C_2 + \dfrac{1}{R_3 + j\omega L_2}$, für K_3: $\underline{Y}_{33} = j\omega C_1 + j\omega C_2 + \dfrac{1}{j\omega L_1}$ und insgesamt

Knotenspannung → $\underline{U}_{K1}$ $\quad$ $\underline{U}_{K2}$ $\quad$ $\underline{U}_{K3}$

Knoten

$$K_1: \left(G_1 + j\omega C_1 + \frac{1}{R_3 + j\omega L_2}\right)\cdot \underline{U}_{K1} - \frac{1}{j\omega L_2 + R_3}\underline{U}_{K2} \qquad - j\omega C_1 \underline{U}_{K3} = \underline{I}_{Q1}$$

$$K_2: \quad -\frac{1}{j\omega L_2 + R_3}\underline{U}_{K1} + \left(G_2 + j\omega C_2 + \frac{1}{j\omega L_2 + R_3}\right)\underline{U}_{K2} - j\omega C_2 \underline{U}_{K3} = -\underline{I}_{Q2}$$

$$K_3 \quad -j\omega C_1 \underline{U}_{K1} \qquad - j\omega C_2 \underline{U}_{K2} + \left(j\omega C_1 + j\omega C_2 + \frac{1}{j\omega L_1}\right) \quad \underline{U}_{K3} = 0$$

Der Koppelleitwert $\underline{Y}_{13}$ zwischen K_1 and K_3 lautet $\underline{Y}_{13} = -j\omega C_1$ (nicht vorhandene Kopplungen haben den Leitwert Null!). Auf diese Weise können alle Koeffizienten hingeschrieben werden. Man beachte die Symmetrie zur Hauptdiagonalen. Sie liegt vor, weil ein Netzwerkknoten (K_4) zum Bezugspunkt erhoben wurde und keine gesteuerten Quellen vorhanden sind.

2. Zweipoltheorie. Der Grundgedanke der Zweipoltheorie, ein Netzwerk aufzuteilen in einen von der *unabhängigen Quelle freien* Zweig — den passiven Zweipol — und einen übrigen Teil, der alle unabhängigen Quellen enthält (s. Abschn. 2.4.4.3), gilt auch im Frequenzbereich. Wichtig ist dabei die Entkopplung des passiven vom aktiven Zweipol (Bild 6.19): Beide dürfen nur über die Klemmen in Verbindung stehen (also z. B. nicht über magnetische Kopplung oder gesteuerte Quellen!). Dann treten auf

a) der *passive Zweipol*, gekennzeichnet durch die Impedanz $\underline{Z}_{AB} = \underline{Z}_a$;

b) der *aktive Zweipol*, gekennzeichnet durch Leerlaufspannung $\underline{U}_1$, Kurzschlußstrom $\underline{I}_k$ und Innenimpedanz $\underline{Z}_i$ bzw. die Innenadmittanz $\underline{Y}_i = 1/\underline{Z}_i$. Er kann gleichwertig durch eine Spannungs- oder Stromquellenersatzschaltung beschrieben werden (Bild 6.19):

Stromquellenersatzschaltbild	Spannungsquellenersatzschaltbild
$\underline{I} = \underline{I}_k - \underline{Y}_i\underline{U}$.	$\underline{U} = \underline{U}_1 - \underline{Z}_i\underline{I}$.

Durch Vergleich ergibt sich: $\underline{U}_1 = \underline{I}_k\underline{Z}_i = \underline{I}_k/\underline{Y}_i$.

Der Grundstromkreis wird dann durch folgende Gleichungen beschrieben:

$$\underline{U} = \underline{U}_1 \frac{\underline{Z}_a}{\underline{Z}_i + \underline{Z}_a}, \qquad \underline{I} = \underline{I}_k \frac{\underline{Y}_a}{\underline{Y}_a + \underline{Y}_i}, \tag{6.28}$$

$$\underline{U} = \underline{Z}_a\underline{I}, \qquad \underline{U}_1 = \underline{I}_k\underline{Z}_i$$

Grundgleichung der Zweipoltheorie im Frequenzbereich.

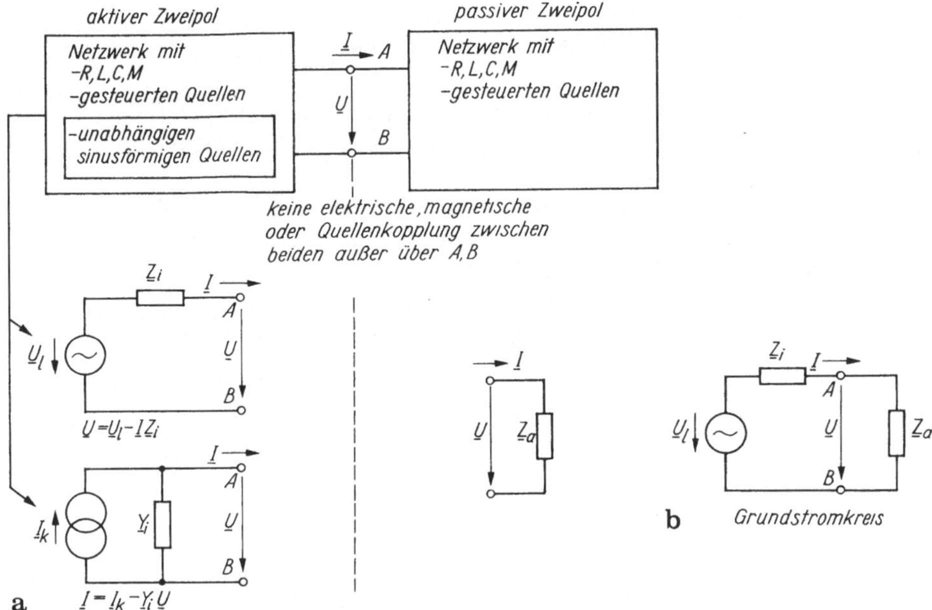

Bild 6.19a, b. Aktiver und passiver Zweipol im Frequenzbereich sowie zugehörige Ersatzschaltungen

Zusammengefaßt gilt dann für die Zweipoltheorie im Frequenzbereich (s. Abschn. 2.4.3 und 5.1.1).

Lösungsmethodik: Allgemeine Zweipoltheorie im Frequenzbereich

1. Teile das Netzwerk in aktiven und passiven Zweipol auf.

2. *Passiver Zweipol.* Berechne den Ersatzwiderstandsoperator $\underline{Z}_{AB} = \underline{Z}_a$:

2.1 Für Netzwerke *ohne gesteuerte Quellen*, durch Anwendung der Regeln für Reihen- und Parallelschaltung von Widerständen. Überbrückte Netzwerkteile können durch Stern-Dreiecks-Umwandlung in Reihen- und Parallelschaltungen verwandelt werden.

2.2 Für Netzwerke *mit gesteuerten Quellen* mit der Methode des Teststromes $\underline{I}_{AB}$ (Testspannung $\underline{U}_{AB}$) an den Klemmen *AB* und Berechnung der Spannung $\underline{U}_{AB}$ (des Stromes $\underline{I}_{AB}$, Zweigstrom-, Maschenstrom-oder Knotenspannungsanalyse u. a. m. s. Abschn. 5.3). Es gilt (s. Gl. (5.15)) $\underline{Z}_a = \underline{U}_{AB}/\underline{I}_{AB}$.

3. *Aktiver Zweipol* (Zweipolkenngrößen, *Leerlaufspannung* $\underline{U}_l$, *Kurzschlußstrom* $\underline{I}_k$ und *Innenwiderstand* $\underline{Z}_i$).

3.1 *Leerlaufspannung*: Berechne die Spannung $\underline{U}_{AB}|_{\underline{I}=0} = \underline{U}_l$ an den Klemmen AB bei Leerlauf des Zweipols.

3.2 *Kurzschlußstrom*: Berechne den Kurzschlußstrom $\underline{I}_{AB}|_{\underline{U}=0} = \underline{I}_k$ zwischen den Klemmen *AB* (Verfahren für 3.1, 3.2: Zweigstrom-, Maschenstrom-, Knotenspannungsanalyse, Überlagerungssatz, Versetzungssatz, Quellentransformation u. a. m.).

3.3 *Innenwiderstand*:

— Bestimme $\underline{Z}_i$ aus $\underline{U}_k$ und $\underline{I}_1$. Verfahren bei unabhängigen und gesteuerten Quellen gültig.

— Enthält das Netzwerk *nur ungesteuerte Quellen*, so setze man alle außer Betrieb (Spannungsquellen kurzschließen, Stromquellen auftrennen) und berechne $\underline{Z}_i$ nach Punkt 2.1.

— Enthält das Netzwerk *gesteuerte Quellen*, so setze man alle unabhängigen Quellen außer Betrieb und benutze die Methode des Teststromes $\underline{I}_{AB}$ bzw. der Testspannung $\underline{U}_{AB}$ (s. Punkt 2.1).

Beispiel: *Zweipoltheorie*. Für die Schaltung Bild 6.20a ergibt sich der Reihe nach

$$\underline{U}_1 = \frac{\underline{U}_Q}{1 + \underline{Z}_1 \underline{Y}_2}, \quad \underline{I}_k = \frac{\underline{U}_Q}{j\omega L}, \quad \underline{Z}_i = \frac{1}{G + j\omega C - \dfrac{j}{\omega L}}.$$

Schaltung Bild 6.20 b1 hat eine spannungsgesteuerte Stromquelle. Wir wollen die Ersatzgrößen bestimmen. Zur Ermittlung der Leerlaufspannung $\underline{U}_1$ wird die Stromquelle über den Teilungssatz (s. Abschn. 2.4.4) aufgeteilt (Bild 6.20 b2). Der Strom der linken Quelle fließt nur durch die ideale Spannungsquelle $\underline{U}_Q$ (innenwiderstandslos!), mithin kann die zum Ergebnis nicht beitragen. Die rechte wirkt direkt parallel zu G und wird von dieser Klemmenspannung U' gesteuert (wir könnten sie daher zum Leitwert G hinzuschlagen!). Aus dem Maschensatz folgt bei Leerlauf: $\underline{U}_Q = \underline{I}\, j\omega L + \underline{U}'$ mit $\underline{I} = \underline{U}'G - S\underline{U}'$ oder zusammengefaßt $\underline{U}_1 \equiv \underline{U}' = \dfrac{\underline{U}_Q}{1 + j\omega L(G - S)}$.

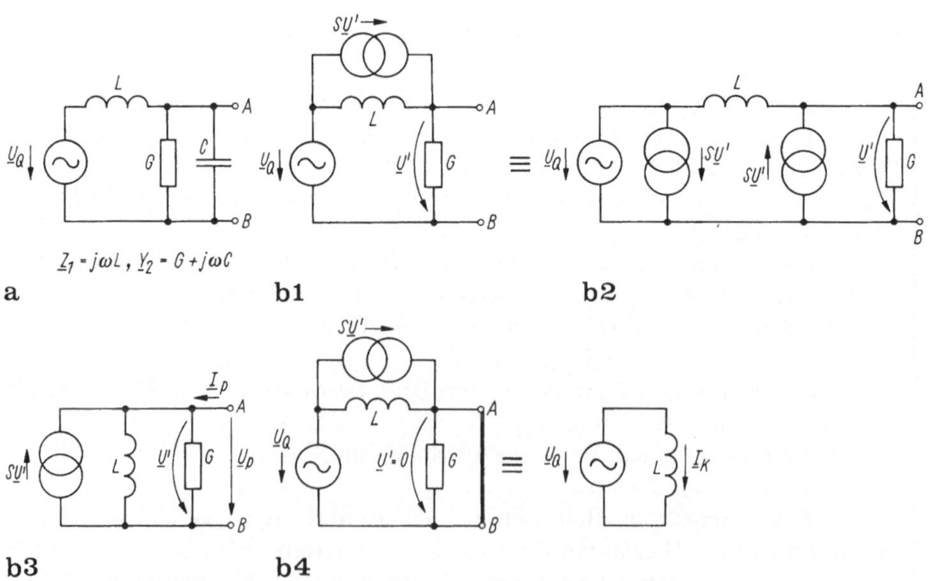

Bild 6.20a, b. Beispiele zur Zweipoltheorie (s. Text)

Zur Innenwiderstandsbestimmung schließen wir $\underline{U}_Q$ kurz (die gesteuerte Stromquelle bleibt in der Schaltung, Bild 6.20 b3) und legen die Prüfspannung $\underline{U}_P$ an. Dann fließt der Strom $\underline{I}_P = \underline{U}_P G + \underline{U}_P/\mathrm{j}\omega L - S\underline{U}_P$, somit gilt $\underline{Y}_{\mathrm{iers}} = \dfrac{1}{\underline{Z}_{\mathrm{iers}}} = \dfrac{\underline{I}_P}{\underline{U}_P} = G - S + \dfrac{1}{\mathrm{j}\omega L}$.

Der Kurzschlußstrom (Schaltung Bild 6.20 b4) $\underline{I}_k = \underline{U}_1\, \underline{Y}_{\mathrm{iers}} = \dfrac{\underline{U}_Q}{\mathrm{j}\omega L} \cdot \dfrac{1 + \mathrm{j}\omega L(G-S)}{1 + \mathrm{j}\omega L(G-S)} \equiv \dfrac{\underline{U}_Q}{\mathrm{j}\omega L}$ ist unabhängig von der gesteuerten Stromquelle: Bei Klemmenkurzschluß wird auch ihre Steuergröße kurzgeschlossen, folglich bleibt sie wirkungslos. Der Kurzschlußstrom fließt nur durch die Induktivität L und wird von $\underline{U}_Q$ angetrieben.

3. Netzwerke mit gesteuerten Quellen. Wir haben im Abschnitt 5.1.1.2 gesteuerte Quellen mit reelen Steuerfaktoren betrachtet. Bei technischen Bauelementen (Transistoren, Verstärker, Operationsverstärker u. a.) sind diese — bedingt durch innere Laufzeiten und Grenzfrequenzen — *komplex*. Im Zeitbereich würde dem eine Verzögerung entsprechen.

Grundsätzlich lassen sich „komplexe gesteuerte Quellen" definieren, nämlich die

— spannungsgesteuerte Spannungsquelle $\underline{U}_Q = \underline{A}_u \underline{U}_{St}$ ($\underline{A}_u$ komplexe Spannungsverstärkung);

— stromgesteuerte Spannungsquelle $\underline{U}_Q = \underline{Z}_m \underline{I}_{St}$ ($\underline{Z}_m$ komplexer Transferwiderstand);

— spannungsgesteuerte Stromquelle $\underline{I}_Q = \underline{S}\,\underline{U}_{St}$ ($\underline{S}$ komplexe Steilheit);

— stromgesteuerte Stromquelle $\underline{I}_Q = \underline{A}_i \underline{I}_{St}$ ($\underline{A}_i$ komplexe Stromverstärkung). (Ersatzschaltung bleibt wie nach Tafel 5.5 erhalten, sie wird nur in den Frequenzbereich transformiert.)

Wir betrachten als Beispiel einen *Spannungsverstärker* (Bild 6.21) mit spannungsgesteuerter Spannungsquelle

$$\underline{U}_Q = \underline{A}_u\, \underline{U}_{St} \qquad (\underline{A}_u = A_u \mathrm{e}^{\mathrm{j}\varphi_A})\ . \tag{6.29}$$

Bei gegebener Signalquellenspannung $\underline{U}_{Qe}$ liegt am Verstärkereingang die Steuerspannung $\underline{U}_{St} = \underline{U}_{Qe} \cdot \underline{Z}_e/(\underline{Z}_e + \underline{Z}_1)$, andererseits treibt die gesteuerte Quelle im Ausgangskreis den Strom $\underline{I}$ an:

$$\underline{I} = \frac{\underline{U}_1}{\underline{Z}_a + \underline{Z}_L} = \frac{\underline{A}_u \underline{U}_{St}}{\underline{Z}_a + \underline{Z}_L}\ ,$$

und es entsteht am komplexen Lastwiderstand $\underline{Z}_L$ die Spannung

$$\underline{U}_a = \underline{I}\,\underline{Z}_L = \frac{\underline{A}_u \underline{Z}_L}{\underline{Z}_a + \underline{Z}_L} \cdot \frac{\underline{Z}_e}{\underline{Z}_e + \underline{Z}_1} \cdot \underline{U}_{Qe} \equiv \underline{F}\,\underline{U}_{Qe}\ . \tag{6.30}$$

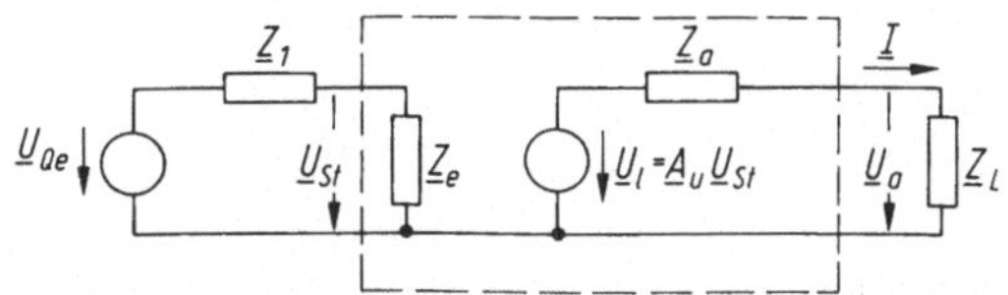

Bild 6.21. Ersatzschaltung eines Verstärkers (spanngungsgesteuert) mit Abschlußelement

Der Frequenzgang $\underline{F}$ hängt jetzt nicht nur von den Widerstandsoperatoren, sondern auch der komplexen Spannungsverstärkung ab.

Die hier dargestellte Ersatzschaltung ist typisch für Spannungsverstärker, insbesondere Operationsverstärker (s. Abschn. 7.5).

6.2.3 Frequenzgang $\underline{F}$ (jω)

Die Einführung des Widerstandsoperators (→ Transformation des Netzwerkes in den Frequenzbereich) vereinfacht die Netzwerkanalyse stark und damit die Bestimmung des *Frequenzganges* $\underline{F}(\mathrm{j}\omega)$ (s. Abschn. 6.2.2.1)[1]

$$\underline{F}(\mathrm{j}\omega) = \frac{\underline{Y}(\mathrm{j}\omega)}{\underline{X}(\mathrm{j}\omega)} = \frac{b_m(\mathrm{j}\omega)^m + \ldots b_1(\mathrm{j}\omega) + b_0}{a_n(\mathrm{j}\omega)^n + \ldots a_1(\mathrm{j}\omega) + a_0} = \frac{Y(\omega)}{X(\omega)} \mathrm{e}^{\mathrm{j}(\varphi_y - \varphi_x)} = F\mathrm{e}^{\mathrm{j}\varphi_f} ,$$

$$m \leqq n \tag{6.31a}$$

komplexer Frequenzgang (Definitionsgleichung)

mit

$$\begin{aligned} &\underline{F}(\mathrm{j}\omega) = \mathrm{Re}\,\underline{F}(\mathrm{j}\omega) + \mathrm{j}\,\mathrm{Im}\,\underline{F}(\mathrm{j}\omega) = F\mathrm{e}^{\mathrm{j}\varphi_f} , \\ &|\underline{F}(\mathrm{j}\omega)| = F(\omega) = \sqrt{(\mathrm{Re}\,\underline{F}(\mathrm{j}\omega))^2 + (\mathrm{Im}\,\underline{F}(\mathrm{j}\omega))^2} , \\ &\tan\varphi_f = \frac{\mathrm{Im}\,\underline{F}(\mathrm{j}\omega)}{\mathrm{Re}\,\underline{F}(\mathrm{j}\omega)} \end{aligned} \tag{6.32}$$

ganz beträchtlich. Er hat offensichtlich größere Bedeutung, als bisher erwähnt wurde. Ist $\underline{F}(\mathrm{j}\omega)$ bekannt, so kann die Lösung einer Netzwerkanalyse im Zeitbereich sofort angegeben werden (s. Gl. (6.14)), z. B. in der Form

$$y(t) = |\underline{F}||\hat{\underline{X}}|\cos(\omega t + \varphi_f + \varphi_x) .$$

Damit gilt: Die Übertragungseigenschaften des linearen Netzwerkes werden für Sinuserregung durch den Operator *komplexer Frequenzgang* $\underline{F}(\mathrm{j}\omega)$ — vollständig bestimmt. Der Betrag $|\underline{F}(\omega)|$ heißt *Amplitudengang*, die Phase $\varphi_f(\omega)$ *Phasengang*. Sein Merkmal ist die Beschreibung einer Netzwerkrelation als Funktion der Frequenz.

Gleichwertige Bezeichnungen des komplexen Frequenzganges sind Netzwerkfunktion oder Übertragungsfaktor (meist in Verbindung mit einer sog. komplexen Frequenz, s. Abschn. 9.4, 10).

Das Ziel aller Netzwerkanalyseverfahren besteht nun darin, den Frequenzgang $\underline{F}(\mathrm{j}\omega)$ auf möglichst rationelle Weise zu bestimmen.

Wir lernten den Frequenzgang (ohne besonderen Hinweis) in verschiedenen Formen kennen, je nachdem, welcher Ursache-Wirkungs-Zusammenhang gesucht war:

---

[1] $\underline{Y}$, $\underline{X}$ bedeuten hier die in den Frequenzbereich transformierten Variablen $y(t)$, $x(t)$ der Netzwerk-Differentialgleichung.

— Als *Impedanz* eines allgemeinen Zweipols bei *eingeprägtem Strom*:

$$\underline{F}(\mathrm{j}\omega) = \frac{\underline{U}(\mathrm{j}\omega)}{\underline{I}(\mathrm{j}\omega)} = \underline{Z}(\mathrm{j}\omega) \quad \text{(s. Gl. (6.15))} \; ; \tag{6.31b}$$

— als *Admittanz* des Zweipols bei *eingeprägter Spannung*:

$$\underline{F}(\mathrm{j}\omega) = \frac{\underline{I}(\mathrm{j}\omega)}{\underline{U}(\mathrm{j}\omega)} = \underline{Y}(\mathrm{j}\omega) \quad \text{(s. Gl. (6.17))} \; ; \tag{6.31c}$$

— als *dimensionslose* Größe, z. B. bei der Spannungs- und Stromteilerregel

$$\underline{F}(\mathrm{j}\omega) = \frac{\underline{U}_{\mathrm{aus}}(\mathrm{j}\omega)}{\underline{U}_{\mathrm{ein}}(\mathrm{j}\omega)} \quad \text{oder} \quad \underline{F}(\mathrm{j}\omega) = \frac{\underline{I}_{\mathrm{aus}}(\mathrm{j}\omega)}{\underline{I}_{\mathrm{ein}}(\mathrm{j}\omega)} \, . \tag{6.31d}$$

Stets hing er nur von den Netzwerkelementen (R, L, C), ihrer Zusammenschaltung (der Netzwerkstruktur) und der Frequenz ω ab.

Einige beliebige Beispiele belegen das: Wir erhalten für die Schaltung Bild 6.20a z. B.

$$\underline{F}(\mathrm{j}\omega) = \frac{\underline{U}_1}{\underline{U}_\mathrm{Q}} = \frac{1}{1 + \mathrm{j}\omega L(G + \mathrm{j}\omega C)} = \frac{1}{1 + \mathrm{j}\omega LG + (\mathrm{j}\omega)^2 LC} \, .$$

Die Konstanten a_0, a_1, a_2 (Gl. (6.31a)) lauten: $a_0 = 1$, $a_1 = LG$, $a_2 = LC$. Stets ergeben sich reelle Faktoren

Grundsätzlich läßt sich der Frequenzgang Gl. (6.3.1) darstellen
— durch die Real- und Imaginärteile als Funktion von ω;
— durch Betrag und Phase als Funktion von ω;
— in der komplexen Ebene als sog. *Ortskurve* mit der Frequenz als Parameter (s. Abschn. 6.3.3.3).

Die beiden ersten Formen heißen *Komponentendarstellung*.

Die grundlegende *Bedeutung* des Frequenzganges $\underline{F}$ besteht in folgendem:

1. Es gibt keine Vorschrift, wie er zu ermitteln ist. So führte die Transformation der Netwzwerk-Differentialgleichung auf $\underline{F}$ (Gl. (6.14)), ebenso die Transformation der Schaltung mit dem Widerstandsoperator.

2. Man kann $\underline{F}$ durch ein Zeigerdiagramm veranschaulichen: Ändert sich in dieser Darstellung eine Größe z. B. die Frequenz kontinuierlich, so ergibt sich die *Ortskurve*. Sie wird im Abschn. 6.3.3.1 eingeführt.

3. $\underline{F}$ ist meßbar. Man benutzt einen Sinusgenerator als Erregungsursache (z. B. Spannung am Zweipol) und mißt die Wirkung — den Strom durch den Zweipol — nach Betrag und Phase.

4. Die wichtigste Eigenschaft von $\underline{F}$ erkennen wir allerdings erst später (Abschn. 10): Durch eine Erweiterung des Frequenzbegriffes auf sog. *komplexe Frequenzen p* und ein besonderes Rücktransformationsverfahren (die Laplace-Transformation) aus dem (komplexen) Frequenzbereich in den Zeitbereich, kann aus der Kenntnis von $\underline{F}$ und der Erregerfunktion die *Wirkung bei beliebiger zeitveränderlicher (stationärer und nichtstationärer) Erregung bestimmt werden*! Dabei genügt die Kenntnis von $\underline{F}$ für sinusförmige Erregung. Dieser Vorteil wird bei der Berechnung von Schaltvorgängen genutzt. Es besteht zwischen der Behand-

lung stationärer Vorgänge in linearen Netzwerken — schlechthin der Wechselstromtechnik — und dem allgemeinen Zeitverhalten ein inniger Zusammenhang. Deshalb gehört die gediegene Beherrschung der Netzwerkanalyse im Frequenzbereich zu den Grundkenntnissen des Elektrotechnikers.

6.3 Darstellung von Netzwerkfunktionen

Die Anschaulichkeit der Netzwerkanalyse wird stark erhöht durch graphische Darstellung bestimmter Netzwerkgrößen und Netzwerkeigenschaften. Dazu dienen besonders *Zeigerbilder* und *Ortskurven*. Bei kleineren Netzwerken können sie sogar als graphische Lösungsverfahren gestaltet werden (bei quantitativer Darstellung). Im Regelfall beschränkt man sich aber auf die qualitative Darstellung, denn die analytische Lösung ist in solchen Fällen meist schneller gewonnen.

6.3.1 Zeigerdiagramme von Strömen, Spannungen und Widerstandsoperatoren

Da dem Strom- und Spannungsverhalten eines Netzwerkelementes im Frequenzbereich ein *Zeigerbild* zugeordnet werden konnte (s. Abschn. 6.2.1) und damit auch Maschen- und Knotensätze *graphisch* darstellbar sein müssen, gilt:

Die systematische (graphische) Zusammensetzung der Zeigerdarstellungen der Netzwerkströme und -spannungen (bzw. Widerstandsoperatoren) entsprechend der Netzwerkstruktur im Frequenzbereich heißt *Zeigerdiagramm*. Es ist die *graphische Lösung* der (stationären) Netzwerkgleichungen.

Zur Konstruktion des Zeigerdiagramms benötigt man

— die Zeigerdiagramme der Netzwerkelemente R, L, C (s. Tafel 6.1.1), sie bilden die Grundlage des Zeigerdiagramms der Schaltung;
— die Addition, Subtraktion und Drehstreckung zweier Zeiger (s. Tafel 6.6);
— eine allgemeine Lösungsmethodik.

Zeigerdarstellungen können maßstabsgerecht, also quantitativ aufgestellt werden. Dabei ist für Strom und Spannung je ein Maßstabsfaktor festzulegen. Meist genügt zur Veranschaulichung von Lösungen die *qualitative* (nicht maßstäbliche) Darstellung.

Üblicherweise werden Zeigerbilder für ruhende Zeiger konstruiert (nicht zwingend erforderlich). Für die nach den Maschen- und Knotengleichungen erforderlichen Additionen (Substraktionen) gelten die für komplexe Größen gültigen Regeln (Abschn. 6.2.1, Bild 6.4).

Lösungsmethodik: Zeigerdiagramm. Das Zeigerdiagramm der Ströme und Spannungen einer Schaltung ergibt sich wie folgt:

1. Transformation des Netzwerkes in den Frequenzbereich. Eintragung der Zählpfeile für Strom- und Spannungszeiger in das gegebene Netzwerk, Benennung derselben, Zeigerbilder der Netzwerkelemente nach Tafel 6.11.

2. Aufstellung aller unabhängigen Knoten- und Maschengleichungen (im Frequenzbereich). Dieser Punkt kann bei einiger Übung entfallen, weil der Aufbau eines Zeigerdiagrammes ohnehin auf der schrittweisen Anwendung der Kirchhoffschen Gleichungen beruht.

3. Nur bei maßstabsgerechter Darstellung:
— Festlegung der Darstellungsmaßstäbe (V/cm und A/cm);
— numerische Bestimmung der Größen R, ωL, $1/(\omega C)$ usw.;
— Annahme eines willkürlichen Betrages für die Bezugsgröße, mit der das Zeigerdiagramm begonnen wird.

4. Festlegung von Bezugsgrößen. Zweckmäßigerweise wird die mehreren Netzwerkelementen *gemeinsame Größe* ($\underline{U}$, $\underline{I}$) in die reelle Achse gelegt, also
— bei Reihenschaltung der Strom $\underline{I}$;
— bei Parallelschaltung die Spannung $\underline{U}$.

Grundsätzlich soll die gemeinsame Größe im „Schaltungsinneren" liegen; das Zeigerdiagramm wird von „innen" heraus in Richtung auf die „Erregung" hin aufgebaut. Man beginnt also nie mit der Darstellung der Erregung, sondern derjenigen Größe, die der gesuchten Wirkung schaltungsmäßig am nächsten liegt.

5. Graphische Addition (Subtraktion) und Drehstreckung der Einzelzeiger (Ströme, Spannungen, Impedanzen) entsprechend ihren Konstruktionsregeln und der Netzwerkgesetze nach Punkt 2. Im Ergebnis entsteht das Zeigerbild qualitativ (ohne Schritt 3).

6. Bei maßstabsgerechter Darstellung (s. Punkt 3) entnimmt man aus 5. die Lösungen als Funktion der *angenommenen Bezugsgröße*. Die tatsächliche Wirkungsgröße $\underline{W}_{\text{tat}}$ als Funktion der tatsächlichen Erregergröße $\underline{E}_{\text{tat}}$ (gegeben) ergibt sich mit

$$\frac{\underline{E}_{\text{tat}}^{\bullet}}{\underline{W}_{\text{tat}}} = \frac{\underline{E}_{\text{dia}}}{\underline{W}_{\text{dia}}} \tag{6.33}$$

aus den Größen $\underline{E}_{\text{dia}}$, $\underline{W}_{\text{dia}}$ des Diagramms über den Ähnlichkeitssatz (Abschn. 2.4.4.2). Die Winkel können direkt entnommen werden.

Beachte: Jede Größe im Diagramm ist nur durch Angabe zweier Stücke (z. B. Betrag und Phase) bestimmt.

Das Zeigerdiagramm wird nur für einfache Schaltungen schnell gewonnen. Seine Genauigkeit ist — wie bei allen graphischen Verfahren — nicht groß. Man verwendet deshalb das Zeigerdiagramm vorwiegend zur Veranschaulichung. Sehr instruktiv lassen sich dabei Parameteränderungen (z. B. Verdopplung eines Operators, Einfluß der Frequenz) übersehen. Das führt zur Ortskurve (s. Abschn. 6.3.3.1).

Beispiel: Zeigerdiagramm

1. Für die im Bild 6.22a gegebene Schaltung sei das qualitative Zeigerdiagramm aller Ströme und Spannungen gesucht. Entsprechend der Lösungsmethodik (Punkt 1) transformieren wir die Schaltung in den Frequenzbereich und benennen ihre Größen. Das ist im Bild bereits geschehen. Nach Punkt 2 lautet die Maschengleichung: $\underline{U}_{\text{Q}} = \underline{U}_{\text{R}} + \underline{U}_{\text{L}} + \underline{U}_{\text{C}} = \underline{I}R + \underline{I}\text{j}\omega L + \dfrac{\underline{I}}{\text{j}\omega C}$.

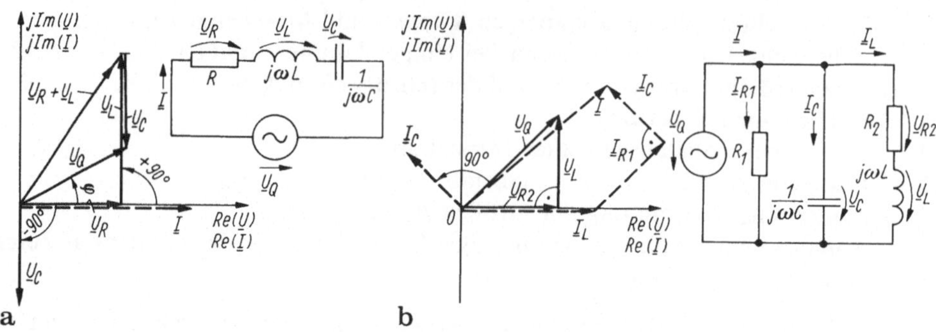

Bild 6.22a, b. Zeigerbilder (s. Text)

Nach Punkt 4: Allen Elementen ist der Strom $\underline{I}$ gemeinsam. Wir legen ihn in die reelle Achse des Diagramms (diese Festlegung erfolgt unabhängig vom Phasenwinkel φ_i).

Punkt 5: In Verbindung mit den Zeigerbildern der Netzwerkelemente (s. Tafel 6.11) folgt

— der Spannungsabfall $\underline{U} = \underline{I}R$ in Phase zu $\underline{I}$. Aus Zweckmäßigkeitsgründen wird $\underline{U}_R$ ins gleiche Diagramm gezeichnet;

— der Spannungsabfall $\underline{U}_L = \underline{Z}_L\underline{I} = j\omega L\underline{I}$. Er eilt gegen $\underline{I}$ um 90° vor;

— die Summe $\underline{U}_L$ und $\underline{U}_R$ wird graphisch ermittelt;

— der Spannungsabfall $\underline{U}_C = \underline{Z}_C\underline{I} = \dfrac{\underline{I}}{j\omega C} = -j\dfrac{\underline{I}}{\omega C}$. Er eilt gegen $\underline{I}$ (Bezugsgröße!) um 90° nach. Nach dem Maschensatz ist $\underline{U}_C$ zu $\underline{U}_L + \underline{U}_R$ zu addieren.

Die Gesamtspannung $\underline{U}_Q$ ist die Summe der Teilspannungen. Der Phasenwinkel $\varphi = \varphi_{uQ} - \varphi_i$ der Spannung $\underline{U}_Q$ gegen $\underline{I}$ kann sofort entnommen werden. Da die Größen $\underline{U}_C$ und $\underline{U}_L$ beliebig gewählt wurden, kann $|\underline{U}_L| \geqq |\underline{U}_C|$ oder auch $|\underline{U}_L| \leqq |\underline{U}_C|$ gelten.

2. Für Schaltung (Bild 6.22b) sei ebenfalls das Zeigerdiagramm aller Ströme und Spannungen gesucht.

Nach Schaltungstransformation und Benennung (Punkt 1) lauten die Maschen- und Knotengleichungen (Punkt 2) $\underline{U}_Q = \underline{U}_L + \underline{U}_{R2} = \underline{U}_C = \underline{U}_{R1}$, $\underline{I} = \underline{I}_{R1} + \underline{I}_C + \underline{I}_L = G_1\underline{U}_Q + j\omega C\underline{U}_Q + \underline{I}_L$.

Punkt 4: Wir beginnen mit der Darstellung von $\underline{I}_L$. In Phase zu $\underline{I}_L$ liegt der Spannungsabfall $\underline{U}_{R2}$, gegen $\underline{I}_L$ eilt $\underline{U}_L$ 90° vor. Beide ergeben nach dem Maschensatz die Spannung $\underline{U}_Q = \underline{U}_{R2} + \underline{U}_L$. Sie liegt als vorgegebene Größe für die Ströme $\underline{U}_{R1}$, $\underline{I}_C$ fest.

Der Strom durch R_1 liegt in Phase zu $\underline{U}_Q$, $\underline{I}_C$ eilt gegen $\underline{U}_Q$ 90° vor ($\underline{I}_C = j\omega\underline{U}_Q$). Dementsprechend ergeben sich die drei Stromzeiger. Ihre Summe ist graphisch zu bilden: $\underline{I} = \underline{I}_{R1} + \underline{I}_C + \underline{I}_L$.

Zeigerdiagramme zusammengeschalteter Widerstands-/Leitwertoperatoren. Die Reihen-/Parallelschaltung mehrerer Widerstands-Leitwertoperatoren (Gl. (6.23) kann auch auf die *Zeiger* der Widerstands-/Leitwertoperatoren der betreffenden Netzwerkelemente (s. Tafel 6.11) übertragen werden, also

— bei Reihenschaltung durch Addition der komplexen Einzelwiderstände $\underline{Z}_v$;

— bei Parallelschaltungen durch Addition der komplexen Einzelleitwerte $\underline{Y}_v$;

— bei Gemischtschaltungen -z. B. Parallel-Reihenschaltung-durch Wechsel zwischen komplexer Leitwert- und Widerstandsebene (Abschn. 6.3.2).

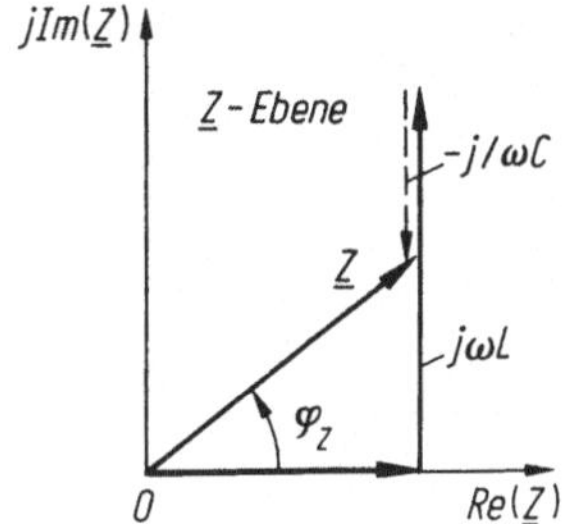

Bild 6.23. Zeigerbild einer *RLC*-Reihenschaltung.

Beispielsweise besitzt die RLC-Reihenschaltung den komplexen Widerstand

$$\underline{Z} = R + \mathrm{j}\omega L - \mathrm{j}/\omega C \text{ mit } Z = \sqrt{R^2 + (\omega L - 1/\omega C)^2},$$

$$\varphi_z = \arctan(\omega L - 1/\omega C)/R. \tag{6.34}$$

Im Zeigerbild 6.23 gehen wir vom Wirkwiderstand R in Richtung der reellen Achse der $\underline{Z}$-Ebene aus.

Der komplexe Widerstand der Spule L ist in Richtung der positiven imaginären Achse, derjenige der Kapazität C in Richtung der negativen imaginären Achse anzutragen. Der Gesamtwiderstand $\underline{Z}$ ist die Summe der komplexen Einzelgrößen (hier $\omega L > 1/\omega C$ angenommen).

Eine quantitative Lösung von $\underline{Z}$ ergibt sich schneller durch Auswertung der entsprechenden analytischen Bildungsgesetze (Gl. (6.23)).

6.3.2 Inversion von komplexen Größen und Ortskurven

Wir stellen in diesem Abschnitt die Grundgesetze der Inversion komplexer Größen zusammen. Sie bilden später die Grundlage der Ortskurveninversion. *Inversion* (Spiegelung) einer komplexen Größe bedeutet die Bildung ihres Reziprokwertes. So gehört zur Impedanz $\underline{Z}$ die inverse Größe $\underline{Y}$, die Admittanz. Die Inversion erfolgt zweckmäßig mit der Exponentialdarstellung (Bild 6.24)

$$\underline{Y} = \frac{1}{\underline{Z}} = \frac{1}{|\underline{Z}|\mathrm{e}^{\mathrm{j}\varphi_z}} = \frac{1}{|\underline{Z}|}\mathrm{e}^{-\mathrm{j}\varphi_z} = |Y|\mathrm{e}^{\mathrm{j}\varphi_y} \quad \text{Inversion} . \tag{6.35}$$

Die invertierte komplexe Größe liegt spiegelbildlich zur reellen Achse (Vertauschung des Vorzeichens des Phasenwinkels), ihr Betrag ist gleich dem Kehrwert des Betrages der Ausgangsgröße. Dieses Ergebnis heißt *Spiegelung eines Zeigers am Inversionskreis oder graphische Inversion* eines Zeigers.

Bei der Inversion einer physikalischen Größe ändert sich ihre Dimension.

Analytisch gesehen ordnen wir bei der Inversion einen Punkt $z = x + \mathrm{j}y$ der komplexen $\underline{z}$-Ebene einen Punkt $\underline{w} = u + \mathrm{j}v$ einer anderen, der $\underline{w}$-Ebene mittels einer Abbildungsfunktion $\underline{z} = 1/\underline{w}$ zu, eine spezielle konforme Abbildung.

Die Inversion nach Gl. (6.35) ist ein Sonderfall der allgemeineren Inversionsform

$$\underline{B} = \underline{C}^2/\underline{A} \tag{6.36}$$

mit der sog. *Inversionspotenz* $\underline{C}^2$. Setzt man jeweils $\underline{A} = Ae^{j\varphi_a}$, $\underline{B} = Be^{j\varphi_b}$, $\underline{C} = Ce^{j\varphi_c}$, so folgen die

Betragsbedingung	Winkelbedingung	
$B = C^2/A$	$\varphi_b = 2\varphi_c - \varphi_a$.	(6.37)

Nach der Winkelbedingung ergibt sich $\underline{B}$ durch Spiegelung von $\underline{A}$ am Zeiger $\underline{C}$. Im Sonderfall $\underline{B} = 1$ folgt daraus Gl. (6.35).

Die Bestimmung des gespiegelten Zeigers $\underline{B}$ Gl. (6.35) kann erfolgen

— graphisch durch sog. *Spiegelung am Inversionskreis*;

— durch Berechnung nach Gl. (6.37).

Graphische Inversion. Graphisch erfolgt die Inversion $\underline{Z}$ in $\underline{Y} = 1/\underline{Z}$ durch die sog. „Spiegelung am Einheitskreis" mit dem (normierten) Radius $r_0 = |\underline{B}| = 1$. Dann ist folgendermaßen zu verfahren (Bild 6.24):

1. *Konstruktion des Inversionskreises mit* $r_0 = |\underline{B}|$ um den Nullpunkt;
2. Spiegelung von $\underline{Z}$ an der reellen Achse → $\underline{Z}^*$ (Erfüllung der Winkelbedingung);
3. Durchführung der Betragsbedingung: Abhängig davon, ob $\underline{Z}^*$ außerhalb oder innerhalb des Inversionskreises liegt, gilt:
   - — $\underline{Z}^*$ außerhalb (Bild 6.24b)
     - Tangenten T_1, T_2 von Spitze $\underline{Z}^*$ ausgehend an den Inversionskreis legen (→ P_1, P_2);
     - Verbindung der Punkte P_1, P_2 durch Kreissehne;
     - Schnittpunkt mit $\underline{Z}^*$ ergibt den Zeiger $\underline{Y}$;
   - — $\underline{Z}^*$ innerhalb (Bild 6.24c)
     - Errichten der Senkrechten im Endpunkt von $\underline{Z}^*$ ergibt P_1, P_2 auf dem Inverionskreis;

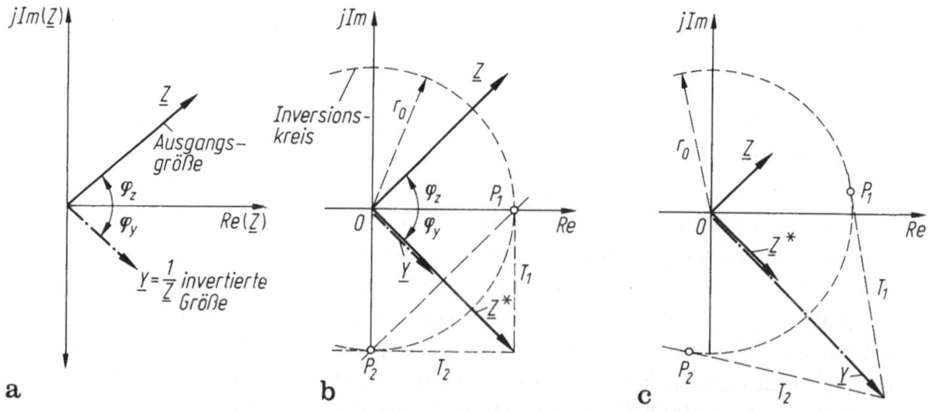

Bild 6.24a–c. Inversion. Konstruktion durch Spiegelung am Einheitskreis. **a** Inversion eines Zeigers $\underline{Z}$; **b** Inversion eines Zeigers $\underline{Z}$ durch Spiegelung am Einheitskreis ($|\underline{Z}| > r_a$); **c** dto. für $|\underline{Z}| < r_0$

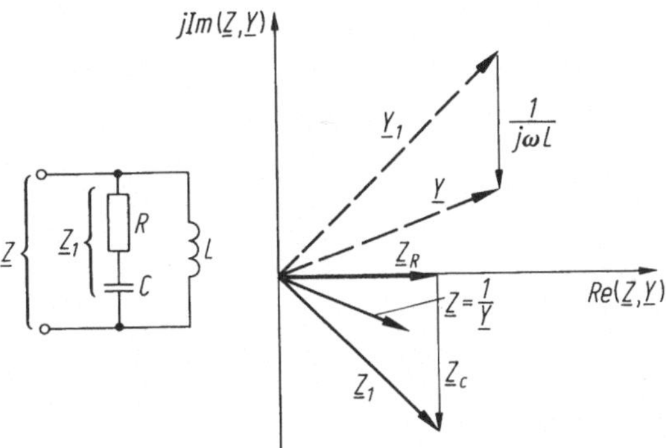

Bild 6.25. Zeigerbild einer gemischten Reihen-Parallelschaltung.

- Tangenten in P_1, P_2 an den Inversionskreis ergeben;
- auf der Verlängerung von $\underline{Z}^*$ den Schnittpunkt $\underline{Y}$.

Merke: Bei der Inversion wird der kürzeste Zeiger zum längsten und umgekehrt.

Geometrisch liegt der Spiegelung am Inversionskreis der Kathetensatz zugrunde: im rechtwinkligen Dreieck ist das Quadrat über einer Kathete gleich dem Rechteck aus anliegendem Hypothenusenabschnitt und Hypothenuse. Daraus folgt des Dreieck 0, P_1, $\underline{Z}$: $r_0^2 = |\underline{Z}|\,|\underline{Y}^*| = |\underline{Z}|\,|\underline{Y}|$, also für $r_0 = 1$ obige Vorschrift.

Schwierigkeiten bereitet häufig die maßstäbliche Zuordnung der Einheiten beim Übergang von der Widerstands- in die Leitwertebene (also die Frage, welcher Ω- bzw. S-Wert einer bestimmten Länge entspricht). Darüber entscheidet allein die Festlegung des Inversionskreises. Entspricht die Radiuslänge r_0 im Z-Maßstab z. B. 100 Ω, so legt die gleiche Radiuslänge im Y-Maßstab den Leitwert $Y = 1/Z = 1/100\,\Omega = 0{,}01\,\text{S}$ fest.

Gilt für den $\underline{Z}$-Maßstab der Maßstabsfaktor $m_z = Z/l$ (z. B. $Z = 50\,\Omega$, $l = 1$ cm) und analog für den Y-Maßstab $m_y = Y/l$ (z. B. $Y = 0,15$, $l = 5$ cm, also $m_y = 0{,}1\,\text{S}/5\,\text{cm} = 0{,}02\,\text{S/cm}$), so liegt der Inversionsradius r_0 durch $r_0^2 m_y m_z = 1$ fest.

Beispiel. Mit den Inversionsregeln sind wir in der Lage, das Zeigerbild einer Parallel-Reihenschaltung von Netzwerkelementen zu konstruieren. Ist z. B. der Widerstandsoperator $\underline{Z}$ der Schaltung Bild 6.25 gesucht, so wird folgendermaßen vorgegangen.

1. Zeigerbild $\underline{Z}_1 = R - \mathrm{j}/\omega C$ in der $\underline{Z}$-Ebene entwerfen.
2. Wandlung von $\underline{Z}_1$ in $\underline{Y}_1$ durch Inversion.
3. Zeiger $\underline{Y} = \underline{Y}_1 - 1/\mathrm{j}\omega L$ in der $\underline{Y}$-Ebene entwerfen.
4. Erneute Inversion von $\underline{Y}$ zu $\underline{Z}$. Dies ist das gesuchte Ergebnis.

6.3.3 Der Frequenzgang und seine Darstellungen

Übersicht. Das Zeigerdiagramm (Abschn. 6.3.2) vermittelte ein anschauliches Bild des Zusammenwirkens der Netzwerkgrößen (Strom, Spannung, Widerstands-, Leitwertoperator) im Frequenzbereich. Da es nur für konstante Parameter (Frequenz, Ströme, Spannungen) aufgestellt werden kann, enthält es keine Aussage über Auswirkung von *Änderungen* z.B. der Frequenz oder der Schaltelemente. Andererseits läßt sich für jeden Einstellzustand ein neues Zeigerdiagramm angeben

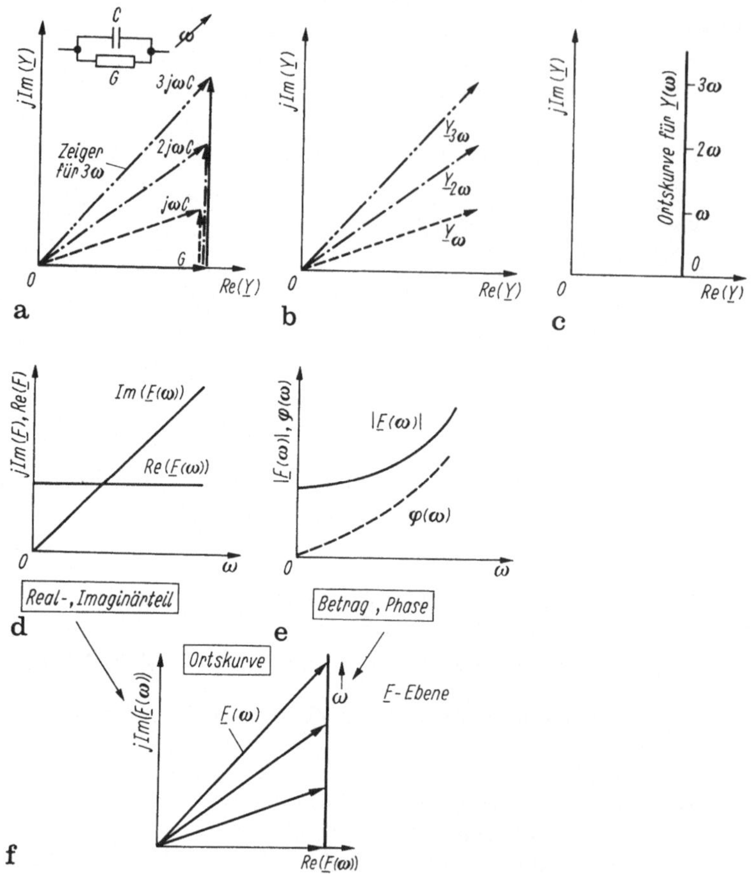

Bild 6.26a–f. Ortskurvendarstellung. **a** Zeigerdiagramme eines Leitwertoperators für verschiedene Frequenzen; **b** gleichwertige Darstellung durch verschiedene Zeiger; **c** Darstellung durch eine Ortskurve; **d** Frequenzgang $\underline{F}(j\omega)$ in getrennter Darstellung von Real- und Imaginärteil; **e** getrennte Darstellung von Betrag und Phase; **f** Ortskurve eines Frequenzganges $\underline{F}(j\omega)$

(z. B. Bild 6.26 für verschiedene Frequenzen ω). Verbindet man jeweils die Endpunkte (Spitzen) der einzelnen Zeiger (Bild 6.26b) und vermerkt die zugehörige veränderte Parametergroße, so entsteht eine Kurve, die *Ortskurve* (Bild 6.26c). Sie hat für das Netzwerk bei veränderlichen Parametern die gleiche Bedeutung wie das Zeigerbild für einen Satz fester Parameter.

Ortskurven lassen sich für alle Zeigergrößen zeichnen: Spannung, Strom, komplexer Widerstand, Leitwert, Spannungsverhältnis, allgemein den *Frequenzgang* $\underline{F}(j\omega)$. Da eine Ortskurve stets Real-und Imaginärteil (bzw. Betrag und Phase) hat, kann sie z. B. durch zwei Diagramme $\mathrm{Re}[\underline{F}(\omega)]$, $\mathrm{Im}\ [\underline{F}(\omega)]$ über ω dargestellt werden (Bild 6.26d und e, Abschn. 6.3.2). Die Überlegenheit der Ortskurvendarstellung besteht aber gerade in der *Vereinigung beider* Darstellungen $\mathrm{Re}[\underline{F}(\omega)]$ und

$\text{Im}[\underline{F}(\omega)]$ in einer Kurve, eben der Ortskurve $\underline{F}(\omega)$ in der komplexen Ebene als Funktion einer reellen Veränderlichen. Im Beispiel der Parallelschaltung von Wirkleitwert und Kondensator ist $\underline{F} = \underline{Y} = G + j\omega C$. Die Darstellungen $\text{Re}(\underline{F}) = \text{Re}(\underline{Y}) = G$ und $\text{Im}(\underline{F}) = \text{Im}(\underline{Y}) = \omega C$ über ω entsprechen dann Bild 6.26d, Betrag $F = Y = \sqrt{G^2 + (\omega C)^2}$, und Phase $\varphi_y = \arctan \omega C/G$ Bild 6.26e.

Häufig gelingt die sofortige Darstellung der Ortskurve wie im Beispiel des komplexen Leitwertes $\underline{Y}(\omega) = G + j\omega C$ in der $\underline{Y}$-Ebene. Schwieriger ist die Darstellung des zu $\underline{Y}$ inversen Widerstandsoperators $\underline{Z} = 1/\underline{Y}$. Der Entwurf der *inversen* oder *invertierten* Ortskurve zu einem gegebenen Verlauf $\underline{F}(j\omega)$ kann entweder *graphisch* erfolgen (wie dies bei experimentell ermittelten Kurven immer notwendig sein wird) oder *analytisch-rechnerisch*. Besonders zweckmäßig ist dabei die Benutzung der *konformen Abbildung*. So läßt sich beispielsweise die $\underline{Y}$-Ebene durch eine sog. *Abbildungsfunktion* der Form $\underline{Z} = 1/\underline{Y}$ in die $\underline{Z}$-Ebene überführen. Diese Abbildung ausgewählter Werte der $\underline{Y}$-Ebene in die $\underline{Z}$-Ebene ergibt ein spezielles Diagramm.

Zur graphischen Darstellung des Frequenzganges sind drei Darstellungsformen üblich

— die Nyquist-Ortskurve (gewöhnlich als Ortskurve bezeichnet);
— das Bode-Diagramm;
— das Nichols-Diagramm.

Das Bode-Diagramm (in der Regelungstechnik oft als Frequenzkennlinie bezeichnet) umfaßt die Darstellung von Betrag (in log. Maß) und Phase über dem Logarithmus der Frequenz.

Das (weniger wichtige) Nichols-Diagramm umfaßt den logarithmierten Betrag $|\underline{F}(j\omega)|_{dB}$ über der Phase mit der Frequenz als Parameter.

6.3.3.1 Ortskurven

Begriff. Ändert sich in einer komplexen Größe $\underline{F}(p)$ (Strom, Spannung, Widerstandsoperator, Frequenzgang) ein Parameter p zur Darstellung von $\underline{F}(p)$, so ist die Ortskurvendarstellung $\underline{F}(p)$ der geometrische Ort aller Werte der komplexen Größe $\underline{F}$ (Spitze der Zeiger) in Abhängigkeit von einem reellen veränderlichen Parameter p (Frequenz, Wert eines Netzwerkelementes u. a. m. (Bild 6.26f)).

Bei der Ortskurvendarstellung haben reelle und imaginäre Achse *stets gleiche Maßstäbe*. Sonst würden die Winkelwerte der Zeiger falsch abgelesen. Zweckmäßig ist dabei die normierte Darstellung auf einen Bezugswert dieser Größe, z. B. einen Wirkwiderstand, einen Leitwert oder eine bestimmte Frequenz (45°-Gradfrequenz u. a. m.). Die Ortskurve selbst trägt eine *Parameterteilung*, z. B. linear ($\sim p$), reziprok ($\sim 1/p$) oder gemischt quadratisch ($p - 1/p$).

Beispiel. Im Bild 6.27a wurde die Ortskurve des Widerstandsoperators $\underline{Z} = R + j\omega L$ bei veränderlicher Frequenz dargestellt. Sie liegt für alle ω im 1. Quadranten, schwankt also zwischen $\underline{Z}(\omega = 0) = R$ und $\underline{Z}(\omega \to \infty) = j\omega L$. Zur normierten Darstellung (Bild 6.27b) dividiert man Real- und Imaginärteil durch eine reelle Konstante, hier den Festwert R. Weil für eine bestimmte Frequenz ω_{45} Real- und Imaginärteil übereinstimmen: $R = \omega_{45} L$, wählt

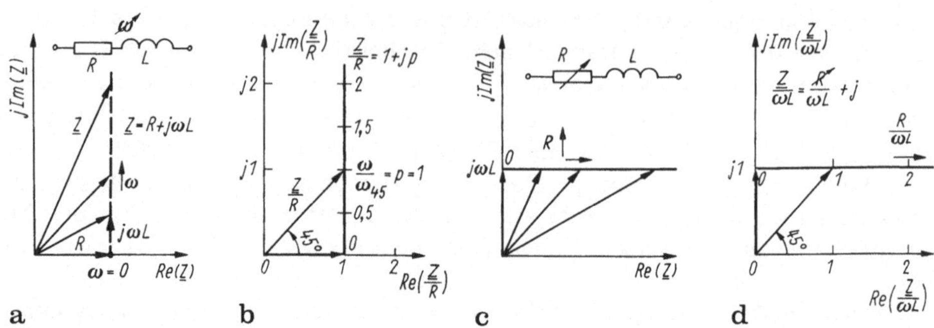

Bild 6.27a–d. Ortskurvendarstellung eines Widerstandsoperators. **a** Veränderlicher Frequenzgang; **b** normierte Darstellung; **c** veränderlicher Wirkwiderstand R; **d** normierte Darstellung

man diese Frequenz als Normierungsfrequenz und schreibt (Bild 6.27b)

$$\frac{\underline{Z}(\omega)}{R} = \frac{R + j\omega L}{R} = 1 + j\frac{\omega L}{R} = 1 + j\frac{\omega}{\omega_{45}} = 1 + jp.$$

Die Ortskurve hat eine lineare Teilung. Für jeden Parameterwert p läßt sich aus Bild 6.27b z. B. Betrag und Phase von $\underline{Z}/R$ entnehmen. Wird nicht die Frequenz ω, sondern der Wirkwiderstand R als Parameter verändert, so ergibt sich die Ortskurve nach Bild 6.27c: eine Gerade parallel zur reellen Achse. Für alle möglichen Werte R ($0 \leqq R \leqq \infty$) bleibt $\mathrm{Im}(\underline{Z}) = \omega L$ konstant. Zur normierten Darstellung wählen wir die konstante Größe ωL als Bezug (Bild 6.27d) $\frac{\underline{Z}}{\omega L} = \frac{R(p) + j\omega L}{\omega L} = \frac{R(p)}{\omega L} + j = p + j.$

Allgemeine Ortskurve. Der allgemeine Ursache-Wirkungszusammenhang war durch den Frequenzgang $\underline{F}$ (Gl. (6.31)) mit reellen Konstanten $a_0, \ldots, a_n$, $b_0, \ldots, b_m$ gegeben. Denkt man sich die Potenzen von j mit in diesen Faktoren enthalten, so werden sie komplex ($\underline{a}_0, \ldots, \underline{a}_n$ usw.). Damit lautet die allgemeine Form der Ortskurve

$$\underline{F}(p) = \frac{\underline{b}_0 + \underline{b}_1 p + \cdots + \underline{b}_m p^m}{\underline{a}_0 + \underline{a}_1 p + \cdots + \underline{a}_n p^n} \tag{6.38}$$

Ortskurvenfunktion (allgemein), $\underline{a}$, $\underline{b}$ komplex, p reell.

Sie enthält folgende häufig vorkommende Sonderfälle (Tafel 6.13):
— *Gerade* durch oder nicht durch den Nullpunkt;
— *Kreis* durch oder nicht durch den Nullpunkt.
Sie wurden im Bild 6.28 dargestellt und lassen sich leicht konstruieren.

6.3.3.2 *Inversion von Ortskurven*

Die Bildung der inversen Ortskurve $1/\underline{F}$ des Frequenzganges $\underline{F}$ kann erfolgen
— direkt durch Konstruktion von $1/\underline{F}$ (punktweise für verschiedene Frequenzen, also Zeigerinversion [durch Berechnung oder graphisch]);

Tafel 6.13. Ortskurvenfunktionen $\underline{F}(p)$ Gl. (6.38) wichtiger Spezialfälle

Funktion $\underline{F}(p)$	Ortskurve	Bild-Nr.
1. $\underline{b}_0 + \underline{b}_1 p$	Gerade nicht durch den Nullpunkt	6.28a
2. $\underline{b}_1 e^{j\varphi(p)}$	Kreis um den Nullpunkt	6.28b
3. $\underline{b}_1(1 + e^{j\varphi(p)}) = \dfrac{1}{\underline{a}_0 + \underline{a}_1 p}$	Kreis durch den Nullpunkt	6.28c
4. $\dfrac{\underline{b}_0 + \underline{b}_1 p}{\underline{a}_0 + \underline{a}_1 p} = \underline{A} + \underline{B}e^{j\varphi(p)}$	Kreis in allgemeiner Lage	6.28d
Operationen		
$\underline{F}(p) + \underline{B}$	Parallelverschiebung von $\underline{F}(p)$ um $\underline{B}$	
$\underline{F}(p)e^{j\varphi}$	Drehung von $\underline{F}(p)$ im Ursprung um den Winkel φ	
$\underline{F}(p)B$	Streckung von $\underline{F}(p)$ um den Faktor B	
$\underline{F}(p)\underline{B}$	Drehstreckung von $\underline{F}(p)$	

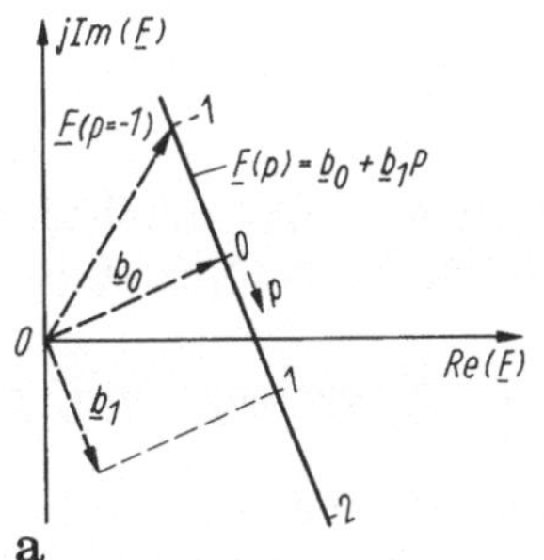

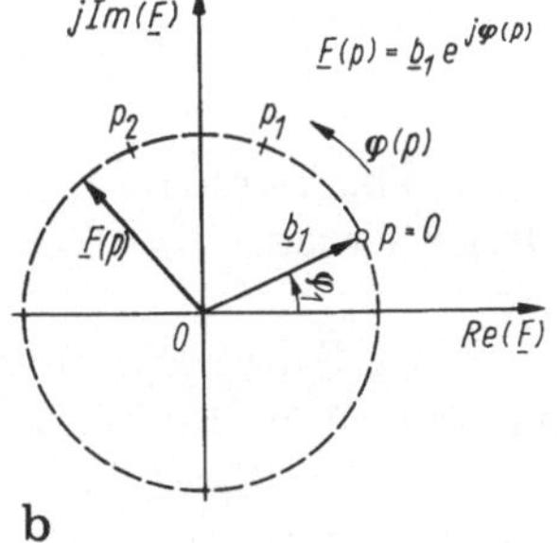

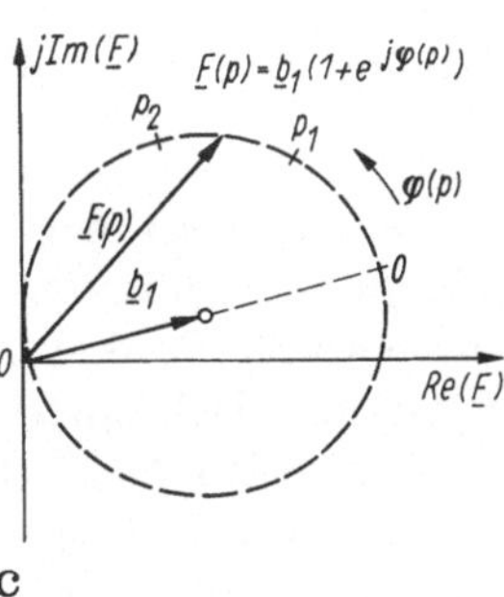

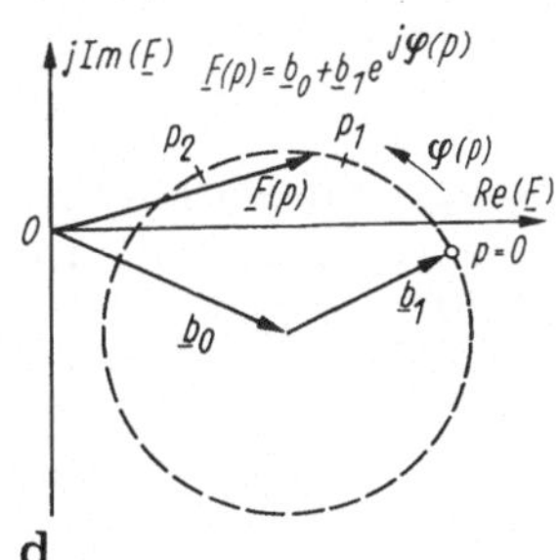

Bild 6.28a–d. Grundtypen von Ortskurven. **a** Gerade nicht durch den Nullpunkt; **b** Kreis um den Nullpunkt; **c** Kreis durch den Nullpunkt; **d** Kreis nicht durch den Nullpunkt

— durch Inversion der ganzen Ortskurve $\underline{F}(p)$.
Für den ersten Fall gilt dann die

Lösungsmethodik Ortskurveninversion:

1. Spiegele die Ortskurve $\underline{F}(p)$ (d. h. ausgewählte, genügend dicht liegende Punkte von $\underline{F}(p)$) an der reellen Achse: Es entsteht $\underline{F}^*(p)$. Damit liegen die Phasen aller Zeiger der invertierten Kurve $1/\underline{F}(p)$ als Fahrstrahlen durch die jeweiligen Punkte von $\underline{F}(p)$ fest.
2. Lege den Inversionsradius gemäß $r_0^2 = m_y m_z$ fest (Maßstäbe beachten!).
3. Spiegele ausgewählte Zeiger von $\underline{F}^*(p)$ am Inversionskreis (s. o.) und verbinde die Endpunkte der so erhaltenen invertierten Zeiger zur invertierten Ortskurve.

Dabei beachten wir für bestimmte Ortskurventypen die drei

Inversionsregeln für Geraden und Kreise. Sie gehen unmittelbar aus der Lösungsmethodik hervor:

1. Die Inversion einer *Geraden durch den Nullpunkt* ergibt wieder eine *Gerade durch den Nullpunkt* (Bild 6.29a).
2. Die Inversion einer *Geraden nicht durch den Nullpunkt* ergibt einen *Kreis durch den Nullpunkt* (und umgekehrt) (Bild 6.29c).
3. Die Inversion eines *Kreises nicht durch den Nullpunkt* ergibt einen *Kreis nicht durch den Nullpunkt*.

Wir wollen die ersten beiden Regeln zunächst zusammen mit Beispielen von Ortskurven erläutern und sie später analytisch in einem Inversionsdiagramm anwenden. Der Fall 3 folgt generell aus der Kreisverwandtschaft der Abbildung und soll nicht weiter verfolgt werden, da komplizierte Ortskurveninversionen ohnehin rechnergestützt durchgeführt werden.

1. Gerade durch den Nullpunkt. Die Gerade $\underline{F}(p) = p\underline{b}_1$ bzw. $f(p)\underline{b}_1$ durch den Nullpunkt ergibt dann laut Regel 1 wieder eine Gerade durch den Nullpunkt. Für ausgewählte Punkte folgt dabei:

a) Die Richtung der invertierten Kurve $\underline{F}'(p)$ folgt durch Spiegelung von $\underline{F}(p)$ an der reellen Achse (Bildung von $\underline{F}^*(p)$ (Bild 6.29a)).

b) Die p-Teilung erhält man durch Spiegelung einzelner p-Werte am Inversionskreis (Bild 6.29b, z. B. für $p = 3$). Damit verläuft die Parameterskala gemäß $1/p$ nach einer reziproken Funktion, wie im Bild 6.29 zu erkennen.

2. Gerade nicht durch den Nullpunkt (ergibt Kreis durch Nullpunkt). Die allgemeine Lage einer Geraden liegt durch Fall1, Tafel 6.13 ($-\infty \leqq p \leqq \infty$) fest. Ihre Inversion ergibt nach Regel 2 einen Kreis durch den Nullpunkt:

$$\underline{F}'_0 = \frac{1}{\underline{b}_0 + p\underline{b}_1} = \frac{1}{\underline{F}}\,.$$

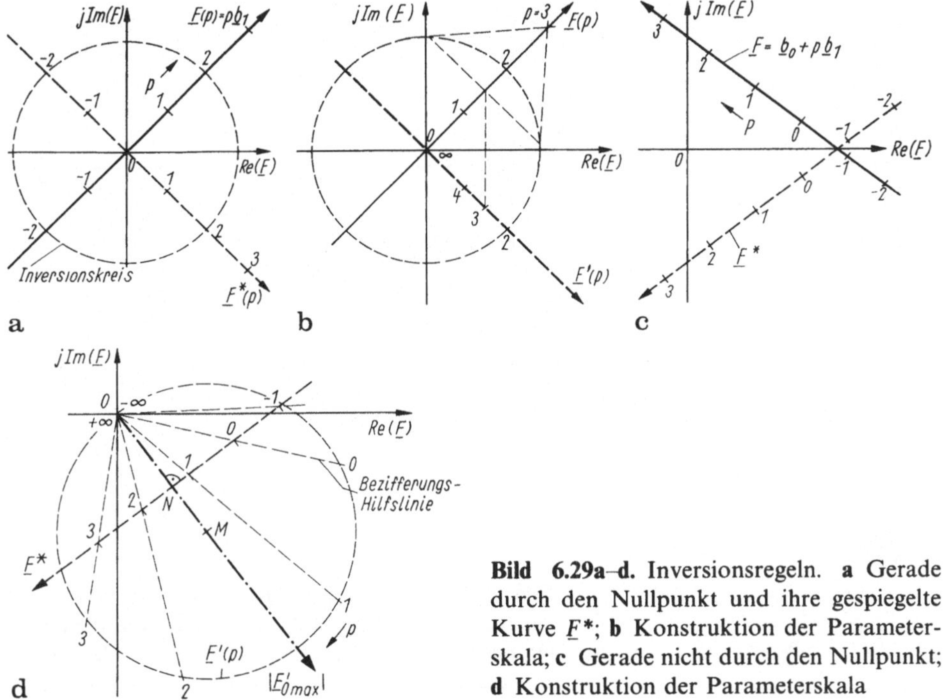

Bild 6.29a–d. Inversionsregeln. **a** Gerade durch den Nullpunkt und ihre gespiegelte Kurve $\underline{F}^*$; **b** Konstruktion der Parameterskala; **c** Gerade nicht durch den Nullpunkt; **d** Konstruktion der Parameterskala

Der Index 0 an $\underline{F}$ besagt, daß der Kreis den Nullpunkt verläuft (Bild 6.29b): Der Kleinstwert von $\underline{F}$, d. h., der senkrechte Abstand $|\underline{F}_{\min}|$ der Ortskurve $\underline{F}$ bis zum Nullpunkt ist gleich dem größten Kehrwert, also dem Kreisdurchmesser $|\underline{F}'_{0\,\max}| = \dfrac{1}{|\underline{F}_{\min}|}$ und umgekehrt. Der Kreismittelpunkt M liegt auf einer Geraden, die senkrecht auf der invertierten Geraden $\underline{F}^*_{\min}$ steht. Die Parameterwerte $p \to \pm\infty$ ergeben bei der Geradeninversion den Ursprung.

Als wichtige Sonderfälle dieser allgemeinen Geraden untersuchen wir noch (Bild 6.30).

a) Gerade parallel zur reellen Achse. Eine Gerade mit dem Zeiger $\underline{b}_1$ in Richtung der reellen Achse (Bild 6.30a) $\underline{F} = \underline{b}_0 + p b_1$ ($\underline{b}_1 = \pm b_1$) ergibt einen Kreis mit dem Mittelpunkt auf der imaginären Achse (Bild 6.30b). Die Konstruktion erfolgt analog zu Bild 6.29c.

b) Gerade parallel zur imaginären Achse. Eine Gerade (Bild 6.30c), bei der der Zeiger $\underline{b}_1$ in die imaginäre Achse fällt $\underline{F} = \underline{b}_0 + \mathrm{j} p b_1$, ergibt einen Kreis mit dem Mittelpunkt auf der reellen Achse (Bild 6.30d).

Auf diese Weise läßt sich eine komplexe Ebene $\underline{z} = x + \mathrm{j}y$ für jeweils x bzw. $y = \text{const}$ in eine Schar von Kreisen durch den Nullpunkt abbilden: *Kreisverwandtschaft der Abbildung.* Wir greifen auf dieses wichtige Ergebnis in Abschn. 6.3.3.3 zurück.

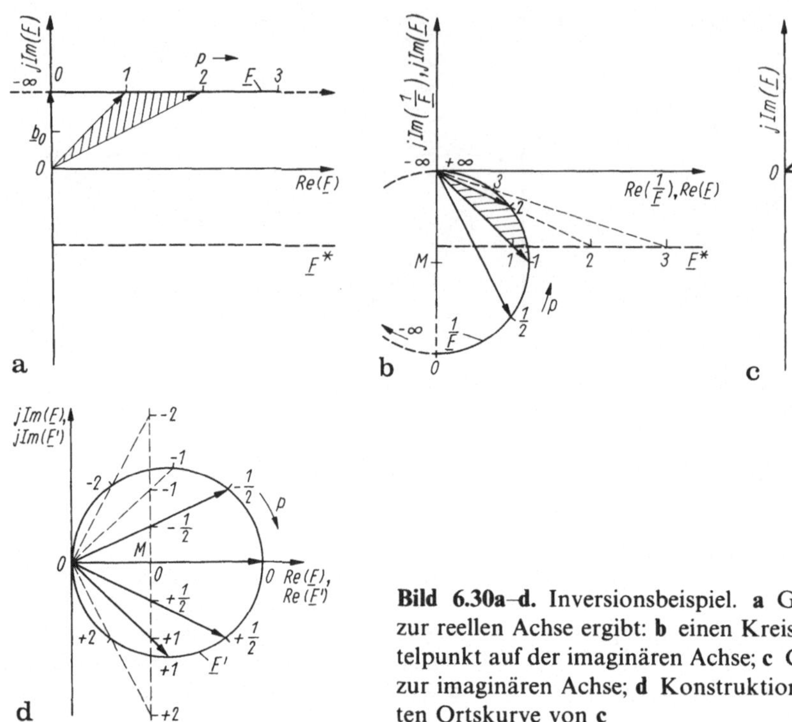

Bild 6.30a–d. Inversionsbeispiel. **a** Gerade parallel zur reellen Achse ergibt: **b** einen Kreis mit dem Mittelpunkt auf der imaginären Achse; **c** Gerade parallel zur imaginären Achse; **d** Konstruktion der invertierten Ortskurve von **c**

Anwendungen. Ortskurven und ihre Inversion werden vielfältig angewendet. Beispiele:

— Darstellung der Frequenzgänge von Zweipolfunktionen, Strom- und Spannungsverhältnissen;

— Darstellung der Widerstands-, Strom- und Spannungsübersetzungseigenschaften von Vierpolen (Abschn. 7.2). So kann man beispielsweise untersuchen, wie sich die Veränderung des Abschlußwiderstandes (R, C, L) eines Vierpols auf den Eingangswiderstand auswirkt. In diesem Fall hängt die Abbildungsfunktion von den Vierpoleigenschaften ab. Bestimmung von Transformations-schaltungen zur Widerstandstransformation z. B. für Anpaßschaltungen u. a. m.;

— Darstellung der Anpaßverhältnisse am Zweipol (Wirkleistungsanpassung des Reflexionsfaktors) u. a. m.

Beispiel: Inversion. Für die Reihenschaltung aus R und C (Bild 6.31a) ist der Verlauf $\underline{Z}(\omega)$ und $\underline{Y}(\omega)$ als Ortskurve zu bestimmen. Es gilt:

$$\underline{Z} = R - \frac{\mathrm{j}}{\omega C}, \quad \underline{Y} = \frac{1}{\underline{Z}} = \frac{1}{R - \dfrac{\mathrm{j}}{\omega C}}, \quad \omega_{45} = \frac{1}{RC}.$$

In der $\underline{Z}$-Ebene ergibt sich für verschiendene $\omega = p\omega_{45}$ eine Gerade parallel zur imaginären

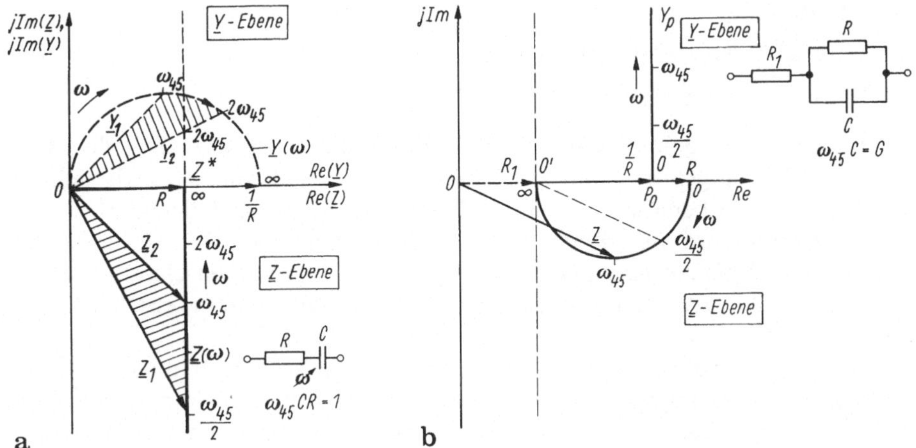

Bild 6.31a, b. Inversion des Widerstandes $\underline{Z} = R + 1/\mathrm{j}\omega C$. **a** Impedanz und Admittanz der Reihenschaltung von Widerstand und Kondensator; **b** Reihenschaltung von R_1 zum komplexen Widerstand $\underline{Z}_\mathrm{p}$

Achse. Sie geht bei der Inversion (Bestimmung von $\underline{Y} = 1/\underline{Z}$) in einen Halbkreis mit dem Durchmesser $1/R$ über. Der Mittelpunkt liegt auf der reellen Achse.

Mit steigender Frequenz ω wird die Ortskurve im mathematisch negativen Sinn (Uhrzeigersinn) durchlaufen: Für $\omega \to 0$ ist $\underline{Z}(0) \to -\mathrm{j}\infty$, $\underline{Y}(0) = 0$, für $\omega \to \infty$ ist $\underline{Z}(\infty) \to R$, $\underline{Y}(\infty) = 1/R$.

Beispiel: Inversion. Für die Schaltung Bild 6.31b ist die Ortskurve des Leitwertes $\underline{Y}$ gesucht. Es gilt für die Impedanz

$$\underline{Z} = R_1 + \frac{1}{G + \mathrm{j}\omega C} = R_1 + \underline{Z}_\mathrm{p}\,, \quad \omega_{45} = \frac{G}{C}\,.$$

Wir konstruieren zunächst die Ortskurve $\underline{Z}_\mathrm{p}$. Ausgang ist der Leitwert $\underline{Y}_\mathrm{p} = G + \mathrm{j}\omega C$: Geradengleichung parallel zur imaginären Achse. Im Punkt P_0 ist $\omega = 0$. Die Inversion ergibt einen Halbkreis mit dem Radius $1/(2G)$ und Mittelpunkt auf der reellen Achse. Er geht durch den Nullpunkt 0'. Verschiebung des Ursprunges 0' um $-R_1$ ergibt die gesuchte Ortskurve $\underline{Z}$ (und den neuen Ursprung 0). Für $\omega \to 0$ ist $\underline{Z}(0) = R_1 + R$ für $\omega \to \infty$ $\underline{Z}(\infty) = R_1$.

6.3.3.3 Inversionsdiagramm

Frequenzgang und Ortskurve. Bisher wurde $\underline{F}$ als Funktion einer reellen Veränderlichen p untersucht. Zunächst ändern wir die Veränderliche p in x um: $\underline{F}(x) = u(x) + \mathrm{j}v(x) = F(x)\mathrm{e}^{\mathrm{j}\varphi(x)}$. Die Ortskurve wird dann wie bisher durch ein reelles Kurvenpaar $u(x)$ und $v(x)$ (Real- und Imaginärteil) oder $F(x)$ und $\varphi(x)$ (Betrag und Phase) beschrieben. Im nächsten Schritt soll x als *Realteil* einer *komplexen Veränderlichen* $\underline{z}$ verstanden werden: $\underline{z} = x + \mathrm{j}y$ mit $x = \mathrm{Re}(\underline{z})$. Auch y sei eine noch verfügbare reelle Veränderliche. Ersetzt man in $\underline{F}(x)$ die Variable x durch $\underline{z}$, so entsteht eine komplexe Funktion $\underline{F}(\underline{z})$ der komplexen

Veränderlichen $\underline{z}$

$$\underline{w}(\underline{z}) \equiv \underline{F}(\underline{z}) = u(x, y) + \mathrm{j}v(x, y) \qquad (6.39)$$

Abbildung der $\underline{z}$-Ebene in die $\underline{F}(z)$- bzw. $\underline{w}(z)$-Ebene.

$\underline{F}$ werde gleichwertig durch eine komplexe Funktion $\underline{w}(\underline{z})$ ersetzt. Zu jedem Punkt (x, y) der $\underline{z}$-Ebene gehört somit ein Punkt (u, v)- der $\underline{w}$-Ebene. Deshalb geht eine Ortskurve der $\underline{z}$-Ebene über in eine „abgebildete" Ortskurve der $\underline{w}$-Ebene (Bild 6.32): Insgesamt wird die $\underline{z}$-Ebene in die $\underline{w}$-Ebene abgebildet. Der Zusammenhang $\underline{w}(\underline{z})$ heißt *Abbildungsfunktion.* Dabei geht die Ortskurvenschar y variabel, $x = \text{const.}$ und x variabel, $y = \text{const.}$ der $\underline{z}$-Ebene in eine Ortskurvenschar (u, v) der $\underline{w}$-Ebene über.

Für die Elektrotechnik/Elektronik haben *analytische* Abbildungsfunktionen Bedeutung. Sie sind (außer in singulären Punkten) überall stetig und differenzierbar und bilden kleine Bereiche der $\underline{z}$-Ebene in kleine *geometrisch ähnliche Bereiche* der $\underline{w}$-Ebene ab. Deshalb ist die Abbildung *winkeltreu,* wie im Bild angedeutet. Eine solche Abbildung der $\underline{z}$- in die $\underline{w}$-Ebene durch eine analytische Funktion heißt auch *konforme Abbildung.* Aus der Menge denkbarer Abbildungsfunktionen hat die *gebrochene rationale Abbildung*

$$\underline{w}(u, v) = \frac{a\underline{z} + b}{c\underline{z} + d} \quad (a, b, c, d \text{ const}, ad - bc \neq 0) \qquad (6.40)$$

besondere Bedeutung. Ihr hervorstehendes Merkmal ist die *Kreisverwandtschaft*:

Ein allgemeiner Kreis der $\underline{z}$-Ebene wird durch die *linear gebrochene Abbildung* Gl. (6.40) in einen Kreis (mit endlichem oder unendlichem Radius) der $\underline{w}$-Ebene transformiert. Dies läßt sich leicht beweisen, wir wollen darauf verzichten.

Anwendung findet die Abbildungsfunktion $\underline{w} = f(\underline{z})$ beim Entwurf der sog. *Kreis-oder Inversionsdiagramme.*

Inversionsfunktion. Eine besonders einfache, aber wichtige Abbildungsfunktion- kennen wir bereits, die Inversion:

$$\underline{w}(\underline{z}) = u(x, y) + \mathrm{j}v(x, y) = \frac{1}{\underline{z}} = \frac{1}{x + \mathrm{j}y}\,. \qquad (6.41)$$

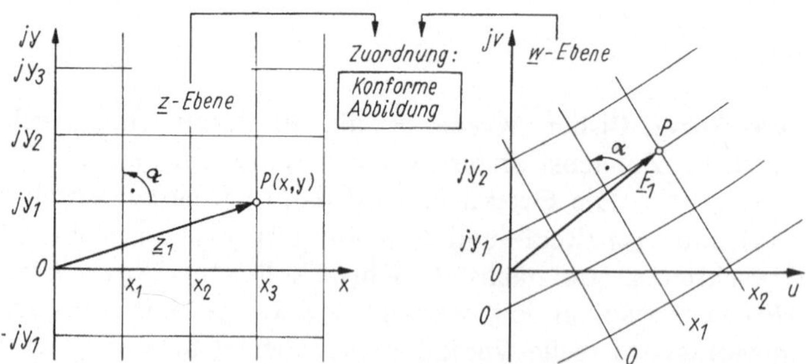

Bild 6.32. Abbildung der $\underline{z}$-Ebene in die $\underline{w}$-Ebene durch konforme Abbildung

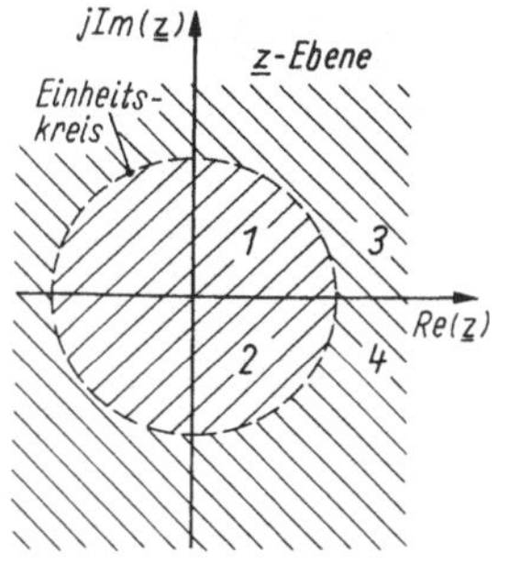

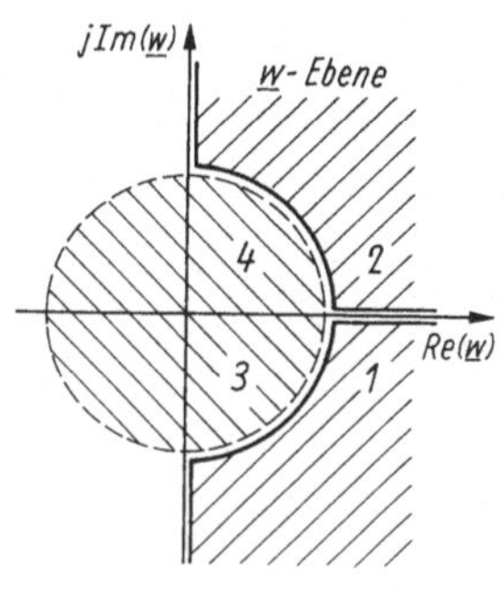

Bild 6.33. Zur Entstehung des Inversionsdiagramms durch konforme Abbildung der $\underline{z}$-Ebene in die $\underline{w}$-Ebene mittels $\underline{w} = 1/\underline{z}$

Die zugehörige graphische Darstellung $\underline{w} = u(x, y) + jv(x, y) = f(x, y)$ für veränderliche x, y in der $\underline{z}$-Ebene heißt *Inversionsdiagramm.*[1]

Aus den bisherigen Beispielen wissen wir: Punkte (x, y) der rechten Halbebene (1. und 4. Quadrant der $\underline{z}$-Ebene) werden in andere Punkte (im 4. und 1. Quadranten) der rechten $\underline{w}$-Ebene abgebildet sowie das Innengebiet des Einheitskreises der $\underline{z}$-Ebene in das Außengebiet des Einheitskreises der $\underline{w}$-Ebene (und umgekehrt). Der Ursprung der $\underline{z}$-Ebene geht in den Punkt unendlich der $\underline{w}$-Ebene über und umgekehrt. Bild 6.33 veranschaulicht dies.

Dieses Ergebnis kann anhand der bisherigen Beispiele leicht überprüft werden, wenn z. B. die $\underline{z}$-Ebene der Leitwertebene ($\underline{Y}$) und die $\underline{w}$-Ebene der Widerstandsebene $\underline{Z}$ zugeordnet werden oder umgekehrt.

Für die Elektrotechnik sind noch andere Abbildungsfunktionen wichtig, z. B. die Form

$$\underline{w} = \frac{\underline{z} - 1}{\underline{z} + 1}, \quad \text{sog. Smith-Diagramm} . \tag{6.42}$$

Es stellt auch ein Kreisdiagramm dar, das die gesamte rechte Halbebene in das Innere des Einheitskreises abbildet. Vorteil ist die Darstellung der gesamten komplexen Ebene auf begrenztem Raum.

Inversionsdiagramm. Es basiert auf der Inversionsfunktion Gl. (6.41). Dabei interessieren besonders die Abbildungen der Geraden

a) parallel zur imaginären Achse: $x = \text{const}$, y variabel;

b) parallel zur reellen Achse: $y = \text{const}$, x variabel,

also Geraden nicht durch den Ursprung. Nach den Inversionsregeln (Abschn. 6.3.3.2) erwarten wir Kreise in der $\underline{w}$-Ebene.

a) Gerade $\underline{z} = \text{const} + jy$ (Bild 6.34a).

Wir betrachten zunächst die Abbildung der Geraden $\underline{z} = x + jy$, $x = \text{const}$: $\rightarrow$ x-Kreise parallel zur imaginären Achse im Abstand $x = \text{const}$. Sie gehen nach den Inversionsregeln in *Kreise* durch den Nullpunkt der $\underline{w}$-Ebene über mit dem Mittelpunkt auf der u-Achse. Ein solcher Kreis ist die Ortskurve aller $\underline{z}$-Werte mit konstantem x in der $\underline{w}$-Ebene. Er heißt *Kreis* $x = \text{const}$ oder *x-Kreis in der $\underline{w}$-Ebene.* Man beschriftet ihn mit $x = \frac{1}{2}$, $x = 1$, $x = 2$ usw. Sein Durchmesser ergibt sich aus dem Schnittpunkt $(x, 0)$ der Kurve $\underline{z}$ mit der reellen Achse. Zu

[1] In der Literatur ist der Begriff Kreisdiagramm üblich.

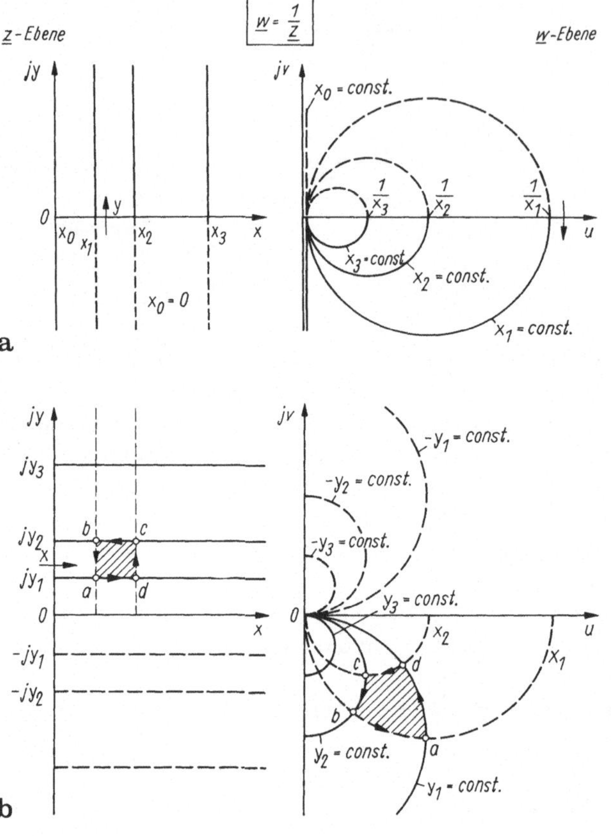

Bild 6.34a, b. Abbildung von parallelen Geraden den $\underline{z}$-Ebene in Kreisbüschel der $\underline{w}$-Ebene

diesem Punkt gehört in der $\underline{w}$-Ebene (Bild 6.34a)

$$u + \mathrm{j}v = \frac{1}{x + \mathrm{j}0}\,, \quad \text{d.h.,} \quad v = 0, \quad u = \frac{1}{x}\,. \tag{6.43a}$$

Schnittpunkte der Kreise $x = \text{const}$ mit der u-Achse.

Die Schar der Geraden $x = \text{const}$ parallel zur imaginären Achse der $\underline{z}$-Ebene wird in ein Büschel von Kreisen in der $\underline{w}$-Ebene durch den Nullpunkt mit dem Mittelpunkt auf der reellen Achse abgebildet. Dieses Ergebnis hatten wir bereits im Abschn. 6.3.3.2 durch die geometrische Konstruktion erkannt.

Speziell die imaginäre Achse $\underline{z} = \mathrm{j}y(x = 0)$ ergibt einen Kreis mit unendlichem Radius, geht also in die v-Achse über.

b) Gerade $\underline{z} = x + \mathrm{j}\,\text{const}$ (Bild 6.34b).

Die Abbildung der Geraden $\underline{z} = x + \mathrm{j}\,\text{const}$ (d. h., $y = \text{const} \gtreqless 0$) $\underline{z} = x + \mathrm{j}y$, $y = \text{const} \rightarrow y$-Kreise, also von Parallelen zur x-Achse, ergibt in der $\underline{w}$-Ebene *Kreise*, deren Mittelpunkt auf der imaginären v-Achse liegt (Bild 6.34b). Sie heißen

Kreis y = const oder *y-Kreis* in der $\underline{w}$-Ebene. Der Kreisdurchmesser folgt aus den Schnittpunkten $(0, \pm y)$ der Geraden mit der imaginären Achse der $\underline{z}$-Ebene. Dazu gehört in der $\underline{w}$-Ebene

$$\underline{w} = u + \mathrm{j}v = \frac{1}{0 \pm \mathrm{j}y}, \quad \text{d.h.,} \quad u = 0, \quad v = \mp\frac{1}{y} \tag{6.43b}$$

Schnittpunkte der Kreise y = const mit v-Achse.

Insgesamt gilt:
— Geraden im 1. und 2. Quadranten der $\underline{z}$-Ebene ergeben bei der Inversion Kreise im 4. und 3. Quadranten der $\underline{w}$-Ebene;
— Geraden im 3. und 4. Quadranten der $\underline{z}$-Ebene ergeben sinngemäß Kreise im 2. und 1. Quadranten.

Üblicherweise genügt die Angabe der Ortskurve für nur positive x-Werte, weil bei der Anwendung des Inversionsdiagramms auf den Widerstands- und Leitwertoperator nur positive Wirkwiderstände Re $\underline{Z}$, (Re $\underline{Y} > 0$) auftreten.

Zusammengefaßt gilt: Das Inversionsdiagramm (Bild 6.34) veranschaulicht die Abbildung $\underline{w} = 1/\underline{z}$ (Inversion). Es bildet eine Schar orthogonaler Geraden $\underline{z} = x + \mathrm{j}y$ der $\underline{z}$-Ebene in eine Schar *orthogonaler Kreise* der $\underline{w}$-Ebene ab (und umgekehrt).

Im Bild 6.34b wurde die Abbildung einzelner Punkte und Gebiete noch einmal veranschaulicht. Insbesondere treten die Bewegungen von einem Punkt zum anderen deutlich hervor. So bedeutet der Übergang von Punkt b der $\underline{z}$-Ebene nach Punkt a, also die Bewegung längs einer Kurve x = const auch in der $\underline{w}$-Ebene einen Übergang von b nach a längs des zugeordneten Kreises x = const.

Bei Übergang von c und b (Bewegung längs einer Kurve y = const) bewegt man sich in der $\underline{w}$-Ebene längs des Kreises y = const zwischen c und b. usw. Diese „Bewegungen" im Kreisdiagramm spielen bei einer Anwendung eine wichtige Rolle.

Anwendung des Inversionsdiagramms. Wir ordnen jetzt der bisherigen $\underline{z}$- und $\underline{w}$-Ebene die *Widerstands-* und *Leitwertebene* zu

$\underline{w}$-Ebene ↔ Leitwertebene $\underline{Y}$ bzw. $\underline{Z}$-Ebene

$\underline{z}$-Ebene ↔ Widerstandsebene $\underline{Z}$ bzw. $\underline{Y}$-Ebene

und wählen den Maßstab so, daß jeder Punkt einem Widerstandwert $\underline{Z}$ und dem zugehörigen Leitwert $\underline{Y}$ entspricht (Bild 6.35). In der normierten Darstellung des Bildes bedeutet $R_0 = 1/G_0$ eine beliebig wählbare Bezugsgröße (Maßstabsfaktor). Deutlich erkennt man im Diagramm die Kreisschar G/G_0 = const sowie B/G_0 = const.

Das Inversionsdiagramm findet hauptsächlich Anwendung zur
— Widerstands-Leitwert-Umrechnung;
— Widerstandstransformation;
— Gewinnung von Schaltungsstrukturen für gegebene Impedanz-, Admittanzwerte.

1. Widerstands-Leitwert-Umrechnung. Gegeben sei eine $\underline{Z}$-Ebene mit den kartesischen Koordinaten $R_\mathrm{r} \pm \mathrm{j}X_\mathrm{r}$. In der $\underline{Z}$-Ebene tritt dann die Leitwertebene durch die Schar orthogonaler Kreise auf: Kreise G_p bzw. B_p = const (Bild 6.36a).

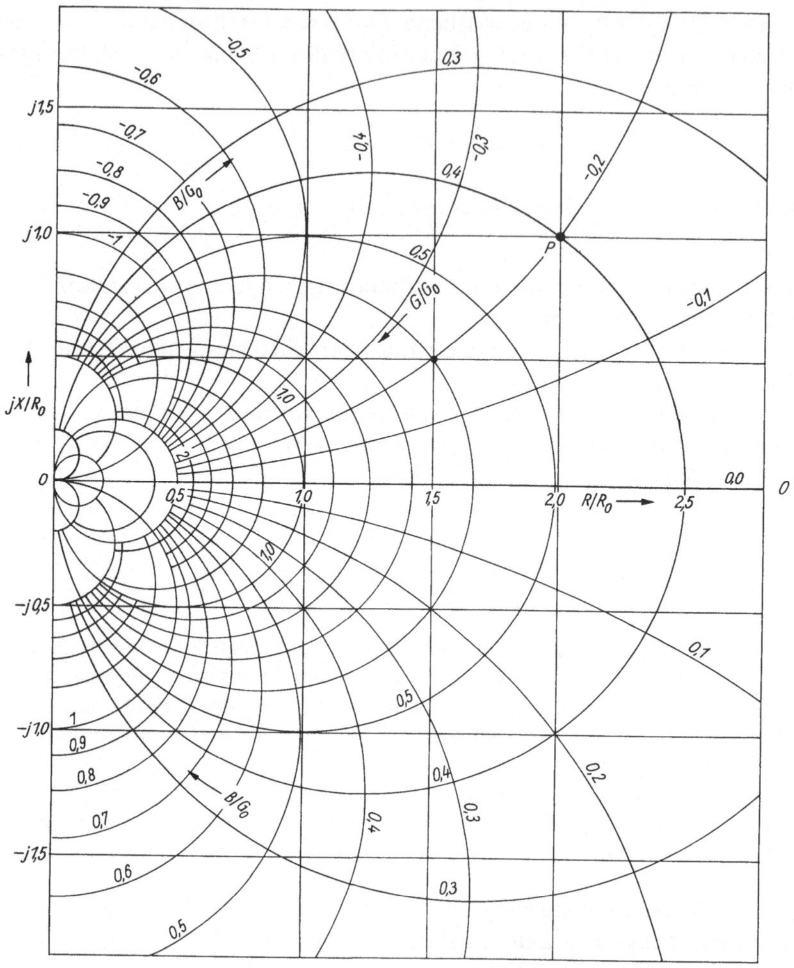

Bild 6.35. Inversionsdiagramm. $R_0 = 1/G_0$ ist willkürliche Bezugsgröße (Maßstabsfaktor)

Zu einer Impedanz $\underline{Z}$ gehört eine Admittanz $\underline{Y} = G_p \pm jB_p = 1/\underline{Z}$. G_p und B_p werden aus dem Diagramm abgelesen. Beispiel: zu $\underline{Z} = (1{,}5 + j0{,}5)\,\Omega$ gehören $G = (0{,}6 - j0{,}2)$ S (Schnittpunkt der Kreise $G_p = 0{,}6$ S = const, $B_p = -0{,}2$ S = const.

Ist eine Admittanz $\underline{Y}$ gegeben und die Impedanz $\underline{Z}$ gesucht, so wird der Punkt $\underline{Y}$ als Schnittpunkt der entsprechenden G- und B-Kreise aufgesucht und der zugehörige Widerstand $\underline{Z}$ von den Koordinatenachsen abgelesen. So gehört zum Leitwert $\underline{Y} = (1 - j)$ mS (Bild 6.36b) die Impedanz $\underline{Z} = (0{,}5 + j0{,}5)\,\mathrm{k}\Omega$.

Maßstabsänderungen. Häufig fällt der Wert des zu transformierenden Elementes $\underline{Z}$ nicht in den Diagrammbereich. Wir dividieren dann durch eine Bezugsgröße N (Zehnerpotenz, Faktor 2 usw.) und erhalten

$$\frac{\underline{Z}}{N} = \frac{R_r}{N} + j\frac{X_r}{N} = \underline{Z}' = R_r' + jX_r' \,. \tag{6.44a}$$

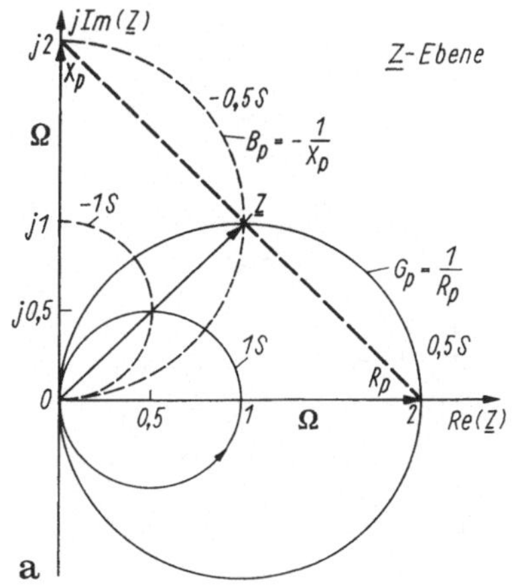

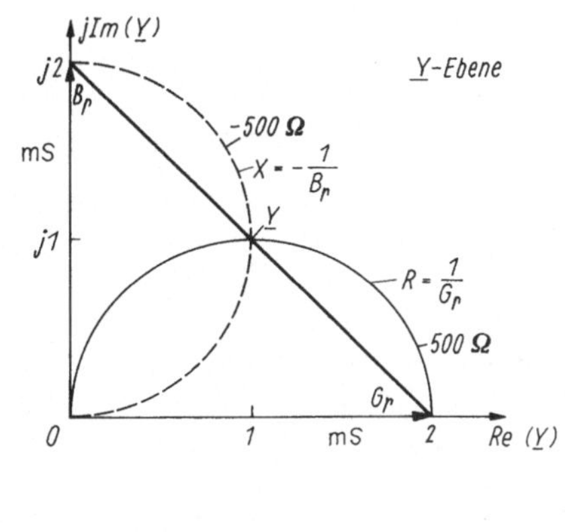

Bild 6.36a, b. Widerstands-Leitwert-Umwandlung. **a** Impedanzdiagramm; **b** Admittanzdiagramm

Dem Diagramm entnimmt man mit $\underline{Z}'$ den Wert

$$\underline{Y}' = \frac{1}{\underline{Z}'} = G_p' + jB_p' = \frac{N}{\underline{Z}} = N(G_p + jB_p) \ . \tag{6.44b}$$

Die endgültigen Werte sind G_p, B_p.

Es soll beispielsweise der Widerstand $Z = (350 - j190)\,\Omega$ transformiert werden. Dafür reicht das Diagramm (Bild 6.35) nicht aus. Wir wählen $N = 200$ und erhalten $\underline{Z}' = \underline{Z}/N = (1{,}75 - j0{,}95)\,\Omega$ und aus dem Diagramm $\underline{Y}' = (0{,}44 + j0{,}24)\,\text{S} = G_p' + jB_p'$ also $G_p = G_p'/N = 2{,}2\,\text{mS}$, $B_p' = 1{,}2\,\text{mS}$.

2. Widerstands-(Leitwert-) transformation. Häufig besteht die Aufgabe, eine Impedanz $\underline{Z}$ in eine ebensolche $\underline{Z}'$ möglichst verlustlos zu ändern. Sofern das Verhältnis $\underline{Z}/\underline{Z}'$ reell ist (der Winkel also erhalten bleibt), gelingt diese Transformation mit einem Transformator (Abschn. 7.4.4). Bei der Wirkleistungsanpassung (s. Abschn. 6.4.5), z. B. muß aber der Phasenwinkel geändert werden. In solchen Fällen führt man die Transformation durch Reihen- und Parallelschaltung von Kapazitäten und Induktivitäten durch. Dieses Verfahren heißt *Transformation durch ein Netzwerk.* Weil die Blindwiderstände von der Frequenz abhängen, hängt auch die Transformationswirkung von der Frequenz ab. Sehr anschaulich läßt sich diese Transformation mit dem Inversionsdiagramm und zugeschalteten Netzwerkelementen durchführen.

3. Transformation mit einem Zusatzelement.

a) Reihenschaltung. Gegeben sei eine Impedanz $\underline{Z}$ (Bild 6.37). Wir tragen sie in die $\underline{Z}$-Ebene ein. Folgende Verschiebungen ergeben sich im Diagramm:

— Reihenschaltung des *Wirkwiderstands* R. Da der Blindwiderstand jX_r unverändert bleibt, wird der Punkt P nach P_1 um das Stück R nach rechts verschoben.

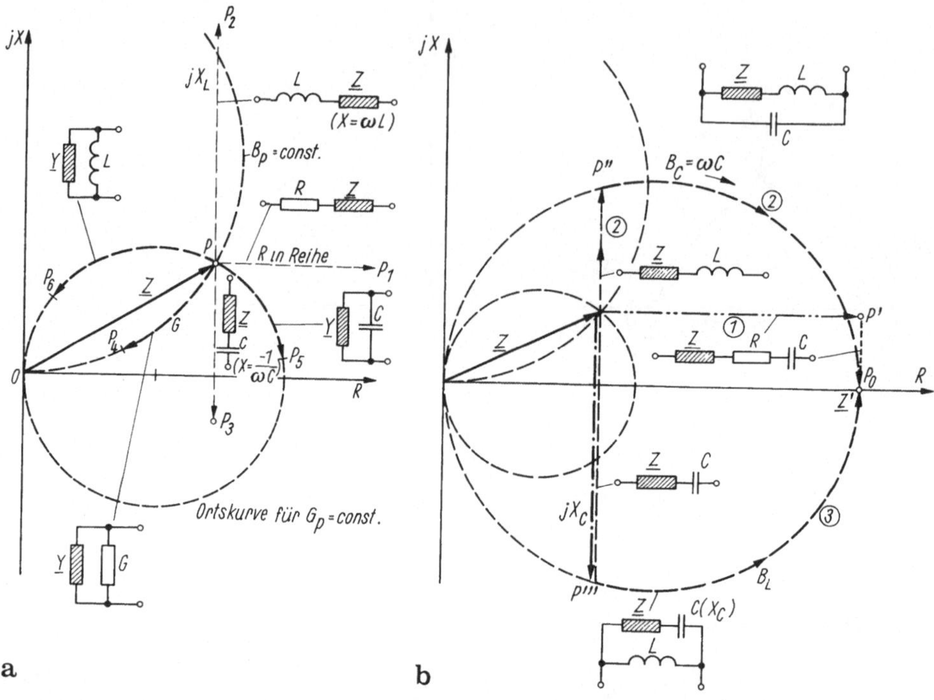

Bild 6.37a, b. Transformation einer Impedanz mit zusätzlichen Schaltelementen. **a** Zusammenschaltung mit einem Schaltelement; **b** Zusammenschaltung mit zwei Schaltelementen

— Reihenschaltung des *Blindwiderstandes* jX. Hier bleibt der Wirkwiderstand von $\underline{Z}$ konstant und die Verschiebung erfolgt nach P_2 (induktiv, $X_L = \omega L$) oder P_3 (kapazaitiv, $X_C = -1/\omega C$).

b) Parallelschaltung. Hier gehen wir zweckmäßig vom Leitwert $\underline{Y} = \frac{1}{\underline{Z}} = G_p + jB_p$ aus. Parallelschaltung von Schaltelementen bedeutet damit „Wegrichtungen" längs

— der Kurven $G_p = \text{const}$, wenn der Blindleitwert B geändert wird;
— der Kurven $B_p = \text{const}$, wenn der Wirkleitwert um G vergrößert wird;
— Zuschalten von G ergibt den Punkt P_4 (auf dem Kreis $B_p = \text{const}$)
P_4: $\underline{Y}' = G_p + jB_p + G$;
— Zuschalten von $+B$ (kapazitiv) ergibt den Punkt P_5
P_5: $\underline{Y}' = Y + jB$
(Verschiebung zu größeren B-Werten in Uhrzeigersinn, da $B = \omega C$);
— Zuschalten von $-B$ (induktiv) ergibt P_6
P_6: $Y' = Y - j|B|$.

Ergebnis: Die Parallelschaltung von Wirk- und Blindleitwerten bedeutet eine Wegverschiebung längs des jeweils konstant gehaltenen Leitwertkreises.

In allen Fällen kann die Impedanz $\underline{Z}$ bei Zuschalten lediglich eines Schaltelements *nur auf bestimmten Wegen*, nicht aber in einen *beliebigen Punkt* der Impedanzebene transformiert werden.

4. Transformation durch zwei Zusatzelemente. Um eine beliebige $\underline{Z}$-Transformation durchzuführen, benötigt man mindestens 2 Blindwiderstände. Davon muß einer in Reihe und einer parallel zu $\underline{Z}$ geschaltet werden. Es gibt mehrere Möglichkeiten (Bild 6.37b). Beispielsweise soll die Impedanz $\underline{Z}$ nach $\underline{Z}'$ (hier reell angenommen; Punkt P_0) transformiert werden. Wir zeigen drei verschiedene Möglichkeiten (Wege):

(1) Reihenschaltung des Widerstandes R und des kapazitiven Blindwiderstanddes X_C. Im Punkt P' ist der gewünschte Realteil Re ($\underline{Z}'$) erreicht, der Imaginärteil X_C hebt den induktiven Wert von $\underline{Z}$ auf (Resonanz). In diesem Fall wird zur Transformation nur ein Blindwiderstand verwendet, dafür ist ein relativ großer Wirkwiderstand erforderlich (ungünstige Variante),

(2) Man addiert einen induktiven Blindwiderstand $X_L = j\omega L$ (Reihenschaltung von L) bis Punkt P''. Das ist der Punkt, dessen Wirkleitwert G (G-Kreis) gleich 1/Re($\underline{Z}'$), also gleich dem gewünschten Wert Re($\underline{Z}'$) ist. Von P'' nach P_0 geht man längs des Kreises $G = \text{const}$ im Uhrzeigersinn, schaltet also eine Kapazität B_C ($B_C = \omega C$) parallel.

(3) Hier wird zunächst eine Kapazität $\left(X_C = -\dfrac{1}{\omega C}\right)$ reihengeschaltet (bis zu P'', G-Kreis durch P_0) anschließend eine Induktivität L parallelgeschaltet.

Die Wege (2) und (3) benötigen je zwei Blindwiderstände, dafür aber keinen Wirkwiderstand. Sie sind gegenüber (1) vorzuziehen.

Allgemein soll der Transformationsweg zum Zielpunkt möglichst kurz sein und ohne Wirkwiderstände auskommen. Es ist leicht einzusehen, daß die Transformationen mit drei Schaltelementen noch vielgestaltiger werden.

6.3.3.4 Betrags- und Phasendiagramm. Bode-Diagramm

Bei komplizierten Schaltungen wird die Ortskurvenkonstruktion von $\underline{F}(j\omega)$ aufwendig. Hinzu kommt, daß in der Informations- und Regelungstechnik meist die Frequenz ω die veränderliche Größe ist und Änderungen um mehrere Größenordnungen üblich sind. Dann treten zusätzlich Darstellungsprobleme auf. In solchen Fällen geht man besser zur getrennten Angabe von $\underline{F}(j\omega)$ im

— *Betrags-* oder *Amplitudendiagramm* $|\underline{F}(\omega)|$ und

— *Phasendiagramm* $\varphi_f(\omega)$

über. Zweckmäßig wird dabei der einfache oder doppelte logarithmische Maßstab gewählt. Diese Darstellung geht auf *Bode* zurück und heißt *Bode-Diagramm.* Ihr Vorteil besteht im Einbezug eines großen Frequenzwertebereiches (durch die logarithmische Darstellung) und der leichten Bestimmung von sog. *Grenz-* oder Knickfrequenzen (s. u.).

Logarithmierte Größenverhältnisse. Der Quotient zweier physikalischer (gleicher) Größen — z. B. Spannungs-, Frequenzverhältnis, Leistungsverhältnis — über streckt oft mehrere Größenordnungen, so daß es günstiger ist, den Logarithmus dieses Größenverhältnisses anzugeben, entweder als dekadischen oder natürlichen Logarithmus (oft noch mit einem Gewichtsfaktor versehen).

Die Verwendung logarithmischer Größen bringt folgende Vorteile:

— Erfassung eines großen (mehrere Größenordnungen) umfassenden Wertebereiches;
— bereichsweiser Ersatz von Funktionsverläufen durch Geradenstücke;
— Produkte von Ausgangsgrößen gehen in Summen der logarithmierten Größen über.

Dekadischer Logarithmus. Wir betrachten das Verhältnis zweier Leistungen P_1, P_2 am gleichen Ort, z. B. am Außenwiderstand des Grundstromkreises. Dann kann dieses Verhältnis — mit dem Gewicht 10 versehen —

$$a_P = 10 \lg (P_1/P_2)\,\mathrm{dB} \tag{6.45}$$

als (logarithmisches) Leistungsverhältnis in dB (Dezibel) angegeben werden. Dabei ist dB ein Zusatz (keine Maßeinheit!), der auf die Bildungsvorschrift hinweist.

Weil das Leistungsverhältnis auch durch die Spannung ($P \sim U^2$) am entsprechenden Ort ausgedrückt werden kann, gilt gleichwertig

$$a_U = 10 \lg \frac{U_1^2/R}{U_2^2/R}\,\mathrm{dB} = 20 \lg \frac{U_1}{U_2}\,\mathrm{dB} \tag{6.46}$$

(ganz entsprechend für das Stromverhältnis). Je nach dem Verhältnis $P_1/P_2 \lesseqgtr 1$ ist a negativ oder positiv. Tafel 6.14 enthält ausgewählte Werte.

Hat beispielsweise ein Verstärker bei einer Eingangsleistung $P_e = 50$ mW eine Ausgangsleistung $P_a = 20$ W, so beträgt seine Leistungsverstärkung $P_a/P_e = 400$ und die logarithmierte Leistungsverstärkung 26,02 dB.

Natürlicher Logarithmus. Wird der natürliche Logarithmus auf das Leistungsverhältnis P_1/P_2 angewendet, so gilt (bei einem Gewichtsfaktor 1) (mit $U_1/U_2 = \sqrt{P_1/P_2}$)

$$a_U = \ln (U_1/U_2)\,\mathrm{Np}; \qquad a_P = 1/2 \ln (P_1/P_2)\,\mathrm{Np} \tag{6.47}$$

mit dem Zusatz Neper (Np). Die Umrechnung von Neper in Dezibel lautet

$$1\,\mathrm{Np} = 8{,}68\,\mathrm{dB} \quad 1\,\mathrm{dB} = (\ln 10)/20\,\mathrm{Np} = 0{,}115\,\mathrm{Np}\;.$$

Bode-Diagramm. Die Anwendung logarithmierter Größenverhältnisse auf den Frequenzgang $\underline{F}(\mathrm{j}\omega)$ bringt mehrere Darstellungsvorteile:

— Es läßt sich ein großer Frequenzbereich erfassen;
— bereichsweise ist eine Geradennäherung des Verlaufes $F(\omega)$ möglich und
— bei der Zusammenschaltung mehrerer Schaltungsteile bieten sich u. U. einfache Darstellungen des Gesamtfrequenzganges.

Da nur dimensionslose Größen logarithmiert werden können, führen wir im Frequenzgang eine *Normierungsfrequenz* ω_0 ein (Definition erfolgt schaltungsabhängig) und ersetzen $\Omega = \omega/\omega_0$. Auch der Frequenzgang $\underline{F}$ selbst muß u. U. (z. B.

Tafel 6.14. Ausgewählte logarithmische Größenverhältnisse

$a_U/\mathrm{dB} = 20 \lg \frac{U_1}{U_2}$; $a_P/\mathrm{dB} = 10 \lg \frac{U_1}{U_2}$; $a_U/\mathrm{Np} = \ln \frac{U_1}{U_2}$, $a_P/\mathrm{Np} = \frac{1}{2} \ln \frac{U_1}{U_2}$

$\frac{U_1}{U_2}$	10^{-2}	10^{-1}	$10^{-1/2}$	$\frac{1}{2}$	$\frac{1}{\sqrt{2}}$	1	$\sqrt{2}$	2	$10^{1/2}$	10^1	10^2	10^3	10^4
a_U/dB	− 40	− 20	− 10	− 6	− 3	0	3	6	10	20	40	60	80
a_P/dB	− 20	− 10	− 5	− 3	− 1,5	0	1,5	3	5	10	20	30	40
a_U/Np	− 4,6	− 2,3	− 1,15	− 0,7	− 0,35	0	0,35	0,7	1,15	2,3	4,6	6,9	9,2
a_P/Np	− 2,3	− 1,15	− 0,7	− 0,35	− 0,17	0	0,17	0,35	0,7	1,15	2,3	3,45	4,6

dann, wenn es sich um eine Größe mit Maßeinheit handelt, etwa Z) auf einen Bezugswert F_o normiert werden

$$\underline{F}(\mathrm{j}\Omega)/F_0 = F(\Omega)/F_0 \exp \mathrm{j}\, \varphi_\mathrm{f}(\Omega) \; .$$

Beiderseitiges Logarithmieren ergibt

$$\ln \frac{\underline{F}(\mathrm{j}\Omega)}{F_0} = \ln \left(\frac{F(\Omega)}{F_0} \right) + \mathrm{j}\, \varphi_\mathrm{f}(\Omega) \cdot \underbrace{\ln \mathrm{e}}_{1} . \qquad (6.48)$$

Der Frequenzgang mit seinen Komponenten *Amplituden-* und *Phasengang* heißt (mit logarithmischer Frequenzskala)

— im (logarithmierten) Betrag

$$a_\mathrm{U}(\Omega) = 20 \log F(\Omega)/F_0 \,\mathrm{dB} \qquad (6.49)$$

über einer logarithmisch geteilten Frequenzskala das *Bode-Diagramm*, oft (vor allem in der Regelungstechnik);

— ergänzt durch den Phasengang $\varphi_\mathrm{f}(\Omega)$. Verbreitet versteht man als Bode-Diagramm den Verlauf *beider* Komponenten über der logarithmischen Frequenzskala.

Für den raschen Entwurf einer logarithmischen Frequenzskala mit 10 Intervallen pro Dekade gilt wegen $1/10 = \lg x_\mathrm{n}/x_{\mathrm{n}-1}$ als Verhältnis benachbarter x-Werte: $x_\mathrm{n}/x_{\mathrm{n}-1} = 10^{0,1} = \sqrt[10]{10} = 1{,}26$ (Bild 6.38). Weitere zweckmäßige Teilungsverhältnisse sind $x_\mathrm{n}/x_{\mathrm{n}-1} = \sqrt{10}$, $x_\mathrm{n}/x_{\mathrm{n}-1} = 10$ und $x_\mathrm{n}/x_{\mathrm{n}-1} = 2$.

Mit Tafel 6.14 lassen sich auch leicht Zwischenwerte bilden, z. B. $20 \log 40 = 20 \lg(2 \cdot 2 \cdot 10) = 20 \lg 10 + 20 \lg 2 + 20 \lg 2 = 20\,\mathrm{dB} + 6\,\mathrm{dB} + 6\,\mathrm{dB} = 32\,\mathrm{dB}$.

Wir betrachten den Frequenzgang der Widerstandsoperatoren $\underline{Z} = R + \mathrm{j}\omega L$ und $\underline{Z} = 1/(G + \mathrm{j}\omega C)$ in der Bode-Darstellung. Durch Normierung ergibt sich in beiden Fällen der dimensionslose Frequenzgang

$$\underline{F}_1 = \frac{\underline{Z}}{R} = 1 + \mathrm{j}\frac{\omega}{\omega_{45}} , \quad \omega_{45} = \frac{R}{L} , \quad \underline{F}_2 = \underline{Z}G = \frac{1}{1 + \mathrm{j}\dfrac{\omega}{\omega_{45}}} , \quad \omega_{45} = \frac{G}{C} .$$

Daraus folgt

$$F_1 = \sqrt{1 + \left(\frac{\omega}{\omega_{45}}\right)^2} , \quad F_2 = \frac{1}{\sqrt{1 + \left(\dfrac{\omega}{\omega_{45}}\right)^2}}$$

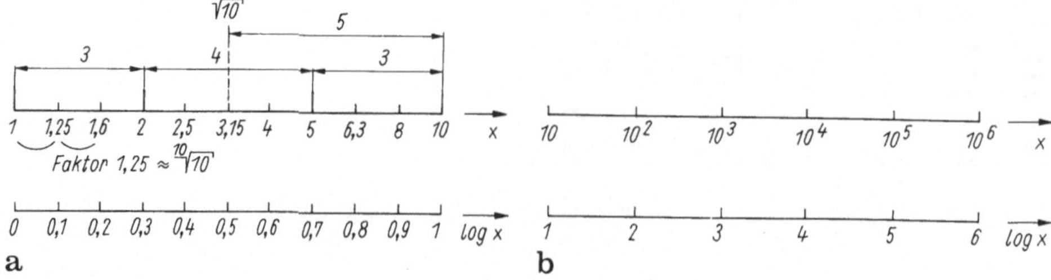

Bild 6.38a, b. Darstellung von x und $\log x$. **a** eine Dekade; **b** mehrere Dekaden

oder mit Gl. (6.49)

$$\frac{F_1}{\text{dB}} = 20\lg\sqrt{1+\left(\frac{\omega}{\omega_{45}}\right)^2}\,, \quad \frac{F_2}{\text{dB}} = 20\lg\frac{1}{\sqrt{1+\left(\frac{\omega}{\omega_{45}}\right)^2}}$$

$$= -20\lg\sqrt{1+\left(\frac{\omega}{\omega_{45}}\right)^2} \qquad (6.50\text{a})$$

$$\varphi_1 = \arctan\frac{\omega}{\omega_{45}}\,, \qquad \varphi_2 = -\arctan\frac{\omega}{\omega_{45}}\,. \qquad (6.50\text{b})$$

Bild 6.39 zeigt die zugehörigen Bode-Diagramme

Näherungsweise kann der Amplitudengang durch die eingetragenen Asymptoten der Betragskurven ersetzt werden: Annäherung der *Betragskurven durch Geraden.* Sie haben die Steigungen

$$\frac{\mathrm{d}F_{1,2}}{\mathrm{d}\left(\frac{\omega}{\omega_{45}}\right)} \to 0 \quad \text{bei} \quad \frac{\omega}{\omega_{45}} \ll 1\;; \to \pm 1 \quad \text{bei} \quad \frac{\omega}{\omega_{45}} \gg 1\,. \qquad (6.51)$$

Beispielsweise folgt für F_1 mit $\omega \gg \omega_{45}$

$$\frac{F_1}{\text{dB}} \approx 20\lg\sqrt{\left(\frac{\omega}{\omega_{45}}\right)^2} = 20\lg\frac{\omega}{\omega_{45}} \quad \text{bzw.} \quad F_1 \approx \frac{\omega}{\omega_{45}}\,.$$

Zwei wichtige Merkmale gehen hervor:

— Frequenzänderung um eine *Dekade* (d.h. von ω/ω_{45} auf $10\,\omega/\omega_{45}$):

$$F_1(10\,\omega/\omega_{45}) - F_1(\omega/\omega_{45}) \approx 20(\lg 10\omega/\omega_{45} - \lg\omega/\omega_{45})\text{dB} = 20\text{ dB/Dek.} \qquad (6.52\text{a})$$

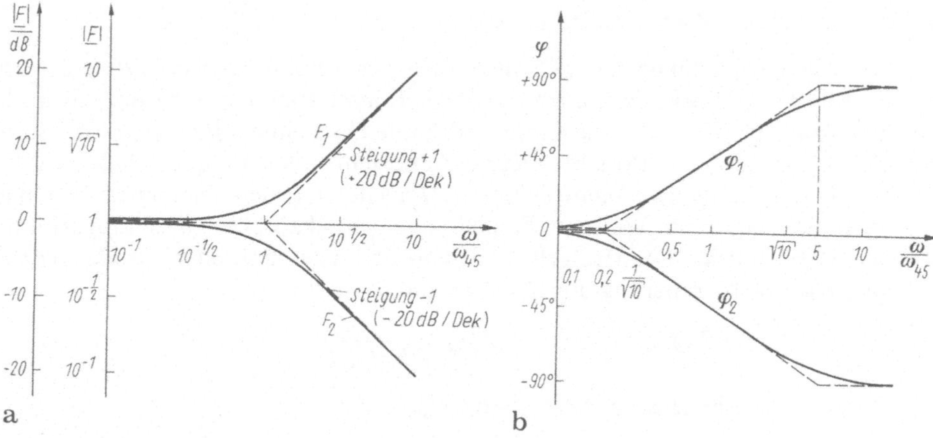

Bild 6.39a, b. Bode-Diagramm. **a** Betragsverlauf; **b** Phasenverlauf

— Frequenzänderung um eine *Oktave* (Frequenzverdopplung, $\omega/\omega_{45} \ldots 2\omega/\omega_{45}$):

$$F_1(2\omega/\omega_{45}) - F_1(\omega/\omega_{45}) \approx 20(\lg 2\omega/\omega_{45} - \lg \omega/\omega_{45})\,\mathrm{dB} = 6{,}02\,\mathrm{dB}. \tag{6.52b}$$

Damit steigt F_1 bei $\omega/\omega_{45} \gg 1$ als Gerade mit etwa 20 dB/Dekade bzw. 6 dB/Oktave in logarithmischer Darstellung (bzw. mit der Steigung 1 bei linearer Frequenzskala).

Diese Asymptoten schneiden die Gerade $F_1 = 0\,\mathrm{dB}$ ($F_1 = 1$) bei $\omega = \omega_{45}$. Dort ist $F_1 = 20\lg\sqrt{2}\,\mathrm{dB} \approx 3\,\mathrm{dB}$. Deshalb heißt ω_{45} auch *Knick-*, *3dB- 45°-oder Grenzfrequenz.*

Ganz analoge Verhältnisse gelten für F_2, nur fällt dort die Kurve über ω ab.

Im Bild sind diese Verläufe eingetragen. Somit reichen für Frequenzverhältnisse $\omega/\omega_0 < 0{,}3$ bzw. > 3 die Asymptotenkonstruktionen meist aus. Die größte Abweichung $|\Delta F| = |\underline{F}| - |\underline{F}|_{\mathrm{appr}}$ zur Asymptotennäherung $|\underline{F}|_{\mathrm{appr}}$ beträgt 3 dB bei $\omega = \omega_{45}$, weitere Werte sind $\dfrac{\omega}{\omega_{45}} = 0{,}5\ |\Delta F| = +1\,\mathrm{dB}$. Dies geht aus Bild 6.39 deutlich hervor.

Phasengang. Der Phasengang von $\underline{F}$ bewegt sich in den beiden Beispielen zwischen 0 und $+90°$ bzw. $-90°$, wie im Bild dargestellt. Er läßt sich durch diese beiden Asymptoten und eine Wendetangente ersetzen. Sie verläuft durch die Punkte $\dfrac{\omega}{\omega_{45}} = 0{,}2$ und die 0°-Asymptote sowie, $\dfrac{\omega}{\omega_{45}} = 5$ und die 90°-Asymptote.

Auf diese Weise kann man sich einen raschen Überblick des Verlaufs verschaffen. Die Zwischenwerte sind im Bild 6.39 eingetragen.

Das Bode-Diagramm ist eine vorteilhafte Form der Frequenzgangdarstellung. Es wird daher sehr verbreitet in der Elektronik, Regelungs-, Nachrichtentechnik u. a. eingesetzt. Wir werden deshalb noch öfters darauf zurückkommen.

6.3.3.5 Scheinwiderstandsdiagramm

Die Scheinwiderstände bzw. Scheinleitwerte der Netzwerkelemente R, L, C wurden im Abschn. 6.1 diskutiert, auch hinsichtlich ihrer Frequenzabhängigkeit im linearen Maßstab (Bild 6.1). Die relativ gedrängte Darstellung des Scheinwiderstandes $Z_C(\omega)$ eines Kondensators bei niedriger und sehr hoher Frequenz läßt sich durch Darstellung im *doppelt logarithmischen Maßstab* umgehen. Dies ist ein vereinfachtes Bode-Diagramm. Weil nur Zahlen, nicht physikalische Größen logarithmisch dargestellt werden können, geht man von der zugeschnittenen Größengleichung aus, also der Normierung auf $Z = 1\,\Omega$ und $f = 1$ Hz.

$$Z_{\mathrm{L}/\Omega} = 2\pi f_{/\mathrm{Hz}} L_{/\mathrm{H}}\,, \qquad Z_{\mathrm{C}/\Omega} = \frac{1}{2\pi f_{/\mathrm{Hz}} C_{/\mathrm{F}}}\,.$$

Durch Logarithmieren beider Seiten folgt

$$\begin{aligned} &\lg(Z_{\mathrm{L}/\Omega}) = \lg(f_{/\mathrm{Hz}}) + \lg(2\pi L_{/\mathrm{H}}), && \lg(Z_{\mathrm{C}/\Omega}) = -\lg(f_{/\mathrm{Hz}}) - \lg(2\pi C_{/\mathrm{F}})\,, \\ &\qquad y = x \qquad\quad + \quad n && \qquad y = -x \qquad\quad - n. \end{aligned}$$

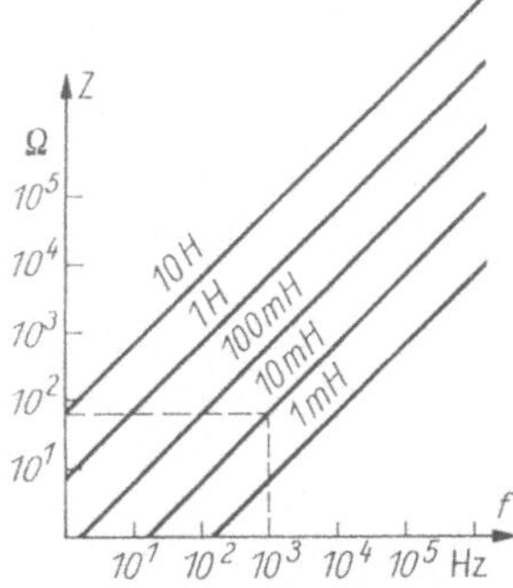

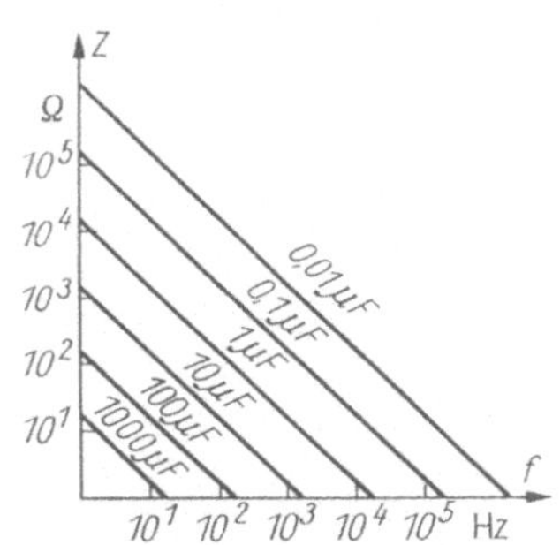

Bild 6.40a, b. Scheinwiderstand im doppelt-logarithmischen Maßstab. **a** $Z = \omega L$; **b** $Z = 1/(\omega C)$

Somit ist $Z_L = f(\omega)$, ($Z_C = f(\omega)$) in logarithmischer Darstellung eine steigende (fallende) Gerade mit der Steigung 1 (− 1), die bei Änderung von $L(C)$ parallel verschoben wird (Bild 6.40). Das entspricht genau dem Ergebnis Gl. (6.51) ff.

Bild 6.41 enthält die entsprechende Darstellung. Sie heißt *Scheinwiderstandsdiagramm*. Zur Erhöhung der Genauigkeit gibt man noch die Darstellung nur einer Dekade an. Um beispielsweise den Widerstand Z_C eines Kondensators $C = 260$ pF bei $f = 250$ kHz zu ermitteln, entnimmt man dem Bild 6.41a die Größenordnung $1\,\text{k}\Omega < Z_C < 10\,\text{k}\Omega$ und dem Bild 6.41b den genauen Wert $Z_C = 2460\,\Omega$.

Das Diagramm ist wegen $Y_C = \omega C$, $Y_L = 1/\omega L$ zugleich ein *Scheinleitwertdiagramm* (rechter Maßstab).

6.4 Energie und Leistung im Wechselstromkreis

In diesem Abschnitt wenden wir den Energie- und Leistungsbegriff (Abschn. 4)

— auf periodische Ströme und Spannungen allgemein (Abschn. 6.4.1),
— auf sinusförmige Größen (Abschn. 6.4.4) im Zeit- und Frequenzbereich an
— und übertragen die Ergebnisse auf das Zusammenspiel von aktivem und passivem Zweipol im Grundstromkreis (Abschn. 6.4.2–6.4.5).

6.4.1 Leistung und Energie für periodische Ströme und Spannungen

Bei zeitveränderlichen Strömen und Spannungen am Zweipol heißt das Produkt der *Momentanwerte* $i(t)$, $u(t)$ *die Momentanleistung* $p(t)$

$$p(t) = u(t)i(t) \qquad [P] = \text{W} \quad (\text{Watt}) \tag{6.53}$$

Momentanleistung (Definitionsgleichung) .

Sie hängt in jedem Zeitpunkt gleichberechtigt vom Produkt der Momentanwerte von Spannung $u(t)$ und Strom $i(t)$ ab und ändert sich deshalb für zeitveränderliche Größen dauernd.

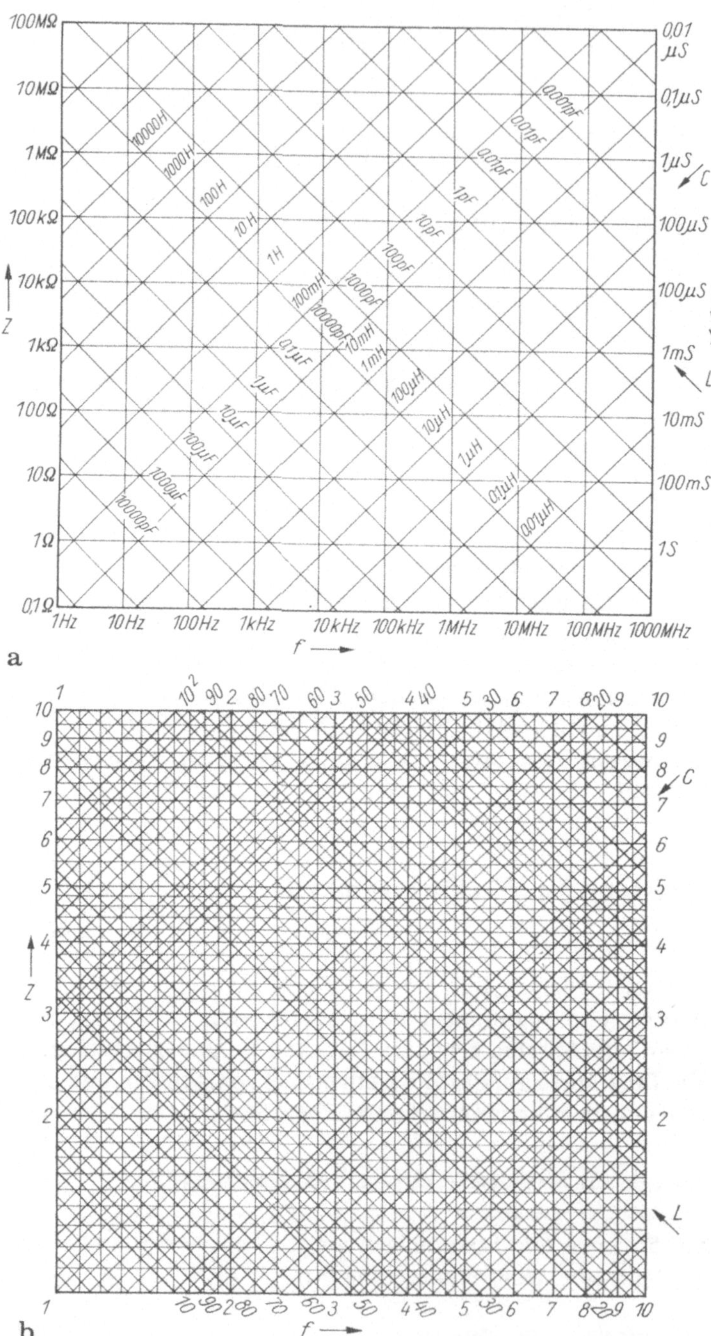

Bild 6.41a, b. Scheinwiderstandsdiagramm. **a** Darstellung für mehrere Dekaden; **b** Auszug einer Dekade

Dabei nimmt der Zweipol (im Verbraucherpfeilsystem) für $p > 0$ elektrische Leistung auf und gibt sie für $p < 0$ ab.

Vom Energietransport her gesehen interessiert nun weniger die Momentanleistung, sondern die (mittlere) Energie W, die je Periodendauer T vom Netzwerkelement aufgenommen (oder von ihm abgegeben) wird. Dieser Quotient W/T heißt *mittlere Leistung* $\overline{p(t)}$ oder *Wirkleistung P*

$$\overline{p(t)} = P = \frac{W}{T} = \frac{1}{T}\int_t^{t+T} p(t')\,\mathrm{d}t' = \overline{u(t)\,i(t)} \tag{6.54}$$

Wirkleistung, (mittlere) Leistung (Definitionsgleichung) .

Einheit: $[P] = [U][I] = 1\,\text{V} \cdot 1\,\text{A} = 1\,\text{W}$.

In Worten: Die Wirkleistung P ist der arithmetische Mittelwert der Momentanleistung $p(t)$ und gleich der im Netzwerkelement umgesetzten mittleren Energie W je Periodendauer T.

Die Wirkleistung P Gl. (6.54) beträgt für *beliebig zeitveränderliche*, aber periodische Ströme und Spannungen:

1. Am *Wirkwiderstand R* (mit $u(t) = Ri(t), \tilde{u} = R\tilde{i}$)

$$P = \frac{1}{T}\int_t^{t+T} u(t')\frac{u(t')}{R}\mathrm{d}t' = \frac{1}{R}\underbrace{\frac{1}{T}\int_t^{t+T} u^2(t')\,\mathrm{d}t'}_{\tilde{u}^2} = \frac{\tilde{u}^2}{R} = \tilde{u}\tilde{i} = U_{\text{eff}} \cdot \underline{I}_{\text{eff}} \,. \tag{6.55}$$

Hierbei wurde der Effektivwert $\tilde{u}$ nach Gl. (5.58) verwendet.

Merke: Die dem Wirkwiderstand R je Periodendauer T zugeführte (und dort vollständig in Wärme[1] umgewandelte) Energie–die Wirkleistung–ist gleich dem Produkt der Effektivwerte von Strom und Spannung.

Die Wirkleistung kann in ganz verschiedener Weise in eine andere Energieform umgewandelt werden, z. B.

— Energieabstrahlung in Form von Wärme beim ohmschen Widerstand;
— Energieabstrahlung einer Sendeantenne, z. B. eines UKW-Dipols. Er hat bei Gleichstrom einen vernachlässigbar kleinen Widerstand. Deshalb ist die umgesetzte Wärmeenergie hier gering. Speist man sie aus einem Rundfunksender (= Generator von Wechselspannung sehr hoher Frequenz) und erhöht die Frequenz immer mehr, so strahlt die Antenne mehr und mehr Energie in Form elektromagnetischer Wellen in den Raum ab. Dadurch steigt der Energiedurchsatz.

Die Angabe Antennenwiderstand $Z = 300\,\Omega$ heißt dann nicht, daß die Antenne einen Gleichstromwiderstand $300\,\Omega$ besitzt (er beträgt nur Bruchteile eines Ω). Sie verhält sich für die betreffende Sendefrequenz (z. B. 100 MHz) von der Wirkleistungsaufnahme her wie ein Ohmscher Widerstand von $R = 300\,\Omega$. Der Unterschied zu diesem besteht darin, daß aufgenommene Energie als elektromagnetische Welle in den Raum strahlt und nicht als Wärme abgegeben wird.

[1] Oder eine andere Energieform bei Wandlern.

2. Am *Energiespeicher*, z. B. dem Kondensator mit der Kapazität C

$$P = \frac{W_C}{T} = \frac{1}{T}\int_0^T u(t')i(t')\,\mathrm{d}t' = \frac{C}{T}\int_0^T u(t')\frac{\mathrm{d}u}{\mathrm{d}t'}\,\mathrm{d}t' = \frac{C}{T}\int_{u(0)}^{u(T)} u\,\mathrm{d}u$$

$$= \frac{C}{T}\frac{u^2}{2}\bigg|_{u(0)}^{u(T)} = 0 \;, \tag{6.56}$$

da für die periodische Funktion $u(0) = u(T)$ gilt.

Beim *Energiespeicher* (C, L) wird *innerhalb einer Periodendauer* keine Nettoenergie zu- oder abgeführt, keine Wirkleistung verbraucht. Trotzdem muß Energie während eines Perioden*teiles zu-* und im anderen *ab*transportiert werden. Sie pendelt hin und her und wird zum Feldaufbau benötigt bzw. aus dem Feldabbau gewonnen.

Gerade diese Energiependelung ist das Charakteristikum der Energiespeicher im Wechselstromkreis. Ständig ändert sich die „Verbraucher"-und „Generatorrolle": Während einer bestimmten Zeit ist der passive Zweipol „Energielieferant" für den Generator (der dann als Verbraucher wirkt), während einer anderen „Energieverbraucher".

In Schaltungen mit ohmschen Widerständen und Energiespeichern haben wir somit zwischen Quelle und Verbraucher zwei Energieströmungen zu unterscheiden (Bild 6.42):

— Den *zeitunabhängigen* (*mittleren*) *Energiestrom* von der Quelle zum Verbraucher. Er wird dort in eine andere Energieform (Wärme, elektromagnetische Strahlung u.a.m.) umgesetzt und durch die Wirkleistung $P \equiv P_W$ charakterisiert;

— den *zeitabhängigen Energiestrom*, der zwischen Quelle und Verbraucher ständig hin- und herpendelt (reversibler Leistungsumsatz). Wir erfassen ihn später durch den Begriff *Blindleistung* $Q \equiv P_B$. Wirk- und Blindleistung lassen sich mit getrennten Instrumenten messen.

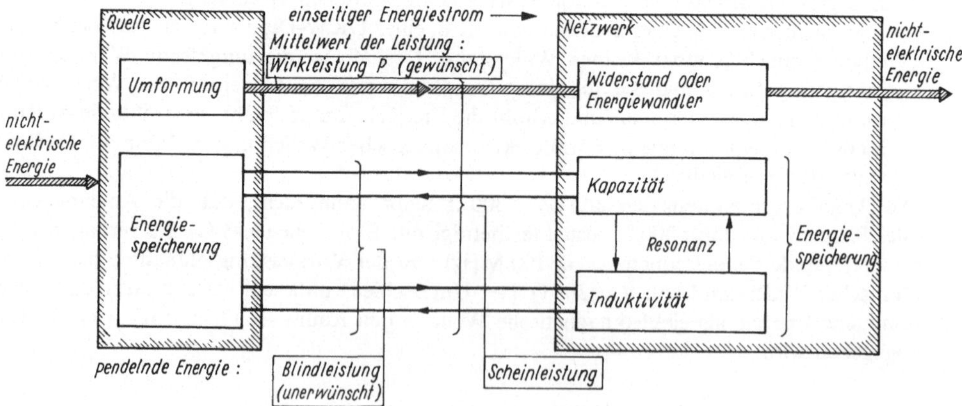

Bild 6.42. Energieströmungen zwischen Quelle und Verbraucher

Dazu kommt noch die Energiependelung zwischen Speichern elektrischer und magnetischer Energie selbst. Sie ist die physikalische Grundlage der Resonanzerscheinung (s. Abschn. 7.1.4).

6.4.2 Leistungsdarstellung für sinusförmige Ströme und Spannungen im Zeitbereich

Momentanleistung. Liegt an einem Zweipol die Spannung $u(t) = \hat{U}\sin(\omega t + \varphi_u)$ und wird er vom Strom $i(t) = \hat{I}\sin(\omega t + \varphi_i)$ durchflossen, so beträgt die Momentanleistung Gl. (6.53) (Bild 6.43):

$$p(t) = u(t)i(t) = \hat{U}\hat{I}\sin(\omega t + \varphi_u)\sin(\omega t + \varphi_i)$$

$$= \frac{\hat{U}\hat{I}}{2}[\underbrace{\cos(\varphi_u - \varphi_i)}_{\text{zeitlich konstant}} - \underbrace{\cos(2\omega t + \varphi_u + \varphi_i)}_{\text{mit doppelter Frequenz schwankend}}] \;.$$

Nach Zerlegung von $\cos(2\omega t + \varphi_u + \varphi_i) = \cos 2(\omega t + \varphi_u)\cos(\varphi_i - \varphi_u) - \sin 2(\omega t + \varphi_u)\sin(\varphi_i - \varphi_u) = \cos 2(\omega t + \varphi_u)\cos\varphi + \sin 2(\omega t + \varphi_u)\sin\varphi$ wird daraus

$$p(t) = \frac{\hat{U}\hat{I}}{2}[\cos(\varphi_u - \varphi_i) - \cos 2(\omega t + \varphi_u)\cos(\varphi_u - \varphi_i)$$

$$- \sin 2(\omega t + \varphi_u)\sin(\varphi_u - \varphi_i)]$$

$$= P - P\cos 2(\omega t + \varphi_u) - Q\sin 2(\omega t + \varphi_u) \;. \tag{6.57a}$$

(1) **Wirkleistung, zeitunabhängig**; (2) **sog. schwingende Leistung (periodisch schwankende Wirkleistung)**; (3) **momentane Blindleistung (periodisch schwankend, π/2 phasenverschoben zu (2))**

(1) und (2): **Wirkleistungsschwingung**; (3): **Blindschwingung**

Dabei wurden gesetzt:

$$P = \frac{\hat{U}\hat{I}}{\sqrt{2}\sqrt{2}}\cos(\varphi_u - \varphi_i) = UI\cos(\varphi_u - \varphi_i) \;; \quad \text{Wirkleistung} \tag{6.57b}$$

$$Q = \frac{\hat{U}\hat{I}}{\sqrt{2}\sqrt{2}}\sin(\varphi_u - \varphi_i) = UI\sin(\varphi_u - \varphi_i) \;. \quad \text{Blindleistung}$$

Im Bild 6.43 sind diese Einzelanteile dargestellt worden. Aus dem Verlauf $i(t)$, $u(t)$ ergibt sich zunächst die Momentanleistung (Bild 6.43b) durch Multiplikation von i und u in jedem Zeitpunkt. Im Bild 6.43c und d wurde dieses Produkt nach Gl. (6.57) zerlegt. Vom Standpunkt der irreversiblen und reversiblen Energieumwandlung enthält $p(t)$ zwei Anteile:

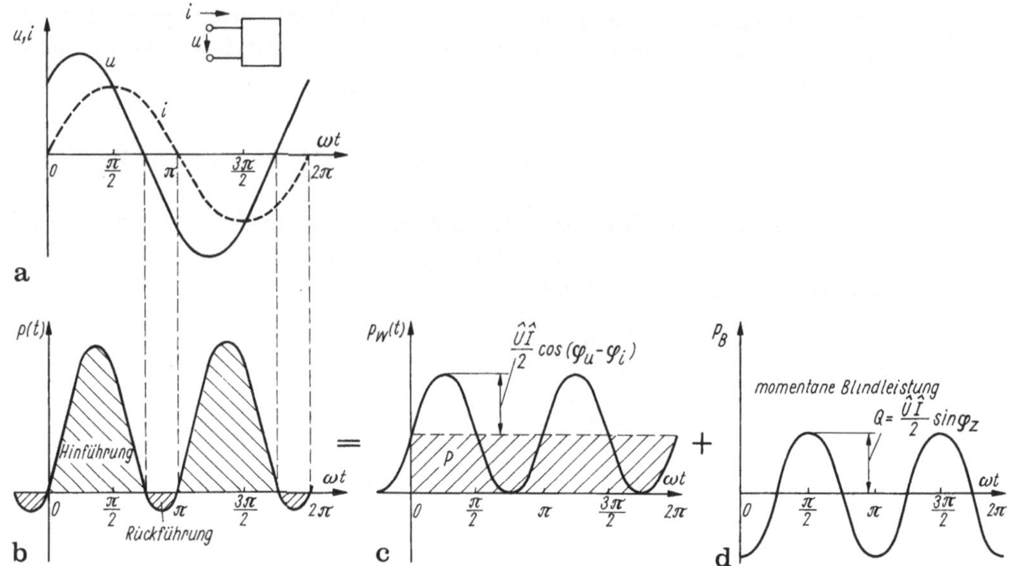

Bild 6.43a–d. Momentanwerte von Spannung, Strom und Leistung über der Zeit für festen Phasenwinkel. **a** Strom und Spannung; **b** Momentanleistung; **c** Verlauf der Wirkleistung; **d** momentane Blindleistung

1. Wirkleistung. Die Leistungskomponenten (1) und (2) pendeln mit der doppelten Frequenz um den *Mittelwert P*, wechseln *aber nie* ihr *Vorzeichen* (Bild 6.43c). Deshalb fließt der zugeordnete Energiestrom stets in eine Richtung und stellt die kontinuierliche Energieaufnahme (VPS) oder -abgabe (EPS) des Zweipols dar. Die Anteile (1) und (2) heißen momentane Wirkleistung[1,2] oder Wirkleistungsschwingung

$$p_W(t) = \frac{\hat{U}\hat{I}}{2}\cos(\varphi_u - \varphi_i)[1 - \cos 2(\omega t + \varphi_u)] \ .$$

Ihr arithmetischer Mittelwert ist die Wirkleistung nach Gl. (6.54) resp.

$$P = \overline{p_W(t)} = \overline{p(t)} = \frac{1}{T}\int_t^{t+T} p_W(t')\mathrm{d}t' = \frac{\hat{U}\hat{I}}{\sqrt{2}\sqrt{2}}\cos\varphi_z = UI\cos\varphi_z \qquad (6.57c)$$

$$\text{mit } \varphi_z = \varphi_u - \varphi_i = -\varphi_y$$

Wirkleistung am Zweipol bei Sinusstrom und-spannung.

[1] Momentane Wirkleistung, weil unter der Wirkleistung der Mittelwert P verstanden wird (s. Gl. (6.55)).

[2] Beachte: Die Momentanleistung $p(t)$ Gl. (6.57) enthält noch den Anteil (3). Er liefert bei der Mittelwertbildung keinen Beitrag. Deshalb gilt Gl. (6.57a).

Allgemein: Die in einem Zweipol bei Sinuserregung umgesetzte Wirkleistung ist gleich dem Produkt der Effektivwerte von Strom und Spannung und dem *Leistungsfaktor* $\cos\varphi$ (φ: Differenz der Nullphasenwinkel von Spannung und Strom, $\varphi \equiv \varphi_z$ bzw. $\varphi \equiv -\varphi_y$).

Da $\cos\varphi_z$ eine gerade Funktion ist, wird der Leistungsfaktor erst durch eine Zusatzangabe darüber eindeutig, ob der Strom vor- oder nacheilt, der Verbraucher kapazitiv oder induktiv wirkt.

Weiter gilt:

— $P > 0$ für $-\pi/2 < \varphi_z < \pi/2$, d.h. Aufnahme elektrischer Leistung (Verbraucher);

— $P < 0$ für $-\pi < \varphi_z < -\pi/2$, Abgabe elektrischer Leistung. Deshalb spricht man auch vom *passiven Zweipol* ($P \geqq 0$) und *aktiven Zweipol* ($P < 0$). Bild 6.44 stellt diese Verhältnisse dar.

Diskussion. Man erhält für den passiven Zweipol (Verbraucherzählpfeilsystem) bei verschiedenen Phasenwinkeln die folgenden Fälle (Bild 6.45):

a) $\varphi_z = 0$: Zweipol als *Verbraucher* (ohmscher Widerstand $\cos\varphi = \cos 0 = 1$). Die Wirkleistung ist stets positiv ($P > 0$, $p > 0$) und erreicht ihren Maximalwert $P = UI = \dfrac{\hat{U}\hat{I}}{2}$.

b) $\varphi_z = \pi$: Zweipol als *Generator* (Richtungsumkehr des Stromes gegen Verbraucherzuordnung, $\cos\pi = -1$). Jetzt liefert der Zweipol wegen $P < 0$ ständig Energie ($P < 0$, $p < 0$ Kurve c), und Vorzeichenumkehr von p).

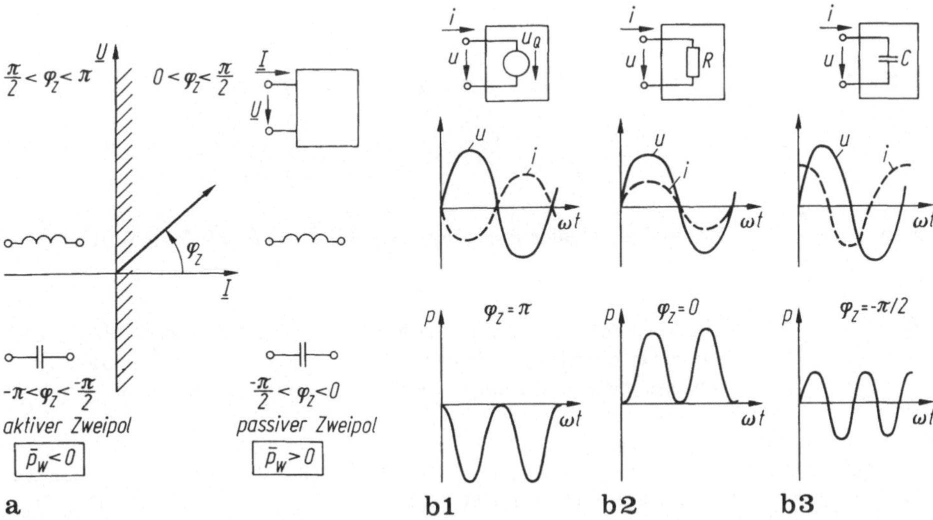

Bild 6.44a, b. Leistungsverhältnisse und Phasenwinkel am Zweipol. **a** allgemeine Zuordung; **b1**)...**b3**) Momentanwerte von Strom, Spannung und Leistung für typische Zweipole (Verbraucherzählpfeilrichtung).

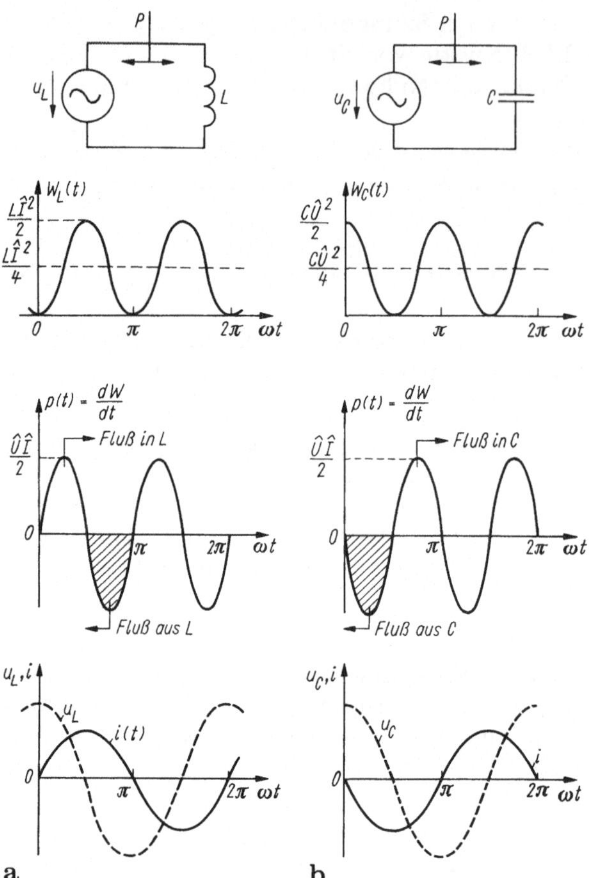

Bild 6.45a, b. Leistung und Energie in den Energiespeichern. **a** Induktivität; **b** Kapazität

c) $\varphi_z = \pm\frac{\pi}{2}$: Zweipol als idealer *Energiespeicher*. Hier gilt $P = 0$, kein Wirkleistungsumsatz.

d) $0 < \varphi_z < \frac{\pi}{2}$: Die Momentanleistung ist zeitweise negativ, überwiegend aber positiv, daher Nettoleistungsaufnahme: ohmscher Widerstand zusammengeschaltet mit einem Energiespeicher (hier Induktivität, da $\varphi_z > 0$).

Beim Übergang zum Erzeugerzählsystem vertauschen sich die hier angegebenen Verhältnisse wegen der Richtungsumkehr des Stromes.

Der in Gl. (6.57) noch auftretende Term (2) $P\cos 2(\omega t + \varphi_u)$ heißt *schwingende Leistung* (der Amplitude P mit der Frequenz 2ω). Sie kennzeichnet die Schwankungen der Wirkleistungen um den Mittelwert P (Bild 6.43c). Dabei wird die Wirkleistungsschwingung $p_W = P[1 - \cos 2(\omega t + \varphi_u)]$ beim passiven Zweipol nie negativ.

Wir greifen auf die im Abschn. 6.2.2.2 eingeführten Begriffe Wirkstrom I_W und Wirkspannung U_W (Bild 6.10) zurück und erkennen: Die Wirkleistung P läßt sich stets als Produkt der Effektivwerte von Spannung U oder Strom I und der jeweils zugeordneten, *mit ihr in Phase liegenden* Strom-oder Spannungskomponente, dem Wirkstrom I_W bzw. der Wirkspannung U_W schreiben:

$$P = \frac{\hat{U}}{\sqrt{2}} \underbrace{\left(\frac{\hat{I}}{\sqrt{2}} \cos \varphi_y \right)}_{\textbf{Wirkstrom } I_W} = \frac{\hat{I}}{\sqrt{2}} \underbrace{\left(\frac{\hat{U}}{\sqrt{2}} \cos \varphi_z \right)}_{\textbf{Wirkspannung } U_W} \tag{6.57d}$$

$$= U I_W = U^2 G_p = I U_W = I^2 R_r \ .$$

Deshalb wird die Wirkleistung im Wirkwiderstand $R_r = Z \cos \varphi_z$ (eines Scheinwiderstandes $\underline{Z}$) (Bild 6.10) bzw. im Wirkleitwert $G_p = Y \cos \varphi_y$ (eines Scheinleitwertes $\underline{Y}$) irreversibel umgesetzt.

2. Blindleistung. Die Leistungskomponente (3) in Gl. (6.57a) heißt *momentane Blindleistung oder* Blindleistungsschwingung (S. Gl. (6.57a))

$$p_B = -\frac{\hat{U}\hat{I}}{\sqrt{2}\sqrt{2}} \sin(\varphi_u - \varphi_i) \sin 2(\omega t + \varphi_u)$$

$$= -UI \sin(\varphi_u - \varphi_i) \sin 2(\omega t + \varphi_u) = -Q \sin 2(\omega t + \varphi_u) \ .$$

Sie schwankt stets mit der doppelten Frequenz (2ω) um die Nullinie (Bild 6.43d), zeitlich um $\pi/2$ phasenverschoben zur schwingenden Leistung. Ihre Ursache ist die zwischen aktivem und passivem Zweipol hin und her pendelnde Energie. Zwischenzeitlich wird sie im elektrischen bzw. magnetischen Feld des Zweipols gespeichert.

Der *zeitliche Mittelwert*

$$\bar{p}_B \equiv Q = \frac{1}{T} \int_t^{t+T} p_B(t')\,dt' = 0 \tag{6.57e}$$

der momentanen Blindleistung p_B verschwindet. Deshalb wird durch diese Leistungskomponente im Mittel keine Energie irreversibel umgesetzt.

Das Energiependeln zwischen Generator und Verbraucher bedingt jedoch Stromfluß durch die Verbindungsleitungen (Verlustleistung durch Leitungswiderstand!). Blindleistung belastet die Leitungen zusätzlich! Zur besseren Darstellung des Zusammenhanges zwischen dieser Strombelastung der Verbindungsleitungen und der Energieumspeicherung im passiven Zweipol wurde die Amplitude der momentanen Blindleistung (der sog. scheinbare Mittelwert) als *Blindleistung* $Q = P_B$ vereinbart

$$Q = P_B = \frac{\hat{U}\hat{I}}{\sqrt{2}\sqrt{2}} \sin \varphi_z = UI \sin \varphi_z \tag{6.58a}$$

Blindleistung (Definitionsgleichung)
Einheit: 1 Var (Voltamperereactive).

Mit den im Abschn. 6.2.2.2 eingeführten Begriffen Blindstrom I_B und Blindspannung U_B erkennt man:

Wie die Wirkleistung, so läßt sich auch die Blindleistung als Produkt aus Spannung oder Strom und der gegenüber dieser Größe um $\pm\,\pi/2$ phasenverschobenen Strom-oder Spannungskomponente darstellen [Blindstrom $I_B = -I\sin\varphi_z = UB_p$ (Bild 6.43), Blindspannung $U_B = U\sin\varphi_z = IX_r$]

$$Q = \underbrace{UI\sin\varphi_z}_{\text{Blindstrom } I_B} = -UI_B = -U^2B_p = \underbrace{UI\sin\varphi_z}_{\text{Blindspannung } U_B} = IU_B = I^2X_r\,. \tag{6.58b}$$

So ist die Blindleistung die im Blindwiderstand $X_r = Z\sin\varphi_z$ eines Scheinwiderstandes Z (Bild 6.44) bzw. im Blindleitwert $B_p = Y\sin\varphi_y$ eines Scheinleitwertes Y auftretende Leistung.

Das Vorzeichen von P_B ist willkürlich festlegbar, weil bei der Herleitung sowohl die Spannung als auch der Strom in zwei Anteile zerlegt werden können. Dadurch würde in Gl. (6.57d) φ_u mit φ_i vertauscht. Üblicherweise geht man von Gl. (6.55b) aus. Dann hat die von der Spule aufgenommene Blindleistung einen positiven ($X_r > 0$), die vom Kondensator aufgenommene ($X_r < 0$) einen negativen Wert:

a) Induktive Blindleistung: $\varphi_z = \varphi_u - \varphi_i > 0$. Die Spannung eilt dem Strom voraus (induktives Verbraucherverhalten): Blindleistung positiv.

b) Kapazitive Blindleistung: $\varphi_z < 0$. Die Spannung eilt dem Strom nach (kapazitives Verbraucherverhalten): Blindleistung negativ.

Diskussion: Blindleistung und Energie. Wir untersuchen die physikalische Ursache der Blindleistung näher. Im Bild 6.45 wurden für beide Energiespeicher Momentanleistung $p(t)$ und Momentanenergie $W_L(t)$ bzw. $W_C(t)$ dargestellt. Liegt an einer Induktivität die Spannung $u(t) = \hat{U}\cos\omega t$, so fließt der Strom $i(t) = \hat{I}\sin\omega t$. Das ergibt eine um die Nullinie symmetrisch pendelnde Momentanleistung mit dem Mittelwert Null: im Mittel keinen Wirkleistungsverbrauch (Bild 6.45a). Während einer Viertelperiode fließt Energie in die Spule (→ positive Leistung), während der nächsten wieder zurück (→ negative Leistung). Die momentane Blindleistung (Gl. (6.57a), Anteil (3)) $p_3(t) = -UI\sin\varphi_z\sin 2(\omega t + \varphi_u)$ pendelt (wobei $\varphi_z = +\pi/2$, Induktivität). Die momentane Energie $W_L(t)$ der Spule beträgt

$$W_L(t) = \frac{Li^2(t)}{2} = \frac{L\hat{I}^2}{2}\sin^2\omega t = \frac{L\hat{I}^2}{4}(1 - \cos 2\omega t) \tag{6.59a}$$

mit dem Mittelwert — der mittleren gespeicherten Energie–

$$\bar{W}_L = \frac{1}{T}\int_0^T W_L(t')\,dt' = \frac{L\hat{I}^2}{4T}\int_0^T (1 - \cos 2\omega t)\,dt = \frac{L\hat{I}^2}{4} = \frac{LI^2}{2}\,. \tag{6.59b}$$

Aus Bild a wird dieser Mittelwert deutlich sichtbar.

Die Blindleistung beträgt nach Gl. (6.57a) und mit Gl. (6.59b)

$$Q = P_B = I^2X_r = I^2\omega L = 2\omega\bar{W}_L\,. \tag{6.60}$$

In Worten: Die von der Induktivität verursachte Blindleistung Q ist gleich dem 2ω-fachen Wert ihrer mittleren gespeicherten Energie.

Ein analoges Ergebnis ergibt sich für die Kapazität (Bild 6.45b). Nach diesen Betrachtungen ist es keinesfalls berechtigt, die Blindleistung als „Rechengröße" ohne physikalische

Bedeutung zu betrachten, wie es mitunter geschieht. Sie stellt vielmehr ein (physikalisch meßbares) Maß des Energieaustauschs mit den Speicherelementen dar.

Scheinleistung (Rechengröße). Als Scheinleistung $S = P_S$ wird vereinbart:

$$S \equiv P_S = UI = \frac{\hat{U}\hat{I}}{\sqrt{2}\sqrt{2}} = UI\sqrt{\cos^2\varphi + \sin^2\varphi}$$

$$= \sqrt{(UI\cos\varphi)^2 + (UI\sin\varphi)^2} = \sqrt{P_W^2 + P_B^2} \tag{6.61a}$$

Scheinleistung (Definitionsgleichung)
Einheit: 1 VA (Voltampere).

Die Scheinleistung S ist das Produkt der Effektivwerte von Strom I und Spannung U am Scheinwiderstand Z bzw. Scheinleitwert Y, deshalb eine Rechengröße ohne physikalische Bedeutung. Sie läßt sich gleichwertig durch die geometrische Summe von Wirk- (P) und Blindleistung (Q) ausdrücken (Bilder 6.10 und später 6.47). Es gelten:

Reihenschaltung von Wirk- und Blindwiderstand	*Parallelschaltung* von Wirk- und Blindleitwert	
$U = \sqrt{U_W^2 + U_B^2}$,	$I = \sqrt{I_W^2 + I_B^2}$,	
$Z = \sqrt{R_r^2 + X_r^2}$,	$Y = \sqrt{G_p^2 + B_p^2}$,	(6.61b)
$P_S = \sqrt{P_W^2 + P_B^2} = I\sqrt{U_W^2 + U_B^2}$	$P_S = \sqrt{P_W^2 + P_B^2} = U\sqrt{I_W^2 + I_B^2}$	
$= I^2\sqrt{R_r^2 + X_r^2} = I^2 Z$,	$= U^2\sqrt{G_p^2 + B_p^2} = U^2 Y$.	

Beispiel: *Wirk-, Blind-, Scheinleistung.* An einem passiven Zweipol liege $u(t) = U\sin\omega t$, $i(t) = I\sin(\omega t + \varphi_i)$ ($U = 100$ V, $I = 10$ A, der Strom eile 10° nach, $f = 50$ Hz). Gesucht sind
a) die Zweipolersatzschaltungen (Reihen- und Parallelschaltung);
b) die Größe der Schaltelemente;
c) die Leistungen S, P, Q.
a), b) Es gilt im Frequenzbereich $\underline{u}(t) = \hat{U}e^{j\omega t}(\varphi_u = 0)$, $\underline{i}(t) = \hat{I}e^{j(\omega t - 10°)}$ (da Strom nacheilend).
Daraus folgt für die
— Reihenschaltung $Z = R_r + jX_r = R_r + j\omega L_r$:

$$\underline{Z} = \frac{U}{Ie^{-j10°}} = \frac{100\,\text{V}}{10\,\text{A}}(\cos 10° + j\sin 10°) = (98 + j17)\,\Omega,\ R_r = 98\,\Omega,\ L_r = 0{,}054\,\text{H}\ ,$$

— Parallelschaltung $\underline{Y} = G_{p+j}B_p = G_p - j/\omega L_p$:

$$\underline{Y} = \frac{\hat{I}e^{-j10°}}{\hat{U}} = \frac{100\,\text{V}}{10\,\text{A}}[\cos(-10°) + j\sin(-10°)] = 0{,}1(0{,}98 - j0{,}17)\,\text{S},$$

$$G_p = 0{,}098\,\text{S},\quad L_p = 0{,}18\,\text{H}\ .$$

c) Die Leistungen betragen $S = UI = 1$ kVA; $P = UI\cos\varphi_z = I^2R_r = U^2G_p = 980$ W, $Q = UI\sin\varphi_z = I^2X_r = -U^2B_p = 170$ Var.

Wirk- und Blindenergie (Arbeit). Der Elektrizitätszähler im Haushalt mißt durchweg die

$$\text{Wirkenergie (Wirkarbeit)}\ W = \int_{t_0}^{t_0+\Delta T} p(t)dt = P\Delta T \tag{6.62a}$$

als Zeitintegral über die Momentanleistung $p(t)$ im Zeitbereich $\Delta T = nT$ (n ganz, meist $\gg 1$). Sie wird in kWh angegeben.

Für Abnehmer, die die Leitungen durch große Blindleistungen belasten (meist Großverbraucher), wird auch die Blindleistung oder Blindarbeit

$$W = Q\Delta T \tag{6.62b}$$

als Produkt von Blindleistung und Meßzeitraum bestimmt und zur Abrechnung gebracht. Um diesen Teil zu senken, strebt man Blindleistungskompensation an (s. Abschn. 6.4.5).

Zusammengefaßt. Die Definitionen der charakteristischen Leistungsbegriffe lauten (s. auch Tafel 6.15)

$$\begin{aligned}&\text{Scheinleistung} && S = UI && [S] = V\cdot A,\\ &\text{Wirkleistung} && P = P_W = UI\cos\varphi && [P] = W,\\ &\text{Blindleistung} && Q = P_B = UI\sin\varphi && [Q] = \text{var}\\ &(U = \hat{U}/\sqrt{2}, && I = \hat{I}/\sqrt{2}).\end{aligned}$$

Die verschiedenen Maßeinheiten drücken die Leistungsart aus. (Sie sind bei Maßeinheitenumrechnung stets durch $V\cdot A$ zu ersetzen.) Weiter gilt:

$$S^2 = S^2(\cos^2\varphi + \sin^2\varphi) = P^2 + Q^2,$$

$$\tan\varphi = Q/P.$$

6.4.3 Leistungsbegriffe bei Zweipolen

Wir stellen in diesem Abschnitt die wichtigsten Leistungsbegriffe in Verbindung mit Zweipolen (repetiv) zusammen.

Leistung an den Grundelementen *R, L, C*. Am Zweipol gilt zusammengefaßt ($\varphi_z = \varphi_u - \varphi_i$) (im Verbraucherpfeilsystem):

$$p = \underset{(-)}{+} i\cdot u,\quad P = \underset{(-)}{+} UI\cos\varphi_z,\quad Q = \underset{(-)}{+} UI\sin\varphi_z,\ S = UI,\ \underline{S} = \underset{(-)}{+} \underline{U}\underline{I}^* \ . \tag{6.63}$$

Im Erzeugerpfeilsystem treffen die in Klammern stehenden Vorzeichen zu.
Wirkleistung P wird nur im Widerstand, Blindleistung nur in der Induktivität ($Q > 0$) und Kapazität ($Q < 0$) umgesetzt (→ Blindschaltelemente).
Die in Abschnitt 6.2.2.2 eingeführten

— Wirkspannung $U_W = U\cos\varphi_z$, Blindspannung $U_B = U\sin\varphi_z$;
— Wirkstrom $I_W = I\cos\varphi_y$, Blindstrom $I_B = I\sin\varphi_y$

Tafel 6.15. Übersicht der Leistungsgrößen in der Wechselstromtechnik ($\varphi_z = -\varphi_y$)

a) 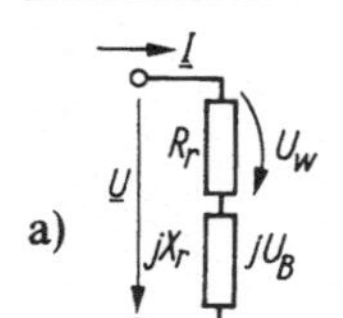

$U_w = IR_r = U\cos\varphi_z$
$U_B = IX_r = U\sin\varphi_z$
$R_r = Z\cos\varphi_z$
$X_r = Z\sin\varphi_z$

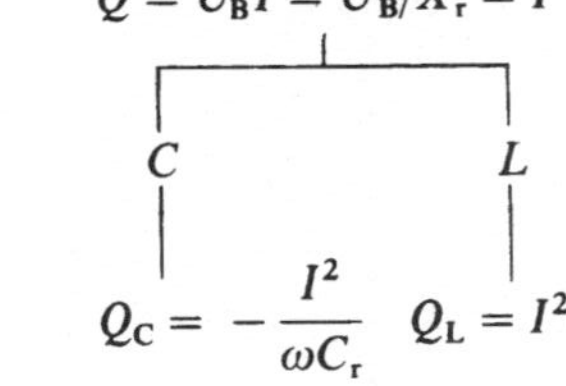

b)

$I_w = UG_p = I\cos\varphi_z = I\cos\varphi_y$
$I_B = UB_p = I\sin\varphi_y = -I\sin\varphi_z$
$G_p = Y\cos\varphi_y$
$B_p = Y\sin\varphi_y$

Darstellung im Zeitbereich

Wirkleistung P

$$P = \frac{W_p}{T} = \frac{1}{T}\int_0^T ui\,dt \quad (6.54)$$

$$\boxed{P = P_W = UI\cos\varphi_z} \quad (6.57b)$$

a) $U\cos\varphi_z = IR_r$

$P = U_W I$
$= I^2 R_r$
$= U_W^2/R_r$

b) $I\cos\varphi_z = UG_p$

$P = UI_W$
$= U^2 G_p$
$= I_W^2/G_p$

Blindleistung Q

$$\boxed{Q = P_B = UI\sin\varphi_z \quad (6.55a)}$$

a) $U\sin\varphi_z = IX_r = U_B$
$Q = U_B I = U_B^2/X_r = I^2 X_r$

C: $Q_C = -\dfrac{I^2}{\omega C_r}$

L: $Q_L = I^2\omega L_r$

b) $-I\sin\varphi_z = UB_p = I_B$
$Q = -UI_B = -I_B^2/B_p = -U^2 B_p$ (6.55b)

C: $Q_C = -U^2\omega C_p$

L: $Q_L = \dfrac{U^2}{\omega L_p}$

allgemein $|Q| = 2\omega|W_{C,L}|$

Scheinleistung S

$$\boxed{S = UI = \sqrt{P^2 + Q^2}} \quad (6.61a)$$

a) $I^2 \cdot Z$

b) $U^2 \cdot Y$ (6.61b)

Darstellung im Frequenzbereich

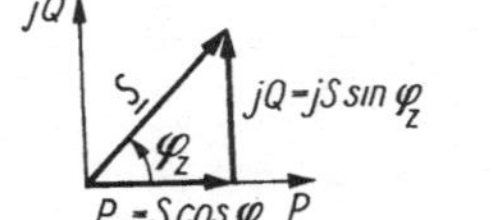

Leistungsebene

komplexe Leistung $\underline{S}$ (Gl. (6.67b))
$\underline{S} = \underline{U}\underline{I}^* = UI\cos\varphi_z + jUI\sin\varphi_z = P_W + jQ,$

$S = \sqrt{P_W^2 + Q^2}$

(mit $\varphi_z = \varphi_u - \varphi_i = -\varphi_y$) mit

$$U = \sqrt{U_W^2 + U_B^2}; \quad I = \sqrt{I_W^2 + I_B^2}$$

sind nach Bild 6.10 und Tafel 6.15

— die Komponenten der Spannung $\underline{U}$ in Richtung zu $\underline{I}$ ($\rightarrow \underline{U}_W$), die Blindspannung $\underline{U}_B$ die Komponenten senkrecht dazu (in mathematisch positiver Richtung, man beachte, daß U_W, U_B auch negativ sein können, daher Betragsangabe! (s. Gl. (6.16));

— die Komponenten des Stromes $\underline{I}$ in Richtung zu $\underline{U}$ ($\rightarrow \underline{I}_W$) bzw. senkrecht dazu ($\underline{I}_B$).

Die Leistungen betragen

$$P = UI\cos\varphi_z = U_W I = UI_W \ ,$$
$$Q = UI\sin\varphi_z = U_B I = -UI_B \ . \tag{6.64}$$

Die Vorzeichen der Blindleistung bleiben unabhängig davon, ob z. B. eine Reihenschaltung von R_r und X_r in eine Parallelschaltung gewandelt wird (und umgekehrt), m. a. W. ist ein positiver Blindwiderstand X_r ($\rightarrow$ *Spule*) in der entsprechenden Parallelersatzschaltung wieder durch eine Spule zu realisieren.

In Tafel 6.15 wurden die wichtigsten Leistungsgrößen der Reihen- und Parallelschaltung von Ersatzzweipolen zusammengestellt. Nochmals sei darauf verwiesen, daß die Reihenersatzschaltung zu eingeprägtem Strom und aufgeteilter Spannung führt, die Parallelersatzschaltung bei anliegender Spannung zu aufgeteiltem Strom.

Leistungsbegriff und dynamische Kennlinie. Wir untersuchen den Zusammenhang zwischen Leistung und der dynamischen Kennlinie eines passiven Zweipols speziell bei Sinuserregung (Abschn. 5.1.5). In der Darstellung i über u mit der Zeit als Parameter ergab sich eine Ellipse mit den Grenzfällen Kreis (Energiespeicher) und Gerade (Ohmscher Widerstand). Deshalb vermuten wir einen Zusammenhang zwischen der je Periode zu umfahrenen *Kennlinienfläche* A_B und der Leistung (Bild 6.46). Liegen am passiven Zweipol die Spannung $u(t) = \hat{U}\sin(\omega t + \varphi_u)$ und der Strom $i(t) = \hat{I}\sin(\omega t + \varphi_i)$, so beträgt det Flächeninhalt A_B der i-u-Kennlinie

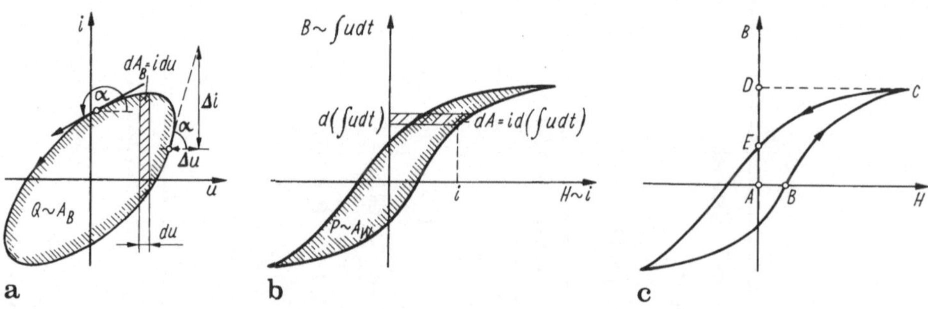

Bild 6.46a–c. Dynamische Kennlinie

bei einem Umlauf[1]

$$A_B = \oint i\,du = \int_0^T i\left(\frac{du}{dt}\right)dt = \omega \int_0^T \hat{U}\hat{I}\sin(\omega t + \varphi_i)\cos(\omega t + \varphi_u)\,dt$$

$$= -\pi\hat{U}\hat{I}\sin\varphi_z. \tag{6.65a}$$

In diese Beziehung kann die Blindleistung nach Gl. (6.57a) eingeführt werden mit dem Ergebnis

$$A_B = -2\pi Q \tag{6.65b}$$

Zusammenhang zwischen Blindleistung und Fläche der dynamischen Kennlinie.

Allgemein gilt: Die während einer Periodendauer (Umlauf) von einer passiven dynamischen Zweipolkennlinie i über u eingeschlossene Fläche ist ein Maß für die Blindleistung Q des Zweipols (abhängig von der Umlaufrichtung, also vom Winkel φ_z positiv oder negativ).

Die Wirkleistung P läßt sich analog veranschaulichen. Wir benutzen dazu als eine der Koordinaten nicht i oder u, sondern das Zeitintegral $\int_0^t i\,dt'$ bzw. $\int_0^t u\,dt'$ der Größe (Bild (6.46b)). Dann gilt mit dem Flächenelement $dA_W = i\,d[\int_0^t u\,dt']$

$$A_W = \oint i\,d\left[\int_0^t u\,dt'\right] = \int_0^t i\,\frac{d}{dt}\left[\int_0^t u\,dt'\right]dt = \int_0^T iu\,dt = TP\ . \tag{6.66}$$

Im zweiten Schritt wurde beachtet, daß sich Differentiation und Integration gegenseitig „aufheben".

Merke: In der Darstellung i über $\int u\,dt$ (bzw. u über $\int i\,dt$) eines Zweipols ist die umlaufende Fläche A_W ein Maß für die je Umlauf umgesetzte Energie: die Wirkleistung P.

Ein Beispiel hierfür stellt die Hysteresekurve dar (s. Abschn. 3.1.4). Dort gilt $B \sim \int u\,dt$, $H \sim i$. In einer Halbperiode ist dann

— die gespeicherte Energie proportional der Fläche $ABCDE$;

— die wieder abgegebene Energie proportional der Fläche $ECDE$ (Bild 6.46c).

6.4.4 Leistungsberechnung mit rotierenden Zeigern. Komplexe Leistung

Alle bisher eingeführten Leistungen lassen sich auch durch rotierende Zeiger (schlüssig nur mit Form II: s. Abschn. 6.2.1.2) ausdrücken. Bisweilen ist dies sogar zweckmäßiger. Wir gehen dazu von den Darstellungen

$$u(t) = \frac{1}{2}(\hat{\underline{U}}\,e^{j\omega t} + \hat{\underline{U}}^*e^{-j\omega t});\quad i(t) = \frac{1}{2}(\hat{\underline{I}}e^{j\omega t} + \hat{\underline{I}}^*e^{-j\omega t})$$

[1] Flächeninhalt dA_B eines schmalen Rechteckstreifens $dA_B = i\,du$, Gesamtfläche innerhalb eines Umlaufes $A_B = \oint dA_B$.

aus und erhalten als Momentanleistung (Gl. (6.53))

$$p(t) = u(t)i(t) = \frac{1}{4}[\underbrace{\hat{\underline{U}}\hat{\underline{I}}^* + \hat{\underline{U}}^*\hat{\underline{I}}}_{(1)} + \underbrace{\hat{\underline{U}}\hat{\underline{I}}\mathrm{e}^{\mathrm{j}2\omega t} + \hat{\underline{U}}^*\hat{\underline{I}}^*\mathrm{e}^{-\mathrm{j}2\omega t}}_{(2)}] .$$

Der erste Anteil ist zeitunabhängig, der zweite stellt zwei mit doppelter Frequenz gegenläufig rotierende Zeiger dar. Durch Mittelwertbildung (wobei die periodischen Anteile keinen Beitrag liefern) folgt die *Wirkleistung* entsprechend Gl. (6.57b):

$$\bar{p}(t) = P = \frac{1}{4}(\hat{\underline{U}}\hat{\underline{I}}^* + \hat{\underline{U}}^*\hat{\underline{I}}) = \frac{1}{2}\mathrm{Re}(\hat{\underline{U}}\hat{\underline{I}}^*) = \mathrm{Re}(\underline{U}\,\underline{I}^*) = \mathrm{Re}(\underline{S}), \tag{6.67a}$$

Wirkleistung.

Die Größe

$$\underline{S} = \underline{U}\,\underline{I}^{*} \tag{6.67b}$$

[1]

komplexe Scheinleistung (Definitionsgleichung)

heißt *komplexe Scheinleistung*. Sie ist das Produkt der komplexen Spannung und des *konjugiert* komplexen Stromes (ruhender Zeiger) und deshalb eine Rechengröße. Ihr Betrag ergibt die *Scheinleistung* S (Gl. (6.61a)) $S = |\underline{S}| = |\underline{U}\,\underline{I}^*| = |\underline{U}||\underline{I}^*| = UI$, ihr *Realteil* die *Wirkleistung* P (Gl.(6.62))

$$P = \mathrm{Re}(\underline{S}) = \frac{1}{2}(\underline{S} + \underline{S}^*) = \frac{1}{4}(\hat{\underline{U}}\hat{\underline{I}}^* + \hat{\underline{U}}^*\hat{\underline{I}}] \tag{6.68a}$$

und ihr *Imaginärteil* die *Blindleistung* Q

$$Q = P_{\mathrm{B}} = \mathrm{Im}(\underline{S}) = \frac{1}{2}(\underline{S} - \underline{S}^*) = \frac{1}{4}(\hat{\underline{U}}\hat{\underline{I}}^* - \underline{U}^*\hat{\underline{I}}) = \mathrm{Im}(\underline{U}\,\underline{I}^*) . \tag{6.68b}$$

Mit diesen Vereinbarungen gilt schließlich (Bild 6.47)

$$\underline{S} = P + \mathrm{j}Q \quad \text{sowie} \quad S = \sqrt{P^2 + Q^2} . \tag{6.68c}$$

Für das Vorzeichen des Imaginärteiles von $\underline{S} = \underline{U}I^*$ wird vereinbart: Induktive Blindleistung ergibt am passiven Zweipol ein positives Vorzeichen (vgl. Tafel 6.15).

Der Vorteil der eingeführten komplexen Leistung $\underline{S}$ besteht u. a. darin, daß sie dem Widerstandsoperator $\underline{Z}$ (bzw. Leitwertoperator $\underline{Y}$) des passiven Zweipols proportional ist:

$$\underline{S} = \underline{U}I^* = \underline{Z}\underline{I}I^* = \underline{Z}|\underline{I}|^2 = \underline{Z}I^2 = \frac{U^2}{\underline{Z}^*} = \underline{Y}^*|\underline{U}|^2 = \underline{Y}^*U^2 = \frac{I^2}{\underline{Y}} , \tag{6.69}$$

---

[1] Beachte: Es ist nicht etwa $\underline{S}$ die zu $p(t)$ im Zeitbereich zugeordnete Größe im Frequenzbereich! Bei Gl. (6.62) handelt es sich um eine Definitionsgleichung. Deshalb ist die Darstellung von $\underline{S}$ in einer Frequenzebene nicht identisch mit der Gaußschen Zahlenebene zur Darstellung von $\underline{I}$ und $\underline{U}$.

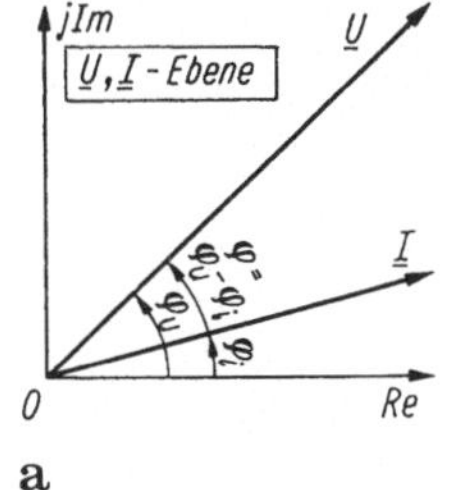

a

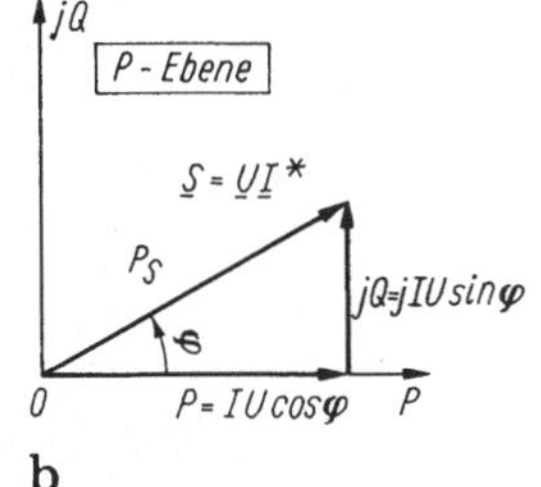

b

Bild 6.47a, b. Zeigerdiagramme von Strom und Spannung sowie der komplexen Leistung. **a** $\underline{U}$-$\underline{I}$-Ebene; **b** Ebene der komplexen Leistung

weiterhin gelten

$$P = \mathrm{Re}(\underline{S}) = I^2\mathrm{Re}(\underline{Z}) = I^2R_\mathrm{r} = U^2\mathrm{Re}(\underline{Y}^*) = U^2\mathrm{Re}(\underline{Y}) = U^2G_\mathrm{p} \ ,$$

$$Q = \mathrm{Im}(\underline{S}) = I^2\mathrm{Im}(\underline{Z}) = I^2X_\mathrm{r} = U^2\mathrm{Im}(\underline{Y}^*) = \ - U^2\mathrm{Im}(\underline{Y}) = \ - U^2B_\mathrm{p} \ .$$

Zusammengefaßt ist die komplexe Leistung $\underline{S}$ eine Rechengröße, eingeführt, um Leistungsbertrachtungen auch im Frequenzbereich durchführen zu können. Bei ihrer Anwendung vor allem mit der Einzeigerdarstellung ist jedoch Sorgfalt geboten.

Hinweis: Die Anwendung Einzeigerdarstellung (Form I, s. Abschn. 6.2.1.2) muß aus schon genannten Gründen versagen. Baut man die Wechselstromlehre nur auf dieser Darstellung auf, so ist $\underline{S}$ *einzuführen*. Mit der Doppelzeigerdarstellung ergibt sich diese Zuordnung jedoch logischerweise.

Beispiel: Wirk-, Blind-, Scheinleistung. An der Parallelschaltung einer Kapazität ($C = 5\ \mu\mathrm{F}$) mit einer Reihenschaltung von Spule ($L = 0{,}5$ H) und Widerstand ($R = 200\ \Omega$) liegt eine Sinusspannung ($U = 200$ V, $f = 50$ Hz). Berechne die Leistungen P, S, Q über den Frequenzbereich. Für welche Kapazität verschwindet die Blindleistung? Wir bestimmen zunächst die Admittanz $\underline{Y}$ der Schaltung $\underline{Y} = \mathrm{j}\omega C + (R + j\omega L)^{-1}$. Daraus geht der Real- und Imaginärteil hervor. Die Leistungen betragen nach Gl. (6.69): Wirkleistung

$$P = U^2\mathrm{Re}(\underline{Y}^*) = U^2\frac{R}{R^2 + (\omega L)^2} = 200^2\ \mathrm{V}^2\frac{200\,\Omega}{((200)^2 + (157)^2)\,\Omega^2} = 123\ \mathrm{W} \ ,$$

Blindleistung

$$Q = U^2\mathrm{Im}(\underline{Y}^*) = U^2\left\{-\omega C + \frac{\omega L}{R^2 + (\omega L)^2}\right\} = 34{,}34\ \mathrm{W} \ .$$

Das Vorzeichen kehrt sich durch den konjugiert komplexen Wert um. Die Blindleistung ist positiv, weil der Einfluß der Induktivität überwiegt. Die Scheinleistung beträgt $S = \sqrt{P^2 + Q^2} = 127{,}7\mathrm{W}$. Die Blindleistung verschwindet für $\mathrm{Im}(\underline{Y}^*) = 0$ bzw. $C = \dfrac{L}{R^2 + (\omega L)^2} = 7{,}7\ \mu\mathrm{F}$.

6.4.5 Leistungsübertragung im Grundstromkreis

Im Zusammenspiel zwischen aktivem und passivem Zweipol stehen gewöhnlich die Leistungsbetrachtungen im Vordergrund. Im Gleichstromfall (Abschn. 2.4.3.5) erhielt der passive Zweipol bei *Anpassung* ($R_\mathrm{i} = R_\mathrm{a}$) ein Maximum der Leistung

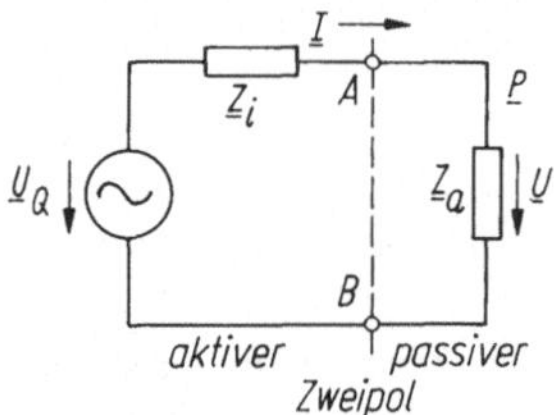

Bild 6.48. Grundstromkreis

(bei konstanter Quellenspannung). Wir untersuchen diese Verhältnisse jetzt für sinusförmige Ströme und Spannungen und gehen dabei vom Frequenzbereich aus. Dann besitzt der Grundstromkreis komplexe Innen- und Außenwiderstände $\underline{Z}_i$, $\underline{Z}_a$ (Bild 6.48), ebenfalls komplexe Leerlaufspannung $\underline{U}_Z = \underline{U}_Q$ und Kurzschlußstrom $\underline{I}_k = \underline{I}_Q$.

Die Bestimmung von $\underline{Z}_i$—etwa bei Ersatzzweipolen—erfolgt nach den bekannten Regeln; es gilt $\underline{U}_1 = \underline{I}_k \underline{Z}_i$. Wir fragen jetzt nach den Bedingungen, unter denen dem komplexen Verbraucherwiderstand $\underline{Z}_a$ einmal maximale Wirkleistung, zum anderen maximale Scheinleistung zugeführt wird.

Wirkleistungsanpassung, Wir untersuchen zunächst die Wirkleistung P am Außenwiderstand $\underline{Z}_a$. Sie beträgt nach Gl. (6.69): $P = \mathrm{Re}(\underline{S}) = \mathrm{Re}(\underline{U}\underline{I}^*)$ und mit $\underline{I} = \dfrac{\underline{U}_Q}{\underline{Z}_i + \underline{Z}_a}$,

$$P = \mathrm{Re}\left[\frac{\underline{U}_Q \underline{Z}_a}{\underline{Z}_i + \underline{Z}_a} \cdot \frac{\underline{U}_Q^*}{(\underline{Z}_i + \underline{Z}_a)^*}\right] = \frac{|\underline{U}_Q^2|}{|\underline{Z}_i + \underline{Z}_a|^2} \mathrm{Re}(\underline{Z}_a)$$

$$= \frac{U_Q^2 R_a}{(R_i + R_a)^2 + (X_i + X_a)^2} . \tag{6.70}$$

Die im passiven Zweipol umgesetzte Wirkleistung hängt von den Wirk- und Blindwiderständen des gesamten Grundstromkreises ab. Sie wird in Abhängigkeit von Wirk- und Blindaußenwiderstand (R_a, X_a) am größten, wenn der Nenner den kleinstmöglichen Wert annimmt. Das ist zunächst für $X_i + X_a = 0$, d. h., $X_i = -X_a$, der Fall. Im Gesamtstromkreis muß die Summe aller Blindwiderstände verschwinden entweder

— aktiver und passiver Zweipol *reell* sein (vgl. Gleichstromkreis)

$$X_i = 0 \quad X_a = 0 \tag{6.71a}$$

— oder

$$X_i = -X_a \tag{6.71b}$$

Bedingung für Wirkleistungsanpassung

gelten. Anschaulich werden wir diese letzte Bedingung im Abschn. 7.1.4. als *Resonanz* zwischen Innen- und Außenblindwiderstand erkennen (sog. Resonanzanpassung). Der noch verbleibende Term $P = \dfrac{U_Q^2 R_a}{(R_i + R_a)^2}$ besitzt für

$$R_i = R_a \tag{6.71c}$$

Anpaßbedingung für maximale Wirkleistung bei Resonanzabstimmung oder reellem Z_i, Z_a

ein Extremum.[1] Dieses Ergebnis kennen wir vom Grundstromkreis. Zusammengefaßt gilt:

$$\underline{Z}_i = \underline{Z}_a^* \tag{6.71d}$$

konjugiert komplexe Anpassung für maximale Wirkleistung am passiven Zweipol.

Die Bedingung heißt konjugiert *komplexe Anpassung* oder *Anpassung eines Zweipols* nach *maximaler Wirkleistung*. Letztere beträgt

$$P|_{max} = \frac{U_Q^2}{4R_i} = \frac{U_Q^2}{4\text{Re}(\underline{Z}_i)} . \tag{6.71e}$$

Maximale Wirkleistung liegt nicht vor, wenn nur eine der beiden in Gl. (6.71d) enthaltenen Bedingungen erfüllt ist (Fehlanpassung, s. u.).
Für die Stromquellenersatzschaltung (Bild 6.19) des Grundstromkreises gilt analog als konjugiert komplexe Anpassung

$$\underline{Y}_i = \underline{Y}_a^* \quad \text{mit} \quad P|_{max} = \frac{I_Q^2}{4G_i} = \frac{I_Q^2}{4\text{Re}(\underline{Y}_i)} . \tag{6.71f}$$

Scheinleistungsanpassung. Von der Anpassung nach maximaler Wirkleistung Gl. (6.71d) ist die Scheinleistungsanpassung zu unterscheiden. Die Scheinleistung

$$S = \frac{|\underline{U}_Q|^2 |\underline{Z}_a|}{|(\underline{Z}_i + \underline{Z}_a)^2|} = \frac{U_Q^2 \sqrt{R_a^2 + X_a^2}}{(R_i + R_a)^2 + (X_i + X_a)^2} \tag{6.72}$$

des passiven Zweipols wird für $R_a = R_i$ und $X_a = X_i$ maximal oder

$$\underline{Z}_a = \underline{Z}_i \tag{6.73}$$

Scheinleistungsanpassung

erreicht (das folgt durch Nullsetzen der ersten partiellen Ableitungen $\partial S/\partial R_a$, $\partial S/\partial X_a$). An den Verbraucher gelangen dabei die Wirk-und Scheinleistungen

$$P|_{\underline{Z}_a = \underline{Z}_i} = \frac{U_Q^2 R_a}{4|\underline{Z}_a|} , \quad S = \frac{U_Q^2}{4Z_i} . \tag{6.74}$$

Die erstere ist stets kleiner als bei Wirkleistungsanpassung. Im Fall reiner Blindwiderstände ($\underline{Z}_i = \text{j}X_i$, $\underline{Z}_a = \text{j}X_a$) läßt sich wohl eine Scheinleistungsanpassung durchführen, der passive Zweipol erhält aber keine Wirkleistung.

---

[1] Der Beweis, daß in Maximum vorliegt, folgt aus der zweiten Ableitung. Genauer betrachtet sind aus der Funktion $P(R_a, X_a)$ die Bedingungen $\partial P/\partial R_a = 0$, $\partial P/\partial X_a = 0$ zu bilden und das Vorzeichen der zweiten Ableitung zu prüfen.

Die Scheinleistungsanpassung ist später bei Vierpolen mit der Anpassung nach dem sog. *Wellenwiderstand* identisch. Sie spielt in der Informationstechnik eine große Rolle. Dort kommt es darauf an, Leistungsanpassung über einen größeren Frequenzbereich zu erreichen, was für Wirkleistungsanpassung im Regelfall nur bei einen Frequenz möglich ist.

Merke also: Sowohl bei Wirk- als auch bei Scheinleistungsanpassung gilt $|\underline{Z}_i| = |\underline{Z}_a|$, beide Fälle unterscheiden sich aber durch die Wahl der Blindwiderstände:

Wirkleistungsanpassung: Kompensation der Blindwiderstande (Resonanzanpassung)

$$X_i + X_a = 0 \ ,$$

Scheinleistungsanpassung: Gleichheit der Blindwiderstände (Impedanzanpassung)

$$X_i = X_a \ .$$

Beispiel: Anpassung. Eine Wechselspannungsquelle habe $U_Q = 10\,\text{V}$, $R_i = 20\,\Omega$, $L = 0{,}5\,\text{mH}$ bei $f = 10\,\text{kHz}$ (d. h., $\underline{Z}_i = (20 + \text{j}31{,}4)\,\Omega$). Der Außenwiderstand betrage $\underline{Z}_a = (50 + \text{j}\,15)\,\Omega = R_a + \text{j}X_a$. Gesucht sind:

a) Strom und Spannung am Außenwiderstand sowie die Wirkleistung;

b) die Phasenwinkel des Außenwiderstandes zwischen Quellenspannung und Strom;

c) für welches $\underline{Z}_a$ tritt Wirkleistungsanpassung auf, wie groß ist die Wirkleistung?

d) die Wirkleistung bei Scheinleistungsanpassung.

a) Es gilt: $\underline{I} = \dfrac{U_Q}{\underline{Z}_i + \underline{Z}_a}$, also $I = \dfrac{U_Q}{|\underline{Z}_i + \underline{Z}_a|} = \dfrac{10\,\text{V}}{\sqrt{(20+50)^2 + (15+31{,}4)^2}\,\Omega} = 0{,}12\text{A}$

und $\underline{U} = \underline{I}\underline{Z}_a$, also $U = 0{,}12\text{A}\sqrt{50^2 + 15^2}\,\Omega = 0{,}12\,\text{A}\cdot\sqrt{2725}\,\Omega = 6{,}26\,\text{V}$.

Die übertragene Wirkleistung beträgt $P = I^2 R_a = 0{,}12^2\,\text{A}^2\,50\,\Omega = 0{,}72\,\text{W}$.

b) Der Außenwiderstand hat den Phasenwinkel $\varphi_{za} = \arctan(X_a/R_a) = \arctan(15\,\Omega/50\,\Omega) = 16{,}7°$. Der Phasenwinkel φ' zwischen Quellenspannung und Strom beträgt

$$\varphi' = \arctan\frac{X_i + X_a}{R_i + R_a} = \arctan\frac{46{,}4}{70} = 33{,}3° \ .$$

c) Wirkleistungsanpassung erfolgt für $R_a = R_i = 20\,\Omega$, $X_a = -X_i = -31{,}4\,\Omega$, z. B. dargestellt durch einen Kondensator der Kapazität $C = -\dfrac{1}{\omega X_a} = \dfrac{1}{(2\pi\cdot 10^4\text{s}^{-1}\cdot 31\,\Omega)} = 0{,}51\,\mu\text{F}$.

Die Wirkleistung beträgt bei Leistungsanpassung $P = \dfrac{U_Q^2}{4R_i} = 1{,}25\,\text{W}$. Dazu gehört ein Strom

$$I = \frac{U_Q}{|\underline{Z}_i + \underline{Z}_a|} = \frac{U_Q}{2R_i} = 0{,}25\,\text{A} \ .$$

d) Bei Scheinleistungsanpassung ist $R_a = R_i = 20\,\Omega$, aber $X_a = X_i = 31{,}4\,\Omega$ zu wählen. Dann tritt eine Wirkleistung (Gl. (6.74)) $P = \dfrac{U_Q^2}{4R_i}\left(\dfrac{R_a}{|\underline{Z}_a|}\right)^2 = 1{,}25\,\text{W}\,(0{,}53)^2 = 0{,}36\,\text{W}$ auf.

Fehlanpassung. Wir untersuchen jetzt die Wirkleistung P_a des passiven Zweipols bei unvollständiger Anpassung und bilden mit Gl. (6.70) und (6.71e) das Verhältnis

$$\frac{P}{P|_{max}} = z = \frac{4x}{(1+x)^2 + y^2}\,; \quad x = \frac{R_a}{R_i}\,; \quad y = \frac{X_i + X_a}{R_i}\,. \tag{6.75}$$

Die Funktion $z(x, y)$ entspricht einer Fläche im Raum mit einem Gipfel am Punkt 1,0, einem steilen Abfall zur y-Achse und flachen zur x-Achse (Bild 6.49a). Für $z = P/P_{max} = \text{const}$, d. h. die „Höhenlinien" ergeben sich Kreise mit unterschiedlichen Radien, deren Mittelpunkte auf der x-Achse wandern. Aus $(1 + x)^2 + y^2 = 4x/z$ folgt die Kreisgleichung

$$y^2 + (x - x_0)^2 = r^2;\; x_0 = 2/z - 1;\; r = 2\sqrt{(1/z)(1/z - 1)} \tag{6.76}$$

(Bild 6.49b). Parallel zur z-, y- und z-, x-Ebene liegen die Anpaßbedingungen $R_a = R_i$, $X_a = -X_i$. Da das Maximum der Kurve $z(x, y)$ relativ flach verläuft, muß die Anpaßbedingung $x = 1$, $y = 0$ nicht besonders streng eingehalten werden, um dem Verbraucher maximale Wirkleistung zuzuführen.

Reflexionsfaktor $\underline{r}$. Der Tatbestand, daß die am passiven Zweipol umgesetzte Scheinleistung bei Fehlanpassung immer kleiner ist als bei Anpassung, kann auch anders interpretiert werden: Wäre der Zweipol wirkleistungsangepaßt, so würde der Strom $\underline{I}' = \underline{U}_Q/2\underline{Z}_i$ fließen, ohne Anpassung dagegen $\underline{I} = \underline{U}_Q/(\underline{Z}_i + \underline{Z}_a) = \underline{I}' - \underline{I}_r$. Wir denken uns diesen Strom zusammengesetzt aus einem Wert $\underline{I}'$ bei Anpassung und einem "reflektierten" Strom $\underline{I}_r$, den der Verbaucher an den aktiven Zweipol zurückschickt. Er beträgt

$$\underline{I}_r = \underline{I}' - \underline{U}_Q/(\underline{Z}_i + \underline{Z}_a) = (\underline{U}_Q/2\underline{Z}_i)\cdot(\underline{Z}_a - \underline{Z}_i)/(\underline{Z}_a + \underline{Z}_i) = \underline{I}'\cdot\underline{r} \tag{6.77a}$$

mit dem (komplexen) *Reflexionsfaktor*

$$\underline{r} = \underline{I}_r/\underline{I}' = (\underline{Z}_a - \underline{Z}_i)/(\underline{Z}_a + \underline{Z}_i)\,. \tag{6.77b}$$

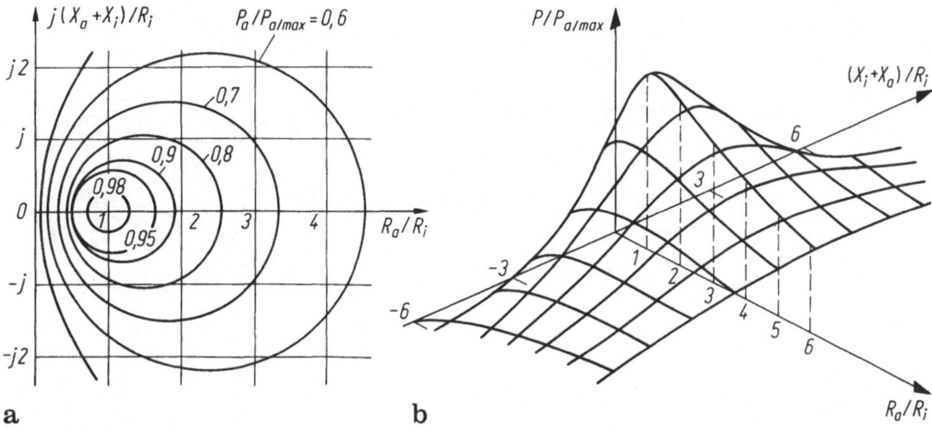

Bild 6.49a, b. Wirkleistungsanpassung. **a** Fehlanpassungskreis; **b** räumliche Darstellung der bezogenen Wirkleistung

Für Scheinleistungsanpassung $\underline{Z}_a = \underline{Z}_i$ verschwindet $\underline{r}$, ansonsten gilt $-1 \leqq |\underline{r}| \leqq 1$. Aus dem Vorzeichen geht hervor, in welchem Betriebszustand (Unter- oder Überanpassung) die Schaltung arbeitet.

Grundsätzlich kann dieses Reflexionsmodell auch mit der Spannungsquellenersatzschaltung des Zweipols abgeleitet werden.

Der Reflexionsfaktor ist ursprünglich der Leitungstheorie entnommen, er hat sich aber in der Informationstechnik breit eingebürgert.

Wir wollen noch die durch Gl. (6.77b) definierte Abbildung im Falle $\underline{Z}_i = R_i$ über dem normierten Widerstand $\underline{z} = \underline{Z}_a/R_i = x + jy$ diskutieren:

$$\underline{r} = (\underline{z} - 1)/(\underline{z} + 1) \; . \tag{6.78}$$

Für beliebige $\underline{z}$-Werte wird die gesamte rechte Halbebene unter der (zutreffenden) Bedingung $|\underline{r}| \leqq 1$ ins Innere des Einheitskreises abgebildet (Bild 6.50). Insbesondere gehen Koordianaten x = const und y = const, in Kreise durch den Punkt $r = 1$ über mit den Mittelpunkten

$$r_m = 1 + j/y \quad x \text{ variabel}, \; r_m = 1 - 1/(1 + x) \quad y \text{ variabel.}$$

Das zugehörige Diagramm heißt *Smith-Diagramm*. Es ist besonders in der Hochfrequenztechnik verbreitet und kann z. B. dazu dienen, vom (normierten) Widerstand $\underline{z}_1$ den inversen Wert $1/\underline{z}_1$ zu bestimmen (es ist $\underline{r}(\underline{z}_1) = -r(1/\underline{z}_1)$!).

Selbstverständlich läßt sich das Konzept des Reflexionsfaktors auch auf die Leistungsanpassung bei resistiven Schaltungen übertragen. Dort gilt für die relative Leistungsminderung $P' = P|_{max} - P$ (bezogen auf $P|_{max}$)

$$\frac{P'}{P|_{max}} = 1 - \frac{P}{P|_{max}} = 1 - \frac{4R_aR_i}{(R_a + R_i)^2} = \left(\frac{R_a - R_i}{R_a + R_i}\right)^2 = r^2 \; . \tag{6.79}$$

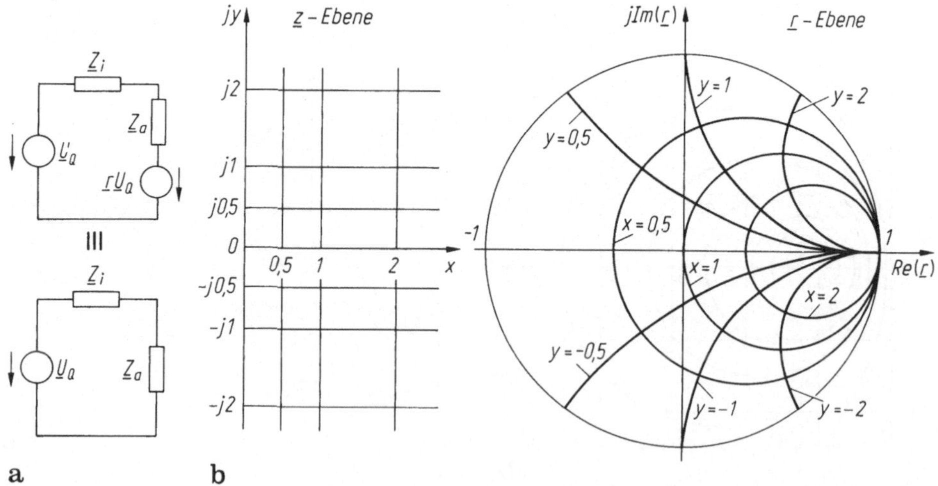

Bild 6.50. Reflexionsfaktor. **a** Definition am Grundstromkreis; **b** $\underline{z}$- and $\underline{r}$-Ebene (Smith-Diagramm).

Die Leistungsminderung ist wegen r^2 klein. Beispielsweise sinkt die Leistung für $r = 0,1$ nur um 1%, bei $r = 0,33$ um 11% und $r = 0,5$ um 25% (vgl. Bd. 1, Abschn. 2.4.3.3).

Blindleistungskompensation. Vor allem in der Energietechnik wird hoher Wirkungsgrad angestrebt. Dies erfordert, z. B. Verluste zwischen Generator und Verbraucher zu minimieren, also den Strom so gering wie möglich zu halten. Liegt „feste" Verbraucherspannung vor (d. h. $R_i \ll R_a$, z. B. Netzspannung). so beträgt der Strom I in der Zuleitung bei gegebener Wirkleistung P am Verbraucher $I = P/U \cos\varphi$. Er wird für $\varphi = 0$ (reeller Verbraucher) am geringsten. Zielstellung ist es daher, die beim Verbraucher u. U. entstehende Blindleistung ganz oder teilweise zu kompensieren, also bei

— induktivem Verbraucher (Motor, Transformator, Leuchtstoffröhre) einen kapazitiven Zweipol zuzuschalten (sog. Phasenschieber–Kondensator) oder
— kapazitivem Verbraucher (selten) „induktiv zu kompensieren".

Bild 6.51 zeigt die Ersatzschaltung eines induktiven Verbrauchers. Wir haben die Parallelschaltung gewählt (wegen $U = \text{const.}$). Die Aufgabe läßt sich auch mit einer Reihenschaltung durchführen. Der Verbraucherzweipol habe die Wirk- und Blindleistungen P, Q und den Phasenwinkel φ_y. Durch Zuschalten der „Blindleistung Q" soll ein Phasenwinkel φ'_y erreicht werden, bei völliger Kompensation sogar $\varphi'_y = 0$. Der Phasenwinkel beträgt in beiden Fällen:

ohne Kompensation

$$\tan\varphi_y = \frac{B_p}{G_p},$$

mit Kompensation

$$\tan\varphi'_y = \frac{B_p + B'_p}{G_p} .$$

Daraus folgt durch Auflösen nach B'_p (mit $P = U^2 G_p$)

$$B'_p = \frac{P}{U^2}(\tan\varphi'_y - \tan\varphi_y) . \tag{6.80}$$

Diskussion. Für induktive Phasenwinkel ($B_p = -1/(\omega L)$) wird $\tan\varphi_y$ negativ, deshalb muß B'_p positiv sein (Kapazität)

$$C'_p = \frac{P}{\omega U^2}(\tan\varphi'_y - \tan\varphi_y) . \tag{6.81}$$

Andere Berechnungsmöglichkeiten würden sich (vor allem für exakte Kompensation) durch Berechnung der Eingangsimpedanz der Gesamtschaltung und Nullset-

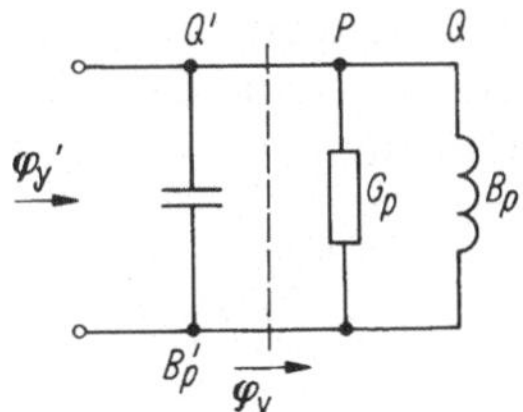

Bild 6.51. Prinzip der Phasenkompensation (Phasenverschiebung)

zen des Imaginärteiles ergeben. Bei Blindleistungskompensation herrscht der *Resonanzfall* (s. Abschn. 7.1.4) am Verbraucher: die in der Spule gespeicherte Energie pendelt nur noch am Verbraucherort zur Kapazität, nicht mehr über die Leitungen zum Generator (s. Bild 6.42).

Schaltungstechnisch wird die Parallelschaltung zur Kompensation bevorzugt, weil dabei die Verbraucherspannung erhalten bleibt.

Die *Vorteile* der Blindleistungskompensation liegen

— in der Wirkungsgradverbesserung und Senkung der Zuleitungsverluste;

— Energieeinsparung (auch Blindleistung muß ggf. vergütet werden).

Die Kostenerhöhung durch einen spannungsfesten Kondensator fällt demgegenüber kaum ins Gewicht. Geräte der Informationstechnik sind wegen ihres geringeren Leistungsbedarfes seltener blindleistungskompensiert, es sei denn, daß Leistungsanpassung angestrebt wird.

Beispiel: Der $\cos\varphi$ eines Motors ($P = 800\,\mathrm{W}$, $U = 220\,\mathrm{V}$, $f = 50\,\mathrm{Hz}$) soll von $\cos\varphi = 0{,}8$ (induktiv) auf $\cos\varphi' = 0{,}95$ durch einen parallelgeschalteten Phasenschieber-Kondensator verbessert werden. Wie groß muß die Kapazität sein?

Es gilt hier $\varphi = \varphi_u - \varphi_i \equiv \varphi_z = -\varphi_y$, also wegen $\varphi_z = \arccos 0{,}8 = 36{,}86°$, $\varphi_y = -36{,}86°$. Entsprechend wird $\varphi'_y = -\arccos 0{,}95 = -18{,}2°$. Nach Gl. (6.59) ergibt sich die Kapazität

$$C'_p = \frac{800\,\mathrm{W}}{2\pi 50\,\mathrm{Hz}\,220^2\,\mathrm{V}^2}[\tan(-18{,}2°) - \tan(-36{,}8°)] = 22\,\mu\mathrm{F}\ .$$

Die Blindleistung beträgt $P'_B = 335\,\mathrm{W}$. Soll der Phasenwinkel φ'_y verschwinden ($\cos\varphi'_y = 1$), so ist dazu die Kapazität $\omega C'_p = -G_p \tan\varphi_y = -B_p = \frac{1}{\omega L_p}$ (bei induktivem Verbraucher) erforderlich. Die Kapazität beträgt $C'_p = -\frac{P}{\omega U^2}\tan\varphi_y = 47{,}6\,\mu\mathrm{F}$. Da Kondensatoren großer Kapazität und Spannung ($\hat{U} = \sqrt{2}\cdot 220\,\mathrm{V} = 311\,\mathrm{V}$!) teuer sind, wird der Resonanzzustand bzw. $\cos\varphi'_y = 1$ in der Leistungselektronik meist nicht exakt angestrebt.

6.4.6 Satz von Tellegen. Leistungsbilanz in Netzwerken

Wir betrachten die Leistungsverhältnisse in einem Netzwerk mit z Zweigen und setzen für jeden die Verbraucherzählpfeilrichtung an. Dann ist $p_n = i_n(t)\cdot u_n(t)$ die im Zweig n umgesetzte Momentanleistung ($p_n > 0$ Verbraucher, $p_n < 0$ Erzeuger).

Die gesamte, im Netzwerk mit z Zweigen umgesetzte Leistung beträgt

$$\frac{\mathrm{d}}{\mathrm{d}t}\sum_{n=1}^{z} W_n = \sum_{n=1}^{z} p_n(t) = \sum_{n=1}^{z} u_n(t)\cdot i_n(t) = 0\ . \tag{6.82}$$

Dieses, als Tellegenscher Satz bezeichnete Ergebnis basiert direkt auf dem Energiesatz: Die Summe der erzeugten elektrischen Leistungen ist zu jedem Zeitpunkt gleich der Summe der verbrauchten Leistungen in einem (abgeschlossenen) Netzwerk:

$$\sum_{n=1}^{z} W_n = \mathrm{const.} = W_{ges} = \sum_{n} W_n(0)\ .$$

Mehr noch: Die Gesamtenergie als Summe der Zweigenergien W_n ist konstant und gleich der gesamten, im Netzwerk zur Zeit $t = 0$ gespeicherten Anfangsenergie W_{ges}!

Zwangsläufig ist die von den Netzwerkquellen gelieferte Leistung in jedem Zeitpunkt gleich der von den Netzwerkelementen in Wärme umgesetzten Leistung und/oder der zur Änderung der gespeicherten Energie (L, C) aufgewendeten Leistung.

Grundsätzlich gilt Gl. (6.82) auch für ein zweites Netzwerk (Elemente u', i') mit z Zweigen, gleichem Netzwerkgraphen, aber durchaus unterschiedlichen Zweigen:

$$\sum_{n=1}^{z} u_n(t)\, i_n(t) = \sum_{n=1}^{z} u'_n(t)\, i'_n(t) = 0 \ .$$

Der Tellegensche Satz trifft keine Voraussetzung über die Zweigelemente. Deshalb können nicht nur lineare Elemente (R, L, C), gesteuerte und ungesteuerte Quellen, sondern auch nichtlineare Elemente enthalten sein.

Wir beschränken uns jetzt auf sinusförmig erregte lineare Netzwerke. Dann gilt

$$\sum_{n=1}^{z} \underline{U}_n \underline{I}_n^* = \sum_{n=1}^{z} \underline{U}'_n \underline{I}'^*_n = 0$$

oder

$$\sum_{n=1}^{z} \underline{S}_n = \sum_{n=1}^{z} \underline{S}'_n = 0 \tag{6.83}$$

und mit $\underline{S}_n = P_n + jQ_n$

$$S = \sum_{n=1}^{z} S_n = 0; \quad P = \sum_{n=1}^{z} P_n = 0; \quad Q = \sum_{n=1}^{z} Q_n = 0 \ . \tag{6.84}$$

In einem linearen Netzwerk ergeben sich die gesamte Wirk- und Blindleistung jeweils aus der Summe der Wirk- resp. Blindleistungen der enthaltenen Zweipole. Ist das Netzwerk nicht mit einem anderen gekoppelt, so verschwindet jeder Anteil.

Diese Aussage hat verschiedene Konsequenzen:

— Arbeiten ein aktiver und passiver Zweipol zusammen und hat letzterer z. B. die Wirk- und Blindleistungen P_2, Q_2, so muß der aktive (P_1, Q_1) erfüllen

$$P_1 + P_2 = 0, \quad Q_1 + Q_2 = 0 \ .$$

Deshalb bedeutet $P_1 < 0$: negative Wirkleistung im aktiven Zweipol (VPS) = erzeugte Wirkleistung, denn im EPS würde dann P_1 positiv. Umgekehrt muß z. B. bei positiver Blindleistung Q_2 dem aktiven Zweipol negative Blindleistung (VPS) (kapazitiv) zugeordnet werden. Arbeitet beispielsweise eine ideale Spannungsquelle auf eine Induktivität ($P_2 = 0, Q_2 > 0$), so ist ebenso $P_1 = 0$ und $Q_1 < 0$, die Quelle wirkt kapazitiv! (umgekehrtes gilt bei Anschalten einer Induktivität).

— Im Gegensatz zum passiven Zweipol, dem die Leistung P; Q zugeordnet ist, kann eine Quelle belastungsabhängig eine Wirk- und/oder Blindleistung führen.

— Der Tellegensche Satz läßt sich bequem zur Kontrolle einer Netzwerkanalyse verwenden. Man berechnet dazu mit den Lösungen alle Zweigströme und -spannungen und prüft, ob die Gesamtbilanz erfüllt ist.

Zur Selbstkontrolle: Abschnitt 6

6.1 Welche Strom-Spannungs-Beziehungen bestehen zwischen Strom und Spannung an den Schaltelementen R, L, C wenn jeweils eine Spannung $u(t) = \hat{U}\cos(\omega t + \varphi_u)$ anliegt? (Phasenlage, Amplitude, physikalische Erklärung der Vorgänge.)

6.2 Was bedeutet „kapazitiver Blindwiderstand" (Größe, Einordnung, Frequenzabhängigkeit)?

6.3 Geben Sie den Scheinwiderstand der Reihenschaltung folgender Elemente an
— Widerstand $R = 10\,\Omega$, kapazitiver Blindwiderstand $10\,\Omega$
— Widerstand $R = 10\,\Omega$, induktiver Blindwiderstand $10\,\Omega$
— kapazitiver Blindwiderstand $10\,\Omega$, induktiver Blindwiderstand $10\,\Omega$!

6.4 Wie groß ist der Blindwiderstand folgender Schaltelemente (bei $f = 50$ Hz, $f = 800$ Hz): $C = 1\,\mu$F, $C = 100\,\mu$F, $L = 0{,}1$ H?

6.5 Ein Zweipol besteht nur aus idealen reaktiven Elementen (Kondensatoren, Spulen). Welche Werte kann der Gleichstromwiderstand nur haben? Beispiel: Parallelschwingkreis

6.6 In welchen Formen kann eine komplexe Zahl $\underline{z}$ dargestellt werden?

6.7 Ereäutern Sie folgende Begriffe (dargestellt am Beispiel einer Spannung $u(t) = \hat{U}\sin(\omega t + \varphi_u)$): Scheitelwert, Effektivwert, komplexer Momentanwert, komplexer Effektivwert, rotierender Zeiger, ruhender Zeiger!

6.8 Läßt sich ein komplexer Effektivwert einer Impulsspannung (z. B. Rechteckimpuls) definieren?

6.9 Welche Rechenregeln gelten für rotierende Zeiger?

6.10 Auf welche Weise kann z. B. eine Zweiggröße in einem Netzwerk über den Frequenzbereich gewonnen werden? Man nenne drei Wege und erkläre sie ausführlich!

6.11 Veranschaulichen Sie die Begriffe „Hin- und Rücktransformation"!

6.12 Geben Sie an, wo die folgenden Beziehungen einzuordnen sind (Zeit-, Frequenzbereich, ruhende, rotierende Zeiger):
a) $\mathrm{Re}\,[\underline{i}R + \mathrm{j}\omega L\underline{i}] = \hat{U}\cos[\omega t + \varphi_u] = \mathrm{Re}[\underline{u}_Q(t)]$;

b) $\underline{i}[R + \mathrm{j}\omega L] = \underline{u}_Q$, c) $\underline{I} = \dfrac{\underline{U}_Q}{R + \mathrm{j}\omega L}$, d) $i = \mathrm{Re}\left\{\dfrac{\underline{u}_Q(t)}{R + \mathrm{j}\omega L}\right\}$.

6.13 Erläutern Sie die Begriffe „Widerstands-(Leitwert-) operator" anhand der Grundelemente R, I, C! Wie groß ist die Suszeptanz folgender Schaltelemente: Widerstand R, Kapazität C, Induktivität L?

6.14 Auf welchen Teil der Frequenzebene ist die Impedanz eines passiven linearen Zweipols beschränkt?

6.15 Erläutern Sie die Methodik „Transformation einer Schaltung in den Frequenzbereich"! Wie lauten die Regeln für Strom- und Spannungsteilung, Reihen- und Parallelschaltung von Widerstandsoperatoren im Frequenzbereich?

6.16 Repetieren Sie das Maschenstrom- und Knotenspannungsanalyseverfahren für den Frequenzbereich. Welche Unterschiede zum Gleichstromkreis treten auf?

6.17 Skizzieren Sie eine Lösungsmethodik zur Lösung einer Netzwerkaufgabe im Frequenzbereich, wenn das Netzwerk (sowohl aktiver als auch passiver Zweipol) gesteuerte Quellen enthält. Was ist bei der Trennung in aktiven und passiven Zweipol zu beachten?

6.18 Was ist ein Zeigerdiagramm (Veranschaulichung an einfachen Beispielen)? Gibt es ein Zeigerdiagramm im Zeitbereich?

6.19 Wie wird das Zeigerdiagramm einer Schaltung gewonnen?
a) Nur qualitativ; b) quantitativ.

6.20 Was versteht man unter dem Begriff „Frequenzgang“? Wie kann er gewonnen werden?

6.21 Was ist eine Ortskurve (Beispiele angeben)? Wie unterscheidet sie sich vom Zeigerdiagramm?

6.22 Was versteht man unter Inversion einer Ortskurve? Welche Regeln gelten? (Beispiele angeben). Wie ist der Radius des Inversionskreises festzulegen?

6.23 Welche konforme Abbildungsfunktion liegt dem Inversionsdiagramm zugrunde? (Erläuterung, Beispiele ausgewählter Ortskurven.)

6.24 Erläutern Sie den Gebrauch des Inversionsdiagramms durch einige Beispiele.

6.25 Erläutern Sie das Bode-Diagramm: Welche Vorteile hat es? Skizzieren Sie das Bode-Diagramm für den Widerstandsoperator $\underline{Z} = R - \mathrm{j}/(\omega C)$ ($R = 100\,\Omega$, $\omega_{45} = 5000\,\mathrm{s}^{-1}$).

6.26 Was versteht man unter dem Scheinwiderstandsdiagramm? Wie wird es gewonnen? Welcher Zusammenhang besteht zum Bode-Diagramm?

6.27 Wie lauten die Definitionen der Wirk-, Blind- und Scheinleistung (physikalische Erläuterung)?

6.28 Wie kann die Scheinleistung über den Frequenzbereich berechnet werden? Was ist zu beachten, in welcher Einheit wird die komplexe Scheinleistung angegeben?

6.29 Erläutern Sie die Anpassungsmöglichkeiten im Wechselstromgrundkreis. Was bedeuten Wirkleistungs-, Scheinleistungsanpassung?

6.30 Warum soll die Blindleistung eines Verbraucherzweipols möglichst klein sein?

7 Eigenschaften und Verhalten wichtiger Netzwerke

Ziel. Nach Durcharbeit des Abschnittes 7 sollen beherrscht werden:
Abschnitt 7.1
— die Zusammenschaltung von Wirk- und Blindschaltelementen, selektive Netzwerke;
— die Resonanzphänomene, der Unterschied zwischen freien und erzwungenen Schwingungen, physikalische Vorgänge im Schwingkreis, Reihen-, Parallelresonanzkreis;
— die Anwendung der Schwingkreise.
Abschnitt 7.2
— die wichtigsten Vierpolgleichungen (Leitwert-, Widerstands-, Hybrid- und Kettenform);
— die Bestimmung der Vierpolkoeffizienten, Umrechnungsbeziehungen zwischen der Darstellungsarten;
— die Darstellung eines Vierpols durch Kennlinienfelder;
— die Interpretation eines Vierpolgleichungssystems durch eine Ersatzschaltung (speziell Π- und T-Schaltung);
— die Grundregeln der Zusammenschaltung zweier Vierpole und typische Anwendungen;
— die Betriebsgrößen eines Vierpols (Ein- und Ausgangswiderstände, Strom-Spannungs-Übersetzungen, Begriff Wellenwiderstand);
— Mehrpolnetzwerke.
Abschnitt 7.3
— nichtlineare Gleichstromnetzwerke, Arbeitspunktbestimmung, Kleinsignalaussteuerung.
Abschnitt 7.4
— die Abgleichbedingung der Wechselstrombrücken und Kompensationsschaltungen;
— die Eigenschaften und Ersatzschaltungen des idealen und realen Transformators (Streufluß, Magnetisierungsdurchflutung).
Abschnitt 7.5
— Verstärkereigenschaften, Operationsverstärker, Netzwerkanalyse mit Operationsverstärkern.
Abschnitt 7.6
— Übersetzervierpole und ihre Eigenschaften.
Abschnitt 7.7
— Analyse größerer Netzwerke.

Wir stellen in diesem Abschnitt Eigenschaften typischer Zwei- und Vierpolschaltungen (z. B. Schwingkreise, Brückenschaltungen, Phasendrehglieder, Verstärkervierpole) zusammen. Sie spielen in der Elektrotechnik/Elektronik eine wichtige Rolle.

7.1 Selektive Wechselstromnetzwerke

Wechselstromschaltungen mit unabhängigen harmonischen Quellen, den Grundelementen R, L, C, M und ggf. gesteuerten Quellen werden außerordentlich umfangreich in der Informations-, Meß- und Regelungstechnik, Elektronik, Energietechniken u. a. Gebieten mit ganz unterschiedlichen Zielsetzungen eingesetzt. Grundlage dafür sind die frequenzabhängigen Eigenschaften der Energiespeicherelemente. Sie bestimmen das Zusammenspiel zwischen Quelle und einem „Empfänger", z. B. einem Meßgerät, Rechner, Motor u. a. entscheidend.

Für dieses Zusammenspiel können unterschiedliche Merkmale (gewünscht oder unerwünscht) bestimmend sein:

— *Filter-* oder *Siebwirkung*. Dabei wird die elektrische Energie in bestimmten Frequenzbereichen gut, in anderen weniger gut übertragen (z. B. Problemstellungen der Nachrichten- und Meßtechnik, Störfilter, Selektivsysteme u. a. m.)
— Verschwinden einer Ausgangsgröße unter bestimmten Bedingungen: *Brückenprinzip*;
— gewünschte *Verstärkereigenschaften*, die Grundaufgabe der Elektronik;
— Überbrückung einer größeren Entfernung über eine Leitung (und entsprechende Modelle);
— maximale *Leistungsübertragung* an einen Verbraucher oder Übertragung mit bestmöglichem Wirkungsgrad;
— Spannungs- und Stromwandlung, z. B. Transformatoreinsatz u. a. m.

Aus diesen Beispielen wird vor allem die Bedeutung *vierpoliger Netzwerke* zwischen Generator und Verbraucher deutlich.

In allen Fällen kommen reale Bauelemente zum Einsatz. Sie sollen die geforderten Eigenschaften der Netzwerkelemente möglichst gut erfüllen. Deshalb werden zunächst technische Bauelemente näher betrachtet.

7.1.1 Klemmenverhalten technischer Bauelemente

Im Abschn. 5.1 verwiesen wir auf die Unterschiede zwischen Netzwerkelement und (technischem) Bauelement. Deshalb weicht die Klemmenimpedanz eines technischen Bauelements von der des Netzwerkelementes ab. Diese Abweichung wird in erster Näherung durch den *Fehlwinkel* δ oder den *Verlustfaktor* d gleichwertig gekennzeichnet.

Technischer Widerstand. Nach Abschn. 5.1.2 besteht die Ersatzschaltung eines technischen Widerstandes etwa aus folgenden Netzwerkelementen (Bild 7.1):

— dem *Widerstand* R (gewünschte Wirkung);
— der *Längsinduktivität* L (verursacht durch die induzierte Spannung in den Widerstandswendeln als Folge der zeitlichen Stromänderung, Größenordnung nH);
— die *Parallelkapazität* C (zwischen den Anschlußkappen, Verschiebungsstrom durch den Widerstandskörper, Größenordnung einige pF).

Für Widerstände $R \leqq 1\,\mathrm{k\Omega}$ muß meist nur die induktive Zusatzkomponente, für $R \geqq 10\,\mathrm{k\Omega}$ nur die kapazitive beachtet werden. Die Elemente hängen u. U. noch von der Frequenz selbst ab. Resonanzerscheinungen zwischen L und C sind bei hohen Frequenzen möglich, wenn sie auch durch den Widerstand R meist stark gedämpft werden.

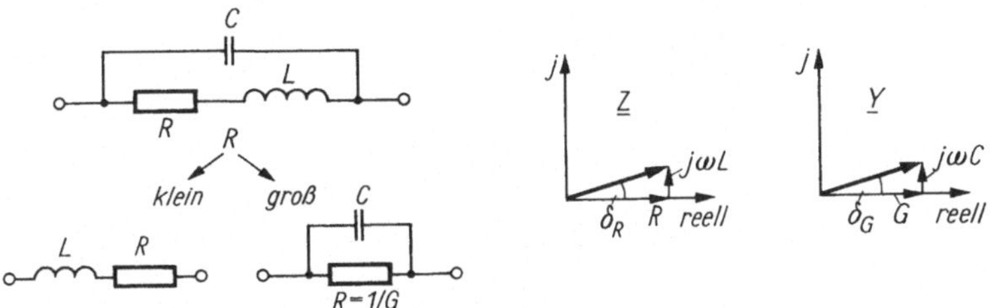

Bild 7.1. Technischer Widerstand. Ersatzschaltungen

In beiden Fällen kennzeichnet der *Fehlwinkel* des Widerstandes R (Leitwertes G)

$$\tan\delta_R = \frac{X_r}{R_r} \quad \text{bzw.} \quad \tan\delta_G = \frac{B_p}{G_p} \tag{7.1}$$

Fehlwinkel (Definitionsgleichung).

die Abweichung seiner Impedanz (Admittanz) von gewünschten reellen Widerstand R. Beispielsweise hat ein Widerstand $R = 100\,\text{k}\Omega$ mit der Kapazität $C = 2\,\text{pF}$ bei $f = 100\,\text{kHz}$ bereits den Fehlwinkel $\delta = \arctan\omega CR \approx \arctan 0,12 \approx 7,1°$.

Technischer Kondensator. Die Ersatzschaltung besteht nach Abschn. 5.1.2 aus (Bild 7.2)

— der *Kapazität* C (gewünschte Wirkung);

— einem *Parallelleitwert* G_p. Seine Ursachen sind Leckströme durch das Dielektrikum (bei realen Isolatoren) und Umelektrisierungsverluste (bei Spannungsänderungen). G_p hängt allgemein von der Frequenz ab (Größenordnung µS);

— einem *Reihenwiderstand* R_r durch Zuleitungs- und Plattenbelegungswiderstände (Größenordnung mΩ bis Ω);

— einer *Zuleitungsinduktivität* L_r, weil die Ströme im Kondensator von einem Magnetfeld umgeben sind (Größenordnung nH).

Auch diese Ersatzschaltung wirkt bei sehr hoher Frequenz als Schwingkreis (s. Abschn. 7.1.4). Nur unterhalb der Resonanzfrequenz $\omega_0 \approx \sqrt{L_r C}$(z. B. $C = 10\,\text{nF}$, $L_r = 10\,\text{nH} \rightarrow f_0 \approx 16\,\text{MHz}$) kann sie durch Bild 7.2b bzw. für noch tiefere Frequenzen durch Bild 7.2c ersetzt werden.

Die Abweichung der Klemmenadmittanz $\underline{Y}$ des technischen Kondensators vom Netzwerkelement ($\underline{Y}_C = \text{j}\omega C$) wird durch seinen Fehl-order *Verlustwinkel* δ_C bzw. den *Verlustfaktor* d_C beschrieben (Bild 7.2d):

$$d_C = \tan\delta_C = \frac{\text{Wirkleistung}}{\text{Blindleistung}} = \frac{P}{Q} = \frac{U^2 G_p}{U^2 B_p} = \frac{G_p}{\omega C} \equiv \tan\delta_{Cp} \tag{7.2a}$$

Fehlwinkel δ_C des Kondensators (Definitionsgleichung).

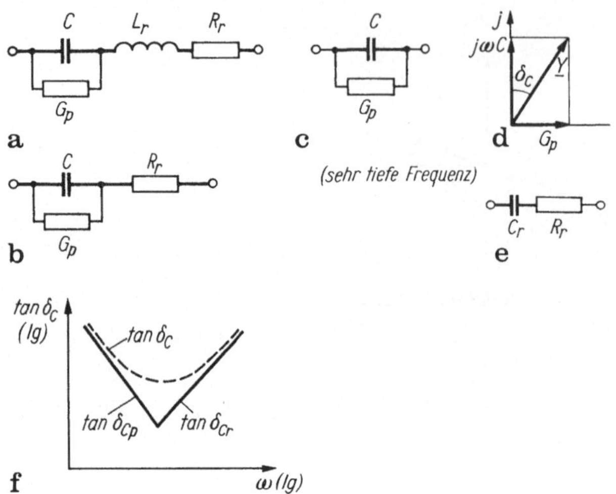

Bild 7.2a–f. Technischer Kondensator, Ersatzschaltung. **a** sehr hohe Frequenz; **b** tiefe Frequenz; **c** sehr tiefe Frequenz; **d** Fehlwinkel; **e** Reihenschaltung; **f** Gesamtverlustwinkel für **b**

Die letzte Schreibweise gilt für die vereinfachte Ersatzschaltung Bild 7.2c. Der Reziprokwert des Verlustfaktors heißt *Kondensatorgüte* Q_C

$$Q_C = \frac{1}{\tan \delta_C} \; . \tag{7.2b}$$

Schlechte Kondensatoren haben große Verlustfaktoren bzw. kleine Güten. Der Verlustfaktor sinkt nach Gl. (7.2a) mit steigender Frequenz. Deshalb verschlechtern Parallelwiderstände den Kondensator besonders bei tiefen Frequenzen.

Verwendet man die Reihenersatzschaltung (Bild 7.2e. z. B. bei großem Zuleitungswiderstand), so gilt für den Verlustfaktor

$$\tan \delta_{Cr} = \frac{R_r}{X_r} = R_r \omega C_r \; . \tag{7.2c}$$

Meist werden die Kondensatorverluste ersatzschaltmäßig sowohl durch einen Reihen-(R_r) als auch durch einen Parallelwiderstand $1/G_p$ erfaßt (Bild 7.2b). Dann addieren sich beide Verlustfaktoren (für $\tan \delta \ll 1$) entsprechend Gl. (7.2a) und (7.2c) zu

$$\tan \delta_C \approx \tan \delta_{Cr} + \tan \delta_{Cp} \; . \tag{7.3}$$

Bild 7.2f zeigt den prinzipiellen Frequenzgang von $\tan \delta_C$. Er wird durch die unterschiedlichen Frequenzgänge $\tan \delta_{Cr} \sim \omega$, $\tan \delta_{Cp} \sim 1/\omega$ beider Komponenten verursacht.

Als Richtwerte gelten z. B. für die weit verbreiteten Kunststoffkondensatoren: $\tan \delta_C \approx 10^{-3}$ ($f = 1$ kHz)... 10^{-2} (1 MHz). Papierkondensatoren liegen um etwa eine Größenordnung darüber.

Zusammenschaltung verlustbehafteter Kondensatoren. Werden verlustbehaftete Kondensatoren parallel- oder in Reihe geschaltet (Bild 7.3), so gilt für den Gesamtverlustfaktor:

Parallelschaltung (Bild 7.3a)

$$\tan\delta_{\text{Cges}} = \frac{C_1 \tan\delta_{\text{C1}} + C_2 \tan\delta_{\text{C2}} + \cdots + C_{\text{n}} \tan\delta_{\text{Cn}}}{C_1 + C_2 + \cdots + C_{\text{n}}} . \tag{7.4}$$

Reihenschaltung (Bild 7.3b)

$$\tan\delta_{\text{Cges}} = \frac{\dfrac{\tan\delta_{\text{C1}}}{C_1} + \dfrac{\tan\delta_{\text{C2}}}{C_2} + \cdots + \dfrac{\tan\delta_{\text{Cn}}}{C_{\text{n}}}}{\dfrac{1}{C_1} + \dfrac{1}{C_2} + \cdots + \dfrac{1}{C_{\text{n}}}} . \tag{7.5}$$

Beide Beziehungen sind aus den Definitionsgleichungen Gl. (7.2a, c)

$$\tan\delta_{\text{Cges}} = \frac{G_{\text{pges}}}{\omega C_{\text{pges}}}, \quad \tan\delta_{\text{Cges}} = R_{\text{rges}} \omega C_{\text{rges}}$$

unter Verwendung der Reihen- und Parallelschaltung von Schaltelementen leicht zu bestätigen.

Technische Spule. Nach Abschn. 3.4 besteht die Ersatzschaltung einer Spule mit Ferromagnetikum (Bild 7.4a) aus

— der *Induktivität* L_{Fe}. Sie ist mit dem Induktionsfluß Ψ_{Fe} verkoppelt, der sich über den ferromagnetischen Kreis schließt;

— der *Streuinduktivität* L_σ. Sie ist mit dem Streufluß Ψ_σ verkoppelt, der sich über den umgebenden Luftraum schließt. Bei hochpermeablen, magnetisch geschlossenen Kernen kann sie meist vernachlässigt werden.

Der Strom I erzeugt den gesamten Induktionsfluß $\Psi = \Psi_\sigma + \Psi_{\text{Fe}}$. Der Quotient Ψ/I ergibt die (gewünschte) *Gesamtinduktivität* $L = L_{\text{Fe}} + L_\sigma$.

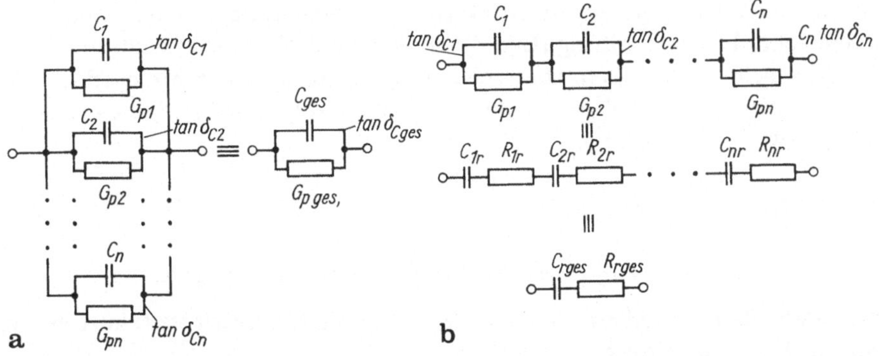

Bild 7.3a, b. Parallel- und Reihenschaltung verlustbehafteter Kondensatoren (bei tiefen Frequenzen). **a** Parallelschaltung; **b** Reihenschaltung

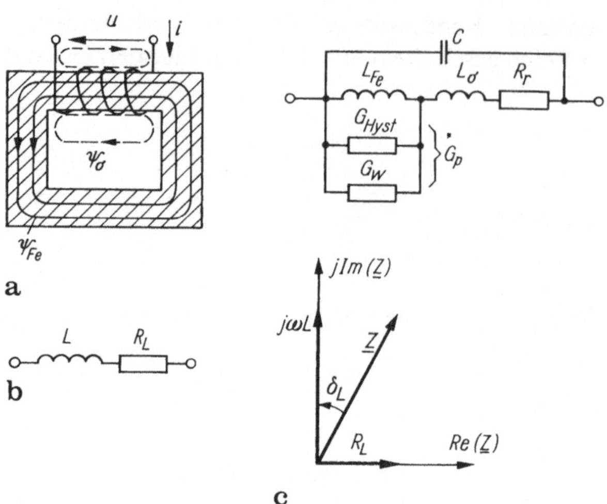

Bild 7.4a–c. Technische Spule. Ersatzschaltung. **a** Anordnung mit Eisenkreis und zugehörige Ersatzschaltung; **b** stark vereinfachte Ersatzschaltung; **c** Zeigerbild zur Veranschaulichung des Fehlwinkels δ_L

In der Ersatzschaltung sind weiter enthalten:

— der *Reihenwiderstand* R_r (sog. Kupferverluste), verursacht durch den Widerstand der Spulenwicklung (Größenordnung einige Ω);

— der *Parallelleitwert* G_p durch Eisenverluste. Dazu gehören *Hystereseverluste* (s. Abschn. 4.1.4) (G_{Hyst}) und *Wirbelstromverluste* (G_W, s. Abschn. 3.3.2.2). Da beide mit dem Eisenfluß Ψ_{Fe} verknüpft sind, liegen sie parallel zu L_{Fe}. Die zugehörigen Verlustleistungen hängen von der Frequenz ab. Die Hystersever- luste $P_{Hyst} = c_1\omega$ steigen frequenzproportional, die Wirbelstromverluste mit dem Quadrat der Frequenz $P_W = c_2\omega^2$;

— der *Parallelkapazität* C (Spulenkapazität). Sie setzt sich aus Teilkapazitäten zwischen den einzelnen Spulenwicklungen zusammen und hängt stark vom Spulenaufbau ab. Die Spulenkapazität verursacht bei hohen Frequenzen einen Resonanzeffekt mit der Induktivität. In erster Näherung beschreibt die stark vereinfachte Ersatzschaltung (Bild 7.4b) die technische Ersatzschaltung.

Die Abweichung der Klemmenimpedanz $\underline{Z}$ der technischen Spule (Bild 7.4b) vom Netzwerkelement mit $\underline{Z}_L = j\omega L$ beschreiben wir durch den *Fehl-* bzw. *Verlustwinkel* δ_L bzw. *Verlustfaktor* d_L

$$\tan\delta_L = \frac{R_L}{\omega L} \quad \text{bzw} \quad Q_L = \frac{1}{\tan\delta_L} \tag{7.6a}$$

Fehlwinkel δ_L der Spule (Definitionsgleichung) Spulengüte.

Hierbei erfaßt R_L den Reihenwiderstand R_r sowie die Eisenverluste (Umrechnung $G_p \parallel j\omega L$ in Reihenschaltung).

Die *Spulengüte* steigt bei Anwenden eines ferromagnetischen Kernes, weil die Induktivität dadurch stärker wächst als der Wirkwiderstand.

Für Spulen ohne Eisenkern entfallen die Eisenverluste. Erfaßt man die einzelnen Verlustanteile (Kupferverluste, Eisenverluste) in einzelnen Schaltelementen R_r, G_p getrennt, so bildet sich der Gesamtverlustfaktor angenähert aus

$$\tan\delta_L \approx \tan\delta_{Cu} + \tan\delta_{Fe} = \frac{R_r}{\omega L} + G_p\omega L \ . \tag{7.6b}$$

Das ergibt im Prinzip einen Frequenzgang des Verlustfaktors, der dem des Kondensators entspricht (Bild 7.2f).

7.1.2 Netzwerke mit Tief- bzw. Hochpaßverhalten erster Ordnung

Oft ist es wünschenswert, die Leistungsübertragung von einer Quelle zum Verbraucher *frequenzabhängig* zu gestalten, nämlich
— mit geringen Verlusten im *Durchlaßbereich* und
— hoher Dämpfung im *Sperrbereich.*

Ein Netzwerk (Zweipol, Vierpol, Zusammenschaltungen), das bestimmte Frequenzbereiche durchläßt und andere sperrt, heißt *Filter-* oder *Siebschaltung* (Bild 7.5). Der Übergang vom Sperr- zum Durchlaßbereich erfolgt bei einer *Grenzfrequenz* ω_g. Sie ist üblicherweise durch den Abfall der Leistung auf den halben Maximalwert definiert, z. B. am Verbraucherwiderstand:

$$\frac{P(\omega_g)}{P_{max}} = \frac{1}{2} \rightarrow \frac{U(\omega_g)}{U_{max}} = \frac{1}{\sqrt{2}} \rightarrow \hat{=} -3\,\text{dB} \ .$$

Das zugehörige Spannungsverhältnis entspricht dann der 3dB-Definition (s. Abschn. 6.3.3.4, Tafel 6.14).
Nach dem Übertragungsverhalten gibt es vier Filtertypen:
— Tiefpaß: Durchlaßbereich bei tiefen Frequenzen,
— Hochpaß: Durchlaßbereich bei hohen Frequenzen,

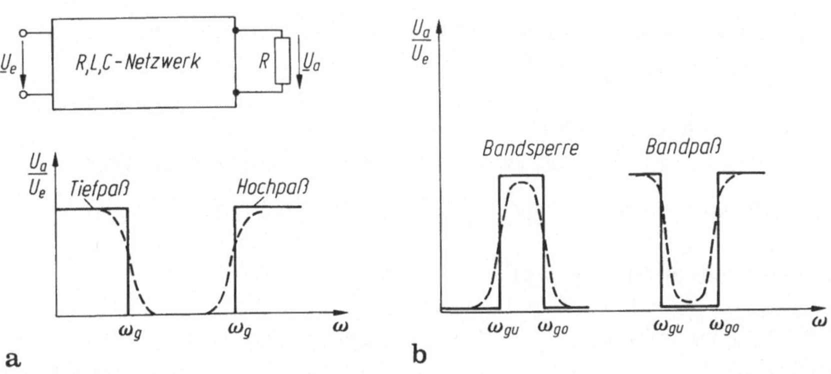

Bild 7.5a, b. Vierpol als Filter. **a** Tief- und Hochpaß, ideale (———) und reale Spannungsverhältnisse; **b** Bandsperre, Bandpaß

— Bandpaß: Durchlaßbereich bei mittleren Frequenzen,
— Bandsperre: Sperrbereich bei mittleren Frequenzen.

Die sprungartigen Übergänge Sperr-Durchlaßbereich nach Bild 7.5 sind aus physikalischen Gründen nicht realisierbar. Vielmehr treten endlich Übergänge auf, deren Steilheit von der Ordnung des Filternetzwerkes abhängt. Sie ist gleich der Zahl der in ihm enthaltenen (unabhängigen) Speicherelemente C, L. Mit zunehmender Ordnung wächst die Steilheit in Nähe der Grenzfrequenz.

Filterwirkungen werden umfangreich genutzt (z. B. Frequenzweiche, Hoch-, Tiefpässe u. a. m.). Sie treten aber auch unerwünscht auf, wie etwa durch die technischen Bauelemente (Abschn. 7.1.1) oder die Tiefpaßeigenschaften eines jeden Verstärkers und Verstärkerbauelementes.
Wir betrachten zunächst einige Filterschaltungen erster Ordnung.

RC-Tief-, Hochpaß erster Ordnung. Bild 7.6a, b zeigt den RC-Tief- und Hochpaß erster Ordnung. Das Spannungs-Übersetzungsverhältnis $\underline{F}\,(\mathrm{j}\omega) = \underline{U}_\mathrm{a}/\underline{U}_\mathrm{e}$ erhalten wir über die Spannungsteilerregel zu

Tiefpaß

$$\underline{F}(\mathrm{j}\omega) = \frac{\dfrac{1}{\mathrm{j}\omega C}}{R + \dfrac{1}{\mathrm{j}\omega C}} = \frac{1}{1 + \mathrm{j}\omega RC} \qquad (7.7\mathrm{a})$$

Hochpaß

$$\underline{F}(j\omega) = \frac{R}{R + \dfrac{1}{\mathrm{j}\omega C}} = \frac{1}{1 + \dfrac{1}{\mathrm{j}\omega RC}} \qquad (7.7\mathrm{b})$$

oder zerlegt nach Betrag und Phase

$$|\underline{F}| = \frac{1}{\sqrt{1 + (\omega RC)^2}}, \qquad (7.8\mathrm{a})$$

$$\varphi = -\arctan \omega RC\,,$$

$$|\underline{F}| = \frac{1}{\sqrt{1 + \left(\dfrac{1}{\omega CR}\right)^2}}\,. \qquad (7.8\mathrm{b})$$

$$\varphi = \arctan \frac{1}{\omega RC}\,.$$

Beide Verläufe wurden im Bode-Diagramm (Bild 7.6) dargestellt. Die 3-dB-Grenzfrequenz ergibt sich aus $F(\omega_\mathrm{g}) = 1/\sqrt{2}$ zu $f_\mathrm{g} = \dfrac{\omega_\mathrm{g}}{2\pi} = \dfrac{1}{2\pi RC}$.
Dabei beträgt die Phasenverschiebung $-45°$ bzw. $+45°$. Nach Bild 7.6 läßt sich der Amplitudenfrequenzgang mit zwei Asymptoten einfach konstruieren

— bei tiefen Frequenzen $f \ll f_\mathrm{g}$ gilt $|\underline{F}| = 1 \mathrel{\hat{=}} 0\,\mathrm{dB}$,
— bei hohen Frequenzen $f \gg f_\mathrm{g}$ gilt nach Gl. (7.8a) $|\underline{F}| \approx \dfrac{1}{\omega RC}$, d. h., die Übertragung sinkt umgekehrt zur Frequenz ab, nämlich um 20 dB/Dekade bzw. 6 dB/Oktave.

— bei hohen Frequenzen $f \gg f_\mathrm{g}$ ist $|\underline{F}| = 1 \mathrel{\hat{=}} 0\,\mathrm{dB}$.
— bei tiefen Frequenzen $f \ll f_\mathrm{g}$ gilt nach Gl. (7.8b) $|\underline{F}| \approx \omega RC$, d. h., die Übertragung steigt mit der Frequenz an mit 20 dB/Dekade bzw. 6 dB/Oktave.

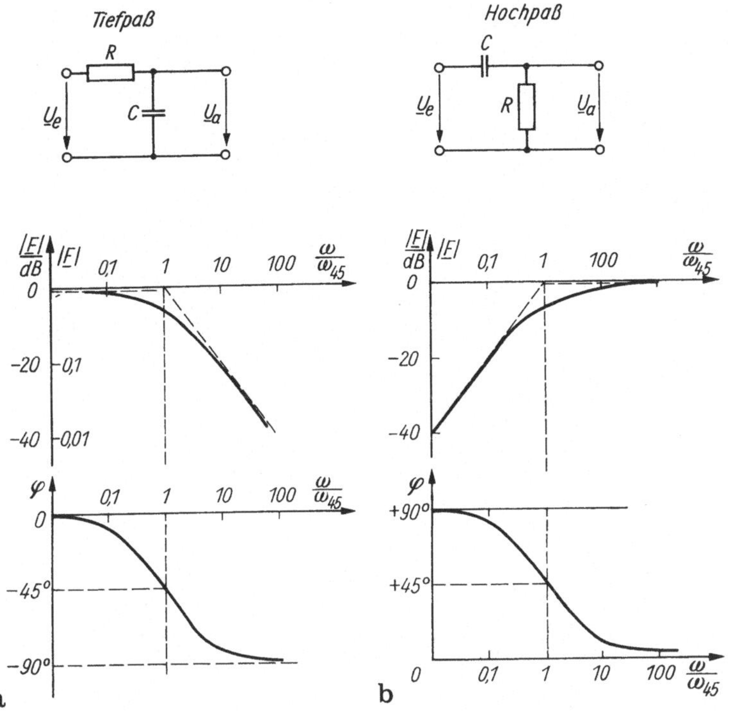

Bild 7.6a, b. *RC*-Schaltungen (Tief- und Hochpaß) mit Bode-Diagramm

Das *grundsätzliche* Übertragungsverhalten läßt sich auch ohne nähere Analyse bereits vorhersagen:

— Im Grenzfall sehr tiefer Frequenzen ($\omega \to 0$) konnten Kapazitäten durch eine Leitungsunterbrechung ($\underline{Z}_C = 1/j\omega C$) und Induktivitäten durch Kurzschluß ($\underline{Z}_L = j\omega L$) ersetzt werden;

— im Grenzfall hoher Frequenzen ($\omega \to \infty$) gilt das umgekehrte;

— bei der Grenzfrequenz ändert sich $F(\omega)$ sehr stark.

Weitere Tief-, Hochpaßschaltungen erster Ordnung. Grundsätzlich lassen sich die im Bild 7.6 angegebenen Tief-, Hochpaßschaltungen auch mit *R*-, *L*-Gliedern aufbauen (wenn dies auch wegen der schlechteren Eigenschaften technischer Spulen seltener erfolgt) (Bild 7.7). Je nachdem, ob der Frequenzgang von $\underline{U}_R$ oder $\underline{U}_L$ ins Verhältnis zu $\underline{U}_Q$ gesetzt wird, ergibt sich dabei eine Tief- oder Hochpaß-Funktion. Ebensogut könnte eine ideale Stromquelle eine *Parallelschaltung* von *R*-, *C*- bzw. *R*-, *L*-Elementen speisen. Der Frequenzgang der Teilströme $\underline{I}_R$ bzw. $\underline{I}_C, \underline{I}_L$ (Stromteilerregel) zeigt dann ebenso Tief- oder Hochpaßverhalten (wenn auch praktisch ausgeführte Schaltungen seltener mit Stromquellen arbeiten).

Im Bild 7.7 wurden die entsprechenden Ergebnisse zusammengestellt. Sie ergeben sich direkt als ein Anwendungsbeispiel *dualer Netzwerke* (s. Abschn. 5.3.7.4.). Vor allem durch Einführung einer *normierten Frequenz* Ω lassen sich die

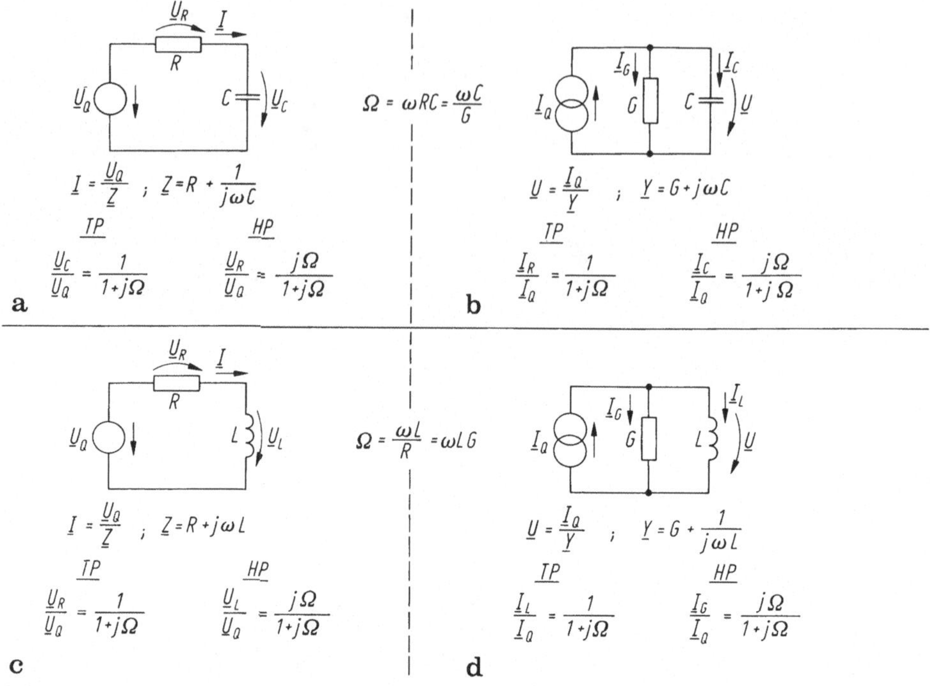

Bild 7.7a–d. Hochpaß- und Tiefpaßverhalten einfacher Netzwerke. Die Schaltungen **a** und **d** sowie **b** und **c** sind jeweils dual zueinander

Frequenzgänge des Tief- und Hochpasses einheitlich darstellen und generell mit dem Frequenzgang nach Bild 7.6 diskutieren.

Dabei bestehen zwei Möglichkeiten der Normierung:

- Man normiert beim Tiefpaß und Hochpaß gemeinsam: $\Omega = \omega RC = \omega/\omega_{45} = \omega L/R$. Da sind getrennte Kurvenverläufe erforderlich (wie im Bild 7.6 geschehen).
- Man normiert beim Tiefpaß $\Omega = \omega RC = \omega L/R$ und Hochpaß: $\Omega' = 1/\omega RC = R/\omega L$, dann genügt ein Kurvenverlauf $F(\Omega)$.

Wir haben im Bild 7.8 noch die Frequenzgänge der Eingangsimpedanzen der Filterschaltungen nach Bild 7.7 als Beispiel für die praktische Handhabe des Bode-Diagramms zusammengestellt. Diese Impedanz ist für die Belastung der Quelle maßgebend.

Anwendung findet der RC-Tiefpaß erster Ordnung z.B.

— als *Integrierglied.* Für hohe Frequenzen $f \gg f_g$ wird die Ausgangsspannung $\underline{U}_a$ klein gegen die Eingangsspannung $\underline{U}_e \approx \underline{I}R$ (Bild 7.6). Dem entspricht im Zeitbereich die Näherungsgleichung

$$u_a(t) = \frac{1}{C}\int i(t)\mathrm{d}t + U_A(0) \approx \frac{1}{RC}\int u_e(t)\mathrm{d}t + U_A(0)\ . \tag{7.9}$$

Die Ausgangsspannung ist das Integral der Eingangsspannung. Wir werden das Zeitverhalten später (Abschn. 10) diskutieren.

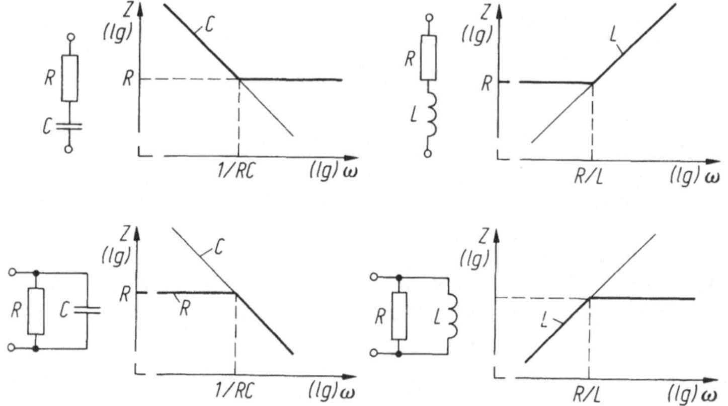

Bild 7.8 Bode-Diagramme der Impedanzen einfacher Grundschaltungen

— als *Mittelwertbildner*. Ist die Eingangsspannung $u_e(t)$ eine unsymmetrische Wechselspannung (z. B. eine gleichgerichtete Spannung, s. Abschn. 5.2.3), so läßt sich aus ihr stets der arithmetische Mittelwert Gl. (5.55) abspalten: $u_e(t) = \overline{u_e(t)} + u'_e(t)$. $\overline{u_e(t)}$ hängt nicht von den höherfrequenten Anteilen ab. Die Restspannung $u'_e(t)$ umfaßt dagegen die höherfrequenten Anteile, so daß

$$U_A \approx \underbrace{\overline{u_e(t)}}_{\textbf{Mittelwert}} + \underbrace{\frac{1}{RC}\int_0^t u'_e(t')\mathrm{d}t'}_{\textbf{Restwelligkeit}}$$

gilt. Bei ausreichend großer Zeitkonstante RC verschwindet die Restwelligkeit. Der *Hochpaß* wird angewendet z. B. als

— *Koppel-RC-Glied* zur Abtrennung einer Gleichspannung. Hat die Eingangsspannung $u_e(t)$ eine Gleichkomponente (arithmetischer Mittelwert), so wird sie nicht übertragen, da über den Kondensator kein Gleichstrom fließen kann. Darauf beruht die Anwendung des Hochpasses als Koppel-RC-Glied z. B. in Verstärkern (Bild 7.9a), wo die Gleichspannung einer Vorstufe (Transistorstufe) unabhängig von der einer Folgestufe einstellbar sein muß.

— *Differenzierglied*. Für Frequenzen $f \ll f_g$ ist $|\underline{U}_a| \ll |\underline{U}_e|$ und damit $(\underline{I} \approx \underline{U}_a/R)$ gilt $u_a \approx iR = RC\dfrac{\mathrm{d}u_e}{\mathrm{d}t}$.

Die Ausgangsspannung ist das Differential der Eingangsspannung.

— *Kompensierter Spannungsteiler*. Ohmsche Spannungsteiler sind oft kapazitiv belastet. Dadurch verhalten sie sich wie ein Tiefpaß und die Grenzfrequenz sinkt ab. Das kann mit einem Hochpaß „kompensiert" (verhindert) werden. Bild 7.9b zeigt die Schaltung. Der zugeschaltete Kondensator C_2 wird so dimensioniert, daß die Spannungsteilung frequenzunabhängig wird

$$\underline{F} = \frac{\underline{U}_a}{\underline{U}_e} = \frac{\underline{Z}_1}{\underline{Z}_1 + \underline{Z}_2} = \frac{1}{1 + G_1/G_2} \quad \text{für } R_1C_1 = R_2C_2.$$

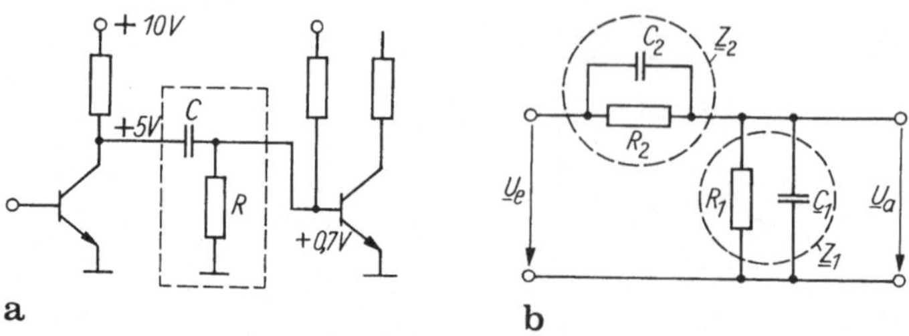

Bild 7.9a, b. Anwendungsbeispiele des RC-Gliedes. **a** RC-Kopplungsvierpol zur Abtrennung einer Gleichspannung; **b** kompensierter Spannungsteiler

Im frequenzkompensierten Spannungsteiler (Bild 7.9b) mit gleichen Produkten $R_1 C_1 = R_2 C_2$ ist die Teilspannung frequenzunabhängig.

7.1.3. Netzwerke mit Tiefpaß- bzw. Hochpaßverhalten zweiter und höherer Ordnung

Filterschaltungen mit steilerem Übergang zwischen Sperr- und Durchlaßbereich entstehen z. B. durch „Hintereinander-Schaltung" von Tiefpaß- bzw. Hochpaßanordnungen. Wir gehen von zwei gleichen RC-Tiefpässen aus und verlangen, daß die Eingangsimpedanz $\underline{Z}_e = R + 1/j\omega C$ des RC-Gliedes groß gegen $\underline{Z}_C = 1/j\omega C$ ist und damit der RC-Teiler praktisch im Leerlauf arbeitet. Dann gilt für die Spannungsübersetzung (mit $\tau = RC$, Bild 7.10a)

$$\frac{\underline{U}_a}{\underline{U}_Q} = \frac{\underline{U}_a}{\underline{U}'_a} \cdot \frac{\underline{U}'_a}{\underline{U}_Q} = \left(\frac{1}{1 + j\omega CR}\right) \cdot \left(\frac{1}{1 + j\omega CR}\right) = \left(\frac{1}{1 + j\omega CR}\right)^2$$

$$= \frac{1}{1 - \omega^2\tau^2 + 2j\omega\tau} . \tag{7.10}$$

Ein solcher Tiefpaß zweiter Ordnung besitzt gegenüber dem Tiefpaß erster Ordnung

— einen stärkeren Übergang vom Durchlaß- zum Sperrbereich und
— eine stärkere Phasendrehung bis zu $-\pi$ bei hohen Frequenzen (Bild 7.10b).

Verallgemeinert lautet das Ergebnis Gl. (7.10) für n gleiche Tief-/Hochpässe in Kette:

$$\left.\frac{\underline{U}_a}{\underline{U}_Q}\right|_n = \left(\frac{1}{1 + j\omega\tau}\right)^n . \tag{7.11}$$

Daraus erkennen wir

— einen Abfall (Anstieg) der Grenzfrequenz auf $\omega_g \approx \omega_0/\sqrt{n}$ (TP) bzw. $\omega_0\sqrt{n}$ (HP);
— den stärkeren Abfall der Amplitude (im Bode-Diagramm) mit $-n \cdot 20$ dB/Dek. (bzw. $n \cdot 20$ dB/Dek.);
— und schließlich den asymptotischen Phasengang nach $-n \cdot \pi/2$ (bzw. $n \cdot \pi/2$).

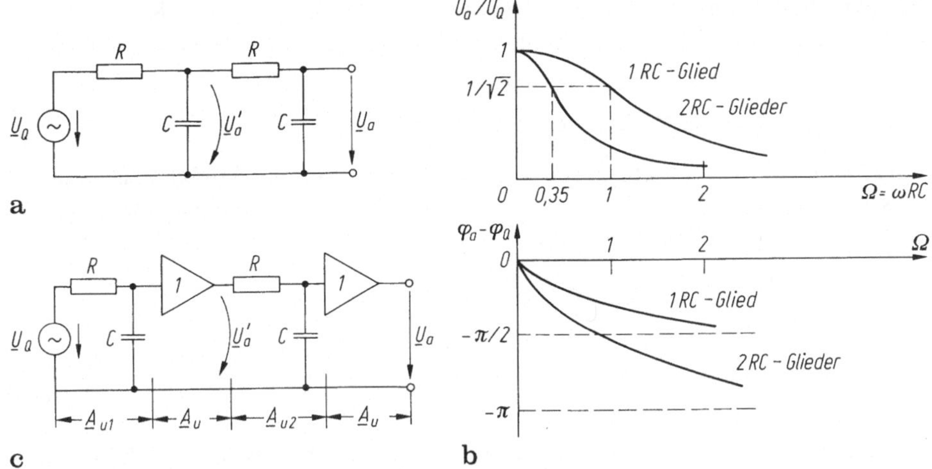

Bild 7.10a–c. *RC*- Tiefpässe. **a** Schaltung; **b** Amplitudenverhältnis U_a/U_Q und Phasenverschiebung $\varphi_a - \varphi_q$ über der normierten Frequenz; **c** Verbesserung der Schaltung mit zwischengeschalteten Trennverstärkern.

Kettenschaltung mehrerer Filter verbessern somit die Eigenschaften der Gesamtanordnung.

Arbeiten beide Stufen nicht entkoppelt (m.a.W. gilt $\underline{Z}_e \gg 1/\mathrm{i}\omega C$ nicht), so folgt (Nachweis!) mit $\underline{U}_e = \underline{U}_Q$

$$\frac{\underline{U}_a}{\underline{U}_e} = \frac{1}{1 + \mathrm{j}\omega RC} \cdot \frac{1}{1 + R\underline{Y}'} \quad \text{mit} \quad \underline{Y}' = \mathrm{j}\omega C + \frac{1}{R + 1/\mathrm{j}\omega C} .$$

Die Durchrechnung ergibt mit

$$\frac{\underline{U}_a}{\underline{U}_e} = \frac{1}{1 - (\omega CR)^2 + 3\mathrm{j}\omega CR} \tag{7.12a}$$

eine Änderung gegenüber Gl. (7.10). Die Schaltung läßt sich auch als 90° Phasenschieber verwenden, denn für $1 - (\omega RC)^2 = 0$, d.h. $\omega RC = 1$ wird

$$\underline{U}_a/\underline{U}_e = 1/3\mathrm{j} . \tag{7.12b}$$

Stufenentkopplung. Eben wurde durch die Forderung $\underline{Z}_e \gg 1/\mathrm{j}\omega C$ verhindert, daß bei der Kettenschaltung von Einzelfiltern wechselseitige Beeinflussungen entstehen. Vorteilhafter ist der Einsatz von Trennverstärkern zwischen den Filterstufen (Bild 7.10c). Solche Verstärker haben im Idealfall eine extrem hohe Eingangsimpedanz, verschwindende Ausgangsimpedanz und eine reelle Spannungsverstärkung A_u (keine Phasendrehung). Deshalb vollzieht die Kette mit $\underline{U}_a/\underline{U}_e = \underline{A}_{u1} \cdot \underline{A}_u^2 \cdot \underline{A}_{u2}$ eine störungsfreie Hintereinanderschaltung beider Filter.

Tiefpaß dritter Ordnung. Wir betrachten die dreigliedrige *RC*-Kette mit dem Aufbau nach Bild 7.10c. Dann lautet die Spannungsübersetzung ($\underline{A}_u = 1$)

$$\frac{\underline{U}_a}{\underline{U}_e} = \left(\frac{1}{1 + j\omega RC}\right)^3 = \frac{1}{1 - 3\Omega^2 + j\Omega(3 - \Omega^2)} \tag{7.13}$$

mit $\Omega = \omega RC$. Da theoretisch eine Phasendrehung von $3 \cdot \pi/2$ möglich ist, kann mit diesem Netzwerk der Fall $\varphi = -180°$ (Umkehr der Ausgangsspannung) sicher eingestellt werden. Die Forderung lautet

$$\operatorname{Im}\left(\frac{\underline{U}_a}{\underline{U}_e}\right) = 0 \rightarrow 3 - \Omega_0^2 = 0 \ ,$$

$$\operatorname{Re}\left(\frac{\underline{U}_a}{\underline{U}_e}\right)_{\Omega_0} = \frac{1}{1 - 3 \cdot 3} = -\frac{1}{8} \ . \tag{7.14}$$

Wegen dieser Phasendrehmöglichkeit findet diese Schaltung im sog. *RC-Oszillator* Anwendung. Ungewollt kann diese Eigenschaft im rückgekoppelten Verstärker zur Schwingneigung führen: in vielen Fällen läßt sich der Frequenzgang eines mehrstufigen Verstärkers durch einen Tiefpaß dritter Ordnung modellieren. Bei Rückkopplung ist die Phasendrehung zwischen Ausgangs- und Eingangssignal von wenigstens 180° Voraussetzung für Instabilität (Schwingen des Verstärkers).

7.1.4 Resonanzkreise

Erfolgt in einem physikalischen System eine periodische Zustandsänderung, so spricht man von einer Schwingung. Dabei wird Energie zwischen zwei unterschiedl ichen (potentiellen und kinetischen) Energiespeichern (z.B. Feder und Masse, Induktivität und Kapazität) periodisch ausgetauscht. Erfüllt die maßgebende Zustandsgröße $y(t)$ (z.B. Auslenkung, Spannung, Ladung) die Differentialgleichung

$$\frac{d^2 y(t)}{dt^2} + \omega_0^2 y(t) = 0 \ , \tag{7.15}$$

so spricht man von einer *harmonischen* Schwingung (gekennzeichnet durch $y(t + T_0) = y(t)$). Die Periode T_0 ist mit der Eigenkreisfrequenz $\omega_0 = 2\pi/T_0$ verknüpft.

Die Differentialgleichung (7.15) gehorcht grundsätzlich dem Energieerhaltungssatz $W_{ges} = W_{kin}(y) + W_{pot}(y) = \text{const}$

$$\frac{dW_{ges}}{dt} = 0 = \frac{dW_{kin}}{dy} \cdot \frac{dy}{dt} + \frac{dW_{pot}}{dy} \frac{dy}{dt} = 0 \ .$$

Ihre Lösung lautet (je nach Anfangswert) $y(t) = y_{max} \cos(\omega_0 t + \varphi_0)$.

In der Elektrotechnik entspricht dem statischen Energiespeicher für die potentielle Energie der Kondensator, dem dynamischen für die kinetische Energie die Induktivität und die Zusammenschaltung beider heißt *Schwing-* oder *Resonanzkreis*.

Reale physikalische Systeme haben gewöhnlich eine *Dämpfung* — beschrieben durch die *Kreisgüte* Q — sowie eine einwirkende *Erregergröße* $x(t)$:

$$\frac{d^2y}{dt^2} + \omega_0 Q^{-1} \frac{dy}{dt} + \omega_0^2 y(t) = x(t) \ . \tag{7.16}$$

Diese Differentialgleichung — sie entspricht genau dem Typ der Netzwerkdifferentialgleichung 2. Ordnung — hat folgende Schwingungslösungen:

— *freie* ($x = 0$) und *erzwungene* $x(t) \neq 0$);

— *ungedämpfte* ($Q = 0$) und *gedämpfte* ($Q > 0$).

Am Beispiel des Feder-Masse-Systems und Schwingkreises (Bild 7.11) lassen sich diese Verhältnisse leicht interpretieren.

Eine *freie Schwingung* entsteht, wenn dem System zu bestimmtem Zeitpunkt Energie zugeführt wurde, und es anschließend sich selbst überlassen bleibt (z.B. Anstoß des mechanischen Systems, Anschalten eines geladenen Kondensators an die Induktivität). Das System schwingt mit der systemtypischen Eigenfrequenz f_0 entweder ungedämpft (keine weitere Energiezufuhr oder -abfuhr) oder mit abklingender Amplitude gedämpft durch Energieverlust (ohmscher Widerstand). Die Frequenz der gedämpften freien Schwingung liegt durch den Energieverlust etwas unter derjenigen des ungedämpften Systems.

Wir werden uns mit diesem Verhalten im Abschnitt 10.3 näher vertraut machen. Festzuhalten gilt jedoch, daß dieser Problemteil mathematisch identisch ist mit der Suche der Lösung der homogenen Netzwerkdifferentialgleichung (vgl. Abschn. 5.3.8).

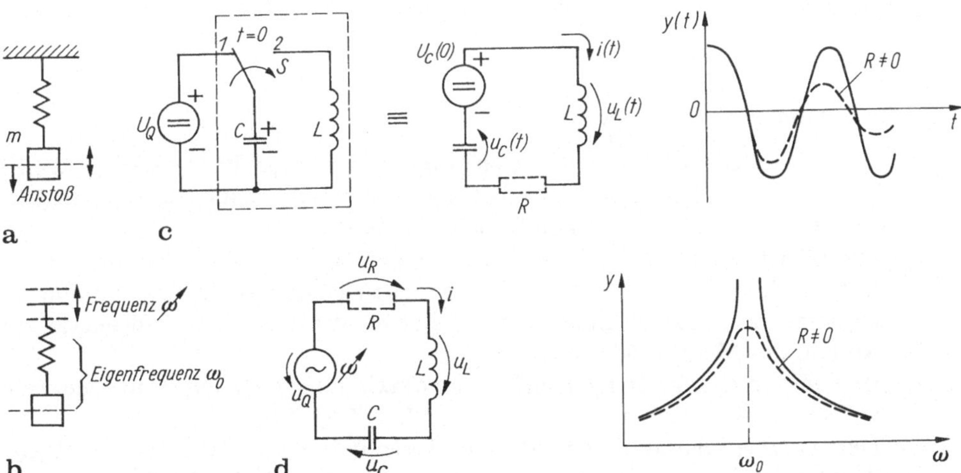

Bild 7.11a–d. Resonanzphänomene. **a, b** eine Anordnung aus Masse und Feder vermag nach Anstoß freie Schwingungen auszuführen: Resonanz; **c** Erzeugung freier Schwingungen in einem Schwingkreis durch Kondensatorenladung; **d** erzwungene Schwingung, Resonanzeffekt

Die Intensität des Abklingens hängt von der Dämpfung ab, man unterscheidet

$$\left.\begin{array}{ll} 2Q \to \infty & \text{keine} \\ 2Q > 1 & \text{unterkritische} \\ 2Q = 1 & \text{kritische} \\ 2Q < 1 & \text{überkritische} \end{array}\right\} \text{Dämpfung} . \qquad (7.17)$$

Wird dem schwingungsfähigen System eine *Erregung* aufgezwungen (z. B. periodische Bewegung des Federaufhängepunktes, Sinusspannung am Schwingkreis), so entstehen *erzwungene* Schwingungen mit der Erregerfrequenz ω. Bei $\omega \approx \omega_0$ tritt *Resonanz* auf.

Resonanz: Zustand, bei dem die Amplitude eines gedämpften erzwungen-erregten Systems für $\omega \approx \omega_0$ einen Maximalwert erreicht oder im ungedämpften Fall über alle Grenzen wächst (sog. Resonanzkatastrophe).

Anschaulich muß somit die Erregerfrequenz etwa mit der Eigenfrequenz des Systems zusammenfallen.

Der Resonanzbegriff (ursprünglich aus der Akustik stammend [Resonanz = Widerhall, Widerklang]) spielt in vielen Bereichen der Physik und Technik (Mechanik Festkörperphysik, Optik, Elektrotechnik u. a. m.) eine große Rolle. Resonanz kann gewünscht sein (meist), auch unerwünscht: Klirren am Auto bei bestimmten Motordrehzahlen, Fensterklirren, Verbot, Brücken im Gleichschritt zu überschreiten u. a. m.).

Im Bild 7.11 wurden das Resonanzverhalten veranschaulicht. Obwohl erzwungene Schwingungen in jedem Netzwerk (mit Anlegen einer Sinusspannung) auftreten, kommt es zur Resonanz nur, wenn das System eine Eigenfrequenz ω_0 hat und $\omega \approx \omega_0$ gilt, wie aus dem Bild hervorgeht.

7.1.4.1 Resonanzphänomene

Wird der geladene Kondensator ($U_C(0)$) mit der Energie $W_{pot} = CU_C^2(0)/2$ (Bild 7.11c) zur Zeit $t = 0$ an eine Induktivität geschaltet (und damit der Schwingkreis „angestoßen"), so laufen folgende Schritte ab (Bild 7.12):

— Die Gleichspannung $U_C(0)$ verursacht einen Strom i durch die Induktivität (Bild 7.12a, b): Er steigt durch den Trägheitscharakter der Induktivität nur langsam an. Dabei beginnt $u_C(t)$ zu sinken, denn es wird Feldenergie zum Aufbau des Magnetfeldes benötigt.

— Im Nulldurchgang von u_C erreicht i sein Maximum: Die Kondensatorenergie ist voll in das Magnetfeld der Spule gewandert (Bild 7.12③)

— Der Trägheitscharakter des Stromes verleiht ihm die Tendenz des Weiterfließens. Dadurch wechselt das Vorzeichen der induzierten Spannung und die Kapazität wird mit umgekehrter Spannungsrichtung geladen: Abbau der magnetischen Feldenergie, Aufbau der Kondensatorenergie (Bild 7.12④)

— Die steigende Kondensatorspannung bremst den Stromfluß schließlich auf Null, und der Vorgang beginnt von neuem.

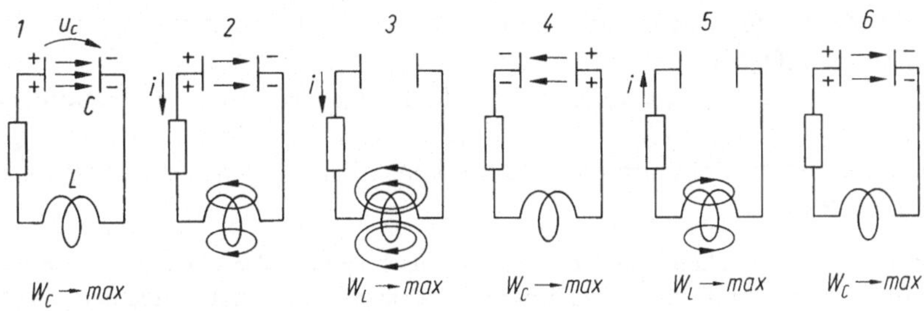

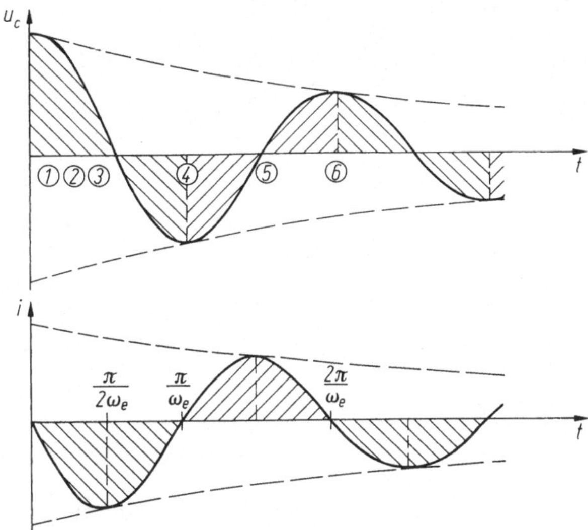

Bild 7.12a, b. Energiependeln im Schwingkreis. **a** Auf-/Abbau des elektrischen und magnetischen Feldes zu ausgewählten Zeitpunkten; **b** Kondensatorspannung und Spulenstrom

Quantitativ ergibt der Maschensatz $u_L + u_C = U_C(0)$ bei geschlossenem Schalter S (Bild 7.11c) wegen $dU_C(0)/dt = 0$, zeitlich konstante Anfangsspannung

$$\frac{d^2 i}{dt^2} + \frac{i}{LC} = 0 \ .$$

Dies ist die Netzwerk-Differentialgleichung des idealen Schwingkreises. Sie hat als Lösung $\hat{I} \sin \omega_0 t$, eine harmonische Schwingung.

Der Strom i (und auch $u_C = (1/C) \int i \, dt$ sowie $u_L(di/dt)$) pendelt im angestoßenen Schwingkreis mit der Kreisfrequenz

$$\omega_0 = \frac{1}{\sqrt{CL}} \tag{7.18}$$

Eigenfrequenz (Resonanz einer freien Schwingung).

Seine Amplitude $\hat{I}$ liegt durch die Ladung $Q_C = CU_C(0)$ im Anfangspunkt fest: $\hat{I} = \omega_0 CU_C(0) = \omega_0 Q_C(0)$.

Bei einem einmalig „angestoßenen" verlustlosen Schwingkreis verläuft die Energiependelung eigenständig (also nicht von außen beeinflußt) mit der Eigenfrequenz ω_0 (der freien Schwingung) ab. Sie liegt allein durch die Schwingkreisparameter C, L fest.

Energiespiel. Wir betracheten den Energieaustausch näher. Die eingebrachte Energie $W_C = CU_C^2(0)/2 = \text{const}$ muß nach dem Energiesatz im System erhalten bleiben. Sie teilt sich aber zu jedem Zeitpunkt auf beide Energiespeicher auf

$$W_L(t) + W_C(t) = \frac{Li^2}{2} + \frac{Cu^2}{2} = \frac{CU_C^2(0)}{2} = W_{ges} = \text{const}$$

mit

$$W_L(t) = \frac{L\hat{I}^2}{2}\sin^2\omega_0 t = W_{kin}\,, \quad W_C(t) = \frac{C}{2}\frac{\hat{I}^2}{(\omega_0 C)^2}\cos^2\omega_0 t = W_{pot}\,.$$

Kinetische und potentielle Energie pulsieren je mit der *doppelten* Resonanzfrequenz ω_0 zeitversetzt um $\pi/2$ (durch $\cos^2\omega_0 t$ usw.) um einen zeitlichen Mittelwert (s. Bild 6.45). Beide Anteile sind gleich der halben Gesamtenergie (im Mittel)

$$\overline{W_{pot}} = \overline{W_C(t)} = \overline{W_{kin}} = \overline{W_L(t)} = \frac{W_{ges}}{2}\,. \tag{7.19}$$

physikalische Resonanzbedingung

Dies ist die physikalische Bedingung der Resonanz. Wir erkannten sie bereits im Abschn. 6.4.5 bei der Diskussion des Begriffes Blindleistung.

Durch ohmsche Verluste (Reihenwiderstand R, Bild 7.11c) kommt es zur gedämpften freien Schwingung. Die Maschengleichung

$$L\frac{di}{dt} + iR + \frac{1}{C}\int i\,dt = U_C(0)$$

führt durch Differenzieren und Division mit L auf

$$\frac{d^2i}{dt^2} + \frac{R}{L}\frac{di}{dt} + \frac{1}{LC}i = 0.$$

Die Lösung dieser Netzwerk-Differentialgleichung lautet im Gegensatz zum ungedämpften Kreis

$$i(t) = \underbrace{\hat{I}_0 e^{-d\omega_0 t}}_{\text{Dämpfung}} \sin\underbrace{\left(\sqrt{1-d^2}\,\omega_0 t\right)}_{\text{harmonische Schwingung}}. \tag{7.20}$$

Zwei Merkmale treten auf:[1]

— die Dämpfung $d = \dfrac{R}{2\omega_0 L} = \dfrac{1}{2Q}$ der Amplitude,

— die veränderte Eigenfrequenz $\omega_0\sqrt{1-d^2}$.

[1] Aperiodischer Grenzfall ausgeschlossen.

Im Schwingkreis mit Verlusten klingt die Amplitude der Eigenschwingung (bei schwacher Dämpfung) exponentiell ab, gleichzeitig sinkt die Eigenfrequenz etwas.

Umgekehrt wird dann in einem Schwingkreis mit *negativer* Dämpfung ($d \sim R$, $R < 0$), d.h. *negativem Widerstand* R (zur Überkompensation eines vorhandenen positiven Widerstandes) eine ungedämpfte bzw. gar *anwachsende* freie Schwingung erzeugt. Auf diesem Prinzip basieren die elektronischen Schwingungserzeuger (Sinusgeneratoren, Oszillatoren, wir verwiesen darauf bereits in Abschn. 5.1.2.1).

Freie Schwingungen treten bei Übergangsvorgängen auf. Wir gehen darauf im Abschn. 10 näher ein.

Erzwungene Schwingung. Liegt am Schwingkreis eine harmonische Erregergröße (Frequenz ω) stationär (z. B. durch die Quellenspannung $u_Q(t)$, Bild 7.11d), so hängen Ströme und Spannungen im Schwingkreis ab von
— der Erregergröße selbst (Amplitude, Frequenz),
— den Eigenschaften des Schwingkreises und des Generators. Letztere wollen wir zunächst vernachlässigen.

Energiebilanz. Aus dem Maschensatz $L\frac{\mathrm{d}i}{\mathrm{d}t} + iR + u_C = u_Q(t)$ folgt nach Multiplikation mit i und Umformung ($i\,\mathrm{d}i/\mathrm{d}t = \mathrm{d}i^2/2\,\mathrm{d}t$, analog u_C)

$$\frac{\mathrm{d}}{\mathrm{d}t}\left(\frac{Li^2}{2}\right) + i^2R + \frac{\mathrm{d}}{\mathrm{d}t}\left(\frac{Cu_C^2}{2}\right) = u_Q(t)\,i(t)$$

oder

$$\frac{\mathrm{d}}{\mathrm{d}t}\{(W_L(t) + W_C(t))\} + p_R(t) = p_Q(t)\ . \tag{7.21}$$

Die von der Spannungsquelle gelieferte Momentanleistung p_Q teilt sich auf in die momentane, im Widerstand R umgesetzte Leistung $p_R(t)$ und die zeitliche Änderung der gesamten Speicherenergie. Das ist die bereits im Bild 6.42 geschilderte energetische Wechselwirkung zwischen Quelle und Verbraucher.

Betrachten wir die gesamte Speicherenergie $W_{ges}(t)$ näher. Der Kreisstrom $i = \hat{I}\sin\omega t$ erzeugt die Kondensatorspannung $u_C = -\frac{\hat{I}}{\omega C}\cos\omega t$. Damit hängt die Speicherenergie

$$W_{ges}(t) = W_L(t) + W_C(t) = \frac{L\hat{I}^2}{2}\sin^2\omega t + \frac{C\hat{I}^2}{2(\omega C)^2}\cos^2\omega t$$

$$= \frac{L\hat{I}^2}{2}\left(\sin^2\omega t + \left(\frac{\omega_0}{\omega}\right)^2\cos^2\omega t\right)\ . \tag{7.22}$$

im Unterschied zur freien Schwingung von der Zeit ab. Deshalb pendelt Energie fortwährend zwischen Quelle und Verbraucher, tritt also *Blindleistungsaustausch* auf.

Nur für die physikalische Resonanzbedingung $W_{ges} = \text{const}$, d.h. $\omega = \omega_0$ $(\sin^2 x + \cos^2 x = 1)$, unterbleibt das Energiependeln zwischen Quelle und Verbraucher. Es tritt dann nur noch zwischen Spule und Kondensator auf (Bild 6.45). Die von der Quelle aufgebrachte Wirkleistung (Gl. (7.21)) wird voll zur Deckung der ohmschen Verluste (R) benötigt. Wir erkennen damit:

Resonanz = Erregung eines schwingungsfähigen Systems mit seiner Resonanzfrequenz ω_0.

Aus der zeitlichen Konstanz der gesamten Speicherenergie $W_{ges} = W_C + W_L$ bei Resonanz folgt $\frac{dW_C}{dt} + \frac{dW_L}{dt} = 0$. Daraus ergibt sich mit den Strom-Spannungs-Relationen von Spule und Kondensator

$$\frac{Cu_C}{2}\frac{du_C}{dt} = \frac{u_C}{2}i = -\frac{Li}{2}\frac{di}{dt} = -\frac{i}{2}u_L$$

die gleichwertigen *Resonanzbedingung*

a) im Zeitbereich

$u_C = -u_L$: verschwindende *Gesamtspannung* $u_C + u_L$ (Reihenschwingkreis) bzw. verschwindender *Gesamtstrom* $i_C + i_L = 0$ (Parallelschwingkreis) in jedem Zeitpunkt;

b) im Frequenzbereich (aus den Bedingungen $\underline{U}_C + \underline{U}_L = 0$ bzw. $\underline{I}_C + \underline{I}_L = 0$), *Reihenresonanz*

$$\text{Im}(\underline{Z}) = 0, \quad \text{da} \quad \underline{Z} = \underline{Z}_L + \underline{Z}_C = \text{j}\left(\omega_0 L - \frac{1}{\omega_0 L}\right) = 0\ , \tag{7.23a}$$

Verschwinden des Imaginärteiles der Impedanz $\underline{Z}$ der Reihenschaltung von Spule und Kondensator,

Parallelresonanz

$$\text{Im}(\underline{Y}) = 0, \quad \text{da} \quad \underline{Y} = \underline{Y}_C + \underline{Y}_L = \text{j}\left(\omega_0 C - \frac{1}{\omega_0 L}\right) = 0\ . \tag{7.23b}$$

Verschwinden des Imaginärteiles der Admittanz $\underline{Y}$ der Parallelschaltung von Spule und Kondensator.

Zwangsläufig treten im Resonanzkreis Extrema (Maxima, Minima) von Scheinwiderständen (-leitwerten), Strömen und Spannungen abhängig von der jeweiligen Art der Einspeisung (Konstantstrom- oder Spannungsquelle) auf (sog. Amplitudenresonanz).

Gütemaß ϱ (Kreisgüte, Resonanzschärfe). Zur Kennzeichnung der Verluste, die in technischen Schwingkreisen stets auftreten, ist das Verhältnis der gesamten Speicherenergie (bei Resonanz) zur Verlustenergie je Periode geeignet. Wir definieren als Gütemaß die *Kreisgüte* ϱ (auch als *Resonanzschärfe* bezeichnet)

$$\varrho = \left.\frac{2\pi \text{ gesamte Speicherenergie}}{\text{Verlustenergie je Periode}}\right|_{\text{bei } \omega_0} = \frac{\omega_0 \cdot \text{gesamte Speicherenergie}}{\text{Verlustleistung}} = Q$$

Kreisgüte (Definitionsgleichung). (7.24a)

Daraus folgt mit Gl. (7.19a) und $\omega_0 = 2\pi/T$ und $i = \sqrt{2}I$ für Reihen- und Parallelkreis

Reihenkreis *Parallelkreis*

$$\varrho = \frac{2\pi W_{\text{ges}}}{TP} = \frac{2\pi LI^2}{TRI^2}\bigg|_{\omega_0} = \frac{\omega_0 L}{R} = \frac{1}{R}\sqrt{\frac{L}{C}}, \quad \varrho = \frac{2\pi CU^2}{TGU^2}\bigg|_{\omega_0} = \frac{\omega_0 C}{G} = \frac{1}{G}\sqrt{\frac{C}{L}}\,. \tag{7.24b}$$

Die Kreisgüte gibt an, in welchem Maße Energie im Schwingkreis gespeichert werden kann, verglichen mit der in ihm verbrauchten Energie. Sie ist um so größer, je kleiner die Verlustleistung eines Kreises in Beziehung zur Speicherenergie wird. Deshalb steht die Kreisgüte ϱ mit der oben eingeführten Dämpfung d in umgekehrter Beziehung: $d = 1/(2\varrho)$: große Dämpfung, kleine Güte und umgekehrt. Eine gleichwertig Erklärung von ϱ bezieht sich auf den relativen Energieverlust pro Periode: $\Delta W/W = 2\pi/\varrho$.

Später werden wir die Kreisgüte noch anders deuten, ihr eigentlicher physikalischer Inhalt ist aber Gl. (7.24a).

7.1.4.2 Reihen- und Parallelschwingkreis

Grundeigenschaften. Wir betrachten den aus einer Konstantspannungsquelle erregten Reihenschwingkreis (Bild 7.13) und gleichzeitig den aus einer Konstantstromquelle erregten Parallelschwingkreis. Das sind dem Aufbau nach sog. *duale* Schaltungen (Abschn. 5.3.7.4.).

Reihenkreis *Parallelkreis*

Impedanz Admittanz

$$\underline{Z} = R_r + \mathrm{j}\left(\omega L_r - \frac{1}{\omega C_r}\right) \qquad \underline{Y} = G_p + \mathrm{j}\left(\omega C_p - \frac{1}{\omega L_p}\right) \tag{7.25a}$$

$$= R_r + \mathrm{j}X(\omega), \qquad = G_p + \mathrm{j}B(\omega)\,.$$

$$Z = \sqrt{R_r^2 + X^2(\omega)}\,, \qquad Y = \sqrt{G_p^2 + B^2(\omega)} \tag{7.25b}$$

Scheinwiderstand, Scheinleitwert und die Phasenwinkel φ_z, φ_y

$$\varphi_z = \arctan\frac{\omega L_r - \dfrac{1}{\omega C_r}}{R_r}\,, \qquad \varphi_y = \arctan\frac{\omega C_p - \dfrac{1}{\omega L_p}}{G_p}\,, \tag{7.25c}$$

sind frequenzabhängig (Bild 7.13b, c) und bei der Resonanzfrequenz

$$\omega_0 = \frac{1}{\sqrt{C_r L_r}} = \frac{1}{\sqrt{L_p C_p}} \qquad \textbf{Thomsonsche Formel}$$

verschwindet jeweils der Imaginärteil. Scheinwiderstand (-leitwert) erreichen ein *Minimum* (Bild 7.13b)

$$Z|_{\omega_0} = |\underline{Z}|_{\omega_0} = R_r\,, \qquad Y|_{\omega_0} = |\underline{Y}|_{\omega_0} = G_p\,. \tag{7.25d}$$

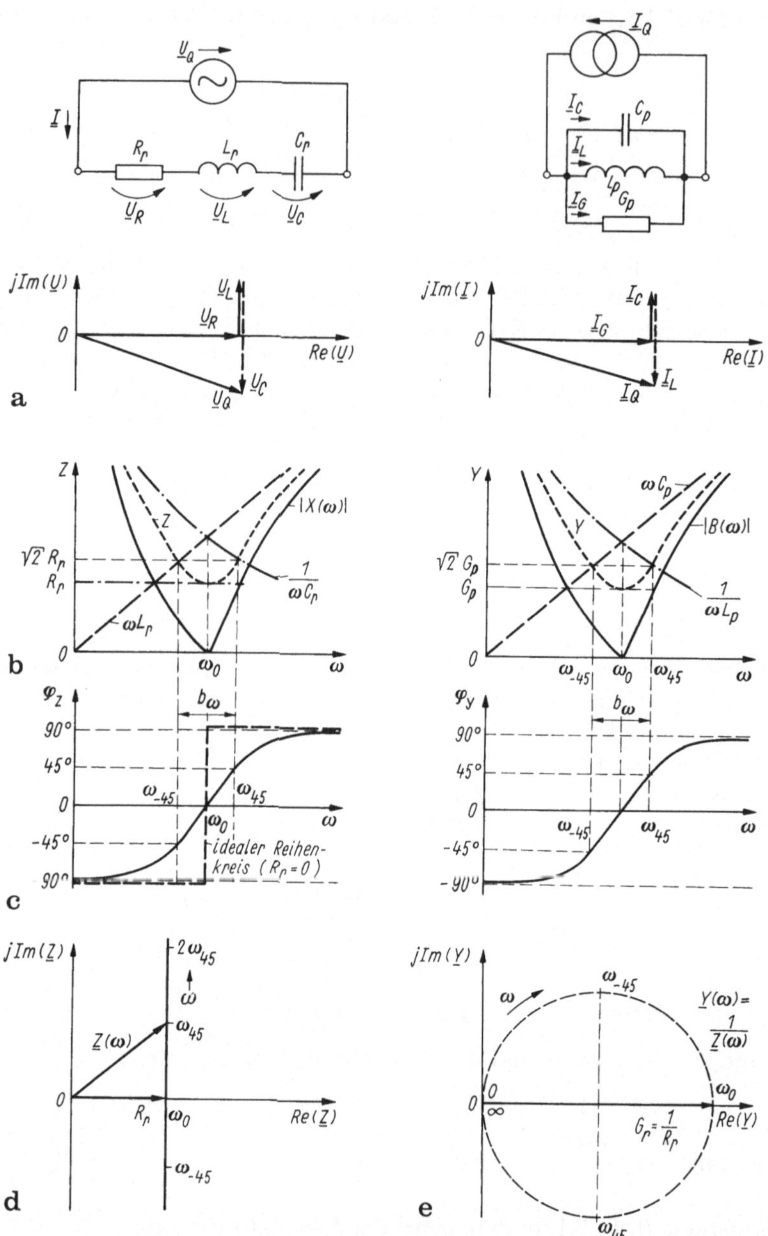

Bild 7.13a–e. Resonanzkreise (Reihen- und Parallelresonanz). **a** Schaltung und Zeigerbild der Teilgrößen; **b** Scheinwiderstand (Scheinleitwert) der Teilkomponenten und der Gesamtschaltung über der Frequenz; **c** Phasenwinkel des Reihen- und Parallelschwingkreises über der Frequenz; **d** Ortskurve der Impedanz $\underline{Z}$ des Reihenkreises (Admittanz $\underline{Y}$ des Parallelkreises); **e** invertierte Ortskurve von **d**

Um einen Resonanzkreis auf Resonanz abzustimmen, können Frequenz, Induktivität oder Kapazität verändert werden.

Der Verlauf $X(\omega)$ bzw. $B(\omega)$ ergibt weiter (Bild 7.13b)

$\omega < \omega_0$ kapazitiv induktiv,

$\omega > \omega_0$ induktiv kapazitiv.

Diskussion. Die Bilder 7.13b und c zeigen die Darstellung von Z und φ für den Reihenkreis (analog für Parallelkreis). Eingetragen sind die Frequenzabhängigkeiten der Scheinwiderstände ωL_r und $1/(\omega C_r)$, der Betrag ihrer Differenz ($|\underline{X}(\omega)|$, voll ausgezogen) sowie R_r. Die geometrische Addition von R_r und X (auch Zeigerbild 7.13a) ergibt den dick ausgezogenen Verlauf Z mit einem Minimum bei $\omega = \omega_0$. Wegen $Z \sim 1/I(U_Q = \text{const})$ hat der Strom im spannungsgespeisten Reihenkreis bei Resonanz seinen Höchstwert (s.u.). Je kleiner R_r, um so größer der Strom.

Aus dem Phasenverlauf $\varphi_z(\omega)$ erkennt man kapazitives Verhalten für $\omega < \omega_0$, weil dann wegen $1/(\omega C_r) > \omega L_r$ die Kapazität den dominierenden Blindwiderstand liefert. Sinngemäß ergibt $\omega > \omega_0$ induktives Verhalten. Man beachte: Beim verlustfreien Schwingkreis springt die Phase bei der Resonanzfrequenz um 180° (Bild 7.13c). Für den Parallelschwingkreis lauten die Ergebnisse analog.

Die *Ortskurve* von $\underline{Z}$ ($\underline{Y}$ analog, Bild 7.13d) ist eine Gerade parallel zur imaginären Achse. Als Frequenzmaßstab wurden zwei Frequenzen ω_{+45} und ω_{-45} gewählt (s.u.) Die invertierte Ortskurve (Bild 7.13e) ergibt einen Kreis durch den Nullpunkt mit dem Durchmesser $1/R_r$ bzw. $1/G_p$.

Wir vereinheitlichen jetzt die Kennzeichnung beider Schwingkreise und führen dazu die *Verstimmung v*, *± 45-Frequenzen* und *Bandbreite* b_ω ein (Bild 7.14a).

1. *Verstimmung v*

$$v = \frac{\omega}{\omega_0} - \frac{\omega_0}{\omega} \tag{7.26}$$

Verstimmung (Definitionsgleichung).

Sie kennzeichnet die *relative Frequenzabweichung* von der Resonanzfrequenz: Merke: $\omega = \omega_0 \rightarrow v = 0$, $\omega \gtrless \omega_0 \rightarrow v \gtrless 0$. Die Einführung der Verstimmung v beseitigt die Unsymmetrie in der Resonanzkurvendarstellung über ω in Nähe der Resonanzfrequenz, z. B. in Bild 7.13b sichtbar.

Mit der Kreisgüte ϱ (Gl. (7.24b)) folgt als *normierte Darstellung* des Schwingkreises (Gl. (7.25a))

$$\underline{Z} = R_r\left[1 + j\frac{1}{R_r}\left(\frac{\omega\omega_0 L}{\omega_0} - \frac{\omega_0}{\omega C\omega_0}\right)\right] = R_r[1 + j\varrho v],$$

$$\underline{Y} = G_p(1 + j\varrho v) \tag{7.27}$$

mit Betrag und Phase

$$\frac{Z}{R_r} = \frac{Y}{G_p} = \sqrt{1 + (\varrho v)^2}, \qquad \varphi_z = \varphi_y = \arctan \varrho v.^1 \tag{7.28}$$

[1]Beachte: Es ist nicht $\varphi_z = -\varphi_y$, da nicht $\underline{Z} = \underline{Y}^{-1}$ vorliegt, sondern duale Schaltungen.

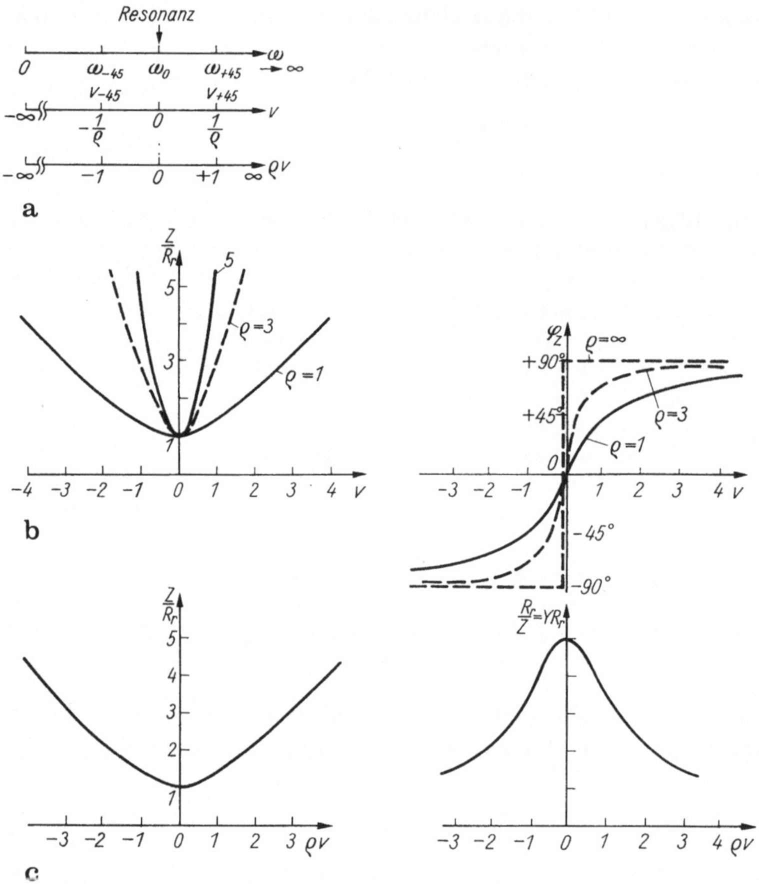

Bild 7.14a–c. Schwingkreis in normierter Darstellung. **a** Zuordnung von Frequenz, Verstimmung v und Produkt ϱv; **b** Einfluß der Kreisgüte auf den Verlauf Z/R_r und den Phasenwinkel über der Verstimmung v; **c** Verlauf von Z/R_r bzw. R_r/Z in Abhängigkeit von v. Das Verhalten aller Schwingkreise wird durch eine Kurve beschrieben

Die Bilder 7.14b und c enthalten die Darstellung von Z und φ über v bzw. ϱv. Besonders gut ist der symmetrische Verlauf zu erkennen. Dann tritt die Kreisgüte ϱ als Parameter auf. Mit steigender Kreisgüte wird der Verlauf $Z(v)$ „schlanker" und der Phasenübergang in Umgebung der Resonanzfrequenz steiler. Man erkennt aus diesem Bild die Zweckmäßigkeit der Darstellung über ϱv. Es genügt eine Kurve gemäß Gl. (7.28).

2. *Die 45°-Frequenzen* $f_{\pm 45}$ (3-dB-Grenzfrequenzen) sind diejenigen Frequenzen, für die der Phasenwinkel $\varphi = \pm 45°$ beträgt und damit der Betrag der Blindkomponente gleich der Wirkkomponente ist. Aus

Reihenkreis | Parallelkreis

$$\omega_{\pm 45} L - \frac{1}{\omega_{\pm 45} C} = \pm R_r \quad bzw. \quad \omega_{\pm 45} C - \frac{1}{\omega_{\pm 45} L} = \pm G_p \tag{7.29a}$$

$\pm$ 45°-Frequenzen (Definitionsgleichung)

folgt unter Verwendung der jeweiligen Kreisgüte durch Lösung einer quadratischen Gleichung[1]

$$\omega_{\pm 45} = \omega_0 \left(\sqrt{1 + \left(\frac{1}{2\varrho}\right)^2} \pm \frac{1}{2\varrho} \right) \approx \omega_0 \left(1 \pm \frac{1}{2\varrho} \right). \tag{7.29b}$$

Die 45°-Frequenzen $\omega_{\pm 45}$ unterscheiden sich um so weniger von der Resonanzfrequenz ω_0, je höher die Kreisgüte ist, also je kleiner die Verluste des Schwingkreises sind. In normierter Darstellung gilt entsprechend (Bild 7.14a) $v_{\pm 45} = \pm \frac{1}{\varrho}$ (normierte 45°-Verstimmung). Real- und Imaginärteil stimmen (definitionsgemäß) überein, und es gilt

$$|\underline{Z}|_{\omega_{\pm 45}} = R_r \sqrt{2}, \qquad |\underline{Y}|_{\omega_{\pm 45}} = G_p \sqrt{2}\,. \tag{7.30}$$

Der Betrag Z bzw. Y steigt auf den $\sqrt{2}$ fachen Wert desjenigen bei Resonanz. Bild 7.14 enthält die Zuordnung von Frequenz, Verstimmung v und des Produktes ϱv mit den eingetragenen Frequenzen $\omega_{\pm 45}$.

3. Die *Bandbreite* b_ω (3-dB-Bandbreite) ist die Differenz zwischen oberer und unterer 45°-Frequenz

$$b_\omega = \omega_{+45} - \omega_{-45} \tag{7.31a}$$

Bandbreite b_ω (3-dB-Bandbreite, Definitionsgleichung)

bzw. $b_f = f_{+45} - f_{-45}$, also mit Gl. (7.29b)

$$b_\omega = \frac{\omega_0}{\varrho} \quad \text{bzw.} \quad b_f = \frac{f_0}{\varrho}\,, \tag{7.31b}$$

Aus Bild 7.13b geht die Definition dieser Bandbreite anschaulich hervor.

Bandbreite, Verstimmung und 3-dB-Grenzfrequenzen kennzeichnen die grundsätzlichen Qualitätsmerkmale eines Schwingkreises:
— Je größer die Kreisgüte (je kleiner die ohmschen Verluste), desto kleiner die Bandbreite.

Große Bandbreite und hohe Kreisgüte (gute Selektivität, s.u.) schließen sich gegenseitig aus. Man verwendet bei großen Bandbreiten deshalb mehrere induktiv oder kapazitiv gekoppelte Kreise. Sie sind schwach gegeneinander verstimmt. Dadurch ergeben sich mehrere dicht nebeneinander liegende Resonanzkurven und bei entsprechender Kreisgüte und Kopplung eine Kurve mit annäherndem Rechteckverlauf.

[1] Beachte: $\sqrt{1 + x^2} \approx 1 + x^2/2$ für $x \ll 1$.

— Bei Abweichung der Frequenz ω gegenüber ω_0 ändert sich Z bzw. Y um so stärker, je größer die Kreisgüte ist (vgl. Verlauf Bild 7.14b).

Größenvorstellung. Die in der Elektrotechnik eingesetzten Schwingkreise haben etwa folgende typische Gütewerte:

	ϱ	f_0
Schwingkreise im NF-Bereich (mit Eisenspule)	10 ... 50	(1 ... 30) kHz
Schwingkreise im Rundfunkempfänger	100 ... 300	450 kHz
	50 ... 150	6 MHz
	50 ... 100	10,7 MHz
UKW-Bereich, Fernsehbereich	10 ... 50	(100 ... 800) MHz
Höchstfrequenztechnik (sog. Topfkreise)	10^4	> 1 GHz

Technisch interessant sind nur Schwingkreise mit möglichst hoher Güte.

Verlustbehaftete Schaltelemente. Spulen und Kondensatoren sind nie verlustfrei. Während man den Verlustleitwert des Kondensators beim Parallelkreis leicht als dessen Wirkleitwert G (Bild 7.13) ausdeuten bzw. ihn dort berücksichtigen kann, muß der in Reihe zu L liegende Verlustwiderstand R_r (Bild 7.15) zunächst in eine äquivalente Parallelschaltung umgeformt werden (zweckmäßig mit Benutzung der Spulengüte, Q_L, Gl. (7.15b))

$$\underline{Y}_p = \frac{1}{R_r + j\omega L} = \frac{1}{R_r(1 + jQ_L)} = \frac{(1 - jQ_L)}{R_r(1 + Q_L^2)}, \qquad Q_L = \frac{\omega L}{R_r} = f(\omega) \ .$$

Damit lautet der Schwingkreisleitwert

$$\underline{Y} = G + \frac{1}{R_r(1 + Q_L^2)} + j\left[\omega C - \frac{\omega L}{R_r^2(1 + Q_L^2)}\right] = G_p(\omega) + j\left(\omega C - \frac{1}{\omega L(\omega)}\right) .$$

Die Resonanzfrequenz folgt aus Gl. (7.23b) $\mathrm{Im}(\underline{Y}(\omega_0')) = 0$ und ergibt mit $Q_L = \frac{\omega_0 L}{R_r}$ bei Resonanz $\frac{\omega_0^2 L^2}{R_r} = \frac{L}{CR_r^2} - 1$, d.h.,

$$\omega_0' = \sqrt{\frac{1}{LC} - \left(\frac{R_r}{L}\right)^2} \approx \omega_0\left(1 - \frac{1}{2Q_L^2(\omega_0)}\right) \tag{7.32a}$$

Resonanzfrequenz eines Parallelkreises mit verlustbehafteter Spule.

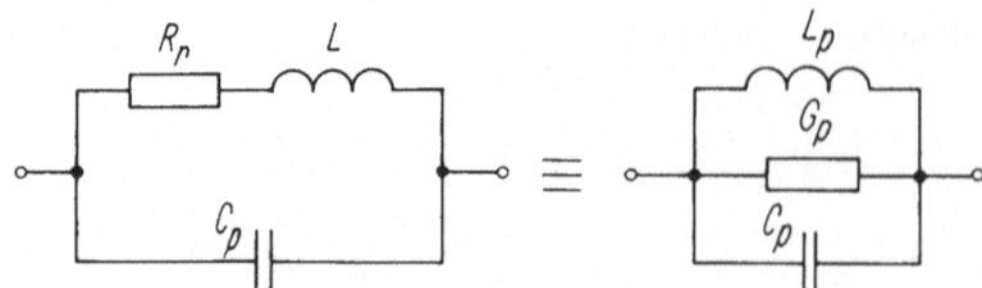

Bild 7.15. Resonanzkreis mit technischer Spule und gleichwertiger Ersatzschaltung als Parallelkreis

Die Resonanzfrequenz ω_0' ist etwas kleiner als $\omega_0 = \frac{1}{\sqrt{LC}}$; für $Q_L > 5$ beträgt der Fehler weniger als 2%. Bei Resonanz hat der Kreis den (reellen) Leitwert

$$\underline{Y}(\omega_0') = G + \frac{1}{R_r(1 + Q_L^2)} \approx G + \frac{1}{R_r^2 Q_L^2} \,. \tag{7.32b}$$

Im Resonanzfall transformiert sich der (relativ kleine) Reihenwiderstand R_r durch den Resonanzkreis in einen sehr kleinen Leitwert $G' = 1/(R_r Q_L^2)$ bzw. sehr großen Widerstand $R' = 1/G' = R_r Q_L^2$(s.u.).

7.1.4.3 Zusammenspiel Schwingkreis—aktiver Zweipol

Das charakteristische Verhalten des Schwingkreises tritt besonders beim Zusammenschalten mit dem Generator in Erscheinung. Dort läßt es sich auch experimentell leicht überprüfen. Dabei begnügt man sich aus praktischen Gründen mit der Beurteilung der Beträge (Effektivwerte) von Strom und Spannung (Bild 7.16).

Das typische Verhalten tritt zutage beim

Reihenkreis	Parallelkreis
durch den *Strom I* bei *konstanter Quellenspannung* U_Q (Gl. (7.28a))	durch die *Spannung U* bei *konstantem Quellenstrom* I_Q (Gl. (7.28b))

$$I(\omega) = \frac{U_Q}{Z(\omega)} = \frac{U_Q}{R_r\sqrt{1 + (\varrho v)^2}}\,, \quad U(\omega) = \frac{I_Q}{Y(\omega)} = \frac{I_Q}{G_p\sqrt{1 + (\varrho v)^2}} \tag{7.33a}$$

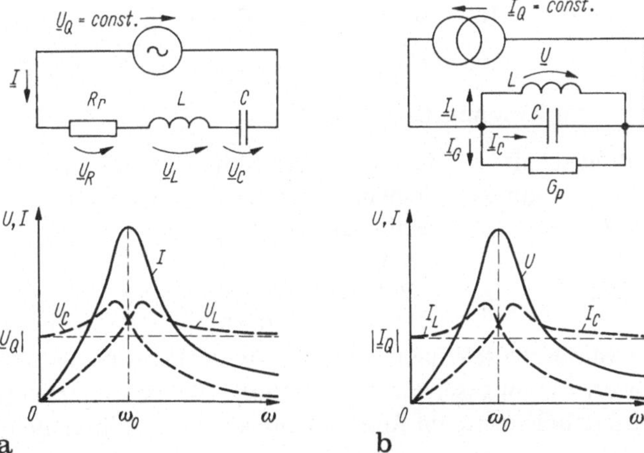

Bild 7.16a, b. Reihen- und Parallelschwingkreis bei Spannungs- bzw. Stromquelleneinspeisung. **a** Reihenkreis; **b** Parallelkreis

mit dem *Maximalwert bei Resonanz* ($\varrho v = 0$) (s. Gl. (7.25d))

$$I(\omega_0) = \frac{U_Q}{R_r}, \qquad U(\omega_0) = \frac{I_Q}{G_p}.$$

Im Resonanzfall besteht deshalb die Gefahr der *Stromüberlastung* (*Spannungsüberlastung*) der Bauelemente. Der Kreis verhält sich so, als wären die Blindschaltelemente durch *Kurzschluß* (*Leerlauf*) ersetzt und nur R_r bzw. G_p im Kreis vorhanden.

Die Spannungen U_C, U_L über den Blindwiderständen X_L, X_C lauten

$$U_C(\omega) = \frac{I(\omega)}{\omega C}, \quad U_L(\omega) = \omega L I(\omega).$$

Die Ströme I_C, I_L durch die Blindleitwerte B_L, B_C lauten

$$I_L(\omega) = \frac{U(\omega)}{\omega L}, \quad I_C(\omega) = \omega C U(\omega). \tag{7.33b}$$

Ihre Frequenzgänge unterscheiden sich vom Verlauf $I(\omega)$ bzw. $U(\omega)$ Gl. (7.28b) nur durch den noch überlagerten $1/\omega$ bzw. ω-Gang. Dadurch liegt das Spannungs- (Strom-) Maximum nicht genau bei der Resonanz, sondern bei etwas niedrigeren (U_C, I_L) bzw. höheren (U_L, I_C) Frequenzen (s. Bild 7.16):

$$U_C(\omega) = \frac{1}{\omega C R_r} \frac{U_Q}{\sqrt{1 + (\varrho v)^2}} = \frac{\omega_0 \varrho U_Q}{\omega \sqrt{1 + (\varrho v)^2}}, \qquad I_L(\omega) = \frac{1}{\omega L G_p} \frac{I_Q}{\sqrt{1 + (\varrho v)^2}} = \frac{\omega_0}{\omega} \frac{\varrho I_Q}{\sqrt{1 + (\varrho v)^2}},$$

$$U_L(\omega) = \frac{\omega L}{R_r} \frac{U_Q}{\sqrt{1 + (\varrho v)^2}} = \frac{\varrho \omega U_Q}{\omega_0 \sqrt{1 + (\varrho v)^2}}, \qquad I_C(\omega) = \frac{\omega C}{G_p} \frac{I_Q}{\sqrt{1 + (\varrho v)^2}} = \frac{\omega}{\omega_0} \frac{\varrho I_Q}{\sqrt{1 + (\varrho v)^2}}. \tag{7.33c}$$

Der Unterschied ist für Güten $\varrho > 10$ vernachlässigbar. Dann gilt bei Resonanz

$$U_C(\omega_0) = U_L(\omega_0) = U_Q \varrho, \qquad I_C(\omega_0) = I_L(\omega_0) = I_Q \varrho. \tag{7.33d}$$

Im Resonanzfall erreicht

die Spannung über den Blindschaltelementen ein Maximum (Spannungsgefährdung durch ϱ-fache Generatorspannung),
z. B. $U_Q = 100\,\text{V} \rightarrow \varrho = 200$
$\rightarrow U_C = U_L = 20\,\text{kV}$!

der Strom durch die Blindschaltelemente ein Maximum (Stromgefährdung durch ϱ-fachen Generatorstrom),
z. B. $I_Q = 0{,}1\,\text{A} \rightarrow \varrho = 200$
$\rightarrow I_C = I_L = 20\,\text{A}$!

Die Blindleistung in den Blindschaltelementen beträgt dann das ϱ-fache der im Wirkwiderstand R_r (Leitwert G_p) umgesetzten Wirkleistung! Die besonders starke Beanspruchung der Blindschaltelemente im Resonanzpunkt muß bei ihrer Bemessung beachtet werden.

Der Anschluß eines Generators mit Innenwiderstand (Innenleitwert) kann durch eine Senkung der Kreisgüte ϱ ($\rightarrow$ Kreisverschlechterung) interpretiert werden.

LC-Tief-/Hochpaß 2. Ordnung. Grundsätzlich kann der Verlauf Gl. (7.33c) als Tief-/Hochpaß zweiter Ordnung dienen. Beim Reihenschwingkreis haben die Teilspannungen U_C, U_L nach Gl. (7.33c) „Filtereigenschaften". Die Kondensatorspannung U_C wirkt als Tiefpaß: für $\omega \to 0$ stellt die Induktivität einen Kurzschluß dar und die Kapazität eine Leitungsunterbrechung: Durchlaßverhalten. Im Falle $\omega \to \infty$ wirkt dagegen L als Unterbrechung und C als Kurzschluß. Damit ist das Tiefpaßverhalten grundsätzlich erkennbar (vgl. Bild 7.16a)

$$U_C \approx U_Q|_{\omega \ll \omega_0}, \qquad U_C \approx U_Q(\omega_0/\omega)^2|_{\omega \gg \omega_0}. \tag{7.33e}$$

Dies drückt das Bode-Diagramm (Bild 7.17a) deutlich aus.

Für die Güte $\varrho \geqslant 1/\sqrt{2}$ bekommt der Verlauf von U_C Tiefpaß-Charakter mit der Grenzfrequenz ω_0 und einem Abfall von -12 dB/Okt. (-40 dB/Dek.).

Hochpaß 2. Ordnung. Die Spannung $\underline{U}_L$ über der Induktivität zeigt Hochpaß-Verhalten (Bild 7.17b). Wir bekommen für $\omega \ll \omega_0$ $U_L \approx (\omega/\omega_0)^2 U_Q$. Die Kurve steigt im Bode-Diagramm mit 40 dB/Dek. an und erreicht die Asymptote $U_L \approx U_Q$ bei $\omega \gg \omega_0$.

Das hier diskutierte Verhalten des Reihenschwingkreises gilt ganz analog für den Parallelschwingkreis, wenn dort die Stromübersetzungen der Kondensator- bzw. Spulenströme, bezogen auf den eingeprägten Quellenstrom, betrachtet werden.

7.1.4.4 Anwendungen

Die Anwendung von Resonanzkreisen basiert auf ihrer Fähigkeit der Energiespeicherung und -pendelung, dem Minimum/Maximum des Scheinwiderstandes bei Resonanzfrequenz und der Spannungs- oder Stromerhöhung. Typische Anwendungsfelder sind:

1. Blindleistungskompensation (s. Abschn. 6.4.5);
2. Ausnutzung frequenzselektiver Eigenschaften (Hoch-, Tief-, Bandpass). Anwendungen umfassen:

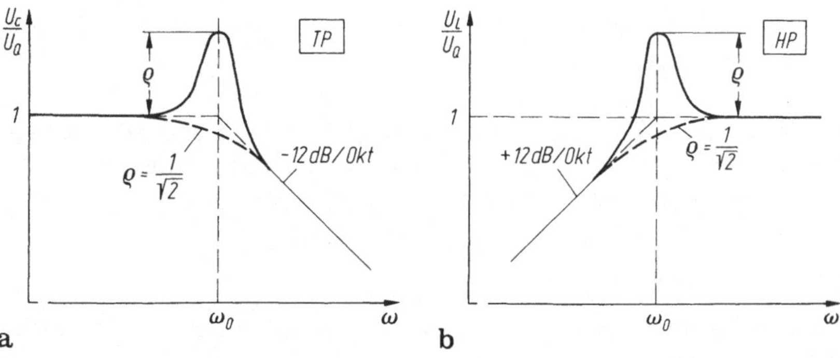

Bild 7.17a, b. Schwingkreis als Tief-/Hochpaß 2. Ordnung. **a, b** Bode-Diagramm der bezogenen Spannungen (vgl. Bild 7.16a).

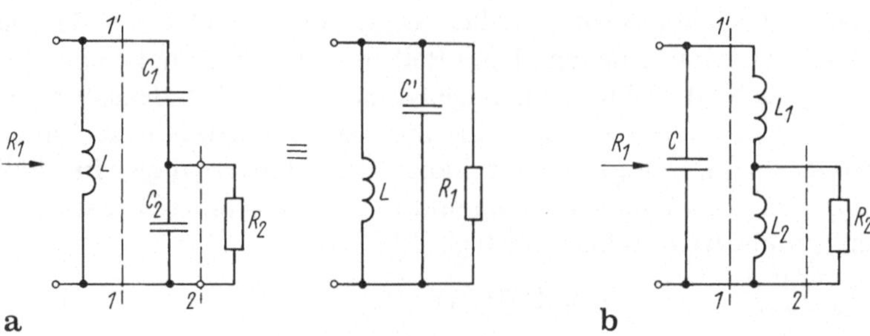

Bild 7.18a, b. Widerstandstransformation mit Schwingkreis. **a** kapazitive Teilankopplung; **b** induktive Teilankopplung

— Erzeugung hoher Spannungen und Ströme (z. B. zur industriellen Erwärmung).
— Widerstandstransformation durch Resonanzkreise, z. B. eines geringen Widerstandes in einen großen und umgekehrt (Gl. (7.32b)). Beispielsweise kann ein Widerstand R_2 am Schwingkreis (Bild 7.18) transformiert werden durch:

a) Kapazitive Teilankopplung: Für $R_2 > 10|X_{C2}|$ gilt angenähert an den Eingangsklemmen des Schwingkreises für den Ersatzwiderstand R_1

$$R_1 \approx R_2\left(1 + \frac{C_2}{C_1}\right)^2, \quad \omega_0 = \frac{1}{\sqrt{LC}} \approx \frac{1}{\sqrt{L\dfrac{C_1 C_2}{C_1 + C_2}}}. \tag{7.34a}$$

b) Induktive Teilankopplung: $R_2 > 10X_{L2}$ (Schaltung Bild 7.18b). Hier ergibt sich

$$R_1 \approx R_2\left(1 + \frac{L_1 \pm M}{L_2 \pm M}\right)^2 \tag{7.34b}$$

bzw. $M = 0$, wenn die Spulen nicht gekoppelt sind.

Beide Schaltungen eignen sich umgekehrt auch zur Transformation eines hochohmigen Widerstandes R_1 in einen niederohmigen R_2, wenn man R_1 an Klemmenpaar 1-1' schaltet und an den Klemmen 2 den Widerstand R_2 mißt.

7.1.5 Bandpaß- und Bandsperrenschaltungen

Bandpaß/-sperren (Bild 7.5) haben typischerweise einen mehr oder weniger „schmalen" Durchlaß- bzw. Sperrfrequenzbereich und damit zwangsläufig
— eine *untere* und *obere Grenzfrequenz* ω_{gu}, ω_{go};
— eine *Bandbreite* b als Differenz beider Grenzfrequenzen

$$b_f = f_{go} - f_{gu} \text{ bzw. } b_\omega = \omega_{go} - \omega_{gu}$$

— sowie eine *Bandmittenfrequenz* f_m als geometrisches Mittel aus oberer und unterer Grenzfrequenz

$$f_m = \sqrt{f_{gu} f_{go}} \text{ bzw. } \omega_m = \sqrt{\omega_{gu}\,\omega_{go}}\,.$$

Der Quotient zwischen Bandbreite und Bandmittenfrequenz heißt *relative Bandbreite* $d = b_f/f_m = b/\omega_m$ (vgl. 7.31b). Man spricht von einem *Schmalbandfilter*, wenn die Bandmittenfrequenz deutlich *größer* als die Bandbreite ist (z. B. $f_{gu} = 950\,\text{kHz}, f_{go} = 1\,\text{MHz}, b_f = 50\,\text{kHz}, \rightarrow d \ll 1$). Beim *Breitbandfilter* dagegen sind obere Grenzfrequenz und Bandbreite von gleicher Größenordnung.

Wir greifen zwei typische Beispiele von Bandpässen heraus, das LC-und das RC-Filter.

LC-Filter. Im Bild 7.16a hat der Strom durch den Reihenkreis und damit auch die Spannung $\underline{U}_R$ im Resonanzfall ein Maximum. Sie kann als Ausgangsgröße eines LC-Filters angesehen werden: *Grundtyp eines Bandpasses.* Die untere und obere Grenzfrequenz sind die Frequenzen $\omega_{\pm 45}$ Gl. (7.29b). Im *Bode-Diagramm* steigt $U_R \approx \sim \omega U_Q$ für $\omega \ll \omega_0$ mit 6 dB/Okt. und fällt für $\omega \gg \omega_0$ mit $-$ 6 dB/Okt. ab. Beide Asymptoten schneiden sich bei ω_0.

RC-Bandpaß. Ein Bandpaß kann auch nur aus Widerständen und Kondensatoren aufgebaut werden. Beispielsweise ergibt eine Kettenschaltung eines RC-Hoch- und Tiefpasses (ohne oder mit Trennverstärker, Bild 7.19a) Bandpaßverhalten. Für hohe und tiefe Frequenzen verschwindet die Ausgangsspannung. Die auch als *Wien-Glied* bekannte Schaltung hat ein Spannungsübersetzungsverhältnis $\underline{U}_a/\underline{U}_e$ (Spannungsteilerregel)

$$\frac{\underline{U}_a}{\underline{U}_e} = \frac{\underline{Z}_2}{\underline{Z}_2 + \underline{Z}_1} = \frac{\dfrac{1}{(1/R) + j\omega C}}{\dfrac{1}{(1/R) + j\omega C} + R + \dfrac{1}{j\omega C}} = \frac{j\omega RC}{(1 + j\omega RC)^2 + j\omega RC}$$

$$= \frac{j\Omega}{1 - \Omega^2 + 3j\Omega} = Ae^{j\varphi} \tag{7.35a}$$

mit $\Omega = \omega RC$. Betrag und Phase lauten

$$A = \frac{1}{\sqrt{(1/\Omega - \Omega)^2 + 9}}, \qquad \varphi = \arctan\frac{1 - \Omega^2}{3\Omega}. \tag{7.35b}$$

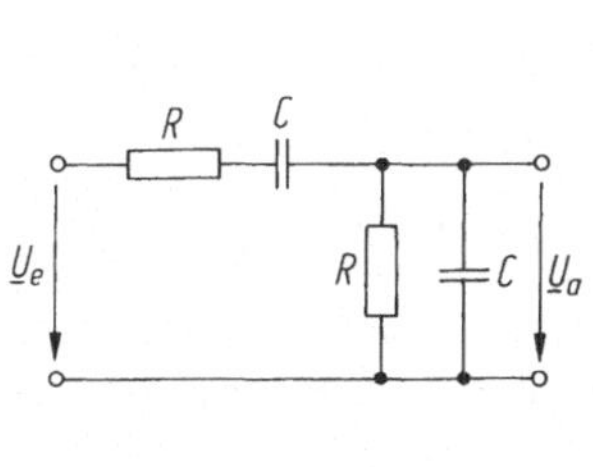

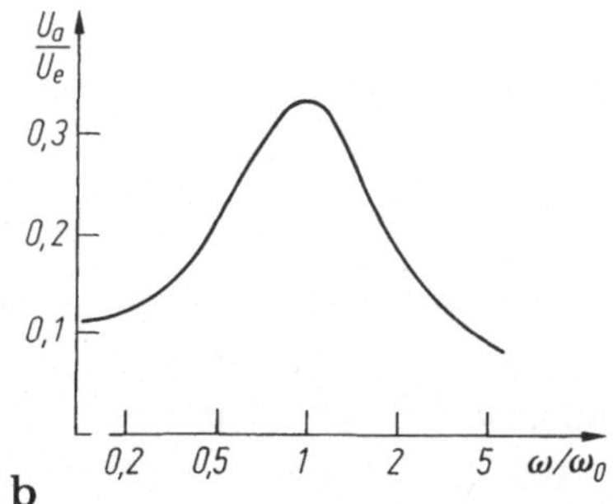

Bild 7.19a, b. *RC*-Bandpaßfilter. **a** Schaltung; **b** Betrag der bezogenen Ausgangsspannung

Die Ausgangsspannung erreicht ein Maximum für $\Omega = 1$: *Resonanz* (Bandmittenfrequenz) herrscht bei

$$\omega_0 = 1/RC \tag{7.35c}$$

mit einem Spannungsübertragungsverhältnis $A = 1/3$. Wegen des flachen Verlaufes in Resonanznähe hat dieser Bandpaß nur geringe Selektivität. Er wird aber häufig als frequenzbestimmendes Netzwerk in RC-Oszillatoren verwendet sowie in der sog. *Wien-Robinson-Meßbrücke* (s. Abschn. 7.4.2).

Filter höherer Ordnung. Die diskutierten Filterschaltungen 1. und 2. Ordnung zeigen voll die Grundeigenschaften von Siebschaltungen. Für technische Anwendungen sind oft Filter höherer Ordnung (typisch 10 . . . 15) für extreme Flankensteilheiten erforderlich. Deshalb wurden in den verflossenen Jahrzehnten sehr viele Filtertypen und Realisierungsvarianten entwickelt und entsprechende Entwurfsstrategien ausgearbeitet.

Filterrealisierungen. Ein erheblicher Teil der im Bereich von einigen 100 Hz bis zu vielen MHz eingesetzten Filter nutzt die klassischen Elemente Kondensator und Spulen: LC-Filter. Sie haben den Vorteil, auch für größere Leistungen (Energietechnik, Antennen, Sendetechnik) nutzbar zu sein.

Steht die Schaltungsintegration im Vordergrund (oder muß ein Filter für sehr tiefe Frequenzen entwickelt werden, wo die geforderten Induktivitäten zu groß würden), so eignen sich *aktive RC-Filter* aus Widerständen, Kondensatoren und rückgekoppelten Verstärkern (Operationsverstärkern) besser. Eine besondere Realisierungsform sind dabei die *Schalter-Kondensator-Filter* (SC-Switched-capacitor-Filter). Sie enthalten Schalter, Kondensatoren, Verstärker, arbeiten nach dem Prinzip abtastender Analogschaltungen und gestatten eine sehr effiziente Filterrealisierung (von LC- und RC-Ausgangsfilterformen) mit den modernen Methoden der integrierten MOS-Technik.

Eine andere verbreitete Realisierungsform von Filtern nutzt mechanische Schwinger, etwa Schwingquarze oder mechanische Filter. Quarze sind Anordnungen, die sich ersatzschaltungsmäßig wie elektrische Schwingkreise mit extrem hoher Güte ($\varrho > 10^4$) verhalten.

7.2 Vierpole

Wir führten bisher die Grundaufgabe der Elektrotechnik/Elektronik (s. Abschn. 0.1) auf das Zusammenspiel zwischen Quelle und Verbraucher im Grundstromkreis zurück (Abschn. 2.4.3). Sehr häufig ist ein weiteres Netzwerk mit zwei Paar funktionell zusammenwirkenden Klemmen – sog. *Toren* – zwischengeschaltet: ein *Zweitor* oder *Vierpol*. Ein solches Netzwerk kann – je nach Aufgabenstellung – ganz verschiedenen „Inhalt“ haben: eine Leitung zur Energieversorgung, Transformatoren, Filter, Verstärker, gesteuerte Quellen, Dämpfungsglieder u. a. m. Auch ein Spannungsteiler oder RC-Tief-/Hochpaß ist ein solcher Vierpol. Vierpole haben somit in erster Linie *Übertragungseigenschaften.* Sie sind eine besonders wichtige Klasse von Netzwerken. Ihre grundlegenden Eigenschaften wollen wir in diesem Abschnitt kennenlernen.

7.2.1 Grundeigenschaften des Vierpols

7.2.1.1 Vierpolbegriff

Ein Netzwerk mit vier Klemmen heißt Vierpol. Er wird zwischen Quelle und Verbraucher geschaltet (Bild 7.20a). Das quellenseitige Klemmenpaar ist der Vierpoleingang, das verbraucherseitige der Vierpolausgang. Zwischen den vier Vierpolklemmen treten vier allgemeine Spannungen $u_{ik}(t)$ und vier Ströme i_1, i'_1, i_2, i'_2 auf. Von ihnen sind nach dem Knoten- und Maschensatz nur je drei unabhängig.

Für alle praktisch wichtigen *Übertragungsvierpole* gilt noch folgende Einschränkung: Die Quelle sei nur über den Vierpol mit dem Verbraucher (nicht auf anderem Wege) verbunden. Dann tritt der Strom i_1 an Klemme *1* ein und *1'* aus, gleichermaßen der Strom i_2 bei *2* aus und bei *2'* wieder ein:

Übertragungsvierpole werden stets durch zwei unabhängige Ströme i_1, i_2 beschrieben.

Für das Zusammenspiel Quelle—Verbraucher interessieren von den drei unabhängigen Spannungen nur die beiden *Querspannungen* u_1 and u_2 zwischen den Klemmen *11'* und *22'*. Dann wird ein Vierpol durch die beiden Gleichungen

$$i_1 = f(u_1, u_2),\; i_2 = g(u_1, u_2) \tag{7.36}$$

i-*u*-Beziehung des allgemeinen Vierpols (Zweitor).

(oder beliebig vertauschten Beziehungen im Zeitbereich zwischen abhängigen und unabhängigen Variablen) beschrieben. Dabei sind *Dreipole* (d. h. Vierpole mit durchgehender Erdverbindung zwischen zwei Klemmen, (Bild 7.20c) zwangsläufig eingeschlossen.

Nach den im Vierpol enthaltenen Netzwerkelementen gibt es (s. Abschn. 5.1) *linear zeitunabhängige, linear zeitabhängige* und *nichtlineare Vierpole.* Wir beschränken uns auf erstgenannte.

Strom-Spannungs-Beziehungen. Der Strom-Spannungs-Zusammenhang Gl. (7.36) kann dargestellt werden entweder graphisch in Form *statischer Kennlinienfelder*[1] (s. Abschn. 7.2.1) oder analytisch durch *Vierpolgleichungen.* Das sind bei linearen zeitunabhängigen Vierpolen im Frequenzbereich lineare Beziehungen zwischen den Klemmengrößen $\underline{I}_1$, $\underline{I}_2$ und $\underline{U}_1$, $\underline{U}_2$ (ruhende oder rotierende Zeiger).

Bezugssinn. Die allgemeine *I*-*U*-Beziehung (7.36) erfordert wie beim Zweipol eine Richtungsfestlegung der Klemmenströme und -spannungen. Zwei Darstellungen sind üblich (und aus verschiedenen Gründen auch zweckmäßig, Bild 7.21):

---

[1] Statische Kennlinie im Unterschied zur dynamischen (Abschn. 5.1.5) .

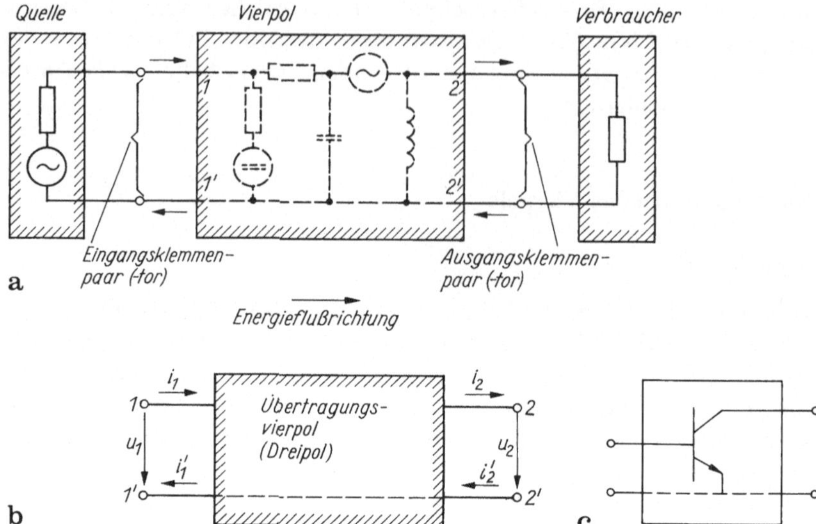

Bild 7.20a, b. Vierpolbegriff. **a** Anordnung eines Vierpolnetzwerkes zwischen aktivem und passivem Zweipol; **b** allgemeiner Vierpol; **c** npn-Transistor als Beispiel eines Dreipols

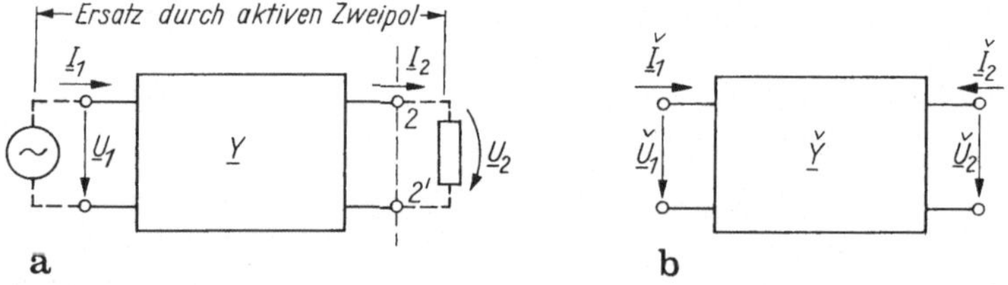

Bild 7.21a, b. Richtung der Ströme und Spannungen am allgemeinen Vierpol. **a** Kettenpfeilsystem (Ausgangsseite: Erzeugerpfeilsystem); **b** symmetrisches Pfeilsystem (Ausgangsseite: Verbraucherpfeilsystem)

1. Kettenpfeilsystem (auch *technische* oder *unsymmetrische Vorzeichenrichtung* genannt). Hier fließt $\underline{I}_1$ in den Vierpol, $\underline{I}_2$ aus ihm heraus: (Bild 7.21a) oder: eingangsseitiges Verbraucher-, ausgangsseitiges Erzeugerpfeilsystem. Das ist die physikalisch natürliche Festlegung. Beispielsweise treibt die Quellspannung einen Strom positiv in den Vierpoleingang und ein Zweigstrom fließt aus dem Vierpol in den Verbraucher. Von den Klemmen *2-2'* her gesehen wirkt die Gesamtanordnung Quelle—Vierpol wie ein aktiver Zweipol.

2. Symmetrisches Pfeilsystem (auch *mathematische Vorzeichenrichtung* genannt, Bild 7.21b). Hier wird die Richtung von $\underline{I}_2$ vertauscht: $\underline{I}_2$ fließt in den Vierpol in positiver Richtung (beiderseitiges Verbraucherpfeilsystem).

Diese Darstellung ist für verschiedene Grundsatzuntersuchungen (z. B. Stabilitätsbetrachtungen) zweckmäßig. Dort stört das Mitschleppen von negativen Vorzeichen, die sich z. T. beim Kettenpfeilsystem ergeben. Wir sind daher bei Vierpolbetrachtungen gehalten,

— den Umgang mit beiden Vorzeichenfestlegungen von $\underline{I}_2$ zu erlernen
— und sorgsam darauf zu achten, welches der beiden Systeme jeweils benutzt wird. Optisch wird dies am einfachsten durch Eintragung des Zählpfeiles $\underline{I}_2$ am entsprechenden Vierpol ausgedrückt.

Da beim Übergang vom unsymmetrischen- zum symmetrischen Pfeilsystem und zurück häufig Vorzeichenfehler auftreten, wird das gewählte symmetrische Pfeilsystem durch einen auf dem Kopf stehenden Akzent (Zirkumflex ( )) auf den Größen (Ströme, Spannungen, Vierpolparameter) zum Ausdruck gebracht. Dann gelten folgende Zuordnungen: *Kettenpfeilsystem* (Vierpolparamter $\underline{Z}_{ik}$, $\underline{Y}_{ik}$ usw.) $\underline{U}_1$, $\underline{I}_1$, $\underline{U}_2$, $\underline{I}_2$; *symmetrisches Pfeilsystem* (Vierpolparameter $\check{\underline{Z}}_{ik}$, $\check{\underline{Y}}_{ik}$ usw.) $\check{\underline{U}}_1 = \underline{U}_1, \check{\underline{I}}_1 = \underline{I}_1, \check{\underline{U}}_2 = \underline{U}_2, -\check{\underline{I}}_2 = \underline{I}_2$.

Vierpolarten. Vierpole werden unterteilt in
— *passive* Vierpole ohne ungesteuerte Quellen. Dazu gehören Vierpole aus zusammengeschalteten passiven Zweipolen (R, L, C, M);
— *aktive* Vierpole mit gesteuerten und/oder ungesteuerten Quellen.

Vierpole mit ungesteuerten Quellen liefern (analog zum aktiven Zweipol) an ihren Klemmen Kurzschlußströme und Leerlaufspannungen. Das ist z. B. bei der Schaltung nach Bild 7.24a der Fall. Vierpole mit *gesteuerten Quellen* sind in erster Linie die gesteuerten Quellen selbst (Abschn. 5.1.1) sowie Vierpolnetzwerke damit. Im Gegensatz zu den unabhängigen Quellen verschwinden die Steuerquellen bei verschwindenden Vierpolklemmenströmen und -spannungen. Vierpole mit gesteuerten Quellen *müssen* nicht aktiv sein; es sind auch passive Anordnungen bekannt.

7.2.1.2 Vierpolgleichungen

7.2.1.2.1 Darstellungsarten

Vierpolgleichungen. Für einen linear zeitunabhängigen Vierpol lassen sich — wie für jedes Netzwerk — die Netzwerk-Differentialgleichungen analog zu Gl. (5.121) aufstellen. Werden sie in den Frequenzbereich transformiert (s. Abschn. 6.2.2), so entstehen die Vierpolgleichungen in der Vierpolform Gl. (7.36)

$$\begin{aligned}\underline{I}_1 &= \underline{Y}_{11}\underline{U}_1 + \underline{Y}_{12}\underline{U}_2\\ \underline{I}_2 &= \underline{Y}_{21}\underline{U}_1 + \underline{Y}_{22}\underline{U}_2\end{aligned} \tag{7.37a}$$

Vierpolgleichungen in Admittanzform (Definitionsgleichung)

oder in *Matrixschreibweise* (s. auch Tafel 7.1)

$$\begin{bmatrix}\underline{I}_1\\ \underline{I}_2\end{bmatrix} = \begin{bmatrix}\underline{Y}_{11} & \underline{Y}_{12}\\ \underline{Y}_{21} & \underline{Y}_{22}\end{bmatrix}\cdot\begin{bmatrix}\underline{U}_1\\ \underline{U}_2\end{bmatrix} \quad \text{bzw. abgekürzt } [\underline{I}] = [\underline{Y}][\underline{U}]\ . \tag{7.37b}$$

Die letzte Darstellung ist das *verallgemeinerte Ohmsche Gesetz* in *Matrixform.* Dabei ist $[\underline{U}]$ der Spaltenvektor der unabhängigen Spannungen, $[\underline{I}]$ der Spaltenvektor der abhängigen Ströme und $[\underline{Y}]$ die *Vierpoladmittanzmatrix.* Ihre Koeffizienten haben die Dimension eines Leitwertes. Sie heißen *Admittanzparameter, Admittanzoperatoren* oder *Leitwertparameter.*

Häufig wählt man statt der Doppelindices abkürzend: i (Eingang, *i*nput) anstelle von 11: r (rückwärts. *r*everse) anstelle von 12; f (vorwärts, *f*orward) anstelle von 21; o (Ausgang, *o*utput) anstelle von 22.

Die Bedeutung der Leitwertparameter folgt aus ihrer Definitionsgleichung (Bild 7.22). Dazu wird jeweils eine der beiden unabhängigen Variablen $\underline{U}_1$ oder $\underline{U}_2$ gleich Null gesetzt (dem entspricht schaltungstechnisch ein Kurzschluß $\underline{U} = 0$) und der restliche Quotient von Strom und Spannung bestimmt (s. u.). So folgen die Definitionen:

Betriebszustand $\underline{U}_2 = 0$ (ausgangsseitiger Kurzschluß)

$\underline{Y}_{11} = \left.\frac{\underline{I}_1}{\underline{U}_1}\right|_{\underline{U}_2=0}$ [1] Kurzschluß-Eingangsadmittanz (Kurzschlußleitwert vorwärts),

$\underline{Y}_{21} = \left.\frac{\underline{I}_2}{\underline{U}_1}\right|_{\underline{U}_2=0}$ Kurzschluß-Übertragungsadmittanz vorwärts, auch Vorwärtssteilheit (Röhre, Transistor); Transadmittanz; Kernadmittanz vorwärts.

Betriebszustand $\underline{U}_1 = 0$ (eingangsseitiger Kurzschluß)

$\underline{Y}_{12} = \left.\frac{\underline{I}_1}{\underline{U}_2}\right|_{\underline{U}_1=0}$ negative Kurzschluß-Übertragungsadmittanz rückwärts (häufig: Rückwärtssteilheit, Kurzschlußrückadmittanz),

$\underline{Y}_{22} = \left.\frac{\underline{I}_2}{\underline{U}_2}\right|_{\underline{U}_1=0}$ negative[2] Kurzschlußrückadmittanz rückwärts (häufig: negative Ausgangskurzschluß-Admittanz).

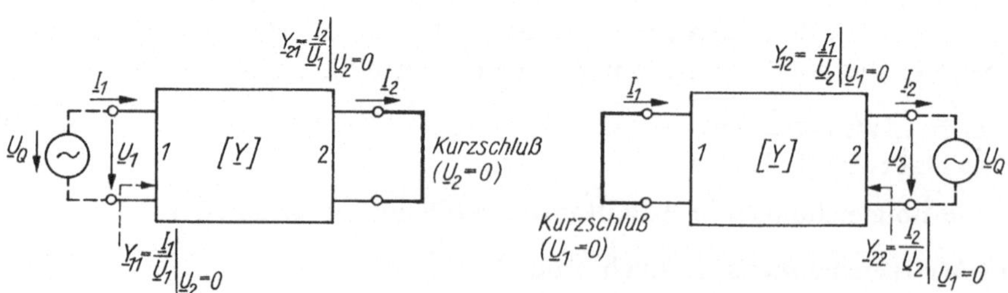

Bild 7.22a, b. Bedeutung der Leitwertparameter. **a** ausgangsseitiger Kurzschluß, Bestimmung von $\underline{Y}_{11}$ und $\underline{Y}_{21}$; **b** eingangsseitiger Kurzschluß, Bestimmung von $\underline{Y}_{22}$ und $\underline{Y}_{12}$

[1] Gelesen: $\underline{I}_1$ dividert durch $\underline{U}_1$ bei $\underline{U}_2 = 0$ als Nebenbedingung .

[2] Bei Y-Größe positiv .

Die Angabe „vorwärts" bzw, „rückwärts" bezieht sich auf den Energie- bzw. Signalfluß von Vierpolseite 1 nach 2 resp. umgekehrt. Im Kettenpfeilsystem stimmen die Richtungen der Ströme mit dem Leistungsfluß im Vorwärtsbetrieb überein.

Die Vierpolleitwertparameter zerfallen in:

- *Zweipolgrößen* (Leitwert-, Widerstandsoperatoren, Admittanzen, Immittanzen) bei Übereinstimmung beider Indizes. Physikalisch gesehen liegt eine Widerstandsbestimmung an einem Klemmenpaar unter spezifischer Abschlußbedingung (z. B. Kurzschluß (Bild 7.22), Leerlauf, siehe die folgenden Ausführungen) des anderen vor.
- *Übertragungs-* oder *Transfergrößen.* Sie verknüpfen eine Strom- oder Spannungsgröße einer Vierpolseite mit Strom oder Spannung auf der anderen unter bestimmten Nebenbedingungen, also z. B. Bild 7.22
  Ausgangskurzschlußstrom = $\underline{Y}_{21}$ · Eingangsspannung.

Derartige Koeffizienten können schaltungstechnisch durch *gesteuerte Quellen* realisiert werden (Abschn. 5.1.1.2).

Die Leitwertform wird angewendet, wenn die Quelle als Stromquelle und der Verbraucherzweipol als Parallelschaltung mehrerer Leitwerte (z. B. Parallelschwingkreis) gegeben sind. Daraus resultiert ihre Verbreitung in elektronischen Schaltungen.
Der Begriff „Vorwärtssteilheit" stammt aus diesem Bereich. Hinzu kommt, daß man den zur Parameterbestimmung nötigen Kurzschluß ($\underline{U}_1$ oder $\underline{U}_2 = 0$) bei hohen Frequenzen leicht durch Parallelschaltung einer großen Kapazität herstellen kann, wohingegen Leerlauf (s. u.) infolge der unvermeidlichen Streukapazitäten relativ schlecht zu verwirklichen ist.

Beispiel: *Leitwertparameter*. Für den im Bild 7.23 gegebenen Vierpolaufbau sollen die Leitwertparameter Y_{ik} bestimmt werden.

Y_{11}: Aus der Definition $Y_{11} = \left.\frac{I_1}{U_1}\right|_{U_2=0}$ folgt bei ausgangsseitigem Kurzschluß für eine angelegte Spannung U_1 der Strom: $I_1 = U_1(G_1 + G_2)$, also $Y_{11} = G_1 + G_2$.

Y_{21}: Die Spannung U_1 am Eingang erzeugt den Strom $I_2 = \left.\frac{U_1}{R_2}\right|_{U_2=0}$ in der ausgangsseitigen Kurzschlußbrücke. Daraus folgt $Y_{21} = \left.\frac{I_2}{U_1}\right|_{U_2=0} = G_2$.

Y_{12}: Die gleiche Berechnung wie für Y_{21} aber im Rückwärtsbetrieb (Spannung U_2, Kurzschluß am Eingang $U_1 = 0$) ergibt $-I_1|_{\underline{U}_1=0} = U_2 G_2$, also $Y_{12} = -G_2$. Durch den Kurzschluß wird R_1 wirkungslos.

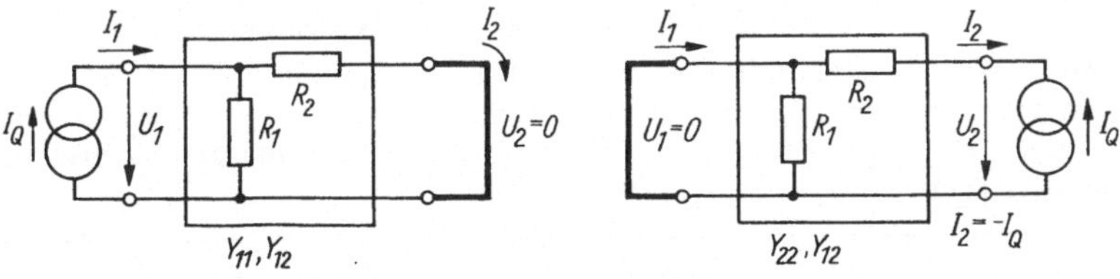

Bild 7.23. Beispiel Vierpolparameterbestimmung (vgl. Bild 7.22)

Y_{22}: Für den Ausgangsstrom (in den Vierpol hinein) ergibt sich $Y_{22} = \left.\frac{I_2}{U_2}\right|_{\underline{U}_1=0} = -G_2$, da $\check{I}_2 = -I_2 = U_2G_2$.

Weitere Vierpolgleichungen. Die Leitwertform beruht auf den Beziehungen $\underline{I}_1 = f(\underline{U}_1, \underline{U}_2)$ und $\underline{I}_2 = g(\underline{U}_1, \underline{U}_2)$ zwischen abhängigen und unabhängigen Variablen. Andere Zuordnungen ergeben sich durch systematischen Variablentausch der Ströme und Spannungen. Insgesamt gibt es $\binom{4}{2} = 6$ Möglichkeiten und somit 6 Gleichungssysteme zur Beschreibung eines Vierpols. Tafel 7.1 enthält die typischsten zusammengestellt: Applikativ wichtig sind davon neben der Admittanzform die *Impedanz-*, *Ketten-* und *Hybridformen*, weniger die *Parallel-Reihen-Form* und die *Kehrform* (Kettenform rückwärts). Dabei gibt es keine Vorrangstellung bestimmter Gleichungen. Je nach Aufgabe und Anwendung kann die eine oder andere Form zweckmäßig sein.

Die *Impedanzform* $\begin{bmatrix}\underline{U}_1\\ \underline{U}_2\end{bmatrix} = [\underline{Z}]\begin{bmatrix}\underline{I}_1\\ \underline{I}_2\end{bmatrix}$ mit

$$\underline{Z}_{11} = \left(\frac{\underline{U}_1}{\underline{I}_1}\right)_{\underline{I}_2=0}, \quad \underline{Z}_{12} = \left(\frac{\underline{U}_1}{\underline{I}_2}\right)_{\underline{I}_1=0},$$

$$\underline{Z}_{21} = \left(\frac{\underline{U}_2}{\underline{I}_1}\right)_{\underline{I}_2=0}, \quad \underline{Z}_{22} = \left(\frac{\underline{U}_2}{\underline{I}_2}\right)_{\underline{I}_1=0}$$

hat die Impedanzparameter $\underline{Z}_{11}$ Leerlauf-Eingangsimpedanz, $\underline{Z}_{12}$ negative Leerlauf-Übertragungsimpedanz rückwärts, $\underline{Z}_{21}$ Leerlauf-Übertragungsimpedanz vorwärts, $\underline{Z}_{22}$ negative Leerlauf-Ausgangsimpedanz.

Tafel 7.1. Vierpolgleichungen

Gleichungsform und Matrix	Gleichungen	Parameter
Leitwertform Leitwertmatrix $[\underline{Y}]$	$\underline{I}_1 = \underline{Y}_{11}\cdot\underline{U}_1 + \underline{Y}_{12}\cdot\underline{U}_2$ $\underline{I}_2 = \underline{Y}_{21}\cdot\underline{U}_1 + \underline{Y}_{22}\cdot\underline{U}_2$	Leitwertparameter
Widerstandsform Widerstandsmatrix $[\underline{Z}]$	$\underline{U}_1 = \underline{Z}_{11}\cdot\underline{I}_1 + \underline{Z}_{12}\cdot\underline{I}_2$ $\underline{U}_2 = \underline{Z}_{21}\cdot\underline{I}_1 + \underline{Z}_{22}\cdot\underline{I}_2$	Widerstandsparameter
Hybridform Reihenparallelmatrix $[\underline{H}]$	$\underline{U}_1 = \underline{H}_{11}\cdot\underline{I}_1 + \underline{H}_{12}\cdot\underline{U}_2$ $\underline{I}_2 = \underline{H}_{21}\cdot\underline{I}_1 + \underline{H}_{22}\cdot\underline{U}_2$	Hybridparameter
Hybridform Parallel-Reihen-matrix $[\underline{C}]$	$\underline{I}_1 = \underline{C}_{11}\underline{U}_1 + \underline{C}_{12}\underline{I}_2$ $\underline{U}_2 = \underline{C}_{21}\underline{U}_1 + \underline{C}_{22}\cdot\underline{I}_2$	Hybridparameter invertiert
Kettenform Kettenmatrix $[\underline{A}]$	$\underline{U}_1 = \underline{A}_{11}\cdot\underline{U}_2 + \underline{A}_{12}\underline{I}_2$ $\underline{I}_1 = \underline{A}_{21}\cdot\underline{U}_2 + \underline{A}_{22}\underline{I}_2$	Kettenparameter

Für Transistorschaltungen kommt sie wegen der unbequemen Parameterbestimmung nicht in Frage. Bei passiven Vierpolen ist sie sehr verbreitet (Beispiel: Transformator, Abschn. 7.4.4 Filterschaltungen u. a. m.).

Die *Hybridform* (Reihen-Parallel-Form) $\begin{bmatrix} \underline{U}_1 \\ \underline{I}_2 \end{bmatrix} = [\underline{H}] \begin{bmatrix} \underline{I}_1 \\ \underline{U}_2 \end{bmatrix}$ mit Eingangsstrom $\underline{I}_1$ und Ausgangsspannung $\underline{U}_2$ als unabhängige Variablen besitzt in ihren Vierpolparametern unterschiedliche Dimension (Name!).

$$\underline{H}_{11} = \left(\frac{\underline{U}_1}{\underline{I}_1}\right)_{\underline{U}_2=0}, \quad \underline{H}_{12} = \left(\frac{\underline{U}_1}{\underline{U}_2}\right)_{\underline{I}_1=0},$$

$$\underline{H}_{21} = \left(\frac{\underline{I}_2}{\underline{I}_1}\right)_{\underline{U}_2=0}, \quad \underline{H}_{22} = \left(\frac{\underline{I}_2}{\underline{U}_2}\right)_{\underline{I}_1=0}.$$

Sie hat die Hybridparameter $\underline{H}_{11}$ Kurzschluß-Eingangsimpedanz, $\underline{H}_{12}$ Leerlauf-Spannungsübersetzung rückwärts, $\underline{H}_{21}$ Kurzschluß-Stromübersetzung vorwärts, $\underline{H}_{22}$ negative Leerlauf-Ausgangsimpedanz.

Die Hybridform wird gern zur Kennzeichnung von Transistorvierpolen bei tiefen Frequenzen benutzt.

Die *Kettenform*

$$\begin{bmatrix} \underline{U}_1 \\ \underline{I}_1 \end{bmatrix} = [\underline{A}] \begin{bmatrix} \underline{U}_2 \\ \underline{I}_2 \end{bmatrix}$$

ist vorteilhaft für *Kettenschaltungen* von Vierpolen: Der Ausgangsstrom des ersten Vierpols ist gleich dem Eingangsstrom des zweiten. Unabhängige Parameter sind die Ausgangsgrößen $\underline{I}_2$, $\underline{U}_2$, abhängige die Eingangsgrößen $\underline{I}_1$ und $\underline{U}_1$:

$$\underline{A}_{11} = \left(\frac{\underline{U}_1}{\underline{U}_2}\right)_{\underline{I}_2=0}, \quad \underline{A}_{12} = \left(\frac{\underline{U}_1}{\underline{I}_2}\right)_{\underline{U}_2=0},$$

$$\underline{A}_{21} = \left(\frac{\underline{I}_1}{\underline{U}_2}\right)_{\underline{I}_2=0}, \quad \underline{A}_{22} = \left(\frac{\underline{I}_1}{\underline{I}_2}\right)_{\underline{U}_2=0}$$

mit den Parametern $\underline{A}_{11}$ reziproke Leerlauf-Spannungsübersetzung vorwärts, $\underline{A}_{21}$ reziproke Leerlauf-Übertragungsimpedanz vorwärts, $\underline{A}_{12}$ reziproke Kurzschluß-Übertragungsadmittanz vorwärts, $\underline{A}_{22}$ reziproke Kurzschluß-Stromübersetzung vorwärts.

Physikalische Bedeutung der Parameter. Die Vielfalt der Parameterbezeichnungen in Tafel 7.1 erfordert eine Systematik, will man mit den Vierpoldarstellungen ohne großen Lernaufwand umgehen. Man gewinnt sie durch Betrachtung der Sonderfälle Leerlauf und Kurzschluß am Vierpolaus- oder -eingang. Dann verschwindet stets einer der beiden Terme auf der rechten Seite der Vierpolgleichungen und die Bedeutung des restlichen Parameters ist direkt zu erkennen. Generell sind die Vierpolparameter definiert durch

$$\text{Vierpolparameter} = \left.\frac{\text{Wirkung}}{\text{Ursache}}\right|_{\text{Nebenbedingung für die Wirkung.}}$$

Es treten Zweipol- und Transfergrößen als typische Parametergruppen auf.

Zweipolgrößen. Die Quotienten $\underline{U}_k/\underline{I}_k$ bzw. $\underline{I}_k/\underline{U}_k$ heißen Impedanz bzw. Admittanz (bei Kurzschluß oder Leerlauf, jeweilige Bedingung als Nebenbedingung angesetzt)[1,2,5]. Ausgangsgrößen erhalten beim Kettenpfeilsystem den Zusatz negativ.

Transfergrößen[1,3,4]. Man unterscheidet

— *Kernwiderstand* $\underline{U}_2/\underline{I}_1$ bzw. $\underline{U}_1/\underline{I}_2$ (bei Kurzschluß oder Leerlauf). Gleichwertige Bezeichnungen lauten: Übertragungswiderstand, Transimpedanz.

— *Kernleitwert* $\underline{I}_2/\underline{U}_1$, $\underline{I}_1/\underline{U}_2$ (bei Kurzschluß oder Leerlauf), auch Übertragungsleitwert, Vorwärtssteilheit, Vorwärtsleitwert, Rückwirkungsleitwert, Rückwärtssteilheit.

— *Leerlaufspannungsverstärkung*[3,4] $\underline{U}_2/\underline{U}_1$ ($= \underline{A}_u$), auch Spannungsübersetzung, reziproke Spannungsverstärkung.

— *Kurzschlußstromverstärkung*[3,4] $\underline{I}_2/\underline{I}_1$ ($= \underline{A}_i$), auch Stromübersetzung.

Nach Tafel 7.2 finden sich alle im Abschn. 5.1.1.2 eingeführten gesteuerten Quellen in bestimmten Vierpolbegriffen wieder: so in den Koeffizienten $\underline{Z}_{21}$, $\underline{Y}_{21}$, $\underline{H}_{21}$, $\underline{C}_{21}$ und allen Kettenparametern $\underline{A}_{ik}$ (Tafel 7.1, man überprüfe dies).

Zusammengefaßt: Jeder Vierpol aus linearen zeitunabhängigen Netzwerkelementen läßt sich durch zwei lineare Vierpolgleichungen beschreiben. Sie verknüpfen die Ein- und Ausgangsgrößen $\underline{U}_1, \ldots, \underline{I}_2$ (im Frequenzbereich) nach Maßgabe der Vierpolparameter. Letztere hängen vom Vierpolaufbau ab. Es existieren 6 gleichberechtigte (und ineinander überführbare) Vierpoldarstellungen.

Die Bestimmung der Vierpolparameter erfolgt

— bei *unbekanntem* Vierpolaufbau durch *Messung* der Klemmengrößen unter definierten Nebenbedingungen (Leerlauf, Kurzschluß);

— bei *bekanntem* Vierpolaufbau (gegebene Schaltung) durch direkte *Berechnung* entsprechend der Definition mittels üblicher Netzwerkanalysemethoden.

Umwandlungen der Vierpolparameter. Jeder Vierpol wird durch jede der Vierpoldarstellungen (Tafel 7.1) eindeutig beschrieben. Umrechnungsbeziehungen gestatten, einen Satz von unabhängigen Vierpolparametern durch einen anderen auszudrücken[6]. Der Übergang von einer Vierpolform in eine andere heißt *Vierpolparametertransformation.* Wir gewinnen sie einfach durch Umformung eines gegebenen Gleichungspaares so, daß die Zuordnung der abhängigen und unabhängigen Variablen der gewünschten Gleichungsform entspricht (zweckmäßigerweise mit der Cramerschen Regel[1] angesetzt auf 2 Gleichungen mit 2 Unbekannten).

---

[1] Unter gegebenen Nebenbedingungen .

[2] Zusatz Eingang ($k = 1$) bzw. Ausgang ($k = 2$) .

[3] Mit Zusatz reziprok oder rückwärts, wenn Betriebsrichtung $2 \to 1$.

[4] Mit Zusatz vorwärts, wenn Betriebsrichtung $1 \to 2$.

[5] Umgangssprachlich sind allerdings die Begriffe Widerstand und Leitwert gerade im Zusammenhang mit Vierpolen verbreitet .

[6] Allgemein müssen unabhängige Parameter durch andere unabhängige ausgedrückt werden. Sie können verschiedenen Vierpoldarstellungen und/oder Grundschaltungen angehören .

Tafel 7.2. Vierpolbeziehungen der idealen gesteuerten Quelle. Es gilt mit Tafel 5.5: $Z_{21} = \underline{Z}_m$, $Y_{21} = \underline{S}$, $H_{21} = \underline{A}_i$, $C_{21} = \underline{A}_u$. × bedeutet nicht ausführbar

	$[\underline{Z}]$	$[\underline{Y}]$	$[\underline{H}]$	$[\underline{C}]$	$[\underline{A}]$
$\underline{I}_1$, $\underline{I}_2$, $Z_{21}\underline{I}_1$ stromgesteuerte Spannungsquelle	$\begin{bmatrix} 0 & 0 \\ Z_{21} & 0 \end{bmatrix}$	×	×	×	$\begin{bmatrix} 0 & 0 \\ \frac{1}{Z_{21}} & 0 \end{bmatrix}$
$\underline{U}_1$, $\underline{I}_2$, $Y_{21}\underline{U}_1$ spannungsgesteuerte Stromquelle	×	$\begin{bmatrix} 0 & 0 \\ Y_{21} & 0 \end{bmatrix}$	×	×	$\begin{bmatrix} 0 & \frac{1}{Y_{21}} \\ 0 & 0 \end{bmatrix}$
$\underline{I}_1$, $\underline{I}_2$, $H_{21}\underline{I}_1$ stromgesteuerte Stromquelle	×	×	$\begin{bmatrix} 0 & 0 \\ H_{21} & 0 \end{bmatrix}$	×	$\begin{bmatrix} 0 & 0 \\ 0 & \frac{1}{\underline{A}_i} \end{bmatrix}$
$\underline{U}_1$, $\underline{I}_2$, $C_{21}\underline{U}_1$ spannungsgesteuerte Spannungsquelle	×	×	×	$\begin{bmatrix} 0 & 0 \\ C_{21} & 0 \end{bmatrix}$	$\begin{bmatrix} \frac{1}{\underline{A}_u} & 0 \\ 0 & 0 \end{bmatrix}$

gerweise mit der Cramerschen Regel[7] angesetzt auf 2 Gleichungen mit 2 Unbekannten).

Beispiel: Umwandlung Hybrid- → Leitwertform.

Aus $\underline{U}_1 = \underline{H}_{11}\underline{I}_1 + \underline{H}_{12}\underline{U}_2$ (1), $\underline{I}_2 = \underline{H}_{21}\underline{I}_1 + \underline{H}_{22}\underline{U}_2$ (2), folgt durch Umstellen aus Gl. (1) $\underline{I}_1 = \frac{\underline{U}_1}{\underline{H}_{11}} - \frac{\underline{H}_{12}}{\underline{H}_{11}}\underline{U}_2 \equiv \underline{Y}_{11}\underline{U}_1 + \underline{Y}_{12}\underline{U}_2$; (3) und in (2) eingesetzt

$$\underline{I} = \frac{\underline{H}_{21}}{\underline{H}_{11}}\underline{U}_1 + \left(\underline{H}_{22} - \frac{\underline{H}_{12}\underline{H}_{21}}{\underline{H}_{11}}\right)\underline{U}_2 \equiv \underline{Y}_{21}\underline{U}_1 + \underline{Y}_{22}\underline{U}_2 \tag{4}$$

[7] Sofern die Determinante der Vierpolmatrix nicht verschwindet.

die zweite Gleichung der Leitwertform. Das Ergebnis

$$\begin{bmatrix} \underline{Y}_{11} & \underline{Y}_{12} \\ \underline{Y}_{21} & \underline{Y}_{22} \end{bmatrix} = \frac{1}{\underline{H}_{11}} \begin{bmatrix} 1 & -\underline{H}_{12} \\ \underline{H}_{21} & \det(\underline{H}) \end{bmatrix}$$

ist in Tafel 7.3 aufgenommen worden.

Beispiel: Umwandlung Widerstands- → Leitwertparameter durch unmittelbare Matrixumwandlung. Die Schreibweise $[\underline{U}] = [\underline{Z}][\underline{I}]$ kann durch Multiplikation mit $[\underline{Z}]^{-1}$ (inverse Matrix von $[\underline{Z}]$) von links) nach $[\underline{I}]$ aufgelöst werden $[\underline{Z}]^{-1}[\underline{U}] = [\underline{Z}]^{-1}[\underline{Z}][\underline{I}] = [\underline{E}][\underline{I}]$. Mit der Leitwertform ergibt sich durch Vergleich

$[\underline{Y}] = [\underline{Z}]^{-1}$ oder

$$\begin{bmatrix} \underline{Y}_{11} & \underline{Y}_{12} \\ \underline{Y}_{21} & \underline{Y}_{22} \end{bmatrix} = \frac{1}{\det \underline{Z}} \begin{bmatrix} \underline{Z}_{22} & -\underline{Z}_{22} \\ -\underline{Z}_{21} & \underline{Z}_{11} \end{bmatrix}.$$

Tafel 7.3. Umrechnungen der Vierpolparameter (Kettenzählpfeilrichtung, für symmetrische Zählpfeilrichtung gelten die Vorzeichen in Klammern). Parameterbeziehungen innerhalb der Markierung sind richtungsunabhängig.

	Gegeben:	$[Z]$	$[H]$	$[C]$	$[A]$
$[Y]$	$\begin{matrix} Y_{11} & Y_{12} \\ Y_{21} & Y_{22} \end{matrix}$	$\begin{matrix} \frac{Z_{22}}{\det Z} & \frac{-Z_{12}}{\det Z} \\ \frac{-Z_{21}}{\det Z} & \frac{Z_{11}}{\det Z} \end{matrix}$	$\begin{matrix} \frac{1}{H_{11}} & \frac{-H_{12}}{H_{11}} \\ \frac{H_{21}}{H_{11}} & \frac{\det H}{H_{11}} \end{matrix}$	$\begin{matrix} \frac{\det C}{C_{22}} & \frac{C_{12}}{C_{22}} \\ -\frac{C_{21}}{C_{22}} & \frac{1}{C_{22}} \end{matrix}$	$\begin{matrix} \frac{A_{22}}{A_{12}} & \frac{-\det A}{A_{12}} \\ {}^{+}_{(-)}\frac{1}{A_{12}} & {}^{-}_{(+)}\frac{A_{11}}{A_{12}} \end{matrix}$
$[Z]$	$\begin{matrix} \frac{Y_{22}}{\det Y} & -\frac{Y_{12}}{\det Y} \\ -\frac{Y_{21}}{\det Y} & \frac{Y_{11}}{\det Y} \end{matrix}$	$\begin{matrix} Z_{11} & Z_{12} \\ Z_{21} & Z_{22} \end{matrix}$	$\begin{matrix} \frac{\det H}{H_{22}} & \frac{H_{12}}{H_{22}} \\ -\frac{H_{21}}{H_{22}} & \frac{1}{H_{22}} \end{matrix}$	$\begin{matrix} \frac{1}{C_{11}} & -\frac{C_{12}}{C_{11}} \\ \frac{C_{21}}{C_{11}} & \frac{\det C}{C_{11}} \end{matrix}$	$\begin{matrix} \frac{A_{11}}{A_{21}} & {}^{-}_{(+)}\frac{\det A}{A_{21}} \\ \frac{1}{A_{21}} & {}^{-}_{(+)}\frac{A_{22}}{A_{21}} \end{matrix}$
$[H]$	$\begin{matrix} \frac{1}{Y_{11}} & -\frac{Y_{12}}{Y_{11}} \\ \frac{Y_{21}}{Y_{11}} & \frac{\det Y}{Y_{11}} \end{matrix}$	$\begin{matrix} \frac{\det Z}{Z_{22}} & \frac{Z_{12}}{Z_{22}} \\ -\frac{Z_{21}}{Z_{22}} & \frac{1}{Z_{22}} \end{matrix}$	$\begin{matrix} H_{11} & H_{12} \\ H_{21} & H_{22} \end{matrix}$	$\begin{matrix} \frac{C_{22}}{\det C} & -\frac{C_{12}}{\det C} \\ -\frac{C_{21}}{\det C} & \frac{C_{11}}{\det C} \end{matrix}$	$\begin{matrix} \frac{A_{12}}{A_{22}} & \frac{\det A}{A_{22}} \\ {}^{+}_{(-)}\frac{1}{A_{22}} & {}^{-}_{(+)}\frac{A_{21}}{A_{22}} \end{matrix}$
$[C]$	$\begin{matrix} \frac{\det Y}{Y_{22}} & \frac{Y_{12}}{Y_{22}} \\ -\frac{Y_{21}}{Y_{22}} & \frac{1}{Y_{22}} \end{matrix}$	$\begin{matrix} \frac{1}{Z_{11}} & -\frac{Z_{12}}{Z_{11}} \\ \frac{Z_{21}}{Z_{11}} & \frac{\det Z}{Z_{11}} \end{matrix}$	$\begin{matrix} \frac{H_{22}}{\det H} & -\frac{H_{12}}{\det H} \\ -\frac{H_{21}}{\det H} & \frac{H_{11}}{\det H} \end{matrix}$	$\begin{matrix} C_{11} & C_{12} \\ C_{21} & C_{22} \end{matrix}$	$\begin{matrix} \frac{A_{21}}{A_{11}} & {}_{(-)}\frac{\det A}{A_{11}} \\ \frac{1}{A_{11}} & {}^{-}_{(+)}\frac{A_{12}}{A_{11}} \end{matrix}$
$[A]$	$\begin{matrix} -\frac{Y_{22}}{Y_{21}} & {}^{-}_{(+)}\frac{1}{Y_{21}} \\ -\frac{\det Y}{Y_{21}} & {}^{-}_{(+)}\frac{Y_{11}}{Y_{21}} \end{matrix}$	$\begin{matrix} \frac{Z_{11}}{Z_{21}} & {}^{-}_{(+)}\frac{\det Z}{Z_{21}} \\ \frac{1}{Z_{21}} & {}^{-}_{(+)}\frac{Z_{22}}{Z_{21}} \end{matrix}$	$\begin{matrix} -\frac{\det H}{H_{21}} & {}^{+}_{(-)}\frac{H_{11}}{H_{21}} \\ -\frac{H_{22}}{H_{21}} & {}^{+}_{(-)}\frac{1}{H_{21}} \end{matrix}$	$\begin{matrix} \frac{1}{C_{21}} & {}^{-}_{(+)}\frac{C_{22}}{C_{21}} \\ \frac{C_{11}}{C_{21}} & {}^{-}_{(+)}\frac{\det C}{C_{21}} \end{matrix}$	$\begin{matrix} A_{11} & A_{12} \\ A_{21} & A_{22} \end{matrix}$

Man beachte weiterhin: $Z_{12} = -\check{Z}_{12}$, $A_{12} = -\check{A}_{12}$, $C_{12} = -\check{C}_{12}$, $Y_{21} = -\check{Y}_{21}$, $H_{21} = -\check{H}_{21}$, $Z_{22} = -\check{Z}_{22}$, $Y_{22} = -\check{Y}_{22}$, $H_{22} = -\check{H}_{22}$, $A_{22} = -\check{A}_{22}$, $C_{22} = -\check{C}_{22}$.

Die Vierpoltransformationen lassen sich tabellarisch zusammenfassen (s. Tafel 7.3). Durch einzelne Beispiele kann man sich von ihrer Nützlichkeit überzeugen. Dabei ist auf die Vorzeichenfestlegung des Stromes $\underline{I}_2$ zu achten!

Vierpol mit unabhängigen Quellen. Wir betrachteten bisher Vierpole ohne unabhängige Quellen. Für eine Reihe von Aufgabenstellungen (z. B. Rauschprobleme in Schaltungen, Temperaturstabilisierung in Transistorschaltungen u. a.) ist die Vierpoldarstellung mit unabhängigen Quellen notwendig. Wir knüpfen dabei an den aktiven Zweipol mit seinen Klemmenbeziehungen im Verbraucherpfeilsystem an $\underline{U}_1 = \underline{I}_1\underline{Z}_i + \underline{U}_Q$, $\underline{I}_1 = \underline{Y}_i\underline{U}_1 + \underline{I}_Q$. Tauscht man noch die Richtung der Quelle $\underline{I}_Q$ im Schaltbild um, so kehrt sich das Vorzeichen. Übertragen auf den Vierpol ergibt sich dann:

Der Vierpol mit unabhängigen Quellen entsteht, indem ein von unabhängigen Quellen freier Vierpol mit zwei unabhängigen Quellen zusammengeschaltet wird (Bild 7.24a).

Sinngemäß folgt für die

Widerstandsform (Maschensatz)	Leitwertform (Knotensatz)	
$\underline{U}_1 = \underline{Z}_{11}\underline{I}_1 + \underline{Z}_{12}\underline{I}_2 + \underline{U}_{Q1}$,	$\underline{I}_1 = \underline{Y}_{11}\underline{U}_1 + \underline{Y}_{12}\underline{U}_2 + \underline{I}_{Q1}$,	(7.38)
$\underline{U}_2 = \underline{Z}_{21}\underline{I}_1 + \underline{Z}_{22}\underline{I}_2 + \underline{U}_{Q2}$,	$\underline{I}_2 = \underline{Y}_{21}\underline{U}_1 + \underline{Y}_{22}\underline{U}_2 + \underline{I}_{Q2}$.	
Vierpol ohne unabhängige Quellen – **unabhängige Quellen**	**Vierpol ohne unabhängige Quellen** – **unabhängige Quellen**	

Bild 7.24a zeigt die Ersatzschaltungen. Die Spannungsquellen liegen in Reihe zu den Vierpolein- und -ausgängen. Sie werden bei beiderseitigem Leerlauf ($\underline{I}_1 = \underline{I}_2 = 0$) allein an den Klemmen wirksam $\underline{U}_1|_{\underline{I}_1=\underline{I}_2=0} = \underline{U}_{Q1}$, $\underline{U}_2|_{\underline{I}_1=\underline{I}_2=0} = \underline{U}_{Q2}$, und können so ermittelt werden. Belastet man die äußeren Vierpolklemmen, so fließen Ströme. Ganz analog ist die Leitwertdarstellung unter Benutzung der Stromquellen aufgebaut (Bild 7.24b). Die Quellen werden bei beiderseitigem Kurzschluß ($\underline{U}_1 = \underline{U}_2 = 0$) ermittelt. Im Bild wurde die Ausgangsquelle (Richtung $\underline{I}_2$!) zum oberen Knoten hin positiv orientiert.

Die Umrechnung von einer zur anderen Vierpoldarstellung erfolgt durch Umstellung nach den gesuchten Größen und Koeffizientenvergleich. Einfacher ist aber der folgende Weg:

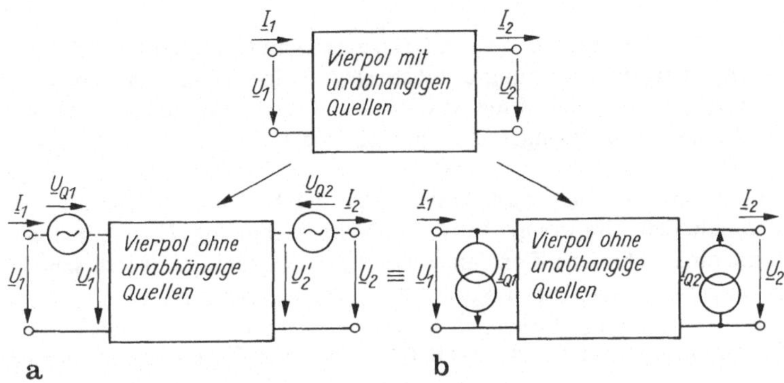

Bild 7.24a, b. Vierpol mit unabhängigen Quellen. **a** allgemeine Ersatzschaltung, bestehend aus quellenfreiem Vierpol und zwei idealen Quellen; **b** gleichwertige Darstellung mit Stromquellen

— Man setzt alle unabhängigen Quellen außer Betrieb und rechnet zunächst die Vierpolkoeffizienten nach Tafel 7.3 um.
— Weil die Transformationen für jeden Klemmenabschluß, also auch Leerlauf und Kurzschluß gelten müssen, vergleicht man die Quellenterme speziell für diesen Fall.

7.2.1.2.2 Vierpolkennlinien

Kennlinien. Vollständige Kennlinienfelder. Die Vierpolgleichungen (7.36) $I_1 = f(U_1, U_2)$, $I_2 = g(U_1, U_2)$ lassen sich graphisch als Kennlinienfelder darstellen (s. Abschn. 5.1.1.2). Abhängig von der Zuordnung abhängiger und unabhängiger Variablen existieren z. B. für das Eingangskennlinienfeld die Darstellungen

$$U_1 = f(I_1)|_{U_2} \quad \text{oder} \quad I_1 = f(U_1)|_{U_2} \quad U_2 \text{ Parameter },$$

$$U_1 = f(I_1)|_{I_2} \quad \text{oder} \quad I_1 = f(U_1)|_{I_2} \quad I_2 \text{ Parameter },$$

Sie unterscheiden sich u. a. durch ihre Parameter. Bei der Kennlinienaufnahme $U_1 = f(I_1)$ ist entweder die Ausgangsspannung U_2 oder der Ausgangstrom I_2 konstant zu halten. Eine ganz analoge Kennliniendarstellung ergibt sich für die Ausgangsgleichung.

Kennliniendarstellungen sind besonders für nichtlineare Vierpole (Gleichstromverhalten des Transistors, usw.) zweckmäßig (s. Abschn. 7.3) Sie gestatten im Zusammenwirken mit aktiven Zweipolen, z. B. der Stromversorgung eines Transistors, eine bequeme Bestimmung des Arbeitspunktes.

Kennlinienfelder können durch Messung oder Berechnung gewonnen werden. Während der erste Weg für jeden (linearen und nichtlinearen) Vierpol möglich ist, gelingt die Berechnung generell nur für lineare Vierpole, in Sonderfällen (z. B. Transistorkennlinie) auch für nichtlineare.

Beispiel: Lineare Kennliniengleichungen.[1] Für das lineare Netzwerk (Bild 7.25) sollen die Kennlinienfelder $\check{I}_1 = f(\check{U}_1, \check{U}_2)$, $\check{I}_2 = f(\check{U}_1, \check{U}_2)$ bestimmt und skizziert werden. Ausgang sind die Vierpoldarstellungen

$$\check{I}_1 = \check{Y}_{11}\check{U}_1 + \check{Y}_{12}\check{U}_2 , \qquad (1)$$

$$\check{I}_2 = \check{Y}_{21}\check{U}_1 + \check{Y}_{22}\check{U}_2 , \qquad (2)$$

Die Eingangskennlinie $\check{I}_1 = f(\check{U}_1)$ ist für $\check{U}_2 = 0$ (Gl. (1)) eine Gerade durch den Ursprung (Bild 7.25a). Wird ausgangsseitig die Spannung $\check{U}_2 = \text{const}$, z. B. durch eine Konstantspannungsquelle $\check{U}_Q = \check{U}_2$, eingestellt (Nebenbedingung $\check{U}_2 = \text{const}$) und stellt man ausgewählte Kennlinien für gleiche Spannungsänderungen $\Delta\check{U}_2$ dar, so verschiebt sich diese Kennlinie um $\check{Y}_{12}\Delta\check{U}_2$ parallel.

Ganz analog ermittelt man die Ausgangskennlinie (Bild 7.25b). Sie lautet für $\check{U}_1 = 0$, $\check{I}_2 = \check{Y}_{22}\check{U}_2$ (Gerade durch den Ursprung). Wird die Nebenbedingung $\check{U}_1 = \text{const} \neq 0$ durch eine eingangsseitig angeschlossene Konstantspannungsquelle realisiert, so verschiebt sich die Kennlinie parallel um $\check{Y}_{21}\Delta\check{U}_1$ für ausgewählte Spannungswerte $\Delta\check{U}_1$.

Die Transferkennlinie $\check{I}_2 = f(\check{U}_1)|_{\check{U}_2}$ schließlich ergibt zunächst für $\check{U}_2 = 0$ einen Verlauf $\check{I}_2 = \check{Y}_{21}\check{U}_1$ durch den Ursprung (Bild 7.25c), der für $\check{U}_2 \neq \text{const}$ um $\check{Y}_{22}\check{U}_2$ zu verschieben ist.

---

[1] Aus Zweckmäßigkeitsgründen symmetrisch .

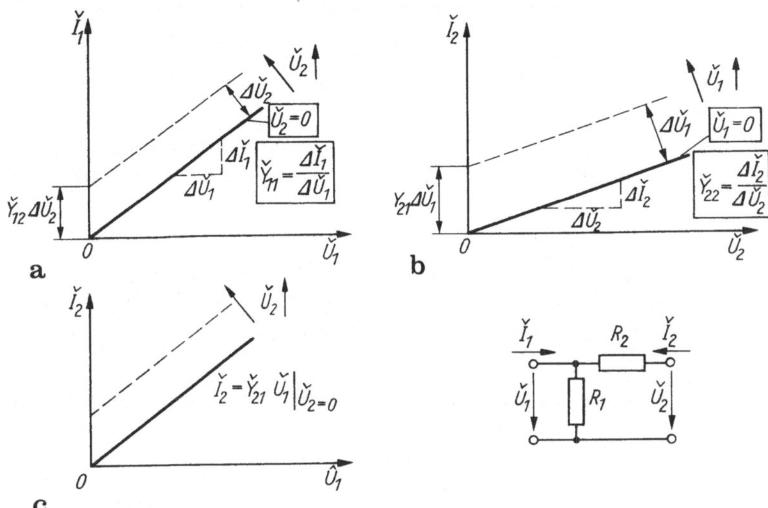

Bild 7.25a–c. Kennlinienfelder eines linearen Vierpols. **a** Eingangskennlinienfeld; **b** Ausgangskennlinienfeld; **c** Übertragungskennlinienfeld

So entstehen die Kennlinienfelder grundsätzlich durch das Zusammenspiel von Erregung (hier Spannungen $\check{U}_1$, $\check{U}_2$), Wirkung (die Ströme $\check{I}_1$, $\check{I}_2$) und Nebenbedingung ($\check{U}_2$, $\check{U}_1$). Die Nebenbedingung wird am Vierpol stets durch eine unabhängige Strom- bzw. Spannungsquelle ($\check{I}$ = const bzw. $\check{U}$ = const) realisiert.

Auf Seite 1 verhält sich der Vierpol wie ein passiver Zweipol, dessen Kennlinie mit der eines (nicht dargestellten) aktiven Zweipols zusammenwirkt. Bei $\check{U}_2 = 0$ arbeiten zwei aktive Zweipole zusammen. Für die Ausgangsseite gilt das gleiche. Bedeutung gewinnen Vierpolkennlinienfelder für nichtlineare Vierpole, wie sie z. B. durch Transistoren gegeben sind (s. Abschn. 7.3).

7.2.1.3 Vierpolersatzschaltungen

Ersatzschaltungen. Eine Vierpolersatzschaltung bildet das Klemmenverhalten eines beliebig komplizierten Vierpols durch eine Schaltung mit allgemein vier Ersatzgrößen (den Vierpolparametern) gleichwertig nach. Der Vergleich zum Zweipol bietet sich an: Auch dort ersetzte der aktive bzw. passive Zweipol eine beliebig komplizierte Schaltung mit gleichem Klemmenverhalten. Derartige *formale Vierpolersatzschaltungen*

— ersetzen komplizierte, d. h. mit vielen Netzwerkelementen aufgebaute Vierpolnetzwerke durch einen Vierpol mit höchstens vier Netzwerkelementen (einschließlich gesteuerter Quellen);
— beschreiben das bekannte (Messung, Analyse) Strom-Spannungs-Verhalten zwischen den Vierpolklemmen durch ein einfaches Vierpolnetzwerk. Beispiele

sind Transistoren, deren Kleinsignal-Strom-Spannungs-Verhalten im Frequenzbereich aus den sog. Halbleitergrundgleichungen gewonnen wird und durch eine Vierpolersatzschaltung dargestellbar ist;

— erlauben eine einfache Umrechnung in andere Grundschaltungen.

Formale Vierpolersatzschaltungen haben entweder keine, eine oder zwei gesteuerte Quellen (abhängig von der Art des Vierpols). Sie leiten sich direkt aus den Vierpolgleichungen ab.

Zwei gesteuerte Quellen. Die gebräuchlichsten Vierpolersatzschaltungen wurden in Tafel 7.4 zusammengestellt. Sie entstehen dadurch, daß jede Grundform ($\underline{Z}$-, $\underline{Y}$-Parameter usw.) durch verschiedene Kombinationen von gesteuerten Quellen (Tafel 7.2) aufgebaut wird.

Ein- und Ausgangsgrößen hängen über die Quelle eines Zweiges mit der Klemmengröße des anderen zusammen.

Die Beziehungen zwischen Vierpolgleichungen und Ersatzschaltung können leicht gewonnen werden. So stellt die Widerstandsgleichung $\underline{U}_1 = \underline{Z}_{11}\underline{I}_1 + \underline{Z}_{12}\underline{I}_2$ in der Eingangsmasche (Tafel 7.4) die Reihenschaltung einer stromgesteuerten Ersatzspannungsquelle $\underline{U}_Q = \underline{Z}_{12}\underline{I}_2$ mit dem Innenwiderstand $\underline{Z}_{11}$ dar. In der Ausgangsmasche liegen die stromgesteuerte Spannungsquelle $\underline{U}_Q = \underline{Z}_{21}\underline{I}_1$ und der Innenwiderstand $-\underline{Z}_{22}$ in Reihe. Das negative Zeichen ist anzubringen, weil Strom $\underline{I}_2$ und Spannungsabfall $\underline{U}_2$ bei der Kettenpfeilrichtung ausgangsseitig nach der Erzeugerregel angeordnet sind.

Ganz analog lassen sich die übrigen Ersatzschaltungen erklären.

Eine gesteuerte Quelle. Diese Ersatzschaltung besteht aus einer Vierpolaufteilung in passiven Zweipol und eine gesteuerte Quelle. Dazu wird in der *Leitwertform* in der zweiten Gleichung der Term $\pm \underline{Y}_{12}\underline{U}_1$ ergänzt

$$\begin{aligned} \underline{I}_1 &= \underline{Y}_{11}\underline{U}_1 + \underline{Y}_{12}\underline{U}_2\,, \\ \underline{I}_2 &= \underbrace{-\underline{Y}_{12}\underline{U}_1 + \underline{Y}_{22}\underline{U}_2}_{\text{umkehrbarer Vierpol}} + \underbrace{(\underline{Y}_{21} + \underline{Y}_{12})\underline{U}_1}_{\text{aktiver Vierpol}}. \end{aligned} \tag{7.39}$$

Der erste Ausdruck rechts stellt einen sog. *umkehrbaren* Vierpol dar (s. u.). Diese wegen ihres Aussehens als *Π-Schaltung* (*Dreieckersatzschaltung*) benannte Anordnung besteht aus den drei Netzwerkelementen $(\underline{Y}_{11} + \underline{Y}_{12})$, $(-\underline{Y}_{12})$ und $(-\underline{Y}_{22} + \underline{Y}_{12})$. Sie werden mit $\underline{Y}_1$, $\underline{Y}_2$ und $\underline{Y}_3$ bezeichnet (Bild 7.26a). Stellt man nämlich die beiden unabhängigen Knotengleichungen für die Klemmenpaare *1* und *2'* auf, so folgt

$$\begin{aligned} \underline{I}_1 &= \underline{Y}_1\underline{U}_1 + \underline{Y}_2(\underline{U}_1 - \underline{U}_2) = (\underline{Y}_1 + \underline{Y}_2)\underline{U}_1 - \underline{Y}_2\underline{U}_2 = \\ &= \underline{Y}_{11}\underline{U}_1 + \underline{Y}_{12}\underline{U}_2, \\ \underline{I}_2' &= \underline{Y}_2(\underline{U}_1 - \underline{U}_2) - \underline{Y}_3\underline{U}_2 = \underline{Y}_2\underline{U}_1 - (\underline{Y}_2 + \underline{Y}_3)\underline{U}_2 = \\ &= -\underline{Y}_{12}\underline{U}_1 + \underline{Y}_{22}\underline{U}_2. \end{aligned} \tag{7.40}$$

Der Vergleich ergibt: $\underline{Y}_{11} = \underline{Y}_1 + \underline{Y}_2$, $\quad -\underline{Y}_{12} = \underline{Y}_2$, $\underline{Y}_{22} = -(\underline{Y}_2 + \underline{Y}_3)$.

Tafel 7.4. Vierpolersatzschaltungen

Form	Ersatzschaltungen gesteuerter Quellen mit zwei Quellen	einer Quelle
$\check{\underline{U}}_1 = \check{\underline{Z}}_{11}\check{\underline{I}}_1 + \check{\underline{Z}}_{12}\check{\underline{I}}_2$ $\check{\underline{U}}_2 = \check{\underline{Z}}_{21}\check{\underline{I}}_1 + \check{\underline{Z}}_{22}\check{\underline{I}}_2$	$\check{\underline{I}}_1$, $\check{\underline{Z}}_{11}$, $\check{\underline{Z}}_{12}\check{\underline{I}}_2$, $\check{\underline{Z}}_{21}\check{\underline{I}}_1$, $\check{\underline{Z}}_{22}$, $\check{\underline{I}}_2$, $\check{\underline{U}}_1$, $\check{\underline{U}}_2$	≡ $\check{\underline{Z}}_{11}-\check{\underline{Z}}_{12}$, $\check{\underline{Z}}_{22}-\check{\underline{Z}}_{12}$, $\check{\underline{Z}}_{12}$, $\check{\underline{I}}_1(\check{\underline{Z}}_{21}-\check{\underline{Z}}_{12})$
$\underline{U}_1 = \underline{Z}_{11}\underline{I}_1 + \underline{Z}_{12}\underline{I}_2$ $\underline{U}_2 = \underline{Z}_{21}\underline{I}_1 + \underline{Z}_{22}\underline{I}_2$	$\underline{I}_1$, $\underline{Z}_{11}$, $\underline{Z}_{12}\underline{I}_2$, $\underline{Z}_{21}\underline{I}_1$, $-\underline{Z}_{22}$, $\underline{I}_2$, $\underline{U}_1$, $\underline{U}_2$	≡ $\underline{Z}_{11}+\underline{Z}_{12}$, $\underline{Z}_{12}-\underline{Z}_{22}$, $-\underline{Z}_{12}$, $(\underline{Z}_{21}+\underline{Z}_{12})\underline{I}_1$
$\check{\underline{I}}_1 = \check{\underline{Y}}_{11}\check{\underline{U}}_1 + \check{\underline{Y}}_{12}\check{\underline{U}}_2$ $\check{\underline{I}}_2 = \check{\underline{Y}}_{21}\check{\underline{U}}_1 + \check{\underline{Y}}_{22}\check{\underline{U}}_2$	$\check{\underline{I}}_1$, $\check{\underline{Y}}_{12}\check{\underline{U}}_2$, $\check{\underline{Y}}_{21}\check{\underline{U}}_1$, $\check{\underline{I}}_2$, $\check{\underline{U}}_1$, $\check{\underline{Y}}_{11}$, $\check{\underline{Y}}_{22}$, $\check{\underline{U}}_2$	≡ $-\check{\underline{Y}}_{12}$, $\check{\underline{Y}}_{12}+\check{\underline{Y}}_{22}$, $\check{\underline{Y}}_{11}+\check{\underline{Y}}_{12}$, $(\check{\underline{Y}}_{21}-\check{\underline{Y}}_{12})\check{\underline{U}}_1$
$\underline{I}_1 = \underline{Y}_{11}\underline{U}_1 + \underline{Y}_{12}\underline{U}_2$ $\underline{I}_2 = \underline{Y}_{21}\underline{U}_1 + \underline{Y}_{22}\underline{U}_2$	$\underline{I}_1$, $\underline{Y}_{12}\underline{U}_2$, $\underline{Y}_{21}\underline{U}_1$, $\underline{I}_2$, $-\underline{Y}_{22}$, $\underline{U}_1$, $\underline{Y}_{11}$, $\underline{U}_2$	≡ $-\underline{Y}_{12}$, $\underline{Y}_{12}-\underline{Y}_{22}$, $\underline{Y}_{11}+\underline{Y}_{12}$, $(\underline{Y}_{21}+\underline{Y}_{12})\underline{U}_1$
$\underline{U}_1 = \underline{H}_{11}\underline{I}_1 + \underline{H}_{12}\underline{U}_2$ $\underline{I}_2 = \underline{H}_{21}\underline{I}_1 + \underline{H}_{22}\underline{U}_2$	$\underline{I}_1$, $\underline{H}_{11}$, $\underline{H}_{12}\underline{U}_2$, $\underline{H}_{21}\underline{I}_1$, $\underline{I}_2$, $-\underline{H}_{22}$, $\underline{U}_1$, $\underline{U}_2$	
$\underline{I}_1 = \underline{C}_{11}\underline{U}_1 + \underline{C}_{12}\underline{I}_2$ $\underline{U}_2 = \underline{C}_{21}\underline{U}_1 + \underline{C}_{22}\underline{I}_2$	$\underline{I}_1$, $\underline{C}_{12}\underline{I}_2$, $\underline{C}_{21}\underline{U}_1$, $-\underline{C}_{22}$, $\underline{I}_2$, $\underline{U}_1$, $\underline{C}_{11}$, $\underline{U}_2$	

Im Ergebnis $\underline{Y}_{21} = \left.\frac{\underline{I}_2}{\underline{U}_1}\right|_{\underline{U}_2=0} = -\underline{Y}_{12} = \left.\frac{-\underline{I}_1}{\underline{U}_2}\right|_{\underline{U}_1=0}$ erkennen wir direkt die Reziprozitätsbedingung (s. Abschn. 5.3.7.1), es hat dort lediglich $\underline{I}_2$ die umgekehrte Richtung, ist also hier durch $-\underline{I}_2$ zu ersetzen.

Entsprechend der Knotengleichung am Vierpolausgang setzt sich der Strom $\underline{I}_2$ aus dem Anteil $I_2' = (-\underline{Y}_{12}\underline{U}_1 + \underline{Y}_{22}\underline{U}_2)$ des passiven Vierpols und dem Teil $(\underline{Y}_{21} + \underline{Y}_{12})\underline{U}_2$ einer spannungsgesteuerten Stromquelle zusammen. Deshalb muß die spannungsgesteuerte Stromquelle dem Ausgang parallel geschaltet werden. So ergibt sich die Ersatzschaltung nach Bild 7.26a. Für sie wollen wir als verbreitete Bezeichnungen vereinbaren:

Eingangsleitwert $\underline{Y}_1 = \underline{Y}_{11} + \underline{Y}_{12}$, Rückwirkungsleitwert $\underline{Y}_2 = -\underline{Y}_{12}$,

Ausgangsleitwert $\underline{Y}_3 = \underline{Y}_{12} - \underline{Y}_{22}$, Summensteilheit $\underline{S}_s = \underline{Y}_{21} + \underline{Y}_{12}$. (7.40b)

Sie sind die Ersatzschaltelemente der allgemeinen Π-Ersatzschaltung.

Die eingeführte *Summensteilheit* $\underline{S}_s$ ist insofern zweckmäßig, als sie beim Übergang auf andere Grundschaltungen (s. Tafel 7.5) bis auf das Vorzeichen stets erhalten bleibt. Für umkehrbare Vierpole verschwindet sie ($\underline{Y}_{21} = -\underline{Y}_{12}$), für Verstärkervierpole gilt meist $\underline{S}_S \approx \underline{Y}_{21}$ wegen ($|\underline{Y}_{21}| \gg |\underline{Y}_{12}|$).

Widerstandsform. Die Ersatzschaltung ergibt sich aus der Leitwertersatzschaltung am leichtesten durch Anwendung der sog. *Dualitätsregel*: Besteht die Leitwertform

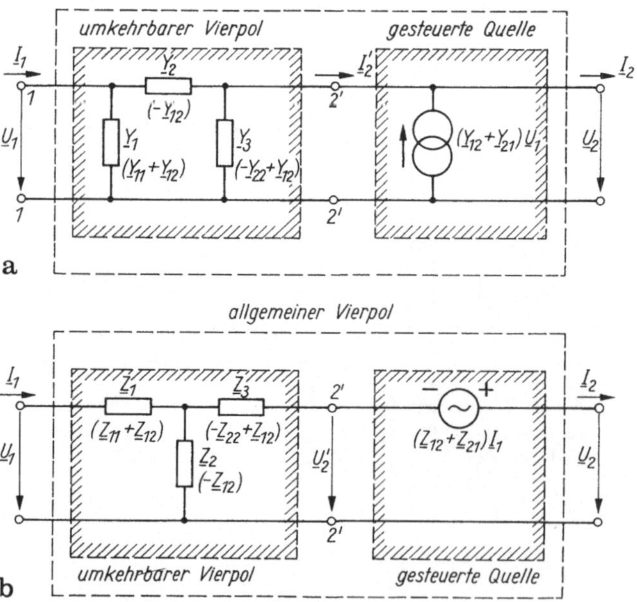

Bild 7.26a, b. Vierpolersatzschaltungen mit einer gesteuerten Quelle. **a** Π-Ersatzschaltung; **b** T-Ersatzschaltung

Tafel 7.5. Grundeigenschaften ausgewählter Vierpole (symmetrische Stromrichtung, Tafel 7.3)

Vierpol	Zahl der unabhängigen Vierpolparameter	Parameterbedingung	Beispiele
(1) Allgemeiner Vierpol	4	keine	Verstärker, allgemeiner
(2) Umkehrbar (reziprok), unsymmetrisch	3	$\check{\underline{Y}}_{12} = \check{\underline{Y}}_{21}, \check{\underline{Z}}_{21} = \check{\underline{Z}}_{12},$ $\Delta\check{\underline{A}} = 1$	jeder unsymmetrische Vierpol aus den Grundelementen *R*, *L*, *C*, *M*
(3) Widerstandssymmetrisch (nicht umkehrbar)	3	$\check{\underline{Y}}_{11} = \check{\underline{Y}}_{22}, \check{\underline{Z}}_{11} = \check{\underline{Z}}_{22},$ $\check{\underline{A}}_{11} = \check{\underline{A}}_{22}$	Zweidrahtverstärker, Transistor mit gleichen Ein- und Ausgangswiderständen
(4) Widerstandssymmetrisch, umkehrbar	2	Bedingungen (2) und (3)	jeder symmetrische Vierpol aus den Grundelementen *R*, *L*, *C*, *M*
(5) Verlustfrei umkehrbar	3	Bedingung (2), zusätzlich: Re $(\check{\underline{Y}}_{11}) = 0$. Re $(\check{\underline{Y}}_{22}) = 0$, Re $(\check{\underline{Y}}_{21}) = 0$	Reaktanzvierpol
(6) Rückwirkungsfrei (nicht umkehrbar)	3	$\check{\underline{Z}}_{12} = \check{\underline{H}}_{12} = \check{\underline{Y}}_{12} = 0$	Verstärker ohne Rückwirkung

aus einer Π-Schaltung mit ausgangsseitig parallelgeschalteter spannungsgesteuerter Stromquelle $(\underline{Y}_{12} + \underline{Y}_{21})\underline{U}_1$, so ergibt sich als duale Struktur (Bild 7.26b)

— die *T- oder Sternschaltung* für den umkehrbaren Teil der Π-Schaltung. Die Parameterbeziehungen liegen durch das Beispiel Abschn. 2.4.2.2 fest. Sie gingen aus der Überlegung hervor, daß zwischen zwei Vierpol-(= Netzwerk-) klemmen der gleiche Widerstand gemessen wird;
— eine *stromgesteuerte Spannungsquelle* $(\underline{Z}_{12} + \underline{Z}_{21})\underline{I}_1$ ausgangsseitig in Reihe zur T-Schaltung. Die Richtungsfestlegung dieser Quelle erfolgt unserer Vereinbarung (s. Abschn. 5.1.1.2) entsprechend als Spannungsabfall (Pfeil von + nach −).

Anwendung. Vierpolersatzschaltungen finden vielfältige Anwendungen zur anschaulichen Interpretation der Vierpolgleichungen. Für passive Vierpole sind vor allem T- und Π-Schaltungen (ohne Quellen) üblich, für Verstärkervierpole

(Transistor, Röhre, Operationsverstärker) die Π-Ersatzschaltung. Die Vierpolparameter können meßtechnisch bequem unter Kurzschlußbedingungen bestimmt werden. Eine gewisse Bedeutung erlangte in der Transistortechnik noch die Hybridersatzschaltung (Tafel 7.4).

7.2.1.4 Vierpolarten

Die Kenntnis der Vierpolparameter und Ersatzschaltung erlaubt eine weitere Unterteilung linearer zeitunabhängiger Vierpole, z. B. in *umkehrbare* (*reziproke* oder übertragungssymmetrische), *widerstandssymmetrische* (richtungssymmetrische), *rückwirkungsfreie, passive und unbedingt stabile Vierpole.* Diese Merkmale drücken sich in bestimmten Parameterbeziehungen (Tafel 7.5) aus. Dabei können mehrere Vierpoleigenschaften gleichzeitig zutreffen.

Umkehrbarkeit. Ein Vierpol heißt umkehrbar, wenn er das Reziprozitätstheorem (s. Abschn. 5.3.7.1) erfüllt. Dann muß gelten:

$$\left.\frac{\underline{I}_1}{\underline{U}_2}\right|_{\underline{U}_1=0} = \left.\frac{\check{\underline{I}}_2}{\underline{U}_1}\right|_{\underline{U}_2=0} \quad \text{bzw.} \quad \check{\underline{Y}}_{12} = \check{\underline{Y}}_{21} \tag{7.41a}$$

Ursache: $\underline{U}$, Wirkung: $\underline{I}$

und gleichwertig

$$\left.\frac{\underline{U}_2}{\underline{I}_1}\right|_{\underline{I}_2=0} = \left.\frac{\underline{U}_1}{\check{\underline{I}}_2}\right|_{\underline{I}_1=0} \quad \text{bzw.} \quad \check{\underline{Z}}_{12} = \check{\underline{Z}}_{21}\ . \tag{7.41b}$$

Ursache: $\underline{I}$, Wirkung: $\underline{U}$

In Worten: Verursacht ein Strom $\underline{I}_1$ (Ursache) am Eingang am Vierpolausgang die Leerlaufspannung $\underline{U}_2$ und umgekehrt der gleiche Strom $\underline{I}_1$ (Ursache) am Ausgang die gleiche Leerlaufspannung $\underline{U}_2$ am Vierpoleingang, so ist der Vierpol umkehrbar.

Geht. man z. B. von der Leitwertform zu anderen Vierpolgleichungen über, so lautet die Umkehrbarkeitsbedingung gleichwertig

$$\underline{Y} = -\underline{Y}_{21}, \underline{Z}_{12} = -\underline{Z}_{21}, \underline{H}_{12} = \underline{H}_{21}, \det \underline{A} = 1 \tag{7.41c}$$

Umkehrbarkeitsbedingung (Kettenrichtung).

Ein umkehrbarer Vierpol wird durch drei (unabhängige) Parameter eindeutig gekennzeichnet, der vierte ist über die Umkehrbarkeitsbedingung (Gl. (7.41c)) gegeben.

Umkehrbare Vierpole können stets durch eine quellenfreie T- oder Π-Ersatzschaltung realisiert werden (s. Tafel 7.4). Beispielsweise sind Vierpole aus linearen zeitunabhängigen Netzwerkelementen (R, L, C, M) stets umkehrbar (unabhängig vom inneren Vierpolaufbau), wenn nur $\underline{Y}_{12} \neq 0$ und damit eine Verbindung zwischen Ein- und Ausgang besteht. Vierpole, deren Koeffzienten die Gl. (7.41c) nicht erfüllen, heißen *nicht umkehrbar, nicht reziprok* oder *übertragungsunsymmetrisch.* Dazu gehören z. B. Verstärkervierpole mit einer Quelle am Vierpolausgang. Offen ist dabei, ob die Vierpolelemente in jedem Fall durch die Grundelemente R, L, C, M realisierbar sind.

Richtungs- (widerstands-) symmetrischer Vierpol. Ein Vierpol heißt richtungssymmetrisch, wenn sein Eingangswiderstand (auf Seite 1) bei beliebigem Abschluß auf Seite 2 mit dem Ausgangswiderstand (auf Seite 2), gemessen bei beliebigem Abschluß auf Seite 1 übereinstimmt (Tafel 7.5). Wir beweisen dies durch Widerstandsberechnung (s. u.) und erhalten als Bedingungen

$$\underline{Y}_{11} = -\underline{Y}_{22}, \quad \underline{Z}_{11} = -\underline{Z}_{22}, \quad \underline{A}_{11} = \underline{A}_{22}, \qquad (7.41d)$$

$$\det \underline{H}_1 = 1, \quad \det \underline{C} = 1$$

Richtungssymmetrie eines Vierpols.

Der richtungssymmetrische Vierpol wird stets durch *drei* Parameter eindeutig gekennzeichnet. Treffen Umkehrbarkeit und Richtungssymmetrie gleichzeitig zu, so liegt ein *symmetrischer Vierpol* vor. Er wird durch zwei unabhängige Vierpolparameter beschrieben.

Rückwirkungsfreier Vierpol. Ein Vierpol heißt *rückwirkungsfrei*, wenn die Eingangsklemmengrößen ($\underline{I}_1$, $\underline{U}_1$ und die damit verbundenen Eigenschaften, z. B. der Eingangswiderstand) unabhängig von den Ausgangsklemmeneigenschaften ($\underline{I}_2$, $\underline{U}_2$) sind. Daher muß z. B. in der Vierpolgleichung $\underline{I}_1 = \underline{Y}_{11}\underline{U}_1 + \underline{Y}_{12}\underline{U}_{12}$ der letzte Term verschwinden, also $\underline{Y}_{12} = 0$ gelten. Über die Vierpolumrechnungen ergeben sich als gleichwertige Bedingungen

$$\underline{Y}_{12} = 0, \quad \underline{Z}_{12} = 0, \quad \underline{H}_{12} = 0 \qquad (7.42)$$

Rückwirkungsfreiheit.

Der rückwirkungsfreie Vierpol überträgt in Rückwärtsrichtung (vom Ausgang nach dem Eingang) *kein* Signal: Ausgang und Eingang sind entkoppelt. Er wird durch *drei* unabhängige Parameter eindeutig bestimmt. Der rückwirkungsfreie Vierpol ist die grundlegende Ersatzschaltung eines Verstärkers bzw. Verstärkerelementes (s. Abschn. 7.5).

7.2.1.5. Vierpoltransformationen

Die Transformation eines Vierpols ergibt einen zweiten Vierpol, dessen Eigenschaften über Transformationsregeln aus dem ersten hervorgehen. Typische Vierpoltransformationen sind Umkehrung, die Drehung (eines Dreipols) und der duale Vierpol.

Umkehrung eines Vierpols. Von Vierpolumkehrung spricht man, wenn er um seine Achse quer zur Übertragungsrichtung gedreht wird. Dann sind Ein- und Ausgang miteinander vertauscht. Deshalb muß sein Kettengleichungssystem

$$\begin{bmatrix} \underline{U}_1 \\ \underline{I}_1 \end{bmatrix} = [\underline{A}] \begin{bmatrix} \underline{U}_2 \\ \underline{I}_2 \end{bmatrix}$$

nach den Ausgangsgrößen $\underline{U}_2, \underline{I}_2$ aufgelöst werden. Da sich dadurch die Stromrichtungen vertauschen, führen wir die Ströme $\underline{I}'_2 = -\underline{I}_2, \underline{I}'_1 = -\underline{I}_1$ ein und

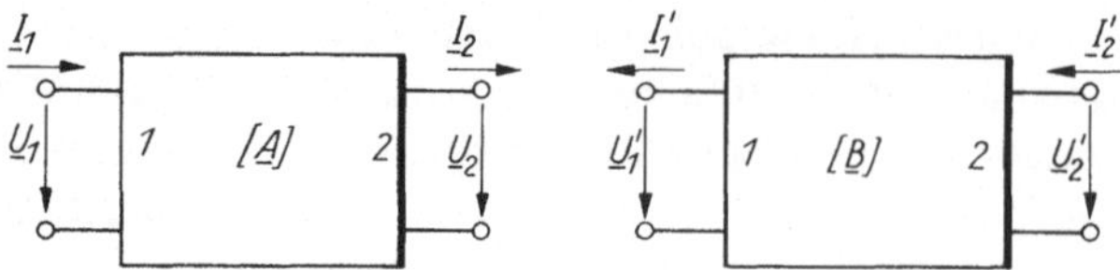

Bild 7.27. Vierpolumkehr

erhalten aus der Kettenform (s. Tafel 7.2) durch Auflösung nach den Ausgangsgrößen (Nachweis!) (Bild 7.27)

$$\begin{bmatrix} \underline{U}_2 \\ \underline{I}_2' \end{bmatrix} = \frac{1}{\det \underline{A}} \begin{bmatrix} \underline{A}_{22} & \underline{A}_{12} \\ \underline{A}_{21} & \underline{A}_{11} \end{bmatrix} \begin{bmatrix} \underline{U}_1 \\ \underline{I}_1' \end{bmatrix} = [B] \begin{bmatrix} \underline{U}_1 \\ \underline{I}_1' \end{bmatrix}. \tag{7.43}$$

Bei Umkehrung eines Vierpols (Bestimmung der Kehrmatrix $[\underline{B}]$) sind die Elemente der Kettenmatrix $[\underline{A}]$ durch det $\underline{A}$ zu dividieren und die Elemente der Hauptdiagonalen miteinander zu vertauschen.

Für reziproke Vierpole (mit $\det \underline{A} = -1$) besteht die Umkehrung in einer bloßen Vertauschung der Hauptdiagonalglieder.

Vierpolgrundschaltungen. Ein Vierpol (z. B. Transistor), kann verschiedenartig zwischen Quelle und Verbraucher geschaltet werden. Stets bezeichnet die dem Ein- und Ausgangskreis gemeinsame Klemme die Vierpolgrundschaltung, beispielsweise

— *Basis-*, *Emitter-* und *Kollektorschaltung* eines Bipolartransistors;
— *Gate-*, *Source-* und *Drainschaltung* eines Feldeffekttransistors;
— *Katoden-*, *Gitter-* und *Anodenbasisschaltung* der Röhre.

Die verschiedenen Grundschaltungen gehen aus einer Links- oder Rechtsdrehung des Dreipols hervor (Tafel 7.6). Jede kann außerdem vor- und rückwärts betrieben werden (wobei die Rückwärtsschaltungen kaum praktische Bedeutung haben und deshalb nicht aufgeführt sind).

Jede der drei genannten Grundschaltungen eines Vierpols (einer Betriebsrichtung) hat einen Satz zugeordneter Vierpolparameter. Das sind beispielsweise die Leitwertparameter der Basis- oder Emitterschaltung beim Bipolartransistor.

Ist ein Parametersatz einer Grundschaltung bekannt, so ergeben sich die Parameter der anderen Grundschaltungen durch Transformation (Drehung, ggf. Wendung) und anschließende Ordnung zu einem neuen Vierpolgleichungssystem.

Die Parameterzusammenhänge der verschiedenen Grundschaltungen (z. B. der Emitterschaltung Index e) aus den gegebenen Leitwertparametern einer Basisschaltung (Index b) erhält man durch folgende Lösungsmethodik (Bild 7.2g):

1. Aufzeichnung der gegebenen Grundschaltung mit den zugeordneten Klemmengrößen ($\underline{I}_{1b}, \ldots, \underline{U}_{2b}$) und Vierpolparametern (y_{ikb}, h_{ikb} usw.).

2. Aufzeichnung der gewünschten Grundschaltung mit den zugeordneten Klemmengrößen ($\underline{I}_{1e}, \ldots, \underline{U}_{2e}$) und Vierpolparametern (y_{ike}, h_{ike} usw.).

3. Aufstellung der gesuchten Klemmengrößen als Funktion der gegebenen über die Kirchhoffschen Sätze.

Tafel 7.6. Vierpolgrundschaltungen (dargestellt am Beispiel des Bipolartransistors) $\Sigma\check{\underline{Y}} = \check{\underline{Y}}_{11} + \check{\underline{Y}}_{12} + \check{\underline{Y}}_{21} + \check{\underline{Y}}_{22}$, $\Delta\check{\underline{Y}} = \Delta\check{\underline{Y}}_{b} = \Delta\check{\underline{Y}}_{e} = \Delta\check{\underline{Y}}_{c}$

Allgemeiner Vierpol (Bipolartransistor)	Basisschaltung	Emitterschaltung	Kollektorschaltung
$\check{I}_1$, $\check{I}_2$, $\check{U}_1$, $\check{U}_2$; e c, 1 2, b	$\check{\underline{Y}}_{11b}$ $\check{\underline{Y}}_{12b}$ $\check{\underline{Y}}_{21b}$ $\check{\underline{Y}}_{22b}$	$\Sigma\check{\underline{Y}}_{e}$ $-(\check{\underline{Y}}_{12e} + \check{\underline{Y}}_{22e})$ $-(\check{\underline{Y}}_{21e} + \check{\underline{Y}}_{22e})$ $\check{\underline{Y}}_{22e}$	$\check{\underline{Y}}_{22c}$ $-(\check{\underline{Y}}_{21c} + \check{\underline{Y}}_{22c})$ $-(\check{\underline{Y}}_{12c} + \check{\underline{Y}}_{22c})$ $\Sigma\check{\underline{Y}}_{c}$
$\check{I}_1$, $\check{I}_2$, $\check{U}_1$, $\check{U}_2$; b c, 1 2, e	$\Sigma\check{\underline{Y}}_{b}$ $-(\check{\underline{Y}}_{12b} + \check{\underline{Y}}_{22b})$ $-(\check{\underline{Y}}_{21b} + \check{\underline{Y}}_{22b})$ $\check{\underline{Y}}_{22b}$	$\check{\underline{Y}}_{11e}$ $\check{\underline{Y}}_{12e}$ $\check{\underline{Y}}_{21e}$ $\check{\underline{Y}}_{22e}$	$\check{\underline{Y}}_{11c}$ $-(\check{\underline{Y}}_{11c} + \check{\underline{Y}}_{12c})$ $-(\check{\underline{Y}}_{11c} + \check{\underline{Y}}_{21c})$ $\Sigma\check{\underline{Y}}_{c}$
$\check{I}_1$, $\check{I}_2$, $\check{U}_1$, $\check{U}_2$; b e, 1 2, c	$\Sigma\check{\underline{Y}}_{b}$ $-(\check{\underline{Y}}_{11b} + \check{\underline{Y}}_{21b})$ $-(\check{\underline{Y}}_{11b} + \check{\underline{Y}}_{12b})$ $\check{\underline{Y}}_{11b}$	$\check{\underline{Y}}_{11e}$ $-(\check{\underline{Y}}_{11e} + \check{\underline{Y}}_{12e})$ $-(\check{\underline{Y}}_{11e} + \check{\underline{Y}}_{21e})$ $\Sigma\check{\underline{Y}}_{e}$	$\check{\underline{Y}}_{11c}$ $\check{\underline{Y}}_{12c}$ $\check{\underline{Y}}_{21c}$ $\check{\underline{Y}}_{22c}$

4. Umformung des Gleichungssystems auf den Gleichungstyp der gesuchten Grundschaltung. Die neuen Vierpolparameter ergeben sich durch Koeffizientenvergleich.

So gilt beispielsweise nach Bild 7.28 $\underline{I}_{1e} = \underline{I}_{2b} - \underline{I}_{1b}$, $\underline{I}_{2e} = \underline{I}_{2b}$, $\underline{U}_{1e} = -\underline{U}_{1b}$, $\underline{U}_{2e} = \underline{U}_{2b} - \underline{U}_{1b}$. Damit folgt

$$\underline{I}_{1e} = \underline{y}_{11e}\underline{U}_{1e} + \underline{y}_{12e}\underline{U}_{2e} = \underline{I}_{2b} - \underline{I}_{1b} = (\underline{y}_{21b} - \underline{y}_{11b})\underline{U}_{1b} + (\underline{y}_{22b} - \underline{y}_{12b})\underline{U}_{2b},$$

$$\underline{I}_{2e} = \underline{y}_{21e}\underline{U}_{1e} + \underline{y}_{22e}\underline{U}_{2e} = \underline{I}_{2b} \qquad = \underline{y}_{21b}\underline{U}_{1b} + \underline{y}_{22b}\underline{U}_{2b},$$

$$\underline{I}_{1e} = (\underline{y}_{21b} - \underline{y}_{11b})(-\underline{U}_{1e}) + (\underline{y}_{22b} - \underline{y}_{12b})(\underline{U}_{2e} - \underline{U}_{1e})$$

$$= (\underline{y}_{11b} - \underline{y}_{21b} + \underline{y}_{12b} - \underline{y}_{22b})\underline{U}_{1e} + (\underline{y}_{22b} - \underline{y}_{12b})\underline{U}_{2e}\ ,$$

$$\underline{I}_{2e} = \underline{y}_{21b}(-\underline{U}_{1e}) + \underline{y}_{22b}(\underline{U}_{2e} - \underline{U}_{1e}) = (-\underline{y}_{21} - \underline{y}_{22b})\underline{U}_{1e} + \underline{y}_{22b}\underline{U}_{2e}.$$

Zusammengefaßt ergibt sich durch Koeffizientenvergleich

$$[\underline{y}_{ike}] = \begin{bmatrix} \underline{y}_{11b} - \underline{y}_{21b} + \underline{y}_{12b} - \underline{y}_{22b} & \underline{y}_{22b} - \underline{y}_{12b} \\ -(\underline{y}_{21b} + \underline{y}_{22b}) & \underline{y}_{22b} \end{bmatrix}. \tag{7.44}$$

Das sind die Leitwertparameter in Emitterschaltung ausgedrückt durch die der Basisschaltung. Durch Übergang zum symmetrischen Zählpfeilsystem (s. Tafel 7.3, $\check{\underline{y}}_{11} = y_{11}$, $\check{\underline{y}}_{12} = \underline{y}_{12}$, $\check{\underline{y}}_{21} = -\underline{y}_{21}$, $\check{\underline{y}}_{22} = -\underline{y}_{22}$) ergeben sich dabei die in Tafel 7.6 angeführten Ergebnisse. Wir haben hier Kleinsignalparameter y_{ik} gewählt (s. Abschn. 7.3.3), in Tafel 7.6 hingegen die allgemeine Vierpolparameter $\underline{Y}_{ik}$. Für die Transformation ist dieser Unterschied belanglos.

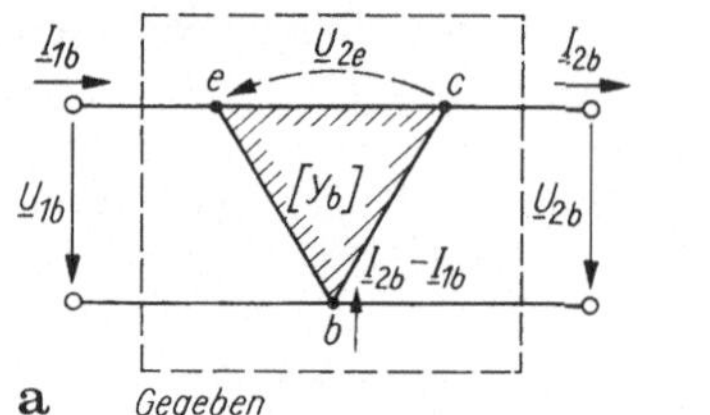

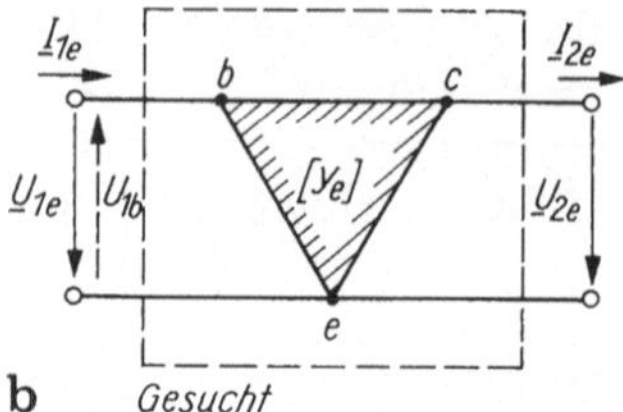

Bild 7.28a, b. Vierpolgrundschaltungen

Analoge Schemata gelten auch für die übrigen Grundschaltungsparameter. Der systematische Vergleich der Ergebnisse verschiedener Grundschaltungen (Tafel 7.6) lehrt:
— Es gibt Vierpolparameter, die in zwei Grundschaltungen erhalten bleiben, z. B. $\underline{y}_{11e} = \underline{y}_{11c}$.
— Die Determinante der Leitwertmatrix bleibt für alle Grundschaltungen eines Vierpols erhalten.
— Erfüllt ein Dreipol den Umkehrsatz, so ist er in allen Grundschaltungen umkehrbar.

Die Vierpolumrechnung kann ebenso durch Anwendung der unbestimmten Knotenadmittanzmatrix (Abschn. 5.3.4.4) erfolgen.

7.2.2 Vierpolzusammenschaltungen

Übersicht. Die gleichwertige Beschreibung eines Vierpols durch verschiedene Vierpolparameterarten erweist sich besonders bei der Vierpolzusammenschaltung als nützlich. Zwei Vierpole lassen sich auf folgende Arten zu einem neuen Vierpol zusammenschalten (Bild 7.29):
Parallel-Parallel-Schaltung (Bild 7.29a), Addition der $\underline{Y}$-Matrizen;
Reihen-Reihen-Schaltung (Bild 7.29b), Addition der $\underline{Z}$-Matrizen;
Reihen-Parallel-Schaltung (Bild 7.29c), Addition der $\underline{H}$-Matrizen;
Parallel-Reihen-Schaltung (Bild 7.29d), Addition der $\underline{C}$-Matrizen;
Ketten- (Kaskaden-)Schaltung (Reihenfolge *1-2-1-2*) (Bild 7.29e) Multiplikation der $\underline{A}$-Matrizen;
Ketten- (Kaskaden-)Schaltung (Reihenfolge *1-2-2-1*).
Ziel des folgenden Abschnittes ist es, die Ersatzparameter des neuen Vierpols aus den Vierpolparametern der beiden Teilvierpole zu gewinnen.

Die Zusammenschaltung wird stets durch die Forderung nach *gleichem Strom* über *ein Klemmenpaar* eingeschränkt: Bei jedem Einzelvierpol muß der in Klemme *1* eintretende Strom bei *1'* wieder austreten (Bild. 7.20) (analog I_2 bei 2 und *2'*). Dies war die Bedingung für die Vierpolgleichungen. Sie ist im normalen Schaltungsbetrieb zwischen Quelle und Verbraucher für den Einzelvierpol erfüllt, bei der Zusammenschaltung aber u. U. verletzt (Bild 7.30). Die Forderung läßt sich stets unter Zwischenschaltung eines idealen Übertragers ($\ddot{u} = 1:1$, s. Abschn. 3.4.3) an einem der beiden Vierpole erzwingen (Bild 7.30). Der Übertrager kann entfallen, wenn beide Vierpole durchgehende (gestrichelt hervorgehobene) Verbindungen haben, die zusammengeschaltet werden (Bild 7.30b). Dabei muß man bei der

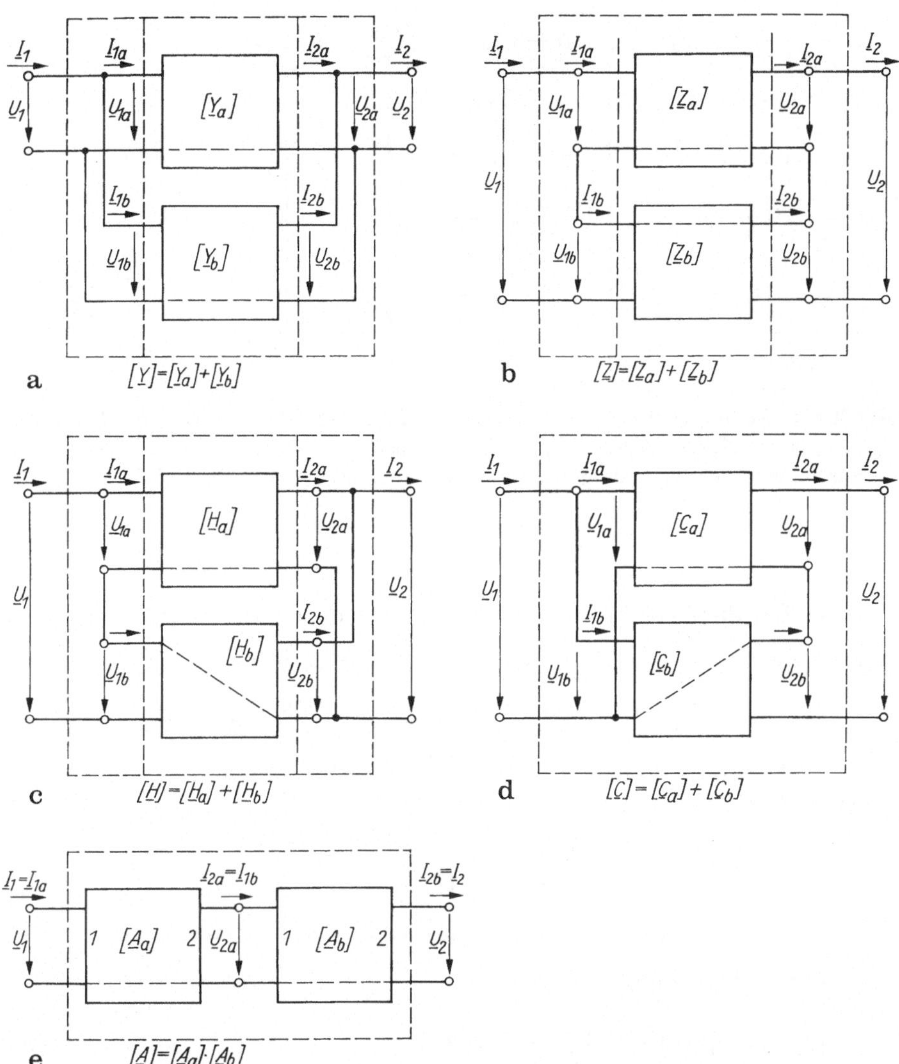

Bild 7.29a–e. Zusammenschaltungen von Vierpolen mit durchgehenden Erdleitern. **a** Parallelschaltung; **b** Reihenschaltung; **c** Reihen-Parallel-Schaltung; **d** Parallel-Reihen-Schaltung; **e** Kettenschaltung

Reihen-Parallel- und Parallel-Reihen-Schaltung diagonale Linien zeichnen, damit sich beide Teilströme am Ausgang (bzw. Eingang), also am Ort der Parallelschaltung addieren und nicht subtrahieren (s. Bild 7.29c).

7.2.2.1. Grundtypen

Wir diskutieren die eben erfolgten Zusammenschaltungen der Vierpole a und b.

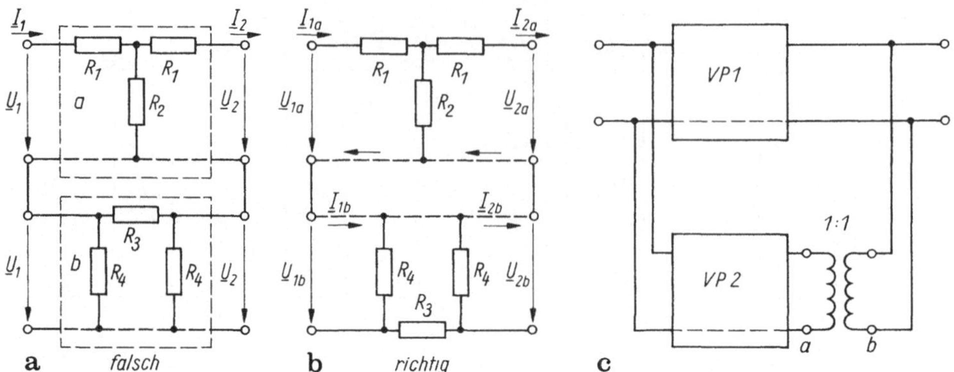

Bild 7.30a–c. Reihenschaltung von Vierpolen. **a** Reihenschaltung (falsch), der Widerstand R_3 wird beim Zusammenschalten kurzgeschlossen; **b** richtige Zusammenschaltung; **c** Veranschaulichung der Bedingung für das Zusammenschalten

1. Parallel-Parallel-Schaltung. Entsprechend den Einzelgleichungen

$$\underline{I}_{a1} = \underline{Y}_{11a}\underline{U}_{1a} + \underline{Y}_{12a}\underline{U}_{2a}, \quad \underline{I}_{b1} = \underline{Y}_{11b}\underline{U}_{1b} + \underline{Y}_{12b}\underline{U}_{2b} ,$$
$$\underline{I}_{a2} = \underline{Y}_{21a}\underline{U}_{1a} + \underline{Y}_{22a}\underline{U}_{2a}, \quad \underline{I}_{b2} = \underline{Y}_{21b}\underline{U}_{1b} + \underline{Y}_{22b}\underline{U}_{2b} , \tag{7.45a}$$

Vierpol a **Vierpol b**

ergeben sich die Klemmenbeziehungen ($\underline{I}_1, \ldots, \underline{U}_2$) des Gesamtvierpols mit $\underline{U}_1 = \underline{U}_{1a} = \underline{U}_{1b}$, $\underline{U}_2 = \underline{U}_{2a} = \underline{U}_{2b}$ durch Parallelschaltung

$$\underline{I}_1 = \underline{I}_{1a} + \underline{I}_{1b} = (\underline{Y}_{11a} + \underline{Y}_{11b})\underline{U}_1 + (\underline{Y}_{12a} + \underline{Y}_{12b})\underline{U}_2 ,$$
$$\underline{I}_2 = I_{2a} + \underline{I}_{2b} = (\underline{Y}_{21b} + \underline{Y}_{21b})\underline{U}_1 + (\underline{Y}_{22a} + \underline{Y}_{22b})\underline{U}_2 \tag{7.45b}$$

oder in Matrixdarstellung

$$[\underline{I}] = [\underline{Y}][\underline{U}] = [[\underline{Y}_a] + [\underline{Y}_b]][\underline{U}] . \tag{7.45c}$$

Die Leitwertparameter einer Parallelschaltung von Vierpolen entstehen durch Addition der entsprechenden Leitwertparameter der Einzelvierpole. Oder: Die Leitwertmatrix der Gesamtschaltung ergibt sich durch Addition der Einzelmatrizen der Einzelvierpole.

Die Parallelschaltung kann nur mit den Leitwertparametern in dieser einfachen Form erklärt werden. Dies rechtfertigt die Vierpolbeschreibung in der Leitwertform.

2. Reihen-Reihen-Schaltung. Hier führt die Gleichheit der Ströme $\underline{I}_1 = \underline{I}_{1a} = \underline{I}_{1b}$, $\underline{I}_2 = I_{2a} = \underline{I}_{2b}$ und reihenschaltungsbedingte Addition der Spannungen $\underline{U}_1 = \underline{U}_{1a} + \underline{U}_{1b}$, $\underline{U}_2 = \underline{U}_{2a} + \underline{U}_{2b}$ auf die Addition der beiden Widerstandsmatrizen der Einzelvierpole:

$$[\underline{Z}] = [\underline{Z}_a] + [\underline{Z}_b] \quad \text{mit} \quad \underline{Z}_{ik} = \underline{Z}_{ika} + \underline{Z}_{ikb} \tag{7.46}$$

$$[\underline{U}] = [[\underline{Z}_a] + [\underline{Z}_b]][\underline{I}].$$

Bei der Reihenschaltung zweier Vierpole addieren sich die Widerstandsmatrizen der Einzelvierpole.

3. Reihen-Parallel-Schaltung. Bei dieser Schaltung werden die Eingangsspannungen und Ausgangsströme addiert: $\underline{U}_1 = \underline{U}_{1a} + \underline{U}_{1b}$, $\underline{U}_2 = \underline{U}_{2a} = \underline{U}_{2b}$, $\underline{I}_1 = \underline{I}_{1a} = \underline{I}_{1b}$, $\underline{I}_2 = \underline{I}_{2a} + \underline{I}_{2b}$.

Insgesamt ergibt sich damit die Vierpolgleichung des Gesamtvierpoles durch Addition der $\underline{H}$-Matrizen

$$[\underline{H}] = [\underline{H}_a] + [\underline{H}_b] \quad \text{mit} \quad \underline{H}_{ik} = \underline{H}_{ika} + \underline{H}_{ikb}\,. \tag{7.47}$$

4. Parallel-Reihen-Schaltung. Hierfür sind sinngemäß nach obiger Überlegung sinngemäß die $\underline{C}$-Matrizen zu addieren

$$[\underline{C}] = [\underline{C}_a] + [\underline{C}_b]\,. \tag{7.48}$$

Diese Form wird selten benutzt.

5. Kettenschaltung. Die noch offene Kettenschaltung (Kaskade, Kette—Kette), auch *Kaskadenschaltung* genannt, ist die häufigste Vierpolkombination. Beide Vierpole haben die Vierpolgleichungen (in Matrixform)

$$\begin{bmatrix} \underline{U}_{1a} \\ \underline{I}_{1a} \end{bmatrix} = [\underline{A}_a] \begin{bmatrix} \underline{U}_{2a} \\ \underline{I}_{2a} \end{bmatrix}, \quad \begin{bmatrix} \underline{U}_{1b} \\ \underline{I}_{1b} \end{bmatrix} = [A_b] \begin{bmatrix} \underline{U}_{2b} \\ \underline{I}_{2b} \end{bmatrix}.$$

Der Kettenschaltung entsprechend sind die Ausgangsgrößen des Vierpols *a* gleich den Eingangsgrößen des Vierpols *b*: $\underline{I}_1 = \underline{I}_{1a}$, $\underline{U}_1 = \underline{U}_{1a}$, $\underline{I}_2 = \underline{I}_{2b}$, $\underline{U}_2 = \underline{U}_{2b}$. Deshalb lautet die Gesamtkettenmatrix

$$\begin{bmatrix} \underline{U}_1 \\ \underline{I}_1 \end{bmatrix} = [\underline{A}_a] \begin{bmatrix} \underline{U}_{2a} \\ \underline{I}_{2a} \end{bmatrix} = [\underline{A}_a][\underline{A}_b] \begin{bmatrix} \underline{U}_2 \\ \underline{I}_2 \end{bmatrix}. \tag{7.49a}$$

Die Matrix der Gesamtkettenschaltung ergibt sich aus dem Produkt der Kettenmatrizen der Einzelvierpole

$$[\underline{A}] = [\underline{A}_a][\underline{A}_b] \quad \text{oder ausmultipliziert}$$

$$[\underline{A}] = \begin{bmatrix} \underline{A}_{11a}\underline{A}_{11b} + \underline{A}_{12a}\underline{A}_{21b}, & \underline{A}_{11a}\underline{A}_{12b} + \underline{A}_{12a}\underline{A}_{22b} \\ \underline{A}_{21a}\underline{A}_{11b} + A_{22a}\underline{A}_{21b}, & \underline{A}_{21a}\underline{A}_{12b} + \underline{A}_{22a}\underline{A}_{22b} \end{bmatrix}. \tag{7.49b}$$

Die Reihenfolge der Multiplikation darf dabei nicht vertauscht werden.

Durch die bisher kennengelernten Matrizenadditionen bei den Parallel-, Reihen-, Reihen-Parallel- und Parallel-Reihen-Schaltungen von Vierpolen wird die Berechtigung der verschiedenen Vierpolgleichungen nachdrücklich unterstrichen.

Deshalb gehört die sichere Beherrschung der Matrizenumwandlung (Tafel 7.3) mit zu den Grundkenntnissen

Beispiele:

1. Die T-Schaltung (Bild 7.31a) eines Vierpols läßt sich durch Reihenschaltung der beiden Einzelvierpole mit den Matrizen

$$[\underline{Z}_a] = \begin{bmatrix} R_1 & 0 \\ 0 & -R_2 \end{bmatrix}, \quad [\underline{Z}_b] = \begin{bmatrix} R_3 & -R_3 \\ R_3 & -R_3 \end{bmatrix}$$

erklären. Die Gesamtmatrix der T-Schaltung lautet

$$[\underline{Z}] = [\underline{Z}_a] + [\underline{Z}_b] = \begin{bmatrix} R_1 + R_3 & -R_3 \\ R_3 & -(R_2 + R_3) \end{bmatrix}.$$

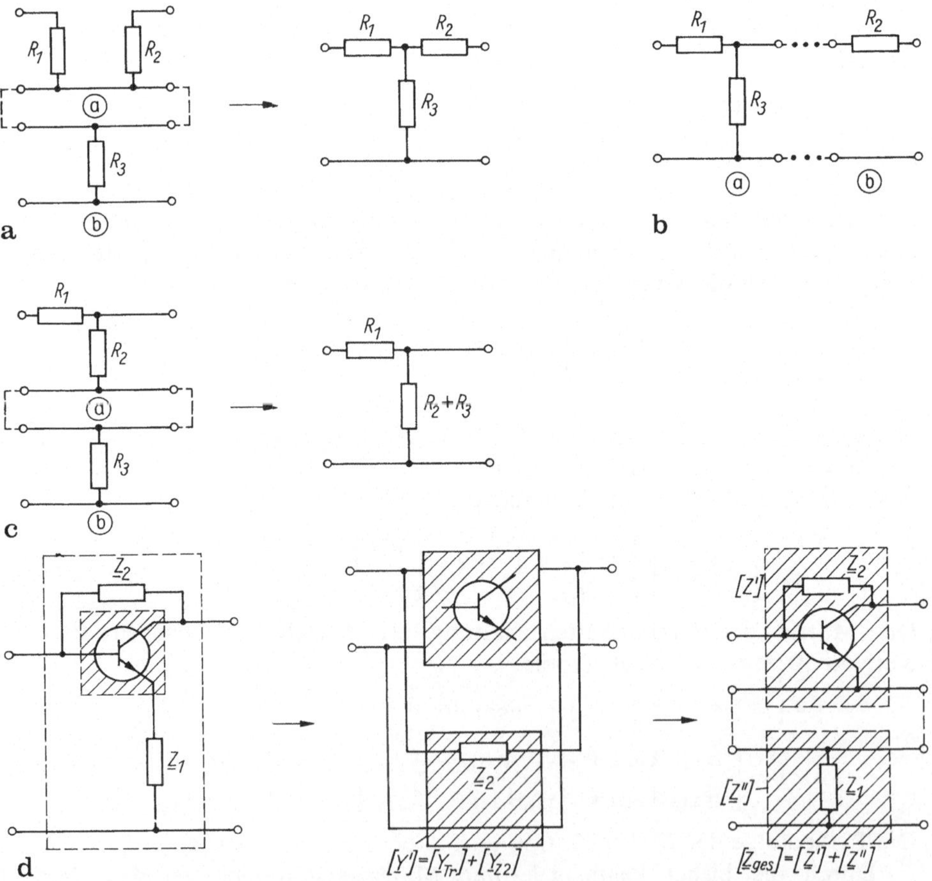

Bild 7.31a–d. Beispiele für das Zusammenschalten von Vierpolen. **a** Reihenschaltung; **b** Kettenschaltung von zwei Vierpolen; **c** Bestimmung der Leitwertmatrix zweier reihengeschalteter Vierpole; **d** Ersatzparameter eines Transistors mit Zusatzwiderständen $\underline{Z}_2$, $\underline{Z}_1$

2. Die gleiche T-Schaltung kann auch durch Kettenschaltung der beiden Vierpole a, b (Bild 7.31b) mit den Kettenmatrizen

$$[\underline{A}_a] = \begin{bmatrix} 1 + R_1 G_3 & R_1 \\ G_3 & 1 \end{bmatrix}, \quad [\underline{A}_b] = \begin{bmatrix} 1 & R_2 \\ 0 & 1 \end{bmatrix}$$

gebildet werden. Die Lösung lautet nach Gl. (7.49)

$$[\underline{A}] = [\underline{A}_a][\underline{A}_b] = \begin{bmatrix} 1 + R_1 G_3 & R_1 + R_2 + R_1 R_2 G_3 \\ G_3 & 1 + G_3 R_2 \end{bmatrix}. \tag{1}$$

Die Umwandlung auf die $\underline{Z}$-Matrix mit Tafel 7.3 führt auf obiges Ergebnis.

3. Für die Schaltung Bild 7.31c ist die Leitwertmatrix zu bestimmen. Die Teilvierpole a, b sollen in der Leitwertform gegeben sein:

$$[\underline{Y}_a] = \begin{bmatrix} G_1 & -G_1 \\ G_1 & -(G_1 + G_2) \end{bmatrix}, \quad [\underline{Y}_b] = [\infty] .$$

Die Leitwertmatrix des zweiten Vierpols ist nicht definiert. Für die Reihenschaltung werden die Widerstandsmatrizen benötigt (im ersten Fall durch Umwandlung mit Tafel 7.3, im zweiten durch Direktberechnung):

$$[\underline{Z}_a] = \begin{bmatrix} R_1 + R_2 & -R_2 \\ R_2 & -R_2 \end{bmatrix}, \quad [\underline{Z}_b] = \begin{bmatrix} R_3 & -R_3 \\ R_3 & -R_3 \end{bmatrix}.$$

Daraus folgt

$$[\underline{Z}] = [\underline{Z}_a] + [\underline{Z}_b] = \begin{bmatrix} R_1 + R_2 + R_3 & -(R_2 + R_3) \\ R_2 + R_3 & -(R_2 + R_3) \end{bmatrix}.$$

Die Umwandlung in die Leitwertform ist leicht möglich.

4. Gegeben ist eine Transistorschaltung (Bild 7.31d) mit bekannten Leitwertparametern des Transistors ($\underline{Y}_e$). Gesucht ist die Leitwertmatrix der Gesamtschaltung.

Wir zerlegen die Schaltung in Einzelvierpole. Dem Transistorvierpol ist der Vierpol mit dem Längsleitwert $\underline{Y}_2$ parallelgeschaltet

$$[\underline{Y}] = \begin{bmatrix} \underline{Y}_2 & -\underline{Y}_2 \\ \underline{Y}_2 & -\underline{Y}_2 \end{bmatrix}.$$

Die Gesamtmatrix $[\underline{Y}']$ der Parallelschaltung Transistor und Längsleitwert lautet

$$[\underline{Y}'] = \begin{bmatrix} \underline{Y}_{11e} + \underline{Y}_2 & \underline{Y}_{12e} - \underline{Y}_2 \\ \underline{Y}_{21e} + \underline{Y}_2 & \underline{Y}_{21e} - \underline{Y}_2 \end{bmatrix}.$$

Um den Vierpol mit dem Querwiderstand in Reihe schalten zu können, wandeln wir die Matrix $[\underline{Y}']$ in die Widerstandsform $[\underline{Z}']$ um:

$$[\underline{Z}'] = \frac{1}{\Delta \underline{Y}} \begin{bmatrix} \underline{Y}'_{22} & -\underline{Y}'_{12} \\ -\underline{Y}'_{21} & \underline{Y}'_{11} \end{bmatrix}.$$

mit $\Delta \underline{Y} = (\underline{Y}_{11e} + \underline{Y}_2)(\underline{Y}_{22e} - \underline{Y}_2) - (\underline{Y}_{12e} - \underline{Y}_2)(\underline{Y}_{21e} + \underline{Y}_2)$ und addieren zu $[\underline{Z}']$ die Widerstandsmatrix

$$[\underline{Z}''] = \begin{bmatrix} \underline{Z}_1 & -\underline{Z}_1 \\ \underline{Z}_1 & -\underline{Z}_1 \end{bmatrix}.$$

Das ergibt $[\underline{Z}_{ges}] = [\underline{Z}'] + [\underline{Z}'']$. Diese Gesamtmatrix muß wieder in die Leitwertform rückgewandelt werden, um die Aufgabe abzuschließen.

7.2.2.2. *Rückkopplungsprinzip*

Die Parallel- und Reihenschaltung sowie deren Kombination von zwei Vierpolen finden ihre wichtigste Anwendung im *Rückkopplungsprinzip.*

Bei der Rückkopplung koppelt die Wirkung in einem Netzwerk auf ihre Ursache zurück.

Wir interpretieren das Rückkopplungsprinzip am Beispiel der Parallel-Parallel-Rückkopplung Bild 7.29a. Zwischen Quelle und Verbraucher befindet sich der Vierpol *a*, der mit einem Rückkopplungsvierpol *b* zusammengeschaltet ist. So wird ein Signal, das den Vierpol *a* passiert hat und am Verbraucher wirkt, über den Vierpol *b* auf den Eingang „rückgeführt".

Der Eingangsstrom $\underline{I}_{1a}$ des rückgekoppelten Vierpols *a* setzt sich aus dem Quellenstrom $\underline{I}_1$ und dem Eingangsstrom $\underline{I}_{1b}$ des Rückkopplungsvierpols *b* zusammen ($\underline{I}_{1a} = \underline{I}_1 - \underline{I}_{1b}$). Letzterer hängt über den *Rückwirkungsparameter* $\underline{Y}_{12b}$ von der Ausgangsspannung ab. So kennzeichnet $\underline{Y}_{12b}$ die Parallel-Parallel-Rückkopplung. $\underline{Y}_{12b} = 0$ bedeutet keine Rückkopplung.

Die Ausgangsspannung $\underline{U}_2$ ist Ursache des rückgeführten Stromes am Eingang: Spannungs-Strom-Rückkopplung.

Nach Bild 7.29 gibt es somit vier Rückkopplungsschaltungen:
- Parallel-Parallel- oder sog. Spannungs-Strom-Rückkopplung ($\rightarrow \underline{Y}_{12}$);
- Reihen-Reihen- oder Strom-Spannungs-Rückkopplung ($\rightarrow \underline{Z}_{12}$);
- Reihen-Parallel- oder Spannungs-Spannungs-Rückkopplung ($\rightarrow \underline{H}_{12}$);
- Parallel-Reihen- oder Strom-Strom-Rückkopplung ($\rightarrow \underline{C}_{12}$).

Zusammengefaßt: Jede der vier Vierpolzusammenschaltungen und somit jeder Einzelvierpol besitzt einen Vierpolparameter ($\underline{Y}_{12}, \underline{Z}_{12}, \underline{H}_{12}, \underline{C}_{12}$), der die Rückwirkung der Ausgangsgröße auf den Eingang kennzeichnet.

Besonders für aktive Vierpole (Verstärkervierpole) ist es oft zweckmäßig, die Zerlegung in einen aktiven rückwirkungsfreien Vierpol und einen Rückkopplungsvierpol durchzuführen. So kann beispielsweise die allgemeine Leitwertmatrix aufgeteilt werden in die eines rückwirkungsfreien Vierpols und die des passiven Rückwirkungsvierpols:

$$\underbrace{\begin{bmatrix} \underline{Y}_{11} & \underline{Y}_{12} \\ \underline{Y}_{21} & \underline{Y}_{22} \end{bmatrix}}_{\substack{\textbf{allgemeiner} \\ \textbf{aktiver} \\ \textbf{Vierpol}}} = \underbrace{\begin{bmatrix} \underline{Y}_{11} + \underline{Y}_{12} & 0 \\ \underline{Y}_{21} + \underline{Y}_{12} & \underline{Y}_{22} - \underline{Y}_{12} \end{bmatrix}}_{\substack{\textbf{rückwirkungsfreier} \\ \textbf{aktiver} \\ \textbf{Vierpol}}} + \underbrace{\begin{bmatrix} -\underline{Y}_{12} & \underline{Y}_{12} \\ -\underline{Y}_{12} & \underline{Y}_{12} \end{bmatrix}}_{\textbf{Rückwirkungsvierpol}} . \quad (7.50)$$

Deshalb werden wir uns bei Verstärkervierpolen künftig auf den rückwirkungsfreien Fall beschränken.

Anwendung. Die Rückkopplung stellt ein Grundprinzip der Elektronik dar. Sie liegt der Selbsterregung zugrunde, wie wir sie im *dynamoelektrischen Prinzip* (s. Abschn. 3.3.3.2) bereits kennenlernten.

Ein rückgekoppelter Vierpol kann eine *Leistungsverstärkung* haben, die

— *größer* als ohne Rückkopplung ist. Dann spricht man von *Mitkopplung* oder *positiver* Rückkopplung. Im Grenzfall der Selbsterregung wächst die Verstärkung über alle Grenzen. Anwendung findet sie zur Erhöhung der Verstärkung, zur Schwingungserzeugung in Oszillatorschaltungen u. a. m.;

— *kleiner* als ohne Rückkopplung ist. Das ist die *Gegenkopplung* oder *negative* Rückkopplung. Sie wird zur Stabilisierung einer Schaltung z. B. gegen unerwünschte Parameterschwankungen usw. benutzt, aber auch zur Bandbreiteerhöhung, Verringerung von Signalverzerrungen (sog. Linearisierung eines Vierpoles) u. a. m.

7.2.3. Mehrpol-Netzwerke. Mehrtore

Viele wichtige Bauelemente haben mehr als zwei Ein-/Ausgänge, wobei jedem Ein-/Ausgang ein Klemmenpaar (ein Tor) zugeordnet ist. Somit entspricht dem n-Tor einem $m = 2n$-Pol-Netzwerk. Generell wird ein lineares n-Tor durch n linear unabhängige U-I-Beziehungen für die $2n$ Klemmengrößen (Ströme, Spannungen) beschrieben, der Vierpol ($n = 2$) also durch zwei Vierpolgleichungen. Die Torbeziehungen enthalten die Klemmenspannungen und-ströme.

Grundsätzlich läßt sich dieser Zusammenhang Matrixform darstellen. Da sich das zugehörige Gleichungssystem nach n beliebigen Größen auflösen läßt, gibt es insgesamt $\binom{2n}{n}$ verschiedene Darstellungsformen. Davon haben für große Torzahlen hauptsächlich die Admittanz- und Impedanzmatrix die größere Bedeutung. Hinsichtlich der Stromrichtungen ist das symmetrische Pfeilsystem ($\rightarrow \check{I}, \check{Y}$) zweckmäßig (bei der Spannung $U \equiv \check{U}$ verzichten wir auf Zirkumflex).

Für die Admittanzform gilt beispielsweise

$$\begin{aligned} \underline{\check{I}}_1 &= \underline{\check{Y}}_{11}\underline{U}_1 + \underline{\check{Y}}_{12}\underline{U}_2 + \cdots + \underline{\check{Y}}_{1n}\underline{U}_n \\ \underline{\check{I}}_2 &= \underline{\check{Y}}_{21}\underline{U}_1 + \underline{\check{Y}}_{22}\underline{U}_2 + \cdots + \underline{\check{Y}}_{2n}\underline{U}_n \\ &\vdots \\ \underline{\check{I}}_n &= \underline{\check{Y}}_{n1}\underline{U}_1 + \underline{\check{Y}}_{n2}\underline{U}_2 + \cdots + \underline{\check{Y}}_{nn}\underline{U}_n \end{aligned} \tag{7.51a}$$

oder in Matrixschreibweise $[\underline{\check{I}}_1] = [\underline{\check{Y}}]\cdot[\underline{U}]$ mit der Admittanzmatrix $[\underline{\check{Y}}]$.

Von den n^2-Elementen der n-Tor-Matrix eines passiven Mehrpols sind insgesamt nur $n(n+1)/2$ unabhängig voneinander. Das sind für das 3-Tor $\rightarrow$ 6, das 2-Tor (Vierpol) $n = 2 \rightarrow 3$.

Tatsächlich kann eine passive 2-Torschaltung (Dreipol) durch eine Dreieck- oder Sternschaltung mit 3 Elementen, eine Dreieck- oder Sternschaltung mit 3 Elementen eine 3-Torschaltung (Vierpol mit 4, nur über Netzwerkelemente verbundene Klemmen) als Viereck mit zwei Diagonalelementen durch 6 Widerstände- realisiert werden.

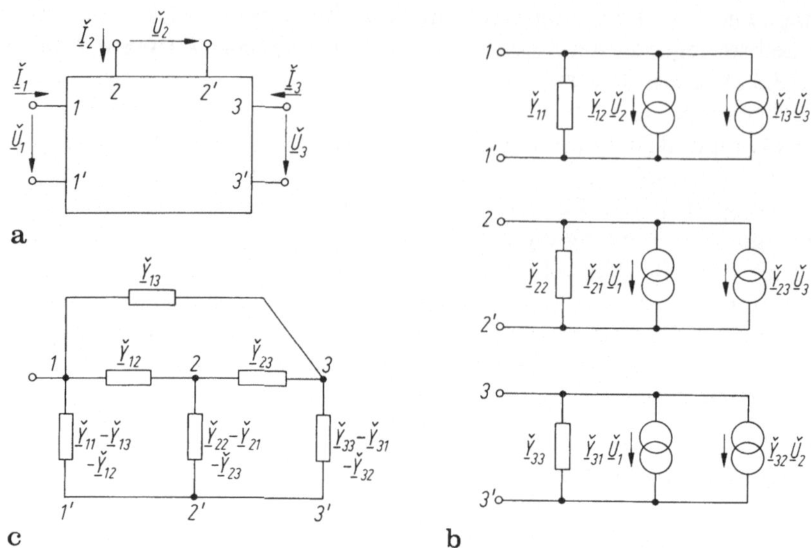

Bild 7.32a–c. Mehrtornetzwerk. **a** Netzwerk, symmetrisches Zählpfeilsystem; **b** $\underline{Y}$-Ersatzschaltung für ein Dreitornetzwerk; **c** $\underline{Y}$-Ersatzschaltung für ein reziprokes Dreitornetzwerk

Bild 7.32 zeigt ein Dreitor mit den Gleichungen

$$\begin{aligned}\check{\underline{I}}_1 &= \check{\underline{Y}}_{11}\underline{U}_1 + \check{\underline{Y}}_{12}\underline{U}_2 + \check{\underline{Y}}_{13}\underline{U}_3\\ \check{\underline{I}}_2 &= \check{\underline{Y}}_{21}\underline{U}_1 + \check{\underline{Y}}_{22}\underline{U}_2 + \check{\underline{Y}}_{23}\underline{U}_3\\ \check{\underline{I}}_3 &= \check{\underline{Y}}_{31}\underline{U}_1 + \check{\underline{Y}}_{32}\underline{U}_2 + \check{\underline{Y}}_{33}\underline{U}_3\end{aligned} \tag{7.51b}$$

und die zugehörige Ersatzschaltung. Es treten neun ($n^2 - 9$) Admittanzkoeffizienten auf. Ist sie umkehrbar (keine gesteuerten Quellen), so gilt $\check{\underline{Y}}_{\nu\mu} = \check{\underline{Y}}_{\mu\nu}$ (Matrix spiegelbildlich zur Hauptdiagonalen) und die Zahl unabhängiger Koeffizienten schrumpft auf 6.

In der allgemeinen Mehrtorschaltung (z. B. Dreitor, Bild 7.32a, b) ist jeweils eine Klemme eines Tores zunächst noch frei verfügbar, wir können sie beispielsweise auch zu einem gemeinsamen Nullpunkt verknüpfen. Dann treten in einer Ersatzschaltung z. B. des passiven Dreitores Knotenleitwerte und Koppelleitwerte auf (Bild 7.32c). Dabei sinkt die Zahl der zugänglichen Klemmen des n-Tores von $2n$ auf $2n - (n - 1) = n + 1$. So entsteht aus der 3-Tor-Schaltung ein 4-Klemmen-Netzwerk und aus dem 2-Tor- das 3-Klemmen-Netzwerk.

Zusammengefaßt: Das allgemeine m-Pol-Netzwerk wird zweckmäßig durch eine Knotenspannungsmatrix beschrieben, deren Koeffizienten aus den Mehrpolparametern zu bilden sind.

Grundsätzlich lassen sich so auch äußere Quellen einbeziehen, wenn sie an der Mehrtorschaltung auftreten.

Interessiert bei einem Mehrtornetzwerk nur das Verhalten zwischen zwei Toren (wobei nicht benutzte Tore mit allgemeinen Zweipolen belastet sein können), so läßt sich das Mehrtornetzwerk stets durch einen allgemeinen Vierpol ersetzen.

Wichtige Beispiele von Mehrtoren sind Differentialübertrager, Operationsverstärker, Multiplizierer, Zirkulatoren u. a., wir werden auf einige noch eingehen.

Allgemeine Beschreibung resistiver Mehrpole. Außer der Tor-Angabe werden (auch nichtlineare) resistive Mehrpole verbreitet durch die Anzahl m der zugängigen Pole beschrieben. Wie erwähnt entspricht einem 3-Pol-Netzwerk (Dreipol) ein 2-Tor mit gemeinsamem Verbindungspunkt zweier Tore, ein Vierpol ($m = 4$) einem Dreitor-Netzwerk (mit gemeinsamem Bezugspunkt).

In einer Schaltung sind von den $2(m - 1)$ Klemmengrößen eines Mehrpols stets $(m - 1)$ durch die äußere Beschaltung bestimmt. Das können sein z. B. $(m - 1)$ Spannungsquellen und/oder Stromquellen und/oder Zweipolelemente (selbst wieder bestehend aus Quellen und Netzwerkelementen).

Bei einem Dreipolelement ($m = 3$) genügen z. B. zwei angeschlossene Spannungsquellen. Die beiden Klemmenströme sind dann durch den Dreipol bestimmt (der dritte Strom liegt durch den Knotensatz fest).

Allgemein wird das Klemmenverhalten eines m-Mehrpoles durch $(m - 1)$ unabhängige U-I-Beziehungen beschrieben. Beim Dreipol ($m = 3$) sind dies somit zwei Gleichungen der Form

$$F_1(I_1, I_2, U_1, U_2) = 0; \quad F_2(I_1, I_2, U_1, U_2) = 0 \ . \tag{7.52}$$

Lassen sich für eine Dreipol jeweils zwei Größen eindeutig als Funktion der übrigen angeben (z. B. die Ströme I_1, I_2 als Funktion der Spannungen U_1, U_2 usw., m. a. W. herrscht keine Rückläufigkeit in den Klemmenlinien), so sind aus Gl. (7.52) insgesamt 6 Darstellungsformen möglich, die für den linearen Dreipol im Abschn. 7.2.1.2.1 angegeben wurden.

Darstellen lassen sich die $m - 1$ Gleichungen des m-Pols als Fläche in einem $2(m - 1)$-dimensionalen Raum. Seine Achsen sind die Torspannungen und -ströme. Beim Zweipol geht die Fläche in eine Kurve in der I-U-Ebene über (Zweipolkennlinie). Der Dreipol wird durch eine Fläche im vierdimensionalen Raum oder zwei Flächen im dreidimensionalen Raum beschrieben. Vorteilhafter ist aber die Beschreibung als Parameterdarstellung, wobei jeweils eine unabhängige Variable als konstanter Parameter gewählt wird. So entstehen Kurvenscharen, die sog. *Kennlinienfelder*, wie wir sie für den linearen Dreipol bereits im Abschn. 7.2.1.2.2 kennenlernten. Auf ihre grundsätzliche Bedeutung haben wir schon bei den gesteuerten Quellen (Abschn. 5.1.1.2, Bilder 5.3–5.5) verwiesen.

Mehrpole mit gesteuerten Quellen. Grundsätzlich lassen sich die $(m - 1)$ unabhängigen U-I-Beziehungen eines resistiven m-Mehrpols auch durch gesteuerte Quellen beschreiben, was im Bild 7.32b für das lineare Netzwerk ausgeführt wurde. Davon wird vor allem bei Verstärkerbauelementen Gebrauch gemacht (Abschn. 7.3).

Klemmenmanipulationen. Betreibt man ein Mehrtornetzwerk zwischen zwei Toren (z. B. zwischen Quelle und Lastelement), so muß es schrittweise in ein 2-Tor-System überführt werden. Das bedeutet eine Reduktion der Klemmenzahl auf diejenigen, zwischen denen das $\underline{U}$-$\underline{I}$-Verhalten interessiert. Auch ein gemeinsamer Bezugspunkt der Eingangs-/Ausgangsgrößen kann dabei interessant sein. Daher sind verschiedene Klemmenmanipulationen durchzuführen. Wir legen für die folgenden Betrachtungen ein Netzwerk mit m Klemmen (nicht Toren, Bild 7.33a) zugrunde und beschreiben es durch eine entsprechende Knotenadmittanzform gemäß Gl. (7.51). Der Bezugspunkt der Knotenspannungen sei zunächst kein Netzwerkknoten.

Klemmenerdung. Wird eine Klemme als Bezugspunkt „gewählt", so ist die entsprechende Zeile und Spalte in der Leitwertmatrix (7.51) zu streichen. Damit sind alle Knotenspannungen auf diesen Netzwerkknoten bezogen.

Klemmenverbindung. Werden zwei Klemmen (widerstandslos) verbunden, so stimmen beide Knotenspannungen überein, und der Gesamtstrom ist die Summe beider Klemmenströme. Wir betrachten die Klemmen i und k (Bild 7.33b). Die Spannungsgleichheit verlangt, daß die Leitwerte der Spalte k zu denen der Spalte i addiert werden (dann k streichen) und für die Ströme die Zeile k zu i zugeschlagen und dann gestrichen wird

$$\begin{array}{c} \\ i \\ k \end{array}\!\!\begin{array}{c} \begin{array}{cc} i & k \end{array} \\ \begin{bmatrix} \check{\underline{Y}}_{\rm ii} & \check{\underline{Y}}_{\rm ik} \\ \check{\underline{Y}}_{\rm ki} & \check{\underline{Y}}_{\rm kk} \end{bmatrix} \end{array} \rightarrow \begin{array}{c} \\ i \\ k \end{array}\!\!\begin{array}{c} \begin{array}{cc} i\ (i+k) & k \end{array} \\ \begin{bmatrix} \check{\underline{Y}}_{\rm ii} + \check{\underline{Y}}_{\rm ik} & \Big| \\ \check{\underline{Y}}_{\rm ki} + \check{\underline{Y}}_{\rm kk} & \Big| \end{bmatrix} \end{array} \rightarrow \begin{array}{c} \\ i+k \\ k \end{array}\!\!\begin{array}{c} \begin{array}{cc} i+k & k \end{array} \\ \begin{bmatrix} \sum \check{\underline{Y}}_{\rm ii} & \Big| \\ \hline & \Big| \end{bmatrix} \end{array}$$

$$\sum \check{\underline{Y}}_{\rm i+k} = \check{\underline{Y}}_{\rm ii} + \check{\underline{Y}}_{\rm ik} + \check{\underline{Y}}_{\rm ki} + \check{\underline{Y}}_{\rm kk}\,. \tag{7.53}$$

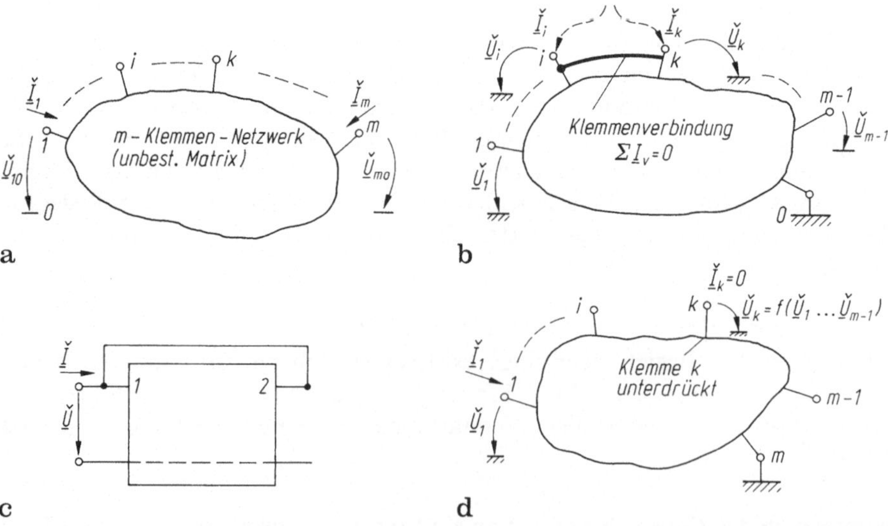

Bild 7.33a–c. m-Klemmen-Netzwerk. **a** allgemeine Anordnung; **b** Kurzschluß der Klemmen i und k (Knotenverbindung); **c** Knotenverbindung am Dreipol; **d** Knotenunterdrückung.

So reduziert sich beispielsweise ein Vierpol (Bild 7.33c) zu einem Zweipol bei Verbindung der Klemmen 1, 2:

$$\check{\underline{Y}} = (\check{\underline{Y}}_{11} + \check{\underline{Y}}_{12} + \check{\underline{Y}}_{21} + \check{\underline{Y}}_{22}) \ .$$

Klemmeneinbezug (als interner Knoten). Soll eine Klemme eines Netzwerkes „einbezogen" werden, so darf über diese Klemme nach außen kein Strom mehr fließen ($\underline{I} = 0$). Wir benutzen diese Bedingung und leiten daraus eine Beziehung der zugehörigen Kontenspannung zu allen anderen Knotenspannungen her. So kann diese Knotenspannung in allen restlichen Gleichungen eliminiert werden.

Soll beispielsweise am Vierpol die Ausgangsklemme 2 unterdrückt werden (und damit nur noch ein Zweipol übrigbleiben), so lauten die Ausgangsgleichungen

$$\left.\begin{aligned} \check{\underline{I}}_1 &= \check{\underline{Y}}_{11}\underline{U}_1 + \check{\underline{Y}}_{12}\underline{U}_2 \\ 0 \equiv \check{\underline{I}}_2 &= \check{\underline{Y}}_{21}\underline{U}_1 + \check{\underline{Y}}_{22}\underline{U}_2 \end{aligned}\right\} \rightarrow \begin{aligned} \check{\underline{I}}_1 &= \underline{U}_1\left[\check{\underline{Y}}_{11} - \frac{\check{\underline{Y}}_{12}\check{\underline{Y}}_{21}}{\check{\underline{Y}}_{22}}\right] \\ 1 &= \underline{U}_1\frac{\det\check{\underline{Y}}}{\check{\underline{Y}}_{22}} = \frac{\underline{U}_1}{\check{\underline{Z}}_{11}} \ . \end{aligned}$$

$\check{\underline{I}}_2 = 0$ bedeutet Leerlauf am Vierpolausgang; deshalb überrascht das Ergebnis $\check{\underline{I}}_1/\underline{U}_1 = 1/\check{\underline{Z}}_{11}$ nicht, denn der Vierpol tritt mit seiner Leerlaufimpedanz $\check{\underline{Z}}_{11}$ am Eingang 1 auf.

Soll im allgemeinen Mehrpol der Knoten k verschwinden (Bild 7.33d), so sind die Zeilen und Spalte k in der Knotenadmittanzmatrix zu streichen und anstelle der Elemente $\check{\underline{Y}}_{ij}$ die Elemente

$$\check{\underline{Y}}_{ij} = \check{\underline{Y}}_{ij} - \frac{\check{\underline{Y}}_{ik}\check{\underline{Y}}_{kj}}{\check{\underline{Y}}_{kk}} \tag{7.54}$$

für das Element der Zeile i und Spalte j einzuführen, m.a.W. muß zum originären Eintrag $\check{\underline{Y}}_{ij}$ noch jeweils $-\check{\underline{Y}}_{ik}\check{\underline{Y}}_{kj}/\check{\underline{Y}}_{kk}$ addiert werden. Zur Reduktion von mehreren Knoten ist der Vorgang schrittweise zu wiederholen (obwohl es effizientere Methoden gibt, auf die hier verzichtet werden soll).

7.2.4 Vierpol in der Schaltung. Vierpol-Betriebsgrößen

Übersicht. Betriebsgrößen. Die Vierpolparameter hängen nur von den Eigenschaften (Aufbau, Schaltelemente) eines Vierpols ab. Sie sind also seine Kennwerte *unabhängig von der äußeren Schaltung*. Der beschaltete Vierpol (Quelle am Eingang. Lastwiderstand am Ausgang) besitzt hingegen eine Reihe typischer, belastungsabhängiger Eigenschaften. Wir erfassen sie in den *Vierpolbetriebsgrößen*. Dazu zählen u.a. *Eingangs-* und *Ausgangswiderstände* sowie *Übertragungsgrößen* (z.B. für Strom, Spannung, Leistung). Durch beide erfassen wir die Einwirkung des Vierpols auf die *umgebende Schaltung* (Betriebswiderstände) und die *Übertragung* (Übertragungsgrößen).

Grundsätzlich ist für die Angabe der Betriebsgrößen jede Vierpolgleichung geeignet. Aus Platzgründen beschränken wir uns auf die Benutzung der $\underline{Z}$- und

Tafel 7.7 Betriebsparameter des allgemeinen Vierpols (Kettenzählpfeilrichtung)

Betriebsgrößen	In Leitwertparametern	In Hybridparametern
Eingangs-widerstand/-leitwert $\underline{Z}_1 = \frac{\underline{U}_1}{\underline{I}_1} = \frac{1}{\underline{Y}_1}$	$\underline{Z}_1 = \frac{1 - \underline{Y}_{22}\underline{Z}_L}{\underline{Y}_{11} - \underline{Z}_L \Delta \underline{Y}}$ $= \frac{1}{\underline{Y}_{11}}[1 - \underline{Y}_{12}\underline{Z}_L \underline{v}_i]$ $\underline{Y}_1 = \frac{\underline{Y}_{11}\underline{Y}_L - \Delta \underline{Y}}{\underline{Y}_L - \underline{Y}_{22}}$ $= \underline{Y}_{11} + \underline{Y}_{12}\underline{v}_u$	$\underline{Z}_1 = \frac{\underline{H}_{11} - \Delta \underline{H}\underline{Z}_L}{1 - \underline{H}_{22}\underline{Z}_L}$ $= \underline{H}_{11} + \underline{H}_{12}\underline{Z}_L \underline{v}_i$ $\underline{Y}_1 = \frac{\underline{Y}_L - \underline{H}_{22}}{\underline{H}_{11}\underline{Y}_L - \Delta \underline{H}}$ $= \frac{1}{\underline{H}_{11}}[1 - \underline{H}_{12}\underline{v}_u]$
Ausgangs-widerstand $\underline{Z}_2 = \frac{\underline{U}_2}{-\underline{I}_2} = \frac{1}{\underline{Y}_2}$	$\underline{Z}_2 = \frac{\underline{Y}_{11}\underline{Z}_G + 1}{-\underline{Y}_{22} - \Delta \underline{Y}\underline{Z}_G}$	$\underline{Z}_2 = \frac{\underline{Z}_G + \underline{H}_{11}}{-\underline{H}_{22}\underline{Z}_G - \Delta \underline{H}}$
Spannungsverstärkung $\underline{v}_u = \frac{\underline{U}_2}{\underline{U}_1}$	$\frac{\underline{Y}_{21}\underline{Z}_L}{1 - \underline{Y}_{22}\underline{Z}_L} = \frac{\underline{Y}_{21}}{\underline{Y}_L - \underline{Y}_{22}}$	$\frac{\underline{H}_{21}\underline{Z}_L}{\underline{H}_{11} - \Delta \underline{H}\underline{Z}_L} = \frac{\underline{H}_{21}}{\underline{H}_{11}\underline{Y}_L - \Delta \underline{H}}$
Stromverstärkung $\underline{v}_i = \frac{\underline{I}_2}{\underline{I}_1}$	$\frac{\underline{Y}_{21}}{\underline{Y}_{11} - \Delta \underline{Y}\underline{Z}_L} = \frac{\underline{Z}_{21}}{\underline{Z}_L - \underline{Z}_{22}}$	$\frac{\underline{H}_{21}}{1 - \underline{H}_{22}\underline{Z}_L} = \frac{\underline{H}_{21}\underline{Y}_L}{\underline{Y}_L - \underline{H}_{22}}$
Wirkleistungsverstärkung v_p	$\frac{\lvert \underline{Y}_{21} \rvert^2 G_L}{\mathrm{Re}\{(-\Delta \underline{Y} + \underline{Y}_{11}\underline{Y}_L)(-\underline{Y}^*_{22} + \underline{Y}^*_L)\}}$	$\frac{\lvert \underline{H}_{21} \rvert^2 G_L}{\mathrm{Re}\{(-\Delta \underline{H} + \underline{H}_{11}\underline{Y}_L)(-\underline{H}_{22} + \underline{Y}_L)^*\}}$

$\underline{Y}$-Parameter (Tafel 7.7). Die Formulierungen in anderen Parameterformen können mit den angegebenen Tabellen hergeleitet werden.

7.2.4.1 *Ersatzvierpol mit einbezogenen Lastelementen*

Bild 7.34a zeigt die Vierpolgrundschaltung im Vorwärtsbetrieb. Der Vierpol ist eingangsseitig mit einem aktiven Zweipol (Spannungs- oder Stromquellenersatzschaltung mit Innenimpedanz $\underline{Z}_G$ resp. Admittanz $\underline{Y}_G$) abgeschlossen, ausgangsseitig mit der Lastimpedanz $\underline{Z}_L = \underline{U}_2/\underline{I}_2$ bzw. $\underline{Y}_L = \underline{I}_2/\underline{U}_2$.

Die *grundsätzlichen Analysebeziehungen* sind gegeben

— durch die $\underline{U}$-$\underline{I}$-Beziehungen des *aktiven Zweipols* am Eingang (EPS, Abschn. 2.4.3.1)

$$\underline{U}_Q = \underline{I}_1 \underline{Z}_G + \underline{U}_1 \quad \text{bzw.} \quad \underline{I}_Q = \underline{U}_1 \underline{Y}_G + \underline{I}_1 \; ; \tag{7.55a}$$

— die $\underline{U}$-$\underline{I}$-Beziehungen des Zweipols am Ausgang (VPS)

$$\underline{U}_2 = \underline{I}_2 \underline{Z}_L = \underline{I}_2 \underline{Y}_G^{-1} \; ; \tag{7.55b}$$

— die Vierpolgleichungen (Kettenpfeilrichtung)

$$\begin{bmatrix} \underline{I}_1 \\ \underline{I}_2 \end{bmatrix} = [\underline{Y}] \begin{bmatrix} \underline{U}_1 \\ \underline{U}_2 \end{bmatrix} . \tag{7.55c}$$

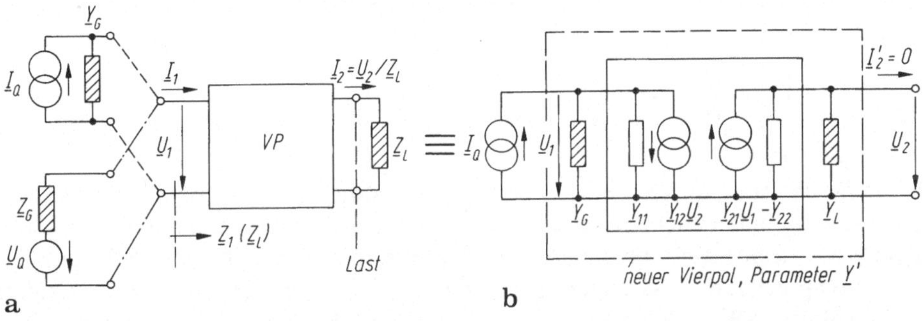

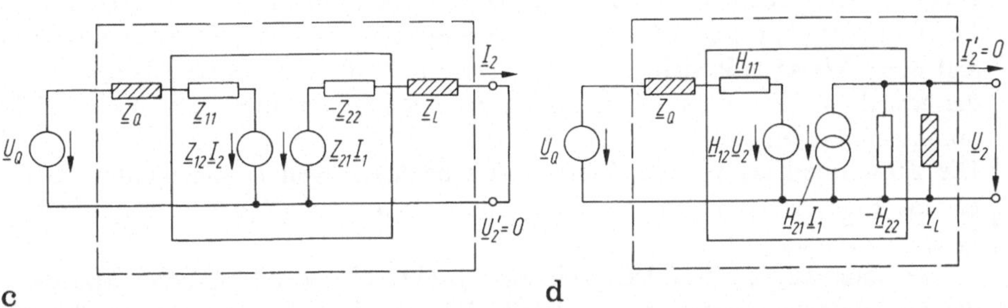

Bild 7.34a–d. Beschalteter Vierpol. **a** Grundanordung, wahlweise mit Spannungs- oder Stromquelle betrieben; **b** Darstellung in Leitwertform; **c** Darstellung in Widerstandsform; **d** Darstellung in Hybridform

Damit stehen vier Gleichungen für die vier Unbekannten $\underline{I}_1, \underline{I}_2, \underline{U}_1, \underline{U}_2$ zur Verfügung, aus denen jede gewünschte Übertragungs- und Torgröße berechnet werden kann.
Wird dagegen die symmetrische Richtung des Vierpols gewählt ($\underline{I}_2 = -\check{\underline{I}}_2$), so gelten anstelle von Gl. (7.55b) und (7.55c):
— *Zweipolbeziehungen*

$$\underline{U}_2 = -\check{\underline{I}}_2\underline{Z}_L\ ; \tag{7.55d}$$

— Vierpolbeziehung ($\underline{I}_1 = \check{\underline{I}}_1, \underline{U}_1 = \check{\underline{U}}_1, \underline{U}_2 = \check{\underline{U}}_2$)

$$\begin{bmatrix} \underline{I}_1 \\ \check{\underline{I}}_2 \end{bmatrix} = [\check{\underline{Y}}] \begin{bmatrix} \underline{U}_1 \\ \underline{U}_2 \end{bmatrix}. \tag{7.55e}$$

Die Schaltung läßt sich nach Bild 7.34b bei der Stromquellendarstellung am Vierpoleingang auch so interpretieren
— als ob sie aus einem neuen Vierpol $[\underline{Y}']$ besteht, der am Eingang von einer idealen Stromquelle gespeist wird und
— dessen Ausgang leerläuft ($\underline{I}'_2 = 0$), weil der tatsächlich Lastleitwert $\underline{Y}_L$ als mit zum Vierpol gehörig betrachtet wird.
Der Ersatzvierpol $[\underline{Y}']$ hat die Matrix

$$[\underline{Y}'] = \begin{bmatrix} \underline{Y}_{11} + \underline{Y}_G & \underline{Y}_{12} \\ \underline{Y}_{21} & \underline{Y}_{22} - \underline{Y}_L \end{bmatrix} = [\underline{Y}'] + \begin{bmatrix} \underline{Y}_G & 0 \\ 0 & -\underline{Y}_L \end{bmatrix}. \tag{7.56a}$$

Das negative Zeichen vor $\underline{Y}_L$ ergibt sich aus $\underline{I}'_2 = \underline{I}_2 - \underline{U}_2\underline{Y}_L = \underline{Y}_{21}\underline{U}_1 + (\underline{Y}_{22} - \underline{Y}_L)\underline{U}_2$ bzw. bei symmetrischer Wahl von $\underline{I}_2, \underline{I}_1$:

$$[\check{\underline{Y}}'] = \begin{bmatrix} \check{\underline{Y}}_{11} + \underline{Y}_G & \check{\underline{Y}}_{12} \\ \check{\underline{Y}}_{21} & \check{\underline{Y}}_{22} + \underline{Y}_L \end{bmatrix} = [\check{\underline{Y}}] + \begin{bmatrix} \underline{Y}_G & 0 \\ 0 & \underline{Y}_L \end{bmatrix}, \tag{7.56b}$$

weil jetzt $\check{\underline{I}}'_2 = +\check{\underline{I}}'_2 + \underline{U}_2\underline{Y}_L = \check{\underline{Y}}_{21}\underline{U}_1 + (\check{\underline{Y}}_{22} + \underline{Y}_L)\underline{U}_2$ gilt.
Die Beschaltung durch die Leitwerte $\underline{Y}_G$, $\underline{Y}_L$ addiert sich in einfacher Weise zu den Hauptdiagonalelementen des gegebenen Vierpols (symmetrische Betriebsrichtung) oder mit negativem Vorzeichen dem Torelement, für welches das EPS gilt.

Entsprechende Darstellungen sind z. B. auch für die Impedanz- und Hybridform (Bild 7.34c, d) mit einbezogenen Lastelementen möglich. Die so entstehenden neuen Vierpole $[\underline{Z}']$, $[\underline{H}']$ werden entweder im Kurzschluß oder Leerlauf betrieben und von einer idealen Spannungs -oder Stromquelle gespeist. Auf diese Weise läßt sich jeder „Ersatzvierpol" als *unbeschaltet* betrachten und die gesuchten Tor- oder Übertragungsgrößen können direkt von Tafel 7.3 übernommen werden.

Die Zusammenfassung von Vierpol und beiderseitigen Lastelementen zu einem neuen Ersatzvierpol im Leerlauf- oder Kurzschlußbetrieb vereinfacht die Netzwerkanalyse erheblich.

Beachtet werden muß lediglich: eine direkte Übertragung dieser Methode auf die Kettenparameterdarstellung $[\underline{A},]$, $[\underline{B}]$ erfordert die Berechnung der neuen Parameter $\underline{A}'$, $\underline{B}'$, weil entsprechende Ersatzschaltungen fehlen.

Wir wollen diese Methodik für die Diskussion der wichtigsten Betriebsgrößen mit heranziehen.

7.2.4.2 Betriebswiderstände und -leitwerte

Dazu zählen Eingangs- und Ausgangsimpedanzen und -admittanzen, die man gemeinsam als *Eingangs-* und *Ausgangsimmittanzen* bezeichnet.
Betrachten wir zunächst den Fall des Abschlusses mit $\underline{Y}_L$. Am Vierpoleingang stellen sich die Klemmengrößen $\underline{U}_1, \underline{I}_1$ ein. Ihre Quotienten ergeben die *Eingangsimmittanzen* (vorwärts, Bild 7.34).

1. Eingangsimmittanz

Eingangsimpedanz $\underline{Z}_1$

Aus der 1. Zeile der $\underline{Z}$-Parameterdarstellung folgt durch Division mit $\underline{I}_1$

$$\underline{Z}_1 = \frac{\underline{U}_1}{\underline{I}_1} = \underline{Z}_{11} + \underline{Z}_{12}\frac{\underline{I}_2}{\underline{I}_1}. \quad (7.57a)$$

Die Eingangsimpedanz hängt vom Eingangsleerlaufwiderstand $\underline{Z}_{11}$ und dem Verhältnis der *Stromübersetzung* $\underline{I}_2/\underline{I}_1$ nach Maßgabe der Vierpolrückwirkung $\underline{Z}_{12}$ ab. Das Verhältnis $\underline{I}_2/\underline{I}_1$ berechnen wir aus der zweiten Vierpolgleichung $\frac{\underline{U}_2}{\underline{I}_1} = \underline{Z}_{21} + \underline{Z}_{22}\frac{\underline{I}_2}{\underline{I}_1}$, wobei $\underline{U}_2 = \underline{Z}_L\underline{I}_2$ durch den *Lastwiderstand* ersetzt wird: $\frac{\underline{I}_2}{\underline{I}_1}(\underline{Z}_L - \underline{Z}_{22}) = \underline{Z}_{21}$.

Rückeinsetzen in Gl. (7.57a) ergibt

$$\underline{Z}_1 = \underline{Z}_{11} + \frac{\underline{Z}_{12}\underline{Z}_{21}}{\underline{Z}_L - \underline{Z}_{22}}. \quad (7.57b)$$

Dabei gilt $\underline{Z}_1 = 1/\underline{Y}_1 = f(Z_L)$ (Nachweis!). Dies ist voll verständlich. Der gleiche Vierpol muß bei gleicher Belastung $\underline{Z}_L = 1/\underline{Y}_L$ die gleiche Eingangsimpedanz unabhängig von seiner Beschreibungsart haben.

Eingangsadmittanz $\underline{Y}_1$

Aus der 1. Zeile der $\underline{Y}$-Parameterdarstellung folgt durch Division mit $\underline{U}_1$

$$\underline{Y}_1 = \frac{\underline{I}_1}{\underline{U}_1} = \underline{Y}_{11} + \underline{Y}_{12}\frac{\underline{U}_2}{\underline{U}_1}. \quad (7.58a)$$

Die Eingangsadmittanz hängt vom Eingangskurzschlußleitwert $\underline{Y}_{11}$ und dem Verhältnis der *Spannungsübersetzung* $\underline{U}_2/\underline{U}_1$ nach Maßgabe der Vierpolrückwirkung $\underline{Y}_{12}$ ab. Das Verhältnis $\underline{U}_2/\underline{U}_1$ berechnen wir aus der zweiten Vierpolgleichung $\frac{\underline{I}_2}{\underline{U}_1} = \underline{Y}_{21} + \underline{Y}_{22}\frac{\underline{U}_2}{\underline{U}_1}$, wobei $\underline{I}_2 = \underline{Y}_L\underline{U}_2$ durch den *Lastleitwert* ersetzt wird: $\frac{\underline{U}_2}{\underline{U}_1}(\underline{Y}_L - \underline{Y}_{22}) = \underline{Y}_{21}$.

Rückeinsetzen in Gl. (7.58a) ergibt

$$\underline{Y}_1 = \underline{Y}_{11} + \frac{\underline{Y}_{12}\underline{Y}_{21}}{\underline{Y}_L - \underline{Y}_{22}}. \quad (7.58b)$$

Wir bemerken: Bei rückwirkungsbehafteten Vierpolen hängt die Eingangsimmittanz stets von der Belastung ab: $\underline{Z}_1 = f(\underline{Z}_L)$, $\underline{Y}_1 = f(\underline{Y}_L)$. Grenzfälle dieser Abhängigkeit sind ausgangsseitig:

Leerlauf ($\underline{Z}_L \to \infty, \to \underline{Y}_L = 0$)

Kurzschluß ($\underline{Z}_L = 0 \to \underline{Y}_L \to \infty$)

$$\underline{Z}_1|_l = \underline{Z}_{11} = \frac{\Delta \underline{Y}}{\underline{Y}_{22}} = \frac{1}{\underline{Y}_1}\bigg|_l, \qquad \underline{Z}_1|_k = \frac{\Delta \underline{Z}}{\underline{Z}_{22}} = \frac{1}{\underline{Y}_{11}} = \frac{1}{\underline{Y}_1}\bigg|_k. \quad (7.59)$$

Beim rückwirkungsfreien Vierpol ($\underline{Y}_{12} = \underline{Z}_{12} = 0$) verschwindet die Abhängigkeit vom Lastwiderstand.
Wir bestimmen jetzt die Größen Gl. (7.58) mit dem Ersatzzweipol Bild 7.34b, entweder als Eingangs*leerlauf*impedanz $\underline{Z}'_{11}$ (für die Leitwertersatzschaltung, nicht $\underline{Y}'_{11}$!!) oder (gleichwertig) als Eingangs*kurzschluß*admittanz $\underline{Y}'_{11}$ für die Widerstandsersatzschaltung Bild 7.34c.

Da im ersten Fall $\underline{Z}'_{11}$ gesucht ist, aber die Leitwertform $\underline{Y}'_{11}$ gegeben ist, muß zunächst eine Parameterumrechnung (Tafel 7.3) erfolgen. Wir bestimmen zweckmäßig

$$\underline{Y}_1 = \underline{Y}'_{11} \equiv \frac{1}{\underline{Z}'_{11}} = \frac{\Delta \underline{Y}'}{\underline{Y}'_{22}} = \underline{Y}'_{11} - \frac{\underline{Y}'_{12}\underline{Y}'_{21}}{\underline{Y}'_{22}} = \underline{Y}_{11} + \underline{Y}_G + \frac{\underline{Y}_{12}\underline{Y}_{21}}{\underline{Y}_L - \underline{Y}_{22}}\,.$$

Dabei ist allerdings der Generatorleitwert $\underline{Y}_G$ mit eingerechnet (Bild 7.34b); er ist vom Ergebnis abzuziehen, wenn nur der Eingangsleitwert des Vierpols gewünscht wird. Ganz analog wird für die Impedanzdarstellung verfahren:

$$\underline{Z}_1 = \underline{Z}_{1k} = \frac{1}{\underline{Y}'_{11}} = \frac{\Delta \underline{Z}'}{\underline{Z}_{22}} = \underline{Z}'_{11} - \frac{\underline{Z}'_{12}\underline{Z}'_{21}}{\underline{Z}'_{22}} = \underline{Z}_{11} + \underline{Z}_Q + \frac{\underline{Z}_{12}\underline{Z}_{21}}{\underline{Z}_L - \underline{Z}_{22}}\,.$$

2. Ausgangsimpedanz. Ganz analog verfahren wir bei eingangsseitigem Abschluß mit $\underline{Z}_G(\underline{Y}_G)$. Die Quelle ist vom Eingang nach dem Ausgang zu verlegen. Wir beschränken uns auf die Ausgangsimpedanz und übernehmen die Ausgangsadmittanz durch Parameterumformung. Für die Kettenpfeilrichtung gilt $\underline{Z}_2 = \frac{\underline{U}_2}{-\underline{I}_2}$[1], desgleichen $\underline{U}_1 = -\underline{I}_1\underline{Z}_G$. Führt man den Rechengang sinngemäß wie oben durch, so folgt für den Ausgangswiderstand (-leitwert):

$$\underline{Z}_2 = -\underline{Z}_{22} + \frac{\underline{Z}_{12}\underline{Z}_{21}}{\underline{Z}_{11} + \underline{Z}_G};\quad \underline{Y}_2 = -\underline{Y}_{22} + \frac{\underline{Y}_{12}\underline{Y}_{21}}{\underline{Y}_{11} + \underline{Y}_G}\,.$$

Auch $\underline{Z}_2 = f(\underline{Z}_G)$ hängt von der eingangsseitigen Vierpolbelastung ab. Grenzwerte sind Ausgangsleerlaufimpedanz $\underline{Z}_{22}$ und Ausgangskurzschlußimpedanz $\underline{Z}_{2k}$:

$$\underline{Z}_{21} = \underline{Z}_2|_{\underline{Z}_G\to\infty} = -\underline{Z}_{22},\quad \underline{Z}_{2k} = \underline{Z}_2|_{\underline{Z}_G=0} = -\frac{\Delta\underline{Z}}{\underline{Z}_{11}}$$
$$= -\underline{Z}_{22} + \frac{\underline{Z}_{12}\underline{Z}_{21}}{\underline{Z}_{11}}. \tag{7.60}$$

Durch systematischen Vergleich der bisherigen Ergebnisse erhalten wir

$$\frac{\underline{Z}_{1k}}{\underline{Z}_{2k}} = -\frac{\underline{Z}_{11}}{\underline{Z}_{22}},\quad \frac{\underline{Z}_{1k}}{\underline{Z}_{11}} = \frac{\underline{Z}_{2k}}{\underline{Z}_{21}}\,. \tag{7.61}$$

[1] Bei symmetrischer Richtung wäre $\check{\underline{Z}}_2 = \check{\underline{U}}/\check{\underline{I}}_2$ zu ermitteln.

Die Eingangs- und Ausgangskurzschluß- und -leerlaufimpedanzen sind nicht unabhängig voneinander. Stets stimmen die Quotienten von Kurzschluß- zu Leerlaufimpedanz am Vierpolein- und -ausgang überein.

Deshalb können diese vier Impedanzen *nicht* als vier unabhängige Vierpolparameter benutzt werden!

3. Wellenwiderstand. Da der Eingangswiderstand (Ausgang analog) des Vierpols bei Änderung der Belastung im Bereich $0 \leqq \underline{Z}_L \leqq \infty$ zwischen $\underline{Z}_{1k}$ und $\underline{Z}_{1l}$ schwankt, gibt es sicher eine bestimmte Belastung $\underline{Z}_L = \underline{Z}_W$, für die als Eingangswiderstand ebenfalls $\underline{Z}_W$ auftritt. Der zugehörige Wert heißt komplexer *Wellenwiderstand* $\underline{Z}_1|_{\underline{Z}_W} = \underline{Z}_W$. Wir erhalten ihn z. B. aus $\underline{Z}_W = \underline{Z}_{11} + \frac{\underline{Z}_{12}\underline{Z}_{21}}{-\underline{Z}_{22} + \underline{Z}_W}$ durch Auflösen nach $\underline{Z}_W$ (quadratische Gleichung). Für einen widerstandssymmetrischen Vierpol ($\underline{Z}_{11} = -\underline{Z}_{22} = \underline{Z}_{11}$) ergibt sich

$$\underline{Z}_W = \sqrt{\underline{Z}_{1k}\underline{Z}_{1l}} = \sqrt{\underline{Z}_l\underline{Z}_k} \tag{7.62}$$

Wellenwiderstand (symmetrischer Vierpol).

Der Wellenwiderstand eines widerstandssymmetrischen (sonst allgemeinen) Vierpols ist gleich dem geometrischen Mittel aus Eingangskurzschluß- und Leerlaufimpedanz.

Unsymmetrische Vierpole besitzen an den Vierpolseiten *1* und *2* verschiedene Wellenwiderstände $\underline{Z}_{W1}$ und $\underline{Z}_{W2}$. Die Analyse ergibt:

$$\underline{Z}_{W1} = \sqrt{\underline{Z}_{1l}\underline{Z}_{1k}} = \sqrt{\frac{\underline{Z}_{11}}{\underline{Y}_{11}}}, \quad \underline{Z}_{W2} = \sqrt{\underline{Z}_{2k}\underline{Z}_{2l}} = \sqrt{\frac{\underline{Z}_{22}}{\underline{Y}_{22}}}. \tag{7.63}$$

Anschaulich ist der Wellenwiderstand einer Vierpolseite (z. B. eingangsseitig) derjenige Widerstand, mit dem die Seite abgeschlossen sein muß, damit an der Ausgangsseite $\underline{Z}_{W2}$ gemessen wird und umgekehrt. Somit liegt Impedanzanpassung (s. Abschn. 6.4.5) im Unterschied zur Leistunganpassung (s. u.) vor.

Der Wellenwiderstand erlangt seine volle Bedeutung erst, wenn viele gleichartige Vierpole (mit gleichem Wellenwiderstand) in Kette geschaltet werden. Dann erscheint der Abschlußwiderstand der Kette am Eingang, wenn er gleich dem Wellenwiderstand gewählt wird. Jeder vorhergehende Vierpol wird mit dem Wellenwiderstand des nachfolgenden belastet.

7.2.4.3 Übertragungsgrößen

Der Quotient zwischen Wirkung an einem Klemmenpaar und Erregung am anderen ergab grundsätzlich eine Übertragungs- oder Transfergröße (s. Abschn. 7.2.1.2.1). Nach der Art von Erregung und Wirkung unterscheiden wir: *Spannungs-*, *Strom-Immittanz-* und *Leistungsübertragungsgrößen* (Tafel 7.7). Beim Verstärkervierpol heißen die Übertragungsgrößen meist *Verstärkung*[1]. Grundsätzlich können

[1] Wir beschränken uns fast ausschließlich auf die Angabe in Leitwertparametern. Die Umrechnung in andere Vierpoldarstellungen ist mit Tafel 7.3 möglich.

diese Betriebsgrößen im Vor- und Rückwärtsbetrieb des Vierpols angegeben werden. Wir beschränken uns auf den Vorwärtsbetrieb wegen seiner größeren praktischen Bedeutung. Auch hier ist es vorteilhaft, nach Abschn. 7.2.4.1 die Last- und Quellenelemente mit in den Ersatzvierpol (s. Bild 7.34) einzubeziehen.

Spannungsverstärkung. Übertragungsfaktor. Am ausgangsseitig mit $\underline{Z}_L$ belasteten Vierpol (Bild 7.34a) entsteht die Spannung $\underline{U}_2$, wenn am Vierpoleingang die Spannung $\underline{U}_1$ anliegt. Wir erhalten aus der zweiten Vierpolgleichung der Leitwertdarstellung $\underline{I}_2 = \underline{Y}_{21}\underline{U}_1 + \underline{Y}_{22}\underline{U}_2 = \underline{Y}_L\underline{U}_2$, aufgelöst nach dem Verhältnis $\underline{U}_2/\underline{U}_1$

$$\underline{v}_u = \frac{\underline{U}_2}{\underline{U}_1} = \frac{\underline{Y}_{21}}{\underline{Y}_L - \underline{Y}_{22}}; \quad \underline{v}_u|_1 = \frac{-\underline{Y}_{21}}{\underline{Y}_{22}} = \frac{1}{\underline{A}_{11}} \tag{7.64}$$

Spannungsübertragungsfaktor, Spannungsverstärkung (Definitionsgleichung).

Er geht bei Leerlauf ($\underline{Y}_L = 0$) in den *Leerlauf-Spannungsübertragungsfaktor* oder die Leerlaufspannungsverstärkung über. Bei Kurzschluß ($\underline{Y}_L \to \infty$) verschwindet die Spannungsverstärkung, bei Leerlauf erreicht sie ihren Höchstwert $v_u|_1$.

Mit dem Ersatzvierpol Bild 7.34b wäre dann $\underline{v}_u = -\underline{Y}_{21}/\underline{Y}'_{22}$ als Leerlaufspannungsverstärkung des Ersatzvierpoles zu verstehen. Wir erkennen auch hier den Vorteil der einfachen Analyse.

Stromübersetzung. Den Quotienten von Ausgangs-zu Eingangsstrom $\underline{I}_2/\underline{I}_1$ erhält man, wenn in der zweiten Vierpolgleichung $\underline{I}_2 = \underline{Y}_{21}\underline{U}_1 + \underline{Y}_{22}\underline{U}_2$ die Spannung $\underline{U}_1$ durch den Strom $\underline{I}_1$ aus der ersten Vierpolgleichung ersetzt wird

$$\underline{v}_i = \frac{\underline{I}_2}{\underline{I}_1} = \frac{\underline{Y}_{12}\underline{Y}_L}{\underline{Y}_{11}\underline{Y}_L - \det \underline{Y}} = \frac{\underline{H}_{21}}{1 - \underline{H}_{22}\underline{Z}_L}; \underline{v}_i|_k = \frac{\underline{Y}_{21}}{\underline{Y}_{11}} = \underline{H}_{21} \tag{7.65}$$

Stromübertragungsfaktor, Stromverstärkung. (Definitionsgleichung).

Sie geht bei Kurzschluß ($\underline{Y}_L \to \infty$) in die *Kurzschlußstromübersetzung* $v_i|_k$ oder Kurzschlußstromverstärkung über.

Transimpedanzen. Wir erwähnen noch:

— Die *Übertragungsimpedanz* (*Transimpedanz*) $\underline{Z}'_{21}$ (mit Gl. (7.64))

$$\underline{Z}'_{21} = \frac{\underline{U}_2}{\underline{I}_1} = \frac{\underline{U}_2}{\underline{U}_1}\frac{\underline{U}_1}{\underline{I}_1} = \underline{v}_u\underline{Z}_1 = \frac{\underline{Z}_L}{\underline{A}_{21}\underline{Z}_L + \underline{A}_{22}}. \tag{7.66a}$$

Sie ergibt sich als Produkt von Spannungsübersetzung und Eingangswiderstand, im Grenzfall des Leerlaufs $\underline{U}_2/\underline{I}_1|_1$ gilt $\underline{Z}_{21} = \underline{Z}_m = 1/\underline{A}_{21}$.

— Die *Übertragungsadmittanz* (*Transadmittanz*)

$$\underline{Y}'_{21} = \frac{\underline{I}_2}{\underline{U}_1} = \frac{\underline{I}_2}{\underline{I}_1}\frac{\underline{I}_1}{\underline{U}_1} = \underline{v}_i\underline{Y}_1 = \frac{\underline{v}_u}{\underline{Z}_L} = \frac{1}{\underline{A}_{11}\underline{Z}_L + \underline{A}_{12}} \tag{7.66b}$$

als Produkt von Stromübersetzung und Eingangsleitwert mit dem Grenzfall Kurzschluß $\underline{I}_2/\underline{U}_1|_k = \underline{Y}_{21} = \underline{Y}_m = 1/\underline{A}_{12}$.
Sollen die Übertragungsparameter durch Parameter anderer Gleichungssysteme ausgedrückt werden, so wandelt man die Parameter in der hier angegebenen Beziehung unter Nutzung von Tabellen um.

Kontrollbeziehungen. Zwischen den genannten Größen bestehen einige Beziehungen, die bei Umrechnungen von Vorteil sein können (s. Tafel 7.7):

$$\frac{\underline{v}_i}{\underline{v}_u} = \frac{\underline{Z}_1}{\underline{Z}_L}, \quad \frac{\underline{v}_u}{\underline{v}_i} = \frac{\underline{Y}_1}{\underline{Y}_L}, \quad \underline{Z}_1 = \underline{Z}_{11} + \underline{v}_i \underline{Z}_{12}; \quad \underline{Y}_1 = \underline{Y}_{11} + \underline{v}_u \underline{Y}_{12} . \tag{7.67}$$

Leistungsübertragungsfaktor. Der allgemeine Vierpol verbraucht durch seinen Eingangswiderstand eine bestimmte Leistung, die die Quelle aufzubringen hat. Andererseits gibt er Leistung an den Verbraucherwiderstand ab. Das Verhältnis dieser beiden Leistungen heißt allgemein *Leistungsübertragungsfaktor* oder *Leistungsverstärkung*. Sie kann größer oder kleiner als eins sein. Im letzteren Fall spricht man besser von Dämpfung. Es gibt mehrere Leistungsübertragungsfaktoren. Sie unterscheiden sich z. B.

— in der Wahl der Bezugsleistung, entweder als die dem Vierpoleingang zugeführte Leistung oder die verfügbare Generatorleistung;
— in ihrem *Charakter*: *Wirkleistung* oder *Scheinleistung* (s. Abschn. 6.4.5);
— in der *Optimierung*. So können die *Wirkleistungsverstärkung* (Anpassung auf maximale Wirkleistung) oder die *komplexen Leistungen* (Anpassung nach dem Wellenwiderstand) optimiert werden.

Wir beschränken uns hier auf die *Klemmenleistungsverstärkung* (vorwärts). Das ist das Verhältnis der an den Vierpollastleitwert abgegebenen *Wirkleistung* $P_2 = \frac{1}{2}|\hat{\underline{U}}_2|^2 G_L$ zur Klemmenwirkleistung $P_1 = \frac{1}{2}|\hat{\underline{U}}_1|^2 G_1$ am Vierpoleingang (s. Bild 7.34)

$$v_p = \frac{P_2}{P_1} = \frac{\underline{U}_2^2}{\underline{U}_1^2}\frac{G_L}{G_1} = \frac{G_L}{G_1}|\underline{v}_u|^2 = \frac{\mathrm{Re}(\underline{P}_2)}{\mathrm{Re}(\underline{P}_1)}$$

$$= \frac{|\underline{Y}_{21}|^2 G_L}{|-\underline{Y}_{22} + \underline{Y}_L|^2 \mathrm{Re}\left\{\dfrac{-\det \underline{Y} + \underline{Y}_{11}\underline{Y}_L}{-\underline{Y}_{22} + \underline{Y}_L}\right\}}$$

$$= \frac{|\underline{Y}_{21}|^2 G_L}{\mathrm{Re}\{[-\det \underline{Y} + \underline{Y}_{11}\underline{Y}_L](-\underline{Y}_{22} + \underline{Y}_L)^*\}} . \tag{7.68}$$

v_p hängt nicht vom Generatorleitwert $\underline{Y}_G$ ab. Daher benutzt man sie besonders zur Beurteilung mehrerer, in Kette geschalteter Eingangsstufen. Die Leistungsverstärkung v_p sagt nichts darüber aus, inwieweit die verfügbare Quellenleistung vom Vierpol übernommen wird.

7.2.4.4 Wellenparameter

Neben der Vierpolbeschreibung durch die Vierpolparameter nach Abschn. 7.2.1.2 ist auch eine Darstellung mit *Wellenwiderstand* und das sog. *Wellenübertragungsmaß*, also *Wellenparametern*, möglich. Diese Form erlaubt eine besonders günstige Vierpolbeschreibung der elektrischen Leitung. Daher wird sie hauptsächlich für passive Vierpole (symmetrische und unsymmetrische) verwendet und benutzt zweckmäßig die Kettenpfeilrichtung.

Wellenparameter des umkehrbaren symmetrischen Vierpols. Symmetrische umkehrbare Vierpole wurden nach Abschn. 7.2.1 durch zwei Parameter beschrieben, z. B. $\underline{Y}_{11}$ und $\underline{Y}_{12}$. Deshalb brauchen wir außer dem bereits eingeführten Wellenwiderstand $\underline{Z}_W$ (Gl. (7.62)) noch eine zweite Größe, das *Wellenübertragungsmaß oder den logarithmischen Übertragungsfaktor* $\underline{g}_W$

$$e^{\underline{g}_W} = \left(\frac{\underline{U}_1}{\underline{U}_2}\right)\Bigg|_{\underline{Z}_L = \underline{Z}_W} \tag{7.69}$$

Er setzt beiderseitigen Vierpolabschluß mit dem Wellenwiderstand voraus. Logarithmieren und Aufteilung in Real- und Imaginärteil ergibt

$$\underline{g}_W = \ln e^{\underline{g}_W} = \ln\left(\frac{\underline{U}_1}{\underline{U}_2}\right) = \ln\left(\frac{U_1}{U_2}\, e^{j(\varphi_{u1} - \varphi_{u2})}\right)$$

$$= \ln\frac{U_1}{U_2} + j(\varphi_{u1} - \varphi_{u2}) = a_W(\omega) + jb(\omega) \tag{7.70a}$$

mit der *Dämpfung*

$$a_W(\omega) = \ln\left(\frac{U_1}{U_2}\right)\text{Np} = 20\lg\left(\frac{U_1}{U_2}\right)\text{dB} . \tag{7.70b}$$

Wegen $\underline{U}_1 = \underline{Z}_W \underline{I}_1$, $\underline{U}_2 = +\underline{Z}_W \underline{I}_2$ kann statt des Spannungsverhältnisses $\underline{U}_1/\underline{U}_2$ auch das Stromverhältnis zur Darstellung benutzt werden.

Zusammengefaßt: Der umkehrbare symmetrische Vierpol wird beschrieben:

— durch Wellenwiderstand $\underline{Z}_W$ und *Wellenübertragungsmaß* exp g_W oder

— durch Wellenwiderstand und Spannungs- oder Stromübertragungsfaktor $\underline{U}_1/\underline{U}_2$ ($\underline{I}_1/\underline{I}_2$). Diese Vierpolkenngrößen hängen nur vom Vierpolaufbau ab und lassen sich z. B. durch Vierpolparameter ausdrücken.

Beispiel. Für den Vierpol Bild 7.35 nur aus Energiespeicherelementen ergeben sich als Leerlauf- und Kurzschlußwiderstände

$$\underline{Z}_l = j\omega L + 1/2j\omega C; \quad \underline{Z}_k = j\omega L + (j\omega L \,\|\, 1/2j\omega C) ,$$

schließlich

$$\underline{Z}_W = \sqrt{\underline{Z}_l \underline{Z}_k} = \sqrt{(L/C)(1 - \omega^2 LC)} .$$

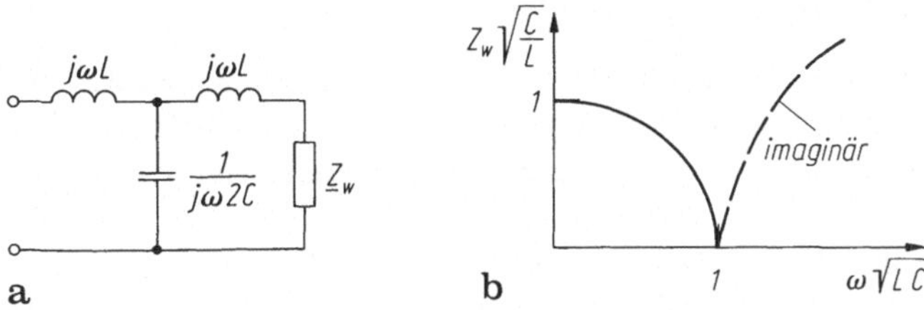

Bild 7.35a, b. Verlustfreier Vierpol (symmetrisch). **a** abgeschlossen mit Wellenwiderstand, **b** Frequenzabhängigkeit des normierten Wellenwiderstandes

Die Größen sind frequenzabhängig. Bis zur Frequenz $\omega = 1/\sqrt{LC}$ verschwindet die Dämpfung ($\underline{Z}_W$ reell, Durchlaßbereich), darüber steigt sie stark an. Es liegt eine Filterschaltung vor.

Kettenschaltung umkehrbarer symmetrischer Vierpole. Werden n Vierpole der eben erwähnten Art in Kette geschaltet und der letzte mit dem Wellenwiderstand $\underline{Z}_W$ abgeschlossen, so gilt:

— Als Eingangsimpedanz $\underline{Z}_1$ tritt der Wellenwiderstand $\underline{Z}_W$ auf. Ist der letzte Vierpol *nicht* mit $\underline{Z}_W$ abgeschlossen, so nähert sich $\underline{Z}_1$ dem Wert $\underline{Z}_W$ mit zunehmender Vierpolzahl.

— Das Wellenübertragungsmaß ist das Produkt der Einzelübertragungsmaße

$$e^{\underline{g}_W} = \frac{\underline{U}_1}{\underline{U}_n} = \frac{\underline{U}_1}{\underline{U}_2} \cdot \frac{\underline{U}_2}{\underline{U}_3} \cdots \frac{\underline{U}_{n-1}}{\underline{U}_n} = \exp\left(\sum_{i=1}^{n} \underline{g}_{Wi}\right), \tag{7.71a}$$

$$\text{d. h. } \underline{g}_W = \sum_{i=1}^{n} \underline{g}_{Wi}\,. \tag{7.71b}$$

Unsymmetrische umkehrbare Vierpole. Da der umkehrbare unsymmetrische Vierpol nach Tafel 7.5 durch drei Vierpolparameter (z. B. $\underline{Y}_{11}, \underline{Y}_{22}, \underline{Y}_{12}$) gekennzeichnet ist, erfordert die Wellenparameterdarstellung neben dem Wellenübertragungsmaß *zwei* Wellen widerstände $\underline{Z}_{W1}, \underline{Z}_{W2}$ der Eingangs- und Ausgangsseite. Dabei ist $\underline{Z}_{W2}$ der Wellenwiderstand, mit der der Vierpol ausgangsseitig belastet werden muß, damit am Eingang $\underline{Z}_{W1}$ auftritt (und umgekehrt). Die Beschaltung mit den Wellenwiderständen führt dann auf (Bild 7.36)

$$e^{2\underline{g}_W} = \frac{\underline{U}_1}{\underline{U}_2} \cdot \frac{\underline{I}_1}{(-\underline{I}_2)} \quad \text{bzw.} \quad \underline{g}_W = \ln\left(\sqrt{\frac{\underline{Z}_{W2}}{\underline{Z}_{W1}}} \cdot \frac{\underline{U}_2}{\underline{U}_1}\right). \tag{7.72}$$

Sie geht für $\underline{Z}_{W1} = \underline{Z}_{W2}$ in obige Definition über.

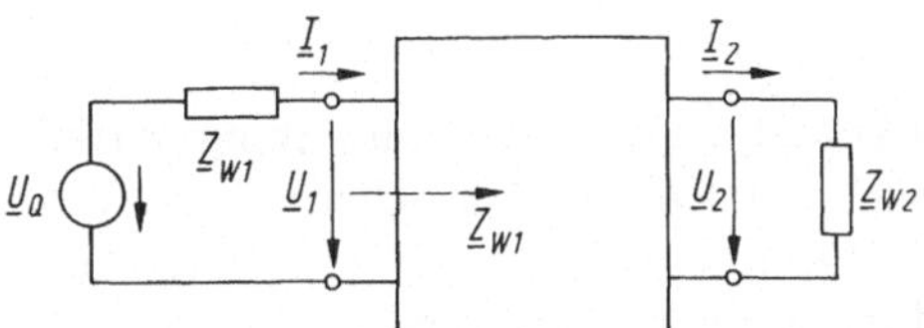

Bild 7.36. Definition des Wellenwiderstandes

7.2.4.5 Transmittanz, Reflektanz, Streuparameter

In das Übertragungsverhalten nach Abschn. 7.2.4 ging der Quellenleitwert nicht ein. Oft interessiert aber gerade das Spannungsverhältnis $\underline{U}_2/\underline{U}_Q$ (oder $\underline{U}_1/\underline{U}_Q$ in umgekehrter Betriebsrichtung) und ebenso das Zusammenspiel von $\underline{Z}_1, \underline{Z}_Q$ und $\underline{U}_Q$ im Eingangskreis.

Eine sehr zweckmäßige Vierpolbeschreibung, die sowohl den Last- als auch Generatorabschluß einbezieht, läßt sich durch eine neue Vierpolbeschreibung mit der *Transmittanz* und *Reflektanz* (vor- und rückwärts) gewinnen.

Wir führen die Betrachtungen (aus Anschauungsgründen) in der $\check{\underline{Z}}$-Parameterform des Vierpols durch und übertragen die Ergebnisse am Ende auf die Leitwertform. Gegeben ist die Schaltung nach Bild 7.37 mit den Beziehungen $\underline{U}_Q = \underline{I}_1 \underline{R}_1 + \underline{U}_1, \underline{U}_2 = -\underline{I}_2 \underline{R}_2$ und der $[\underline{Z}]$-Matrix in symmetrischer Schreibweise. Die Widerstände R_1, R_2 sollen reell sein.

Wir *definieren* als *Transmittanz* $\underline{S}_{21}$ (vorwärts) oder Betriebsübertragungsfaktor

$$\underline{S}_{21} = 2\sqrt{\frac{R_1}{R_2}}\frac{\underline{U}_2}{\underline{U}_Q} = -2\sqrt{R_1 R_2}\frac{\underline{I}_2}{\underline{U}_Q} \tag{7.73}$$

$$= \frac{2\sqrt{R_1 R_2}\check{\underline{Z}}_{21}}{(\check{\underline{Z}}_{11} + R_1)(\check{\underline{Z}}_{22} + R_2) - \check{\underline{Z}}_{12}\check{\underline{Z}}_{21}} \quad \text{Definition} .$$

Das ist nach Gl. (7.64) die Spannungsübersetzung (bezogen auf $\underline{U}_Q$!) und versehen mit einem Faktor (s. u.).

Ganz analog gilt als *Transmittanz* $\underline{S}_{12}$ (rückwärts, bei Anschluß der Quelle auf Seite 2, Bild 7.37b)

$$\underline{S}_{12} = 2\sqrt{\frac{R_2}{R_1}}\frac{\underline{U}_1}{\underline{U}_Q} = \frac{2\sqrt{R_1 R_2}\underline{Z}_{12}}{\div} \quad \text{Definition} . \tag{7.74}$$

Die Bedeutung von z. B. $\underline{S}_{21}$ wird sofort klar, wenn man die von R_2 aufgenommene Wirkleistung $P_2 = |\underline{U}_2|^2/R_2$ und die maximale Wirkleistung $P_{\max} = |\underline{U}_Q|^2/4R_1$ des Generators betrachtet:

$$\frac{P_2}{P_{\max}} = \frac{|\underline{U}_2|^2}{|\underline{U}_Q|^2}\frac{4R_1}{R_2} \equiv |\underline{S}_{21}|^2 . \tag{7.75}$$

Das Betragsquadrat der Vorwärtstransmittanz ist damit gleich dem Wirkleistungsverhältnis $P_2/P_{\max}$. Oft wird ein logarithmisches Maß (für den Reziprokwert) eingeführt (Betriebsübertragungsfaktor)

$$e^{\underline{g}_B} = \frac{1}{\underline{S}_{21}} \tag{7.76}$$

mit dem *Betriebsübertragungsmaß* $\underline{g}_B$ (Aufteilung in Real- und Imaginärteil als Betriebsdämpfung und Betriebsphase wie nach Gl. (7.70) möglich).

Ganz entsprechend läßt sich $|\underline{S}_{12}|$ durch das Leistungsverhältnis von der Ausgangsseite her interpretieren. Für den passiven Vierpol gilt $\underline{S}_{12} = \underline{S}_{21}$.

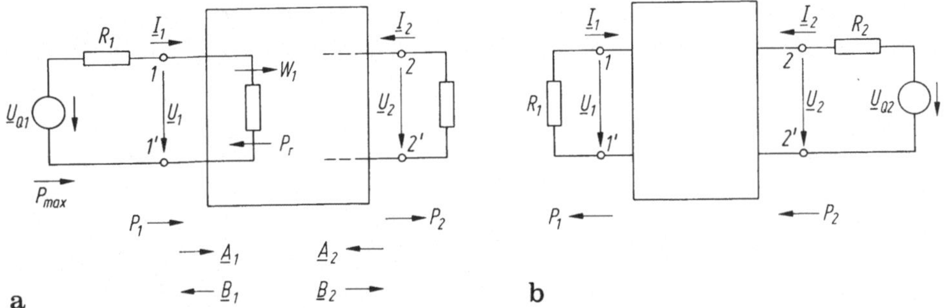

Bild 7.37a, b. Streuparameter eines Vierpols. **a** Definition der Transmittanz $\underline{S}_{21}$; **b** Definition der Transmittanz $\underline{S}_{12}$

Die noch fehlenden Koeffizienten $\underline{S}_{11}, \underline{S}_{22}$ heißen *Reflektanz* (vorwärts, rückwärts). Wir greifen dazu auf den Grundstromkreis in der Darstellung mit der reflektierten Leistung zurück (Bild 6.50, Abschn. 6.4.5). Dort waren die $\underline{U}$-$\underline{I}$-Verhältnisse durch Bezug auf den Anpaßfall als Spannungs-Strom- und Leistungsreflexion interpretiert worden. Wir definieren

$$\underline{S}_{11} = \frac{2\underline{U}_1}{\underline{U}_Q} - 1 \equiv \frac{\underline{Z}_1 - R_1}{\underline{Z}_1 + R_2} = \frac{(\check{\underline{Z}}_{11} - R_1)(\check{\underline{Z}}_{22} + R_2) - \check{\underline{Z}}_{12}\check{\underline{Z}}_{21}}{(\check{\underline{Z}}_{11} + R_1)(\check{\underline{Z}}_{22} + R_2) - \check{\underline{Z}}_{12}\check{\underline{Z}}_{21}} \qquad (7.77a)$$

Definition .

Dabei ist $\underline{Z}_1$ die Eingangsimpedanz des Vierpoles, die sich noch durch die Impedanzparameter ausdrücken läßt. Ganz entsprechend gilt

$$\underline{S}_{22} = \frac{2\underline{U}_2}{\underline{U}_Q} - 1 = \frac{\underline{Z}_2 - R_2}{\underline{Z}_2 + R_2} = \frac{(\check{\underline{Z}}_{11} + R_1)(\check{\underline{Z}}_{22} - R_2) - \check{\underline{Z}}_{12}\check{\underline{Z}}_{21}}{(\check{\underline{Z}}_{11} + R_1)(\check{\underline{Z}}_{22} + R_2) - \check{\underline{Z}}_{12}\check{\underline{Z}}_{21}} \qquad (7.77b)$$

Definition .

Anschaulich gilt mit $P_{\max} = |U_Q|^2/4R_1$

$$|\underline{S}_{11}|^2 = \frac{P_r}{P_{\max}} = \frac{P_{\max} - P_1}{P_{\max}} = 1 - \frac{P_1}{P_{\max}} \qquad (7.78)$$

($|\underline{S}_{22}|^2$ analog). Schließlich wird noch

$$|\underline{S}_{11}|^2 + |\underline{S}_{21}|^2 = 1 - \frac{P_1 - P_2}{P_{\max}} = 1 - \frac{P_V}{P_{\max}} .$$

Dabei ist P_V die im Vierpol verbrauchte Leistung.

Mit den Definitionen $\underline{S}_{11} \ldots \underline{S}_{22}$ liegt ein lineares Gleichungssystem zur Beschreibung eines Vierpols mit Quellen- und Lastelementen vor, das in der Form

$$\begin{aligned} \underline{B}_1 &= \underline{S}_{11}\underline{A}_1 + \underline{S}_{12}\underline{A}_2 , \\ \underline{B}_2 &= \underline{S}_{21}\underline{A}_1 + \underline{S}_{22}\underline{A}_2 \end{aligned} \qquad (7.79)$$

geschrieben werden kann. Werden umgekehrt die Definitionen eingesetzt, so lassen sich die $\underline{A}_1 \ldots \underline{B}_2$ (mit $\underline{U}_{Q1} = \underline{I}_1 R_1 + \underline{U}_1$, $\underline{U}_{Q2} = \underline{I}_2 \underline{R}_2 + \underline{U}_2$) durch $\underline{U}_{Q1}$, $\underline{U}_{Q2}$, $\underline{U}_1$, $\underline{U}_2$ ausdrücken:

$$\begin{aligned}\underline{A}_1 &= \frac{\underline{U}_1 + R_1 \underline{I}_1}{2\sqrt{R_1}} = \frac{\underline{U}_{Q1}}{2\sqrt{R_1}}\ ; \quad \underline{B}_1 = \frac{\underline{U}_1 - R_1 \underline{I}_1}{2\sqrt{R_1}} = \frac{2\underline{U}_1 - \underline{U}_{Q1}}{2\sqrt{R_1}}\ ; \\ \underline{A}_2 &= \frac{\underline{U}_2 + R_2 \underline{I}_2}{2\sqrt{R_2}} = \frac{\underline{U}_{Q2}}{2\sqrt{R_2}}\ ; \quad \underline{B}_2 = \frac{\underline{U}_2 - \underline{R}_2 \underline{I}_2}{2\sqrt{R_2}} = \frac{2\underline{U}_2 - \underline{U}_{Q2}}{2\sqrt{R_2}}\ .\end{aligned} \tag{7.80}$$

Daraus ergeben sich rückwirkend die Parameter $\underline{S}_{11} \ldots \underline{S}_{22}$, wobei implizit jeweils eine der beiden Quellen zu Null gesetzt wird (z. B. bei $\underline{S}_{11} \to \underline{U}_{Q2} = 0$, $\underline{S}_{12} \to \underline{U}_{Q1} = 0$).

Anschaulich bedeuten
— $\underline{A}_1$, $\underline{A}_2$ normierte Wellen, die zum Vierpol hinlaufen;
— $\underline{B}_1$, $\underline{B}_2$ normierte Wellen, die vom Vierpol reflektiert werden.

Die Wellen sind jeweils die Wurzel aus den betreffenden (normierten) Leistungen (vgl. z. B. Gl. (7.75)).

Statt der Vierpolbeschreibung durch (normierte) Ströme und Spannungen basiert die Streuparameterdarstellung auf ein- und auslaufenden Wellen. Deshalb sind $\underline{S}_{11}$, $\underline{S}_{22}$ direkt mit dem entsprechenden Reflexionsfaktor identisch (s. z. B. Gl. (7.73)).

Häufig wird bei dieser Darstellung $R_1 = R_2 = R_0$ als Wellenwiderstand der Leitung gewählt.

Der Vorteil derVierpolbeschreibung Gl. (7.79) besteht
— im Einbezug von Last und Quelle in das Übertragungsverhalten;
— im der direkten Beziehung der Parameter zu Leistungsgrößen;
— im direkten Bezug dieser Parameter zu den Streuparametern.

Die Streuparameter lassen sich bei hohen Frequenzen wesentlich besser messen als Vierpolparameter, besonders wenn $R_1 = R_2 = R_0$ als Leitungswellenwiderstand gewählt wird.

Da die Streuparameter nur das Reflexions- und Übertragungsverhalten eines Vierpols beschreiben, aber nicht seine Schaltelemente, müssen diese rückwirkend (mit dem Leitungswellenwiderstand R_0) bestimmt werden. Man erhält:

$$\begin{aligned}\check{\underline{Y}}_{11} R_0 \underline{N} &= (1 - \underline{S}_{11})(1 + \underline{S}_{22}) + \underline{S}_{12}\underline{S}_{21}\ , \\ \check{\underline{Y}}_{12} R_0 \underline{N} &= -2\underline{S}_{12}, \quad \check{\underline{Y}}_{21} R_0 \underline{N} = -2\underline{S}_{21}\ , \\ \check{\underline{Y}}_{22} R_0 \underline{N} &= (1 + \underline{S}_{11})(1 - \underline{S}_{22}) + \underline{S}_{12}\underline{S}_{21}\ , \\ \underline{N} &= (1 + \underline{S}_{11})(1 + \underline{S}_{22}) - \underline{S}_{12}\underline{S}_{21}\ .\end{aligned} \tag{7.81}$$

Es hat sich eingebürgert, die Koeffizienten $\underline{S}_{11} \ldots \underline{S}_{22}$ im Falle gleicher Widerstände $R_1 = R_2 = R_0$ als Streuparameter zu bezeichnen, für $R_1 \neq R_2$ aber von *Transadmittanz-* und *Reflektanz* zu sprechen.

7.3 Nichtlinearer Vierpol

Neben linearen Vierpolen spielen in der elektronischen Schaltungstechnik nichtlineare Vierpole (und Mehrpole) eine Rolle. Beispiele sind die wichtigen Halbleiterbauelemente Transistor und Thyristor, aber auch Elektronenröhren. Wir haben darauf bereits bei Einführung der gesteuerten Quellen verwiesen (Abschn. 5.1.1.2).

Ein Vierpol heißt nichtlinear, wenn seine I-U-Beziehungen Gl. (7.36), (7.52) $F_1(I_1, I_2, U_1, U_2) = 0, F_2(I_1, I_2, U_1, U_2) = 0$ nichtlinear sind. Daraus gehen unterschiedliche explizite Darstellungsformen hervor (Tafel 7.8), die bei linearem Vierpol auf die Vierpolgleichungen nach Tafel 7.1 führen.

Die Analyse eines Netzwerkes mit einem nichtlinearen Vierpol ist Bestandteil der Analyse allgemeiner nichtlinearer Netzwerke (Abschn. 5.3.6): wir benötigen geeignete Darstellungen des nichtlinearen Vierpols (analytisch, Kennlinienform, stückweise Geraden u. a.), die Aufbereitung der Schaltung und ein Lösungsverfahren für die nichtlinearen Netzwerkgleichungen.

Eine typische Betriebssituation nichtlinearer Vierpole ist die folgende: Das nichtlineare Bauelement — z. B. ein Transistor — ist in einen Gleichstromkreis eingefügt, d. h. nach Abschn. 7.2.3 mit aktiven Zweipolen abgeschlossen. Dabei stellt sich der Arbeitspunkt ein. Vom Energieumsatz her betrachtet ist der Transistor so ein Leistungsverbraucher = passiver Dreipol (!).

Netzwerktechnisch gesehen bedeutet die Arbeitspunkteinstellung die Lösung der nichtlinearen Netzwerkgleichungen. Dafür stehen nach Abschn. 5.3.6.2 bis 5.3.6.4 unterschiedliche Methoden zur Verfügung. Für die folgenden Abschnitte wählen wir wegen seiner Bedeutung den Bipolartransistor als nichtlinearen resistiven Dreipol (= Vierpol, vgl. Abschn. 7.2.3).

7.3.1 Nichtlineares Gleichstromnetzwerk. Arbeitspunktbestimmung einer Bipolartransistor-Schaltung

Am Beispiel eines (Bipolar-) Transistors soll die Einbindung eines nichtlinearen Vierpols in eine Schaltung kennengelernt werden, vor allem die Benutzung unterschiedlicher Netzwerkmodelle. Zum tieferen Verständnis des Transistor-Funktionsprinzips sei dabei auf Bauelementelehrbücher verwiesen.

Kennlinienmodell. Der sog. npn-Transistor (Bild 7.38) – bestehend aus einer Folge von n-, p- und n-leitenden Halbleiterzonen mit entsprechenden Anschlußkontakten (Emitter, Basis, Kollektor) — verhält sich oberflächlich betrachtet wie zwei gekoppelte Halbleiterdioden (Emitter-Basis; Kollektor-Basis). Sie sind über ein gemeinsames Gebiet, den Basisraum (p-Gebiet), elektrisch miteinander verbunden. Dadurch teilt sich die Strom-Spannungseinstellung eines Stromkreises dem anderen mit un umgekehrt. Dies drückt sich in den U-I-Beziehungen aus

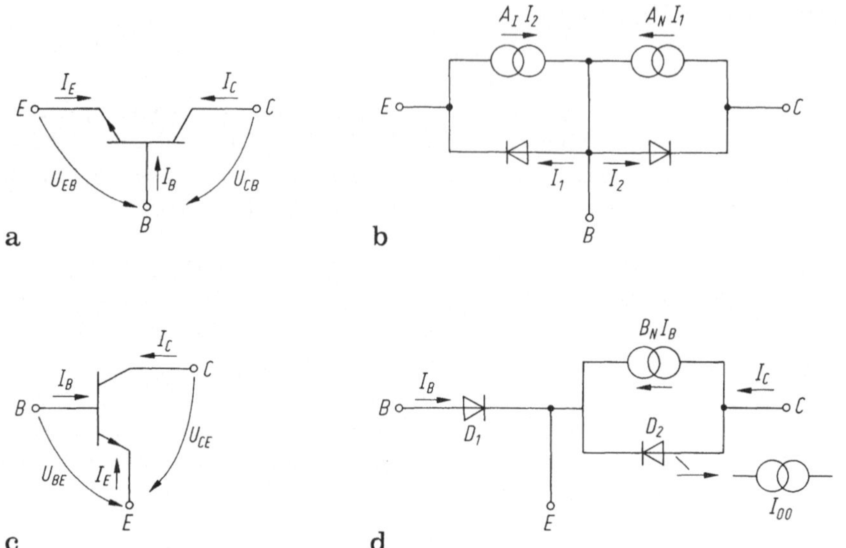

Bild 7.38a–d. Einfaches Modell des npn-Transistors. **a** Schaltzeichen; **b** Ersatzschaltung; **c** Betrieb in Emitterschaltung; **d** stückweise lineares Modell.

(Bild 7.38a)

$$\begin{aligned} I_E &= -I_{ES}(\exp U_{BE}/U_T - 1) + \underline{A_I I_{CS}(\exp U_{BC}/U_T - 1)} \\ I_C &= \underline{A_N I_{ES}(\exp U_{BE}/U_T - 1)} - I_{CS}(\exp U_{BC}/U_T - 1)\ . \end{aligned} \tag{7.82}$$

In dieser sog. Ebers-Moll-Gleichung sind I_{ES}, I_{CS}, A_N, A_I transistortypische Parameter (Richtwert der Sättigungsströme: $I_{ES}, I_{CS} \approx 10^{-12} \ldots 10^{-9}\,A$, $A_N \approx 0,99$, $A_I \approx 0,3, \ldots 0,8$ Stromverstärkung in Normal- und Inversrichtung).

Mit der Basis als Bezugsknoten sind die beiden Emitter-, Kollektor-(Klemmen-)ströme Funktionen der anliegenden Spannungen U_{BE}, U_{BC}. Damit ist der Transistor ein nichtlinearer, spannungsgesteuerter resistiver Dreipol. Er wird durch die Ersatzschaltung Bild 7.38b dargestellt

— zwei pn-Dioden mit den Strömen $-I_{ES}$ (exp $U_{BE}/U_T - 1$) und $-I_{CS}$ (exp $U_{BS}/U_T - 1$)
— zwei stromgesteuerte Stromquellen, die die unterstrichenen Terme modellieren.

Je nach dem Vorzeichen der Spannungen U_{EB}, U_{CB} arbeiten die Dioden entweder im Fluß- ($U_{BE}, U_{BC} > 0$) oder Sperrzustand ($U_{BE}, U_{BC} < 0$).

Ein besonders wichtiger Betriebszustand ist der mit flußgepolter Emitter- und sperrgepolter Kollektordiode. Dann gilt z.B. für den Kollektorstrom

$$I_C = A_N I_{ES}(\exp U_{BE}/U_T - 1) + I_{CS} \approx -A_N I_E + I_o\ . \tag{7.83}$$

Dann setzt sich der Kollektorstrom I_C aus einem Sättigungsstrom I_0 (unabhängig von U_{BC}) und einem von U_{BE} steuerbaren Anteil exp U_{BE}/U_T zusammen. Deshalb tritt im Kollektorkreis eine spannungsgesteuerte Stromquelle und eine „Konstantstromquelle I_0“ auf. Diese Form haben wir bereits früher (Bild 5.3b) qualitativ betrachtet.

In den meisten Schaltungen wird der Emitter als Bezugspunkt gewählt: dies ist die sog. Emitterschaltung (Bild 7.38c). Für diese Grundschaltung können die Strom-Spannungs-Beziehungen unter Zuhilfenahme der Kirchhoffschen Gleichungen

$$U_{BE} = -U_{EB}, U_{CE} = U_{CB} - U_{EB}\ , \quad I_B = -(I_E + I_C)$$

direkt aus Gl. (7.82) gewonnen werden. Es ergeben sich

$$\begin{aligned} I_B &= (1 - A_N) I_{ES}(\exp U_{BE}/U_T - 1) \\ &\quad + (1 - A_I) I_{CS}(\exp(U_{BE} - U_{CE})/U_T - 1)\ , \\ I_C &= A_N I_{ES}(\exp U_{BE}/U_T - 1) - I_{CS}(\exp(U_{BE} - U_{CE})/U_T - 1) \end{aligned} \tag{7.84}$$

oder verallgemeinert

$$\begin{aligned} I_1 &= I_B = f_1(U_{BE}, U_{CE}) = f_1(U_1, U_2)\ , \\ I_2 &= I_C = f_2(U_{BE}, U_{CE}) = f_2(U_1, U_2)\ . \end{aligned} \tag{7.85}$$

Dies ist die spannungsgesteuerte Vierpoldarstellung nach Tafel 7.8.
Wird der Kollektor wieder gesperrt (d.h. $|U_{CE}| \gg U_{BE}$) und die Basis flußgepolt, so vereinfacht sich Gl. (7.84) zu

$$\begin{aligned} I_B &\approx (1 - A_N) I_{ES} \exp U_{BE}/U_T - (1 - A_I) I_{CS}\ , \\ I_C &= A_N I_{ES} \exp U_{BE}/U_T + I_{CS} \approx \underbrace{(A_N/1 - A_N)}_{B_N} I_B + I_{oo} \end{aligned} \tag{7.86}$$

Die Ersatzschaltung (Bild 7.38d) besteht somit aus einer Diode im Eingangskreis und einer (strom- oder spannungsgesteuerten) Stromquelle im Ausgangskreis, der eine „Sättigungsquelle I_{oo}“ parallel liegt.

Bild 7.39 zeigt die zugehörigen Eingangs- und Ausgangskennlinienfelder. Eingangsseitig (Bild 7.39a) erkennen wir die flußgepolte Halbleiterdiode (der Sperrast ist nicht dargestellt). Die Spannung U_{CE} hat geringfügigen Einfluß.

Tafel 7.8. Darstellungsformen eines nichtlinearen resistiven Vierpols

$U_1(I_1, I_2)$, $U_2(I_1, I_2)$ stromgesteuert	$I_1(U_1, U_2)$, $I_2(U_1, U_2)$ spannungsgesteuert
$U_1(I_1, U_2)$, $I_2(I_1, U_2)$ hybridgesteuert (1)	$I_1(U_1, I_2)$, $U_2(U_1, I_2)$ hybridgesteuert (2)
$U_1(U_2, I_2)$, $I_1(U_2, I_2)$ ausgangsgesteuert	$U_2(U_1, I_1)$, $I_2(U_1, I_1)$ eingangsgesteuert

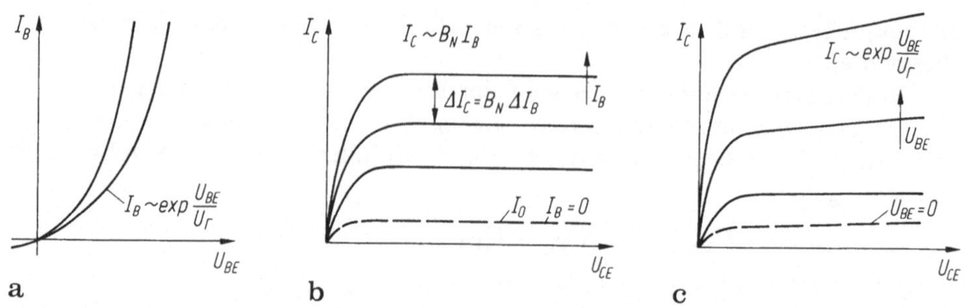

Bild 7.39a–c. Typische Kennlinienfelder des npn-Transistors. **a** Eingangskennlinie (Emitterschaltung); **b** Ausgangskennlinienfeld ($I_C = f(U_{CE}) | I_B$), Basisstrom als Parameter; **c** Ausgangskennlinienfeld ($I_C = f(U_{CE})$ U_{BE}), Basisspannung als Parameter

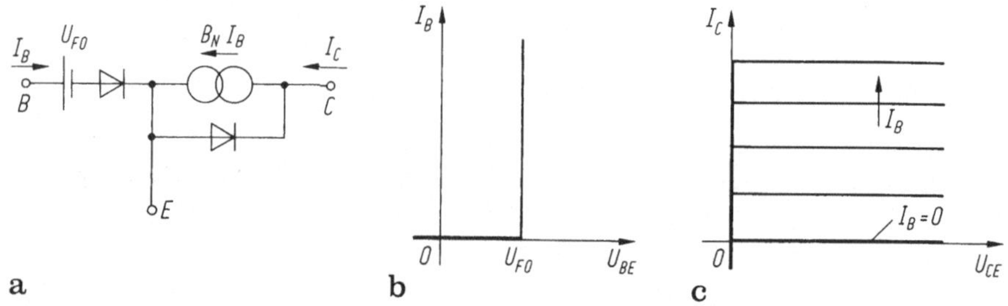

Bild 7.40. Knickkennlinienmodell des npn-Transistors. **a** Ersatzschaltung; **b** Eingangskennlinie; **c** Ausgangskennlinienfeld

Ausgangsseitig (Bild 7.39b, c) kann entweder die Spannung U_{BE} oder der Strom I_B die Steuergröße (Parameter) sein. Im ersten Fall ergibt sich starke Nichtlinearität, im letzteren etwa Proportionalität.

Stückweise lineares Modell. In Abschn. 5.3.6.1 hatten wir die stückweise lineare Näherung einer nichtlinearen Netzwerkelementbeziehung kennengelernt. Wir wenden sie auf die Ersatzschaltung Bild 7.38d an. Die Eingangsdiode wird durch eine Knickkennlinie (ideal) mit der Schleusenspannung U_{FO} ersetzt. Die gesteuerte Ausgangsquelle ist als linear-gesteuerte Quelle berücksichtigt. Eine (gesperrt gepolte) parallelgeschaltete Diode verhindert Stromfluß für $U_{CE} < 0$. Die Sättigungsquelle I_{oo} wurde fallengelassen. Damit ergibt sich die Ersatzschaltung Bild 7.40a mit den zugehörigen Eingangs- und Ausgangskennlinien (Bild 7.40b, c). Gegenüber der früher eingeführten gesteuerten linearen Stromquelle (Bild 5.5) wurde hier im Eingangskreis die Knickkennlinie ergänzt.

Arbeitspunktbestimmung. Im Betrieb liegt am Transistor eingangsseitig eine Spannungsquelle $U_{Q1}(R_1)$, ausgangsseitig die Quelle U_{Q2} mit R_2, dem sog. Lastwiderstand, weil über ihn später das verstärkte Signal gewonnen wird (Bild

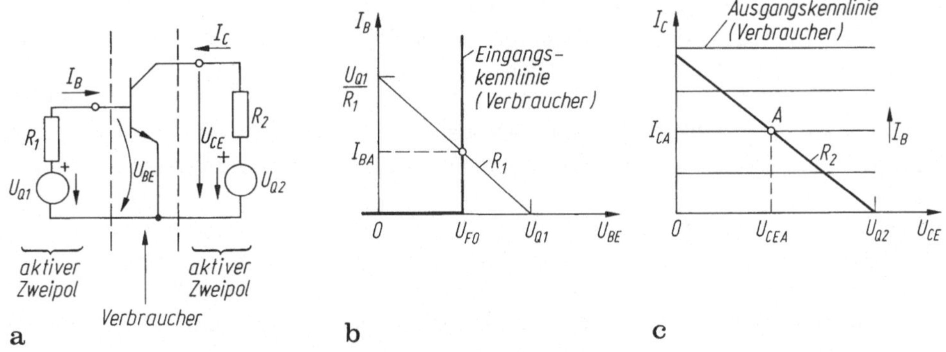

Bild 7.41a–c. Zusammenspiel aktiver Zweipol-Vierpol zur Arbeitspunkteinstellung. **a** Schaltung; **b** Eingangskennlinie; **c** Ausgangskennlinie.

7.41). Gesucht sind die Ströme und Spannungen im Netzwerk, kurz der *Transistorarbeitspunkt*. Die Strategie der Arbeitspunktbestimmung hängt vom verwendeten Transistormodell ab:

— Bei stückweise linearem Modell gelingt eine analytische Bestimmung;
— bei nichtlinearem Modell sind das graphische Verfahren mit dem Kennlinienfeld oder eine numerische Methode zweckmäßig.

Bei allen Verfahren wirken zusammen:
Die U-I-Beziehungen der an den nichtlinearen Dreipol angeschlossenen äußeren Schaltungsteile (hier die beiden Quellen) mit den nichtlinearen U-I-Beziehungen des Mehrpoles.

Analytische Methode. Stückweise lineare Näherung. Die beiden U-I-Beziehungen der angeschlossenen aktiven Zweipole lauten ($U_{Q1}, U_{Q2} > 0$) (Bild 7.41a)

$$\left.\begin{aligned} U_{BE} &= U_{Q1} - R_1 I_B, \\ U_{CE} &= U_{Q2} - R_2 I_C. \end{aligned}\right\} \quad \text{Netzwerkbeziehungen} \; . \tag{7.87}$$

Die Beziehungen des nichtlinearen Dreipols sind nach Bild 7.40a gegeben durch

$$U_{BE} = U_{FO} \, , \quad I_C = B_N I_B \qquad \text{Beziehungen des stückweise linearen Dreipols} \tag{7.88}$$

(für den Arbeitspunktbereich bestimmt durch $U_{Q1}, U_{Q2} > 0$). Damit folgen aus beiden Gleichungen

$$\begin{aligned} &\text{eingangsseitig:} \quad I_B = \frac{U_{Q1} - U_{FO}}{R_1} \, , \quad U_{BE} = U_{FO} \, , \\ &\text{ausgangsseitig:} \quad I_C = B_N I_B = B_N/R_1 (U_{Q1} - U_{FO}) \, , \\ &\qquad\qquad\qquad U_{CE} = U_{Q2} - R_2 I_C = U_{Q2} - R_2/R_1 B_N (U_{Q1} - U_{FO}) \, . \end{aligned} \tag{7.89}$$

Diese vier Gleichungen bestimmten den Arbeitspunkt A (mit den Werten $U_{BEA}, I_{BA}, I_{CA}, U_{CEA}$), wie im Bild 7.41b, c dargestellt.

Kennlinienmethode (graphisches Verfahren). Nicht immer gelingt eine stückweise Kennlinearisierung des nichtlinearen Dreipols. Allerdings ist es stets möglich, seine Kennlinienfelder darzustellen (Messung, Berechnung). Dann kann die Zusammenschaltung mit dem äußeren Netzwerk (Quellen zur Arbeitspunkteinstellung) auch graphisch durchgeführt werden. Das Verfahren baut direkt auf der graphischen Darstellung des Zusammenspiels eines aktiven und passiven Zweipols auf.

Der nichtlineare Dreipol hat zwei typische Kennlinienzusammenhänge:

— *Zweipolverhalten* an den Eingangs- und Ausgangsklemmen (wobei ein Steuerparameter auftreten kann und so Kennlinienfelder entstehen);
— *Übertragungsverhalten* (Übertragungskennlinien, vgl. Abschn. 5.1.1.2, Bild 5.4) zwischen Eingangs- und Ausgangsgröße.

Bei Verwendung des Knickkennlinienmodells (Bild 7.40) haben wir dann gemäß Schaltung Bild 7.41a „zusammenzufügen":

— den aktiven *Eingangszweipol* U_{Q1}, R_1 mit der Eingangskennlinie $I_B(U_{BE})$ (passiver Zweiopol). Dabei stellt sich der Punkt U_{BEA}, I_{BA} ein (Bild 7.41b);
— den aktiven *Ausgangszweipol* U_{Q2}, R_2 mit dem Ausgangskennlinienfeld $I_C(U_{CE})|I_B$. Der Arbeitspunkt (I_{CA}, U_{CEA}) ergibt sich durch Übertrag des Wertes I_{BA} aus Bild 7.41b. Der Schnittpunkt mit der Lastkennlinie ist der gesuchte Arbeitspunkt. Vom aktiven Zweipol aus gesehen wirkt der Transistor (gleichstrommäßig!) als passiver Zweipol (I_C, U_{CE}), dessen Kennlinie (durch I_B) einstellbar ist.

Ganz analog wird mit dem nichtlinearen Kennlinienmodellverfahren (Bild 7.42). Man trägt zunächst die Eingangslastkennlinie in das Eingangskennlinienfeld $I_B(U_{BE})$ ein (→ Arbeitspunkt A) und übernimmt anschließend den Arbeitspunkt (Basisstrom I_{BA}) über das Übertragungskennlinienfeld $I_C(I_B)$ in das Ausgangskennlinienfeld $I_C(U_{CE})$. Die dort zugehörige Ausgangslastkennlinie bestimmt den

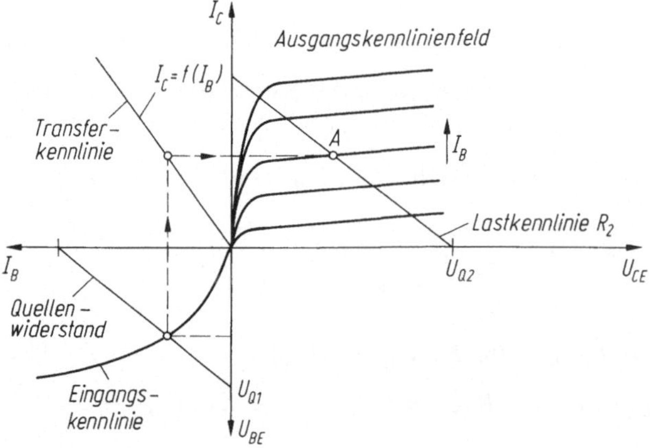

Bild 7.42. npn-Transistor im Grundstromkreis. Arbeitspunkteinstellung.

Arbeitspunkt I_{CA}, U_{CEA}. Dieses Vorgehen entspricht genau dem Umgang mit einer gesteuerten Quelle (Bild 5.3, 5.10).

7.3.2 Numerische Arbeitspunktbestimmung

Wird eine numerische Lösung des Arbeitspunktes eines Netzwerkes mit nichtlinearem Mehrpolelement gewünscht, so empfiehlt sich dafür das Newton-Raphson-Verfahren nach Abschn. 5.3.6.4, insbesondere Gl. (5.109). Das Verfahren läuft grundsätzlich wie beim nichtlinearen Zweipolelement ab, es treten lediglich anstelle einfacher Kennliniengleichungen jetzt Gleichungssystme. Auch ein Iterations-Ersatzschaltbild kann gewonnen werden. Verallgemeinert gilt anstelle Gl. (5.113) (mit den Strom-, Spannungsvektoren)

$$[I_{k+1}] = [I_k] + [g_k][U_{k+1} - U_k] \; . \tag{7.90}$$

Bild 7.43 zeigt ein auf dieser Basis aufgebautes Iterations- Ersatzschaltbild eines nichtlinearen Dreipols. Es enthält zusätzlich spannungsgesteuerte Stromquellen, die durch Ausmultiplikation des Terms $[g_k][U_{k+1}]$ entstehen. Der Term $[I_k] - [g_k][U_k]$ in Gl. (7.90) führt auf die Konstantstromquellen

$$\begin{aligned} &I_{1k} - g_{11k}U_{1k} - g_{12k}U_{2k} \; , \\ &I_{2k} - g_{22k}U_{2k} - g_{21k}U_{1k} \; . \end{aligned} \tag{7.91}$$

Sie verschwinden bei erreichter Konvergenz (bzw. linearem Dreipol). Zur Herleitung der Gl. (7.90) und des darauf aufbauenden Iterations-Ersatzschaltbildes eines nichtlinearen m-Mehrpols benötigen wir die funktionelle Abhängigkeit der $m - 1$ Komponenten des Quellenstromvektors $[I]$

$$\begin{aligned} I_1 &= f_1(U_1 \ldots U_{m-1}) \\ &\vdots \\ I_{m-1} &= f_{m-1}(U_1 \ldots U_{m-1}) \; . \end{aligned} \tag{7.92}$$

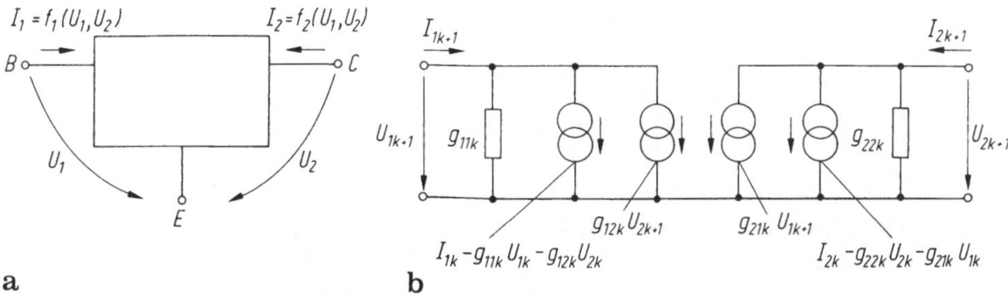

Bild 7.43a, b. Iterationsersatzschaltung eines nichtlinearen Dreipols. **a** nichtlinearer Dreipol; **b** Iterationsersatzschaltung

sowie die insgesamt $(m-1)^2$ Elemente der Jacobi-Matrix Gl. (5.108)

$$g_{11} = \frac{\partial I_1}{\partial U_1} \dots g_{m-1m-1} = \frac{\partial I_{m-1}}{\partial U_{m-1}} . \tag{7.93}$$

Dann läßt sich das lineare Gleichungssystem nach Gl. (7.90) aufstellen. Wie beim Zweipol handelt es sich beim Iterations- Ersatzschaltbild 7.43 um ein sog. *nichtlineares Großsignalmodell*, dessen Elemente [Jacobi-Koeffizienten] von den Spannungen und dem jeweiligen Iterationsschritt abhängen. Bei kleinen Variablenänderungen geht die Jacobi-Matrix in die Y-Mehrpolmatrix mit konstanten Parametern (unabhängig von den Spannungsänderungen) über, das sog. *Kleinsignalmodell* (Abschn. 7.3.3).

Am Beispiel einer Transistorschaltung Bild 7.44a soll das Verfahren erläutert werden. Wir ersetzen im ersten Schritt den Transistor durch ein Netzwerkmodell nach Bild 7.38b mit einer Eingangsdiode und einer stromgesteuerten Stromquelle. (Der Sättigungsstrom I_{00} möge entfallen, Bild 7.44b.) Gesucht sind die Knotenspannungen U_1, U_2 der Schaltung nach der Knotenspannungsanalyse, d. h. die Lösung des Systems

$$[G_k][U_{k+1}] = [I_k] \tag{7.94}$$

mit der Knotenadmittanzmatrix $[G_k]$. Im nächsten Schritt wird die Diode durch ihr Iterations-Ersatzschaltbild 5.58 mit dem differentiellen Leitwert g_k ersetzt. Der Strom durch die gesteuerte Quelle beträgt

$$B_N I_{Bk+1} = B_N[I_{Bk} - g_k - U_{1k}] + B_N g_k U_{1k+1} . \tag{7.95}$$

Der erste Term auf der rechten Seite von Gl. (7.95) ist Quelleneintrag, der zweite Term ($\sim U_{1k+1}$) kommt auf die linke Seite zur Knotenspannung U_{1k+1}. Insgesamt ergibt sich so das Knotenspannungssystem

$$\begin{matrix} & (1) & (2) \\ \begin{matrix}(1)\\(2)\end{matrix} & \left[\begin{matrix} G_1 + G_2 + (1-B_N)g_k \\ -G_1 + B_N g_k \end{matrix}\right. & \left.\begin{matrix} -G_1 \\ G_1 + G_3 \end{matrix}\right] \end{matrix} \begin{bmatrix} U_{1k+1} \\ U_{2k+1} \end{bmatrix} = \begin{bmatrix} (B_N - 1)[I_{Bk} - g_k U_{1k}] \\ G_3 U_{CC} - B_N[I_{Bk} - g_k U_{1k}] \end{bmatrix} . \tag{7.96}$$

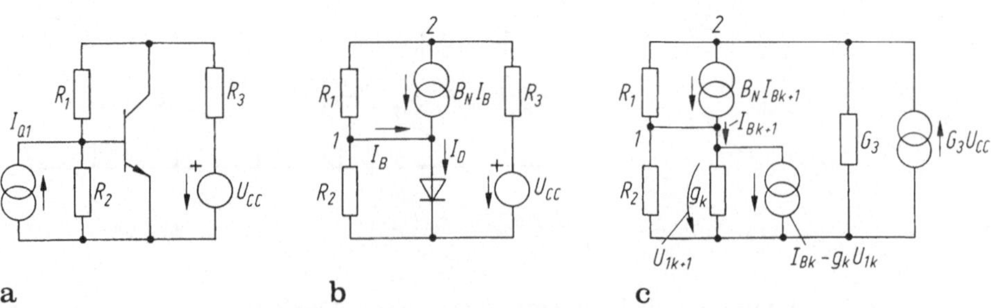

Bild 7.44a–c. Gleichstromanalyse einer Transistorschaltung

Die Analyse beginnt mit $k = 0$ und der Anfangsnäherung U_{10} über den nichtlinearen Elementen. Daraus werden $I_{\mathrm{BO}} = (I_{\mathrm{S}} \exp U_0/U_{\mathrm{T}} - 1)$ und $g_0 = I_{\mathrm{S}}/U_{\mathrm{T}} \exp U_0/U_{\mathrm{T}}$ bestimmt. Die erste Lösung führt auf U_{11}, U_{21}, daraus werden neue Werte I_{B1}, g_1 bestimmt usw. solange, bis ein Konvergenzkriterium erfüllt ist. Das Verfahren läßt sich leicht auf größere Netzwerke erweitern.

7.3.3 Kleinsignalaussteuerung

Kleinsignalparameter. Für kleine Aussteuerung konnte eine nichtlineare Zweipolkennlinie im Arbeitspunkt durch den differentiellen Widerstand ersetzt werden (s. Abschn. 5.1.2.1). Diesen Gedanken übertragen wir auf den nichtlinearen Vierpol. In der Ausgangsschaltung Bild 7.45 stellen die Spannungsquellen $U_{\mathrm{Q1}}, U_{\mathrm{Q2}}$ den Arbeitspunkt (U_{10}, I_{10}) ein, eine zusätzliche „Signalquelle" (= Eingangsspannungsänderung) mit kleiner Aussteuerung verursacht die Spannungs-/Stromänderungen ΔU, ΔI. Im Unterschied zum Zweipol liegen hier zwei unabhängige Veränderliche, z. B. die Spannungsänderungen $\Delta \breve{U}_1, \Delta \breve{U}_2$, vor. Die zugehörigen Stromänderungen $\Delta I_1, \Delta \breve{I}_2$ sind gesucht. Wir finden sie durch Taylor-Entwicklung der Ströme $I_1, \breve{I}_2$ nach $\Delta U_1, \Delta \breve{U}_2^1$ im Arbeitspunkt U_{10}, U_{20} und erhalten

$$I_{10} + \Delta I_1 = f(U_{10}, U_{20}) + \left.\frac{\partial I_1}{\partial U_1}\right|_{\substack{\Delta U_2 = 0 \\ (U_2 = \mathrm{const})}} \cdot \Delta U_1 + \left.\frac{\partial I_1}{\partial U_2}\right|_{\substack{\Delta U_1 = 0 \\ (U_1 = \mathrm{const})}} \Delta U_2 + \ldots, \tag{7.97a}$$

$$\breve{I}_{20} + \Delta \breve{I}_2 = \underbrace{f(U_{10}, U_{20})}_{\text{Strom in Arbeitspunkt}} + \underbrace{\left.\frac{\partial \breve{I}_2}{\partial U_2}\right|_{\Delta U_2 = 0} \Delta U_1 + \left.\frac{\partial \breve{I}_2}{\partial U_2}\right|_{\Delta U_1 = 0} \Delta U_2 + \ldots}_{\text{Kleinsignalverhalten}}. \tag{7.97b}$$

Anschaulich stellen die Differentialquotienten die Tangente an die jeweilige Kennlinie im Arbeitspunkt dar. Sie heißen *Kleinsignalparameter*. Im Bild 7.45 wurde die Ableitung $\mathrm{d}I_1/\mathrm{d}U_1$ als Tangente der Kennlinie $I_1 = f(U_1)|_{U_{20}}$ im Arbeitspunkt P veranschaulicht. Erhöht sich z. B. die Spannung U_{Q1} um ΔU_{Q1}, so stellt sich der Arbeitspunkt P'' ein: Am Vierpoleingang entstehen die Änderungen $\Delta U_1, \Delta I_1$. Die Spannungsänderung erzeugt aber auch eine Ausgangsstromänderung $\Delta \breve{I}_2$ (s. Gl.(7.97b)), ohne daß sich eine Spannungsquelle ausgangsseitig ändert. Damit hat der nichtlineare Vierpol lineare Übertragungseigenschaften.

[1] Weil die symmetrischen Pfeile nur bei I_2 das Vorzeichen kehren, schreiben wir nur dort das Zirkumflex mit.

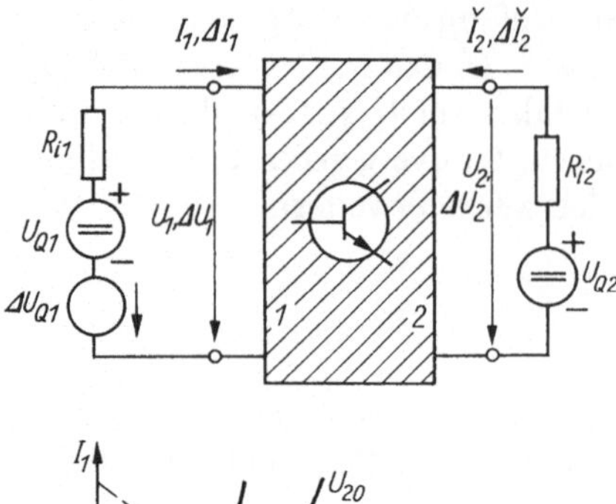

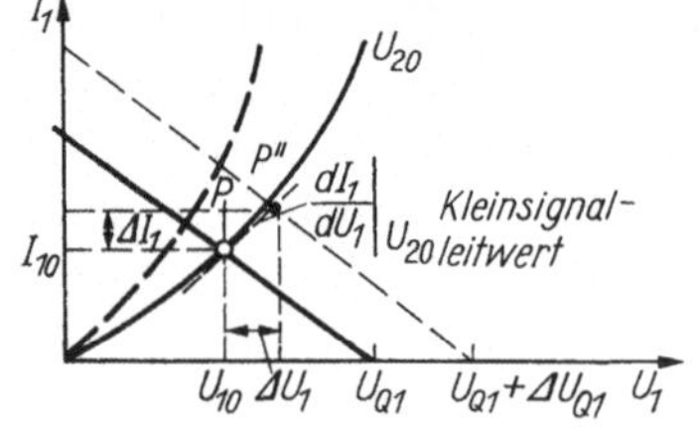

Bild 7.45. Veranschaulichung des Kleinsignalverhaltens am Eingangskennlinienfeld

Im Kleinsignalbetrieb ist die Aussteuerung eines nichtlinearen Vierpols um den Arbeitspunkt so gering, daß er durch ein lineares Vierpolgleichungssystem

$$\begin{aligned} \Delta I_1 &= g_{11}\Delta U_1 + g_{12}\Delta U_2 \ , \\ \Delta I_2 &= g_{21}\Delta U_1 + g_{22}\Delta U_2 \end{aligned} \tag{7.98}$$

analog zu Gl. (7.37) beschrieben werden kann. Die Vierpolparameter g_{ik} entsprechen den Koeffizienten der Jacobi-Matrix Gl. (5.108) im Arbeitspunkt. Es sind anschaulich Tangenten an die entsprechenden Kennlinien unter gegebenen Nebenbedingungen.

Kleinsignalparameter lassen sich für alle U-I-Darstellungen eines Vierpols (s. Tafel 7.1) herleiten und jeweils durch eine Kleinsignalersatzschaltung (s. Abschn. 7.2.1.3, z. B. Tafel 7.4) interpretieren.

Im Kleinsignalbetrieb (kleine $\Delta U_1, \Delta U_2$) kann der so linearisierte Vierpol im Arbeitspunkt

— graphisch durch ein *linearisiertes Kennliniengebiet* und mathematisch durch *Vierpolgleichungen* beschrieben werden;

— durch Gültigkeit des Überlagerungssatzes (s. Abschn. 2.4.4.2) bezüglich des *Gleichstrom*-(Kennlinie) und *Wechselstromverhaltens* getrennt betrachtet werden.

Der Dimension nach sind die totalen Kennlinienableitungen Gl. (7.98) Leitwertparameter.

Sie unterscheiden sich gegenüber den Leitwertparametern eines aus linearen Schaltelementen gebildeten Vierpols in mehrfacher Hinsicht:

1. Es sind *dynamische* (differentielle) Parameter, die wir unserer Festlegung gemäß (s. Abschn. 5.1.2.1) mit kleinen Symbolen bezeichnen. Sie gelten nur für kleine Aussteuerung.

2. Sie hängen vom *Arbeitspunkt* ab. Änderungen der Gleichvorspannungen (z. B. eines Transistors) ändern den Arbeitspunkt, somit die Kennliniensteigungen und die Parameter. Der Arbeitspunkt ist Nebenangabe zu nennen.

3. Entscheidend für die richtige Definition ist die *Nebenbedingung* z. B. in $\left.\frac{\partial I_1}{\partial U_1}\right|_{\substack{\Delta U_2=0\\(U_2=\text{const})}}$

So bedeutet die Angabe $U_2 = \text{const}$ oder $\Delta U_2 = 0$ keine Änderung der Ausgangsspannung bei Bildung der Ableitung. Anschaulich wird dann die Steigung $\left.\frac{\partial I_1}{\partial U_1}\right|_{U_2} = g_{11}$ an der Kennlinie $I_1 = f(U_1)$ für konstanten Parameter U_2 gebildet (vgl. Bild 7.45). Beispielsweise ergibt die Steigung $\left.\frac{\mathrm{d}I_1}{\mathrm{d}U_1}\right|_{I_2=\text{const}}$ an die Kennlinie $I_1 = f(U_1)$ bei $\check{I}_2 = \text{const}$ einen ganz anderen Wert, nämlich $\frac{1}{r_{11}}$ ($\neq g_{11}$!).

Die Taylor-Entwicklung Gl. (7.97) basiert auf (stillschweigend) zeitkonphas angenommenen Strom- und Spannungsänderungen. Sie vernachlässigt also Energiespeichervorgänge im Vierpolinnern. In Bauelementevierpolen sind jedoch Ströme und Spannungen phasenverschoben, weil Trägheiten (Laufzeitvorgänge), Kapazitäten u. a. mitwirken. Solche Vorgänge lassen sich am einfachsten durch

Tafel 7.9. Elementarvierpole (×: existiert nicht, Matrix unendlich)

Vierpol	$[\check{\underline{Z}}]$	$[\check{\underline{Y}}]$	$[\check{\underline{H}}]$	$[\check{\underline{A}}]$
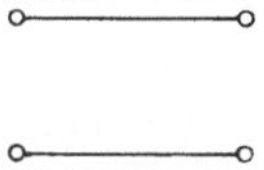 (Durchverbindung)	×	×	$\begin{bmatrix} 0 & 1 \\ -1 & 0 \end{bmatrix}$	$\begin{bmatrix} 1 & 0 \\ 0 & -1 \end{bmatrix}$
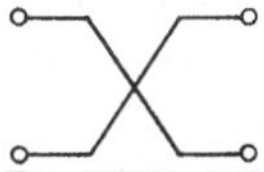 (gekreuzte Verbindung)	×	×	$\begin{bmatrix} 0 & -1 \\ 1 & 0 \end{bmatrix}$	$\begin{bmatrix} -1 & 0 \\ 0 & 1 \end{bmatrix}$
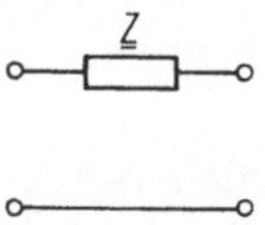 $\underline{Z}$ Längswiderstand	×	$\begin{bmatrix} \underline{Y} & -\underline{Y} \\ -\underline{Y} & \underline{Y} \end{bmatrix}$	$\begin{bmatrix} \underline{Z} & 1 \\ -1 & 0 \end{bmatrix}$	$\begin{bmatrix} 1 & \underline{Z} \\ 0 & -1 \end{bmatrix}$
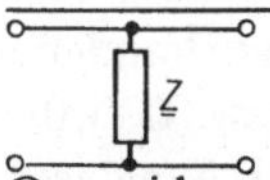 $\underline{Z}$ Querwiderstand	$\begin{bmatrix} \underline{Z} & \underline{Z} \\ \underline{Z} & \underline{Z} \end{bmatrix}$	×	$\begin{bmatrix} 0 & 1 \\ -1 & \underline{Y} \end{bmatrix}$	$\begin{bmatrix} 1 & 0 \\ \underline{Y} & -1 \end{bmatrix}$
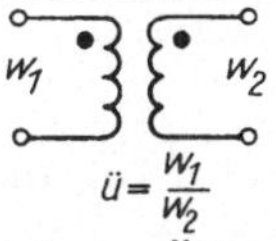 w_1 w_2, $\ddot{u} = \frac{w_1}{w_2}$ idealer Übertrager	×	×	$\begin{bmatrix} 0 & \ddot{u} \\ -\ddot{u} & 0 \end{bmatrix}$	$\begin{bmatrix} \ddot{u} & 0 \\ 0 & -\frac{1}{\ddot{u}} \end{bmatrix}$

Übergang auf *komplexe Kleinsignalleitwertparameter* (oder Leitwertoperatoren) berücksichtigen, allgemein von der Form

$$\underline{y}_{\text{ik}} = g_{\text{ik}} + \text{j}b_{\text{ik}} \quad g = \text{Re}(\underline{y}), \quad b = \text{Im}(\underline{y}) \ , \tag{7.99}$$

Kleinsignaladmittanz $\quad i, k = 1, 2 \ ,$

bzw.

$$\underline{I}_1 = \underline{y}_{11}\underline{U}_1 + \underline{y}_{12}\underline{U}_2 \ ,$$

$$\underline{I}_2 = \underline{y}_{21}\underline{U}_1 + \underline{y}_{22}\underline{U}_2 \tag{7.100}$$

Kleinsignalleitwertgleichungen.

Die Herleitung dieser Parameter für ein spezielles Bauelement, z. B. einen Transistor, ist Aufgabe der Bauelemente-Elektronik. Diese Kleinsignalgleichungen z. B. eines Transistors lassen sich ebenso in andere Vierpoldarstellungen umrechnen, wie wir dies für andere Vierpole durchführen.

7.4 Wichtige Vierpole und deren Anwendung

Wir stellen in diesem Abschnitt eine Reihe wichtiger Vierpole zusammen und diskutieren ihre Eigenschaften.

7.4.1 Elementarvierpole

Die einfachsten Vierpole besitzen nur ein Schaltelement (Beispiele: durchgehende Leitungsverbindung mit Widerstand im Quer oder Längszweig oder nicht durchgehende Längsverbindung. Tafel 7.9). Charakteristisch für sie ist, daß nicht alle Matrixdarstellungen existieren. So hat z. B. die Querableitung keine $\underline{Y}$-Matrix (Matrix unendlich), der Längswiderstand hat keine $\underline{Z}$-Matrix. Die Leitungskreuzung kommt ganz ohne Schaltelemente aus. Sie vertauscht die Richtungen von Strom und Spannung am Vierpolausgang.

Die direkte Ermittlung der Matrixelemente von Elementarvierpolen bereitet häufig anschauliche Schwierigkeiten. Man geht dann besser von einem Vierpol mit mehr als einem Element aus, berechnet dessen Matrixelemente und führt anschließend Grenzwertübergänge für einzelne Elemente durch: Weglassen der Elemente entweder durch Überbrückung eines ursprünglich vorhandenen Widerstandes ($R \to 0$) oder Offenlassen einer Verbindung ($R \to \infty$ bzw. $G \to 0$).

So erhält man aus der Schaltung des T-Gliedes (Tafel 7.10) durch Weglassen oder Kurzschließen einzelner Elemente eine Reihe von Grundvierpolen. (Man erprobe dies an einigen Beispielen).

Umkehrbare Vierpole. Hierzu gehören T- und Π-Schaltungen (Tafel 7.10), die Halbglieder, die X-oder Kreuzschaltung und der Übertrager. Auf letzteren kommen wir wegen seiner Bedeutung noch gesondert zurück.

Tafel 7.10. Vierpolkoeffizienten umkehrbarerVierpole (symmetrische Zählpfeilrichtung)

	$[\check{\underline{Z}}]$	$[\check{\underline{Y}}]$
T-Schaltung ($\underline{Z}_1$, $\underline{Z}_2$, $\underline{Z}_3$)	$\begin{bmatrix} \underline{Z}_1+\underline{Z}_3 & \underline{Z}_3 \\ \underline{Z}_3 & \underline{Z}_2+\underline{Z}_3 \end{bmatrix}$	$\frac{1}{\underline{N}}\begin{bmatrix} \underline{Z}_2+\underline{Z}_3 & -\underline{Z}_3 \\ -\underline{Z}_3 & \underline{Z}_1+\underline{Z}_3 \end{bmatrix}$ $\underline{N}=\underline{Z}_1\underline{Z}_2+\underline{Z}_1\underline{Z}_3+\underline{Z}_2\underline{Z}_3$
Π-Schaltung ($\underline{Z}_1$, $\underline{Z}_2$, $\underline{Z}_3$)	$\frac{1}{\underline{N}}\begin{bmatrix} \underline{Y}_2+\underline{Y}_3 & \underline{Y}_3 \\ \underline{Y}_3 & \underline{Y}_1+\underline{Y}_3 \end{bmatrix}$ $\underline{N}=\underline{Y}_1\underline{Y}_2+\underline{Y}_1\underline{Y}_3+\underline{Y}_2\underline{Y}_3$	$\begin{bmatrix} \underline{Y}_1+\underline{Y}_3 & -\underline{Y}_3 \\ -\underline{Y}_3 & \underline{Y}_2+\underline{Y}_3 \end{bmatrix}$
X-Schaltung ($\underline{Z}_1$, $\underline{Z}_2$, $\underline{Z}_3$, $\underline{Z}_4$)	$\frac{1}{\underline{N}}\begin{bmatrix} \underline{Z}'_{13}\underline{Z}'_{24} & \underline{Z}_2\underline{Z}_3-\underline{Z}_1\underline{Z}_4 \\ \underline{Z}_2\underline{Z}_3-\underline{Z}_1\underline{Z}_4 & \underline{Z}'_{12}\underline{Z}'_{34} \end{bmatrix}$ $\underline{N}=\underline{Z}_1+\underline{Z}_2+\underline{Z}_3+\underline{Z}_4$ $\underline{Z}'_{12}=\underline{Z}_1+\underline{Z}_2$ usw.	$\frac{1}{\underline{N}_1}\begin{bmatrix} \underline{Y}'_{12}\underline{Y}'_{34} & \underline{Y}_2\underline{Y}_3-\underline{Y}_1\underline{Y}_4 \\ \underline{Y}_2\underline{Y}_3-\underline{Y}_1\underline{Y}_4 & \underline{Y}'_{13}\underline{Y}'_{24} \end{bmatrix}$ $\underline{N}_1=\underline{Y}_1+\underline{Y}_2+\underline{Y}_3+\underline{Y}_4$ $\underline{Y}'_{12}=\underline{Y}_1+\underline{Y}_2$ usw.
(L_1, L_2, M)	$\mathrm{j}\omega\begin{bmatrix} L_1 & M \\ M & L_2 \end{bmatrix}$	$\frac{1}{\underline{N}}\begin{bmatrix} L_2 & -M \\ -M & L_1 \end{bmatrix}$ $\underline{N}=\mathrm{j}\omega(L_1L_2-M^2)$

7.4.2 Wechselstrombrücken- und Kompensationsschaltungen

Brückenschaltungen sind strenggenommen Vierpolnetzwerke. Dabei hängt eine *Ausgangsgröße* — die *Brückenspannung* — so von der Eingangsgröße über Netzwerkzusammenhänge ab, daß sie für eine bestimmte Netzwerkeinstellung

— verschwindet. Dann heißt die Anordnung *Abgleichbrücke*. Die Netzwerkelemente stehen in festem Verhältnis zueinander. Anwendung findet sie z. B. zur Widerstandsbestimmung,

— eine bestimmte *Phasenlage* zur Ausgangsgröße einnimmt. Dann heißt die Anordnung *Phasendrehbrücke* (bzw. *Phasendrehvierpol*).

Brückenschaltungen sind in der Elektrotechnik sehr verbreitet, z. B. zur Messung von Induktivitäten, Kapazitäten, Scheinwiderständen, als Phasenbrücke, Frequenzbrücke, Gleichrichterbrücke sowie als Modulations- und Demodulationsschaltungen. Wir beschäftigen uns hier mit der Abgleichbrücke. Ihr Prinzip ist bereits vom Gleichstromkreis her bekannt (Bild 2.51).

Wechselstrombrücken. Bild 7.46 zeigt das Grundprinzip einer Wechselstrom-Abgleichbrücke als X-Schaltung und in konventioneller Darstellung. Ein Netzwerk aus vier Widerstandsoperatoren $\underline{Z}_1$, $\underline{Z}_2$, $\underline{Z}_N$, $\underline{Z}_X$ hat im Diagonalzweig einen Wechselstromindikator (Wechselspannungs- Voltmeter mit Verstärker zwecks Anzeige kleiner Spannungen bzw. einen Kopfhörer im Tonfrequenzbereich 800 Hz, da dort größte akustische Empfindlichkeit und Vermeidung von Fremdeinstreuung). Der andere Diagonalzweig liegt an der Generatorspannung $\underline{U}_Q$.

Vierpolmäßig gesehen verschwindet in der X-Schaltung (Tafel 7.10) der Vierpoltransferkoeffizient $\underline{Z}_{21}$ bzw. $\underline{Y}_{21}$ (und $\underline{Z}_{12}$, $\underline{Y}_{12}$) für ein ganz bestimmtes Widerstandsverhältnis; die Abgleichbedingung $\underline{Z}_{21} = \left.\frac{\underline{U}_2}{\underline{I}_1}\right|_{\underline{I}_2=0} = 0$ bedeutet dann: Bei beliebiger Stromeinspeisung am Vierpoleingang verschwindet die Ausgangsspannung $\underline{U}_2$ des Vierpols. In der üblichen Betrachtung beträgt die Diagonalspannung (Spannungsteilerregel, anwendbar bei $\underline{Z}_a \to \infty$) des Indikators

$$\underline{U}_{BC} = \underline{U}_{BD} - \underline{U}_{CD} = \underline{U}_{AD}\left[\frac{\underline{Z}_2}{\underline{Z}_1 + \underline{Z}_2} - \frac{\underline{Z}_X}{\underline{Z}_N + \underline{Z}_X}\right].$$

Sie verschwindet für

$$\frac{\underline{Z}_X}{\underline{Z}_N} = \frac{\underline{Z}_2}{\underline{Z}_1} \quad \text{bzw.} \quad \underline{Z}_X \underline{Y}_N = \underline{Z}_2 \underline{Y}_1 \tag{7.101}$$

Abgleichbedingung (allgemein)

unabhängig vom Generatorwiderstand und der Quellenspannung. Daraus geht gleichwertig hervor:

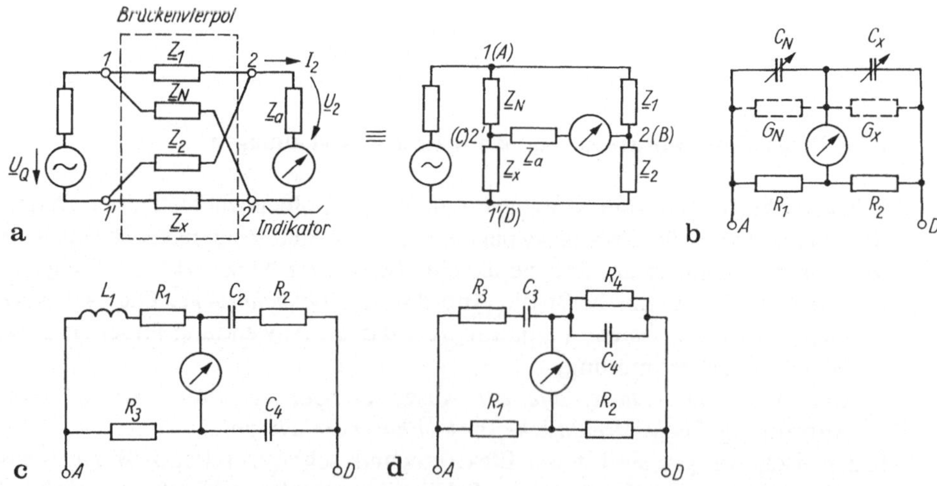

Bild 7.46a–d. Wechselstrombrücke. **a** Darstellung als Brückenvierpol und Umzeichnung in die übliche Darstellung; **b** Kapazitätsbrücke; **c** *RLC*-Brücke; **d** Wien-Robinson-Brücke

Exponentialform

$$\frac{Z_X}{Z_N} = \frac{Z_2}{Z_1} \text{ erste Abgleichbedingung,} \tag{7.102}$$

$$\varphi_X - \varphi_N = \varphi_2 - \varphi_1 \text{ zweite Abgleichbedingung}$$

oder *kartesische Darstellung* (mit $\underline{Z}_N = 1/\underline{Y}_N$, $\underline{Z}_1 = 1/\underline{Y}_1$)

$$\frac{R_X + jX_X}{R_N + jX_N} = \frac{R_2 + jX_2}{R_1 + jX_1}$$

$$\text{bzw.} \quad (R_X + jX_X)(G_N + jB_N) = (R_2 + jX_2)(G_1 + jB_1) \ . \tag{7.103}$$

Nach Reellmachen der Nenner und Vergleich der Real- und Imgainärteile auf beiden Seiten folgt daraus:
Realteil $R_X R_1 - X_X X_1 = R_2 R_N - X_2 X_N$, bzw.

$$R_X G_N - X_X B_N = R_2 G_1 - X_2 B_1 \quad \text{erste Abgleichbedingung ,} \tag{7.104a}$$

Imaginärteil $R_X X_1 + X_X R_1 = X_2 R_N + R_2 X_N$, bzw.

$$X_N G_N + R_X B_N = X_2 G_1 + B_1 B_2 \quad \text{zweite Abgleichbedingung.} \tag{7.104b}$$

Ergebnis: Sind drei der vier komplexen Widerstände $\underline{Z}_1, \ldots, \underline{Z}_X$ bekannt ($\underline{Z}_X$ unbekannt), so benötigt die (Wechselstrom-)Abgleichbrücke zur Bestimmung der beiden Komponenten R_X und X_X von $\underline{Z}_X$ stets zwei, voneinander unabhängige Brückeneinstellmöglichkeiten (z. B. R_N und X_N, R_2 und X_1 usw.). Dies ist ein prinzipieller Unterschied zur Gleichstrombrücke (s. Abschn. 2.4.3.4). Oft sind die beiden Abgleichbedingungen nicht unabhängig voneinander. Dann muß man sich dem Abgleich iterativ nähern (wechselseitiges Nachstellen der Komponenten).

Je nach Art und Anordnung der abgleichbaren Elemente unterscheidet man

— Brücken zur Bestimmung der *Zweipolimpedanz* bzw. *-admittanz*. Dazu gehört z. B. auch die Bestimmung des Verlustwinkels tan δ eines Zweipols.
— Brücken, die nur bei einer bestimmten Frequenz abgeglichen sind: *Frequenzmeßbrücken*.
— Brücken, mit denen sich Übertragungsgrößen, z. B. die Steilheit eines Vierpols, bestimmen lassen. Sie werden besser als *Kompensationsschaltungen* bezeichnet.

Betrachten wir aus der Vielzahl bekannter Brücken einige Beispiele.

1. Kapazitätsbrücke (Bild 7.46b). Die Abgleichbedingung führt mit Gl. (7.46) wegen $G_N = G_X = 0$, $X_1 = X_L = 0$ auf

$$\frac{1}{jC_X} R_1 = \frac{R_2}{jC_N}, \text{ d.h. } \frac{R_1}{R_2} = \frac{C_X}{C_N} \ . \tag{7.105a}$$

Der Abgleich ist frequenzunabhängig. Dabei kann man ändern: entweder

— die Kapazität C_N, denn variable Kondensatoren lassen sich mit dekadischer Einstellung (als sog. C-Dekade) leicht herstellen oder
— das Widerstandsverhältnis R_1/R_2, zweckmäßig als Potentiometer mit $R_1 + R_2 = \text{const.}$

Technische Kondensatoren besitzen stets Verluste. Sie sollen durch den jeweiligen Verlustleitwert G_X bzw. G_N erfaßt werden (im Bild gestrichelt dargestellt). Dann wird die Abgleichbedingung zweckmäßig über die gemischte Leitwertschreibweise $\underline{Y}_N\underline{Z}_1 = \underline{Z}_Z\underline{Y}_X$ ($X_1 = X_2 = 0$) oder $R_1(G_N + j\omega C_N) = R_2(G_X + j\omega C_X)$ bestimmt. Der Vergleich der Real- und Imaginärteile liefert

$$\left.\begin{aligned} R_1 G_N &= R_2 G_X, \quad G_X = \frac{R_1}{R_2} G_N, \\ R_1 C_N &= R_2 C_X, \quad C_X = \frac{R_1}{R_2} C_N \end{aligned}\right\} \text{Abgleichbedingungen} \,. \tag{7.105b}$$

Jetzt müssen G_N und C_N unabhängig einstellbar gemacht werden oder man muß z. B. C_N verändern bei festem $G_N = R_1/R_2$.

2. *RLC-Brücke* (Induktivitätsmeßbrücke, Bild 7.46b,c). Die Abgleichbedingung dieser Brücke folgt am besten aus $\frac{\underline{Z}_1}{\underline{Z}_2} = \frac{\underline{Z}_3}{\underline{Z}_4}$. Daraus resultiert $(R_1 + j\omega L_1) = R_3\left(R_2 + \frac{1}{j\omega C_2}\right)j\omega C_4$. Die Trennung der Real- und Imaginärteile ergibt

$$R_1 = R_3 \frac{C_4}{C_2} \quad \text{und} \quad \frac{L_1}{C_4} = R_2 R_3 \tag{7.106}$$

als Abgleichbedingung. Üblicherweise werden C_2, C_4 und R_3 konstant gehalten und R_2 und R_1 verändert.

3. *Frequenzmeßbrücke* (Wien-Robinson-Brücke, Bild 7.46d). Hier lautet die Abgleichbedingung $\frac{\underline{Z}_3}{\underline{Z}_4} = \frac{R_1}{R_2}$ bzw. $\underline{Z}_3\underline{Y}_4 = \frac{R_1}{R_2}$. Die Gleichsetzung der Real- und Imaginärteile liefert $\frac{C_4}{C_3} + R_3 G_4 = \frac{R_1}{R_2}$, $\frac{C_4}{j\omega C_3} + R_3 j\omega C_4 = 0$ bzw. aufgelöst nach der Frequenz ω:

$$\omega^2 = \frac{1}{C_3 C_4 R_3 R_4} \quad \text{Abgleichbedingung} \,. \tag{7.107a}$$

Im Abgleichpunkt läßt sich die Frequenz aus den bekannten Größen R_3, R_4, C_3, C_4 berechnen. Üblicherweise wählt man aus Vereinfachungsgründen $R_3 = R_4 = R$, $C_3 = C_4 = C$ (Verwendung von Doppelkondensatoren und Doppelwiderständen). Dann gilt

$$\omega = \frac{1}{RC}, \quad \frac{R_1}{R_2} = 2 \,. \tag{7.107b}$$

Die bisher diskutierten Wechselstrombrücken haben als wesentlichsten Nachteil, daß die Diagonalspannung nicht einseitig an Masse liegt und damit u.U. parasitäre Kapazitäten parallel zu $\underline{Z}_X$, $\underline{Z}_2$ (Bild 7.46a) auftreten. Sie können die Abgleichbedingung stören. Abhilfe schafft der Übergang vom sog. "symmetrischen Differenzsignal" zu einem unsymmetrischen (einseitig geerdet) durch einen Differenzverstärker (s. Abschn. 7.5) oder einen Differentialübertrager.

Kompensationsschaltung. Von Kompensation spricht man, wenn durch Zusammenschalten zweier Vierpole a und b in einer der Grundanordnungen (Abschn. 7.2.2, Bild (7.48)) eine Transfergröße (z. B. $\underline{Y}_{12}$, $\underline{H}_{21}$ o. ä.) des Gesamtvierpols verschwindet. Damit verschwindet auch die Vierpolausgangsgröße bei beliebiger Erregung am Eingang. Betrachten wir dazu die beiden im Bild 7.48 dargestellten T-Schaltungen mit Widerständen und Kondensatoren in der angegebenen Bemessung. Vierpol a hat die Leitwertmatrix (Nachweis, Tafel 7.10)

$$[\underline{Y}_\mathrm{A}] = \frac{1}{2G + 2\mathrm{j}\omega C}\begin{bmatrix} G(\mathrm{j}2\omega C + G) & -G^2 \\ G^2 & -G(G + \mathrm{j}2\omega C) \end{bmatrix},$$

Vierpol b hingegen die Matrix ($R = G^{-1}$)

$$[\underline{Y}_\mathrm{b}] = \frac{1}{2\mathrm{j}\omega C + 2G}\begin{bmatrix} \mathrm{j}\omega C(\mathrm{j}\omega C + 2G) & -(\mathrm{j}\omega C)^2 \\ (\mathrm{j}\omega C)^2 & -\mathrm{j}\omega C(\mathrm{j}\omega C + 2G) \end{bmatrix}.$$

Die Gesamtschaltung ergibt sich durch Parallelschaltung beider Teilvierpole, also Matrixaddition. Wir untersuchen den Vierpolkoeffizienten

$$\underline{Y}_{21} = \left.\frac{\underline{I}_2}{\underline{U}_1}\right|_{\underline{U}_2 = 0} = \underline{Y}_{21\mathrm{a}} + \underline{Y}_{21\mathrm{b}} = \frac{G^2 - (\omega C)^2}{2G + 2\mathrm{j}\omega C}.$$

Er verschwindet für $\omega = \dfrac{1}{RC}$, die Nullfrequenz durch Kompensation aufgrund der verschiedenen Vorzeichen von $\underline{Y}_{21\mathrm{a}}$ und $\underline{Y}_{21\mathrm{b}}$. Für hohe und tiefe Frequenzen wird $\underline{U}_2 \approx \underline{U}_1$, hohe Frequenzen gelangen durch kapazitiven Kurzschluß, tiefe durch „kapazitiven Leerlauf" an den Vierpolausgang. Lediglich für $\omega RC = 1$ verschwindet die Ausgangsspannung, da $\underline{Y}_{21} = 0$. Die Schaltung hat somit Filterwirkung. Sie ist als sog. *Doppel-T-Schaltung* weit verbreitet.

Man benutzt sie als spulenloses Filter im Rückkopplungszweig eines Verstärkers (Bild 7.47b). Bei der „Nullfrequenz" $\omega RC = 1$ hat der Doppel-T-Vierpol keine Verbindung zwischen Aus- und Eingang. Ein parallel liegender Verstärker verstärkt dann voll. Bei anderen Frequenzen wird die Ausgangspannung über das Filter auf den Eingang rückgekoppelt und zwar so, daß die Verstärkung insgesamt sinkt (Gegenkopplung, s. Abschn. 7.2.2.2). Dadurch entsteht eine Filtercharakteristik. die der eines Parallelresonanzkreises entspricht.

Neutralisation. Wir betrachten als weiteres Beispiel der Kompensation die *Neutralisation* (Bild 7.48). Ein Vierpol a (z. B. Transistor, Verstärker) habe eine gewisse Rückwirkung $\underline{Y}_{12\mathrm{a}} = -(\mathrm{G_a} + \mathrm{j}\omega\mathrm{C_a})$ vom Ausgang nach dem Eingang. Sie ist meist unerwünscht. Durch Parallelschalten eines Neutralisationsvierpoles ($\underline{Y}_\mathrm{b}$) soll sie beseitigt werden. Dann muß für den Gesamtvierpol die Rückwirkung $\underline{Y}_{12}$ verschwinden $\underline{Y}_{12} = 0 + \underline{Y}_{12\mathrm{a}} + \underline{Y}_{12\mathrm{b}}$.

Die Vierpolrückwirkung $\underline{Y}_{12\mathrm{a}}$ kann stets durch ein passives Schaltelement $\underline{Y}_\mathrm{a}$ dargestellt werden (z. B. Parallelschaltung $G \| \mathrm{j}\omega C$). Dann gilt mit $\underline{Y}_{12\mathrm{a}} = -\underline{Y}_\mathrm{a}$ (s. Tafel 7.10)

$$\underline{Y}_{12\mathrm{b}} = -\underline{Y}_{12\mathrm{a}} = \underline{Y}_\mathrm{a} = G_\mathrm{a} + \mathrm{j}\omega C_\mathrm{a}\,. \tag{7.108}$$

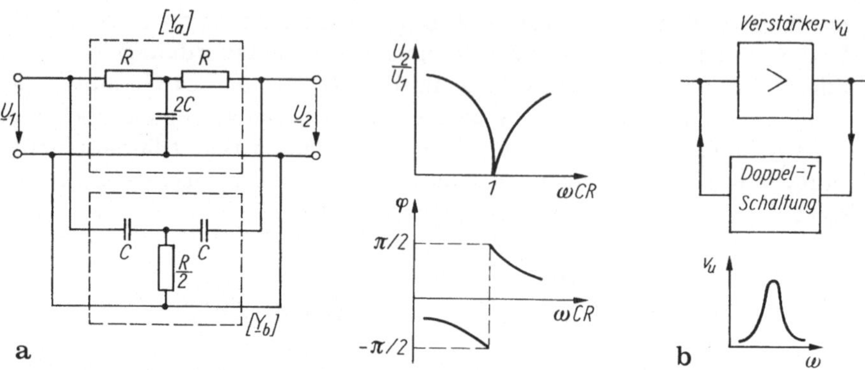

Bild 7.47a, b. Kompensationsschaltung. **a** Doppel-T-Schaltung; **b** Anwendung der Doppel-T-Schaltung als Rückkopplungsnetzwerk eines Verstärkers zur Erzielung selektiver Verstärkung

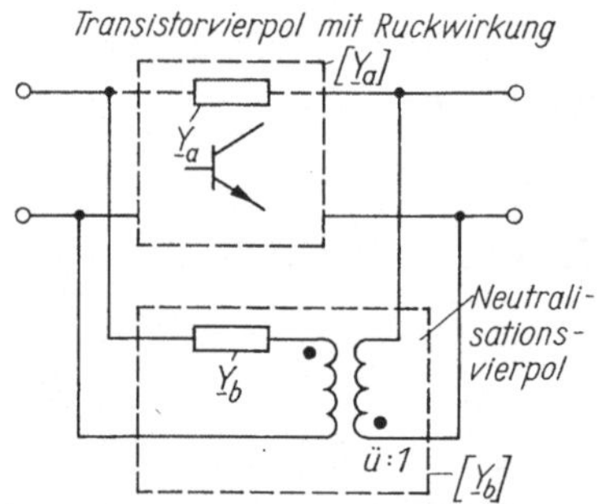

Bild 7.48. Neutralisationsprinzip (Parallelneutralisation)

Soll die Neutralisation durch einen Längsleitwert $\underline{Y}_b = -\underline{Y}_{12b}$ durchgeführt werden, so gelingt dies nur unter Zwischenschaltung eines Übertragers zur Vorzeichenumkehr ($ü < 0$). Die Kettenschaltung von idealem Übertrager und Vierpol mit dem Längsleitwert $\underline{Y}_b$ führt auf die Leitwertmatrix (Nachweis!)

$$[\underline{Y}_b] = \begin{bmatrix} \underline{Y}_b & -\underline{Y}_b ü \\ \underline{Y}_b ü & -\underline{Y}_b ü^2 \end{bmatrix} .$$

Für $ü < 0$ läßt sich Gl. (7.108) erfüllen. Dieses Neutralisationsprinzip in der Verstärkertechnik gelegentlich verwendet.

7.4.3 Phasendrehvierpole

In einem Vierpol mit Energiespeichern herrscht zwischen Aus- und Eingangsgröße eine Phasenverschiebung. Wird sie bewußt ausgenutzt, so spricht man von einem *Phasendrehvierpol.* Schaltungstechnisch handelt es sich meist um Brücken- und Abzweigschaltungen. Betrachten wir die sog. *RC-Phasendrehbrücke* (Bild 7.49a) als X-Schaltung und in der Umzeichnung. Das Verhältnis Aus- zu Eingangsspannung läßt sich aus Tafel 7.10 leicht ermitteln. Wir entnehmen es der Schaltung; bei

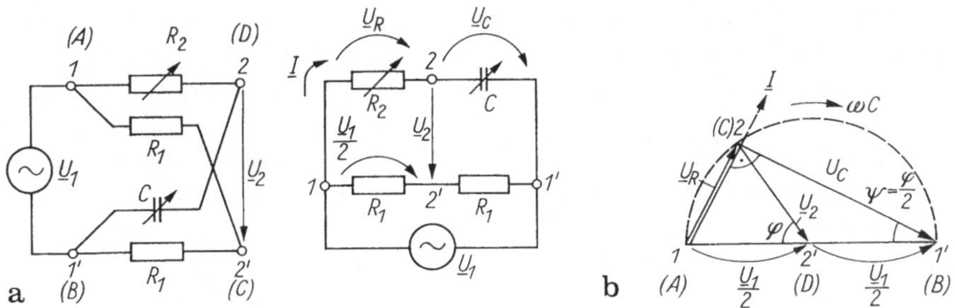

Bild 7.49a, b. Phasendrehschaltungen. **a** X-Schaltung (sog. *RC*-Phasenschieber mit Zeiger-Diagramm); **b** Zeigerbild zu **a**

ausgangsseitigem Leerlauf gilt mit $\underline{U}_2 = \underline{U}_C - \underline{U}_1/2$ und $\underline{U}_C = \dfrac{\underline{I}}{j\omega C} = \underline{U}_1 \dfrac{1}{1 + j\omega RC}$, insgesamt also

$$\underline{U}_2 = \frac{\underline{U}_1}{2}\left(\frac{2}{1 + j\omega CR} - 1\right) = \frac{\underline{U}_1}{2}\frac{1 - j\omega CR}{1 + j\omega CR}. \tag{7.109}$$

Der Betrag von $\underline{U}_2$ wird also $U_2 = U_1/2$. Die Ausgangsspannung hat konstanten Betrag unabhängig davon, ob ω, R oder/und C geändert werden. Deshalb ist die Schaltung zwar prinzipiell nicht abgleichbar, doch läßt sich der Phasenwinkel ändern. (Zeigerdiagramm Bild b). Bei Änderung des Produktes ωCR wandert der Brückenpunkt C längs eines Halbkreises vom Durchmesser U_1, wobei $\tan\dfrac{\varphi}{2} = \dfrac{U_R}{U_C} = \omega CR$, $\varphi = 2 \arctan \omega CR$ gilt und damit

$$\underline{U}_2 = \frac{\underline{U}_1}{2} \exp(-j2 \arctan \omega CR) . \tag{7.110}$$

Der Winkel gegenüber $\underline{U}_1$ kann durch R, C oder ω zwischen 0° und 180° verändert werden. Dieses Ergebnis gilt nicht mehr bei belasteter Brückendiagonale.

Wird in der Brücke der Widerstand R_1 ebenfalls durch $R_1 = 1/j\omega C$ ersetzt, so entsteht die sog. *Vollbrücke* mit gleicher Phasendrehung, aber doppeltem Betrag der Spannung: $U_2 = U_1$.

Abzweigschaltungen. Zur Gruppe phasendrehender Vierpole werden auch die bereits im Abschn. 7.1.3 behandelten Abzweigschaltungen gezählt, z.B. die Doppel-*RC*-Abzweigschaltung nach Bild 7.10.

7.4.4 Transformator und Übertrager

Zwei gekoppelte Induktivitäten sind das klassische Beispiel eines Vierpols. Seine Besonderheit liegt im doppelten Energieformwechsel: elektrische → magnetische → elektrische Energie. Wir erfaßten diesen Vorgang durch den Begriff Gegeninduktivität M (s. Abschn. 3.4.2). In diesem Abschnitt untersuchen wir die Vierpoldarstellung zweier magnetisch linear- und zeitunabhängig gekoppelter Spulen (ohne Eisenkern). Später entwickeln wir daraus den technischen Trans formator mit Eisenkern und *Übertrager.* Während im ersten Fall Leistungsgesichtspunkte maßgebend sind, steht beim Übertrager das Frequenzverhalten im Mittelpunkt. Die Eigenschaften des idealen Übertragers setzen wir im folgenden als bekannt voraus (s. Abschn. 3.4.3).

7.4.4.1 Vierpoldarstellung

Ausgang sind die *Transformatorgleichungen* in Kettenpfeilrichtung (s. Abschn. 7.2.1.1) und Tafel 5.1. Nach ihrer Transformation in den Frequenzbereich lauten sie

$$\begin{aligned} \underline{U}_1 &= (R_1 + \mathrm{j}\omega L_1)\underline{I}_1 - \mathrm{j}\omega M \underline{I}_2 \;, \\ \underline{U}_2 &= \mathrm{j}\omega M \underline{I}_1 - (R_2 + \mathrm{j}\omega L_2)\underline{I}_2 \end{aligned} \tag{7.111}$$

Strom-Spannungs-Relation zweier Koppelspulen im Frequenzbereich.

Durch Vergleich mit der Widerstandsform des Vierpols (s. Tafel 7.2) ergeben sich die Widerstandsparameter $\underline{Z}_{11} = R_1 + \mathrm{j}\omega L_1$, $\underline{Z}_{12} = -\mathrm{j}\omega M = -\underline{Z}_{21}$, $-\underline{Z}_{22} = R_2 + \mathrm{j}\omega L_2$.
Sie lauten:

Eingangsleerlaufwiderstand $\underline{Z}_{11}$ = Impedanz der Spule 1 (ohne Kopplungseinfluß durch M, da $\underline{I}_2 = 0$),
Ausgangsleerlaufwiderstand $-\underline{Z}_{22}$ = Impedanz der Spule 2 (ohne Kopplungseinfluß durch M, da $\underline{I}_1 = 0$).

Die Bedingung $\underline{Z}_{21} = -\underline{Z}_{12}$ drückt Umkehrbarkeit aus.

Wir bemerken: Zwei magnetisch gekoppelte linear-zeitunabhängige (eisenfreie!) Induktivitäten lassen sich im Frequenzbereich durch einen umkehrbaren widerstandsunsymmetrischen Vierpol ($\underline{Z}_{12} = -\underline{Z}_{21}$) beschreiben.

Dieses Vierpolmodell erfaßt viele technische *Koppelspulenanordnungen* in mehr oder weniger guter Näherung:
— Spulen mit Eisenkern: Transformator speziell zur Leistungsübertragung[1];
— Spulen mit Eisenkern: Wandler oder Übertrager speziell zur Widerstandstransformation[2];
— Spulen mit speziellem Eisen (Ferrit): Bandfilter zur Erzielung selektiver Wirkungen.

Die Übertragungseigenschaften dieses Vierpols hängen dabei von Gegeninduktivität M, Verlustwiderständen R_1, R_2 und Koppelfaktor (s. Gl. (3.41), (3.67) ff). und Übersetzungsverhältnis $\ddot{u}$

$$k = \frac{M}{\sqrt{L_1 L_2}} = \sqrt{1 - \sigma} \quad (\text{Streugrad } \sigma), \qquad \ddot{u} = \pm \frac{w_1}{w_2} = \sqrt{\frac{L_1}{L_2}}$$

konstruktiv ab (s. Abschn. 3.4).

[1] Maximale Leistung bei einer Frequenz.
[2] Möglichst verzerrungsfreie Signalübertragung in breitem Frequenzbereich.

Eine nähere *Klassifizierung* des Übertragers ist leicht anhand seiner *Kettenmatrix* möglich. Wir erhalten sie aus den Widerstandsparametern Gl. (7.111) durch Umrechnung (Tafel 7.3) zu

$$[\underline{A}] = \begin{bmatrix} \dfrac{L_1}{M} & \dfrac{j\omega(L_1L_2 - M^2)}{M} \\ \dfrac{1}{j\omega M} & \dfrac{L_2}{M} \end{bmatrix} = \frac{1}{\sqrt{1-\sigma}} \begin{bmatrix} \ddot{u} & \dfrac{\sigma}{\ddot{u}} j\omega L_1 \\ \dfrac{\ddot{u}}{j\omega M} & \dfrac{1}{\ddot{u}} \end{bmatrix}. \qquad (7.112a)$$

Zwei Sonderfälle gelten:

1. Fest gekoppelter oder streuungsfreier Übertrager. Da der Streufaktor σ verschwindet, also der Koppelfaktor $k = \pm 1$ wegen $M = \pm\sqrt{L_1L_2}$ beträgt, wird

$$[\underline{A}] = \begin{bmatrix} \ddot{u} & 0 \\ \dfrac{\ddot{u}}{j\omega L_1} & \dfrac{1}{\ddot{u}} \end{bmatrix}, \text{ also } \frac{U_1}{U_2} = \pm\ddot{u}; \quad \frac{\underline{I}_1}{\underline{I}_2} = \frac{1}{\pm\ddot{u}}. \qquad (7.112b)$$

Bei gleichsinniger Kopplung ($\ddot{u} > 0$) sind $\underline{U}_1$ und $\underline{U}_2$ stets in Phase, bei gegensinniger um 180° phasenverschoben.

2. Idealer Übertrager mit verschwindender Streuung und unendlich großer Primärinduktivität $L_1 (L_1 \to \infty)$ und damit auch $L_2 \to \infty$, da $\ddot{u} \sim \sqrt{\dfrac{L_1}{L_2}} = \text{const}$ bleibt

$$[\underline{A}] = \begin{bmatrix} \ddot{u} & 0 \\ 0 & \dfrac{1}{\ddot{u}} \end{bmatrix}. \qquad (7.112c)$$

Kettenmatrix des idealen Übertragers.

Die Forderung $L_1, L_2 \to \infty$ erfordert später einen Eisenkreis mit unendlich großer Permeabilität.
Merke: Der ideale Übertrager wird durch das Übersetzungsverhältnis vollständig beschrieben. Seine Eingangs- und Ausgangsleerlaufimpedanzen sind unendlich groß. Vertauscht man die Wicklungsanschlüsse einer Vierpolseite, so kehrt sich das Vorzeichen von $\ddot{u}$ um.
Die grundsätzlichen Eigenschaften des idealen Übertragers haben wir bereits im Abschn. 3.4.3 diskutiert.

Im Sonderfall $\ddot{u} = 1$ (bzw. -1) des idealen Übertragers lauten die $\underline{A}$-Matrizen:

$$[\underline{A}] = \begin{bmatrix} 1 & 0 \\ 0 & 1 \end{bmatrix}, \quad [\underline{A}] = \begin{bmatrix} -1 & 0 \\ 0 & -1 \end{bmatrix}. \qquad (7.112d)$$

Durchverbindung der Vierpolklemmenpaare — **Leitungskreuzung**

Dies sind die Durchverbindung und Leitungskreuzung eines Vierpols (Tafel 7.9). Der ideale Übertrager verbraucht keine Energie und speichert selbst keine Energie.

Der ideale Übertrager läßt sich technisch nicht realisieren. Es liegt aber nahe, ihn als Netzwerkaufbauelement (Netzwerkgrundelement) genau so einzuführen, wie Widerstand, Spule und Kondensator (Abschn. 5.1) Dann besteht der technische Transformator aus einem idealen Transformator und zusätzlichen Netzwerkelementen.

7.4.4.2 *Ersatzschaltung*

Die Widerstandsparameter (Gl. (7.111)) ergeben direkt die T-Schaltung als *Transformatorersatzschaltung*. Ihr Klemmenverhalten entspricht völlig der des Transformators (Äquivalenzbedingung). Sie hat aber einen *physikalisch vollständig anderen Inhalt*! Die magnetische Kopplung ist — rein äußerlich — dadurch verschwunden, daß die drei Spulen (als Schaltelemente) nicht mehr verkoppelt sind[1]. Ferner besteht eine galvanische Verbindung (über $j\omega M$) zwischen Eingangs- und Ausgangskreis (Bild 7.50). Sie fehlt im Transformator völlig!

Die vorgestellte T-Ersatzschaltung ist als *Netzwerkmodell* bequem zu handhaben und bedenkenlos anwendbar. Sie eignet sich jedoch nur bedingt, wenn ein gegebener Transformator durch Netzwerkelemente nachgebildet werden soll. Wir untersuchen dazu die Längselemente $L_1 - M$ und $L_2 - M$ auf ihre Realisierbarkeit (die Widerstände R_1, R_2 lassen sich durch ohmsche Widerstände stets realisieren). Es gilt

$$L_1 - M = L_1 - k\sqrt{L_1 L_2} = L_1\left(1 - k\sqrt{\frac{L_2}{L_1}}\right),$$
$$L_2 - M = L_2 - k\sqrt{L_1 L_2} = L_2\left(1 - k\sqrt{\frac{L_1}{L_2}}\right). \tag{7.113}$$

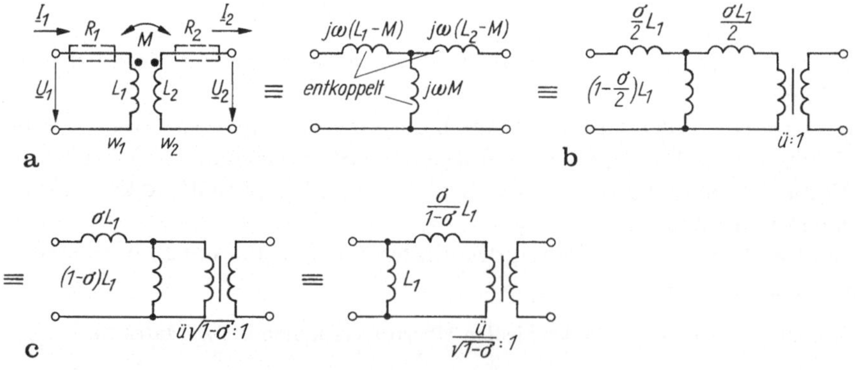

Bild 7.50a–c. Transformatorersatzschaltung (ohne Eisenkern). **a** Anordnung und gleichwertige unsymmetrische *T*-Ersatzschaltung; **b** Zerlegung der unsymmetrischen *T*-Ersatzschaltung in eine symmetrische und einen nachgeschalteten idealen Übertrager; **c** wie **b** jedoch Ersatz der *T*-Schaltung durch unsymmetrische Anordnungen

[1] $j\omega M$ ist jetzt als Schaltelement aufzufassen.

Im Bereich $k > \sqrt{\dfrac{L_1}{L_2}} = ü > \dfrac{1}{k}$, also für Übersetzungsverhältnisse $ü$ verschieden von 1, wird eine der beiden Längsinduktivitäten negativ. Ein derartiges Netzwerkelement ist physikalisch nicht möglich. Lediglich für $ü = 1$ ($L_1 = L_2 = L$) und $k \lessapprox 1$[1] entstehen mit $L_1 - M = L(1-k)$ (L_2 analog) realisierbare Längsinduktivitäten. Außerdem wird diese Schaltung symmetrisch. Die Längsinduktivitäten betragen wegen $\sigma = 1 - k^2 = (1-k)(1+k) \approx 2(1-k)(k \approx 1)$ $L(1-k) \approx \dfrac{\sigma L}{2}$, gehen also in die *Streuinduktivität* $\sigma L/2$ jeder Spule über (Bild 7.50b). Der so erhaltene T-Vierpol läßt sich auch durch eine unsymmetrische Schaltung ersetzen (Bild 7.50c).

Transformierte Ersatzschaltung. Es liegt nahe, die Vierpolgleichung eines gekoppelten Spulenpaares durch einen idealen Übertrager nachzubilden, der so mit einem (noch unbekannten) Transformationsvierpol zusammengeschaltet wird, daß die Gesamtschaltung das Klemmenverhalten des Ausgangsvierpols erfüllt. Dieses Prinzip heißt „Transformation von Vierpoleigenschaften"[2]. Vom Transformationsvierpol verlangen wir, daß alle seine Elemente realisierbar sein sollen.

Ausgang ist die Kettenschaltung eines idealen Übertragers (Matrix $[\underline{A}_b]$ mit einem Transformationsvierpol (Kettenmatrix $[\underline{A}_a]$) (Bild 7.51). Dann gilt für die Kettenschaltung der beiden Vierpole und die Gleichheit mit dem Ausgangsvierpol (Kettenmatrix $[\underline{A}]$):

$$\underbrace{[\underline{A}]}_{\substack{\text{gegebener Vierpol}\\\text{(realer Übertrager)}}} = \underbrace{[\underline{A}_a]}_{\substack{\text{Transformationsvierpol}\\\text{(gesucht)}}} \cdot \underbrace{[\underline{A}_b]}_{\text{idealer Übertrager}} . \qquad (7.114a)$$

Vom Ausgangsvierpol sind L_1, L_2 und M gegeben, gesucht (und somit noch frei wählbar) sind Übersetzungsverhältnis $ü$ des idealen Übertragers und die Elemente des Transformationsvierpols.

Die Auflösung nach $[\underline{A}_a]$ erfolgt durch Multiplikation von rechts mit der Kehrmatrix $[\underline{A}_b]^{-1}$ (s. Gl. (7.112c)). Das ergibt $[\underline{A}_a][\underline{A}_b]^{-1} =$

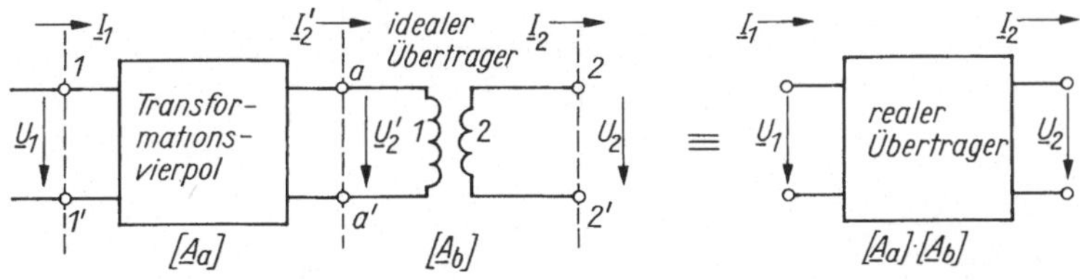

Bild 7.51 Ersatz des realen Übertragervierpols durch eine Kettenschaltung von Transformationsvierpol und idealem Übertrager

[1] $k \lessapprox 1$ bedeutet: k ist ungefähr 1, aber kleiner 1.

[2] Bisweilen auch Reduktion von Vierpolgrößen.

$[\underline{A}_a][\underline{A}_b][\underline{A}_b]^{-1} = [\underline{A}_a]$, oder durchgeführt

$$[\underline{A}_a] = \begin{bmatrix} \dfrac{L_1}{M} & j\omega\sigma\dfrac{L_1 L_2}{M} \\ \dfrac{1}{j\omega M} & \dfrac{L_2}{M} \end{bmatrix} \cdot \begin{bmatrix} \dfrac{1}{ü} & 0 \\ 0 & ü \end{bmatrix} = \begin{bmatrix} \dfrac{L_1}{üM} & j\omega\sigma\dfrac{L_1 ü^2 L_2}{üM} \\ \dfrac{1}{j\omega üM} & \dfrac{ü^2 L_2}{üM} \end{bmatrix}. \tag{7.114b}$$

Die Matrix $[\underline{A}_a]$ des Transformationsvierpols unterscheidet sich von der Übertragermatrix $[\underline{A}]$, (s. Gl. (7.112a) nur durch die „Ersetzungen" $M \to üM = M^*$ und $L_2 \to ü^2 L_2 = L_2^*$. Bild 7.52 zeigt die Schaltung. Wir bestimmen das Übersetzungsverhältnis $ü$ so, daß eine möglichst einfache Ersatzschaltung entsteht. Dabei sollen negative Induktivitäten nicht auftreten, also

$$L_1 - M^* \geqq 0, \qquad M^* \geqq 0, \qquad L_2^* - M^* \geqq 0 \tag{7.115}$$

gelten. Deshalb darf das Übersetzungsverhältnis nur im Bereich $\dfrac{M}{L_2} \leqq ü \leqq \dfrac{L_1}{M}$ liegen. Der Transformationsvierpol wird besonders einfach, wenn

- $ü$ mit dem linken oder rechten Grenzwert übereinstimmt. Dann verschwindet nach Gl. (7.113) eines der beiden *Längsglieder*,
- $ü$ so gewählt wird, daß $L_1 - M^* = L_2^* - M^*$ gilt, dann wird die T-Ersatzschaltung symmetrisch.

Diskutieren wir die drei Fälle (Bild 7.52).

1. Linkes Längsglied verschwindet, d. h. $L_1 - M^* = 0$ bzw.

$$ü = \sqrt{\frac{L_1}{M}} = \sqrt{\frac{L_1}{L_2}}\sqrt{\frac{L_1 L_2}{M}} = \sqrt{\frac{L_1}{L_2}}\frac{1}{\sqrt{1-\sigma}} = \frac{w_1}{w_2}\frac{1}{\sqrt{1-\sigma}},$$

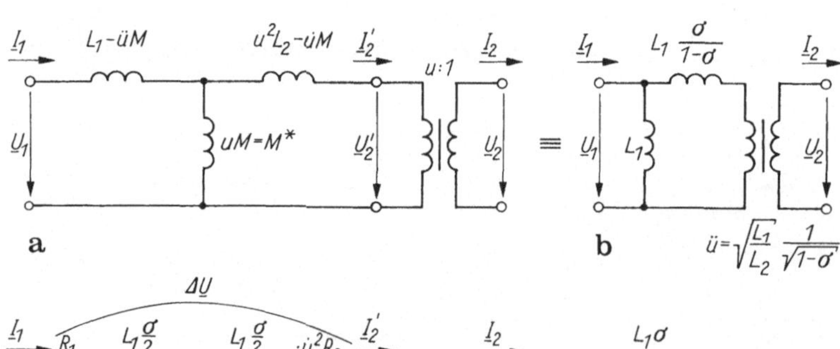

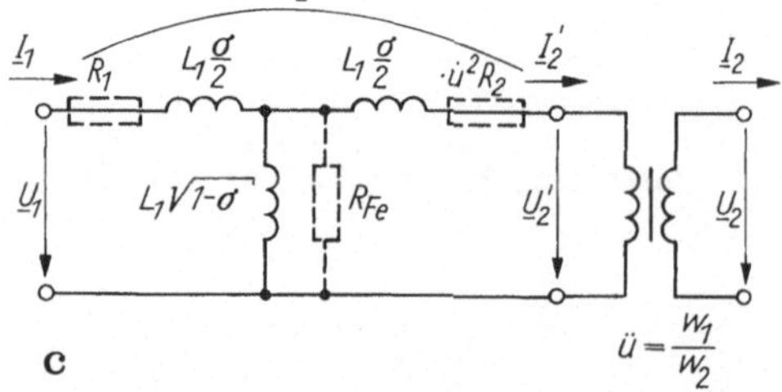

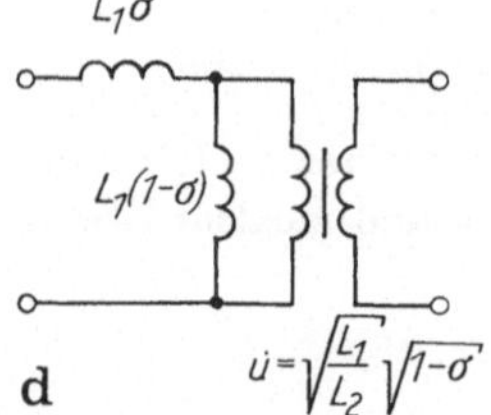

Bild 7.52a–d. Ersatzschaltung nach Bild 7.51. **a** bis **d** Ausgangsersatzschaltung, aus der sich verschiedene Modifizierungen ableiten lassen

dabei wurden rechts $k^2 = 1 - \sigma = M^2/(L_1 L_2)$ verwendet. Die Induktivitäten der Quer- und Längsspulen betragen $L_1 = \ddot{u}M$, $\ddot{u}L_2 - \ddot{u}M = \frac{L_1\sigma}{1-\sigma}$ (Bild 7.52b).

2. Beide Längsglieder sind gleich: $(L_1 - M^* = L_2^* - M^*)$. Daraus folgt $\ddot{u} = \sqrt{\frac{L_1}{L_2}} = \frac{w_1}{w_2}$. Man erhält als Induktivität der Längsspule $L_1 - \ddot{u}M = \ddot{u}^2 L_2 - \ddot{u}M = L_1(1 - \sqrt{1-\sigma})$ $\approx L_1 \frac{\sigma}{2}$ und Induktivität der Querspule (Bild 7.52c): $\ddot{u}M = L_1\sqrt{1-\sigma} \approx L_1\left(1 - \frac{\sigma}{2}\right)$.

3. Rechte Längsspule verschwindet: $(\ddot{u}^2 L_2 - \ddot{u}M = 0)$, jetzt ergibt sich analog für die Induktivitäten der Längs- und Querspule: $L_1 - \ddot{u}M = L_1\sigma$, $\ddot{u}M = L_1(1-\sigma)$ (Bild 7.52d).

Allen drei Ersatzschaltungen entnehmen wir das gemeinsame Ergebnis: In der Kettenschaltung des idealen Übertragers mit einem (realisierbaren) Induktivitätsvierpol übernimmt der ideale Übertrager die Transformation von Strom und Spannung (und damit auch die Widerstandsübersetzung) gemäß

$$\begin{bmatrix} \underline{U}'_2 \\ \underline{I}'_2 \end{bmatrix} = [\underline{A}_b] \begin{bmatrix} \underline{U}_2 \\ \underline{I}_2 \end{bmatrix},$$

während der vorgeschaltete „Induktivitätsvierpol" maßgebend für die Abweichungen des realen Übertragers vom idealen ist.

Zu diesen Abweichungen gehören:

— Der *Magnetisierungsstrom*: Bei leerlaufendem Ausgang steigt die Eingangsimpedanz nicht gegen ∞, sondern gegen $j\omega L_1$.

— Die *Streuung*: Bei Kurzschluß verschwindet die Eingangsimpedanz nicht, sondern beträgt $j\omega L_1 \sigma$.

— Die (nicht gezeichneten) *ohmschen Widerstände* als zusätzliche Beiträge zu den Längswiderständen.

Weiter bemerken wir: Bei verschwindender Streuung ($\sigma = 0$) stimmen alle drei Ersatzschaltungen überein.

Übertrager mit Eisenkern. Angestrebt wird meist, daß der dem idealen Übertrager vorgeschaltete Vierpol das Gesamtverhalten möglichst wenig stört, also kleine Streuung und große Induktivität L_1 besitzt. Beides erreicht man durch Anwendung eines *Eisenkerns* möglichst hoher Permeabilität. Er wirkt als „Konzentrator" magnetischer Feldlinien, vergrößert also die Kopplung und senkt die Streuung.

Für kleine Streuung σ eignet sich die symmetrische Ersatzschaltung besonders. Ihre Elemente lassen sich physikalisch deuten:

Der magnetische Fluß durch die Querinduktivität entspricht dem Verkettungsfluß beider Wicklungen. Er verläuft hauptsächlich im Eisenweg. Der magnetische Fluß in den Längsspulen entspricht dem jeweils nur mit einer Wicklung verketteten *Streufluß* außerhalb des Kernes.

Bei gegebener Wicklungsabmessung gilt für die Querspule wegen $L \sim \frac{w^2}{R_m} \sim w^2 \mu_{Fe}$.

Die Induktivität $\sigma L/2$ der Längsspulen ist nahezu unabhängig von der Kernpermeabilität. Die Ersatzschaltung (Bild 7.52c) des Eisenkernübertragers wird weiter ergänzt durch:

— Die *Wicklungswiderstände* R_1, R_2. Während R_1 direkt in den vorgeschalteten Vierpol eingeht, muß R_2 von der Sekundärseite zunächst durch den idealen Übertrager auf dessen Primärseite transformiert werden. Daher erscheint dort $\ddot{u}^2 R_2$;

— Verluste durch *Wirbelstrom* und *Hysterese* im Eisenkern. Wir beachten sie durch einen Widerstand R_{Fe} parallel zur Querspule (Bild 7.52c). Nach Abschn. 3.4.3 wächst diese Verlustleistung bei sinusförmiger Induktion gemäß $P_w = \dfrac{\hat{U}^2}{2R_{Fe}} \sim \omega^2 \hat{B}^2$. Die Hystereseverluste steigen demgegenüber nur linear mit ω und nichtlinear mit $\hat{B}$. Daher gibt R_{Fe} die Hystereseverluste nur für eine Frequenz und eine Amplitude $\hat{B}$ wieder.

7.4.4.3 *Eigenschaften*

Transformationseigenschaften des realen Übertragers. In der Ersatzschaltung des realen Übertragers (Bild 7.51) besorgt der ideale Übertrager eine (reelle) Transformation der Ausgangsgrößen. Damit stimmen $\underline{U}'_2$, $\underline{I}'_2$ etwa mit den Eingangsgrößen $\underline{U}_1$, $\underline{I}_1$ überein. Diese Maßstabsänderung wirkt sich vorteilhaft auf die anschauliche Beurteilung der Abweichungen, ihre Darstellung im Zeigerbild, die Ortskurvendarstellung usw. aus.

Spannungstransformation. Das Verhältnis der Eingangs- zur Ausgangsspannung beträgt als Matrixelement $\underline{A}_{11} = \underline{U}_1/\underline{U}_2$ bei Ausgangsleerlauf ($\underline{I}_2 = 0$). Es ergibt sich (mit $R_{Fe} \to \infty$ und $R_1 \ll \omega(L\sigma + M^*)$) aus Bild 7.52c

$$\frac{\underline{U}_1}{\underline{U}_2} = \underbrace{\overbrace{\frac{w_1}{w_2}}^{\text{idealer Trafo}}\left(1 + \frac{L\sigma_1}{M^*}\right)}_{\text{realer Trafo}} \approx \ddot{u}\left(1 + \frac{\sigma}{2}\right) . \tag{7.116}$$

Anschaulich unterscheidet sich die Ausgangsspannung $\underline{U}'_2$ von $\underline{U}_1$ durch den (stromabhängigen) *Längsspannungsabfall* $\Delta\underline{U}$ (Bild 7.52c)

$$\Delta\underline{U} = \underline{U}_1 - \underline{U}'_2 = \underline{I}_1(R_1 + j\omega L_1\sigma) + \underline{I}'_2(R'_2 + j\omega L'_2\sigma) .$$

Die Spannungsübersetzung eines technischen Transformators entspricht nur im Leerlauf etwa der des idealen Transformators. Man darf daher meist mit $|\underline{U}_1/\underline{U}_2| \approx \ddot{u}$ rechnen.

DerLängsspannungsabfall kann bei ausgangsseitigem Kurzschluß gemessen werden.

Besondere Forderungen an kleine Längsspannung stellt der *Spannungswandler* (Betrieb im Leerlauf, kleine Längsimpedanz). Er dient zur Messung von Spannungen an schwer zugängigen oder gefährdeten Stellen (Hochspannung Bild 7.53a).

Stromtransformation. Wir erhalten aus der Ersatzschaltung (Bild 7.52c) bei Einbezug des Querzweiges ($R_{Fe} \| j\omega M$) (s. Abschn. 7.1.2 „Technische Spule") als Ein-

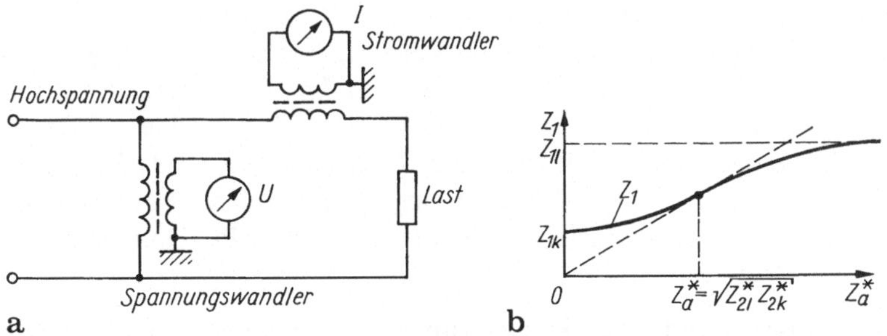

Bild 7.53a, b. Anwendungen des Transformators. **a** als Spannungs- und Stromwandler in Hochspannungseinrichtungen; **b** zur Widerstandstransformation; Eingangswiderstand (Betrag) über dem reduzierten Lastwiderstand Z_a^*

gangsstrom $\underline{I}_1 = \underline{I}_2^* + \underline{I}_{RFe} + \underline{I}_\mu = \underline{I}_2^* + \underline{I}_M$. Er besteht aus dem Strom $\underline{I}_M = \underline{I}_\mu + \underline{I}_{RFe}$ (Magnetisierungsstrom I_μ und Wirkstrom (Eisenverluste)) und Laststrom $\underline{I}_2^*$

$$\frac{\underline{I}_1}{\underline{I}_2} = \underbrace{\overbrace{\frac{w_2}{w_1}}^{\text{idealer}}\left(1 + \frac{\underline{I}_M}{\underline{I}_2^*}\right)}_{\text{realer Transformator}} \approx \frac{w_2}{w_1}\left(\frac{R_2^* + j\omega L_{\sigma 2}^* + j\omega M^*}{j\omega M}\right) \approx \frac{w_2}{w_1}\left(1 + \frac{\sigma}{2k}\right). \tag{7.117}$$

Üblicherweise setzt man $\underline{I}_M$ gleich dem Leerlaufstrom $\underline{I}_{1l}$ Er ändert sich bei Sekundärbelastung praktisch nicht, weil der Längsspannungsabfall vernachlässigt werden kann. Dann bleibt die Spannung über dem Mittelzweig der T-Schaltung etwa konstant und es gilt:

Die Stromübersetzung des technischen Transformators unterscheidet sich durch den *Querstrom* von der des idealen Übertragers. Sie weicht um so mehr vom idealen Übersetzungsverhältnis ab, je größer das Verhältnis $\underline{I}_1/\underline{I}_2$, also der Leerlaufstrom (Querimpedanz) und je kleiner $\underline{I}_2$ (Belastung) sind. Im Kurzschlußbetrieb kommt sie der idealen Übersetzung am nächsten.

Würde im Kurzschlußbetrieb die Nennspannung $\underline{U}_1$ aufrechterhalten werden, so wäre ein Kurzschlußstrom in beiden Wicklungen die Folge, der das 10- bis 30 fache der Nennspannung betragen kann. Er wird — gemäß der T-Ersatzschaltung (Bild 7.52c) — nur durch Streuinduktivitäten und Wirkwiderstände begrenzt. Deshalb senkt man die Primärspannung so weit ab, daß trotz des Kurzschlusses der *Nennstrom* (Datenangabewerte) fließt. Die dabei anliegende Spannung heißt *Kurzschlußspannung*. Sie beträgt etwa 3 bis 20% der Nennspannung.

Anwendung findet der Kurzschlußbetrieb im *Stromwandler* (Bild 7.53a) (Meßtrafo für Strommessung). Er transformiert hohe Ströme auf sehr kleine herab, es muß somit $w_2 \gg w_1$ gelten. Deshalb darf ein derartiger Wandler im Betrieb sekundärseitig nie geöffnet werden, weil er sonst als leerlaufender Spannungstransformator arbeitet und die Gefahr der Zerstörung der Sekundärwicklung infolge Durchschlags besteht.

Leistungsumsatz. Die eingangsseitig aufgenommene Wirkleistung P_1 setzt sich aus der ausgangsseitig abgegebenen (P_2) und dem Leistungsverlust $P_V = P_e + P_k$, den sog. Eisen- und Kupferverlusten P_e und P_k zusammen. Die Eisenverluste enthalten Wirbelstrom- und Hystereseverluste. Sie entstehen durch den Querzweig ($P_e \approx U_1^2/R_{Fe}$), die Kupferverluste durch den Längszweig $P_k \approx I_1^2 R_1 + I_2^{*2} R_2^*$ (Bild 7.52c). Da letztere vom Strom abhängen, legt man den Transformator meist so aus, das Kupfer- und Eisenverluste übereinstimmen: $P_e = P_k$. Dann hat er den größten Wirkungsgrad.

Im Leerlauf überwiegen die Eisenverluste ($I \approx 0$), bei Nennstrom (im Kurzschlußbetrieb) dominieren die Kupferverluste (Spannung über Querzweig im Kurzschluß sehr klein). Damit ist eine meßtechnische Trennung möglich.

Widerstandsübersetzung. Idealer und realer Übertrager unterscheiden sich im (komplexen) Eingangswiderstand $\underline{Z}_1$ erheblich voneinander. So ist die Eingangsimpedanz bei Leerlauf endlich ($\underline{Z}_{11}$ statt $\underline{Z}_1 \to \infty$) und die Kurzschlußimpedanz $\underline{Z}_{1k}$ ebenfalls statt $\underline{Z}_1 \to 0$, wie es der ideale Übertrager fordern würde. Man erhält (mit reduzierten Größen)

$$\underline{Z}_1 = \underline{Z}_{11} - \frac{\underline{Z}_{12}^{*2}}{-\underline{Z}_{22}^* + \underline{Z}_a^*} = \underline{Z}_{11} - \frac{\underline{Z}_{12}^{*2}}{\underline{Z}_{21}^* + \underline{Z}_a^*} . \qquad (7.118a)$$

Daraus folgt für $|\underline{Z}_a^*| \ll |\underline{Z}_{21}^*|$

$$\underline{Z}_1 \approx \underline{Z}_{11} - \frac{\underline{Z}_{12}^{*2}}{\underline{Z}_{22}^*}\left(1 - \frac{\underline{Z}_a^*}{\underline{Z}_2^*}\right) \approx \underline{Z}_{1k} + \underline{Z}_a^* \frac{\underline{Z}_{12}^{*2}}{\underline{Z}_{22}^{*2}} \qquad (7.118b)$$

$$\approx \underline{Z}_a^*, \quad \text{für } |\underline{Z}_{12}^*| \approx |\underline{Z}_{22}^*| \quad \text{und} \quad |\underline{Z}_a^*| \gg |\underline{Z}_{1k}| .$$

Die Widerstandstransformation $\underline{Z}_1 \approx \underline{Z}_a^*$ des idealen Transformators trifft somit nur im Bereich $|\underline{Z}_{1k}| \ll |\underline{Z}_a^*| \ll |\underline{Z}_{21}^*|$ zu, exakt nur für (Bild 7.53b)

$$\underline{Z}_1 = \underline{Z}_a^* = \sqrt{\underline{Z}_{21}^* \underline{Z}_{2k}^*} \quad \text{Wellenwiderstandsanpassung} . \qquad (7.118c)$$

Die Haupteigenschaft des Übertragers für die Informationstechnik ist seine Widerstandstransformation. Sie gilt exakt nur bei Anpassung nach dem Wellenwiderstand.

Diesbezüglich fand er vielseitige Anwendung als Anpaßübertrager usw. Da Transformatoren voluminös und in der Herstellung teuer sind, wird die Widerstandstransformation verbreitet mit Transistorschaltungen durchgeführt. So transformiert die sog. Kollektorbasisschaltung einen hohen Widerstand in einen sehr kleinen. Solche Schaltungen sind wesentlich volumenärmer, haben einen größeren Frequenzbereich als der Transformator und sind zudem billiger. Beispielsweise verschwanden deshalb Transformatoren zur Lautsprecheranpassung u. a. m. in heutigen Niederfrequenzverstärkern vollständig und wurden durch Transistorgegentaktschaltungen ersetzt.

7.5 Verstärkervierpol. Operationsverstärker

7.5.1 Verstärkereigenschaften

Die im Abschn. 5.1.1.2 (s. a. Tafel 7.2) als Netzwerkelemente eingeführten gesteuerten Quellen werden technisch (in mehr oder weniger guter Näherung) realisiert durch

— *Verstärkerbauelemente*: Bipolar- und Feldeffekttransistoren, Röhre;
— *Verstärker*: Zusammenschaltungen mehrerer Verstärkerbauelemente in einem Netzwerk (mit diskreten Netzwerkelementen) oder heute als sog. integrierte Verstärker. Mit den Mitteln der Mikroelektronik lassen sich Verstärker als Funktionseinheit mit sehr kleinem Volumen herstellen. Die wichtigste Form ist der Operationsverstärker.

Ein Verstärker umfaßt

— im Mindestfall die gesteuerte Quelle (Tafel 7.2), gekennzeichnet durch eine Steuergröße wie Steilheit $\underline{S}$, Kurzschlußstromverstärkung $\underline{A}_i$ Leerlaufspannungsverstärkung $\underline{A}_u$, Transferimpedanz $\underline{Z}_m$ (Tafel 5.5). Die Größen können komplex sein;
— im Realfall noch endliche Ein- und Ausgangskurzschlußleitwerte $\underline{y}_{1k}$, $\underline{y}_{2k}$ $(= -\underline{y}_{22})$;
— Rückwirkung, sie werde vernachlässigt $(y_{12} = 0)$.

Der rückwirkungsfreie Verstärkervierpol $(y_{12} = 0)$ wird durch drei Kennwerte beschrieben: die Eingangs- und Ausgangs (kurzschluß-) leitwerte y_{1k}, y_{2k} und eine gesteuerte Größe. Für die Leitwertmatrix ist dies die Steilheit $S = y_{21}$ (Tafel 7.4):

$$[\underline{y}] = \begin{bmatrix} \underline{y}_{11} & 0 \\ \underline{y}_{21} & \underline{y}_{22} \end{bmatrix} = \begin{bmatrix} \underline{y}_{1k} & 0 \\ S & \underline{y}_{2k} \end{bmatrix}. \quad (7.119)$$

In anderen Matrixformen treten als Steuergrößen auf

— die Leerlaufspannungsverstärkung $\underline{A}_u$ (inverse Parallelmatrix);
— die Kurzschlußstromverstärkung $\underline{A}_i$ (Hybridmatrix);
— die Transimpedanz $\underline{Z}_m$ (Widerstandsmatrix).

Die zugehörigen Ersatzschaltungen und Matrixdarstellungen zeigt Tafel 7.11.

Der rückwirkungsfreie Vierpol ist das Grundelement, auf das sich viele Verstärkerbauelemente (im Kleinsignalbetrieb) und Zusammenschaltungen daraus zurückführen lassen. Er stellt den wohl wichtigsten Vierpol der Informationstechnik und Elektronik dar.

Aus seinen drei Vierpolelementen — hier in Leitwertform — lassen sich die übrigen gesteuerten Größen, nämlich Leerlaufspannungsverstärkung $\underline{A}_u$, Kurzschlußstromverstärkung $\underline{A}_i$ und Transimpedanz $\underline{Z}_m$ stets angeben.

Hat beispielsweise ein Stereoverstärker den Eingangswiderstand $Z_{1k} = 10^6\,\Omega$, Ausgangswiderstand $Z_{2k} = 10\,\Omega$ und die Leerlaufspannungsverstärkung $A_u = 10^5$, so betragen die Vierpolkennwerte $\underline{y}_{1k} = Z_{1k}^{-1} = 1\,\mu S$, $\underline{y}_{2k} = Z_{2k}^{-1} = 0{,}1 S$ und $S = A_u \cdot \underline{y}_{2k} = 10^4\,S$ sowie $A_i = S/y_{1k} = 10^{10}$!

Tafel 7.11. Ersatzschaltungen und zugehörige Beschreibungen des rückwirkungsfreien Verstärkers.

Verstärkertyp	Ersatzschaltung	Typ. Verstärkergröße
Transconductanz-V $[\underline{y}] = \begin{bmatrix} \underline{y}_{1k} & 0 \\ \underline{S} & -\underline{y}_{2k} \end{bmatrix}$	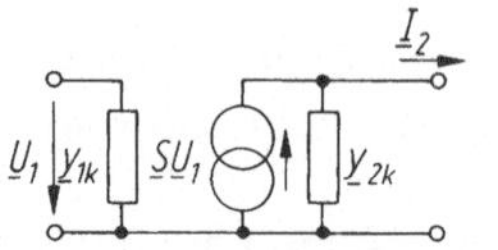 $\underline{I}_2$, $\underline{U}_1$, $\underline{y}_{1k}$, $\underline{S}\underline{U}_1$, $\underline{y}_{2k}$	Steilheit $S = y_{21}$ $\left.\frac{\underline{I}_2}{\underline{U}_1}\right\vert_{\underline{U}_2=0} = \underline{S} = \underline{y}_{21} = \frac{1}{\underline{a}_{12}}$
Transimpedanz-V $[\underline{z}] = \begin{bmatrix} \frac{1}{\underline{y}_{1k}} & 0 \\ \frac{\underline{S}}{\underline{y}_{1k}\underline{y}_{2k}} & -\frac{1}{\underline{y}_{2k}} \end{bmatrix}$	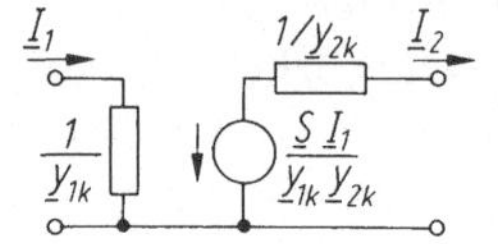 $\underline{I}_1$, $1/\underline{y}_{2k}$, $\underline{I}_2$, $\frac{1}{\underline{y}_{1k}}$, $\frac{\underline{S}\,\underline{I}_1}{\underline{y}_{1k}\underline{y}_{2k}}$	Transimpedanz $\left.\frac{\underline{U}_2}{\underline{I}_1}\right\vert_{\underline{I}_2=0} = \underline{Z}_m = \underline{z}_{21} = -\frac{\underline{y}_{21}}{\underline{y}_{11}\underline{y}_{22}} = \frac{\underline{S}}{\underline{y}_{1k}\underline{y}_{2k}} = \frac{1}{\underline{a}_{21}}$
Strom-V $[\underline{h}] = \begin{bmatrix} \frac{1}{\underline{y}_{1k}} & 0 \\ \frac{\underline{S}}{\underline{y}_{1k}} & -\underline{y}_{2k} \end{bmatrix}$	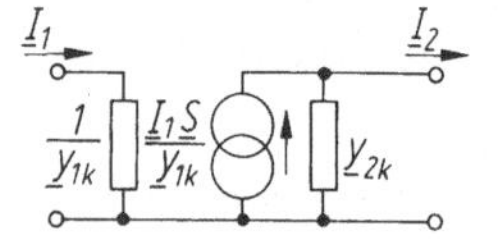 $\underline{I}_1$, $\underline{I}_2$, $\frac{1}{\underline{y}_{1k}}$, $\frac{\underline{I}_1\underline{S}}{\underline{y}_{1k}}$, $\underline{y}_{2k}$	Kurzschluß-Stromverstärkung $\left.\frac{\underline{I}_2}{\underline{I}_1}\right\vert_{\underline{U}_2=0} = \underline{A}_i = \underline{h}_{21} = \frac{\underline{y}_{21}}{\underline{y}_{11}} = \frac{\underline{S}}{\underline{y}_{1k}} = \frac{1}{\underline{a}_{22}}$
Spannungs-V $[\underline{c}] = \begin{bmatrix} \underline{y}_{1k} & 0 \\ \frac{\underline{S}}{\underline{y}_{2k}} & \frac{1}{\underline{y}_{2k}} \end{bmatrix}$	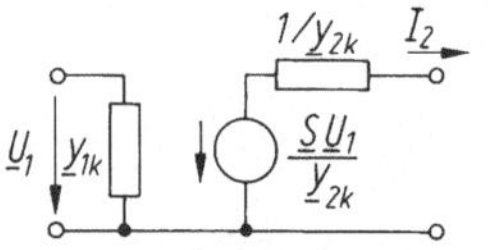 $\underline{U}_1$, $\underline{y}_{1k}$, $1/\underline{y}_{2k}$, $\underline{I}_2$, $\frac{\underline{S}\underline{U}_1}{\underline{y}_{2k}}$	Leerlaufspannungsverstärkung $\left.\frac{\underline{U}_2}{\underline{U}_1}\right\vert_{\underline{I}_2=0} = \underline{c}_{21} = -\frac{\underline{y}_{21}}{\underline{y}_{22}} = \frac{\underline{S}}{\underline{y}_{2k}} = \frac{1}{\underline{a}_{11}}$

Kettenmatrix. Die Parameter der vier gesteuerten Quellen (Abschn. 5.1.1.2) sind alle in der Kettenmatrix des Verstärkervierpols darstellbar:

$$\begin{aligned} \underline{U}_1 &= \frac{\underline{U}_2}{\underline{A}_u} + \frac{\underline{I}_2}{\underline{S}} \\ \underline{I}_1 &= \frac{\underline{U}_2}{\underline{Z}_m} + \frac{\underline{I}_2}{\underline{A}_i} \end{aligned} \quad \rightarrow \quad [\underline{a}] = \begin{bmatrix} 1/\underline{A}_u & 1/\underline{S} \\ 1/\underline{Z}_m & 1/\underline{A}_i \end{bmatrix} \tag{7.120a}$$

Zusatzbedingung: Rückwirkungsfreiheit: det $\underline{a} = 0$.
Der Verstärker arbeitet nichtreziprok: Verstärkung in der einen Richtung, keine Übertragung in der Rückwärtsrichtung.

Im Sonderfall einer unendlich hohen Verstärkung einer Quelle (gilt zwangsläufig für alle) verschwinden sämtliche Kettenparameter: *idealer Verstärker*:

$$\begin{bmatrix} \underline{U}_1 \\ \underline{I}_1 \end{bmatrix} = \begin{bmatrix} 0 & 0 \\ 0 & 0 \end{bmatrix} \cdot \begin{bmatrix} \underline{U}_2 \\ \underline{I}_2 \end{bmatrix}. \tag{7.120b}$$

Dann ist z. B. die Eingangsspannung für endliche Ausgangsspannung stets *Null* (und ebenso $\underline{I}_1$).

Wegen dieser Eigenschaften der Kettenmatrix werden die Eingangsgrößen unabhängig von den Ausgangsgrößen. Für Eingangs- und Ausgangstor lassen sich (physikalisch nicht realisierbare!) Zweipolelemente und Netzwerkelemente

angeben, die dieses Verhalten ausdrücken:
— den *Nullator* (mit $\underline{U}_1$, $\underline{I}_1$ stets Null);
— den *Norator* ($\underline{U}_2$, $\underline{I}_2$ nehmen beliebige Werte an).

Mit dieser Vorstellung trennt man sich vom Bild des Verstärkers mit einer gesteuerten Quelle: Ströme und Spannungen am Ein-/Ausgang werden vielmehr durch das umgebende Netzwerk bestimmt. Vor allem für die Analyse von Netzwerken mit Verstärkern bringt dieses Konzept Vorteile. Wir werden es aber aus Anschauungsgründen nicht benutzen und den idealen Verstärker z. B. durch Grenzübergang $S \to \infty$ und sinngemäß für andere Parameter aus dem realen Element herleiten.

Zu den Steuerparametern der Kettenmatrix und den Verstärkerparametern bestehen die in Tafel 7.11 zusammengestellten Relationen. Daraus ergeben sich

$$\frac{\underline{S}}{\underline{y}_{2k}\underline{A}_u} = 1, \quad \text{und} \quad \frac{\underline{S}}{\underline{y}_{1k}\underline{A}_i} = 1 \; . \tag{7.121}$$

Für reelle Parameter geht daraus mit $\underline{y}_{2k} = 1/R_i$ (ausgangsseitiger Innenwiderstand) und $D = 1/v_{u1}$ als *Durchgriff* die *Barkhausen-Beziehung* (Vierpolausgang) $SR_iD = 1$ hervor. Ebenso gilt für die Vierpoleingangsseite ($y_{1k} = 1/R_e$) $\dfrac{SR_e}{A_i} = 1$.

Beim Verstärkervierpol ist das Produkt von Steilheit und Ausgangskurzschlußwiderstand gleich der Leerlaufspannungsverstärkung, das Produkt von Steilheit und Eingangskurzschlußwiderstand gleich der Kurzschlußstromverstärkung.

Diese Aussage gilt für jede Vierpolgrundschaltung.

Die aus der Röhrentechnik stammende Barkhausen-Beziehung läßt sich im Röhrenkennlinienfeld bequem veranschaulichen. Bei Vierpolen mit Stromverstärkung (beispielsweise Transistoren) tritt noch eine gleichwertige Formulierung für den Eingangskreis hinzu.

Beispiele. Wir wollen die Größenordnung der Vierpolparameter für wichtige Verstärkerelemente kennenlernen (Tafel 7.12).

1. Bipolartransistor. Emitterschaltung. Die Leitwertmatrix lautet

$$[\underline{y}_e] = \begin{bmatrix} \underline{y}_{1ke} & 0 \\ \underline{S}_e & -\underline{y}_{2ke} \end{bmatrix}$$

(Index e: Emitterschaltung). Die typischen Kennwerte des Bipolartransistors sind sein Eingangsleitwert $\underline{y}_{1ke}$, die Steilheit $\underline{S}_e$ oder gleichberechtigt die Kurzschlußstromverstärkung $\underline{h}_{21e} = \underline{y}_{21e}/\underline{y}_{11e} = \underline{S}_e/\underline{y}_{1ke}$. Für viele Schaltungsabschätzungen genügt die Näherung $\underline{y}_{2ke} \approx 0$. Bei besserer Näherung wird der Reihe nach der endliche Ausgangskurzschlußleitwer $\underline{y}_{2ke}$ und schließlich der Rückwirkungsleitwert $\underline{y}_{re}$ hinzugenommen. Man beachte noch: Für die gewählte Kettenpfeilrichtung hat $\underline{y}_{21e}$ negativen Realteil.

2 . Feldeffekttransistor. Hier sind — zumindest bei tiefen Frequenzen — Eingangsleitwert $\underline{y}_{1k}$ (rein kapazitiv) und Rückwirkung $\underline{y}_r$ vernachlässigbar, wie aus Tafel 7.12 hervorgeht: $|\underline{y}_{21e}| \gg |\underline{y}_{11e}|, |\underline{y}_{12e}|, |\underline{y}_{22e}| \gg |\underline{y}_{11e}|, |\underline{y}_{12e}|$. Die typischen Kennwerte des Feldeffekttransistors (in Sourceschaltung, Index s) sind Ausgangsleitwert $\underline{y}_{2ks}$, die Steilheit $\underline{S}_s$ oder gleichberechtigt die Leerlaufspannungsverstärkung $\underline{v}_{u1} = 1/\underline{a}_{11} = \underline{y}_{21s}/(-\underline{y}_{22s}) = \underline{S}_s/\underline{y}_{2ks}$.

Tafel 7.12. Größenordnung der Elemente typischer Verstärkervierpole (Kettenzählpfeilrichtung)

	Arbeitspunkt	y_{11}	$_{21} = S$	$_{12}$	y_{22}
Bipolartransistor (Emitterschaltung)	$I_C = 2$ mA $U_{CE} = 6$ V	0, 4 mS	− 65 mS	− 40 nS	− 30 µS
Feldeffekt-transistor	$I_D = 2$ mA $U_{DS} = 5$ V	0, 1 µS	− 2 mS	− 120 nS	− 100 µS
Triode EC 92	$I_A = 10$ mA $U_A = 200$ V	0	− 6, 3 mS	0	− 100 µS

Operationsverstärker. Die Mikroelektronik bietet seit langem den Operationsverstärker als typisches Bauelement an. Das ist ein Gleichspannungsverstärker mit sehr hoher Verstärkung, dessen innerer Aufbau hier nicht weiter interessieren soll. Er kann fürs erste durch das Modell einer spannungsgesteuerten Spannungsquelle beschrieben werden, also einen rückwirkungsfreien Verstärker.
Der Operationsverstärker (Bild 7.54a) hat zwei Eingänge:

— *Nichtinvertierender* oder P- oder (+)-Eingang. Eine angelegte Spannung U_P erscheint am Ausgang (U_A) mit gleicher Polung bzw. Phasenlage. Der andere heißt:
— *Invertierender* oder *N*- oder (−)-Eingang. Eine angelegte Spannung U_N erscheint am Ausgang (U_A) umgekehrt bzw. um 180° phasenverschoben.

Schließlich besitzt der Verstärker noch einen Signalausgang (U_A) und Klemmen für die Speisespannung (sie werden gewöhnlich in der Schaltungstechnik nicht gezeichnet). Dadurch entsteht der Eindruck, daß die Knotengleichung ΣI (des gesamten Verstärkers bei $I_N = I_P = 0$) verletzt ist, da nicht alle Ströme erfaßt werden (s. u.).
Die Haupteigenschaft des Operationsverstärkers ist die hohe Differenzverstärkung A_D (Offenverstärkung)

$$U_A = A_D(U_P - U_N) = A_D U_D \,. \tag{7.122}$$

Bild 7.55 zeigt die Verstärkerkennlinie. Sie hat zwei typische Merkmale:

— einen linearen U_A-U_D-Zusammenhang im Verstärkungsbereich, wobei $|U_A| \leqq 10 \ldots 15$ V beträgt, dagegen U_D extrem klein ist ($A_D \approx 10^4 \ldots 10^6$ $\rightarrow U_D \approx 0{,}1$ mV);
— $U_A(U_D)$ sättigt sich für $|U_D| > |U_{CC}/A_D|$, wobei die Sättigungsgspannung etwa $1 \ldots 2$ V unter $|U_{CC}|$ liegt.

Die Eingangsspannung ist im Linearbereich so klein, daß die Eingangsklemmen als praktisch kurzgeschlossen betrachtet werden können (sog. *virtueller Kurzschluß*). Das erleichtert die Schaltungsanalyse erheblich (s. u.).

Des weiteren können die Eingangsströme I_N, I_P (Größenordnung 10^{-12} A) gegen die übrigen Ströme I_{C^+}, I_{C^-}, I_A meist vernachlässigt werden (Bild 7.54a) und es gilt $I_{C^+} + , I_{C^-} + I_A = 0$.

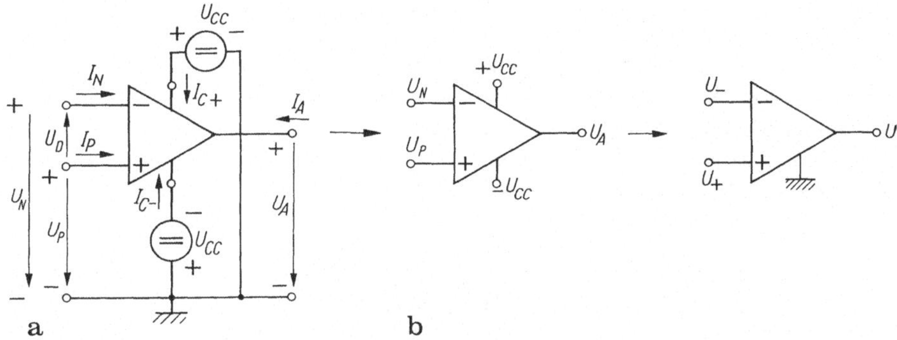

Bild 7.54a, b. Operationsverstärker. **a.** Schaltbild, Anschlüsse, Strom-Spannungs-Werte und Bezugspunkt $I_N + I_P + I_{C^+} + I_{C^-} + I_A = 0 \approx I_{C^+} + I_{C^-} + I_A = 0$; **b** Vernachlässigung des Bezugspunktes und der Betriebsspannungen $\pm U_{CC}$

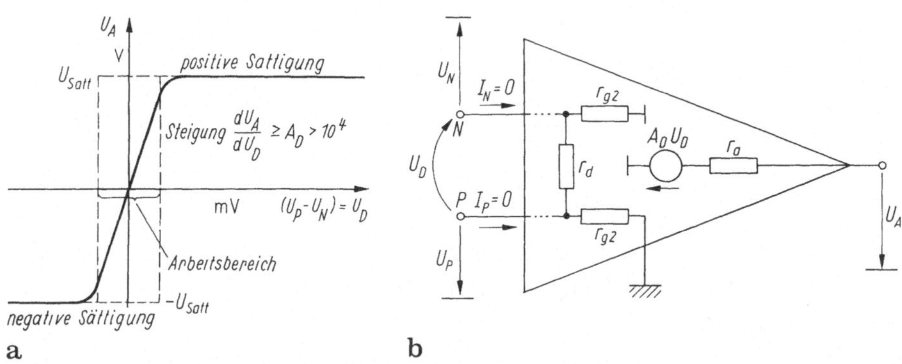

Bild 7.55a, b. Übertragungskennlinie und Ersatzschaltung. **a** Übertragungskennlinie eines Operationsverstärkers: kleiner Bereich der Eingangsspannung U_D, Sättigung der Ausgangsspannung U_A durch die Batteriespannungen; **b** Ersatzschaltung des Operationsverstärkers für den (linearen) Arbeitsbereich von **a** (r_d: Differenzeingangswiderstand, r_{gl}, Gleichtakteingangswiderstand)

Tafel 7.13 enhält einige Hauptmerkmale realer Operationsverstärker, sie kommen den Idealforderungen recht nahe. Die obere Grenzfrequenz f_0 der Verstärkung A_D mag für unsere einführenden Betrachtungen keine Rolle spielen.

Idealer Verstärker. Es ist für das prinzipielle Verständnis von Operationsverstärkerschaltungen zweckmäßig, einen idealen Operationsverstärker mit folgenden Eigenschaften zu definieren:

$$\begin{aligned} &I_N = 0, \quad I_P = 0 \,, \\ &U_A = U_{\text{Sätt}} |U_D| / U_D \quad (U_D \neq 0) \,, \qquad (7.123a) \\ &U_D = 0, \quad -U_{\text{Sätt}} < U_A < U_{\text{Sätt}} \,. \end{aligned}$$

Tafel 7.13. Daten des idealen und realen Operationsverstärkers

	Ideal	Real
Differenzverstärkungsfaktor A_D	∞	$10^3 \ldots 10^7$
Gleichtaktunterdrückung G	∞	$10^3 \ldots 10^6$
Differenzeingangswiderstand r_d	∞	$10^4 \ldots 10^6\,\Omega$
Gleichtakteingangswiderstand $r_G = r_{gl/2}$	∞	$\approx\; > r_d$
Ausgangswiderstand r_a	0	$10 \ldots 100\,\Omega$
Untere Grenzfrequenz f_u	0 Hz	0 Hz
Obere Grenzfrequenz f_O	∞	einige kHz ... MHz

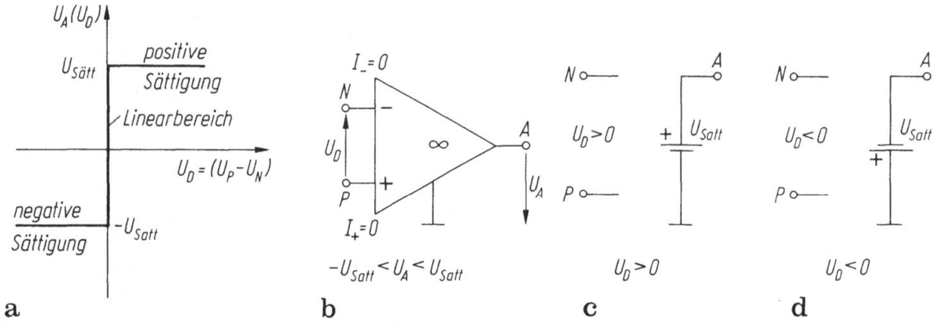

Bild 7.56a–d. Modell des idealen Operationsverstärkers. **a** Kennlinie; **b** Ersatzschaltung im Linearbereich; **c** Ersatzschaltung bei positiver Sättigung; **d** dto. bei negativer Sättigung

Er hat einen unendlich hohen Eingangswiderstand, ebenso verschwindet der Ausgangswiderstand r_a der gesteuerten Quelle. Bild 7.56 zeigt dieses Verhalten. Wir wollen auch den Grenzfall $A_D \to \infty$ mit in diesen Verstärkertyp einschließen. Dann gilt

$$I_N = 0, I_P = 0, \quad U_P - U_N = U_D = 0 \,. \qquad \textbf{virtueller Kurzschluß} \qquad (7.123b)$$

Der virtuelle Kurzschluß besagt, daß mit $A_D \to \infty$ und $U_D \to 0$ die Ausgangsspannung einen endlichen Wert unabhängig vom Eingang nehmen kann. Später werden wir das Modell des realen Operationsverstärkers weiter qualifizieren.

Vom natürlichen Verhalten her ist der Operationsverstärker ein (Differenz-) Spannungsverstärker, er wird zweckmäßig durch eine dementsprechende Ersatzschaltung (Tafel 7.11, 4. Zeile) ausgedrückt (dabei tritt als Spannungsverstärkung die Differenzspannungsverstärkung A_D auf).

7.5.2. Operationsverstärker-Grundschaltungen. Rückkopplung. Arbeitskennlinien

Der Operationsverstärker wird durchweg mit Rückkopplung (s. Abschn. 7.2.2.2) betrieben: und zwar durch Verbindung des Ausganges A direkt (oder über ein

Netzwerk) mit den Eingängen
— P als *Mitkopplung* (positive Rückkopplung, verstärkungserhöhend);
— N als *Gegenkopplung* (negative Rückkopplung = Gegenkopplung, verstärkungssenkend).

Bild 7.57 zeigt die beiden typischen Grundschaltungen:
— den *Umkehr-* oder *invertierenden* Verstärker;
— den *Elektrometer* oder *nichtinvertierenden* Verstärker.

Wir wollen das Prinzip durch Kennlinien und einfache Analyse in Verbindung mit dem Prinzip des virtuellen Kurzschlusses verstehen lernen.

1. Umkehrverstärker (Gegenkopplung, Bild 7.57a). Die Funktion der Schaltung wird durch zwei Kennlinien bestimmt:
— die *Verstärkerkennlinie* $U_A = A_D U_D$ mit $U_D = U_P - U_N$;
— die *Rückführungskennlinie* $U_A = -(R_1 + R_2)/R_1 \cdot U_D - (R_2/R_1)U_E$.

Letztere ergibt sich aus der Knotenbilanz $(U_E - U_N)G_1 + (U_A - U_N)G_2 = 0$ bei N mit $U_N = -U_D$. Im Schnittpunkt beider Kennlinien liegt der Arbeitspunkt (Bild 7.57a2). Damit steht auch $U_A = f(U_E)$ fest (Bild 7.57a3):

$$\frac{U_A}{U_E} = \frac{-x}{1 + (1 + x)/A_D} \approx -x|_{A_D \to \infty} = -\frac{R_2}{R_1} \quad (x = R_2/R_1) \ . \tag{7.124}$$

Für große Verstärkung (idealer OP) wird die Gesmtverstärkung unabhängig vom Verstärker und nur vom Widerstandsverhältnis bestimmt. Sie sinkt mit wachsendem R_1.

Die Kennlinie $U_A = f(U_E)$ Bild 7.57a3 ist die typische Übertragungskennlinie des Umkehrverstärkers. Dabei liegt die Spannung U_E über das Netzwerk an U_N.

Die Proportionalität $U_A \sim U_E$ gilt nur im Bereich $U_{E^-} \approx -U_{A\max}/x$, $U_{E^+} \approx -U_{A\min}/x$; darüber hinaus erfolgt Übersteuerung (Sättigung). Nach dem Prinzip des virtuellen Kurzschlusses kann U_A/U_E auch folgendermaßen berechnet werden: Da $I_N = 0$, muß gelten (Bild 7.57a1)

$$I_1 = \frac{U_E - U_N}{R_1} = I_2 = \frac{U_N - U_A}{R_E} \ .$$

Für virtuellen Kurzschluß $U_N \to 0$ wird daraus $U_A/U_E = -R_2/R_1$. Mit $U_N \to 0$ geht der Knoten N auf Potential Null, ohne daß ein Strom von N nach Masse fließt ($I_N = 0$).

2. Elektrometerverstärker, nichtinvertierender Verstärker (Bild 7.57b1). In diesem Fall liegt die Eingangspannung U_E direkt am Eingang U_P, und dem U_N-Einagng wird über das Netzwerk R_3, R_4 ein Teil der Ausgangsspannung zugeführt, so daß wieder Gegenkopplung herrscht. Der Arbeitspunkt ergibt sich aus dem Schnittpunkt der Verstärkerkennlinie $U_A = A_D U_D$ mit der Rückkopplungskennlinie

$$U_A = -(1 + R_4/R_3)U_D + (1 + R_4/R_3)U_E \ .$$

Sie folgt aus $U_N = -U_D + U_E$ und $U_N = U_A R_3/(R_3 + R_4)$ (Bild 7.57b2). Wird

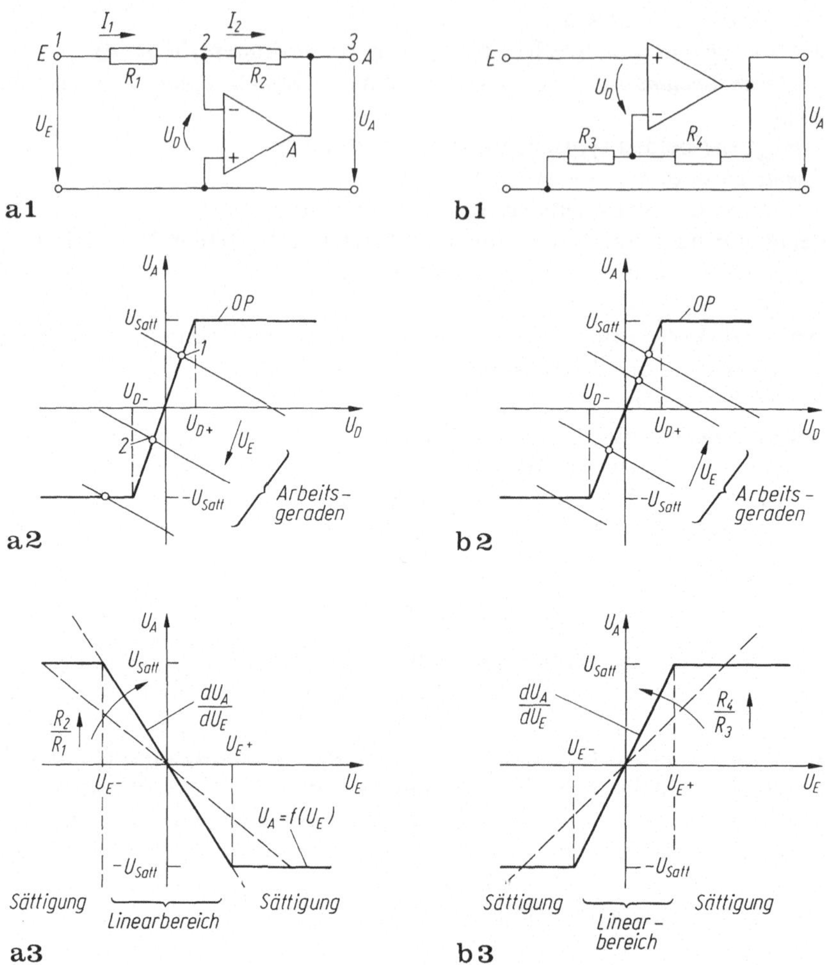

Bild 7.57a, b. Gesamtverstärkung $U_A = f(U_E)$ eines gegengekoppelten OPs. **a**1) Umkehrverstärker, **a**2) OP-Kennlinie und Arbeitsgerade, **a**3) Übertragungskennlinie, Gesamtverstärkung $U_A = f(U_E)$; **b**1) Elektrometerverstärker, **b**2) OP-Kennlinie und Arbeitsgerade, **b**3) Übertragungskennlinie, Gesamtverstärkung $U_A = f(U_E)$

U_D eliminiert, so verbleibt ($x = R_4/R_3$)

$$\frac{U_A}{U_E} = \frac{1 + x}{1 + (1 + x)/A_D} \quad \text{mit} \quad \left.\frac{U_A}{U_E}\right|_{A_D \to \infty} = 1 + \frac{R_4}{R_3}. \tag{7.125}$$

(Das Ergebnis kann auch mit dem Konzept des virtuellen Kurzschlusses begründet werden.)

Die Übertragungskennlinie $U_A = f(U_E)$ des Elektrometerverstärkers (Bild 7.57b3) unterscheidet sich vom Umkehrvertärker u.a. durch das Vorzeichen der Steigung

$\mathrm{d}U_A/\mathrm{d}U_E$ (der sog. differentiellen Spannungsverstärkung). Beim idealen Operationsverstärker ($A_D \to \infty$) hängt sie nur vom Gegenkopplungsnetzwerk ab.

Der Sonderfall $R_3 \to \infty$ (oder $R_4 \to 0$) heißt *Spannungsfolger* mit $U_A = U_E$. Er wird wegen seines hohen Eingangswiderstandes (ideal ∞) als sog. *Trennverstärker* zu Entkopplung von Schaltungsteilen eingesetzt.

3. Schmitt-Trigger, nichtinvertierend. Schaltungen mit (starker) Mitkopplung werden verbreitet als Schmitt-Trigger bezeichnet (Bild 7.58a). Im Unterschied zum gegengekoppelten Verstärker ist das Rückkopplungsnetzwerk jetzt vom Ausgang nach dem P-Eingang geschaltet.

Beim nichtinvertierenden Schmitt-Trigger wird der Arbeitspunkt bestimmt von der Verstärkerkennlinie $U_A = f(U_D)$ und der Arbeitsgeraden des Netzwerkes. Sie ergibt sich aus der Knotenbilanz in P: $-G_1 U_E + (G_1 + G_2) U_P - U_A G_2 = 0$. Mit $U_D = U_P$ wird daraus

$$U_A = \frac{R_1 + R_2}{R_1} U_D - \frac{R_2}{R_1} U_E \tag{7.126}$$

als Gleichung der Arbeitsgeraden $U_A = f(U_E, U_D)$ (Bild 7.58a2).

Es gibt jetzt u. U. Arbeitsbereiche mit drei Schnittpunkten, von denen der mittlere instabil ist. Wächst U_E von kleinen Spannungen ausgehend, so stellt sich zunächst ein Schnittpunkt im Sättigungsbereich ein. Schließlich springt U_A von P_1 nach P_2. Läuft dagegen U_E nach kleinen Werten, so springt U_A letztlich von P_3 nach P_4. Deshalb zeigt der Zusammenhang $U_A = f(U_E)$ eine *Hysterese* (wobei die Kennlinie von P_1 nach P_3 als fallender Bereich durchgezeichnet werden kann).
Durch Mitkopplung entsteht ein fallender Kennlinienbereich. Er ist Ursache der Kennlinienhysterese.

4. Schmitt-Trigger, invertierend. In diesem Fall liegt die Eingangsspannung U_E am N-Eingang, das mitkoppelnde Netzwerk aber am P-Eingang (Bild 7.58b1). Die Kennlinie des Mitkopplungsnetzwerkes lautet

$$U_A = (1 + R_4/R_3) U_D + (1 + R_4/R_3) U_E \; . \tag{7.127}$$

Zusammen mit der Verstärkungskennlinie $U_A = f(U_D)$ gibt es dann für bestimmte Parameterwerte U_E wieder Bereiche mit drei Schnittpunkten, von denen einer instabil ist (Bild 7.58b2). Steigt U_E, so springt die Spannung U_A bei P_1 auf $-U_A$, umgekehrt erfolgt bei abnehmender Spannung U_E ein Sprung bei P_2 um $+U_A$. Wieder stellt sich eine Hysterese mit einem eingeschlossenen fallenden Kennlinienbereich ein (Bild 7.58b3).

Wir erkennen zusammenfassend:

— Bei Gegenkopplung ist die Steigung der Arbeitsgeradenkennlinie $U_A = f(U_D)$ immer negativ, bei Mitkopplung immer positiv;
— bei hoher Verstärkung des Operationsverstärkers (virtueller Kurzschluß) bestimmt nur das Netzwerk das Übertragungsverhalten;
— durch Mitkopplung lassen sich fallende Kennlinienbereiche erzeugen, die allerdings in einer Hysterese verborgen sein können.

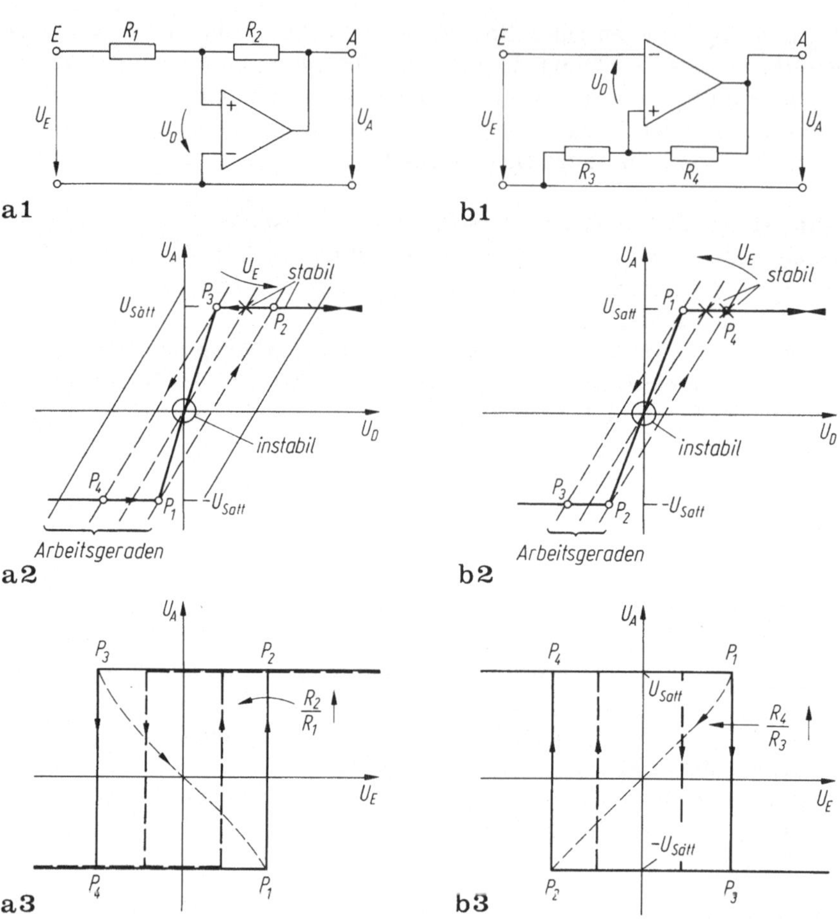

Bild 7.58a, b. Gesamtverstärkung $U_A = f(U_E)$ eines mit gekoppelten OPs. Entstehung der Schalthysterese (Schmitt-Trigger). **a**1) nichtinvertierende Mitkopplung, **a**2) OP-Kennlinie und Arbeitsgerade, stabile und instabile Arbeitspunkte, **a**3) Gesamtverstärkung, Schalthysterese; **b**1) invertierende Mitkopplung, **b**2) OP-Kennlinie und Arbeitsgerade, stabile und instabile Arbeitspunkte, **b**3) Gesamtverstärkung, Schalthysterese. In **a**3, **b**3) wurde der vorhandene fallende Kennlinienbereich angedeutet

5. Differenzierschaltung. Wird im Gegenkopplungsnetzwerk einer der beiden Widerstände als Energiespeicher ausgebildet, so arbeitet diese Operationsverstärkerschaltung als sog. *Zeitglied* und kann zum Differenzieren oder Integrieren einer Spannung verwendet werden. Aus praktischen Gründen werden nur Kondensatoren im Gegenkopplungsnetzwerk verwendet (Bild 7.59).

Beim Differenzierglied (Bild 7.59a) wird der Widerstand R_1 (in Bild 7.57a1) durch $\underline{Z}_1 = 1/\mathrm{j}\omega C$ ersetzt. Dann folgt aus Gl. (7.124) für ideale Operationsverstärker (mit $R_2 = R_N$, $\underline{U}_E = \underline{U}_Q$)

$$\underline{U}_A = -R_N \mathrm{j}\omega C \underline{U}_E \tag{7.128a}$$

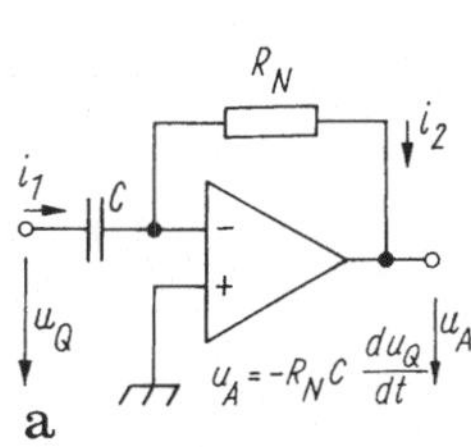

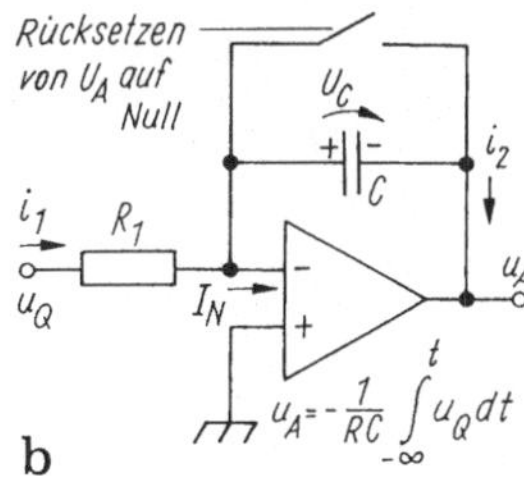

Bild 7.59a, b. Analoge Integration und Differentiation. **a** ideale Differentiation; **b** ideale Integration

im Frequenzbereich. Dazu gehört im Zeitbereich ($u_E = u_Q$)

$$u_A(t) = -R_N C(\mathrm{d}u_E/\mathrm{d}t)\ . \tag{7.128b}$$

Diese letzte Beziehung ist mit dem Prinzip des virtuellen Kurzschlusses sofort aus dem Knoten N herleitbar.

Bei Differenzierglied ist die Ausgangsspannung das (negative) Differential der Eingangsspannung.

6. Integrierschaltung, Integrator. Wird jetzt in Bild 7.57a1 der Widerstand R_2 durch einen Kondensator ersetzt, so gilt mt Gl. (7.124) für den idealen Operationsverstärker (Bild 7.59b)

$$\underline{U}_A = -\frac{\underline{U}_E}{R_1 C\mathrm{j}\omega} \tag{7.129a}$$

im Frequenzbereich oder analog im Zeitbereich

$$u_A(t) = -\frac{1}{R_1 C}\int u_E\,\mathrm{d}t \tag{7.129b}$$

mit $u_E = u_Q$. (Im letzten Fall wurde die notwendige additive Konstante oder der Anfangswert der Kondensatorspannung nicht weiter in Betracht gezogen.)

Beim Integrator ist die Ausgangsspannung das (negative) Integral der Eingangsspannung.

Integratoren stellen eine weit verbreitete Schaltung der Elektronik dar (z. B. Gewinung einer Dreieckspannung aus einer Rechteckspannung Aufbau von Filterschaltungen, Realisierung von elektronischen Induktivitäten u. a.).

Anwendung des stückweise linearen Kennlinienmodells. Wir haben uns mit Ausnahme der letzten beiden Beispiele bisher auf die Nutzung des Verstärkungsgebietes (Bild 7.55a) konzentriert und die Sättigungsbereiche nicht weiter betrachtet. Daß diese Beschränkung durch Anwendung des stückweise linearen Modells des Operationsverstärkers (Bild 7.56) überwunden werden kann, soll am Beispiel des sog. Negativimpedanzkonverters (NIK, s. Abschn. 7.6) erläutert werden.

Bild 7.60 zeigt die Schaltung. Wir beginnen im linearen Bereich. Dort gilt für die mitgekoppelte Spannung $U_2 = rU_A (r = R_2/(R_1 + R_2))$. Der Maschensatz $U_E = R_F I + U_A$ liefert für den Eingangsstrom $I = -(R_1/R_2)\cdot U_E/R_F$. Die Grenzen dieses mittleren fallenden Kennlinienteiles $I(U_E)$ sind durch $-U_{\mathrm{Sätt}} < U_A$

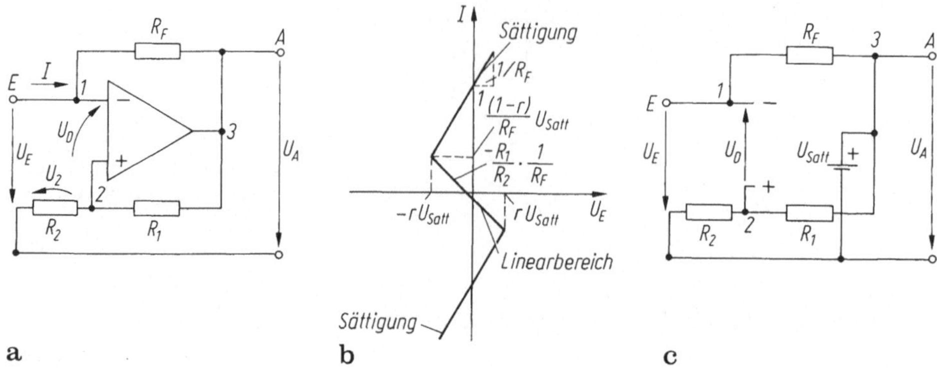

Bild 7.60a–c. Stückweise lineares Kennlinienmodell, Negativimpedanzkonverter. **a** Schaltung; **b** stückweise lineare Kennlinienbereiche; **c** Ersatzschaltung im Sättigungsbereich.

$< U_{\text{Sätt}}$ gegeben (Bild 7.60b). Daraus ergibt sich für den positiven Sättigungspunkt mit $U_A = U_{\text{Sätt}}$ die Eingangsspannung aus der Eingangsmasche

$$U_D = R_2/(R_1 + R_2)\, U_{\text{Sätt}} - U_E = r\, U_{\text{Sätt}} - U_E \ ,$$

d.h. mit der Ungleichung $U_D > 0 \rightarrow U_E < r U_{\text{Sätt}}$. Analog folgt für den unteren Knickpunkt $U_E > -r U_{\text{Sätt}}$. Die Kennliniensteigung im positiven Widerstandsbereich ist nur durch den Gegenkopplungswiderstand R_F bestimmt und kann leicht in die Kennlinie eingetragen werden.

7.5.3. Netzwerkanalyse mit Operationsverstärkern

Nicht immer liegt ein Operationsverstärker unmittelbar zwischen Signalquelle und Verbraucher, so daß die Schaltungsanalyse nach dem Vierpolgrundkonzept durchführbar ist. Häufiger sind Operationsverstärker in eine größere Schaltung “eingebettet” und es erhebt sich die Frage nach der Analyse solcher Netzwerke.

Grundsätzlich läßt sich das Problem dadurch lösen, daß man das Netzwerk in Teilvierpole zerlegt, ihre Elemente bestimmt werden und die Gesamtschaltung nach den Regeln der Vierpolzusamenschaltung analysiert. Dieser Weg ist bei größeren Netzwerken aufwendig. In solchen Fällen werden die Operationsverstärker besser durch Netzwerkmodelle ersetzt und z. B. eine Knotenspannungsanalyse des Netzwerkes durchgeführt (die Knotenspannungsanalyse ist hierfür besonders geeignet). Das Verfahren vereinfacht sich zudem für ideale Operationsverstärker, weil dann der virtuelle Kurzschluß nutzbar ist. Fürs erste muß ein Modell des Operationsverstärkers festgelegt werden.

Modellierung des realen Operationsverstärkers. Der reale OP weicht vom idealen OP hauptsächlich in folgenden Punkten ab:

1. Er hat als Haupteigenschaft eine *endliche Differenzverstärkung* A_D, deren Betrag oberhalb einer Grenzfrequenz abfällt. Außerdem liegen zwischen den Eingangsklemmen endliche Widerstände (Differenzwiderstand, Bild 7.55b).

2. Neben der Verstärkung eines Differenzsignals (zwischen den Klemmen, N, P, Differenzverstärkung) verstärkt der OP auch (unerwünscht) ein gleichzeitig an beiden Klemmen gegen Masse liegendes sog. *Gleichtaktsignal* mit einer *Gleichtaktverstärkung* A_G (sehr klein). Auch hat er einen „Gleichtakteingangswiderstand" r_{gl}.
3. Eingangsseitig treten sog. *Fehlströme* und *Fehlspannungen* (Offsetgrößen) auf. Sie verschieben z. B. die Kennlinie $U_A(U_D)$ aus dem Nullpunkt.

Wir vernachlässigen hier die Effekte 2 und 3 völlig, da sie für den ersten Umgang mit OPs nicht entscheidend sind. Auch soll der Einfluß der oberen Grenzfrequenz vernachlässigt werden. Dann enthält der OP die Differenzverstärkung A_D als spannungsgesteuerte Spannungsquelle, einen Ausgangswiderstand r_a (einige 100 Ω) sowie die Eingangsdifferenz- und Gleichtaktwiderstände (Bild 7.55b). Letztere können wegen der Größenordnung ($r_d \approx 10^6 \dots 10^{12}\,\Omega$, $r_{gl} \approx 10^6 \dots 10^{12}\,\Omega$) durchweg vernachlässigt werden.

Da es auch Operationsverstärker mit sog. symmetrischem Ausgang gibt (Ausgangsquelle nicht einseitig geerdet), stellt jeder OP streng genommen einen echten Vierpol dar, da je nach Massebezug durch einen allgemeinen Mehrpol ersetzbar ist. Wird die Ausgangsquelle einseitig geerdet und eine der beiden Eingangsklemmen ebenso, so liegt ein üblicher Dreipol vor, dargestellt durch eine allgemeine Verstärkerschaltung nach Tafel 7.11.

Knotenspannungsanalyse von OP-Schaltungen. Wir legen als OP-Modell eine spannungsgesteuerte Spannungsquelle mit $r_a = 1/y_{2k} = 0$, $r_d = r_{gl} \to \infty$ und $A_D = A_u > 0$ zugrunde (s. Tafel 7.11) und erarbeiten zunächst eine Lösungsstrategie für einfache OP-Schaltungen (insbesondere zum Umgang mit dem virtuellen Kurzschluß). Erst später gehen wir zu einem leistungsfähigeren Verfahren über, für das sich der Aufwand bei einfachen Schaltungen nicht lohnt.

Zunächst kann eine (spannungsgesteuerte) Spannungsquelle, wie sie das OP-Modell darstellt, nicht direkt in das Knotenspannungskonzept einbezogen werden. Es gab aber Lösungsmöglichkeiten unter folgenden Voraussetzungen: Spannungsquelle liegt einseitig am Bezugsknoten und kann als bekannte Knotenspannung betrachtet werden oder es liegt eine „schwimmende Quelle" vor. In beiden Fällen gilt das Superknotenkonzept (Abschn. 5.3.4.3).

Dabei wollen wir zwei Fälle unterscheiden:

a) Der OP wirkt wie eine spannungsgesteuerte Spannungsquelle mit endlicher Verstärkung A_D, die in die Knotenspannungsanalyse einbezogen werden muß und
b) im Idealfall $A_D \to \infty$ gilt der virtuelle Kurzschluß. Er kann entweder aus a) durch Grenzübergang gewonnen werden oder von Anfang an in die Knotenspannungsanalyse einbezogen werden.

Damit ergibt sich die

Lösungsmethodik: Knotenspannungsanalyse mit Operationsverstärkern.

1. Man führe im Netzwerk mit k Knoten die $k - 1$ Knotenspannungen ein und bereite es für die Knotenspannungsanalyse vor (s. Abschn. 5.3.4).
2. Man wähle ein Netzwerkmodell für den Operationsverstärker.

3. Man stelle die Knotengleichungen nur für jene Knoten auf, die *nicht* mit abhängigen oder unabhängigen Spannungsquellen verbunden sind (die dort eingeführten Knotenspannungen sind bekannt, ebenso gesteuerte Quellen, daher fehlt die Knotengleichung für den OP-Ausgang!).
4. Man führe für jeden OP die Beziehung $U_A = A_D(U_P - U_N)$ ein und drücke U_A, U_P, U_N durch Knotenspannungen aus.
5. Bei virtuellem Kurzschluß ($A_D \to \infty$): Man setze an jeden OP-Eingang die Differenz $U_P - U_N$ (ausgedrückt durch Knotenspannungen) gleich Null. Dann stellt sich die Ausgangsspannung des OPs nur durch die Schaltung ein!

Wir wollen die Lösungsmethodik durch einige Beispiele erläutern.

Beispiel Bild 7.61a. In der gegebenen Schaltung existiert nur ein Knoten (1), weil die Punkte (2') und (3') direkt an Spannungsquellen liegen, die Knotenspannung $U'_2 = U'_Q$ bekannt ist und $U'_3 = U_A \sim U_1$ von U_1 abhängt. Aus der Schaltung folgen

Knotengleichung Knoten (1)

$$(G_1 + G_2)U_1 - G_2 U_A = 0 \ , \tag{7.130a}$$

OP-Beziehung:

$$U_A = A_D(U_P - U_N) = A_D(U_Q - U_1) \ . \tag{7.130b}$$

Daraus wird geordnet

$$\begin{aligned}(G_1 + G_2)\, U_1 - G_2\, U_A &= 0\\ + U_1 + U_A/A_D &= U_Q\end{aligned}$$

oder

$$\begin{bmatrix} G_1 + G_2 & -G_2 \\ 1 & 1/A_D \end{bmatrix} \cdot \begin{bmatrix} U_1 \\ U_A \end{bmatrix} = \begin{bmatrix} 0 \\ U_Q \end{bmatrix} .$$

Damit können die gewünschten Größen bestimmt werden, z. B. $U_A(U_Q)$:

$$\frac{U_A}{U_Q} = \frac{1}{G_2/(G_1 + G_2) + (1 + A_D)} \ . \tag{7.130c}$$

Im Sonderfall $A_D \to \infty$ geht dann in der Knotengleichung (7.130a) $U_1 \to U_Q$ und die OP-Beziehung „entartet“, d. h. U_A kann jeden beliebigen (endlichen Wert) annehmen, auch den durch Gl. (7.130a) bestimmten. Wäre von Anfang an mit virtuellem Kurzschluß

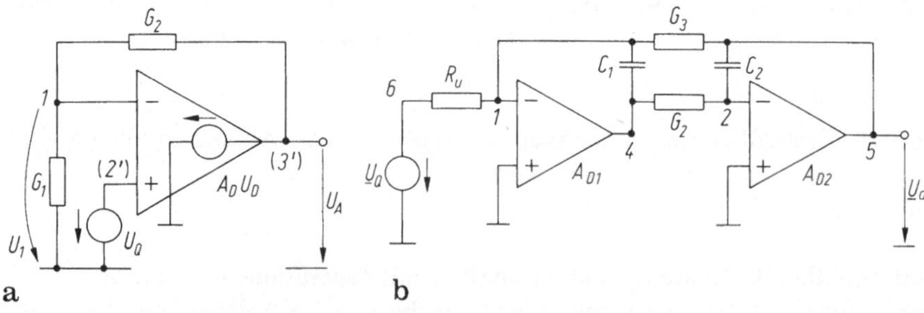

Bild 7.61a, b. Operationsverstärkerschaltungen. **a** Schaltung; **b** stückweise lineare Kennlinienbereiche; **c** Ersatzschaltung im Sättigungsbereich

gerechnet worden, so hätte die Aufstellung nur der Knotengleichung (1) (7.130a) und $U_1 = U_Q$ genügt.

Beispiel Bild 7.61b. Für die Schaltung schreiben wir nur die Knotengleichungen (1), (2)

$$(1)\quad (G_4 + j\omega C_1 + G_3)\,\underline{U}_1 - (j\omega C_1)\,\underline{U}_4 - \underline{U}_5 G_3 = \underline{U}_Q G_4\ ,$$

$$(2)\quad (G_2 + j\omega C_2)\,\underline{U}_2 - G_2 \underline{U}_4 - j\omega C_2 \underline{U}_a = 0 \quad \textit{Netzwerkbeziehungen}\ , \tag{7.131a}$$

aber nicht für die Knoten 6 (U_Q), (4) und (5) (Spannung bekannt, z. B. abhängig). Dazu treten die beiden OP-Beziehungen

$$\text{OP1: } \underline{U}_4 = A_{D1}(\underline{U}_P - \underline{U}_N) = -A_{D1}\underline{U}_1\ ,$$

$$\text{OP2: } \underline{U}_5 = A_{D2}(\underline{U}_P - \underline{U}_N) = -A_{D2}\underline{U}_2 \qquad \textit{OP-Beziehungen.} \tag{7.131b}$$

Es stehen vier unabhängige Gleichungen zur Bestimmung der Spannungen $\underline{U}_1$, $\underline{U}_2$, $\underline{U}_4$, $\underline{U}_5$ bereit.

Für den Fall $A_{D1} \to \infty$, $A_{D2} \to \infty$ gehen $\underline{U}_1$ and $\underline{U}_2$ gegen Null, aber nicht $\underline{U}_4$, $\underline{U}_5$: Dann verbleibt aus G1. (7.131a) — geschrieben in Matrixform —

$$\begin{bmatrix} -(j\omega C_1) & -G_3 \\ -G_2 & -j\omega C_2 \end{bmatrix} \cdot \begin{bmatrix} \underline{U}_4 \\ \underline{U}_5 \end{bmatrix} = \begin{bmatrix} \underline{U}_Q G_4 \\ 0 \end{bmatrix}. \tag{7.131c}$$

Wäre von Anfang an mit idealen OPs gearbeitet worden, so hätte lediglich die Aufstellung der Knotengleichungen (1), (2) genügt. Das ist aber G1. (7.131c).

Beispiel Bild 7.62a. Das Netzwerk hat 4 Knoten. Der Verstärkerausgang liegt am Knoten 4, am Knoten (1) wirkt eine ideale Spannungsquelle. Deshalb sind nur die Knotengleichungen (2), (3) aufzustellen:

$$(2)\ (G_2 + G_3 + j\omega C_4)\underline{U}_2 - G_3\underline{U}_3 - j\omega C_4 \underline{U}_4 = G_2 \underline{U}_Q\ ,$$

$$(3)\qquad -G_3\underline{U}_2 + (G_3 + j\omega C_5 + G_5)\underline{U}_3 - G_5\underline{U}_4 = 0\ .$$

Dazu kommt die OP-Beziehung

$$\underline{U}_A = \underline{U}_4 = A_D \underline{U}_D = -A_D \underline{U}_3\ . \tag{7.132b}$$

Wird $\underline{U}_4$ in Gl. (7.132a) eliminiert, so lautet das Ergebnis in Matrixform:

$$\begin{bmatrix} (G_2 + G_3 + j\omega C_4) & -(G_3 j\omega C_4 A_D) \\ -G_3 & (G_3 + j\omega C_5 + G_5 + G_5 A_D) \end{bmatrix} \cdot \begin{bmatrix} \underline{U}_2 \\ \underline{U}_3 \end{bmatrix} = \begin{bmatrix} G_2 \underline{U}_Q \\ 0 \end{bmatrix}. \tag{7.132c}$$

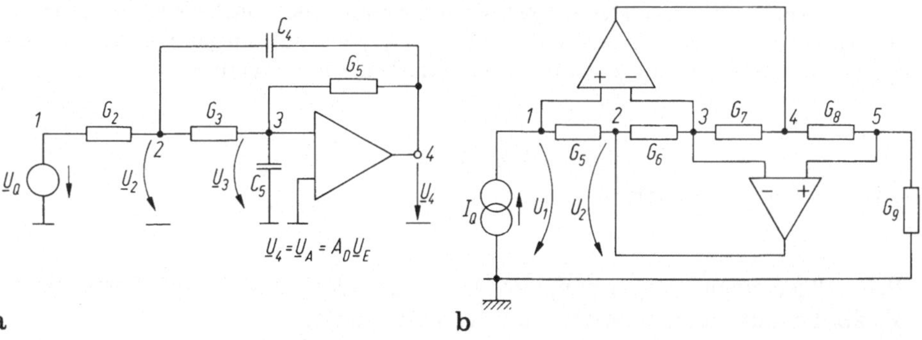

Bild 7.62a, b. Operationsverstärkerschaltungen. **a** Beispielschaltung; **b** Impedanzkonverter

Dabei kann statt $\underline{U}_3$ auch die Ausgangsspannung $\underline{U}_4 = \underline{U}_A = -A_D \underline{U}_3$ eingeführt werden. Im Falle des idealen OPs mit $A_D \to \infty$ geht dann

$$\begin{bmatrix} (G_2 + G_3 + j\omega C_4) & -j\omega C_4 \\ -G_3 & -G_5 \end{bmatrix} \cdot \begin{bmatrix} \underline{U}_2 \\ \underline{U}_A \end{bmatrix} = \begin{bmatrix} G_2 \underline{U}_Q \\ 0 \end{bmatrix} \quad (7.132d)$$

hervor, woraus sofort $\underline{U}_A = f(\underline{U}_Q)$ als Übertragungsfunktion der Schaltung bestimmbar ist. Soll von Anfang an mit idealem OP ($A_D \to \infty$) gerechnet werden, so bedeutet das wegen $\underline{U}_3 \to 0$ (virtueller Kurzschluß) in Gl. (7.132a)) den Wegfall der Terme mit $\underline{U}_3$ und der OP-Beziehung 7.132b:

Das Ergebnis Gl. (7.132d) ergibt sich direkt durch Aufstellung der Knotengleichungen (2) und (3), d.h. einer Gleichung des virtuellen Knotens (1 OP!) und einem normalen Netzwerkknoten (2).

Bild 7.62b. Die Schaltung hat $k = 5$ Knoten, sie enthält zwei Operationsverstärker, für die von Anfang an $A_D \to \infty$ gelten so. Durch den virtuellen Kurzschluß werden $U_1 = U_3$ und $U_3 = U_5$, d.h. $U_1 = U_3 = U_5$ *erzwungen.* Wir schreiben die Knotengleichungen *nicht* für die OP-Ausgänge, also die Knoten (2) und (4), wohl aber für (1), (3), (5).
In der Rechnung treten die Knotenspannungen $U_1 (= U_3 = U_5)$ sowie U_2 and U_4 auf. Die Knotengleichungen der Knoten (1), (3), (5) lauten:

$$\begin{aligned} &(1)\ G_5 U_1 - G_5 U_2 = I_Q\ , \\ &(3)\ (G_6 + G_7) U_3 - G_6 U_2 - G_7 U_4 = 0\ , \\ &(5)\ (G_8 + G_9) U_5 - G_8 U_4 = 0 \end{aligned} \quad (7.133a)$$

oder umgeschrieben mit $U_1 = U_3 = U_5$

$$\begin{bmatrix} G_5 & -G_5 & 0 \\ G_6 + G_7 & -G_6 & -G_7 \\ G_8 + G_9 & 0 & -G_8 \end{bmatrix} \cdot \begin{bmatrix} U_1 \\ U_2 \\ U_4 \end{bmatrix} = \begin{bmatrix} I_Q \\ 0 \\ 0 \end{bmatrix} . \quad (7.133b)$$

Das System (7.133b) kann für die drei Knotenspannungen U_1, U_2, U_4 gelöst und damit die Übertragungsfunktion, z.B. $U_5 = U_1 = f(I_Q)$ bestimmt werden.

An diesem Beispiel wird deutlich, daß es bei größeren Schaltungen von Anfang an zweckmäßig ist, mit dem Konzept des virtuellen Kurzschlusses zu arbeiten. (Der Ansatz endlicher Verstärkung A_D würde zwei weitere Gleichungen verursachen und damit ein Gleichungssystem mit 5 Gleichungen.)

Wie in den vorhergehenden Beispielen müssen selbstverständlich die Knotengleichungen der virtuellen kurzgeschlossenen Knoten (z. B. (1) und (3)) aufgestellt werden, obwohl $U_1 = U_3$: dies ist gerade das Konzept des virtuellen Knotenbegriffes.

7.6 Übersetzervierpole

Beim allgemeinen Vierpol hängt der Eingangswiderstand $\underline{Z}_1$ vom Lastwiderstand $\underline{Z}_L$ ab. Er lautet umgeschrieben auf Kettenparameter:

$$\underline{Z}_1 = \frac{\underline{U}_1}{\underline{I}_1} = \frac{\underline{A}_{11} \underline{Z}_L + \underline{A}_{12}}{\underline{A}_{21} \underline{Z}_L + \underline{A}_{22}} .$$

Tafel 7.14. Übersetzervierpole. 1) i.a. sind mehrere Formen möglich.

Typ	$[\underline{A}]$	Bedingungen	Ersatzschaltung [1]	Übersetzereigenschaft
PÜ; PIK Positivimpedanzkonverter	$\begin{bmatrix} \frac{1}{k_1} & 0 \\ 0 & k_2 \end{bmatrix}$	$\underline{A}_{12} = \underline{A}_{21} = 0$ $\Delta\underline{A} = \underline{A}_{11}\underline{A}_{22} > 0$ $\boxed{\underline{Z}_1 = \frac{\underline{A}_{11}^2}{\Delta\underline{A}} \cdot \underline{Z}_L}$ $P_1 = -P_2\,\Delta A$	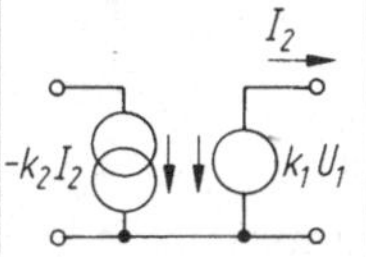 I_2; $-k_2 I_2$; $k_1 U_1$	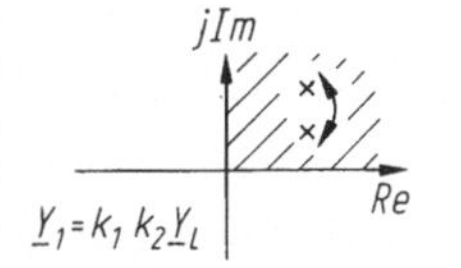 jIm; Re $\underline{Y}_1 = k_1 k_2 \underline{Y}_L$
DÜ; PII Positivimpedanzinverter, Gyrator	$\begin{bmatrix} 0 & \frac{1}{g_1} \\ g_2 & 0 \end{bmatrix}$	$\underline{A}_{11} = \underline{A}_{22} = 0$ $\Delta\underline{A} < 0$ $\boxed{\underline{Z}_1 = \frac{-\underline{A}_{12}^2}{\Delta\underline{A}} \cdot \frac{1}{\underline{Z}_L}}$ $P_1 = P_2 \cdot \Delta A$	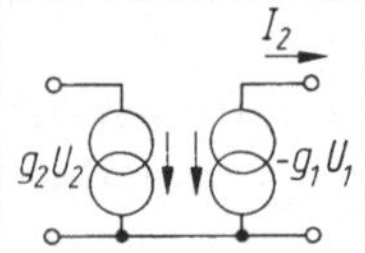 I_2; $g_2 U_2$; $-g_1 U_1$	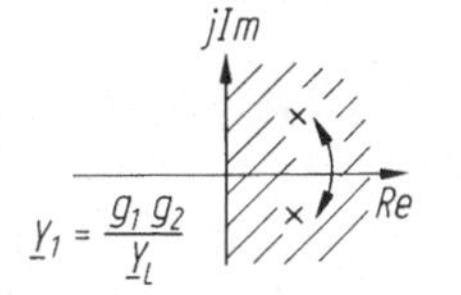 jIm; Re $\underline{Y}_1 = \frac{g_1 g_2}{\underline{Y}_L}$
PÜ; NIK Negativimpedanzkonverter	$\begin{bmatrix} -\frac{1}{k_1} & 0 \\ 0 & k_2 \end{bmatrix}$ UNIC $\begin{bmatrix} \frac{1}{k_1} & 0 \\ 0 & -k_2 \end{bmatrix}$ INIC	$\underline{A}_{12} = \underline{A}_{21} = 0$ $\Delta\underline{A} > 0$ $\boxed{\underline{Z}_1 = \frac{\underline{A}_{11}^2}{\Delta\underline{A}} \cdot \underline{Z}_L}$ UNIC: $A_{11} > 0,\ A_{22} < 0$ INIC: $A_{11} < 0,\ A_{22} > 0$	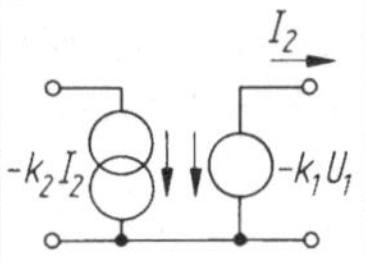 I_2; $-k_2 I_2$; $-k_1 U_1$	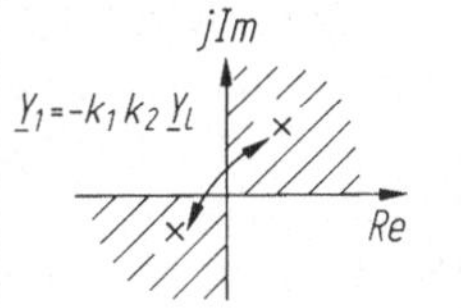 jIm; Re $\underline{Y}_1 = -k_1 k_2 \underline{Y}_L$
DÜ; NII Negativimpedanzinverter, Negativgyrator	$\begin{bmatrix} 0 & -\frac{1}{g_1} \\ g_2 & 0 \end{bmatrix}$ UNII $\begin{bmatrix} 0 & \frac{1}{g_1} \\ -g_2 & 0 \end{bmatrix}$ INII	$\underline{A}_{11} = \underline{A}_{22} = 0$ $\Delta\underline{A} > 0$ $\boxed{\underline{Z}_1 = \frac{-\underline{A}_{12}^2}{\Delta\underline{A}} \cdot \frac{1}{\underline{Z}_L}}$	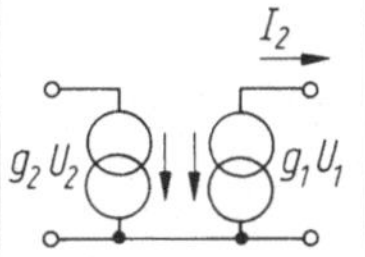 I_2; $g_2 U_2$; $g_1 U_1$	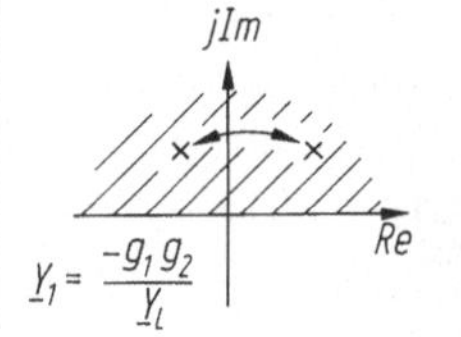 jIm; Re $\underline{Y}_1 = \frac{-g_1 g_2}{\underline{Y}_L}$

Ein *Übersetzervierpol*, oft auch als Impedanz-Konverter und -Inverter bezeichnet, wandelt eine Ausgangsimpedanz in gewünschter Weise in eine Eingangsimpedanz unter Nutzung gesteuerter Quellen. Er kann in beiden Richtungen betrieben werden. Man unterteilt Übersetzervierpole in

— *Proportionalübersetzer* oder *Impedanzkonverter* mit

$$\underline{A}_{12} = \underline{A}_{21} = 0 \quad \text{und } \underline{Z}_1 = (\underline{A}_{11}/\underline{A}_{22}) \cdot \underline{Z}_L\ , \tag{7.134a}$$

— *Dualübersetzer* oder *Impedanzinverter* mit

$$\underline{A}_{11} = \underline{A}_{22} = 0, \quad \underline{Z}_1 = (\underline{A}_{12}/\underline{A}_{21}) \cdot 1/\underline{Z}_L\ . \tag{7.134b}$$

Beide lassen sich noch zusätzlich im Vorzeichen unterscheiden.

Zur Erklärung werden zweckmäßig die Wirkleistungen $P_1 = \mathrm{Re}(\underline{I}_1{}^*\underline{U}_1)$ und $P_2 = \mathrm{Re}(\underline{I}_2{}^*\underline{U}_2)$ herangezogen. Wir nehmen ferner reelle Kettenparameter an. Tafel 7.14 gibt eine Zusammenstellung.

7.6.1 Proportionalübersetzervierpole. Impedanzkonverter

Hier werden wegen $A_{12} = A_{21} = 0$ entweder die Spannungen miteinander verknüpft (unabhängig von den Strömen) oder die Ströme (unabhängig von den

Spannungen). Deshalb gilt wegen $\det A = A_{11}A_{22}$ (reell, nach Voraussetzung) zugleich

$$Z_1 = \frac{A_{11}^2}{\det A} \underline{Z}_L \quad \text{mit} \quad \frac{P_2}{P_1} = \frac{|\underline{I}_2|^2}{|\underline{I}_1|^2} \frac{\det A}{A_{11}^2} = \frac{1}{\det A} \,.$$

Somit bedeutet $\det A = 1$ mit $P_2 = P_1$ einen verlustfreien, passiven Vierpol. Die eingangsseitig aufgenommene Wirkleistung wird voll an den Verbraucher abgegeben. Nach dem Vorzeichen der Determinante A bewertet gibt es drei Gruppen (Tafel 7.13):

1. Positivübersetzer (Positivimpedanzkonverter, PIK) ($\det A > 0$, speziell $\det A = 1$). Die Proportionalitätskonstante in Gl. (7.134) is *positiv*. Für $A_{11} = 1/A_{22}$ ist der PIK nichtreziprok und aktiv. Im Falle $\det A = 1$, d.h. $A_{11} = 1/A_{22}$ liegt ein umkehrbarer Vierpol vor, der durch den idealen Übertrager mit dem Windungsverhältnis $\ddot{u} = w_1/w_2 = A_{11}$ realisiert wird. Der Positivimpedanzkonverter (PIK) wandelt somit einen Abschlußwiderstand in einen proportionalen Widerstand gleichen Vorzeichens. Bild 7.63a zeigt eine Schaltung eines PIK (nichtreziprok) mit zwei Operationsverstärkern. Praktische Bedeutung hat die Schaltung vor allem mit komplexem $\underline{A}_{22}$ zur Nachbildung sog. Superkapazitäten und -induktivitäten.

2. Verschwindende Determinante $\det A = 0$. Hier findet eine unendlich große Leistungsverstärkung statt ($P_2 \to \infty$, bei P_1 endlich), wie sie für den Vierpol mit einer gesteuerten Quelle typisch ist. In Frage kommen die *spannungsgesteuerte Spannungsquelle* ($A_{11} \neq 0$, $A_{22} = 0$), die *stromgesteuerte Stromquelle* ($A_{11} = 0$, $A_{22} \neq 0$) oder der sog. *Nullor* ($A_{11} = A_{22} = 0$). Das ist eine (der 4 möglichen) gesteuerten Quellen mit unendlich großem Steuerparameter (z. B. mit unendlich großer Steilheit, Stromverstärkung usw.).

3. Negativübersetzer (NIK). Hier gilt der Fall $A_{11}A_{22} < 0$ und somit

$$\underline{Z}_1 = -\frac{A_{11}^2}{|\det A|} \underline{Z}_L \,. \tag{7.135}$$

In diesem Fall fließt entweder dem Eingang und Ausgang Wirkleistung zu ($P_2 < 0$) oder beiderseitig ab.[1] Der NIK ist für alle Parameterwerte nichtreziprok und aktiv.

Beim Negativübersetzer erscheint der Abschlußwiderstand am Vierpoleingang grundsätzlich mit vertauschtem Vorzeichen. Er kann damit zur Erzeugung negativer Wirkwiderstände benutzt werden.

Man unterscheidet weiter den Spannungskonverter (UNIC, $A_{11} < 0$, $A_{12} > 0$), der die Spannung bei gleichbleibendem Strom wandelt und den Stromkonverter (INIK, $A_{11} > 0$, $A_{22} < 0$), der den Strom bei gleichbleibender Spannung umpolt. Ein Vergleich der Kettenmatrizen zeigt, daß beide durch Umpolen (Multiplikation der Matrix mit -1) auseinander hervorgehen.

Bild 7.63b zeigt die Realisierung eines INIK. Seine U-I-Relationen lauten:

$$\underline{U}_1 = \underline{U}_2 + 0 \cdot \underline{I}_2; \quad \underline{I}_1 = 0 \cdot \underline{U}_2 - \underline{I}_2 .$$

[1] Hinweis: Es liegt die Kettenzählpfeilrichtung vor.

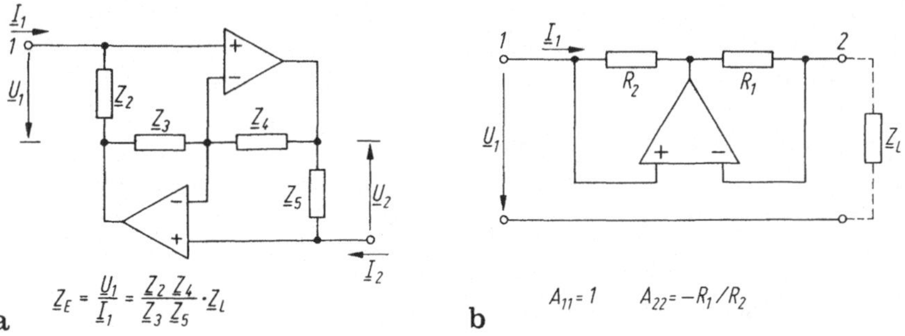

Bild 7.63a, b. Impedanzkonverter. **a** Positivimpedanzkonverter; **b** Negativimpedanzkonverter

Wird er beispielsweise ausgangsseitig mit $\underline{Z}_L$ belastet, so erscheint am Eingang $\underline{Z}_1 = -\underline{Z}_L$. Derartige Schaltungen können verwendet werden, um (positive) Wirkwiderstände (z. B. in Filtern, Spannungs-/Stromquelle) zu reduzieren und kompensieren. Auch die im Bild 7.62b analysierte Schaltung stellt einen NIK dar.

7.6.2 Dualübersetzervierpole: Impedanzinverter

Im Falle $\det A = -A_{12}A_{21}$ folgt

$$\underline{Z}_1 = \frac{-A_{12}^2}{\det A}\frac{1}{\underline{Z}_L} = \frac{A_{12}}{A_{21}}\frac{1}{\underline{Z}_L} \quad \text{mit} \quad \frac{P_2}{P_1} = \frac{1}{\det A}. \tag{7.136}$$

Abhängig vom Vorzeichen von det A findet entweder Leistungsverbrauch oder Leistungsdurchgang im Vierpol statt. Im Gegensatz zu oben diskutieren wir die Reihenfolge der Vorzeichen von det A umgekehrt:

1. Positivdualübersetzer oder Positivimpedanzinverter, Gyrator. Aus $\det A = -A_{12}A_{21} < 0$ folgt für $\underline{Z}_1$:

$$\underline{Z}_1 = \frac{A_{12}^2}{|\det A|}\frac{1}{\underline{Z}_L} = \frac{R^2}{\underline{Z}_L} \quad \text{mit} \quad R = \frac{|A_{12}|}{\sqrt{|\det A|}}. \tag{7.137}$$

Das ist ein idealer Vierpol, der einen Zweipol $\underline{Z}_L$ in den positiven dualen Widerstand $R^2/\underline{Z}_L$ übersetzt. R heißt *Gyrationswiderstand* (Tafel 7.14). Ein wichtiger Sonderfall ist det $A = 1$ mit A_{12} positiv. Ein reeller Vierpol mit diesen Eigenschaften heißt *Gyrator*. Er steht als integrierte Schaltung zur Verfügung.

Beim Gyrator tritt die Eingangsleistung am Ausgang voll wieder aus $P_1 = P_2$. Er arbeitet *verlustlos* und muß sich grundsätzlich durch passive Schaltelemente realisieren lassen (praktisch allerdings durch aktive und passive Elemente).

Der Gyrator wird durch das Gleichungssystem

$$\underline{U}_1 = 1/g_1 \cdot I_2 + 0 \cdot U_2, \quad \underline{I}_1 = g_2 U_2 + 0 \cdot \underline{U}_1$$

(in Kettenpfeilrichtung!) beschrieben. Die Parameter g_1, g_2 sind die Gyrationsleitwerte. Er stellt für $0 < g_1, g_2 < \infty$ einen nichtreziproken Vierpol dar, für $g_1 = g_2$ ist er zudem aktiv. In einer Richtung verstärkt, in umgekehrter schwächt er. Für $g_1 = g_2$ arbeitet der Gyrator verlustlos (det $A = 1$!) und damit nichtreziprok, aber passiv (wichtig z. B. für elektronische Wandler).

Bild 7.64 zeigt das Schaltsymbol, Tafel 7.14 die Ersatzschaltungen. Für den Gyrator existieren auch die Z- und Y-Matrizen

$$[\underline{Z}] = \begin{bmatrix} 0 & -1/g_1 \\ 1/g_2 & 0 \end{bmatrix}, \ [\underline{Y}] = \begin{bmatrix} 0 & g_2 \\ -g_1 & 0 \end{bmatrix}.$$

Schaltungsrealisierungen mit Operationsverstärkern sind möglich.

Gyratoren dienen z. B. zur Umwandlung einer Induktivität in eine Kapazität (und umgekehrt), d.h. ein kapazitiver Ausgangswiderstand erscheint am Eingang als induktiver Widerstand. So lassen sich große verlustarme Spulen erzeugen, wie sie z. B. die Filtertechnik benötigt ($L = R_g^2 C$).

2. *Verschwindende Determinante det* $A = 0$. Dieser Fall umschließt
   $A_{12} \neq 0, A_{21} = 0$ spannungsgesteuerte Stromquelle;
   $A_{12} = 0, A_{21} \neq 0$ stromgesteuerte Spannungsquelle;
   $A_{12} = 0, A_{21} = 0$ Nullor.

3. *Negativdualübersetzer* oder *Negativimpedanzinverter*. Mit det $A = -A_{12}A_{21} > 0$ folgt

$$\underline{Z}_1 = \frac{-A_{12}^2}{|\det A|}\frac{1}{\underline{Z}_L} = -\frac{R^2}{\underline{Z}_L}. \tag{7.138}$$

Der Abschlußwiderstand $\underline{Z}_L$ wird in den negativen und dualen Widerstand übersetzt. Im Sonderfall det $A = +1$ ($A_{12} = -1/A_{21}$) entsteht der *Negativgyrator*. Hier gilt $P_1 = -P_2$. Daher strömen über beide Klemmenpaare entweder gleich große Wirkleistungen hinein oder heraus.

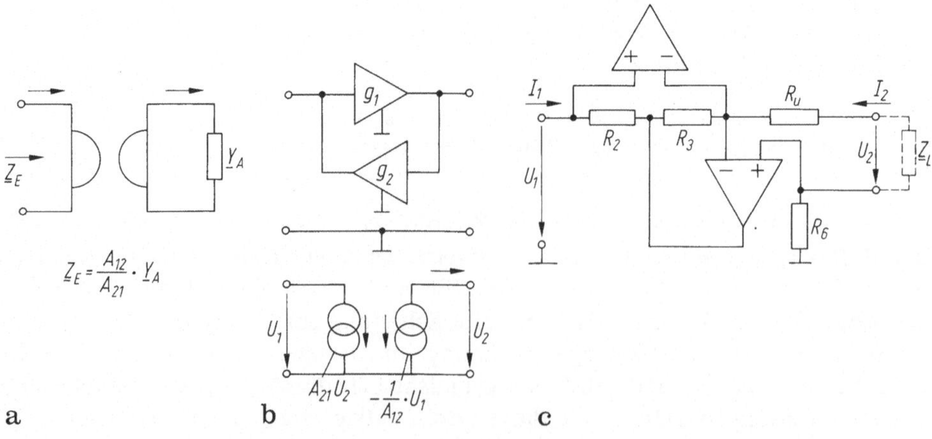

Bild 7.64a–c. Gyrator. **a** Schaltung Eingangsimpedanz; **b** Aufbau durch antiparallele Stromquellen; **c** Schaltung mit Operationsverstärkern

7.7 Netzwerkanalyse mit eingeschlossenen Vierpolen. Berechnung mit Knotenmatrix

Größere Netzwerke bedürfen eines systematischeren Einbezuges der Vierpole als es bisher geschah. Dabei ist es zweckmäßig, den Grundgedanken der Vierpolzusammenschaltung — z. B. Parallelschaltung zweier Vierpole, Addition der Leitwertmatrizen — auf Mehrpolnetzwerke zu übertragen.

Parallelschaltung von zwei n-Polnetzwerken (d.h. Verbindung aller gleichnamigen Quellen) ergibt bei gleichen Spannungsvektoren $[\underline{U}] = [\underline{U}_a] = [\underline{U}_b]$

$$[\underline{I}] = [\underline{I}_a] + [\underline{I}_b] = [\underline{Y}_a + \underline{Y}_b]\cdot[\underline{U}] \ . \tag{7.139}$$

Dabei müssen die Elemente der Knotenleitwertmatrizen jeweils addiert werden.

Im Ergebnis kann so jedes Netzwerk mit k Knoten aufgebaut werden aus einer Parallelschaltung von $(k-1)$ Toren, von denen jedes nur ein Netzwerkelement (z. B. einen stromgesteuerten Leitwert oder eine spannungsgesteuerte Stromquelle) enthält. Alle $k-1$ Tore haben jeweils eine gemeinsame Torklemme, den Bezugsknoten k (als Netzwerkknoten).

Dann ist die Gesamtknotenmatrix gleich der Summe der Elementarleitwertmatrizen mit je einem Netzwerkelement. Wir benötigen daher die Leitwertmatrizen typischer Netzwerkelemente, um sie später zur Gesamtschaltung zusammensetzen zu können.

Wir betrachten dazu eine Schaltung nach Bild 7.65 mit insgesamt $k = 4$ Knoten – einer sei Bezugsknoten –, also $k - 1 = 3$ Toren. Im Bild wurde die Schaltung zunächst als 3 Tor-Netzwerk mit einem gewählten Transistormodell dargestellt. Die Quelle liegt an Tor 1. Wir zerlegen die Schaltung mit 5 NWE in 5 Teilmatrizen mit je nur einem NWE. Die Gesamtmatrix lautet

$$[\underline{Y}] = \sum_{i=1}^{5} [\underline{Y}_i] \ .$$

Als Teilnetzwerke treten auf:

a) ohmsche Leitwerte G zwischen den Knoten p und m mit (U_k Knotenspannung, Bild 7.66a)

$$\begin{aligned} I_p &= GU_{kp} - GU_{km} = G(U_{kp} - U_{km}) \ , \\ I_m &= -I_p = -G(U_{kp} - U_{km}) \ . \end{aligned} \tag{7.140}$$

Die Matrix $[\underline{Y}_i]$ erhält vier Einträge in den Zeilen und Spalten p, m, sonst Nullen. In der Hauptdiagonalen liegt G mit positivem Vorzeichen, in den Nebendiagonalen $-G$. Fällt einer der beiden Knoten p, m mit dem Bezugsknoten zusammen, so entfällt der entsprechende Eintrag.

b) spannungsgesteuerte Stromquellen zwischen den Knoten p, m. Ihre Steuerspannung möge zwischen Knoten μ, ν (Bild 7.66b) wirken. Dann gilt

$$\begin{aligned} I_p &= g_m(U_{k\mu} - U_{k\nu}) \ , \\ I_m &= -I_p = -g_m(U_{k\mu} - U_{k\nu}) \ . \end{aligned} \tag{7.141}$$

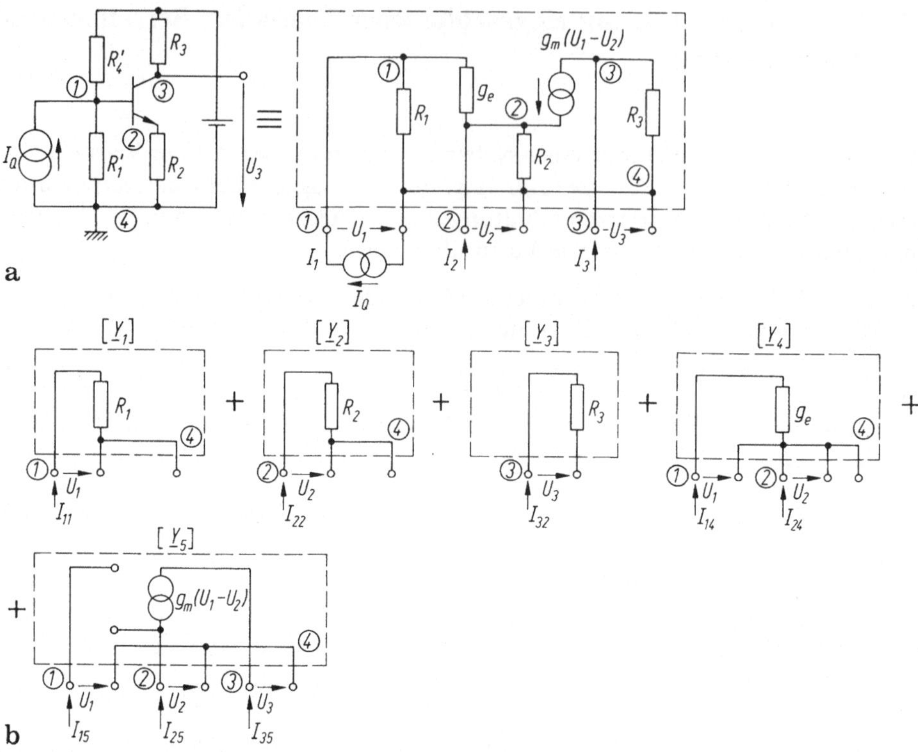

Bild 7.65a, b. Netzwerk aufgelöst in Teilnetzwerket. **a** gegebenes Netzwerk mit Ersatzschaltung; **b** Darstellung durch Teilnetzwerke

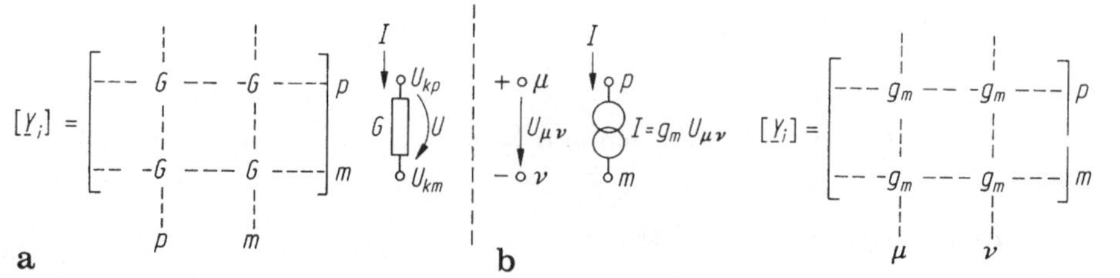

a

$$[\underline{Y}_i] = \begin{bmatrix} G & -G \\ -G & G \end{bmatrix} \begin{matrix} p \\ m \end{matrix} \qquad \text{(Spalten } p, m\text{)}; \quad G \text{ zwischen } U_{kp} \text{ und } U_{km}$$

b

$$I = g_m U_{\mu\nu} \qquad [\underline{Y}_i] = \begin{bmatrix} g_m & -g_m \\ -g_m & g_m \end{bmatrix} \begin{matrix} p \\ m \end{matrix} \qquad \text{(Spalten } \mu, \nu\text{)}$$

Bild 7.66a, b. Matrixdarstellung einfacher Netzwerkelemente. **a** ohmscher Leitwer G; **b** spannungsgesteuerte Stromquelle

Wieder entfallen Einträge, wenn ein oder zwei der Knoten auf dem Bezugspotential liegen.

Im Bild 7.67 wurde als Beispiel der Fall einer Quelle mit durchverbundenen Klemmen 2/4 dargestellt. Dabei sind je die Spalten und Zeilen 2 und 4 addiert worden. Würden Knoten 2/4 zusätzlich als Referenzknoten gewählt, so müßte die

$$[\underline{Y}] = \begin{bmatrix} 0 & 0 & 0 & 0 \\ 0 & 0 & 0 & 0 \\ -g_m & g_m & 0 & 0 \\ g_m & -g_m & 0 & 0 \end{bmatrix} \quad \text{(Zeilen/Spalten 1, 2, 3, 4)}$$

$$[\underline{Y}] = \begin{bmatrix} 0 & 0 & 0 \\ -g_m & 0 & g_m \\ g_m & 0 & -g_m \end{bmatrix} \quad \text{(Zeilen/Spalten 1, 3, 2/4)}$$

Bild 7.67. Knotenverschmelzung am Beispiel einer gesteuerten Quelle. Die linke Anordnung arbeitet mit vier Knoten, in der rechten sind Knoten 2 und 4 durchverbunden

3. Zeile und Spalte in der rechten Matrix gestrichen werden. So entsteht die übliche Vierpolmatrix (s. Tafel 7.2).

Für die Schaltung 7.65 lauten damit die Teilkomponenten

$$[\underline{Y}_1] = \begin{bmatrix} G_1 & 0 & \cdots \\ 0 & 0 & \cdots \\ \vdots & \vdots & \end{bmatrix}; \qquad [\underline{Y}_2] = \begin{bmatrix} 0 & 0 & 0 & \cdots \\ 0 & G_2 & 0 & \cdots \\ 0 & 0 & 0 & \cdots \\ \vdots & \vdots & \vdots & \end{bmatrix};$$

$$[\underline{Y}_4] = \begin{bmatrix} g_e & -g_e & 0 & \cdots \\ -g_e & g_e & 0 & \cdots \\ 0 & 0 & 0 & \cdots \\ \vdots & \vdots & \vdots & \end{bmatrix}; [\underline{Y}_5] = \begin{bmatrix} 0 & 0 & 0 & \cdots \\ -g_m & g_m & 0 & \cdots \\ g_m & -g_m & 0 & \cdots \\ \vdots & \vdots & \vdots & \end{bmatrix}.$$

Sie ergeben die Gesamtmatrix

$$[\underline{Y}] = \begin{bmatrix} G_1 + g_e & -g_e & 0 \\ -g_e - g_m & G_2 + g_e + g_m & 0 \\ g_m & -g_m & G_3 \end{bmatrix}.$$

Stromquellen zwischen zwei Knoten lassen sich mit dem Quellenteilungssatz leicht über den Bezugsknoten “hinwegführen” und so einbeziehen.

Probleme scheinen zunächst noch ideale Spannungsquellen und stromgesteuerte Spannungs- und Stromquellen, der Transformator und der ideale Operationsverstärker zu bereiten. Spannungsquellen (abhängig, unabhängig) mit Innenwiderstand werden in Stromquellen verwandelt.

Die übrigen *gesteuerten Quellen* lassen sich unterschiedlich einbeziehen:
— durch Quellenwandlung der Spannungs- in eine Stromquelle (mit Einbezug eines Widerstandes);
— Überführung des Steuerstromes in eine Steuerspannung, wenn dies schaltungstechnisch möglich ist;
— mit Zuschalten eines Gyrators, um einen Strom in eine Spannung zu wandeln (dieses Verfahren ist allerdings nicht anschaulich).

Ideale Operationsverstärker. Die Bedingungen des idealen OPs waren durch virtuellen Kurzschluß und folglich eine nur über die Schaltung eingestellte Ausgangsspannung gekennzeichnet. Gleichwertig kann ein idealer OP durch einen *Nullor*, bestehend aus Nurator und Norator berücksichtigt werden.

Zum Einbau eines idealen OPs stellen wir zunächst die Knotenleitwertmatrix (ohne OP) auf. Der Nullor wird als äußere Beschaltung aufgefaßt. Dann ist folgendermaßen zu verfahren:

Nullatoreinbau: Ein Nullator zwischen den Knoten p, m *erzwingt* gleiche Knotenspannungen, d.h.

$$\underline{U}_{\mathrm{kp}} - \underline{U}_{\mathrm{km}} = 0.$$

Dies bedeutet in der Knotengleichung z. B. für Knoten 1 (Zeile 1)

$$\underline{Y}_{11}\underline{U}_{\mathrm{k1}} + \underline{Y}_{12}\underline{U}_{\mathrm{k2}} + \ldots + \underbrace{\underline{Y}_{1\mathrm{p}}\underline{U}_{\mathrm{kp}} + \underline{Y}_{1\mathrm{m}}\underline{U}_{\mathrm{km}}}_{(\underline{Y}_{1\mathrm{p}} + \underline{Y}_{1\mathrm{m}})\underline{U}_{\mathrm{kp}}} + \ldots = \underline{I}_{\mathrm{q1}} \qquad (7.142)$$

(usw. für die anderen Zeilen) eine Zusammenfassung $\underline{y}_{\mathrm{ip}} = \underline{y}_{\mathrm{ip}} + \underline{y}_{\mathrm{im}}$ ($i = 1 \ldots k-1$), d.h. der Addition der Spalten p und m ($\rightarrow \underline{Y}'$) und Streichen des Knotenspannungsvektors $\underline{U}_{\mathrm{km}}$ (also Spalte m zu Spalte p addiert und Spalte m weggelassen). So wird der Reihe nach für jeden Nullator verfahren. Die Zahl der Zeilen ist somit um eine höher als die Zahl unabhängiger Klemmenspannungen.

Norator. Ein Norator (Bild 7.68) zwischen zwei Knoten p, m bewirkt ein Zusammenfassen der beiden zugehörigen Knotengleichungen zu einem Superknoten, z. B.

$$\left\{\begin{array}{l}\underline{Y}_{\mathrm{p1}}\underline{U}_{\mathrm{k1}} + \ldots + \underline{Y}_{\mathrm{pk-1}}\underline{U}_{\mathrm{kk-1}} = \underline{I}_{\mathrm{qp}} + \underline{I}_{\mathrm{o}}\,, \\ \underline{Y}_{\mathrm{m1}}\underline{U}_{\mathrm{k1}} + \ldots + \underline{Y}_{\mathrm{mk-1}}\underline{U}_{\mathrm{kk-1}} = \underline{I}_{\mathrm{qm}} - \underline{I}_{\mathrm{o}}\,,\end{array}\right. \qquad (7.143)$$

$$(\underline{Y}_{\mathrm{p1}} + \underline{Y}_{\mathrm{m1}})\underline{U}_{\mathrm{k1}} + \ldots + (\underline{Y}_{\mathrm{pk-1}} + \underline{Y}_{\mathrm{mk-1}})\underline{U}_{\mathrm{kk-1}} = \underline{I}_{\mathrm{qp}} + \underline{I}_{\mathrm{qm}}.$$

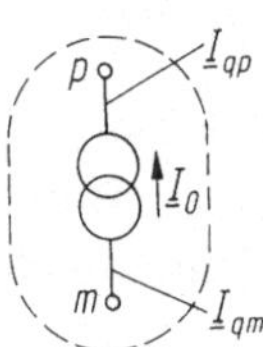

Bild 7.68. Erfassung eines Norators

Insgesamt werden die Zeilen p, m addiert und Zeile m weggelassen. Der Strom $\underline{I}_o$ des Norators in den Knoten p fließt aus Knoten m wieder heraus. Er stellt sich im übrigen so ein, daß der virtuelle Kurzschluß gilt. Damit ist er keine unabhängige Variable mehr.

Ein idealer Operationsverstärker bildet stets einen Nullor, d.h. ein Nullator — Noratorpaar. Somit ist das Gleichungssystem wieder lösbar.

Jeder ideale Operationsverstärker reduziert die Zahl der Zeilen/Spalten der Matrix um eine. Damit bleibt die Matrix quadratisch.

Aus der aufgestellten Knotenleitwertmatrix lassen sich die gewünschten Übertragungsgrößen (z. B. Transferleitwert, Eingangs-/Ausgangswiderstand) zwischen Ausgangsklemmen und der Eingangserregung durch Lösung des linearen Gleichungssystems bestimmen.

Zur Selbstkontrolle: Abschnitt 7

7.1 Geben Sie die Ersatzschaltungen technischer Schaltelemente an! Was versteht man unter $\tan\delta$ (Erläuterung, Beispiele angeben)? Was ist z. B. die Kondensatorgüte? In welcher Größenordnung liegt sie?

7.2 Skizzieren Sie Schaltung und Frequenzgang des RC-Hoch- und Tiefpasses! Anwendungsmöglichkeiten nennen!

7.3 Was versteht man unter einer freien Schwingung und wovon hängt sie z. B. beim Parallelschwingkreis (C, L, G) ab?

7.4 Was ist Resonanz und welche Vorgänge laufen dabei z. B. im Parallelschwingkreis (G, L, C) ab? Hängt die Resonanzfrequenz ω_0 vom Wirkleitwert G ab? Wie lautet die Resonanzbedingung?

7.5 Was versteht man unter Kreisgüte ϱ, Bandbreite b, Verstimmung v, 45°-Frequenzen am Reihen- und Parallelschwingkreis? Welche Zusammenhänge bestehen?

7.6 Begründen Sie, warum beim stromgespeisten Parallelkreis die Gefahr der Stromüberlastung der Schaltelemente besteht!

7.7 Wie kann z. B. ein Parallelschwingkreis mit unterteiltem Kondensator zur Widerstandstransformation verwendet werden?

7.8 Durch welches Gleichungssystem kann ein Vierpol mit linear-zeitunabhängigen Schaltelementen beschrieben werden (Beispiele angeben)?

7.9 Wie lauten die Vierpolgleichungen in Leitwert- und Widerstandsform? Welche Bedeutung haben die Vierpolparameter und wie können sie bestimmt werden? Welchen Einfluß hat dabei die Richtung des Ausgangsstromes?

7.10 Nennen Sie mindestens drei Übertragungsgrößen von Vierpolen (kurze Erläuterung geben).

7.11 Wie können aus den Leitwertparametern eines Vierpols die Widerstandsparameter gewonnen werden?

7.12 Welcher Zusammenhang besteht zwischen den Gleichungen eines allgemeinen Vierpols und der Kennliniendarstellung?

7.13 Erläutern Sie die Begriffe „Kleinsignalparameter" und „Kleinsignalaussteuerung" eines Vierpols.

7.14 Skizzieren Sie Ersatzschaltungen (mit einer und zwei Quellen) des allgemeinen Vierpols in Leitwert- und Widerstandsdarstellung! Welcher Zusammenhang besteht zur Vierpolersatzschaltung gesteuerter Quellen?

7.15 Welche Bedingungen erfüllt ein Vierpol bei Umkehrbarkeit, Widerstandssymmetrie und Rückwirkungsfreiheit?

7.16 Welche Arten der Vierpolzusammenschaltung gibt es, was ist dabei zu beachten?

7.17 Was versteht man unter Eingangswiderstand, Wellenwiderstand, Übertragungs- und Stromübertragungsfaktor eines Vierpols? Erläutern Sie die Begriffe mit den Widerstands- und Leitwertformen der Vierpolgleichungen!

7.18 Geben Sie Beispiele typischer Elementarvierpole an. Wie lauten die zugehörigen Vierpolparameter? (Hinweis: Wählen Sie die T- oder Π-Schaltung als Ausgang.)

7.19 Erklären Sie das Prinzip einer Wechselstrombrücke, die Abgleichbedingung und den Unterschied zur Gleichstrombrücke!

7.20 Was versteht man unter einer Kompensationsschaltung? (Beispiel angeben.)

7.21 Nennen Sie Beispiele wichtiger Übersetzervierpole und ihre wichtigsten Eigenschaften!

7.22 Wie lauten die Transformatorvierpolgleichungen und welche Ersatzschaltung gehört dazu?

7.23 Wodurch sind der streuungsfreie und ideale Übertrager gekennzeichnet?

7.24 Was ist eine reduzierte Ersatzschaltung?

7.25 Erläutern Sie die Ersatzschaltung des technischen Übertragers. Warum verwendet man einen Eisenkreis?

7.26 Welche Haupteigenschaften hat der Übertrager (erläutert an der Ersatzschaltung)? Transformiert er Gleichspannung?

7.27 Erläutern Sie die Vierpoldarstellung eines Verstärkervierpols!

7.28 Erläutern Sie die Vierpoldarstellung des Bipolartransistors (Emitterschaltung, Größenordnung der Elemente)!

7.29 Was ist ein Operationsverstärker? Welche Eigenschaften hat er und in welchen typischen Schaltungen wird er verwendet? Nennen Sie Anwendungsbeispiele!

7.30 Skizzieren Sie eine Operationsverstärkerersatzschaltung. Analysieren Sie den Umkehr- und Elektromotorverstärker mit endlicher Differenzverstärkung.

7.31 Was versteht man unter virtuellem Kurzschluß? Wie ist eine Schaltungsanalyse durchzuführen?

7.32 Wie arbeitet eine Integratorschaltung?

7.33 Erläutern Sie typische Übersetzervierpole und erklären Sie die Unterschiede.

8 Dreiphasig erregte Netzwerke

Ziel. Nach Durcharbeit des Abschnittes 8 sollen beherrscht werden:
— das Verkettungsprinzip mehrerer Spannungen und seine Vorteile;
— die Vorteile des Drehstromes;
— die Leistungsberechnung in Drehstromnetzwerk;
— die Durchführung einfacher Analysen von Drehstromnetzwerken.

Überblick. Die bisher betrachteten Wechselspannungsquellen wurden stets über zwei Leitungen an einen Lastwiderstand angeschlossen. Ein solches System heißt „einphasig“[1]. Im Gegensatz dazu werden in der Elektrotechnik, speziell der Elektroenergietechnik „mehrphasige“ Systeme und dort im besonderen *dreiphasige* Systeme benutzt. Ein Mehrphasensystem ist eine Verkopplung mehrerer Generatoren mit gleicher Frequenz und gleichem Effektivwert, aber *verschiedenen Nullphasenwinkeln* einschließlich der Verbindungsleitungen und Lastelemente. Oft unterscheiden sich die Nullphasenwinkel um $2\pi/m$ (*m ganz*). Man kennt *Zweiphasensysteme*, *Dreiphasensysteme* ($m = 3$) – durchweg als *Drehstrom* bezeichnet – aber auch *Sechsphasensysteme* ($m = 6$) und höhere Phasenzahlen (12, 24, 36) für Sonderanwendungen.

Die *Vorteile* des Mehrphasen- und insbesondere Dreiphasensystems gegenüber den bisherigen Einphasensystemen sind
— Einsparungen von Verbindungsleitungen;
— die Bereitstellung einer zeitlich konstanten Leistung beim Verbraucher, die einfache Erzeugung einer Gleichspannung mit geringer Welligkeit;
— Bereitstellung eines magnetischen Drehfeldes beim Verbraucher, mit dem insbesondere die sehr robusten und einfachen Drehstrommotoren betrieben werden können (Bild 4.32);

insgesamt also gravierende wirtschaftlich–technische Vorteile.

---

[1] Der Begriff „Phase“ in der Bedeutung von Phasenwinkel (Phasenverschiebung) wurde bisher zur eindeutigen zeitlichen Zuordnung zweier sich periodisch (meist harmonisch) mit der Zeit ändernder physikalischer Größen eingeführt. Die Phase beschrieb die zeitliche Lage dieser Größe in einem gewählten Koordinatensystem. Nunmehr erhält der Begriff „Phase“ eine zur bisherigen Bedeutung wesensfremde Orientierung auf ein System, in dem er beschreibt, wieviele der bisher bekannten einphasigen Systeme zu einem Mehrphasensystem zusammengekettet werden.

8.1 Mehrphasen- und Dreiphasengeneratoren

Wir betrachten zunächst den Grundgedanken eines Mehrphasengenerators und später der technisch wichtigen Dreiphasenquelle.

8.1.1 Mehrphasenquelle

Prinzip. Ein Mehrphasensystem besteht aus mehreren sinusförmigen Wechselspannungsquellen gleicher Amplitude und Frequenz, aber unterschiedlicher Phasenlage, die in bestimmter Weise zusammengeschaltet („verkettet") sind. Es gibt

— die *Sternschaltung*, bei der alle Generatoren an einem Punkt – dem *Sternpunkt* – zusammengeschaltet sind und

— die *Ring-* oder *Polygonschaltung*: alle Quellen zu einem geschlossenen Ring zusammengefügt. Für das Dreiphasensystem spricht man von *Dreieckschaltung*.

Bild 8.1 zeigt die Sternschaltung mit m Spannungsquellen. Sie sind über die Leitwerte $\underline{Y}_\nu$ an einen Leitwert $\underline{Y}_\mathrm{N}$ geschaltet. Der Überlagerungssatz liefert sofort als Spannung (im Frequenzbereich) an $\underline{Y}_\mathrm{N}$

$$\underline{U}_\mathrm{N} = \frac{\sum\limits_{\nu=1}^{m} \underline{Y}_\nu \underline{U}_{\mathrm{Q}\nu}}{\sum\limits_{\nu=0}^{m} \underline{Y}_\nu + \underline{Y}_\mathrm{N}} . \tag{8.1}$$

Haben die Spannungen gleiche Amplitude (Effektivwerte) und stimmen die Quellenleitwerte $\underline{Y}_\nu(\nu = 1 \ldots m)$ überein, so wird

$$\underline{U}_\mathrm{N} = \frac{\underline{Y} \sum\limits_{\nu=1}^{m} \underline{U}_{\mathrm{Q}\nu}}{\underline{Y}_\mathrm{N} + m\underline{Y}} . \tag{8.2}$$

Für $m = 6$ wurden im Bild 8.2 der Momentanwert der Spannungen sowie das Zeigerbild angegeben. Da sich die Einzelspannungen

$$\underline{U}_\mathrm{Q} = \underline{U}_\mathrm{Q} \mathrm{e}^{-\mathrm{j}(\nu-1)\,2\pi/m}$$

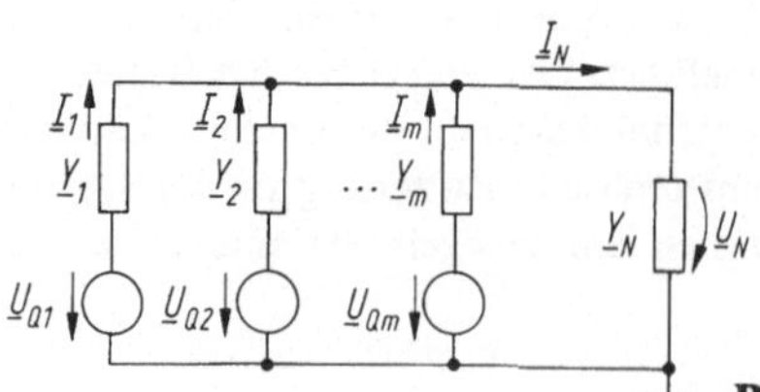

Bild 8.1. Grundanordnung eines Mehrphasensystems

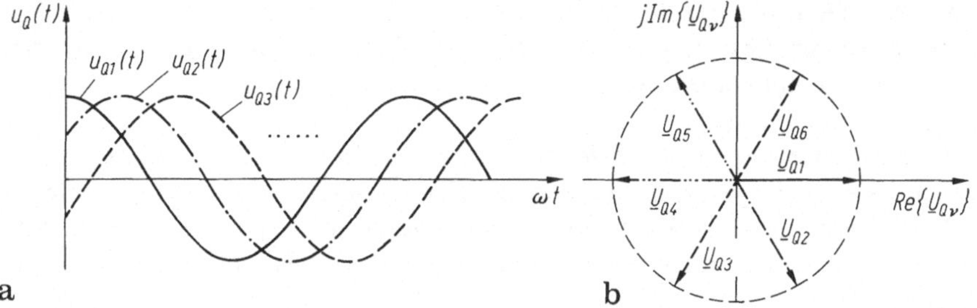

Bild 8.2a, b. Mehrphasengenerator ($m = 6$). **a** Zeitfunktionen: $u_{Q1}(t) = U_Q \cos \omega t$, $u_{Q2}(t) = U_Q \cos(\omega t - \pi/3)$, $\bar{u}_{Q3}(t) = U_Q \cos(\omega t - 2/3\pi) \ldots$; **b** Zeigerdiagramm

unterscheiden, so ergibt sich für die Summe

$$\sum_{\nu=1}^{m} \underline{U}_{Q\nu} = \underline{U}_Q \sum_{\nu=1}^{m} e^{-j(\nu-1)2\pi/m} = \frac{e^{-j2\pi} - 1}{e^{-j2\pi/m} - 1} \underline{U}_Q \equiv 0 \quad (m > 1) \; . \tag{8.3}$$

Unabhängig vom Leitwert $\underline{Y}_N$ verschwindet die Gesamtspannung in jedem Zeitpunkt und damit auch der Strom durch den Leitwert $\underline{Y}_N$.

Dies ergibt sich auch sofort aus der Summe der Momentanwerte (Bild 8.2a). Fassen wir die Leitwerte $\underline{Y}_\nu$ als Lastleitwerte der idealen Spannungsquelle auf und wählen sie *symmetrisch* ($\underline{Y}_\nu = \underline{Y}$, $\nu = 1 \ldots m$), so spricht man von einem *symmetrischen* Mehrphasensystem.

Um die gesamte Momentanleistung $p(t)$ bewerten zu können, betrachten wir im Zeitbereich die Einzelspannungen $u_{Q\nu}(t)$ und Ströme $i_\nu(t)$ durch den jeweiligen Lastleistwert:

$$\begin{aligned} u_{Q\nu}(t) &= \hat{U}_{Q\nu} \cos[\omega t + \varphi_u - (\nu - 1) \cdot 2\pi/m] \; , \\ i_\nu(t) &= \hat{I}_\nu \cos[\omega t + \varphi_i - (\nu - 1) \cdot 2\pi/m] \end{aligned} \tag{8.4}$$

(deren Amplituden jeweils wegen der symmetrischen Belastung übereinstimmen). Jede Quelle liefert die momentane Teilleistung ($\varphi = \varphi_u - \varphi_i$)

$$p_\nu(t) = (\hat{U}_{Q\nu}\hat{I}_\nu/2) \cdot [\cos\varphi + \cos[2\omega t + \varphi_u + \varphi_i - 2(\nu - 1) \cdot (2\pi/m]] \; . \tag{8.5}$$

Die Gesamtleistung

$$p(t) = \sum_{\nu=1}^{m} p_\nu(t) \equiv m \frac{\hat{U}_Q \hat{I}}{2} \cos\varphi \tag{8.6}$$

ist überraschenderweise – im Gegensatz zur Einzelleistung – *zeitlich konstant*, denn der in G1. (8.6) noch verbleibende Term

$$\sum_{\nu=1}^{m} \cos(2\omega t + \varphi_u + \varphi_i - 2(\nu - 1) \cdot (2\pi/m))$$

$$= \mathrm{Re} \sum_{\nu=1}^{m} e^{j(2\omega t + \varphi_u + \varphi_i)} \underbrace{e^{-j2(\nu-1)2\pi/m}}_{= 0 \text{ für } m > 2}$$

verschwindet für $m > 2$ (Nachweis!).

Die große Bedeutung des Mehrphasensystems besteht damit in der zeitlich konstant umgesetzten Leistung, was erhebliche Vorteile z.B. auch für die mechanisch abgegebene Leistung eines Motors bringt (ruhigerer Lauf, Vergleich: Einzylinder-, Dreizylindermotor usw.).

Wir betrachten noch den Sonderfall eines symmetrischen *Zweiphasensystems* bestehend aus zwei Spannungsquellen (gleiche Amplitude und Frequenz, die sich in der Phasenlage jedoch nur um 90° unterscheiden (im Falle der Beziehungen Gl. (8.4) kann $m = 2$ nicht angewendet werden!) (Bild 8.3.) Jeder Generator liefert die Leistung

$$p_1(t) = GU_{\mathrm{Q}}^2 \cos^2 \omega t, \quad p_2(t) = GU_{\mathrm{Q}}^2 \sin^2 \omega t \tag{8.7}$$

an den reellen Lastleitwert G und die Gesamtleistung

$$p(t) = p_1(t) + p_2(t) \equiv GU_{\mathrm{Q}}^2[\cos^2 \omega t + \sin^2 \omega t]$$

bleibt zeitlich konstant, was zunächst überrascht (Bild 8.3d). Deshalb haben sich solche Systeme in der Informationstechnik eingeführt.

Ist die Momentanleistung eines Mehrphasensystems zeitlich konstant — bei sonst zeitveränderlichen Momentanleistungen der einzelnen Quellen — so spricht man von einem *balancierten* oder *abgeglichenen* Mehrphasensystem. Das kann für $m > 2$, also $m \geqq 3$ (Gl. (8.4)) eintreten.

8.1.2 Dreiphasenquelle. Drehstromgenerator

Ein technisch besonders wichtiges Mehrphasensystem ist das *Dreiphasen-* ($m = 3$) oder *Drehstromsystem.* Hier werden drei phasenverschobene Spannungsquellen

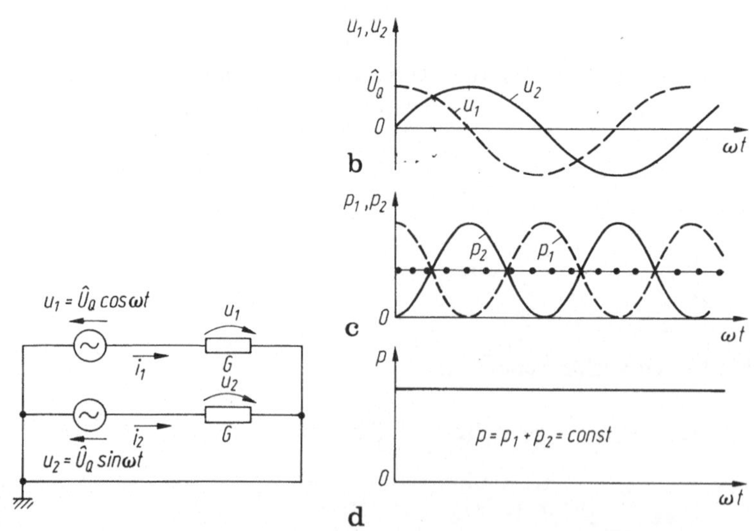

Bild 8.3a–d. Zweiphasensystem. **a** Schaltung; **b** Zeitverlauf der Spannungen; **c** Zeitverlauf der Einzelleistungen $p_1 = \mu_1^2 G$, $p_2 = \mu_2^2 G$ (Momentanwerte); **d** Zeitverlauf der Gesamtleistung $p = p_1 + p_2$ (Momentanwert)

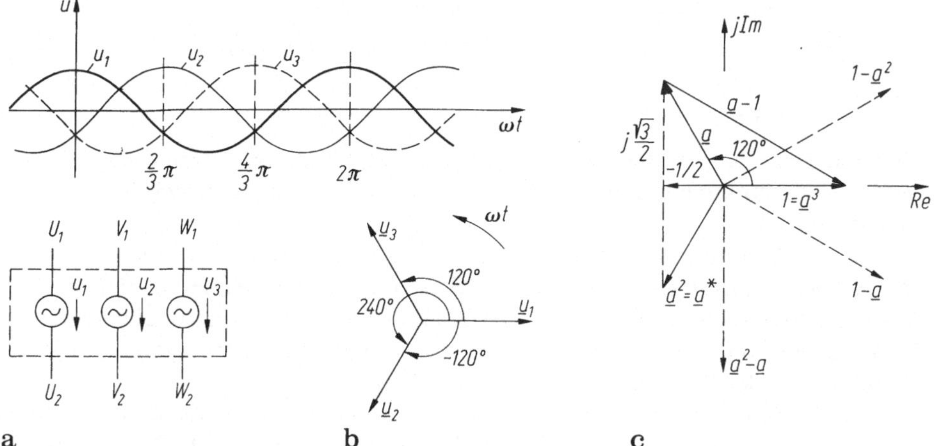

Bild 8.4a–c. Drehstrom. **a** drei je um 120° phasenverschobene Wechselspannungen gleicher Amplitude und Frequenz; **b** Zeigerbild; **c** Operationen mit dem Drehoperator $\underline{a}$

(Bild 8.4a) zusammengeschaltet. Die Zeitverläufe der Quellenspannungen u_{Q1}, u_{Q2}, u_{Q3} — oder kurz u_1, u_2, u_3 lauten

$$u_1 = \sqrt{2}U_1 \cos \omega t,\; u_2 = \sqrt{2}U_2 \cos(\omega t - 2\pi/3)\;,$$
$$u_3 = \sqrt{2}U_3 \cos(\omega t - 4\pi/3) = \sqrt{2}U_3 \cos(\omega t + 2/3\pi) \tag{8.8}$$

oder im Frequenzbereich (Bild 8.4b)

$$\underline{U}_1 = U,\; \underline{U}_2 = \underline{U}_1 \mathrm{e}^{-\mathrm{j}2\pi/3} = \underline{U}_1 \underline{a}^2,\; \underline{U}_3 = \underline{U}_1 \mathrm{e}^{-\mathrm{j}4\pi/3} = \underline{U}_1 \underline{a}. \tag{8.9}$$

Dabei wird der *Drehoperator* $\underline{a} = \exp \mathrm{j}\frac{2\pi}{3}$ verwendet (s.u.). Grundsätzlich gilt (für alle symmetrischen Systeme).

$$\sum_{\nu=1}^{3} u_\nu(t) = 0 \quad \text{resp.} \quad \sum_{\nu=1}^{3} \underline{U}_\nu = 0 \tag{8.10}$$

zu jedem Zeitpunkt.

Aus dem Zeitverlauf Gl. (8.8), Bild 8.4a und dem Zeigerbild ergibt sich der definierte Rechtssinn für die Spannungen $\underline{U}_1$, $\underline{U}_2$, $\underline{U}_3$ (Nacheilung der folgenden Phase, Bild 8.4b).

In der Energietechnik werden statt der Quellensymbole die Wicklungen (Generator, Transformator) angegeben, die diese Spannungen induzieren.

Für die weitere Betrachtung ist die Verwendung des eingeführten *Drehoperators* nützlich. Es gilt

$$\underline{a} = \exp \mathrm{j}2/3\pi = (1/2)\cdot(-1 + \mathrm{j}\sqrt{3}),$$
$$\underline{a}^2 = \exp \mathrm{j}4/3\pi = \underline{a}^{-1} = \underline{a}^* = (1/2)(-1 - \mathrm{j}\sqrt{3}), \tag{8.11}$$
$$\underline{a}^3 = 1 \quad \text{sowie}$$

$$1 + \underline{a} + \underline{a}^2 = 0, \quad \text{da } \underline{U}_1 + \underline{U}_2 + \underline{U}_3 = U(1 + \underline{a} + \underline{a}^2) = 0\;.$$

Nützlich sind noch folgende Beziehungen:

$$1 - \underline{a}^2 = -\mathrm{j}\sqrt{3}\underline{a}, \qquad |1 - \underline{a}| = |1 - \underline{a}^2| = |\underline{a} - \underline{a}^2| = \sqrt{3},$$

$$\underline{a}^2 - \underline{a} = -\mathrm{j}\sqrt{3}\;.$$

Bild 8.4c zeigt den Phasenoperator und das Zeigerbild. Die Eckpunkte des Sterns sind die Eckpunkte eines gleichseitigen Dreiecks. Daraus leiten sich die Beziehungen ab.

Die drei Spannungsquellen des Drehstromsystems können zu einem *Stern* oder *Ring* (*Dreieck*) zusammengeschaltet werden, ohne daß im letzteren Fall (nach Gl. (8.10)) ein Strom fließt (Bild 8.5). Würden nämlich die Spannungsquellen einzeln zu Verbraucherzweipolen geführt werden, so wären sechs Leitungen erforderlich. Durch die Verkettung sinkt die Zahl auf 4 bzw. 3!

Die „Eckpunkte" der Spannungsquellen (an die die Verbraucherleitungen angeschlossen sind) werden mit 1, 2, 3, auch A, B, C oder (bisher) U, V, W bzw. R, S, T bezeichnet, der Mittelpunkt der Sternschaltung (Sternpunkt) mit N. Erzeugen lassen sich die drei Spannungen durch drei mit ω-rotierende Spulen im Magnetfeld, die je um 120° räumlich versetzt sind. In beiden Fällen verschwindet die Summe aller Spannungen zwischen den Punkten 1, 2, 3, 1 zu jedem Zeitpunkt. Dies folgt umittelbar aus den Zeigerbildern 8.4a, b.

Die Möglichkeiten einer Stern- und Dreieckschaltung der Spannungsquellen – ebenso des Verbrauchers – ergeben insgesamt vier Grundtypen der Zusammenschaltungen:

$$\wedge \rightarrow \wedge\,,\ \wedge \rightarrow \Delta,\ \Delta \rightarrow \wedge\,,\ \Delta \rightarrow \Delta\;.$$

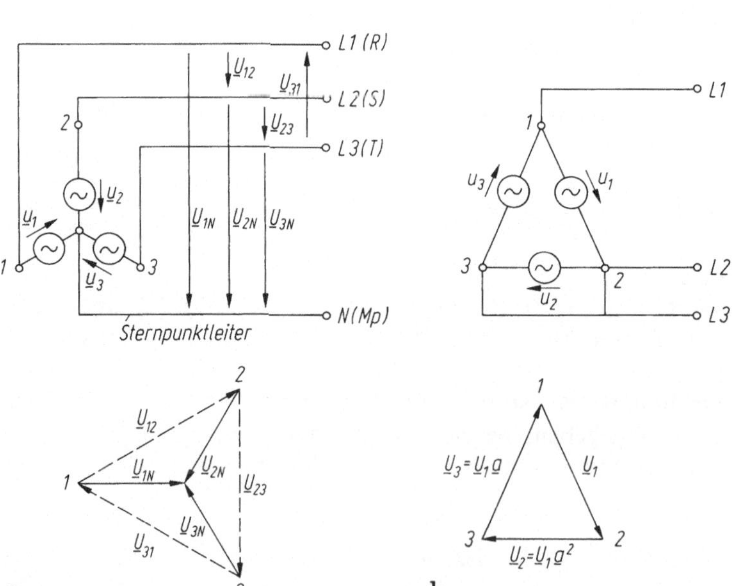

Bild 8.5a, b. Stern-Dreieckschaltung. **a** Sternschaltung mit Zeigerbild; **b** Dreieckschaltung mit Zeigerbild

Es ist in Mehrphasenschaltungen üblich, die einzelnen Ströme und Spannungen zwischen den Klemmen und in den Verbindungen folgendermaßen zu bezeichnen (Bild 8.5a):

— *Außenleiter* (auch Phasenleiter oder Phase): Verbindungen zwischen Außenpunkten des Generators und Außenpunkten des Verbrauchers (mit L1, L2 ... Lm bezeichnet, früher RST bei Drehstrom);
— *Sternpunkt-* oder *Neutralleiter, Mittelleiter*: Verbindungsleitung zwischen Generator und Verbrauchersternpunkt (mit N, früher Mp bezeichnet);
— *Strang-*, *Stern-* oder *Phasenspannung*: (u_{St}, $\underline{U}_{St}$), Spannungen an den Klemmen der Quelle ($\rightarrow u_{1N}, u_{2N}$) oder Erzeugerspule;
— *Strang-* oder *Phasenstrom*: (i_{St}, $\underline{I}_{St}$), Ströme durch die Einzelquelle oder den Einzelverbraucher (einzelner Zweig);
— *Außenleiter-* oder *Leiterspannung*: (u_{Lt}, $\underline{U}_{Lt}$), Spannung zwischen zwei Außenleitern;
— *Außenleiter-* oder *Leiterstrom*: (i_{Lt}, $\underline{I}_{Lt}$), Ströme durch Außenleiter.

Bild 8.5 enthält die Zeigerbilder der Stern- und Dreieckschaltung.

Sternschaltung des Generators. Bild 8.6a zeigt die Sternschaltung eines Generators mit angeschlossenen Verbrauchern zur Verdeutlichung der eingeführten Begriffe. Bei generatorseitiger Symmetrie gilt für die *Sternspannungen*

$$\underline{U}_{1N} = \underline{U}_1, \underline{U}_{2N} = \underline{a}^2 \cdot \underline{U}_1, \underline{U}_{3N} = \underline{a} \cdot \underline{U}_1 \tag{8.12}$$

$$\text{mit} \quad U_{1N} = U_{2N} = U_{3N} = U_\curlywedge \ . \tag{8.13}$$

Die *Klemmenspannungen* (Außenleiter- oder Dreieckspannungen) ergeben sich zu

$$\begin{aligned} u_{12} &= u_1 - u_2 \rightarrow \underline{U}_{12} = \underline{U}_{1N} - \underline{U}_{2N} = \underline{U}_1(1 - \underline{a}^2), \\ u_{23} &= u_2 - u_3 \rightarrow \underline{U}_{23} = \underline{U}_{2N} - \underline{U}_{3N} = \underline{U}_1(\underline{a}^2 - \underline{a}), \\ u_{31} &= u_3 - u_1 \rightarrow \underline{U}_{31} = \underline{U}_{3N} - \underline{U}_{1N} = \underline{U}_1(\underline{a} - 1) \end{aligned} \tag{8.14}$$

oder $U_{12} = 2U_{LN}\cos 30° = \sqrt{3}U_{LN}$

Dreieckspannung $U_L \equiv U_\Delta = \sqrt{3}U_Y$ = Sternspannung $\cdot\sqrt{3}$ (Strangspannung).	(8.15)

Für $U_{1N} = 220$ V gilt dann $U_\Delta = U_{12} = U_{1N}\sqrt{3} = 380$ V.
Aus der Maschengleichung (Bild 8.5a)

$$\underline{U}_{12} + \underline{U}_{23} + \underline{U}_{31} = 0 \tag{8.16}$$

leitet sich ab:

— Außenleiterströme stimmen mit den Strangströmen überein

$$\underline{I}_1 = \underline{I}_U, \quad \underline{I}_2 = \underline{I}_V, \quad \underline{I}_3 = \underline{I}_W \ , \tag{8.17}$$

— die Knotengleichung liefert stets den Strom im Nulleiter

$$\underline{I}_N = \underline{I}_1 + \underline{I}_2 + \underline{I}_3 \ . \tag{8.18}$$

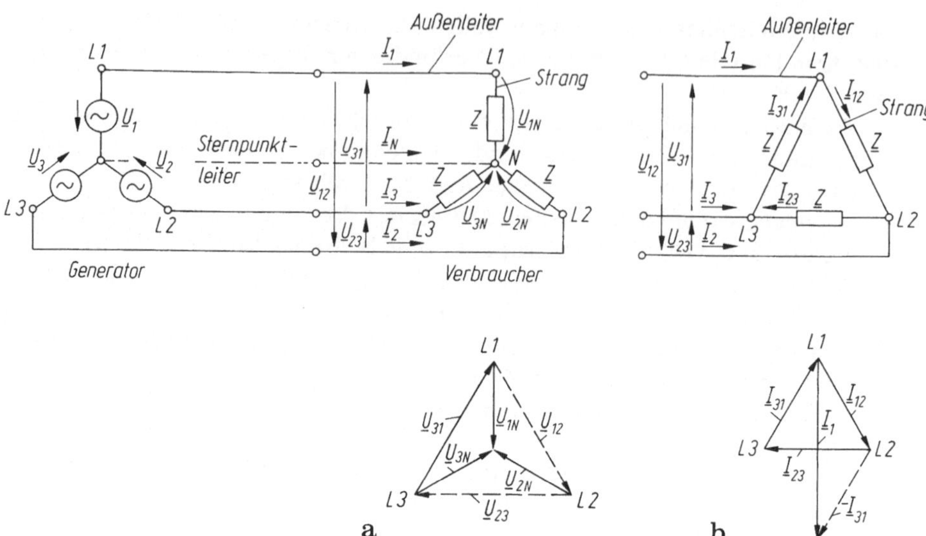

Bild 8.6a, b. Verbraucher in Stern- und Dreieckschaltung. **a** Sternschaltung; **b** Dreieckschaltung, $\underline{U}_1 \cdots \underline{U}_{3N}$ Sternspannungen, $\underline{I}_1 \cdots \underline{I}_3$ Außenleiterströme, $\underline{U}_{12} \cdots \underline{U}_{31}$ Dreieckspannungen, $\underline{I}_{12} \cdots \underline{I}_{31}$ Strangströme (Dreieckströme)

Summe der Außenleiterströme ist gleich dem Strom im Sternpunktleiter. Bei symmetrischer Generatorlast verschwindet $\underline{I}_N$ und der Sternleiter kann entfallen.

Beispiele von Generatoren in Sternschaltungen sind

— ein Drehstromnetz 3 × 380/220 V (meist mit Sternleiter). Der Verbraucher wird als Stern- oder Dreieckverbraucher oder einphasig zwischen Strang und Sternleitung angeschlossen;

— bei höheren Spannungen die Fernübertragung (s.u). Sie arbeitet meist ohne Sternleiter.

Angegeben wird dabei stets die Außenleiterspannung $U_{Lt} = U$. Eine 220 kV-Leitung führt dann zwischen zwei Außenleitern die Spannung mit dem Effektivwert 220 kV.

Ein Drehstromgenerator in Sternschaltung liefert somit stets zwei Dreiphasensysteme:

— das System der Außenleiterspannungen;

— das System der Strangspannungen.

Dreieckschaltung. Da die Gesamtspannung der drei Quellen in jedem Zeitpunkt verschwindet, können sie zu einem Dreieck zusammengeschaltet werden. Dann sind nur noch drei Leitungen zum Verbraucher erforderlich (Bild 8.6b):

Außenleiterspannung $\underline{U}_{Lt}$ stimmt mit der Strangspannung überein (Dreieckspannung):

$$\underline{U}_{Lt} = \underline{U}_{St} \quad (U_{Lt} = U_{St}) , \tag{8.19}$$

also analog für

$$\underline{U}_{12}, \underline{U}_{23}, \underline{U}_{31}, \quad U_\Delta = U \ .$$

Die Dreieckspannung eines symmetrischen Drehstromsystems ist gleich dem Effektivwert einer Außenleiterspannung.
Für die Außenströme I_{Lt} gilt:

$$I_{Lt} = 2I_{St} \sin \pi/3 = \sqrt{3} I_{St} \rightarrow I = \sqrt{3} I_\Delta \tag{8.20}$$

(analog für I_1, I_2, I_3),

Außenleiterstrom $= \sqrt{3} \cdot$ Strangstrom.

Bei gleicher Belastung bilden die Strangströme und Außenleiterströme ein symmetrisches System. In den Knoten 1 ... 3 gilt

$$\underline{I}_1 = \underline{I}_{12} - \underline{I}_{31}, \quad \underline{I}_2 = \underline{I}_{23} - \underline{I}_{12}, \quad \underline{I}_3 = \underline{I}_{31} - \underline{I}_{23} \ . \tag{8.21}$$

Das Zeigerbild verdeutlicht die Beziehung $I = \sqrt{3} I_\Delta$ und die Phasenverschiebung der Außenleiterströme um $\pi/6 = 30°$ gegenüber den Strangströmen.
Wir erkennen zusammenfassend:

Bei der (symmetrischen) Dreieckschaltung sind die Strangspannungen gleich den Leiterspannungen, die Leiterströme um den Faktor $\sqrt{3}$ größer als die Strangströme.

Bei der (symmetrischen) Sternschaltung sind die Leiterströme gleich den Strangströmen und die Leiterspannungen um den Faktor $\sqrt{3}$ größer als die Strangspannungen.

Technisch wird der Drehstrom hauptsächlich zur Energieübertragung verwendet. Die Generatoren (sog. Synchrongeneratoren) erzeugen Spannung im Bereich 10 . . . 27 kV (Kompromiß zwischen Isolationsproblemen bei zu hohen Spannungen und großen Strömen bei geringeren Spannungen). Diese Spannung wird durch Transformatoren auf die Hochspannung von 110, 220 oder 380 kV heraufgesetzt, landesweit verteilt (Hochspannungsnetz) und örtlich mit dem sog. Mittelspannungsnetz (6 . . . 30 kV), auf städtischer Ebene über Kabel oder Freileitung zu Versorgungspunkten in Verbrauchernähe verteilt. Dort findet eine weitere Herabtransformation auf 220/380 V (Vierleitersystem) zum Endverbraucher statt.

8.2. Dreiphasenverbraucher

Der Verbraucher besteht aus drei Einzelzweipolen, die — unabhängig von der Schaltart des Generators — ebenfalls in *Stern-* oder *Dreieck*schaltung zusammengeschaltet sein können (Bild 8.6). Oft wird der Verbraucher von Stern- auf Dreieckspannung umschaltbar, also von kleinerer auf höhere Strangspannung ausgeführt. Das erspart z. B. bei kleinen Motoren den Anlasser. Für Verbraucher großer Leistung steht die verkettete Spannung (1, 2, 3) zur Verfügung, Kleinverbraucher

(z. B. Haushalte) werden zwischen Netz- und Nulleiter (z. B. 1-0) mit $U = 220$ V angeschlossen.

Der Verbraucher heißt *symmetrisch*, wenn alle drei Einzelwiderstände etwa den gleichen Betrag und gleiche Phasenwinkel besitzen.

Wir wollen beide Verbraucherschaltungen zunächst erläutern und im Abschnitt 8.4 analysieren. Je nachdem, ob Generator und Last symmetrisch sind oder nicht, spricht man von einem *symmetrischen* oder *unsymmetrischen System*. Wir betrachten zunächst den ersten Fall.

8.2.1 Symmetrische Generatorbelastung

Stern-Stern-Schaltung. Beim Verbraucher in Sternschaltung (Bild 8.6a) liegen bei symmetrischer Last drei gleiche Impedanzen $\underline{Z} = 1/\underline{Y}$ an. Deshalb stimmt der Außenleiterstrom mit dem Strangstrom überein und die Strangspannung ist gleich der Sternspannung. Für die Ströme gilt.

$$\begin{aligned} \underline{I}_{1\mathrm{N}} &= \underline{I}_1 = \underline{U}_{1\mathrm{N}}\underline{Y} = \underline{U}_1 \cdot \underline{Y} \ , \\ \underline{I}_{2\mathrm{N}} &= \underline{I}_2 = \underline{U}_{2\mathrm{N}}\underline{Y} = a^2\underline{U}_1\underline{Y} = \underline{a}^2\underline{I}_1 \ , \\ \underline{I}_{3\mathrm{N}} &= \underline{I}_2 = \underline{U}_{3\mathrm{N}}\underline{Y} = \underline{a}\,\underline{U}_1\underline{Y} = \underline{a}\underline{I}_1 \end{aligned} \tag{8.22}$$

und damit

$$-\underline{I}_\mathrm{N} = \underline{I}_1 + \underline{I}_2 + \underline{I}_3 = \underline{I}_1(1 + \underline{a}^2 + \underline{a}) = 0 \ . \tag{8.23}$$

Erwartungsgemäß fließt kein Strom durch den Sternpunktleiter (dies gilt bei unsymmetrischer Last nicht!). Grundsätzlich genügt in diesem Belastungsfall die Kenntnis nur eines Stromes, d. h. die Kenntnis von $\underline{U}_1$ und $\underline{Y}$, die restlichen Ströme lassen sich daraus berechnen.

Stern- Dreieckschaltung, symmetrischer Dreieckverbraucher. In diesem Fall sind die Außenleiterspannungen gleich den Strangspannungen am Verbraucher (Bild 8.6b). Für die Strangströme (Dreieckströme) gilt (bei entfallendem Sternpunkt)

$$\begin{aligned} \underline{I}_{12} &= \underline{U}_{12}\underline{Y} = \underline{U}_1(1 - \underline{a}^2) \cdot \underline{Y} \ , \\ \underline{I}_{23} &= \underline{U}_{23}\underline{Y} = \underline{U}_1(\underline{a}^2 - \underline{a}) \cdot \underline{Y} \ , \\ \underline{I}_{31} &= \underline{U}_{31}\underline{Y} = \underline{U}_1(\underline{a} - 1)) \cdot \underline{Y} \ . \end{aligned} \tag{8.24}$$

Das Zeigerbild der Strangströme ist ein gleichseitiges Dreieck, ihre Summe $\underline{I}_{12}(1 + \underline{a} + \underline{a}^2)$ verschwindet.

Die *Außenleiterströme* ergeben sich über die Knotengleichungen aus den einzelnen Strangströmen:

$$\begin{aligned} \underline{I}_1 &= \underline{I}_{12} - \underline{I}_{31} = (\underline{U}_{12} - \underline{U}_{31})\underline{Y} = (1 - \underline{a}) \cdot \underline{I}_{12} \ , \\ \underline{I}_2 &= \underline{I}_{23} - \underline{I}_{12} = (\underline{U}_{23} - \underline{U}_{12})\underline{Y} = (\underline{a}^2 - 1) \cdot \underline{I}_{12} = \underline{a}^2\underline{I}_1 \ , \\ \underline{I}_3 &= \underline{I}_{31} - \underline{I}_{23} = (\underline{U}_{31} - \underline{U}_{23})\underline{Y} = (\underline{a} - \underline{a}^2) \cdot \underline{I}_{12} = \underline{a}\underline{I}_1 \ . \end{aligned} \tag{8.25}$$

Zusammengefaßt gilt:
- Außenleiterstrom = $\sqrt{3}\cdot$Strangstrom;
- das Zeigerdiagramm der Strangströme ist ein gleichseitiges Dreieck (Bild 8.6b);
- die Summe der Außenleiterströme verschwindet;
- es genügt die Berechnung eines Strangstromes (aus $\underline{U}_1$, $\underline{Y}$, $\underline{a}$), weil sich die anderen aus Symmetriegründen ergeben.

8.2.2 Unsymmetrische Generatorbelastung

Unsymmetrie entsteht, wenn z. B. die Lastimpedanzen voneinander abweichen (Betrag, Phasen), dies ist der praktisch meist vorliegende Fall. Der Generator (angenommen in Sternschaltung) darf dabei durchweg als symmetrisch angesetzt werden.

Ist der unsymmetrische Verbraucher ebenfalls als Stern geschaltet (Bild 8.7a) und liegt zwischen beiden Sternpunkten ein Leitwert $\underline{Y}_N$, so entsteht zwischen beiden Knoten N, N' die sog.
Verlagerungsspannung

$$-\underline{U}_{NN'} = \frac{\underline{U}_{1N}\underline{Y}_1 + \underline{U}_{2N}\underline{Y}_2 + \underline{U}_{3N}\underline{Y}_3}{\underline{Y}_1 + \underline{Y}_2 + \underline{Y}_3 + \underline{Y}_N} \,. \quad (8.26)$$

Sie ergibt sich durch Wandlung der Spannungs- in Stromquellen (Bild 8.7b, c, d) mit

$$\underline{I}_{NK} = (\underline{Y}_1\underline{U}_{1N} + \underline{Y}_2\underline{U}_{2N} + \underline{Y}_3\underline{U}_{3N}) \quad (8.27)$$

und dem Innenleitwert $\underline{Y}_i = \underline{Y}_1 + \underline{Y}_2 + \underline{Y}_3$. Der Zähler in Gl. (8.26) verschwindet für $\underline{Y}_1 = \underline{Y}_2 = \underline{Y}_3$, aber auch andere Fälle sind denkbar.

Aus der Spannung $\underline{U}_{NN'}$ (und $\underline{U}_{1N} \cdots \underline{U}_{3N}$) können alle weiteren Verbraucherspannungen $\underline{U}_{1N'}, \ldots, \underline{U}_{3N'}$, und Ströme $\underline{I}_1 \ldots \underline{I}_3$ bestimmt werden:

$$\begin{aligned} \underline{U}_{1N'} &= \underline{U}_{1N} + \underline{U}_{NN'}, & \underline{I}_1 &= \underline{U}_{1N'}\underline{Y}_1\,, \\ &\vdots & &\vdots \\ \underline{U}_{3N'} &= \underline{U}_{3N} + \underline{U}_{NN'}, & \underline{I}_3 &= \underline{U}_{3N'}\underline{Y}_3\,, \end{aligned} \quad (8.28)$$

$$-\underline{I}_N = \underline{I}_1 + \underline{I}_2 + \underline{I}_3 = -\underline{U}_{NN'}\underline{Y}_N \,. \quad (8.29)$$

Damit ergibt sich folgende

Lösungsmethodik „Unsymmetrische Sternbelastung" ($\underline{U}_{1N} \ldots \underline{U}_{3N}$, $\underline{Y}_1 \ldots \underline{Y}_3$, $\underline{Y}_N$ gegeben):
- Berechnung der Verlagerungsspannung $\underline{U}_{NN'}$ nach Gl. (8.26);
- Bestimmung der Strangspannung $\underline{U}_{1N'} \ldots \underline{U}_{3N'}$ nach Gl. (8.28) über den Lastleitwerten $\underline{Y}_1 \ldots \underline{Y}_3$;
- Bestimmung der Außenleiterströme $\underline{I}_1 \ldots \underline{I}_3$ nach Gl. (8.28) und des Sternpunktstromes nach Gl. (8.29);
- ggf. Ergebniskontrolle mit Zeigerbild.

Für verschwindenden Nulleiter gilt $\underline{Y}_N \to 0$, bei Kurzschluß ist $\underline{U}_{NN'} = 0$.

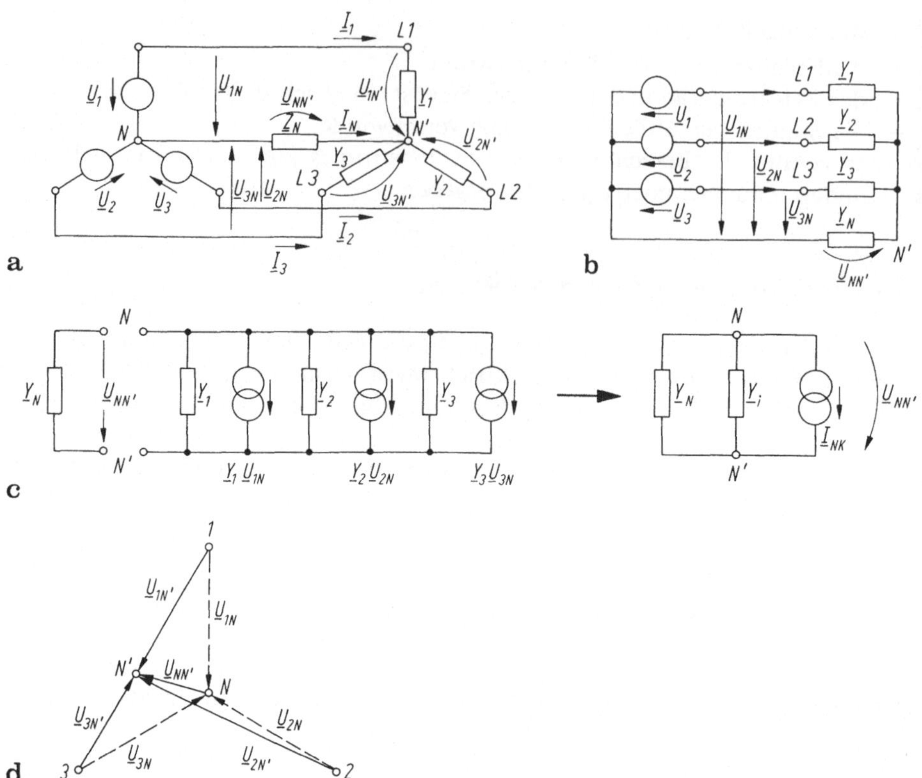

Bild 8.7a–d. Sternpunktschaltung mit Nullpunktwiderstand. **a** Schaltung; **b** Ersatzschaltung; **c** gleichwertige Stromquellenersatzschaltung; **d** Zeigerbild Sternschaltung ohne Nulleiter

Verbraucher in Dreieckschaltung. In diesem Fall entfällt der Nulleiter. Vom Generator (Stern- oder Dreieckschaltung) sind die Außenleiterspannungen bekannt. Damit lassen sich die Strangströme des Verbrauchers bestimmen (Bild 8.8) (mit $\underline{Z}_{ik} = \underline{Y}_{ik}^{-1}$)

$$\underline{I}_{12} = \underline{U}_{12}\,\underline{Y}_{12}, \quad \underline{I}_{23} = \underline{U}_{23}\,\underline{Y}_{23}, \quad \underline{I}_{31} = \underline{U}_{31}\,\underline{Y}_{31}\ . \tag{8.30}$$

Die Außenleiterströme ergeben sich über die Knotenpunktgleichungen

$$\begin{aligned} \underline{I}_1 &= \underline{I}_{12} - \underline{I}_{31} = \underline{U}_{12}\,\underline{Y}_{12} - \underline{U}_{31}\,\underline{Y}_{31}\ , \\ \underline{I}_2 &= \underline{I}_{23} - \underline{I}_{12} = \underline{U}_{23}\,\underline{Y}_{23} - \underline{U}_{12}\,\underline{Y}_{12}\ , \\ \underline{I}_3 &= \underline{I}_{31} - \underline{I}_{23} = \underline{U}_{31}\,\underline{Y}_{31} - \underline{U}_{23}\,\underline{Y}_{23} \end{aligned} \tag{8.31}$$

oder zusammengefaßt als

Lösungsmethodik „Unsymmetrische Dreiecksbelastung“. (Vorgabe: Außenleiterspannungen, Leitwerte $\underline{Y}_{12} \ldots \underline{Y}_{31}$):

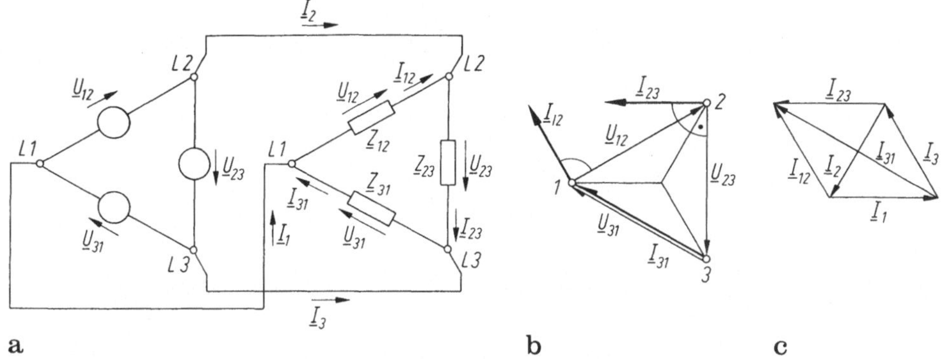

Bild 8.8a-c. Unsymmetrische Verbraucher in Dreieckschaltung. **a** allgemeine Schaltung; **b** Zeigerbild für den einen asymmetrischen Verbraucher, der den Generator symmetrisch belastet. Es ist $\underline{Z}_{12} = -\mathrm{j}Z_C$, $\mathrm{j}\underline{Z}_{23} = \mathrm{j}Z_C$, $\underline{Z}_{13} = Z_C/\sqrt{3}$ ($Z_C = 1/wC = wL = R$). **c** Zeigerbild der Leiterströme $-\underline{I}_1 = \underline{I}_{31} - \underline{I}_{12}$, $-\underline{I}_2 = \underline{I}_{12} - \underline{I}_{23}$ $-\underline{I}_3 = \underline{I}_{23} - \underline{I}_{31}$

1. Bestimmung der Strangströme des Verbrauchers.
2. Daraus Berechnung der Außenleiterströme über die Knotengleichungen (8.31).

Bei symmetrischer Last ($\underline{Y}_{12} = \underline{Y}_{23} = \underline{Y}_{31} = \underline{Y}$) stellen sich symmetrische Außenleiterströme ein. Dennoch kann auch asymmetrische Belastung mit ohmschem Widerstand, Kondensator und Spule durchaus eine symmetrische Last ergeben.

Dafür zeigt Bild 8.8b ein Beispiel mit Zeigerdiagramm. Hier wird $\underline{Z}_{12}$ durch eine Kapazität und $\underline{Z}_{23}$ durch eine Induktivität gebildet; $\underline{Z}_{13}$ ist ein ohmscher Widerstand. Die Scheinwiderstände ergeben sich aus der Forderung gleicher Beträge der Außenleiterströme $\underline{I}_1 = \underline{I}_2 = \underline{I}_3$. Dabei stellen sich unterschiedliche Strangströme ein.

Phasenumwandlung bei Mehrphasenverbrauchern. Oft besteht das Problem, einen Dreiphasenverbraucher symmetrisch anzuschließen, obwohl nur eine Einphasenspannung verfügbar ist.

Grundsätzlich können mit einem symmetrischen RC-Spannungsteiler (Bild 8.9a) aus einer Spannung $\underline{U}_1$ zwei weitere erzeugt werden, die um $\pm 45°$ vor-/nacheilen. Nach diesem Grundprinzip arbeitet die Phasenschieberschaltung Bild 8.9b eines in Sternschaltung betriebenen symmetrischen Verbrauchers. Falls für die zugeschalteten Blindelemente $\omega L = 1/\omega C = \sqrt{3}R$ gilt, erfüllen die Ströme $\underline{I}_2$, $\underline{I}_3$ die Bedingungen

$$\underline{I}_2 = \underline{a}^2 \underline{I}_1, \quad \underline{I}_3 = \underline{a}\underline{I}_1 \ .$$

Beim symmetrischen Verbraucher in Dreieckschaltungen muß ein Dreieckzweigwiderstand $R_\Delta = 3R$ eingefügt werden. Daraus folgt $R' = \sqrt{3} \cdot Z_c$. Aus dem Zeigerbild 8.9c, d ergibt sich das gebildete Dreiphasenspannungssystem als Folge der angelegten Einphasenspannung $\underline{U} = \underline{U}_{23}$.

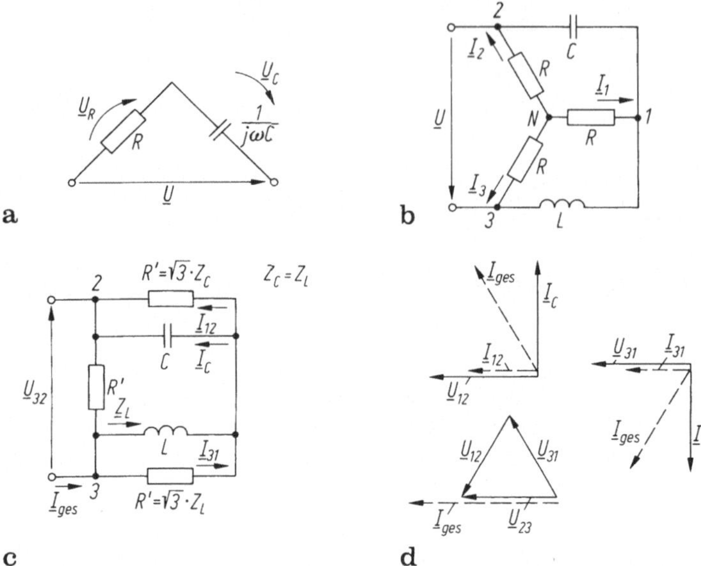

Bild 8.9a–d. Symmetrischer Dreiphasenverbraucher an Einphasenspannungsquelle. **a** *RC*-Schaltung ($R = 1/\omega C$); **b** symmetrischer Dreiphasenverbraucher **c** wie **b**, jedoch mit Dreieckschaltung; **d** Zeigerbild zu **c**

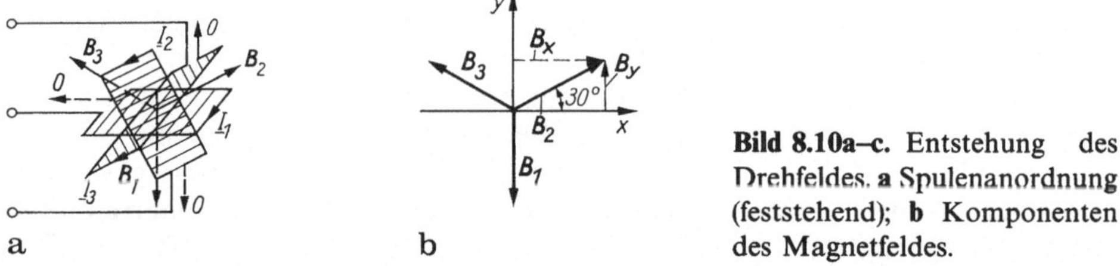

Bild 8.10a–c. Entstehung des Drehfeldes. **a** Spulenanordnung (feststehend); **b** Komponenten des Magnetfeldes.

Eine andere Art der Phasenumwandlung besteht im Einsatz von Transformatoren, was großtechnisch bevorzugt wird.

Drehfeld. Die große praktische Bedeutung des Drehstromes liegt nicht nur in der Konstanz der Momentanleistung (s. u.), sondern vor allem in der Erzeugung eines *Drehfeldes* am Ort des Verbrauchers.

Werden drei *räumlich* je um 120° versetzte (gleiche) Stromschleifen von je drei *zeitlich* um 120° versetzten Strömen (gleicher Frequenz, gleicher Stärke) durchflossen, so entsteht in der Stromschleife ein resultierendes Magnetfeld konstanter Stärke. Es läuft mit der Frequenz des Stromes um und heißt deswegen Drehfeld. Bild 8.10 veranschaulicht seine Entstehung. Durch die drei (gleichen) feststehenden Leiterschleifen fließen die erwähnten Sinusströme. Sie verursachen senkrecht auf jeder Leiterschleifenebene einen $\boldsymbol{B}$-Vektor ($\boldsymbol{B}_1, \ldots, \boldsymbol{B}_3$), der mit der Winkelgeschwindigkeit umläuft.

Derartige Drehfelder ermöglichen den Bau sehr einfacher Motoren (Asynchronmotor) durch Ausnutzung des Wirbelstromprinzips (s. Bild 4.32a). Darin liegt eine der großen Bedeutungen des Drehstromes.

8.3 Leistung im Drehstromnetzwerk

Im Drehstromsystem mit den Spannungen u_1, u_2, u_3 und Strömen i_1, i_2, i_3 ist die momentan umgesetzte Leistung $p(t)$ die Summe der Leistungen der einzelnen Stränge (unabhängig von der Schaltung, z. B. bei symmetrischer Last):

$$\begin{aligned} p(t) &= p_1(t) + p_2(t) + p_3(t) \\ &= u_{1\mathrm{N}}(t) i_1(t) + u_{2\mathrm{N}}(t) i_2(t) + u_{3\mathrm{N}}(t) i_3(t) \\ &= \hat{U}_1 \hat{I}_1 [\sin(\omega t) \sin(\omega t + \varphi_{1\mathrm{N}}) \\ &\quad + \sin(\omega t - 120°) \sin(\omega t - 120° + \varphi_{2\mathrm{N}}) \\ &\quad + \sin(\omega t - 240°) \sin(\omega t - 240° + \varphi_{3\mathrm{N}}] \end{aligned} \tag{8.32a}$$

und mit der Wirkleistung $P = UI\cos\varphi$ des Zweipols

$$p_{\curlywedge}(t) = P_{\curlywedge} = U_{1\mathrm{N}} I_{1\mathrm{N}} \cos\varphi_{1\mathrm{N}} + U_{2\mathrm{N}} I_{2\mathrm{N}} \cos\varphi_{2\mathrm{N}} + U_{3\mathrm{N}} I_{3\mathrm{N}} \cos\varphi_{3\mathrm{N}}$$

$$(\text{mit } \varphi_{1\mathrm{N}} = \varphi_{u1\mathrm{N}} - \varphi_{i1\mathrm{N}} \text{ usw.})\ . \tag{8.32b}$$

Ganz analog ergibt sich für die Δ-Schaltung

$$\begin{aligned} p_\Delta(t) &= u_{12} i_{12} + u_{23} \cdot i_{23} + u_{31} \cdot i_{31} \\ &\equiv U_{12} I_{12} \cos\varphi_{12} + U_{23} I_{23} \cos\varphi_{23} + U_{31} I_{31} \cos\varphi_{31} \equiv P_A \end{aligned} \tag{8.32c}$$

$$(\varphi_{12} = \varphi_{u12} - \varphi_{i12} \text{ usw.}).$$

Auf entsprechende Weise können auch die Blind- und Scheinleistungen eines Dreiphasensystems hergeleitet werden. Beispielsweise ergibt sich für die Stranggrößen (St)

$$Q = \sum_{\nu=1}^{3} Q_{\mathrm{St}\,\nu}\ , \tag{8.33a}$$

$$\underline{S} = P + \mathrm{j}Q = \sum_{\nu=1}^{3} P_{\mathrm{St}\,\nu} + \mathrm{j} \sum_{\gamma=1}^{3} Q_{\mathrm{St}\,\nu} = \sum_{\nu=1}^{3} \underline{S}_\nu = \sum_{\gamma=1}^{3} \underline{U}_{\mathrm{St}\,\nu} \cdot \underline{I}^*_{\mathrm{St}\,\nu}$$

mit

$$S_{\mathrm{ST}\,\nu} = \sqrt{P^2_{\mathrm{St}\,\nu} + Q^2_{\mathrm{St}\,\nu}}\ ,$$

$$S = \sqrt{P^2 + Q^2}, \text{ aber } S \neq \sum S_{\mathrm{St}\,\nu}\ .$$

Im einzelnen lauten die Beziehungen

Blindleistung:

$$\begin{aligned} Q_{\curlywedge} &= U_{1\mathrm{N}} I_{1\mathrm{N}} \sin\varphi_{1\mathrm{N}} + U_{2\mathrm{N}} I_{2\mathrm{N}} \sin\varphi_{2\mathrm{N}} + U_{3\mathrm{N}} I_{3\mathrm{N}} \sin\varphi_{3\mathrm{N}}\ , \\ Q_\Delta &= U_{12} I_{12} \sin\varphi_{12} + U_{23} I_{23} \sin\varphi_{23} + U_{31} I_{31} \sin\varphi_{31}\ , \end{aligned} \tag{8.33b}$$

Scheinleistung:

$$\begin{aligned} S_{\curlywedge} &= U_{1\mathrm{N}} I_{1\mathrm{N}} + U_{2\mathrm{N}} I_{2\mathrm{N}} + U_{3\mathrm{N}} I_{3\mathrm{N}}\ , \\ S_\Delta &= U_{12} I_{12} + U_{23} I_{23} + U_{31} I_{31}\ . \end{aligned} \tag{8.33c}$$

Für *symmetrische* Systeme gilt mit der Symmetriebedingung

$$U_{12} = U_{23} = U_{31} = U_L, \quad \underline{Z}_{12} = \underline{Z}_{23} = \underline{Z}_{31} = \underline{Z} \tag{8.34}$$

zusammengefaßt:

Sternschaltung $U_{St} = U_{Lt}/\sqrt{3}$	**Dreieckschaltung** $(U_{St} = U_{Lt})$
$(I_{St} = = I_{Lt})$,	$I_{St} = L_{Lt}/\sqrt{3}$,
$U_L = \sqrt{3}U_\lambda;\ I_L = I_\lambda = U_\lambda/Z$,	$U_L = U_\Delta;\ I_L = \sqrt{3}I_\Delta = \sqrt{3}U_\Delta/Z$,
$P_\lambda = 3U_\lambda I_\lambda \cos\varphi =$	$P_\Delta = 3U_\Delta I_\Delta \cos\varphi = \sqrt{3}\,U_L I_L \cos\varphi$
$= \sqrt{3}\,U_L I_L \cos\varphi = (U_L^2/Z)\cos\varphi$,	$= 3(U_L^2/Z)\cos\varphi$,
$Q_\lambda = U_L^2/Z \sin\varphi = 3U_{St}I_{St}\sin\varphi$,	$Q_\Delta = (3U_L^2/Z)\sin\varphi$
	$= \sqrt{3}\,U_{Lt}I_{Lt}\sin\varphi$,
$S_\lambda = U_L^2/Z = \sqrt{P_\lambda^2 + Q_\lambda^2}$,	$S_\Delta = 3U_L^2/Z = \sqrt{P_\Delta^2 + Q_\Delta^2}$.

Wir erkennen mehrere *Vorteile* des Drehstromes:

1. Wirk-, Blind- und Scheinleistungen sind das Dreifache der entsprechenden Phasenleistung, für Stern- und Dreieckschaltungen jeweils gleich (bei symmetrischer Last).
2. Außerdem hängt die gesamte Momentanleistung nicht von der Zeit ab, sie ist konstant (s. o.). Damit werden Drehstromgeneratoren und Verbraucher nicht pulsierend belastet – wie bei Einphasenstrom – was erhebliche Vorteile bringt.
3. Drehstromgeneratoren (Transformator, Generator) werden meist in Sternschaltung betrieben, weil dann Strang- und Außenleiterspannung zur Verfügung stehen.
4. Das Vierleitersystem (mit Nulleiter) bietet den Vorteil, zwei Spannungen zur Verfügung zu haben. Größere Leistungsverbraucher (z. B. Industrie im Haushalt, Elektrofen) werden dreiphasig angeschlossen, kleinere Verbraucher (Beleuchtung) einphasig. Durch Gruppenbildung von Verbrauchern wird versucht, die Unsymmetrie gering zu halten.
5. An gleichem Netz verdreifacht sich die Leistung eines Verbrauchers, wenn er von Stern- in Dreieckschaltung umgeschaltet wird: $\underline{S}_\Delta = 3\underline{S}_\lambda$, da $\underline{S}_\lambda = 3U_\lambda I_\lambda < \varphi$, $\underline{S}_\Delta = 3U_\Delta I_\Delta < \varphi$, $U_\Delta = \sqrt{3}U_\lambda$. Dies wird z. B. im Asynchronmotor benutzt, um ihn in Sternschaltung langsam anlaufen zu lassen (Reduktion des Anlaufstromes auf 1/3). Erst später schaltet man auf volle Leistung um.

8.4 Verallgemeinerte Analyse von unsymmetrischen Systemen

Die Analyse von Drehstrommetzwerken im eingeschwungenen Zustand erfolgt grundsätzlich nach der gleichen Methode, die wir bereits aus der Netzwerkanalyse

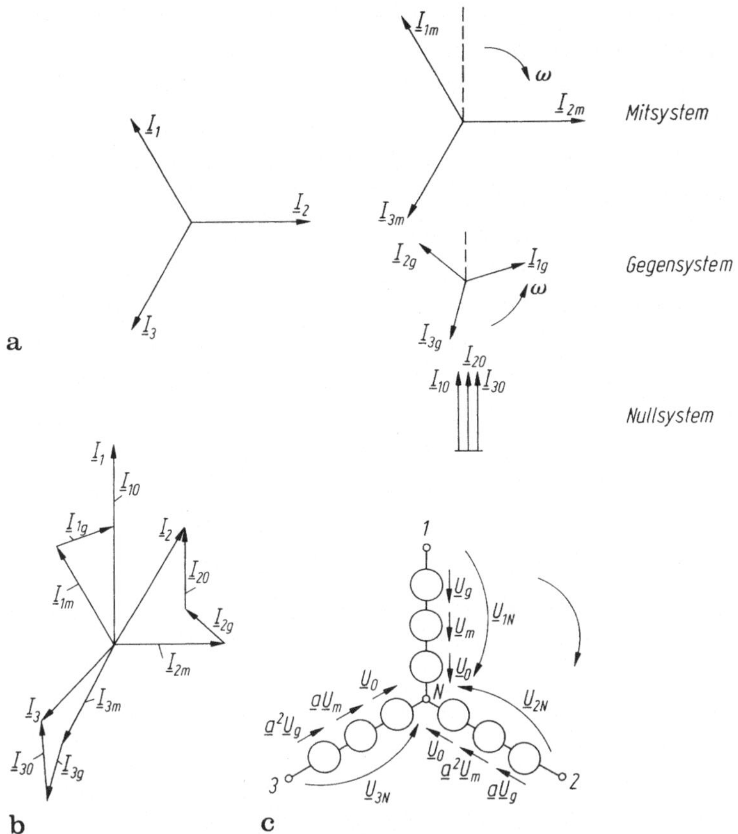

Bild 8.11a–c. Drehstromsystem aus symmetrischen Komponenten. **a** Ausgangsstrom, Folgerichtungen. Zerlegung eines Drehstromsystems in Null-, Mit- und Gegensystem; **b** Beispiel eines unsymmetrischen Systems: **c** Zerlegung der Spannungen $U_{1N} \cdots U_{3N}$ in symmetrische Komponenten

Abschn. 6 kennen. Der Unterschied besteht nur darin, daß hier die Quellenspannung und Verbraucherwiderstände stets in Dreiergruppen auftreten.
Wir haben in Abschn. 8.2 bereits die prinzipielle Vorgehensweise erläutert. Dabei lagen der Analyse die Kirchhoffschen Gleichungen zugrunde. Im Vergleich zum symmetrischen System steigt dabei der Aufwand.

Sehr vorteilhaft erweist sich nun, ein allgemein unsymmetrisches System als Überlagerung *dreier symmetrischer Systeme* aufzufassen. Dazu werden die Originalkomponenten des unsymmetrischen Systems, z. B. die Ströme $\underline{I}_1, \underline{I}_2, \underline{I}_3$ jeweils den Komponenten eines *Null-* (Index 0), *Mit-* (Index *m*) und *Gegensystems* (Index *g*) zugeordnet (Bild 8.11a, b)

$$\begin{aligned} \underline{I}_1 &= \underline{I}_{10} + \underline{I}_{1m} + \underline{I}_{1g} \;, \\ \underline{I}_2 &= \underline{I}_{20} + \underline{I}_{2m} + \underline{I}_{2g} \;, \\ \underline{I}_3 &= \underline{I}_{30} + \underline{I}_{3m} + \underline{I}_{3g} \;. \end{aligned} \tag{8.35}$$

Die rechts stehenden 9 Komponenten werden durch Vorgabe von 6 Bedingungen auf 3 (links gegeben) reduziert:

a) die Komponenten des *Nullsystems* sollen betrags- und phasengleich sein

$$\underline{I}_{10} = \underline{I}_{20} = \underline{I}_{30} \,, \tag{8.36a}$$

b) die Komponenten des *Mitsystems* $\underline{I}_{1m} \ldots \underline{I}_{3m}$ bilden ein symmetrisches Drehstromsystem mit positivem Umlaufsinn

$$\underline{I}_{1m} = \underline{I}_m, \quad \underline{I}_{2m} = \underline{a}^2 \underline{I}_m, \quad \underline{I}_{3m} = \underline{a}^2 \underline{I}_m \,. \tag{8.36b}$$

c) Die Komponenten des *Gegensystems* $\underline{I}_{1g} \ldots \underline{I}_{3g}$ bilden ein symmetrisches Drehstromsystem mit gegenläufiger Phase

$$\underline{I}_{1g} = \underline{I}_g, \quad \underline{I}_{2g} = \underline{a}\underline{I}_g, \quad \underline{I}_{3g} = \underline{a}^2 \underline{I}_g \,. \tag{8.36c}$$

Dann gilt zusammengefaßt

$$\begin{aligned} \underline{I}_1 &= \underline{I}_o + \underline{I}_m + \underline{I}_g \\ \underline{I}_2 &= \underline{I}_o + \underline{a}^2\underline{I}_m + \underline{a}\underline{I}_g \\ \underline{I}_3 &= \underline{I}_o + \underline{a}\underline{I}_m + \underline{a}^2\underline{I}_g \end{aligned} \rightarrow \begin{bmatrix} \underline{I}_1 \\ \underline{I}_2 \\ \underline{I}_3 \end{bmatrix} = \begin{bmatrix} 1 & 1 & 1 \\ 1 & \underline{a}^2 & \underline{a} \\ 1 & \underline{a} & \underline{a}^2 \end{bmatrix} \cdot \begin{bmatrix} \underline{I}_o \\ \underline{I}_m \\ \underline{I}_g \end{bmatrix} . \tag{8.37a}$$

als Zusammenhang unsymmetrische – symmetrische Komponenten oder in Matrixform

$$[\underline{I}] = [\underline{T}] \cdot [\underline{I}_S] \,. \tag{8.37b}$$

Dabei ist $[\underline{T}]$ die *Transformationsmatrix.*

$$[\underline{T}] = \begin{bmatrix} 1 & 1 & 1 \\ 1 & \underline{a}^2 & \underline{a} \\ 1 & \underline{a} & \underline{a}^2 \end{bmatrix}; \quad [\underline{S}] = [\underline{T}]^{-1} = (1/3) \cdot \begin{bmatrix} 1 & 1 & 1 \\ 1 & \underline{a} & \underline{a}^2 \\ 1 & \underline{a}^2 & \underline{a} \end{bmatrix} \tag{8.37c}$$

und $[\underline{S}]$ die inverse oder Symmetriematrix. Sie gestattet wegen $[\underline{T}]^{-1}[\underline{I}] = [\underline{T}]^{-1}[\underline{T}][\underline{I}_S] \rightarrow [\underline{I}_S] = [\underline{T}]^{-1}[\underline{I}] = [\underline{S}][\underline{I}]$ die Berechnung der symmetrischen Komponenten aus den unsymmetrischen (gegebenen):

$$\underline{I}_o = (1/3) \cdot (\underline{I}_1 + \underline{I}_2 + \underline{I}_3); \; \underline{I}_m = (1/3) \cdot (\underline{I}_1 + \underline{a}\underline{I}_2 + \underline{a}^2\underline{I}_3),$$

$$\underline{I}_g = (1/3) \cdot (\underline{I}_1 + \underline{a}^2\underline{I}_2 + \underline{a}\underline{I}_3) \,. \tag{8.38}$$

Für das Vierleitersystem wird dann noch wegen Gl. (8.29)

$$-\underline{I}_N = -3\underline{I}_o \tag{8.39}$$

m. a. W. fehlt beim Dreileitersystem $[\underline{I}_N]$ auch das Nullsystem.

Grundsätzlich läßt sich auch ein unsymmetrisches Spannungssystem in Null-, Mit- und Gegensystem zerlegen, man erhält

$$\begin{bmatrix} \underline{U}_1 \\ \underline{U}_2 \\ \underline{U}_3 \end{bmatrix} = [\underline{T}] \cdot \begin{bmatrix} \underline{U}_o \\ \underline{U}_m \\ \underline{U}_g \end{bmatrix} \tag{8.40}$$

mit $[\underline{T}]$ nach Gl. (8.37). Bild 8.11c enthält die zugeordneten Spannungen. Diese Generatoren $\underline{U}_0 \ldots \underline{U}_g$ treiben nun Ströme (im natürlichen) System nach Lage der jeweiligen Belastungen an.

Wir wollen daher unterscheiden:

— Ströme ($\underline{I}_1 \ldots \underline{I}_3$) und Spannungen ($\underline{U}_1 \ldots \underline{U}_3$) im natürlichen (unsymmetrischen) System mit

$$[\underline{U}] = [\underline{Z}] \cdot [\underline{I}] \; . \tag{8.41a}$$

Dabei ist $[\underline{Z}]$ die *Impedanzmatrix* des Verbrauchers

$$[\underline{Z}] = \begin{bmatrix} \underline{Z}_1 + \underline{Z}_N & \underline{Z}_N + \underline{Z}_{12} & \underline{Z}_N + \underline{Z}_{13} \\ \underline{Z}_N + \underline{Z}_{21} & \underline{Z}_2 + \underline{Z}_N & \underline{Z}_N + \underline{Z}_{23} \\ \underline{Z}_N + \underline{Z}_{31} & \underline{Z}_N + \underline{Z}_{32} & \underline{Z}_3 + \underline{Z}_N \end{bmatrix} . \tag{8.41b}$$

(Sie ergibt sich für das Netzwerk leicht, z. B. mit der Maschenstromanalyse.) Die Koppelimpedanzen $\underline{Z}_{\nu\kappa}$ sind Kopplungen zwischen den Strängen (z. B. Gegeninduktität)

— die Strom–Spannungsbeziehungen ($\underline{I}_S$, $\underline{U}_S$) des *symmetrischen* Systems

$$[\underline{U}_S] = [\underline{Z}_S] \cdot [\underline{I}_S] \; . \tag{8.42a}$$

Dabei folgt durch Matrizenmultiplikation aus $[\underline{U}] = [\underline{T}] \cdot [Z][\underline{U}_S]$, $[\underline{I}] = [\underline{T}] \cdot [\underline{I}_S]$ schließlich

$$[\underline{Z}] = [\underline{S}] \cdot [\underline{T}] \; . \tag{8.42b}$$

Gl. (8.42a) ist die in symmetrische Komponenten transformierte Gleichung (8.41a). Die Matrixelemente lauten

$$[\underline{Z}_S] = \begin{bmatrix} \underline{Z}_{00} & \underline{Z}_{01} & \underline{Z}_{02} \\ \underline{Z}_{10} & \underline{Z}_{11} & \underline{Z}_{12} \\ \underline{Z}_{20} & \underline{Z}_{21} & \underline{Z}_{22} \end{bmatrix} . \tag{8.42c}$$

Bild 8.12b zeigt die zugehörige Ersatzschaltung. Für das Beispiel Bild 8.12a lassen sich die Parameter aus dem Netzwerk leicht ermitteln:

$$\begin{aligned} &\underline{Z}_{00} = 1/3(\underline{Z}_1 + \underline{Z}_2 + \underline{Z}_3) + 3\underline{Z}_N && \text{Nullselbstimpedanz} \\ &\left.\begin{aligned}\underline{Z}_{01} = \underline{Z}_{12} = \underline{Z}_{20} = 1/3(\underline{Z}_1 + \underline{a}^2 \underline{Z}_2 + \underline{a}\underline{Z}_3) \\ \underline{Z}_{10} = \underline{Z}_{21} = \underline{Z}_{02} = 1/3(\underline{Z}_1 + \underline{a}\underline{Z}_2 + \underline{a}^2 \underline{Z}_3)\end{aligned}\right\} && \text{Koppelimpedanz} \\ &\underline{Z}_{11} = \underline{Z}_{22} = 1/3\,(\underline{Z}_1 + \underline{Z}_2 + \underline{Z}_3) && \text{Mitimpedanz .} \end{aligned} \tag{8.42d}$$

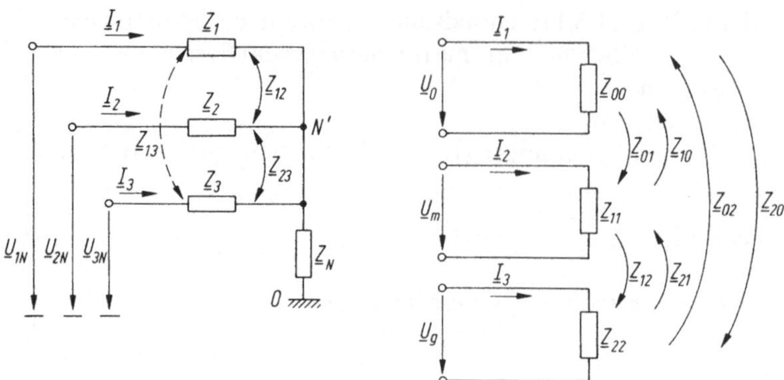

Bild 8.12a, b. Symmetrische Impedanzen. **a** Verbraucher in Sternschaltung; **b** Ersatzschaltung zu Gl. (8.42c). Gegeben: Natürliches System (z. B. $\underline{I}_1 \cdots \underline{I}_3$).

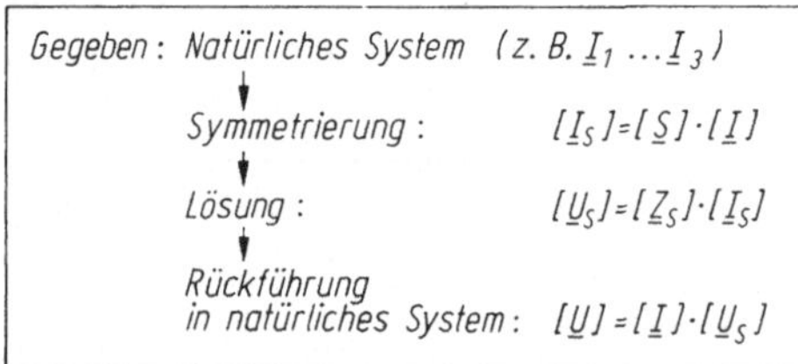

Bild 8.13. Methodik zur Lösung eines unsymmetrischen Lastproblems mit symmetrischen Komponenten.

Liegt ein *symmetrisches natürliches System* vor ($\underline{Z}_1 = \underline{Z}_2 = \underline{Z}_3 = \underline{Z}$), so verschwinden die Koppelimpedanzen und es verbleibt nur noch $\underline{Z}_0 \ldots \underline{Z}_{22}$, d.h.

$$\underline{U}_0 = \underline{Z}_{00}\underline{I}_o, \quad \underline{U}_m = \underline{Z}_{11} \cdot \underline{I}_m, \quad \underline{U}_g = \underline{Z}_{22}\underline{I}_g \ . \tag{8.42e}$$

Zusammengefaßt läßt sich

— im symmetrischen System der Zusammenhang zwischen Strömen und Spannungen durch die Impedanzmatrix $[\underline{Z}_S]$ beschreiben;

— die Lösung eines unsymmetrischen Belastungssystems dadurch vereinfachen, daß zunächst eine Symmetrierung der gegebenen Komponenten erfolgt, dann die gesuchten Komponenten im symmetrischen System gelöst werden und schließlich die Rücktransformation erfolgt (Bild 8.13).

Zur Selbstkontrolle: Abschnitt 8

8.1 Welcher Unterschied besteht zwischen drei Einzelspannungsgeneratoren und drei Generatoren, die zu einem Dreieck zusammengeschaltet sind?

8.2 Welche Bilanz gilt stets
— für die Ströme bei der Sternschaltung,
— die Spannungen bei der Dreieckschaltung?

8.3 Erklären Sie die Begriffe Leiterspannungen und Sternleiter (= Phasen)-Spannung!
8.4 Warum ist der Momentanwert der Leistung im Drehstromsystem unabhängig von der Zeit? (Diskutieren Sie das Einphasenwechselstromsystem als Vergleich.).
8.4 Skizzieren Sie die Zeigerbilder für die Beziehungen $U_L = \sqrt{3}U_{\curlywedge_p}(I_L = I_\curlywedge)$ und $I_L = \sqrt{3} \cdot I_\Delta$ $(U_L = U_\Delta)$
8.5 Wie läßt sich aus einer Einphasenspannung ein Drehstromsystem gewinnen?
8.6 Was bedeuten Null-, Mit-und Gegensystem?
8.7 Wie kann ein unsymmetrisches Dreiecksystem analysiert werden?
8.8 Skizzieren Sic ein Wechselstromzweiphasensystem. Vorteil?

9 Lineare Netzwerke bei allgemeiner periodischer und nichtperiodischer Erregung

Ziel. Nach Durcharbeit des Abschnittes 9 soll der Leser in der Lage sein:
- Eine periodische Funktion in ihre Fourier-Reihe entwickeln und das zugehörige Spektrum angeben zu können;
- den Effektivwert und die Wirkleistung bei mehrwelligen Größen anzugeben;
- die wichtigsten Kenngrößen mehrwelliger Größen zu nennen;
- lineare Netzwerke bei mehrwelliger Erregung zu analysieren;
- die Fourier-Transformation anzuwenden.

Im Abschnitt 6 lernten wir das Verhalten linearer Netzwerke bei sinusförmiger Erregung kennen. Dieser Fall hatte nicht nur wegen der großen Bedeutung des Wechselstromes Vorrang, sondern auch, weil die Sinusfunktion zugleich *Aufbaufunktion* einer allgemeinen periodischen Erregung ist. In der Elektrotechnik/Elektronik spielen überhaupt periodische Funktionen *abweichend* vom Sinusverlauf, z. B. Rechteck-, Impuls-, Sägezahnspannung, gleichgerichtete Sinusform u. a. eine erhebliche Rolle. Wir wollen in diesem Abschnitt
- die linearen (und nichtlinearen) Netzwerke bei allgemeiner periodischer Erregung kennenlernen (Abschn. 9.1),
- dafür geeignete Kenngrößen definieren und
- schließlich den Grenzfall unendlicher Periodendauer, also eine *nichtperiodische* Erregung betrachten. Dieser Fall bildet den Übergang zu den Schaltvorgängen (Abschn. 10).

Dabei spielen die *Fourier-Analyse* und *-Synthese*, d. h. die Zerlegung allgemeiner periodischer Funktionen und umgekehrt ihr Aufbau aus Sinusfunktionen eine grundlegende Rolle.

9.1 Darstellung einer periodischen Funktion durch eine Fourier-Reihe

9.1.1 Fourier-Synthese

Werden zwei (oder mehrere) sinusförmige Wechselgrößen verschiedener Frequenz überlagert, so entsteht eine neue *nicht mehr sinusförmige, aber noch periodische* Größe $f(t) = f(t + nT)$. Sie kann deshalb nur durch eine Summe von Sinusfunktionen mit verschiedenen Amplituden, Frequenzen und Phasen ausgedrückt werden. Umgekehrt läßt sich eine beliebige, aber periodische Funktion $f(t) = f(t + nT)$ *durch eine unendliche Fourier-Reihe* darstellen, also durch eine Summe von Sinus-

und Cosinusfunktion und u. U. ein Gleichglied annähern[1]

$$f(t) = \underbrace{A_0}_{\text{Gleichglied}} + \underbrace{\sum_{k=1}^{\infty} \hat{C}_k \cos k\omega t + \sum_{k=1}^{\infty} \hat{S}_k \sin k\omega t}_{\text{Harmonische der Grundschwingung}}; \quad \omega = \frac{2\pi}{T}. \tag{9.1}$$

Die Darstellung einer periodischen Funktion aus Sinusschwingungen heißt *Fourier-Synthese*. Die Schwingung nach Gl. (9.1) ist die *Fourier-Reihe*. Ihre einzelnen Teilschwingungen werden näher bezeichnet als k-te Harmonische (k-te Teilschwingung, Ordnungszahl k.) Speziell für $k = 1$ ergibt sich die *Grundschwingung*, alle übrigen bilden *Oberschwingungen*.

Sonderfälle der allgemeinen Fourier-Synthese nach Gl. (9.1) sind:

a) $f(t)$ ist eine *reine Wechselgröße* mit $A_0 = 0$ (s. Definition Abschn. 5.2.3). Positive und negative Funktionszeitflächen innerhalb einer Periode sind gleich.

b) *Gerade Funktionen*, d. h. $f(t) = f(-t)$, die nur cos-Glieder haben ($\hat{S}_k = 0$) und deshalb symmetrisch (spiegelbildlich) bezüglich der Ordinate sind (Bild 9.1a).

c) *Ungerade Funktionen*, d. h. $f(-t) = -f(t)$, es sind nur Sinusglieder vorhanden (schiefsymmetrisch, ungerade symmetrisch, $\hat{C}_k = 0$, Bild 9.1b).

d) *Alternierende Funktionen*, d. h. $f(t) = -f(t + T/2)$ (Halbwellensymmetrie): $f(t)$ wiederholt sich nach $T/2$ mit umgekehrtem Vorzeichen. Es existieren hier nur Glieder mit ungeraden Ordnungszahlen ($k = 1, 3, 5, \ldots$, Bild 9.1c).

e) Wie d), jedoch $f(t) = +f(t + T/2)$ (Vollwellensymmetrie), d. h. nur Glieder mit geraden Ordnungszahlen ($k = 2, 4, \ldots$ Bild 9.1d).

Bild 9.2 zeigt die Fourier-Synthese einer Rechteckspannung aus Teilschwingungen. Man erkennt die immer bessere Annäherung der Kurve mit steigender Zahl von Teilschwingungen.

Die Fourier-Synthese stellt somit das Zusammenschalten einzelner Generatoren mit harmonisch gestaffelten Frequenzen, einstellbarer Amplitude und Phase ($\rightarrow A_0, \hat{C}_k, \hat{S}_k$) im Frequenzbereich zur Erzeugung einer bestimmten Funktion im Zeitbereich dar.

Fourier-Analyse. Der umgekehrte Vorgang, zu einer periodischen Zeitfunktion die einzelnen Teilschwingungen zu finden, heißt *Fourier-* oder *harmonische Analyse*. Sie kann erfolgen

— durch *Berechnung* der Koeffizienten A_0, $\hat{C}_k$, $\hat{S}_k$ in Gl. (9.1) für mathematisch definierte Funktionen. Für die technisch wichtigsten Funktionen liegen Tafeln vor (s. Tafel. 9.1),

— durch numerische Näherungsverfahren (Runge-Kutta u. a.), wenn das Liniendiagramm (Oszillograph, Schreiber) der Zeitfunktion vorliegt (aber eine mathematisch exakte Angabe nicht möglich ist),

---

[1] Vorausgesetzt, daß $f(t)$ im Intervall T stückweise glatt ist und höchstens endlich viele Sprungstellen besitzt.

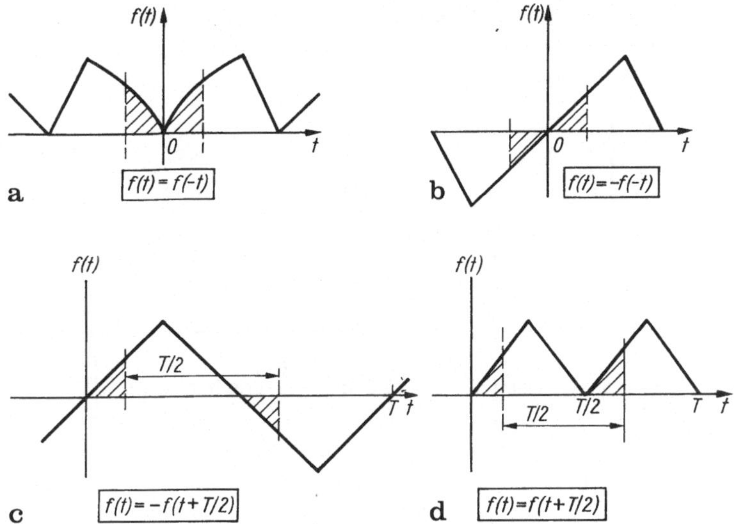

Bild 9.1a–d. Symmetrieeigenschaften periodischer Zeitfunktionen. **a** gerade oder symmetrische Funktion $f(t) = f(-t)$; **b** ungerade oder ursprungssymmetrische Funktion $f(t) = -f(-t)$; **c** spiegelsymmetrische oder halbwellensymmetrische Funktion $f(t) = -f(t + T/2)$ (negative Wiederholung nach $T/2$); **d** positive Wiederholung nach $T/2$: $f(t) = f(t + T/2)$

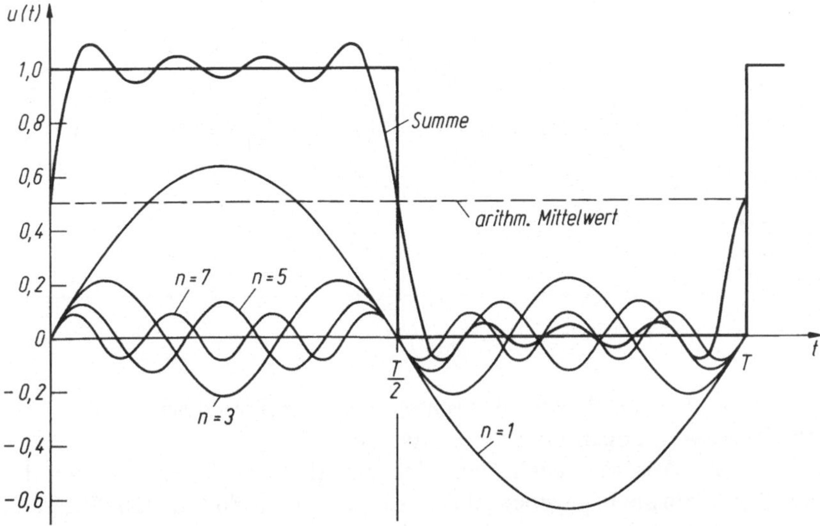

Bild 9.2. Fourier-Synthese einer Rechteckspannung mit Sinusspannunge ($n = 1, 3, 5, 7$)

Tafel 9.1 Zusammenstellung einiger für die Elektrotechnik wichtiger Fourier-Reihen

Zeitfunktion	Fourier-Reihe $f(t)$
Gleichgerichtete Sinusschwingung (Zweiweg) 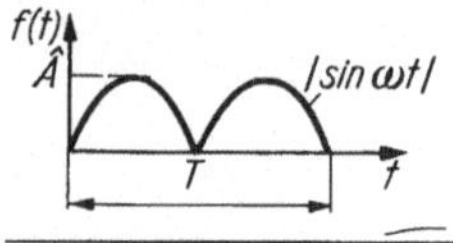	$\frac{4\hat{A}}{\pi}\left[\frac{1}{2}-\frac{1}{1\cdot 3}\cos 2\omega t-\frac{1}{3\cdot 5}\cos 4\omega t-\frac{1}{5\cdot 7}\cos 6\omega t\cdots\right]$ $A_0=\frac{2\hat{A}}{\pi};\quad \hat{S}_k=0;\quad \hat{C}_k=\frac{4\hat{A}}{\pi(1-k^2)};\quad k=2,4,6\ldots$
Gleichgerichtete Sinusschwingung (Einweg) 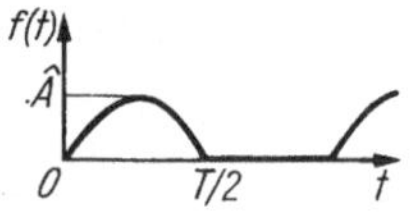	$\frac{\hat{A}}{\pi}\left[1+\frac{\pi}{2}\sin\omega t-\frac{1}{1\cdot 3}\cos 2\omega t-\frac{2}{3\cdot 5}\cos 4\omega t-\cdots\right]$ $A_0=\frac{\hat{A}}{\pi};\quad \hat{S}_k=\frac{\hat{A}}{2};\quad \hat{C}_k=\frac{2\hat{A}}{\pi(1-k^2)};\quad k=2,4,6\ldots$
Rechteckschwingung 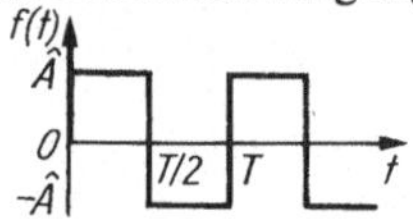	$\frac{4\hat{A}}{\pi}\left[\sin\omega t+\frac{1}{3}\sin 3\omega t+\frac{1}{5}\sin 5\omega t+\cdots\right]$
Ungerade Dreieckschwingung 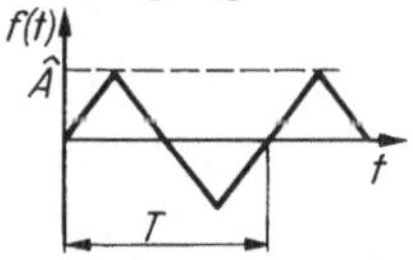	$\frac{8\hat{A}}{\pi^2}\left[\sin\omega t-\frac{1}{3^2}\sin 3\omega t+\frac{1}{5^2}\sin 5\omega t-\frac{1}{7^2}\sin 7\omega t\pm\cdots\right]$
Ungerade Sägezahnschwingung 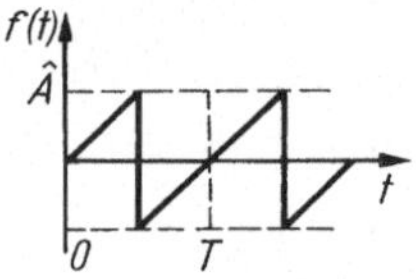	$\frac{2\hat{A}}{\pi}\left[\sin\omega t-\frac{1}{2}\sin 2\omega t+\frac{1}{3}\sin 3\omega t-\frac{1}{4}\sin 4\omega t\pm\cdots\right]$ $A_0=0;\quad \hat{C}_k=0;\quad \hat{S}_k=\frac{2\hat{A}}{\pi k}(-1)^{k+1};\quad k=1,2,3.$

— durch Messung des sog. *Spektrums* (analoger Spektrumanalysator), d. h. der einzelnen Teilschwingungen im Frequenzbereich.

Die harmonische Analyse macht von der umgekehrten Interpretation der Fourier-Reihe (9.1) Gebrauch: gegeben ist $f(t)$, zu bestimmen sind die Koeffizienten A_o, $\hat{C}_k$, $\hat{S}_k$ so, daß die Näherungskurve den Verlauf $f(t)$ möglichst gut anpaßt. Dazu sind zu wählen:

Gleichglied A_0 (arithmetischer Mittelwert, s. Gl. (5.55))

$$A_0 = \frac{1}{T}\int_{t}^{t+T} f(t')\mathrm{d}t' = \frac{1}{2\pi}\int_{\varphi}^{\varphi+2\pi} f(\omega t)\,\mathrm{d}(\omega t) \; , \tag{9.2}$$

Amplituden der Teilschwingungen

$$\hat{C}_k = \frac{2}{T}\int_{t}^{t+T} f(t')\cos k\omega t'\,\mathrm{d}t' = \frac{1}{\pi}\int_{\varphi}^{\varphi+2\pi} f(\omega t)\cos k\omega t\,\mathrm{d}(\omega t) \; , \tag{9.3a}$$

$$\hat{S}_k = \frac{2}{T}\int_{t}^{t+T} f(t')\sin k\omega t'\,\mathrm{d}t' = \frac{1}{\pi}\int_{\varphi}^{\varphi+2\pi} f(\omega t)\sin k\omega t\,\mathrm{d}(\omega t) \; . \tag{9.3b}$$

Die Koeffizienten müssen einzeln durch Integration über eine volle Periode ermittelt werden, unabhängig vom frei wählbaren Anfangswert t oder φ. Dabei kann es u. U. zweckmäßig sein, das Integrationsintervall symmetrisch zum Zeitnullpunkt zu legen (also $t = -T/2$ bzw. $\varphi = -\pi$ zu setzen). Auch darf der Ursprung so liegen, daß $\hat{C}_k$ oder $\hat{S}_k$ verschwindet.

Das wichtigste Ergebnis der Fourier-Analyse ist, daß jede periodische Zeitfunktion in eine Summe harmonischer Schwingungen zerlegt werden kann und damit die bisherige Wechselstromanalyse auch auf solche Erregerfunktionen erweiterbar ist.

Tafel 9.1 enthält einige typische Fourier-Reihen der Elektrotechnik. Aus den Ergebnissen lassen sich zwei allgemeingültige Erkenntnisse gewinnen:

- Bei Funktionen mit Sprungstellen, z. B. Rechteck-, Sägezahn, fallen die Amplituden $\hat{C}_k$, $\hat{S}_k$ mit $\sim 1/k$;
- bei Funktionen mit „Ecken" z. B. Dreieckfunktion, fallen die Amplituden $\hat{C}_k$, $\hat{S}_k$ mit $\sim 1/k^2$.

Gleichwertige Darstellungen der Fourier-Reihen. Zur Fourier-Reihe Gl. (9.1) gibt es noch zwei weitere, gleichwertige Darstellungen:

1. Spektraldarstellung, Amplituden- und Phasenspektrum. Durch Zusammenfassung der gleichfrequenten Sinus- und Cosinusglieder (= *Spektraldarstellung*) gilt

$$f(t) = A_0 + \sum_{k=1}^{\infty} \hat{A}_k \cos(\omega k t + \varphi_k) \tag{9.4a}$$

mit den Amplituden und Nullphasenwinkeln

$$\hat{A}_k = \sqrt{\hat{S}_k^2 + \hat{C}_k^2}, \quad \varphi_k = -\arctan\frac{\hat{S}_k}{\hat{C}_k} \; . \tag{9.4b}$$

Es folgt weiter

$$\hat{C}_k = \hat{A}_k \cos\varphi_k, \quad \hat{S}_k = = -\hat{A}_k \sin\varphi_k \; . \tag{9.5}$$

Obwohl $\hat{C}_k$, $\hat{S}_k$ negative Werte annehmen können, wird $\hat{A}_k$ stets positiv und kann damit als Amplitude aufgefaßt werden. Im Nullphasenwinkel φ_k ist das negative Vorzeichen zu beachten.

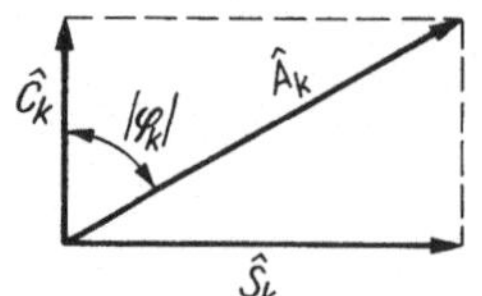

Bild 9.3. Gesamtamplitude $\hat{A}_K$ der Schwingung der Kreisfrequenz $k\omega$ zusammengesetzt aus zwei Komponenten $\hat{C}_K$, $\hat{S}_K$ mit der Phase φ_K (Gl. 9.4b)

Hieraus erkennen wir sehr anschaulich die bereits in Abschn. 5.2.3 eingeführten Begriffe Wechselgröße (Gleichglied A_0 verschwindet) und Mischgröße (mit Gleichglied).

Bild 9.3 veranschaulicht die Zusammenfassung der Sinus- und Cosinusglieder, wie wir sie bereits von der Darstellung der Sinusfunktion her kennen.

2. *Komplexe Form.* Unter Benutzung der Darstellungen

$$\cos k\omega t = \frac{e^{jk\omega t} + e^{-jk\omega t}}{2}; \quad \sin k\omega t = \frac{j(e^{-jk\omega t} - e^{jk\omega t})}{2}$$

folgt aus Gl. (9.1)

$$f(t) = \sum_{k=-\infty}^{+\infty} \underline{c}_k e^{jk\omega t} . \qquad (k = 0, \pm 1, \pm 2, \dots) . \qquad (9.6a)$$

Das ist die *komplexe Form* der Fourier-Reihe mit

$$\underline{c}_k = \frac{1}{T}\int_0^T f(t) e^{-jk\omega t} dt = \begin{cases} A_0 & \text{für} \quad k = 0 \\ \dfrac{\hat{C}_k - j\hat{S}_k}{2} & \text{für} \quad k = 1, 2, \dots \\ \dfrac{\hat{C}_{|k|} + j\hat{S}_{|k|}}{2} & \text{für} \quad k = -1, -2, \dots, \end{cases} \qquad (9.6b)$$

sowie

$$\hat{C}_k = 2\operatorname{Re}\underline{c}_k , \quad \hat{S}_{|k|} = -2\operatorname{sgn}(k)\operatorname{Im}\underline{c}_k . \qquad (9.6c)$$

Ausgeschrieben lautet diese Reihe

$$f(t) = \dots + \underline{c}_{-2} e^{-2j\omega t} + \underline{c}_{-1} e^{-j\omega t} + c_0 + \underline{c}_1 e^{j\omega t} + \underline{c}_2 e^{2j\omega t} \dots .$$

Gleichglied
1. Harmonische
2. Harmonische

Der Koeffizient $\underline{c}_k$ bestimmt das sog. *Spektrum* der Fourier-Reihe.

9.1.2 Zeitfunktion und Spektrum

Mit der Fourier-Analyse kann eine periodische Funktion $f(t)$ entweder als *Zeitfunktion* (Oszillogramm, Liniendiagramm Gl. (9.1)) oder als sog. *Spektrum* Gl. (9.6) dargestellt werden. Das Liniendiagramm enthält den zeitlichen Verlauf der einzelnen Oberschwingungen phasengerecht zusammengesetzt.

Die komplexe Fourier-Reihe nach Gl. (9.6) ist eine knappe, übersichtliche Darstellung. Sie benutzt die formale Einführung negativer Frequenzen ($k = -\infty \ldots +\infty$). Zu einer negativen Frequenz $-k\omega$ gibt es immer die zugehörige positive $+k\omega$. Die Form Gl. (9.6) ist eine direkte Erweiterung der *zweiseitigen spektralen Darstellung* der harmonischen Schwingung, die wir in Abschn. 6.2 als Form II kennenlernten. Jede Komponente

$$f_{\mathrm{k}}(t) = \underline{c}_{\mathrm{k}} \mathrm{e}^{\mathrm{j}k\omega t} + \underline{c}_{-\mathrm{k}} \mathrm{e}^{-\mathrm{j}k\omega t}$$

stellt ein konjugiert komplexes Zeigerpaar dar mit entgegengerichtetem Drehsinn (Bild 9.4). Daß dabei negative Frequenzen physikalisch nicht existent sind, hatten wir bereits diskutiert.

Die Darstellungsform Gl. (9.6) eignet sich besonders für die Fourier-Transformation, Abschn. 9.4.

In Tafel 9.2 wurden die Zusammenhänge einschließlich der Symmetriebedingungen zusammengefaßt.

Fourier-Reihe. Korrespondenzen. Eigenschaften. Nach Gl. (9.6) ist eine Zeitfunktion $f(t)$ stets mit einem Linienspektrum im Frequenzbereich verknüpft. Deshalb bilden die Gln. (9..6a und 9.6b) die Zuordnungen oder *Korrespondenzen* zwischen $f(t)$ im Zeitbereich und den Fourier-Koeffizienten $\underline{c}_{\mathrm{k}}$ im Frequenzbereich:

$$f(t) = \sum_{k=-\infty}^{\infty} \underline{c}_{\mathrm{k}} \mathrm{e}^{\mathrm{j}k\omega t} \quad \circ\!\!-\!\!\bullet \quad \underline{c}_{\mathrm{k}} = \frac{1}{T} \int_{t_0}^{t_0+T} f(t) \mathrm{e}^{-\mathrm{j}k\omega t} \, \mathrm{d}t \qquad (9.7)$$

← Zeitbereich → ← Frequenzbereich →

$\omega T = 2\pi$ Fourier-Reihe.

Solche Korrespondenzen werden mit dem Symbol ○—● ausgedrückt: links Zeit- oder Originalbereich, rechts (voll) Frequenz- oder Bildbereich. Deshalb stellt Gl. (9.7) die Transformationsbeziehungen der Fourier-Reihe dar.

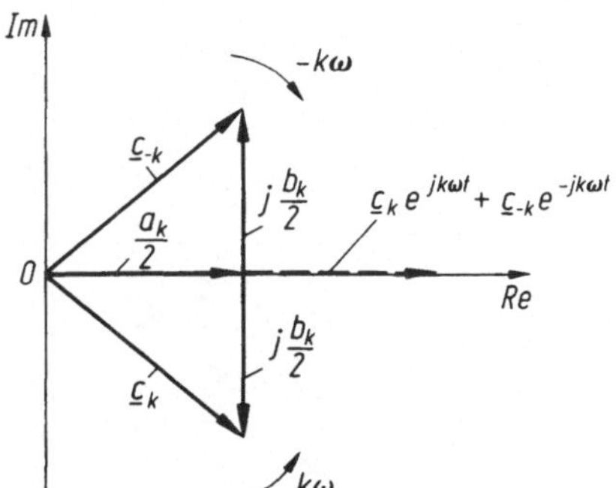

Bild 9.4. Konjugiert komplexes Zeigerpaar $\underline{c}_{\mathrm{k}}$, $\underline{c}_{-\mathrm{k}}$ mit entgegengesetztem Drehsinn. Die Summe (Momentanwert) ist stets reell

Tafel 9.2 Übersicht zur Fourier-Reihe

Gegeben:	periodische Zeitfunktion im Zeitintervall T	graphische Darstellung oder Wertetabelle
Gesucht:	unendliche Fourier-Reihe ↓ Darstellungsarten	endliche Fourier-Reihe

(1) *Normalform* (*reell*)	(2) *ccs-Form* (*reell, Spektralform*)	(3) *komplexe Form*
$f(t) = A_0 + \sum_{k=1}^{\infty} (\hat{C}_k \cos k\omega t + \hat{S}_k \sin k\omega t)$	$f(t) = A_0 + \sum_{k=1}^{\infty} \hat{A}_k \cos(k\omega t + \varphi_k)$	$f(t) = \sum_{k=-\infty}^{\infty} \underline{c}_k(\mathrm{j}k\omega)\,\mathrm{e}^{\mathrm{j}k\omega t}$
$A_0 = \frac{1}{T} \int_0^T f(t)\,\mathrm{d}t$		
$\hat{C}_k = \frac{2}{T} \int_0^T f(t) \cos k\omega t\,\mathrm{d}t$	$\hat{A}_k = \sqrt{\hat{C}_k^2 + \hat{S}_k^2}$	
$\hat{S}_k = \frac{2}{T} \int_0^T f(t) \sin k\omega t\,\mathrm{d}t$	$\varphi_k = -\arctan \frac{\hat{S}_k}{\hat{C}_k}$	$\underline{c}_k(\mathrm{j}k\omega) = \frac{1}{T} \int_0^T f(t)\,\mathrm{e}^{-\mathrm{j}k\omega t}\,\mathrm{d}t$
Umrechnungen $A_0 = c_0 \quad \hat{C}_k = \underline{c}_k + \underline{c}_{-k} = 2\,\mathrm{Re}\,\underline{c}_k$ $a_0 = 2A_0 \quad \hat{S}_k = \frac{1}{\mathrm{j}}(\underline{c}_{-k} - \underline{c}_k) = 2\,\mathrm{Im}\,\underline{c}_k$	$\hat{C}_k = \hat{A}_k \cos \varphi_k$ $\hat{S}_k = -\hat{A}_k \sin \varphi_k$	$c_0 = A_0, \quad \underline{c}_{-k} = \frac{\hat{C}_k + \mathrm{j}\hat{S}_k}{2} = \frac{\hat{A}_k \mathrm{e}^{-\mathrm{j}\varphi_k}}{2}$ $\underline{c}_k = \frac{\hat{C}_k - \mathrm{j}\hat{S}_k}{2} = \frac{\hat{A}_k \mathrm{e}^{\mathrm{j}\varphi_k}}{2} = \frac{\hat{A}_k}{2} = \underline{c}^*_{-k}$

Besonderheit: Gerade Funktion $f(t) = f(-t)$: $\hat{S}_k = 0$ $f(t)$ nach $T/2$ als positive Wiederholung: nur gerade k,
ungerade Funktion $f(t) = -f(-t)$: $\hat{C}_k = 0$ $f(t)$ nach $T/2$ als negative Wiederholung: nur ungerade k.

Für die einfache Sinusschwingung ergibt sich so das Linienspektrum, bestehend aus zwei Komponenten bei $\pm\,\omega$ der normierten Höhe 1/2.

Wir stellen noch einige Eigenschaften der Fourierreihe zusammen, die nicht weiter bewiesen werden sollen. Sie sind für die praktische Arbeit von Nutzen; übrigens finden wir sie auch später bei der Fourier- und Laplace-Transformation wieder:

— *Verschiebungssatz*. Dieser Satz beschreibt die Auswirkung einer zeitlichen bzw. spektralen Verschiebung der Funktion $f(t)$ bzw. des Linienspektrums $\underline{c}_k(\omega)$.
— Verschiebung im Zeitbereich um t_0 bewirkt Phasenverschiebung im Frequenzbereich

$$f(t-t_0) \circ\!\!-\!\!\bullet\ \underline{c}_k \mathrm{e}^{-\mathrm{j}k\omega t_0}\ , \tag{9.8a}$$

— Verschiebung im Frequenzbereich um Δf bewirkt Zeitverschiebung

$$f(t)\mathrm{e}^{\mathrm{j}2\lambda\pi\Delta f t} \circ\!\!-\!\!\bullet\ \underline{c}_k(k-\Delta f/t)\ , \tag{9.8b}$$

— *Differentiationssatz*

$$\mathrm{d}f(t)/\mathrm{d}t \circ\!\!-\!\!\bullet\ \mathrm{j}\omega k\,\underline{c}_k\ , \tag{9.9a}$$

— *Integrationssatz*

$$\int_0^t f(t')\,\mathrm{d}t' \circ\!\!-\!\!\bullet\ \underline{c}_k/\mathrm{j}k\omega\ (c_o=0)\ . \tag{9.9b}$$

Besonders von den beiden letzteren Eigenschaften wurde bereits in der Wechselstromrechnung mit Erfolg Gebrauch gemacht.

Das *Spektrum* einer periodischen Funktion ist die Gesamtheit der Amplituden- und Nullphasenwinkel aller Teilschwingungen:
— Im *Amplitudenspektrum* sind die Amplituden c_k der Teilschwingungen der komplexen Fourier-Reihe über der Ordnungszahl aufgetragen und
— im *Phasenspektrum* entsprechend die Nullphasenwinkel φ_k.

Wir sprechen vom *Linienspektrum* oder *diskreten Spektrum*, wenn sowohl Amplitude als auch Phase mit Linien (entsprechend k) über ω dargestellt werden (sonst kontinuierliches Spektrum, s. Abschn. 9.4).

Üblich ist die *einseitige Spektraldarstellung* (für $k \geqq 0$), die zu Gl. (9.4) gehört mit $\hat{A}_k = 2|c_k|$, $k \geqq 1$, $\hat{A}_o = c_o$. Dabei geht die einseitige Darstellung aus der zweiseitigen Darstellung „durch Umklappen" bei $k=0$ hervor (Nullpunktsymmetrie).

Für theoretische Betrachtungen ist die zweiseitige Form besser geeignet, meßbar (Amplitudenmessung mit Selektiv-Voltmeter) ist nur die einseitige.

Auch die Sinusfunktion wurde entweder durch das Liniendiagramm (Zeitbereich) oder die Angabe von Amplitude, Phase und Frequenz eindeutig festgelegt.

Besonders einfach läßt sich das Spektrum aus der Fourier-Reihe in komplexer Darstellung gewinnen. Es wurde in Bild 9.5 am Beispiel einer Rechteckfunktion für zwei verschiedene Tastverhältnisse dargestellt.

Zusammengefaßt: Jede im Zeitbereich periodische Funktion kann im Frequenzbereich gleichwertig durch ihr Amplituden- und Phasenspektrum dargestellt werden (Berechnung Gl. (9.4) bis (9.6)).

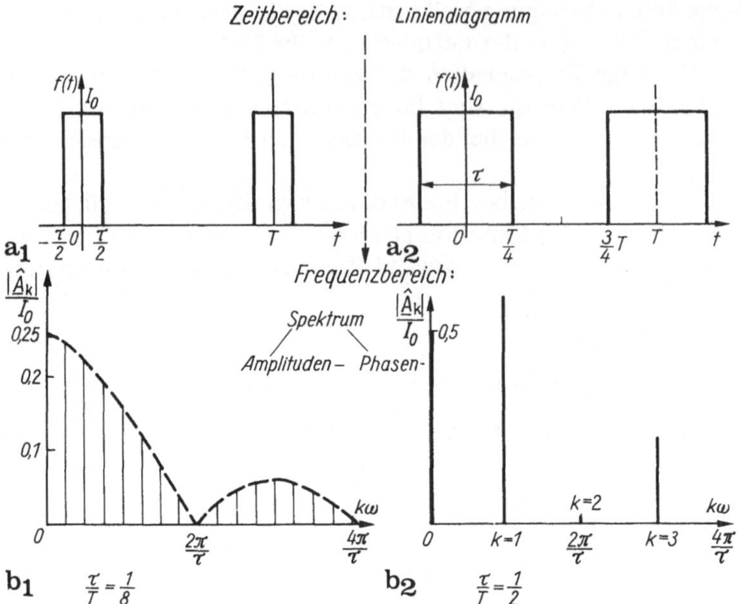

Bild 9.5a, b. Darstellung einer periodischen Funktion (Rechteckfunktion mit verschiedenem Tastverhältnis τ/T). **a1, a2** im Zeitbereich (Liniendiagramm). Die Fourier-Reihe ist durch Gl. (9.1) gegeben; **b1, b2** im Frequenzbereich (Spektrum). Dargestellt ist das Amplitudenspektrum $|\hat{A}_k|/I_0 = 2/\pi k \sin(k\pi(\tau/T))$ (Gl. 9.11)

Beispiel. Wir wollen die dargestellte *einseitige Rechteckimpulsfolge* (Impulsbreite τ, Höhe I_0, Bild 9.5a) analysieren und einige generelle Schlüsse ziehen. Der Impuls ist gegeben durch $f(t) = I_0$ für $-\frac{\tau}{2} \leqq t \leqq +\frac{\tau}{2}$ und verschwindet für den Rest der Periodendauer. Die Funktion liegt symmetrisch zu $t = 0$, so daß nur cos-Glieder auftreten werden. Nach Gl. (9.1) erhalten wir

1. als Gleichglied (arithmetischer Mittelwert)

$$A_0 = \frac{1}{T}\int_{-\tau/2}^{+\tau/2} I_0 \mathrm{d}t = \frac{I_0\tau}{T}, \tag{9.10}$$

2. als Amplituden der cos-Glieder

$$\hat{C}_k = \frac{2}{T}\int_{-\tau/2}^{\tau/2} I_0 \cos k\omega t \,\mathrm{d}t = \frac{2I_0}{k\omega T}\sin k\omega t\bigg|_{-\tau/2}^{+\tau/2} = \frac{2I_0}{k\pi}\sin\frac{k\omega_0\tau}{2} = \frac{2I_0}{k\pi}\sin k\pi\frac{\tau}{T}. \tag{9.11a}$$

Damit lautet die Fourier-Reihe

$$f(t) = \frac{I_0\tau}{T} + \frac{2I_0}{\pi}\sum_{k=1}^{\infty}\left(\frac{1}{k}\sin k\pi\frac{\tau}{T}\right)\cos k\omega t. \tag{9.11b}$$

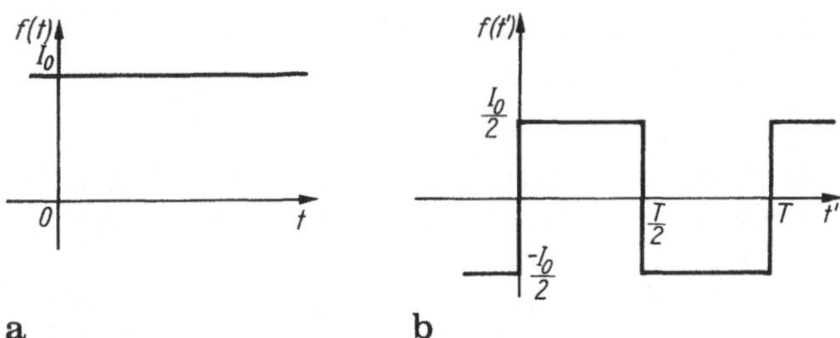

Bild 9.6a, b. Sonderfälle der Rechteckfunktion (Bild 9.5a). **a** Gleichgröße ($\tau = T$); **b** ursprungsymmetrischer Rechteckimpuls

Aus dem Ergebnis lassen sich leicht folgende *Sonderfälle* herleiten (Bild 9.6a):

1. $\tau = T$ (reine Gleichgröße I_0). Es entfallen wegen $\sin k\pi = 0$ alle Cosinusglieder.

2. $\tau = T/2$ (symmetrische Rechteckkurve). Hier verschwinden alle Cosinusglieder für gerade k, ungerade k ergeben alternierende Vorzeichen

$$f(t) = \frac{I_0}{2} + \frac{2I_0}{\pi}\left[\cos \omega t - \frac{\cos 3\omega t}{3} + \frac{\cos 5\omega t}{5} - \cdots + \cdots\right]. \tag{9.12}$$

3. Zieht man das Gleichglied $I_0/2$ ab, so verläuft die Funktion symmetrisch um die Zeitachse. Wird der Zeitnullpunkt um $T/4$ nach links verschoben (also $t' = t + T/4$ gesetzt (Bild 9.6b)) so folgt wegen

$$\cos k\omega\left(t' - \frac{T}{4}\right) = \cos\left[k\omega t' - k\frac{\pi}{2}\right] = \pm \sin k\omega t'$$

($+$: $k = 1, 5, 9$; $-$: $k = 3, 7 \ldots$) als Lösung

$$f(t') = \frac{2I_0}{\pi}\left[\sin \omega t' + \frac{\sin 3\omega t'}{3} + \frac{\sin 5\omega t'}{5}\right] \tag{9.13}$$

(vgl. Tafel 9.1).

Die Berechnung der komplexen Koeffizienten Gl. (9.6a) ist deutlich einfacher:

$$\underline{c}_k = \frac{I_0}{T}\int_{-\tau/2}^{+\tau/2} e^{-jk\omega t}\,dt = \frac{I_0}{-jk\omega T}\left[e^{-jk\omega\frac{\tau}{2}} - e^{jk\omega\frac{\tau}{2}}\right] = \frac{I_0}{k\pi}\sin k\pi\frac{\tau}{T} \tag{9.14}$$

(wegen $\omega T = 2\pi$). Für $k \to 0$ muß A_0 entweder durch einen Grenzübergang oder direkt über das Gleichglied Gl. (9.2) bestimmt werden.

Nach Gl. (9.6a) ist die Summation über positive und negative k auszuführen. Wegen $\underline{c}_k = \underline{c}^*_{-k}$ ergibt sich schließlich die Fourier-Reihe Gl. (9.11). Bild 9.5 enthält das Amplitudenspektrum. Man erkennt:

— Der Linienabstand für $f = 1/T$ hängt nur von der Periodendauer T ab (die Dichte der Spektrallinien steigt mit sinkendem Tastverhältnis τ/T, für $\tau/T = 0{,}125$ entsteht eine höhere Liniendichte (im Bild angedeutet)).

— Die Lage der Nullstellen der Einhüllenden hängt nur von der Impulsdauer τ ab. Die erste Nullstelle liegt bei $f_0 = 1/\tau$.

— Das Gleichglied $k = 0$ (Größe $\hat{A}\tau/T$) muß bei einseitiger Darstellung von $|\underline{c}_k|$ auf den halben Wert reduziert werden.

Man erkennt weiter, daß das Amplitudenspektrum von der Hüllkurve (Betrag)

$$I_0\tau/T|\sin x/x|$$

mit $x = k\pi\tau/T$ begrenzt wird. Die Kurve hat Nullstellen bei $x = k\pi$, d. h. $v = kT/\tau$. Bis zur ersten Nullstelle ($k = 1$) gibt es somit $v = T/\tau$ Spektrallinien. Ein kürzerer Impuls ($\rightarrow \tau$) vergrößert die Liniendichte, wie erwähnt. Für kurze Impulse ($x \rightarrow 0$, $\sin x/x \rightarrow 1$) gilt angenähert $I_0\tau/T$ unabhängig von k.

Das *Phasenspektrum* schwankt zwischen 0 und 180°, abhängig vom Vorzeichen von $\sin x/x$. Der Phasenwinkel verschwindet für $k = 0$, ± 1, ± 2, ± 3, ± 4, er ist nicht definiert bei $k = \pm 5$ (Nullstellevon c_5!) und liegt bei 180° für $\pm k = 6 \ldots 9$: $\underline{c}_k \approx I_0\tau/T$.

Damit haben alle Harmonischen, für die $k \ll T/(\pi\tau)$ gilt, eine konstante Amplitude, mithin ein konstantes Spektrum oder gleichwertig:

Je kürzer der Rechteckimpuls ist, desto mehr Harmonische sind zum Aufbau der Rechteckfunktion erforderlich.

Zur Übertragung eines Impulses der Dauer τ muß ein Übertragungssystem etwa eine Bandbreite von $f = 0 \ldots f = 1/\tau$ haben. Je kürzer die Impulsdauer, desto größer wird die erforderliche Banbreite!

Zwei Fragestellungen sind noch offen:

— Was geschieht, wenn z. B. für ein bestimmtes Verhältnis τ/T, der Impulstakt T immer größer wird und schließlich nach ∞ geht? Die Antwort darf gibt die Fourier-Transformation Abschn. 9.4;
— wie ändert sich das Spektrum, wenn der Zeitverlauf Bild 9.5a um $\tau/2$ nach rechts verschoben wird? Die Antwort gibt der schon erwähnte Verschiebungssatz.

Wir diskutierten die Auswirkung einer Verschiebung des Zeitnullpunktes auf die Spektraldarstellung Gl. (9.6) mit dem Verschiebesatz. Gegeben sei $f(t)$ und damit $\underline{c}_k$. Die zeitverschobene Funktion $f_0(t) = f(t - t_0)$ ($t_0 > 0$: nach rechts, Abnahme des Nullphasenwinkels, $t_0 < 0$: nach links) ergibt

$$f_0(t) = f(t - t_0) = \sum_{k=-\infty}^{\infty} \underline{c}_k \exp \mathrm{j}k\omega(t - t_0) = \sum_{k=-\infty}^{\infty} \underline{c}_k \mathrm{e}^{\mathrm{j}k\omega t} \cdot \mathrm{e}^{-\mathrm{j}k\omega t_0} ,$$

also (s. Gl. (9.8))

$$\underline{c}_{k0} = \underline{c}_k \exp(-\mathrm{j}k\omega t_0) .$$

Die Verschiebung der Funktion $f(t)$ auf der Zeitachse ändert wegen $|\underline{c}_{k0}| = |\underline{c}_k|$ nur das Phasenspektrum um $-k\omega t_0$ (frequenzproportional), nicht das Amplitudenspektrum!

Bei Verschiebung der Impulskurve Bild 9.5a um $\tau/2$ nach rechts beträgt der neue Phasenwinkel

$$\varphi_{k0} = -(\varphi_k + k\pi/5)$$

(für $\tau/T = 1/5$).

Man mag fragen, weshalb der Impulsfunktion solche Aufmerksamkeit gewidmet wurde. Dies hat mehrere Gründe:

— Sie ist technisch eine wichtige und gut realisierbare Funktion, die in der Informationstechnik eine große Rolle spielt;

— mit ihr können Schaltvorgänge in Netzwerken nachgebildet werden;
— sie enthält die typischen Merkmale der Funktionsdarstellung im Zeit- und Frequenzbereich und schließlich;
— erlaubt sie einen anschaulichen Übergang von periodisch betriebenen Netzwerken zu *aperiodisch gespeisten*, für die zwei neue Transformationen, die *Fourier*- und *Laplace*-Transformation zweckmäßig sind.

Technische Bedeutung der Fourier-Reihe. Fourier-Analyse und -synthese haben für die Elektrotechnik grundlegende Bedeutung:

1. Jede periodische Zeitfunktion kann durch eine Summe von „Frequenzgeneratoren" gleichwertig theoretisch und experimentell dargestellt und frequenzselektiv gemessen werden.
2. Sie erlauben die Anwendung der Netzwerkanalyse (Transformation in den Frequenzbereich) auch für nichtsinusförmige (aber periodische!) Signale.
3. Sie beschreiben den Aufbau periodischer Zeitfunktionen aus Gleichgröße und Harmonischen.
4. Sie beschreiben (später) die Verformung periodischer Zeitfunktionen durch frequenzabhängige Übertragungsglieder.
5. Beide sind Grundlage für die Behandlung auch allgemeiner *nichtperiodischer* Zeitfunktionen durch Einführung der Fourier- und Laplace-Transformation, die vielleicht größte systemtechnische Bedeutung, die weit über die Elektrotechnik hinausreicht.

9.2 Nichtsinusförmige periodische Zeitfunktionen und ihre Kenngrößen

Wir diskutieren nachfolgend die wichtigsten Kenngrößen und Eigenschaften mehrwelliger Zeitfunktionen sowie die Leistungsverhältnisse und schreiben so die Ergebnisse der Abschnitte 5.2.3 und 6.4.2 fort.

1. Effektivwert. Wir betrachten den Effektivwert $\tilde{f}$ einer allgemeinen periodischen Funktion $f(t)$ nach Gl. (9.1) und greifen dazu auf die Definition Gl. (5.58) zurück. Es ergibt sich für das Effektivwertquadrat

$$\tilde{f}^2 = \frac{1}{T}\int_0^T f^2(t)\,\mathrm{d}t = \frac{1}{T}\int_0^T \left[A_0 + \sum_{k=1}^{\infty} \hat{A}_k \cos(k\omega t + \varphi_k)\right]^2 \mathrm{d}t\ . \tag{9.15}$$

Vom Integral liefern nur die Terme A_0^2 und $[A_k \cos(k\omega t + \varphi_k)]^2$ Beiträge bei der Integration über die Periodendauer, alle restlichen Anteile verschwinden.[1] Die

[1]Integrale der Form $\int_0^T \cos k\omega t\ \mathrm{d}t$, $\int_0^T \sin k\omega t\ \mathrm{d}t$ verschwinden stets.

Lösung ergibt

$$\tilde{f}^2 = \left[A_0^2 + \sum_{k=1}^{\infty} \frac{\hat{A}_k^2}{2}\right].$$

Führen wir den Effektivwert $A_{k\,\mathrm{eff}} = \hat{A}_k/\sqrt{2}$ der einzelnen Harmonischen ein, so lautet das Ergebnis schließlich

$$\tilde{f} = \sqrt{A_0^2 + \sum_{k=1}^{\infty} A_{k\,\mathrm{eff}}^2} = \sqrt{A_0^2 + A_{\mathrm{eff}}^2} \tag{9.16}$$

Effektivwert einer periodischen Funktion nach Gl. (9.1).

Dabei wurde mit A_{eff} der Effektivwert des gesamten Wechselanteiles bezeichnet.

Der Effektivwert einer Summe von Schwingungen verschiedener Frequenzen ist gleich der *geometrischen Summe* der Effektivwerte der Einzelschwingungen unabhängig von ihren Nullphasenwinkeln.

Hinweis. Der Effektivwert von mehreren Schwingungen *gleicher* Frequenz hängt vom Phasenwinkel zwischen ihnen ab (Gl. (5.53))!

Das Ergebnis Gl. (9.16) kann mit Benutzung der Fourier-Reihe Gl. (9.1) auch in anderer Form dargestellt werden (Weg der Herleitung völlig analog):

$$\sqrt{\frac{1}{T}\int_0^T f^2(t)\,\mathrm{d}t} = \tilde{f} = \sqrt{A_0^2 + \frac{1}{2}\sum_{k=1}^{\infty} \hat{C}_k^2 + \frac{1}{2}\sum_{k=1}^{\infty} \hat{S}_k^2} \tag{9.17}$$

Effektivwert einer periodischen Funktion (Parseval-Theorem).

Sie ist als sog. *Parsevalsches Theorem* bekannt. Wir kommen später darauf zurück.

Beispielsweise hat eine symmetrische Rechteckfunktion (Höhe $U_0 = 1$ V) als Effektivwertbeiträge der Harmonischen $A_k = \sqrt{C_k^2 + S_k^2}$ die Anteile $\frac{4}{\pi}\left[1, \frac{1}{3}, \frac{1}{5}, \frac{1}{7} + \cdots\right]$. Das gesamte Effektivwertquadrat lautet dann

$$\tilde{f}^2 = \frac{16\,\mathrm{V}^2}{2\pi^2}\left[1 + \frac{1}{9} + \frac{1}{25} + \frac{1}{49} + \cdots\right].$$

Der erste Term liefert den Betrag $8\,\mathrm{V}^2/\pi^2 = 0{,}81\,\mathrm{V}^2$, die Summe der ersten beiden beträgt $0{,}9\,\mathrm{V}^2$, die der ersten vier $0{,}95\,\mathrm{V}^2$ und erst für $n \to \infty$ ergibt sich $1\,\mathrm{V}^2$.

Die Darstellung der Effektivwertquadrate $\tilde{f}_k^2 = (\hat{C}_k^2 + \hat{S}_k^2)/2$ der einzelnen Harmonischen über k (bzw. ω) heißt *Leistungsspektrum* von $f(t)$. Bild 9.7 enthält es für die Sägezahnfunktion $f(t)$ mit der Fourier-Reihe (Tafel 9.1 ergänzt durch das Gleichglied $\hat{C}_0$)

$$f(t) = 0{,}5 - \frac{1}{\pi}\left[\sin 2\pi\frac{t}{T} + \frac{1}{2}\sin\frac{4\pi t}{T} + \frac{1}{3}\sin\frac{6\pi t}{T} + \cdots\right]$$

mit $\hat{C}_0 = 0{,}5$ und $\hat{S}_k = -1/(k\pi)$. Das Effektivwertquadrat der k-ten Harmonischen beträgt $(\hat{C}_k^2 + \hat{S}_k^2)/2$; wir erhalten so für die ersten Glieder des Leistungsspektrums: $k = 0 \to \left(\frac{1}{2}\right)^2$, $k = 1, 2 \to \frac{1}{2(k\pi)^2}$.

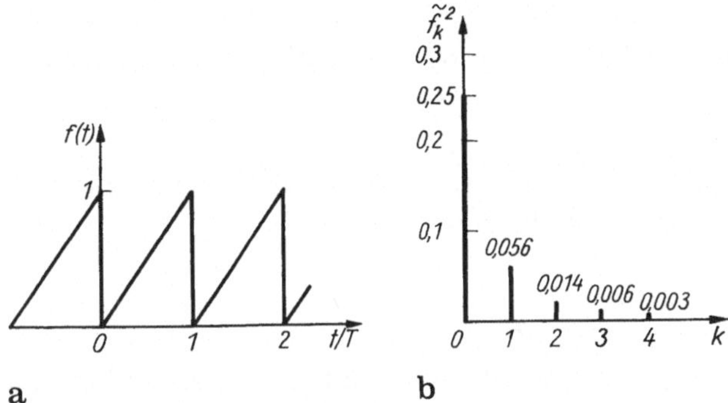

Bild 9.7a, b. Leistungsspektrum $\tilde{f}^2$ einer periodischen Funktion. **a** Funktion $f(t)$ (Sägezahnkurve); **b** Leistungsspektrum = Quadrat des Effektivwertes der einzelnen Harmonischen der Kurve **a**

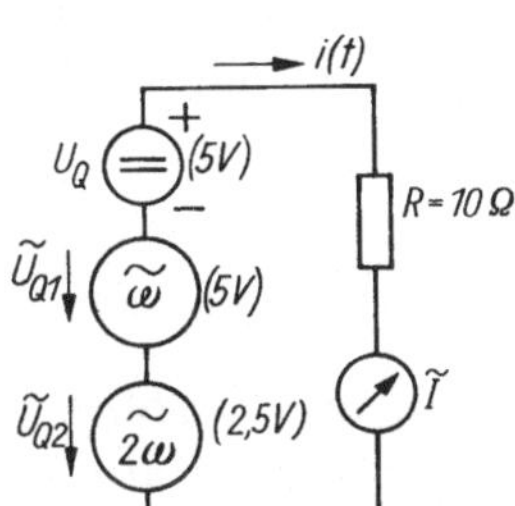

Bild 9.8. Zur Effektivwertbildung einer mehrwelligen Größe

Beispiel. Im Stromkreis Bild 9.8 wirke eine Gleichspannung $U_Q = 5\,\mathrm{V}$, eine Wechselspannung (Frequenz ω) mit dem Effektivwert $\tilde{U}_{Q1} = 5\,\mathrm{V}$ und eine Wechselspannung (Frequenz 2ω) mit dem Effektivwert $\tilde{U}_{Q2} = 2{,}5\,\mathrm{V}$ auf den Widerstand $R = 10\,\Omega$. Ein Effektivwertmesser (z. B. Hitzdrahtinstrument) zeigt folgenden Strom an:

$$\tilde{I} = \frac{\tilde{U}_{\mathrm{ges}}}{R} = \frac{\sqrt{U_Q^2 + \tilde{U}_{Q1}^2 + \tilde{U}_{Q2}^2}}{R} = \frac{\sqrt{(5\,\mathrm{V})^2 + (5\,\mathrm{V})^2 + (2{,}5\,\mathrm{V})^2}}{10\,\Omega} = \frac{7{,}5\,\mathrm{V}}{10\,\Omega} = 0{,}75\,\mathrm{A};$$

— nur U_Q oder $\tilde{U}_{Q1}$ wirkend $\tilde{I} = \dfrac{U_Q}{R} = \dfrac{\tilde{U}_{Q1}}{R} = \dfrac{5\,\mathrm{V}}{10\,\Omega} = 0{,}5\,\mathrm{A}$,

— nur U_Q und $\tilde{U}_{Q1}$ wirkend $\tilde{I} = \dfrac{\sqrt{U_Q^2 + \tilde{U}_{Q1}^2}}{R} = \dfrac{5\,\mathrm{V}\sqrt{2}}{10\,\Omega} = 0{,}7\,\mathrm{A}$

(nicht etwa 1 A, wie man fälschlicherweise bei arithmetischer Addition der Einzeleffektivwerte erwarten würde),

— nur $\tilde{U}_{Q1}$ und $\tilde{U}_{Q2}$ wirkend $\tilde{I} = \dfrac{\sqrt{\tilde{U}_{Q1}^2 + \tilde{U}_{Q2}^2}}{R} = \dfrac{\sqrt{(5\,\mathrm{V})^2 + (2{,}5\,\mathrm{V})^2}}{10\,\Omega} = 0{,}56\,\mathrm{A}$.

Glieder, deren Effektivwert klein ist im Vergleich zu anderen, tragen zum Effektivwert nur schwach bei.

Merke: Fließen durch einen Leiter ein Gleichstrom $I = 1$ A und ein Wechselstrom mit dem Effektivwert $\tilde{I} = 1$ A, so beträgt der Effektivwert des Gesamtstromes $\sqrt{2}$ A!

2. Wirkleistung. Wir untersuchen die Wirkleistung $\overline{p(t)}$ (Gl. (6.54)) eines Zweipols, an dem mehrwellige Ströme und Spannungen der Form

$$u(t) = U_0 + \sum_{k=1}^{\infty} u_k(t), \quad i(t) = I_0 + \sum_{k=1}^{\infty} i_k(t)$$

mit $u_k(t) = \hat{U}_k \sin(k\omega t + \varphi_{uk})$, $i_k = \hat{I}_k \sin(k\omega t + \varphi_{ik})$ auftreten. Die Wirkleistung ergibt sich zu

$$P = \frac{1}{T}\int_0^T \left[U_0 I_0 + I_0 \sum_{k=1}^{\infty} u_k(t) + U_0 \sum_{k=1}^{\infty} i_k(t) + \sum_{k=1}^{\infty} u_k \sum_{k=1}^{\infty} i_k \right] \mathrm{d}t \ .$$

Die beiden mittleren Glieder verschwinden bei der Integration; das erste liefert den Beitrag $U_0 I_0$ und vom letzten geben nur die Komponenten mit gleichen k-Werten einen Beitrag. Deshalb ist nur eine Summation für $\sum_{k=1}^{\infty} u_k i_k$ durchzuführen. Das Ergebnis lautet

$$P = \sum_{k=0}^{\infty} P_k = U_0 I_0 + \sum_{k=1}^{\infty} U_k I_k \cos(\varphi_{uk} - \varphi_{ik}) \ . \tag{9.18}$$

Die vom Zweipol bei mehrwelliger Erregung aufgenommene Wirkleistung ist gleich der Summe der Leistungen, die vom Gleichglied und der einzelnen Harmonischen herrühren. Die Wirkleistung einer Harmonischen kennen wir bereits (s. Gl. (6.57a)).

Beachte: Ströme und Spannungen verschiedener Frequenz (Ordnungszahlen) ergeben keine Wirkleistung!

Für lineare Energiespeicherelemente (L, C) verschwindet die Wirkleistung stets.

Scheinleistung. Die Scheinleistung S ist wie bei sinusförmigen Strömen und Spannungen definiert (s. Gl. (6.61))

$$S = UI \text{ mit den Effektivwerten } U = \sqrt{\sum_{k=0}^{\infty} U_k^2}; \quad I = \sqrt{\sum_{k=0}^{\infty} I_k^2} \ . \tag{9.19}$$

Weil die Effektivwerte auch Gleichanteile enthalten können, gibt es auch für *Mischgrößen* (s. Abschn. 5.2.3)) eine Scheinleistung. Damit entfällt jedoch eine physikalische Interpretationsmöglichkeit.

Blindleistung Q. Sie ist auch für nichtsinusförmige Größen definiert

$$Q = \sqrt{S^2 - P^2} \tag{9.20}$$

(Vorzeichen allgemein nicht fest, lediglich für die Blindleistungsgrundschwingung (1. Harmonische): $Q_1 = U_1 I_1 \sin\varphi_1$).

Für *nichtlineare Zweipole* kann es vorkommen, daß bestimmte Harmonische z. B. im Strom nicht vorhanden sind, hingegen in der Spannung wohl; extremer

Fall: Gleichstrom und eine Spannung mit allgemeinen Harmonischen-Komponenten. Auch dann treffen die definierten Leistungsbegriffe noch zu, nur sind sie nicht immer physikalisch interpretierbar.

3. Kenngrößen mehrwelliger Ströme und Spannungen. Eine Reihe von Kenngrößen wurden in Tafel 9.3 zur Charakterisierung mehrwelliger Größen zusammengestellt. Die verbreitetsten davon sind *Klirrfaktor*, *Klirrfaktor k-ter Ordnung* (Oberschwingungsgehalt) und der *Klirrkoeffizient*. Für Gleichrichterschaltungen interessiert die *Welligkeit* Zu beachten ist dabei, daß sich die einzelnen Kennwerte z. B. durch Schaltungen mit Blindschaltelementen ändern können. Hat etwa eine vorgegebene nichtsinusförmige Erregerspannung einen bestimmten Klirrfaktor und arbeitet sie auf einen Kondensator, so besitzt der Strom einen anderen Klirrfaktor, weil die höherfrequenten Spannungsanteile größere Strombeiträge liefern als die tieferfrequenten.

Tafel 9.3. Kenngrößen mehrwelliger Vorgänge (Ströme, Spannungen)

Bezeichnung	Definition
Klirrfaktor (Oberschwingungsgehalt einer Wechselgröße)	$k = \sqrt{\dfrac{\sum\limits_{k=2}^{n} U_k^2}{\sum\limits_{k=1}^{n} U_k^2}} = \dfrac{\text{Effektivwert der Oberschwingung}}{\text{Effektivwert der Wechselgröße}}$
Klirrkoeffizient der k-ten Harmonischen	$k_k = \dfrac{U_k}{\sqrt{\sum\limits_{k=1}^{n} U_k^2}} = \dfrac{U_k}{U_\sim} = \dfrac{\text{Effektivwert der } k\text{-ten Harmonischen}}{\text{Effektivwert der Wechselgröße}}$
Grundschwingungsgehalt (einer Wechselgröße)	$g = \dfrac{U_1}{\sqrt{\sum\limits_{k=1}^{n} U_k^2}} = \dfrac{U_k}{U_\sim} = \dfrac{\text{Effektivwert der Grundschwingung}}{\text{Effektivwert der Wechselgröße}}$

Beachte: $k^2 + g^2 = 1, \quad k^2 = \sum\limits_{k=2}^{n} k_k^2$

Bezeichnung	Definition
Welligkeit einer Mischgröße	$w = \dfrac{U_\sim}{U_0} = \dfrac{\text{Effektivwert der Wechselgröße}}{\text{Gleichwert}}$
Schwingungsgehalt einer Mischgröße	$s = \dfrac{U_\sim}{U} = \dfrac{\text{Effektivwert der Wechselgröße}}{\text{Effektivwert der Mischgröße}}$

9.3 Netzwerke bei nichtsinusförmiger periodischer Erregung

Wirkt eine mehrwellige Erregung auf ein lineares *Netzwerk* — für das stets der Überlagerungssatz gilt — so kann die gesuchte Wirkung im Netzwerk aus der Überlagerung der Teilwirkungen gewonnen werden, die von den einzelnen Harmonischen (und dem Gleichglied) herrühren. Das gilt zunächst für den Zeitbereich, wie im Bild 9.9 veranschaulicht. Als Lösungsmethoden kommen alle jene in Frage, die wir bei sinusförmig erregten Netzwerken kennenlernten.

Wegen der Linearität des Problems kann die Bestimmung der Wirkung auch über den *Frequenzbereich* erfolgen. Dazu werden die Einzelwirkungen zunächst im Frequenzbereich ermittelt und anschließend rücktransformiert. Das kann sowohl mit der Gesamtwirkung als auch den Einzelkomponenten wegen der Additivität der Transformation erfolgen.

Anwendungsbeispiele: Grundschaltelemente. Wir untersuchen die Wirkung einer allgemeinen periodischen Spannung (ohne Gleichglied) $u(t) = \sum_{k=1}^{\infty} \hat{U}_k \sin(k\omega t + \varphi_{uk})$ auf die Grundschaltelemente. Während der Strom $i(t)$ durch den *ohmschen Widerstand R* der Spannung $u(t)$ stets proportional (also formgetreu) ist, hebt der *Kondensator C* wegen

$$i = C\frac{\mathrm{d}u}{\mathrm{d}t} = \sum_{k=1}^{\infty} k\omega C\hat{U}_k \cos(k\omega t + \varphi_{uk}) \tag{9.21}$$

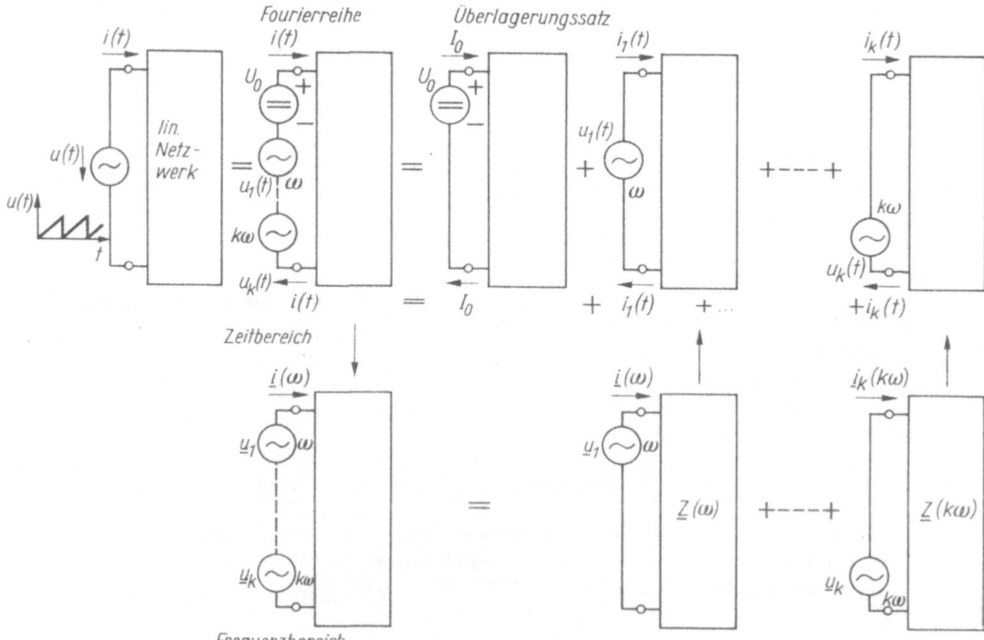

Bild 9.9. Berechnungsmethodik eines linearen Netzwerkes bei mehrwelliger Erregung

die Amplitude $k\omega C\hat{U}_k$ der k-ten Harmonischen um den Faktor k gegenüber der Grundwelle.

Der Klirrfaktor des Kondensatorstromes ist stets größer als derjenige der anliegenden Kondensatorspannung

Umgekehrt wirkt der Kondensator bei vorgegebenem Strom (und dessen Klirrfaktor) stets glättend (Harmonische reduzierend) auf die Spannung.

Bei der *Induktivität L* hingegen werden im Strom

$$i = \frac{1}{L}\int u\,\mathrm{d}t = -\sum_{k=1}^{\infty}\frac{\hat{U}_k}{k\omega L}\cos(k\omega t + \varphi_{uk}) \tag{9.22}$$

höhere Harmonische stets stärker geschwächt als die der Spannung:

Der Klirrfaktor des Spulenstromes ist stets kleiner als der der anliegenden Spannung. Somit wirkt eine Spule stets glättend auf den Strom.

9.3.1 Lineare Netzwerke bei nichtsinusförmiger Erregung

Liegt an einem linearen Netzwerk eine periodische nichtsinusförmige Eingangsgröße $x(t)$ (z. B. Strom oder Spannung), so läßt sich die Ausgangsgröße $y(t)$ im eingeschwungenen Zustand nicht nur über die Netzwerk-Differentialgleichung ermitteln, sondern ebenso mit dem *Frequenzgang* $\underline{F}(\mathrm{j}\omega)$ (s. Abschn. 6.2.3) und Überlagerungsprinzip (einschließlich des Gleichstromübertragungsverhaltens) durch Anwendung der Fourier-Analyse und -synthese (Bild 9.9, Tafel 9.4).

Dafür gilt die **Lösungsmethodik Fourier-Reihe:**

1. Fourier-Analyse der Erregerfunktion $x(t)$: Überführung in eine Fourier-Reihe (mit Tafelbenutzung, Berechnung oder numerische Analyse). Dem entspricht in der Schaltung bei gegebener Spannung (Strom) eine Reihenschaltung (Parallelschaltung) von Spannungsquelle (Stromquelle), deren Amplitude und Nullphasenwinkel durch die gegebene Erregerfunktion festliegen. Darstellung der Fourier-Reihe zweckmäßig in Exponentialform.

Tafel 9.4. Anwendung der Fourier-Technik zur Netzwerkanalyse

Zeitbereich				*Bildbereich* (*Frequenzbereich*)
Eingangsgröße $x(t)$	→	*Fourier-Analyse* (Fourier-Transformation)	→	komplexe *Eingangserregung* $\underline{X}(\mathrm{j}\omega k)$
↓				↓
Lösung der Netzwerkgleichung				*Netzwerk* Frequenzgang $\underline{F}(\mathrm{j}k\omega) \equiv \underline{G}(\mathrm{j}k\omega)$
↓				↓
Ausgang $y(t)$	←	*Fourier-Synthese* (Rück-Transformation, inverse Fourier-Transformation)	←	komplexe *Ausgangsgröße* $\underline{Y}(\mathrm{j}\omega k) = \underline{G}(\mathrm{j}\omega k)\cdot\underline{X}(\mathrm{j}\omega k)$

2. *Netzwerkanalyse*, indem jeder Quellenanteil (einschließlich Gleichstrom) der Reihe nach (Überlagerung) über das Netzwerk und seinen frequenzabhängigen Übertragungsfaktor $\underline{F}(jk\omega)$ die spektrale Ausgangskomponente erzeugt.

3. *Fourier-Synthese*. Rücktransformation der komplexen Wirkungsfunktion $\underline{Y}(j\omega)$ in den Zeitbereich und Überlagerung (Gleichanteil und harmonische Anteile).

Dabei sind streng genommen unendlich viele Teilquellen zu berücksichtigen, für praktische Fälle reicht aber eine endliche Harmonischen-Zahl (problemabhängig) aus. Sie liegt – je nach Anforderungen – in der Größe $k \approx 5 \ldots 20$ vor allem dann, wenn Zeitfunktionen mit Sprüngen und Unstetigkeiten anliegen. (Für solche Fälle werden wir im Abschn. 9.4 ein leistungsfähigeres Verfahren kennenlernen.)

Beispiel. An einem RC-Tiefpaß liege eine symmetrische Rechteckspannung (Bild 9.10). Gesucht ist die Ausgangsspannung $u_A(t) = u_C(t)$ Die Fourier-Reihe der Eingangsspannung lautet (Tafel 9.1)

$$u_Q(t) = u_e = \frac{U_Q}{2} + \frac{2U_Q}{\pi} \sum_{k=1}^{\infty} \frac{\sin(\omega k t)}{k} . \quad (1)$$

Das Gleichglied $U_Q/2$ ergibt sich durch Mittelwertbildung (arithmetischer Mittelwert). Im Frequenzbereich gehören dazu die einzelnen „Spannungsquellen" für jede Kreisfrequenz $k\omega$:

$$\underline{U}_{kq} = \frac{2U_Q}{\sqrt{2}\pi k} \exp j0 = \frac{\sqrt{2}U_Q}{\pi k} .$$

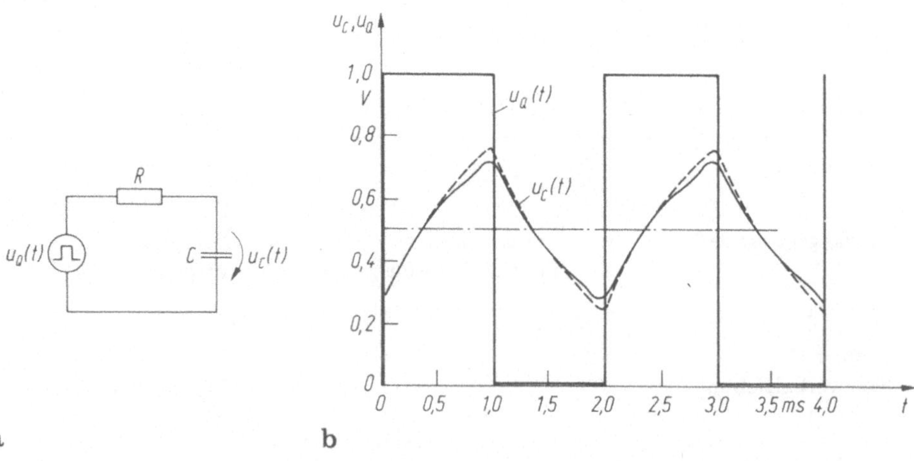

Bild 9.10. *RC*-Schaltung bei Rechteckimpulserregung. **a** Schaltung ($R = 2\,\mathrm{k\Omega}$, $C = 0{,}5\,\mu\mathrm{F}$, $U_Q = 1\,\mathrm{V}$); **b** Zeitverlauf $u_C(t)$:———— Annäherung von $u_o(t)$ durch die ersten sieben Harmonischen, - - - u_Q exakter Rechteckverlauf

Die Spannung $\underline{U}_{kq}$ der Frequenz $k\omega$ verursacht die Ausgangsspannung im Frequenzbereich ($\tau = RC$)

$$\underline{U}_{ka} = \underline{U}_{kq}\frac{1/\mathrm{j}k\omega C}{R + 1/\mathrm{j}k\omega C} = \frac{\underline{U}_{kq}}{1 + \mathrm{j}\omega kCR} = \frac{\underline{U}_{kq}}{\sqrt{1 + (\omega k\tau)^2}}\exp(-\mathrm{j}\arctan k\omega\tau)\ . \tag{2}$$

Wir summieren über alle Frequenzen und transformieren jede Komponente in den Zeitbereich zurück:

$$u_a(t) = \frac{U_Q}{2} + \sum_{k=1}^{\infty}\frac{2U_Q}{\pi}\frac{1}{k\sqrt{1 + (\omega k\tau)^2}}\sin(\omega kt - \arctan(\omega k\tau))\ . \tag{3}$$

Da die Reihe aus praktischen Gründen bei endlichen k abgebrochen wird, stimmt die so erhaltene Ausgangsfunktion nur begrenzt mit dem genauen Verlauf (s. später) überein, insbesondere fehlen die scharfen Übergänge.

Bei den bisher diskutierten linearen Fällen ist jedoch zu beachten: Mehrwellige Erregungen an linearen Schaltelementen (C, L, M) erzeugen nie zusätzliche Harmonische, sondern vergrößern oder schwächen nur schon vorhandene. Darauf beruht die Wirkung von Filterschaltungen (s. Abschn. 7.1)

Im Gegensatz dazu sind *nichtlineare* Schaltelemente stets *Entstehungsursache zusätzlicher Harmonischer.*

9.3.2 Fourier-Analyse nichtlinearer Strom-Spannungszusammenhänge

Häufig liegt das Problem vor, daß ein nichtlineares Bauelement mit einem annähernd sinusförmigen Signal (Spannung, Strom) ausgesteuert wird, die Wirkungsgröße aber stark verzerrt ist., m. a. W. höhere Harmonische entstehen: *Nichtlinearität als Oberwellengenerator*. Dies kann nachteilig sein (z. B. hörbare Verzerrungen bei der Wiedergabe in Tonstudioanlagen), aber auch zur gezielten Erzeugung von Harmonischen genutzt werden. Wir wollen als Beispiel eine Diodendiodenschaltung (mit kleinem Vorwiderstand) betrachten und den verzerrten Strom nach Fourier analysieren (Bild 9.11).

Wir tragen zunächst die I-U-Kennlinie der Anordnung „Diode + Lastwiderstand" auf (→ gescherte Diodenkennlinie, Bd. 1, Abschn. 2.4.3.6). Die Eingangsspannung $u_Q(t)$ wird mit einer nach unten orientierten t-Achse dargestellt und zu jedem Zeitpunkt t der jeweilige i-u-Zusammenhang über die Kennlinie gesucht. Im verzerrten Ausgangsstrom erkennt man zunächst die Gleichrichterwirkung der Diode (es entsteht ein arithmetischer Mittelwert), außerdem die stark verzerrte Kurvenform.

Die Fourier-Analyse ergibt für eine ideale Gleichrichtung (reine Sinushalbwellen, Knickkennlinie) nach Tafel 9.1 höhere Harmonische.

Im Ergebnis kann der nichtlineare Diodenzweipol ersetzt werden durch einen (annähernd) linearen Widerstand $R_D = 1/G_D$ für die Grundfrequenz ω_1 und eine Reihe von Stromgeneratoren, die den Gleichrichtereffekt (Gleichstrom) und alle Oberwellen darstellen.

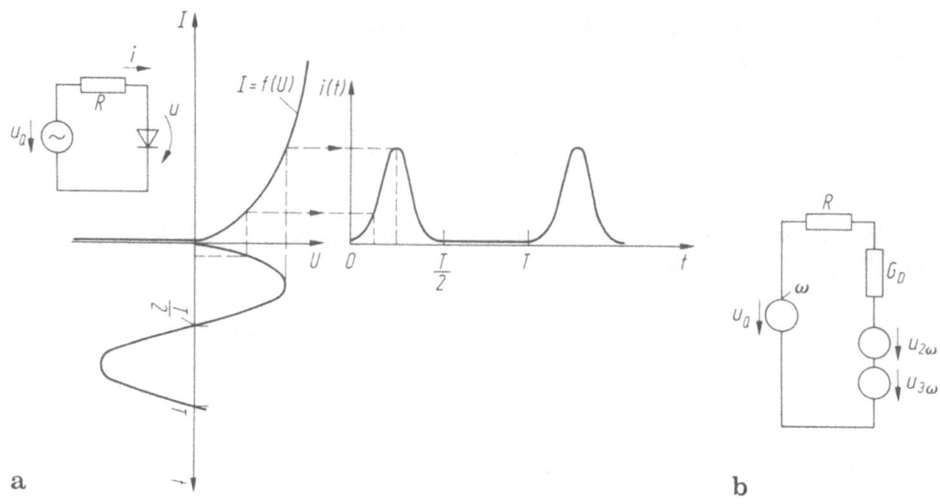

Bild 9.11a, b. Oberwellenerzeugung durch ein nichtlineares Element. **a** Diode mit Kennlinie; **b** Ersatzschaltung zur Erfassung der Oberwellen im Netzwerk

Auf nähere Einzelheiten wollen wir hier im Rahmen dieser Einführung verzichten.

9.4 Nichtperiodische Netzwerkerregung. Fourier-Transformation

9.4.1 Übergang Fourier-Reihe–Fourier-Transformation

Periodische Signale waren gekennzeichnet durch die Forderung $f(t) = f(t + nT)$ und die Existenz von $f(t)$ im Bereich $-\infty < t < \infty$. Technische Signale hingegen

— sind oft nicht periodisch, sondern aperiodisch (Bild 9.12) und
— beginnen zu einem *endlichen* Zeitpunkt t_0.

Unter diesen Bedingungen gilt die Fourier-Reihe *nicht*.
Ziel ist es daher, eine mathematische Transformation ähnlich zu Gl. (9.7) zu finden, die eine aperiodische Zeitfunktion (Originalfunktion) in ein Abbild in einem *Bild-* oder *Frequenzbereich* überführt, mit dem Ziel, den Analysevorgang zu vereinfachen. Das Ergebnis heißt *Fourier-Transformation.*

Wir wollen den Übergang von der Fourier-Reihe zur Fourier-Transformation an Hand der bereits betrachteten Impulsfolge (Bild 9.5) der Periodendauer T durchführen. Dazu wird die Periodendauer T bei konstant gehaltener Impulsbreite τ solange vergrößert, bis nur noch ein einziger Impuls und damit ein nichtperiodisches Signal übrigbleibt. Weil wir später zwischen laufender Kreisfrequenz ω und der Kreisfrequenz $\omega_0 = 2\pi/T_0$ unterscheiden, die $T \equiv T_0$ zugeordnet ist, wollen wir die Periodendauer mit T_0 bezeichnen.

Zur Herleitung des kontinuierlichen Spektrums einer aperiodischen Funktion betrachten wir den einzelnen Rechteckimpuls als Grenzfall einer periodischen

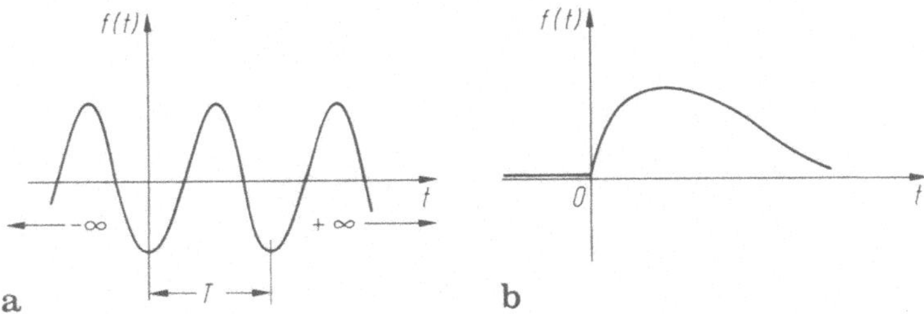

Bild 9.12a, b. Periodische und aperiodische Funktion. **a** periodische Funktion; **b** aperiodische Funktion mit $f(t) = 0$ für $t \leqq 0$

Impulsfolge (s. Bild 9.5) für $T_0 \to \infty$. In der Darstellung des Spektrums über $\omega = k\omega_0$ (Bild 9.13) wird der Abstand $\omega_0 = 2\pi/T_0$ der einzelnen Spektrallinie für $T_0 \to \infty$ unendlich klein und die Spektrallinienverteilung geht in eine *kontinuierliche Spektralverteilung über*. Allerdings streben mit $T_0 \to \infty$ auch die $\underline{c}_K$ gegen Null (Gl. (9.14)). Wir betrachten daher die Verteilung

$$\underline{F}(\mathrm{j}k\omega_0) = T_0 \underline{c}_k \tag{9.23a}$$

für beliebige k und ω. Ist $f_T(t)$ die zum (periodischen) Impulszug gehörende Fourierreihe, so gilt nach Gl. (9.7)

$$f_T(t) = \sum_{-\infty}^{\infty} \frac{1}{T_0} \underline{F}(\mathrm{j}k\omega_0)\, \mathrm{e}^{\mathrm{j}k\omega_0 t} = \frac{1}{2\pi} \sum_{-\infty}^{\infty} \underline{F}(\mathrm{j}k\omega_0)\, \mathrm{e}^{\mathrm{j}k\omega_0 t}\, \omega_0 \,. \tag{9.23b}$$

Mit $T_0 = 2\pi/\omega_0$ gilt das rechte Ergebnis. Da sich $f_T(t)$ dem Verlauf $f(t)$ des Einzelimpulses für $T_0 \to \infty$ annähert, stellt Gl. (9.23b) die zugehörige Fourier-Transformierte für $f(t)$ in diesem Fall dar. Im Grenzfall $T_0 \to \infty$ gelten $k\omega_0 \to \omega$ und $\omega_0 \to \mathrm{d}\omega$ oder

$$f(t) = \frac{1}{2\pi} \int_{-\infty}^{\infty} \underline{F}(\mathrm{j}\omega) \mathrm{e}^{\mathrm{j}\omega t} \mathrm{d}\omega = \mathscr{F}^{-1}\{\underline{F}(\mathrm{j}\omega)\} \tag{9.24a}$$

inverses Fourier-Integral.

$$\underline{F}(\mathrm{j}\omega) = \int_{-\infty}^{\infty} f(t) \mathrm{e}^{-\mathrm{j}\omega t} \mathrm{d}t \equiv \mathscr{F}\{f(t)\} \tag{9.24b}$$

Fourier-Integral, Fourier-Transformierte von $f(t)$.

Gl. (9.24) ist die gesuchte Transformation der aperiodischen Funktion $f(t)$ aus dem Zeit-(Original) in den Frequenzbereich (Bildbereich), eben die Fourier-Transformierte $\underline{F}(\mathrm{j}\omega)$.

Die Fourier-Transformierte ist eine komplexe Größe. Ihr Betrag heißt *Amplitudendichtespektrum* (auch Spektraldichte, Qualität Amplitude/Frequenz, z. B. V/Hz) ihre Phase ist das *Phasenspektrum* des nichtperiodischen Signals $f(t)$.

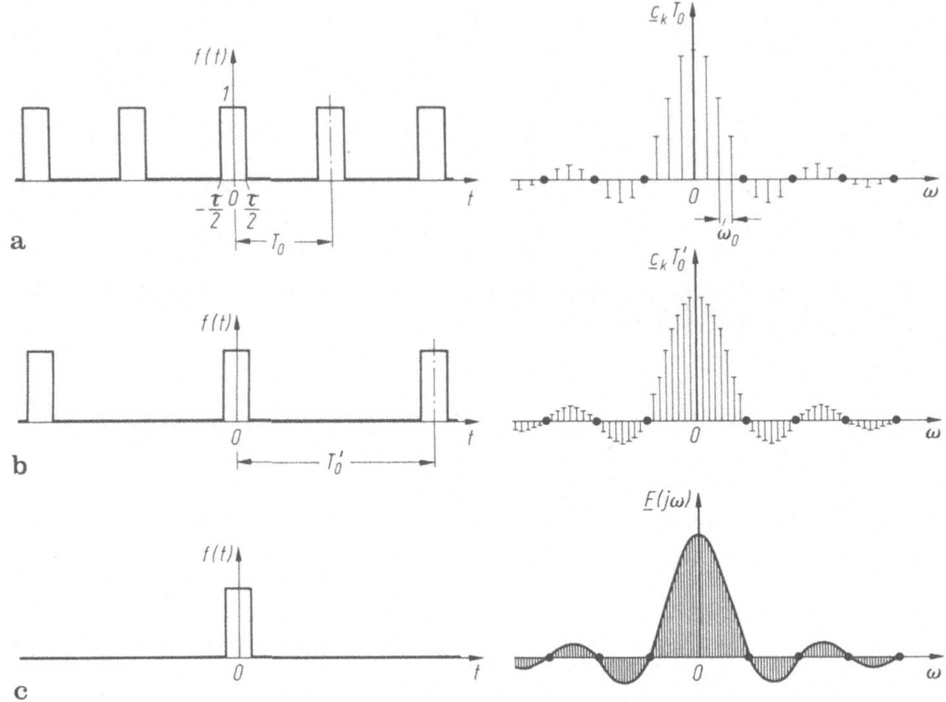

Bild 9.13a–c. Herleitung der Spektralfunktion $\underline{F}(\mathrm{j}\omega)$ einer nichtperiodischen Impulsfunktion. **a** Zeitfunktion und Fourier-Reihe; **b** wie **a**, jedoch doppelte Periodendauer; **c** Grenzfall → : Einzelimpuls und Fourier-Transformierte $\underline{F}(\mathrm{j}\omega)$

Um die Fourier-Transformation (FT) als Operation zum Ausdruck zu bringen, werden als Kurzzeichen $\underline{F}$ und $\underline{F}^{-1}$ oder gleichwertig $\mathscr{F}$ und $\mathscr{F}^{-1}$ verwendet und die Zusammengehörigkeit von $f(t)$ und $\underline{F}$[1]$(\mathrm{j}\omega)$ durch das Symbol ○—● ausgedrückt (Korrespondenzen):

Fourier-Hintransformation

$$f(t) \circ\!\!-\!\!\bullet\ \underline{F}(\mathrm{j}\omega) = \mathscr{F}\{f(t)\} = \int_{-\infty}^{\infty} f(t)\mathrm{e}^{-\mathrm{j}\omega t}\,\mathrm{d}t\ , \tag{9.25a}$$

Fourier-Analyse-Integral. Fourier-Transformierte von $f(t)$

Fourier-Rücktransformation

$$\underline{F}(\mathrm{j}\omega) \circ\!\!-\!\!\bullet\ f(t) = \mathscr{F}^{-1}\{\underline{F}(\mathrm{j}\omega)\} = \frac{1}{2\pi}\int_{-\infty}^{\infty} \underline{F}(\mathrm{j}\omega)\mathrm{e}^{\mathrm{j}\omega t}\,\mathrm{d}\omega \tag{9.25b}$$

Fourier-Synthese-Integral, inverses Fourier-Integral

mit $\underline{F}(\mathrm{j}\omega)\exp \mathrm{j}\varphi(\omega)$.

[1] $\underline{F}$ ist nicht mit dem Frequenzgang $\underline{F}(\mathrm{j}\omega)$ nach Abschnitt 6.2.3 zu verwechseln.

Das „Fourier-Paar" Gl. (9.25) besteht aus

— der Fourier-Synthesegleichung (9.25b) des aperiodischen Signals $f(t)$ (Fourier-Rücktransformation)

— und der Fourier-Analysegleichung Gl. (9.25a), nämlich dem Auffinden der zu $f(t)$ gehörenden Spektralverteilung $\underline{F}(\mathrm{j}\omega)$.

Das Paar der Fourier-Transformierten hat für aperiodische Zeitfunktionen die gleiche Bedeutung wie die Fourier-Reihe für periodische Zeitfunktionen.

Anschaulich zusammengefaßt besagt Gl. (9.25):
Durch die Fourier-Transformation kann ein Signal gleichberechtigt mit seiner Zeitfunktion $f(t)$ oder den Gehalt an Harmonischen — die Funktion $\underline{F}(\mathrm{j}\omega)$ — beschrieben werden. Dies ist eine „Summe" von Sinusschwingungen, deren Kreisfrequenzen ω unendlich dicht auf der ω-Skala liegen und deren Amplitude und Phase durch $\underline{F}(\mathrm{j}\omega)$ gekennzeichnet werden.

Hinweis. Das Fourier-Integral Gl. (9.25) wird unterschiedlich geschrieben

— mit der Frequenz f als Variable im Exponenten:

$$\underline{F}(\mathrm{j}f) = \int_{-\infty}^{\infty} f(t)\exp(-\mathrm{j}2\pi f)\mathrm{d}t\ , \tag{9.26}$$

$$f(t) = \int_{-\infty}^{\infty} \underline{F}(\mathrm{j}f)\mathrm{e}^{\mathrm{j}2\pi f}\mathrm{d}f$$

— mit der Kreisfrequenz $\omega = 2\pi f$ als Variable. Dann ergibt sich wegen $\mathrm{d}\omega = 2\pi\mathrm{d}f$ bei der Rücktransformation ein Faktor $1/2\pi$ vor der Fourier-Rücktransformation

$$\underline{F}(\mathrm{j}\omega) = \int_{-\infty}^{\infty} f(t)\mathrm{e}^{-\mathrm{j}\omega t}\mathrm{d}t\ ,$$

$$f(t) = (1/2\pi)\int_{-\infty}^{\infty} \underline{F}(\mathrm{j}\omega)\mathrm{e}^{\mathrm{j}\omega t}\mathrm{d}\omega\ .$$

Im ersten Fall entfällt der Vorfaktor. Der zweite ergibt sich zwanglos, wenn die FT als Sonderfall der Laplace-Transformation angesehen wird (s. Abschn. 10.3).

Zur effizienten Anwendung der Fourier-Transformationen werden die Fourier-Transformierten und Umkehrfunktionen für die wichtigsten Funktionen $f(t)$ in Tafeln vorgehalten (s. Tafel. 9.6). Wir wollen dennoch eine Transformation durchführen, um mit dem Ablauf vertraut zu werden.

Gesucht sei die Fourier-Transformierte des Einheitsimpulses und Dirac-Stoßes (Bild 9.1 und Abschn. 5.2.4). Ein einzelner Rechteckimpuls $f(t)$ der Breite τ mit $f(t) = 1$ ($|t| < \tau/2$) und $f(t) = 0$ ($|t| \geqq \tau/2$) hat die Spektraldichte

$$\underline{F}(\mathrm{j}f) = \int_{-\tau/2}^{\tau/2} 1\cdot\mathrm{e}^{-\mathrm{j}2\pi f t}\mathrm{d}t = \frac{1}{\pi f}\sin(\pi f\tau) = \tau\frac{\sin(\pi f\tau)}{(\pi f\tau)}\ .$$

Bild 9.14a zeigt die Fourier-Transformierte. Sie entspricht dem nach Bild 9.13c erwarteten Verlauf. Hat der Impuls z. B. die Amplitude $U = 1\,V$ und Dauer

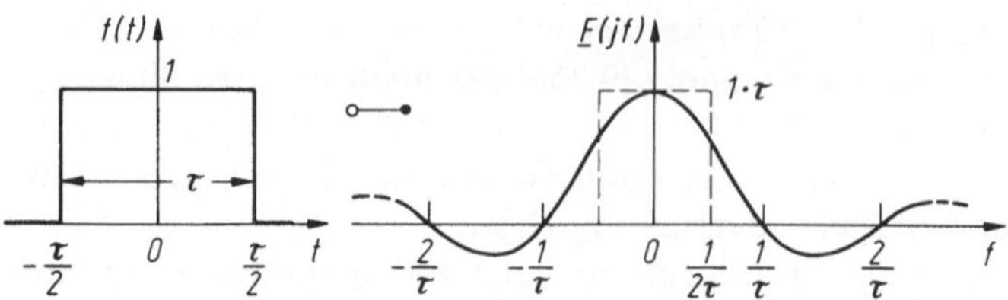

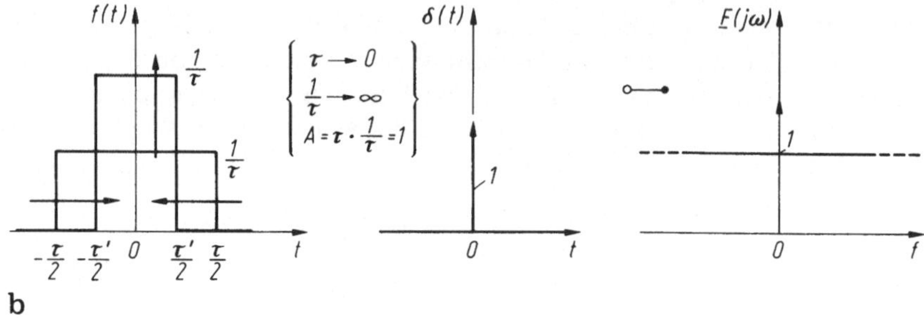

Bild 9.14a, b. Zeitfunktion (Rechteckimpuls) und Spektraldichte. **a** symmetrischer Rechteckimpuls, Fourier-Transformierte; **b** Rechteck-, Dirac-Impuls und Fourier-Transformierte

$\tau = 1$ ms, so wird

$$\underline{F}(\mathrm{j}f) = \underbrace{1\,\mathrm{V}\,1\,\mathrm{ms}}_{\mathrm{V/Hz}} \frac{\sin(\pi f \tau)}{(\pi f \tau)}.$$

Geht die Impulsbreite $\tau \to 0$, so entsteht daraus der Dirac-Impuls (Bild 9.14b). Dabei wandert die erste Nullstelle ins Unendliche, und es wird $\underline{F}(\mathrm{j}f) = 1$ bzw. $\underline{F}(\mathrm{j}\omega) = 1/2\pi$, wie aus dem Grenzübergang $\sin x/x|_{x\to 0}$ folgt. Deshalb lautet die Fourier-Transformierte des Dirac-Stoßes $\delta(t)$ ○—● 1 oder für $f(t) = A\delta(t)$ ○—● $1 \cdot \underline{F}(\mathrm{j}\omega) = A$.

Voraussetzung der Transformation. Nicht zu allen aperiodischen Funktionen gibt es eine Fourier-Transformierte. Notwendige Bedingungen für die Existenz sind wie bei der Fourier-Reihe die sog. Dirichlet-Bedingungen: in jedem endlichen Intervall eine endliche Zahl von Minima/Maxima, endliche viele Sprungstellen und schließich muß $f(t)$ absolut integrabel sein, also

$$0 < \int_{-\infty}^{\infty} |f(t)| < \infty \tag{9.27a}$$

genügen. Diese Bedingung ist gleichwertig mit der Forderung

$$0 < W \sim \int_{-\infty}^{\infty} f^2(t)\mathrm{d}t < \infty \quad . \tag{9.27b}$$

Betrachtet man nämlich z. B. die im Widerstand R durch die Spannung $u(t)$ umgesetzte Energie

$$W_{\mathrm{el}} = \frac{1}{R}\int_{t_1}^{t_2} u^2(t)\mathrm{d}t$$

im Zeitraum $t_1 \ldots t_2$, so ist Gl. (9.27b) gleichbedeutend mit *endlicher Gesamtenergie* des Signals und damit von $f(t)$. Signale, die diese Forderung erfüllen, heißen *Energiesignale*. Dazu gehören Funktionen, deren Amplitude nur während einer endlichen Dauer von Null verschieden ist (z. B. einzelner Impuls, Dreieckimpuls). Das gilt nicht für die Sprungfunktion (unendliche Dauer!) und alle periodischen Signale. Für solche Signale kann dagegen eine (endliche) mittlere Leistung

$$0 < P = \lim_{T \to \infty} \frac{1}{T} \int_{-T/2}^{T/2} f^2(t) \mathrm{d}t < \infty \tag{9.28}$$

definiert werden. Sie heißen daher *Leistungssignale* (Beispiel: δ-Funktion, Sinus-, Cos-Funktion, Einheitssprung). Das sind offenbar technisch besonders wichtige Signale. In diesen Fällen wird die Fourier-Transformierte durch Annäherung bestimmt (s. u.).

9.4.2 Zeitfunktion und Spektrum. Eigenschaften der Fourier-Transformierten

Die Spektralfunktion $\underline{F}(\mathrm{j}\omega)$ ist im allgemeinen komplex:

$$\underline{F}(\mathrm{j}\omega) = |\underline{F}(\mathrm{j}\omega)| \mathrm{e}^{\mathrm{j}\varphi(\omega)} = \mathrm{Re}\{\underline{F}(\mathrm{j}\omega)\} + \mathrm{j}\,\mathrm{Im}\{\underline{F}(\mathrm{j}\omega)\} \tag{9.29}$$

und kann deshalb — wie jede komplexe Funktion — unterschiedlich dargestellt werden (Bild 9.15): als Betrag/Phase, Real-/Imaginärteil oder Ortskurve. Daraus leiten sich sofort einige Symmetrieeigenschaften bezüglich des Zeitverlaufes $f(t)$ und der Fourier-Transformierten $\underline{F}(\mathrm{j}\omega)$ ab (Bild 9.16):

— Für gerade $f(t) = f(-t)$ gilt: $\underline{F}(\mathrm{j}\omega) = \underline{F}(-\mathrm{j}\omega)$, rein reell;
— für ungerade $f(t) = -f(t)$ gilt: $\underline{F}(\mathrm{j}\omega) = -\underline{F}(-\mathrm{j}\omega)$, rein imaginär;
— für $f(t)$ reell wird $|\underline{F}(\mathrm{j}\omega)| = |\underline{F}(-\mathrm{j}\omega)|$, gerade.

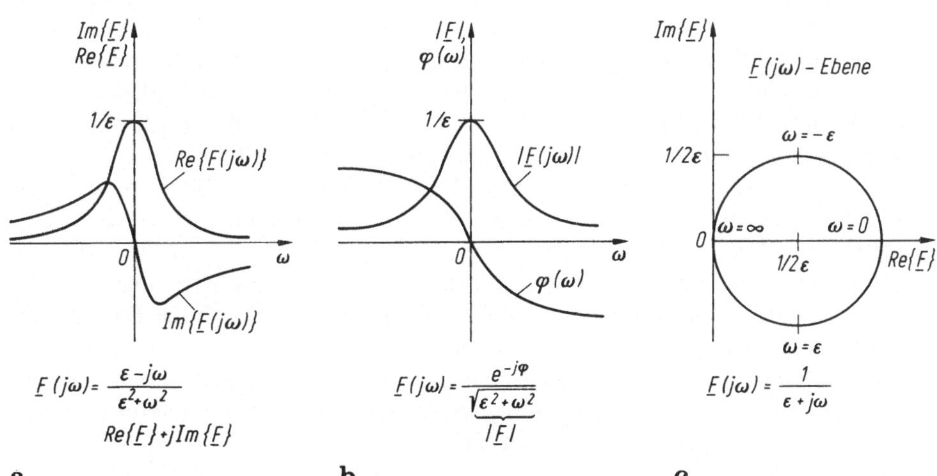

Bild 9.15a–c. Darstellungsmöglichkeiten der Spektralfunktion $\underline{F}(\mathrm{j}\omega)$. **a** Real- und Imaginärteil; **b** Betrags- und Phasendarstellung ($\varphi = \arctan \omega/\varepsilon$); **c** Ortskurve in der $\underline{F}_1(\mathrm{j}\omega)$-Ebene

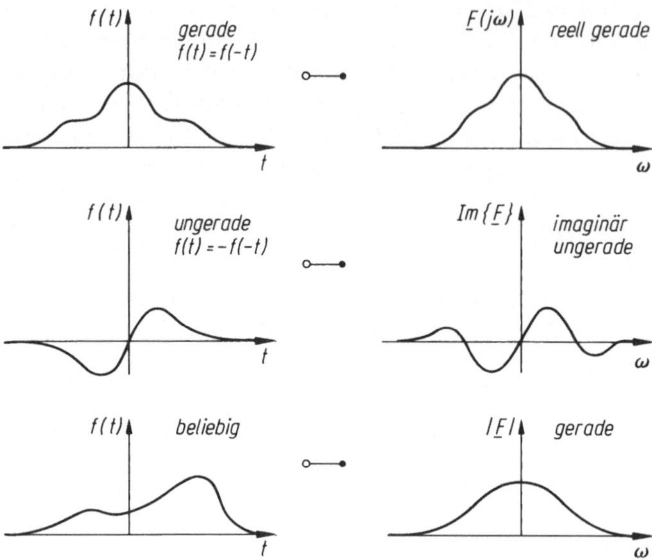

Bild 9.16. Symmetrieeigenschaften der Fourier-Transformation.

Darüber hinaus hat die FT einige allgemeine *Eigenschaften* (Tafel 9.5), von denen wir auf typische besonders hinweisen (vgl. auch entsprechende Eigenschaften der Fourier-Reihe):

— Der *Linearitätssatz* begrenzt die Anwendung auf lineare Netzwerke/Systeme zur Gewinnung neuer Funktionen;

— der *Verschiebungssatz* im *Zeitbereich* besagt, daß sich eine Zeitverschiebung t_0 der Funktion $f(t)$ ($\rightarrow f(t-t_0)$) in einer frequenzproportionalen Phasenverschiebung $\varphi = -2\pi f t_0$ äußert. Der Betrag des Spektrums bleibt erhalten. Wird umgekehrt das Spektrum um $f_0(\omega_0)$ verschoben, so erscheint die ursprüngliche Zeitfunktion mit einer Exponentialfunktion multipliziert. Wird die Funktion um $\pm f_0$ verschoben, so läßt sich daraus die Zeitfunktion als amplitudenmodulierte Schwingung interpretieren (Name!).

— Der *Ähnlichkeitssatz* bewirkt eine Maßstabsänderung (Skalierung): eine Maßstabsänderung um den Faktor α im Zeitbereich entspricht einer umgekehrten Maßstabsänderung im Frequenzbereich. Dahinter verbirgt sich ein Grundgesetz der Informationstechnik: Die Zeitdauer eines Vorganges und die Frequenzbreite seines Spektrums sind reziprok zueinander: hohe Bandbreite-kurzer Impuls und umgekehrt (Bild 9.17).

— **Differentiation – Integration.** Die n-te Ableitung von $f(t)$ ist gleich dem Produkt von $(j\omega)^n$ und der Fourier-Transformierten von $f(t)$, *wobei der Faktor* $(j\omega)^n$ der inneren Ableitung entstammt. Speziell gilt

$$\frac{df(t)}{dt} \circ\!\!-\!\!\bullet \; (j\omega) \cdot \underline{F}(j\omega) \; , \qquad (9.30a)$$

Tafel 9.5. Theoreme zur Fourier-Transformation

	$f(t)$ ○—●	$\underline{F}(\mathrm{j}\omega)$
1. a *Linearität*	$a_1 f_1(t) + a_2 f_2(t)$	$a_1 \underline{F}_1(\mathrm{j}\omega) + a_2 \underline{F}_2(\mathrm{j}\omega)$
b *Symmetrie*	$F(\mathrm{j}t)$	$2\pi f(-\omega)$
2. *Verschiebung*		
a) Zeitbereich	$f(t - t_0)$	$\mathrm{e}^{-\mathrm{j}\omega t_0}\underline{F}(\mathrm{j}\omega)$
b) Frequenzbereich (Modulation)	$\mathrm{e}^{\mathrm{j}\omega_0 t} f(t)$	$\underline{F}(\mathrm{j}\omega - \mathrm{j}\omega_0)$
3. *Ähnlichkeitssatz*; Skalierung	$f(at)$	$\frac{1}{\lvert a\rvert}\underline{F}(\mathrm{j}\omega/a)$
4. *Dämpfungssatz*	$f(t)\cdot\mathrm{e}^{-at}$	$\underline{F}(\mathrm{j}\omega + a)$
5. *Differentiation*		
a) Zeitbereich	$\frac{\mathrm{d}^n f(t)}{\mathrm{d}t^n}$	$(\mathrm{j}\omega)^n \underline{F}(\mathrm{j}\omega)$
b) Frequenzbereich	$(-\mathrm{j}t)^n f(t)$	$\frac{\mathrm{d}^n \underline{F}(\mathrm{j}\omega)}{\mathrm{d}\omega^n}$
6. *Integration*		
a) Zeitbereich	$\int\limits_{-\infty}^{t} f(\tau)\,\mathrm{d}\tau$	$\frac{\underline{F}(\mathrm{j}\omega)}{\mathrm{j}\omega} + \pi F(0)\delta(\omega)$
b) Frequenzbereich	$\frac{f(t)}{-\mathrm{j}t}$	$\int f(\mathrm{j}\omega')\,\mathrm{d}\omega'$
7. *Faltung*		
a) Zeitbereich	$f_1(t) * f_2(t)$	$\underline{F}_1(\mathrm{j}\omega)\cdot\underline{F}_2(\mathrm{j}\omega)$
b) Frequenzbereich	$f_1(t)\cdot f_2(t)$	$\frac{1}{2\pi}\underline{F}_1(\mathrm{j}\omega) * \underline{F}_2(\mathrm{j}\omega)$
8. *Vertauschungssatz*	$f(t)$	$\underline{F}(\mathrm{j}\omega)$
	$F(\mathrm{j}t)$	$2\pi f(-\omega)$

$$\int\limits_{-\infty}^{t} f(t)\mathrm{d}t \;\circ\!\!-\!\!\bullet\; \frac{\underline{F}(\mathrm{j}\omega)}{\mathrm{j}\omega}\,, \qquad \text{falls } F(0) = 0\,, \tag{9.30b}$$

$$\left.\begin{array}{ll} \pi\delta(\mathrm{j}\omega) & \omega = 0 \\ \dfrac{\underline{F}(\mathrm{j}\omega)}{\mathrm{j}\omega} & \omega \neq 0 \end{array}\right\} \text{wenn } F(0) \neq 0\,.$$

Auf die Integrationsbeziehungen im Falle $F(0) = 0$ kommen wir bei der Laplace-Transformation erneut zurück (Abschn. 10.3). Grundsätzlich erkennen wir die bisher benutzten Regeln bei Differentiation und Integration komplexer

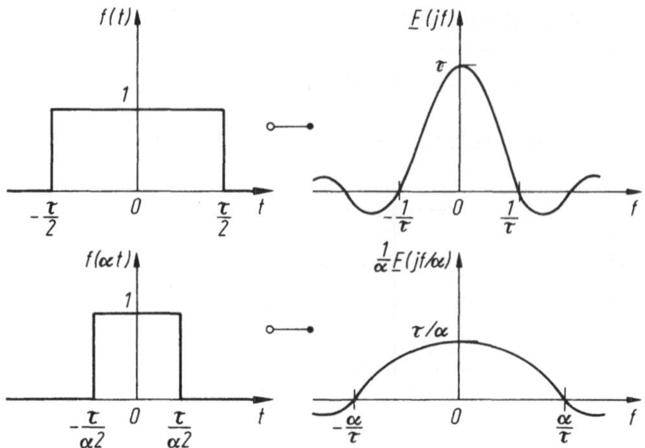

Bild 9.17. Ähnlichkeitssatz. Reziprozität von Zeitdauer und Bandbreite

Zeiger (Zeitfunktionen) wieder! Die entsprechenden Beziehungen im Frequenzbereich ergeben sich aus dem Vertauschungsgesetz:

— **Vertauschungssatz.** Die Symmetrie der Beziehungen für die Fourier-Transformation Gl. (9.25) erlaubt die Vertauschung von t und f:

$$f(t) \circ\!\!-\!\!\bullet \underline{F}(\mathrm{j}f); \quad \underline{F}(t) \circ\!\!-\!\!\bullet f(-f) \; .$$

Zu einem bekannten Fourier-Paar $f(t) \circ\!\!-\!\!\bullet \underline{F}(\mathrm{j}f)$ läßt sich daher leicht ein zweites entwickeln.

— **Faltungssatz.** Dieser Satz ist besonders wichtig für die Anwendung der Fourier-Transformation auf Netzwerke. Sind zwei Zeitfunktionen $f_1(t)$ und $f_2(t)$ gegeben, so versteht man unter der *Faltung* (Symbol *) zweier Zeitfunktionen das Integral

$$f_1(t)*f_2(t) = \int_{-\infty}^{\infty} f_1(\tau)\cdot f_2(t-\tau)\mathrm{d}\tau \; . \tag{9.31a}$$

(mit vertauschbarer Reihenfolge). Die zugehörige Fourier-Transformierte lautet.

$$f_1(t)*f_2(t) \circ\!\!-\!\!\bullet \underline{F}_1(\mathrm{j}f)\cdot\underline{F}_2(\mathrm{j}f) = \frac{1}{2\pi}\underline{F}_1(\mathrm{j}\omega)*\underline{F}_2(\mathrm{j}\omega) \; . \tag{9.31b}$$

Bezüglich Zeit-und Frequenzbereich sind Multiplikation und Faltung zueinander duale Funktionen:

Faltung im Zeitbereich ○—● Multiplikation im Frequenzbereich und
Multiplikation im Zeitbereich ○—● Faltung im Frequenzbereich

$$f_1(t)\cdot f_2(t) \circ\!\!-\!\!\bullet \underline{F}_1(\omega)*\underline{F}_2(\omega) = \frac{1}{2\pi}\int_{-\infty}^{\infty}\underline{F}_1(\varphi)\underline{F}_2(\omega-\varphi)\mathrm{d}\varphi \, . \tag{9.31c}$$

Wir kommen auf die Faltung zweier Signale später zurück.

Fourier-Transformierte wichtiger Signale. Wir wollen die Fourier-Transformierte einiger typischer Signale, vor allem der Testsignale Impuls-, Sprung- und Dirac--Funktion (Abschn. 5.2) diskutieren (Tafel 9.6).

Wir beginnen mit der *exponentiell abfallenden Einschaltfunktion* $f(t) = Ae^{-\alpha t}s(t)$ vom Zeitpunkt Null an. Es gilt

$$\underline{F}(\mathrm{j}\omega) = \int_{-\infty}^{\infty} Ae^{-\alpha t}s(t)e^{-\mathrm{j}\omega t}\mathrm{d}t = A\int_{0}^{\infty} e^{-(\alpha+\mathrm{j}\omega)t}\mathrm{d}t = \frac{A}{\alpha+\mathrm{j}\omega}\,.$$

Die Funktion nähert sich für kleine α einem „exponentiell abklingenden Nadelimpuls", für große α dem Einschaltsprung.

Der *Dirac-Impuls selbst*

$$\mathscr{F}\{A\delta(t)\} = \int_{-\infty}^{\infty} A\delta(t)e^{-\mathrm{j}\omega t}\mathrm{d}t = A$$

geht in eine Konstante gleich der Impulsstärke A über, umgekehrt gehört zu einer Gleichgröße A ein Dirac-Impuls (Tafel 9.6). Das Spektrum des Rechteckimpulses haben wir bereits betrachtet (vgl. Bild 9.14).

Eine Reihe von Funktionen, nämlich die Leistungssignale (z. B. Sprung, Sinusfunktion) haben im strengen Sinne keine Fourier-Transformierte (Bedingungen Gl. (9.27) nicht erfüllt). Dann sucht man eine Funktion im Zeitbereich für die eine Fourier-Transformierte existiert und gewinnt die gewünschte Funktion durch Grenzwertbetrachtung. Der zugehörige transformierte Wert wird als Forier-Transformierte definiert. Das trifft z. B. auf die „Gleichstromkonstante A" zu.

Auch der *Einheitsprung* gehört zu dieser Gruppe. Er wird aus der sog. Signum-Funktion und einer Konstanten zusammengesetzt. Der Versuch, für den Einheitssprung die Fourier-Transformierte zu ermitteln

$$\mathscr{F}\{As(t)\} = \int_{-\infty}^{\infty} As(t)e^{-\mathrm{j}\omega t}\,\mathrm{d}t = \int_{-\infty}^{\infty} Ae^{-j\omega t} = A/\mathrm{j}\omega$$

schließt den Fall $\omega \to 0$. aus. Durch Verschiebung und Nutzung der Signum-Funktion folgt als genauer Wert

$$\mathscr{F}\{As(t)\} = \pi A\delta(\omega) + A/\mathrm{j}\omega.$$

Ähnlich läßt sich auch die geschaltete Sinusfunktion entwickeln. Genau so erfüllt der stationäre Anteil einer aperiodischen Funktion $f(0)$ die Dirichtet-Bedingung nicht. Durch Einbezug der Dirac-Funktion kann aber eine Fourier-Transformierte gefunden werden.

Energie und Leistung aperiodischer Signale. Wir verwiesen bereits auf den Unterschied zwischen Energie- und- Leistungssignal (s. Gl. (9.27, 9.28). Ein direktes Äquivalent zum Energiesignal Gl. (9.27b) im Zeitbereich existiert über die Fourier-Transformierte auch im Frequenzbereich:

$$W \sim \int_{-\infty}^{\infty} |f(t)|^2\mathrm{d}t \equiv \frac{1}{2\pi}\int_{-\infty}^{\infty} |\underline{F}(\mathrm{j}\omega)|^2\mathrm{d}\omega \tag{9.32}$$

Parseval-Theorem

Tafel 9.6. Fourier-Paare wichtiger Zeitfunktionen

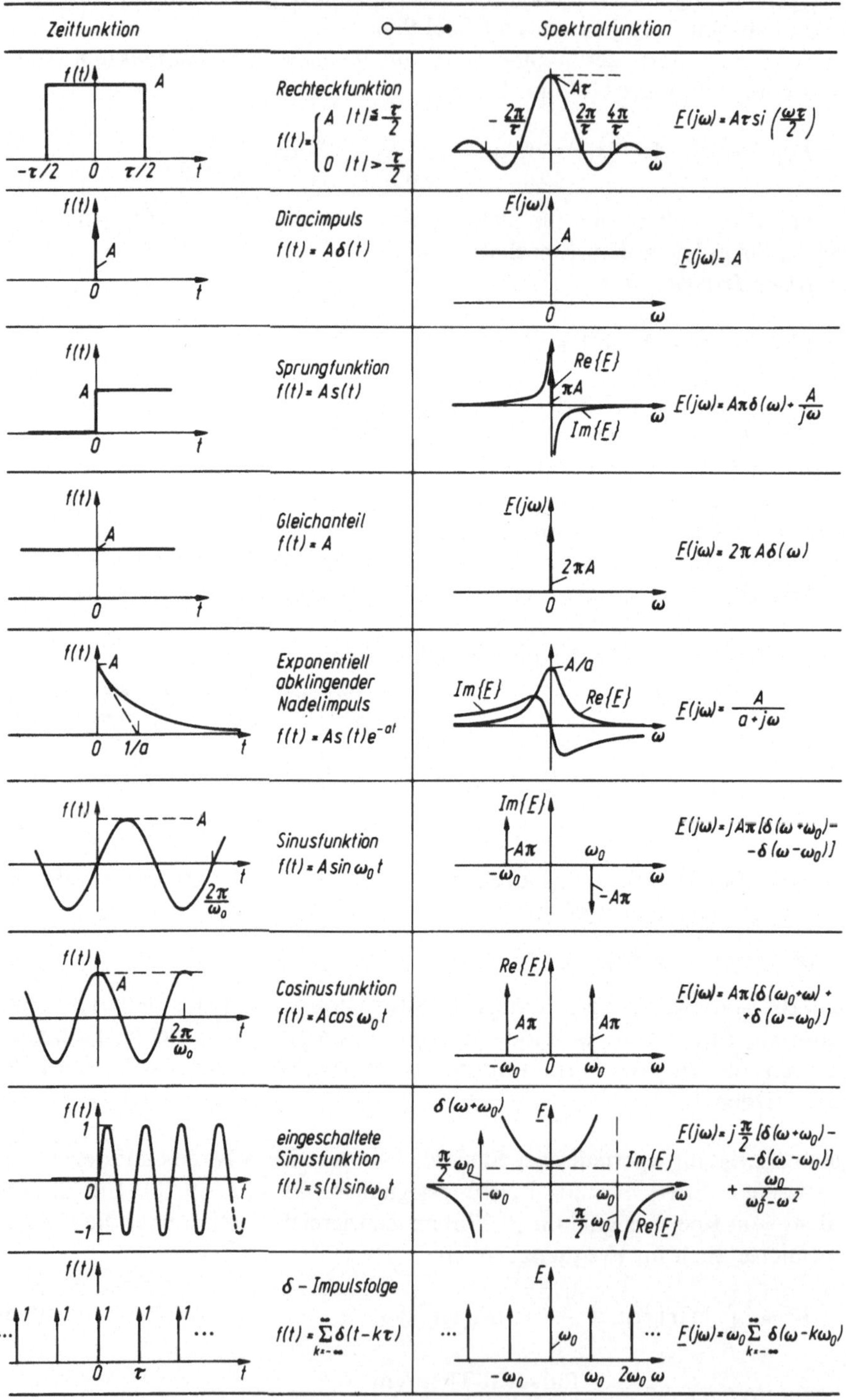

Zeitfunktion		○—● Spektralfunktion
Rechteckfunktion	$f(t)=\begin{cases} A & \lvert t\rvert \le \frac{\tau}{2} \\ 0 & \lvert t\rvert > \frac{\tau}{2} \end{cases}$	$\underline{F}(j\omega)=A\tau\,\mathrm{si}\left(\frac{\omega\tau}{2}\right)$
Diracimpuls	$f(t)=A\delta(t)$	$\underline{F}(j\omega)=A$
Sprungfunktion	$f(t)=As(t)$	$\underline{F}(j\omega)=A\pi\delta(\omega)+\frac{A}{j\omega}$
Gleichanteil	$f(t)=A$	$\underline{F}(j\omega)=2\pi A\delta(\omega)$
Exponentiell abklingender Nadelimpuls	$f(t)=As(t)e^{-at}$	$\underline{F}(j\omega)=\frac{A}{a+j\omega}$
Sinusfunktion	$f(t)=A\sin\omega_0 t$	$\underline{F}(j\omega)=jA\pi[\delta(\omega+\omega_0)-\delta(\omega-\omega_0)]$
Cosinusfunktion	$f(t)=A\cos\omega_0 t$	$\underline{F}(j\omega)=A\pi[\delta(\omega_0+\omega)+\delta(\omega-\omega_0)]$
eingeschaltete Sinusfunktion	$f(t)=s(t)\sin\omega_0 t$	$\underline{F}(j\omega)=j\frac{\pi}{2}[\delta(\omega+\omega_0)-\delta(\omega-\omega_0)]+\frac{\omega_0}{\omega_0^2-\omega^2}$
δ – Impulsfolge	$f(t)=\sum_{k=-\infty}^{\infty}\delta(t-k\tau)$	$\underline{F}(j\omega)=\omega_0\sum_{k=-\infty}^{\infty}\delta(\omega-k\omega_0)$

Dies ist das Parseval-Theorem für eine aperiodische Funktion, deren Fourier-Transformierte existiert. Es entspricht inhaltlich genau dem Ergebnis der Fourier-Reihe Gl. (9.17).

Die Gesamtenergie eines Signals im Zeitbereich ist gleich der Gesamtfläche unter dem Betragsquardrat der Fourier-Transformierten. $|\underline{F}(\mathrm{j}\omega)|^2$ heißt spektrale Energiedichte.

Anschaulich beschreibt Gl. (9.32) die Energieerhaltung im Zeit- und Frequenzbereich. Sie vermittelt keine Phaseninformation. Deshalb kann das Signal $f(t)$ daraus nicht zurückgewonnen werden.

Beispielsweise hat ein Rechteckimpuls (Spannung U_0, Breite τ) am Widerstand R mit der Fourier-Transformierten

$$\underline{F}(\mathrm{j}\omega) = U_0 \tau \frac{\sin \omega\tau/2}{\omega\tau/2}$$

im Spektrum bis zur ersten Nullstelle $\omega\tau/2 = \pi$ die Energie

$$W_{\mathrm{R}} = \int_0^T p(t)\mathrm{d}t = \int_0^T \frac{u^2(t)}{R}\mathrm{d}t \circ\!\!-\!\!\bullet = \frac{2U_0^2\tau}{R\pi}\int_0^\pi \left(\frac{\sin x}{x}\right)^2 \mathrm{d}x \quad \text{mit} \quad x = \omega\tau/2$$

$$= \frac{4U_0^2\tau}{R\pi}\int_0^{2\pi} \left(\frac{\sin 2x}{2x}\right)\mathrm{d}x = \frac{2U_0^2\tau}{R\pi}\,1{,}42.$$

Da die Gesamtenergie im gesamten Zeitbereich durch direkte Integration auf $W_{\mathrm{ges}} = U_0^2\tau/R$ führt, sind im Spektrum bis zur ersten Nullstelle insgesamt $W_{\mathrm{R}}/W_{\mathrm{ges}} = 2U_0^2/\pi U_0^2 \cdot 1{,}42 \simeq 90\%$ der gesamten Energie enthalten, also innerhalb der Bandbreite $2\omega = 2(2\pi)/\tau$ oder $f_{\mathrm{b}} = 1/\tau$!

9.4.3 Anwendung der Fourier-Transformation

Durch die Fourier-Transformation erscheint ein aperiodisches Signal des Zeitbereiches als eine kontinuierliche Folge sinusförmiger Signale

$$\underline{F}(\mathrm{j}\omega) = \mathrm{e}^{\mathrm{j}\omega t} \cdot \mathrm{d}\omega/2\pi \equiv \underline{X}(\mathrm{j}\omega) \cdot \mathrm{d}\omega/2\pi \tag{9.33}$$

innerhalb des Frequenzabschnittes $\mathrm{d}\omega$ im Frequenzbereich. Liegt ein derartiges Signal am Eingang eines linearen zeitunabhängigen Netzwerkes, so ändert sich nicht die Frequenz, wohl aber Amplitude und Phase des Ausgangssignales $\underline{Y}(\mathrm{j}\omega)$:[1] nach Maßgabe des Frequenzganges $\underline{G}(\mathrm{j}\omega)$:[1]

$$\underline{Y}(\mathrm{j}\omega) = \underline{G}(\mathrm{j}\omega)\,\underline{X}(\mathrm{j}\omega)\ . \tag{9.34}$$

Damit erfolgt eine Wichtung der Eingangsfunktion oder „Filterung" durch das Netzwerk. Der Frequenzgang $\underline{G}(\mathrm{j}\omega)$ kann z.B. mittels der üblichen Wechselstromrechnung bestimmt werden (Abschn. 6.2.3) Zum Zeitverlauf des Ausgangssignales kommen wir durch Rücktransformation von $\underline{Y}(\mathrm{j}\omega)$ (Fourier-Synthese, Tafel 9.7).

---

[1] Wir verwenden hier $\underline{G}(\mathrm{j}\omega) = \underline{F}(\mathrm{j}\omega)$ statt des Frequenzganges $\underline{F}(\mathrm{j}\omega)$ (Abschn. 6.2.3) um Verwechselungen mit der Fourier-Transformierten zu vermeiden.

Tafel 9.7. Netzwerkanalyse im Zeit- und Frequenzbereich mit der Fourier-Transformation.

	Eingangssignal	Netzwerk	Ausgangssignal
Zeit-bereich	$x(t)$	$*$ $g(t)$ Gewichtsfunktion (Faltung) $=$	$y(t) = \int_{-\infty}^{\infty} x(t')g(t-t')dt'$ Faltung
	$\mathcal{F}$-Transformation (Tafel)		$\mathcal{F}$-Rücktransformation
Frequenz-bereich	$\underline{X}(j\omega)$	$\bullet$ $\underline{G}(j\omega)$ (Multiplikation) $=$	$\underline{Y}(j\omega)$; $\underline{Y}(j\omega) = \underline{G}(j\omega)\underline{X}(j\omega)$

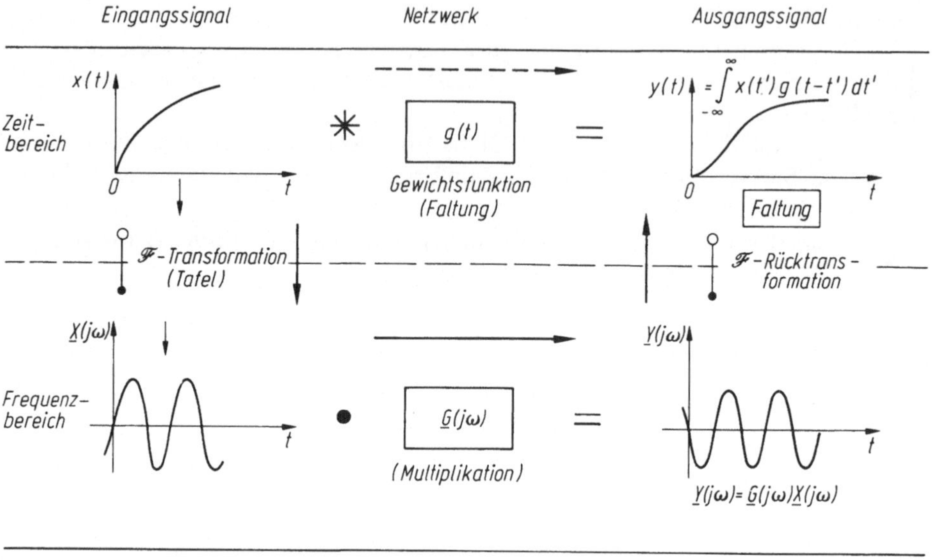

Damit ergibt sich folgende

Lösungsmethodik: Übertragungsverhalten mittels Fourier-Transformation

1. Bestimmung der Fourier-Transformierten $\underline{X}(j\omega)$ der aperiodischen Erregerfunktion $x(t)$ im Zeitbereich (→ Fourier-Analyse, z. B. mit Tabelle)
2. Bestimmung des Netzwerkfrequenzganges $\underline{G}(j\omega)$ (z. B. Wechselstromrechnung, Messung)
3. Fourier-Synthese = Fourier-Rücktransformation der Lösung $\underline{Y}(j\omega) = \underline{G}(j\omega) \cdot \underline{X}(j\omega)$

$$\mathcal{F}^{-1}[\underline{Y}(j\omega)] = y(t)$$

(z. B. Tafel, Berechnung).

Der große Vorteil dieses Verfahrens ist, daß für die Schritte 1 und 3 in den meisten Fällen Transformationstafeln herangezogen werden können und sich daher der scheinbar komplizierte Lösungsweg auf die Bestimmung von $\underline{G}(j\omega)$ beschränkt.

Hinweis: Der hier beschrittene Weg wird später ebenso bei der Laplace-Transformation vollzogen, dort fehlt aber die Begrenzung $\int |f(t)| dt \leqq \infty$.

Beispiel. Wir betrachten das Verhalten eines RC-Tiefpasses, dessen Übertragungsfunktion wir aus dem Wechselstromverhalten kennen (Bild 9.18):

$$\frac{\underline{U}_2(\omega)}{\underline{U}_1(\omega)} = \frac{1}{1 + j\omega RC} = \underline{G}(j\omega) \; .$$

Besonders transparent wird die Lösungsmethodik, wenn ein Engangssignal $u_1(t)$

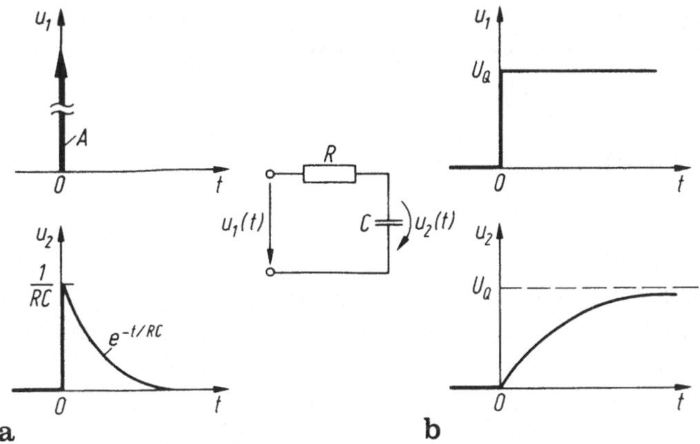

Bild 9.18a, b. RC-Schaltung bei Impuls- (**a**) und Sprungerregung (**b**)

mit einfacher Fourier-Transformierten anliegt. Das trifft auf die Dirac-Impulse $u_1(t) = A\delta(t)$ [A Dim. Vs] zu, weil nach Tafel 9.6 $A\delta(t)$ ○—● $A \cdot 1$ gilt. Dann wird die Fourier-Transformierte der Ausgangsspannung[1]

$$\underline{U}'_2(\mathrm{j}\omega) = \underline{G}(\mathrm{j}\omega)\underline{U}'_1(\mathrm{j}\omega) \quad \text{mit} \quad \underline{U}'_1(\mathrm{j}\omega) = A \cdot 1$$

oder rücktransformiert in den Zeitbereich

$$\begin{aligned} u_2(t) &= \mathscr{F}^{-1}\{\underline{G}(\mathrm{j}\omega)A \cdot 1\} = A\mathscr{F}^{-1}\{\underline{G}(\mathrm{j}\omega)\} \\ &= Ag(t) \quad \text{mit} \quad g(t) = \mathscr{F}^{-1}\{\underline{G}(\mathrm{j}\omega)\}. \end{aligned} \tag{9.35}$$

Dieses spezielle Ausgangssignal als Reaktion auf den Dirac-Stoß heißt *Impulsantwort*. Sie ist gleich der inversen Fourier-Transformierten des Frequenzganges $\underline{G}(\mathrm{j}\omega)$ (s. Abschn. 10.1.5).

Im Beispiel lautet die Rücktransformationsvorschrift nach Gl. (9.25)

$$u_2(t) = \mathscr{F}^{-1}\{U'_2(\mathrm{j}\omega)\} = \frac{A}{2\pi}\int_{-\infty}^{\infty} \frac{1 \cdot \mathrm{e}^{\mathrm{j}\omega t}\,\mathrm{d}\omega}{1 + \mathrm{j}\omega RC} .$$

Die Lösung des Integrals scheint aufwendig, zumal wir eine einfache Lösung vermuten. Die Auswertung mit Tafel 9.6 liefert

$$u_2(t) = (A/RC)\,\mathrm{e}^{-t/RC} \cdot s(t) . \tag{9.36a}$$

Das ist eine zum Zeitpunkt $t = 0$ eingeschaltete, abklingende Exponentialfunktion (Bild 9.18a). Wir erhalten damit gleichzeitig als Impulsantwort $g(t)$ des RC-Tiefpasses

$$u_2(t)/A = 1/RC\exp(-t/RC) = g(t) . \tag{9.36b}$$

Im nächsten Schritt legen wir eine *Sprungfunktion* $s(t)$ zur Zeit $t = 0$ an (Bild 9.18b).

[1] Wir bezeichnen hier die Amplitudenspektren der Spannungen mit $\underline{U}'$ im Unterschied zu den Spannungen $\underline{U}$.

Zum Eingangssignal $u_1(t) = U_Q s(t)$ mit der Einheitssprungfunktion $s(t)$ nach Gl. (5.62) gehört mit Tafel 9.6 die Fourier-Transformierte

$$\underline{U}'_1(\mathrm{j}\omega) = \mathscr{F}\{u_1(t)\} = U_Q \cdot [\pi\delta(\omega) + 1/\mathrm{j}\omega] \ .$$

Mit dem Frequenzgang $\underline{G}$ (s.o.) wird daraus

$$\underline{U}'_2(\mathrm{j}\omega) = \frac{U_Q[\pi\delta(\omega) + 1/\mathrm{j}\omega]}{1 + \mathrm{j}\omega RC} \ .$$

Der erste Anteil (Zähler) beträgt wegen der Abtasteigenschaft $\delta(\omega) \cdot f(\omega) = \delta(\omega) f(0) \equiv \pi\delta(\omega)$. (Gl. (5.75)); den zweiten zerlegen wir am besten in einen Partialbruch

$$\frac{1}{\mathrm{j}\omega(1 + \mathrm{j}\omega RC)} \equiv \frac{1}{\mathrm{j}\omega} - \frac{1}{\mathrm{j}\omega + 1/RC} \ .$$

Mit Tafel 9.6 folgt dann das rücktransformierte Ergebnis

$$u_2(t) = \mathscr{F}^{-1}\{\underline{U}'_2(\mathrm{j}\omega)] = U_Q \cdot [1 - \mathrm{e}^{-t/(RC)}] \cdot s(t) \ . \tag{9.37}$$

Dies ist der sog. *Einschaltvorgang*, wie wir ihn noch kennenlernen werden.

Wir kommen auf den Begriff *Faltung* nach Tafel 9.5 zurück. Das Ausgangssignal $u_2(t)$ sollte sich auch allein im Zeitbereich bestimmen lassen, wenn die Impulsantwort $g(t)$ bekannt ist. Die Vorschrift lautet

$$u_2(t) = \int_{-\infty}^{\infty} u_1(t')\, g(t - t')\, \mathrm{d}t'$$

und ergibt mit

$$u_2(t) = \int_0^{\infty} U_Q \cdot 1 \, \frac{\exp - (t - t')/RC}{RC} \, \mathrm{d}t = U_Q [1 - e^{-t/RC}] \ ,$$

in der Tat das erwartete Ergebnis.

Mit der Impulsantwort $g(t)$ sind wir somit ebenfalls in der Lage, das Verhalten der Ausgangsspannung $u_2(t)$ allein im Zeitbereich zu bestimmen.

Es bleibt dann die Frage, ob es als Reaktion der Schaltung auf die Sprungerregung nicht auch eine Sprungantwort gibt. Sie ist mit ja zu beantworten (s. Abschn. 10.1.5).

An dieser Stelle sei ein Rückblick auf die unterschiedliche Beschreibung des Eingangs-/Ausgangsverhaltens der gleichen Schaltung gestattet:

— Im „Wechselstrombereich" verursachte die sinusförmige Erregerspannung am Netzwerkeingang die Ausgangsspannung u_2. im Frequenzbereich gehörte dazu

$$\underline{U}_2(\mathrm{j}\omega) = \underline{G}(\mathrm{j}\omega)\underline{U}_1(\mathrm{j}\omega) \ ; \quad \underline{G}(\mathrm{j}\omega) \equiv \underline{F}(\mathrm{j}\omega) \ .$$ [1]

Bei Sinuserregung spricht man auch von Frequenzgang $\underline{G}(\mathrm{j}\omega) = \underline{F}(\mathrm{j}\omega)$.

— Im *Frequenzbereich* gilt allgemein für die Spektralgrößen $\underline{U}'_2$, $\underline{U}'_1$ (zu den Zeitfunktionen u_2, u_1)

$$\underline{U}'_2 = \underline{G}(\mathrm{j}\omega)\, \underline{U}'_1(\mathrm{j}\omega) \ .$$

Dann heißt $\underline{G}(\mathrm{j}\omega)$ durchweg Übertragungsfunktion.

[1] Vgl. Fußnote s. 431.

— Gleichzeitig ist $\underline{G}(\mathrm{j}\omega)$ die Fourier-Transformierte der Impulsantwort $g(t)$

$$\underline{G}(\mathrm{j}\omega) = \mathscr{F}\{g(t)\}.$$

— $\underline{G}(\mathrm{j}\omega)$ und $g(t)$ sind daher zwei gleichwertige Darstellungen zur Beschreibung der Netzwerk-Übertragungseigenschaften im Frequenz- oder Zeitbereich.

9.4.4 Fourier-Transformierte einer periodischen Funktion. Periodisierung

Wir kennen mit Gl. (9.25) die Fourier-Transformierte einer aperiodischen Zeitfunktion. Was geschieht, wenn diese Funktion zeitlich begrenzt wird und erneut einsetzt, m. a. W. einen periodischen Verlauf annimmt? Existiert eine Fourier-Reihe?

Wir beschreiben die periodische Funktion $f_{\mathrm{p}}(t)$ durch eine Fourier-Reihe nach Gl. (9.7)

$$f_{\mathrm{p}}(t) = \sum_{k=-\infty}^{\infty} \underline{c}_k \, \mathrm{e}^{\mathrm{j}k\omega_0 t} = \frac{A}{T_{\mathrm{p}}}\left[1 + 2\sum_{k=1}^{\infty} \cos k\omega_0 t\right].$$

Die Funktion wiederhole sich nach der Periodendauer T_{p} mit $\omega_0 T_{\mathrm{p}} = 2\pi$. Der Index p (Periode) wird verwendet, um später gegenüber einem Abtastabstand T_{A} zu unterscheiden.

Mit dem Linearitätssatz (Tafel 9.5) wird jeder Term Fourier-transformiert und das Ergebnis überlagert:

$$\begin{aligned} \underline{F}_{\mathrm{p}}(\mathrm{j}\omega) &= \mathscr{F}\{f_{\mathrm{p}}(t)\} = \mathscr{F}\left\{\sum_{-\infty}^{\infty} \underline{c}_k \, \mathrm{e}^{\mathrm{j}k\omega_0 t}\right\} \\ &= \sum_{k=-\infty}^{\infty} \underline{c}_k \, \mathscr{F}\{\mathrm{e}^{\mathrm{j}k\omega_0 t}\} = 2\pi \sum_{k=-\infty}^{\infty} \underline{c}_k \delta(\omega - k\omega_0)\,. \end{aligned} \tag{9.38}$$

Rechts steht eine Folge von δ-Impulsen (wegen $\mathscr{F}\{1\} = 2\pi\delta(\omega)$). Wird die Funktion $f_{\mathrm{p}}(t)$ jetzt auf eine Periode begrenzt (Zeitbegrenzung, d. h. $f(t) \neq 0$ für $-T_{\mathrm{p}}/2 < t < T_{\mathrm{p}}/2$, sonst 0) und diese Grundfunktion mit $f(t)$ bezeichnet (Bild 9.19), so gilt

$$\underline{c}_k = \frac{1}{T_0} \mathscr{F}\{f(t)\} = \frac{1}{T_{\mathrm{p}}} \underline{F}(\mathrm{j}k\omega_0) = \frac{1}{T_{\mathrm{p}}} \int_{-T_{\mathrm{p}}/2}^{T_{\mathrm{p}}/2} f(t) \, \mathrm{e}^{-\mathrm{j}k\omega_0 t} \, \mathrm{d}t \tag{9.39}$$

und mit Gl. (9.38) schließlich

$$\begin{aligned} \underline{F}_{\mathrm{p}}(\mathrm{j}\omega) &= 2\pi \sum_{k=-\infty}^{\infty} \frac{1}{T_{\mathrm{p}}} \underline{F}(\mathrm{j}k\omega_0)\, \delta(\omega - k\omega_0) \\ &= \omega_0 \sum_{k=-\infty}^{\infty} \underline{F}(\mathrm{j}k\omega_0)\, \delta(\omega - k\omega_0) \\ &= \omega_0 \, \underline{F}(\mathrm{j}\omega) \sum_{k=-\infty}^{\infty} \delta(\omega - k\omega_0). \end{aligned} \tag{9.40}$$

Die Fourier-Transformierte $\underline{F}_{\mathrm{p}}(\mathrm{j}\omega)$ einer periodischen Funktion $f_{\mathrm{p}}(t)$ besteht somit aus einer Reihe von gewichteten Nadelimpulsen mit der Basis der Wiederholrate

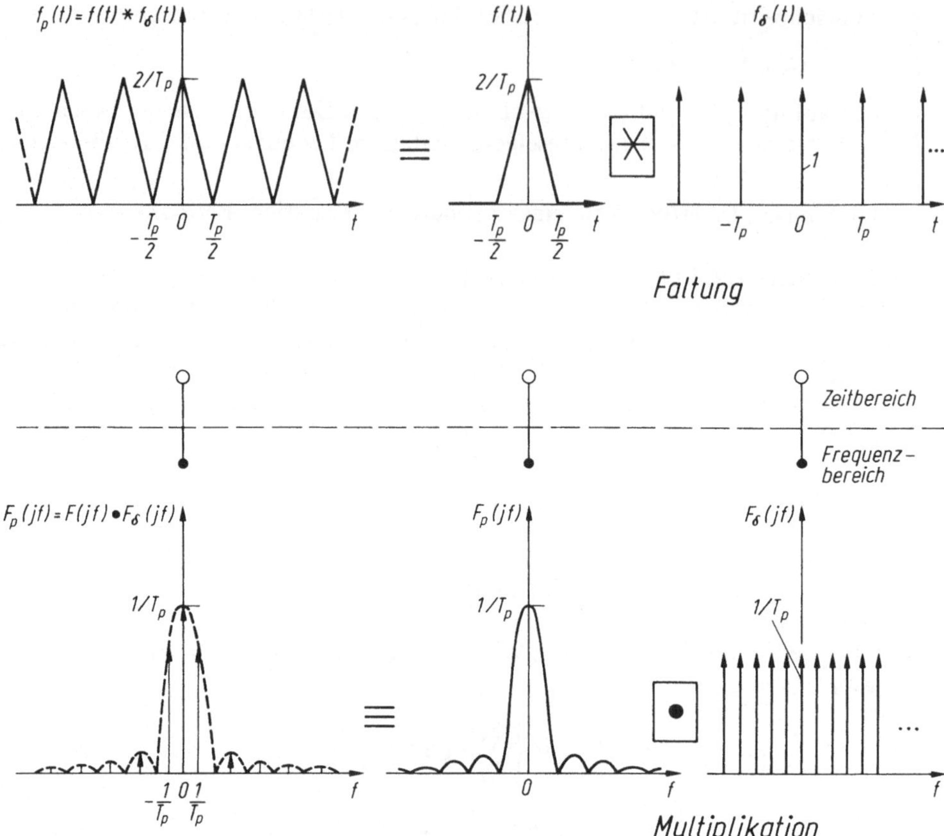

Bild 9.19. Anschauliche Herleitung der Fourier-Transformierten einer periodischen Funktion $f_p(t)$ (Beispiel Dreieckfunktion) unter Nutzung der Faltung im Zeitbereich

$\omega_0 T_p = 2\pi$, deren Impulsfläche gleich $2\pi \underline{c}_k$, dem Fourier-Koeffizient der (exponentiellen) Fourier-Reihe ist (Bild 9.19). Weil dieses Ergebnis Gl. (9.39) grundlegende Bedeutung hat, wollen wir zunächst noch einige Folgerungen ziehen und dann zusammenfassen.

Periodische Folge von Stoßimpulsen. Wir betrachten eine periodische Folge von Dirac-Stößen (Periode T_p, Impulsfläche A). Wir wollen sie mit $f_{p\delta}(t)$ bezeichnen (Bild 9.20). Sie kann gleichberechtigt dargestellt werden als

— periodische Folge von Dirac-Stößen

$$f_{p\delta}(t) = \sum_{k=-\infty}^{\infty} A\delta(t - kT_p) \; , \tag{9.41}$$

weil nur zu den Zeitpunkten $t = kT_p$ ein Stoß erfolgt (sonst $f_{p\delta}(t) = 0$),

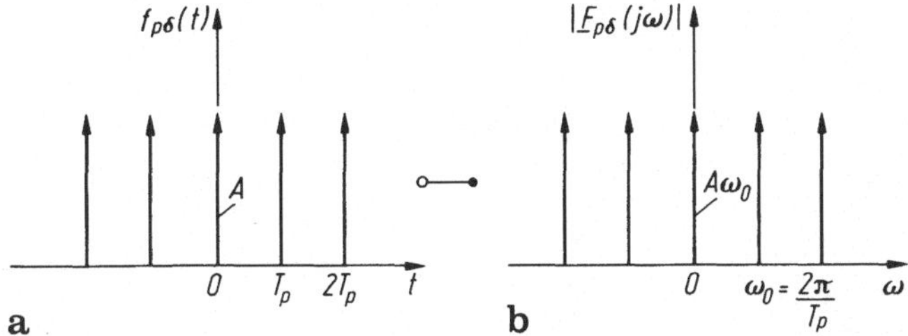

Bild 9.20. Fourier-Transformierte äquidistanter Dirac-Funktionen. **a** Zeitfunktion; **b** Fourier-Transformierte

— gleichwertig als Fourier-Reihe

$$f_{p\delta}(t) = \sum_{n=-\infty}^{\infty} \underline{c}_n \, e^{+jn\omega_0 t} \quad \text{mit} \quad c_n = \frac{A}{T_p} \int_{T_p/2}^{-T_p/2} \delta(t)\,dt = \frac{A}{T_p} \, .$$

Die letzte Darstellung wird sofort verständlich, wenn der δ-Impuls durch einen (schmalen) Rechteckimpuls gleicher Impulsfläche ersetzt wird.

Die *Fourier-Transformierte* $\mathscr{F}\{f_{p\delta}(t)\} \equiv \underline{F}_{p\delta}(\omega)$ der periodischen Stoßfolge läßt sich nach dem Verschiebungssatz durch gliedweise Anwendung auf die Summe und wegen $\mathscr{F}\{1\} = 2\pi\delta(\omega)$ ermitteln

$$\underline{F}_{p\delta}(j\omega) = A\omega_0 \sum_{n=-\infty}^{\infty} \delta(\omega - n\omega_0) \, . \tag{9.42}$$

Mit Gl. (9.41) wird schließlich

$$f_{p\delta}(t) = \sum_{k=-\infty}^{\infty} A\delta(t - kT_p) \circ\!\!-\!\!\bullet \; \omega_0 \sum_{n=-\infty}^{\infty} A\delta(\omega - n\omega_0) = \underline{F}_{p\delta}(j\omega)$$

$$f_{p\delta}(t) \circ\!\!-\!\!\bullet \; \underline{F}_{p\delta}(j\omega) \, . \tag{9.43}$$

Ein periodischer δ-Impulszug im Zeitbereich geht bei der Fourier-Transformation wieder in einen periodischen Impulszug im Frequenzbereich über (Bild 9.20). Damit spielt die sog. (periodische) δ-Impulsfolge eine grundlegende Rolle für die Beschreibung periodisch wiederholter Signale (Periodisierung wie hier, Abtastprinzip, Linienspektrum, numerische Fourier-Transformation u. a.). Sie wird oft als *Kammfunktion* oder *Kammfilter* bezeichnet.

Im Bild 9.21 wurde der Zusammenhang Gl. (9.43) dargestellt:
- die Gleichwertigkeit der Darstellung von $f_{p\delta}(t)$ im Zeitbereich als periodische Abtastfunktion und Fourier-Reihe;
- die Fourier-Transformation Gl. (9.43);
- eine zur Fourier-Transformierten gleichwertige Darstellung als Fourier-Reihe (im Frequenzbereich), die hier nicht weiter erwähnt werden soll;
- und die Fourier-Rücktransformation (inverse Fourier-Transformation, IFT).

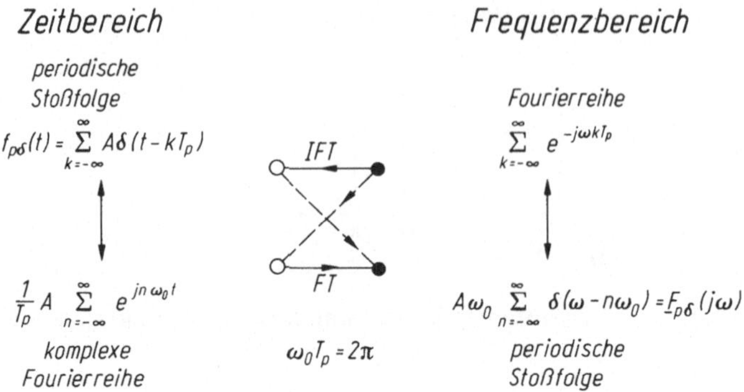

Bild 9.21. Periodische Stoßfolge im Zeit- und Frequenzbereich

Wir können nach Bild 9.21 übereinstimmend mit Gl. (9.43) auch den umgekehrten Weg von einer periodischen Stoßfolge im Frequenzbereich ausgehen: Das sind Stoßimpulse im Frequenzabstand $\omega_0 = 2\pi/T_p$. Wir suchen die zugehörige Fourier-Reihe, führen eine gliedweise Rücktransformation aus und erhalten das linke Ergebnis in Gl. (9.43).

Ausblend-, Abtasteigenschaft. Periodisierung. Wir hatten bereits bei der Einführung des Dirac-Stoßes (Gl. (5.75)) auf die Ausblendeigenschaften dieser Funktion hingewiesen. Wir wenden sie jetzt auf die Fourier-Transformierte $\underline{F}_p(j\omega)$ Gl. (9.40) der (allgemeinen) periodischen Funktion $f_p(t)$ an, von der wir die Fourier-Transformierte $\underline{F}(j\omega)$ ●—○ $f(t)$ des Einzelvorganges kennen. Weil die δ-Folge durch die Ausblendeigenschaft nur bei den „Definitionswerten“ $\omega = n\omega_0$ Werte $\neq 0(\to 1)$ liefert, kann die Funktion $\underline{F}(jn\omega_0)$ auch vor das Summenzeichen gesetzt werden:

$$\begin{aligned}
\underline{F}_p(j\omega) &= \omega_0 \sum_{n=-\infty}^{\infty} \underbrace{\underline{F}(jn\omega_0)}_{\textbf{Gewicht}} \delta(\omega - n\omega_0) \\
&\equiv \underbrace{\underline{F}(j\omega)}_{\textbf{Abtastwerte}} \omega_0 \underbrace{\sum_{n=-\infty}^{\infty} \delta(\omega - n\omega_0)}_{\textbf{Abtastfunktion}} \\
&\equiv \underline{F}(j\omega) \cdot \underline{F}_{p\delta}(j\omega).
\end{aligned} \tag{9.44}$$

Wir können dieses Ergebnis der Fourier-Transformation einer periodischen Funktion (im Frequenzbereich) unterschiedlich interpretieren:

— als Stoßimpulsfolge mit unterschiedlichem Gewicht (Impulsfläche) $\omega_0 \underline{F}(jn\omega_0)$ bestimmt durch den Einzelvorgang;
— als eine (frequenz) kontinuierliche Funktion $\underline{F}(j\omega)$ (des aperiodischen!) Einzelvorganges, der zu Frequenzpunkten $n\omega_0$ „abgetastet“ (= Probenentnahme) wird;
— als Produkt der Fourier-Transformierten der Funktion $\underline{F}(j\omega)$ mit der Fourier-Transformierten der Impulsfolge.

Nach Tafel 9.5 stellt das Produkt zweier Fourier-Transformierten jedoch eine Faltung im Zeitbereich dar:

$$\underline{F}_{\mathrm{p}}(\mathrm{j}\omega) = \underline{F}(\mathrm{j}\omega) \cdot \underline{F}_{\mathrm{p}\delta}(\mathrm{j}\omega) \bullet\!\!-\!\!\circ f(t) * \sum_{k=-\infty}^{\infty} \delta(t - kT_{\mathrm{p}}) = \sum_{k=-\infty}^{\infty} f(t - kT_{\mathrm{p}})$$
$$= P\{f(t)\} = f_{\mathrm{p}}(t) \qquad (9.45)$$

Der in Gl. (9.45) rechts stehende unterstrichene Teil heißt *Periodisierung* (Symbol P) der Funktion $f(t)$.
Die periodische Funktion $f_{\mathrm{p}}(t)$ (Bild 9.19) entsteht durch „Faltung" der Einzelfunktion $f(t)$ mit der Stoßimpulsfolge.
M. a. W. kann die periodische Funktion $f_{\mathrm{p}}(t)$ als Summe periodisch verschobener aperiodischer Funktionen $f(t)$ verstanden werden und die Verschiebung selbst als Faltung mit der Stoßfunktion $\delta(t)$.

Damit ist die zunächst auf den zeitkontinuierlichen aperiodischen Vorgang begrenzte Fourier-Transformation auch auf zeitkontinuierlich periodische Vorgänge erweiterbar.

Wir wollen hier nochmals vermerken:

— Periodisierung (P) bezog sich auf den Zeitbereich, denn $f(t)$ wird durch Faltung mit $\delta(t)$ "periodisch" fortgesetzt;
— Abtastung (A) bezog sich auf die Fourier-Transformierte (im Frequenzbereich).

Daher gilt (in verallgemeinerter Darstellung) mit Gl. (9.45), (9.44)

$$f_{\mathrm{p}}(t) = P\{f(t)\} = f(t) * \sum_{k=-\infty}^{\infty} \delta(t - kT_{\mathrm{p}}) \circ\!\!-\!\!\bullet \underline{F}_{\mathrm{p}}(\mathrm{j}\omega)$$
$$= \underline{F}(\mathrm{j}\omega) \cdot \underline{F}_{\mathrm{p}\delta}(\mathrm{j}\omega) = A\{\underline{F}(\mathrm{j}\omega)\}$$

oder kurz

$$f_{\mathrm{p}}(t) = P\{f(t)\} \circ\!\!-\!\!\bullet A\{\underline{F}(\mathrm{j}\omega)\}\ . \qquad (9.46)$$

Die dabei verwendeten Operationssymbole Periodisierung und Abtastung wurden in Tafel 9.8 angegeben.
Zur Bestimmung der Fourier-Transformierten $\underline{F}_{\mathrm{p}}(\mathrm{j}\omega)$ einer gegebenen periodischen Funktion wird aus dieser zunächst eine erzeugende aperiodische Funktion ausgewählt und deren Fourier-Transformierte $\underline{F}(\mathrm{j}\omega)$ mit Dirac-Stößen periodisch abgetastet.
Periodisierung und Abtastung gehen durch die Fourier-Transformation offenbar ineinander über!
Wir halten die wichtigsten Ergebnisse der Periodisierung fest:

— Die Form des Spektrums hängt nur vom Verlauf $f(t)$ ab;
— Ansatz für die Periodisierung ist die Darstellung von $f_{\mathrm{p}}(t)$ als Fourier-Reihe zur Bestimmung der Gewichte der periodischen Stoßfunktion;
— Periodisierung und Abtastung gehen durch Fourier-Transformation ineinander über (Tafel 9.8);

Tafel 9.8. Periodisierung und Abtastung als Operationen im Zeit- und Frequenzbereich

	Zeitbereich	Frequenzbereich
Periodisierung	$P\{f(t)\} = \sum_{k=-\infty}^{\infty} f(t - kT_p)$	$P\{\underline{F}(j\omega)\} = \sum_{k=-\infty}^{\infty} \underline{F}(\omega - n\omega_0)$
Abtastung	$A\{f(t)\} = f(t)\cdot T_p \sum_{k=-\infty}^{\infty} \delta(t - kT_p)$	$A\{\underline{F}(j\omega)\} = \underline{F}(j\omega)\cdot\omega_0 \sum_{k=-\infty}^{\infty} \delta(\omega - n\omega_0)$

$$P\{f(t)\} \circ\!\!-\!\!\bullet\ A\{\underline{F}(j\omega)\} \qquad T_p = \frac{1}{f_0}$$

$$A\{f(t)\} \circ\!\!-\!\!\bullet\ P\{\underline{F}(j\omega)\}$$

— eine periodische Zeitfunktion kann im Frequenzbereich gleichwertig dargestellt werden
- durch ihr (Linien-) Spektrum entwickelt über die Fourier-Reihe;
- als Linienspektrum von δ-Impulsen (Gewicht: Abtastwerte der Fourier-Transformierten des Einzelvorganges = Periodisierung des Einzelvorganges).

Im Bild 9.22 wurden Beispiele der Zeitfunktionen und der zugehörigen Fourier-Transformierten eingetragen und in Tafel 9.9 die wesentlichen Transformationen gegenübergestellt. Wir kennen davon bisher Fourier-Reihe und Fourier-Integral. Nach den Ergebnissen dieses Abschnittes kann die Fourier-Transformation auch auf die Fourier-Reihe b) angewendet werden. Die Frequenzfunktion hat dann genau die erwähnten Eigenschaften.

Neben der Periodisierung einer Funktion interessiert noch der Vorgang der *Abtastung im Zeitbereich*, ein für die gesamte moderne Nachrichtentechnik grundlegendes Prinzip.

9.4.5 Abtastung im Zeitbereich. Diskrete Fourier-Transformation

Für die moderne Signalverarbeitung — z.B. auch für die Auswertung der Fourier-Transformation — ist das Abtastprinzip von grundlegender Bedeutung. Dabei werden aus einer kontinuierlichen *Zeitfunktion* $f(t)$ zu bestimmten (gleichabständigen) Zeitpunkten nur *Proben* entnommen. So entsteht ein abgetastetes Signal im Zeitbereich. Werden die so entnommenen Stützpunkte in den Frequenzbereich überführt, dann gehört dazu ein diskretes Frequenzspektrum. Analog zur Fourier-Transformation für ein kontinuierliches Zeitsignal heißt dieser Vorgang *diskrete Fourier-Transformation* (DFT). Ein besonders effizienter Algorithmus zur rechnergestützten Durchführung der DFT heißt Fast-Fourier-Transformation (FFT). Die DFT wirft mehrere Fragen auf:

— Wie gewinnt man ein zeitlich abgetastetes Signal? Gibt es eine Abtastung im Frequenzbereich?

— Wie sieht die zugehörige Fourier-Transformierte aus, wie ihr Frequenzspektrum?

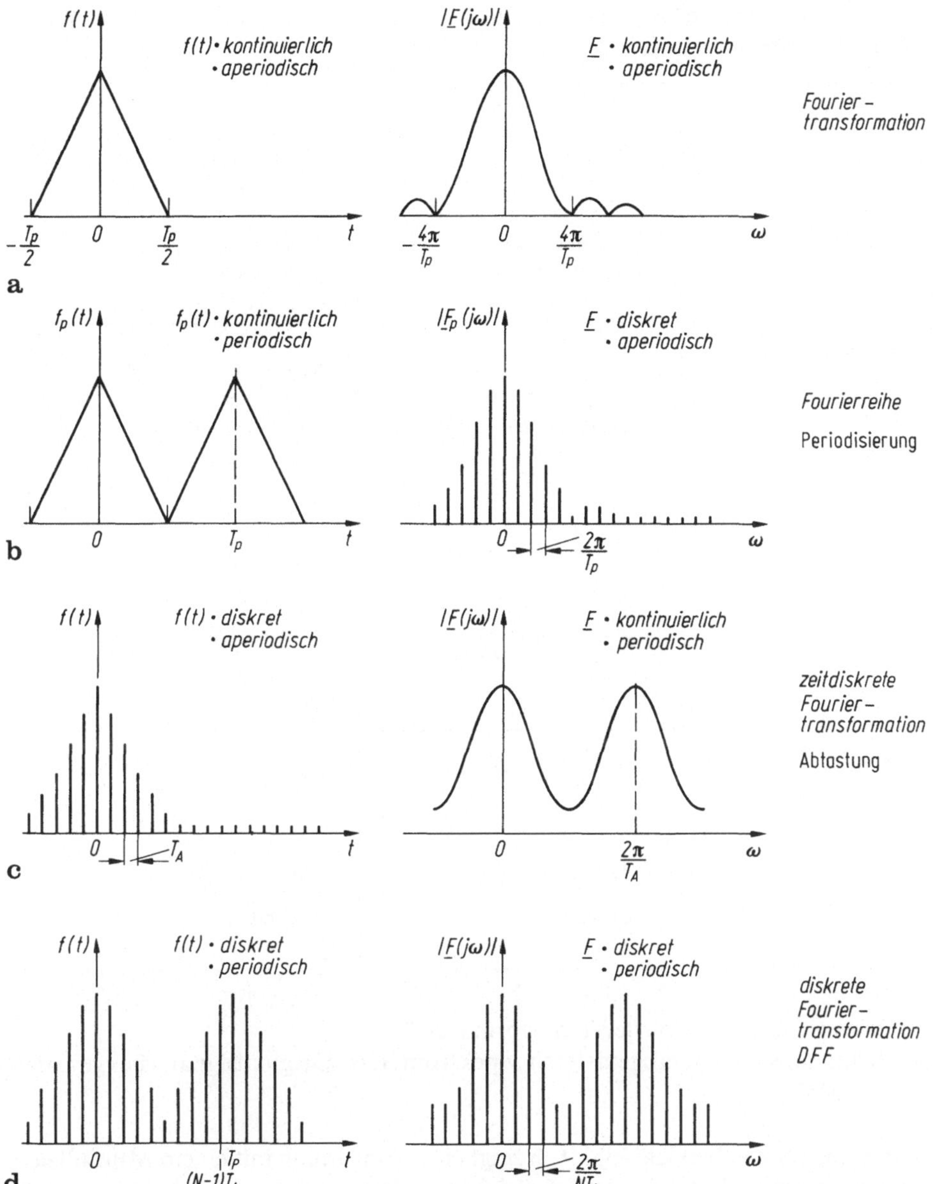

Bild 9.22a–d. Fourier-Transformation verschiedener Zeitfunktionen. **a** Fourier-Integral; **b** Fourier-Reihe, Periodisierung der Fourier-Transformation; **c** Abtastung. Fourier-Transformierte einer zeitdiskreten, aperiodischen Funktion; **d** diskrete Fourier-Transformation ($T_p = NT_A$)

Tafel 9.9. Zusammenstellung der Fourier-Transformation für veschiedene Zeitfunktionen ($t_n = nt$: Abtastzeitpunkte, $t_n = N \cdot T_A$)

Transformation	Zeitbereich	Frequenzbereich.
Fourier-Reihe a)	$f(t) = \sum_{k=-\infty}^{\infty} \underline{F}(j\omega k) e^{j\omega kt}$ — kontinuierlich — periodisch	$\underline{F}(j\omega k) = \frac{1}{T} \int_{-T/2}^{T/2} f(t) e^{-j\omega kt} dt$ — diskret — aperiodisch
Fourier-Integral b)	$f(t) = \frac{1}{2\pi} \int_{-\infty}^{\infty} \underline{F}(j\omega) e^{j\omega t} d\omega$ — kontinuierlich — aperiodisch	$\underline{F}(j\omega) = \int_{-\infty}^{\infty} f(t) e^{-j\omega t} dt$ — kontinuierlich — aperiodisch
Zeitdiskrete Fourier-Transformation c)	$f(nt) = \frac{1}{\omega_A} \int_{-\omega_{A/2}}^{\omega_{A/2}} \underline{F}(j\omega) e^{j\omega tn} d\omega$ — diskret, $\omega_A = \frac{2\pi}{T_A}$ — *aperiodisch*	$\underline{F}(j\omega) = \sum_{n=-\infty}^{\infty} f(nt) e^{-j\omega tn}$ — *kontinuierlich* — *periodisch*
Diskrete Fourier-Transformation d)	$f(nt) = \sum_{k=0}^{N-1} F(\omega k) e^{j2\pi kn/N}$ — diskret — periodisch	$\underline{F}(j\omega k) = \frac{1}{N} \sum_{n=0}^{N-1} f(tn) e^{-j2\pi kn/N}$, $k = 0, 1 \ldots N-1$ — diskret — periodisch

— Was ist diskrete Fourier-Transformation?
— Kann aus einem abgetasteten Spektrum das Originalsignal rückgewonnen werden?

Abtastung im Zeitbereich. Bild 9.23 zeigt eine Anordnung mit einem Multiplizierer, dessen Ausgang $f_A(t) = f(t) \cdot f_s(t)$ gleich dem Produkt der kontinuierlichen Zeitfunktion $f(t)$ und einer *Abtast-* oder *periodischen Schaltfunktion*

$$f_s(t) = \sum_{n=-\infty}^{\infty} \delta(t - nT_A)$$

ist. Dabei wurde rechts eine Dirac-Folge verwendet. Bei normalen Rechteckimpulsen (Schalter endliche Zeit geschlossen) würden aus $f(t)$ Abschnitte „herausgeschnitten". Diese Eigenschaft hat auch die Dirac-Funktion in den Abtastpunkten $t = nT_A$, nur ist dort die Abtastzeit unendlich kurz.

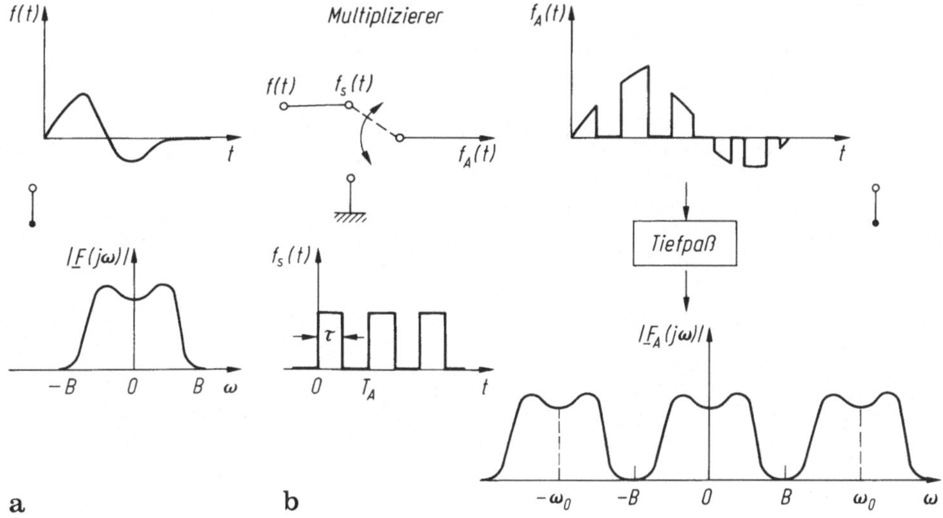

Bild 9.23a, b. Abtastprinzip (AD-Wandler). **a** Eingangssignal und Fourier-Transformierte; **b** Multiplizierer und Ausgangssignal mit zugehöriger Fourier-Transformierten

Am Ausgang entsteht so ein zeitlich abgetastetes Signal

$$f_A(t) = f(t) \cdot f_s(t) = f(t) \cdot \sum_{n=-\infty}^{\infty} \delta(t - nT_A) = \sum_{n=-\infty}^{\infty} f(nT_A) \cdot \delta(t - nT_A) \; . \tag{9.47}$$

Bild 9.24 zeigt das Ergebnis. Gl. (9.47) stellt einen Impulszug dar, dessen Impulsflächen dem jeweiligen Abtastwert $f(nT_A)$ proportional sind. Daß $f(t)$ mit unter die Summe genommen werden kann, ergibt sich aus der Ausblendeigenschaft der Diracfunktion bei $t = nT_A$ (s. Abschn. 5.2.4).

Wir betrachten jetzt die Ergebnisse im Frequenzbereich: $f(t)$ hat eine Fouriertransformierte $\underline{F}(j\omega)$. Sie sei bandbegrenzt (Grenze $\pm\,\omega_m$). Ebenso hat die Abtastfunktion eine Fourier-Transformierte, sie wurde in Gl. (9.43) ermittelt ($A = 1$)

$$\underline{F}_\delta(j\omega) = \omega_0 \sum_{n=-\infty}^{\infty} \delta(\omega - n\omega_0), \qquad \omega_0 = 2\pi/T_A \; .$$

Nach Tafel 9.5 entsteht aus dem Produkt der Zeitfunktionen $f(t)$ und $f_s(t)$ (Gl. (9.47)) die Faltung der Fourier-Transformierten $\underline{F}(j\omega)$ und $\underline{F}_\delta(j\omega)$ im Frequenzbereich:

$$\begin{aligned} \underline{F}_A(j\omega) &= \underline{F}(j\omega) * \frac{\omega_0}{2\pi} \sum_{n=-\infty}^{\infty} \delta(\omega - n\omega_0) \\ &= \frac{1}{T_A} \sum_{n=-\infty}^{\infty} [\underline{F}(j\omega) * \delta(\omega - n\omega_0)] \\ &= \frac{1}{T_A} \sum_{n=-\infty}^{\infty} \underline{F}(j\omega - jn\omega_0) \; . \end{aligned} \tag{9.48}$$

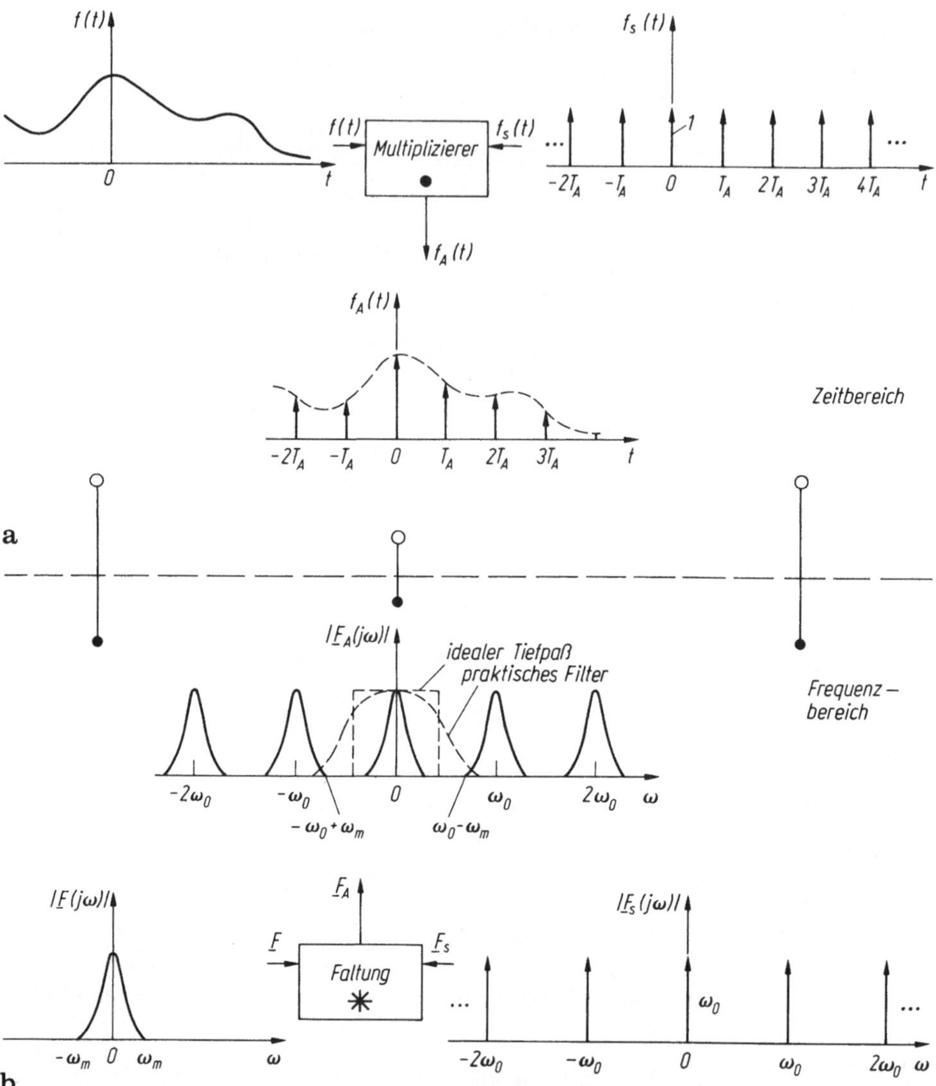

Bild 9.24a, b. Anschauliche Herleitung der Fourier-Transformierten des idealen Abtastvorganges unter Nutzung der Faltung im Frequenzbereich. **a** Funktionen im Zeitbereich; **b** Funktionen im Frequenzbereich.

Die Faltung von $\underline{F}(j\omega)$ mit jedem δ-Impuls führt zu einer Verschiebung von $\underline{F}$ um jeweils $n\omega_0$, m. a. W. entsteht durch Wiederholung von $\underline{F}(j\omega)$ ein periodisches Spektrum $\underline{F}_A(j\omega)$ mit der Periode $1/T_A$ durch Überlagerung der $\underline{F}(j\omega)$.

Man erkennt weiter: Wird das bandbegrenzte Signal (Grenzfrequenz ω_m) mit der Abtastperiode

$$T_A < 1/2f_m \tag{9.49}$$

abgetastet, so überlagern sich die periodisch wiederholten Spektren $\underline{F}_A(j\omega)$ *nicht*, und es kann $\underline{F}(j\omega)$ und so auch $f(t)$ durch Tiefpaßfilterung aus $f_A(t)$ rückgewonnen werden.

Wird Gl. (9.49) nicht eingehalten, entstehen durch Überlappung der Spektren Interferenzen, das sog. *Aliasing*. Dann läßt sich das Originalsignal nicht mehr fehlerfrei rückgewinnen.

Vergleich Abtastung — Periodizität. Im Vergleich zur Periodisierung (Tafel 9.8) ergibt sich:

— Die Abtastung im Zeitbereich hat im Frequenzbereich eine Periodisierung des Spektrums $\underline{F}(j\omega)$ zur Folge;

— die Periodisierung im Zeitbereich führt zu einer Abtastung des Frequenzspektrums.

Abtastung und Periodisierung gehen durch Fourier-Transformation ineinander über. Dies wird auch durch Vergleich der Bilder 9.24 und 9.20 deutlich.

Die zu Gl. (9.46) entsprechende Form lautet

$$f_A(t) = A\{f(t)\} = f(t) \cdot f_s(t) \circ\!\!-\!\!\bullet\ \underline{F}_A(j\omega) = \frac{\underline{F}(j\omega) * \underline{F}_{p\delta}(j\omega)}{2\pi}$$

$$= \frac{1}{T_A} \sum_{n=-\infty}^{\infty} \underline{F}(j\omega - j\omega_0 n) = P\{\underline{F}(j\omega)\}$$

oder

$$f_A(t) = A\{f(t)\} \circ\!\!-\!\!\bullet\ P\{\underline{F}(j\omega)\}. \qquad (9.50)$$

Zusammengefaßt: Es erzeugt

— das zeitlich abgetastete Signal ein kontinuierliches, periodisches Frequenzspektrum (Bild 9.22 c);

— das periodisierte (kontinuierliche) Signal ein abgetastetes, aperiodisches Frequenzspektrum (Bild 9.22b).

Zeitdiskrete Fourier-Transformation. Das zeitdiskrete abgetastete nichtperiodische Signal $f_A(t)$ (*Gl.* (9.47)) hat die Fourier-Transformierte $\underline{F}_A(j\omega)$ (Gl. (9.48)) im Frequenzbereich

$$\underline{F}_A(j\omega) \circ\!\!-\!\!\bullet\ f_A(t).$$

Wir suchen jetzt eine andere Darstellung von $\underline{F}_A(j\omega)$, indem Gl. (9.47) in das zu $\underline{F}_A(j\omega)$ gehörende Fourier-Integral gesetzt wird:

$$\underline{F}_A(j\omega) = \int_{-\infty}^{\infty} \sum_{n=-\infty}^{\infty} f(nT_A)\,\delta(t - nT_A)\,e^{-j\omega t}\,dt\ , \qquad (9.51a)$$

$$\underline{F}_{d}(j\omega) \equiv \underline{F}_{A}(j\omega) \equiv \sum_{n=-\infty}^{\infty} f(nT_{A})\, e^{-j\omega n T_{A}} \quad \text{mit} \tag{9.51b}$$

$$f(nT_{A}) = \frac{1}{2\pi} \int_{-\pi}^{\pi} \underline{F}_{A}(j\omega)\, e^{-j\omega n T_{A}}\, d(\omega T), \; \omega_0 = 2\pi/T_{A} \; . \tag{9.51c}$$

zeitdiskrete Fourier-Transformation .

Diese Transformation wird als zeitdiskrete Fourier-Transformation (DTFT) bezeichnet. Sie hat für zeitdiskrete Signale (d. h. solche, die im Zeitbereich abgetastet werden) die gleiche Bedeutung wie das Fourier-Integral für zeitkontinuierliche Funktionen.

Durch die zeitdiskrete Fourier-Transformation wird formal dem zeitdiskreten Signal $f(nT_A)$ das Fourier-Spektrum $\underline{F}_A(j\omega)$ zugeordnet. Dadurch kann z. B. eine diskrete Faltung erklärt werden, auch sonst gibt es-wie bei der Fourier-Transformation — eine Reihe von Transformationsregeln.
In Tafel 9.9 wurde die zeitdiskrete Fourier-Transformation eingetragen. Im Vergleich zur Fourier-Reihe (Zeitbereich) fällt der formal gleiche Aufbau der DTFT im Frequenzbereich auf, weshalb sie auch als „Fourier-Reihe im Frequenzbereich" verstanden wird. Bezug sind in beiden Fällen „Abtastwerte":
— Die Fourier-Reihe von $f(t)$ überführt eine periodische kontinuierliche Zeitfunktion in ein aperiodisches, frequenzdiskretes Spektrum (Bild 9.22b);
— die DTFT überführt ein kontinuierliches, periodisches Spektrum $\underline{F}_d(j\omega)$ in eine diskrete, aperiodische Zeitfunktion (Abtastwerte) (Bild 9.22c).
Mit der unterschiedlichen Interpretation der Beziehungen Gl. (9.51a, b) möge dieser Fall enden: Das Spektrum $\underline{F}_d(j\omega) \equiv \underline{F}_A(j\omega)$ kann erklärt werden
— als Folge gewichteter Dirac-Impulse, deren Gewichte die Abtastwerte $f(nT_A)$ der Funktion $f(t)$ (Gl. (9.51a)) sind;
— als Fourier-Reihe im Frequenzbereich, deren Koeffizienten die Abtastwerte $f(nT_A)$ sind (Gl. (9.51b)).

Diskrete Fourier-Transformation (DFT) Wir haben bisher gesehen, daß sich sowohl bei der Periodisierung als auch der Abtastung als Fourier-Transformierte jeweils das periodische kontinuierliche und aperiodische diskrete Signal gegenüberstehen (s. Tafel 9.9b und c). Dabei traten die Periodendauer T_p und Abtastperiode T_A auf. Wird nun eine abgetastete Funktion (aperiodisch, zeitdiskret) *zusätzlich* periodisiert, so ist das gleichbedeutend mit der Abtastung der periodischen kontinuierlichen Transformierten

$$A\{P\{f(t)\}\} \circ\!\!-\!\!\bullet P\{A\{\underline{F}(j\omega)\}\} \; . \tag{9.52}$$

Im Sonderfall $T_p = N\,T_A$ (N natürliche Zahl) — wie er von technischem Interesse ist — überlagern sich die Dirac-Stöße der Frequenzfunktion durch Periodisierung mit der Stoßfolge, die durch Abtastung der periodischen Funktion entsteht, m. a. W. sind dann Abtastung und Periodisierung in der Reihenfolge vertauschbar.

Durch eine aufeinanderfolgende Abtastung *und* Periodifizierung einer aperiodischen kontinuierlichen Zeit- und Frequenzfunktion entsteht eine periodische diskontinuierliche Zeit- und Frequenzfunktion.
Die sich dabei bildende Stoßfolge enthält pro Periode im Zeit- und Frequenzbereich N Abtastwerte und ist durch sie vollständig bestimmt (Tafel 9.9).

In diesem Fall reduziert sich die Fourier-Transformation auf die Abbildung von 2 Zahlenfolgen mit N Elementen und die Integralbeziehungen gehen in Beziehungen für Summen über. Es verbleibt schließlich Gl. (9.53a) ist die Rechenvorschrift für die DFT, Gl. (9.53b) die Umkehrvorschrift (der Index d deutet auf diskret invers).

$$F_{\mathrm{d}}(n) = \sum_{k=0}^{N-1} f(k)\, W^{-kn}, \qquad \text{DFT} \tag{9.53a}$$

$$\bullet\!\!-\!\!\circ$$

$$f_{\mathrm{d}}(k) = \frac{1}{N} \sum_{n=0}^{N-1} F(n)\, W^{kn}, \qquad W = \exp(\mathrm{j}\,2\pi/N) \qquad \text{IDFT}\,. \tag{9.53b}$$

Die DFT kann als numerische Variante der Fourier-Transformation interpretiert werden. Durch Abtastung spielt der Signalverlauf ohnehin nur noch in den Abtastpunkten eine Rolle, nicht mehr im Zwischenbereich.

Die DFT ist an die Voraussetzung der Zeit- und Frequenzbandbegrenzung geknüpft, bei Verletzung entstehen verschiedene Fehler.

Die vorgenannten Beispiele Periodisierung, Abtastung *und* ihre gleichzeitige Anwendung lassen sich alle mit der δ-Funktion und insbesonders ihrer *Ausblendeigenschaft* beschreiben, ebenso wie die Faltung:

$$\begin{aligned}
&\int_{-\infty}^{\infty} f(\tau)\,\delta(t-\tau)\,\mathrm{d}\tau = f(t) && \textbf{Faltung}\,,\\
&f(t)\,\delta(t-t_0) = f(t_0)\cdot\delta(t-t_0) && \textbf{Abtastung}\,,\\
&f(t) * \sum_{k=-\infty}^{\infty} \delta(t-kT_{\mathrm{p}}) = \sum_{k=-\infty}^{\infty} f(t-kT_{\mathrm{p}}) && \textbf{Periodisierung}\,.
\end{aligned} \tag{9.54}$$

Diese Operationen bilden wesentliche Elemente der Fouriertechnik, die sie zur Grundlage der modernen Signalverarbeitung werden ließen.

9.4.6 Meßtechnische Bedeutung der Fourier-Größen

Durch die Fourier-Technik (Analyse) kann ein zeitveränderliches Signal (periodisch, nichtperiodisch) gleichwertig im Frequenzbereich durch die Amplituden–Spektralfunktion dargestellt werden. Damit ist es auch experimentell be-

Tafel 9.10. Einteilung und Meßtechnik der Netzwerkerregung

<table>
<tr><td colspan="3" align="center">Netzwerkerregung
• periodisch — aperiodisch</td></tr>
<tr><td>Zeitfunktion</td><td colspan="2">Spektralfunktion</td></tr>
<tr><td>• Messung: zeitliche Folge von Momentanwerten. → Oszillograph
• Meßgröße liegt direkt vor</td><td colspan="2">Messung: frequenzselektive Bestimmung des Spektrums → Spektralanalysator</td></tr>
<tr><td></td><td>• diskrete Amplituden zeitperiodischer Signale</td><td>• kontinuierliche Amplitudendichte zeitaperiodischer Signale</td></tr>
<tr><td></td><td colspan="2">• Meßgröße liegt durch stationäres Signal mit verschiedenen Frequenzen vor, die spektral zu trennen sind</td></tr>
</table>

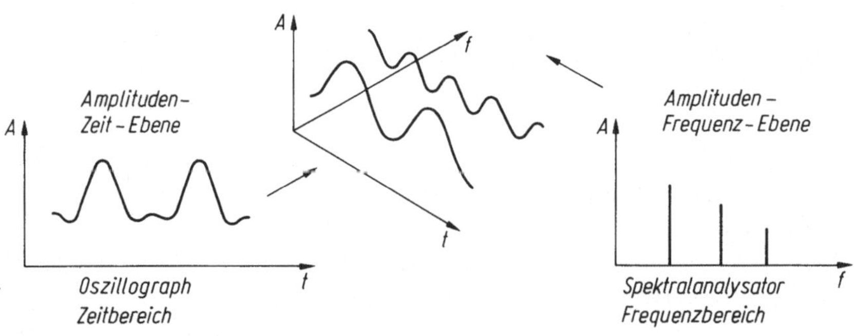

Bild 9.25. Zur Darstellung im Zeit- und Frequenzbereich

stimmbar (Tafel 9.10 u. Bild 9.25):

— als *Zeitfunktion* — z. B. kontinuierlich — direkt auf dem *Oszillograph* oder als eine Folge von zeitlichen Abtastwerten von ($u(t)$: x-Achse Zeit, y-Achse Amplitude (linear, Spitzenwert);

— über die *Amplituden-Spektralfunktion* $\underline{U}(\omega)$ ●—○ $u(t)$ als Fourier-Transformierte $\underline{U}(\omega) = \int_{-\infty}^{\infty} u(t) \exp(-j\omega t)\, dt$ der Zeitfunktion durch Auswerten von $\underline{U}(\omega)$ oder der spektralen Leistungsdichtefunktion. Die Darstellung des Spektrums erfolgt mit dem *Spektrumsanalysator*: x-Achse Frequenz, y-Achse Amplitude (oft logarithmisch).

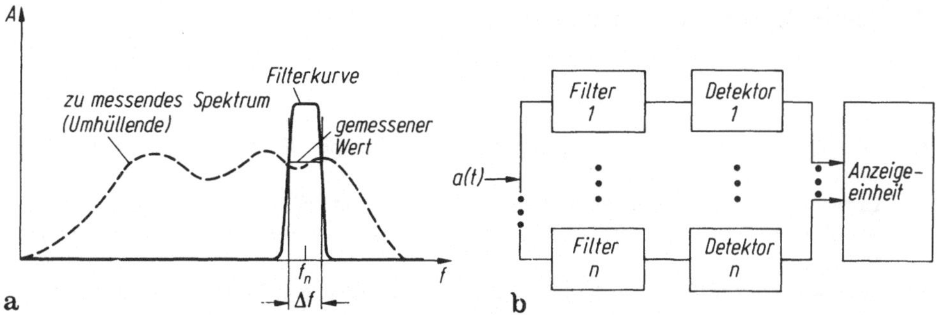

Bild 9.26a, b. Spektralanalysatorprinzip. **a** Filterprinzip; **b** Spektralanalysatoraufbau

Die experimentelle Frequenzanalyse nutzt beide Darstellungen:

— im Frequenzbereich die *Filterung* einer Komponente aus dem Signal;

— im Zeitbereich die direkte Auswertung der Fourier-Transformation von Gl. (9.25) (bzw. 9.7 der Fourier-Reihe).

a) Die *Filtermethode.* Ausgang ist das Parseval-Theorem Gl. (9.32). Danach stimmt die mittlere Gesamtleistung im Zeitbereich mit derjenigen im Frequenzbereich überein. Deshalb wird das Leistungsdichtespektrum in diskreten Stufen „abgetastet", d. h. ein schmaler Bereich Δf betrachtet und die zugehörige Amplitude registriert. Dazu durchläuft das Signal $x(t)$ ein Filter der Breite Δf (bei f_0).

Die Filterung des Spektrums erfolgt durch eine größere Zahl (20 ... 60) parallelliegender Bandpaßfilter mit gestaffelter Mittenfrequenz f_0. Denkbar ist auch, nur ein Filter zu benutzen, dessen Mittenfrequenz von Hand oder automatisch gesteuert über der Frequenz verändert wird. So ergeben sich die Leistungsbeiträge der einzelnen Frequenzbänder. Dabei muß das Signal stationär über die ganze Beobachtungszeit anliegen (also ein einmaliger aperiodischer Vorgang nach endlicher Zeit abgebrochen und wiederholt werden).

b) Die *Rechenmethoden* basieren darauf, daß der Signalverlauf $f(t)$ vorliegt, aufgenommen und abgespeichert ist und mit einer Reihe von „Abtastpunkten" überzogen ist. Daraus wird die Fourier-Transformierte oder Fourier-Reihe (mit einem sog. Fourier-Prozessor) berechnet. Im Grunde erfolgt hier eine diskrete Fourieranalyse.

Obwohl die Fourier-Transformation nur für zeitlich begrenzte Signale (Energiesignale) galt, nicht für Leistungssignale, wird diese Einschränkung durch die Gerätetechnik (Bandbreite, endliche Beobachtungszeit) relativiert.

Die direkte Programmierung der diskreten Definitionsgleichungen der Fourier-Transformierten ist rechenaufwendig. Der Aufwand kann durch die Fast-Fourier-Transformation (FFT) erheblich gesenkt werden. Sie wird in Spektrumanalysatoren durch einen Mikroprozessor durchgeführt. Aus diesen so berechneten Werten der Fourier-Transformation lassen sich die weiteren Größen berechnen (meist von den Geräten angeboten): Betrag, Phase der FT, Energie und Leistungsdichtespektrum, Übergangsfunktion, Frequenzgänge u. a. m.

Zusammengefaßt besteht der große technische Vorzug der Fourier-Transformierten darin, daß sie meßbar ist (im Gegensatz zur Laplace-Transformierten!).

Zur Selbstkontrolle: Abschnitt 9

9.1 Welcher physikalische Gedanke verbirgt sich hinter der Fourier-Reihe?

9.2 Was bedeutet das Gleichglied der Fourier-Reihe physikalisch? Für welche Funktionen verschwindet es stets?

9.3 Entwickeln Sie aus der Rechteckschwingung Tafel 9.1 durch Verschiebung (Zeit, Amplitude) andere Zeitfunktionen und geben Sie die Auswirkung auf die Fourier-Reihe an.

9.4 Wie wird der Effektivwert einer mehrwelligen Größe gebildet? Wie groß ist der Effektivwert einer Gesamtspannung, bestehend aus einer Gleichspannung $U_0 = 10\,\mathrm{V}$ und einer Wechselspannung (Spitzenwert $\hat{U} = 10\,\mathrm{V}$)?

9.5 Zwei Wechselspannungen (gleicher Frequenz) mit den Spitzenwerten $\hat{U}_1 = 10\,\mathrm{V}$, $\hat{U}_2 = 8\,\mathrm{V}$ und einem Relativphasenunterschied $\varphi = 30°$ arbeiten auf einen Verbraucher. Wie groß ist der Effektivwert der Gesamtspannung?

9.6 Was versteht man unter einem Spektrum, wie entsteht es? Stellen Sie die Spektren folgender Spannungen dar

1. $u(t) = \hat{U}_1 \sin(\omega t + \varphi_u) \qquad (\hat{U}_1 = 1\,\mathrm{V},\ \varphi_u = +30°)$;

2. $u(t) = \hat{U}_1 \sin(\omega t + \varphi_{u1}) + \hat{U}_2 \sin(2\omega t + \varphi_{u2})$

   $(\hat{U}_1 = 1\,\mathrm{V},\ \hat{U}_2 = 0.5\,\mathrm{V},\ \varphi_{u1} = +30°,\ \varphi_{u2} = +60°)$.

9.7 Wie groß ist die Wirkleistung, die eine mehrwellige Erregung an einem passiven Zweipol erzeugt?

9.8 Was besagen die Begriffe Klirrfaktor, Klirrkoeffizient und Grundschwingungsgehalt?

9.9 Welche Lösungsmethodik ist anzuwenden, wenn ein lineares Netzwerk mehrwellig erregt wird?

9.10 Wie verhält sich der Strom durch einen Kondensator (Spule), wenn eine mehrwellige Spannung anliegt? Was läßt sich über die zugehörigen Klirrfaktoren aussagen?

9.11 Wie lautet die Definition der Fourier-Transformation? Was drückt sie aus? Auf welche Funktionen ist sie anwendbar?

9.12 Wie kann eine periodische Abtastung erfolgen? (Zeit-, Frequenzbereich)?

9.13 Welche Eigenschaften hat der Dirac-Stoß?

10 Übergangsverhalten von Netzwerken

Ziel. Nach Durcharbeit des Abschnittes 10 sollen beherrscht werden:
- die physikalischen Vorgänge, die das Übergangsverhalten von Netzwerken bestimmen;
- die Bedeutung der Anfangswerte der Energiespeicher;
- typische Lösungsmethoden der Netzwerk-Differentialgleichung bei nichtperiodischer Erregung;
- die Bedeutung der Sprung-, Stoß- und Exponentialerregung;
- der Begriff „komplexe Frequenz";
- die Veranschaulichung von Polen und Nullstellen der Übertragungsfunktion;
- die Laplace-Transformation und ihre Anwendung auf einfache Netzwerke.

Physikalische Ursachen des Übergangsverhaltens. Bisher interessierten nur *stationäre* Verhältnisse in Netzwerken: Ströme und Spannungen existieren seit beliebig langer Zeit, im Netzwerk wurden keine Änderungen vollzogen. Was geschieht aber, wenn dieser stationäre Zustand durch einen Eingriff geändert wird? Jedes Netzwerk reagiert auf eine solche Änderung oder besser *aperiodische Anregung* (plötzliches Ein- oder Ausschalten einer Spannung, , plötzliche Änderung von Netzwerkelementen (z. B. Zuschalten)) mit einem *Übergangsverhalten.* Es heißt auch *Schalt-*, *Impuls-* oder *nichtstationäres* Verhalten und umfaßt den Übergang der Netzwerkgrößen (Ströme, Spannungen) vom alten „Ausgangszustand" (vor der Änderung) in einen neuen „Endzustand", der sich allmählich einspielt.

Physikalisch wird das Übergangsverhalten durch die *Energiespeicher* (Kapazität, Induktivität, gekoppelte Induktivität) im Netzwerk verursacht. So wie beispielsweise eine Flüssigkeit nur in *endlicher* Zeit aus einem Volumen entweichen (oder einströmen) kann, benötigt auch die Energieänderung in den Speicherelementen eine endliche Übergangszeit. Energie war eine stetige physikalische Größe (s. Abschn. 4.1.1). *Dieses Stetigkeitsverhalten bestimmt den grundsätzlichen Ablauf der Übergangsvorgänge (zusammen mit der zum Schaltzeitpunkt in den Energiespeichern gespeicherten Energie).*

Die *Analyse* des Übergangsverhaltens kann nach verschiedenen Verfahren erfolgen:

1. Direkte Lösung der Netzwerkgleichung im Zeitbereich (s. Abschn. 5.3.8) unter Berücksichtigung der Anfangswerte der Netzvariablen. Für bestimmte charakteristische Anregungen, die *Testsignale* (s. Abschn. 5.2.4, z. B. Impuls- und Sprungfunktion) ist die Reaktion des Netzwerkes ein charakteristische Antwortfunktion: *Impuls-*, *Sprungantwort.* Für andere Anregungen gewinnt man das Ausgangssignal durch sog. Faltung mit der Anregung.

2. Fourier-Transformation. Man führt eine Fourier-Zerlegung des Eingangssignals durch, erhält ein kontinuierliches Frequenzspektrum und berechnet die Ausgangsfunktion durch Integration im Frequenzbereich.

3. Laplace-Transformation. Sie ist der Fourier-Transformation verwandt. Ihr Vorteil besteht

— in erheblichen *Rechenvereinfachungen.* Die Netzwerk-Differentialgleichung wird in eine algebraische Gleichung überführt;
— in der direkten Verwendung der Analyseergebnisse im Frequenzbereich durch Bezug auf die *Übertragungsfunktion.* (Abschn. 10.2, 10.3).

4. Lösung mit Zustandsvariablen. Das sind die Variablen der Energiespeicher, wie Kondensatorspannung und Spulenstrom. Dieses Verfahren bietet einige Vorteile bei größeren Netzwerken (z. B. numerische Auswertung, nichtlineare Elemente) und ist in der Regelungstechnik sehr verbreitet.

10.1 Lösungsmethoden im Zeitbereich

10.1.1 Netzwerke bei Sprungerregung. Mathematisch-physikalische Grundlagen

Wir untersuchen zunächst einen einfachen Fall: Eine ideale Gleichspannungsquelle (bzw. Gleichstromquelle) wird zum Zeitpunkt $t = 0$ an ein Netzwerk (z. B. eine RC-Schaltung, Bild 10.1) geschaltet. Es liegt also der sog. *Einschaltvorgang* oder eine sog. *Sprungerregung* (s. Abschn. 5.2.4, Gl. (5.61)) mit einer Gleichspannung vor: die Erregergröße $u_Q(t)$ (bzw. $x(t)$, Ursache) springt zur Zeit $t = 0$ von 0 auf U_Q durch Schließen des Schalters S. Die Netzwerkerregung kann gleichwertig dargestellt werden durch eine Gleichspannungsquelle mit Schalter (Bild 10.1a) oder die Sprungfunktion $u_Q(t) = U_Q s(t)$ (Abschn. 5.2.4, Gl. (5.61)).

Die gesuchte Wirkung sei die Kondensatorspannung u_C (bzw. allgemein $y(t)$). Wir erhalten sie durch Lösung der Netzwerk-Differentialgleichung für den Zeitbereich $t \geqq 0$, also *nach* Umlegen des Schalters. Sie ergibt sich aus dem Maschensatz $u_R + u_C = u_Q(t)$ mit $i = C\dfrac{du_C}{dt}$ zu

$$\frac{CR\,du_C(t)}{dt} + u_C(t) = U_Q \qquad (10.1a)$$

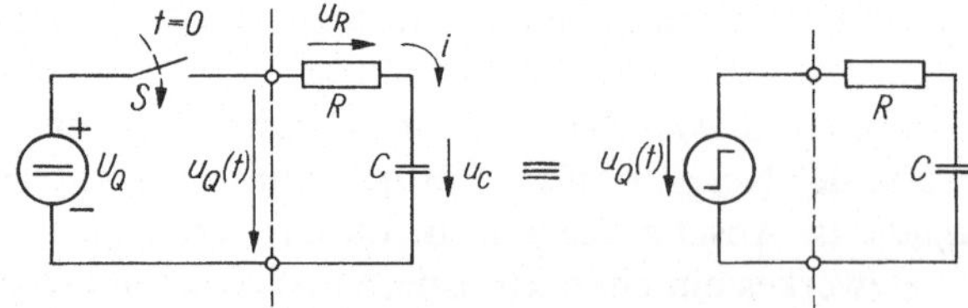

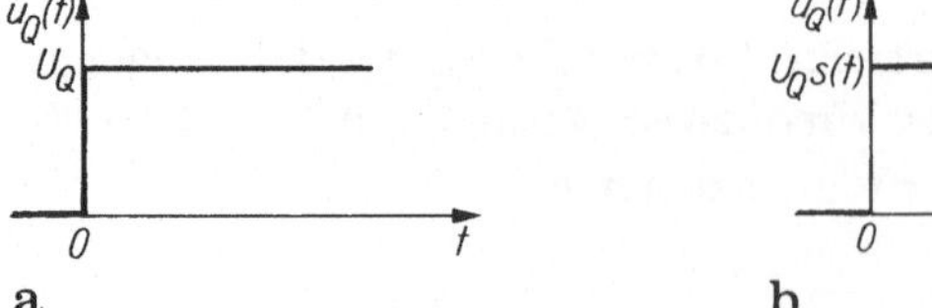

Bild 10.1a, b. Einschalten einer Gleichspannung. **a** mit Schaltermodell; **b** gleichwertig $u_Q(t) = U_Q s(t)$

oder verallgemeinert (Gl. (5.121))

$$\frac{\mathrm{d}y(t)}{\mathrm{d}t} + a_1 y(t) = bx(t) \quad (t \geqq 0) \ . \tag{10.1b}$$

Über den Anfangswert $u_C(+0)$ resp. $y(0)$ muß noch verfügt werden.

Anfangswerte. Zur Lösung der Netzwerk-Differentialgleichung benötigen wir die *Anfangszustände* der Netzwerkvariablen. Ihre Ursache ist die Energieträgheit in den Speicherelementen L und C über die *Stetigkeitsbedingungen*

$$\left.\begin{array}{l}\text{Kondensatorspannung } u_C \\ \text{Spulenstrom } i_L\end{array}\right\} \text{ kann sich nur stetig ändern.}$$

oder genauer

$$u_C(t_0 - \varepsilon) = u_C(t_0 + \varepsilon) \quad \text{für} \quad \varepsilon \to 0 \ ,$$

$$i_L(t_0 - \varepsilon) = i_L(t_0 + \varepsilon) \quad \text{für} \quad \varepsilon \to 0 \ .$$

Durch die Stetigkeitsforderung behalten Kondensatorspannung und Spulenstrom im Schaltmoment t_0 die Werte vor dem Schaltvorgang bei.

Für $t_0 = 0$ werden die Stetigkeitsbedingungen auch zu

$$u_C(-0) = u_C(+0), \qquad i_L(-0) = i_L(+0)$$

geschrieben (Bild. 10.2).

Die n unabhängigen Energiespeicher eines Netzwerkes ergeben insgesamt n Anfangswerte.

Die Anfangswerte der Energiespeicher bilden die physikalische Grundlage der *Anfangswerte der Netzwerkvariablen* (Strom und Spannung) in beliebigen Zweigen des Netzwerkes. Sie ergeben sich bei kleineren Netzwerken häufig unmittelbar aus den Werten an den Energiespeichern.

Bei größeren Netzwerken muß man sie systematisch berechnen. Benötigt werden dazu:

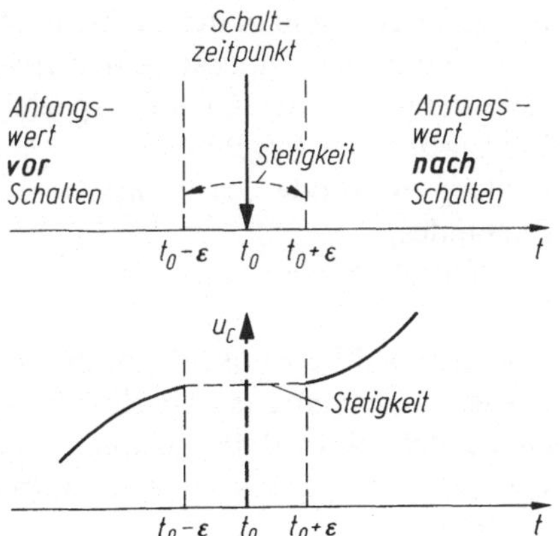

Bild 10.2. Stetigkeit der Kondensatorspannung

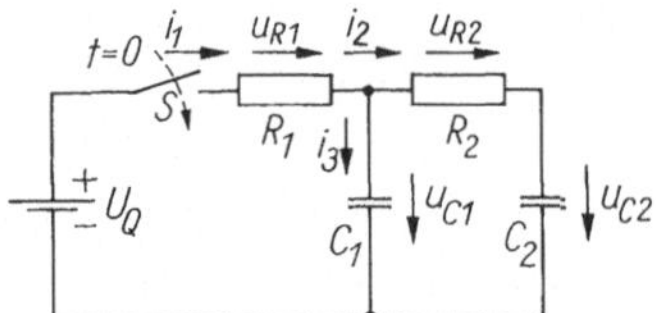

Bild 10.3. Bestimmung der Anfangswerte

1. Die vollständigen Netzwerkgleichungen.
2. Die Anfangswerte der Energiespeicher aufgrund der Stetigkeits- und Betriebsbedingungen (z. B. Aufladung der Kondensatoren durch Gleichspannungen).
3. Ermittlung der Anfangswerte für die gesuchten Variablen durch Einsetzen der Anfangswerte 2. in 1.

Beispiel. Für die im Bild 10.3 gegebene Schaltung sei die Spannung u_{R2} und du_{R2}/dt für $t = +0$ gesucht (Kondensatoren zum Schaltzeitpunkt energielos).

1. Die Netzwerkgleichungen lauten: $i_1 = i_2 + i_3$ (1), $u_{C1} = u_{C2} + u_{R2}$ (2), $U_Q = u_{C1} + u_{R1} = u_{R1} + u_{C2} + u_{R2}$ (3).

2. Anfangswerte der Energiespeicher (vorgegeben) $u_{C1}(+0) = 0$, $u_{C2}(+0) = 0$.

3. Aus Gl. (3) folgt $u_{R1}(0) = U_Q$, aus Gl. (2) $u_{R2}(0) = 0 \rightarrow i_2(0) = \dfrac{u_{R2}(0)}{R} = 0$ und $u_{R1}(0) = U_Q \rightarrow i_1(0) = \dfrac{u_{R1}(0)}{R} = \dfrac{U_Q}{R}$.

Somit gilt $i_3(0) = i_1(0) = \dfrac{U_Q}{R}$. Differentiation der Gl. (2) ergibt für $t = 0$:

$$\frac{du_{C1}}{dt} = \frac{du_{C2}}{dt} + \frac{du_{R2}}{dt}, \text{ für } t = 0 \text{ gilt weiter } \frac{i_3(+0)}{C} = \underbrace{\frac{i_2(+0)}{C}}_{0} + \left.\frac{du_{R2}}{dt}\right|_0 = \frac{U_Q}{RC}.$$

10.1.2 Allgemeine Lösungsverfahren

Zur Bestimmung von Übergangsvorgängen im Zeitbereich sind in der Elektrotechnik mehrere Verfahren üblich. Sie unterscheiden sich in der Anpassung der allgemeinen Lösung der Netzwerk-Integro-Differentialgleichung an die spezielle Lösung durch die Anfangswerte und die Interpretation der Ergebnisse.

Methode a: Lösung mit Exponentialansatz (sog. Methode des *flüchtigen* und *stationären* Anteils oder eingeschwungenen Zustandes).

Methode b: Lösung durch Zustandsvariable mittels *Nullzustand* und *Nulleingang* (oder erzwungene und freie Erregung).

Eine weitere spezielle Lösungsvariante c für ausgewählte Funktionen, die sog. *Testfunktionen* (Sprung-, Impuls-, Stoß- und Anstiegserregung (s. Abschn. 5.24.)) erfolgt mit *Übergangsfunktionen* im Zeitbereich. Schließlich wird die Lösung für ein spezielles Testsignal — die Exponentialerregung — besonders einfach: mittels Laplace-Transformation (Abschn. 10.3 (Variante d)).

Lösungsmethodik a: Überlagerung von flüchtigem und stationärem Anteil. Das Übergangsverhalten der Größe $y(t)$ eines linearen, zeitunabhängigen Netzwerkes wird nach Abschn. 5.3.8 in folgenden Schritten ermittelt:

1. Aufstellung der Netzwerk-Differentialgleichung für die gesuchte Größe $y(t)$ z. B. mit Knotenspannungs-, Maschenstromverfahren

2. Lösung der homogenen Differentialgleichung (alle Erregungen Null gesetzt) mit dem Ansatz $y(t) = \exp \lambda t$. Das ergibt die *homogene* oder *flüchtige* Lösung $y_h(t)$ Gl. (5.122). Die Lösung heißt flüchtig, weil sie für $t \to \infty$ in sog. stabilen Netzwerken stets verschwindet. Sie enthält die (noch unbekannten) Integrationskonstanten.

3. Ermittlung einer *partikulären Lösung* $y_p(t)$ der inhomogenen Differentialgleichung (Methode Abschn. 5.3.8). Die partikuläre Lösung für $t \to \infty$ heißt *eingeschwungener* oder *stationärer Zustand* $y_e(t)$.

4. Die Gesamtlösung $y(t)$ ergibt sich gemäß Gl. (5.122) durch Überlagerung der Ergebnisse Punkte 2 und 3:

$$y(t) = y_h(t) + y_p(t) \ . \tag{10.2}$$

5. Die Integrationskonstanten (Punkt 2) werden durch Einsetzen der Anfangswerte $y(0)$, $y'(0)$ usw. in die Lösung $y(t)$ (Gl. 10.2) für $t = 0$ bestimmt.

Beispiel: Netzwerk mit nur einem unabhängigen Speicherelement. Es führt im Ergebnis von Punkt 1 stets auf eine lineare Differentialgleichung. 1. Ordnung der Art (s. Gl. (10.1))

$$\frac{\mathrm{d}y(t)}{\mathrm{d}t} + \frac{y(t)}{\tau} = bx(t) \quad \tau \text{ Zeitkonstante des Netzwerkes.} \tag{1}$$

2. Die homogene Differentialgleichung

$$\frac{\mathrm{d}y_h}{\mathrm{d}t} + \frac{y_h}{\tau} = 0$$

besitzt für $t \geqq 0$ die allgemeine Lösung

$$y_h(t) = K\mathrm{e}^{-t/\tau} \ . \tag{2}$$

3. und 4. Zur Lösung der inhomogenen Gl. (1) faßt man die Intergrationskontante K als Variable auf entsprechend der Variation der Konstanten (Abschn. 5.3.8). Die Gesamtlösung lautet (Gl. (5.122))

$$y(t) = y_h(t) + y_p(t) = \mathrm{e}^{-t/\tau}\{K + b\int_0^t x(t')\mathrm{e}^{t'/\tau}\,\mathrm{d}t'\} \ . \tag{3}$$

5. Die Integrationskonstante K folgt aus dem Anfangswert $y(t)|_{t=+0} = y(+0)$ der Gesamtlösung Gl. (3) (Stetigkeit $y(-0) = y(+0)$ vorausgesetzt):

$$y(+0) = K + b\int_0^t x(t')\mathrm{e}^{t'/\tau}\,\mathrm{d}t'|_0 = K + y_p(+0) \ ,$$

$$K = y(+0) - y_p(+0) \ .$$

Sie enthält die partikuläre Lösung für $t = +0$ mit:

$$y(t) = [y(0) - y_p(0)]e^{-t/\tau} + b\int_0^t x(t')e^{(t'-t)/\tau}\,dt' \tag{10.3a}$$

$$= \quad y_h(t) \qquad + y_p(t)$$

Lösung der Differentialgleichung 1. Ordnung mit Anfangswert $y_p(0)$.

Vom letzten Anteil läßt sich zeigen, daß er unter bestimmten Bedingungen (s. u.) eine auch für $t \to \infty$ verbleibende Lösung, den *eingeschwungenen Zustand* $y_e(t)$ enthält. Allgemein folgt der eingeschwungene Anteil von $y(t)$ aus Gl. (3.). zu

$$y_e = y(\infty) = \lim_{t\to\infty} y(t) = \lim_{t\to\infty} e^{-t/\tau}\int_0^t bx(t')e^{t'/\tau}\,dt'. \tag{10.3b}$$

Er verschwindet nicht für Erregerfunktionen $x(t')$, die entweder zeitlich konstant (Gleichspannung, -strom) oder periodisch sind (Sinusfunktion, Wechselstromerregung, periodische Rechteckspannung u. a.).

Lösung mit eingeschwungenem Zustand:

Existiert ein eingeschwungener Zustand $y_e(t) = y(t_\infty)$, so geht Gl. (10.3a) über in

$$y(t) = [y(0) - y_e(0)]e^{-t/\tau} + y_e(t) \,. \tag{10.3c}$$

Der Vorteil dieser Darstellung liegt darin, daß der stationäre Wert mit den üblichen Netzwerkmethoden (z. B. der Wechselstromrechnung) bestimmt werden kann.

Daraus resultiert dann folgende

Lösungmethodik: Schaltvorgang mit periodischer oder Gleichstromerregung im Netzwerk mit einem Energiespeicher.

1. Bestimmung der stationären Lösung $y_e(t)$ (Lösung der inhomogenen Netzwerkgleichung für den eingeschwungenen Zustand oder andere Netzwerkverfahren für stationäre Zustände).
2. Bestimmung des Wertes $y_e(0)$ für den Schaltzeitpunkt $t = 0$.
3. Berechnung des Anfangswertes $y(0)$ der gesuchten Funktion (aus der Zustandsbestimmung des Netzwerkes).
4. Bestimmung der Zeitkonstante der Schaltung (z. B. durch Aufstellung der homogenen Netzwerkdifferentialgleichung (keine Lösung), Rückführung der Schaltung auf eine einfache mit direkter „Ablesung" der Zeitkonstante).
5. Gesamtverhalten: stationärer Wert + (Anfangswert − stationärer Wert zum Schaltzeitpunkt) $e^{-t/\tau}$. Zusammensetzung der Lösung nach Gl. (10.3c).

Diskussion. Wir veranschaulichen die Ergebnisse am Einschalten einer Gleichgröße X_Q zunächst auf ein Netzwerk ohne Anfangsenergie $y(0) = 0$. Der Einschaltsprung (Bild 10.4a) läßt sich in eine stationäre, also von $t \to -\infty$ bis $t \to +\infty$ wirkende Größe X_Q (Bild 10.4b) und einen negativen Ausschaltsprung zur Zeit $t = 0$ zerlegen. (Bild. 10.4c). Die Wirkung $y(t)$ auf diese „Doppelerregung" setzt sich in linearen Netzwerken nach dem Überlagerungssatz aus zwei Teilwirkungen zusammen:

— Die Wirkung der *stationären Erregung* (Bild 10.4b). Das ist der eingeschwungene Zustand. Sie ergibt sich als Lösung der inhomogenen DGl. in unserem Fall für zeitkonstante Erregung. Hier ist $dy/dt = 0$ und somit $y_e(t) = y_p(t) = \tau X_Q$.

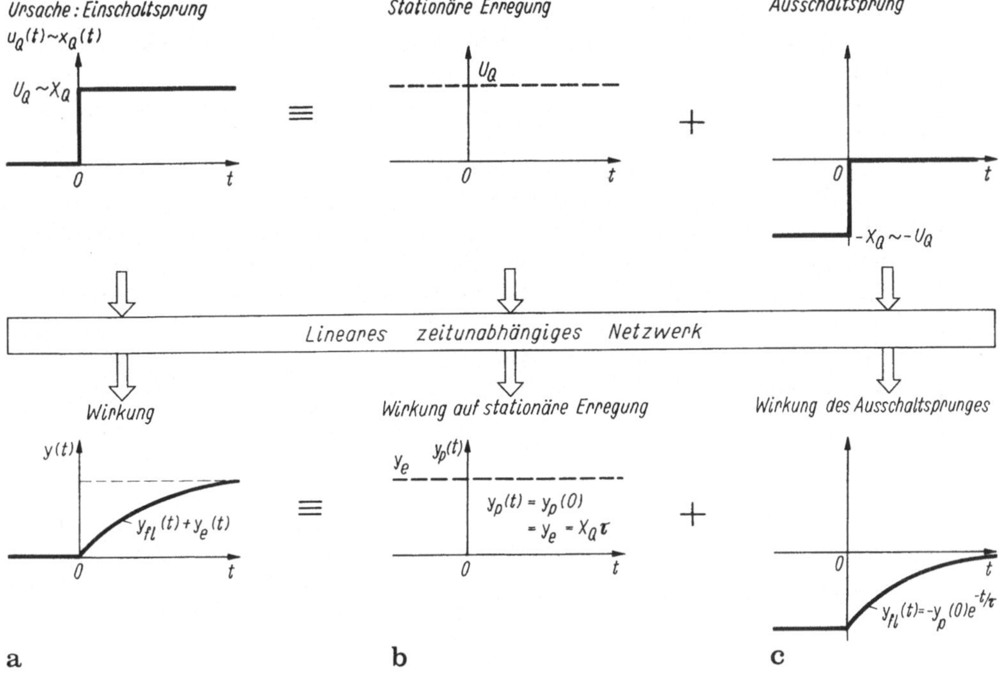

Bild 10.4a–c. Lösungsmethodik „flüchtiger -eingeschwungener Zustand" (Netzwerk ohne Anfangsenergie)

— Die Wirkung des *Ausschaltvorganges* (flüchtiger Vorgang) als Lösung der homogenen Differentialgleichung: $y_{f1}(t) = -y_p(0)e^{-t/\tau}$.

Das Gesamtergebnis (Bild 10.4a)

$$y(t) = -y_p(0)e^{-t/\tau} + y_p(t) = -y_e(0)e^{-t/\tau} + y_e(t) \tag{10.3d}$$

für verschwindenden Anfangswert läßt sich demnach besonders leicht gewinnen: Man bestimmt den stationären Verlauf $y_e(t)$, sucht dessen Wert $y_e(0)$ für den Schaltzeitpunkt $t = 0$ und benutzt den negativen Wert davon als Anfangswert der Exponentialfunktion. Die Lösung $y(t)$ entsteht durch Überlagerung beider Zeitverläufe.

Im Abschn. 10.1.3.1 werden wir diese Lösungsmethodik auf Schaltungen anwenden.

Lösungsmethodik b: Zerlegung in Nullzustands- und Nulleingangslösung. Der Grundgedanke des Verfahrens beruht auf einer anderen Reihenfolge bei der Konstantenbestimmung: *Man bestimmt sie unmittelbar nach Lösung der homogenen Differentialgleichung, also ohne äußere Erregung.* Dann kann der Ausgleichsvorgang nur durch die Anfangswerte der Energiespeicher ablaufen. Er heißt *freie Lösung* $y_{fr}(t)$ oder *Nulleingangsverhalten* (da keine Erregung vorliegt).

Im folgenden Schritt ermitteln wir eine zweite Lösung als Folge der von außen *eingeprägten* (erzwungenen) *Erregung* auf ein *energiefrei* angenommenes Netzwerk: *Lösung der inhomogenen Netzwerkgleichung mit verschwindenden Anfangswerten.* Das ergibt die *erzwungene Lösung* $y_{erz}(t)$. Sie heißt *Nullzustandsverhalten* und *hängt nicht vom Anfangszustand* ab.

Deshalb eignet sich diese Interpretation besonders gut für die Anwendung der Laplace-Transformation (Abschn. 10.3). Dort verlangen die Anfangswerte besondere Aufmerksamkeit.

Zusammengefaßt ergibt sich folgende **Lösungsmethodik**: **Nullzustands-, Nulleingangsverhalten**.

1. Aufstellen der Netzwerk-Differentialgleichung (wie Methodik Abschn. 6.1.2.2).
2. Lösung der homogenen Differentialgleichung und Bestimmung der Integrationskonstanten aus den Anfangswerten. Wir erhalten die Nulleingangslösung $y_{fr}(t)$. Sie hängt nur vom Anfangswert ab, nicht der Netzwerkerregung.
3. Lösung der inhomogenen Differentialgleichung mit verschwindenden Anfangswerten, es ergibt sich die Nullzustandslösung $y_{erz}(t)$. Sie hängt nur von der Netzwerkerregung ab, nicht vom Anfangswert.
4. Überlagerung der Ergebnisse Punkte 2 and 3

$$y(t) = y_{fr}(t) + y_{erz}(t) \ .$$

Beispiel. Aus Beispiel Bild 10.4 erhalten wir nach Punkt 2 aus der Lösung Gl. (2) der homogenen Differentialgleichung mit dem Anfangswert $y(+0) = \mathrm{K}e^0$ die Nulleingangslösung $y_{fr}(t) = y(+0)\mathrm{e}^{-t/\tau}$. (1)

Punkt 3: Die Lösung der inhomogenen Differentialgleichung $y = y_{erz}$

$$\frac{\mathrm{d}y}{\mathrm{d}t} + \frac{y}{\tau} = bx(t)$$

für verschwindenden Anfangswert gibt die Nullzustandslösung

$$y_{erz}(t) = \mathrm{e}^{-t/\tau}\left[\int bx(t')\mathrm{e}^{t'/\tau}\mathrm{d}t'|_t - \int bx(t')\mathrm{e}^{t'/\tau}\,\mathrm{d}t'|_0\right] = \mathrm{e}^{-t/\tau}\int_0^t bx(t')\mathrm{e}^{t'/\tau}\,\mathrm{d}t' \tag{2}$$

und die Gesamtlösung (Punkt 4) aus (1) und (2)

$$y(t) = y_{fr}(t) + y_{erz}(t) = \underbrace{y(+0)\mathrm{e}^{-t/\tau}}_{\textbf{Nulleingang}} + \underbrace{\mathrm{e}^{-t/\tau}\int_0^t bx(t')\mathrm{e}^{t'/\tau}\,\mathrm{d}t'}_{\textbf{Nullzustand}}. \tag{10.4}$$

Aus dieser Lösung geht Gl. (10.3) sofort hervor, denn $y_p(+0)\mathrm{e}^{-t/\tau}$ ist der Wert des letzten Integranden an der unteren Grenze.

Diskussion. Wir betrachten das Einschalten einer Gleichgröße X_Q zur Zeit $t = 0$ an ein Netzwerk mit einem Energiespeicher (Anfangswert $y(0) = \, = y_0$). Die Nulleingangslösung y_{fr} ergibt sich aus der homogenen DGl.

$$\mathrm{d}y/\mathrm{d}t + y/\tau = 0; \quad y(0) = y_0 \quad \text{zu}$$

$$y_{fr} = y(0)\,\mathrm{e}^{-t/\tau} \quad \text{s. Gl. (10.4)}\ ,$$

die Nullzustandslösung $y_{erz}(t)$ aus der inhomogenen DGl,

$$\mathrm{d}y/\mathrm{d}t + y/\tau = X_Q \quad \text{zu} \tag{3}$$

$$y_{erz}(t) = X_Q(1 - \exp^{-t/\tau}) \quad \text{(vgl. Gl. (2))}$$

und die Gesamtlösung lautet

$$\begin{aligned} y(t) &= y_{\mathrm{fr}}(t) + y_{\mathrm{erz}}(t) \\ &= y(0)\mathrm{e}^{-t/\tau} + X_{\mathrm{Q}}[1 - \mathrm{e}^{-t/\tau}] \end{aligned}$$

Nulleingang **Nullzustand**

$$\equiv \underbrace{(y(0) - y_{\mathrm{e}}(0))\,\mathrm{e}^{-t/\tau}}_{\textbf{flüchtig}} + \underbrace{y_{\mathrm{e}}(0)}_{\textbf{stationär}}.$$

Sie kann nach der Lösungsmethodik a Gl. (10.3c) ebenso interpretiert werden als flüchtige und stationäre oder eingeschwungene Lösung mit $y_{\mathrm{e}}(0) = y_{\mathrm{e}}(\infty) = X_{\mathrm{Q}}$. Der letztere Wert ergibt sich aus Gl. (3) für $t \to \infty$, weil dann $\mathrm{d}y/\mathrm{d}t$ verschwindet:

$$0 + y_{\mathrm{e}}(\infty)/\tau = X_{\mathrm{Q}} \ .$$

Bild 10.5 zeigt das Nullzustands- (Bild a) und Nulleingangsverhalten (Bild b). Das Nulleingangsverhalten hängt nur vom Anfangswert ab (der flüchtige Vorgang, Bild 10.4c, hingegen von Anfangswert und Erregung zur Zeit $t = +0$!). Es entfällt bei energiefreien Netzwerken.

Auch das Nullzustandsverhalten kann wie bei Methode a natürlich als Überlagerung eines flüchtigen und eingeschwungenen Zustandes für ein energiefreies Netzwerk dargestellt werden.

Wir wollen die unterschiedlichen Interpretationen der Lösung $y(t)$ nach Methode a) und b) zusammenfassen:

Die Lösung $y(t)$ besteht

a) „flüchtig-eingeschwungen"

— aus einem flüchtigen Vorgang, der vom Anfangswert und eingeschwungenen Zustand zum Schaltzeitpunkt abhängt

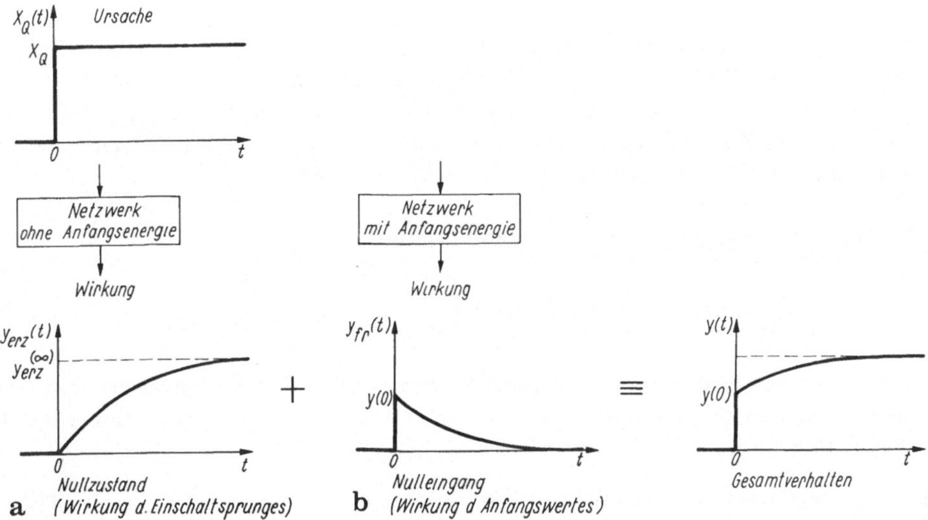

Bild 10.5a, b. Lösungsmethodik „Nulleingangs-, Nullzustandsverhalten"

— und dem eingeschwungenen Zustand. Diese Interpretation ist für Erregungen mit eingeschwungenem Zustand sinnvoll (Gleichgröße, periodische Erregung). Vorteilhaft ist die einfache Bestimmung des eingeschwungenen Zustandes ohne Lösung der Differentialgleichung (z. B. mittels Wechselstromrechnung bei Sinuserregung).

b) „Nulleingang–Nullzustand"

— aus einem exponentiell abklingenden Anteil, der nur den Anfangswert enthält

— und aus dem Nullzustandswert, der lediglich von der Eingangserregung abhängt. (Zur Berechnung kann auch dieser Teil aus flüchtiger und eingeschwungener Lösung zusammengesetzt und wieder auf die Lösung der DGL verzichtet werden.)

Grundsätzlich lassen sich beide Lösungsstrategien auch auf Netzwerke mit mehr als einem Energiespeicher sinngemäß anwenden.

10.1.3. Netzwerke mit einem Energiespeicher

Wir wenden die bisherigen Ergebnisse auf Netzwerke mit einem Energiespeicher an und greifen aus der Vielfalt möglicher Schaltungen einige typische Problemstellungen heraus.

10.1.3.1 Netzwerk-Sprungerregung

Die Schaltung Bild 10.1 werde zur Zeit $t = 0$ a) mit einer Gleichspannung eingeschaltet, b) ausgeschaltet, und c) nur während der Zeit t_0 eingeschaltet. Der Kondensator habe eine Anfangsspannung $u_C(+0) = U_0$. Gesucht sind Kondensatorspannung und -strom.

1. Einschalten einer Gleichspannung. Wir gehen von der Netzwerkgleichung (10.1a) für $u_C(t)$ aus. Die *Lösungsmethodik a* (s. Abschn. 10.1.2) fordert nach Punkt 2 die Lösung u_{Ch} der homogenen Gl. (10.1a). Sie lautet mit der Integrationskonstante K: $u_{Ch}(t) = K e^{-t/\tau}$. (1)

Punkt 3: Die inhomogene Differentialgleichung wird durch eine Partikulärlösung für $t \to \infty$ erfüllt. Mit $t \to \infty$ ändert sich u_C zeitlich nicht mehr. Deshalb verschwindet $du_C/dt = 0$ und es verbleibt aus Gl. (10.1a) die Lösung u_{Ce} des eingeschwungenen Zustandes $u_{Ce} = u_Q(\infty) = U_Q \; (t \to \infty)$ (2). Das ist die Batteriespannung, auf die sich der Kondensator schließlich auflädt.

Punkt 4: Die Gesamtlösung $u_C(t)$ lautet damit

$$u_C(t) = u_{Cfl}(t) + u_{Ce}(t) = K \exp\left(-\frac{t}{\tau}\right) + U_Q \,. \tag{3}$$

Punkt 5: Die Integrationskonstante K wird durch den Anfangswert $u_C(0)$ bestimmt. Aus Gl. (3) folgt $u_C(t) = U_0 = K e^0 + U_Q \to K = U_0 - U_Q$. Man erhält die Gesamtlösung aus Gl. (3)

$$\begin{aligned} u_C(t) &= [U_0 - U_Q]e^{-t/\tau} + U_Q \qquad (10.5a)\\ &= u_{Cfl}(t) \qquad\qquad\quad + u_{Ce}(t) \,. \end{aligned}$$

Der Kondensatorstrom beträgt mit Gl. (10.5a)

$$i_C = C\frac{du_C}{dt} = \frac{-(U_0 - U_Q)}{R}e^{-t/\tau} = \frac{U_Q - U_0}{R}e^{-t/\tau}\,. \tag{10.5b}$$

Diskussion. Ohne Anfangsspannung ($u_C(0) = 0 = U_0$) stellt

$$u_C(t) = U_Q(1 - e^{-t/\tau}) \tag{10.5c}$$

den Zeitverlauf der Kondensatorspannung dar (Bild 10.6, s. auch Bild 10.4a). Bei offenem Schalter ($t < 0$) fließt noch kein Strom. Im Einschaltmoment springt er auf $i(0) = U_Q/R$. Durch die Stetigkeit der Kondensatorspannung bleibt der Zustand $u_C(0) = 0$ im ersten Moment noch erhalten: Der ungeladene Kondensator wirkt zunächst wie ein Kurzschluß.

Mit fortschreitender Zeit wächst die Kondensatorladung (~ Kondensatorspannung $u_C(t)$, Bild 10.6a) an, deshalb sinkt die Spannung u_R und damit der Strom. Nach der

$$\text{Halbwertzeit } t_H \approx 0{,}69\tau = 0{,}69RC \tag{10.6}$$

Halbwertzeit (Definitionsgleichung)

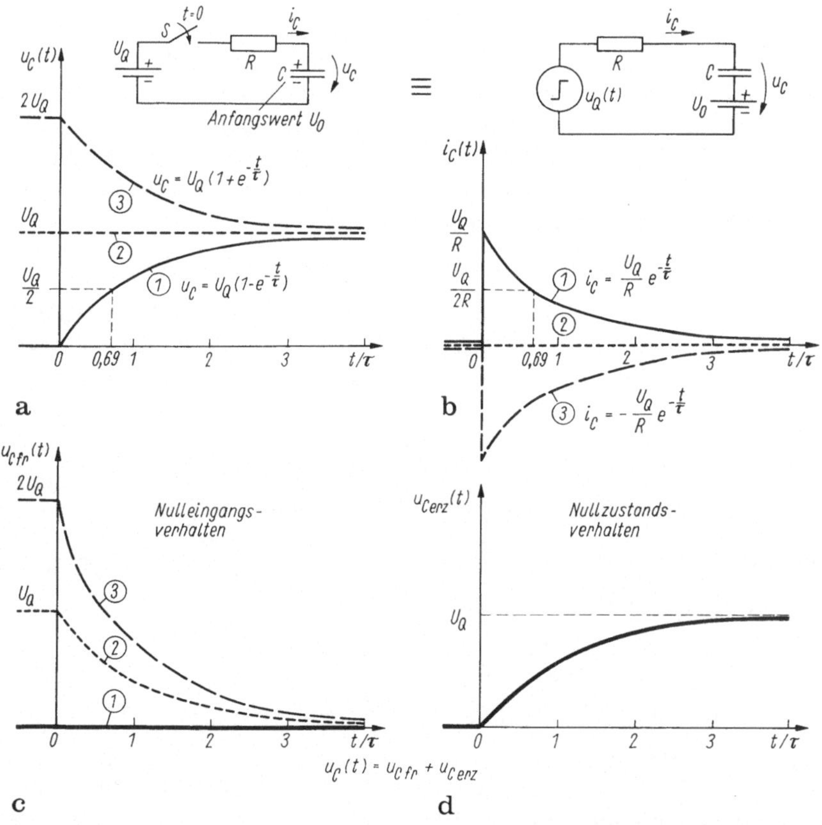

Bild 10.6a–d. Aufladen eines Kondensators mit einer Gleichspannung. **a** Kondensatorspannung $u_C(t)$; **b** Kondensatorstrom $i_C(t)$; **c** Nulleingangsverhalten u_{Cfr}, (*1*) Anfangswert $u_C(0) = 0$, (*2*) Anfangswert $u_C(0) = U_0 = U_Q$, (*3*) Anfangswert $u_C(0) = 2U_Q$; **d** Nullzustandsverhalten u_{Cerz}

ist i_C auf die Hälfte des Anfangswertes $i_C(0)$ gefallen ($e^{-t/\tau} = \frac{1}{2}$ für $t/\tau = \ln 2 \approx 0{,}69$) und u_C auf die Hälfte des stationären Wertes $u_C(\infty) = U_Q$ angestiegen. Nach weiteren $0{,}69\tau$, also $t = 2t_H \approx 1.4\tau$ sin kt i_C wieder auf die Hälfte usw. Für $t = 3\tau$ ist der Ausgleichsvorgang wegen $e^{-3} \sim \frac{1}{20} \approx 5\%$ fast abgeklungen.

Exakt wird jedoch der neue Endzustand erst bei $t \to \infty$ erreicht. Man erkennt dies aus den Asymptotenwerten in beiden Bildern. Die Aufteilung in flüchtigen und stationären Anteil (Gl. (10.5a)) wurde im Bild 10.6a eingetragen. Danach besteht die Kondensatorspannung $u_C(t)$ (Gl. (3)) aus dem stationären Wert — der Batteriespannung U_Q — und dem flüchtigen Teil. Er beginnt mit $-U_Q$ und klingt dann exponentiell ab (Bild 10.4c). Das ist der Verlauf eines auf die Spannung $-U_Q$ geladenen Kondesators. Mit Anfangsspannung $u_C(0)$ sind abhängig von Größe und Richtung zu- oder abnehmende Kondensatorspannungen möglich (Bild 10.6a):

$u_C(0) > U_Q$ Abnahme der Spannung, Verlauf (*3*),

$u_C(0) = U_Q$ kein Ausgleichsvorgang, Verlauf (*2*),

$u_C(0) < U_Q$ Zunahme der Spannung, Verlauf (*1*).

Man erkennt die zugehörige unterschiedliche Stromrichtung (Bild 10.6b). Ist beispielsweise der Kondensator auf $u_C(0) > U_Q$ geladen, so fließen im Moment des Schaltens Ladungen ab. Er wirkt als „Spannungsquelle", die den Strom $i_C(0) = (U_Q - u_C(0))/R$ *entgegen* der positiv vereinbarten Richtung antreibt.

Mit *Lösungsmethodik b* erhalten wir nach Aufstellen der Differentialgleichung die Nulleingangsgröße $u_{\mathrm{Cfr}}(t)$ aus Gl. (10.1) zu

$$u_{\mathrm{Cfr}}(t) = K\exp(-t/\tau) = u_C(0)\exp(-t/\tau) = U_0\exp(-t/\tau)\ . \tag{4}$$

Sie hängt nur von Anfangsspannung $u_C(0)$, nicht der Erregung ab (Bild 10.6c). Für ein energiefreies Netzwerk verschwindet sie (Kurve (1)). Die Nullzustandsgröße $u_{\mathrm{Cerz}}(t)$ (Bild 10.6d) ergibt sich aus der Losung der inhomogenen Gleichung

$$\frac{\mathrm{d}u_C}{\mathrm{d}t} + \frac{u_C}{\tau} = \frac{U_Q}{\tau}$$

mit verschwindendem Anfangswert $u_C(0) = 0$. Sie lautet

$$u_{\mathrm{Cerz}}(t) = U_Q(1 - e^{-t/\tau})\ .$$

Damit beträgt die Gesamtlösung (s. Gl. (10.5a))

$$u_C(t) = \underbrace{U_0 e^{-t/\tau}}_{u_{\mathrm{Cfr}}(t)} + \underbrace{U_Q(1 - e^{-t/\tau})}_{u_{\mathrm{Cerz}}(t)}\ . \tag{10.5d}$$

Wir erkennen aus Bild 10.6c und d den übersichtlicheren Aufbau der Gesamtlösung. Im Unterschied zum eingeschwungenen Zustand hängt die Nullzustandsgröße u_{Cerz} exponentiell von der Zeit ab!

2. Ausschalten einer Gleichspannung. Die Kapazität sei jetzt auf die Spannung $u_C(+0) = U_0 = U_Q$ aufgeladen und werde z. Z. $t = 0$ über den Widerstand R entladen (Bild 10.7). Nach Lösungsmethode a verschwindet der eingeschwungene

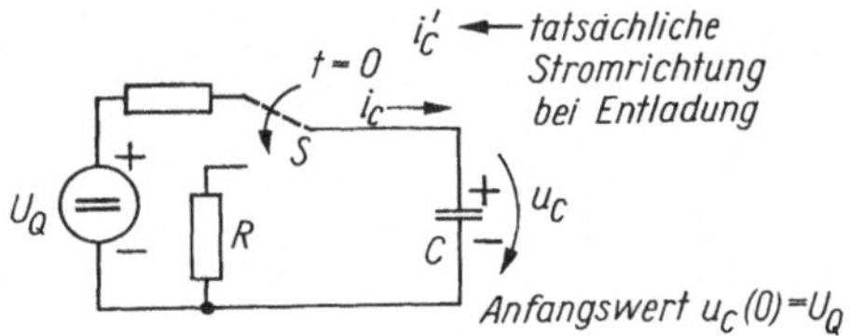

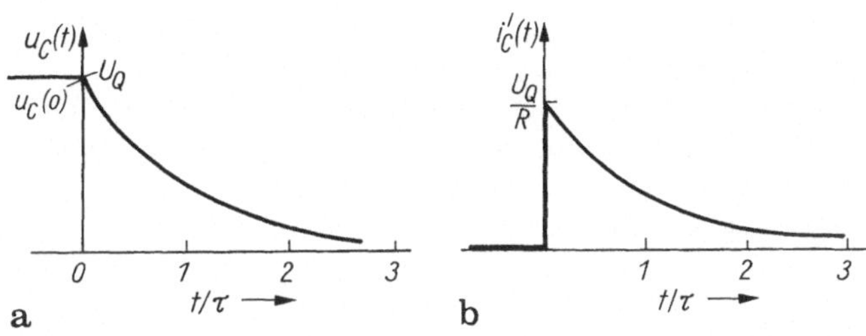

Bild 10.7a, b. Ausschalten eines Kondensators. **a** Nulleingangsverhalten (Kondensatorspannung); **b** Kondensatorstrom i_C

Zustand $u_C(\infty) = 0$, weil stationär im Kreis keine Erregung liegt. Deshalb ergibt sich aus der Differentialgleichung

$$\frac{du_C}{dt} + \frac{u_C}{\tau} = 0, \quad t \geqq 0 \ .$$

Speziell für den Anfangswert $u_C(+0) = U_0$ lautet die flüchtige Lösung

$$u_C(t) = u_{Cfr}(t) = u_C(+0)e^{-t/\tau} \ . \tag{5}$$

Sie ist zugleich die Nulleingangslösung. Die Nullzustandslösung existiert nicht: Eine ungeladene Kapazität kann keinen Ausgleichsvorgang einleiten.

Zahlenbeispiele. Ein auf $u_C(+0) = 500$ V geladener Kondensator ($C = 100\,\mu F$, Fotokondensator) wird über einen Widerstand $R = 0{,}1\,\Omega$ (Kurzschlußdraht) entladen. Welcher Anfangsstrom fließt, wann ist er auf 1% abgesunken?

Der Anfangsstrom beträgt $u_C(+0)/R = i(+0) = 500\text{ V}: 0{,}1\,\Omega = 5000$ A! Zeitkonstante $\tau = RC = 10^{-5}$ s. Nach $6{,}9\tau = 69\,\mu$s ist i auf 10^{-3} $i(+0)$ gesunken ($e^{-6{,}9} \approx 10^{-3}$). Derart hohe Entladeströme beschädigen meist den Kondensator.

Geladene Kondensatoren dürfen nie durch Kurzschluß, sondern nur über größere Widerstände entladen werden!

Hat der gleiche Kondensator einen Isolationswiderstand $R = 100$ MΩ (Zeitkonstante $\tau = RC = 10^4$ s $= 167$ min), so ist er erst nach $6{,}9 \cdot 167$ min $= 1155$ min (rd. 20 h) auf 1‰ entladen.

3. Einschaltimpuls. Es werde zur Zeit $t = 0$ die Gleichspannung U_Q an einen energiefreien Kondensator geschaltet und zur Zeit $t = t_0$ wieder ausgeschaltet (Bild 10.8a). Gesucht ist der Verlauf $u_C(t)$ Dieser Vorgang kann auch als Einschalten

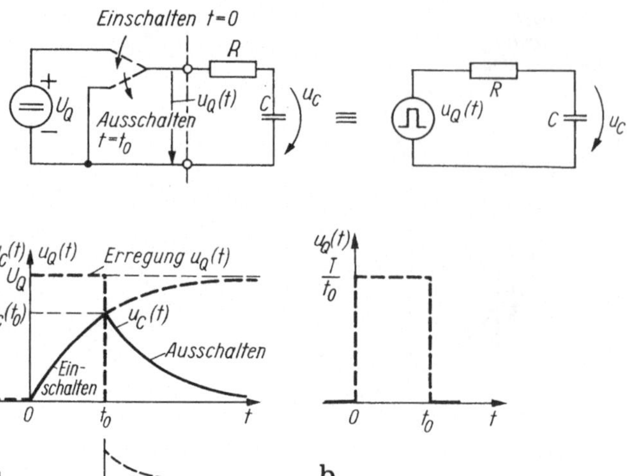

Bild 10.8a, b. Einschalten eines Kondensators mit Rechteckimpuls. **a** Einschalten zur Zeit $t = 0$; **b** Einschalten mit einer Impulsspannung variabler Höhe

eines Impulses der Dauer t_0 verstanden werden. Die Aufgabe wird in zwei Schritten gelöst:

a) Berechnung des Einschaltverhaltens zur Zeit $t = 0$ und

b) des Ausschaltverhaltens zur Zeit $t = t_0$. Zu diesem Zeitpunkt hat der Kondensator die Anfangsspannung $u_C(t_0)$.

Zu a). Von Gl. (10.5c) übernehmen wir (Nullanfangszustand)

$$u_C(t) = U_Q(1 - e^{-t/\tau}) \quad 0 \leqq t < t_0 \ . \tag{6}$$

Das ist der im Bild 10.8a dargestellte Einschaltverlauf.

Zu b). Zur Zeit $t = t_0$ ist der Kondensator auf die Spannung $u_C(t_0) = U_Q(1 - e^{-t_0/\tau})$ geladen. Für den Ausschaltvorgang (Schalter wird geöffnet) haben wir dann die Differentialgleichung

$$RC\frac{du_C}{dt} + u_C = 0 \quad t \geqq t_0$$

zu lösen. Ihre Lösung lautet (s. Gl. (5))

$$u_C(t) = u_C(t_0)\exp - \frac{(t - t_0)}{\tau} = U_Q(1 - e^{-t_0/\tau})e^{-t'/\tau} \quad t' > 0 \ . \tag{7}$$

Dabei wurde der um t_0 verschobene Zeitnullpunkt in Gl. (7) berücksichtigt (im Bild durch die Zeitskala t').

Diskussion. Für $t_0 \to \infty$ erhalten wir Gl. (10.5c). Dann hat die Einschaltzeit zur vollständigen Ladung auf U_Q ausgereicht. Mit sinkender Einschaltdauer wird $u_C(t_0)$ immer kleiner, um mit $t_0 \to 0$ wegen $e^0 = 1$ zu verschwinden. Bei Einsatz des Schalters durch eine Erregerquelle muß $u_Q(t)$ einen Impulsverlauf der Höhe U_Q und Breite t_0 besitzen, wie im Bild angedeutet.

4. Einschaltimpuls kurzer Dauer. Wir wollen die Spannungshöhe jetzt veränderlich wählen. Sie werde um so größer, je kleiner die Einschaltzeit t_0 ist. Wir setzen $U_Q \cdot t_0 = T$ (T Parameter) an (Bild 10.8b) und erhalten aus Gl. (7).

$$u_C(t) = \frac{T}{t_0}(1 - e^{-t_0/\tau})e^{-t'/\tau} . \tag{8}$$

Wird t_0 sehr klein gewählt ($t_0 \ll \tau$, mit $e^{-t_0/\tau} \approx 1 - t_0/\tau \approx 1$), so gilt

$$u_C(t) = \frac{T}{t_0} \cdot \frac{t_0}{\tau} e^{-t'/\tau} = \frac{T}{\tau} e^{-t'/\tau} . \tag{9}$$

Das ist eine Ausschaltlösung (Bild 10.8a) vom Wert T/τ an. Die Impulsbreite t_0 kommt nicht mehr vor, der Erregerimpuls ist unendlich schmal und hoch ($t_0 \to 0$) geworden. Diesen besonderen Einschaltimpuls kennen wir bereits aus Abschnitt 5.2.4 als Impulsfunktion (s. Bild 5.32) im Grenzfall $t_0 \to 0$.
Anschaulich ist $T = U_Q\, t_0$ proportional der während der Zeit t_0 durch die Spannung U_Q im Kondensator eingespeicherten Ladung (= Impulsfläche). Wir kommen auf diesen Fall später wieder zurück.

10.1.3.2 RC-Netzwerk. Periodische Erregung

Das Verhalten periodisch erregter Netzwerke kann im stationären Zustand prinzipiell über die Fourier-Reihe (Abschn. 9) ermittelt werden. Oft läßt es sich aber durch eine Folge von Schaltvorgängen einfacher lösen. Im Bild 10.9 liege eine

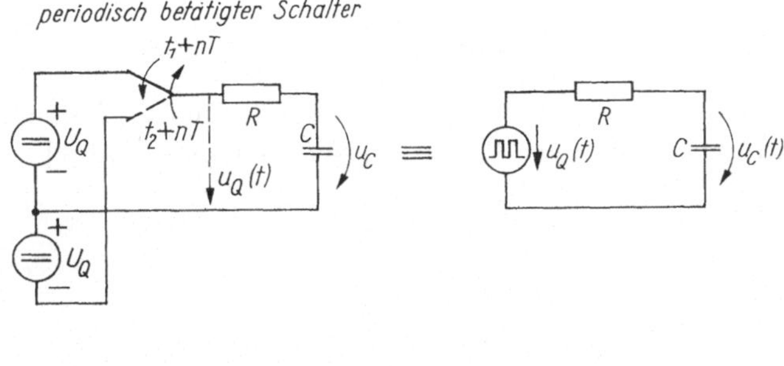

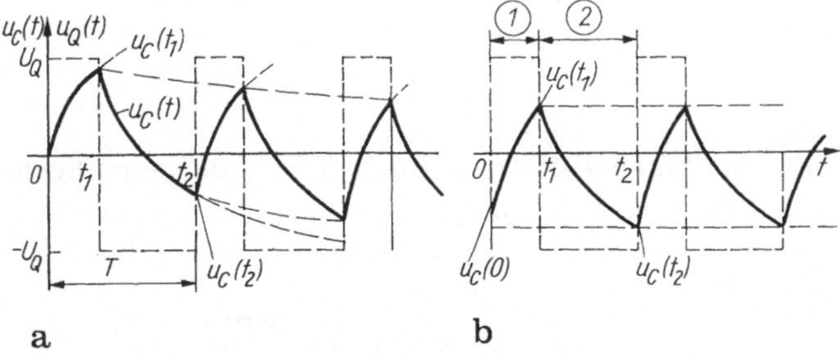

a b

Bild 10.9a, b. Betrieb einer *RC*-Schaltung mit periodischer Impulsspannung. **a** Einschwingvorgang; **b** stationärer Betrieb

periodische Rechteckspannung an der Schaltung, gesucht ist der Verlauf $u_C(t)$ lange nach Einsetzen der Erregung (stationärer Zustand). Im Bild wurde der Einschwingvorgang bei energiefreiem Kondensator dargestellt, der allmählich in einen stationären Verlauf von $u_C(0)$ übergeht.

Wir haben dafür die Netzwerkgleichung (10.1a) abschnittsweise zu lösen. Dabei dient die am Ende jedes Zeitabschnittes erreichte Kondensatorspannung als Anfangswert des neuen Zeitbereiches. Zur Zeit $t = 0$ (neuer Zeitmaßstab für den stationären Bereich) möge die Kondensatorspannung $u_C(0)$ betragen. Dann gilt als Lösung gemäß Gl. (3) (s. Abschn, 10.1.3.1)

— im Zeitbereich $0 \leqq t \leqq t_1$ (Phase 1): $u_C(t) = U_Q + K_1 e^{-t/\tau}$ (1). (eingeschwungene flüchtige Phase 1),

— im Zeitbereich $t_1 \leqq t \leqq t_2$ (Phase 2 analog) $u_C(t) = -U_Q + K_2 e^{-(t-t_1/\tau)}$.

Im stationären Fall muß $u_C(t)$ eine periodische Funktion sein. Daraus leitet sich die Periodizitätsforderung $u_C(0) = u_C(t_2)$ab.

Zusätzlich gilt Stetigkeit der Kondensatorspannung zur Zeit t_1 $u_C(-t_1) = u_C(+t_1)$.

Beide Forderungen bestimmen die Konstanten K_1, K_2:

$$u_C(0) = U_Q + K_1 = u_C(t_2) = -U_Q + K_2 e^{-(t_2-t_1)/\tau} \tag{1a}$$

und

$$u_C(-t_1) = U_Q + K_1 e^{-t_1/\tau} = u_C(+t_1) = -U_Q + K_2 \ . \tag{1b}$$

Mit $a_1 = e^{-t_1/\tau}, a_2 = e^{-(t_2-t_1)/\tau}$ lauten die Konstanten

$$K_1 = -2U_Q \frac{a_2 - 1}{a_1 a_2 - 1}, \quad K_2 = 2U_Q \frac{a_1 - 1}{a_1 a_2 - 1} \ . \tag{2}$$

Speziell für symmetrische Rechteckspannung ($t_2 = T$, $t_1 = T/2$) folgt als Höchstwert $u_C(T/2)$ der Kondensatorspannung aus Gl. (1) $[a_1 = a_2 = \exp(-T/2\tau)]$

$$u_C\left(\frac{T}{2}\right) = U_Q + K_1 e^{-T/2\tau} = U_Q \frac{1 - e^{-T/2\tau}}{1 + e^{-T/2\tau}} \tag{3}$$

mit

$$K_1 = -2U_Q \frac{e^{-T/(2\tau)} - 1}{e^{-T/\tau} - 1} \ .$$

Für $T/2 = \tau$ ergibt sich dabei $u_C(T/2) = 0{,}46\ U_Q$ (anstelle 0,5 U_Q bei einmaligem Einschalten der Spannung U_Q), für $T/2 = 3\tau$ hingegen $u_C(T/2) = 0{,}91\ U_Q$ (anstelle 0,95 U_Q). Die stationären Werte $u_C(t_1)_\infty$, $u_C(t_2)_\infty$ betragen zusammen allgemein

$$u_C(t_1)_\infty = U \frac{1 - \exp(t_2 - t_1)/\tau}{1 - \exp - T/\tau}; \quad u_C(t_2)_\infty = -U \frac{1 - \exp - t_1/\tau}{1 - \exp - T/\tau}$$

mit $U = u_C(t_1) - u_C(t_2)$.

10.1.3.3 RL-Netzwerk. Zweipoltheorie

Netzwerke mit nur einem Speicherelement lassen sich häufig aufteilen in einen Teil mit Schalter, aber ohne Speicherelement und einen Teil mit dem Speicherelement. Dann kann der speicherfreie Teil auf einen aktiven Zweipol zurückgeführt werden, dessen Ersatzquelle einen der Erregungsgröße proportionalen Verlauf hat[1]. Wir wollen das für die Schaltung Bild 10.10 — Einschaltvorgang einer Induktivität — verfolgen.

Für die Zeitkonstante des Kreises ist der vom Speicherelement in Richtung auf den aktiven Zweipol gesehene Innenwiderstand maßgebend (ermittelt nach den Regeln der Zweipoltheorie). In der Schaltung Bild 10.10 sei der Strom $i_L(t)$ sowie $u_L(t)$ durch die Spule bei Einschalten der Spannung gesucht. Sie werde zur Zeit $t = 0$ vom Strom $i_L(0)$ durchflossen,

Es ergibt sich als Lösung

$$i_L(t) = \underbrace{\left(i_L(0) - \frac{U_{\text{Iers}}}{R_{\text{iers}}}\right)e^{-t/\tau}}_{i_{L\ \text{flüchtig}}} + \underbrace{\frac{U_{\text{Iers}}}{R_{\text{iers}}}}_{i_{L\ \text{eingeschw}}}$$

$$= \underbrace{i_L(0)e^{-t/\tau}}_{\text{Nulleingang}} + \underbrace{\frac{U_{\text{Iers}}}{R_{\text{iers}}}(1 - e^{-t/\tau})}_{\text{Nullzustand}} \quad . \tag{10.7}$$

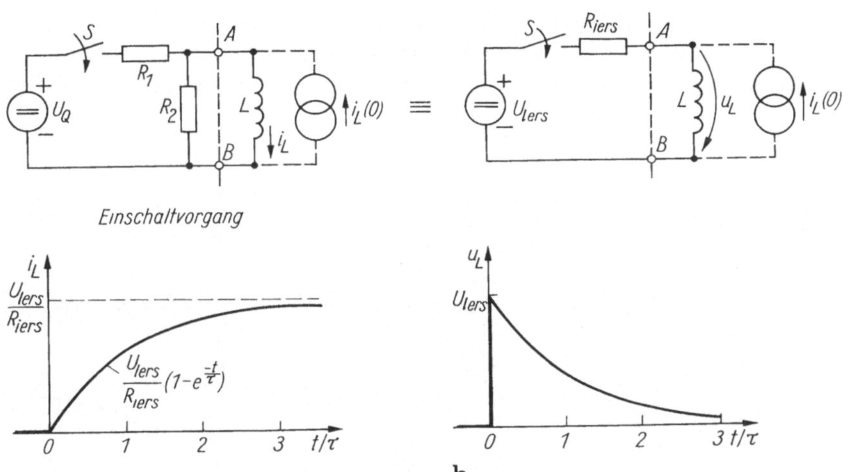

Bild 10.10a, b. Einschalten einer Induktivität im Gleichstromkreis

[1] Bei der Ersatzgrößenbestimmung aktiver Zweipole mit Energiespeichern ist Vorsicht geboten, meist ändert sich dabei die Ersatzerregung.

Die Spannung beträgt

$$u_L = L\frac{di_L}{dt} = (U_{lers} - i_L(0)R_{iers})e^{-t/\tau}, \quad \tau = L/R_{ers}. \tag{10.8}$$

Diskussion. Betrachten wir zunächst den Fall $i_L(0) = 0$. Der Strom steigt unmittelbar nach dem Einschalten wegen der Stetigkeitsforderung von Null aus an: Trägheitscharakter (vgl. Spannungsverlauf am Kondensator, Beispiel Abschn. 10.1.3.1). Im Schaltmoment belastet die Induktivität den aktiven Zweipol somit noch nicht, sie wirkt wie Leerlauf!

Nach der Halbwertszeit $t_H = 0{,}69\tau$ hat der Strom den halben stationären Wert U_{lers}/R_{iers} erreicht.

Anschaulich kann man den Verlauf wie folgt erklären: Nach Einschalten bleibt $U_{lers} = \text{const}$, also muß mit wachsendem $i_L(\to iR)$ die Steigung $L\,di/dt$ und damit der Spannungsabfall an L abnehmen. Dadurch steigt der Strom noch langsamer an usw. bis er schließlich für $t \to \infty$ den stationären Wert erreicht. Die Spannung u_L fällt vom Leerlaufwert U_{lers} der Quelle beginnend allmählich auf Null ab.

Ausschaltverhalten. Wir wählen die Schaltung Bild 10.11 und schalten die Induktivität zur Zeit $t = 0$ von der Quelle ab (Schalterstellung *2*). Der Strom hat dabei den Anfangswert $i_L(0) = U_{lers}/R_{iers}$. Aus der homogenen Differentialgleichung erhalten wir die Lösung $i_L(t) = i_L(0)e^{-t/\tau}$ mit dem Anfangswert $i_L(0)$. Die Spannung $u_L = L\frac{di_L}{dt} = -R_{iers}i_L(0)e^{-t/\tau}$ hat den gleichen Zeitverlauf wie der Strom, abgesehen vom Vorzeichen.

Wir ändern jetzt die Schaltung. Der von einem Gleichstrom $U_{lers}/R_{iers} = i(0)$ durchflossene Kreis werde zur Zeit $t = 0$ unterbrochen (Schalterstellung *3*). Damit wird der Strom i_L plötzlich auf Null gezwungen. Das ist offenbar ein Verstoß gegen

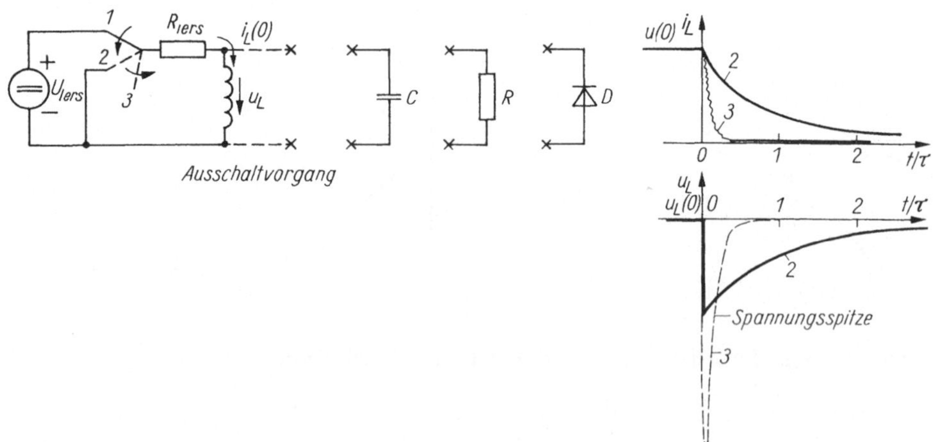

Bild 10.11. Ausschalten einer Induktivität im Gleichstromkreis. Schalterstellung *2*: Abschaltvorgang; Schalterstellung *3*: Stromunterbrechung

die Stetigkeitsbedingung, denn es müßte sich die gespeicherte Energie $\frac{L}{2}(U_Q/R_{iers})^2$ augenblicklich auf Null reduzieren.

Ein erzwungener Stromsprung $\mathrm{d}i_L/\mathrm{d}t \to \infty$ hat eine unendlich große induzierte Spulenspannung an einem sich öffnendem Schalter zur Folge. Dadurch wird ein *Spannungsdurchschlag* der Luftstrecke, ein sog. *Lichtbogen* (Funke!) eingeleitet, so daß der Stromkreis noch für eine endliche Zeit geschlossen bleibt: Der Strom fließt eine zeitlang stetig weiter und die Stetigkeitsforderung gilt wieder.

Um die Funkenbildung zu vermeiden und den Schaltvorgang unter definierten Verhältnissen ablaufen zu lassen, muß für den Strom ein Nebenweg geschaffen werden: Parallelschaltung eines Kondensators, eines Widerstandes oder einer Diode D zur Induktivität. Im Moment des Schalteröffnens fließt der Strom dann über diesen Nebenweg und der Lichtbogen unterbleibt.

10.1.4 Netzwerke mit zwei Energiespeichern

Netzwerke mit zwei unabhängigen Energiespeichern führen auf eine Netzwerk-Differentialgleichung der Form (s. Gl. (5.121))

$$a_2 \frac{\mathrm{d}^2 y}{\mathrm{d}t^2} + a_1 \frac{\mathrm{d}y}{\mathrm{d}t} + a_0 y = x(t) \tag{10.9a}$$

(rechts können noch Ableitungen von x auftreten). Wegen der grundlegenden Bedeutung dieser Gleichung für die Elektrotechnik diskutieren wir zunächst das Verhalten der homogenen Gleichung (Nulleingangsverhalten). Damit vertiefen wir zugleich den Begriff der freien Schwingungen, wie er bei Resonanzkreisen auftrat (Abschn. 7.1.4 und Gl. (7.16) ff.). Nach Abschn. 5.3.8 führt der Ansatz $y(t) = Ke^{\lambda t}$ nach Einsetzen in Gl. (10.9a) auf die *charakteristische Gleichung* (5.125)

$$\lambda^2 + \frac{a_1}{a_2}\lambda + \frac{a_0}{a_2} = 0 \quad \text{bzw.} \quad \lambda^2 + 2\alpha\lambda + \omega_0^2 = 0 \tag{10.9b}$$

mit den beiden Wurzeln

$$\lambda_{1,2} = -\frac{a_1}{2a_2} \pm \sqrt{\left(\frac{a_1}{2a_2}\right)^2 - \frac{a_0}{a_2}} = -\alpha \pm \sqrt{\alpha^2 - \omega_0^2}.$$

Das sind die *Eigen-* oder *natürlichen Frequenzen*. Sie hängen nur von *Abklingkonstante* und *Resonanzfrequenz*

$$\alpha = \frac{a_1}{2a_2}, \quad (10.9\text{c}) \qquad \omega_0 = \sqrt{\frac{a_0}{a_2}}, \tag{10.9d}$$

also ausschließlich Netzwerkeigenschaften ab.

Je nach der Größe von α und ω_0 sind vier verschiedene Fälle des *Nulleingangsverhaltens* möglich (Bild 10.12):

1. $\alpha^2 > \omega_0^2$. Beide natürliche Frequenzen λ_1 und λ_2 sind verschieden *reell* und *negativ*. Dann ist die Lösung $y(t)$ die Summe zweier abklingender Exponentialfunk-

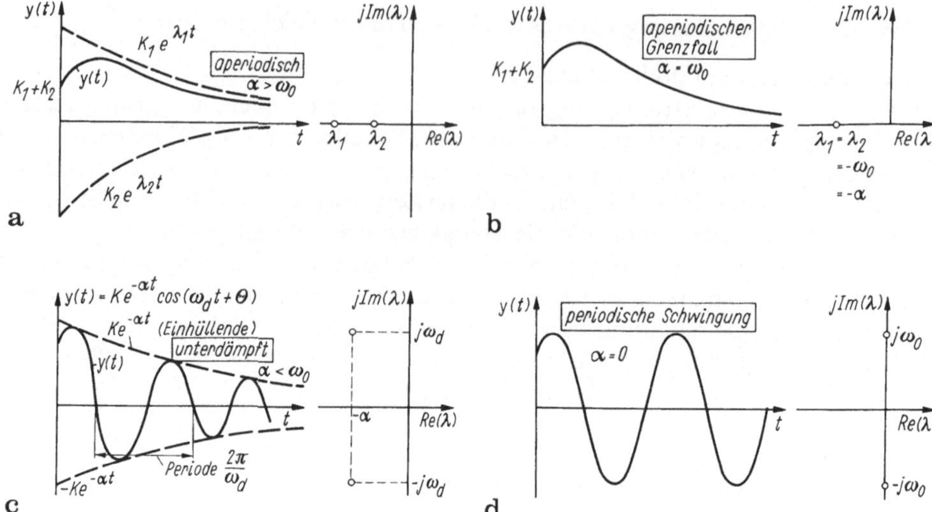

Bild 10.12a–d. Nulleingangsverhalten eines schwingungsfähigen Systems mit zwei unabhängigen Energiespeichern (z. B. Parallelschwingkreis)

tionen (Bild 10.12a):

$$y(t) = K_1 e^{\lambda_1 t} + K_2 e^{\lambda_2 t}, \quad \text{aperiodischer Fall} . \tag{10.9e}$$

2. $\alpha^2 = \omega_0^2$. Beide natürliche Frequenzen sind *gleich* und *reell*: $\lambda_1 = \lambda_2 = -\alpha$ (Doppelwurzel, Bild 10.12b).

$$y(t) = (K_1 + K_2 t)e^{-\alpha t}, \quad \text{aperiodischer Grenzfall} . \tag{10.9f}$$

3. $\alpha^2 < \omega_0^2$. Die beiden natürlichen Frequenzen λ_1, λ_2 sind *konjugiert komplex*:

$$\lambda_1 = -\alpha + j\omega_d, \quad \lambda_2 = -\alpha - j\omega_d$$

mit $\omega_d^2 = \omega_0^2 - \alpha^2$ und

$$y(t) = Ke^{-\alpha t}\cos(\omega_d t + \Theta) = e^{-\alpha t}[K_1' \cos\omega_d t + K_2' \sin\omega_d t] , \tag{10.9g}$$

gedämpfte Schwingung.

Derartiges Verhalten wurde bereits beim gedämpften Schwingkreis erwähnt (s. Gl. (7.16 ff.)).

4. $\alpha = 0$. Beide natürliche Frequenzen λ_1, λ_2 sind rein *imaginär* und konjugiert komplex: $\lambda_1 = j\omega_0$, $\lambda_2 = -j\omega_0$, (Bild 10.12d)

$$y(t) = K\cos(\omega_0 t + \Theta) \quad \text{ungedämpfte Schwingung} .$$

In den ersten drei Fällen ergeben sich Zeitverläufe $y(t)$ als Teile gedämfter Exponentialfunktionen, in letzterem eine Sinusform, wie im Bild dargestellt.
Die Konstanten K_1, K_2, resp. K, Θ sind aus den Anfangswerten zu bestimmen.

Wir erkennen im Rückblick auf den Schwingkreis (Abschn. 7.1.4): Eigenschwingungen eines Netzwerkes 2. Ordnung (gemäß Fall 3 und 4) sind nur mit unterschiedlichen Energiespeichern L, C möglich. Nur sie bieten die Voraussetzung für das Energiependeln zwischen elektrischer und magnetischer Feldenergie.

Beim System 2. Ordnung mit gleichartigen Energiespeichern (z.B, C_1, C_2) sind keine Eigenschwingungen möglich, sondern nur die Fälle 1, 2 (dies gilt aber nicht in Kreisen mit gesteuerter Quelle).

Hinweis. Da die natürlichen Frequenzen Grundlage der Klassifizierung sind, kann man anstelle der Einteilung nach dem zeitlichen Verhalten der Lösung $y(t)$ auch die Lage der λ-Werte in einer komplexen λ-Ebene (Ebene der sog. natürlichen Frequenzen) zur Darstellung verwenden (Bild 10.12 rechts). Wir kommen darauf im Bild 10.13 und besonders im Abschn. 10.2 zurück.

10.1.4.1 Schwingkreis. Sprungerregung

Ein Reihenschwingkreis (Bild 10.13) werde zur Zeit $t = 0$ an eine Gleichspannung U_Q geschaltet. Wir suchen den Verlauf der Kondensatorspannung $u_C(t)$ und des

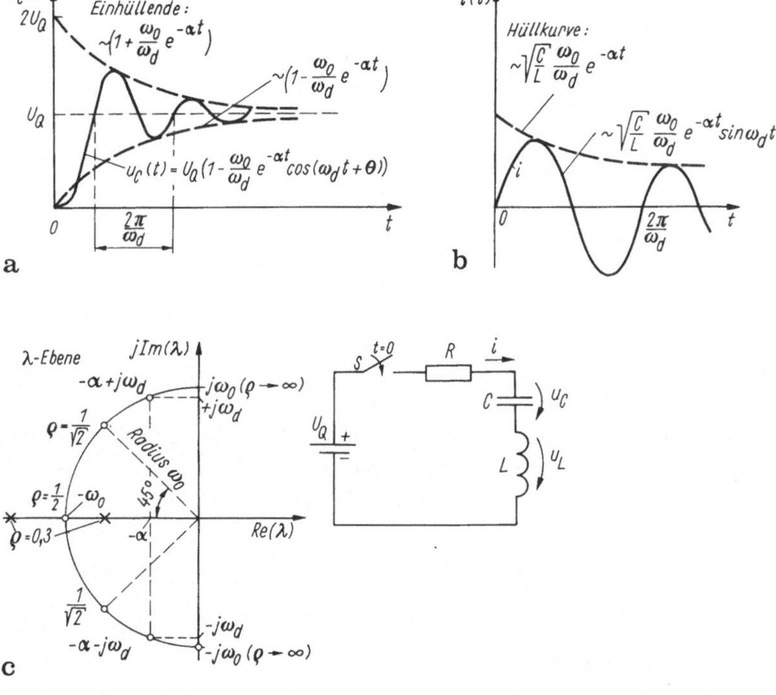

Bild 10.13a–c. Einschalten einer Gleichspannung an den Reihenschwingkreis. **a** Zeitverlauf der Kondensatorspannung $u_C(t)$ nach Einschalten der Gleichspannung U_Q (Gl. (10.10c), unterdämpfte Schaltung); **b** Zeitverlauf des Kreisstromes; **c** Ebene der natürlichen Frequenzen der charakteristischen Gl. (10.9b) mit konstanter Resonanzfrequenz ω_0, aber veränderlicher Güte ϱ

Kreisstromes $i(t)$. Zum Schaltzeitpunkt sollen die Energiespeicher energielos sein ($i_L(0) = 0$, $u_C(0) = 0$). Die Netzwerkgleichung lautet

$$LC\frac{d^2u_C}{dt^2} + RC\frac{du_C}{dt} + u_C = U_Q, \quad t \geqq 0 \ . \tag{10.10a}$$

Dazu kommen die Anfangswerte $u_C(-0) = 0$ und

$$i_C(-0) = C\frac{du_C}{dt}\bigg|_{t=0} = 0 \ . \tag{10.10b}$$

Die Lösung $u_{Ch}(t)$ der homogenen Differentialgleichung hängt nach Gl. (10.9) von der Abklingkonstante $\alpha = \frac{a_1}{2a_2}$ sowie der Resonanzfrequenz (10.9d) $\omega_0 = \sqrt{\frac{a_0}{a_2}} = \frac{1}{\sqrt{LC}}$ ab. Eine Partikulärlösung $u_{C_p}(t)$ ist $u_C(\infty) = U_Q$, denn im stationären Zustand sind alle Spannungsänderungen abgeklungen und der Kondensator auf die Gleichspannung U_Q geladen.

Im technisch wichtigen *unterdämpften* Fall lautet die allgemeine Lösung Gl. (10.9g)

$$u_C(t) = \underbrace{Ke^{-\alpha t}\cos(\omega_d t + \Theta)}_{u_{Ch}(t)} + \underbrace{U_Q}_{u_{Cp}(t)} \ .$$

K und Θ folgen aus den Anfangswerten $u_C(0) = 0 = K\cos\Theta + U_Q$,

$$\frac{du_C}{dt}\bigg|_{t=0} = 0 = K[-\alpha\cos\Theta - \omega_d\sin\Theta] \ ,$$

d.h, $\Theta = -\arctan\alpha/\omega_d$. Die Lösung lautet damit zusammengefaßt

$$u_C(t) = U_Q\left[1 - \frac{\omega_0}{\omega_d}e^{-\alpha t}\cos(\omega_d t + \Theta)\right] \ . \tag{10.10c}$$

Im Bild 10.13a erkennt man deutlich das gedämpfte Anschwingen der Kondensatorspannung mit dem asymptotischen Endwert U_Q.

Der Strom durch die Induktivität $i_L = i_C$ folgt aus

$$i_L(t) = C\frac{du_C}{dt} = C\frac{\omega_0}{\omega_d}U_Q e^{-\alpha t}[\alpha\cos(\omega_d t + \Theta) + \omega_d\sin(\omega_d t + \Theta)]$$

$$= \sqrt{\frac{C}{L}}\frac{\omega_0}{\omega_d}U_Q e^{-\alpha t}\sin\omega_d t \ . \tag{10.10d}$$

Der letzte Ausdruck ergibt sich aus den Additionsbeziehungen für trigonometrische Funktionen. Bild 10.13b zeigt den Verlauf. Er stimmt mit dem nach Gl. (7.20) qualitativ überein. Im verlustbehafteten Schwingkreis klingt die freie Schwingung exponentiell mit der Zeit ab (wegen $u_C(\infty) \to U_Q$ wird $i_L(\infty) \to 0$), gleichzeitig unterscheidet sich die Eigenfrequenz ω_d etwas von der Resonanzfrequenz $\omega_0 = 1/\sqrt{LC}$.

Diskussion. Im Einschaltmoment sind die Energiespeicher ungeladen. Dann ist $u_C(0) = 0$, $i_L(0) = 0$, und die Spannung U_Q liegt voll an der Induktivität. Sie wirkt zur Zeit $t = +0$ als Leitungsunterbrechung. Mit fortschreitender Zeit wachsen Kreisstrom und die Spannungsabfälle u_R, u_C. Im stationären Fall verschwinden du_C/dt und d^2u_C/dt^2, die Gesamtspannung U_Q liegt an der Kapazität.

Wir betrachten jetzt die Abklingkonstante α, Kreisgüte ϱ und die Lage der natürlichen Frequenzen (Bild 10.12) näher. Zunächst folgt aus Abschn. 7.1.4

$$\alpha = \frac{\omega_0}{2} \cdot \frac{R}{\omega_0 L} = \frac{\omega_0}{2\varrho} = \omega_0 d \tag{10.11}$$

Zusammenhang Abklingkonstante – Kreisgüte.

Je geringer die Dämpfung d, desto größer ist die Güte des Schwingkreises. Beurteilt nach der Güte konnten vier typische Fälle angegeben werden (s. Gl. (7.17), (7.20), s. Abschn. 7.1.4). Wir erwähnten bereits, daß ungedämpfte Schwingung nur mit verlustlosem schwingkreis möglich ist. Der Fall $R = 0$ kann durch Zuschalten eines negativen Wirkwiderstandes zu einem verlustbehafteten Schwingkreis realisiert werden.

Bild 10.13c zeigt die natürlichen Frequenzen in der komplexen λ-Ebene bei konstant gehaltener Resonanzfrequenz $\omega_0 = 1/\sqrt{LC}$ und veränderlicher Güte ϱ (veränderlicher Widerstand R). So ergeben sich für $\varrho < \frac{1}{2}$ zwei negative reelle λ(keine Schwingung), für $\varrho = \frac{1}{2}$ der aperiodische Grenzfall, für $\frac{1}{2} \leqq \varrho < \infty$ gedämpfte Schwingungen und für $\varrho \to \infty$ die ungedämpften Schwingungen.

In allen Fällen sind die Realteile der natürlichen Frequenzen (charakterisiert durch die Abklingkonstante $\alpha > 0$) negativ, liegen also in der *linken Halbebene*: *Zu gedämpften Schwingungen* ($R > 0$) *gehören stets natürliche Frequenzen mit negativen Realteilen.* Das geht auch aus Bild 10.12 hervor. Umgekehrt würde ein (resultierender) negativer Widerstand R, also eine negative Abklingkonstante α eine exponentiell unbegrenzt anwachsende Schwingung ergeben. Ein derartiges Verhalten heißt *instabiles Verhalten. Es wird durch natürliche Frequenzen gekennzeichnet, deren Realteil in der rechten λ-Halbebene liegt.*

10.1.5 Netzwerke bei beliebiger Erregung. Testsignale, Antwortfunktionen

Wir lösten bisher den Einschalt-oder Ausschaltvorgang aus Anschauungsgründen durch Betätigung eines Schalters aus. Im folgenden führen wir diese Maßnahme auf eine spezielle Zeitfunktion der Erregerquelle, die *Sprungfunktion* zurück. Die Wirkung (= Lösung der Netzwerkgleichung) heißt dann *Sprungantwort.*

Außer der Sprungfunktion sind für Netzwerke noch weitere Erregungen interessant: *Impuls-* und *Rampenfunktion* mit den Impuls- und Anstiegsantworten. Sie haben zusammen mit der Sprungfunktion für das Übergangsverhalten von Netzwerken ähnlich grundlegende Bedeutung wie die Sinusfunktion für das stationär betriebene Netzwerk.

Die jeweilige Antwortfunktionen (Impulsantwort $g(t)$, Sprungantwort $h(t)$) sind damit Lösungen der Netzwerkgleichung für spezielle Testsignale nach Abschn. 5.2.4.

Wir werden aber erkennen, daß ihre Bedeutung weit darüber hinausgeht, denn beispielsweise trat die Gewichtsfunktion bereits bei der Fourier-Transformation auf (Abschn. 9.4.3) mit direktem Bezug zum Freqenzgang.

Sprungerregung. Sprungantwort

Die zur Sprungerregung $x_{\sqcap}(t) = X_Q s(t)$ (Gl. (5.62), Bild 5.2a) gehörige *Wirkung* (Ausgangsgröße) eines linearen Netzwerkes heißt *Sprungantwort* $y_{\sqcap}(t)$, der Zusammenhang von Wirkung zu Ursache, also Antwort zu Erregung, das *Übergangsverhalten* (oder die *Übergangsfunktion*) (Bild 10.14)

$$f_{\sqcap}(t) = h(t) = \left.\frac{y_{\sqcap}(t)}{X_Q}\right|_{s(t)} \tag{10.12}$$

Übergangsfunktion (Definitionsgleichung).

Die Übergangsfunktion $f_{\sqcap}(t) = h(t)$ eines linearen Netzwerkes ist die Sprungantwort bezogen auf die Anstiegshöhe X_Q der Sprungerregung (Bild 10.14, Speicherelemente ohne Anfangsenergie angesetzt).

Die Übergangsfunktion ist eine reine Netzwerkeigenschaft. So besitzt die *RC*-Schaltung (Bild 10.1) die Übergangsfunktion (aus Gl. (10.5a) für den Anfangswert $U_0 = 0$)

$$f_{\sqcap}(t) = h(t) = \frac{u_C(t)}{U_Q} = 1 - e^{-t/\tau} \ .$$

Impulserregung. Impulsantwort

Wird ein Netzwerk ohne Anfangsenergie mit einem Dirac-Impuls erregt, so heißt die Wirkung (Zweigstrom, Zweigspannung) die *Impuls-* oder *Stoßantwort* $y_{\uparrow}(t)$

$$f_{\uparrow}(t) = g(t) = \left.\frac{y_{\uparrow}(t)}{A}\right|_{x_{\uparrow}(t)} \tag{10.13}$$

Übertragungsfunktion, Gewichtsfunktion (Definitionsgleichung).

Die *Übertragungs-* oder *Gewichtsfunktion* $f_{\uparrow}(t) = g(t)$ eines linearen zeitunabhängigen Netzwerkes ist die Impulsantwort bezogen auf das Zeitintegral des Eingangsimpulses (Impulsfläche A).

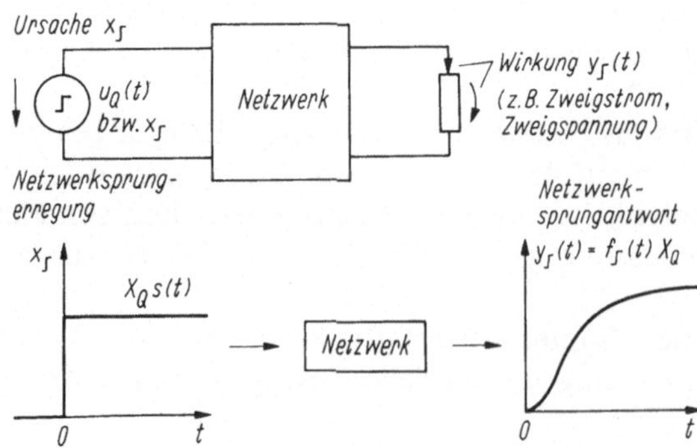

Bild 10.14. Definition der Übergangsfunktion $f_{\sqcap}(t) = h(t)$

Bestimmung der Gewichtsfunktion. Wir wollen jetzt
- die Gewichtsfunktion $g(t)$ für eine Netzwerk-Differentialgleichung erster Ordnung vom Typ Gl. (10.4) berechnen und
- zeigen, daß die allgemeine Lösung bei allgemeiner Erregung $x(t)$ durch diese Gewichtsfunktion $f_\uparrow(t) = g(t)$ mitbestimmt wird.

Wir setzen in Gl. (10.4) zunächst den Anfangswert $y(0) = 0$ und als Erregung — der Forderung entsprechend — eine Stoßfunktion $x_\uparrow(t) = A.\ \delta(t)$ Gl. (5.73) an. Dann geht $y(t)$ in die Impulsantwort $y_\uparrow(t)$ über und die Gewichtsfunktion lautet

$$f_\uparrow(t) = g(t) = \frac{y_\uparrow(t)}{A} = \frac{1}{A}\int_{t_0}^{t} \mathrm{e}^{-(t-t')/\tau}\, b\, A\, \delta(t')\,\mathrm{d}t' \approx$$
$$\approx \frac{b\mathrm{e}^{-t/\tau}}{A}\int_0^{T_\mathrm{i}} \mathrm{e}^{t'/\tau} A \frac{\mathrm{d}t'}{T_\mathrm{i}}\ . \tag{10.14}$$

Rechts wurde der Dirac-Stoß durch einen Rechteckimpuls der Dauer T_i und Höhe $1/T_\mathrm{i}$ angenähert. Der Integrand verschwindet für $t > T_i$, und es führt die Auswertung des Integrals auf

$$f_\uparrow(t) = g(t) = b\mathrm{e}^{-t/\tau}\frac{(\mathrm{e}^{T_\mathrm{i}/\tau} - 1)}{T_\mathrm{i}/\tau} \to b\exp(-t/\tau)\Big|_{T_\mathrm{i}\to 0}\ .$$

Die Gewichtsfunktion $g(t)$ der Netzwerk-Differentialgleichung erster Ordnung ist damit eine abklingende Exponentialfunktion!

Wird diese Gewichtsfunktion in die *allgemeine* Lösung (10.4) eingeführt, so folgt $(y(+0) = 0!)$

$$y(t) = \int_0^t g(t-t')\cdot x(t')\mathrm{d}t' \equiv \int_{-0}^{t} g(\tau)\cdot x(t-\tau)\,\mathrm{d}\tau \tag{10.15a}$$

oder geschrieben in Form einer Faltung

$$y(t) = g(t) * x(t) = x(t) * g(t)\ . \tag{10.15b}$$

Wegen dieser Eigenschaft wird das in Gl. (10.15) auftretende Integral auch als Faltungsintegral bezeichnet.

Bei Kenntnis der Gewichtsfunktion eines Netzwerkes ergibt sich die gesuchte Netzwerkgröße $y(t)$ bei allgemeiner Netzwerkerregung $x(t)$ durch Faltung mit der Gewichtsfunktion $g(t)$.

Dies Ergebnis gilt allgemein auch für Netzwerk-Differentialgleichungen höherer als erster Ordnung, weil die Gewichtsfunktion nur vom Netzwerk bestimmt wird.

Aus Gl. (10.15a) erklärt sich auch der Begriff "Gewichtsfunktion": die Funktion $g(t - t')$ wichtet (bewertet) die Wirkung der Netzwerkerregung $x(t)$ auf die Ausgangsgröße mit einem Faktor, der exponentiell mit der Differenz zwischen momentanem Zeitpunkt und dem vergangenen Zeitpunkt t' abnimmt. Das Netzwerk "vergißt" also den Erregereinfluß, je länger er zurückliegt.

Das Ergebnis Gl. (10.15) ist fundamental, denn es erübrigt die Lösung der Netzwerk-Differentialgleichung zugunsten einer (leichter durchführbaren) Integration.

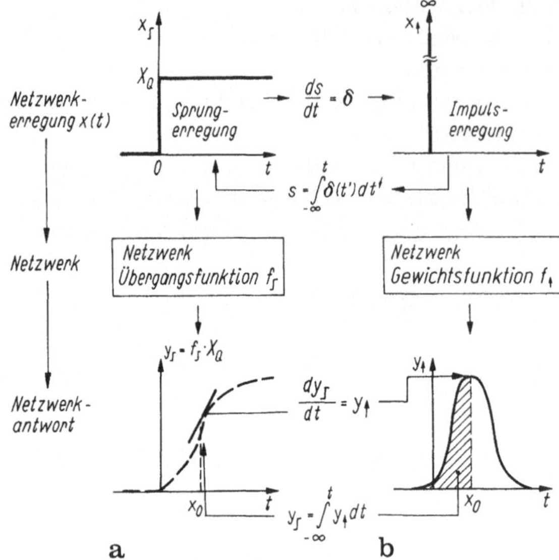

Bild 10.15a, b. Zusammenhang zwischen Übergangs- und Übertragungsfunktion im Zeitbereich. **a** Übergangsfunktion f_{Γ} Gl. (10.12); **b** Übertragungsfunktion $f_{\uparrow}$ Gl. (10.13)

Im Sonderfall der Impuls- oder Stoßerregung $x_{\uparrow}(t) = A\delta(t)$ geht Gl. (10.15a) über in die Impulsantwort

$$y_{\uparrow}(t) = g(t) * x_{\uparrow}(t) = g(t) * A\delta(t) \qquad (10.15c)$$

oder bei der Sprungerregung $x_{\Gamma}(t) = X_Q \cdot s(t)$ in die Sprungantwort

$$y_{\Gamma}(t) = g(t) * x_{\Gamma}(t) = g(t) * X_Q \cdot s(t) \; . \qquad (10.15d)$$

Zusammenhang Gewichts – Übergangsfunktion. Sowohl die Gewichts- als auch die Übertragungsfunktion enthält die gesamten dynamischen Eigenschaften des Netzwerkes (s.u.). Beide hängen zusammen: So wie nach Gl. (5.71) zwischen Sprung- und Stoßfunktion ein Zusammenhang $\delta(t) = \mathrm{d}s/\mathrm{d}t$ besteht, gilt dies auch für Gewichtsfunktion $g(t)$ und Übergangsfunktion $h(t)$

$$g(t) = \frac{\mathrm{d}h(t)}{\mathrm{d}t} = \frac{\mathrm{d}h_0(t)}{\mathrm{d}t} + h(+0)\delta(t) \; . \qquad (10.16a)$$

Umgekehrt ergibt sich die Übergangsfunktion aus der Gewichtsfunktion durch Integration:

$$h(t) = \int_{-\infty}^{t} g(t')\mathrm{d}t' = h(+0) \cdot s(t) + h_0(t) \; . \qquad (10.16b)$$

$h(+0)$ Wert bei $t = +0$, $h_0(t)$ sprungfreier Anteil für $t > 0$.

Deshalb genügt die Kenntnis einer der beiden Netzwerkfunktionen, oft wird die Gewichtsfunktion $f_{\uparrow}(t) = g(t)$ bevorzugt.

Gewinnung der Gewichtsfunktion. Zur Gewinnung der Gewichtsfunktion $g(t)$ stehen mehrere Methoden bereit:

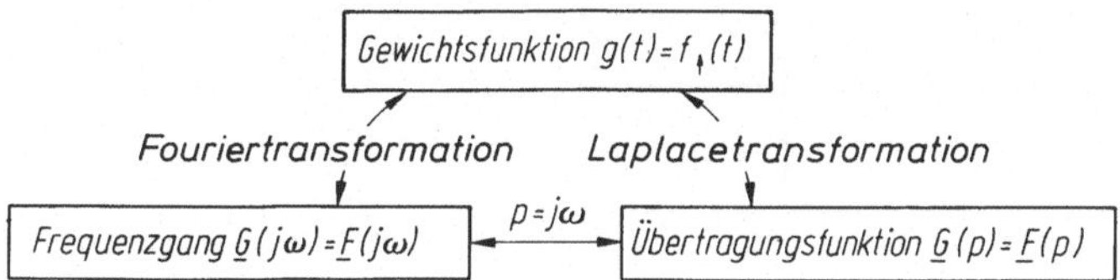

Bild 10.16. Zusammenhang Gewichtsfunktion, Frequenzgang und Übertragungsfunktion.

— direkte Berechnung durch Lösung der Netzwerk-Differentialgleichung bei Stoßanregung oder bei Sprungerregung und Benutzung von Gl. (10.15a). Dieses Verfahren wird schon bei Differentialgleichungen zweiter Ordnung aufwendig.

— Berechnung über die Fourier-Transformation bei aperiodischer δ-Erregung

$$g(t) = \mathcal{F}^{-1}\{\underline{G}(\mathrm{j}\omega)\} \tag{10.17}$$

(s. Gl. (9.35)). $\underline{G}\mathrm{j}\omega)$ ist der Frequenzgang des Netzwerkes, den wir bereits von der Wechselstromrechnung her kennen (s. Gl. (6.31)).

$$\underline{G}(\mathrm{j}\omega) \equiv \underline{F}(\mathrm{j}\omega) \ .$$

Aus Gl. (10.17) folgt umgekehrt:

Der Frequenzgang $\underline{G}(\mathrm{j}\omega)$ eines Netzwerkes ist gleich der Fourier-Transformierten der Gewichtsfunktion $g(t)$ (Bild 10.16)!

Später (Abschn. 10.3) werden wir noch einen Zusammenhang zur Laplace–Transformation finden.

10.1.6 Anwendungen

Wir wollen die Sprung- und Impulsfunktion auf einige wichtige Fälle anwenden. Grundlage sind die in Abschnitt 5.2.4 eingeführten Testfunktionen.

10.1.6.1 Verhalten der Grundelemente

Wir stellen das Verhalten der linearen, zeitunabhängigen Energiespeicher (ohne Anfangsenergie) bei Sprung- und Impulserregung zusammen. Bild 10.17 enthält die Ergebnisse. Sie sollen für den Kondensator erläutert werden.

Sprungerregung. Ausgehend von der Strom-Spannungs-Relation $u_\mathrm{C} = \frac{1}{C}\int_{-\infty}^{t} i(t')\mathrm{d}t'$ folgt bei Erregung ($t = 0$) durch

a) Stromsprung $i(t) = I_Q s(t)$ als Kondensatorspannung

$$u_\mathrm{C} = \frac{I_\mathrm{Q}}{C}\int_{-\infty}^{t} s(t')\mathrm{d}t' = \frac{I_\mathrm{Q}}{C}\int_{-\infty}^{0} s(t')\mathrm{d}t' + \frac{I_\mathrm{Q}}{C}t \ . \tag{10.18a}$$

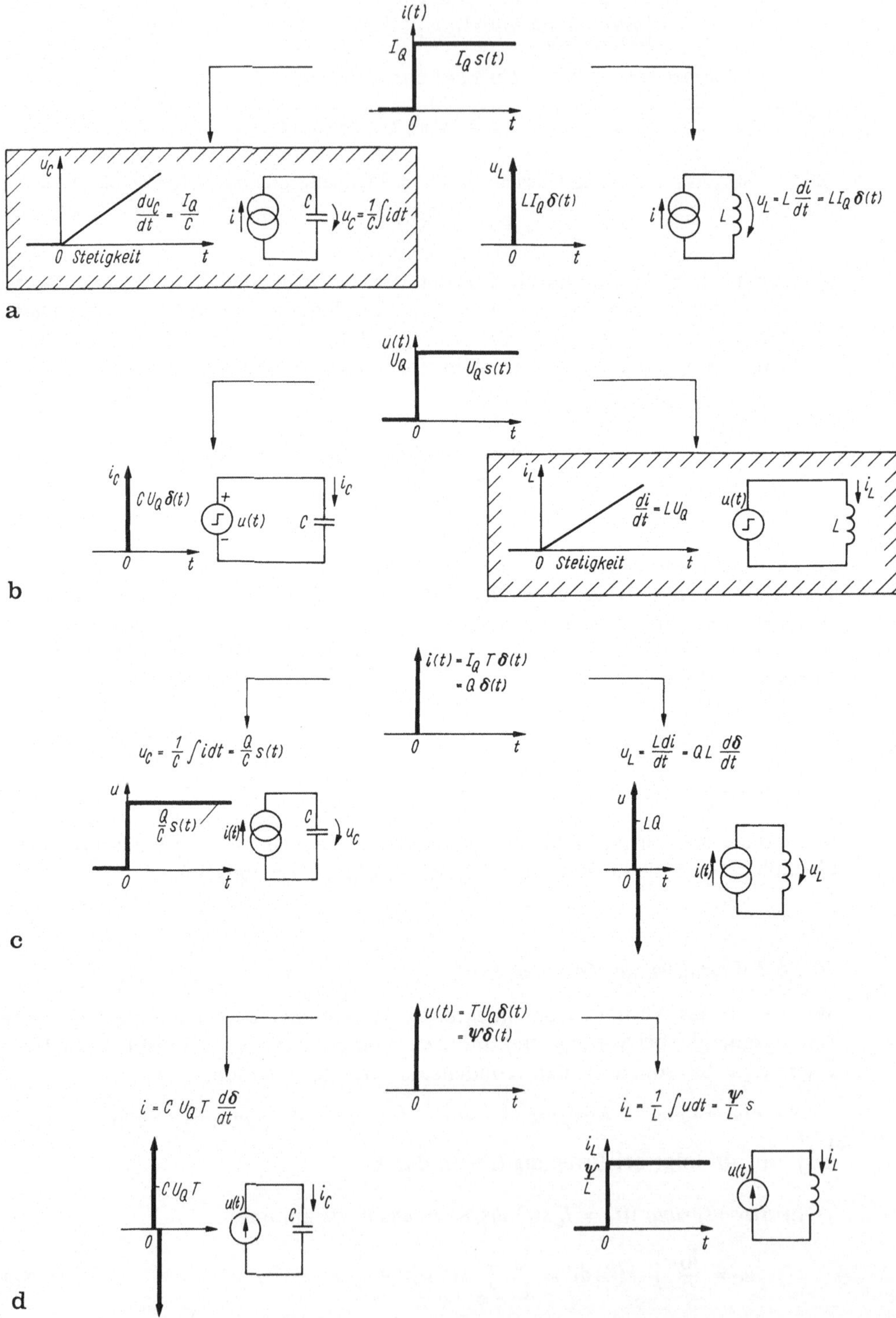

i(t)
I_Q
$I_Q s(t)$
0
t
u_C
$\frac{du_C}{dt} = \frac{I_Q}{C}$
i
C
$u_C = \frac{1}{C}\int i dt$
0 Stetigkeit
t
u_L
$L I_Q \delta(t)$
0
t
i
L
$u_L = L\frac{di}{dt} = L I_Q \delta(t)$
a
u(t)
U_Q
$U_Q s(t)$
0
t
i_C
$C U_Q \delta(t)$
u(t)
C
i_C
0
t
i_L
$\frac{di}{dt} = L U_Q$
u(t)
L
i_L
0 Stetigkeit
t
b
$i(t) = I_Q T \delta(t)$
$= Q \delta(t)$
0
t
$u_C = \frac{1}{C}\int i dt = \frac{Q}{C} s(t)$
u
$\frac{Q}{C} s(t)$
i(t)
C
u_C
0
t
$u_L = \frac{L di}{dt} = Q L \frac{d\delta}{dt}$
u
LQ
0
t
i(t)
u_L
c
$u(t) = T U_Q \delta(t)$
$= \Psi \delta(t)$
0
t
$i = C U_Q T \frac{d\delta}{dt}$
$C U_Q T$
u(t)
C
i_C
0
$i_L = \frac{1}{L}\int u dt = \frac{\Psi}{L} s$
i_L
$\frac{\Psi}{L}$
u(t)
i_L
0
t
d

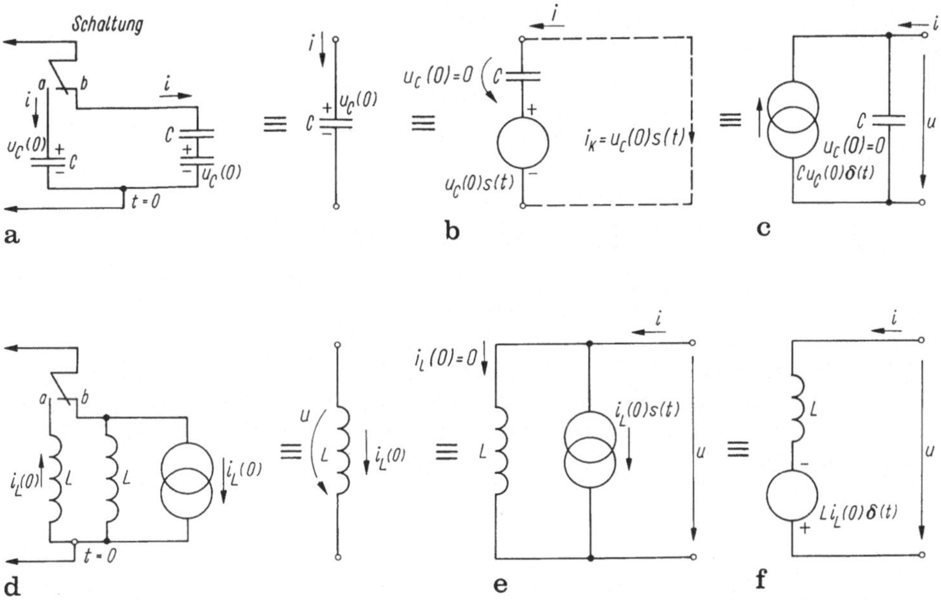

Bild 10.18a–f. Ersatzschaltung von Energiespeichern mit Anfangsenergie. **a** geladener Kondensator und gleichwertige Darstellung durch **b** Schalter und Anfangsenergie in einer Spannungsquelle, die zur Zeit $t = 0$ eingeschaltet wird; **c** gleichwertige Stromquellenersatzschaltung; **d** bis **f** analoge Darstellung für die Induktivität mit dem Spulenstrom $i_L(0)$

Das Integral von $-\infty$ bis 0 stellt den Anfangswert $u_C(0)$ dar, er soll hier Null gesetzt werden. Die Spannung steigt mit der Zeit (Steigung I_Q/C) linear an (Bild 10.8a).

b) Spannungssprung. Es werde angenommen, daß an der Kapazität ein Spannungssprung $u(t) = U_Q s(t)$ erzwungen werden *könnte* (Bild 10.18b). Dann würde sich der Strom

$$i_C = C U_Q \frac{ds}{dt} = C U_Q \delta(t) = Q\delta(t) \tag{10.18b}$$

mit der Ladung Q als Impulsfläche A (s. Gl. (5.73)) einstellen. Die Kapazität erhält in unendlich kurzer Zeit die Ladung Q durch einen Stromstoß (= Strom · Zeit) und lädt sich auf U_Q auf.

Impulserregung.

c) Hier entsteht bei Anlegen eines *Stromimpulses* $i(t) = Q\delta(t) = I_Q T\delta(t)$ die Spannung (Bild 10.18a)

Bild 10.17a–d. Energiespeicher bei Sprung- und Impulsanregung; physikalisch real sind nur die eingerahmten Zusammenhänge

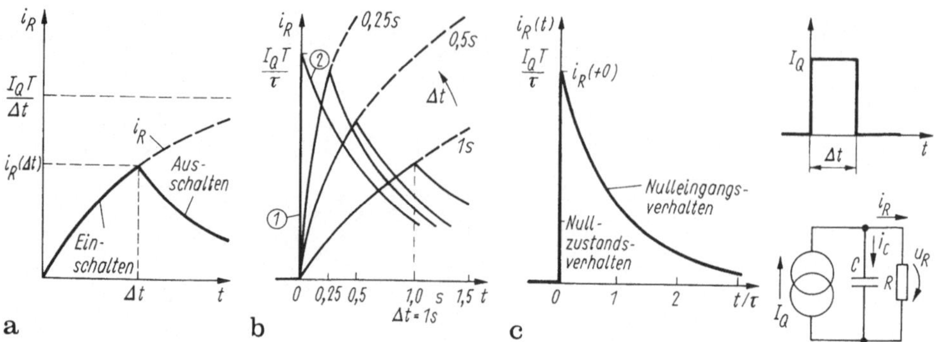

Bild 10.19a–c. Impulsverhalten RC-Schaltung. **a** Nullzustandsverhalten bei Einschalten eines Rechteckimpulses der Länge Δt; **b** wie **a**, jedoch bei abnehmender Impulsbreite Δt; **c** Nullzustandsverhalten mit Impulserregung und Abklingvorgang (Nulleingangsverhalten) (Nulleingangsverhalten)

$$u_C(t) = \frac{1}{C} \int_{-\infty}^{t} Q\delta(t)\,dt = \frac{Q}{C}\,s(t)\ , \tag{10.19a}$$

also ein Sprung der Amplitude Q/C.

d) Ein Spannungsimpuls $u(t) = U_Q T\delta(t)$ (T Maßstabgröße, Bild 10.18d) führt auf den Strom

$$i_C(t) = CU_Q T \frac{d\delta}{dt}\ . \tag{10.19b}$$

Die Ableitung der Stoßfunktion ergibt eine sog. *Doppelimpulsfunktion*, d. h. eine unmittelbare Folge zweier Stoßfunktionen mit unterschiedlichen Vorzeichen.

Man beachte jedoch: Aus physikalischen Gründen sind u_C (und i_L) immer stetig. Deshalb können in physikalisch realisierbaren Netzwerken nur die im Bild eingerahmten Fälle auftreten. Alle übrigen Fälle haben nur Modellcharakter! Sie lassen sich in realen Netzwerken nur näherungsweise verwirklichen.

So steigt z. B. beim (realisierbaren) Stromimpuls endlicher Höhe und Breite (s. Bild 5.31) die Kondensatorspannung allmählich an oder ein Zusatzwiderstand R in Reihe zu C (Bild 10.19b) ergibt einen exponentiell abfallenden Strom (Bild 10.6b) anstelle des δ-Impulses.

Immer dann, wenn eine Diracquelle in der Schaltung auftritt, kann die Kontinuität der Kondensatorspannung oder des Spulenstroms verletzt sein!

Die Beziehungen für die Induktivität verlaufen analog, sie wurden im Bild mit eingetragen. Eine Diskussion sei dem Leser selbst überlassen.

10.1.6.2 Anfangswerte der Energiespeicher

Nach Abschn. 4.1 war die Vergangenheit der Energiespeicher in ihren Anfangswerten $u_C(0)$ bzw. $i_L(0)$ enthalten. Dabei handelt es sich *nicht* um ideale Strom- oder Spannungsquellen, die im gesamten Zeitbereich $-\infty < t < +\infty$ wirken. Sie werden vielmehr zu Beginn des Übergangsverhaltens „eingeschaltet". In einer entsprechenden Ersatzschaltung tritt ein Schalter bzw, eine dementsprechende Erregerfunktion auf. Wir wollen diese Vorstellung präzisieren. Für die Kondensatorspannung gilt allgemein (s. Gl. (2.81a))

$$u_C = \frac{1}{C}\int_{-\infty}^{t} i\,dt' = \frac{1}{C}\int_{-\infty}^{0} i\,dt' + \frac{1}{C}\int_{0}^{t} i\,dt' = \underbrace{u_C(0)s(t)}_{\substack{\text{Anfangswert}\\ \text{zur Zeit } t=0}} + \underbrace{\frac{1}{C}\int_{0}^{t} i\,dt'}_{\substack{\text{ungeladener}\\ \text{Kondensator}}}\,. \tag{10.20a}$$

Das zweite Integral stellt den Spannungsabfall des ungeladenen Kondensators dar. Das erste Integral ist keine gewöhnliche Konstante, sondern eine *Sprungfunktion*, die nur für $t > 0$ einen konstanten Wert besitzt. Vor Beginn des Schaltvorganges hat $u_C(0)$ keinen Einfluß auf die gesuchte Netzwerkgröße.

Bild 10.18a zeigt das physikalische Modell zum Zeitpunkt $t = 0$. In Schalterstellung a befinde sich der geladene Kondensator in einer Schaltung, in Stellung b wird er durch einen ungeladenen Kondensator mit der Spannungsquelle $u_C(0)$ ersetzt. Ein Austauschen des geladenen Kondensators links durch einen ungeladenen mit Spannungsquelle ohne Schalter ist nicht möglich. Vielmehr gehört der Schalter mit zur Gleichwertigkeit beider Schaltungen! Schalter und Anfangsspannung $u_C(0)$ ergeben aber zusammengefaßt eine Spannung $u_C(0)\ s(t)$ (Bild (10.18b). Mit der Spannung über dem ungeladenen Kondensator folgt dann die rechts stehende Beziehung in Gl. (10.18a).

Nach der Zweipolumwandlung kann die Ersatzschaltung b (Leerlaufspannung, Kondensator) in eine Stromquellenersatzschaltung c mit dem Kurzschlußstrom

$$i_K = -i = C\frac{d}{dt}(u_C(0)s(t)) = Cu_C(0)\frac{ds}{dt} = Cu_C(0)\delta(t) \tag{10.20b}$$

überführt werden. Diese Quelle liegt parallel zum Kondensator C. Im Unterschied gegen die unabhängige Stromquelle wird sie nur zum Zeitpunkt $t = 0$ als Folge der $\delta(t)$-Funktion eingeschaltet.

Zusammengefaßt: Der Kondensator mit der Anfangsspannung $u_C(0)$ (Anfangsladung $Q(0) = Cu_C(0)$) bei $t = 0$ kann ersetzt werden durch eine ungeladene Kapazität C und eine

— reihengeschaltete Sprungspannungsquelle $u_C(0)\ s(t)$ oder
— parallelgeschaltete Impulsstromquelle $Cu_C(0)\delta(t)$.

Analog läßt sich für die Induktivität mit dem Anfangsstrom $i_L(0)$ zeigen (Bild 10.18):

Die Spule mit dem Anfangsstrom $i_C(0)$ bei $t = 0$ kann ersetzt werden durch eine flußfreie Induktivität L und eine

— parallelgeschaltete Sprungstromquelle $i_C(0)s(t)$ oder
— reihengeschaltete Impulsspannungsquelle $Li_L(0)\delta(t)$.

Die mit Bild 10.18 gewonnenen Ergebnisse können noch weiter gefaßt werden: Denkt man sich die „Anfangsquellen $u_C(0)$, $i_L(0)$" z.B. durch Gleichquellen ersetzt, die über Schalter in Reihe bzw. parallel zu einem Energiespeicherelement geschaltet werden, so stellen die Anordnungen aktive geschaltete Zweipole mit Energiespei-

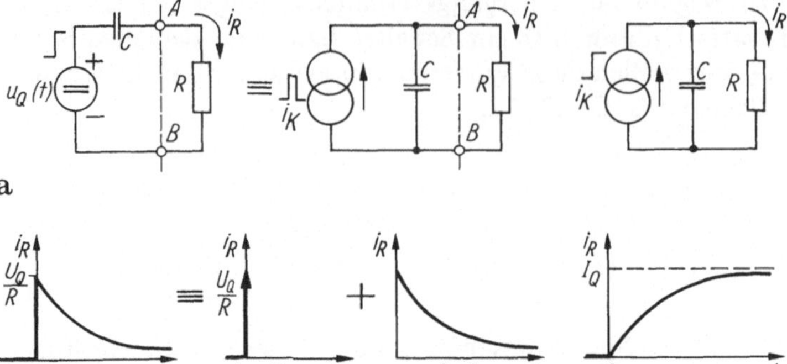

Bild 10.20a–c. *RC*-Schaltung bei Sprung- und Impulserregung. **a** Sprungerregung (Spannungsquelle) und gleichwertige Stromquellenersatzschaltung (Impulserregung); **b** Verlauf des Stromes i_R zu **a**; **c** Sprungerregung der Stromquelle und Strom i_R

cher dar. Bei der Umwandlung der Spannungsquellen- in eine Stromquellenersatzschaltung (Bild 10.20 b, c) ändert sich dann der Zeitverlauf der Erregerfunktion!

Anwendung findet die Modellierung der Anfangswerte als geschaltete Quellen z. B. bei der Anfangswertberechnung in größeren Netzwerken, weil dann die bisherigen Netzwerkanalyseverfahren voll übernommen werden können.

10.1.6.3 RC-Netzwerk. Impulserregung

Im Beispiel Bild 10.8 wurde eine *RC-Schaltung mit einem Spannungsimpuls der Höhe* T/t_0 und Breite t_0 eingeschaltet. Als Lösung ergab sich dort Gl. (8) mit $U_Q t_0 = T$

$$u_C(t) = \frac{T}{t_0}(1 - e^{-t_0/\tau})e^{-t'/\tau} \quad t' > t_0$$

nach Abschalten des Impulses. Das Zeitintervall $0 \ldots t_0$ werde jetzt durch Δt ersetzt. Wir wollen die Aufgabe auf ein analoges Problem übertragen und auf verschiedene Weise lösen und veranschaulichen.

In Schaltung Bild 10.19 werde ein Stromimpuls der Höhe I_Q zur Zeit $t = 0$ in die Parallelschaltung von Kondensator und Widerstand eingeprägt (Impulsdauer Δt, Kondensator energielos). Gesucht ist der Zeitverlauf i_R bzw. $u = u_C$. Die Lösung der Netzwerk-Differentialgleichung

$$CR\frac{di_R}{dt} + i_R = i_Q(t) = \begin{cases} I_Q & 0 < t < \Delta t \\ 0 & t > \Delta t \end{cases}$$

lautet nach Beispiel Abschn. 10.1.3.1 Gl.(7) (Bild 10.19a)

$$i_R(t) = I_Q(1 - e^{-t/\tau}), \quad 0 < t < \Delta t\ . \tag{1}$$

Mit dem Anfangswert $u_C(\Delta t) \rightarrow i_R(\Delta t)$ folgt für die Abschaltphase ($\tau = RC$)

$$i_R(t) = i_R(\Delta t)e^{-\frac{(t-\Delta t)}{\tau}} = I_Q(1 - e^{-\frac{\Delta t}{\tau}})e^{-\frac{(t-\Delta t)}{\tau}}, \quad t > \Delta t\ . \tag{2}$$

Wir ersetzen nun wie im Beispiel Abschn. 10.1.3.1 die konstante Amplitude I_Q durch einen von der Einschaltdauer abhängigen Wert $I'_Q = Q/\Delta t$, wobei Q durch einen Maßstabsparameter T auf die Ladung $Q = I_Q T$ des Ausgangsstromes zurückgeführt wird. Bild 10.19b zeigt Verläufe für den Fall, daß Δt immer kleiner wird. Dabei erreicht i_R am Ende des Einschaltens einen immer größeren Wert. Der *Grenzwert* $i_R(\Delta t)$ des Einschaltvorganges folgt für $t = \Delta t \ll \tau$ durch Reihenentwicklung $e^{-x} \approx 1 - x + x^2/2$ aus Gl. (1) zu

$$i_{R\uparrow}(\Delta t)|_{\Delta t \to +0} = \frac{I_Q T}{\Delta t}\left(1 - \left[1 - \frac{\Delta t}{\tau} + \ldots\right]\right) \approx \frac{I_Q T}{\tau} \equiv \frac{I_Q T}{\tau}\delta(t^*) \tag{3}$$

Einschaltimpuls zur Zeit $t = +0$.

Im Grenzfall verschwindender Impulsdauer geht die gesamte Einschaltphase in einen (normierten) Impuls der Fläche $I_Q T/\tau$ über (Bild 10.19c). Die normierte Einheitsimpulsfunktion $\delta(t^*)$ wurde rechts hinzugefügt, weil dieser Impuls nur für $t^* = 0$ existiert.

Durch diesen Einschaltimpuls (= Stromstoß) springt die Spannung an der Kapazität von $u_C(-0) = 0$ auf $u_C(+0) = u_R = i(+0)R = R(I_Q T/\tau)$.

Weil die Kondensatorspannung aus physikalischen Gründen stets stetig sein muß, kann es sich in diesem Falle nur um ein Rechenmodell handeln.

Was wird aus dem Abschaltvorgang? Aus Gl. (2) geht der Term $i_R(\Delta t)$ für $\Delta t \to 0$ in $i_{R\uparrow}(+0)$ über und damit

$$i_R(t) = i_{R\uparrow}(+0)e^{-t/\tau} = \frac{I_Q T}{\tau}e^{-t/\tau}, \quad t > 0\ . \tag{4}$$

Das ist ein normaler Abklingvorgang mit dem Anfangswert $i_{R\uparrow}(+0) = i_R(+0)$, wie er sich aus dem Nulleingangsverhalten

$$\tau\frac{di_R}{dt} + i_R = 0 \quad \text{für} \quad i_R(+0) \neq 0, \quad t > 0\ ,$$

ergibt.

Zusammengefaßt: Da die Impulsfunktion für $t > 0$ verschwindet, kann man den Abschaltvorgang als Nulleingangsverhalten zur Zeit $t = +0$ verstehen. Der Impuls zur Zeit $t = 0$ erzeugt eine Anfangsbedingung $i_R(+0)$ für $t = +0$, an die sich für $t > 0$ das Nulleingangsverhalten anschließt. Die Diskussion wird im folgenden Beispiel fortgesetzt.

10.1.6.4 RC-Netzwerk. Impuls- und Sprungerregung

Die Schaltung Bild 10.20 ergibt beim Einschalten eines *Spannungssprunges* U_Q zur Zeit $t = 0$ (Kondensator ladungslos) den Stromverlauf (vgl. Bild 10.6)

$$i_R(t) = \frac{U_Q}{R}e^{-t/\tau}, \quad \tau = RC, \quad u_R = Ri(t)\ . \tag{1}$$

Wir wandeln den linken aktiven Zweipol (Spannungsquelle, Kondensator) nach Bild 10.18b, c um in eine Stromquelle aus Kondensator und dem Kurzschlußstrom.

$$i_K = C\frac{du_Q(t)}{dt} = U_Q C\frac{ds}{dt} = U_Q C\delta(t) = Q\delta(t)\ . \tag{2}$$

Es entsteht ein *Stromstoß* der Impulsfläche $U_Q C = Q$. Das ist die Ladung, des Kondensators zufolge U_Q.

Obwohl die linke Schaltung physikalisch realisierbar ist, entsteht durch äquivalente Zweipolumwandlung eine Anordnung, die wegen der δ-Funktion physikalisch nicht realisiert werden kann! Sie hat die Bedeutung eines Rechenmodells. Ohne Definition der δ-Funktion wäre die Stromquellenersatzschaltung für dieses Problem nicht möglich.

Damit liegt eine Schaltung mit *Impulserregung* vor. Für die Stromquellenersatzschaltung lautet die Netzwerkgleichung (mit $i_C = C(\mathrm{d}u/\mathrm{d}t) = RC\mathrm{d}i_R/\mathrm{d}t)$ und $i_C + i_R = i_K$).

$$C\frac{\mathrm{d}u_C}{\mathrm{d}t} + \frac{u_C}{R} = Q\delta(t) \quad (t \geqq 0) \ . \tag{3}$$

Sie wird durch Integration zunächst von $t = -0$ bis $t = +0$ und anschließend für den Bereich $t > 0$ gelöst:

$$C\int_{-0}^{+0}\frac{\mathrm{d}u_C}{\mathrm{d}t}\mathrm{d}t + \int_{-0}^{+0}\frac{u_C}{R}\mathrm{d}t = Q\int_{-0}^{+0}\delta(t)\,\mathrm{d}t \ ,$$

$$C[u_C(+0) - u_C(-0)] + \frac{1}{R}\int_{-0}^{+0} u_C\,\mathrm{d}t = Q\cdot 1 \ . \tag{4}$$

Da links- und rechtsseitiger Grenzwert von u_C gleich sein müssen (Stetigkeit der Kondensatorladung!), verschwindet das Integral. Das Integral über den Einheitsimpuls rechts gibt den Einheitssprung 1 (Gl. (5.72)). Da als Anfangswert $u_C(-0) = 0$ galt, verbleibt aus Gl. (4)

$$u_C(+0) = Q/C \ . \tag{5}$$

Zum Zeitpunkt $t = 0$ bewirkt der Stromstoß einen Spannungssprung am Kondensator von $u_C(-0) = 0$ auf $u_C(+0) = Q/C = u_R(+0)$ und damit auch einen Stromsprung $i_R = u_R(+0)\ R$ (vgl. Bild 10.20b).

Für Zeiten $t > 0$ verschwindet der Einheitsimpuls definitionsgemäß und damit die rechte Seite in Gl. (3). Mit dem Anfangswert Gl. (4) lautet die Lösung

$$i_{R\uparrow} = \frac{u_C(t)}{R} = \frac{u_C(+0)}{R}\mathrm{e}^{-t/\tau} = \frac{Q}{RC}\mathrm{e}^{-t/\tau} = \frac{U_Q}{R}\mathrm{e}^{-t/\tau} \ . \tag{6}$$

Als Gewichtsfunktion Gl. (10.13) erhalten wir

$$f_\uparrow(t) = g(t) = \frac{y_\uparrow(t)}{A} = \frac{i_{R\uparrow}}{Q} = \frac{\mathrm{e}^{-t/\tau}}{\tau} \ . \tag{7}$$

Nach Aufladen der Kapazität zur Zeit $t = 0$ setzt für $t > 0$ ein normaler Abklingvorgang ein, liegt also Nulleingangsverhalten vor.

Die Gewichtsfunktion hängt — wie erwartet — nur vom Netzwerk und der Zeit ab.

Anschaulich wird der Kondensator zur Zeit $t = 0$ innerhalb unendlich kurzer Zeit (von $t = -0$ bis $t = 0$) mit der Ladung Q geladen, anschließend entlädt er sich. Im Bild 10.20b wurden diese beiden Phasen des Übergangsverhaltens dargestellt. Wir bilden zur Kontrolle den Knotensatz für Punkt A (Bild 10.20a) aus der Lösung

$u_R = Ri_{R\uparrow}$ Gl. (6) und

$$i_C = C\frac{du_C}{dt} = RC\frac{di_{R\uparrow}}{dt} = -\frac{U_Q}{R}e^{-t/\tau} \quad t > 0 \ .$$

Er stimmt mit Ausnahme des Schaltpunktes, denn die Stoßfunktion tritt in der Summe nicht auf. Dies läßt sich beheben, wenn anstelle der Gültigkeitsbeschränkung $t > 0$ in Gl. (6) die Sprungfunktion $s(t)$ eingeführt wird:

$$i_{R\uparrow}(t) = \frac{U_Q}{R}e^{-t/\tau}\cdot s(t) \ .$$

Dann folgt (mit der Kettenregel)

$$i_C = \tau\frac{di_{R\uparrow}}{dt} = \frac{\tau U_Q}{R}\left[-\frac{e^{-t/\tau}}{\tau}s(t) + e^{-t/\tau}\frac{ds}{dt}\right],$$

und die Summe erfüllt Gl. (3) exakt.

Stromsprung. Wir suchen die Lösung $i_R(t)$, wenn zur Zeit $t = 0$ ein Stromsprung $i_Q(t) = I_Q s(t)$ eingeschaltet wird. Ausgehend von Gl. (3) ergibt sich

$$\tau\frac{di_R}{dt} + i_R = I_Q s(t) \tag{8}$$

mit $u_C(-0) = 0$. Die Lösung (Nullzustand) ergibt

$$i_{R\_\Gamma}(t) = i_R(t) = I_Q(1 - e^{-t/\tau})s(t) \ , \tag{9}$$

dabei wurde der Einheitssprung $s(t)$ hinzugefügt (Bild 10.20c). Die Übergangsfunktion lautet nach Gl. (10.13)

$$f_{\_\Gamma}(t) = h(t) = \frac{i_{R\_\Gamma}(t)}{I_Q} = (1 - e^{-t/\tau}) \ . \tag{10}$$

Erwartungsgemäß kennzeichnet die Übergangsfunktion das Verhalten der Netzwerkgröße auf sprungförmige Erregerfunktion.

Wir wollen jetzt die Beziehung zwischen Impuls- und Sprungantwort $i_{R\uparrow}(t)$ und $i_{R\_\Gamma}(t)$ nutzen (Gl. (10.16a)), um aus Gl. (9) die Impulsantwort $i_{R\uparrow}(t)$ (Gl. (6)) zugewinnen. Nach der Differentiation eines Produktes ergibt sich aus Gl. (9)

$$\frac{di_{R\_\Gamma}}{dt} = I_Q f_{\_\Gamma}(t)\frac{ds}{dt} + \frac{I_Q}{\tau}e^{-t/\tau}s(t) = I_Q f_{\_\Gamma}(t)\delta(t) + \frac{I_Q}{\tau}e^{-t/\tau}s(t) \ . \tag{11}$$

Da für $t = 0$ $\delta(0) = 1$, aber $f_{\_\Gamma}(0) = 0$ ist, entfällt der erste Term. Wir erhalten

$$i_{R\uparrow} = \frac{\tau di_{R\_\Gamma}}{dt} = I_Q e^{-t/\tau} = \frac{U_Q}{R}e^{-t/\tau} \ . \tag{12}$$

Das ist die Lösung Gl. (6).

Zusammengefaßt gilt für dieses Beispiel:

Sprungerregung:

Sprungantwort: $i_R(t) = I_Q(1 - e^{-t/\tau})\cdot s(t)$,
Übergangsfunktion: $h(t) = (1 - e^{-t/\tau})$.

Impulserregung:

Impulsantwort: $i_{R\uparrow}(t) = I_Q \exp - t/\tau$,
Gewichtsfunktion: $g(t) = e^{-t/\tau}$ mit $g = dh/dt$.

Mit Kenntnis der Gewichts- bzw. Sprungfunktion des Netzwerkes Bild 10.20 sind wir nach Gl. (10.15a) in der Lage, auch das Verhalten der Schaltung bei beliebiger Anregung zu untersuchen. Dies ist der Vorteil dieser Darstellung.

Der Aufwand steigt allerdings, wenn diese Funktionen für Differentialgleichungen höherer Ordnung berechnet werden sollen.

10.2 Zeit- und Frequenzbereich. Komplexe Frequenz

Wir betrachteten bisher die stationären Vorgänge bei harmonischer Erregung (Abschn. 6) und nichtstationäre bei Impulserregung (Abschn. 10.1) als scheinbar verschiedenartige Verhaltensweisen eines Netzwerkes. Da in beiden Fällen von der gleichen Netzwerk-Integro-Differentialgleichung ausgegangen wird, besteht vermutlich ein inniger Zusammenhang. Er wird im Abschn. 10.3 bei Anwendung der Laplace-Transformation besonders deutlich werden. Ein vorbereitender Schritt dazu ist die Einführung des Begriffes „komplexe Frequenz".

10.2.1 Komplexe Frequenz. Komplexe Exponentialfunktion

Die harmonische Erregung $x(t) = \underline{X}e^{j\omega t} + \underline{X}^* e^{-j\omega t}$ (z. B. Sinusspannung) kann mit einer einzuführenden *komplexen Frequenz p*

$p = \sigma + j\omega$	komplexe Frequenz (Einheit s^{-1}),
σ	Dämpfungsmaß, Wuchsmaß reell ($\lesseqqgtr 0$),
ω	Kreisfrequenz reell (> 0)

geschrieben werden in der Form

$$x(t) = \underline{X}e^{pt} + \underline{X}^* e^{p^* t} = 2\{\mathrm{Re}\,\underline{X}e^{pt}\} = 2(|\underline{X}|)e^{\sigma t}\cos(\omega t + \varphi) \,. \quad (10.21)$$

Diese Funktion heißt *Exponentialerregung* oder *Exponentialsignal.* Wie im Frequenzbereich ($j\omega$) schreiben wir alle von p abhängigen Größen mit großen Buchstaben und fügen (p) aus Anschaulichungsgründen hinzu, also z. B. $\underline{U}_{(p)}$.

Wie ist die komplexe Frequenz p zu deuten? Häufig wird der Ausdruck „komplexe Frequenz" als irreführend bezeichnet. Wir wollen ihn daher formal verstehen: Die (Kreis)frequenz ω in physikalischem Sinne ist nur der Imaginärteil von p $\omega = \mathrm{Im}(p)$. Der Realteil σ bewirkt einen zusätzlichen Faktor $e^{\sigma t}$, der nichts mit einer Frequenz gemein hat. Dennoch ist es nützlich, den komplexen Faktor p geschlossen zu betrachten. Dafür ist der Ausdruck „komplexe Frequenz" wohl einprägsam.

Die Amplitude $\underline{U}(p) = \hat{U}e^{pt} = \hat{U}e^{\sigma t}e^{j\omega t}$ einer Spannung $u(t) = \mathrm{Re}(\underline{U}e^{pt} + \underline{U}^* e^{p^* t})$ als Beispiel zu Gl. (10.21) hängt von der Zeit ab: Sie steigt mit dem

Faktor $e^{\sigma t}$ zeitlich entweder exponentiell an ($\sigma > 0$) oder klingt ab ($\sigma < 0$). Solche zeitlich unbeschränkt veränderliche Erregungen haben für Netzwerkuntersuchungen große Bedeutung, obwohl sie sich nicht durch übliche Sinussignale erzeugen lassen.

Exponentialsignal. Die besondere Bedeutung des Exponentialsignals $x(t)$ Gl. (10.21) besteht darin, daß es alle für die Elektrotechnik wichtigen Erregerfunktionen enthält, z. B. die Gleichgröße speziell für $\sigma = 0$, $\omega = 0$, $\varphi = 0$ und $U = 2|\underline{X}|$, die Sinusfunktion für $\sigma = 0$, die Exponentialfunktion für $\omega = 0$.

Die Exponentialerregung ist zwar für alle Zeit definiert; sie kann aber im Falle $\sigma \neq 0$ praktisch nur während eines begrenzten Zeitbereiches erzeugt werden. Jede an-und abklingende Schwingung muß aus technischen Gründen einmal aufhören. Lediglich die Sinusschwingung ($\sigma = 0$) läßt sich z. B. durch einen elektronischen Generator über beliebig lange Zeit erzeugen. Exponentiell abklingende Schwingungen traten z. B. als Eigenschwingung des gedämpften Schwingkreises auf (s. Gl(10.10d)). Sie verschwanden stets nach einiger Zeit.

Die Exponentialerregung $x(t)$ Gl(10.21) kann anschaulich als Projektion einer komplexen logarithmischen Spirale gedeutet werden. Sie hat *vier Bestimmungsstücke*:

Amplitude $2X$, Dämpfung σ, Kreisfrequenz ω und Phase φ.

Bild 10.21a enthält die Zuordnung des Verlaufes $x(t) \sim \mathrm{Re}(e^{pt})$ zu einer *komplexen p-Ebene* oder *Ebene der komplexen Frequenz*. Aufgetragen ist der Realteil in ausgewählten p-Werten. Da er aus zwei konjugiert komplexen Anteilen besteht, gehört zu jedem p in der oberen ein entsprechender konjugiert komplexer Wert in der unteren Halbebene (im Bild nicht eingetragen). In dieser Darstellung repräsentiert die imaginäre Achse ($\sigma = 0$) Schwingungen konstanter Amplitude, die reelle Achse ($\omega = 0$) die an- oder abklingende Exponentialfunktion mit reellen Exponenten. Im Bildteil *b* wurde die Entstehung an- oder abklingender Sinusschwingungen durch Projektion des rotierenden Zeigers e^{pt} auf die reelle Achse veranschaulicht. Das ist der Vorgang (s. Bildteil β), den wir bereits im Abschn. 6.2.1.2 zur Erläuterung der harmonischen Schwingung konstanter Amplituden benutzten.

Komplexes Exponentialsignal. Für Netzwerkuntersuchungen benutzt man das Exponentialsignal Gl. (10.21): in komplexer Form.

$$x(t) = \underline{X} e^{pt} = X e^{j\varphi} e^{(\sigma + j\omega)t} = x_1(t) + jx_2(t) \qquad (10.22)$$

Komplexe Exponentialfunktion (Definitionsgleichung).
(vgl. harmonische Funktion Gl. (6.6)).

Mit dieser Erweiterung der Erregerfunktion $x(t)$ auf komplexe Frequenzen p stellt das bisherige Verhalten eines Netzwerkes bei stationärer Sinuserregung nur einen Sonderfall ($p = j\omega$ für $\sigma = 0$) dar. Wir bewegten uns im Bild 10.21 a sozusagen nur längs der imaginären Achse. Die umfassendere Erregerfunktion Gl. (10.22) schließt die ganze p-Ebene ein.

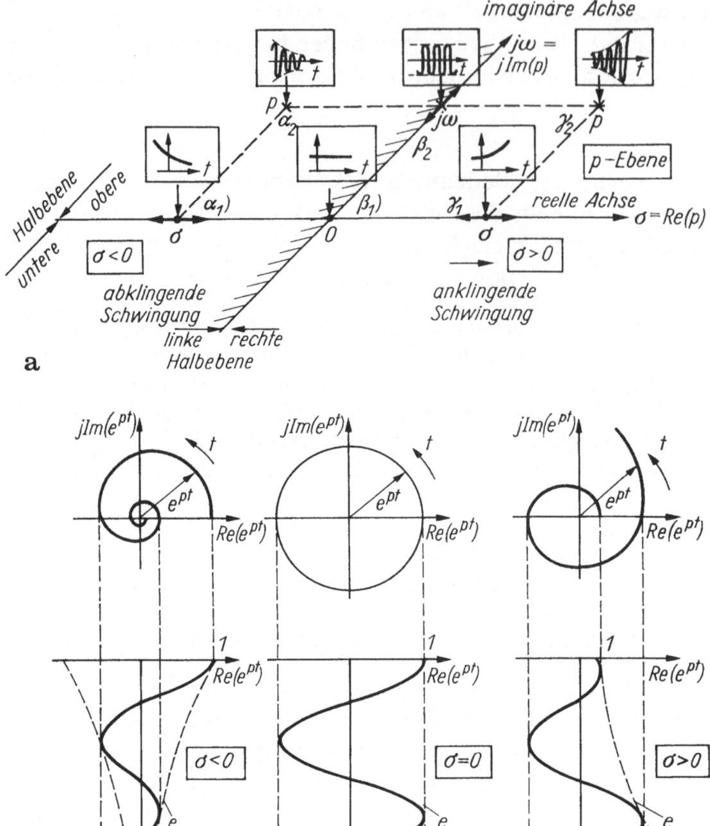

Bild 10.21a,b. Physikalische Bedeutung der komplexen Frequenz. **a** Darstellung der Ebene der komplexen Frequenz p mit Veranschaulichung des betreffenden Schwingungstyps von $x(t)$. Eingetragen sind: $\alpha 1$), $\gamma 1$) abklingende (anklingende) Exponentialfunktion, $\beta 1$) Gleichgröße, $\beta 2$) Sinuserregung mit konstanter Amplitude, $\alpha 2$), $\gamma 2$) abklingende (anklingende) Sinusschwingung; **b** Verlauf von e^{pt}, $\mathrm{Re}(e^{pt})$ und $\mathrm{Im}(e^{pt})$ für verschiedene Dämpfungen σ

Damit gelten insbesondere die Transformation Zeit-Frequenzbereich und z.B. der Ersatz der Netzwerk-Differentialgleichung durch eine algebraische Gleichung des Abschnittes 6.2.2.1 uneingeschränkt.

Impedanz und Admittanz von Netzwerkelementen im komplexen Frequenzbereich. Werden die Grundschaltelemente R, C, L mit einer Funktion der Form nach Gl. (10.22) erregt, so geht der bisher benutzte Impedanz-bzw. Admittanzbegriff

$$\underline{Z}_{\mathrm{C}}(\mathrm{j}\omega) = \frac{1}{\mathrm{j}\omega C}, \quad \underline{Z}_{\mathrm{L}} = \mathrm{j}\omega L, \quad \underline{Z}_{\mathrm{R}} = R$$

über in die Impedanz bzw. Admittanz abhängig von der komplexen Frequenz p:

Element		Allgemeiner Ausdruck	Stationärer Wechselstrom	Stationärer Gleichstrom
Widerstand	$\underline{Z}(p) = R$	$\underline{Y}(p) = \frac{1}{R}$	$\underline{Z}(j\omega) = R$	$Z(0) = R$
Kondensator	$\underline{Z}(p) = \frac{1}{pC}$	$\underline{Y}(p) = pC$	$\underline{Z}(j\omega) = \frac{1}{j\omega C}$	$Z(0) \to \infty$ (Leerlauf)
Spule	$\underline{Z}(p) = pL$	$\underline{Y}(p) = \frac{1}{pL}$	$\underline{Z}(j\omega) = j\omega L$	$Z(0) \to 0$ (Kurzschluß)

Bei Anwendung der komplexen Frequenz auf die Netzwerkelemente gelten die bisher für den Frequenzbereich $p = j\omega$ ermittelten Gesetzmäßigkeiten (Abschn. 6.2ff.) uneingeschränkt. Davon machen wir im folgenden Abschnitt Gebrauch.

10.2.2 Übertragungsfunktion

10.2.2.1 Zusammenhang Übertragungsfunktion-Frequenzgang

Der Ursache-Wirkungs-Zusammenhang eines linearen zeitunabhängigen Netzwerkes wurde im Frequenzbereich (bei harmonischer Erregung) durch den Frequenzgang $\underline{F}(j\omega)$ Gl. (6.31) erfaßt. Er ergab sich im Ergebnis der Hintransformation des Netzwerkes in den Frequenzbereich. Das bereits in Tafel 6.9 eingeführte Transformationsschema bleibt auch beim Übergang zur komplexen Frequenz gültig (Bild 10.22).

Dabei geht der Frequenzgang $\underline{F}(j\omega)$ in die *Übertragungsfunktion*[1] $\underline{F}(p)$ über:

$$\underline{F}(p) = \underline{G}(p) = \frac{\text{Wirkungsfunktion}}{\text{Ursachenfunktion bei Exponentialsignal}}$$

$$= \frac{\underline{Y}(p)}{\underline{X}(p)} = \frac{b_m p^m + \dots + b_1 p + b_0}{a_n p^n + \dots + a_1 p + a_0} = \frac{|\underline{Y}(p)|}{|\underline{X}(p)|} e^{j[\varphi_y(p) - \varphi_x(p)]} = \frac{Z(p)}{N(p)}$$

Übertragungsfunktion Definition (Normalform) (10.23a)

mit $\underline{F}(j\omega) = \underline{G}(j\omega) = \lim_{p \to 0} \underline{G}(p)$.

Die Übertragungsfunktion $\underline{F}(p)$ kennzeichnet das Übertragungsverhalten eines linearen zeitunabhängigen Netzwerkes mit konzentrierten Bauelementen für exponentiell ge- oder entdämpfte Sinussignale. Sie ist der Quotient der komplexen Amplitude von Wirkung (Ausgang) zur Ursache (Eingang).

[1] In der Systemtheorie als Systemfunktion bezeichnet.

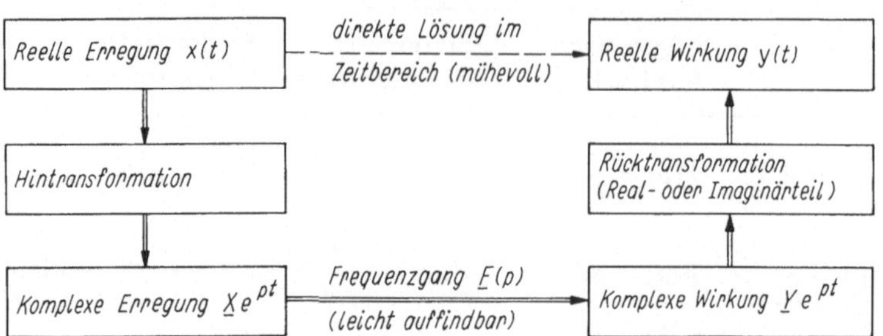

Bild 10.22. Anwendung der komplexen Erregung Gl. (10.22) auf ein lineares Netzwerk

Weiter gilt:
Die Koeffizienten a_i, b_i der Übertragungsfunktion sind stets reell und hängen nur von den Netzwerkelementen und der komplexen Frequenz p ab.

In $\underline{F}(p)$ ist der Frequenzgang $\underline{F}(j\omega)$ (Gl. (6.31)) für ungedämpfte Sinusschwingungen ($\sigma = 0$) als Sonderfall $p = j\omega$ enthalten! Seine graphische Darstellung war die Ortskurve (s. Abschn. 6.3.3).

Experimentell läßt sich $\underline{F}(p)$ mit Exponentialsignalen praktisch nicht ermitteln. Derartige einseitig zeitlich anwachsende (abklingende) Signale würden ja den Meßbereich der verwendeten Geräte über-bzw. unterschreiten, noch ehe der stationäre Zustand erreicht ist. Man bestimmt deshalb die Koeffizienten a_i, b_i von $\underline{F}(p)$ besser durch die stets mögliche Frequenzgangmessung $\underline{F}(j\omega)$ und vollzieht anschließend den Übergang $j\omega \rightarrow p$.

Schließlich sei daran erinnert, daß die Übertragungsfunktion je nach den ins Verhältnis gesetzten Größen ein Spannungs- oder Stromverhältnis, eine Impedanz oder Admittanz sein kann.

Normalform. Bei der Netzwerkanalyse fällt die Übertragungsfunktion gewöhnlich nicht in der durch Gl. (10.23) gegebenen *Normalform* an. Letztere darf weder kürzbare noch negative Potenzen von p im Nenner enthalten. Um auf die Normalform zu kommen, werden Zähler und Nenner nach steigendem p geordnet und konstante Faktoren so ausgeklammert, daß die niedrigste Potenz von p den Koeffizienten 1 besitzt.

Beispiel. Für das Netzwerk (Bild 10.23) mit eingepeistem Strom $\underline{I}_e(p)$ lautet die Ausgangsspannung $\underline{U}_a(p)$

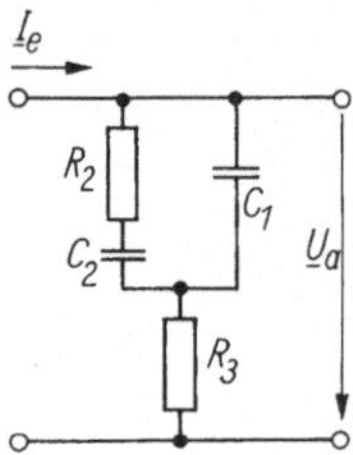

Bild 10.23. Bestimmung der Übertragungsfunktion $\underline{F}(p)$

$$\frac{\underline{U}_a(p)}{\underline{I}_e(p)} = \underline{F}(p) = \underline{Z}(p) = R_3 + \cfrac{1}{pC_1 + \cfrac{1}{R_2 + 1/(pC_2)}} .$$

Zur Umwandlung auf die Normalform werden Zähler und Nenner des zweiten Summanden mit $R_2 + 1/(pC_2)$ erweitert, der erste Summand einbezogen und $1/(pC_2)$ ausgeklammert

$$\underline{Z}(p) = \frac{1}{p}\frac{1}{(C_1 + C_2)} \cdot \frac{1 + pC_2\{R_2 + R_3(1 + C_1/C_2)\} + p^2 C_2 R_3 C_1 R_2}{1 + p\dfrac{C_1 R_2}{1 + C_1/C_2}}$$

$$= \frac{H}{p} \cdot \frac{1 + b_1 p + b_2 p^2}{1 + a_1 p} .$$

Damit ist die Normalform bestimmt.

10.2.2.2 Pole und Nullstellen der Übertragungsfunktion

Pole, Nullstellen. Anschaulich kann man die Funktion $\underline{F}(p)$ als Abbildung der komplexen p-Ebene auf die komplexe $\underline{F}$-Ebene deuten. Das Interesse an der Abbildung der gesamten p-Ebenen entspringt der Theorie der komplexen Funktionen. Dort wird gezeigt, daß eine komplexe Funktion durch ihre Pole und Nullstellen bis auf eine additive oder multiplikative Konstante bestimmt ist. Das trifft auch auf $\underline{F}(p)$ zu. Da sich Zähler $Z(p)$ und Nenner $N(p)$ von $\underline{F}(p)$ nach dem Fundamentalgesetz der Algebra (durch Lösung der Stammgleichung für das Zähler- und Nennerpolynom) in Linearfaktoren zerlegen lassen, lautet die zu Gl. (10.23a) gleichwertige Darstellung:

$$\underline{F}(p) = \underline{G}(p) = \frac{b_m(p - p_{01}) \ldots (p - p_{0m})}{a_n (p - p_{x1}) \ldots (p - p_{xn})} = \underbrace{H\frac{\prod_{\mu=1}^{m}(p - p_{0\mu})}{\prod_{\nu=1}^{n}(p - p_{x\nu})}}_{\textbf{Übertragungsfunktion}} = \frac{Z(p)}{N(p)} . \quad (10.23\text{b})$$

Die komplexen Frequenzen $p_{0\mu}$ heißen *Nullstellen* (des Zählers), die komplexen Frequenzen $p_{x\nu}$ *Pole* (Nullstellen des Nenners) der Übertragungsfunktion. Mehrfachpole sind möglich.

Zwei wesentliche Feststellungen gelten:

- Lineare Netzwerke mit konzentrierten Elementen hatten reelle Koeffizienten b_m, a_n (s. Abschn. 5.3.5). Deswegen besitzt die Übertragungsfunktion stets entweder reelle und/oder paarweise konjugiert komplexe Pole und Nullstellen.
- Die Übertragungsfunktion $\underline{G}(p)$ wird durch ihre Pole- und Nullstellen sowie den Maßstabsfaktor H stets eindeutig beschrieben.

Wir wollen hier einige allgemeine Eigenschaften der Übertragungsfunktion Gl. (10.23b) voranstellen:

— Der Nenner $N(p)$ ist die charakteristische Gleichung der Netzwerk-Differentialgleichung. Ihre Wurzeln sind die Pole von $\underline{F}(p)$. Sie bestimmen so das Zeitverhalten der Netzwerkausgangsgröße (Wirkung!).

— Liegen sämtliche Pole in der linken p-Halbebene ($\mathrm{Re}(p_i) < 0$), so klingt eine Störung für $t \to \infty$ ab und das Netzwerk heißt stabil (im anderen Fall würde eine Schwingung angefacht, Oszillatorprinzip, vgl. Bild 10.21).
Der Pol, welcher der imaginären Achse am nächsten liegt, heißt *dominater* Pol. Er bestimmt, wie langsam eine Änderung abklingt.

— Ein komplexes Polpaar in der linken Halbebene deutet auf eine abklingende Schwingung hin (Bild 10.21).

— Die reelle Achse der p-Ebene ist Symmetrielinie des Pol-Nullstellenbildes (Bild 10.21).

— Nullstellen haben bezüglich des zeitlichen Verhaltens eines Netzwerkes gegenüber Polen eine geringere Bedeutung.

Pol-Nullstellenbild (PN-Plan). Die Darstellung der Pole (P) und Nullstellen (N) in der komplexen (Kreis-)Frequenzebene (komplexe p-Ebene) heißt *PN-Plan*:

Polstellen werden durch Kreuze $\times$, Nullstellen durch Kreise $\bigcirc$ gekennzeichnet. Der Maßstabsfaktor geht dabei verloren (was meist uninteressant ist).

Anschaulich sollte man sich hinter dem PN-Plan stets ein dreidimensionales Gebilde vorstellen. Schnittlinien mit einer senkrechten Ebene längs der $j\omega$-Achse ($\sigma = 0$) ergeben dann die Frequenzcharakteristik $\underline{F}(j\omega)$. Wir werden das an Beispielen verdeutlichen.

Dem PN-Plan kann das Bode-Diagramm (s. Abschn. 6.3.3.4) bequem entnommen werden. Aus der gleichwertigen Darstellung

$$\underline{F}(p) = H\frac{(p-p_{01})(p-p_{02})\ldots}{(p-p_{x1})(p-p_{x2})\ldots} = |\underline{F}(p)|\mathrm{e}^{j\varphi_F},$$

$$|\underline{F}(p)| = |H|\frac{|p-p_{01}||p-p_{02}|\ldots}{|p-p_{x1}||p-p_{x2}|\ldots}, \tag{10.24}$$

$$\sphericalangle \underline{F}(p) = \sphericalangle H + [\sphericalangle(p-p_{01}) + \sphericalangle(p-p_{02}) + \ldots] - [\sphericalangle(p-p_{x1}) + \sphericalangle(p-p_{x2}) + \ldots]$$

lassen sich die Bestimmungsstücke von $\underline{F}$ aus der Lage der Pole und Nullstellen graphisch gewinnen.

Im Bild 10.24 sind einige Pole (p_{x1}, p_{x2}) und Nullstellen (p_{01}, p_{02}) einer Übertragungsfunktion $\underline{F}(p)$ in der p-Ebene eingetragen. Sie können ebensogut durch Zeiger zwischen Ursprung der p-Ebene und den jeweiligen Nullstellen oder Polen interpretiert werden (jede komplexe Größe besitzt einen zugeordneten Zeiger). Ein Verbindungszeiger $p - p_{01}$ z. B. zwischen p_{01} und p repräsentiert somit einen Faktor im Zähler von $\underline{F}(p)$ (Bild 10.24b). Er wird durch Länge (Betrag M) und Winkel ψ eindeutig beschrieben:

$$M = |p - p_{01}|, \quad \psi = \sphericalangle(p - p_{01}),$$

Analoge Darstellungen gelten für alle anderen Pole und Nullstellen. So entstehen die im Bild 10.24c eingetragenen Differenzzeiger.

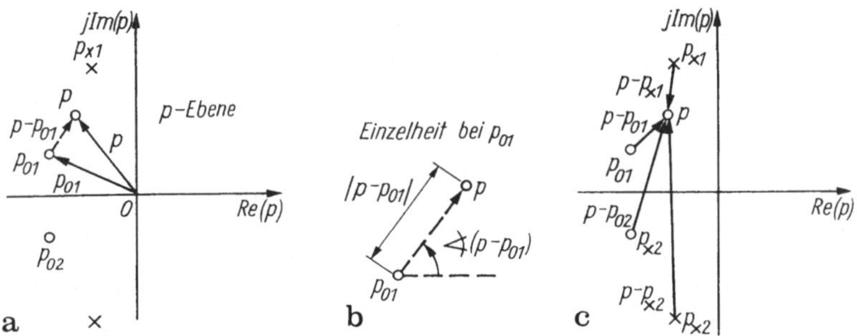

Bild 10.24a, b. Pole und Nullstellen einer Übertragungsfunktion in der p-Ebene

Der Betrag der Übertragungsfunktion ist damit für einen gewählten Punkt p der Quotient der Produkte aller Nullstellenabstände zu p und der Produkte aller Polabstände zu p. Speziell für $p = \mathrm{j}\omega$ (Punkt auf der imaginären Achse) ergibt sich der Betrag des Frequenzganges.

Die gesamte Bestimmung des Frequenzverhaltens eines linearen Netzwerkes kann damit auf die Frequenzganguntersuchung der einzelnen Beträge $|p - p_{0\nu}|$ bzw. $|p - p_{x\nu}|$ und deren Phasenwinkel reduziert werden. So läßt sich z. B. auch das Bode-Diagramm und die Ortskurve aus dem PN-Plan konstruieren.

Da sich das Amplituden-Phasen-Verhalten einer Netzwerkübertragungsfunktion aus dem Amplituden-Phasen-Verhalten einzelner Pole und Nullstellen zusammensetzen läßt, genügt die Kenntnis von drei typischen Lagen der Pole und Nullstellen: im Ursprung, auf der reellen Achse, komplexes Polpaar. Betrachten wir dazu einige Beispiele.

Pole und Nullstellen im Ursprung. Die Impedanz $\underline{Z}(p)$ der Induktivität lautet $(p = \mathrm{j}\omega)$ $\underline{F} = \underline{Z}(p) = pL(p_{01} = 0)$. Das ist eine *Nullstelle* im Ursprung (abgesehen vom Maßstabsfaktor L). Wir erhalten

$$M = |p - p_{01}| = |\mathrm{j}\omega| = \omega, \quad \psi = \sphericalangle(p - p_{01}) = \sphericalangle p = 90^\circ .$$

Der Betrag M ist gleich ω und der Winkel $\psi = +90^\circ$. Das Amplituden-Phasendiagramm geht aus Bild 10.25 a hervor (in logarithmischer Darstellung erreichen die Koordinaten nie den Nullpunkt).

Ein *Pol* im Ursprung $(p_{x1} = 0)$ würde für die Impedanz des Kondensators auftreten $\underline{F}(p) = \underline{Z}(p) = \dfrac{1}{pC}$. Es ergibt sich formal das gleiche Bild in der p-Ebene, nur steht M jetzt im Nenner der Übertragungsfunktion

$$|\underline{F}(\mathrm{j}\omega)| = \frac{1}{M} = \frac{1}{|\mathrm{j}\omega - 0|} = \frac{1}{\omega}, \quad \sphericalangle \underline{F}(\mathrm{j}\omega) = -\psi = -90^\circ .$$

Das Amplituden-Phasen-Diagramm (Bild 10.25b) drückt dies aus.

Pol und Nullstelle im Nullpunkt unterscheiden sich damit in der Steigung $(+1, -1)$ von $|\underline{F}(\mathrm{j}\omega)|$ in doppelt logarithmischer Darstellung bedingt durch die Frequenzabhängigkeit $(\omega^{+1}, \omega^{-1})$ und im Vorzeichen der Phasenwinkel ψ.

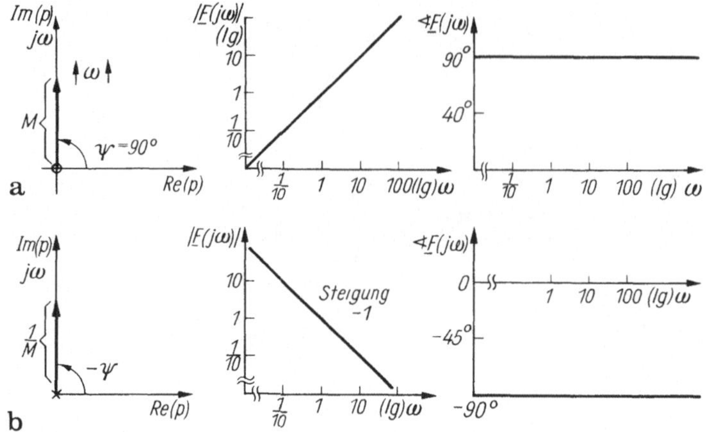

Bild 10.25a, b. Pole und Nullstellen im Ursprung. **a** Nullstellen im Ursprung; **b** Pol im Ursprung

Pol und Nullstelle auf der reelen Achse. Am Beispiel einer RC-Schaltung (Bild 10.26) mit der Übertragungsfunktion für die Ausgangsspannung

$$\underline{F}(p) = \frac{\underline{U}_a(p)}{\underline{U}_e(p)} = \frac{1}{1 + pRC} = \frac{1}{RC}\frac{1}{p + \dfrac{1}{RC}} = \frac{1}{RC}\frac{1}{p - p_{x1}}$$

erkennt man, daß $\underline{F}(p)$ nur einen Pol $p_{x1} = -\dfrac{1}{RC}$ hat. Betrag und Phase des Frequenzganges folgen für $p = \mathrm{j}\omega$ zu

$$|\underline{F}(\mathrm{j}\omega)| = \frac{1}{RC}\frac{1}{\left|\mathrm{j}\omega - \left(\dfrac{1}{RC}\right)\right|} = \frac{1}{RCM} = \frac{1}{\sqrt{1 + (\omega RC)^2}}$$

und $\sphericalangle \underline{F}(\mathrm{j}\omega) = -\arctan \omega RC = -\Theta_1$.

Bild 10.26a stellt den bereits bekannten Frequenzverlauf sowie die Ortskurve gegenüber. In der p-Ebene (Bild 10.26b) ist der Pol $p = -1/(RC)$ in der linken Halbebene eingetragen. Die komplexe Zahl $\mathrm{j}\omega + (-1)/(RC)$ ist ein Zeiger mit der Spitze bei $\mathrm{j}\omega$ und dem Ursprung im Pol $-1/(RC)$. Länge: $d_1 = |\mathrm{j}\omega + (-1/(RC))|$

Winkel (zur positiven reellen Achse): $\sphericalangle (\mathrm{j}\omega + 1/(RC)) = \Theta_1$.

Für variables ω ändern sich Länge d_1 und Winkel Θ_1. Bei $\omega = 1/RC$ ergibt sich ein Winkel $\sphericalangle \underline{F} = -45°$.

Im Amplituden-Phasen-Diagramm folgt als asymptotisches Verhalten

— für tiefe Frequenzen $\omega CR \ll 1$ $|\underline{F}(\mathrm{j}\omega)| \approx 1$,

— für hohe Frequenzen $\omega CR \gg 1$ $|\underline{F}(\mathrm{j}\omega)| \approx 1/\omega RC$.

Der Schnittpunkt der Asymptote liefert die 45°-Frequenz $\omega_{45} RC = 1$. Im Bild 10.26 wurde die Funktion $\underline{F}$ räumlich dargestellt. Man erkennt den Pol, aber ebenso den Frequenzgang $\underline{F}(\mathrm{j}\omega)$ als Schnitt durch dieses Gebrige längs der imaginären Achse.

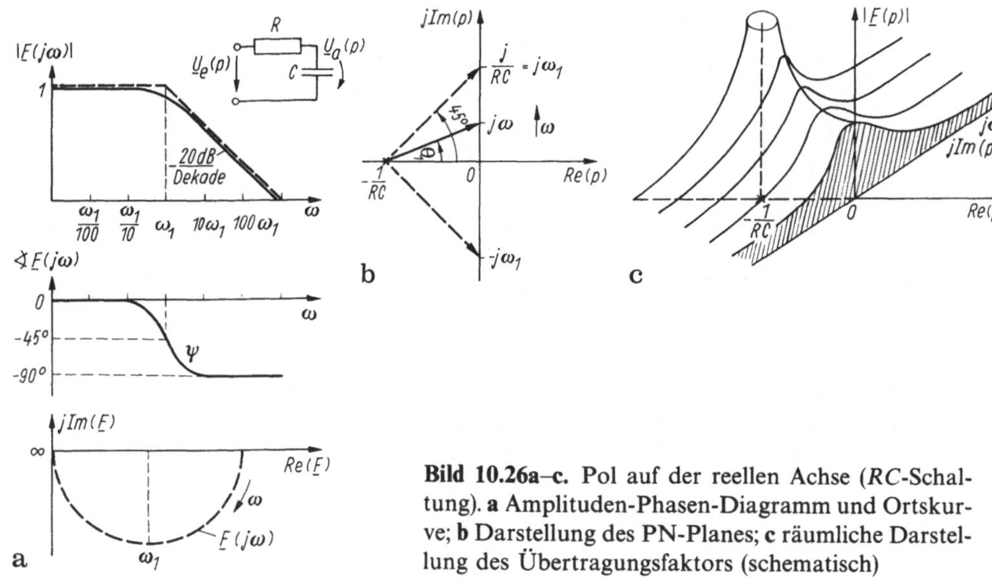

Bild 10.26a–c. Pol auf der reellen Achse (*RC*-Schaltung). **a** Amplituden-Phasen-Diagramm und Ortskurve; **b** Darstellung des PN-Planes; **c** räumliche Darstellung des Übertragungsfaktors (schematisch)

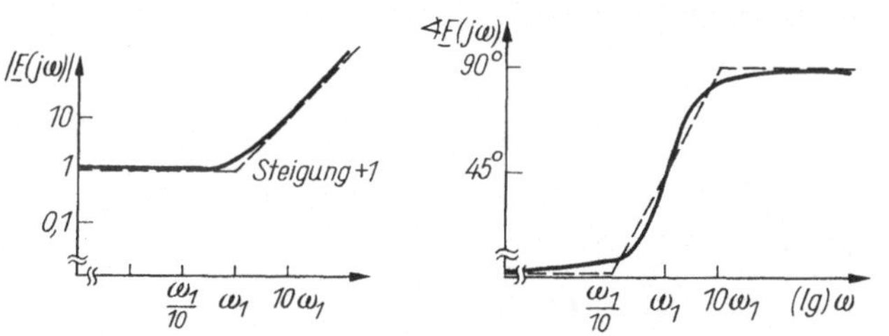

Bild 10.27. Nullstelle auf der reellen Achse

Nullstelle auf der reellen Achse. Die Admittanzfunktion $\underline{Y}(p) = G + pC$ einer Parallelschaltung von Wirkleitwert und Kondensator $\underline{F}(p) \equiv \underline{Y}(p) = G + pC$ hat eine Nullstelle auf der negativen reellen Achse $p_{01} = -\dfrac{G}{C} = -\omega_1$.

Amplituden- und Phasenkurve (Bild 10.27) sind identisch mit jenen für einen Pol auf der negativen reellen Achse mit der Ausnahme, daß jede Kurve im Vergleich zu Bild 10.26 "gespiegelt" ist. Die Amplitude steigt mit der Steigung + 1 oberhalb der Grenzfrequenz, während die Phase positiv bleibt.

Reihenkreis. Konjugiert komplexe Pole (unterdämpfter Fall, $\varrho > \frac{1}{2}$). Ein Reihenschwingkreis Bild 10.28 hat den Übertragungsfaktor

$$\underline{F}(p) = \frac{1}{\underline{Z}(p)} = \frac{\underline{I}(p)}{\underline{U}(p)} = \frac{1}{pL + R + \dfrac{1}{pC}} = \frac{1}{L} \frac{p}{p^2 + \dfrac{Rp}{L} + \dfrac{1}{LC}}$$

$$= \frac{(p-0)}{L[p - (-\alpha + \mathrm{j}\omega_\mathrm{d})][p - (-\alpha - \mathrm{j}\omega_\mathrm{d})]} \quad (1)$$

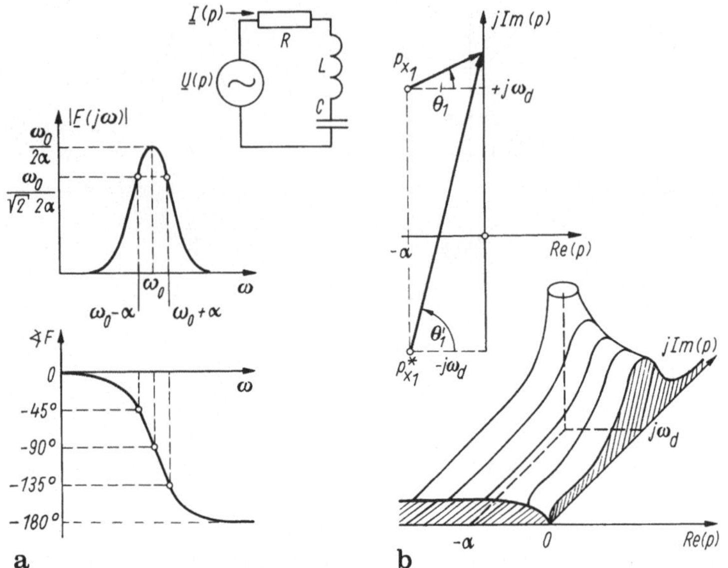

Bild 10.28a,b. Übertragungseigenschaften des Reihenschwingkreises. **a** Amplitude und Phasengang; **b** p-Ebene und räumliche Darstellung des Frequenzganges

mit (Gl (10.9ff))

$$\alpha = \frac{R}{2L}, \quad \omega_d = \sqrt{\omega_0^2 - \alpha^2}, \quad \omega_0^2 = \frac{1}{LC} .$$

Es liegen eine Nullstelle $p = 0$ und ein Paar konjugiert komplexer Pole bei $-\alpha \pm j\omega_d$ vor. Betrag und Winkel lauten

$$|\underline{F}(j\omega)| = \frac{1}{L} \frac{|j\omega - 0|}{|j\omega - (-\alpha + j\omega_d)||j\omega - (-\alpha - j\omega_d)|} = \frac{1}{L} \frac{1}{d_1 d_1'} , \tag{2}$$

$$\sphericalangle \underline{F}(j\omega) = \sphericalangle (j\omega - 0) - \sphericalangle [j\omega - (-\alpha + j\omega_d)]$$
$$- \sphericalangle [j\omega - (-\alpha - j\omega_d)] .$$

Beispielsweise lassen sich entnehmen $\underline{F}(0) = 0$, $|\underline{F}(j\omega)|$ erreicht ein Maximum über ω bei $\omega \approx \omega_d$, wenn der Nenner ($\sim d_1$) ein Minimum wird

$$|\underline{F}(j\omega_d)| \approx \frac{1}{L} \frac{\omega_d}{2\alpha\omega_d} \approx R, \quad \sphericalangle \underline{F}(j\omega_d) = 0 .$$

Bewegt sich p auf der positiven imaginären Achse von 0 nach ∞, so läßt sich der Verlauf von $|\underline{F}(p)|$ und $\sphericalangle \underline{F}(p)$ anschaulich erklären. In Nullpunktnähe ist $|\underline{F}|$ etwa Null, da dort die Nullstelle bei $p = 0$ dominiert.

Bei großer Güte liegen die beiden Pole in Nähe der imaginären Achse. Deshalb besitzt $|\underline{F}|$ in Polnähe ein Maximum. Dort ist der Abstand zum Pol klein und die

Tafel 10.1. Zusammenstellung einfacher Netzwerke (Reaktion auf Eingangssprung)

Schaltung	Netzwerkgleichung	Übergangsfunktion	Übertragungsfunktion $\underline{F}(p)$	Ortskurve	p-Ebene × Pol ○ Nullstelle
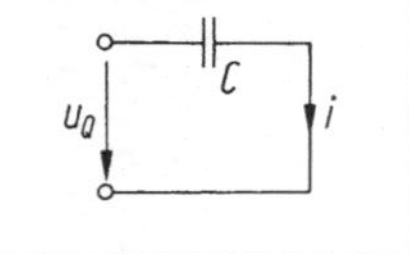 u_a, C, i	$i = C \frac{du_a}{dt}$	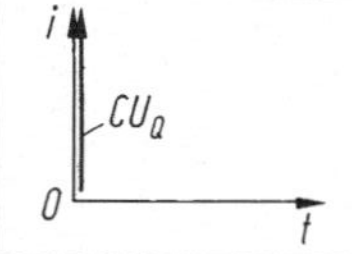 i, CU_a, 0, t	pCU_a	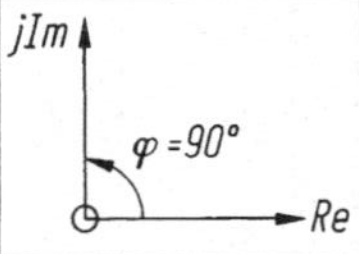 jIm, $\varphi = 90°$, Re	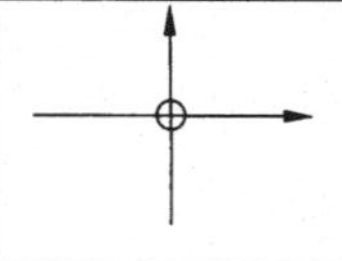
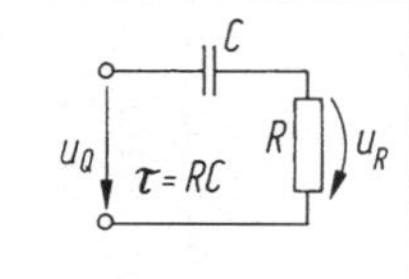 u_a, C, R, u_R, $\tau = RC$	$\tau \frac{du_R}{dt} + u_R = \tau \frac{du_a}{dt}$	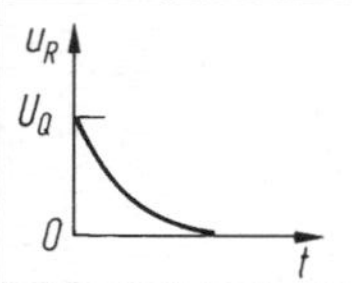 u_R, U_a, 0, t	$\frac{\tau p}{1+\tau p}$	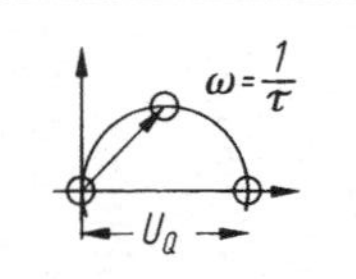 $\omega = \frac{1}{\tau}$, U_a	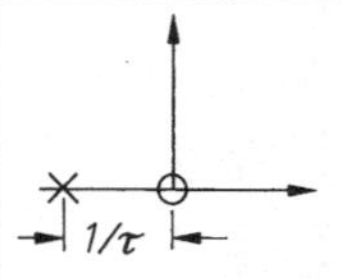 $1/\tau$
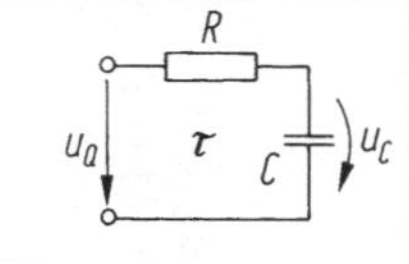 u_a, R, τ, C, u_C	$\tau \frac{du_C}{dt} + u_C = u_a(t)$	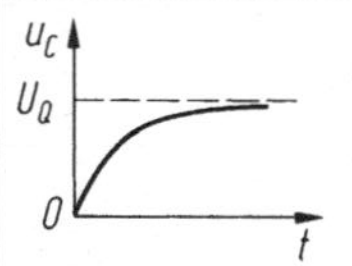 u_C, U_a, 0, t	$\frac{1}{1+\tau p}$	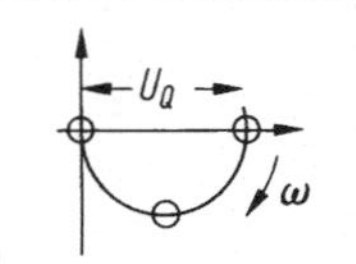 U_a, ω	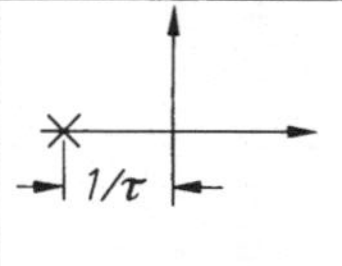 $1/\tau$
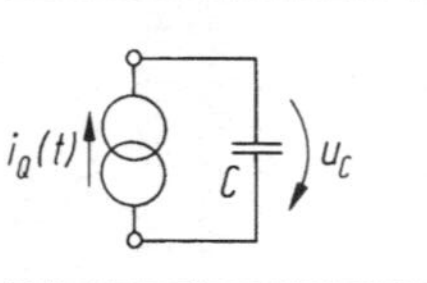 $i_a(t)$, C, u_C	$u_C = \frac{1}{C}\int i_a(t)\,dt$	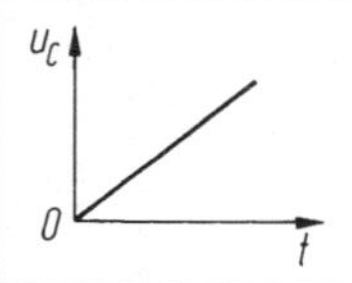 u_C, 0, t	$\frac{1}{pC}$	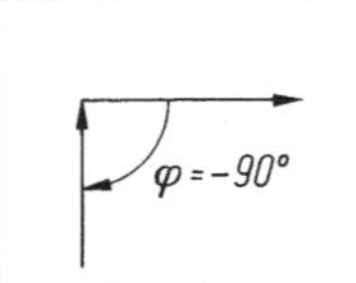 $\varphi = -90°$	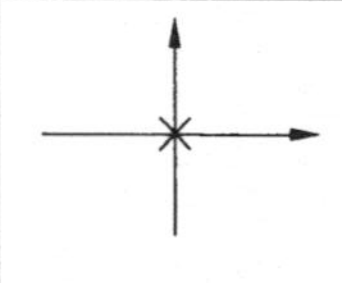
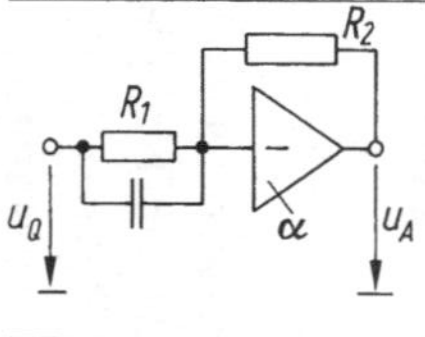 u_a, R_1, R_2, α, u_A	$u_a = \frac{R_2}{R_1} u_a + \tau \frac{du_a}{dt}$ $\tau = R_2 C$	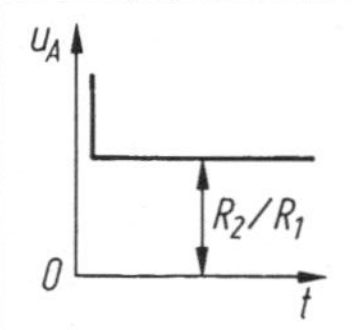 u_A, R_2/R_1, 0, t	$(1+\tau p)\,\frac{R_2}{R_1}$	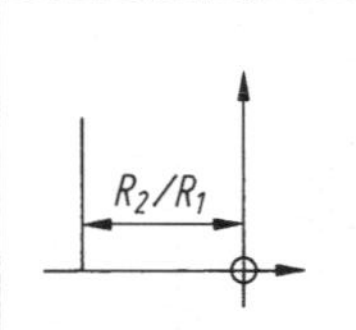 R_2/R_1	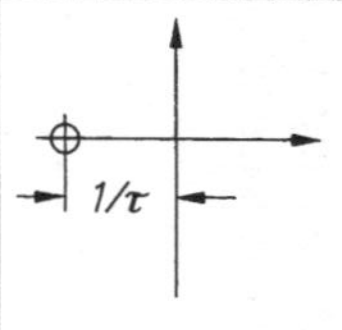 $1/\tau$

starke Änderung mit p maßgebend für das Betragsverhalten. Mit wachsender Kreisgüte ϱ wird dieses Verhalten immer ausgeprägter.

Im Vergleich zwischen der Darstellung eines unterkritisch gedämpften Schwingkreises an Hand des PN-Planes und seinem Nulleingangsverhalten (Abschn. 10.1.4) erkennen wir:

— Die Eigenfrequenzen λ_1, λ_2 Gl. (10.9) entsprechen direkt den Polen.

— Pole sind eine Netzwerkeigenschaft. Sie hängen nicht von der Erregung ab. (In Bild 10.13 wurde eine Gleichspannung eingeschaltet, im Bild 10.28 liegt ein Exponentialsignal an.)

In Tafel 10.1 sind typische Übertragungsfunktionen zusammengestellt, wie sie in einfachen Netzwerken auftreten. Die skizzierte Ortskurve dient — wie die schematisierten PN-Pläne — zur Veranschaulichung.

Physikalische Interpretation der Pole. Die Pole stehen mit den *Eigenfrequenzen* eines Netzwerkes in direktem Zusammenhang. Nach Gl. (5.125) (s. auch Beispiel Schwingkreis, Abschn. 10.1.4) lagen die Eigenfrequenzen, also die n Lösungen $p_n = \lambda_n$ der charakteristischen Gleichung (Nullstellen des Nennerpolynoms) $N(p) = a_n p^n + \ldots + a_1 p + a_0 = 0$ als Dämpfung und Frequenz eines Ausgleichsvorganges fest! Sie hängen nicht von der Erregung ab. Wir betrachten dazu eine Zweipolimpedanz $\underline{Z}(p) \equiv \underline{F}(p)$ mit dem Nennerpolynom $N(p)$. Sie wird von einem eingeprägten Generatorstrom $\underline{I}(p) = \underline{I}e^{pt}$ durchflossen und erzeugt den Spannungsabfall

$$\underline{U}(p) = \underline{Z}(p)\underline{I}(p) = \underline{F}(p)\underline{I}(p) .$$

Ohne äußere Erregung ($\underline{I} = 0$) entsteht keine Spannung $\underline{U}(p)$ mit einer Ausnahme: für $p = p_{xi}$, also für eine Nullstelle von $N(p)$ ($\underline{F}(p_x) \to \infty$). Der leerlaufende Zweipol ($\underline{I} = 0$) besitzt somit die Eigenlösung

$$\underline{u}(t) = \underline{U}\,e^{p_{xi}t} .$$

Das Netzwerk erzeugt diese Ausgangsgröße ohne äußere Anregung aufgrund der gespeicherten Energie. Ihr zeitlicher Ablauf wird durch p_{xi} beschrieben.

Ein Pol der Übertragungsfunktion bedeutet eine Eigenschwingung der zugehörigen Ausgangsvariablen!

In Netzwerken mit Wirkwiderständen (passive Netzwerke) wird die Energie während des Ausgleichsvorganges irreversibel in Wärme umgesetzt. So entstehen stets *gedämpft* abklingende Eigenschwingungen mit negativen Realteilen (linke p-Halbene (Bild 10.21). Ohne Verluste bildet sich eine stationäre Sinusschwingung mit paarweisen Polen auf der imaginären Achse.

Wegen der grundlegenden Bedeutung des Übertragungsfaktors $\underline{F}(p)$ fassen wir seine wesentlichsten Eigenschaften für lineare zeitunabhängige Netzwerke (mit konzentrierten Netzwerkelementen) zusammen:

1. $\underline{F}(p)$ ist eine reelle Funktion (d. h. reell für reelles p).

2. $\underline{F}(p)$ hat m Nullstellen und n Pole (Darstellung Gl. (10.23b)) mit $n \geqq m$. Mehrfachnullstellen und Pole sind möglich. Pole auf der imaginären Achse sind einfach.

3. Pole und Nullstellen werden im PN–Plan veranschaulicht. Er beschreibt das dynamische Verhalten eines Netzwerkes eindeutig (Ausname: Maßstabsfaktor H).

4. Pole und Nullstellen sind reell oder konjugiert komplex.

5. Die Pole sind Nennernullstellen der charakteristischen Netzwerkgleichung (unabhängig von der äußeren Anregung). Sie bestimmen das Nulleingangsverhalten.

6. Der Pol, der der imaginären Achse am nächsten liegt, heißt dominanter Pol. Er bestimmt den langsamsten Änderungsvorgang.

7. Die Pole liegen für stabile Netzwerke (z. B. solche nur aus den Grundelementen R, L, C) stets in der linken p-Halbebene.

8. Ein komplexes linkes Polpaar deutet auf eine abklingende Schwingung.

9. Für $p = \mathrm{j}\omega$ ergibt sich der Frequenzgang $\underline{F}(\mathrm{j}\omega)$.

10. Nullstellen haben bezüglich des Zeitverhaltens eines Netzwerkes gegenüber Polen geringere Bedeutung.

10.3 Laplace-Transformation. Lösungsmethode im Frequenzbereich

Die direkte Lösung der Netzwerkgleichung im Zeitbereich erfordert bei größeren Netzwerken und/oder komplizierten Erregerfunktionen erheblichen Rechenaufwand. In solchen Fällen benutzt man vorteilhaft die *Laplace-Transformation.* Da sie einen Übergang vom Zeit- zum Frequenzbereich einschließt, spricht man auch von der Lösung des *Übergangsverhaltens über den Frequenzbereich.* Damit besteht ein Anschluß an die bisherigen Netzwerkeigenschaften im Frequenzbereich. Bild 10.31 veranschaulicht das weitere Vorgehen.

Bereits bei der Fourier-Transformation war erwähnt worden, daß diese trotz ihrer Bedeutung für die Netzwerkanalyse (Transformierte ist u. a. meßbar!) als sog. zweiseitige Transformation für bestimmte Aufgabenstellungen — wie etwa Einschaltvorgänge — nicht optimal ist:

— Die Bedingung der absoluten Integrierbarkeit Gl. (9.27a) ist z. B. bei der Sprungfunktion nicht erfüllt;

— es interessieren technisch nur Vorgänge für $t \geqq 0$.

Diese Beschränkungen überwindet die Laplace-Transformation.

Wesen einer Funktionaltransformation. Durch Transformation konnten bestimmte Aufgaben einfacher gelöst werden: So gelang es, die stationäre Lösung einer linearen Differentialgleichung (1) im Bild 10.29 durch Hin- und Rücktransformation über den Frequenzbereich aus einer algebraischen Gleichung zu erhalten. Bei der bisher verwendeten Transformation hieß der Bereich, in dem die Rechenoperation für die reelle Veränderliche t (Zeit) gewünscht wurde, der *Zeit-*(bzw. *Original-* oder *Ober-*) *bereich* und derjenige, in den transformiert wurde *Frequenz-* (oder *Bild-* bzw. *Unter-*)*bereich.*

Hintransformation (2), Ergebnisberechnung (3) und Rücktransformation (4) waren dabei typische Schritte (vgl. Abschn. 6.2.2, Wechselstromrechnung, und Abschn. 9.4 Fourier-Transformation).

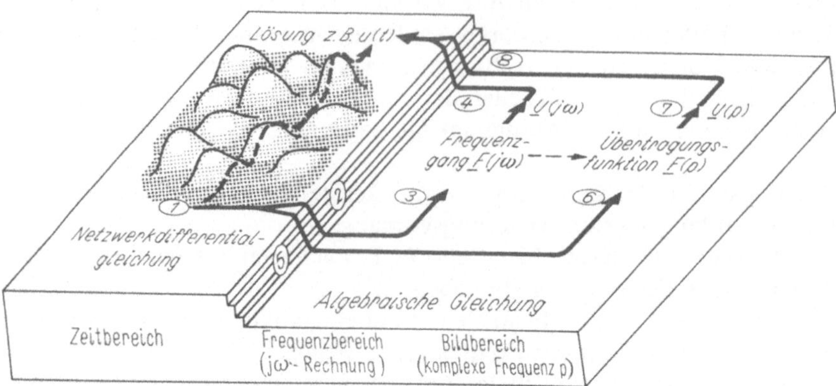

Bild 10.29. Veranschaulichung der Transformation

Prinzipiell wird durch eine Funktionaltransformation T einer Originalfunktion (z. B. $f(t)$) eine Bildfunktion $\underline{F}(p)$ *nach Vorschrift zugeordnet.* Diese Zuordnung läßt sich symbolisch durch sog. *Korrespondenzen* ausdrücken:

$$\underline{F}(p) = T\{f(t)\} \quad \text{oder } \underline{F}(p) \bullet\!\!-\!\!\circ f(t)$$

gesprochen: $\underline{F}(p)$ ist die Bildfunktion von $f(t)$.

Die Umkehroperation lautet

$$f(t) = T^{-1}\{\underline{F}(p)\} \quad \text{oder } f(t) \circ\!\!-\!\!\bullet \underline{F}(p)$$

gesprochen: $f(t)$ ist die Originalfunktion von $\underline{F}(p)$

(Kreis auf Seite der Originalfunktion, Punkt bei der Bildfunktion). Korrespondenzen sind stets wechselseitig gültig. Bild 10.29 veranschaulicht die Schritte, die bei der Berechnung des Übergangsverhaltens mittels der Laplace-Transformation durchzuführen sind. Sie entsprechen im Prinzip denen der Fourier-Transformation.

10.3.1 Laplace-Transformation[1]

10.3.1.1 Laplace-Integral und Laplace-Umkehrintegral

Laplace-Integral. Die *einseitige Laplace-Transformation* ist definiert durch das uneigentliche Parameterintegral

[1] Dieser Abschnitt ist nur als kurze Übersicht zur Laplace-Transformation anzusehen, um sie für die Elektrotechnik anwenden zu können. Zur Vertiefung und Beweisführung sollte in jedem Fall einführende mathematische Literatur herangezogen werden.

$$\underline{F}(p) = \int_{-0}^{\infty} f(t)\mathrm{e}^{-pt}\mathrm{d}t = \mathscr{L}\{f(t)\} \tag{10.25}$$

einseitiges Laplace-Integral (Definitionsgleichung),

$p = \sigma + \mathrm{j}\omega$

komplexe Frequenzvariable (Bildvariable).

Einseitig bezieht sich auf die Voraussetzung $f(t) = 0$ für $t < 0$. Die untere Grenze -0 verdeutlicht dabei, daß eventuell bei $t = 0$ auftretende δ-Funktionen mit in die Transformation einzubeziehen sind. Der Übergang vom Original- in den Bildbereich wird durch das Zeichen $\mathscr{L}$ (ein Funktionalsymbol) ausgedrückt und heißt Laplace-Transformation. Sie transformiert eine *Zeitfunktion* (Originalfunktion $f(t)$ aus dem *Zeitbereich* (Originalbereich) in die zugehörige (komplexe) *Frequenzfunktion* $\underline{F}(p)$ (Bildfunktion) des (komplexen) Frequenzbereiches (Bildbereiches) (Bild 10.29, Schritt *5*). Damit bleibt die bisher für stationäre Vorgänge vorhandene *Gleichwertigkeit* von Zeit- und Frequenzbereich auch für solche Zeitverläufe erhalten, die Laplace-transformierbar sind! Mit einer Größe, die in den Bildbereich transformiert wurde (Bild 10.29 (*6*)) kann dann genauso operiert werden wie mit einer (*3*), die in den Frequenzbereich transformiert wurde. Somit ergibt sich auch das Ergebnis (*7*) — die gesuchte Netzwerkgröße — im Bildbereich.

Die Definition Gl. (10.25) ist eng mit der Fourier-Transformation verwandt, enthält aber den „Konvergenzfaktor" e^{-pt} sodaß damit auch Funktionen $f(t) = 0$ für $t < 0$ erfaßbar sind (s. Gl. (9.25a)).

Laplace-Umkehrintegral. Kennt man eine Laplace-Transformierte $\underline{F}(p)$, so ergibt sich die zugehörige Zeitfunktion $f(t)$ mit der *komplexen Umkehrformel*, dem *Laplace-Umkehrintegral*

$$\mathscr{L}^{-1}\{\underline{F}(p)\} = \frac{1}{2\pi\mathrm{j}} \int_{\sigma_0-\mathrm{j}\infty}^{\sigma_0+\mathrm{j}\infty} \underline{F}(p)\mathrm{e}^{pt}\mathrm{d}p = \begin{cases} f(t) & \text{für} \quad t \geqq 0 \\ 0 & \text{für} \quad t < 0\,. \end{cases} \tag{10.26}$$

Dabei verläuft der Integrationsweg in der komplexen Ebene bei konstantem Realteil σ_0 (Konvergenzabszisse) parallel zur imaginären Achse.

Anschaulich kann ein Zeitverlauf $f(t)$ durch das Laplace-Umkehrintegral (10.26) in Exponentialschwingungen e^{pt} zerlegt werden:

$$\underbrace{\underline{F}(p)\frac{\mathrm{d}p}{2\pi\mathrm{j}}}_{\substack{\text{komplexe}\\ \text{Amplitude}}} \underbrace{\mathrm{e}^{pt}}_{\substack{\text{Zeit-}\\ \text{verlauf}}} .$$

Die zugehörigen komplexen Amplituden (dichte) $\underline{F}(p)$ dieser Schwingungen folgen aus dem Laplace-Integral (10.25). Diese Deutung unterstreicht die Rolle der Exponentialschwingung (Abschn. 10.2.1). Im Bild 10.29 wurde die Rücktransformation (*8*) Gl. (10.26) symbolisch eingetragen.

10.3.1.2 Transformationsregeln. Korrespondenzen

Transformationsregeln. Wenn auch die Transformation in bzw. aus dem Frequenzbereich für die hier anstehenden Fälle durchweg unter Verwendung von Tabellen erfolgen kann, so ist doch die Kenntnis der Regeln zur Auffindung neuer Lösungen und vor allem bei der Anwendung der $\mathscr{L}$-Transformation auf Differentialgleichungen erforderlich. Sie sind ohne Beweisführung in Tafel 10.2 zusammen-

Tafel 10.2. Zusammenstellung wichtiger Sätze der Laplace-Transformation

Operation (Zeitbereich, $f(t)$)	$\underline{F}(p) = \mathscr{L}^{-1}(f(t))$	Bemerkungen
Linearitätssatz $a_1 f_1(t) + a_2 f_2(t) + \ldots$	$a_1 \underline{F}_1(p) + a_2 \underline{F}_2(p) + \ldots$	lineare Funktionaltransformation
Differentiationssatz $\frac{d^n f(t)}{dt^n}$ df/dt $d^2 f/dt^2$	$p^n \underline{F}(p) - p^{n-1} f(+0) - p^{n-2} \times f'(+0) \ldots f^{n-1}(+0)$ $p\underline{F}(p) - f(+0)$ $p^2 \underline{F}(p) - pf(+0) - f'(+0)$	Überführung der Differentiation in algebraische Funktion. Anfangswerte $f(+0), f'(+0) \ldots$ der Differentialgleichung sind enthalten
Integrationssatz $\int_0^t f(\tau) d\tau$	$\frac{1}{p} \underline{F}(p) + \frac{f(-0)}{p}$	Überführung der Integration in eine Division im Bildbereich (falls $f(-0)$ nicht verschwindet)
Ähnlichkeitssätze $f(at)$ $\frac{1}{a} f\left(\frac{t}{a}\right)$	$\frac{1}{a} \underline{F}\left(\frac{p}{a}\right)$ $a > 0$ reell $\underline{F}(ap)$	Maßstabsänderung: Komprimierung (Dehnung) einer Zeitfunktion
Verschiebung im Zeitbereich $f(t - t_0)$ $(t_0 > 0)$	$\underline{F}(p) e^{-pt_0}$	Verschiebung im Zeitbereich entspricht einer Multiplikation mit e^{-pt_0}
Dämpfungssatz (Verschiebung im Bildbereich) $e^{p_0 t} f(t)$	$\underline{F}(p - p_0)$	Verschiebung im Bildbereich entspricht einer Multiplikation mit $e^{p_0 t}$
Faltungssatz $f_1(t) * f_2(t) = \int_{-0}^{t} f_1(\tau) f_2(t - \tau) d\tau$	$\underline{F}_1(p) \underline{F}_2(p)$	Der Multiplikation der Bildfunktion entspricht im Zeitbereich das Faltungsintegral. Darauf basiert der Vorzug der Laplace-Transformation
Grenzwertsätze Anfangswert Endwert	$f(+0) = \lim_{t \to t_0} f(t) = \lim_{p \to \infty} p\underline{F}(p)$, falls $f(+0)$ existiert, $f(\infty) = \lim_{t \to \infty} f(t) = \lim_{p \to 0} p\underline{F}(p)$, falls $\lim_{t \to \infty} f(t)$ existiert	Beachte den gegenläufigen Charakter von t und p

gestellt. Dabei entsprechen die Regeln vielfach denen der Fourier-Transformation (Tafel 9.5), so daß auf nähere Erklärung dort verwiesen werden kann.

Besonders wichtig sind neben Dämpfungs- und Faltungssatz die Regeln für Differentiation und Integration: der Differentiation im Originalbereich entspricht die Multiplikation mit p im Bildbereich (und Abzug des Funktionswertes zur Zeit $t = +0$!), der Integration die Division durch p.

Anwendungsbeispiele. Für die wichtigsten Erregerfunktionen lauten die Transformationen

Sprungfunktion $s(t)$ Gl. (5.61)

$$\underline{F}(p) = \int_0^\infty e^{-pt} s(t)\mathrm{d}t = \frac{1}{-p} e^{-pt}\Big|_0^\infty = \frac{1}{p}\,, \tag{10.27}$$

da das Integral nur für p mit positivem Realteil konvergiert, also $s(t) ○\!—\!● \frac{1}{p}$.

Rampenfunktion $r(t)$

$$\underline{F}(p) = \int_0^\infty t s(t) e^{-pt}\mathrm{d}t = \frac{t}{p} e^{-pt}\Big|_0^\infty + \frac{1}{p}\int_0^\infty e^{-pt}\mathrm{d}t = \frac{1}{p^2}\,. \tag{10.28}$$

Der erste Summand verschwindet, der letzte ergibt $1/p^2$: $r(t) ○\!—\!● \frac{1}{p^2}$.

Exponentialfunktion $f(t) = \begin{cases} e^{p_0 t} s(t) & t \geqq 0 \\ 0 & t < 0\,. \end{cases}$

Es gilt

$$\underline{F}(p) = \int_0^\infty e^{(p-p_0)t} s(t)\mathrm{d}t = \frac{1}{p_0 - p} e^{(p_0-p)t}\Big|_0^\infty = \frac{1}{p - p_0} \tag{10.29}$$

für $\sigma > \sigma_0$.

Das Integral konvergiert nur für p-Werte mit einem Realteil größer als $\sigma_0(p_0)$.

Korrespondenzen. Einige wichtige Korrespondenzen wurden in den Tafeln 10.3 und 10.4 zusammengestellt.

Weitere Möglichkeiten der Rücktransformation bieten

- die Nutzung größerer Tabellen der Literatur;
- die Zerlegung der Bildfunktion in solchen Terme, die leicht rücktransformierbar sind (Partialbruchentwicklung, Linearitätssatz u. a.);
- die Anwendung des Residuensatzes der Funktionstheorie.

Beispiel. Vor einer systematischen Anwendung wollen wir zunächst den grundsätzlichen Umgang mit der Transformation (Tafel 10.2) kennenlernen. Es werde ein RC-Spannungsteiler nach Bild 10.6 mit der Spannung $u_q(t)$ beaufschlagt. Die Ausgangsspannung u_C gehorcht dann der Differentialgleichung

$$a_1 \dot{u}_C(t) + a_0 u_C(t) = b_0 u_q(t)\,. \tag{1}$$

Wird zum Zeitpunkt $t_0 = 0$ eine Gleichspannung $u_q(t) = U_Q . s(t)$ eingeschaltet und

Tafel 10.3. Korrespondenzen von Anregungsfunktionen

Zeitbereich	$f(t)$	$\underline{F}(p)$	
$f(t)$, t	$\delta'(t) = \dfrac{d^2 s(t)}{dt^2}$	p	Doppelimpuls
$f(t)$, t	$\delta(t) = \dfrac{ds}{dt}$	1	Dirac-Impuls (Stoßfunktion, Dirac-Stoß, Deltafunktion, Abtastfunktion)
$f(t)$, 1, 0, t	$s(t) = \delta_{-1}(t) = \begin{cases} 0 & t < 0 \\ 1 & t \geqq 0 \end{cases}$	$\dfrac{1}{p}$	Sprungfunktion
$f(t)$, t	$r(t) = t = \int s\,dt$	$\dfrac{1}{p^2}$	Rampenfunktion
$f(t)$, 1, T, t	$e^{-t/T}$	$\dfrac{T}{1 + pT}$	Exponentialanregung
$f(t)$, 1, 0, T, t	$1 - e^{-t/T}$	$\dfrac{1}{p(1 + pT)}$	Exponentialanregung

liegt die Anfangsspannung $u_C(-0)$ vor, so ergibt sich durch beiderseitige Anwendung der Laplace-Transformation und des Linearitätsprinzips (Tafel 10.2) mit

$$\mathscr{L}(\dot{u}_C) = p\underline{U}_C(p) - u_C(-0), \quad \mathscr{L}(u_C) = \underline{U}_C(p) \text{ und } \mathscr{L}(u_q) = U_Q/p$$

aus Gl. (1)

$$a_1[p\underline{U}_C(p) - u_C(-0)] + a_0\underline{U}_C(p) = b_0 U_Q/p$$

durch Umordnen

$$\underline{U}_C(p) = \frac{b_0 U_Q}{p(a_1 p + a_0)} + \frac{a_1 u_C(-0)}{(a_1 p + a_0)} \tag{2}$$

oder rücktransformiert (Tafel 10.4)

$$u_C(t) = \frac{b_0 U_Q}{a_1}(1 - \exp(-t/\tau)) + u_C(-0)e^{-t/\tau}, \quad \tau = a_1/a_0 \,. \tag{3}$$

Das ist genau die nach Bild 10.6 erwartete Lösung.

Tafel 10.4. Weitere Korrespondenzen

$f(t)$	$\underline{F}(p)$
$te^{-\alpha t}$	$\dfrac{1}{(p+\alpha)^2}$
$1 - \dfrac{T_1 e^{-t/T_1}}{T_1 - T_2} + \dfrac{T_2 e^{-t/T_2}}{T_1 - T_2}$	$\dfrac{1}{p(1+pT_1)(1+pT_2)}$
$1 - e^{-t/T} \sum_{i=0}^{n-1} \dfrac{\left(\frac{t}{T}\right)^i}{i!}$	$\dfrac{1}{p(1+pT)^n}$
$2\lvert\underline{K}\rvert e^{-\alpha t}\cos(\omega t + \varphi)$ $\varphi = \arctan\dfrac{\operatorname{Im} K}{\operatorname{Re} K}$	$\dfrac{K}{p+\alpha-j\omega} + \dfrac{K^*}{p+\alpha+j\omega}$
$e^{-\alpha t}\sin\omega t$	$\dfrac{\omega}{(p+\alpha)^2+\omega^2}$
$e^{-\alpha t}\cos\omega t$	$\dfrac{p+\alpha}{(p+\alpha)^2+\omega^2}$
$1 - \dfrac{1}{\sqrt{1-D^2}} e^{-Dt/T_0} \cdot$ $\sin\left\{\sqrt{1-D^2}\dfrac{1}{T_0} + \varphi_D\right\}$ $\varphi_D = \arccos D$	$\dfrac{1}{p(1+2DpT_0+p^2T_0^2)}$

Wir wollen jetzt mit dem Anfangswert $f(+0) = \lim_{p\to\infty}(p\underline{F}(p))$ (Tafel 10.2) des rechtsseitigen Grenzwertes die Spannung $u_C(+0)$ bestimmen. Aus Gl. (2) folgt durch Anwendung des Anfangswertes im Grenzübergang: $u_C(+0) = u_C(-0)$, d.h. Stetigkeit. Dies entspricht der Stetigkeitsforderung der Kondensatorspannung, weil die Ladung erhalten bleibt (Bild 10.30a).

Jetzt werde auf die DGl. (1) ein Dirac-Impuls $u_q(t) = A\,\delta(t)$ zur Zeit $t = 0$ geschaltet (es sei $u_C(-0)$ gegeben). Gesucht ist der rechtsseitige Grenzwert $u_C(+0)$. Mit $\mathscr{L}\{\delta(t)\} = 1$ ergibt sich analog zu (2)

$$\underline{U}_C(p) = \frac{b_0 A + a_1 u_C(-0)}{a_1 p + a_0}\,. \tag{3}$$

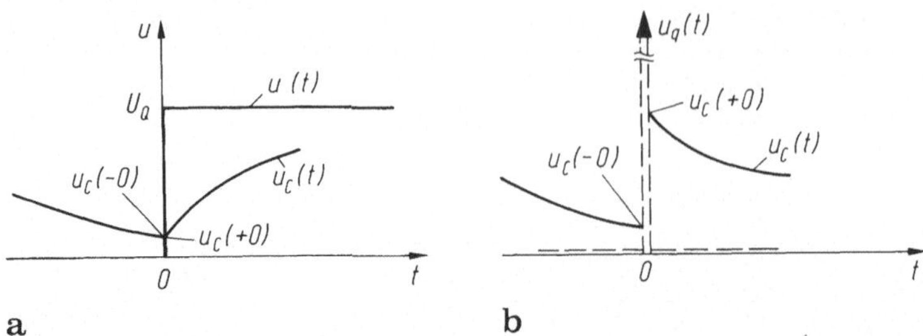

Bild 10.30a, b. *RC*-Netzwerk bei verschiedener Erregung. **a** Sprungerregung mit rechts- und linksseitigem Grenzwert, es ist $u_C(-0) = u_C(+0)$; **b** Impulserregung mit rechts- und linksseitigem Grenzwert: bei Diracstoß entsteht ein (physikalisch unrealer) Spannungssprung (Stetigkeitsverletzung)

Die Rücktransformation (Tafel 10.4) führt auf

$$u_C(t) = \frac{b_0 A + a_1 u_C(-0)}{a_1} \exp(-t/\tau) = u_C(+0) \exp(-t/\tau) \; . \tag{4}$$

Der rechtsseitige Grenzwert $u_C(+0)$ lautet mit dem Anfangswert $f(+0) = \lim\limits_{p \to \infty} (p\underline{F}(p))$ (Tafel 10.2)

$$u_C(+0) = b_0 A / a_1 + u_C(-0) \; . \tag{5}$$

Rechts- und linksseitiger Grenzwert unterscheiden sich (Bild 10.30b). Die Kondensatorspannung springt, weil die Kondensatorladung „springt". Wir wissen, daß dies physikalisch unmöglich ist, denn der Dirac-Stoß kann physikalisch nicht realisiert werden. Wir hatten darauf im Zusammenhang mit Bild 10.17 verwiesen.

Ziel der folgenden Abschnitte ist es, durch Anwendung der Laplace-Transformation das Aufstellen der Differentialgleichung zu umgehen.

10.3.2 Netzwerke ohne Anfangsenergie

In stationär erregten Netzwerken wurde die Wirkung $y(t)$ der Ursache $x(t)$ entweder direkt als stationäre Lösung der Netzwerkdifferentialgleichung im Zeitbereich (Abschn. 6.1) oder durch Transformation in den Frequenzbereich gewonnen (Abschn. 6.2, Bild 10.29). Dabei verknüpfte der Frequenzgang $\underline{F}(j\omega)$ Ursache und Wirkung.

Bei *beliebiger Ursache* $x(t)$ *kann die Wirkung* $y(t)$ (○—● $\underline{Y}(p)$ ebenso direkt im Zeitbereich (Abschn. 10.1, Tafel 10.5) durch Fourier-oder vorteilhafter Laplace-Transformation über den (komplexen) Frequenzbereich ermittelt werden (Bild 10.29). Dabei gibt es wie im Abschn. 6.2 mehrere Möglichkeiten:

1. Aufstellen der Netzwerk-Differentialgleichung für $t > 0$ im Zeitbereich einschließlich der Anfangsbedingungen für die Zeitvariablen. Anschließend wird in den Frequenzbereich transformiert und das algebraische Gleichungssystem nach

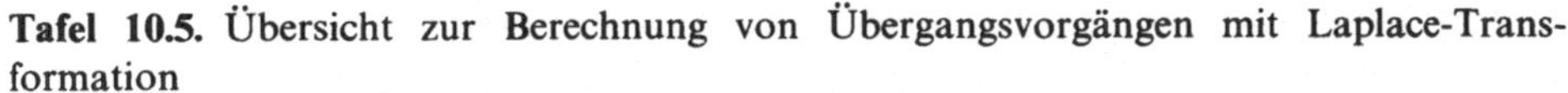

Tafel 10.5. Übersicht zur Berechnung von Übergangsvorgängen mit Laplace-Transformation

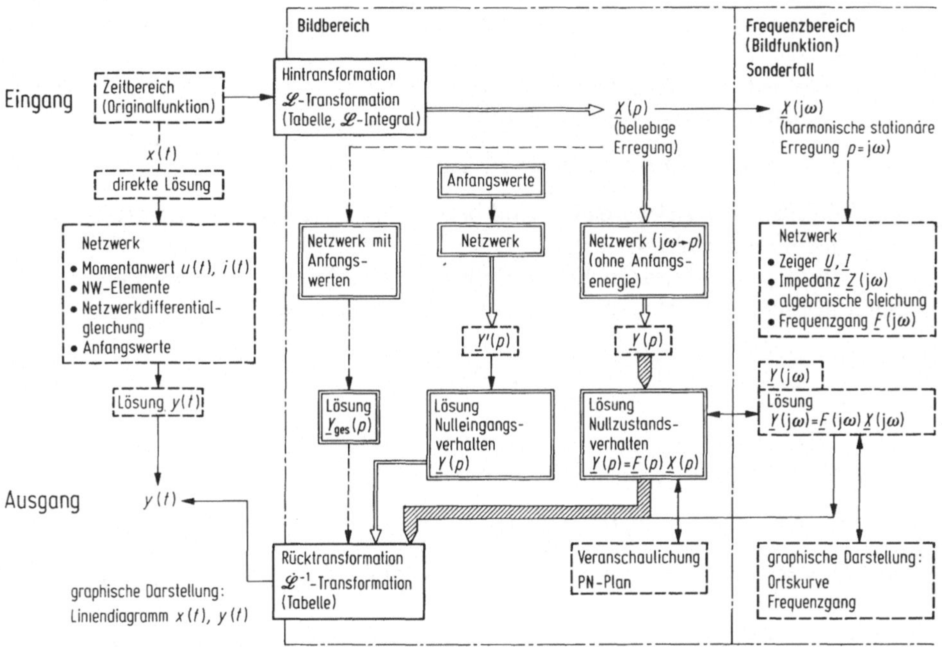

der gesuchten Wirkung $\underline{Y}_{ges}(p)$ aufgelöst. Die Rücktransformation ergibt $y(t)$ ○—● $\underline{Y}_{ges}(p)$ Wir haben dies eben gezeigt, weitere Beispiele folgen in Abschnitt 10.3.3.2.

2. Direkte Berechnung von $\underline{Y}(p) = f(\underline{X}(p))$ über den Frequenzbereich ($j\omega \to p$) unter Verwendung der Übertragungsfunktion $\underline{F}(p) = \underline{G}(p)$. Dieses Verfahren schließt inhaltlich direkt an die Ergebnisse der komplexen Wechselstromrechnung (Abschn. 6.2) an. Die Vorzüge sind: Wegfallen der Netzwerk-Differentialgleichung, direkte Übertragung der Analysenmethoden stationär erregter Netzwerke und die weitestgehende Ergebnisgewinnung durch Anwendung der Korrespondenztafeln. Wir üben diese besonders rationelle Methode in diesem Abschnitt zunächst an *Netzwerken ohne Anfangsenergie* (Nullzustandsverhalten).

3. Anfangsenergie kann (wie im Bild 10.18) im Frequenzbereich durch Quellen bei den Speicherelementen berücksichtigt werden. Dann lassen sich die gesuchten Wirkungen genauso berechnen wie in stationären Netzwerken. Wir werden dieses Verfahren in den Frequenzbereich übertragen (Abschn. 10.3.2.1) und durch direkte Lösung der Netzwerkgleichungen mittels der Laplace-Transformation vertiefen. Das Ergebnis ist das *Nulleingangsverhalten.* Das Gesamtresultat folgt durch Überlagerung von Nullzustands- und Nulleingangsverhalten.

10.3.2.1 Lösung im Frequenzbereich. Nullzustandsverhalten

Angewendet auf ein lineares, zeitunabhängiges Netzwerk führt die $\mathscr{L}$-Transformation bei verschwindenden Anfangswerten der Energiespeicher zu folgenden Ergebnissen:

1. Die zeitveränderlichen Spannungen $u_\nu(t)$ und Ströme $i_\mu(t)$ in den Netzwerkzweigen gehen bei der Transformation über in[1]

$$\underline{U}(p) \bullet\!\!-\!\!\circ\, u_\nu(t), \quad \underline{I}(p) \bullet\!\!-\!\!\circ\, i_\mu(t)\ .$$

Die Zählpfeile des Zeitbereiches sind beizubehalten (da sich die Richtung durch die Transformation nicht ändert).

2. Infolge der linearen Eigenschaften der $\mathscr{L}$-Transformation ändern sich die Kirchhoffschen Gesetze durch die Transformation nicht

$$\sum_{\nu=1}^{n} \underline{U}_\nu(p) = 0, \qquad \sum_{\mu=1}^{m} \underline{I}_\mu(p) = 0\ . \tag{10.30}$$

Diese Ergebnisse entsprechen voll denen der Tafel 6.12.

3. Für die Netzwerkelemente gelten die Strom-Spannungs-Relationen

Widerstand $\quad u_R(t) = Ri_R(t) \circ\!\!-\!\!\bullet\, \underline{U}_R(p) = R\underline{I}_R(p)\ ,$

Kondensator $\quad i_C = C\dfrac{du_C}{dt} \circ\!\!-\!\!\bullet\, \underline{I}_C(p) = pC\underline{U}_C(p) = \underline{Y}_C(p)\underline{U}_C(p)\ ,\quad (10.31)$

Spule $\quad u_L = L\dfrac{di}{dt} \circ\!\!-\!\!\bullet\, \underline{U}_L(p) = pL\underline{I}_L(p) = \underline{Z}_L(p)\underline{I}_L(p)$

(wenn für $t = 0$ energielos).

Diese Ergebnisse entsprechen voll denen des Abschn. 6.2 für $p = j\omega$ und den darauf aufbauenden Analysemethoden.

Man beachte lediglich, daß die laplacetransformierten Ströme und Spannungen die Dimension einer *Amplitudendichte* haben. So folgt aus

$$u(t) \circ\!\!-\!\!\bullet\, \underline{U}(p)$$

durch Laplace-Transformation (s. Gl. (10.25)) eine Änderung der Dimension. Es ergibt sich z. B. für die Einheit von $\underline{U}(p)$ Voltsekunde $(V \cdot s)$ und für den Strom $\underline{I}(p)$ Amperesekunde $(A \cdot s)$![2]

Übertragungsfunktion. Wir setzen die Übertragungsfunktion $\underline{F}(p)$ eines Netzwerkes (mit verschwindender Anfangsenergie) als gegeben voraus. Welche Wirkung

---

[1] Häufig als Bildspannung $\underline{U}$ und Bildstrom $\underline{I}$ bezeichnet.

[2] Deshalb werden die Größen $\underline{U}(p)$, $\underline{I}(p)$ oft auch als Amplituden-oder Spektraldichte der Spannung (des Stromes) bezeichnet. Dies ließe sich vermeiden, wenn die Definition der Laplace-Transformierten nicht, wie üblich (DIN 5487) durch Gl. (10.25), sondern $\underline{F}(p) = p \int_0^\infty f(t)\, e^{-pt}\, dt$ erfolgt wäre, wie von K. W. Wagner benutzt (Operatorenrechnung, Teubner Verlag 1955). Dann hätten $\underline{F}(p)$ und $f(t)$ gleiche Dimension.

$y(t)$ (Nullzustandsverhalten Abschn. 10.1) stellt sich dabei als Reaktion auf eine beliebige Erregung $x(t)$ ein? Nach Gl. (10.23a) und (10.25) gilt mit dem Faltungssatz

$$\underline{Y}(p) = \mathscr{L}\{y(t)\} = \mathscr{L}\{g(t) * x(t)\} = \underline{F}(p)\underline{X}(p) = \underline{F}(p)\mathscr{L}\{x(t)\} \qquad (10.32)$$

energieloses Netzwerk z. Z. $t = 0$,

$\mathscr{L}\{y(t)\}$ $\mathscr{L}$-Transformierte des Nullzustandsverhaltens,
$\underline{F}(p) = \underline{G}(p)$ Übertragungsfunktion,
$\underline{X}(p)$ $\mathscr{L}$-Transformierte der Erregung.

Die Rücktransformation ergibt im *Zeitbereich*

$$y(t) = \mathscr{L}^{-1}\{\underline{Y}(p)\} = \mathscr{L}^{-1}\{\underline{F}(p) \cdot \underline{X}(p)\} . \qquad (10.33)$$

In Worten: Sind $\underline{F}(p)$ und die Laplace-transformierte $\underline{X}(p)$ der Netzwerkerregung $x(t)$ bekannt, so ergibt sich bei Netzwerken ohne Anfangsenergie die Wirkung $y(t)$ im Zeitbereich durch Rücktransformation der Wirkung $\underline{Y}(p)$ aus dem Frequenzbereich.

Damit läßt sich der Übertragungsfaktor $\underline{F}(p)$

$$\underline{F}(p) = \underline{G}(p) = \underset{1.}{\frac{\underline{Y}(p)}{\underline{X}(p)}} = \underset{2.}{\frac{\mathscr{L}\{y(t)\}}{\mathscr{L}\{x(t)\}}} = \underset{3.}{\frac{\mathscr{L}\{g(t)\}}{\mathscr{L}\{\delta(t)\}}} = \underset{4.}{\left.\frac{\underline{Y}(\mathrm{j}\omega)}{\underline{X}(\mathrm{j}\omega)}\right|_{p=\mathrm{j}\omega}}$$

gleichwertig deuten als Quotient

1. von Wirkung und zugeordneter Ursache im *Frequenzbereich* (komplexe p-Ebene) (s. Gl. (10.23a));
2. von Laplace-transformierter Wirkung und (zugeordnet beliebiger) Laplace-transformierter Erregung im Zeitbereich;
3. als Laplace-transformierte *Impulsantwort* bei Impulserregung (s. u.);
4. von Wirkung und Ursache bei stationärer Sinuserregung in Form des Frequenzganges Gl. (6.31a)) oder der Fourier-Transformierten der Gewichtsfunktion Gl. (9.35).

Dieser tiefe Zusammenhang der einzelnen Netzwerkeigenschaften unterstreicht die Bedeutung des Laplace-Integrals als besonders zweckmäßig angepaßte Funktionaltransformation zur Durchführung der Netzwerkanalyse.
Daraus ergibt sich folgende Lösungsmethodik zur Berechnung des *Übergangsverhaltens von Netzwerken zunächst ohne Anfangsenergie.*

1. Bestimme die Übertragungsfunktion $\underline{F}(p)$ des gesuchten Ursache-Wirkungs-Zusammenhanges des gegebenen Netzwerkes (z. B. Kirchhoffsche Gesetze, Maschenstromanalyse, Knotenpotentialanaylse, Zweipoltheorie, u. a. m).
2. Transformiere die Erregerfunktion $x(t)$ in den Frequenzbereich (z. B. mit Korrespondenztafel oder Gl. (10.25))

$$x(t) \circ\!\!-\!\!\bullet \underline{X}(p) .$$

3. Bestimme $\underline{Y}(p)$ (Gl. (10.32)).
4. Führe die Rücktransformation von $\underline{Y}(p)$ in den Zeitbereich durch

$$y(t) \circ\!\!-\!\!\bullet \underline{Y}(p)$$

(mit Korrespondenztafel, Partialbruchzerlegung, Reihenentwicklung, Umkehrintegral).

Aus Gl. (10.33) ergeben sich für zwei Testfunktionen wichtige Folgerungen:

1. Erregung mit dem Dirac-Impuls: Impulsantwort durch Gewichtsfunktion $f_\uparrow(t) = g(t)$ [Gl. (10.13)]

$$x_\uparrow(t) = \delta(t) \circ\!\!-\!\!\bullet \underline{X}(p) = 1 \ .$$

$$y_\uparrow(t) = \mathscr{L}^{-1}\{\underline{Y}(p)\} = \mathscr{L}^{-1}\{\underline{F}(p)\underline{X}(p)\} = \mathscr{L}^{-1}\{\underline{F}(p)\cdot 1\} = f_\uparrow(t) * x_\uparrow(t) \ ,$$

d. h.,

$$f_\uparrow(t) = g(t) = \mathscr{L}^{-1}\{\underline{F}(p)\} = \mathscr{L}^{-1}\{\underline{G}(p)\} \tag{10.34}$$

Zusammenhang Gewichtsfunktion $g(t)$-Übertragungsfunktion $\underline{G}(p) = \underline{F}(p)$.

In Worten: Die Gewichtsfunktion $f_\uparrow(t)$ im Zeitbereich (Gl. (10.13)) ist gleich dem Laplace-Umkehrintegral der Übertragungsfunktion $\underline{F}(p)$ bzw. umgekehrt die Übertragungsfunktion $\underline{F}(p)$ gleich der Laplace-Transformierten der Gewichtsfunktion $f_\uparrow(t) = g(t)$ im Zeitbereich (Impulsantwort). Somit hat die Impulsantwort für den Zeitbereich die gleiche Aussagekraft wie die Übertragungsfunktion für den Frequenzbereich. Weil dort die Polstellen nur vom Netzwerk, nicht der Erregung abhängen, gilt weiter.

Die Impulsantwort enthält ausschließlich Eigenfrequenzen des Netzwerkes, nicht der Erregung.

2. Erregung mit Einheitssprung: Sprungantwort

$$\underline{x}_\Gamma(t) = s(t) \circ\!\!-\!\!\bullet \underline{X}(p) = 1/p \ ,$$

$$\underline{y}_\Gamma(t) = \mathscr{L}^{-1}\{\underline{Y}(p)\} = \mathscr{L}^{-1}\{\underline{F}(p)\underline{X}(p)\} = \mathscr{L}^{-1}\left\{\underline{F}(p)\frac{1}{p}\right\}$$

$$= f_\uparrow(t) * \underline{x}_\Gamma(t) = f_\Gamma * x_\uparrow(t) \ ,$$

also

$$f_\Gamma(t) = h(t) = \mathscr{L}^{-1}\left\{\frac{\underline{F}(p)}{p}\right\} \tag{10.35}$$

Zusammenhang Übergangsfunktion $h(t)$ – Übertragungsfunktion $\underline{G}(p) = \underline{F}(p)$.

Die Übergangsfunktion $f_\Gamma(t)$ (Sprungantwort Gl (10.12)) im Zeitbereich ist gleich dem Laplace-Umkehrintegral des Quotienten von Übertragungsfunktion $\underline{F}(p)$ und p. Dabei war verschwindende Anfangsenergie der Speicherelemente vorausgesetzt (s. Gl. (10.16)).

Beispiel: RC-Netzwerk. Sprungerregung. Im RC-Netzwerk (Bild 10.6)) ist der Zeitverlauf $u_C(t)$ bei Einschalten der Spannung u_Q (Sprungfunktion $U_Q s(t)$) gesucht. Dabei soll vom Frequenzgang $\underline{F}(j\omega)$ ausgegangen werden.

1. Bei sinusförmiger Erregung beträgt das Spannungsverhältnis $\frac{\underline{U}_c}{\underline{U}_Q} = \frac{1}{1 + j\omega RC} = \underline{F}(j\omega)$. Mit $j\omega \to p$ wird daraus $\underline{F}(p) = 1/(1 + p\tau)$, $\tau = RC$

2. Die transformierte Erregerfunktion des Sprunges $u_q(t) = U_Q s(t)$ *lautet* $U_Q s(t) \circ\!\!-\!\!\bullet\, \underline{X}(p) = \frac{U_Q}{p}$.

3. Aus $\underline{Y}(p) = \underline{U}_C(p) = \underline{F}(p)\frac{U_Q}{p} = \frac{1}{p}\frac{U_Q}{1 + p\tau}$ folgt durch Partialbruchentwicklung

$$\underline{Y}(p) = \left(\frac{1}{p} - \frac{1}{p - p_1}\right)U_Q, \qquad p_1 = -\frac{1}{\tau}.$$

4. Die Rücktransformation ergibt (mit Tafel 10.2 und 10.3)

$$y(t) = u_C(t) = \mathscr{L}^{-1}\{\underline{Y}(p)\} = \mathscr{L}^{-1}\{\underline{U}_C(p)\} = U_Q[1 - e^{p_1 t}] = U_Q(1 - e^{-t/\tau}).$$

Das ist die Lösung Gl. (10.5c), Beispiel Abschn. 10.1.3.1.

10.3.2.2 Nullverhalten

Häufig interessiert nur die Kenntnis der Lösung für kleine und große Zeiten t (also am Anfang und Ende des Übergangsverhaltens). Das zugehörige $\underline{F}(p)$ (und umgekehrt) erhalten wir aus den *Grenzwertsätzen* (s. Tafel 10.2).

Für große t wird $f(t)$ vorwiegend durch den am wenigsten gedämpften Summanden des Übergangsvorganges bestimmt. Zu ihm gehört im Frequenzbereich der Pol von $\underline{F}(p)$ mit kleinstem Realteil. Die Näherung von $f(t)$ gilt um so besser, je weiter links davon die übrigen Pole liegen. Zur Bestimmung von $f(t)$ berechnen wir das zugehörige Residuum oder benutzen besser den Grenzwertsatz (s. Tafel 10.2)

$$\lim_{t\to\infty} f_\uparrow(t) = \lim_{p\to\infty} p\underline{F}(p). \tag{10.36a}$$

Da die Gewichtfunktion $f_\uparrow(t)$ mit $\underline{F}(p)$ korrespondiert, ergibt sich ihr stationärer Wert $f_\uparrow(\infty)$ aus dem p-fächen Wert der Übertragungsfunktion $\underline{F}(p)$ für $p \to 0$ im Frequenzbereich.

Mit Gl. (10.35) gilt gleichwertig für den stationären Wert der Übergangsfunktion $h(\infty) = f_\Gamma(\infty)$

$$\lim_{t\to\infty} f_\Gamma(t) = \lim_{p\to 0} \frac{p}{p}\underline{F}(p) \quad \text{oder} \quad f_\Gamma(\infty) = F(0). \tag{10.36b}$$

Die Übergangsfunktion $f_\Gamma(\infty)$ (Gl. (10.13)) zur Zeit $t \to \infty$ hat den gleichen Wert wie der Frequenzgang $\underline{F}(p)$ mit der Kreisfrequenz $\omega \to 0$ $(p \to 0)$, d. h. Gleicherregung.

Anschaulich stellt die Sprungfunktion für $t \to \infty$ die Erregung des Netzwerkes durch eine Gleichgröße dar. Dann muß auch die Wirkung eine Gleichgröße sein, d. h. $\omega \to 0$ gehen. Damit kann der stationäre Wert von $f_\Gamma(t)$ leicht gewonnen werden.

Für kleine t besagt der Grenzwertsatz im Fall $t \to 0$ $(p \to \infty)$ (s. Tafel 10.2)

$$\lim_{t\to 0} f_\uparrow(t) = \lim_{p\to\infty} p\underline{F}(p) = f_\uparrow(+0). \tag{10.36c}$$

Das Verhalten der Zeitfunktion für $t \to +0$ korrespondiert mit dem p-fachen Wert der Übertragungsfunktion $\underline{F}(p)$ für $p \to \infty$. Ausgedrückt durch die Sprungantwort wird

$$\lim_{t \to 0} f_{\Gamma}(t) = \lim_{p \to \infty} \underline{F}(p) \quad \text{oder} \quad f_{\Gamma}(+0) = \underline{F}(\infty) \; . \tag{10.36d}$$

Der Anfangswert der Sprungantwort ergibt sich aus der Übertragungsfunktion für $p \to \infty$.

10.3.3 Netzwerke mit Anfangsenergie

10.3.3.1 Allgemeine Lösungsmethodik

Die bisherige Annahme verschwindender Anfangsenergien stellt eine Einschränkung dar, die jetzt überwunden werden soll.

Zur Lösung von allgemeinen Netzwerkaufgaben mit Anfangswerten stehen methodisch zur Verfügung:

— Anwendung der Laplace-Transformation auf die Netzwerk-Differentialgleichung, wobei die Anfangswerte über den Differentiations-und ggf. Integrationssatz einschließbar sind (Tafel 10.2).

— Interpretation der Anfangswerte in den Energiespeichern durch geschaltete Quellen, Übertragung dieses Modells in den Bildbereich und Aufstellung der (algebraischen) Netzwerkgleichung (übliche Netzwerkanalysemethode) und Rücktransformation. Dieses Verfahren ist einfacher (Abschn. 10.3.3.2):

Wir wollen zunächst angeben die

Lösungsmethodik Laplace-Transformation der Netzwerk-Differentialgleichung:

1. Aufstellung der Netzwerk-Differentialgleichung im Zeitbereich, Transformation in den Bildbereich (Ersatz der zeitveränderlichen Größen durch ihre Bildgrößen, Anwendung des Differentiations-, Integrationssatzes) für den Zeitpunkt unmittelbar nach Umschalten (dabei gelangen die Anfangswerte bereits mit zum Ansatz).
2. Lösung der Bildfunktion, Ansatz der Erregerfunktion.
3. Ermittlung der Lösung im Zeitbereich durch Rücktransformation.

Ein Beispiel möge das erläutern.

Wird ein kurzgeschlossener Reihenschwingkreis mit den Anfangswerten $i_{\mathrm{L}}(-0) = i_{\mathrm{L}}(+0)$, $u_{\mathrm{C}}(-0) = u_{\mathrm{C}}(+0)$ zur Zeit $t = 0$ an eine Gleichspannung $u_{\mathrm{q}} = U_{\mathrm{Q}}s(t)$ geschaltet, so lautet die DGL.

$$L\frac{\mathrm{d}i}{\mathrm{d}t} + Ri(t) + \frac{1}{C}\int_0^t i(t')\mathrm{d}t' + u_{\mathrm{C}}(-0) = u_{\mathrm{q}}(t) \; .$$

Mit $\underline{I}(p) = \mathscr{L}\{i(t)\}$ $\underline{U}_{\mathrm{q}}(p) = \mathscr{L}\{u_{\mathrm{q}}(t)\}$ und der Differentiations-Integrationsregel wird

$$pL\underline{I}(p) - Li(+0) + R\underline{I}(p) + (1/pC)\underline{I}(p) + u_{\mathrm{C}}(+0)/p = \underline{U}_{\mathrm{q}}(\mathrm{p}) \; .$$

(Hier ist die Kondensatoranfangsspannung explizit berücksichtigt worden).

2. Die Lösung im Bildbereich ergibt

$$\underline{I}(p) = \frac{\underline{U}_q(p)}{\underline{Z}} + \frac{Li(+0) - u(+0)/p}{\underline{Z}}; \quad \underline{Z} = pL + R + 1/pC \ .$$

Sie hängt im ersten Term von der Erregerfunktion, im zweiten von den Anfangswerten ab.

3. Zur Lösung $i(t)$ ist die Rücktransformation $i(t) = \mathscr{L}^{-1}\{\underline{I}(p)\}$ erforderlich. Der zweite Term führt auf

$$\mathscr{L}^{-1}\left\{\frac{1}{\underline{Z}}\right\} = \frac{1}{L}\mathscr{L}^{-1}\left\{\frac{p}{p^2 + (R/L)p + (1/LC)}\right\} = \frac{\lambda_1 e^{\lambda_1} - \lambda_2 e^{\lambda_2}}{2L\sqrt{a^2 - b^2}}$$

$$\lambda_{1/2} = -a \pm \sqrt{a^2 - b^2}; \quad a = R/2L, \quad b = 1/\sqrt{LC},$$

$(a^2 > b^2)$. Dies ist der Faktor vor $i(+0)$. Sinngemäß läßt sich auch $u_C(+0)$ auswerten und ebenso der Erregeranteil bei einem Spannungssprung $\underline{U}_Q(p)/p$. Wir wollen diese Einzelheiten nicht weiter vertiefen.

Grundsätzlich können die Anfangswerte über diesen Weg einbezogen werden.

10.3.3.2 Anfangswerte der Energiespeicher

Bei Energiespeichern mit Anfangsenergie greifen wir auf die Ersatzschaltung Bild 10.20 zurück und transformieren sie in den Bildbereich.

Kondensatorspannung. Ein auf die Spannung $u_c(-0)$ zur Zeit $t = -0$ geladener Kondensator hat die Spannungs-Strom-Relation (s. Gl. (10.20a))

$$u_C(t) = u_C(-0)s(t) + \frac{1}{C}\int_0^t i(t')\mathrm{d}t' \ .$$

Daraus folgt die Laplace-Transformierte $\underline{U}_c(p)$

$$u_C(t) \circ\!\!-\!\!\bullet\ \underline{U}_c(p) = \frac{u_C(-0)}{p} + \frac{\underline{I}(p)}{pC} \tag{10.37a}$$

Spannungsquellenersatzschaltung des Kondensators mit Anfangsspannung $u_C(-0)$

bzw. der entsprechende Strom (Tafel 10.6)

$$\underline{I}(p) = pC\underline{U}_c(p) - C \cdot u_C(-0) \tag{10.37b}$$

Stromquellenersatzschaltung des Kondensators mit Anfangsspannung $u_C(-0)$ im Frequenzbereich.

Die „Spannung“ $\underline{U}_c(p)$ des geladenen Kondensators im Frequenzbereich setzt sich aus dem Spannungsabfall $\underline{I}(p)/(pC)$ und einer Quelle $u_C(-0)/p$ zusammen, die zur

Zeit $t = 0$ eingeschaltet wird. Ihr entspricht im Zeitbereich eine gleichgerichtete zusätzliche Erregung durch einen Spannungssprung $u_C(-0)s(t)$. Ein derartiges Verhalten hatten wir bereits im Bild 10.18 diskutiert.

Induktivität. Hier führt der Anfangsstrom $i_L(-0)$ analog zu Gl. (10.37a) nach $\mathscr{L}$-Transformation von

$$i_L = \frac{1}{L}\int_{-\infty}^{t} u(t')\mathrm{d}t' = \frac{1}{L}\int_{-\infty}^{t} u(t')\mathrm{d}t' + \frac{1}{L}\int_{0}^{t} u(t')\mathrm{d}t' \text{ auf}$$

$$i_L(t) \circ\!\!-\!\!\bullet \underline{I}_L(p) = \frac{\underline{U}(p)}{pL} + \frac{i_L(-0)}{p} \qquad (10.38a)$$

Stromquellenersatzschaltung der Spule mit Anfangsstrom $i_L(-0)$ im Frequenzbereich.

bzw.

$$\underline{U}(p) = pL\underline{I}_L(p) - Li_L(-0) \qquad (10.38b)$$

Spannungsquellenersatzschaltung der Spule mit Anfangsstrom $i_L(-0)$ im Frequenzbereich.

Diese Ergebnisse entsprechen den in Tafel 10.6 dargestellten Eratzschaltungen (s. auch Bild 10.18b). Dabei sind nur die eingerahmten Fälle physikalisch realisierbar, die restlichen stellen gleichwertige Rechenmodelle dar. Wir haben sie bereits im Bild 10.18 durch direkten Vergleich der Klemmenbeziehungen im Zeitbereich diskutiert.

Ergebnis: Anfangswerte der Energiespeicher können durch Hinzufügen geschalteter „Anfangsquellen" zu dem dann energiefrei angenommenen Energiespeicherelementen gemäß Tafel 10.6 berücksichtigt werden.
Auf diese Weise läßt sich die algebraische Netzwerkgleichung im Bildbereich „direkt aus der Schaltung gewinnen".

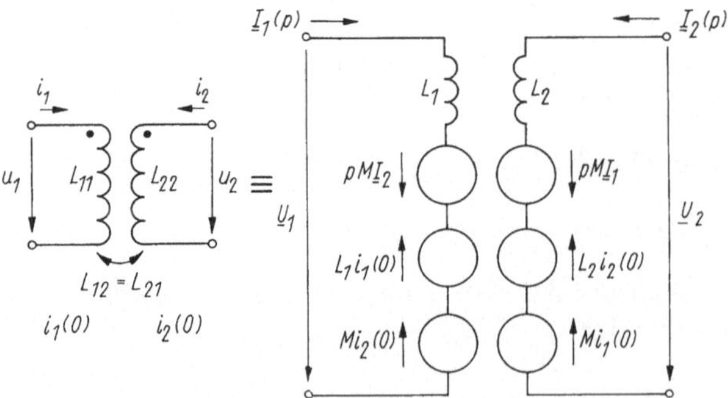

Bild 10.31. Übertrager mit Anfangsenergie

Tafel 10.6. Ersatzschaltung von Energiespeichern mit Anfangsenergie zur Zeit $t = -0$ im Bild- und Zeitbereich (nur die eingerahmten Fälle sind physikalisch realisierbar).

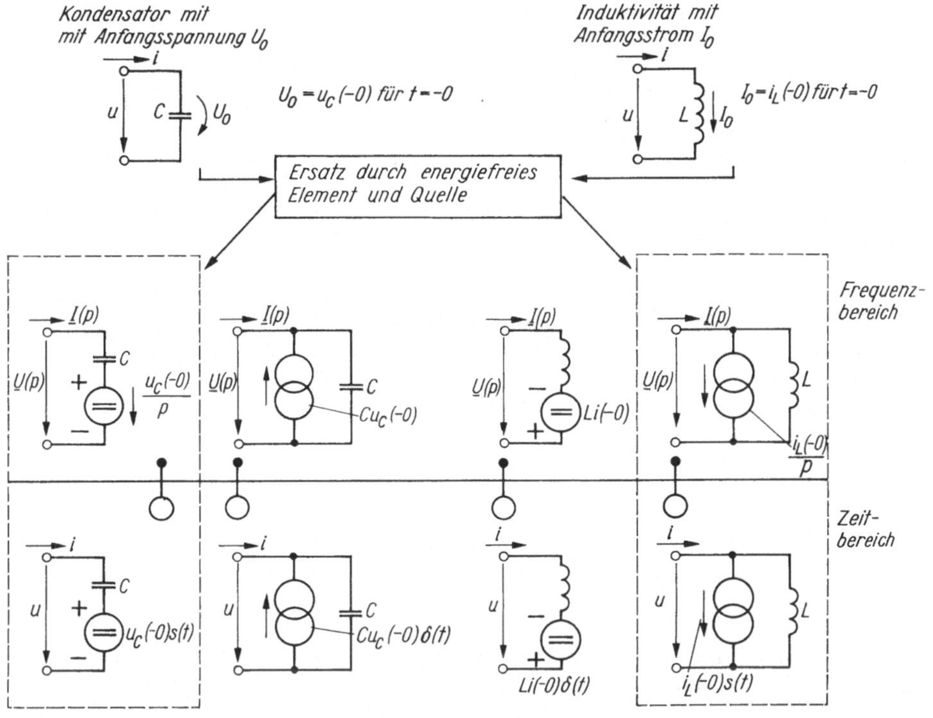

Anwendungsbeispiel. Ein verlustfreier Übertrager ($L_{11} = L_1, L_{22} = L_2, L_{12} = L_{21} = M$) werde zur Zeit $t = -0$ von den Strömen $i_1(-0)$, $i_2(-0)$ durchflossen. Dann gilt mit Gl. (10.38b) und der Übertragergleichung (7.111)

$$\underline{U}_1(p) = pL_1\underline{I}_1(p) + pM_1I_2(p) - L_1i_1(-0) - Mi_2(-0) \; ,$$
$$\underline{U}_2(p) = pM\underline{I}_1(p) + pL_2I_2(p) - Mi_1(-0) - L_2i_2(-0) \; . \quad (10.39)$$

Bild 10.31 zeigt die Ersatzschaltung. Sie enthält in jedem Zweig so viele „Anfangsspannungsquellen" wie Anfangsströme vorhanden sind.

10.3.3.3 Netzwerk im Frequenzbereich mit Anfangswerten

Wir wollen die Ergebnisse des vorherigen Abschnittes zusammenfassen zur **Lösungsmethodik Netzwerk im Bildbereich mit Anfangsenergien.**

1. Angabe des Netzwerkes (Schaltung) im Bildbereich. Energiespeicher mit Anfangsenergie werden durch die Quellenersatzschaltung Tafel 10.6 eingetragen, die Netzwerkerregung durch die Quelle im Bildbereich.

2. Berechnung der gesuchten Bildgröße als Funktion aller Quellen (Überlagerungssatz, übliche Netzwerkanalysemethoden).

3. Rücktransformation des Ergebnisses in den Zeitbereich. Es ergibt sich das Nulleingangs- und Nullzustandsverhalten.

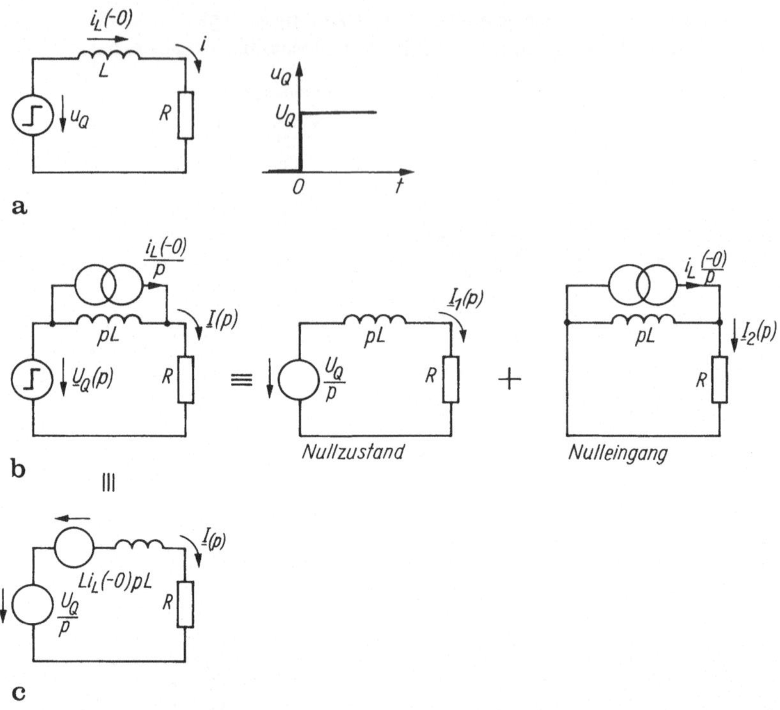

Bild 10.32 a–c. RL-Netzwerk bei Sprungerregung mit Anfangsstrom. **a** Schaltung; **b** Zerlegung in Nullzustand und Nulleingang; **c** Spannungsquellenersatzschaltung der Spule mit Anfangsstrom

Beispiel RL-Schaltung. Sprungerregung. Die Schaltung Bild 10.32a sei zur Zeit $t = -0$ vom Strom $i_L(-0)$ durchflossen. Wir suchen den Verlauf $i(t)$ bei Sprungerregung $u_Q(t) = U_Q s(t)$ zur Zeit $t > 0$.

Die Differentialgleichung für i lautet (Anfangswert $i_L(-0)$)

$$L\frac{\mathrm{d}i}{\mathrm{d}t} + iR = u_Q(t), \quad t > 0 \ . \tag{1}$$

Im Zeitbereich gehört dazu die Lösung ($\tau = L/R$)

$$i_L(t) = \frac{U_Q}{R}(1 - \mathrm{e}^{-t/\tau}) + i_L(-0)\mathrm{e}^{-t/\tau} \ . \tag{2}$$

Nach $\mathscr{L}$-Transformation und Anwendung der Differentiationsregel (Tafel 10.2) wird

$$pL\underline{I}(p) - Li_L(-0) + R\underline{I}(p) = \underline{U}_Q(p) \ .$$

Die Lösung $\underline{I}(p)$ ergibt

$$\underline{I}(p) = \frac{\underline{U}_Q(p)}{R + pL} + \frac{Li_L(-0)}{R + pL} . \quad (3)$$

$\mathscr{L}$-Transformierte der vollständigen Lösung | **$\mathscr{L}$-Transformierte des Nullzustandes** | **$\mathscr{L}$-Transformierte des Nulleinganges**

Das Ergebnis kann auf zweierlei Weise interpretiert werden:

a) Durch Nullzustand und Nulleingang im *Zeitbereich* Gl. (2)

Ohne Anfangswert ($i(0) = 0$) stellt der erste Anteil die $\mathscr{L}$-Transformierte *des Nullzustandes* dar. Ist $u_Q(t) = U_Q s(t)$ eine Sprungfunktion (Einschalten der Gleichspannung U_Q), also $u_Q(t) \circ\!\!-\!\!\bullet \underline{U}_Q = U_Q/p$, so gilt mit $\alpha = 1/\tau = R/L$

$$\underline{I}(p)|_{\text{Nullzustand}} = \frac{U_Q}{Lp(p + \alpha)} .$$

Die Rücktransformation ergibt über die Partialbruchzerlegung den ersten Anteil von Gl. (2). Er hängt voraussetzungsgemäß nicht vom Anfangswert ab.

Wirkt nur der *Anfangswert* $i_L(0)$ und keine Erregerfunktion ($u_Q(t) = 0$), so stellt der zweite Teil in Gl. (3) die $\mathscr{L}$-Transformierte des *Nulleinganges* dar.

$$\underline{I}(p)|_{\text{Nulleingang}} = \frac{Li_L(-0)}{R + pL} .$$

Die Rücktransformation liefert im Zeitbereich genau den zweiten Anteil in Gl. (2). Die Gesamtlösung ergibt sich durch Überlagerung beider Anteile

$$\underline{I}(p) = \underline{I}(p)|_{\text{Nullzustand}} + \underline{I}(p)|_{\text{Nulleingang}} \bullet\!\!-\!\!\circ\, i_L(t) , \quad (4)$$

$$i_L(t) = \underbrace{\frac{U_Q}{R}(1 - e^{-t/\tau})}_{\text{Nullzustand}} + \underbrace{i_L(-0)e^{-t/\tau}}_{\text{Nulleingang}} = \underbrace{\left[i_L(-0) - \frac{U_Q}{R}\right]e^{-t/\tau}}_{\text{flüchtig}} + \underbrace{\frac{U_Q}{R}}_{\text{stationär}} .$$

Das Ergebnis Gl. (2) kann ebensogut als flüchtiger und stationärer Anteil der Lösung interpretiert werden.

b) Durch Nullzustand und Nulleingang im *Frequenzbereich* Gl. (3)

Wir gehen von den laplacetransformierten Größen aus (Erregerquelle, Spule mit Anfangsstrom (Tafel 10.6) und übrige Netzwerkelemente) und fügen sie zu der im Bild 10.32b dargestellten Ersatzschaltung zusammen. Beide Quellen sind unabhängig voneinander. Nach dem Überlagerungssatz erzeugt

— die *Erregerquelle* $\underline{U}_Q(p) = U_Q/p$ (Stromquelle abgetrennt) den Strom

$$\underline{I}(p)|_{\text{Nullzustand}} = \underline{I}_1(p) = \frac{\underline{U}_Q(p)}{\underline{Z}(p)} = \frac{\underline{U}_Q(p)}{R + pL} = \frac{U_Q}{p(R + pL)} = \frac{U_Q}{pL(p + \alpha)} \quad (5)$$

im *Nullzustand* (sie arbeitet auf die Impedanz $\underline{Z}(p) = R + pL$);

— die *Anfangswertquelle* $i_L(-0)/p$ (Erregerquelle $\underline{U}_Q(p)$ kurzgeschlossen) den Zweigstrom

$$\underline{I}(p)|_{\text{Nulleingang}} = \underline{I}_2(p) = \frac{i_L(-0)}{p}\frac{1/R}{1/R + 1/(pL)}$$

$$= \frac{i_L(-0)}{p}\frac{pL}{R + pL} = \frac{Li_L(-0)}{R + pL} \qquad (6)$$

durch R (Stromteilerregel), den *Nulleingangsstrom.*

Der Gesamtstrom setzt sich additiv zusammen:

$$\underline{I}(p) = \underline{I}(p)|_{\text{Nulleingang}} + \underline{I}(p)|_{\text{Nullzustand}}$$

(s. Gl. (3)). Diese Berechnung unterscheidet sich in keiner Weise von der im Abschn. 6 kennengelernten Verfahrensweise eines Netzwerkes mit zwei Erregerquellen! Das Ergebnis läßt sich auch mit der Spannungsquellenersatzschaltung (Tafel 10.6) herleiten. Insgesamt arbeitet die Spannung (Bild 10.32c, $U_Q/p + Li_L(-0)/p$ auf $\underline{Z}(p)$ und erzeugt den Strom $\underline{I}(p)$ (s. Gl. (3)).

Beispiel: Reihenschwingkreis. Sprungerregung. Wir greifen den Reihenschwingkreis von Abschn. 10.3.3.1 auf und berechnen den Bildstrom $\underline{I}(p)$ über die Ersatzschaltung Bild 10.33.

$$\underline{I}(p) = \frac{\underline{U}_Q(p)}{\underline{Z}(p)} + \frac{pL(p)}{\underline{Z}(p)}\frac{i_L(-0)}{p} - \frac{1}{\underline{Z}(p)}\frac{u_C(-0)}{p}, \quad \underline{Z}(p) = pL + R + \frac{1}{pC}. \qquad (7)$$

Der Anteil von $i_L(-0)$ wird dabei mit der Stromteilerregel berechnet. Das negative Zeichen vor $u_C(-0)$ deutet darauf hin, daß der diesbezügliche Stromanteil entgegengesetzt zur positiv vereinbarten Richtung fließt.

Bei Sprungerregung $\underline{U}_Q(p) = U_Q/p$ wird aus Gl. (7)

$$\underline{I}(p) = \frac{U_Q + pLi_L(-0) - u_C(-0)}{L\left(p^2 + p\frac{R}{L} + \frac{1}{LC}\right)}.$$

Auf die Rücktransformation wollen wir verzichten.

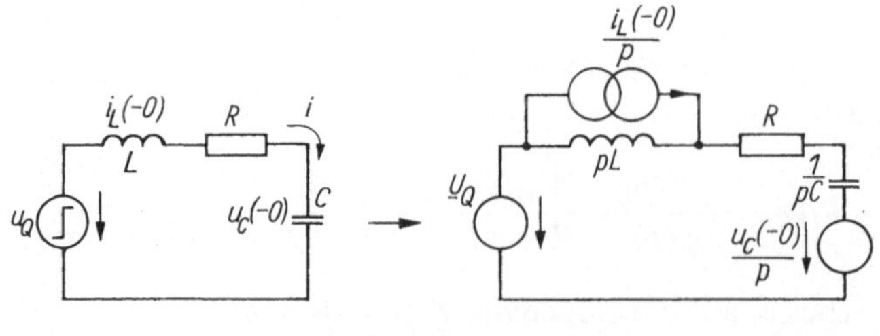

Bild 10.33. Reihenschwingkreis bei Sprungerregung mit Anfangswerten $i_L(-0)$, $u_C(-0)$.

10.3.3.4 Allgemeines Lösungsverfahren

Lösung im Frequenzbereich. Die bisherigen Beispiele erlauben aufgrund der Linearität von Nullzustand und Nulleingang folgende Verallgemeinerung: Im Frequenzbereich setzt sich die gesuchte Wirkung $\underline{Y}(p)$ zusammen aus

— der Erregung $\underline{X}(p)$ nach Maßgabe der Übertragungsfunktion $\underline{F}(p)$ für das Netzwerk *ohne Anfangsenergie* ($\rightarrow$ *Nullzustand*);

— *den Wirkungen* $\underline{Y}_i(p)$ ($i = 1, \ldots, n$, Zeitbereich), die die n unabhängigen Energiespeicher durch ihre unabhängigen Quellen (Anfangswerte) vom *jeweiligen Ort* aus erzeugen. Sie werden zur Zeit $t = 0$ eingeschaltet (Faktor $1/p$, *Nulleingang*). Wir setzen also (s. auch vorherige Beispiele)

$$\underbrace{\underline{Y}(p)}_{\mathscr{L}\text{-Transformierte der Gesamtlösung}} = \underbrace{\underline{F}(p)\underline{X}(p)}_{\mathscr{L}\text{-Transformierte des Nullzustandes}} + \underbrace{\frac{\underline{F}_1(p)}{p} y_1(-0) + \ldots + \frac{\underline{F}_n(p)}{p} y_n(-0)}_{\mathscr{L}\text{-Transformierte des Nulleingangs}} . \quad (10.40)$$

Dabei sind die $y_1(-0) \ldots y_n(-0)$ die Werte der Kondensatorspannungen und Spulenströme unmittelbar vor dem Einschaltzeitpunkt und die $\underline{F}_i(p)$ die jeweiligen Übertragungsfunktionen zwischen den Quellenorten und der gesuchten Wirkungsgröße. Wegen

$$\underline{F}_i(p) = \frac{\underline{Z}_i(p)}{N(p)}$$

stimmt das Nennerpolynom $N(p)$ in allen Übertragungsfaktoren überein; es liegt durch die homogene Netzwerk-Differentialgleichung fest! Demgegenüber hängen die Zählerpolynome Z_i von der Lage der Quellen ab.

Bei der Rücktransformation in den Zeitbereich setzt sich die Gesamtlösung $y(t)$ wie bisher zusammen aus

— stationärem Anteil;
— flüchtigem Anteil, der nur von der Erregung zum Schaltzeitpunkt abhängt; } Nullzustandslösung

— flüchtigem Anteil, der nur von den Anfangswerten abhängt: Nulleingangslösung

In Netzwerken mit nur passiven Netzwerkelementen klingen die Nulleingangslösungen mit der Zeit stets ab, da sämtliche Pole in der linken p-Halbebene liegen. Dann tritt bei periodischer Erregung nach Ablauf des Übergangsverhalten wieder eine periodische Wirkung auf. So ist die übliche Wechselstrombetrachtung (Abschn. 6) ein Sonderfall der viel allgemeineren Interpretation des Übertragungsfaktors für die komplexe Frequenz p!

Zusammengefaßt lassen sich Schaltvorgänge in linearen, zeitunabhängigen Netzwerken mittels der Laplace-Transformation analysieren

1. durch direkte Laplace-Transformation der Netzwerk-Differentialgleichung mit vorübergehend energielos angenommenem Anfangszustand, Berechnung der Lösung und Berücksichtigung der Anfangswerte durch Addieren des ungestörten Verlaufes.

2. durch direkte Laplace-Transformation mit Berücksichtigung der Anfangswerte in den Transformationsregeln (durch Zusatzquellen).

3. direkt aus dem Frequenzbereich mit Anfangswerten als Quellen mittels der Übertragungsfunktion und Rücktransformation des Ergebnisses.

Schließlich wollen wir bedenken, daß die Lösung der gesuchten Ausgangsgröße

— nur im Zeitbereich unter Nutzung der Gewichtsfunktion $g(t)$ und des Faltungsintegrals möglich ist
— anstelle der Laplace-Transformation auch durch die Fourier-Transformation erhalten wird, dort sind allerdings die Anfangswerte zu Null gesetzt.

Zur Selbstkontrolle: Abschnitt 10

10.1 Kann es ohne unabhängige Quellen eine erzwungene Anregung/eine natürliche Anregung (Ausgleichsvorgang) geben?

10.2 Wovon hängt ab, wie groß das natürliche Übergangsverhalten (Augleichsvorgang) irgendeiner Schaltung ist?

10.3 Was bestimmt den Zeitverlauf bei erzwungener bzw. natürlicher Anregung?

10.4 Welcher Zusammenhang besteht zwischen der Netzwerk-Differentialgleichung und der Anzahl unabhängiger Energiespeicher eines Netzwerkes?

10.5 Was versteht man unter Nulleingangs- und Nullzustandsverhalten einer Schaltung?

10.6 Wovon hängt das Nulleingangsverhalten ab: linear/nichtlinear vom Anfangszustand/Eingangssignal (richtiges ankreuzen)?

10.7 Erklären Sie den Begriff Exponentialsignal (mögliche Zeitverläufe, Realisierungen)!

10.8 Was versteht man unter komplexer Frequenz?

10.9 Erläutern Sie die Begriffe Pole und Nullstellen der Übertragungsfunktion! Was verbirgt sich physikalisch dahinter?

10.10 Gegeben ist ein Netzwerk aus nur passiven Schaltelementen. Was läßt sich dann über die Lage der Pole sagen?

10.11 Wo liegen Pole/Nullstellen der Impedanz eines Reihenschwingkreises?

10.12 Geben Sie mindestens zwei Schaltungen für jede Übertragungsfunktion an (Impedanz, Admittanz, Transfergröße), wenn sie folgende Pole/Nullstellen in der komplexen Frequenzebene haben soll:
a) Nullstelle im Ursprung;
b) Pol im Ursprung
c) Pol auf der negativen reellen Achse;
d) Nullstelle auf der negativen reellen Achse!

10.13 Eine RC-Reihenschaltung mit ladungslosem Kondensator werde an eine Gleichspannung zur Zeit $t = 0$ geschaltet.
a) Auf welche Weise kann der Zeitverlauf der Kondensatorspannung ermittelt werden (Nennen Sie wenigstens zwei Möglichkeiten)?
b) Was bietet sich an, wenn z. B. die Übertragungsfunktion $\underline{U}/\underline{U}_Q$ bekannt ist?

10.14 Es sei von dieser Schaltung die Netzwerk-Differentialgleichung bekannt. Erläutern Sie Wege zur Bestimmung der Kondensatorspannung, wenn folgende Zeitfunktionen der Spannungsquelle gegeben sind
a) eine stationäre Sinusspannung;
b) eine Gleichspannung, die zur Zeit $t = 0$ eingeschaltet wird;
c) eine Sinusspannung, die zur Zeit $t = 0$ eingeschaltet wird;
d) eine Impulsspannung.

Nennen Sie in jedem Fall mehrere Lösungsmöglichkeiten, und erklären Sie die gegenseitigen Zusammenhänge!

10.15 Wie kann die Anfangsspannung eines Kondensators ersatzschaltmäßig zum Ausdruck gebracht werden
a) im Zeitbereich;
b) im komplexen Frequenzbereich (jeweils Begründung angeben);
c) läßt sich in allen Fällen auch eine Ersatzschaltung mit einer Stromquelle angeben? Wie sind die Ergebnisse zu erklären (mathematisch, physikalisch)?

10.16 Was versteht man unter eingeschwungenem Vorgang? Veranschaulichen Sie dies am Beispiel des Einschaltens einer Wechselspannung an eine RC-Reihenschaltung für den Strom!

10.17 Wie kann aus der Netzwerk-Differentialgleichung (Einschalten einer Gleichspannung) z. B. einer Reihenschaltung von Widerstand und Induktivität auf einfache Weise
— der Strom im stationären Zustand,
— die maximale Stromänderung
bestimmt werden? Läßt sich daraus schon qualitativ auf den Übergangsvorgang schließen?

10.18 Welche Ausgleichsvorgänge sind an einem (Reihen)-Schwingkreis (abhängig von der Dämpfung) möglich, der an eine Gleichspannung geschaltet wird? Erläutern Sie dabei den Unterschied zwischen freier und erzwungener Schwingung!

10.19 Welche Netzwerkfunktionen bestimmen das Übergangsverhalten eines Netzwerkes bei Sprungerregung, bei Impulserregung? Hängen diese Netzwerkfunktionen zusammen?

Literaturverzeichnis

AEG-Hilfsbuch 1: Grundlagen der Elektrotechnik. 3. Aufl. Heidelberg: Hüthig 1981.

Handbuch der Informationstechnik und Elektronik (Hrsg. bisher C. Rint, neu herausgg. von A. Lacroix; T. Motz; R. Paul, C. Reuber). Bd. 1: Mathematik. Heidelberg: Hüthig 1988.

Philipow, E.: Taschenbuch Elektrotechnik. Bd. 1: Allgemeine Grundlagen. 3. Aufl. München: Hanser 1986.

Ameling, W.: Grundlagen der Elektrotechnik. Bd. 1.: 4. Aufl., Bd. 2: 3. Aufl. Braunschweig: Vieweg 1988.

Bosse, G.: Grundlagen der Elektrotechnik. Bd. I: Elektrostatisches Feld und Gleichstrom, Bd. II: Magnetisches Feld und Induktion. 5. Aufl., Bd. III: Wechselstromlehre, Vierpol-und Leitungstheorie. 4. Aufl., Bd. IV: Drehstrom, Ausgleichsvorgänge in linearen Netzen. Mannheim: Bibliogr. Inst. 1973–1989.

Fricke, H.; Vaske, P.: Grundlagen der Elektrotechnik. Teil 1: Elektrische Netzwerke. 17. Aufl. Stuttgart: Teubner 1982.

Frohne, H.: Einführung in die Elektrotechnik. Bd. I: Grundlagen und Netzwerke. 5. Aufl., Bd. II: Elektrische und magnetische Felder. 4. Aufl., Bd. III: Wechselstrom. 4. Aufl. Stuttgart: Teubner Verlag 1983–1987.

Hofmann, H.: Das elektromagnetische Feld. 3. Aufl. Wien: Springer 1986.

Küpfmüller, K.; Kohn, G.: Theoretische Elektrotechnik und Elektronik. 14. Aufl. Berlin: Springer 1993.

Philipow, E.: Grundlagen der Elektrotechnik. 9. Aufl. Berlin, Technik 1992.

Pregla, R.: Grundlagen der Elektrotechnik. Bd. I: 3. Aufl., Bd. II: 2. Aufl. Heidelberg: Hüthig 1986/1985.

Schüßler, H.W.: Netzwerke, Signale und Systeme. Bd. I: Systemtheorie linearer Netzwerke. 3. Aufl. Berlin: Springer 1991.

Simonyi, K.: Physikalische Elektronik. Stuttgart: Teubner 1972.

Unbehauen, R.: Elektrische Netzwerke. 3. Aufl. Berlin: Springer 1987.

Unbehauen, R.; Honeker, W.: Elektrische Netzwerke—Aufgaben. 2. Aufl. Berlin: Springer 1987.

v. Weiß, A.: Die elektromagnetischen Felder. Braunschweig: Vieweg 1983.

Sachverzeichnis

Springer-Verlag und Umwelt

Als internationaler wissenschaftlicher Verlag sind wir uns unserer besonderen Verpflichtung der Umwelt gegenüber bewußt und beziehen umweltorientierte Grundsätze in Unternehmensentscheidungen mit ein.

Von unseren Geschäftspartnern (Druckereien, Papierfabriken, Verpackungsherstellern usw.) verlangen wir, daß sie sowohl beim Herstellungsprozeß selbst als auch beim Einsatz der zur Verwendung kommenden Materialien ökologische Gesichtspunkte berücksichtigen.

Das für dieses Buch verwendete Papier ist aus chlorfrei bzw. chlorarm hergestelltem Zellstoff gefertigt und im pH-Wert neutral.